Trinkwasser und Abwasser in Stichwörtern

Bearbeitet von

August F. Meyer
Ehem. Direktor der Chemnitzer
Wasserwerke

Fritz Langbein
Oberbaurat a. D., Ehem. Direktor
der Berliner Stadtentwässerung

Hellmuth Möhle
Regierungsbaumeister a. D.
Verbandsdirektor des Wupperverbandes

Mit einem Anhang:
Die wichtigsten fremdsprachlichen Fachausdrücke

Mit 152 Abbildungen

Springer-Verlag

Berlin / Göttingen / Heidelberg

1949

ISBN-13: 978-3-642-88532-7   e-ISBN-13: 978-3-642-88531-0
DOI: 10.1007/978-3-642-88531-0

Alle Rechte, insbesondere das der Übersetzung
in fremde Sprachen, vorbehalten
Copyright 1919 by Springer-Verlag OHG. in Berlin, Göttingen und Heidelberg
Softcover reprint of the hardcover 1st edition 1919

Vorwort

Mit der Entwicklung der Wasserversorgung und der Abwassertechnik haben die auf diesen Gebieten zur Anwendung kommenden Begriffsbezeichnungen einen so beträchtlichen Umfang angenommen, daß der Sinn der einzelnen Worte nicht immer eindeutig und für jedermann klar erkennbar ist. Das vorliegende Werk soll deshalb einen Überblick über die im Wasserversorgungs- und Abwasserwesen gebräuchlichen Ausdrücke und Begriffe geben. Es stellt somit im Rahmen des Wasserwesens ein Wörterbuch dar, das sich auf das Trink-, Brauch- und Abwasser sowie über einzelne Grenzgebiete erstreckt.

Für die Wahl der Wörter sowie für die Erläuterungen und Begriffserklärungen ist das neuste Schrifttum herangezogen worden. Soweit Namen beigefügt sind, geben diese keinen Schrifttumsnachweis, sondern bezeichnen den geistigen Urheber oder die Herkunft der gegebenen Erläuterung. Auf wichtiges Schrifttum wird durch Fußnoten, die jeweils unter der Begriffserklärung stehen, hingewiesen. Die Angaben sind auf deutsche Arbeiten beschränkt. Zeichnungen und Bilder sind sparsam eingestreut und im allgemeinen nur dort zur Ergänzung der Erläuterungen verwendet worden, wo es sich um neuere, weniger bekannte Begriffe oder besonders wichtige Einrichtungen handelt.

Das Wörterbuch soll in erster Linie dem praktischen Gebrauch dienen und allen, die mit Trink-, Brauch- und Abwasser zu tun haben, ein Nachschlagewerk sein: den Wasserwerkleitern wie auch ihren Ingenieuren und Wassermeistern, dem großen Kreise der in der Abwasserwirtschaft Tätigen, den Bauschaffenden sowie den Gewerbetreibenden und Industriellen, den Hygienikern und unter ihnen vor allem den Amtsärzten, schließlich auch den Verwaltungsbehörden jeder Art.

Das Manuskript wurde Ostern 1942 abgeschlossen, aus zeitbedingten Schwierigkeiten hat sich jedoch die Drucklegung und die Herausgabe des Buches sehr verzögert. In der Zwischenzeit hat die Normung auf dem Gebiete des Trink- und Abwasserwesens wesentliche Fortschritte gemacht, die ebenso wie die in verwaltungstechnischer Hinsicht eingetretenen Veränderungen soweit wie möglich noch während der Korrektur des Buches berücksichtigt wurden. Sollten dem Leser trotzdem noch irgendwelche Mängel bei der Benutzung dieses Stichwörterbuches auffallen, so wären die Verfasser für Hinweise auf etwaige Irrtümer und Lücken dankbar.

Dem Verlage und allen denen, die uns in entgegenkommender Weise bei unserer Arbeit unterstützt haben, sei an dieser Stelle unser besonderer Dank ausgesprochen.

Berlin und Wuppertal, im Oktober 1944.

Aug. F. Meyer F. Langbein H. Möhle

Die gesamte Auflage des Stichwörterbuches wurde im Februar 1945 bei einem Luftangriff auf Berlin in der Buchbinderei vernichtet. Herr Direktor Aug. F. Meyer, der die Anregung zur Herausgabe des Buches gegeben und das Trinkwasser bearbeitet hatte, verschied im Januar 1946. Herr Direktor F. Langbein, der Bearbeiter des städtischen Abwassers, war bereits im März 1945 verstorben. Der Verlag hat jetzt die Drucklegung von neuem durchgeführt. Dabei wurde das Werk durch eine Zusammenstellung der wichtigsten fremdsprachlichen Fachausdrücke ergänzt.

Wuppertal, im Oktober 1948.

H. Möhle

Vorbemerkungen

Die Abbildungen der Kleinlebewesen sind von Grafrath, Berlin-Dahlem, gezeichnet.

Die Abbildungen zu den Stichworten: Absetzglas, Absetzglas nach Spillner, Abwasserfischteich, Abwassersieb, Benzinabscheider, Dortmunder Brunnen, Drehsprenger, Dywidagbrunnen, Faulgrube, Faulraumheizung, Grobrechen, Hartley-Paddel, Haworth-Rinnen, Hurdbecken, Imhoffbrunnen, Kessenerbürste, Kipprinne, Klein-Imhoffbrunnen, Kreislauf der biologischen Vorgänge, Kremerklärzelle, Ölfang, OMS-Brunnen, Rinnenverteiler, Saugfilter, Sickerbecken, Siebscheibe, Spülsieb, Schlammfaulraum, getrennter; Schlammtrockenplatz, Steuerbecken, Steuernagelbecken, Streudüse, Tauchkörper, Tropfkörper, geschlossener; Verrieselung, unterirdische; Wandersprenger. Zentrisieb und Zerkleinerungsmaschine für Rechengut sind dem Beitrag

Sierp, Fr.: Trink- und Brauchwasser, im Bd. 8, Teil 1 des Handbuches der Lebensmittelchemie, Berlin 1939, entnommen.

A

Abbau, dem Bauwesen entnommener Begriff zur allgemeinen Bezeichnung des Überganges aus einem höheren, verwickelteren oder gehaltreicheren Zustande in einen niederen, einfacheren oder gehaltärmeren. Man versteht unter A. in erster Linie die Überführung organischer Verbindungen in einfacher aufgebaute anorganische. Dabei sind zwei natürliche, unter Mitwirkung von Kleinlebewesen vor sich gehende Abbauweisen von besonderer Bedeutung: 1. Der unter Luftabschluß, also bei Sauerstoffmangel eintretende anaërobe A. (Fäulnis) und 2. der bei hinreichender Luftzufuhr, also bei Sauerstoffüberschuß sich abspielende aërobe A. (Verwesung). Beide Abbauweisen erfordern die Gegenwart von Wasser — anaërober A. meist unter Wasser (Schlammfaulung), aërober A. meist im Wasser (Selbstreinigung) — und führen schließlich je nach der Dauer des A.vorganges dazu, die organischen Verschmutzungen des Wassers mehr oder weniger weitgehend zu zersetzen (mineralisieren), das Wasser also in gewissem Umfange zu reinigen, wobei die unlöslichen Verbindungen zu Boden sinken (Faulschlamm), die löslichen (z. B. kohlensaure, schwefelsaure und salpetersaure Salze) im Wasser verbleiben und die Gase (z. B. Kohlensäure, Ammoniak, Sumpfgas, Stickstoff), soweit sie nicht in Lösung gehen, entweichen. Der anaërobe A. wird bei der Abwasserbehandlung zur Umwandlung des stinkenden Frisch-Schlammes in geruchlosen Faulschlamm und zur Klärung von häuslichem Abwasser in vergrößerten Faulgruben benutzt, der aërobe A. zur Reinigung des Abwassers in Belebungsbecken sowie in Tropf- und Tauchkörpern. Da der Sauerstoffbedarf des Abwassers mit der fortschreitenden Reinigung abnimmt, pflegt man auch von einem A. des Sauerstoffbedarfes zu sprechen (s. A.stufen, A.temperatur, A.zeit, Fäulnis, Frisch-Schlamm, Faulschlamm, Schlammfaulung, Faulgas, Schlammfaulraum, Verwesung, Selbstreinigung, A.strecke, Belebungsverfahren, Belebungsbecken, Tropfkörper, Tauchkörper, Sauerstoffbedarf, Kleinlebewesen).

Abbau, aërober, s. Abbau.

Abbau, anaërober, s. Abbau.

Abbaustrecke, die für den Abbau der Schmutzstoffe in Betracht kommende Strecke eines Wasserlaufes. (s. Abbau, Selbstreinigung der Gewässer, Sauerstoffbedarf.)

Abbaustufen, die beiden Zeitstufen, in denen der Abbau der im Wasser befindlichen organischen Verbindungen vor sich geht. Erste Stufe: Vorwiegend Abbau der Kohlenstoffverbindungen, beginnt sofort und ist bei 20° in etwa 20 Tagen beendet. Zweite Stufe: Vorwiegend Abbau der Stickstoffverbindungen, beginnt bei 20° nach 10 Tagen und dauert sehr lange. Da die Stickstoffverbindungen hauptsächlich im Abwasserschlamm enthalten sind, der bei der Abwasserreinigung i. a. durch Absetzvorgänge ausgeschieden wird, ist für die Abwasserbehandlung nur die erste Stufe von größerer Bedeutung. Für offene Gewässer, die auch den Schlamm verarbeiten müssen, kommen dagegen beide Stufen in Frage (s. Abbau).

Abbautemperatur, die beim Abbau der im Wasser befindlichen organischen Verbindungen herrschende Temperatur. Die A. hat wesentlichen Einfluß auf die Abbauzeit, die i. a. innerhalb bestimmter Grenzen mit steigender Temperatur abnimmt. So werden beispielsweise bei 30° etwa fünfmal so viel organische Verbindungen täglich abgebaut als bei 5°. Bei der Untersuchung von verschmutztem Wasser pflegt man eine A. von 20° (Zimmertemperatur) zu wählen (s. Abbau, Abbaustufen, Abbauzeit, Sauerstoffbedarf).

Abbauvorgang s. Abbau.

Abbauvorgang in offenen Gewässern s. Selbstreinigung.

Abbauzeit, die Zeit, die zum Abbau der in verschmutztem Wasser befindlichen organischen Verbindungen erforderlich ist. Die A. nimmt innerhalb bestimmter Grenzen mit steigender Wassertemperatur ab. Zum Abbau der gleichen Menge organischer Verbindungen sind beispielsweise bei 5° etwa 19 Tage und bei 30° nur etwa 2 Tage erforderlich. Bei der Untersuchung von verschmutztem Wasser pflegt man eine A. von 5 Tagen zu wählen (s. Abbau, Abbautemperatur, Sauerstoffbedarf).

Abdampfrückstand, das Verhältnis G/R der beim Verdampfen und Trocknen (bei etwa 105°) einer gefilterten Abwasser-Raum-Menge R zurückbleibenden Feststoffgewichtsmenge G zur Raum-Menge R. Gebräuchliche Benennung: G (Rückstand an festen Stoffen) in mg u. R in l, also mg/l. Da die Schwebestoffe auf dem Filter zurückbleiben, enthält der A. die **g e l ö s t e n** Stoffe (s. Gesamtabdampfrückstand). Wenn dieser Rückstand verglüht wird, vermindert sich sein Gewicht. Der bleibende Rest heißt Glührückstand, die Gewichtsverminderung wird Glühverlust genannt. Der A. ist beim Vorhandensein vieler organischer Stoffe groß. Die Menge des A. eines Wassers schwankt nach Klut meist zwischen 200 und 500 mg/l. Ist ein höherer A. auf die allgemeine Bodenart zurückzuführen, so ist er an sich hygienisch unbedenklich. Ist er dagegen bedingt durch unreine Zuflüsse von menschlichen, tierischen oder gewerblichen Abfallstoffen, so ist er gesundheitlich zu beanstanden. Die Ermittlung des Glühverlustes hat keinen besonderen Wert. Wesentlich brauchbarer zur Beurteilung des Wassers ist die Bestimmung der organischen Substanz (s. Kaliumpermanganatverbrauch, biochemischer Sauerstoffbedarf).

Abdeckereien s. Tierkörperverwertungsanstalten.

Abessinierbrunnen, Rammbrunnen, ein Rohrbrunnen (s. d.) schwachen Durchmessers von etwa 40 bis 50 mm, der unten mit einer kräftigen Spitze versehen ist, wird mit Hilfe eines Rammbocks eingerammt oder zur Vermeidung der Verstopfung des den unteren Teil des Brunnenrohres bildenden Filtergewebes in ein besonderes Bohrrohr eingesetzt. Meistens ist aber das Brunnenrohr (Mantelrohr) zugleich das Saugrohr der über der Erdoberfläche stehenden Pumpe. Der Brunnen eignet sich vorzüglich zur Einzelhausversorgung und zur vorübergehenden Versorgung von Bauten. Sehr wertvoll ist er für gewässerkundliche Beobachtungen (nach Bieske und Jansen).

Abfallaugen s. Beizablaugen, Endlaugen, Sulfitablauge.

Abfallrohr s. Fallrohr.

Abfallstoffverwertung, in gewerblichen Betrieben gelangen Abfallstoffe, d. i. derjenige Teil der im Laufe eines Erzeugungsvorganges entstehenden Stoffe, der keine oder nur eine ungenügende Verwertung finden kann, in mehr oder weniger großen Mengen auch in das gewerbliche Abwasser (s. d.). Durch eine weitgehende A. werden Nebenerzeugnisse gewonnen und die zum Abfluß gelangenden Schmutzmengen erheblich vermindert. Deshalb kommt der A. bei der Reinigung von gewerblichem Abwasser eine große Bedeutung zu. Im besonderen gilt dies für das Abwasser von Gaswerken, Kokereien, Papierfabriken, Zuckerfabriken, Beizereien, Textilfabriken, Zellstoffabriken und Kalifabriken. Welche Nebenerzeugnisse zurückzugewinnen sind, hängt von der Zusammensetzung des Abwassers ab.

UNGEWITTER, Verwertung des Wertlosen, Berlin 1939.
FISCHER, Abfallstoffe. Techn. Fortschrittsberichte 36 u. 43. Dresden u. Leipzig 1936 u. 1939.

Abfangeleitung, Leitungsstrang, der die aus höher liegenden Leitungen kommenden Abwassermengen aufnimmt (abfängt) und einer Sammelstelle zuführt. A. heißt insbesondere der Leitungsstrang längs eines Wasserlaufes, der die von dem Talhange kommenden Wassermengen zwecks Verhütung einer Verunreinigung des Wasserlaufes abfängt und sie einer Kläranlage, einem Pumpwerk oder an geeigneter Stelle dem Wasserlauf geschlossen übergibt.

Abfangnetz s. Entwässerungsnetz.

Abfangsystem s. Entwässerungsnetz.

Abfluß, durch die Schwere bedingter Bewegungsvorgang des unmittelbar oder mittelbar aus Niederschlägen stammenden Wassers innerhalb oder außerhalb eines Wasserlaufs (auch im Boden).

Im Abwasserwesen die Gesamtheit der von einer Fläche, aus einer Leitung oder aus einem Behälter abfließenden Flüssigkeit. Gebräuchliche Maßeinheit m³ od. 1 (s. Abflußfülle).

Abflußbeiwert, Abflußverhältnis, die Zahl, mit der man die auf ein bestimmtes Gebiet niedergehende Regenmenge (m³/s) multiplizieren muß, um die ihr entsprechende Abflußmenge (m³/s) zu erhalten. Da das auf ein Gebiet niederfallende Regenwasser je nach der Gestaltung der Erdoberfläche und je

nach der Jahreszeit und dem Klima stets nur teilweise abfließt, weil ein Teil davon verdunstet, versickert und durch Unebenheiten des Bodens zurückgehalten wird, ist der A. stets kleiner als 1. Formelzeichen: ψ. Im Aw. dient der A. in erster Linie dazu, um aus der auf das Entwässerungsgebiet fallenden Regenmenge die zur Berechnung der Leitungsquerschnitte erforderliche Abflußmenge zu bestimmen. Seine Größe ist außer von Jahreszeit, Wetter und Klima, Neigung und Gestalt der beregneten Fläche vorwiegend von ihrer Nutzungsart (Bebauung, Bestellung, Befestigung, Wasserdurchlässigkeit, Verdunstungsvermögen) abhängig. Er kann beispielsweise für landwirtschaftlich oder forstwirtschaftlich genutztes Gelände und für Parkanlagen nahezu 0,0 betragen, für gartenreiche Bebauung zwischen 0,2 und 0,3, für offene Bebauung zwischen 0,3 und 0,5, für geschlossene Bebauung zwischen 0,5 u. 0,7 liegen und für sehr dichte Bebauung bis auf 0,9 steigen.

Abflußdauer, Abflußzeit, die Zeitdauer des Abflußvorganges; die Zeit, die ein Flüssigkeitsteilchen braucht, um von einem höher gelegenen Punkte zu einem tiefer liegenden zu fließen. Formelzeichen: τ, gebräuchliche Maßeinheit: Minute (min) od. Sekunde (s).

Abflußfülle, der Rauminhalt des Wassers, das von einem Gebiet abfließt. Formelzeichen Q', gebräuchliche Maßeinheit m³.

Abflußgeschwindigkeit, Quotient W/τ aus dem Weg W eines abfließenden Flüssigkeitsteilchens durch die Abflußdauer τ. Formelzeichen v, gebräuchliche Maßeinheit m/s (s. Abflußdauer).

Abflußhöhe, die Höhe, die das von einem Gebiet abgeflossene Wasser unter der Annahme einer gleichmäßigen Verteilung auf diesem Gebiet eingenommen haben würde. Formelzeichen A, gebräuchliche Maßeinheit mm. (DIN 4045).

Abflußjahr, einjähriger, nach hydrologischen Gesichtspunkten festgesetzter Zeitraum, in Deutschland vom 1. November bis zum 31. Oktober des folgenden Kalenderjahres; zu bezeichnen mit nur e i n e r Jahreszahl, nämlich nach dem Kalenderjahr, dem die Monate Januar bis Oktober angehören; wird geteilt in ein Winterhalbjahr(Wi.) und ein Sommerhalbjahr (So.); in Deutschland: Wi. vom 1. November bis zum 30. April und So. vom 1. Mai bis zum 31. Oktober.

Abflußkurve, Bezugskurve zwischen Wasserstand und Abflußmenge (s. d.).

Abflußmenge, Formelzeichen Q, Maßeinheit m³/s, Wassermenge, die in der Sekunde einen Querschnitt talwärts durchfließt.

Im Abwasserwesen Quotient aus der Abflußfülle durch die Zeitdauer, während der sie durch den Querschnitt einer Abflußstelle des Entwässerungsgebietes fließt (s. Abflußfülle).

Abflußmengendauerlinie, die Verbindungslinie der Punkte im Felde eines rechtwinkligen Achsenkreuzes, die die Anzahl der Tage, an denen die Abflußmenge eines Gewässers eine bestimmte Größe Q (in m³/s) unterschreitet, als Abscisse und die Größe Q als Ordinate haben. Aus der A. läßt sich beispielsweise beurteilen, an wieviel Tagen im Jahr das Verdünnungsverhältnis, das sich bei der Einleitung von Abwasser (z. B. Regenauslaßwasser, Kläranlageabfluß) in ein offenes Gewässer ergibt, einen bestimmten Wert über- oder unterschreitet (s. Verdünnungsverhältnis).

Abflußquerschnitt, Formelzeichen F, bei ganz oder teilweise gefüllten Rohrquerschnitten auch f, Maßeinheit m², von dem abfließenden Wasser benetzter Querschnitt eines offenen Gerinnes.

Im Abwasserwesen der von der Abflußmenge jeweils in Anspruch genommene Querschnitt. Formelzeichen f_a, gebräuchliche Maßeinheit m² · f_a $\leqq f$. (DIN 4045) (s. Abflußmenge, Leitungsquerschnitt).

Abflußrohre. Gußeiserne LNA-Rohre und NA-Rohre für Grundstücksentwässerungsanlagen. DIN 538 (Muffendeckel) 545 (Formstücke). s. LNA-Rohre, NA-Rohre. Mit Rücksicht auf Eisenersparnis werden neuerdings auch keramische Werkstoffe zur Herstellung von A.n verwendet. DIN 4250 (Abflußrohre aus dichten keramischen Werkstoffen).

Abflußspende. Abflußmenge, bezogen auf die Flächeneinheit des zugehörigen Niederschlags- oder Einzugsgebietes.

Im Abwasserwesen Quotient Q/F aus der Abflußmenge Q durch die Fläche F, von der der Abfluß stammt. Formelzeichen q, gebräuchliche Maßeinheiten l/s · ha, l/s · km² und m³/s · km². Die A. wird aus der Abflußstärke a durch Erweiterung mit der Fläche F in gleicher Weise erhalten, wie die Regenspende r aus der Regenstärke i (s. Abflußmenge, Abflußstärke, Regenspende).

Abflußspende, unterirdische, Formelzeichen q, Maßeinheit l/s . km², aus dem Grundwasser stammende Abflußspende aus dem unterirdischen Einzugsgebiet berechnet.

Abflußstärke. Quotient A/τ der Abflußhöhe A durch die Abflußdauer τ. Formelzeichen a, gebräuchliche Maßeinheit mm/min. Die Erweiterung von a mit der Fläche (ha) ergibt die Abflußspende (s. Abflußhöhe, Abflußdauer, Abflußspende, Regenspende).

Abflußstärkelinie, die Linie, die man erhält, wenn man die Ordinaten der Regenstärkelinie mit dem Abflußbeiwert multipliziert (s. Regenstärkelinie, Abflußbeiwert).

Abflußverhältnis s. Abflußbeiwert.

Abflußvermögen, Gesamtheit der Eigenschaften eines Niederschlags- oder Einzugsgebietes (s. d.) in morphologischer, geologischer, klimatischer, biologischer und sonstiger Hinsicht, durch die die Beziehungen zwischen Niederschlag und Abfluß (s. d.) bedingt werden.

Im Abwasserwesen die Abflußmenge, die von einem bestimmten Leitungsquerschnitt bei Vollfüllung (im allgemeinen unter Zugrundelegung des Sohlengefälles) abgeführt werden kann. Formelzeichen Q_0 gebräuchliche Maßeinheiten m³/s und l/s. (DIN 4045).

Abflußvorgang. Naturvorgang. Bewegung des Wassers (allgemein einer Flüssigkeit) von einem höher gelegenen Punkte zu einem tiefer liegenden unter dem Einfluß der Schwerewirkung der Erde. Zur Bemessung von Abflußleitungen muß man zuweilen rechnerisch feststellen, wie sich der A. in einem Entwässerungsgebiet bei einem Regenfall auf die Größe der Leitungsquerschnitte auswirkt. Man geht dabei von der Tatsache aus, daß das Wasser eine gewisse Zeit braucht, um einen Leitungsstrang zu durchfließen. Die nach Regenbeginn aus den einzelnen Teilen des Entwässerungsgebietes kommenden Regenwassermengen fließen infolgedessen nicht gleichzeitig, sondern nach Maßgabe ihrer Geschwindigkeit im Leitungsnetz nacheinander durch den zu berechnenden unterhalb liegenden Leitungsquerschnitt (Berechnungsquerschnitt). Dauert der Regen noch an, wenn das Wasser aus dem letzten Teile des Entwässerungsgebietes bei dem Berechnungsquerschnitt angelangt ist, so durchfließt ihn von diesem Zeitpunkte ab bis zum Aufhören des Regens die auf das ganze Entwässerungsgebiet niedergehende Regenmenge. Hört der Regen jedoch auf, bevor das Wasser aus allen Teilen des Entwässerungsgebietes bis zum Berechnungsquerschnitt gekommen ist, so liefern einzelne Teilgebiete bereits kein Wasser mehr, wenn das Wasser aus den noch Wasser liefernden Teilgebieten beim Berechnungsquerschnitt

ankommt. In diesem Falle braucht man den Querschnitt nicht für die Abführung der auf das ganze Entwässerungsgebiet niedergehenden Regenmenge zu bemessen, sondern nur für die Abführung eines Teiles davon. Da die Durchflußzeit in den verhältnismäßig kurzen Leitungen einzelner Straßenzüge nur selten größer ist als die Dauer des Berechnungsregens, kommt für die Bemessung ihrer Querschnitte fast immer die auf das ganze von ihnen entwässerte Gebiet niedergehende Regenmenge in Betracht. Bei den langen Hauptsträngen ausgedehnter Entwässerungsnetze kann der Durchfluß dagegen u. U. erheblich länger dauern als der Berechnungsregen, so daß es unwirtschaftlich wäre, den Berechnungsquerschnitt für die Abführung der auf das ganze Entwässerungsgebiet niedergehenden Regenmenge zu bemessen. Man nennt diese Erscheinung, allerdings nicht ganz zutreffend, die „Verzögerung" des Abflußvorganges (s. Berechnungsregen, Verzögerungsplan, Verzögerung des Regenwasserabflusses, Verzögerungsbeiwert, Summenlinienverfahren).

Abflußzahl, die Abflußspende für bestimmte Wasserstände, z. B. Mittel-, Niedrig-, Hochwasser.

Abflußzeit s. Abflußdauer.

Abgabenmessung, die Messung der Wasserabgabe der Wasserwerke an Private und für öffentliche Zwecke durch Wasserzähler.

Abgebrannte Würze s. Schlempe.

Abhorchgerät, eine Schalldose mit angesetztem Metall- oder Bambusstab. Sie dient dazu, das gesamte Leitungsnetz eines Wasserwerks durch systematisches Abhorchen auf seine Dichtheit zu prüfen. Beim Aufsetzen des Stabendes des A.s auf die Schlüsselstangen der Schieber, der Hydranten usw. macht sich das Wasser, das durch Undichtigkeiten aus diesen oder aus der Leitung selbst austritt, durch ein sausendes Geräusch bemerkbar. Wenn man die Stelle, an der das Geräusch am lautesten auftritt, festgestellt hat, kann man die genaue Lage des Schadens leicht mit dem Geophon (s. d.) bestimmen.

Abkühlung, eine A. von gewerblichem Abwasser (s. d.) und Kondenswasser (s. d.) ist notwendig, wenn es mit hoher Temperatur anfällt und abgeleitet werden soll. Abwasser darf nur bis zu einer Temperatur von höchstens 30—35° in ein Abwasser - Leitungsnetz oder in einen Flußlauf eingeleitet werden wegen der sonst besonders an den Leitungen zu befürchtenden Schäden. Zur A. benutzt man Kühlteiche (s. d.), Kühltürme (s. d.) oder Ausgleichbecken (s. d.), in denen nach Möglichkeit noch eine Vermischung mit kälteren Abwasserarten erfolgt.

Ablagerung, zu Boden gesunkene Ausscheidung von Sinkstoffen und absetzbaren Schwebestoffen in ruhendem oder träge fließendem, verschmutztem Wasser (z. B. Sand- oder Schlammablagerung in Sandfängen, Schlammfängen, Absetzbecken, „Bodenschlamm" in Gewässern) (s. Bodenschlamm).

Ablagerungsrohr, ein Bestandteil der Bohrbrunnen, es dient als Schlammfang. Die , Ablagerungsstoffe werden von Zeit zu Zeit mit dem Ventilbohrer entfernt. Der Baustoff ist der gleiche wie beim Brunnen-Mantelrohr (nach Bieske) (s. a. Brunnenrohre).

Ablaßrohr, aus der Wandung oder dem Boden eines Wasser- oder Schlammbehälters austretendes, i. a. verschließbares Rohr, durch das der darüber befindliche Behälterinhalt nach Bedarf abgelassen werden kann. Ein am tiefsten Behälterpunkte austretendes A. heißt **E n t l e e r u n g s r o h r,** ein höher austretendes, die Füllhöhe begrenzendes oder das Überlaufen verhinderndes, i. a. unverschlossenes A. heißt **Ü b e r l a u f r o h r.** Gegebenen-

falls, wie z. B. beim Schreibregenmesser und bei selbsttätigen Spüleinrichtungen für das Entwässerungsnetz kann das A. auch als **H e b e r r o h r** ausgebildet sein.

Ablauf, Bauteil einer Entwässerungsanlage, durch den das Abwasser, und zwar insbesondere das Niederschlagswasser in das Leitungsnetz abläuft. Z. B. Straßenablauf (statt Gully), Hofablauf, Gartenablauf, ferner auch Kellerablauf, Badablauf, Bodenablauf usw. zahlreiche Abläufe und einzelne Teile davon sind genormt: DIN 590 bis 594, 597, 1207, 1213, 1378, 4052 und 4053 nebst Beiblatt.

Ablaufkrumme, Ablaufkurve, Begrenzung der Summenlinie für die Zeitspanne, in der die Abflußmenge von ihrem Höchstwert bis auf Null abnimmt (siehe Summenlinie, Anlaufkrumme).

Ablaufstelle, jede Stelle einer Entwässerungsanlage, an der Abwasser zum Abfluß gelangt. Innerhalb der Gebäude ist jede A. mit einem Geruchverschluß zu versehen, außerhalb der Gebäude herabführende Fallrohre für Regenwasser nur dann, wenn sie so angeordnet sind, daß aufsteigende Gase in bewohnte Räume oder auf Balkone dringen können. Einzelheiten über A.n enthalten die bei dem Stichwort „Grundstücksentwässerung" aufgeführten Normblätter, in denen auch weitere Normblätter genannt sind die für A.n Bedeutung haben.

Ablaugen s. Beizablaugen, Endlaugen, Sulfitablauge.

Abnahme des Sauerstoffbedarfs, Unterschied zwischen dem Sauerstoffbedarf eines Abwassers vor und nach der Klärung oder Reinigung. Mittel zur Beurteilung der Wirkung eines Klär- oder Reinigungsverfahrens. Je größer die A. bei dem Durchfließen einer Klär- oder Reinigungsanlage ist, um so besser ist deren Wirkung. Bei den besten biologischen Verfahren wird eine A. von mehr als 90 v. H. erzielt, d. h. der Sauerstoffbedarf des aus der Reinigungsanlage kommenden Wassers beträgt weniger als 10 v. H. von dem des ihr zufließenden Wassers (s. Sauerstoffbedarf).

Abort, Abtritt, Klosett, Retirade, Raum mit Einrichtungen zur Aufnahme und Abführung der menschlichen Ausscheidungen.

Abortbecken, an das Fallrohr angeschlossenes, mit Sitzbrille versehenes Becken aus emailliertem Gußeisen, Steinzeug oder Steingut zur Aufnahme der menschlichen Ausscheidungen. Entweder mit Wasserspülung (Spülabortbecken) oder ohne eine solche (Trockenabortbecken) (s. Fallrohr).

Abortdruckspüler, eine an die Wasserleitung angeschlossene und mit dem Abortsitzbecken verbundene Vorrichtung zu dessen Spülung. Sie wird mit einem Druckknopf oder Druckhebel, der das Abschlußventil entlastet und damit dem Wasser den Weg zum Spülen freigibt, betätigt. Das Abschlußventil schließt sich dann nach einer einstellbaren Zeitdauer selbsttätig wieder. Es muß stoßfrei arbeiten und gegen Rückfluß unreinen Wassers gesichert sein. (DIN 3265).

Abortgrube, in den Erdboden eingebauter Behälter aus Mauerwerk oder Beton, der die aus dem Fallrohr eines Gebäudes kommenden menschlichen Ausscheidungen aufnimmt. Die A. muß wasserundurchlässig sein, damit der Untergrund nicht verseucht wird. Sie ist meist mit Bohlen oder anehmbaren Betonplatten überdeckt. Die Räumung der A. ist immer mit starker Geruchsbelästigung verbunden.

Abortspül - Leitung, die Leitung, durch die den im Abortraum befindlichen, zur Aufnahme der menschlichen Ausscheidungen dienenden Einrichtungsgegenständen (z. B. Abortbecken) das zu ihrer Reinhaltung nötige Spülwasser zugeführt wird. Sie muß derart ausgebildet sein, daß bei einer Entleerung der Wasserversorgungsleitung kein Schmutzwasser aus den zu spülenden Gegenständen in die Versorgungsleitung gesaugt werden kann. (Rohrunterbrechung.)

Absaugefahrzeug, mit Spül- und Saugvorrichtung, Schlammsammelkessel und Spülwasserbehälter ausgerüstetes Motorfahrzeug zur Entfernung und Abfuhr des Schlammes aus den Sinkkästen der Straßenabläufe. Die A. fahren von Ablauf zu Ablauf, saugen den ausgespülten Schlamm durch Unterdruck in den Schlammsammelkessel und fahren ihn nach den Sammelplätzen, wo sie durch Umkippen entleert werden. Das A. kann auch bei der Entleerung von Abortgruben Verwendung finden.

Absaugen der Geruchverschlüsse. Unerwünschter, i. a. nur bei fehlerhafter Anlage der Innenentwässerung eintretender Vorgang, der darin besteht, daß das im Fallrohr abstürzende Wasser durch Mitreißen der im anschließenden Schenkel des Geruchverschlusses befindlichen Luft einen Unterdruck erzeugt und dadurch das im Geruchverschluß befindliche Wasser absaugt. Das A. kann vermieden werden, wenn man den Scheitelpunkt des Geruchverschlusses an das Fallrohr · oder besser an ein besonderes, bis über Dach geführtes Lüftungsrohr anschließt, weil dann die nachdringende Luft die Entstehung eines Unterdruckes verhindert (s. Fallrohr, Geruchverschluß, Wasserverschluß).

Absaugspülbecken s. Spülabortbecken.

Abscheider, Bauteile der Entwässerungsanlage eines Grundstücks, die dazu dienen, Stoffe, die nicht in das Straßenleitungsnetz gelangen sollen, aus dem Abwasser abzuscheiden und zurückzuhalten. Man unterscheidet: Sandabscheider, Schmutzabscheider,

Fettabscheider, Benzinabscheider u. a. Benzinabscheider und Fettabscheider sind durch DIN 1999 und DIN 4040 bis 4042 im Deutschen Normenwerk festgelegt. Auf Anordnung des Reichsarbeitsministers dürfen nur solche Benzinabscheider und Fettabscheider verwendet werden, die von den dafür bestehenden Prüfausschüssen beim Deutschen Gemeindetag mit Erfolg geprüft worden sind.

Abschlaggeräte, Geräte zur sicheren Entnahme von Wasserproben für bakteriologische Untersuchungen, insbesondere von Wasser aus Teichen und

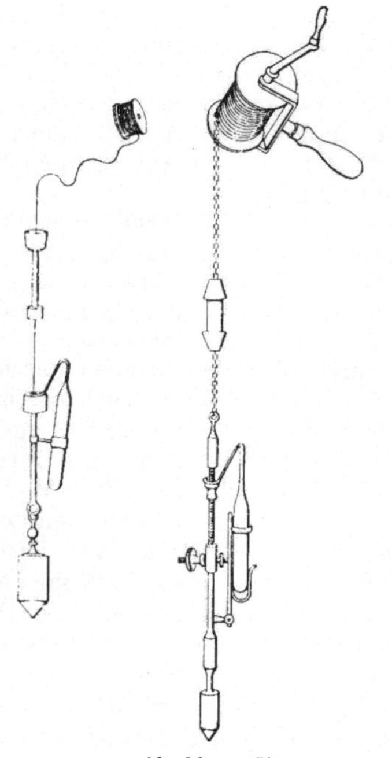

Abschlaggeräte.

Seen. An einem Senklot ist ein gläsernes Abschlagröhrchen angebracht. Dieses ist luftleer und besitzt einen halsartigen gekröpften Ansatz, der um die Lotschnur gehakt wird. Das Röhrchen kann mit einer eingeteilten Schnur oder Kette bis zu der gewünschten Tiefe herabgelassen werden. Ein an der Schnur oder Kette laufendes Fallgewicht wird dann fallen gelassen und schlägt dabei den Hals des Röhrchens ab, so daß sich dieses in der gewünschten Tiefe mit Wasser füllen kann.

Abschreibungen von Wasserwerken (Absetzung für Abnutzung), alljährliche Rücklagen, die es ermöglichen, unbrauchbar gewordene Anlagen oder Einrichtungen zu erneuern. Die A. werden in Hundertsätzen von den Herstellungskosten vorgenommen. Die Höhe des Hundertsatzes richtet sich nach der Dauer der Brauchbarkeit der einzelnen Werksteile. Die Güte der Ausführung einer Anlage oder Einrichtung und deren Unterhaltung beeinflussen den Abschreibungssatz stark. So kann beispielsweise eine Leitung aus Schleudergußrohren nach einem geringeren Satz abgeschrieben werden als eine solche aus Sandgußrohren. Talsperren, die mit äußerster Sorgfalt hergestellt und immer gut unterhalten werden müssen, erfordern nur eine geringe Abschreibung. Rohrbrunnen hingegen, deren Hauptteile unzugänglich sind, und die deshalb nicht gewartet werden können, müssen nach einem höheren Satz abgeschrieben werden. Als Abschreibung für das gesamte Werk können 4—4½ v. H. als ausreichend angesehen werden.

Der Oberfinanzpräsident Mitteldeutschland in Magdeburg — als Vorort für Versorgungsbetriebe — hat im Benehmen mit der Wirtschaftsgruppe Gas- und Wasserversorgung die nachstehend angeführten Grundzahlen über die Lebensdauer von Wasserversorgungswerken und -anlagen zum Gebrauch für die Finanzämter ausgearbeitet, die bei der Finanzierung zu beachten sind.

Durchschnittliche Nutzungsdauersätze für Wasserwerke.

	Lebensdauer Jahre	Hiernach Abschreibungs u. Rücklagesätze v. H.
Wohngebäude, typische, normal verwertbar . . .	100	1
Sonstige Wohngebäude und Verwaltungsgebäude .	50—75	1,3—2,0
Betriebsgebäude, soweit sie nach der Einheitsbewertung nicht als Betriebsvorrichtungen zu behandeln sind oder als maschinelle Anlagen anzusehen sind, da mit dem Ausbau der Innenanlage das Gebäude wertlos wird	50—75	1,3— 2,0
Brunnen, gemauert	40—50	2,0— 2,5
Rohrbrunnen	10—25	4,0—10,0
Quellfassungen	25—40	2,5— 4,0
Talsperren	70—100	1,0— 1,4
Stollenanlagen	70—100	1,0— 1,4
Sammelbecken	40—60	1,7— 2,5
Hochbehälter	50—75	1,3— 2,0
Wasserreinigungsanlagen einschl. Gebäude, soweit letztere bei der Einheitsbewertung als Betriebsvorrichtungen zu behandeln sind	20—30	3,3— 5,0
Rohrleitungen, gußeiserne	30—60	1,7-- 3,3
Rohrleitungen, Stahl	25—40	2,5— 4,0
Rohrleitungen, Eisen, Beton und Asbestzement (angenommene Nutzungsdauer, da bisher keine Erfahrungen vorliegen)	15—25	4,0— 6,6
Hausanschlüsse, soweit nicht im Rohrnetz enthalten	25—30	3,3— 4,0
Maschinen und Apparate	15—25	4,0— 6,0
Kreiselpumpen	5—10	10,0—20,6
Kolbenpumpen	15—25	4,0— 6,0
Hof-, Uferwegebefestigungen und Gleisanlagen . .	30—40	2,5— 3,6
Wasserzähler	10—20	5,0—10,0
Inventar	10—20	5,0—10,0
Werkzeug und Geräte	5	20,0
Büromaschinen	4— 8	12,5—25,0
Fuhrpark	4— 5	20,0—25,0

Anmerkung: Die Sätze gelten nur, insoweit Gegenstände nicht als kurzlebige Wirtschaftsgüter anzusehen sind und von den Versorgungsbetrieben nicht als solche behandelt werden.

Absenkungsfläche, Absenkungskurve, Absenkungstrichter s. Brunnen im ungespannten Grundwasser.

Absenkungsgleichungen für die Wasserentnahme aus Brunnen sind von Dupuit, A. Thiem und Forchheimer auf Grund des Darcyschen Gesetzes (s. Filtergesetz) aufgestellt worden.

Im unbewegten Grundwasser, also in einem stehenden Grundwasserbecken, bildet der nicht abgesenkte Wasserspiegel eine horizontale Ebene. Sobald man dem Brunnen Wasser entnimmt, senkt sich der Wasserspiegel, und zwar nicht nur im Brunnen selbst, sondern auch in dessen Umgebung. Er nimmt bei weiterem Pumpen allmählich die Form eines Trichters an, des sogen. Absenkungstrichters. Die Oberfläche des abgesenkten Wasserspiegels nennt man die Absenkungsfläche, ein Schnitt durch die Brunnenachse zeigt die Absenkungskurve. Im unbewegten Grundwasser ist die Absenkungsfläche eine vollkommene Rotationsfläche, deren Achse die Brunnenachse ist. Als Beharrungszustand bezeichnet man den Dauerzustand der Absenkungsfläche, der eintritt, sobald dem Brunnen soviel Wasser entnommen wird, wie ihm aus dem Grundwasser zufließt. Für die Absenkungsfläche eines Brunnens im unbewegten Grundwasser gelten die Gleichungen:

$$z^2 - h^2 = \frac{q}{\pi k} \cdot (\ln x - \ln r)$$

$$H^2 - h^2 = \frac{q}{\pi k} \cdot (\ln R - \ln r)$$

$$H^2 - z^2 = \frac{q}{\pi k} \cdot (\ln R - \ln x)$$

Es bezeichnen darin
H die Höhe des unabgesenkten Grundwasserspiegels über undurchlässiger oder schwer durchlässiger Sohle bzw. über Brunnenunterkannte (m),
h die Höhe des abgesenkten Grundwasserspiegels am Brunnenmantel über der undurchlässigen Sohle bzw. über Brunnenunterkante (m),
r den Halbmesser des bis zur undurchlässigen Schicht reichenden Brunnens (m),
x und z die Koordinaten eines beliebigen Punktes der Absenkungsfläche (m),
k die Bodendurchlässigkeit für Wasser (m/s),
q die Einzelergiebigkeit (Wassermenge aus einem Einzelbrunnen (m³/s oder l/s),
R die Reichweite der Absenkung, d. h. den Halbmesser des Kreises,

in dem praktisch die Absenkungskurve die Linie des ungesenkten Wasserspiegels berührt (m).

Im bewegten Grundwasser, also bei Vorhandensein einer Grundwasserströmung, kann die Absenkungsfläche keine Rotationsfläche sein, weil nicht nur die durch die Wasserentnahme entstehende Bewegung in der Richtung der Brunnenachse eine Rolle spielt, sondern auch die Eigenbewegung des Grundwassers selbst. Es zeigt sich indessen, daß die Absenkungskurve senkrecht zur Stromrichtung identisch ist mit der Absenkungskurve eines Brunnens im unbewegten Grundwasser. Die Absenkungskurve in der Längsrichtung des Grundwasserstromes liegt jedoch entgegen der Stromrichtung höher und vom Brunnen abwärts gesehen tiefer als die Absenkungskurve im unbewegten Grundwasser. Es gelten aber die für das letztere angegebenen Formeln auch für die Brunnen im bewegten Grundwasser.

Für Brunnen im gespannten Grundwasser besteht die sehr einfache Beziehung, daß die Absenkung des Wasserspiegels immer proportional der entnommenen Wassermenge ist.

Wenn mehrere Brunnen im Grundwasser mit freiem Spiegel stehen (Brunnenketten), so lautet die Absenkungsgleichung

$$H^2 - z^2 = \frac{Q}{\pi k}$$
$$\cdot (\ln R - \frac{1}{n} \ln x_1, x_2 \ldots x_n).$$

Zu den oben schon angegebenen Bezeichnungen treten hier noch
z der Wasserstand in einem Beobachtungsbrunnen über der undurchlässigen Schicht (m),
Q die Gesamtergiebigkeit (Wassermenge) aus allen Brunnen in der Sekunde (m³/s),

R der Halbmesser der Reichweite der Absenkung, bezogen auf den Schwerpunkt der Brunnenanlage (m),

n die Anzahl der Brunnen einer Gruppe,

$x_1, x_2 \ldots x_n$ die Abstände der einzelnen Brunnen von dem Beobachtungsbrunnen (m).

Die sich aus den Gleichungen ergebende technische Möglichkeit der Wasserentnahme ist nach KOEHNE noch zu ergänzen durch die Prüfung der zulässigen Ergiebigkeit, die nur durch planmäßige Beobachtung und durch Verwendung gemachter Erfahrungen mit Erfolg durchgeführt werden kann.

Absetzanlage, Anlage zum Entfernen der absetzbaren Schwebestoffe aus dem Abwasser. Sie besteht i. a. aus Absetzbecken oder Absetzbrunnen, die sehr langsam durchflossen werden, so daß sich dabei der größte Teil der absetzbaren Schwebestoffe als Schlamm zu Boden setzt. Den Absetzbecken und Absetzbrunnen sind meist Rechen, Sandfänge und gegebenenfalls auch Fett- oder Ölfänge vorgeschaltet, durch die das Abwasser von den gröberen Schwimmstoffen, den Sinkstoffen und falls erforderlich auch von Fetten und Ölen befreit wird. Auch Einrichtungen zur Schlammbehandlung gehören zu einer A. Das aus der A. kommende Abwasser enthält noch einen geringen Teil der absetzbaren Schwebestoffe und alle gelösten Stoffe. Da diese Stoffe fast immer vorwiegend organischer Natur sind, ist es fäulnisfähig und darf deshalb dem Vorfluter nur übergeben werden, wenn dessen Selbstreinigungskraft zum Abbau der Schmutzstoffe, die ihm das geklärte Abwasser zuführt, ausreicht. Ist dies nicht der Fall, so muß das Abwasser vor der Einleitung in den Vorfluter auch von dem Rest der absetzbaren Schwebestoffe und so weit wie möglich von den gelösten organischen Stoffen befreit werden, was meist durch biologische Abwasser-Reinigungsverfahren geschieht (s. Abwasserklärung, Abwasser - Reinigung, Absetzklärwerk, zweistöckige Absetzanlage).

Absetzanlage, zweistöckige, s. Zweistöckige Absetzanlage.

Absetzbecken, rechteckiger, quadratischer oder kreisförmiger Behälter aus Beton, Eisenbeton oder Mauerwerk, dessen Tiefe im Verhältnis zur Oberfläche klein ist (Gegensatz zum Absetzbrunnen, der große Tiefe und im Verhältnis dazu kleine Oberfläche hat) und der waagerecht so langsam vom Abwasser durchflossen wird, daß sich während der Durchflußzeit 80 bis 98 v. H. der absetzbaren Stoffe ausscheiden und als Schlamm zu Boden setzen. Am Einlauf des A.s wird i. a. ein durchlochtes oder geschlitztes, lotrecht oder schräg stehendes Tauchbrett angeordnet, das den Wasserstoß aufnimmt und den Zufluß verteilt. Der Auslauf wird durch einen waagerechten, den Abfluß gleichmäßig verteilenden Überfall vermittelt, dem ein nur wenig unter den Wasserspiegel herabreichendes Tauchbrett vorgeschaltet ist, das die Schwimmstoffe zurückhält. Wenn der Überfall sehr lang ist, erhält er zweckmäßig dreieckige Einkerbungen in etwa 0,3 m Abstand voneinander, damit die Überfallkante möglichst gleichmäßig arbeitet. Die mittlere Wassertiefe der A. beträgt i. a. 1,5 bis 2 m, bei großen Anlagen mehr, bei besonders flachen Becken (z. B. Sickerbecken) erheblich weniger. Da sich der größte Teil der absetzbaren Stoffe meist schon in den ersten 20 bis 30 Minuten nach dem Eintritt des Abwassers in das Becken absetzt, während die gesamte Durchflußzeit etwa 90 bis 120 Minuten beträgt, läßt man die Sohle der A. von der Einlaufseite aus nach der Ablaufseite hin ansteigen. Außerdem werden am Einlauf meist

Schlammtaschen angebracht. A. werden auch bei der Aufbereitung von Oberflächenwasser zu Trinkwasser zur Vorklärung verwendet (s. Absetzbrunnen; Absetzbecken, flaches, rechteckiges, kreisförmiges, quadratisches; Absetzbecken, Berechnung; Absetzbecken, Durchflußzeit; Absetzbecken, Schlamm-Menge; Absetzbecken, Wirkung; Absetzbecken, Räumung; Absetzkrumme; Absetzverfahren; Absetzvorgang; Absetzwirkung).

Absetzbecken, Berechnung, a) Für Flockenschlamm absetzendes Abwasser: Der nutzbare Beckeninhalt J in m^3 wird nach der Gleichung $J = Q \cdot Z$ bestimmt, worin Q die durchfließende Wassermenge in in m^3/s u. Z die Durchflußzeit in s ist. Aus J und der mittleren nutzbaren Wassertiefe H in m, für die man i. a. 1,0 bis 1,5 m wählt, ergibt sich die Wasserspiegeloberfläche $O = J/H$ in m^2. Daraus erhält man für quadratische Absetzbecken die Seitenlänge $S = \sqrt{O}$ in m und für kreisförmige Absetzbecken den Durchmesser $D = 2\sqrt{O/\pi}$ in m. Für rechteckige Absetzbecken nimmt man für die Breite B etwa 3 bis 5 H, woraus sich die Länge $L = O/B$ in m ergibt. Beispielsweise ist für $Q = 0,04\ m^3/s$ und $Z = 5400$ s : $J = 216\ m^3$. Wird H = 1,2 m gewählt, so ist $O = 216/1,2 = 180\ m^2$. Hieraus $S = \sqrt{180} = 13,4$ m oder $D = 2\sqrt{180/\pi} = 15,2$ m und mit $B = 5$ $H = 5 \cdot 1,2 = 6$ m : $L = 180/6 = 30$ m. **b) Für körnigen Schlamm absetzendes Abwasser:** Die Wasserspiegeloberfläche O in m^2 wird nach der Gleichung: $O = Q/G$ bestimmt, worin G die durchfließende Wassermenge in m^3/s und G die kleinste Sinkgeschwindigkeit in m/s ist (s. Sinkgeschwindigkeit). Tiefe und Form des Beckens kommen für die Berechnung nicht in Betracht. Am günstigsten wirken i. a. flache Becken ($H = 0,3$ bis

0,5 m) mit großer Oberfläche. Die Durchflußzeit, die nach der Wahl von H nach der Gleichung $Z = H \cdot O/Q = H/G$ errechnet werden kann, darf verhältnismäßig klein sein. Das Verhältnis $Q/O = G$, also die in der Zeiteinheit auf die Einheit der Beckenoberfläche entfallende Wassermenge (Benennung $m^3/s : m^2 = m/s$) wird auch O b e r f l ä c h e n b e l a s t u n g oder F l ä c h e n b e l a s t u n g genannt. Beispielsweise wird für $Q = 0,04\ m^3/s$ und $G = 0,055 \cdot 10^{-3}$ m/s = rd. 0,2 m/h : O $= 0,04/0,055 \cdot 10^3 =$ rd. 730 m^2. Wählt man $H = 0,3$ m, so wird die Durchflußzeit $Z = 0,300/0,055 \cdot 10^3 = 5454$ s.

Absetzbecken, Durchflußzeit, die Zeit Z in s, die das Abwasser braucht, um vom Einlauf eines Absetzbeckens bis zum Auslauf zu gelangen. Bei Flockenschlamm absetzendem Abwasser ist die Durchflußzeit für die Berechnung des Beckens maßgebend, weil von ihr die Klärwirkung abhängt. Sie wird entweder aus der A b s e t z k r u m m e abgelesen oder innerhalb der Grenzen von 3600 bis 7200 s angenommen. Ein für die meisten Verhältnisse brauchbarer Mittelwert ist $Z = 5400$ s. Bei Becken mit sehr geringer nutzbarer Wassertiefe und großer Oberfläche, z. B. Sickerbecken, die für körnigen Schlamm absetzendes Abwasser zweckmäßig sind, ist die Durchflußzeit für den Absetzvorgang i. a. ohne Bedeutung, wenn man nur dafür sorgt, daß die zulässige Grenzgeschwindigkeit von 50 mm/s, bei der die abgesetzten Schlammteilchen fortbewegt werden, nicht überschritten wird. Die Ablesung der Durchflußzeit aus der Absetzkrumme ist i. a. nur nötig, wenn ein Abwasser mit Schlamm von ungewöhnlicher Beschaffenheit vorliegt. Man muß dann, um genaue Werte zu bekommen, für dieses Abwasser unter Berücksichtigung der Sackungskrumme und unter Verwendung eines zylindrischen Absetzglases, dessen Höhe gleich der nutzbaren Wassertiefe im Absetzbecken ist, eine besondere Absetzkrumme ermitteln (s. Absetzkrumme, Sackungskrumme).

Absetzbecken, flaches. Absetzbecken mit verhältnismäßig sehr geringer Wassertiefe, i. a. weniger als 1 m bis herab zu 0,3 m (s. Absetzbecken, Sickerbecken).

Absetzbecken, kreisförmiges. Die kreisförmigen Absetzbecken werden i. a. in radikaler Richtung waagerecht durchflossen, wobei das Abwasser in der Beckenmitte durch ein unter dem Becken gedükertes Zuflußrohr eintritt. Die Mündung des Zuflußrohres in das Becken ist von einem ringförmigen Überfall umgeben, der seinerseits wieder von einem Beruhigungsrechen umschlossen wird. Das geklärte Wasser tritt durch Überfall am ganzen Beckenumfang aus. Unter der Mündung des Zuflußrohres in Beckenmitte befindet sich ein Schlammtrichter, von dem aus die Beckensohle nach dem Umfange hin sanft ansteigt. (Bauart Prüss-Bamag) (s. Absetzbecken, Beruhigungsrechen.)

Absetzbecken, quadratisches. Beim quadratischen Absetzbecken befinden sich Einlauf und Auslauf an zwei gegenüberliegenden Seiten, die Ecken des Beckens sind ausgerundet, der Zufluß erfolgt i. a. unter dem Wasserspiegel unter Aufteilung des Wasserstromes in Beruhigungskammern, der Abfluß mittels Überlauf. Das Becken wird waagerecht durchflossen. Die Sohle ist vom Umfange aus nach der Beckenmitte hin schwach geneigt, ein Schlammtrichter ist nicht vorhanden, sondern lediglich eine rinnenartige Vertiefung rings um die Mittelsäule der Kratzervorrichtung, die den abgesetzten Schlamm vom Beckenumfange aus ständig nach der Mitte hin schiebt, wo er durch eine Membranpumpe abgesaugt wird (s. Dorrbecken, Bamagbecken, Kratzer).

Absetzbecken, Räumung. Man unterscheidet: a) L e e r - o d e r H a n d - a u s r ä u m u n g, b) A b s a u g r ä u - m u n g, c) K r a t z e r r ä u m u n g. Zu a) Der innerhalb 5 bis 10 Tagen angesammelte Schlamm wird nach Entleerung des Beckens mittels Gummischiebern, meist unter Zuhilfenahme von Spülwasser auf der Beckensohle nach einer an der tiefsten Stelle angeordneten Sammelrinne (auch Sammelschacht) geschoben und abgelassen oder durch Pumpen entfernt. Das Verfahren eignet sich i. a. nur für rechteckige Becken und erfordert viel Platz, weil während der Räumung mindestens ein Becken für den regelmäßigen Klärbetrieb ausfällt, es verursacht fast immer Geruchsbelästigung und ist gesundheitlich nicht vollkommen einwandfrei.

Zu b) 1. Die Beckensohle ist in Trichter aufgelöst, in die der Schlamm selbsttätig abrutscht und aus deren Spitzen er täglich ohne Unterbrechung des Klärbetriebes entfernt wird. 2. Über den Becken sind fahrbare Schlammpumpen angeordnet, deren Saugrohre (Schlammrohre) entweder alle Punkte der Beckensohle oder der in ihr befindlichen Schlammrinnen bestreichen.

Zu c) Die Beckensohle wird durch maschinell bewegte Kratzervorrichtungen bestrichen, die den Schlamm ständig oder mit Unterbrechungen nach einer in der Sohle angeordneten Vertiefung (meist größerer Schlammsammelraum) befördern, aus der er abgelassen oder abgepumpt wird. Bei rechteckigen Becken sind die schildförmigen Kratzer an längsbeweglichen, auf Schienen laufenden Wagen oder an endlosen, über Walzen laufenden Bändern befestigt, bei kreisförmigen und bei quadratischen Becken drehen sich die Kratzer um eine in der Beckenmitte stehende Säule (s. Kratzer).

Absetzbecken, rechteckiges. Das rechteckige Absetzbecken wird waagerecht durchflossen, wobei sich der Einlauf und der Auslauf an den beiden gegenüberliegenden Schmalseiten befinden. An der Einlaufseite befinden sich meist je nach der Beckenbreite ein oder zwei Schlammtrichter, die Sohle steigt von der Einlaufseite aus nach der Auslaufseite hin an. Die verschiedenen Beckenarten unterscheiden sich im wesentlichen durch die Art der Ausräumung des abgesetzten Schlammes voneinander (s. Absetzbecken; Absetzbecken, Räumung; Steuernagelbecken, Miederbecken, Steuerbecken).

Absetzbecken, Schlamm-Menge. Aus mittlerem städtischem Abwasser setzen sich im Absetzbecken je Kopf und Tag etwa 1 bis 2 Liter und je m^3 Abwasser etwa 8 bis 16 Liter Schlamm von 98 v. H. Wassergehalt ab. Sind beispielsweise an ein Absetzbecken 20 000 Einwohner mit einem Wasserverbrauch von 130 l/TE $\left(\dfrac{Liter}{Tag \cdot Einwohner} \right)$ angeschlossen, so liefern sie täglich 2600 m^3 Abwasser und rd. 20 bis 40 m^3 wässerigen Schlamm. Nimmt man an, daß der mittlere Stundenzufluß zu dem Absetzbecken $^1/_{18}$ des Tageszuflusses von 2600 m^3 beträgt, so ist das Becken für die Leistung $Q = \dfrac{2600}{18 \cdot 3600} = $ rd. 0,040 m^3/s zu berechnen. Es muß also, wie unter Absetzbecken, Berechnung nachgewiesen ist, eine Grundfläche von 180 m^2 haben. Die Höhe der sich im Becken täglich ansammelndenSchlammschicht beträgt daher unter der Voraussetzung, daß sich der Schlamm gleichmäßig verteilt, bei 40 m^3 Schlamm: $40/180 = 0{,}22$ m. Bei der Tiefenbemessung der Absetzbecken ist die Höhe der Schlammschicht zu berücksichtigen (s. Wassertiefe, nutzbare).

Absetzbecken, Wirkung. Die Wirkung in einem Absetzbecken mit der nutzbaren Wassertiefe H ist dieselbe wie die in einem zylindrischen Absetzglas von der gleichen Wassertiefe H beobachtete, wenn die Durchflußzeit im Absetzbecken gleich der Absetzzeit im Absetzglas ist. Vorausgesetzt ist dabei, daß die waagerechte Durchflußgeschwindigkeit kleiner ist als die Wassergeschwindigkeit, bei der die Schlammteilchen nicht mehr liegen bleiben (Grenzgeschwindigkeit etwa 50 mm/s). Meist liegt die Durchflußgeschwindigkeit bei den üblichen Beckenabmessungen unter der genannten Grenzgeschwindigkeit, nur bei sehr flachen Becken können Ausnahmen eintreten. Wenn die Durchflußgeschwindigkeit senkrecht aufwärts gerichtet ist, soll sie die Grenze von 0,5 bis 4,0 mm (in Ausnahmefällen bis 7 mm) nicht überschreiten, damit sie die Abwärtsbewegung der absinkenden Schlammteilchen nicht zu sehr stört.

Absetzbetrieb. Durchführung der auf einem Absetzklärwerk (Absetzanlage) im Rahmen des Arbeitsplanes ständig wiederkehrenden, gleichartigen Aufgaben. Dazu gehören in erster Linie: Die fortlaufende Feststellung und Aufzeichnung der zu- und abfließenden Wassermenge sowie ihre Verteilung auf die Absetzbecken, die Untersuchung und Notierung der Klärwirkung, die Auswertung der Untersuchungsergebnisse, die planmäßige Beschickung und Räumung der Absetzbecken, die Bedienung der maschinellen Einrichtungen, die Wartung und Unterhaltung der gesamten Anlagen, die Verwaltung der Baustoffe und Geräte, die Buch- und Listenführung, die Berichterstattung an die vorgeordnete Stelle, die Betreuung der Belegschaft usw. Die vorstehenden Gesichtspunkte kommen sinngemäß für den Betrieb jedes Abwasserklär- oder Reinigungswerkes in Frage.

Absetzbrunnen, Klärbrunnen: Quadratischer oder kreisförmiger Behälter mit trichterförmiger Sohle aus Beton, Eisenbeton oder Mauerwerk, dessen Tiefe im Verhältnis zur Oberfläche groß ist (Gegensatz zum Absetzbecken, das kleine Tiefe und im Verhältnis dazu große Oberfläche hat) und der i. a. in lotrecht aufsteigender Richtung vom Abwasser durchflossen wird. Das Abwasser wird meist durch einen in Brunnenmitte bis auf ½ oder ⅔ der Brunnentiefe herabgeführten, unten offenen Einlaufschacht zugeleitet. Der trichterförmig gestaltete Raum unterhalb des Einlaufschachtes dient als Schlammsammelraum, während sich der Absetzvorgang in dem darüber liegenden Raum zwischen der äußeren Wandung des Einlaufschachtes und der inneren Wandung des Brunnens abspielt, wo sich die absinkenden Stoffe von dem aufsteigenden Wasser trennen. Das geklärte Wasser verläßt den Brunnen entweder durch Überläufe am oberen Rande oder auch, um die Mitnahme von Schwimmschlamm zu vermeiden, unter dem Wasserspiegel durch rings um den Einlaufschacht angeordnete Rinnen. Der Schlammsammelraum muß fortlaufend, mindestens aber so regelmäßig geräumt werden, daß das vom unteren Rande des Einlaufschachtes her aufsteigende Wasser keinen bereits abgesetzten Schlamm mitnehmen kann (s. Dortmunder Brunnen, Mairichbrunnen).

Absetzglas, meist kegelförmiges am Spitzende durch eingeätzte Striche in cm³ geteiltes Standglas von 40 cm Höhe und 1 Liter Inhalt, das in einem Holzgestell auf der Spitze stehend gehalten wird und dazu dient, die Raum-Menge der Stoffe zu bestimmen, die sich während einer gewissen Zeit aus dem Abwasser absetzen.

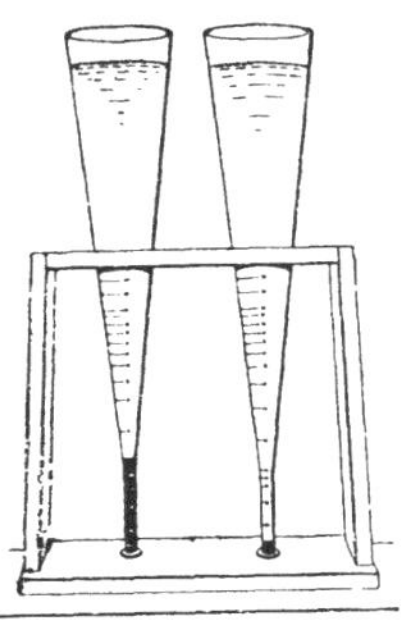

Kegelförmige Absetzgläser nach IMHOFF.

Absetzglas, konisches, s. Absetzglas.

Absetzglas nach Spillner, Röhrenförmiges, an einem Gestell hängendes Glas zur Bestimmung der in verschmutztem Wasser befindlichen absetzbaren Schwebestoffe. Das A. ist etwa in der Hälfte seiner Länge stark verjüngt, so daß der untere, zur Aufnahme abgesetzten Schlammes bestimmte Teil wesentlich kleineren

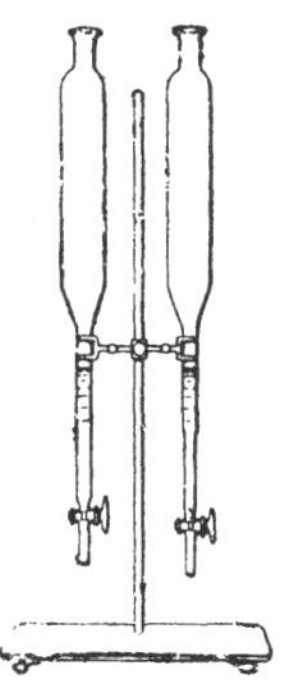

Absetzgläser nach SPILLNER.

Querschnitt hat als der obere. Durch Öffnen eines unten angebrachten Hahnes kann der Schlamm zur Bestimmung seines Gewichtes oder zwecks weiterer Untersuchung abgelassen werden. Meist sind an dem Gestell zwei Absetzgläser aufgehängt, von denen das eine für das ungeklärte und das andere für das geklärte Abwasser bestimmt ist.

Absetzglas, trichterförmiges, s. Absetzglas.

Absetzglas, zylindrisches, zylindrisches, an unteren Ende durch eingeätzte Striche in cm³ geteiltes Standglas zur Bestimmung der Raum-Menge der Stoffe, die sich während einer bestimmten Zeit aus dem Abwasser absetzen. Das zylindrische Absetzglas wird an Stelle des gebräuchlichen und genauer messenden kegelförmigen Absetzglases i. a. nur angewendet, wenn man den Absetzvorgang, der sich bei Schlamm von ungewöhnlicher Beschaffenheit im Absetzbecken abspielt, nachahmen und durch eine Absetzkrumme darstellen will (s. Absetzkrumme; Absetzbecken, Durchflußzeit).

Absetzklärwerk, Abwasserkläranlage, deren Aufgabe es ist, das Rohwasser bis zur Entfernung der absetzbaren Schwebestoffe zu klären. Zum A. gehören hiernach nicht nur die eigentlichen Absetzeinrichtungen (z. B. Absetzbecken, Absetzbrunnen), sondern auch die der Vorbehandlung des Abwassers dienenden Anlagen (z. B. Rechen, Sandfang, Ölfang) sowie die Einrichtungen für die Schlammbehandlung (z. B. Faulräume, Schlammtrockenplätze) (s. Absetzanlage, zweistöckige Absetzanlage).

Absetzkrumme, Absetzkurve, Verbindungslinie der Punkte, die die Absetzzeiten als Abszissen u. die ihnen entsprechenden, im Absetzglas gemessenen Raum-Mengen des abgesetzten Schlammes als Ordinaten haben. Die A. läuft zunächst steil nach oben, weil sich der größte Teil der absetzbaren Stoffe (etwa 70 bis 80 v. H.) schon nach 20 bis 30 Minuten abscheidet, sie biegt dann scharf um (nach 60 Minuten etwa 90 bis 95 v. H.) und erreicht unter geringem weiteren Anstieg bei etwa 120 Minuten ihren praktischen Höchst-

wert (etwa 98 v. H.) (s. Sackungskrumme).

Absetzraum. Der Raum, in dem sich der Absetzvorgang abspielt. Beispielsweise gehören die Schlammtaschen eines Absetzbeckens sowie der über der Sohle vom Schlamm und von Schlammkratzern eingenommene Raum nicht zum A. Desgleichen ist im Absetzbrunnen nur der obere, vom Abwasser senkrecht durchflossene Teil A. In einer zweistöckigen Kläranlage, in der der ausgeschiedene Schlamm ständig durch Bodenschlitze des Absetzbeckens in den darunter liegenden Faulraum rutscht, ist das ganze obere Becken A. (s. Absetzvorgang).

Absetzraum, in aufsteigender Richtung durchflossener, der im Absetzbrunnen ·für den lotrecht aufsteigenden Durchfluß des Abwassers verfügbare freie Raum (s. Absetzraum).

Absetzraum, waagerecht durchflossener, der im Absetzbecken für den waagerechten Durchfluß des Abwassers verfügbare freie Raum (s. Absetzraum).

Absetzstoffe, absetzbare Schwebestoffe s. Schwebestoffe. Gesamtschwebestoffe.

Absetzteich s. Auflandungsteich.

Absetztrichter s. Trichterstofffänger.

Absetzung für Abnutzung, ein mit Abschreibungen gleichedeutender Begriff (s. Abschreibungen von Wasserwerken).

Absetzverfahren. Bei der Trinkwasserbehandlung die einfachste Form der Klärung eines trüben Wassers durch Ausscheidung der ungelösten Schwebestoffe, die die Trübung verursachen. Das Verfahren findet Anwendung, wenn Oberflächenwasser als Trinkwasser benutzt werden soll. Es wird im Absetzbecken vorgenommen. Die Klärung ist um so vollständiger und besser, je größer der Inhalt des Absetzbeckens ist. Eine besondere Art des Absetzbeckens bilden die Vorteiche der

Trinkwasser - Talsperren. Auch die Binnenseen wirken als Absetzbecken. Mit den Schwebestoffen setzen sich auch die ihnen nahestehenden Bakterien größtenteils ab. Trotzdem kann man das A. aber nur als eine Vorreinigung ansehen. Um das geklärte Wasser als Trinkwasser verwenden zu können, muß es anschließend noch gefiltert und entkeimt werden. Die Klärung kann entweder im Dauerbetrieb (kontinuierlicher Betrieb), bei dem dauernd Wasser zu- und abläuft, oder im unterbrochenen (intermittierenden) Betrieb erfolgen, bei dem das Wasser im gefüllten Becken längere Zeit stehen bleibt. Die Form der Absetzbecken wählt man so, daß beim Dauerbetrieb die Durchflußgeschwindigkeit 2 bis 10 mm/s beträgt. Diese Bedingung erfordert für den Durchfluß von 1 l Wasser in der Sekunde einen Querschnitt von 0,5 bis 0,1 m². Die Länge des Beckens ist so zu bemessen, daß sich das Wasser je nach dem zu fordernden Reinheitsgrad bis 6 Stunden im Becken aufhält. Die Wassertiefe schwankt gewöhnlich zwischen 2 und 5 m (nach Groß). Beim unterbrochenen Betrieb spielen die Ausmaße der Becken keine besondere Rolle.

Zur Beschleunigung des Absetzvorganges setzt man Fällmittel zu. Die Aufenthaltsdauer des Wassers im Absetzbecken beträgt dann 4 bis 24 Stunden. Das meist benutzte Fäll- und Ausflockungsmittel ist schwefelsaure Tonerde (Aluminiumsulfat), neuerdings auch Eisensulfatchlorid. Zur Bekämpfung der im Absetzbecken zuweilen auftretenden Algenplage hat sich ein Zusatz von Kupfersulfat oder Chlor bewährt.

Das Abwasserwesen, Abwasserklärverfahren, bei dem nach entsprechender Vorklärung (z. B. durch Rechen und Sandfänge) die Fließgeschwindigkeit des Abwassers in geeigneten Bauwerken so weit verlangsamt wird, daß fast alle absetzbaren Schwebestoffe als Schlamm ausgeschieden werden und das abfließende Wasser vorwiegend nur noch die halbgelösten (kolloiden) und gelösten Stoffe enthält. Infolge des Gehaltes an halbgelösten Stoffen ist das im A. geklärte Abwasser noch nicht vollkommen klar, das A. ergibt daher nur eine Teilklärung des Abwassers, die aber so weitgehend ist, daß sie in den meisten Fällen allen Anforderungen genügt (s. Abwasserklärung, Absetzbecken, Absetzbrunnen, Auflandungsteich, Klärturm).

Absetzvorgang. Naturvorgang in ruhendem oder sehr schwach bewegtem, ungelöste Stoffe enthaltendem Wasser. Der A. besteht im langsamen Absinken und zu Boden setzen gröberer und fein verteilter Stoffe, die bei Bewegung des Wassers durch dessen Schleppkraft und infolge ihrer Kleinheit in der Schwebe gehalten werden. Der A. ist nicht nur von der Wichtezahl der absetzbaren Stoffe abhängig, sondern auch von ihrer allgemeinen Beschaffenheit. Je nachdem die Stoffe körnig, flockig, krümelig, glatt, rauh, schleimig usw. sind und je nach ihrem Wasseraufnahmevermögen, ihrer Adsorptionsfähigkeit (Zusammenballung, Flockenbildung) und ihrer Neigung, sich zu zersetzen, verläuft der A. anders. Auch die Temperatur ist dabei von Einfluß. Da das Abwasser i. a. ein Gemisch der verschiedenartigsten Schwebestoffe enthält, ist der A. bei ihm besonders verwickelt (s. Schwebestoffe).

Absetzwirkung. Die A. in Absetzbecken läßt sich durch Versuche im Absetzglas nur näherungsweise feststellen, weil sich bei der Anwendung im Großen verschiedene Einflüsse bemerkbar machen, die im Laboratorium nicht nachgeprüft werden können. Die wesentlichsten dieser Einflüsse sind: 1. Die Schwankungen der Durchflußmenge und dementsprechend auch der Menge der absetzbaren Stoffe. 2. Die allmähliche Verkleinerung des Durchflußquerschnittes infolge der Schlammsammlung. 3. Die Temperatur des Abwassers und der Luft sowie Luftbewegungen und Sonnenbestrahlung.

Bei der Bemessung der Absetzbecken müssen diese Einflüsse, die sich rechnerisch nicht scharf erfassen lassen, schätzungsweise berücksichtigt werden.

Absetzzeit. Die Zeitdauer, während der im Absetzglas eine bestimmte Absetzwirkung beobachtet wird. Nach Versuchen von FAIR setzen sich 90 v.H. der in 2 Stunden absetzbaren Schwebestoffe aus städtischem Abwasser bereits in der ersten halben Stunde ab. Von den Gesamtschwebestoffen werden in 7 Stunden 68 v. H. und davon in der ersten halben Stunde bereits 40 v. H., in der ersten Stunde 50 v. H. und in den ersten zwei Stunden 60 v. H. abgesetzt (s. Absetzkrumme).

IMHOFF, Taschenbuch der Stadtentwässerung, 10. Auflage 1943, Seite 107.

Absiebanlage, Siebanlage. Kläranlage zur Entfernung der absiebbaren Stoffe aus dem Abwasser. Der A. werden i. a. Grob- und Feinrechen zum Zurückhalten der gröberen Stoffe, gegebenenfalls auch Sandfänge vorgeschaltet. Da sie nur 15 bis 35 v. H. der Schwebestoffe aus dem Abwasser nimmt, kommt sie als selbständige Kläranlage nur in Frage, wenn ein sehr leistungsfähiger Vorfluter zur Verfügung steht. Für vorübergehende Zwecke, z. B. Absieben von Regenwasser oder Mischwasser, das bei hohen Außenwasserständen in den Vorfluter übergepumpt werden muß, leistet sie oft gute Dienste. Das mit Schlamm durchsetzte Siebgut geht rasch in Fäulnis über und muß daher, um Geruchsbelästigungen zu vermeiden, sofort beseitigt (vergraben, verbrannt, vergoren oder ausgefault) werden. Bei städtischem Abwasser beträgt die Menge des anfallenden Siebgutes etwa 20 l/Kopf und Jahr (s. Abwassersieb)

Absiebverfahren, ein Mittel der biologischen Wasseruntersuchung. Absiebgeräte sind das Planktonnetz und das Planktonsieb (s. d.).

Absorption, Einsaugen eines Stoffes in das Innere eines anderen ohne chemische Vereinigung beider Stoffe.

Absperrschieber, Einrichtungen zum Absperren oder zum Drosseln von Leitungen. In der Regel finden Keilschieber Verwendung. Sie bestehen aus einer nach unten verjüngten Schieberplatte, dem Keil, der in einem in die Rohrleitung eingebauten runden oder ovalen Gehäuse mittels einer Schraubenspindel auf und nieder bewegt werden kann und der sich beim Niedergang derart in den Leitungsquerschnitt einschiebt, daß er bei seinem tiefsten Stande beiderseits gegen Dichtungsflächen gepreßt den Querschnitt vollständig absperrt. Die nach oben verlängerte Spindelstange ist durch ein Hülsrohr geschützt. Dazu gehört weiter eine aufsetzbare Schlüsselstange und eine Straßenschutzkappe. Der Einbau in die Rohrleitung erfolgt mit Flansch oder Muffe. Die Straßenkappe muß zur Verhütung des Einsenkens eine Unterlage aus Holz oder Beton erhalten. Die Keilschieber sind nach DIN 3206 bis 3209 genormt. Die Vorschriften befinden sich aber sämtlich in Neubearbeitung. Besondere Arten der Schieber sind die Flachschieber nach DIN 3204 bis 3205, deren Vorschriften ebenfalls neu bearbeitet werden, ferner entlastete Schieber, die Ringkolbenschieber und die Kolbenschieber. Die letzteren, die eigentlich Hähne sind, finden in der Hauptsache nur in Wasserkraftleitungen und bei Grundablässen der Talsperren Verwendung. Im Aw. werden A. außer in Abwasserdruckrohren in großem Umfange auch für Gefälleleitungen benutzt, und zwar einerseits, um das Entwässerungsnetz gegen Rückstau zu schützen und andererseits, um vorübergehend im Leitungsnetz Wasser zu Spülzwecken anzusammeln. Ein Schieber muß jederzeit leicht zu finden sein. Darum wird seine Lage durch seitwärts an den Häuserfronten oder an eingesetzten Betonpfählen angebrachten Hinweisschildern (s. d.) mit genauen Maßen besonders gekennzeichnet (s. Handschieber, Handzugschieber, Kettenrollzugschieber).

Abspiegeln von Entwässerungs-Rohrleitungen, Feststellung des Zustandes einer Entwässerungsrohrleitung von der Straße aus durch Beobachtung ihres beim Durchziehen einer Lampe im Einsteigeschacht nach oben geworfenen Spiegelbildes. Das Bild des von der Lampe beleuchteten inneren Teiles der Leitung wird von einem unteren, im Einsteigeschacht unter 45° Neigung angebrachten Spiegel durch den Schacht hindurch einem auf der Straße ebenfalls unter 45° stehenden Spiegel zugeworfen und in diesem beobachtet. Das A. ermöglicht bei nicht begehbaren Leitungen auf einfache Weise alle Stellen des Leitungsstranges zu ermitteln, an denen sich Muffenundichtigkeiten, eingewachsene Baumwurzeln und Ablagerungen befinden.

Abstellen des Durchflusses bei Sickerbecken, Betriebsmaßnahme während der Dauer der Trocknung und Ausräumung des abgesetzten Schlammes bei geöffneter Sickerung (s. Sickerbecken).

Abstreifer, Reinigungsgerät für Abwasser-Rechen, das von unten nach oben über die Rechenstäbe gleitet, das Rechengut abstreift und aus dem Wasser befördert. Die A. sind i. a. mit Stielen versehene Gummi- oder Stahlblechschieber, oft auch gezahnte Stahlplatten, deren Zähne zwischen die Rechenstäbe greifen. Sie können bei Grobrechen von Hand bedient werden, doch ist bei größeren Anlagen Maschinenantrieb üblich. Die A. der Feinrechen müssen stets maschinell betrieben werden.

Abstreifmaschine, maschinelle Vorrichtung zum Abstreifen der Stoffe, die von einem Abwasser-Rechen zurückgehalten werden (s. Abstreifer).

Absturz, Gefällestufe im Entwässerungsnetz, an der das Abwasser abstürzt. Der A. wird entweder innerhalb eines Einsteigeschachtes angeordnet oder bei großem Höhenunterschied durch ein besonderes **A b s t u r z - b a u w e r k** gegebenenfalls in Form von Kaskaden vermittelt. Er ermöglicht es, die Leitungsstränge auch in stark geneigtem Gelände derart zu verlegen, daß übermäßiges Gefälle vermieden wird.

Abtritt s. Abort.

Abwärme, durch heiße Gase oder durch Kondens- oder Kühlwasser aus einer Verbrennungs- oder Maschinenanlage fortgeführte, überschüssige Wärme, die anderweit nutzbringend verwertet werden kann. In der Abwassertechnik kann beispielsweise die A. aus Faulgasmotoren zur Heizung der Faulräume mit herangezogen werden.

Abwasser, das durch den häuslichen, gewerblichen oder industriellen Gebrauch verunreinigte Wasser sowie das von bebautem Gelände abfließende Niederschlagwasser. Man unterscheidet hiernach in erster Linie folgende Abwasserarten: 1. H ä u s l i c h e s A., das sich im wesentlichen aus dem durch die menschlichen Ausscheidungen verunreinigten Spülabortwasser, aus dem Wasch- und Badewasser und dem von den Küchen kommenden Spül- und Abwaschwasser zusammensetzt. 2. G e - w e r b l i c h e s (o d e r i n d u s t r i e - e l l e s) A., das je nach der Art des Betriebes auf höchst unterschiedliche Weise verunreinigt ist. 3. N i e d e r - s c h l a g w a s s e r (R e g e n - **u n d** S c h n e e s c h m e l z w a s s e r), das den Schmutz von Dächern, Höfen, Gärten, Straßen und Plätzen mitführt.

Außer diesen drei wichtigsten Abwasserarten wird auch jedes nur wenig oder gar nicht verschmutzte Wasser als A. bezeichnet, das zu irgend einer Zeit an irgend einer Stelle als überflüssig zum Abfluß gebracht wird. In diesem Sinne gehören z. B. auch die oft in großen Mengen anfallenden, verhältnismäßig reinen Kühl- und Kondenswässer aus maschinellen Betrieben sowie das Überlaufwasser von Lauf- und Springbrunnen zu den Abwässern. Das s t ä d t i s c h e A. besteht vorwiegend aus häuslichem A., dem je nach der Erwerbstätigkeit der Bevölkerung mehr oder weniger gewerbliches A. beigemischt ist. Wenn dem städtischen A. Niederschlagwasser beigemengt ist, pflegt man von „M i s c h w a s s e r" zu sprechen, im anderen Fall von „S c h m u t z w a s s e r". Die Bezeichnung „Brauchwasser" soll im Aw. nicht angewendet werden, sondern der Wasserversorgungstechnik vorbehalten bleiben.

Abwasserbehandlung, die A. im weiteren Sinne umfaßt sämtliche Maßnahmen, die zur Sammlung, Fortleitung, Reinigung und Beseitigung des Abwassers erforderlich sind. Unter A. im engeren Sinne versteht man die Abwasserklärung und die Abwasserreinigung (s. Abwasserklärung, Abwasserreinigung).

Abwasserbelüftung, Maßnahme, die dazu dient, das Abwasser durch Zuführung von Luftsauerstoff frisch zu erhalten oder zu reinigen (s. Frischhalten des Abwassers, Frischabwasser, Belebungsverfahren, Belüftungsverfahren, Ölfang).

Abwasserbeschaffenheit, je nach dem Verschmutzungsgrad unterscheidet man „d i c k e s", „m i t t l e r e s" und „d ü n n e s" Abwasser, wobei allerdings bestimmte Grenzwerte z. Z. noch nicht festgesetzt sind. Als ungefähre Richtzahlen gelten nach THUMM (· THUMM und RUBNER, GRUBER und

FISCHER: Handbuch der Hygiene, Leipzig 1911): 1. für d ü n n e s Abwasser, im filtrierten Wasser bis 500 mg/l Schwebestoffe, bis 500 mg/l Gesamtabdampfrückstand, bis 100 mg/l Chlor, bis 30 mg/l Ammoniak, bis 10 mg/l organischer Stickstoff und bis 200 mg/l Kaliumpermanganatverbrauch. 2. für m i t t l e r e s Abwasser lauten die entsprechenden Werte: bis 1000, 1000, 150, 50, 30 und 300 mg/l und 3, für d i c k e s Abwasser: über 1000, 1000, 150, 50, 30 und 300 mg/l. Bei städtischem Abwasser kann man den Wasserverbrauch der Bevölkerung zur Beurteilung der A. heranziehen, weil die Schmutzmenge je Kopf ziemlich unverändert bleibt, das Abwasser also mit steigendem Wasserverbrauch dünner wird. SIERP empfiehlt demgemäß in seiner Technologie des Wassers (· Handbuch der Lebensmittelchemie, Band 8, Berlin 1939) Seite 218 für deutsche Verhältnisse das Abwasser bei einem Wasserverbrauch je Kopf und Tag von über 250 Liter als „dünn" von 100 bis 250 Liter als „mittelstark" und von unter 100 Liter als „dick" zu bezeichnen.

Abwasserbeseitigung, Eingliederung des Abwassers in den allgemeinen Wasser-, Stoff- und Energiekreislauf der Natur.

Abwasserbiologie s. Abwasserwesen.

Abwasserchemie s. Abwasserwesen.

Abwasserchlorung, Einführung von Chlor in das Abwasser, um es zu entkeimen oder um seinen üblen Geruch zu beseitigen. Dabei wird das Chlor entweder in Wasser gelöst oder in flüssigen Verbindungen (Hypochloritlaugen) oder in festen Verbindungen (Chlorkalk, Caporit) oder auch in gasförmigem Zustande in das Abwasser eingebracht (s. Chlor, Desinfektion).

Abwasser, dickes, dünnes, s. Abwasserbeschaffenheit.

Abwasserfachgruppe s. Arbeitsgruppe Abwasserwesen.

Abwasser, fauliges, Abwasser, in dem die mitgeführten organischen Stoffe durch Zersetzung in Fäulnis übergegangen sind, ist im Gegensatz zum frischen Abwasser durch seinen Gehalt an Schwefelwasserstoff und anderen Stinkgasen in hohem Maße geruchsbelästigend, seine Farbe ist dunkelgrau bis schwarz. Fauliges Abwasser bildet sich z. B. aus Mangel an Luftzufuhr in langen, geschlossenen Leitungen (Druckrohrleitungen) und infolge von Ansteckung durch faulenden Schlamm, der sich in Vertiefungen (Schlammfängen) oder an sonstigen toten Punkten in Gefälleleitungen ablagert. Mit Rücksicht auf die belästigenden Eigenschaften und die schwere Behandlungsfähigkeit des fauligen Abwassers ist es eine der wesentlichsten Aufgaben der Abwassertechnik, seine Entstehung zu verhindern.

Abwasserfaulraum, vom Abwasser langsam durchflossener Raum, der gleichzeitig als Absetzbecken und als Schlammfaulraum dient. Da das Abwasser durch die Berührung mit dem faulenden Schlamm ebenfalls faulig wird, üblen Geruch verbreitet und den Vorfluter verunreinigt, wird der A. heute i. a. nicht mehr zur Klärung von Abwasser angewendet. Eine Ausnahme besteht nur noch für kleine Klärvorrichtungen (Hauskläranlagen), bei denen dieses wohlfeile, kaum einer Wartung bedürfende Klärverfahren noch vielfach angetroffen wird. Die neueren Bestrebungen gehen jedoch dahin, es auch hier allmählich durch Einrichtungen zu ersetzen, in denen, wie beispielsweise beim Imhoffbrunnen, das Abwasser nicht mit dem faulenden Schlamm in Berührung kommt, sondern „frisch" erhalten wird. Der A. kann jedoch u. U. als Behelfsanlage gute Dienste leisten, wenn offene, gegebenenfalls natürliche Erdbecken benutzt werden können, die in einer anspruchslosen Umgebung liegen, wo Geruchsbelästigungen nicht wesentlich ins Gewicht fallen. Die Durchflußzeit soll dabei, um eine günstige Klärwirkung zu erzielen, 5 bis 6 Tage betragen (s, Travisbrunnen, Imhoffbrunnen, Faulgrube).

Abwasserfischteich, mit gut vorgeklärtem, stark verdünntem Abwasser beschickte, mit Fischen besetzte Teiche, in denen der natürliche Selbstreinigungsvorgang zur Aufzucht von Fischen ausgenutzt wird. Bei der Vorklärung des Abwassers sollen wenigstens 70 bis 90 v. H. der absetzbaren Stoffe entfernt werden, das Verhältnis des Anteils an Verdünnungswasser zu dem an Abwasser soll bei städtischem Abwasser 3 : 1 bis 5 : 1 betragen und muß bei gewerblichem Abwasser je nach dessen Beschaffenheit meist noch wesentlich größer sein. Als Besatzfische kommen vorwiegend Karpfen und Schleien in Frage; wenn das Verdün-

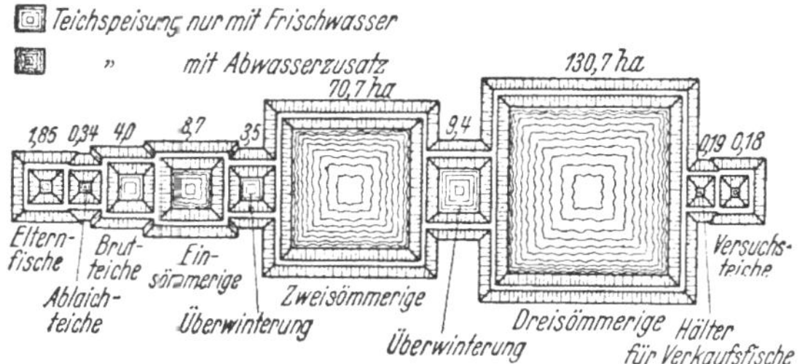

Schematische Darstellung der Flächeneinteilung einer **Abwasserfischteich**-Anlage zur Reinigung der Abwässer von 4—600 000 Einwohnern bei dreijährigem Umtriebe der Fischzucht (nach Schillinger).

nungswasser sauerstoffreichen Gebirgsbächen entnommen wird, auch Regenbogenforellen. A.e haben sich auch als Endstufe der Abwasser-Reinigung hinter Rieselfeldern und Belebungsanlagen bewährt.

Abwasserfliege s. Psychoda.

Abwasserfülle s. Abwasserhöhe.

Abwassergase, durch Zersetzungsvorgänge im Abwasser sich bildende Gase, in erster Linie Methan, Schwefelwasserstoff, Kohlensäure und Ammoniak. Die Menge der A. schwankt mit der Luftzufuhr und mit der Art und dem Grade der Verunreinigung des Abwassers (s. Kanalgase, Entgasung von Entwässerungskanälen, Entlüftung des Entwässerungsnetzes).

Abwassergenossenschaften, gesetzlich gebildete Körperschaften des öffentlichen·Rechts, denen für das Einzugsgebiet eines Wasserlaufes die Reinhaltung und.Regelung der Vorfluter sowie die Abwasserbehandlung und die Abwasserbeseitigung obliegt. Genossen sind i. a. die Kommunalverbände, die nach dem Genossenschaftswasserlauf und seinen Zuflüssen entwässern. Zur Zeit bestehen in Deutschland folgende 10 A.en: E m s c h e r g e n o s s e n - s e n s c h a f t, Essen, seit 1904, K a - n a l i s a t i o n s v e r b a n d f ü r d a s L a i s e b a c h g e b i e t, Waldenburg, seit 1907, L i n k s n i e d e r r h e i n i - s c h e E n t w ä s s e r u n g s g e n o s - s e n s c h a f t, Moers, seit 1913, R u h r - v e r b a n d, Essen, seit 1913, L i p p e - v e r b a n d, Dortmund, seit 1926, N i e r s v e r b a n d, Viersen, seit 1927, S c h w a r z e - E l s t e r - V e r b a n d, Bad Liebenwerda, seit 1928, W u p - p e r v e r b a n d, Wuppertal, seit 1930, M u l d e n - W a s s e r g e n o s s e n - s c h a f t, Chemnitz, seit 1933, W e i ß - E l s t e r - V e r b a n d, Gera, seit 1934.

Abwassergruppe, s. Arbeitsgruppe Abwasserwesen.

Abwasserhöhe, die Höhe, die das auf eine waagerechte Feldfläche gebrachte Abwasser erreichen würde, wenn nichts davon (z. B. durch Versickerung, Verdunstung oder Abfluß) verloren ginge. Gebräuchliche Maßeinheit mm oder m. Erweitert man die A. mit ·der Größe der Feldfläche, auf die das Abwasser gebracht worden ist, so erhält man die A. ausgedrückt durch das Verhältnis der A b w a s s e r f ü l l e zur Größe der bewässerten Fläche, wobei unter Abwasserfülle die Raummenge des aufgebrachten Abwassers zu verstehen ist. Gebräuchliche Benennungen: Abwasserhöhe in mm oder in m, Fläche in ha, Raummenge in m^3 oder l. Ist beispielsweise die A. = 1 mm, so ergibt sich durch Erweiterung mit ha:

$$A. = 1 \frac{mm \cdot ha}{ha} = 1 \cdot 0{,}001 \cdot 10\,000$$

$= 10\ m^3/ha$, worin die Abwasserfülle $= 10\ m^3$ ist (s. Belastung eines Rieselfeldes).

Abwässerkanal, tunnelförmiges, b e - g e h b a r e s zur Aufnahme u. Ableitung von Abwasser dienendes, meist aus Mauerwerk oder Beton hergestelltes Bauwerk. Der A. steht als ein Teil des Entwässerungsnetzes im Gegensatz zu den kleineren, n i c h t b e g e h b a - r e n Rohrsträngen. Rohrstränge und Kanäle fallen unter den gemeinsamen Begriff: A b w a s s e r l e i t u n g, die im Sonderfalle als Schmutzwasserleitung, Regenwasserleitung, Mischwasserleitung usw. bezeichnet wird. Die i. a. mundartlichen Ausdrücke wie Schleuse, Dohle, Siel usw. für Abwasserleitung sollen möglichst vermieden werden. Neuerdings ist man bestrebt, die Bezeichnung „Kanal" im Abwasserwesen zu vermeiden, weil sie in erster Linie für den künstlichen s c h i f f b a - r e n Wasserlauf gilt.

Abwasserklärung, Entfernung ˙ der die Klarheit beeinträchtigenden Stoffe (Trübstoffe) aus dem Abwasser. Der A. muß i. a. eine V o r k l ä r u n g durch Grobrechen, Feinrechen, Siebe,

Sandfänge, Fettfänge vorausgehen, die die gröbsten und groben Stoffe, einen Teil der feineren Stoffe, den Sand und gegebenenfalls auch Fette und Öle beseitigt. Die weitere Behandlung des Abwassers in Absetzbecken führt dann zur Ausscheidung fast aller absetzbaren Schwebestoffe, so daß abgesehen von den, die Klarheit des Wassers meist nicht beeinträchtigenden gelösten Stoffen nur noch ein geringer Teil der absetzbaren (etwa 2 bis 5 v. H.) und die halbgelösten (kolloiden) Stoffe im Abwasser verbleiben. Obgleich die bis dahin getriebene **Teilklärung** noch kein vollkommen blankes Wasser liefert, genügt sie in den meisten Fällen durchaus, so daß die durch chemische und elektrische Klärverfahren erreichbare **Vollklärung**, die alle Trübstoffe entfernt, entbehrt werden kann. Auch als Vorstufe für die biologische Abwasser-Reinigung, die schließlich auch fast alle **gelösten** Stoffe, und zwar vorwiegend solche organischer Art aus dem Abwasser entfernt, steht die Teilklärung durch das Absetzverfahren an erster Stelle. Vorklärung und Teilklärung werden i. a. unter der Bezeichnung „mechanische Klärung" zusammengefaßt, weil bei ihnen die Schmutzstoffe im Gegensatz zur chemischen und zur elektrischen Klärung ausschließlich auf mechanischem Wege aus dem Abwasser entfernt werden. Eine gewisse, nicht nur auf mechanischen, sondern auch auf biologischen Vorgängen (Fäulnis) beruhende Klärung des Abwassers kann auch im durchflossenen Abwasserfaulraum erreicht werden, wenn die Durchflußzeit hinreichend lang ist. Hiervon wird z. B. bei den „vergrößerten Faulräumen" der Grundstückskläranlagen Gebrauch gemacht (s. Abwasserrechen, Grobrechen, Feinrechen. Abwassersieb, Sandfang, Ölfang, Absetzverfahren, Abwasserklärung, chemische; Abwas-serklärung, elektrische; Abwasserreinigung).

Abwasserklärung, chemische, Ausflockung und Fällung der im Abwasser befindlichen Schwebestoffe durch Zusatz von Chemikalien. Als Ausflockungsmittel kommen in erster Linie Eisensalze (Ferrisulfat und Ferrichlorid), für Kohlenwaschwasser auch Kalk, Stärke und Natronlauge in Frage. Die chemische Abwasserklärung ergibt i. a. ein blankes Wasser, das jedoch von den gelösten organischen Stoffen nicht befreit und daher noch fäulnisfähig ist. Der chemischen Abwasserklärung geht zweckmäßig eine mechanische Teilklärung voran, so daß dann nur die noch im Abwasser verbliebenen Trübstoffe ausgefällt zu werden brauchen (s. Abwasserklärung).

Abwasserklärung, elektrische, Ausflockung der nach der mechanischen Teilklärung des Abwassers noch darin verbliebenen Trübstoffe durch den elektrischen Strom. Die Wirkung des elektrischen Stromes beruht darauf, daß die halbgelösten Stoffe durch elektrische Ladung zur Flockung gebracht werden und daß sich an der positiven Elektrode Chlor ansetzt, das mit dem Eisen der Elektrode das die Ausflockung fördernde Eisenchlorid bildet. Eisenelektroden haben sich deshalb am wirkungsvollsten erwiesen. Dem Nachteil, daß die Elektroden allmählich verschmutzen sucht man durch Rührwerke oder durch Einblasen von Luft zu begegnen. Das elektrisch geklärte Abwasser ist blank, aber noch fäulnisfähig, weil es noch gelöste organische Stoffe enthält. Der Keimgehalt ist um 90 bis 95 v. H. verringert, Kolibakterien sind abgetötet. Das Verfahren ist verhältnismäßig kostspielig und kann daher heute den Wettbewerb mit der chemischen Abwasserklärung noch nicht aushalten. Es befindet sich noch im Versuchszustande (s. Abwasserklärung).

Abwasserklärung, mechanische, Entfernung der im Abwasser enthaltenen Schmutzstoffe mit mechanischen Mitteln (s. Abwasserklärung).

Abwassermenge, Gesamtheit des in der Zeiteinheit an irgend einem Orte anfallenden Abwassers. Die Kenntnis der mit der Zeit meist stark wechselnden A. ist für die Berechnung und Bemessung der Entwässerungsanlagen von ausschlaggebender Bedeutung. Während die A. bei gewerblichem Abwasser jeweils durch die Art und die Größe des Gewerbebetriebes bestimmt wird, können für städtisches Abwasser einige allgemeine Gesichtspunkte angegeben werden, nach denen die A. abgeschätzt werden kann. Die **S c h m u t z w a s s e r m e n g e** wird nach dem Wasserverbrauch der Bevölkerung geschätzt, der in Deutschland je nach der Größe und Bedeutung der Ortschaft etwa zwischen 50 und 250 l/TE liegt. Die tägliche Schmutzwassermenge einer Stadt von 50 000 Einwohnern würde hiernach bei einem Wasserverbrauch von

$$100 \text{ l/TE:} \frac{50\,000 \cdot 100}{1000} = 5000 \text{ m}^3$$

betragen. Da sich diese Schmutzwassermenge nicht gleichmäßig über die Tagesstunden verteilt (in den Mittagsstunden kommt die Größtmenge, in den Nachtstunden die Kleinstmenge zum Abfluß), pflegt man für die Berechnung des Leitungsnetzes anzunehmen, daß die gesamten 5000 m³ nicht in 24 sondern bereits in 10 bis 14 Stunden abfließen. Bei der Annahme von 10 Stunden würde z. B. der **g r ö ß t e S t u n d e n a b f l u ß** 500 m³ betragen. Wenn das zu entwässernde Gebiet 400 ha umfaßt, ergibt sich dann die in die Berechnung des Leitungsnetzes einzuführende Schmutzwassermenge zu

$$\frac{500 \text{ m}^3}{400 \text{ ha} \cdot \text{h}} = \frac{500 \cdot 1000}{400 \cdot 3600} \frac{\text{l}}{\text{s} \cdot \text{ha}} =$$

rd. 0,4 l/s · ha. Zur Berechnung des Schmutzwasser - Entwässerungsnetzes beim Trennverfahren müssen dazu noch Zuschläge für etwa eindringendes Grundwasser und für Regenwasser gemacht werden, die sich insgesamt bis auf 100 v. H. belaufen können. Bei der Berechnung von Kläranlagen und Pumpwerken kann man aus wirtschaftlichen Gründen den größten Stundenabfluß etwas kleiner annehmen, indem man die Tagesabflußmenge auf 14 bis 18 Stunden verteilt. Die **R e g e n w a s s e r m e n g e** ist von der jeweiligen Stärke des auf das Entwässerungsgebiet niedergehenden Regens abhängig und wird für die Bemessung der Entwässerungsanlagen durch den Berechnungsregen festgelegt, der auf Grund von langjährigen Beobachtungen ermittelt werden muß (s. Wasserverbrauch, Berechnungsregen, Regenbeobachtungen, Regenstärke, Regenstärkelinie, Regenspende, Regenfülle, Regenhöhe, Regenmenge, Regendauer, Regenhäufigkeit; Regen, Anzahl im Jahr; Regen, wirtschaftlich gleichwertige; Regendiagramm, Regendichtigkeitsbeiwert, Zeitbeiwert, Regenmesser, Regenreihe).

Abwasserorganismen, im Abwasser lebende pflanzliche und tierische Wesen (s. Kleinlebewesen).

Abwasserprobe, dem Abwasser zum Zwecke der Feststellung seiner Beschaffenheit und der Art seiner Verschmutzung durch geeignete Geräte entnommene Wassermenge. Die A. darf i. a. nicht als „Stichprobe" entnommen werden, weil die Abwasserbeschaffenheit im Laufe der Zeit (z. B. eines Tages) meist sehr stark wechselt. Man muß daher entweder eine „Durchschnittsprobe" aus mehreren, zu verschiedenen Tageszeiten entnommenen Einzelproben bilden oder jede Einzelprobe für sich untersuchen und die Untersuchungsergebnisse mitteln.

Abwasserpumpe, Pumpe, deren Bauart die Förderung der im Abwasser

befindlichen Schlammstoffe und gegebenenfalls sogar kleinerer sperriger Stoffe ermöglicht. Für kleine Abwassermengen werden vielfach Membranpumpen angewendet, wenn die Förderhöhe gering ist; andernfalls Kreiselpumpen mit großem Durchtrittsquerschnitt oder Kolbenpumpen mit selbstgesteuerten, tellerförmigen, sich weit öffnenden Ventilen.

GÖTZE, „Die Maschinenbetriebe der Pumpwerke",

PURSCHE, „Die Antriebsmaschinen in den Pumpwerken" sowie

HOFFMANN, „Betriebserfahrungen mit Schmutzwasserpumpen sowie deren Ventilen und Meßeinrichtungen" in dem Werke: „50 Jahre Berliner Stadtentwässerung", Berlin 1928, außerdem Heft 2, „Pumpwerke und Druckrohre", der „Schriftenreihe der Abwasserfachgruppe der Deutschen Gesellschaft für Bauwesen e. V., jetzt: Arbeitsgruppe Abwasserwesen im Arbeitskreis Wasserbau und Wasserwirtschaft der Fachgruppe Bauwesen.

Abwasserreaktion, sichtbare Einwirkung des Abwassers auf gewisse Farbstoffe und meßbare Einwirkung auf den elektrischen Strom nach Maßgabe des Säure- oder Alkaligehaltes des Abwassers. Beispielsweise färbt saures Abwasser blaues Lackmuspapier rot, alkaliches (basisches) dagegen rotes Lackmuspapier blau. Mengenmäßig wird der Säure- oder Alkaligehalt des Abwassers durch Titration mit Farblösung unter Anwendung von Indikatoren oder durch Ionometer bestimmt. Frisches städtisches Abwasser reagiert i. a. basisch, angefaultes dagegen schwach sauer. Gewerbliches Abwasser reagiert je nach der Art des Gewerbebetriebes basisch oder sauer, u. U. auch neutral (s. p_H-Wert, Indikator, Potentiometer).

Abwasserrechen, Vorrichtung zum Zurückhalten der vom Abwasser mitgeführten gröberen Schwimm- und Schwebestoffe. Die A. sind meist aus gleichlaufenden, eisernen Stäben gebildete Gitter-Roste (Stabrechen), und zwar entweder G r o b r e c h e n mit 100 bis 20 mm oder F e i n r e c h e n mit unter 20 bis 5 mm Stababstand (Durchtrittsweite). Man unterscheidet b e w e g l i c h e A., die man (i. a. mit Maschinenkraft) derart durch das Abwasser zieht, daß sie die Stoffe herausfischen, und f e s t e A., die in den Durchflußquerschnitt meist mit der Strömungsrichtung geneigt (Höhe: Länge $= 1 : 3$) oder senkrecht zu ihr, in besonderen Fällen auch waagerecht fest eingebaut sind und von Hand oder durch maschinell angetriebene Abstreifer gereinigt werden. Die Durchflußgeschwindigkeit durch den Rechen muß mindestens 0,6 m/s betragen, damit Sandablagerungen verhindert werden (s. Grobrechen, Feinrechen, Kipprechen, Flügelrechen, Trommelrechen, Kettenstabrechen, Drahtseilrechen).

Abwasserrecht s. Abwasserwesen.

Abwasserreinigung. Beseitigung aller belästigenden und schädlichen Eigenschaften des Abwassers. Der A. muß i. a. immer eine Vorklärung durch Rechen oder Siebe und eine Teilklärung z. B. im Absetzverfahren vorausgehen; vorherige Vollklärung durch chemische oder elektrische Verfahren ist nicht erforderlich, kann aber u. U. zur Entlastung der Reinigungsanlage von Vorteil sein. Die A. entfernt die nach der Teilklärung noch verbliebenen Schwebestoffe, halbgelösten und gelösten organischen Stoffe, so weit, daß das gereinigte Wasser weder fäulnisfähig ist, noch sonstige belästigende oder schädliche Eigenschaften besitzt. Die Verfahren der A. sind biologischer Natur (Abbau der Stoffe durch Kleinlebewesen), und zwar unterscheidet man die n a t ü r l i c h e biologische A., die sich zum Abbau der Schmutzstoffe der reinigenden Kräfte des Erdbodens und des Wassers sowie der auf und in ihnen befindlichen pflanzlichen und tierischen Lebewesen bedient, und die k ü n s t l i c h e biologische A., die die Selbstreinigungsvorgänge der Natur durch künstliche Maßnahmen derart unterstützt, daß sie auf kleinerer Flä-

che und in kürzerer Zeit die gleiche Wirkung erzielt (s. Abwasserklärung, Abbau, Bodenfilter, Rieselfeld, Feldberegnung, Stausee, Abwasserfischteich, Abwasserteich, Füllkörper, Tropfkörper, Belebungsverfahren, Tauchkörper, Tellerkörper, Aërofilter, Biofilter).

Abwassersammler, offener, nicht überdeckter, mit Betonplatten, Klinkern oder Steinpackung ausgekleideter Wasserlauf, der zur Aufnahme und Fortführung der Abwässer (häusliche, gewerbliche und meteorische) eines Entwässerungsgebietes dient. Der Querschnitt ist i. a. ein auf der Spitze stehendes gleichseitiges Dreieck (Böschungen 1 : 1 bis 1 : 1,5), oft auch mit Sohlrinne. Offene Abwassersammler sind in großem Umfange von der Emschergenossenschaft und vom Ruhrverband im rheinisch-westfälischen Bergbaugebiet angewendet worden, weil Bergsenkungsschäden an derartigen Sammlern schneller und billiger behoben werden können als an geschlossenen Abwasserkanälen. Die ständige Berührung des Abwassers mit der Außenluft verhütet Fäulnis und Geruchbelästigung. Die offenen Wasserläufe werden von Zäunen und Hecken eingesäumt, so daß sie für Unbefugte unzugänglich sind.

Abwassersee s. Abwasserteich.

Abwassersieb, Vorrichtung zum Zurückhalten der vom Abwasser mitgeführten feineren Schwebestoffe. Das A. besteht i. a. aus feinmaschigen Gitter-Rosten oder aus einer durchschlitzten Metallplatte, die im Abwasser maschinell bewegt und durch Abstreifer, durch Wasserspülung oder durch Druckluft gereinigt werden; es entfernt je nach seiner Bauart und nach der Be-

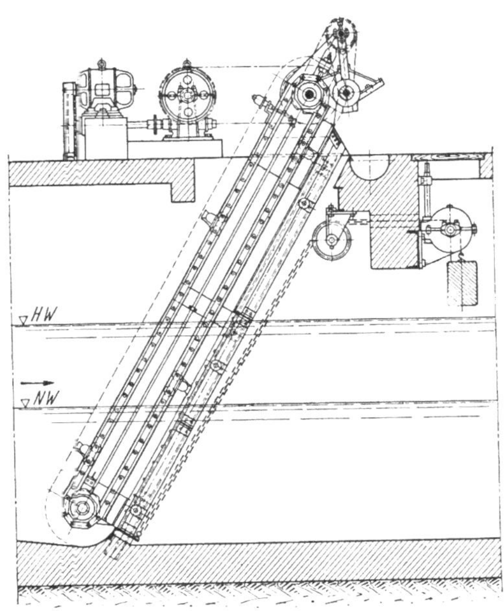

Hochziehbares, geschlitztes Plattensieb mit Aufzuggetriebe, Bauart Breuerwerke. Schlitzweite 2 bis 10 mm. Reinigung durch mehrere an endloser Kette befestigte Siebbürsten, von denen die anhaftenden Stoffe durch einen über der Förderrinne befindlichen Abstreifer entfernt werden.

schaffenheit des Abwassers 15 bis 35 v. H. der darin befindlichen Schwebestoffe. A.e mit einer Maschenweite zwischen 2 und 5 mm (gegebenenfalls auch Siebplatten mit 2 bis 10 mm weiten Schlitzen) werden als G r o b s i e b e , solche mit Maschenweiten unter 2 mm bis herab zu 0,8 mm, wie sie bei Spülsieben üblich sind, werden als F e i n - s i e b e bezeichnet (s. Siebschaufelrad, Sieb-Band, Siebscheibe, Spülsieb, Trommelsieb, Zentrisieb).

Abwasserspende s. Belastung eines Rieselfeldes.

Abwasserstärke s. Belastung eines Rieselfeldes.

Abwasserstoß, sprunghafte Zunahme des Abwasserzuflusses zum Entwässerungsnetz, zum Pumpwerk, zum Klärwerk oder zum Vorfluter. Ursache sind schlagartig einsetzende Regengüsse oder plötzliche Entleerungen größerer, meist aufgespeicherter Abwassermengen aus gewerblichen und industriellen Betrieben. Der A. ist oft mit beträchtlichen Störungen, wie Straßenüberschwemmungen, Überlastung der Pump- oder Klärwerke, Schädigung des Vorfluters verbunden. Sein Auftreten muß deshalb, soweit dies technisch und wirtschaftlich irgend möglich ist, bei der Planung und Ausführung von Entwässerungsanlagen wenigstens schätzungsweise berücksichtigt werden.

Abwassertechnik s. Abwasserwesen.

Abwasserteich, Abwassersee, natürliches oder z. B. durch Anstau künstlich geschaffenes, stehendes Gewässer, das das ihm zugeleitete Abwasser durch Selbstreinigung abbaut. Der A. soll derart betrieben werden, daß der Sauerstoffgehalt des Wassers ständig zum Abbau der ihm zugeleiteten Schmutzstoffe ausreicht. Gegebenenfalls muß das Abwasser im Absetzverfahren vorgeklärt werden. Wenn man ihn zum Schutz gegen Mückenplage mit Fischen (Elritzen und Stichlinge) besetzt, soll der Sauerstoffgehalt wenigstens in einem bestimmten Gebiete des A.es nicht unter 3 mg/l sinken. U. U. kann künstliche Belüftung des A.es in solchen Zeiten, in denen besonders viel Sauerstoff verbraucht wird, in Frage kommen (s. Stausee, Abwasserfischteich).

Abwassertemperatur. Die A. darf bei der Einleitung von Abwasser in das Entwässerungsnetz i. a. 35° nicht übersteigen (Polizeivorschrift, weil übermäßige Wärme die bituminöse Dichtungsmasse in den Muffen der Rohrstränge erweicht und dadurch die Dichtungen verdirbt. Gewerbebetriebe, aus denen heißes Kondens- oder Kühlwasser abfließt, müssen dies daher vor der Einleitung in das Entwässerungsnetz abkühlen (s. Abkühlung). Gewöhnliches städtisches Abwasser ist im Winter i. a. stets wärmer als die Luft und das Erdreich, weil es aus den erwärmten Häusern kommt und die sich in ihm abspielenden biologischen Vorgänge Wärme erzeugen. Die Gefahr des Einfrierens von unterirdischen Abwasserleitungen ist daher, wenn nicht außergewöhnlich strenger Frost herrscht, verhältnismäßig gering. Zur Messung der A. ist ein geprüftes, in halbe Grade geteiltes Thermometer zu verwenden. Die zur Zeit der Messung der A. herrschende Luft-Temperatur ist ebenfalls festzustellen.

Abwasseruntersuchung, Feststellung der für die Abwasserbehandlung und für den Vorfluter wichtigen Eigenschaften des Abwassers auf physikalischem, chemischem, biologischem und bakteriologischem Wege auf Grund plan- und vorschriftsmäßig entnommener Proben. Die p h y s i k a l i s c h e U n t e r s u c h u n g erstreckt sich auf die Feststellung der A b w a s s e r - m e n g e , der A b w a s s e r t e m p e - r a t u r , der W i c h t e , der L e i t - f ä h i g k e i t für den elektrischen Strom, der F a r b e , des G e r u c h e s ,

des Trübungsgrades, der Klärfähigkeit und der Reaktion des
Abwassers. Durch die chemische
Untersuchung werden der Abdampfrückstand, der Glüh-
verlust, der Gehalt an Chlor,
an Stickstoff, an Schwefel,
die Oxydierbarkeit, der Sauerstoffgehalt und der Sauerstoffbedarf festgestellt. Hierzu
kommt noch der Gehalt an Kali und
Phosphor, sofern der Dungwert
des Abwassers in Betracht gezogen
wird. Die biologische Untersuchung erstreckt sich bei dem Abwasser i. a. nur auf die Feststellung
der Faulfähigkeit; erheblich
weitergehende Feststellungen biologischer Art kommen jedoch für die Untersuchung des Vorfluters
in Frage. Die bakteriologische
Untersuchung ermittelt die Anzahl der in einem cm³ Abwasser enthaltenen Keime und stellt fest, welcher Art diese Keime sind (s. die einzelnen Stichworte der vorstehend gesperrt gedruckten Begriffe, wie Abwassermenge, Abwassertemperatur,
Wichte, Leitfähigkeit usw.).

Abwasserverregnung s. Feldberegnung.

Abwasserverteiler für Tropfkörper,
Vorrichtung, um das im Absetzbecken
entschlammte Abwasser fein und
gleichmäßig, ununterbrochen oder zeitweise über die Oberfläche eines Tropfkörpers zu verteilen. Die Bauart des
A.s ist von der Form des Tropfkörpers
abhängig, wobei man feste und bewegliche A. unterscheidet. Feste A.:
s. Dunbarsche Deckschicht, Rinnenverteiler, Kipprinne, Streudüsen, Verteilerscheibe. Bewegliche A.: s.
Drehsprenger, Wandersprenger.

Abwasserverwertung, Nutzbarmachen
der im Abwasser enthaltenen Wertstoffe und Energien. Als Wertstoffe
kommen beispielsweise in Frage: Benzin und Benzol aus den Leichtflüssig-
keitsabscheidern, ferner Öle und Fette
sowie Dungstoffe, wie Kali, Phosphorsäure, Stickstoff, Humus und Bodenbakterien, das Wasser selbst als Wachs-
tumsförderer und nach ausgiebiger
Reinigung auch zur Anreicherung des
ober- und unterirdischen Wasserschatzes. Kohle aus Kohlenwasch-
wässern, Phenol aus Kokereiabwäs-
sern und sonstige wertvolle Stoffe aus
geweblichen und industriellen Abwässern. Energie wird z. B. aus dem bei
der Ausfaulung des Abwasserschlammes anfallenden Methangas und gegebenenfalls auch aus Gefällstufen bei
der Abwasserableitung gewonnen.

Abwasserwesen, Gesamtheit der mit
dem Abwasser zusammenhängenden
Fragen und Aufgaben. Je nachdem
diese technischer, wirtschaftlicher, chemischer, biologischer od. rechtlicher Art
sind, gliedert sich das A. in Abwassertechnik, Abwasserwirtschaft, Abwasserchemie, Abwasserbiologie u. Abwasserrecht. Der Begriff „Wirtschaft" ist
hierbei im weitesten Sinne des Wortes zu verstehen, so daß auch die dem
Schutze und der Erhaltung der Volksgesundheit dienenden Aufgaben in das
Gebiet der Abwasserwirtschaft fallen.

Abwasserwirtschaft s. Abwasserwesen.

Abwasserzone, das von der Verschmutzung durch Abwassereinleitung
besonders stark beeinflußte Gebiet
eines Vorfluters (s. Saprobiensystem).

Abzweigungsbauwerk s. Kreuzungsbauwerk.

Acetylenanlagen s. Azetylenanlagen.

Acidität = Alkaliverbrauch. Die A.
wird durch Mineralsäure sowie Kohlensäure usw. bewirkt. Man unterscheidet:

1. **Methylorange-Acidität**
gegen den Indikator Methylorange.
Durch Rotfärbung wird Mineral- oder
organische Säure festgestellt.

2. **Phenolphthalein-Acidi-
tät** = Gesamt-Acidität gegen den In-

dikator Phenolphthalein. Der Umschlag des Indikators zeigt die Gesamt-Acidität an. Diese ist die Säuremenge, die die gesamten abspaltbaren Wasserstoffionen (s. d.) umfaßt. Sie ist bei den meisten natürlichen Wässern auf den Gehalt an freier Kohlensäure zurückzuführen.

Adhäsion, das Anhaften oder die Anhaftung.

Adka - Stoffänger s. Schwimmstofffänger.

ADM - Verfahren (Adler - Diachlor-Mutonit - Verfahren). Dies Verfahren sieht eine Überchlorung des Wassers zur Oxydation der Phenole und anderer geschmackbildender Stoffe als Aufbereitungsmaßnahme vor. Die Menge des zuzusetzenden Chlores wird nach L i n k mit Hilfe des Chlordiagramms durch Festlegung der Chlorzahl nach bestimmten Einwirkungszeiten festgesetzt. Sie beträgt je nach dem Verschmutzungsgrad des Wassers 1 bis 7 mg/l. Nach einer genügend langen Kontaktzeit, nach der noch etwa 0,5 mg/l Restchlor im Wasser vorhanden sind, wird dieses in Dechloratoren, die mit Aktiv-Kohle beschickt sind, vollständig entchlort. Das auf diese Weise behandelte Wasser zeigt keinerlei Geruch- oder Geschmacksbelästigungen mehr. Früher wurde eine Korngröße der Aktivkohle von 4 bis 7 mm verwendet, heute ist man zu einer solchen von 1,5 bis 2,5 mm übergegangen.

Adsorption, die Aufnahme von Gasen oder gelösten Stoffen an der Oberfläche fester Körper ohne chemische Vereinigung beider Stoffe. Beispielsweise versteht man unter A. bei biologischen Körpern das Ansaugen von Schmutzstoffen durch den auf der Oberfläche des Füllgutes der Körper sitzenden biologischen Rasen (s. Tropfkörper, biologische Körper). Besonders starke A. zeigen poröse Kohle, Kieselgur, Kaolin sowie kolloidale Nieder-schläge, wie Eisenhydroxyd, Aluminiumhydroxyd u. a. Anwendung bei der Reinigung von Trink-, Brauch- und Abwasser, Entölung, Entfärbung usw.

Adsorptionsbleiche s. Bleichereien.

Adsorptionsflockung, die Entölung, insbesondere die Kondensatentölung (s. d.) mittels aktiver Kohle (s. Aktive Kohle).

Adsorptionsflockung, die Flockung, die nach Zusatz des Flockungsmittels in einem Wasser stattfindet, das sich dem Neutralpunkt nähert oder schwach alkalisch ist. Diese Flockung ist hauptsächlich für die Adsorption von Trübungen geeignet, die durch feine Schwebestoffe, z. B. Tonteilchen, verursacht werden. Für gefärbte Wässer ist sie weniger brauchbar. Bei ihr stehen die Adsorptionswirkungen im Vordergrund. Der günstigste p_H-Wert für diese Flockung soll bei 7,4 liegen (R. Schmidt). Eine andere Art der Flockung ist die Farbflockung (s. d.). Es läßt sich aber nicht bei jedem Wasser eine Einfügung in diese begriffliche Einteilung vornehmen. Vielmehr muß jedes Wasser als Individuum für sich betrachtet und behandelt werden (E. Naumann).

Adsorptionswasser, hygroskopisches Wasser, d. h. das an der Bodenoberfläche durch den Grenzflächendruck der Bodenteilchen verdichtete Wasser.

aërob sind Organismen, die nur bei mehr oder weniger reichlicher Anwesenheit von Sauerstoff gedeihen können (Gegensatz anaërob).

Äquivalent, jene Menge eines chemischen Elementes oder einer Verbindung, die ein Grammatom Wasserstoff (1,008 g) zu binden oder zu ersetzen vermag (Grammäquivalent).

Äquivalentgewicht, die Gewichtsmenge eines Stoffes (Element oder Verbindung), die 1,0078 g Wasserstoff zu binden, zu entwickeln oder zu ersetzen vermag, oder kürzer: die sich mit 1,0078 g Wasserstoff umsetzt. Beispielsweise verbinden sich 16,0000 g Sauerstoff mit 2 · 1,0078g Wasserstoff zu Wasser. Das Ä. des Sauerstoffes ist daher 16/2 = 8 g. Aus 36,4648 g Salzsäure (HCl) können 1,0078 g Wasserstoff entwickelt werden, daher ist ihr Ä. = 36,4648 g. Das Ä. von Chlor ist dagegen = 35,4570 g, weil sich diese Gewichtsmenge mit 1,0078 g Wasserstoff zu Salzsäure verbindet. Aus 98,0756 g Schwefelsäure (H_2SO_4) lassen sich 2 · 1,0078 g Wasserstoff entwickeln, also ist 98,0756/2 = 49,0378 g das Ä. der Schwefelsäure. Eine Lösung, die das in Gramm ausgedrückte Ä. eines Stoffes in einem Liter enthält, heißt Normal-Lösung (s. d.) des Stoffes.

Aërofilter. Von Stroganoff und Basiakine im Jahre 1925 erstmalig errichtete, 3,5 m hohe, ringsum dicht eingeschlossene Tropfkörper, bei denen dem von oben her herabrieselnden Abwasser von unten aus Preßluft entgegengeblasen wurde. Teilweise Rückführung des vom Abwasser ausgespülten Schlammes sollte durch die noch im Schlamm befindlichen Lebewesen die Wirksamkeit des Tropfkörpers erhöhen. Nach Versuchen von SIERP führt der zurückgepumpte Schlamm allmählich zur Verschlammung des Körpers (s. Tropfkörper; Tropfkörper, geschlossener).

Äscherwasser, Enthaarwasser, derjenige Teil des Gerbereiabwassers (s. d.), der beim Enthaaren der Häute anfällt. Ä. ist stark alkalisch und enthält größere Mengen Kalk, die gelösten Haarsubstanzen, und, wenn Schwefelnatrium zur Enthaarung benutzt wird, unverbrauchtes Schwefelnatrium. Auf eine Großhaut ist mit etwa 1,0 m³ Ä. zu rechnen. Bei der Zersetzung des Schwefelnatriums, die durch Zusammentreffen mit säurehaltigem Abwasser aus anderen Gewerbebetrieben stark beschleunigt wird, bildet sich der giftige Schwefelwasserstoff (s. d.).

Ätzereien s. Kristallglasschleifereien.

Ätzkalk, Kalziumhydroxyd, Ca(OH)$_2$, Molekulargewicht 74, Bezeichnung für gelöschten Kalk (s. Kalk).

Ätznatron, kaustische Soda, Natriumhydroxyd, NaOH. (Molekulargewicht 40). Die wässerige Lösung wird als Natronlauge (s. d.) bezeichnet.

Ätznatron-Soda-Verfahren, Verfahren zur Enthärtung des Kesselspeisewassers (s. d.), besonders für Wasser mit reichlichen Mengen an Bikarbonathärte und etwa gleich viel bleibender Härte geeignet. Aus Calciumkarbonat und Ätznatron bildet sich Soda, die dann zur Ausscheidung der bleibenden Härte des Wassers zur Verfügung steht.

Agde-Verfahren, Kristallisierverfahren für schwefelsaure Beizablaugen (s. d.), bei dem die zum Nachschärfen des Beizbades benötigte Schwefelsäure vor der Kristallisation zugesetzt wird, um eine höhere Ausscheidung von Eisenvitriol oder Kupfervitriol zu erzielen und damit den Salzgehalt der Beizbäder möglichst niedrig zu halten.

Aktiv-Erde s. Bleicherde.

Aktivierter Schlamm s. Belebungsverfahren.

Aktiv-Kohle besteht im wesentlichen aus Kohlenstoff und wird auf den verschiedensten Wegen aus Holz, Kohle, Torf und Lignit hergestellt. Bei ihrer Herstellung kommt es darauf an, die Oberfläche des zu aktivierenden Rohstoffs mit möglichst viel mikroskopisch feinen Poren und Kapillaren zu versehen, um eine möglichst große innere Oberfläche zu schaffen. Die A-K. wird in Filtern zur Beseitigung von Geruchs- und Geschmacksstoffen sowie zur Entchlorung eines übergechlorten Wassers verwendet.

Albuminoidstickstoff, in Eiweißstoffen gebundener Stickstoff.

Algen gehören zur Abteilung der blütenlosen Pflanzen (Cryptogamen).

Die wichtigsten im Süßwasser vorkommenden Untergruppen sind

Schizophyceae, Spaltalgen (Cyanophyceae = Blaualgen).

Bacillariophyta (Diatomeen = Kieselalgen).

Conjugatae (Zygophyceae, z. B. Closterium, Spirogyra u. a.).

Chlorophyceae = Grünalgen.

Charophyta = Armleuchtergewächse.

Die Algen gehören zu den Durchlüftern des Wassers. Sie ernähren sich durch Kohlenstoff-Assimilation, d. h. durch die Umwandlung des aufgenommenen anorganischen Nahrungsstoffes in organischen Pflanzenstoff. Einige können aus gelöster organischer Substanz Kohlenstoffverbindungen und organischen Stickstoff unmittelbar aufnehmen. Es findet dann also eine unmittelbare organische Ernährung der Algen statt, die für die Reinigung der Gewässer von gelösten Fäulniserzeugnissen wichtig ist. Die A. dienen ihrerseits den tierischen Kleinlebewesen im Wasser zur Nahrung, z. B. den Krebstierchen (Crustacea), den Rädertierchen (Rotaria) und den Geißeltierchen (Flagellata). Sofern die Algen in Absetzbecken oder Teichen in übergroßen Mengen auftreten, denen die anwesenden Algenfresser nicht gewachsen sind, so kann man versuchen, sie durch Kupfersulfat zu vernichten oder wenigstens einzuschränken. Diese Maßnahme bewirkt aber andererseits nach ‚ den vorliegenden Erfahrungen ein Ansteigen der Keimzahl des Wassers, das auch dann, wenn es sich nur um harmlose Wasserbakterien handelt, die hygienische Beurteilung des Wassers beeinträchtigt. Häufig findet man auch Algen (Grünalgen) in den feuchten Räumen der Filter und Behälter. Sie kommen nur dort vor, wo auch eine gute Belichtung der Räume stattfindet. Man kann ihr Auftreten dann, wenn eine Belichtung nicht zu vermeiden ist, nur durch Verwendung grüner

oder blauer Fensterscheiben verhindern.

Alkalinität s. Säurebindungsvermögen.

Alkalität. 1. Eigenschaft einer Flüssigkeit eine basische (alkalische) Reaktion auszuüben, d. h. beispielsweise rotes Lackmuspapier blau zu färben oder einen p_H-Wert anzuzeigen, der größer als 7 ist (s. p_H-Wert).

2. „m" — Alkalität = Methylorange-Alkalität, die Menge der in natürlichen Wässern an Calcium und Magnesium, gegebenenfalls auch an Natrium, gebundenen Kohlensäure. Die A. bildet gleichzeitig die Bestimmungsform der gebundenen Kohlensäure, außerdem ist sie bei allen Wässern, die kein Alkalikarbonat oder -bikarbonat enthalten, der analytische Ausdruck der Karbonathärte.

3. Die „p"-Alkalität, d. i. die Alkalität gegen Phenolphthalein, kommt nur bei Wässern in Betracht, die mit Kalkwasser behandelt oder durch Magnofilterung entsäuert worden sind. Der „p"-Wert steht in bestimmten Beziehungen zum „m"-Wert (nach R. Schmidt).

Alkalitätszahl, Wertzahl zur Bestimmung der notwendigen Alkalität (s. d.) des Kesselwassers (s. d.). A. = p. 40, worin p die Phenolphthaleinalkalität. Für die A. bestehen folgende Richtwerte:

Kesseldruck	Alkalitätszahl
bis zu 20 atü	$400 \pm 50\%$
20 bis 40 atü	$200 \pm 50\%$
40 bis 100 atü	$50 \pm 50\%$
über 100 atü	$30 \pm 50\%$

Die A. hat gegenüber der Natronzahl (s. d.) den Vorzug der einfacheren Berechnung, sie wird neuerdings vorwiegend angewandt.

Alkohol, C_2H_5OH, Molekulargewicht 46, eine farblose, brennend schmekkende, leicht entzündliche Flüssigkeit, die den berauschenden Bestandteil der geistigen Getränke bildet. Die Gewinnung erfolgt durch Vergärung von Zuckerarten, die durch Hefe (s. d.) in A. und Kohlensäure (s. d.) gespalten werden. Als Ausgangsstoffe werden benutzt: Kartoffelstärke, Holzzucker und Sulfitablauge (s. d.).

Alpha-Zellulose, derjenige Teil (ausgedrückt in %) des Zellstoffes, der in 18proz. Natronlauge unlöslich ist. Hoher Alphagehalt (90 bis 95%) ist wichtig für Zellstoffe für Kunstseide- und Zellwollefabriken.

Altpapier wird in Papier- und Pappenfabriken (s. d.) als Rohstoff zur Herstellung von Schrenzpapier und Schrenzpappen (s. d.) benutzt.

Aluminium, Al, Atomgewicht 27, Wichtezahl 2,7. Nahezu alle natürlichen Wässer enthalten Al bis zu einigen mg/l. Aus dem Gehalt eines Wassers an Aluminiumverbindungen — und auch an Kieselsäure — lassen sich nicht selten Schlüsse auf die Herkunft des Wassers ziehen.

Aluminiumbeizereien s. Leichtmetallbeizereien.

Aluminiumfolie, ein Verstemmittel zur Dichtung der Rohrmuffen. Sie ist an die Stelle der früher üblichen Verstemmittel auf Bleigrundlage getreten, die nach der Anordnung 38 der Überwachungsstelle für unedle Metalle jetzt verboten sind. Ausgangsstoff ist Hüttenaluminium laut Din 1712 Blatt I. Aluminiumfolie ist fein ausgewalztes Aluminiumblech, das weich geglüht wird. Dabei müssen bestimmte Glühbedingungen eingehalten werden, um eine weiche Beschaffenheit zu erzielen. Aluminiumfolie ergibt eine starre Verbindung (Clodius).

Aluminiumsulfat s. Tonerde, schwefelsaure.

Aluminiumwolle, ein Verstemmittel zur Dichtung der Rohrmuffen ist, wie die Aluminiumfolie (s. d.), an die Stelle der früher üblichen Verstemmittel auf Bleigrundlage getreten. Aluminiumwolle wird aus Hüttenaluminium laut DIN 1712, Blatt 1 nach dem Vorbild der Bleiwolle hergestellt. Die Wolle wird durch Abspanen von Bändern, Ronden oder Drähten erzeugt und anschließend geglüht. Es müssen bestimmte Glühbedingungen eingehalten werden, um eine weiche, der Bleiwolle ähnliche Beschaffenheit zu erzielen. Die Aluminiumwolle eignet sich für alle Rohrdurchmesser und kommt hinsichtlich ihrer Wirkung als Dichtungsmittel dem Blei am nächsten, wenn sie dies auch nicht voll erreicht (Clodius).

Ammoniak, NH$_3$, Molekulargewicht 17, farbloses Gas von stechendem Geruch, das synthetisch durch unmittelbare Vereinigung von Luftstickstoff und Wasserstoff gewonnen wird und als Nebenerzeugnis bei der Koks- und Leuchtgasgewinnung anfällt (s. Ammoniakfabriken).

Ammoniakabwasser, das in Ammoniakfabriken (s. d.) anfallende Abwasser, eine trübe, gelbbraune Flüssigkeit von eigenartigem Geruch nach Phenol und Schwefelverbindungen. Es enthält viel Kalk und an Kalk gebundene Phenole, Rhodan, geringe Mengen Ammoniak, Sulfide und schweflig saure Salze. Auf 1 t verkokte Steinkohle ist mit einem Anfall von 150—300 l A. zu rechnen. Infolge seines Gehaltes an Phenolen können bei der Einleitung des A.s in Flußläufe schwere Schädigungen auftreten (s. Phenolhaltiges Abwasser).

Zur Reinigung des A.s läßt man zunächst in Absetzbecken, die meistens mehrere Kammern haben, den Kalkschlamm (s. Gaskalk) absetzen. In diesen Becken erfolgt gleichzeitig eine Abkühlung des heißen Abwassers. Nur in diesem Zustand kann A. in ein Entwässerungsnetz aufgenommen und der weiteren Reinigung, am besten zusammen mit häuslichem Abwasser, zugeführt werden. Soweit die Beseitigung der Phenole nicht schon in Entphenolungsanlagen (s. d.) vorgenommen wurde, ist deren praktisch restlose Zerstörung möglichst nach Mischung mit häuslichem Abwasser auch durch biologische Reinigung durchführbar (s. Phenolzerstörung).

Ammoniakfabriken. In den A. wird aus dem von Kokereien (s. d.) und Gasanstalten (s. d.) kommenden Gaswasser, dem Ammoniakrohwasser (s. d.) unter Zusatz von Kalkmilch in Kolonnenapparaturen, sogenannten Abtreibeapparaten, Ammoniak abdestilliert oder durch Einleitung in vorgelegte Schwefelsäure schwefelsaures Ammoniak gewonnen. Das hiernach verbleibende Abwasser wird als Ammoniakabwasser (s. d.) bezeichnet.

Ammoniakrohwasser, das in Kokereien und Gasanstalten aus den Gaswäschern ablaufende Gaswasser, auch als Ammoniakwasser bezeichnet. Es enthält die stark wasserlöslichen aus der Kohle ausgetriebenen Stoffe, wie freies Ammoniak, Ammoniakverbindungen, ferner Phenole, Kresole, Schwefel-, Rhodan-, Zyanverbindungen u. a. Bei Horizontalretorten rechnet man mit etwa 300 l A. je t Kohle. A. in Mengen bis zu höchstens 3% städtischem Abwasser zugegeben führt keinerlei Schwierigkeiten bei der biologischen Reinigung des Abwassers in Schlammbelebungsanlagen, auf Tropfkörpern oder bei der landwirtschaftlichen Abwasserverwertung herbei. Zweckmäßig ist aber die Gewinnung von Ammoniak und der Phenole vor der Ableitung. Die Beseitigung der Phenole aus dem A. erfolgt in Entphenolungsanlagen (s. d.). Ammoniak läßt sich aus dem A. nach Zusatz von Kalk abdestillieren (s. Ammoniakfabriken).

Ammoniaksoda - Verfahren s. Sodafabriken.

Ammoniakstickstoff, im Ammoniakgas (NH_3) gebundener Stickstoff.

Ammoniakverbindungen findet man in hygienisch an sich einwandfreien eisen- und manganhaltigen Grundwässern, ebenso in Moor- und Regenwässern häufig, und zwar in einer Menge bis zu 2 mg/l NH_3, vereinzelt auch noch mehr. (GRÜNHUT.) Diese Ammoniakmengen haben keine gesundheitliche Bedeutung, ebenso auch die Ammoniakmengen nicht, die gelegentlich durch Auslaugen von Kunstdünger in das Wasser gelangen. In verunreinigten Wässern findet man meist größere Mengen an A.

Ammoniumsulfat s. schwefelsaures Ammoniak.

Amoena nitida, zu den Wurzelfüßlern (Rhizopoden) gehöriges, einzelliges, mikroskopisch kleines Urtierchen

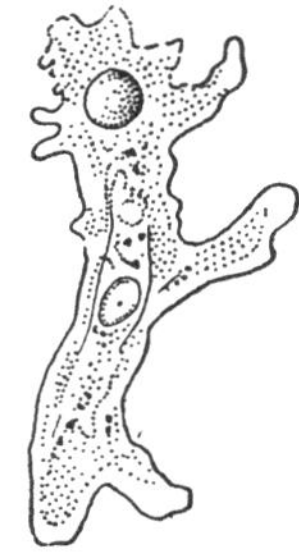

Amoena nitida (nach Penard).

(Protozoë) von unbestimmter Körpergestalt, das sich durch vom Protoplasma gebildete Scheinfüße (Pseudopodien) im Wasser fortbewegt. Lebt in organisch stark verschmutztem Abwasser, zu dessen Selbstreinigung es im Verein mit anderen Wurzelfüßlern (z. B. Radiolarien) und sonstigen Urtierchen (z. B. Flagellaten, Infusorien) sowie mit niederen pflanzlichen Gebilden (z. B. Bakterien) beiträgt (s. Kleinlebewesen).

Amtsarzt, staatlicher, der Leiter eines Gesundheitsamtes (s. d.).

anaërob sind Organismen, die entweder unbedingt oder fallweise bei

Sauerstoff-Abschluß gedeihen (Gegensatz aërob).

Anfaulen des Abwassers, unter dem Einfluß von Fäulnisbakterien sich abspielender, in der Zersetzung der im Abwasser enthaltenen organischen Stoffe, und zwar vorwiegend der Eiweißstoffe bestehender Naturvorgang. Angefaultes Abwasser ist stark geruchbelästigend, weil aus ihm Stinkgase wie Schwefelwasserstoff, Indol, Skatol u. a. entweichen.

Anhaftewasser, durch die Anziehungskräfte der Oberfläche fester Bodenteilchen in dünner Schicht festgehaltenes, verdichtetes Wasser (DONAT und KOEHNE).

Anhydrit, $CaSO_4$, Calciumsulfat, wasserfreier Gips.

Anilinfarben-Fabriken stellen künstliche organische Farbstoffe (Anilinfarben) aus Anilin (Aminobenzol) her. Da diese Farbstoffe Erzeugnisse des Steinkohlenteers sind, ist die Bezeichnung Teerfarbstoffe umfassender. Das in A. anfallende Abwasser ist kochsalzhaltig und sonst im allgemeinen wenig bedenklich.

Anlaufkrumme, Anlaufkurve, Begrenzung der Summenlinie für die Zeitspanne, in der die Abflußmenge von Null bis zu ihrem Höchstwert zunimmt (s. Summenlinie, Ablaufkrumme, Abflußvorgang).

Anleihen für den Bau von Entwässerungsanlagen, für den Bau größerer städtischer Entwässerungsanlagen aufgenommene Fremdgelder, die aus den laufenden Gebühren verzinst und aus diesen und den einmaligen Beiträgen innerhalb der Lebensdauer der Bauwerke getilgt werden müssen. Die allgemeine Auffassung geht heute dahin, daß die Städte A. nur im äußersten Notfalle aufnehmen und statt dessen die Bauvorhaben aus den laufenden Mitteln und aus Rücklagen bestreiten sollen.

Anordnung von Entwässerungsleitungen. Die A. in Aufriß und Grundriß muß i. a. folgende wesentlichen Bedingungen erfüllen: 1. frostfreie Tiefenlage, etwa 1—1,2 m Überdeckung; 2. hinreichende Tiefenlage zur Ermöglichung der Kellerentwässerung bei Schmutzwasserableitung; 3. hinreichendes Gefälle zur Abschwemmung der Schmutzstoffe; 4. geradlinige Führung nicht begehbarer Leitungen zwischen je zwei Einsteigeschächten zur Ermöglichung der Reinigung; 5. Vermeidung allzu scharfer Krümmungen bei begehbaren Leitungen; 6. planmäßige Lage im Straßenkörper im Hinblick auf die sonstigen Einbauten, wie Versorgungsleitungen, Tunnelkörper usw. und mit Rücksicht auf die Breiteneinteilung der Straße. DIN 1998, 4135 und 4050.

Anpassung von Entwässerungsanlagen an das Gelände und die Bodenbeschaffenheit. Weitgehende A. ist eine Grundbedingung für die Wirtschaftlichkeit der Anlagen. Wünschenswert, aber nicht immer durchführbar ist es, die Leitungsstränge derart anzuordnen, daß sie mit ihrem Gefälle den natürlichen Neigungen der Erdoberfläche folgen. Besonders tiefe Einschnitte und Gegenläufigkeit von Leitungsgefälle und Oberflächen-Neigung sollten, wenn irgend möglich, vermieden werden. Das Durchschneiden Grundwasser tragender Erdschichten führt oft zu unerwünschten Verlagerungen des Grundwasserspiegels. Da Abwasserkläranlagen fast immer in Geländetiefpunkten und in der Nähe von Wasserläufen liegen, ist die richtige Wahl der Bauwerke (ob beckenförmig oder brunnenförmig) mit Rücksicht auf den Grundwasserstand und die Bodenbeschaffenheit meist von erheblicher Bedeutung.

Anreicherung des Niedrigwassers eines Flusses zur Verbesserung seiner Selbstreinigung, Hilfsmaßnahme, um die Verarbeitung von eingeleitetem

Abwasser durch stärkere Verdünnung mit Flußwasser zu beschleunigen. Die A. erfolgt entweder durch Zuführung von Wasser aus einem fremden Flußgebiet oder aus einem Hochwasserspeicherbecken.

Anreicherungsbecken, in den sandigen Untergrund eingeschnittene Bekken, in die Oberflächenwasser eingeleitet wird. Dieses wird in den natürlichen Bodenschichten gefiltert und vermehrt das darin vorhandene Grundwasser oder bildet künstliches Grundwasser. Wo die Filterfähigkeit des Bodens nicht ausreicht, werden die A. auch teilweise mit Filtersand beschickt.

Anreicherungsgräben dienen den gleichen Zwecken wie Anreicherungsbecken (s. d.).

Ansammlung von Sand und Schlamm. Die A. findet in einer Entwässerungsanlage überall dort statt, wo die Strömungsgeschwindigkeit nicht ausreicht, um die vom Abwasser mitgeführten Sand- und Schlammteilchen weiterzubefördern (tote Ecken). Sie muß durch zweckentsprechende Ausbildung der Bauwerke auf solche Stellen beschränkt werden, an denen Sand- und Schlamm-Massen gesammelt und auf künstlichem Wege entfernt werden sollen (Sandfänge, Schlammfänger). Sie stören sonst den Abflußvorgang und führen u. U. zu Verstopfungen. Unerwünschte A. schafft überdies Fäulnisherde in der Entwässerungsanlage und verursacht dadurch Geruchsbelästigungen.

Anschlußleitung, 1. Zuleitung von der Versorgungsleitung eines Wasserwerks bis zum Wasserzähler (s. d.) oder bis zur Hauptabsperrvorrichtung im Grundstück oder, wenn solche nicht vorhanden ist, bis zur Grundstücksgrenze (DIN 4046).

2. Leitungsstrang, der die Abwasser bringenden Einzelanlagen an das öffentliche Entwässerungsnetz anschließt. Z.B. Grundstücksanschlußleitung, Haus-anschlußleitung, Regenrohranschlußleitung.

Anschluß- und Benutzungszwang. Nach § 18 D. G. O. kann die Gemeinde bei dringendem öffentlichen Bedürfnis durch Satzung mit Genehmigung der Aufsichtsbehörde für die Grundstücke ihres Gebietes den Anschluß an Wasserleitung, Entwässerung, Müllabfuhr, Straßenreinigung und ähnliche der Volksgesundheit dienende Einrichtungen (Anschlußzwang) und die Benutzung dieser Einrichtungen und der Schlachthöfe (Benutzungszwang) vorschreiben. Die Satzung kann Ausnahmen vom A. und B. zulassen. Sie kann den Zwang auch auf bestimmte Teile des Gemeindegebiets und auf bestimmte Gruppen von Grundstücken oder Personen beschränken.

Anschwellen des Wasserstandes, durch vermehrten Abwasserzufluß oder durch Verstopfungen verursachte Erhöhung der Wasserspiegel-Linie. Unerwünschtes A. in Kläranlagen oder in Pumpwerken wird durch Umlaufleitungen vermieden, die vor den Bauwerken abzweigen und hinter ihnen in eine entsprechend leistungsfähige Abflußleitung münden. Hier sowohl als auch im Entwässerungsnetz kommt ferner die Anordnung von Notauslässen in Frage, um gefährliches A. zu verhüten.

Anzeige- und Schreibgeräte für Wasserzähler. Um die Strömungsvorgänge im Rohrnetz zu kontrollieren und die Überwachung der Wasserversorgungsanlagen bequem und übersichtlich zu gestalten, werden die in die Hauptleitungen eingebauten Hauptzähler und Verbundzähler mit elektrischer Fernanzeige- oder Schreibvorrichtungen ausgerüstet. Mit diesen kann man von einem entfernt gelegenen Ort aus, beispielsweise in der Wasserwerkszentrale, die Zähleranzeige direkt ablesen bzw. feststellen, welche Wassermengen während gewisser Zeitabschnitte durch

die Hauptleitungen geflossen sind. Erzielt wird diese Fernübertragung durch ein im Zählerkopf angebrachtes elektrisches Kontaktwerk, das bei bestimmten Flügelraddrehungen jeweils einen Stromkreis schließt und über ein Fernkabel im Fernzähler oder Fernschreiber ein elektromagnetisches Klinkwerk betätigt. Bei den elektrischen Schreibgeräten werden die einzelnen Durchflußmengen der Zeit nach auf ein Diagrammblatt, das auf einer Trommel befestigt ist, selbsttätig aufgezeichnet. Das Klinkwerk betätigt hierbei eine

Als Kontrollinstrumente benutzt man Schreibgeräte aber auch bei Wasserzählern kleinerer und mittlerer Leistungen vorwiegend auch bei Hauswasserzählern. Elektrische Fernübertragung fällt hier fort, da die Schreibgeräte bei diesen Zählern jeweils an Ort und Stelle direkt auf den Messerkopf aufgesetzt und durch den großen Zeiger des Zählers angetrieben werden. Diese mechanischen Schreibgeräte benutzt man

1. zum Prüfen von Hauswasserzählern auf Meßgenauigkeit und -empfind-

Schadensucher.

Schraubenspindel, die entsprechend der Durchflußmenge im Zählwerk gedreht wird und dadurch einen Schreibstift auf dem Diagrammblatt auf- und abbewegt. Da die Trommel, durch ein Uhrwerk angetrieben, sich an einem Tage bzw. in einer Woche einmal gleichmäßig um ihre Achse dreht, ist die auf diese Weise erzeugte Steigung der aufgezeichneten Kurve genau der Durchflußmenge proportional; je steiler die Kurve, um so mehr Wasser ist durch die Leitung geflossen. Wird kein Wasser entnommen, so steht der Zähler still und die Kurve verläuft waagerecht.

lichkeit an der Einbaustelle,

2. zum Aufsuchen und Messen von Wasserverlusten, die durch schlecht schließende Hähne, Ventile, Spülkasten, undichte Rohre usw. in Hausleitungen hervorgerufen werden,

3. zum Feststellen des Wasserbedarfs von Hausanschlüssen zwecks richtiger Auswahl der einzubauenden Zählergröße und -ausführung.

Zur Prüfung eines Zählers am Einbauort auf seine Meßeigenschaften, was in bestimmten Zeitabständen turnusmäßig erfolgen sollte, schaltet man ein Kontrollgerät, den sogenannten

Schadensucher, bestehend aus einem empfindlichen Ringkolbenwasserzähler (s. d.) und einem aufgebauten Schreibgerät, in der Leitung an der Einbaustelle des zu prüfenden Zählers hinter diesem ein. Durch Vergleich der Anzeigen kann man feststellen, wieviel der Gebrauchszähler gegenüber dem Kontrollgerät zu wenig oder zu viel anzeigt. Aus dem Verlauf der aufgezeichneten Kurve während der Prüfzeit ist aber auch ersichtlich, ob die Meßempfindlichkeit des Gebrauchszählers für die aus der Leitung entnommene Wassermenge noch ausreicht. Zeigt das Schreibgerät z. B. an, daß häufig kleine Mengen entnommen werden, so empfiehlt es sich, den Zähler aufzuarbeiten und wieder auf die hohe Anfangsempfindlichkeit zu bringen bzw. einen meßempfindlicheren neuen Zähler einzubauen, damit das Wasserwerk nicht unnötig geschädigt wird. Zeigt das Diagramm in Zeiten, zu denen Wasserentnahmen nicht erfolgen, z. B. während der Nacht, eine ständige, gleichmäßige Neigung, so läßt diese auf einen dauernden Durchfluß schließen, der auf Undichtigkeiten in der Leitung z. B. auf Tropfen der Hähne oder undichte Spülleitungen zurückzuführen ist. Derartige Lässigkeitsverluste sind meist so gering, daß sie von dem in der Leitung befindlichen Gebrauchszähler nicht, wohl aber vom Kontrollgerät genau erfaßt werden. Auf die Dauer können natürlich derartige Verluste für die Wasserwerke geldlich bedeutende Nachteile bringen.

Apothekengeschmack s. Chlorphenolgeschmack.

Appreturanstalten, derjenige Teil in Textilfabriken (s. d.), in dem die Veredlung des Rohgewebes bis zur verkaufsfertigen Ware vorgenommen wird, also auch das Bleichen, Färben und Bedrucken. Das eigentliche Appretieren besteht in dem Tränken und Behandeln der Stoffe mit Appreturmitteln (s. d.) und in der mechanischen Behandlung der Ware (Noppen, Sengen, Walken, Rauhen, Mangeln, Glätten, Kalandern, Ratinieren u. a.). Das Auftragen der Appreturmittel auf das Gewebe geschieht auf dem Stärkekalander, auch Paddingmaschine genannt. Mannigfache Verwendung finden Walzenkalander, bei denen das Gewebe zwischen Metall- und Papierwalzen unter starkem Druck hindurchgeführt wird. Mit gravierten Walzen werden Moiré- und Glanzeffekte erzielt. Auch für das Rauhen, Sengen, Walken usw. werden zahlreiche Spezialmaschinen benutzt.

Appreturmittel. Mittel, die in Appreturanstalten (s. d.) angewandt werden, um die physikalischen Eigenschaften des Gewebes zu verändern (Beschweren, Weich-, Steif-, Griffig-, Wasserdicht- und Unverbrennlichmachen). Die wichtigsten A. sind in erster Linie die verschiedensten Stärkearten und ihre Umwandlungsprodukte, wie Dextrin. Eine große Bedeutung haben ferner verschiedene Gummiarten. Zum Weichmachen werden Glyzerin, Stearin, Paraffin, Wachs, Fette, Seifen und anorganische Salze, wie Calciumchlorid, Zinkchlorid u. a. benutzt. Zum Beschweren dienen Kalk, Gips, Kreide, Schwerspat, Kaolin u. a. Zum Wasserdichtmachen dienen Tonerdesalze, Stearin, Wachse u. a. Zum Unverbrennlichmachen wird u. a. Wasserglas benutzt.

Aptierung von Rieselfeldern, s. Herrichtung von Rieselfeldern.

Arbeitsgruppe Abwasserwesen. Die A. im Arbeitskreis Wasserbau und Wasserwirtschaft der Fachgruppe Bauwesen e. V. ist die aus der Abwasserfachgruppe der Deutschen Gesellschaft für Bauwesen e. V. hervorgegangene Vereinigung der gesamten Abwasserfachleute Deutschlands. Ihre Aufgabe ist es, das Abwasserwesen (Abwassertechnik, Abwasserwirtschaft Abwasserchemie, Abwasserbiologie, Abwasserrecht) im Hinblick auf seine engen Verflechtungen mit der Wissenschaft, mit der allgemeinen Wasserwirtschaft und mit dem Volksleben in gemeinsamer Arbeit zu fördern. Zu diesem Zweck sind weiterhin zeitwichtige Aufgaben und einschlägige Tagesfragen in Fachausschüssen zu behandeln. Durch Schrifttum sowie durch Vortrags- und Ausspracheversammlungen soll Gelegenheit gegeben werden einen anregenden Gedankenaustausch zu pflegen. Gegebenenfalls steht die A. auch den Behörden und privaten Vereinigungen auf dem Gebiete des Abwasserwesens beratend und mitarbeitend zur Seite. Die Veröffentlichungen der A. erscheinen in der vom Reichsverband der Deutschen Wasserwirtschaft e. V. herausgegebenen Fachzeitschrift „Deutsche Wasserwirtschaft". Größere wissenschaftliche Arbeiten, die früher in besonderen „Schriftenreihen" zusammengefaßt wurden, sind neuerdings an das „Archiv für Wasserwirtschaft" des oben genannten Reichsverbandes übergegangen.

Arbeitsgruppe Wasserchemie des Vereins Deutscher Chemiker. Die A. hat die Aufgabe, die Wasserreinigung von Trink- und Brauchwässern, die Beseitigung häuslicher und gewerblicher Abwässer und die Verwertung städtischer und industrieller Abfallstoffe durch Verbreitung und Vertiefung von Kenntnissen auf chemischem Gebiet zu fördern. Sie ist eine unabhängige, nichtamtliche Vereinigung von Wissenschaftlern und Fachleuten, die auf den genannten Gebieten tätig sind. Die A. gibt heraus:

Die Jahrbücher „Vom Wasser" und die „Einheitsverfahren für Wasseruntersuchungen", beide im Verlag Chemie G. m. b. H., Berlin W 35.

Arledter-Trichter siehe Trichterstofffänger.

Armaturen, Ausrüstungsgegenstände der Wasser- und Dampfleitungen, die der Regelung und der Absperrung sowie der Entnahme der Durchflußstoffe dienen und als Zubehör in Zusammenhang mit solchen Maßnahmen gebraucht werden. Die A. sind in folgende Fachabteilungen gegliedert:

I. Großarmaturen, dazu gehören z. B.:

Schieber für Gas und Wasser, also Keilschieber, Parallelschieber und Ringkolbenschieber einschließlich Einbaugarnituren nur für Gas und Wasser sowie Zentralheizungsschieber, Klappen, Ventile und Rohrleitungszubehör, Hydranten und Brunnen, Anlasservorrichtungen, Cowperarmaturen.

II. Dampfarmaturen und verwandte Erzeugnisse, z. B.: Absperr- und Rückschlagventile, also Absperrventile für alle Durchflußstoffe, Schwimmer- und Entlüftungsventile, Schnellschluß- und Rohrbruchventile, Rückschlag- und Drosselklappen für alle Durchflußstoffe außer Wasser.

Hähne für alle Durchflußstoffe, Sicherheits- und Reduzier (Druckminderungs)-Ventile für alle Durchflußstoffe, Regler, Kondenstöpfe und Kontrollgeräte für Kondenswasserableiter, Entlüfter, Kesselarmaturen und Preßluftarmaturen.

III. Zentralheizungsarmaturen und verwandte Erzeugnisse.

IV. Feinarmaturen.

V. Kleinarmaturen.

IV. Spezialarmaturen.

Maßgebend für die Bezeichnung der A. ist stets die Art der Absperrung. Danach werden folgende Unterscheidungen getroffen: Ventil, Schieber, Hahn und Klappe (s. d.). Für A. bestehen DIN-Normen in den Gruppen 614 (Hydranten FEN 370 und DIN 3221 bis 3223) 621 (Ventile, Absperrschieber und Hähne DIN 3204 bis 3209, in Neubearbeitung 3212, 3302 bis 3306, 3319, 3324 bis 3326, 4055 bis 4057 und 628 (Ventile für Hauswasserleitungen DIN 3510 U bis 3519 U als Ersatz für

DIN 3271 bis 3279). Für die Durchgangs- und Auslaufventile DIN 3510 U bis 3519 U sind die Normen durch die Anordnung 39 a der Reichsstelle für Metalle für das Inland bindend. Das Gleiche gilt für einige FEN-Normen der Gruppe 614, nämlich für Strahlrohre der Feuerwehr (FEN 40 und 50), Saugkörbe (FEN-160), Kupplungen (FEN 301 bis 313), Übergangsstücke (FEN 315 bis 316), Verteilungs- und Sammelstücke (FEN 360 bis 361) und Standrohre (FEN 370).

Nach der Anordnung vom 2. 12. 1943 über die Vereinheitlichung von Groß- und Dampfarmaturen, die der Leiter des Hauptausschusses Maschinenelemente, Sonderring Armaturen, erlassen hat, werden auf dem Gebiete des Wasserbaues für alle geschlossenen Leitungen, insbesondere für solche, die Reinwasser, Brauchwasser, Triebwasser, Abwasser usw. führen, A. nur noch für Kreis-, normale Ei-, normale Maul- und Rechteckquerschnitte hergestellt (s. DIN 4362).

Arsen. As, Atomgewicht 75. A. kommt in sehr geringen Mengen in pflanzlichen und tierischen Lebewesen sowie in fast allen Bodenarten und den meisten Lebensmitteln vor; auch in natürlich vorkommenden Wässern findet man es häufiger, hier aber im allgemeinen nur in Spuren. Diese Arsenmengen haben an sich erfahrungsgemäß keine gesundheitliche Bedeutung. Mengen von 0,15 mg/l As — unter Umständen auch etwas mehr — sind bei ständigem Gebrauch noch erträglich. Erheblich größere Arsenmengen im Trinkwasser können unter Umständen bei dauerndem Genuß eine chronische Arsenvergiftung (Reichensteiner Krankheit) bewirken (H. v. Tappeiner). Sie sind meistens auf eine Verunreinigung des Wassers durch gewisse gewerbliche Abgänge, z. B. aus Gerbereien und Hüttenbetrieben, zurückzuführen (Aug. Gärtner).

Arsenikwerke. Hüttenwerke, die arsenhaltige Erze zur Herstellung von Arsenik (As_2O_3) (arseniger Säure) abrösten. In modernen Hüttenwerken fällt das sehr giftige arsenhaltige Abwasser nur in geringer Menge an. Der aus Schornsteinen entweichende Hüttenrauch enthält jedoch ebenfalls arsenige Säure, die bei ihrem Niedergehen zur Vergiftung von Oberflächenwasser und Grundwasser führt, wodurch auch das Trinkwasser vergiftet wird und Brunnen unbenutzbar werden. Arsenhaltiges Abwasser läßt sich praktisch nur durch genügende Verdünnung unschädlich machen.

STOOF und HAASE: Über Vorkommen und Entfernung von Arsen in Trinkwässern. Vom Wasser XII (1937), S. 111—116.

Artesischer Brunnen, in gespanntes Grundwasser hinabreichender Brunnen, aus dem das Wasser von selbst über Flur ausläuft.

Artesisches Wasser, Grundwasser, das mit artesischen Brunnen gewonnen werden kann. Das artesische Wasser ist eine Sonderform des gespannten Grundwassers. Aufsteigendes Grundwasser wird nicht zum artesischen Wasser gerechnet.

Asbestzementfilter werden bei Brunnenbohrungen als Filterrohre benutzt.

Asbestzementrohre werden aus Portland-Zement und mineralischen Asbestfasern nach zweierlei Verfahren hergestellt. Bei den Eternitrohren wird das Rohr aus mindestens 100 hauchdünnen Schichten erzeugt, die unter starker Pressung nahtlos um eine polierte Stahlwalze gewickelt werden. Bei der zweiten Ausführungsweise, den Toschirohren, werden die Rohre auf Rohrmaschinen erzeugt, bei denen eine Walze mit Unterdruck, die andere Walze mit Überdruck arbeitet. Dieses Verfahren ermöglicht ein gleichzeitiges festes Anwalzen der Muffe. Die A. sind wetter- und frostbeständig und leicht zu bearbeiten. Die Rohrverbindung ist elastisch. Die Rohre werden

im allgemeinen für normale Betriebsdrücke hergestellt, verstärkte Rohre
indessen auch für höhere Drücke.

Aschenspülwasser s. Entaschungsanlagen.

Ascoliprobe,Untersuchungsverfahren
für ausländische. getrocknete Rinderhäute auf Milzbrand (s. Milzbrandgefahr).

Asphalt, ein natürlich vorkommen-
des oder künstlich entstandenes Gemisch von Bitumen (im- engeren Sinne) und Mineralstoffen in wechselnden
Prozentverhältnissen (Naturasphalte,
z. B. Trinidad-Asphalt und künstliche
Asphalte, z. B. Guß-, Walz- und Stampf-
asphalt) (Mallison).

Assimilation (Angleichung), ist im
weiteren Sinne des Wortes Umwandlung des in den Pflanzen-, Tier- oder
Menschenkörpern aufgenommenen Nahrungsstoffes in Körperstoff. In Wasser
beginnt die A., nachdem die Bakterien
(s. d.) die Lösung der organischen
Bestandteile erfüllt und den Weg für
deren Aufnahme durch die lebenden
Pflanzen frei gemacht haben. Daran beteiligen sich alle einen grünen Farbstoff, das. Chlorophyll, führenden Organismen. Dazu gehören sämtliche Algen und die Geißellinge (Flagellaten).
Die bei der Zersetzung der organischen
Substanzen erfolgende Sauerstoffzehrung wird durch aktive, unter dem
Einfluß des Lichtes (Photosynthese
= Kohlenstoff-Assimilation) zustande
kommende Sauerstoffbildung ausgeglichen. Dabei wird die Strahlenenergie
der Sonne vom grünen Farbstoff ein-
gefangen, aufgeschluckt und ausgewertet. Die Photosynthese stellt also
Stoffaufbau aus Lichtenergie dar. Bei
den Kieselalgen wird der grüne Farbstoff durch ein braunes Carotinoid überdeckt. Die Farbstoffträger befinden sich
in dem Zellplasma der Pflanze.

Asterionella, eine Kieselalge (Diato-
mee). Sie hat die Eigentümlichkeit, in
Ansammlungen von Oberflächenwasser,

also in natürlichen und künstlichen
Seen. (Talsperren), massenhaft im
Herbst und im Frühjahr zu erscheinen,
in der Regel aber auch bald wieder zu
verschwinden. Sie ruft Störungen im
Filterbetrieb hervor. Die Alge läßt sich
aber durch Vorfilter leicht beseitigen
(s. Plankton, Störungen im Wasserwerksbetrieb).

Atom. Kleinstes Teilchen mit stoff-
lichen Eigenschaften, auch chemisch
kleinsterTeil eines Körpers. Der Durchmesser eines Atoms ist von der Größenordnung 10^{-8} cm. Das Gewicht eines
Wasserstoffatoms beträgt $1,6 \cdot 10^{-24}$ g.
Die Atome der Elektrizität heißen Elek-
tronen (s. Elektron).

Atramentverfahren, dient der Erzeugung von Phosphatschutzschichten auf
Metallen.

BÜTTNER, G.: Korrosion und Metallschutz 12
(1936), S. 208.

Aufbereitung, 1. beim Bergbau die
Vorbereitung der Rohstoffe des Bergbaues für die hüttenmäßige Verarbeitung und. für den Verkauf. Hierbei
lassen sich 3 Hauptgruppen von Arbeiten unterscheiden:
a) die Zerkleinerung,
b) die Klassierung (Trennung nach
   der Korngröße) und
c) die Sortierung (Trennung nach
   den verschiedenen Stoffen).
Es ist zu unterscheiden zwischen der
trockenen A., der Naßaufbereitung (s.
d.), der magnetischen A. und der
Schwimmaufbereitung (s. d.) (Flotation). Vielfach werden die gewonnenen Erze, Steine usw. in sog. Erzwäschen (s. d.) gewaschen, um sie von
anhaftendem Staub, Sand, Ton oder
Lehm zu befreien.
2. beim Wasser. Hier dient die A.
der Reinigung oder Verbesserung eines
Wassers, das für die Trink- oder Brauchwasserversorgung Verwendung finden
soll, aber den daraus zu stellenden Ansprüchen noch nicht genügt. Man unterscheidet bei der A. für Trinkwasser:

die Ausscheidung der ungelösten Schwebestoffe (Klärung) einschließlich der an ihnen haftenden Bakterien, die Entfärbung oder Ausfällung kolloidal gelöster Stoffe, die Enteisenung und Entmanganung, die Entsäuerung, die Entgasung, die Enthärtung und die Desinfektion (Abtötung der Keime, Entkeimung). Die Enthärtung ist bei der Trinkwasserversorgung bisher nicht üblich, wohl aber bei der Brauchwasserversorgung. Diese verlangt auch häufig außer den schon genannten Maßnahmen noch eine Entölung.

Aufblähen von Schlamm: siehe Blähschlamm.

Aufbrauch, Formelzeichen B, Maßeinheit mm/Zeit, im Wasserhaushalt: Verkleinerung der ober- oder unterirdischen Wasservorräte durch Abfluß oder Verdunstung (s. d.).

Aufenthaltsdauer von Abwasser in Absetzbecken, s. Absetzbecken, Durchflußzeit.

Aufgußtierchen, s. Infusorien.

Aufhaltebecken, siehe Rückhaltebecken.

Aufhalteraum. Der zwischen dem Schmutzwasserspiegel und den Überfallschwellen der Regenauslässe eines nach dem Mischverfahren arbeitenden Entwässerungsnetzes liegende Raum, der sich bei Regenfällen erst füllen muß, bevor die Auslässe in Tätigkeit treten, der also den Beginn der Auslaßtätigkeit „aufhält" (s. Aufspeicherungsvermögen des Entwässerungsnetzes).

Auflandungsteich, Absetzteich, vom Abwasser sehr langsam durchflossenes Erdbecken, das solange, und zwar meist mehrere Jahre hindurch beschickt wird, bis es mit Schlamm gefüllt ist und durch ein neues Becken ersetzt werden muß. Der A. wird mit einer Sohlensickerung versehen, die während des Durchflusses verschlossen bleibt

und erst nach Stillegung des Betriebes geöffnet wird, damit der abgesetzte Schlamm austrocknet. Der A. ist i. a. nur für mineralischen Schlamm geeignet, für Schlamm aus häuslichem Abwasser nur dann, wenn der Schlamm durch gewerbliche Zuflüsse seine Faulfähigkeit zum größten Teil verloren hat. A. kommen besonders als Behelfsanlagen in Frage.

Aufsatzrohre, Rohre eines Rohrbrunnens, die oberhalb eines Filters (s. d. unter 2.) fest mit diesem verbunden sind. Sind sie so lang ausgebildet, daß sie beim fertigen Brunnen bis zur Erdoberfläche reichen, dann gelten sie als durchgeführte A. Besitzen sie diese Länge nicht, dann gelten sie als verkürzte A. Besteht das Filter aus mehreren Teilen, dann werden die die einzelnen Filterteile verbindenden Rohre, die den gleichen Durchmesser wie das A. haben, Zwischenrohre genannt. Das am untersten Ende des Filters sitzende Rohr wird mit Schlammfang bezeichnet (DIN 4149 Entwurf).

Aufspeicherungsvermögen des Entwässerungsnetzes, die Fähigkeit eines nach dem Mischverfahren arbeitenden Entwässerungsnetzes in dem zwischen dem Schmutzwasserspiegel (Spiegel des Trockenwetterabflusses) und den Überfallschwellen der Auslässe (Regenauslässe) befindlichen Raum (Aufhalteraum) Regenwasser aufzunehmen (zu speichern). Je größer das A., d. h. also der Aufhalteraum ist, um so stärker verdünnt ist das aus Schmutz- und Regenwasser gebildete Mischwasser, wenn es über die Überfallschwelle tritt (s. Aufhalteraum).

Aufsteigendes Grundwasser, Grundwasser in Aufwärtsbewegung. (Für zu Quellen hin aufsteigendes Grundwasser wurde meist die falsche Bezeichnung „aufsteigende Quelle" gebraucht).

Aufteilen des Abwasserzuflusses bei der Beschickung von Absetzbecken,

Maßnahme zur gleichmäßigen Verteilung der einem Absetzbecken zufließenden Abwassermenge über die ganze Beckenbreite, um ein Aufwirbeln des in der Nähe des Einlaufs abgesetzten Schlammes zu verhüten. Das A. geschieht entweder mittels eines durchlochten oder geschlitzten, lotrecht oder schräg stehenden Tauchbrettes unmittelbar vor dem Einlauf, durch Auflösung der Zuflußleitung in zahlreiche kleinere, über die Beckenbreite verteilte Zuflußöffnungen oder durch eine Vereinigung beider Maßnahmen.

Auftreiben von faulendem Schlamm, Vorgang im Faulraum, der dadurch entsteht, daß die aufsteigenden Faulgase Schlammflocken mitnehmen, die nach dem teilweisen Entweichen der Gase zum Teil wieder absinken und zum Teil noch mit Gas durchsetzt auf der Oberfläche schwimmend verbleiben. Infolgedessen bildet sich eine Schwimmschlammdecke, die ständig Schlammteilchen abgibt und ständig neue Schlammteilchen aufnimmt: Natürliche Umwälzung des Schlammes im Faulraum.

Ausbaustück, ein einfacher Bauteil für den Einbau von Absperrvorrichtungen in Rohrleitungen.

Ausflocken, Ausflockung (Koagulation), eine Zusammenballung der kolloidalen, mit bloßem Auge nicht sichtbaren Teilchen der Schwebestoffe im Wasser zu gröberen Flocken, die in stehendem oder langsam fließendem Wasser absinken oder durch mechanische Filterung aus dem Wasser entfernt werden können. Die A. wird hervorgerufen durch Zusatz bestimmter Chemikalien wie Aluminiumsulfat, Eisensulfat, Eisenchlorid usw., entweder allein, gemischt oder unter zusätzlicher Beigabe von Kalk, Soda u. ä. Diese Ausflockungsmittel erzeugen im Wasser grobflockige, voluminöse Metall-Hydroxyde, die i. a. infolge großer

Oberflächenspannung adsorbierend auf die kolloidalen Verunreinigungen wirken und hierdurch diese Stoffe in einen filterfähigen Zustand bringen. Vollzieht sich dieser Vorgang in einem vom behandelten Wasser langsam durchströmten und richtig bemessenen Becken, so sinken die ausgeflockten Stoffe zu Boden. Das Wasser ist dann für die mechanische Filterung geeignet.

Die beste Ausflockungs-Wirkung ist abhängig vom p_H-Wert und tritt ein bei Zusatz einer bestimmten Menge des verwendeten Fällmittels, die sich in gewissen Grenzen der Wasserbeschaffenheit anpassen muß. Es sind deshalb besondere Vorrichtungen notwendig, um das Flockungsmittel dem Wasser derart zuführen zu können, daß es erstens der Wasserbeschaffenheit und zweitens der durchfließenden Wassermenge angepaßt wird. Außerdem ist eine gleichmäßige Verteilung der Fällmittellösung zu berücksichtigen. Auch die Ausmaße der Absetzbecken spielen eine Rolle. Der aus Belebungsbecken und aus Tropfkörpern kommende Schlamm sowie solcher aus bestimmten Mischungen von städtischem und gewerblichem Abwasser neigt besonders zum A.

Ausgleichbecken, Becken, die besonders in gewerblichen Betrieben stoßweise oder teils sauer, teils alkalisch anfallendes und bei der Reinigung störendes Abwasser ausgleichen sollen. In dem A. muß die gesamte, stoßweise anfallende Abwassermenge abgefangen werden können. Durch eine genau einzustellende Abflußöffnung wird die Abwassermenge im gleichmäßigen Strom auf den ganzen Tagesdurchschnitt verteilt und so die Wirkung des stoßweise in konzentrierter Form anfallenden Abwassers gemildert. Die A. werden auch zur Abkühlung (s. d.) heißen Abwassers benutzt.

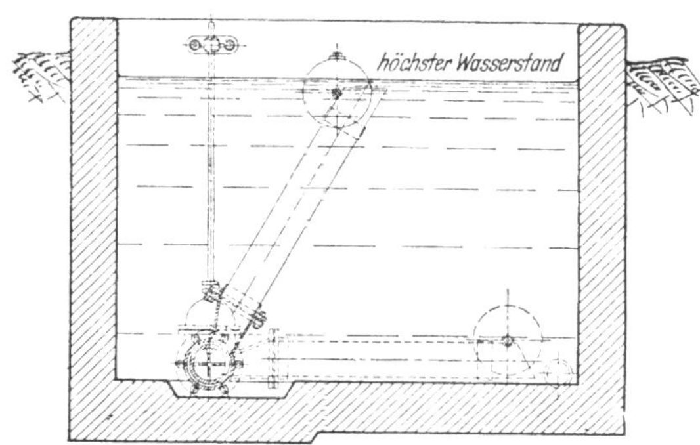

Schwenkrohr mit Schwimmer zum allmählichen Ablassen von Ausgleichbecken (Bauart GEIGER, Karlsruhe).

Ausgleichbehälter, Behälter, dessen Inhalt zum Ausgleich der Unterschiede zwischen Wasserförderung und Wasserverbrauch oder zwischen Rohwasser- und Reinwasserförderung bei der Trinkwasserversorgung dient.

Auslaufventile ermöglichen das Abzapfen von Wasser aus den Rohrleitungen, in die die Ventile eingebaut sind. Sie werden bis Nenndruck 10 gebaut. Für ihre Ausführung sind die DIN-Vorschriften 3276 bis 3279 maßgebend.

Ausmündungsbauwerk, Sonderbauwerk einer Entwässerungsanlage an der Stelle, wo das Abwasser in den Vorfluter fließt. Die Form des A.s muß der Eigenart des Vorfluters und der ihm zuzuführenden Abwassermenge angepaßt werden. Bei großer Abwassermenge und verhältnismäßig geringer Wassergeschwindigkeit des Vorfluters ist es meist erforderlich, das A. in mehrere kleinere Einleitungsstellen aufzulösen, damit sich das Abwasser schneller mit dem Flußwasser mischt und im Wasserlauf keine störenden Wirbelbewegungen entstehen. Oft darf das A. aus ähnlichen Gründen nicht unmittelbar am Ufer liegen, sondern das Abwasser muß bis in den Stromstrich geführt werden. Da das austretende Abwasser häßlich wirkt, soll die Ausmündung möglichst unter Wasser liegen, sie muß aber zum Zwecke der Überwachung am Ufer durch ein Hinweisschild kenntlich gemacht werden.

Ausräumungsmaschine, maschinelle Einrichtung zur Entfernung von Sand und Schlamm aus Sandfängen und Absetzbecken sowie zum Abräumen von Schlammtrockenplätzen. Als A. für große Sandfänge können Greifer oder Klassierer verwendet werden, für Absetzbecken Kratzerketten oder kreisende oder längsbewegte Kratzer, für Trockenplätze Schlammbagger (s. Klassierer, Kratzer).

Auswahl des Abwasser-Reinigungsverfahrens, in erster Linie von der Leistungsfähigkeit des Vorfluters und von der Abwasserbeschaffenheit, dann aber auch von den Fragen der Wirtschaftlichkeit, der Abwasserverwertung und der örtlichen Verhältnisse abhängige, ausschließlich von fachkundiger Seite zu treffende Entscheidung.

Autoklav, Gerät zur Sterilisierung von Nährböden usw. unter erhöhtem Druck.

Autotroph ist die Ernährung jener Pflanzen, die die Fähigkeit haben, aus Anorganischem Organisches aufzubauen.

Azetylenanlagen, Anlagen zur Entwicklung von Azetylen, einem gasförmigen Kohlenwasserstoff C_2H_2, der u. a. zur autogenen Schweißung benutzt wird. Die Herstellung des Azetylens erfolgt in Azetylenentwicklern durch Zersetzen von Karbid (s. d.) mit Wasser. $CaC_2 + 2 H_2O = Ca (OH)_2 + C_2H_2$. Der hierbei anfallende Karbidschlamm ist

gelöschter Kalk und darf wegen der
Zerknallfähigkeit und der Giftigkeit
der aus ihm noch entwickelbaren Gase
(s. zerknallfähige Gase, giftige Gase)
weder in ein städtisches Entwässerungsnetz noch in einen Vorfluter abgelassen werden. Er wird zweckmäßig

in einfachen Schlammbecken gesammelt und aufgetrocknet. Danach kann
er mit Vorteil als Baukalk, Düngekalk
und zur Neutralisation von saurem
Abwasser benutzt werden.

Deutscher Azetylenverein, Karbidkalk und seine Verwertung. — Berlin, 1941.

B

Bachkläranlage, Absetzanlage, meist
Sickerbecken oder Auflandungsteich,
an der Mündung eines Baches in einen
Flußlauf, die dazu dient, die von dem
Bach mitgeführten absetzbaren Stoffe
von dem Flusse fernzuhalten (s. Sikkerbecken, Auflandungsteich).

Baeterium Coli, eine im menschlichen und tierischen Darm lebende
Bakterie (s. Colititer).

Bäder und Abwasser, Freibäder, d.
h. öffentliche Badeplätze an Gewässern
(z. B. an Flüssen, Teichen, natürlichen
und künstlichen Seen) dürfen nicht
durch die Einleitung von Abwasser in
gesundheitsgefährlicher oder das natürliche Gefühl verletzender Art verunreinigt werden. Oberhalb von Badeplätzen darf daher Abwasser nur eingeleitet werden, wenn die Sicherheit
besteht, daß die Schmutzstoffe bis zum
Badeplatz hinreichend weit abgebaut
sind und daß der Colititer gering ist
(etwa 0,1). Andererseits liefern Bäder
in geschlossenen Räumen (Hallenbäder, Wannenbäder) häufig Schaden
bringende Stoffe (z. B. besonders aus
Krankenhäusern), die das Abwasser
vergiften können, und daher eine besondere Behandlung (gegebenenfalls
Desinfektion) des Abwassers erfordern (s. Colititer, Desinfektion).

Badeplätze, öffentliche, s. Bäder und
Abwasser.

Bakterien,blütenlosePflanzen(Cryptogamen), die zur Abteilung der Spalt

pflanzen (Schizophyten) gehören. Diese
zerfallen in

Spaltpilze, Schizomycetes (Bakterien) und

Spaltalgen, Schizophyceae (Blaualgen, Cyanophyceae).

Die Spaltpilze (Bakterien) unterscheiden sich von den Spaltalgen durch
den Mangel an Blattgrün (Chlorophyll).
Sie sind deshalb mit wenigen Ausnahmen nicht imstande, sich den zum
Aufbau nötigen Kohlenstoff aus der
Luft anzueignen, bedürfen vielmehr
eines kohlenstoffhaltigen Nährbodens.
Das Beiwort Spalt bezieht sich auf die
Art ihrer Vermehrung (Querteilung).

Man teilt die B. (Gebilde von 0,0005
bis 0,02 mm Durchmesser) ein in

Kugel-B. = Kokken: Mikrokokken (kugelförmige) und kurzovale
Kokken (eiförmige), Staphylokokken
(weintraubenartige) und Streptokokken (perlkettenartige).

Stäbchen-B. = Bazillen:
Milzbrand-, Typhus-, Diphtherie-, Influenza-, Tuberkel-, Tetanus-, Ruhrund Prodigiosus- (Wunder-) Bazillus,
Zoogloea (Kapsel-B.), B. coli vulgare
und subtilis u. a.

Schrauben-B. = Vibrionen:
Choleravibrio (Komabazillus), Spirillen.

Einzelne Gattungen der B. werden
auch Faden-B. genannt, z. B. Sphaerotilus, sowie die Eisen- und die Schwefelbakterien.

Die wichtigsten krankheitserregenden (pathogenen) B. sind der Typhusbazillus und der Choleravibrio, ferner die Erreger von Tuberkulose, Diphtheritis, Milzbrand und Ruhr. Bei der bakteriologischen Untersuchung des Wassers (s. d.) ist die Bestimmung der im Darm von Menschen und Tieren lebenden Keime von besonderer Bedeutung. B. gedeihen im allgemeinen zwischen 5° und 50° Wärme, wärmeliebende (thermophile) nur bei höheren Temperaturen. Einzelne wieder vertragen große Kälte.

Die B. sind aufgebaut aus einer strukturlosen oder höchstens netzförmigen Rindenschicht, dem Ektoplasma und dem Innenkörper, dem Endoplasma. Im Plasma können die B. Stoffe aus ihrer Umgebung ablagern, z. B. die Faden-B. Beggiatoa und Thiothrix Schwefeltröpfchen, ferner Leptothrix sowie Crenothrix Eisen. Bei manchen B. ist die Außenhülle zu einer förmlichen Kapsel verdickt (Kapsel-B.). Mitunter fließen die Kapselhüllen mehrerer beieinander liegender B. zusammen, so daß sie in einer gemeinsamen Hülle liegen. Man spricht dann von einer Zoogloea.

Da die B. zur Nahrungsaufnahme teils mineralische, vorwiegend jedoch organische Stoffe zersetzen, spielen sie neben anderen Kleinlebewesen bei zahlreichen natürlichen Vorgängen der Stoffumwandlung, wie z. B. bei der Selbstreinigung des Wassers, bei der biologischen Abwasserbehandlung und bei der Faulung von Abwasserschlamm eine wichtige Rolle (s. Gärung, Fäulnis, Verwesung, Vertorfung, Selbstreinigung der Gewässer, Abwasser-Reinigung, Abbau, Schlammfaulung, Humus, Stickstoff, Colititer, Abwasser-Untersuchung, Flußwasser - Untersuchung; Wasseruntersuchung, biologische; Faulraumheizung, Kleinlebewesen).

Von den Faden-B. kommen im stark verunreinigten Wasser häufiger vor: Bact. coli vulgare und subtilis, sowie Zoogloea ramigera, auch Sphaerotilus natans sowie überdies Streptokokken. In mäßig verunreinigtem Wasser finden sich die Fadenbakterie Cladothrix und die Schwefelbakterie Thiothrix, und im reinen Wasser die Eisenbakterien Leptothrix, Gallionella und Crenothrix. Die letzteren kommen nach Kolkwitz auch in Oberflächengewässern, besonders in der Uferzone vor, aber alle drei Gattungen selten an einer Stelle, da sie offenbar verschiedene Ansprüche an die Wasserbeschaffenheit stellen. Die eisenspeichernden B. (s. Eisenbakterien) pflegen hellbraun, die manganspeichernden dunkelbraun auszusehen.

Bakterien, Tätigkeit im Wasser. Die Hauptaufgabe der B. im Wasser ist die Lösung der organischen Bestandteile abgestorbener Tier- und Pflanzenkörper, um damit den Weg frei zu machen für deren Aufnahme durch die lebenden Pflanzen und durch viele Protozoen. Die B. spalten die organischen Bestandteile in ihre einfachen Bestandteile. Einige B. sind mit schnellwachsenden Schimmelpilzen und Hefe besonders auf wasserlöslich-zuckrigsalzige Bestandteile und Stärke erpicht und reißen zum Teil deren Baugefüge auseinander. Das sind zum Beispiel solche, die den Stickstoff direkt zu binden vermögen und ihn für ihre eigene Stoffwechseltätigkeit benutzen. Eine sehr wesentliche Gruppe geht den Eiweißverbindungen toten Lebensstoffes zu Leibe, löst sie, wenn auch nicht übermäßig rasch, in ihre Einzelbestandteile auf und beansprucht diese wieder zum Aufbau von eigenem Bakterieneiweiß. Sie erzeugen bei ihrer Spaltungsarbeit beträchtliche Mengen von Stickstoff in Form von Ammoniak, das von anderen Pilzen zu salpetriger Säure gewandelt wird. Diese wird dann schließlich von Nitratbakterien zu Salpetersäure weiter oxydiert. So tritt der abgebaute anorganische Rohstoff von neuem in den Kreislauf ein (Marsson, Behm).

Bakterien, wärmeliebende, thermophile s. Bakterien.

Bakterienfresser, zahlreiche Kleinlebewesen, die sich an der biologischen Selbstreinigung des Wassers beteiligen, indem sie die Bakterien in ihren Mundöffnungen oder durch Vakuolen aufnehmen und als Nahrung benutzen. Zu den Bakterienfressern gehören Flagellaten, Ciliaten, Rädertiere, Kleinkruster sowie unter den Algen manche Chrysomonaden, sowie Peridineen. Die letzteren wirken gleichzeitig als „Belüfter" und schützen durch ihre Sauerstoffausscheidung das Wasser vor Verdumpfung, sofern sie nicht selbst Riechstoffe ausscheiden (s. Plankton).

Balgpumpe s. Diaphragmapumpe.

Bamagbecken, quadratisches Absetzbecken, das sich vom D o r r b e c k e n durch die Bauart der Kratzervorrichtung unterscheidet. Bei der Bauart Dorr ist der die Kratzervorrichtung treibende Arm auf der Mittelsäule verschiebbar gelagert, so daß er sich verlängert, wenn der ihn antreibende, auf dem Beckenrande umlaufende Elektromotor die ausgerundeten Ecken des Beckens durchläuft und sich beim Durchlaufen der Seiten entsprechend verkürzt. Bei der von Petri und Bendler angegebenen Bauart der Bamag besteht der Treibarm aus zwei gelenkig verbundenen Teilen, die je nach der Verlängerung oder der Verkürzung des Armes einen größeren oder kleineren Winkel miteinander bilden (s. Dorrbecken).

Bamag-Meguin-Rechen, ein mit dem Abwasserstrom einen stumpfen Winkel (etwa 120°) bildender fester Stabrechen, bei dem das Rechengut durch einen maschinell bewegten und zwangsläufig auf den Rechenstäben geführten Kamm aus dem Wasser befördert und einer Abstreifvorrichtung zugeschoben wird. Beim Niedergange hebt sich der Kamm so weit von den Rechenstäben ab, daß er kein Rechengut mit nach unten schiebt. Die Antriebvorrichtung kann derart eingestellt werden, daß zwischen den einzelnen Reinigungsvorgängen mehr oder weniger große Pausen liegen.

Band, endloses für Kratzer, Kratzerkette, beiderseits über Rollen laufendes, endloses Band (oft auch Kette), das auf der Außenseite mit Schabern versehen ist und dicht über dem Boden eines Absetzbeckens maschinell fortbewegt wird, wobei die Schaber den abgesetzten Schlamm in einen in das Absetzbecken eingebauten Schlammtrichter schieben oder bei der Aufwärtsbewegung aus dem Becken herausbefördern.

Bankett s. Seitensteg.

Barium, Ba, Atomgewicht 137, wird als Zusatzmetall zu Blei für Lagermetalle verwendet.

Bariumsulfat s. Schwerspat.

Barometerstand, Einfluß auf das Fischleben in einem Gewässer. Bei plötzlichem Fallen des B.s, also plötzlichem Sinken des Luftdruckes entweicht u. U. so viel Sauerstoff aus dem Gewässer, daß Fischsterben eintreten kann (häufig bei Gewittern). Wenn in das Gewässer Abwasser eingeleitet wird, das zum Abbau der Schmutzstoffe viel Sauerstoff verbraucht, ist die Gefährdung des Fischlebens besonders groß.

Basenaustauschverfahren, Verfahren der Wasseraufbereitung (s. d.) zur Enthärtung des Wassers, insbesondere zur Beseitigung der Kesselsteinbildner aus dem Kesselspeisewasser, bei dem die Härtebildner Calcium und Magnesium des Rohwassers gegen Natriumsalze ausgetauscht werden. Zu diesem Zweck wird das harte Rohwasser in kaltem Zustande über körnige Basenaustauschstoffe gefiltert. Die Härte des Kesselspeisewassers läßt sich durch das B. auf weniger als 0.1 D. G. herabsetzen. Als Basenaustauschstoffe werden benutzt:

1. anorganische Basenaustauscher, z. B. Invertit, Permutite (künstliche Zeolithe, Aluminiumsilikate), Orzelit, Silikalit usw.

2. organische Basenaustauscher, z. B. Permutite, Kunstharzaustauscher (Wofatite) usw.

Die Vorzüge des B.s gegenüber den anderen Enthärtungsverfahren bestehen darin, daß eine Erwärmung des Rohwassers unnötig ist, daß Schwankungen in der Härte bedeutungslos sind und kein Schlamm entsteht.

Bauausführung von Entwässerungsleitungen. Bei der B. handelt es sich um die Herstellung langgestreckter, schmaler und verhältnismäßig tiefer Baugruben, die, sofern nicht neue Gebiete aufgeschlossen werden, im Zuge belebter Straßen und in unmittelbarer Nähe von Hausfundamenten liegen. Daher ist beim Ausheben des Bodens und vor allem auch beim Aussteifen der Baugrube besondere Sorgfalt geboten. Der ausgehobene Boden kann oft nur in Seitenstraßen gelagert werden. Da die Entwässerungsleitungen tiefer liegen als alle anderen Leitungen werden sie in neuen Straßen zuerst verlegt, in alten Straßen ergibt sich aus der Tiefenlage der Entwässerungsleitungen die Schwierigkeit, daß meist andere Leitungen freigelegt werden und durch Abfangen, Aufhängen oder vorübergehende Umlegung gesichert werden müssen. Beim Verfüllen der Baugrube müssen die Entwässerungsleitungen sorgfältig mit sandigem, nicht lehmigem oder tonigem Boden umstampft werden, weil sie anderenfalls infolge der Auflast und der Verkehrserschütterungen Risse bekommen und zerbrechen. Bei moorigem Untergrunde ist künstliche Gründung der

Leitungen, gegebenenfalls auf Schwell- oder Pfahlrost oder auf Betonplatten angezeigt. Bei Grundwasserzudrang sind die Baugruben durch Dräns oder durch künstliche Grundwassersenkung trocken zu halten. Liegen die Entwässerungsleitungen sehr tief oder kreuzen sie Gleisanlagen, so ist tunnelmäßige Ausführung oft wirtschaftlicher und sicherer als die Verlegung in offener Baugrube (DIN 4135).

Bauentwurf, vollständige Darstellung aller Einzelheiten eines Bauvorhabens, die der Bauausführende wissen muß, um die Gesamtanlage herstellen zu können. Für Entwässerungsanlagen muß der B. i. a. folgendes enthalten: Berechnung und Beschreibung der Gesamtanlage und ihrer Einzelteile. Übersichtsplan mit Schichtenlinien (1 : 10000 bis 1 : 25000), Lageplan mit Angabe der Hausanschlüsse (1 : 500 bis 1 : 1000), Längenschnitte (Höhen 1 : 100) mit Angabe der Beschaffenheit und der Abmessungen der Leitungen, Kellertiefen. Genaue Zeichnungen der Sonderbauten, wie Schächte, Vereinigungs-, Abzweigungs-, Überfall- und Mündungsbauwerke, Schnee - Einwurfschächte usw., Bauzeichnungen der Pumpwerke, Druckrohre, Klärwerke usw., Bohrergebnisse mit Angaben über den Baugrund, die Grundwasserverhältnisse sowie über die Lage fremder Rohrleitungen und sonstiger Einbauten im Bereiche der herzustellenden Baugruben.

Baulücken. Die an einer anbaufähig hergestellten Straße zwischen den bebauten Grundstücken liegenden unbebauten Grundstücke. Da die Anliegerbeiträge für die Herstellung einer Straße i. a. erst fällig sind, wenn die Grundstücke bebaut werden, so muß die Stadtverwaltung die Straßenherstellungskosten für unbebaute Grundstücke zunächst verauslagen. Dabei handelt es sich meist um erhebliche Beträge, die erst eingehen, wenn die B. geschlossen werden. Außerdem wird das Stadtbild durch die B. verunziert. Die Städte bemühen sich daher, gegebenenfalls durch Stundung oder Ermäßigung der Anliegerbeiträge für den Bau der Straße und ihrer Entwässerungsanlage auf die Schließung der B. hinzuwirken.

Baumwollbleichereien s. Bleichereien.

Bauxit, Aluminiumoxydhydrat, $Al_2O_3 \cdot 2H_2O$, Molekulargewicht 138. Hauptrohstoff für die Aluminiumgewinnung.

Bazinsche Formel s. Kuttersche Formel.

Bé. Abkürzung für die in der chemischen Industrie üblichen Baumé-Grade ($°Bé$), die zur Bestimmung des spezifischen Gewichts von Lösungen dienen. Es entsprechen:

$0°$ Bé einem spez. Gew. von 1,00
$10°$ „ „ „ „ „ 1,07
$20°$ „ „ „ · „ „ 1,16
$30°$ „ „ „ „ „ 1,26
$40°$ „ „ „ „ „ 1,37
$50°$ „ „ „ „ „ 1,52
$60°$ „ „ „ „ „ 1,69
$70°$ „ „ „ „ „ 1,91.

Bebauung. Die Art und der Umfang der Besetzung eines Gebietes mit Baulichkeiten. Die B. ist für die Abwassertechnik von großer Bedeutung, weil die Beschaffenheit und die Menge des abzuleitenden und zu behandelnden Abwassers in erster Linie von ihr abhängt. Je dichter ein Gebiet bebaut ist, um so mehr Abwasser liefert es und je mehr gewerbliche und industrielle Betriebe es enthält, um so stärker verändert sich die Beschaffenheit des Gesamtabflusses. Um diese Zusammenhänge zwischen B. und Abwasser schätzungsweise beurteilen und ·bei der Bearbeitung von Entwässerungsentwürfen berücksichtigen zu können, pflegt man in der Abwassertechnik folgende Bebauungsarten zu unterscheiden:

1. außergewöhnlich dichte B., über 350 Einwohner/ha, 2. sehr dichte B., von 350 bis 300 Einw./ha, 3. dichte B., von 300 bis 200 Einw./ha, 3. geschlossene B., von 200 bis 150 Einw./ha, 5. offene B., 150 bis 100 Einw./ha, 6. gartenreiche Außenviertel, 100 bis 50 Einw./ha und 7. unbebautes Gelände. Diese Einteilung gilt für städtische Verhältnisse mit dem üblichen Kleingewerbe. Die B. des zu entwässernden Geländes durch größere gewerbliche und industrielle Anlagen muß von Fall zu Fall besonders abgeschätzt werden (s. Abflußbeiwert, Wasserverbrauch).

Bebauungsplan, der amtlich festgesetzte Plan, aus dem die Bebauung eines neu zu erschließenden Gebietes ersichtlich ist. Der B. bildet die Grundlage für den Entwurf zur Entwässerung eines Gebietes (s. Bebauung).

Becken, Behälter, dessen Tiefe im Verhältnis zur Oberfläche klein ist (s. Brunnen).

Becken, Dortmunder, s. Dortmunder Brunnen.

Beckeninhalt, nutzbarer, der zwischen Sohle und Wasserspiegel liegende Teil vom Inhalt eines Absetzbeckens, der für den Durchfluß des Abwassers verfügbar ist. Bei der Ermittlung des nutzbaren Beckeninhalts muß demnach der vom abgesetzten Schlamm und von sonstigen Durchflußhindernissen (z. B. von Schlammkratzern) eingenommene Raum außer Betracht bleiben.

Becken, Kölner, s. Steuernagel-Becken.

Becken, Leipziger, s. Niederbecken.

Becken, Neustadter, s. Steuerbecken.

Beetberieselung, das Aufbringen von Abwasser auf die Beetstücke der Rieselfelder. Die B. erfolgt entweder vor der landwirtschaftlichen Feldbestellung durch Überstauung der gesamten Beetfläche (Stauberieselung) oder auch nach der Bestellung, also während des

Wachstums der Pflanzen durch Furchenberieselung, bei der das Abwasser nur den über das Beet gezogenen Furchen zugeleitet wird und mit den oberirdischen Teilen der Pflanze nicht in Berührung kommt (s. Furchenberieselung, Beetstück).

Beetstück, Beettafel, Waagerechtes, eingeebnetes, i. a. mit Dränung versehenes, von Abwasserzuleitungsgräben umgebenes, etwa $1/4$ ha großes Flächenstück eines Rieselfeldes (s. Rieselfeld, Beetberieselung).

Befugnisse der Entwässerungspolizei. Erlaß von Polizeivorschriften über die Ausgestaltung und die Benutzung von Grundstückentwässerungen und deren Anschluß an das öffentliche Entwässerungsnetz, Genehmigung und Überwachung der Grundstücksentwässerungsanlagen. Einzelheiten der polizeilichen Vorschriften sind in der 2. Ausgabe (1932) der Normenblätter DIN 1986: „Technische Vorschriften für den Bau und Betrieb von Grundstücksentwässerungsanlagen" und DIN 1987: „Bau und Betrieb von Grundstücksentwässerungsanlagen, Grundsätze für rechtliche und verwaltungstechnische Vorschriften" enthalten.

Beggiatoa, eine Schwefelbakterie, die sich auf dem Grunde langsam fließender und stehender Gewässer an den Stellen der Schwefelwasserstoffbildung auf dem schwarzen Schwefeleisenschlamm als weißer spinnwebeartiger Überzug einfindet. (Abb. s. Schwefelbakterien).

Begriffsbezeichnungen in der Abwassertechnik, von der Arbeitsgruppe Abwasserwesen vorgeschlagene, mit der Arbeitsgruppe Wasserchemie des Vereines Deutscher Chemiker vereinbarte und vom Deutschen Normenausschuß anerkannte wichtige B. und Formelzeichen, die für den amtlichen Verkehr und das technisch-wissenschaftliche Schrifttum zur Anwendung empfohlen werden. Die im Juni 1936 herausgege-

bene 1. Folge umfaßt im Wesentlichen die für die Ermittelung und Ableitung von Regenwassermengen in Frage kommenden Begriffe, außerdem enthält sie die nach den Beschlüssen der Landesanstalten für Gewässerkunde festgelegten Bezeichnungen für Wasserstands- und Abflußzahlen. Die 2. Folge ist im Oktober 1943 erschienen (DIN 4045). Die Bearbeitung erfolgt durch einen besonderen Ausschuß der Arbeitsgruppe Abwasserwesen im Arbeitskreis Wasserbau und Wasserwirtschaft der Fachgruppe Bauwesen.

Für die Trinkwasserversorgung sind ebenfalls allgemeingültige Begriffsbezeichnungen bearbeitet worden (DIN 4046).

Behälter s. Wasserbehälter.

Behandlung des Abwasserschlammes, s. Schlammfaulung, Schlammfaulraum, Schlammentwässerung, Schlammtrockenplatz, Schlammpresse, Schlammschleuder, Schlammteich, Schlammbeerdigung, Schlammverschiffung, Schlammverbrennung, Schlammvergasung, Kompostierung, Düngemittel aus Abwasserschlamm, Schlammverwertung.

Behandlung des Rechengutes. Kurze Zeit lagern, damit das anhaftende Wasser abläuft und verdunstet, dann vergraben oder verbrennen, bevor es in Fäulnis übergeht und stinkt. Gegebenenfalls maschinell zerkleinern (zerreiben oder zerquetschen) und dem Abwasser vor dem Rechen wieder zusetzen.

Beharrungszustand der Grundwasserförderung, beim Herauspumpen einer gleichbleibenden Wassermenge aus einem Brunnen derjenige Zustand, bei dem die „Absenkung" des Brunnenspiegels nicht mehr merklich fortschreitet.

Behelfsanlagen für die Abwasserbehandlung, einfache und billige Kläranlagen, die i. a. zunächst zur Beseitigung der größten Mißstände hergestellt aber gegebenenfalls später zu Daueranlagen ausgestaltet werden. Als B. kommen Sickerbecken, einfache Erdbecken, die als Absetzbecken oder als Abwasserfaulräume betrieben werden können, Auflandungsteiche, Abwasserteiche, Bodenfilter, Rieselwiesen und Schlängelgräben in Frage.

IMHOFF, Taschenbuch der Stadtentwässerung, 10. Aufl. 1943.

Beiträge, die auf Grund gesetzlicher Bestimmungen von den Nutznießern einer öffentlichen Entwässerungsanlage, und zwar i. a. von den Grundstückseigentümern für die Herstellung der Gesamtanlage einmalig, anteilig zu zahlenden Beträge. Die B. (Anliegerbeiträge für die Stadtentwässerung) werden meist auf Grund eines für die gesamten städtischen Grundstücke gleichen Maßstabes (z. B. ein fester Betrag für jeden Meter Grundstücks-Straßenflucht) erhoben; sie sind fällig, wenn das Grundstück bebaut wird (s. Gebühr, Baulücken).

Beitragsfläche, die Fläche eines Entwässerungsgebietes, von der einer Entwässerungsleitung Abwasser zufließt, also jede Fläche, die zu der Abwassermenge, die die Leitung abführen muß, einen Beitrag liefert.

Beizablaugen, die verbrauchten Beizflüssigkeiten der Eisenbeizereien (s. d.) und der Metallbeizereien (s. d.).

Beizen. 1. Bei der Eisen- und Metallbearbeitung die Beseitigung der durch das Walzen, Glühen oder Gießen auf der Oberfläche von Eisen-, Stahl- und Metallwaren oder Gußstücken haftenden Oxydschicht durch Eintauchen in verdünnte Säuren oder Natronlauge. (s. Eisenbeizereien und Metallbeizereien). Die Entfernung der Oxydschicht ist notwendig, um die weitere Verfeinerung, wie z. B. das Ziehen von Draht, Stabprofilen und Rohren, sowie das Walzen von Blechen und Bändern zu ermöglichen. Besondere Sorgfalt zur Herstellung einer metallisch blanken Oberfläche ist notwendig, wenn Eisen emailliert, verzinkt oder verzinnt werden soll, wie dies in Emaillierwerken, Verzinkereien für Rohre, Bleche, Draht oder Formeisen und in Verzinnereien bei der Weißblechherstellung geschieht. 2. In Färbereien (s. d.) Substanzen, die die Befestigung von Farbstoffen auf dem Farbgute vermitteln, indem sie mit ihnen unlösliche Verbindungen bilden. Die wichtigsten B. sind die Aluminium-, Chrom-, Eisen- und Kupferbeizen. In Zeugdruckereien (s. d.) werden B. auch in der Weise angewandt, daß man auf den zunächst im ganzen gefärbten Stoffen nachträglich an bestimmten Stellen durch Aufdrucken einer Ätzbeize die Farbe wieder zerstört und das Weiß bloßlegt. 3. In Gerbereien (s. d.) saure Flüssigkeiten, die die Blößen (enthaarte Häute) von Kalk und anderen Stoffen befreien und zum Gerben vorbereiten.

Beizereiabwasser, das in Eisenbeizereien (s. d.) oder Metallbeizereien (s. d.) anfallende Abwasser.

Beizwasser, derjenige Teil des Gerbereiabwassers (s. d.), der beim Beizen (s. d.) der enthaarten Häute (Blößen) anfällt. Das B. enthält neben organischen Stoffen die verbrauchten Beizreste. Auf 1 Großhaut ist mit 0,35 m³ B. zu rechnen.

Belastung eines Abwasserfischteiches, das Verhältnis der Abwasserhöhe zu der Zeitdauer, in der sie dem Fischteich zugeführt wird. Gebräuchliche Maßeinheit m, Abwasserhöhe in mm, Zeitdauer in Tagen. Die B. kann je nach der Beschaffenheit, Vorreinigung und Verdünnung des Abwassers bis zu 30 mm/Tag = rd. 1000 mm/Jahr betragen (s. Abwasserhöhe, Abwasserfischteich).

Belastung eines Bodenfilters, das Verhältnis der Abwasserhöhe zu der Zeitdauer ihrer Aufbringung auf das Bodenfilter. Die B. kann je nach der Beschaffenheit des Bodenfilters und je nach der Beschaffenheit und Vorreinigung des Abwassers 11 000 bis 30 000 mm/Jahr = rd. 300 bis 800 m³/Tag · ha, in Sonderfällen sogar bis 44 000 mm/Jahr = rd. 1200 m³/ Tag · ha betragen. Da die Beschaffenheit des städtischen Abwassers vom Wasserverbrauch der Bevölkerung abhängt, weil die auf den Kopf entfallende Schmutzmenge ziemlich unveränderlich ist, pflegt man für die Berechnung von städtischen Anlagen die B. in sinngemäßer Weise wie bei anderen Klärverfahren als das Verhältnis der Anzahl der das Abwasser liefernden Einwohner zu der für die Reinigung erforderlichen Filterfläche darzustellen. Maßeinheit: Einw./ha. Im vorliegenden Falle wird dann bei einem Wasserverbrauch von 120 l/TE und einer Belastung von 300 m³/Tag · ha die auf die gesuchte Maßeinheit umgerechnete Belastung: 300/0,12 = 2500 Einw./ha (s. Abwasserhöhe, Bodenfilter).

Belastung eines Rieselfeldes. Die B. mit Abwasser wird durch die Abwasserstärke oder Abwasserspende ausgedrückt. Dabei versteht man unter A b w a s s e r s t ä r k e das Verhältnis der Höhe, die das auf eine Feldfläche gebrachte Abwasser erreichen würde, wenn nichts davon (z. B. durch Versickerung, Verdunstung oder Abfluß) verloren ginge, zur Dauer der Aufbringung des Abwassers. Die Erweiterung dieses Verhältnisses mit der bewässerten Feldfläche heißt A b w a s s e r s p e n d e. Gebräuchliche Maßeinheiten: Höhe in mm oder m, Dauer der Aufbringung in Jahren oder Tagen, Fläche in ha. Wenn beispielsweise das auf eine Feldfläche gebrachte Abwasser in einem Jahre eine Höhe von 1000 mm erreichen würde, so beträgt die Abwasserstärke 1000 mm/Jahr = rd. 3 mm/Tag. Mit ha erweitert erhält man die Abwasserspende: $3 \dfrac{\text{mm} \cdot \text{ha}}{\text{Tag} \cdot \text{ha}}$

$$= 3 \cdot 0{,}001 \cdot 10\,000 \ \text{m}^3/\text{Tag} \cdot \text{ha} = 30 \ \text{m}^3/\text{Tag} \cdot \text{ha}.$$

Die B. kann je nach der Beschaffenheit des Rieselfeldes und je nach der Beschaffenheit und der Vorreinigung des Abwassers 1000 bis 5500 mm/Jahr = rd. 30 bis 150 m³/Tag · ha betragen. Bei der weiträumigen Landbewässerung ist die Belastung der Feldflächen wesentlich geringer als die vorstehend angegebenen Kleinstwerte (s. Rieselfeld; Landbewässerung, weiträumige).

Belastung eines Tropfkörpers, das Verhältnis der dem Tropfkörper täglich zugeführten Abwassermenge zu dem Inhalt des Tropfkörpers oder bei der Zuführung von städtischem Abwasser auch das Verhältnis der Anzahl der das Abwasser liefernden Einwohner zum Tropfkörperinhalt. Gebräuchliche Benennung: Abwassermenge in m³/Tag, Tropfkörperinhalt in m³, also:

$$\dfrac{\text{m}^3}{\text{Tag} \cdot \text{m}^3} = 1/\text{Tag}.$$

Nimmt man den Wasserverbrauch der städtischen Bevölkerung zu $0{,}13 \dfrac{\text{m}^3}{\text{T} \cdot \text{E}}$ an, so ist:

$$0{,}13 \dfrac{1}{\text{Tag}} = 1 \dfrac{\text{E}}{\text{m}^3} \ \text{und} \ 1/\text{Tag} = 1/0{,}13$$

$$\text{E}/\text{m}^3 = 7{,}7 \ \text{E}/\text{m}^3.$$

Je nach der Beschaffenheit des Abwassers und des Tropfkörpers gilt als zulässige Belastung für einfach oder schwach belastete Tropfkörper 0,39 l/Tag = 3 E/m³ bis 0,65 l/Tag = 5 E/m³ (s. Tropfkörper; Tropfkörper, hochbelasteter).

Belastungswerte von Kaltwasserleitungen in Hausanlagen, Einheiten der Leitungsbelastung, die durch die Druckverluste bedingt sind. Die Grundlage für ihre Berechnung bildet die Liefermenge eines ³/₈″ Auslaufventils mit 0,125 l/s. Der entsprechende Belastungswert ist gleich ¼. Es beträgt weiter bei einer sekundlichen Liefermenge

von	der Belastungswert
0,175 l	½
0,25 „	1
0,5 „	4
1,0 „	16
1,5 „	36

In den „Richtlinien für die Berechnung von Kaltwasserleitungen in Hausanlagen", die der Deutsche Verein von Gas- und Wasserfachmännern e. V. aufgestellt hat, sind die Druckverluste für die Belastungswerte ½ bis 1000 in Zahlentafeln wiedergegeben.

Belebungsanlage, nach dem Belebungsverfahren (s. d.) arbeitende Abwasserreinigungsanlage. Sie besteht i. a. aus folgenden Einzelanlagen: 1. Vorkläranlage aus Rechen, Sandfang (gegebenenfalls auch Ölfang) und Absetzbecken, 2. Belebungsbecken, 3. Nachkläranlage, i. a. senkrecht durchflossene Trichterbrunnen, 4. Schlammfaulräume für den abgesetzten Schlamm, 5. Faulgasbehälter, 6. Schlammtrockenplätze für den Faulschlamm, 7. Maschinenanlage zum Betrieb der Belüftungseinrichtungen, der Schlammpumpen, der maschinell bewegten Vorrichtungen und der Beleuchtung, 8. Rohr-

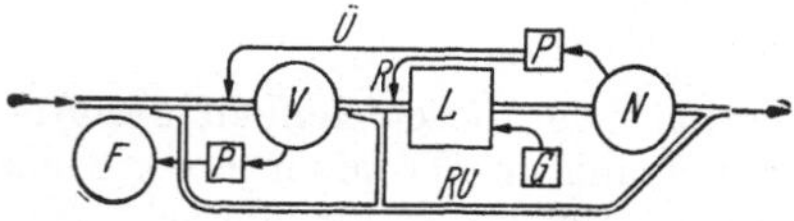

Belebungsanlage.
V = Vorbecken, L = Lüftungsbecken, Belebungsbecken, N = Nachbecken, F = Faulraum, P = Pumpwerk, G = Gebläsehaus, R = Rücklaufschlamm, $Ü$ = Überschußschlamm, RU = Regenumlauf.
(Nach Imhoff, Taschenbuch der Stadtentwässerung, 10. Aufl.)

leitungen zur Förderung des Rücklaufschlammes aus den Nachklärbecken in die Belebungsbecken, des Überschußschlammes aus den Nachklärbecken in den Zulauf zu den Absetzbecken, des Frischschlammes und Überschußschlammes aus den Absetzbecken in die Schlammfaulräume, des Faul-schlammes aus den Schlammfaulräumen auf die Schlammtrockenplätze, des Schlammwassers aus den Schlammfaulräumen in den Zulauf zu den Absetzbecken und des Faulgases aus den Schlammfaulräumen nach dem Maschinenhause und nach dem Faulgasbehälter.

Wenn der Kraftbedarf zur Belüftung des Abwassers durch Faulgas gedeckt wird, muß für die Einarbeitungszeit und für Betriebsstörungen eine andere Kraftquelle verfügbar sein.

Die B. ist besonders für große Mengen eines Abwassers geeignet, das nicht durch schädliche gewerbliche Zuflüsse verunreinigt ist. Sie erfordert indessen eine sorgfältige Bedienung. Sie ist empfindlicher als die Tropfkörperanlage, braucht aber weniger Platz und belästigt nicht durch Geruch und durch Fliegen. Sie arbeitet im Sommer und im Winter auch bei großer Kälte gleich gut (s. Belebungsverfahren, Luftbedarf bei dem Belebungsverfahren, Belüftungsverfahren).

Beispiel für die Berechnung einer B. s. Imhoff, Taschenbuch der Stadtentwässerung, 10. Aufl. 1943, S. 258.

Belebungsbecken, langgestrecktes, meist schmales, u. U. auch rinnen- oder trichterförmiges Becken, in dem das Abwasser beim Belebungsverfahren umgewälzt und belüftet wird (s. Belebungsverfahren, Druckluftbecken, Furchenbecken, Umwälzbecken, Hurdbecken, Harworthrinnen, Boltontrichter, Hartleybrunnen, Rührwerkbecken).

Belebungsverfahren, Abwasserreinigungsverfahren, bei dem die natürliche Selbstreinigung der Gewässer auf kleiner Fläche in verkürzter Zeit künstlich nachgeahmt wird. Das im Absetzverfahren vorgeklärte Abwasser wird beim Durchfließen von Becken (Belebungsbecken, Lüftungsbecken) umgewälzt und ausgiebig belüftet, wodurch sich in ihm schleimige, mit Kleinlebewesen (Bakterien, Protozoën) besiedelte Flocken (belebte Flocken) bilden, auf denen die gelösten und halbgelösten (kolloiden) organischen Stoffe festgehalten und durch die Kleinlebewesen abgebaut (mineralisiert) werden. Die belebten Flocken setzen sich, wenn das Abwasser-Flockengemisch zur Ruhe kommt, rasch ab und werden durch Nachklärung in Absetzbrunnen entfernt, aus denen dann das Abwasser gereinigt abfließt. Ein Teil des abgesetzten Schlammes (Belebtschlamm, belebterSchlamm, aktivierterSchlamm) wird als R ü c k l a u f s c h l a m m in das Belebungsbecken zurückgeleitet, um den Reinigungsvorgang zu beschleunigen, der übrige Belebtschlamm (Ü b e r s c h u ß s c h l a m m) wird gemeinsam mit dem bei der Vorklärung anfallenden Frischschlamm i. a. in Schlammfaulräumen weiter behandelt (s. Belebungsanlage).

Belüfter des Wassers, Kleinlebewesen, die dem Wasser Sauerstoff zuführen. In erster Linie tun dies die Grünpflanzen. Ferner sind die Fadenalgen (s. d.) unter anderen als Sauerstoffspender anzusehen. Sie sind aber gleichzeitig Schattenbringer und können außerdem Schlammdecken bilden, die besonders beim Filterbetrieb störend wirken können. Ferner gehören auch größere teppichbildende Wasserpflanzen zu den hauptsächlichsten Belüftern. Sie spenden den Sauerstoff aber vornehmlich mit den eingetauchten Blättern, während die Schwimmblätter schattengebend wirken und damit den Lichtzutritt zum Wasser, der für die Selbstreinigung von Wichtigkeit ist, verhindern (Kolkwitz).

Belüftung des Wassers, ein Aufbereitungsmittel. Es wird in der Hauptsache angewendet, um das Wasser zu enteisenen. Durch die B. wird das im Wasser gelöste Eisen in die unlösliche Form des dreiwertigen Hydroxyds überführt. Das dann in braunen Flok-

ken ausfallende Eisenhydroxyd wird durch Schnellfilter entfernt. Bei den älteren offenen Belüftungsanlagen nach OESTEN fällt das Wasser in Tropfenform aus einer Höhe von 2 bis 2,5 m durch die Luft auf ein Wasserbecken und wird dann gefiltert. Bei den Anlagen nach PIEFKE wird das Wasser durch geeignete Verteilungseinrichtungen wie Brausen, Siebbleche, Düsen usw. gleichmäßig verteilt, um in innige Berührung mit der Luft zu kommen. Es gelangt dann weiter auf Riesler aus Koks-, Lava- oder Ziegelbrokken, Holzhorden und Steinpackungen. Beim Herabrieseln auf diesen scheidet sich das Eisen als Hydroxyd aus. Dabei findet auch eine gewisse Entsäuerung des Wassers statt. Später gelangt das Wasser in ein Absetzbecken. Ein Filter kann nachgeschaltet werden. Neuerdings werden zur Versprühung des Wassers Amsterdamer Düsen (s. Düse) verwendet, die so gebaut sind, daß zwei feine, unter 45° aus der Düse herausgespritzte Wasserstrahlen in rechtem Winkel aufeinander treffen. Dadurch wird das Wasser fächerartig verstäubt. Dann gelangt es auf Prallbleche und schließlich in Absetzbecken und über Filter. In geschlossenen Enteisenungsanlagen wird die Belüftung durch Zuführung von Druckluft oder durch Schnüffelventile bewirkt. Die Ausscheidung des Eisenhydroxyds geschieht dann in den gleichen Filterkesseln, denen die Luft zugeführt wird.

Belüftung, künstliche von Tropfkörpern, Durchblasen oder Durchsaugen von Luft durch ringsum eingebaute Tropfkörper auf maschinellem Wege zwecks Erhöhung ihrer Leistungsfähigkeit (s. Aërofilter, Tropfkörper, geschlossener).

Belüftungsbecken s. Belebungsbecken.

Belüftungsdauer, die Zeitdauer, während der sich das Abwasser beim Belebungsverfahren im Belebungsbecker

(Belüftungsbecken) aufhalten muß, damit die gewünschte Reinigungswirkung erzielt wird. Die B. schwankt je nach der Beschaffenheit des Abwassers, nach der Ausbildung des Beckens und nach dem Belüftungsverfahren in weiten Grenzen, und zwar etwa zwischen 4 und 15 Stunden, sie beträgt in Ausnahmefällen (Kessenerbürste) sogar erheblich mehr als 15 Stunden (s. Belebungsverfahren, Belüftungsverfahren, Kessenerbürste, Kessenerbecken).

Belüftungsverfahren, Verfahren zur Belüftung des Abwassers in Belebungsbecken. Man unterscheidet:

1. O b e r f l ä c h e n b e l ü f t u n g, a) durch Paddel (s. Haworth-Rinnen, Hartley-Paddel, Erfurter Paddelräder), b) durch Umwälzen und Verspritzen des Abwassers (s. Boltonkreisel, Hartley-Umwälzer, Kessenerbürste, Frank-Imhoff-Verfahren, Franke-Verfahren, Kremer-Luftumwälzer). 2. D r u c k - l u f t - B e l ü f t u n g (s. Furchenbecken, Hurdbecken, Umwälzbecken). 3. D r u c k l u f t - B e l ü f t u n g m i t m e c h a n i s c h e r U m w ä l z u n g (s. Rührwerkbecken). 4. O b e r f l ä - c h e n b e l ü f t u n g m i t m e c h a - n i s c h e r U m w ä l z u n g (s. Kessenerbecken).

Benennung, Maßeinheit, die Bezeichnung für einen Größenbegriff, mit der eine Zahl multipliziert werden muß, um eine für die Rechnung maßgebende Größe zu ergeben. Wird z. B. die Zahl 5 mit dem Größenbegriff „Meter" als B. oder als Maßeinheit multipliziert, so ergibt sich die für die Rechnung (mit einer Größengleichung) maßgebende Größe 5 m, ändert man dagegen die B. in cm, so erhält man für die gleiche Größe $5 \cdot 100 = 500$ cm, weil die Maßeinheit „Meter" gleich 100 Maßeinheiten „Zentimeter" ist. Bei einer Zahlenrechnung mit Größengleichungen ist also die B. der einzelnen Größen von grundlegender Bedeutung.

Benetzter Umfang, die Länge des vom hindurchfließenden Wasser benetzten Teiles der Querschnittsbegrenzungslinie. Formelzeichen U, gebräuchliche Maßeinheit m (DIN 4045).

Benutzungszwang s. Anschluß- und Benutzungszwang.

Benzidin wird nach Vorschlag von Olszewski zur Bestimmung des freien Chlors benutzt. Die chemische Zusammensetzung von B. ist $NH_2 \cdot C_6H_4 \cdot C_6H_4 \cdot NH_2$. Vor der Durchführung der Bestimmung ist die Zerstörung der Karbonate erforderlich. Das geschieht am besten durch Zusatz von Salzsäure. Man erhält blaugrüne bis blaue Färbungen, die bei einem Überschuß von Säure in Grün und schließlich in Gelb umschlagen. Diese Unsicherheit der Färbung in Abhängigkeit vom p_H-Wert bringt Schwierigkeiten bei der allgemeinen Anwendung. Bei ein- und derselben Wasserbeschaffenheit ist aber eine Einarbeitung möglich und das Verfahren zur Anzeige eines Chlorüberschusses durchaus zu verwenden. Bei genauer Bemessung der einzelnen Zusätze und beim Fehlen störender Beimengungen sollen sich 0,02 mg/l freies Cl noch an einer schwachen, aber deutlich erkennbaren Blaugrünfärbung zeigen (nach L. W. Haase). Olszewski hat mit Sperling ein Gerät geschaffen, das erkennen läßt, ob dem Wasser genügend Cl zugesetzt worden ist. Es besteht in der Hauptsache aus drei Glasbehältern, in die in bestimmten Zeitabschnitten selbsttätig eine Wasserprobe abgezapft wird. In das linke Glas fließt dann ebenfalls selbsttätig Jodzinkstärkelösung, in das rechte Benzidinlösung. Ist die Chlorzugabe richtig durchgeführt, so muß das linke sowie das in der Mitte befindliche Gefäß farblos bleiben, während das rechte Blaufärbung zeigt.

Benzin, durch gebrochene Destillation oder im Krackverfahren aus Erdöl oder durch Verschwelung und Hydrierung von Kohle (s. Hydrierwerke) oder durch Synthese aus Kohlenoxyd und Wasserstoff gewonnenes Gemisch von leichtsiedenden Kohlenwasserstoffen der allgemeinen Zusammensetzung C_nH_{2n+2}, vor allem Butan (C_4H_{10}) und Hexan (C_6H_{14}). Leichtöl von der Wichte 0,66 bis 0,74 g/cm³, Siedepunkt zwischen 70° und 120°, Lösemittel für Harze, Fette, Kautschuk Treibstoff für Flugzeuge, für Kraftwagen und für ortsfeste Kraftmaschinen. Mit Luft gemischter Benzindampf ist innerhalb bestimmter Mischungsgrenzen ein zerknallfähiges, äußerst feuergefährliches Gemenge. Die Einleitung von B. in Entwässerungsnetze muß daher mit allen zu Gebote stehenden Mitteln verhindert werden (s. zerknallfähige Gase, Benzinabscheider, Erdölindustrie, Zerknallgrenzen).

Benzinabscheider, Benzolabscheider, Leichtflüssigkeitsabscheider, eisernes Gefäß (bei Großabscheidern auch gemauerte Grube), das in die Entwässe-

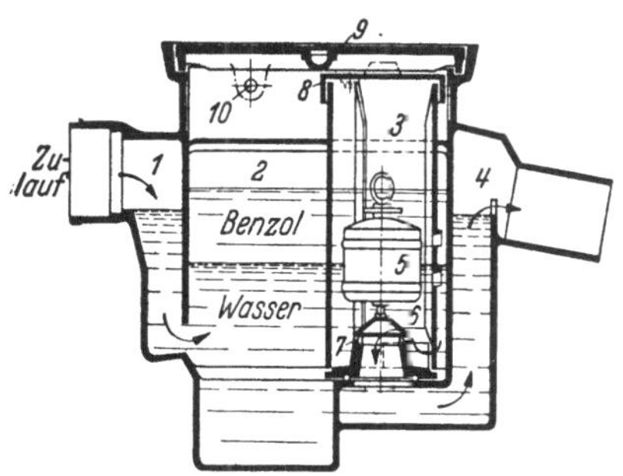

Benzinabscheider mit selbsttätigem Verschluß. (Passavantwerke GmbH., Michelbach.)
1 Einlaufkammer, 2 Abscheidekammer, 3 Schwimmerkammer, 4 Auslauf, 5 Schwimmer, 6 Ventilteller, 7 Ventilsitz, 8 Schwimmerkammerdeckel, 9 Abdeckung, 10 Entlüftungsstutzen.

rungsanlage eines Grundstücks, aus dem mit dem Abwasser Benzin oder andere Leichtflüssigkeiten abfließen, eingebaut wird. Es soll die Leichtflüssigkeit zurückhalten und die Ent-

wässerungsanlage vor deren zerknallgefährlichen Gasen schützen. Der B besteht aus einer Einlaufkammer, einer mit Entlüftung versehenen Abscheidekammer und einer Auslaufkammer. B. mit selbsttätigem Verschluß, deren Durchfluß mittels einer Schwimmvorrichtung gesperrt wird, wenn die Speicherfähigkeit des Abscheiders erschöpft ist, haben noch eine besondere Schwimmerkammer. Das Abwasser durchfließt die Einlaufkammer von oben nach unten und steigt dann in der etwas tieferen Abscheidekammer auf, wobei sich die Leichtflüssigkeit oben auf dem Wasser schwimmend abscheidet und die absetzbaren Stoffe zu Boden sinken. Die mit dem unteren Teil der Abscheidekammer verbundene Auslaufkammer, die von dem austretenden Wasser in aufsteigender Richtung durchflossen wird, ist zuweilen vor der Ausflußöffnung noch mit einer Tauchplatte (Entlüftungsöffnung im Deckel) versehen, um eine größere Sicherheit gegen den Austritt der Leichtflüssigkeit zu gewähren. Einzelheiten über die Bauart, den Einbau, die Größe, den Betrieb und die Prüfung von B.n s. DIN 1999.

Leichtflüssigkeitsabscheider unterliegen dem Prüfzwang (s. Prüfausschüsse beim Deutschen Gemeindetag).

Benzindestillation s. Erdölindustrie.

Benzinsynthese s. Hydrierwerke.

Benzol. Molekulargewicht 78. Durch fraktionierte Destillation aus Steinkohlenteer bzw. aus dem Ammoniakrohwässer (s. d.) gewonnener Kohlenwasserstoff (C_6H_6). Leichtöl von der Wichte 0,88 g/cm³, Schmelzpunkt bei + 6°, Siedepunkt bei 80,5°. Gefährlichkeit für das Entwässerungsnetz wie Benzin (s. Benzin, Benzinabscheider, Kokerei-Nebenproduktengewinnung).

Benzolabscheider s. Benzinabscheider.

Berater, hygienischer. Dem Leiter eines Wasserwerks soll in wasserhygienischen Fragen ein hygienischer Berater zur Seite stehen. Dies wird in der Regel der Amtsarzt (s. d.) sein.

Berechnungsregen. Regen von bestimmter Häufigkeit, Stärke und Dauer, der der Berechnung einer Entwässerungsanlage zugrunde gelegt wird (DIN 4045) (s. Regenhäufigkeit, Regenstärke, Regendauer).

Bereitstellungsgebühr, das Entgelt für die Bereitstellung einer Reserve- oder Zusatzwasserversorgung aus der öffentlichen Sammelwasserversorgung für Grundstücke, die eine eigene Versorgungsanlage besitzen und nur in besonderen Fällen zusätzliches Wasser aus der ersteren entnehmen. Die B. stellt nach einem Erlaß des Reichskommissars für die Preisbildung einen gerechten Ausgleich in der Kostenverteilung gegenüber der großen Mehrzahl derjenigen Abnehmer dar, die ihren Bedarf ausschließlich und regelmäßig aus der Sammelwasserversorgung entnehmen.

Bergeversatz, im Bergbau die Verfüllung der abgebauten Flöze mit Gesteinsbergen. Erfolgt der B. im Spülversatzverfahren, so entsteht das

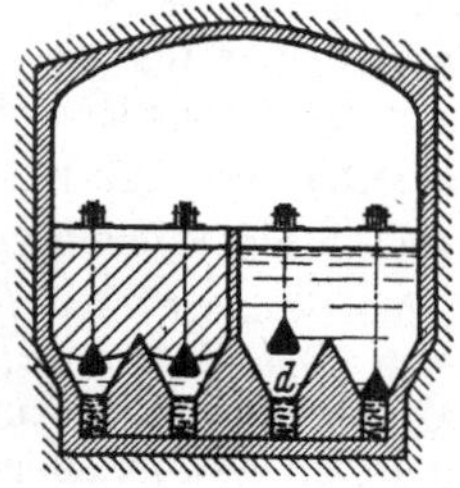

Querschnitt durch ein in eine Grube eingebautes Neustädter Becken zur Reinigung von Spülversatzabwasser (Bergeversatz).

S p ü l v e r s a t z a b w a s s e r (Spülversatztrübe) mit mineralischen Verunreinigungen in größerem Umfange. Um Verschlammungen der Sümpfe und

eine zu schnelle Abnutzung der Pumpenanlagen zu vermeiden, werden Absetzanlagen unterirdisch auf den betr. Sohlen eingebaut, die den anfallenden Schlamm zurückhalten, während das gereinigte Abwasser zusammen mit dem Grubenwasser (s. d.) zu Tage gefördert wird.

KEGEL, Bergmännische Wasserwirtschaft. Halle (Saale) 1938.

Bergius-Rheinau-Verfahren s. Holzverzuckerungsfabriken.

Beruhigungsrechen, Stabrechen am Einlauf von Absetzbecken, der dazu dient, den eintretenden Abwasserstrom aufzulösen und gleichmäßig über die ganze Breite des Beckens zu verteilen. Die Entfernung der Rechenstäbe von einander muß so groß sein, daß die Eintrittsgeschwindigkeit des Wassers möglichst gering bleibt. Bei kreisförmigen, von der Mitte aus beschickten Becken umschließt der ebenfalls kreisförmige B. den Einlaufüberfall (s. Absetzbecken, kreisförmiges).

Beschaffenheit des Wassers. Die B. wird durch klimatische und geologische Einflüsse bestimmt (s. Bewertung der im Trinkwasser vorkommenden Stoffe) (Klut).

Beschickung des Tropfkörpers, die feine, gleichmäßige Verteilung des im Absetzbecken entschlammten Abwassers über die Oberfläche des Tropfkörpers. Sie erfolgt durch feste oder bewegliche Abwasserverteiler, deren Bauart von der Form des Tropfkörpers abhängt (s. Tropfkörper, Abwasserverteiler für Tropfkörper).

Beseitigung von Abwasserschlamm, Betriebsmaßnahme, um den aus dem Abwasser abgesetzten, i. a. stark faulfähigen und daher höchst lästigen Frischschlamm unschädlich zu machen und gegebenenfalls zu verwerten. Dabei kommen vorwiegend folgende Maßnahmen in Frage: Ausfaulen unter Verwertung des Faulgases als Energiequelle und des ausgefaulten Schlammes zu Dungzwecken, Kompostieren und Vergären, Verbrennen, Vergraben, Unterbringung in Schlammteichen, Verschiffen ins Meer, Entwässern durch Ausschleudern, Filterpressen, durch Saugfilter und Trockentrommeln (Heißtrockner) (s. Schlammentwässerung, Schlammfaulraum, Schlammfaulung, Schlammpresse, Filterpresse, Schlammschleuder, Schlammteich, Schlammtrockenplatz, Trockentrommel, Saugfilter, Schlammbeerdigung, Schlammverschiffung, Schlammverwertung).

Beseitigung von Sand aus Abwasser, Betriebsmaßnahme, um den aus dem Abwasser durch Sandfänge ausgefällten Sand unterzubringen und wenn möglich zu verwerten. Sofern der Sand frei von Schmutz und Schlamm ist, kann er ohne weitere Behandlung zur Ausfüllung von Gelände oder bei besonders guter Beschaffenheit auch als Decke für Schlammtrockenplätze und sogar als Mauersand verwendet werden. Anderenfalls ist es notwendig, ihn vorher zu reinigen (s. Sandwäsche, Sandfang).

Bestandpläne für öffentliche Entwässerungsanlagen, Pläne in Blattgröße DIN A 4 oder einem Vielfachen davon im Maßstab 1 : 500 oder 1 : 200 mit genauen Maßen für die Plan- und Höhenlage sowie mit Angabe der Querschnittsabmessungen der gesamten Leitungsstränge und mit Darstellung der Sonderbauwerke des bestehenden öffentlichen Entwässerungsnetzes. Sonderbauwerke gegebenenfalls auf besonderen Blättern in anderen geeigneten Maßstäben, wobei in den Lageplänen an den entsprechenden Stellen auf die Bestandszeichnungen der Sonderbauwerke hinzuweisen ist (s. DIN 4050: Richtlinien für B.).

Bestimmung der Faulfähigkeit von Abwasserschlamm, Untersuchung, um festzustellen, in welchem Umfange Abwasserschlamm sich zur Behandlung in Faulräumen eignet. Der zu untersu-chende Frischschlamm wird durch ein grobmaschiges Sieb getrieben, um ihn von gröberen festen Bestandteilen (z. B. Holzstückchen) zu befreien, und dann im Verhältnis 1 : 1 mit einem in alkalischer Gärung befindlichen Faulschlamm von gleicher Temperatur gemischt. Die in ein Untersuchungsgefäß eingebrachte Mischung soll nach SIERP bei Zimmertemperatur innerhalb 14 Tagen aus 1 g organischer Substanz des Frisch-Schlammes mindestens 200 cm³ Gas entwickeln, wenn der zu untersuchende Abwasserschlamm gut faulfähig ist. IMHOFF empfiehlt, zum Zwecke der Untersuchung 2 Teile Frisch-Schlamm mit 1 Teil Faulschlamm zu mischen und zur Ermittelung der erforderlichen Gasentwicklung die auf Seite 185 seines Taschenbuches angegebene zeichnerische Darstellung des Zusammenhanges zwischen der Faulzeit und der bei verschiedenen Temperaturen im Faulraum beobachteten Gasentwicklung zu benutzen (s. Faulfähigkeit von Abwasserschlamm, Gasanfall im Schlammfaulraum).

SIERP, F., Technologie des Wassers. Berlin 1939.

IMHOFF, K., Taschenbuch der Stadtentwässerung. München und Berlin, 10. Aufl. 1943.

Bestimmung, gewichtsanalytische von Bodensatz, Feststellung des Gewichtes der aus einer Abwasserprobe während einer bestimmten Zeit abgesetzten Schlammenge durch Wägung. Um den am Boden des Absetzglases befindlichen Schlamm sicher von dem darüber stehenden Wasser trennen zu können, benutzt man Spillnersche Absetzgläser mit verschließbarem Bodenauslaß, durch den der angesammelte Schlamm abgezogen werden kann (s. Absetzglas nach Spillner).

Bestimmung, volumetrische von Bodensatz: Feststellung der Raummenge des aus einer Abwasserprobe während einer bestimmten Zeit abgesetzten Schlammes durch Ablesen am Absetzglas (s. Absetzglas).

Betonkanal, große, begehbare Entwässerungsleitung aus Beton oder Stahlbeton, die i. a. nicht wie Betonrohrstränge aus fertigen Schüssen zusammengefügt, sondern an Ort und Stelle zwischen Schalungen im Stampfverfahren hergestellt wird. Der B. ist in gleicher Weise wie der gemauerte Kanal dort am Platze, wo die erforderlichen Abmessungen die der fabrikmäßig hergestellten Rohre überschreiten und wo die Querschnittsform von der dieser Rohre abweicht (s. Betonrohr, Betonrohrquerschnitt).

Betonrohr, fabrikmäßig im Rüttel-, Stampf- oder Schleuderverfahren aus Beton hergestelltes Rohr mit kreis- oder eiförmiger Innenwandung, zum Bau von Entwässerungsleitungen. Ausführliche Angaben über die üblichen Abmessungen, über die Bedingungen für die Lieferung und Prüfung und über die Beförderung von Betonrohren sowie über die Herstellung von Entwässerungsleitungen aus Betonrohren s. DIN 4032 nebst Beiblatt und DIN 4033 (s. Stahlbetonrohr, Rüttelbetonrohr, Stampfbetonrohr, Schleuderbetonrohr).

Betonrohr, armiertes s. Stahlbetonrohr.

Betonrohrquerschnitt, kreis- oder eiförmiger Durchflußquerschnitt eines Betonrohres, dessen Außenwandung meist unten zu einem Fuß verbreitert ist, der die Lage des Rohres sichert und eine gleichmäßige Bodenbelastung ermöglicht. Die Wandstärken sind bei den größeren Rohrquerschnitten an der Sohle und im Scheitel stärker als an den beiden Seiten, damit eine bessere Widerstandsfähigkeit gegen die Auflast erzielt wird (s. DIN 4032: Betonrohre, Bedingungen für die Lieferung und Prüfung; s. Betonrohr).

Betonrohr, Vergleich mit Steinzeugrohr. Die Frage der Anwendung von Betonrohren und Steinzeugrohren in der Abwassertechnik hat die Arbeits-

gruppe Abwasserwesen (früher: Abwasserfachgruppe der Deutschen Gesellschaft für Bauwesen) im Jahre 1939 nach eingehender Ausschußberatung durch Richtlinien beantwortet.

Gesundheitsingenieur 1939, Heft 7, S. 95 bis 99.

Betonzerstörungen an Abwasserleitungen und Kläranlagen entstehen in erster Linie durch die Einleitung von säurehaltigem gewerblichem Abwasser. Besonders gefährlich sind die anorganischen Säuren, wie Schwefelsäure, Salzsäure und Salpetersäure, die von den Beizereien der Draht- und Rohrziehereien, der Kaltwalz- und Blechwalzwerke sowie der Metallwarenfabriken herrühren oder aus chemischen Werken, Dynamitfabriken, Kristallglasschleifereien und Margarinefabriken abgestoßen werden. Die organischen Säuren wie Milchsäure aus Molkereien und Ölsäure aus Margarinefabriken sind weniger gefährlich. Schwefelsaure Salze (Sulfate) zeigen selbst bei neutral reagierendem Abwasser eine große Angriffslust auf Beton, weil sie zu Treiberscheinungen (s. Zementbazillus) Anlaß geben. B. werden auch durch Vergasungen (s. d.) in Abwasserleitungen, insbesondere durch Schwefelwasserstoff, hervorgerufen.

Betrieb der Abwasserkanäle, die Gesamtheit der Maßnahmen, die zur Reinhaltung, Instandhaltung und ordnungsmäßigen Benutzung der Abwasserkanäle notwendig sind. Für die Reinhaltung kommen in erster Linie regelmäßige Spülung, das Durchfahren mit Reinigungsgeräten (z. B. mit Spülschilden) und die Herausnahme sowie die Abfuhr abgelagerter Stoffe in Frage (s. Spülschild, Betrieb des Entwässerungsnetzes).

Betrieb der Abwasser-Rohrleitungen, Gesamtheit der Maßnahmen, die zur Reinhaltung, Instandhaltung und ordnungsmäßigen Benutzung der Rohrleitungen notwendig sind. Für die

Reinhaltung kommen in erster Linie regelmäßige Spülungen und das Durchziehen von Reinigungsgeräten (z. B. Rohrbürsten, Wurzelschneider) in Betracht. Die abgelagerten Stoffe werden i. a. nicht an den einzelnen Einsteigebrunnen herausgenommen, sondern möglichst bis nach einem Abwasserkanal heruntergetrieben und dort an geeigneten Stellen .entfernt (s. Rohrbürste, Wurzelschneider, Betrieb der Abwasserkanäle, Betrieb des Entwässerungsnetzes).

Betrieb des Entwässerungsnetzes. Der B. umfaßt sämtliche Maßnahmen, die zur Reinhaltung und Instandhaltung des Leitungsnetzes und der dazugehörigen Sonderbauwerke wie Einsteigebrunnen, Straßenabläufe nebst Sinkkästen, Düker, Schnee-Einwurfsschächte, Überfall-, Mündungs- und Abzweigungsbauwerke, Entlüftungsanlagen, Rückhaltebecken usw. erforderlich sind, ferner die behördliche Regelung der Benutzung des Entwässerungsnetzes (z. B. die Genehmigung zur Herstellung und Benutzung von privaten Anschlüssen), kleinere Bauausführungen (Veränderungen, Umlegungen, Ausbesserungsarbeiten), Bedienung von Rückstauverschlüssen (z. B. an den Überfallschwellen von Regenauslässen, Einsetzen und Ausheben von Dammbalken, Umstellen von Schiebern), kurz alle Arbeiten, die der geregelten Ableitung des Abwassers und der ordnungsmäßigen Benutzung des Entwässerungsnetzes dienen.

Betriebsdruck s. Druckstufen.

Betriebsergebnisse von Wasserwerken werden gesammelt in einer Wasserstatistik der Wirtschaftsgruppe Gas- und Wasserversorgung und des Deutschen Vereins von Gas- und Wasserfachmännern e. V. und geben Auskunft über die Anlage und Leistung der einzelnen Werke.

Betriebsgeräte für das Entwässerungsnetz, Geräte, die zur Überwachung und Reinigung von Entwässerungsnetzen dienen (s. z. B.: Rohrbürste; Spülschild; Absaugfahrzeug; Diffusionsanzeiger; Entgasung von Kanälen; Durchstoßen von Entwässerungsrohrleitungen; Wurzelschneider; Iltis; Spülwagen, Frankfurter; Gummischieber; Sicherheitslampe; Elektrokarren).

Betriebssatzung, eine Satzung für alle Eigenbetriebe der deutschen Gemeinden, d. h. für deren Unternehmen ohne Rechtspersönlichkeit. Die Aufstellung der B. ist in § 74 Abs. 1 der Deutschen Gemeindeordnung vorgeschrieben. Da nach § 22 der Eigenbetriebsverordnung vom 21. November 1938 (RGBl. I S. 1650) die Versorgungsbetriebe einer Gemeinde zu einem Eigenbetriebe zusammenzufassen sind, gilt die B. auch für diese gemeinsam. In ihr soll vor allem die Führung des Betriebes, seine Vertretung nach außen, seine Haushaltführung und seine Rechnungslegung geregelt werden. Sie hat ferner noch den Versorgungsbetrieben den Namen zu geben (Gemeindewerke oder Stadtwerke). Die B. ist vom Bürgermeister nach Maßgabe der Vorschriften der Eigenbetriebsverordnung zu erlassen. Vor dem Erlaß ist den Gemeinderäten (Ratsherren) Gelegenheit zur Äußerung zu geben. Eine Genehmigung dieser Satzung durch die Aufsichtsbehörde ist aber nicht erforderlich.

Betriebsschlosser, ein von der Reichsgruppe Energiewirtschaft anerkanntes Berufsbild eines Facharbeiters für Gas- und Wasserwerke. Der B. kann gegebenenfalls als Maschinist oder als Kesselwerker, bei besonderer Befähigung auch als Werkmeister oder Pumpenmeister eingestellt werden.

Bevölkerungsdichte, Quotient der auf einer Fläche lebenden Menschenzahl durch die Flächengröße. Formelzeichen B, gebräuchliche Maßeinheit E/ha

= Einwohner/ha. Die B. ist neben dem Wasserverbrauch für die Berechnung der von einem bewohnten Gebiet kommenden Schmutzwasserabflußspende von grundlegender Bedeutung, denn ist beispielsweise der durchschnittliche Wasserverbrauch V l/ET $= V$ Liter durch Einwohner und Tag, so ist bei einer B. von 300 E/ha die Schmutzwasserabflußspende $300 \cdot V$ E/ha $\cdot$ l/E $\cdot$

$$T = 300 \cdot V \text{ l/ha} \cdot T = \frac{300 \cdot V}{86\,400} \text{ l/s} \cdot \text{ha.}$$

Für $V = 150$ l/ET wird dann z. B. die für die Bemessung des Entwässerungsnetzes maßgebende Schmutzwasserabflußspende $= 0{,}52$ l/s $\cdot$ ha (s. Schmutzwasserabflußspende).

Die besiedelte Grundfläche ist jeweils für den ganzen Baublock bis zur Mitte der Straßenfahrbahn zu bestimmen. Für Entwurfszwecke ist jedoch vielfach nicht die tatsächliche, sondern die größtmögliche B. zugrunde zu legen (DIN 4045).

Bevölkerungszunahme. Die für die zukünftige Beanspruchung der Wasserversorgung oder des Entwässerungsnetzes anzunehmende Vermehrung der Einwohnerzahl (Kopfzahl) eines Versorgungs- oder Entwässerungsgebietes. Die B. wird i. a. nach der Zinseszinsformel: $K = k \left(1 + \dfrac{p}{100}\right)^n$ geschätzt, worin K die Kopfzahl nach n Jahren, k die gegenwärtige Kopfzahl und p die jährliche Zunahme der Kopfzahl im Vomhundertsatz der gegenwärtigen Kopfzahl ist. Sofern nicht auf Grund statistischer Feststellungen und mit Rücksicht auf die besonderen örtlichen Verhältnisse eine genauere Beurteilung von p möglich ist, kann man folgende Mittelwerte für p annehmen: in Kleinstädten etwa 1 v. H., in Großstädten etwa 3 v. H. und in Industriestädten bis zu 10 v. H. Eine diesen Angaben entsprechende zeichnerische Darstellung der B. für $n = 0$ bis 50

findet sich auf Seite 10 der 10. Auflage des Taschenbuches der Stadtentwässerung von IMHOFF.

Bewässerung von Rieselgelände. Die Art und Weise der Zuleitung des Abwassers zu einem Rieselfelde. a) D i e B. d u r c h e i n u n t e r i r d i s c h e s, u n t e r D r u c k s t e h e n d e s R o h r n e t z bei verhältnismäßig ebenem Rieselgelände: Auf einem Hochpunkte des Rieselgeländes steht ein etwa 1 m weites, 8 bis 10 m hohes, eisernes Rohr (Standrohr), dem das Abwasser durch eine Druckrohrleitung zugeführt wird. Von dem Standrohr zweigt ein unterirdisches Rohrnetz (Verteilungsnetz) ab, das an geeigneten Stellen Auslaßschieber besitzt, bei deren Öffnung das unter dem im Standrohr herrschenden Druck stehende Abwasser durch Entleerungsrohre in Absetzbecken und von dort durch kurze offene Zuleitungsgräben zu den einzelnen Rieselstücken gelangt. b) D i e B. d u r c h o f f e n e G r ä b e n bei guten Gefälleverhältnissen: An Stelle des unter a) erwähnten Standrohres und Verteilungsnetzes ist ein offener Behälter, meist ein Absetzbecken, vorhanden, aus dem das Abwasser durch lange, offene Gräben über das ganze Rieselgelände verteilt und den einzelnen Feldstücken zugeleitet wird.

Bewertung der im Trinkwasser vorkommenden Stoffe s. Abdampfrückstand, Aluminium, Arsen, Blei, Chloride, Eisen, Jod, Kalium, Karbonate, Kieselsäure, Kohlensäure, Kalzium, Luftsauerstoff, Kupfer, Mangan, Nitrate, Nitrite, Phosphate, Schwefelwasserstoff, Sulfate, Zink, Zinn.

Bezugskurve, Ausgleichskurve eines Streuungsbildes, die den wahrscheinlichen Zusammenhang zweier Reihen von Größen darstellt.

Bezugskurve zwischen Quellspiegelhöhe und Ergiebigkeit. Um die B. einwandfrei zu finden, muß der Quellenspiegel gestaut werden, und zwar zunächst für seine natürliche Höhe und weiter darüber hinaus. Der Stau kann auf einfache Weise durch einen kleinen Erddamm oder durch ein Brett erfolgen. Man muß dann die Überfallmenge des Quellwassers mit Hilfe der dafür gültigen Gesetze messen. Das geschieht am einfachsten durch die Formel $Q = 5{,}5\,b\,h\sqrt{h}$. Darin bezeichnet b die Breite der Überfallöffnung und h die den Überfall überfließende Strahlhöhe, gemessen an einem Pfahl, der etwa 1 m oberhalb des Staues eingeschlagen ist, und dessen Kopf in genau der gleichen Höhe liegt wie die Überfallschneide selbst. Es ist auf mm genau zu messen. Dabei müssen b und h in Dezimetern angegeben werden, wenn man die Wassermenge in Litern berechnet wissen will. Die Ergiebigkeit läßt sich aus drei Messungen ableiten, jedoch empfiehlt es sich, noch mehrere solche vorzunehmen. Man trägt die Ergebnisse in einem Achsenkreuz auf, bei dem in der Senkrechten die verschiedenen Höhenlagen der gemessenen Quellenspiegel bezeichnet werden. In der Waagerechten werden dann die zugehörigen Ergiebigkeiten abgetragen. Erhält man bei einer Verbindung der gefundenen Ergiebigkeitspunkte eine Gerade, so ist die Quelle eine artesische. Andernfalls zeigt die Quellschüttungslinie ein parabolisches Verhalten. In diesem Falle gehört sie zur Gattung der absteigenden Quellen, die im Untergrund einen freien Wasserspiegel besitzen. Die Ergiebigkeit berechnet sich dann nach der von A. THIEM aufgestellten Formel $Q = k$ $(2\,H - s)\,s$. Darin bedeutet k einen Beiwert. Dieser stellt den Ergiebigkeitszuwachs dar, der bei 1 m Senkung (s) des Anstauens unter den Ruhespiegel der Quelle eintritt, d. h. bei einer Ergiebigkeit, die gleich Null ist. H bezeichnet die Höhe des Parabelscheitels unter dem Ruhespiegel der Quelle (nach G. THIEM).

Bierbrauereien s. Brauereien.

Bindung von Schwefelwasserstoff. Maßnahme zur Beseitigung des giftigen, übelriechenden und betonzerstörenden Schwefelwasserstoffs (H_2S) aus dem Abwasser, aus Faulraumabflüssen und aus dem Faulgas. Die B. geschieht i. a. durch Zusatz von Chlor ($H_2S + 2\,Cl = 2\,HCl + S$) oder von Ferrochlorid ($FeCl_2$) zu dem schwefelwasserstoffhaltigen Wasser sowie durch Filtern des Faulgases, indem man es durch Raseneisenerz, Luxmasse, Lammingsche Masse oder Lautamasse bläst, wobei man das Filtergut durch ausreichende Belüftung wieder gebrauchsfähig machen (regenerieren) kann, wenn seine Leistung nachläßt.

Bioaëration s. Haworth-Rinnen.

Biochemie, der Teil der Chemie, der sich mit der Umwandlung der Stoffe unter dem Einfluß von Lebewesen beschäftigt. Die B. hat für das Abwasserwesen insofern große Bedeutung, als sowohl die Faulung des Abwassers und des Abwasserschlammes als auch die biologische Reinigung des Abwassers und der durch Abwasser verunreinigten Gewässer auf biochemischen Vorgängen, und zwar solchen Vorgängen beruhen, an denen in erster Linie K l e i n l e b e w e s e n beteiligt sind.

Biofilter: Kupplung von zwei niedrigen Tropfkörpern mit verschiedener Körnung, wobei der Ablauf jedes Tropfkörpers im Absetzverfahren entschlammt und dem Zulauf wieder beigemischt wird, so daß das Abwasser mehrmals durch die Tropfkörper läuft. Biofiltration nach JENKS (s. Tropfkörper).

Biohum. Unter Verwendung von ausgefaultem Abwasserklärschlamm hergestelltes Düngemittel (s. Düngemittel aus Abwasserschlamm).

Biologie, Wissenschaft von der Pflanzen- und Tierwelt.

Biologische Abwasserreinigung s. Abwasser-Reinigung.

Biologischer Körper. Aus Sand, Kies, Schlacke, Koks, Ziegel- oder Gesteinsbrocken aufgeschichteter oder aus Holzstücken zusammengefügter Körper, in dem die im hindurchfließenden oder hindurchtropfenden Abwasser befindlichen organischen Schmutzstoffe durch Kleinlebewesen abgebaut werden. Der Abbau vollzieht sich derart, daß der klebrige Überzug (biologischer Rasen), der sich auf der Oberfläche der Füllgutkörner, Füllgutbrocken oder Holzstücke bildet, die Schwebestoffe festhält (adsorbiert), während die in dem Rasen angesiedelten Kleinlebewesen (vornehmlich Bakterien und Urtierchen) diese Schwebestoffe nebst den im Abwasser gelösten organischen Stoffen zersetzen. Um die Lebenstätigkeit der Kleinwesen zu erhalten und ihre Entwicklung zu fördern, ist reichliche Luftzufuhr und zwecks Auswaschung der Abbaustoffe gute Durchspülung erforderlich (s. Kleinlebewesen, Abbau, Füllkörper, Tropfkörper, Tauchkörper).

Biozönose, Lebensgemeinschaft, Vergesellschaftung von Lebewesen, die in ihrer Zusammensetzung und ihrem Gepräge durch die Eigenschaften der Umwelt und durch die Beziehungen der Lebewesen zueinander bestimmt wird.

Bitumen, alle natürlich vorkommenden oder aus Naturstoffen ohne Zersetzung gewonnenen Kohlenwasserstoffgemische, die im einzelnen nach dem Grad ihrer Verseifbarkeit und ihrer Löslichkeit in Schwefelkohlenstoff unterteilt werden (Mallison).

Blähschlamm, Bulking sludge, krankhaft aufgeblähter, stark wasserhaltiger Schlamm, der sich an Stelle des gesunden Belebtschlammes beim Belebungsverfahren bilden kann, wenn die Reinigungsanlage überlastet oder unterbelüftet wird. Der B. hat gegenüber dem gesunden Belebtschlamm von 98,5 v. H. Wassergehalt einen solchen von mehr als 99,0 bis 99,75 v. H. Er ist nicht absetzfähig, schwimmt daher im Nachklärbecken auf und vernichtet die Reinigungswirkung. Abhilfen gegen B. sind: Verstärkung der Luftzufuhr und der Fortschaffung von Überschußschlamm, Verringerung der Rücklauf schlamm- und der zu reinigenden Abwassermenge, gegebenenfalls auch Chlorung (s. Belebungsverfahren).

Blaualgen s. Plankton.

Blausäure. Zyanwasserstoff, HCN, Molekulargewicht 27, außerordentlich giftige Flüssigkeit. Blausäurevergiftungen entstehen durch reine B. oder durch ihr Kaliumsalz (Zyankalium) (s. Giftige Gase).

Blechwalzwerke s. Walzwerke.

Blei, Pb, Atomgewicht 207. Bl. findet man, abgesehen von den seltenen Fällen, wo bleihaltiges Wasser aus dem Untergrunde, z. B. an vereinzelten Stellen im Erzgebirge und im Harz, gewonnen wird (solches Wasser sollte man nicht zum Genuß verwenden), in Leitungswässern, die längere Zeit, z. B. über Nacht, in Bleileitungen ohne inneren Schutzbelag, also namentlich in neuen Rohren, gestanden haben. Das Blei ist ein Gift, dessen länger dauernde Aufnahme selbst in geringen Mengen, z. B. wenn bleihaltiges Wasser längere Zeit hindurch genossen wird, oft zu schweren Erkrankungen führt, wie die praktischen Erfahrungen in verschiedenen Orten lehren (AUG. GÄRTNER). Nach einem Gutachten der Preuß. wiss. Deputation für das Medizinalwesen vom 19. Juni 1912 ist ein Bleigehalt bis zu 0,3 mg/l Pb im Wasser noch nicht geeignet, eine chronische Bleivergiftung beim Menschen herbeizuführen (BEGER) (s. Bleivergiftungen).

Bleibergwerke s. Bleizinkbergwerke.

Bleicherde, rein alkalischer Ton. Er wird als Ausflockungsmittel bei gleichzeitiger Filterung des Wassers über Aktivkohle — in Deutschland bisher nur in Magdeburg — benutzt.

Bleichereiabwasser. Das Abwasser der Bleichereien (s. d.) kann sehr verschieden zusammengesetzt sein je nach der Art der zu bleichenden Stoffe und der angewandten Bleichmittel (s. d.). Es gibt deshalb auch kein allgemein gültiges Verfahren zu seiner Reinigung. Zu unterscheiden ist zwischen den

1. Kocherlaugen, die bei der Reinigung der zu bleichenden Stoffe, anfallen,

2. ausgenutzten Bleichbädern und den

3. stark verdünnten Spül- und Waschwässern.

Durch seinen hohen Gehalt an organischen Stoffen ruft B. in den Vorflutern Pilzwachstum und Sauerstoffschwund hervor. Baumwollbleichereien stoßen ein an Fettsäuren, eiweißhaltigen und färbenden Stoffen reiches Abwasser ab. Ein Gehalt des B.s an freien Säuren, Alkalien oder Chlor führt zu Fischsterben. Zur Reinigung ist ein Ausgleich des teils sauer, teils alkalisch reagierenden Abwassers in Ausgleichbecken (s. d.) herbeizuführen, so daß eine gegenseitige Abstumpfung eintritt. Sind Färbereien (s. d.) mit der Bleicherei verbunden, so wird meistens auch deren Abwasser mit dem B. zusammengeführt um einen Teil der Farbstoffe niederzuschlagen. Neben der Entschlammung des B.s in Absetzbecken kommt eine Filterung durch adsorbierende Stoffe, wie Koks und Torf und zusammen mit genügenden Mengen häuslichen Abwassers eine biologische Reinigung auf Tropfkörpern in Frage.

Bleichereien. Das Bleichen bezweckt die Beseitigung färbender Stoffe aus dem Bleichgut (tierische oder pflanzliche Fasern, Haare, Federn usw.) unter möglichster Annäherung an das reine Weiß.

Dem Bleichen geht meist die Reinigung von anhaftenden Schmutzstoffen, wie Fetten und Haaren usw. voraus, wodurch das Bleichgut gleichzeitig für den Bleichprozeß aufnahmefähig gemacht wird (sog. Bäuchen). Das Bäuchen erfolgt in Bäuchkesseln durch Kochen des Bleichgutes mit Ätznatron oder Sodalauge, zuweilen auch mit Kalkmilch. Bei der Auswahl der hierfür in Betracht kommenden chemischen Hilfsmittel muß auf die Eigenschaften der zu bleichenden Stoffe Rücksicht genommen werden. Stoffe tierischen Ursprungs werden meist mit verdünnten Säuren behandelt, während Pflanzenfasern, wie z. B. Baumwolle, vor der Bleichung mit alkalischen Flüssigkeiten unter Druck entfettet werden.

In den Baumwollbleichereien findet vor dem Bäuchen noch ein Vorwaschen (Entschlichten) in Malz- oder schwacher Säurelösung statt.

Für die eigentliche Bleichung kommen oxydierende, reduzierende und physikalisch wirkende Mittel in Frage (s. Bleichmittel). Es wird dementsprechend unterschieden zwischen der Oxydationsbleiche, die besonders in der Textilindustrie stark verbreitet ist, und wiederum in die Chlorbleiche und die Sauerstoffbleiche unterteilt werden kann, sowie der Reduktionsbleiche und der Adsorptionsbleiche.

Das Brauchwasser für Bleichereien soll möglichst klar, farblos und arm an organischen Stoffen, ferner praktisch eisen und manganfrei sein, um etwaige Färbung der zu bleichenden Stoffe zu verhüten.

Bleichmittel. Die in Bleichereien (s. d.) zum Bleichen benutzten Mittel. Unter den oxydierend wirkenden Mitteln, die die gefärbten Verunreinigungen zerstören, werden verwendet: Chlor, Salze der unterchlorigen Säure (Hypochlorite), Sauerstoff, Peroxyde, Kaliumpermanganat u. a. Reduzie-

r e n d wirkende Mittel, die die gefärbten Verunreinigungen in farblose
Verbindungen überführen, sind schweflige Säure, Bisulfit, Natriumhydrosulfit u. a. A d s o r b i e r e n d e Bleichmittel, wie aktive Kohle, Tierkohle,
Holzkohle, werden beim Bleichen von
Flüssigkeiten benutzt.

Bleichsoda, ein Mittel zur Enthärtung des Wassers im Haushalt zur
Schonung der ·Wäsche und zur Seifenersparnis. Es besteht aus Soda mit
einem Zusatz von Wasserglas (Natriumsilikat).

Bleipapier. Mit Bleiessig getränktes
Filterpapier, das sich bei Anwesenheit
von Schwefelwasserstoff braun färbt.

Bleivergiftungen können sowohl im
Wasserwerksbetriebe als auch durch
den Genuß von Trinkwasser, das dem
Verbraucher durch Bleirohre zugeführt wird, entstehen. Im Wasserwerksbetrieb treten die B. besonders bei
solchen Mitgliedern der Belegschaft
auf, die beim Vergießen und Verstemmen der Rohrmuffen mit Blei beschäftigt sind. Es sind bei dieser Tätigkeit
die Bestimmungen des vom Reichsarbeitsminister erlassenen Bleimerkblattes zu beachten und außerdem auch
die am 1. April 1934 in Kraft getretenen Unfallverhütungsvorschriften der
Berufsgenossenschaft der Gas- und
Wasserwerke.

Für das Zustandekommen der B. aus
dem Trinkwasser, das durch Bleileitungen geflossen ist, sind fast immer
die löslichen Bleiverbindungen verantwortlich, die sich hauptsächlich bei
weichen Wässern, die gleichzeitig Luftsauerstoff und freie Kohlensäure enthalten, durch Angriff auf das blanke
Metall des Rohrinnern bilden. Will
man dem Wasser das Bleilösungsvermögen nehmen, dann genügt es grundsätzlich nicht, die freie Kohlensäure
zu beseitigen oder zu vermindern. Es
muß vielmehr stets das Bestreben sein,
die Beschaffenheit eines Wassers der

artig abzuändern, daß es zur Ausbildung einer Schutzschicht in den
Rohrleitungen befähigt ist. Voraussetzung dafür ist, daß im Wasser keine
angreifende Kohlensäure mehr vorhanden ist, also keine sogen. Überschußkohlensäure, die über die zur Erhaltung des Kalk-Kohlensäure-Gleichgewichts erforderliche Menge hinausgeht
(s. Entsäuerung). Eine besondere Bleivergiftungsgefahr besteht in Neubauten, in denen neue ungeschützte Bleirohre verlegt wurden. In ihnen kann
die Bleiaufnahme des Wassers zu sehr
großer Höhe führen, und dies auch
dann, wenn die durch die Bleirohre
geleiteten Wässer an sich nicht als
bleiangreifend anzusprechen sind. Gegen die Gefahr einer plötzlich auftretenden Bleilösungsfähigkeit, z. B.
eines neu zur Versorgung herangezogenen Wassers, kann nur eine regelmäßige chemische Untersuchung des
Wassers schützen. Zur Zeit spielt die
Frage der B. durch blanke Rohrleitungen eine geringere Rolle, weil durch
die Anordnung 38 a der Reichsstelle
für Metalle vom 5. 9. 1939 überhaupt
eine Verwendung von Bleirohren verboten ist. Es empfiehlt sich aber für
die Zukunft, die „Richtlinien zur Verhütung von Bleivergiftungen durch
Trinkwasser" strengstens zu beachten.

Fuchsz, Bruns und Haupt, Die Bleivergiftungsgefahr durch Leitungswasser. Dresden
1938.

Bleiweißfabriken. Das Abwasser der
B. enthält Bleiazetat und Bleibikarbonat und wirkt in ähnlicher Weise
schädlich wie das aus Blei-Zinkbergwerken. Das mitgeführte Blei läßt sich
durch Fällung mit Sodalösung und anschließend mit Eisenvitriollösung als
bleihaltiger Schlamm ausscheiden.

Bleiwolle, ein Verstemmittel zur
Dichtung der Rohrmuffen. Sie besteht
aus dünnen Fäden von Blei, die zu
einzelnen Zöpfen zusammengedreht
sind. Die Verwendung von Bleiwolle
ist nach der Anordnung 38 der Über

wachungsstelle für unedle Metalle jetzt verboten.

Blei-Zinkbergwerke haben mit ihrem Grubenwasser und dem Abwasser der Aufbereitung (s. d.) Schäden in Wasserläufen und auf unterhalb gelegenen Weiden verursacht durch Ablagerung blei- und zinkhaltigen Schlammes. Durch Bleivergiftungen beim Weidegang ist ein Tiersterben besonders bei Pferden beobachtet worden.

Blitzschutz, der Ausschuß für Blitzableiterbau (A. BB) hat im Einvernehmen mit dem Deutschen Verein von Gas- und Wasserfachmännern e. V. Bestimmungen über den Anschluß von Blitzableitungen an Gas- und Wasserleitungen herausgegeben.

Blütenpflanzen s. Plankton.

Blunksandfang, Tiefsandfang (Brunnen von 8,5 m Tiefe und 3 m Durchmesser) mit trichterförmiger Sohle, bei dem der im Trichter abgelagerte Sand von der Trichterspitze aus mittels Druckwasser gespült wird (Spülsandfang). Der auf diese Weise vom Schlamm befreite Sand wird durch eine in der Mitte des Brunnens angebrachte Mammutpumpe in die Fördergefäße oder auf den Lagerplatz gehoben. Der von einer Mittelrinne aus erfolgende senkrechte Abwasserzufluß wird durch verstellbare Tauchzylinder derart geregelt, daß die Durchflußgeschwindigkeit bei wechselnder Wassermenge unverändert bleibt. Der Ablauf des entstandenen Abwassers erfolgt am Brunnenumfange. Übermäßig große Wassermengen werden durch einen Umlauf um den Sandfang herumgeführt. (Bauart Bamag-Meguin) s. Sandfang, Spülsandfang, Tiefsandfang).

Bodenberieselung, Künstliche Verteilung von Wasser über die Oberfläche des i. a. mit Nutzpflanzen bestellten Erdbodens. Im Aw. wird die Bodenberieselung zur Abwasser-Reinigung unter gleichzeitiger Verwertung der im Abwasser enthaltenen Pflanzennähr-

stoffe angewendet. Man unterscheidet die **wilde** B., bei der das Abwasser durch Zuleitungsgräben auf die natürliche, nicht besonders für die Rieselei hergerichtete Feldfläche gebracht wird und dort versickert und verdunstet (bei Rieselwiesen meist angewendet), von der **eigentlichen** B. oder **Rieselei**, bei der die mit Abwasser beschickten Feldstücke in ihrer Form sowie in Plan- und Höhenlagen als Beete oder Hangstücke besonders hergerichtet und mit Dränung ausgestattet werden. Die Reinigung des Abwassers erfolgt bei der B. dadurch, daß die Schmutzstoffe durch die Filterwirkung des Bodens zurückgehalten und dann durch Bakterientätigkeit und Pflanzenwuchs verarbeitet werden. Wasserundurchlässige Böden, wie Lehm und Ton, sind zur Bodenberieselung nicht geeignet. Auch bei jedem anderen Boden muß die aufgebrachte Abwassermenge in angemessenem Verhältnis zur Filter- und Reinigungsfähigkeit des Bodens stehen, weil sonst seine reinigende Kraft mit der Zeit nachläßt und der Pflanzenwuchs gestört wird.

Bodendruck, Erdlast, der Druck, den der über einer Leitung liegende Erdboden auf die Leitung ausübt. Der B. ist abhängig von der Bodenart, von der Überschüttungshöhe und von der Baugrubenbreite. Für Sand nimmt der B. mit wachsender Überschüttungshöhe zunächst schnell, dann langsamer zu, um schließlich einen nahezu unveränderlichen Grenzwert zu erreichen. Für lehmigen oder tonigen Boden kann der B. unter ungünstigen Verhältnissen nahezu das Gewicht des gesamten von der Baugrubenbreite und der Überschüttungshöhe gebildeten Bodenprismas erreichen, für gemischte Bodenarten kommen Übergangswerte in Frage. Um den B. möglichst zu verteilen und ein Rissigwerden oder Zerbrechen der Leitung zu verhüten, muß man es daher vermeiden, die Baugruben mit stark bindigen (kohäsionsstarken) Bodenarten wie Lehm und Ton zu verfüllen. Eine kurze und übersichtliche auf Arbeiten von MARQUARDT u. KEHR beruhende Anweisung zur Berechnung des Bodendruckes und der Verkehrslast für die verschiedensten Bodenarten, Baugrubenbreiten und Überschüttungshöhen gibt IMHOFF auf Seite 47 bis 54 seines Taschenbuches der Stadtentwässerung. 10. Auflage, 1943.

Bodenfilter, bis 0,4 ha große, dränierte, gleichmäßig eingeebnete Bodenflächen, die unter Verzicht auf landwirtschaftliche Nutzung mit Abwasser beschickt werden, um es durch die Filter- und Bakterienwirkung des Erdbodens zu reinigen (Bodenfiltration). Die B., die aus gut durchlässigem, natürlichem Boden bestehen oder durch Aufschütten von Sand in Korngrößen zwischen 0,2 u. 0,5 mm zwischen Erddämmen künstlich hergestellt werden können, werden zeitweise (intermittierend, intermittierende Bodenfiltration), und zwar je nach der Abwasserbeschaffenheit einmal täglich oder auch nur alle zwei bis drei Tage etwa 0,05 bis 0,10 m hoch mit Abwasser überstaut, wobei das absinkende Wasser die Luft aus den Bodenporen verdrängt, neue Luft nachzieht und durch die Dränrohre gereinigt abfließt. Während der Ruhepause bauen die luftliebenden (aëroben) Bodenbakterien die Schmutzstoffe ab, die an der Oberfläche der Filterkörner haften. Vorreinigung des Abwassers in Absetzbecken ist erforderlich, auch empfiehlt es sich, zwischen das Absetzbecken und die B. ein Staubecken einzuschalten, von dem aus jedes Filterbecken schnell überstaut werden kann. B. leisten bei vorgereinigtem Abwasser 300 bis 750 m³/ha Tag, was bei einem Wasserverbrauch von 150 l/TE der Abwassermenge von 2000 E/ha bis 5000 E/ha entspricht. Bei nicht vorgereinigtem Abwasser ist mit der halben Leistung zu rechnen.

Bei Nachreinigung von biologisch gereinigtem Abwasser leisten B. etwa das Fünffache. Allmähliche Verschlammung der B. ist unvermeidlich. „Wenn das Versickern des Wassers mehr als 4 Stunden braucht, ist die Oberfläche verschlammt. Das Staubeet wird dann ausgeschaltet, bis die Schlammdecke abgehoben werden kann. Dann wird die Oberfläche mit leichtem Harken eingeebnet und das Beet ist wieder fertig. Nach vielen Jahren muß die oberste Sandschicht einmal erneuert werden und nach Jahrzehnten kann man die alten Staubeete nur noch als Trokkenplätze für den Schlamm verwenden.“

IMHOFF: Taschenbuch der Stadtentwässerung, 10. Aufl. 1943.

Bodenfilterung, natürliche, zur Wassergewinnung. Mittels der n. B. wird Oberflächenwasser mit Hilfe von Anreicherungsbecken oder -gräben, nötigenfalls nach vorhergegangener Klärung, durch die Sandschichten des Untergrundes geleitet, die das Wasser reinigen und entkeimen. Man kann auf diese Weise das natürliche Grundwasser vermehren (anreichern) oder künstliches Grundwasser erzeugen. Die erste Grundwasseranreicherungsanlage in Deutschland ist 1875 durch Kankelwitz und Nau in Chemnitz geschaffen worden.

RICHERT, J. GUST., Die Grundwässer mit besonderer Berücksichtigung der Grundwässer Schwedens. München und Berlin 1911.

Bodenfiltration, intermittierende s. Bodenfilter.

Bodenschichtenpläne s. Bohrproben.

Bodenschlamm, Ablagerung und Anhäufung von Schmutzstoffen auf der Sohle von Gewässern; im engeren Sinne auch der auf dem Boden von Absetzbecken oder Absetzbrunnen sich ansammelnde Abwasserschlamm im Gegensatz zum Schwimmschlamm.

Bodenschweiß, ein Wasser, das in geringen Mengen verteilt zutage tritt (im Gegensatz zum Quellwasser) (Burger).

Bodenverdunstung, die unmittelbare Verdunstung aus dem Boden, ausschließlich Wasserabgabe durch die Pflanzen (DONAT und KOEHNE).

Bodenversteinerungsverfahren. Das B.-Verfahren beruht auf der plötzlichen Erzeugung von Kieselsäure-Gel innerhalb der zu verfestigenden Massen, wobei das erzeugte Gel durch seine Oberflächenspannung die mit ihm in Berührung kommenden Sandteile fest zu Sandsteinen zusammenkittet. Das Gel entsteht durch die Umsetzung zweier chemischer Lösungen im Augenblicke ihres Zusammentreffens, nämlich eines kieselsäurehaltigen Materials und einer Salz- oder Säurelösung, beide von bestimmter Konzentration. Die Verfestigung geschieht schlagartig, eine Abbindezeit ist mithin nicht erforderlich. Da sich in geringer Menge auch noch Kalkhydrat bildet, tritt durch dessen Umwandlung in Calciumkarbonat eine gewisse Nachverhärtung ein. Die Lösungen werden nacheinander, zuerst die Kieselsäurelösung, durch gelochte Stahlrohre mittels kleiner Druckpumpen in den zu verfestigenden Boden gepreßt. Durch absatzweises Tieferführen der Rohre ist es möglich, die Verfestigung in jeder gewünschten Stärke, sowohl über wie unter Wasser, herzustellen. Vorbedingung für die Anwendung des Verfahrens ist das Vorhandensein von quarzhaltigen Bodenbestandteilen, also Quarzsand, abgebundener Mörtel und Beton, verwittertes Gestein, wie Granit u. a. Reiner Kalk oder Mergel lassen sich n i c h t verfestigen. Die Verfestigung ist beständig und gegen betonschädliche Säuren und aggressive Wässer unempfindlich.

Das Verfahren hat für Baugrundverfestigungen und -Abdichtungen weitestgehende Verbreitung gefunden z. B. bei Bauten für Zwecke der Trink-

wasserversorgung, insbesondere bei Abdichtung von Talsperren und bei der Sohlenbefestigung tiefer Brunnenschächte.

Bodenwasser, das im Boden enthaltene Wasser.

Bohrbrunnen, ein Brunnen, der mit Hilfe einer Bohrung niedergebracht worden ist (DONAT und KOEHNE).

Bohrdiagramm, es soll ein klares Bild des Arbeitsfortschrittes und der Arbeitsweise des Bohrmeisters beim Bau eines Brunnens ergeben. Zu diesem Zweck wird von Tag zu Tag eine Schaulinie in einen Netzdruck eingetragen, der waagerecht nach Tagen und senkrecht nach Tiefen eingeteilt ist. Man erkennt aus der Schaulinie deutlich den Arbeitsfortschritt. Ruhetage, Reinigungsarbeiten und Störungen machen sich durch eine waagerechte Linie bemerkbar (s. a. Bohrregister).

Bohrkrone s. Rotationsbohrverfahren.

Bohrlochkolbenpumpe, Tiefgestängepumpe, dient zum Aufpumpen des Wassers aus Bohrlöchern. Ihr Antrieb ist vollständig über Tage angeordnet. Unter Tage befinden sich Zylinder, Kolben, Ventil und Gestänge. Sie arbeiten meistens störungsfrei. Die B. besteht im wesentlichen aus dem Pumpenzylinder, einem kurzen Saugrohr, dem Saugventil, dem Kolben, den Steigrohren, dem Pumpengestänge und dem Antrieb. Dieser kann auf jede beliebige Art vorgenommen werden. Der Pumpenzylinder ist so tief im Brunnen aufzuhängen, daß er immer unter dem abgesenkten tiefsten Wasserspiegel bleibt. Das Pumpengestänge vermittelt den Angriff des Kolbens, der sich in dem gegebenenfalls bis zu 200 m Tiefe eingehängten Pumpenzylinder befindet, durch die Umdrehung der Kurbelwelle. Zur B. gehört ein entsprechend großer Druckwindkessel zum Ausgleich der Förderarbeit über Tage. Neuerdings werden an Stelle der

Tiefgestängepumpen vielfach Unterwasserpumpen angewendet (s. d.).

Bohrmeißel, Werkzeuge zum Abbohren von Bohrbrunnen. Sie finden Verwendung, wenn man auf Felsschichten stößt. Man benutzt meist die bekannten Flach- oder Kreuzmeißel, die am Rohrgestänge befestigt werden. Durch Anheben und Fallenlassen dieses Gestänges wird der Fels allmählich durchstoßen. Der Bohrschmand muß von Zeit zu Zeit mit dem Ventilbohrer (s. d.) entfernt werden.

Bohrmeisterschule. Die B. dient der systematischen Nachwuchsschulung befähigter Gefolgschaftsmitglieder deutscher Bohrbetriebe. Ihre Tätigkeit kommt neben der Durchforschung der Lagerstätten von Erz und Erdöl auch der Gewinnung von Trink- und Brauchwasser zugute. Die B. ist in Celle als eine Außenabteilung der Bergakademie in Clausthal gegründet worden.

Bohrproben, dem Baugrunde durch Bohrungen in verschiedener Tiefe entnommene Bodenproben, aus denen die Beschaffenheit des Baugrundes zu erkennen ist. Die B. werden für jede Baustelle in einem, in zahlreiche kleine Fächer geteilten Holzkasten untergebracht und in Tabellenform (Bohrregister) übersichtlich zusammengestellt und beschrieben. Z. B. Bohrloch Nr. 5; in 1 m Tiefe: Muttererde; in 2 m Tiefe: erdiger Sand; in 3 m Tiefe; Sand usw. Auf Grund der B. werden dann Längs- und Querschnitte durch den Baugrund angefertigt, aus denen der Verlauf der Erdschichten und die Höhe des Grundwasserstandes hervorgeht. (Bodenschichtenpläne).

Bohrregister, Betriebsbericht des Bohrmeisters von der Baustelle eines Brunnenbaues. Es gibt Aufschluß über alle geleisteten Arbeiten und Störungen, vor allem aber auch über die durchbohrten Erdschichten und über deren Tieflagen. Zu den Eintragungen

ist ein bestimmter Vordruck zu benutzen (s. Bohrdiagramm).

Bohrrohre, Rohre, die zum Bohren von Brunnen verwendet werden (DIN 4149 Entwurf 1).

Boltonkreisel, Wurfkreisel. Maschinell angetriebene Kreiselpumpe mit stehender Welle und oberer Wurfvorrichtung, die das Abwasser-Flocken-Gemisch von Tiefpunkten des Belebungsbeckens aus (Auflösung der Beckensohle in Trichter, Trichterbecken) über die Wasseroberfläche fördert und zum Zwecke der Sauerstoffaufnahme in feinster Verteilung durch die Luft spritzt. Da sich das Steigrohr mit dem Kreisel dreht, wird gleichzeitig eine langsam kreisende Wasserbewegung erzeugt. Durchflußzeit etwa 15 Stunden. Von Bolton unter dem Namen „Simplex-Verfahren" zuerst angewendet (s. auch Hartley-Umwälzer).

Boltontrichter, trichterförmiger, als Belebungsbecken dienender, mit einem Boltonkreisel ausgerüsteter Brunnen oder auch Belebungsbecken, dessen Sohle in eine größere Anzahl von Trichtern mit je einem eingebauten Boltonkreisel aufgelöst ist. (Trichterbecken) (s. Boltonkreisel).

Brauchwasser, das nicht zum unmittelbaren menschlichen Genuß bestimmte, zumeist in gewerblichen Betrieben oft in großen Mengen benutzte Wasser. Für Großbetriebe spielt neben einer dauernd ausreichenden Menge auch die Eignung als Betriebswasser eine ausschlaggebende Rolle. Bei der Planung neuer Industriewerke ist daher zu prüfen, ob der Bedarf an B. sichergestellt werden kann.

Die Ansprüche an die Beschaffenheit des B. sind verschieden. B. für die Nahrungsmittelindustrie muß ebenso frei von Krankheitserregern sein wie Trinkwasser. Hohe Ansprüche in chemischer Hinsicht werden an Kesselspeisewasser (s. d.) gestellt. Besondere Ansprüche an die Wasserbeschaffen-

heit stellen Gerbereien (s. d.), Papierfabriken (s. d.), Textilfabriken (s. d.)
u. a. Verschiedene Arten von gewerblichen Betrieben stellen geringere Ansprüche an die Wasserbeschaffenheit.
Beim Kühlwasser kommt es in erster
Linie auf die niedrige Temperatur des
Wassers an. Über die benötigten Wassermengen sind Angaben bei den betreffenden Gewerbearten gemacht
worden.

In Gemeinden, in denen die Verhältnisse zur Anlage einer besonderen Leitung für Brauchwasser zwingen, muß die Brauchwasserleitung von
der Trink- und Hauswirtschaftswasser-
leitung völlig getrennt sein, und es muß
Gewähr dafür geboten sein, daß Ver-
wechslungen oder unzulässige Verbindungen ausgeschlossen sind (s. Leitsätze für die Trinkwasserversorgung,
Leitsatz 15). Diese Bestimmung gilt
auch für alle Privatwasserleitungen
(Einzelwasserversorgungen) (s. DIN
1988 § 6).

Brauereiabwasser. In Brauereien (s.
d.) fallen nachstehende Abwasserarten
an:

1. das Abwasser der Malzfabrik (s.
d.), sofern die Brauerei das Malz selbst
bereitet.

2. bei der Bierbereitung, dem Brau-
en, das Reinigungswasser für die
Maischbottiche, Maischpfannen, Läuter-
bottiche, Treberpresse usw., das Wasser für die Bottich-, Faß- und Flaschen-
reinigung und für die Filterspülung.
Die hierbei anfallenden Abwassermengen schwanken zwischen der 5—8fa-
chen Menge des zum Ausstoß gelangenden Bieres.

3. aus den Maschinen- und Apparate-
räumen, von der Bierkühlung und aus
der Eisfabrik große Mengen meist un-
verschmutztes Kühl- und Kondenswasser.

Das B. geht sehr schnell in Gärung
und dann in Fäulnis über; in kleinen
Wasserläufen kommt es zu Verpilzun-
gen und zu Schlammablagerungen.
Der Gesamtanfall an Abwasser bei
Brauereien schwankt zwischen der etwa 20—70fachen Menge des Ausstoßes
an Bier.

B. läßt sich zusammen mit häuslichem
Abwasser gut reinigen, wenn es im
frischen Zustande in das städtische
Entwässerungsnetz eingeleitet ist. Dabei sind alle festen Bestandteile (Hefe-
reste, Treber (s. d.) und Hopfenrück-
stände) schon an ihren Anfallstellen
zurückzuhalten, um sie für Futter-
oder Düngezwecke nutzbar zu machen.
Bei der Reinigung des B.s für sich allein ist erforderlichenfalls nach Neutralisation eine Verrieselung auf geeigneten Landflächen mit Erfolg durchführbar.

Brauereien. Die Herstellung des
Bieres verläuft in den drei folgenden
Abschnitten:

a) Die Malzherstellung aus Gerste
(Mälzerei), umfassend das Putzen,
Sortieren, Weichen und Keimen der
Gerste, sowie das Darren des Grün-
malzes. Nur die größeren Brauereien
stellen das Malz selbst her, die übrigen beziehen es von den Malzfabriken
(s. d.).

b) Die Würzebereitung oder das
Brauen im engeren Sinne, umfassend
das Schroten und Mischen des Malzes,
die Gewinnung der Würze durch den
Läuterprozeß, das Kochen der Würze
mit Hopfen und das Abkühlen der
Würze.

c) Die Überführung der Würze in
Bier durch die Haupt- und Nachgärung
(Lagerung).

Brauereiwasser. Der Gesamtwasserbedarf in neuzeitlichen Brauereien (s.
d.) beträgt das 20—70fache des Bier-
ausstoßes. Wasser wird benötigt

1. in der Mälzerei zum Weichen der
   Gerste

2. zur Bereitung der Biersäure

3. zum Wässern der Hefe

4. zum Reinigen der Apparate, Fässer und Flaschen

5. zur Eiserzeugung und zur Kühlung.

Die Beschaffenheit des B.s spielt bei der Herstellung des Bieres eine ausschlaggebende Rolle.

B. muß hygienisch einwandfrei und möglichst bakterienfrei sein. In der Mälzerei ist weiches eisen- und manganfreies und möglichst kochsalzarmes Wasser erwünscht. Das im Weich- und Brauprozeß unter 1. und 2. verwendete Wasser, das eigentliche Brauwasser, bestimmt in erster Linie die Farbe, den Geruch und Geschmack des Bieres. Man kann somit nicht mit jedem beliebigen Wasser jede beliebige Bierart herstellen. Für helle Biere Pilsener Art eignet sich weiches und mineralstoffarmes Wasser am besten. Wasser mit höherer Karbonat- und geringerer Gipshärte gibt Biere nach Münchener, solches mit vorwiegender Gipshärte Biere nach Dortmunder Art. Größerer Gipsgehalt läßt die Erzeugung dunkler Biere nicht zu.

Analysenwerte für bekannteste Brauwässer nach Lüers:

	München g/hl	Pilsen g/hl	Dortmund g/hl	Wien g/hl
Gesamtrückstand . . .	28.40	5.12	111.00	94.78
Kalk	10.60	0.98	36.70	22.75
Magnesia . .	3.00	0.12	3.80	11.27
Sulfat (SO_3) :	0.75	0.43	24.08	18.03
Chlor	0.20	0.50	10.70	3.90
Gesamthärte DH⁰ . . .	14.80	1.57	41.30	38.55
BleibendeHärte DH⁰ . . .	0.60	0.30	24.50	7.65
Carbonathärte DH⁰ . . .	14.20	1.27	16.80	30.90

Die meisten Brauereien müssen das ihnen zur Verfügung stehende Wasser zur Herstellung von Qualitäts- und Spezialbieren entkarbonisieren, also enthärten.

Lüers, Das Wasser als Brauwasser. Angew. Chemie 50 (1937) Nr. 9, S. 184—186.

Braunkohlenbrikettfabriken s. Brikettfabriken.

Braunkohlendestillation s. Braunkohlenschwelung.

Braunkohlengeneratoren s. Gasgeneratorenanlagen.

Braunkohlengruben. Die Gewinnung der Rohbraunkohle erfolgt vorwiegend im Tagebau. Das hierbei anfallende Abwasser setzt sich zusammen aus dem

1. Grubenwasser (s. d.)

2. Abwasser aus der Brikettfabrik (s. d.),

3. Spülversatzabwasser (s. Bergeversatz), und

4. Kühlwasser.

Neben Braunkohlenteilchen enthält es tonige und sandige Beimengen, daneben gelöste Stoffe wie Humine, Koch-

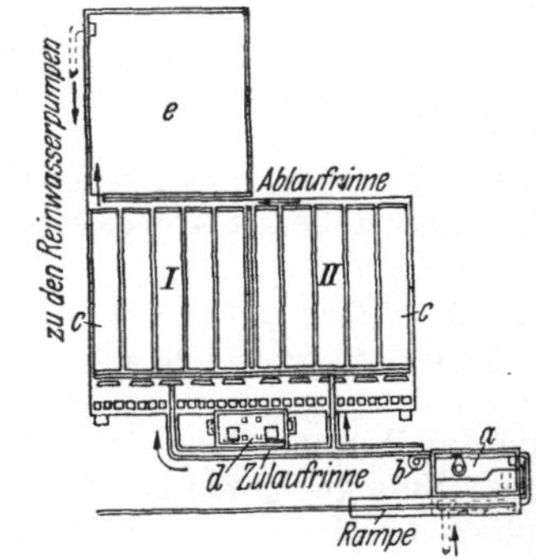

Schema einer Kläranlage für das Grubenwasser aus den Tagebauen einer Braunkohlengrube (Bauart Steuer). a Zugabe von Chemikalien, b Mischschnecke, c Klärbecken, d Schlammförderanlage, e Sammelbehälter für Reinwasser.

salz, Eisen-, Kalk- und Magnesiasalze. Die mechanische Reinigung erfolgt in natürlichen Erdbecken, wie verlassenen Tagebauen u. dergl. Daneben kommen künstliche Klärbecken wie Lang- oder Rundbecken in Frage, die eine Aufenthaltszeit von mindestens 8 Stunden ermöglichen sollen. Saures eisenhaltiges Abwasser von B. ist durch chemische Fällung mit Kalkmilch und Aluminiumsulfat zu reinigen.

Braunkohlenkokereien s. Braunkohlenschwelung.

Braunkohlenschwelung, die trockene Destillation (s. d.) der Braunkohle. Aus 100 kg Rohschwelkohle erhält man im Mittel 4—8 kg Braunkohlenteer, 25 kg Koks, (Grudekoks) und 16 kg Schwelgas.

Braunkohlenschwelwasser, das bei der Braunkohlenschwelung (s. d.) anfallende Abwasser, das dem Ammoniakrohwasser (s. d.) der Steinkohlenkokereien entspricht. Auf 1 t Schwelkohle fällt eine Menge von 500—700 l teerartig und nach Schwefelwasserstoff riechenden Bs. an. Es enthält außer Alkoholen und Ketonen in größerer Menge Phenole. Diese sind aber im Gegensatz zum Ammoniakrohwasser der Steinkohle vorwiegend Kresole sowie zwei- und mehrwertige Phenole. Die Schädlichkeit ist die gleiche wie die des Ammoniakrohwassers. Wenn getrocknete Braunkohle bzw. Briketts verkokt werden, geht der Abwasseranfall je t Rohbraunkohle auf 100 bis 150 l zurück mit entsprechend höherer Konzentration.

Die Reinigung bzw. Beseitigung des Bs. ist schwierig. Eine Gewinnung der Phenole ist wegen des geringen Phenolgehalts (0,1—0,8%) oft nur mit erheblichen Kosten durchführbar. Dennoch sind in den letzten Jahren mehrere Entphenolungsanlagen (s. d.), die nach dem Trikresylphosphatverfahren oder nach dem Phenosolvanverfahren arbeiten, errichtet worden. Bei billiger Abfallwärme kommt Eindampfen in Frage. Versickerung führt zur Schädigung des Grundwassers. Die gemeinsame Reinigung mit häuslichem Abwasser und Zerstörung der Phenole (s. Phenolzerstörung) ist möglich, wenn der Anteil des B. 5—10% nicht übersteigt, oder wenn nach dem Magdeburger P.-Verfahren ein Zusatz von

Phosphorsäure oder Ammoniak zum B. gegeben wird.

Becher, Reinigung und Beseitigung von Schwelwasser. Gas- u. Wasserf. 85 (1942), H. 41/42, S. 459/68.

Braunschliff s. Holzschliff.

Brauwasser s. Brauereiwasser.

Breccien, verkitteter, eckiger Gesteinsschutt nach sehr geringem Förderweg des Schuttes (Behr).

Brennen. 1. im Gärungsgewerbe (s. d.) soviel wie destillieren.

2. in Metallwarenfabriken die Herstellung blanker oder matter Oberflächen an Messinggegenständen durch Beizen (s. Gelbbrennen).

Brennereien. Die Gewinnung des Branntweins erfolgt aus Kartoffeln in Kartoffelbrennereien (s. d.), aus Getreide (Mais, Gerste, Roggen, Weizen u. a.) in Getreidebrennereien (s. d.), aus zuckerhaltigen Stoffen (Zuckerrüben, Obst, Melassen der Zuckerfabriken und Holzzucker) (s. Hefefabriken und Holzverzuckerungsfabriken) sowie aus Ablaugen der Sulfitzellstoffabriken (s. d.).

B. brauchen ein hygienisch und biologisch völlig einwandfreies Wasser, das eisen- und manganfrei, ferner sehr weich und mineralstoffarm sein soll.

Brikettfabriken. In B r a u n k o h l e n - b r i k e t t f a b r i k e n wird Pulverkohle, feine Abfallkohle der vorgetrockneten Braunkohle, in Formpressen unter starkem Druck zu Briketts gepreßt. Hierbei fallen in Transportschnecken, Elevatoren, Sammelbrunnen, Pressenkanälen usw. und in den Schloten große Staubmengen an, die in Entstaubungsanlagen (s. d.) niedergeschlagen werden müssen. Bei der nassen Entstaubung fällt kohlenstaubhaltiges Abwasser an, dessen Reinigung in Absetzbecken oder in Eindickern vorgenommen wird; der gewonnene Schlamm wird unter Kesseln verbrannt oder der Rohbraunkohle zugesetzt und den B. wieder zugeführt. Das Abwasser der

Entstaubung kann nach Reinigung ständig im Kreislauf wieder verwendet werden.

Bei S t e i n k o h l e n - B r i k e t t f a b r i k e n erfolgt die Behandlung des Abwassers von der Entstaubung zusammen mit dem Kohlenwaschwasser (s. d.).

Brockenkörper s. Tropfkörper.

Brüden, die bei der Verdampfung von Wasser oder beim Eindicken von Flüssigkeiten entweichenden Dünste. Diese werden durch Kondensation niedergeschlagen, während durch ihren Geruch oftmals unangenehm wirkende Brüdengase in einem Verbrennungsofen durch Einleiten unter die glühende Brennstoffschicht verbrannt werden. Das Brüdenkondensat enthält noch geringe Mengen der in den verdampften oder eingedickten Flüssigkeiten enthaltenen Beimengungen, die auf diese Weise zusammen mit dem Kühlwasser als Fallwasser (s. d.) zum Abfluß gelangen, wie z. B. bei Zuckerfabriken, bei der Eindampfung von Ablaugen der Zellstoffabriken u. a.

Brühverfahren, Verfahren zur Auslaugung der Schnitzel in Zuckerfabriken (s. d.) an Stelle der sonst üblichen Auslaugung in Diffuseuren (s. d.). Bei Anwendung der B. (Steffensches Brühverfahren, Hyros-Rack-Verfahren, Rapidverfahren) fällt weniger Zucker für die Fertigstellung an, dafür bleibt mehr Zucker in den Schnitzeln. Vom abwassertechnischen Standpunkt aus ergibt sich aber ein wesentlicher Vorteil, weil Abwasser nicht mehr entsteht. Das Schnitzelpreßwasser (s. d.) geht restlos in den Betrieb zurück.

Das B. ist im letzten Jahrzehnt von einer ganzen Reihe von Zuckerfabriken eingeführt worden.

Brunnen, 1. senkrechte Löcher, die durch Ausschachten oder Bohren niedergebracht worden sind und der Wassergewinnung dienen (KOEHNE).

2. Im Abwasserwesen Behälter, dessen Tiefe im Verhältnis zur Oberfläche groß ist (vgl. Becken).

Brunnen, artesische. B., bei denen das Wasser von selbst über Flur ausläuft und eine schwer- oder undurchlässige Schicht durchteuft worden ist (DONAT und KOEHNE.)

Brunnenbauer, O r g a n i s a t i o n e n d e r B., es bestehen die beiden Organisationen Reichsinnnungsverband des Baugewerkes, Berlin-Charlottenburg 9, und die Wirtschaftsgruppe Bauindustrie, Fachunterabteilung Bohrungen, Brunnen und Wasserwerksbau, Berlin W 35.

Brunnenbohrung. Sie wird bei dem Rohrbrunnen lotrecht in den Erdboden niedergebracht und zum Schutz gegen das Zusammenfallen des Bodens mit einem Rohr, dem Mantelrohr, Schutzrohr oder Futterrohr versehen. Wird das Mantelrohr gleichzeitig zur Bohrung benutzt, so bezeichnet man es auch als Bohrrohr (BIESKE).

Brunnendrahtwurm s. Organismen des reinen Wassers.

Brunnendurchmesser, gewöhnlich der Durchmesser des Mantelrohres (Bohrrohres) der Brunnenbohrung, in das das Brunnen-Filter eingesetzt ist, also der Durchmesser der sogen. Endverrohrung. Der Durchmesser des Filters und des Aufsatzrohres ist kleiner. Die Begrenzung des Rohrbrunnendurchmessers nach unten hin ist durch bohrtechnische und brunnentechnische Gesichtspunkte bestimmt. Er ist nicht kleiner als etwa 100 mm zu wählen. Das einzubauende Filter würde dabei etwa 80 mm besitzen können. Eine Begrenzung nach oben ist durch wirtschaftliche Erwägungen gegeben. Brunnendurchmesser im hydrologischen Sinne ist bei einem Rohrbrunnen mit Gewebefilter der Filterrohrdurchmesser. Bei einem Kiesfilterbrunnen berechnet er sich nach der Formel

$d_h = \dfrac{D + d}{2}$, wobei D der Bohrdurchmesser und d der Filterrohrdurchmesser ist. Der günstigste Brunnendurchmesser ergibt sich, wenn das Fassungsvermögen des Brunnens F, die Brunnenleistung, den am Brunnen herrschenden Wasserandrang Q voll aufnehmen kann. Man hat also den Wasserandrang für Grundwasser mit freiem Spiegel aus der Gleichung

$$Q = z \cdot k \cdot \frac{(H^2 - h^2)}{\ln R - \ln r}$$

zu ermitteln und kann, wenn man Q und F gleichsetzt, den Durchmesser aus der Formel

$$F = 2\, r\, h\, \frac{k}{15}$$

errechnen (nach BIESKE) (s. Brunnen im ungespannten Grundwasser).

Brunnenfilter, Filterkorb, kein eigentliches Filter nach dem gewöhnlichen Sprachgebrauch. Es soll mit ihm keine Reinigungswirkung erzielt werden, sondern es dient lediglich dazu, in demjenigen Teile des Brunnenrohres, der den Wassereintritt ermöglichen soll, die mangelnde Standfestigkeit des Sandes oder Kieses der wasserführenden Schichten zu ersetzen. Grundwasserschichten aus festem Gestein bedürfen keines Brunnenfilters (nach BIESKE). Die wichtigsten Brunnenfilter-Ausführungen sind: 1. Gewebefilter, 2. Kiesschüttungsfilter, 3. Kiespackungsfilter, 4. Korrosionsfeste Filter aus Stahl, 5. Steinzeug-, Porzellan- und Glasfilter, 6. Holzfilter, 7. Filter aus Kunstharz (siehe diese).

Brunnenfrosch, in einigen Gegenden setzen die Besitzer von Brunnen in diese einen Frosch (Rana) ein. Das wird besonders von der Insel Rügen berichtet. Es herrscht die Anschauung, daß das Wasser so lange gut ist, wie der Frosch am Leben bleibt.

Brunnenlebermoos (Marchantia polymorpha), ein lappiges Lebermoos. Es führt seinen Namen, weil es an Brunnenrändern, an den oberen Teilen von Schachtbrunnen und feuchten Mauern seinen Sitz hat. An Quellen und an den feuchten Steinwänden in Wasserwerken treten andere Moose (Pellia-Arten) u. a. m. auf. Offene Kesselbrunnen zeichnen sich besonders durch die Besiedelung ihrer Innenwände mit verschiedenen Moosen aus. An ihren Wänden finden sich gelegentlich auch Farne (nach H. und E. BEGER) besonders in den Tropen.

Brunnen im gespannten Grundwasser. Es besteht die sehr einfache Beziehung, daß die Absenkung des Wasserspiegels immer proportional der entnommenen Wassermenge ist. Die Gleichungen für die Absenkungsfläche sind:

$$z - h = \frac{q}{2\,\pi\,m\,k} \cdot \ln x$$

$$H - h = \frac{q}{2\,\pi\,m\,k} \cdot \ln R$$

und

$$H - z = \frac{q}{2\,\pi\,m\,k} \cdot \ln R,$$

wobei H die Höhe des natürlichen Wasserspiegels über der undurchlässigen Sohle und m die Mächtigkeit der wasserführenden Schicht ist. Die Wasserandranglinie ist hier eine Gerade (nach BIESKE) (s. a. B. im ungespannten Grundwasser).

Brunnen im ungespannten Grundwasser. Bei einer Wasserentnahme in diesen Brunnen senkt sich der Wasserspiegel auch in dessen Umgebung und nimmt allmählich die Form eines Trichters an. Man unterscheidet Entnahmetrichter u. Senkungstrichter. Die Unterscheidung ist dadurch nötig geworden, daß bei Brunnenketten ein Entnahmetrichter (s. d.) schwach ausgebildet sein oder ganz fehlen kann, während ein sehr ausgeprägter Senkungstrichter vorhanden ist. Die Oberfläche des unter die Ruhelage abgesenkten Spiegels des Senkungstrichters nennt man die Absenkungsfläche, ein Schnitt durch die Brunnenachse zeigt die Absenkungskurve, die eine Parabel ist. Als Beharrungszustand bezeichnet man den Dauerzustand, der eintritt, sobald dem Brunnen so viel Wasser entnommen wird, wie ihm aus der wasserführenden Schicht zuströmt. Um festzustellen, ob ein Beharrungszustand vorliegt, muß man den beobachteten Gang eines abgesenkten Grundwasserspiegels mit demjenigen vergleichen, der ohne den Pumpbetrieb an der gleichen Stelle eintreten würde. Fällt ein Pumpversuch in eine Zeit allgemeinen Grundwasseranstieges, so kann ein Beharrungszustand vorgetäuscht und ein zu günstiges Urteil über die Ergiebigkeit hervorgerufen werden, wenn man das natürliche Steigen außer acht läßt. Da bei uns fast alle Brunnen in bewegtem Grundwasser stehen, kann der Fall des unbewegten Grundwassers unerwähnt bleiben. Für die Reichweite, d. h. den Halbmesser des Kreises, in dem praktisch die Absenkungskurve die Linie des Wasserspiegels der Ruhelage berührt, gelten die Gleichungen:

$$z^2 - h^2 = \frac{q}{\pi k}(\ln x - \ln r)$$

$$H^2 - h^2 = \frac{q}{\pi k}(\ln R - \ln r)$$

und

$$H^2 - z^2 = \frac{q}{\pi k}(\ln R - \ln x).$$

Darin bedeutet

H die Entfernung des ungesenkten Grundwasserspiegels von der undurchlässigen Sohle,

h die Höhe des gesenkten Grundwasserspiegels über der undurchlässigen Sohle,

r den Halbmesser des Brunnens,

x und z die Koordinaten eines beliebigen Punktes des gesenkten Grundwasserspiegels,

k den Bodendurchlässigkeitswert (s. Filtergesetz von Darcy),

q die Ergiebigkeit, d. h. die dem Brunnen zufließende Wassermenge,

R die Reichweite, d. h. den Halbmesser des Kreises, in dem praktisch die Absenkungskurve die Linie des ungesenkten Wasserspiegels berührt.

Die Einführung der Reichweite R führt nach Koehne leicht zu Täuschungen, da sich die abgesenkte Grundwasseroberfläche der natürlichen ganz allmählich nähert. Über die Ungenauigkeiten bei der Schätzung von R hat man sich früher damit hinweggetröstet, daß von dieser Größe in der gebräuchlichsten Formel (s. o.) nur der Logarithmus erscheint. Dem ist entgegenzuhalten, daß es bei den heute so wichtigen Grundwasserentziehungsfragen auf den richtigen Wert der Reichweite so ankommt, daß willkürliche Schätzungen unzulässig sind.

Weiter bezeichnet Koehne die Einführung des Brunnenhalbmessers r in die Formel für verfehlt, weil die Dupuitsche Formel in der nächsten Nähe des Brunnens gemäß ihrer Ableitung nicht mehr gilt. Für große Entfernungen von einer Brunnenanlage gilt sie ebenfalls nicht wegen der Zusickerung von Niederschlagwasser zum Grundwasser im Entnahmetrichter.

Brunnenordnung, eine Ausführungsvorschrift für Einzelwasserversorgungen. Sie faßt die hygienischen und technischen Anforderungen zusammen, die beim Bau und bei der Benutzung sowie bei der Instandsetzung von Brunnen, Quellfassungen und Regenwassersammlern (Zisternen) an diese gestellt werden müssen. Die B. gilt in erster Linie für solche Einzelwasserversorgungen, die dazu bestimmt sind, verschiedenen nicht zu einem Haushalt gehörigen Personen Trink- und Wirtschaftswasser zu liefern, also für Gemeinde- und Schulbrunnen, für

Brunnen gewerblicher Betriebe, namentlich solcher der Lebensmittelverarbeitung und des Lebensmittelvertriebes (z. B. der Milchwirtschaft), kurz für Einzelwasserversorgungen mit öffentlichem Charakter. Darüber hinaus soll die B. auch Richtschnur sein für die Anlage von Wasserversorgungen für einzelne Grundstücke, Gehöfte usw. Die B. gilt nur insoweit, als ihr weitergehende, insbesondere polizeiliche Anordnungen nicht entgegenstehen. Es ist beabsichtigt, eine allgemein gültige B. nach einem Entwurf der Reichsanstalt für Wasser- und Luftgüte in Zusammenarbeit mit dem Deutschen Verein von Gas- und Wasserfachmännern e. V. und den maßgeblichen Organisationen des Brunnenbaues (s. d.) aufzustellen.

Brunnenpfeife, Gerät zum Einmessen des Wasserspiegels in Brunnen und Beobachtungsrohren. Wenn das untere Ende des Gerätes im Wasser eintaucht, entweicht die im Pfeifenrohr enthaltene Luft nach oben, tritt dabei durch eine Pfeife und erzeugt dadurch einen Pfeifton.

Brunnenrohre, es sind zu unterscheiden: Mantelrohr, Filteraufsatzrohr und Ablagerungsrohr Das Mantelrohr (Schutzrohr oder Futterrohr) ist die Wandung des Rohrbrunnens. In vielen Fällen ist das Mantelrohr zugleich das Bohrrohr. Das Filteraufsatzrohr (Ansatzrohr) hat den Zweck, eine Abdichtung zwischen Filter und Mantelrohr herzustellen, um zu verhindern, daß Sand in den Brunnen gelangt. Zugleich dient es als Handhabe zum Herausziehen des Filters. Das Ablagerungsrohr dient als Sand- und Schlammfang (nach BIESKE). Die abgelagerten Stoffe sind von Zeit zu Zeit in einfacher Weise mit dem Ventilbohrer zu entfernen (s. a. Verrohrung des Brunnens, Bohrrohre und Stahl).

Brunnenrohrpegel geben durch einen mit einem Pegel verbundenen Schwimmer den Wasserstand in den Brunnenrohren an. Sie können als mechanische Schwimmer-Schreibpegel ausgebildet werden, bei denen die Bewegungen des Schwimmers durch einen Drahtzug auf eine Schreibvorrichtung übertragen werden. Diese wird meist in einem geschlossenen Raum oder in einem Pegelhäuschen aufgestellt. Es werden Schwimmerpegel mit stehender oder

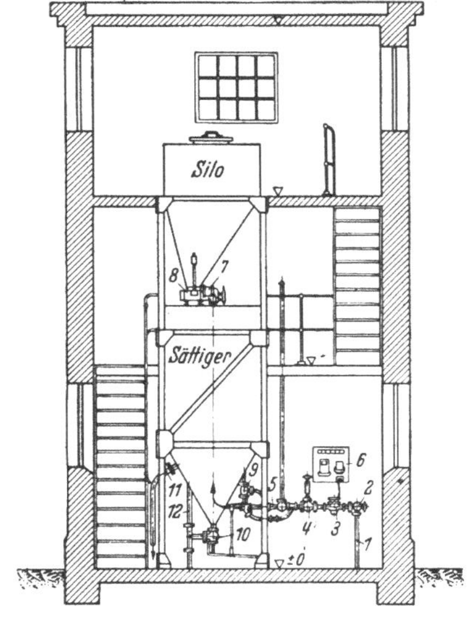

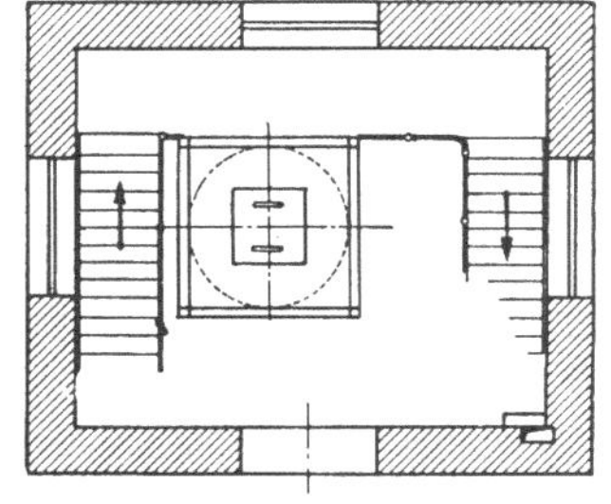

1 Druckwasser. 2 Regelventil. 3 Schalt-Wasserzähler. 4 Leistungsanzeiger. 5 Luftdruckapparat. 6 Elektrisches Schaltgerät. 7 Vorgelegemotor. 8 Kalkzusatz-Vorrichtung mit Klopfwerk. 9 Spülventil, 10 Schlammventil, 11 Kalkwasserleitung zur Einführungsstelle. 12 Überlauf.
Rohrschutzanlage BÜCHER.

liegender Schreibtrommel verwendet. Die „Richtlinien für die Erforschung der Grundwasserverhältnisse" von Denner und Koehne, die von der Landesanstalt für Gewässerkunde und Hauptnivellements, herausgegeben worden sind, sagen, daß sich nach bisherigen jahrelangen Erfahrungen am besten der Schreibpegel mit senkrechter Trommel bewährt habe. Der Höhenmaßstab der Aufzeichnung soll möglichst 1 : 5 sein. Es wird dann aber auch auf gewisse Vorteile der Pegel mit liegender Trommel für die Beobachtung des Verlaufs der täglichen Bewegung des Ganges des Grundwasserstandes hingewiesen. Es sind auch sonst mit ihnen recht gute Erfahrungen gemacht worden.

Brunnenstube, die Bezeichnung B. wird oft für eine Quellstube gebraucht. Sie ist begrifflich falsch, weil eine Quelle kein Brunnen ist (s. Quellfassung).

Brunnentiefe, sie ist gegeben durch die Tiefe, in der sich das Grundwasser befindet, und kann nicht willkürlich bestimmt werden (BIESKE).

Brunnen - Wasserzähler s. Woltmann-Wasserzähler.

Brutschrank, ein meistens elektrisch heizbarer, luft- und keimdicht abge-

schlossener Schrank, in dem sogen. Kulturen, d. h. mit einem zu untersuchenden Wasser geimpfte Gelatinenährböden, einer Erhitzung auf eine bestimmte Zeitdauer ausgesetzt werden (s. Kulturen).

Bücherverfahren, dient der Entsäuerung des Wassers mittels Kalkhydrat in besonders dazu eingerichteten Geräten (Rohrschutzanlagen). Die Geräte arbeiten vollständig selbsttätig und gewährleisten bei einer sorgsamen Überwachung eine restlose Entsäuerung. Das Verfahren ist zur Bildung einer Kalkrost-Schutzschicht (s. d) in den Rohrleitungen besonders geeignet. Die Anlage setzt sich zusammen aus dem Silo für das Kalkhydratpulver mit Unterbau, dem Lösegerät (Sättiger) für Kalkhydrat und der selbsttätigen Beschickungs- und Meßeinrichtung.

Bürstenfabriken s. Tierhaarzubereitungsanstalten.

Bulking sludge s. Blähschlamm.

Buttersäure bildet sich u. a. bei der Fäulnis von Eiweißstoffen sowie bei der anaëroben Zersetzung von Kohlehydraten unter dem Einfluß der Buttersäurebakterien. Verwendung: Gerbereien (Hautentkalkung), Photofilmerzeugung (Weichmachungsmittel).

C

Calcium, Ca, Atomgewicht 40, s. Härte.

Calciumaluminiumsulfat s. Zementbazillus.

Calciumbisulfitlauge s. Sulfitlauge.

Calciumchlorid, Chlorcalcium, $CaCl_2$, findet sich in großen Mengen in den Endlaugen der Sodafabriken (s. d.).

Calciumhydroxyd s. Kalk.

Calciumkarbid s. Karbid.

Calciumkarbonat s. Kalk.

Calgon (anhydrisches Natriumphosphat), ein Lösungsmittel für Kalk und Kalkseifen. C. macht die Härte des Wassers bei der Wäsche unwirksam.

Caporit, ein weißgraues, trockenes, nach unterchloriger Säure riechendes Pulver, das sich in Wasser bis auf einen geringen unlöslichen Anteil zu einer klaren farblosen Flüssigkeit löst. Die Lösung spaltet Aktivchlor ab. Der Gehalt an Aktivchlor beträgt etwa 70. v. H. Das C. ist ein Wasserentkeimungsmittel und dient auch der Algenbekämpfung. Die Anwendung ist ungefährlich. Metallteile dürfen bei der Lösung und Verwendung von C. nicht verwendet werden. Es genügt im allgemeinen ein Zusatz von 0,5 bis 1,5 g C. auf 1 m³ Wasser, um die darin enthaltenen Keime abzutöten. Das C.-pulver ist bei kühler und trockener Lagerung lange Zeit haltbar.

Carnallit s. Karnallit.

Cellulose s. Zellulose.

Chemische Waschanstalten s. Waschanstalten.

Chironomidenlarven, Larven der Zuckmücke (Chironomus), die ihre Eier an der Wasser-Luft-Grenze von Abwasserbecken, Talsperren usw. ablegt. Gefährliche Feinde des Belebungsverfahrens, weil sie, vor allem in den Monaten August und September, in außerordentlich großen Mengen auftreten, sich in dem, ihnen als Nahrung dienenden Belebtschlamm festsetzen und ihn vollkommen zerstören. Bekämpfung durch Insektenpulver (Pyrethrum) oder durch Absieben aus dem Rücklaufschlamm mittels Spülsieb, wobei die ausgesiebten Ch. in den Faulraum geleitet und gemeinsam mit dem Frisch-Schlamm ausgefault werden.

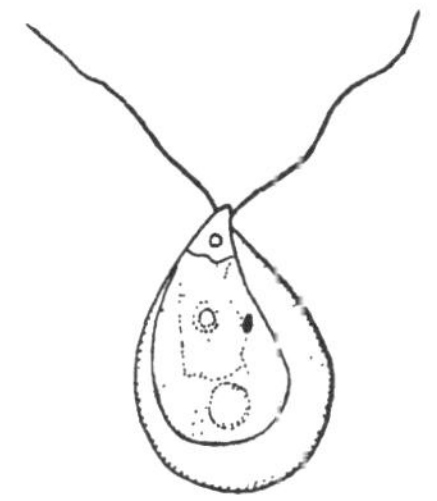

Chlamydomonas Ehrenbergii (nach Pascher).

Chlamydomonas Ehrenbergii, mikroskopisch kleine Grünalge (Klasse: Chlorophyceae), die bei Lichtzutritt im Verein mit anderen Kleinlebewesen zur Selbstreinigung von ver-

schmutztem Wasser (Abwasser) beiträgt (s. Kleinlebewesen).

Chlor, Cl, Atomgewicht 35, 46, ist 2,45 mal schwerer als Luft. Gelbgrünes, giftiges Gas (Siedepunkt —34,7°, Schmelzpunkt —102°, kritische Temperatur + 143,9°). Es kommt in der Natur nur in seinen Verbindungen (z. B. Chlornatrium = Kochsalz) vor. Ch. ist in feuchtem Zustand, d. h. in wässeriger Lösung eins der reaktionsfähigsten Elemente und daher zur Desinfektion von Trink- und Abwasser sowie als Bleichmittel besonders geeignet. Verwendet wird es in der Hauptsache in Form von Ch.-Kalk, Caporit (s. d.), Natriumhypochloridlauge, Ch.-gas (s. d.) und Ch.-amin (s. d.).

Freies Ch. gehört zu den besonders giftigen Gasen und schädigt in Wasserläufen die Fischerei (s. Fischgifte) (s. Abwasserchlorung, Desinfektion, Chlorbindungsvermögen).

Chloramine entstehen bei Einwirkung von Chlor auf Ammoniak. Chl. ist ein weißes, kristallinische Pulver, das 25 v. H. wirksames Chlor enthält.

Chloraminverfahren. Das Ch. besteht in der gleichzeitigen Zufügung von Chlor in freier, aktiver Form und Ammoniak in Form von freiem Ammoniak der Ammoniaksalze zu einem zu entkeimenden Wasser. Die Wirkung des Chloramins (NH₂Cl) beruht auf der Zersetzung der Amine durch Lösungen nach der Gleichung

$$3\,NH_2Cl = N_2 + NH_4Cl + 2\,HCl$$

Außerdem reagiert NH₂Cl mit Wasser nach

$$NH_2Cl + H_2O = NH_3 + HClO$$

Mono- Wasser Ammoniak unterchlochloramin   rige Säure

Der wirksame Bestandteil ist die unterchlorige Säure. Die Anwendbarkeit des Verfahrens ist beschränkt. Bei der Trinkwasserbehandlung kann unter günstigen pH-Bedingungen ein besseres oder gleichgutes Ergebnis erzielt werden wie bei anderen Chlorverbindungen. Die Reaktion ist eine verschiedene, je nachdem ob Monochloramin, Dichloramin oder Trichloramin verwendet wird. Das Ch. ist von Wichtigkeit und kaum zu umgehen, wenn Phenolgeruch im Wasser auftritt. Für Badewasser besitzt die Behandlung mit Chloramin den Vorteil der völligen Geruchlosigkeit. Ferner übt es eine gute Wirkung bei der Algenbekämpfung aus.

Chlorbindungs-Vermögen (Chlorabsorptionsvermögen), die Fähigkeit des Wassers, bei dem Chlorzusatz zunächst eine gewisse Menge des Chlors unwirksam zu machen. Das geschieht durch Bindung des Chlors an irgend welche organische oder anorganische Stoffe. Erst wenn dieses Chl.V. vollständig gesättigt ist, vermag der dann noch überschießende Chlorgehalt desinfizierende Wirkungen hervorzurufen.

Chlorbleiche s. Bleichereien.

Chlorcalcium s. Calciumchlorid.

Chlordiagramm, ein Maßstab für die zur Entkeimung eines bestimmten Wassers nötige Chlorzugabe. Man erhält das Chl. für ein bestimmtes Wasser von einer bestimmten Temperatur dadurch, daß dem Wasser steigende Mengen Chlor zugesetzt werden und der „Chlorrest", d. h. die bei bestimmter Temperatur nach 30 Minuten im Wasser noch verbleibende Chlormenge, bestimmt wird. Auf der Abszisse eines Koordinatensystems wird der steigende Chlorzusatz, auf der Ordinate die prozentuelle Chlorzehrung aufgetragen. Hierdurch erhält man Kurven, die ein klares Bild über die Einwirkung des Chlors auf die organische Substanz im Wasser und deren Abbaumöglichkeit geben. Der anzustrebende Abbau der organischen Substanz ist ausschlaggebend für die Verbesserung der Farbe und der Trübung des Wassers und bezüglich Ge-

ruch-, Geschmack- und Phenolentfernung. Denn die Geruch- und Geschmackstoffe zusammen mit den Trägern der feinen Trübungen sind weitgehend an organische Kolloide gebunden, die sich letzten Endes nur auf dem Wege der oxydativen Einwirkung entfernen lassen. Ermittelt man für ein Versorgungswasser die Chl.-Kurven für verschiedene Temperaturen und bei verschiedener Wasserbeschaffenheit, so liegen innerhalb der Grenzkurven des entstehenden Kurvenbündels alle die Werte, die für das betreffende Wasser charakteristisch sind.

Für die Beurteilung der Wasserbeschaffenheit und zur Feststellung der kritischen Chlorkonzentration nach dem Chl. sind entweder Kurvenknicke oder steil abfallende Kurventeile maßgebend. Erstere besagen, daß an der Knickstelle eine besonders kräftige Oxydationsreaktion erfolgt, also die kritische Chlorkonzentration für den speziellen Reaktionsverlauf erreicht wurde. Steil abfallende Kurven besagen, daß in einem größeren Chlor-

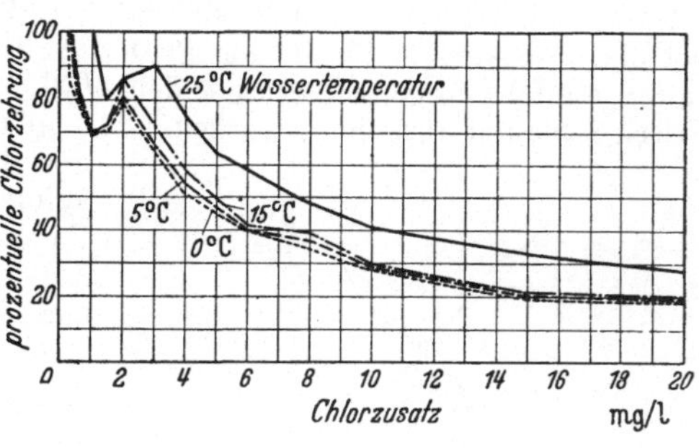

Chlordiagramm.

konzentrationsgebiet der Hauptabbau der oxydierbaren Substanzen vor sich geht (nach LINK). Das Bild zeigt das Chl. des Stuttgarter Parkseenwassers bei verschiedenen Wassertemperaturen.

Chlor, f r e i e s (aktives oder verwertbares), die Menge des bei der Desinfektion des Wassers im Augenblick oder im Lauf der Zeit wirksam werdenden Chlors. Das sind eindeutig die Chloride, die Salze der Salzsäure. Bei der Bewertung der Entkeimungswirkung des freien Ch.s muß stets der jeweils herrschende p_H-Wert des zu entkeimenden Wassers berücksichtigt werden. Er ist besonders auf die Einwirkungsdauer von Einfluß (nach L. W. Haase).

Chlorgasverfahren dient zur Entkeimung von Trink- und Abwasser. Das Chlorgas wird in Stahlflaschen unter einem Druck von 4—9 atü geliefert und auf zweierlei Weise verwendet, einer mittelbaren und einer unmittelbaren. Bei der ersteren gelangt das Chlor aus der Stahlflasche zunächst über ein Reduzier- und Reglerventil sowie über eine einfache Siebfiltervorrichtung in eine Leitung, in der Meß- und Reglervorrichtungen zur genauen Begrenzung des Gasstromes und zur Einstellung jeder beliebigen Gasgeschwindigkeit eingebaut sind, dann in ein kleinräumiges Mischgefäß, in das gleichzeitig durch in die Leitung eingebaute Ventile und Manometer ständig die zur Herstellung eines konzentrierten Chlorwassers notwendige Wassermenge zufließt. Der Gasstrom ist dem Wasserstrom entgegengesetzt gerichtet, so daß vorzügliche Mischung und vollständige Auflösung des Chlors im Wasser erzielt wird. Aus diesem Gefäß fließt durch eine Heberleitung ständig das Chlorwasser zur Hauptwasserleitung ab. Die Zumeß- und Filtervorrichtungen einerseits und die Mischvorrichtungen andererseits sind auf getrennten Schaltbrettern montiert. Die mit Chlorgas in Berührung stehenden Teile sind aus Kupfer oder Hartgummi oder versilbert hergestellt. In der Regel wird die Zugabe von etwa 0,4 g/m³ Chlor ausreichen, wenn nicht das Vorhandensein größerer Mengen organischer oder anderer oxydierbarer Stoffe oder erhebliche Karbonathärte

den Zusatz größerer Chlormengen erforderlich machen. Das chlorierte Wasser gelangt in ein Reaktionsbecken, wo der Chlorzusatz wirken soll. Es muß beim Verlassen dieses Beckens noch einen sehr geringen Chlorgehalt aufweisen, der sich nach Olszewski durch eine bläuliche Färbung mit Benzidin (Empfindlichkeit etwa 0,02 mg/l) kundtun muß. Heute sind auch schon automatische Registrieranlagen zur Feststellung des Chlorüberschusses im Gebrauch. Bei richtig zugemessenen Chlorzugaben wird eine Entkeimung des Wassers bis auf 1—2 v. H. der ursprünglichen Keimzahlen erreicht. Die schädlichen Keime werden dabei restlos beseitigt.

Beim unmittelbaren Verfahren wird das gasförmige Chlor in vorher bestimmter Menge dem Hauptwasserstrom unmittelbar durch Düsen oder durch Zerstäubung zugeführt. Dies Verfahren ist wegen der stark angreifenden Eigenschaften des feuchten Chlorgases vielfach wieder verlassen worden. Die Geschmacksgrenze von Chlorgas liegt etwa bei 1,5 mg/l Zusatz.

Bei dieser Art der Wasserbehandlung liegt der wirksame Bestandteil Cl als unterchlorige Säure, als HOCl, vor. Es bildet sich

$$Cl_2 + H_2O = HCl + HOCl$$

Chlor   Wasser   Salz-   unterchlo-
säure   rige Säure

Die unterchlorige Säure ist im Wasser löslich, wobei sie in Salzsäure und Sauerstoff zerfällt nach der Gleichung

$$HOCl = HCl + O$$

unterchlorige   Salz-   Sauer-
Säure   säure   stoff

Der bei diesem Vorgang entstehende Sauerstoff bewirkt die Oxydation der organischen Substanz.

Chloride, die Salze der Salzsäure (s. d.). Einen geringen Gehalt an Ch.n, im allgemeinen bis zu 30 mg/l Cl, findet man fast in jedem natürlichen Wasser. Es gibt aber andererseits auch eine Reihe hygienisch einwandfreier Wässer, deren höherer Ch.gehalt auf die durchflossenen Bodenschichten zurückzuführen ist. Hier kommt das Wasser mit Ablagerungen von Erdalkali- und Alkalichloriden in Berührung (Salzlagerstätten, also rein anorganischen Ursprungs). Ein hoher Ch.gehalt kann aber auch nicht selten auf Verunreinigung des Grundwassers durch versickerndes Abwasser zurückzuführen sein. In vielen Fällen wird man derartige Grundwässer hygienisch beanstanden müssen.

Chlorkalium, Kaliumchlorid, KCl, wird in der Landwirtschaft als Düngemittel verwandt und dient in der chemischen Industrie als Ausgangsstoff zur Herstellung zahlreicher Kaliumverbindungen. Die Gewinnung von Ch. erfolgt aus Kalirohsalzen in den Kalifabriken (s. d.).

Chlorkalk, ein Mittel zur Entkeimung des Wassers. Er entsteht bei der Einwirkung von Chlor auf gebrannten oder gelöschten Kalk. Der wirksame Bestandteil des Ch.s ist der unterchlorigsaure Kalk ($CaCl_2O$). Er wird im Wasser durch Hydrolyse und durch die im Wasser enthaltene Kohlensäure unter Bildung der wirksamen, d. h. der sauerstoff abspaltenden unterchlorigen Säure $HOCl$ langsam zersetzt. Das in Frankreich benutzte Verfahren der Verdunisation beruht ebenfalls auf Anwendung des Ch.s als Entkeimungsmittel. Das Ch.verfahren hat verschiedene Nachteile. Diese liegen einerseits in dem geringen Chlorgehalt des Ch.s, also gerade in dem zur Entkeimung wirksamen Bestandteil, sowie besonders auch in der Unmöglichkeit der Bestimmung seines Wirkungswertes, andererseits in den Schlammbildungen, die bei seiner Auflösung entstehen. Die Zusatzmenge hängt von der Zusammensetzung und der Art des Wassers ab. Bei reinem und vorgefiltertem

Wasser genügen meist 1—2 g Ch. je m^3 Wasser, bei hohem Gehalt an Eisen müssen oft 3—4 g/m^3 zugesetzt werden.

Chlorkaliumfabriken, derjenige Teil der Kalifabriken (s. d.), der der Herstellung des Chlorkaliums dient.

Chlorkupferungsverfahren, das Ch. übt außer einer hohen Entkeimungswirkung auf das Wasser auch eine weitgehende Wirkung in der Algenabtötung aus.

Chlormagnesium, Magnesiumchlorid, $MgCl_2 \cdot 6 H_2O$, Vorkommen zusammen mit Chlorkalium (s. d.) im Karnallit (s. d.). Große Mengen Ch. sind in den Endlaugen der Karnallitverarbeitung enthalten (s. Kaliendlaugen).

Chlormengenregelung, selbsttätige, findet Anwendung bei einer Entkeimung durch das Chlorgasverfahren bei stark schwankenden Wassermengen. Zur Betätigung des dafür nötigen Reglers ist ein Venturirohr (s. d.) in die Wasserleitung einzubauen. Die in diesem zwischen Einlauf und Düse auftretenden Druckunterschiede werden durch zwei Rohrleitungen auf eine Membrankammer des Reglers übertragen. Die Chlorzusätze können damit selbsttätig eingeregelt werden.

Chlornachweisgerät zur Feststellung, daß die der Entkeimung eines Wassers dienende Chlorung vorschriftsmäßig stattgefunden hat, und zwar derartig, daß in dem behandelten Wasser noch ein geringer Chlorüberschuß vorhanden ist. Man verwendet dazu eine Reagenzlösung, die das Chlor durch Färbung anzeigt. Als eine solche Lösung wird Orthotolidin benutzt. Durch die Mischung mit ihr entsteht eine grünlich-gelbe bis orange-gelbe Färbung des Wassers, je nach der Menge des vorhandenen Chlorüberschusses. Das Gerät enthält Vergleichslösungen in zugeschmolzenen Ampullen, mit denen die Färbung des Wassers verglichen und durch entsprechend angegebene Zahlen außerdem die Menge des in dem untersuchten Wasser noch vorhandenen Chlors auch in mg/l festgestellt werden kann.

Chlor, Nachweis von freiem, s. Orthotolidinverfahren.

Chlornatrium s. Kochsalz.

Chlorophyll, ein grüner Farbstoff der Pflanzen (s. Assimilation).

Chlorphenolgeschmack, Apothekengeschmack, Jodoformgeschmack, zeitweilig auftretender Geschmack des aus Oberflächenwasser gewonnenen Trinkwassers, hervorgerufen durch die Bildung von Chlorphenol. Das Phenol entstammt dabei Abwassereinleitungen aus Kokereien, Gaswerken, Braunkohlenschwelereien, Braunkohlen-Gasgeneratorenanlagen, Holzverkohlungswerken, Teerdestillationsanlagen, Erdölraffinerien u. a. Das Chlor kommt durch die aus hygienischen Gründen häufig notwendige Chlorung des Trinkwassers hinzu. Der Ch. wird besonders in der kalten Jahreszeit beobachtet, wenn die Selbstreinigungskraft der Flüsse geschwächt ist und das Phenol nur sehr langsam abgebaut wird (s. phenolhaltiges Abwasser).

Der Geschmack nach Chlorphenol tritt ferner bei Wasserwerken mit Chloranlagen dann auf, wenn Rohre verwendet werden, die mit einem Teererzeugnis gestrichen sind. In diesem Falle muß man die Geschmacksbeeinträchtigung, die sich nach einiger Zeit wieder verliert, vorübergehend in Kauf nehmen. Sonst empfiehlt sich zur Beseitigung des Geschmacks eine Behandlung des Wassers mit Aktivkohle (s. d.).

Unempfindliche Personen empfinden den Ch. bei Verdünnungen 1 : 10 Millionen, während empfindliche Personen den Geschmack noch in Verdünnungen von 1 : 750 Millionen wahrnehmen.

Chlorsilberungsverfahren, ein Desinfektionsmittel. Das Ch. hat in Verbindung mit dem Chlorkupferungsverfahren (s.

d.) durch gleichzeitige Anwendung von Silber oder Silbersalzen eine große Desinfektionswirkung auf ein zu entkeimendes Wasser.

Chlorüberschuß ist der nach Oxydation der organischen Stoffe im gechlorten Wasser zurückbleibende Rest freien Chlors. Die Feststellung des Ch's dient zur Kennzeichnung der Anwendung einer genügenden Chlormenge. Der Ch. wird nachgewiesen durch verschiedene Reagenzien wie Jodzinkstärkelösung, Benzidin, Orthotolidin, Dimethylparaphenyldiamin und α-Naphthaflavon (s. diese und Chlor, Nachweis von freiem Chl.).

Chlorüberschußgerät, selbsttätiges zum Nachweis des freien überschüssigen Chlors im behandelten Wasser (s. a. Chlornachweisgerät). Das Verfahren beruht auf dem Grundgedanken der Erzeugung einer Potentialdifferenz zwischen zwei Elektroden aus verschiedenem Metall, die zu einem Element vereinigt sind. Der einen Elektrode wird das zu behandelnde Wasser in ungechlortem Zustande zugeführt, während der anderen Elektrode das in geeigneter Entfernung hinter der Chlorzusatzstelle entnommene Wasser zugeleitet wird. Die hierbei auftretende Potentialdifferenz richtet sich nur nach dem noch vorhandenen Chlorüberschuß. Sie wird auf ein Registriergerät übertragen und kann dort auf einer Skala abgelesen und außerdem auch laufend auf einem Registrierstreifen aufgetragen werden. Die Anlage arbeitet ohne Chemikalienzusatz und gestattet ununterbrochenen Tag- und Nachtbetrieb.

Chlorung von Abwasser, s. Abwasserchlorung.

Chlorzahl, stellt diejenige Menge Chlor dar, die das Wasser infolge seines Gehaltes an oxydierbaren organischen Stoffen zu binden vermag (Froboese).

Chrom, Cr, Atomgewicht 52.

Chromgerbereien s. Gerbereien.

Chromkali, Kaliumchromat, K_2CrO_4, Molekulargewicht 194.

Chromlaugen s. Galvanisierungsanstalten.

Chromsäure, Chromtrioxyd, CrO_3, Molekulargewicht 100.

Cloaca maxima. In den Tiber mündender Hauptentwässerungskanal der alten Stadt Rom, der zur Trockenlegung des von sieben Hügeln umschlossenen Sumpfgebietes von etruskischen Ingenieuren begonnen und in der Folgezeit derart ausgebaut worden war, daß er noch bis zum Ende des 19. Jahrhunderts benutzt werden konnte. Die C. folgt den Windungen eines im Laufe der Jahre überdeckten Bachlaufes und ist aus Quadern von 2,5 m Länge, 0,8 m Höhe und 1 m Breite ohne Mörtel zusammengefügt. Die Sohle wird durch ebenes Pflaster aus Lavablöcken gebildet, die Wände bestehen aus 3 bis 5 Quaderlagen, auf denen ein halbkreisförmiges Gewölbe ruht. Größte Lichtweiten: Höhe = 4,2 m, Breite = 3,6 m.

Colikeime kommen im Darminhalt von Menschen und Tieren sehr zahlreich vor. Ihre zahlenmäßige Bestimmung in einem Wasser gestattet deshalb ein Urteil über den Grad seiner fäkalen Verunreinigung. Der Nachweis geschieht durch die sogen. Titermethode sowohl bei $+ 37°$ wie bei $+ 47°$ C Brutwärme.

Colititer, die kleinste in cm^3 angegebene Wassermenge, in der B. coli noch nachweisbar ist. Der Untersuchungsbereich erstreckt sich im allgemeinen von 250 cm^3 bis 0,01 cm^3 herunter. Es wird untersucht, in welcher kleinsten Wassermenge noch Colikeime festgestellt worden sind. „Der Colititer beträgt 0,1 cm^3" heißt: in 0,1 cm^3 des zu untersuchenden Wassers ist mindestens 1 Colikeim, in 1 cm^3 sind also mindestens 10, aber weniger als 100 Colikeime. „Der Colititer beträgt 0,001 cm^3" bedeutet: in 1 cm^3 sind mindestens 1000, aber weniger als 10000 Colikeime. Man sagt auch einfacher, daß noch in 0,01, 0,1, 0,5 oder 10 cm^3 Wasser Colikeime gefunden worden sind (s. Colikeime, Wasseruntersuchungen, bakteriologische).

Courtois-Tadinische Formel s. Kuttersche Formel.

Cyan s. Zyan.

D

Dabegith, ein Erzeugnis aus kleinkörnigen Tonstoffen, das basenaustauschende Fähigkeiten besitzt. Es nimmt Kalk und Magnesia aus dem Wasser auf, die durch Natrium ersetzt werden.

Dammbalken, Balken aus Holz oder Eisen, auch aus Eisenbeton, die je nach Bedarf in das Entwässerungsnetz, und zwar vorwiegend auf den Überfallschwellen der Regenauslässe eingesetzt werden, um zu verhüten, daß bei höheren Wasserständen im Vorfluter (Außenwasserständen) das Wasser von unten her in das Entwässerungsnetz dringt, also um das Außenwasser „abzudämmen".

Dampfkesselspeisewasser s. Kesselspeisewasser.

Dampfkesselspeisewasserentölung s. Kondensatentölung.

Dampfspaltung, bei Temperaturen von mehr als 300° eintretende Spaltung des Kesselwassers (s. d.) in Wasserstoff und Sauerstoff. Hierbei greift der Sauerstoff das Eisen an und verursacht Schwächungen oder gar Aufplatzen der Wasserrohre. D. wird in den meisten

Fällen durch Kesselstein (s. d.) verursacht. Gelangt Feuchtigkeit durch entstandene Risse im Kesselstein unmittelbar an die infolge Steinablagerungen überhitzten Rohrwandungen, so sind die Vorbedingungen für die D. gegeben.

Dampfumformer. Einrichtungen zur Erzeugung von Destillat (s. Destillationswasser) zur Verwendung als Kesselspeisewasser (s. d.). Der Unterschied gegenüber Verdampferanlagen (s. d.) liegt in der Art der Brüdenverwendung. D. finden in Kesselanlagen Anwendung, in denen große Zusatzwassermengen (Industrie- und Heizkraftwerke) benötigt werden.

Danziger, Danske, Abortanlage in Schlössern des Deutschen Ritterordens, z. B. in der Marienburg. Die D. waren unabhängig von der bewohnten Burg möglichst über dem Wasser in einem turmartigen Gebäude untergebracht, das mit dem Schloß durch einen gedeckten Gang verbunden war.

Darmzubereitungsanstalten. Das aus D. oder Darmsaitenfabriken meist nur in geringen Mengen anfallende Abwasser ähnelt dem von Schlachthöfen (s. Schlachthofabwasser). Es kann seuchenverdächtig sein. Zur Reinigung ist die Ableitung in ein städtisches Entwässerungsnetz anzustreben, sonst ist das Abwasser nach mechanischer Reinigung zu verrieseln.

Darrmalz s. Malz.

Dauerganglinie. Eine D. entsteht durch Auszählung der einzelnen Häufigkeitswerte irgend eines Vorganges, beispielsweise eines Wasserstandes oder Niederschlags und deren Eintragung in einen Netzdruck, in dem in der y-Achse die beobachteten Werte und in der x-Achse deren Häufigkeiten aufgetragen werden. Für die letzteren ergibt sich dann eine gebrochene Linie, die in einem schlanken Linienzuge zu der D. zusammengezogen wird.

D.n der Grund- und Flußwasserstände zeigen entweder, an wieviel Tagen eines bestimmten Zeitraumes das Grund- oder Flußwasser einen bestimmten Stand eingenommen, über- oder unterschritten hat, oder an wieviel Tagen dies im Durchschnitt einer Reihe von Jahren geschehen ist.

Dauerlinie, zeichnerische Darstellung der nach der Größe geordneten, für gleiche Zeitabschnitte geltenden Werte. Wenn die Werte jeweils für einen Tag gelten, ist die Abszisse gleich der Anzahl der Tage, an denen ein bestimmter Wert unter- oder überschritten wird (Unter- oder Überschreitungsdauer s. d.). Die D. ist die Summenlinie der Häufigkeitslinie (s. d.).

Dauerzahlen, Zahlen, die angeben, von wieviel kleineren Werten ein beobachteter Wert der gleichen Beobachtungsreihe unterschritten wird (Unterschreitungszahl), oder von wieviel größeren Werten der beobachtete Wert überschritten wird (Überschreitungszahl). Wenn die Werte jeweils für einen Tag gelten, gibt die Anzahl der unterschreitenden Werte die Unterschreitungsdauer, die Anzahl der überschreitenden Werte die Überschreitungsdauer in Tagen an. Die D. sind die Summen der betreffenden Häufigkeitszahlen (s. d.).

Daunenreinigungsanstalten s. Federreinigungsanstalten.

Decke von Schlammtrockenplätzen, aus Sand oder Koksgrus bestehende, mindestens 0,10 m starke, über dem Sickerkörper eines Schlammtrockenplatzes liegende Deckschicht, die das Sickergut (Schlacke oder Steinschlag) vor Verschlammung schützt. Sie wird allmählich mit dem getrockneten Schlamm ausgeräumt und muß vor ihrer vollständigen Beseitigung immer wieder erneuert werden (s. Schlammtrockenplatz).

Deckfläche eines Grundwasserleiters, Grenzfläche einer durchlässigen, mit

Grundwasser gefüllten Schicht gegen eine darüberliegende schwer- bis undurchlässige. An der Deckfläche ist der Wasserdruck höher als der Druck der freien Luft.

Denso - Schutzbinde, eine plastische Schutzbinde, die nach einem besonderen Verfahren durchtränkt ist und beiderseits eine Schicht einer unangreifbaren Masse trägt. Die Binde wird zum Umwickeln von Rohren zum Schutz gegen korrodierende Einflüsse aller Art hauptsächlich dort verwendet, wo die vorhandene äußere Schutzschicht des Rohres entfernt werden mußte oder beschädigt ist. Bei Schweißnähten empfiehlt sich ein vorheriges Aufbringen von Denso-Metall-Schutzpaste vor dem Umwickeln der Binde. Denso-Wickel und -Plaststreifen dienen zur Abdichtung der Zuleitungen (Hausanschlüsse) im Mauerwerk.

Desinfektion. Entseuchung, insbesondere die Beseitigung alles dessen, was eine Infektion hervorruft, also die Abtötung krankheitserregender (pathogener) Keime durch physikalische (z. B. Abkochen, Erhitzen, Heißdampf) oder chemische (z. B. Alkohol, Karbol, Lysol, Sublimat, Formalin, Chlor) Mittel. Die D. der Auswurfstoffe von Menschen und Tieren, die an anstekkenden Krankheiten (z. B. Typhus, Cholera, Ruhr, Milzbrand, Rotlauf, Maul- und Klauenseuche) leiden, soll grundsätzlich am Anfallsorte der Auswurfstoffe erfolgen, so daß das in größerer Menge erheblich schwerer zu desinfizierende Abwasser nicht mit den Krankheitskeimen belastet wird. Nur wenn allgemeine Seuchengefahr vorliegt, ist u. U. die D. des Abwassers aus Ortsteilen oder selbst ganzen Ortschaften nicht zu vermeiden. Für Abwasser kommt als Hauptdesinfektionsmittel vor allem Chlor in Frage (s. Chlor, Abwasserchlorung).

Desintegratoren s. Entstauber und Teerabscheider.

Desoxygenverfahren s. Sauerstoffbindungsverfahren.

Destillation. 1. Die e i n f a c h e D. bezweckt die Trennung unzersetzt verdampfbarer Flüssigkeiten von nichtflüchtigen Bestandteilen, während durch g e b r o c h e n e D. Gemische flüchtiger Bestandteile von verschiedenem Siedepunkt in die einzelnen Bestandteile zerlegt werden. Die zu destillierenden Flüssigkeiten werden in Destillierkesseln, -blasen oder Retorten bis zum Sieden erhitzt und ihr Dampf durch Abkühlen wieder verdichtet und die zurückgebildete Flüssigkeit (Destillat) in einem zweiten Gefäß (Vorlage) aufgefangen.

Unter t r o c k e n e r D. versteht man eine durch Erhitzen unter Luftabschluß erfolgende Zersetzung organischer Substanzen, bei der sich feste, flüssige und gasförmige Produkte bilden. Die Erhitzung der organischen Stoffe erfolgt in Retorten. Die trockene D. findet Anwendung in Gasanstalten (s. d.), in der Holzverkohlungsindustrie (s. d.), in Kokereien (s. d.) und in Schwelereien (s. Braunkohlenschwelereien).

2. Verfahren der Wasseraufbereitung insbesondere zur Enthärtung des Kesselspeisewassers (thermische Enthärtung). Die Erzeugung des Destillationswassers (s. d.) (Destillats) erfolgt in Verdampferanlagen (s. d.) oder Dampfumformern (s. d.).

Destillationswasser, Destillat, das durch vorübergehende Überführung in Dampfform (s. Destillation) gewonnene Wasser, das von allen gelösten Beimengungen befreit und chemisch rein ist und insbesondere für die Versorgung großer Schiffe, für Orte, die kein Süßwasser haben, aber auch für manche Zweige der chemischen Industrie und als Ergänzung des Kesselspeisewassers dient (s. d.).

Detritus, zerfallende organische Gewebeteile, insbesondere zerfallende

Pflanzenreste im Wasser. D. gehört mit zu den absetzbaren Schwebestoffen des Wassers (s. Schwebestoffe, Gesamtschwebestoffe).

Diaphragmapumpe, Balgpumpe.

Diatomeen s. Plankton.

Diatomin, ein brauner Farbstoff, den die Kieselalgen enthalten. Er tritt bei ihnen im Verein mit dem Chlorophyll Carotinoid auf und ermöglicht den Stoffaufbau aus Lichtenergie (Photosynthese).

Differenzpegel, Pegel zur Messung des Unterschiedes zwischen zwei Wasserständen. Im Abwasserwesen wird der D., der dabei i. a. als Schreibpegel ausgebildet ist, vielfach dazu verwendet, um aus den Wasserständen an zwei Punkten einer Entwässerungsleitung das wechselnde Spiegelgefälle und, sofern sich auf der Meßstrecke keine seitlichen Zuflüsse befinden, auch den Wechsel der durchfließenden Abwassermenge zu berechnen. Meist ist der D. zu diesem Zwecke auch mit einer Einrichtung zum Messen und Darstellen der jeweiligen Wassertiefen an den betreffenden Punkten verbunden.

Diffuseure, geschlossene zylindrische zu einer Batterie hintereinander geschaltete Gefäße, die untereinander durch Rohrleitungen verbunden sind. D. werden benutzt zur Auslaugung der Rübenschnitzel in Zuckerfabriken (s. d.) und der Kochlauge (Schwarzlauge) aus dem Zellstoff in Natronzellstoffabriken (s. d.). Das Auslaugen geht dabei in der Weise vor sich, daß frisches Wasser auf das bereits am meisten ausgelaugte Gut im letzten D. gegeben und im Gegenstrom durch die vorgeschalteten D. gedrückt wird.

Diffusion tritt bei mischbaren Flüssigkeiten ein, die sich gegenseitig durchdringen, so daß zum Schluß ein homogenes Gemisch entsteht.

Diffusionsgasanzeiger, Gerät zur Feststellung der Anwesenheit schäd-

licher Gase im Entwässerungsnetz. Der D. beruht auf der Eigenschaft der Gase, eine gasdurchlässige Scheidewand (Membran) mit einer bestimmten, von der Wichte des Gases abhängigen Geschwindigkeit zu durchdringen (Diffusion) (s. Kanalgase, Entgasung von Entwässerungskanälen).

Diffusionswasser, das in Zuckerfabriken (s. d.) nach der Auslaugung der Rübenschnitzel in den Diffuseuren (s. d.) anfallende Abwasser. Neben geringen Resten von Pülpe (s. d.) hat das D. einen hohen Gehalt an gelösten organischen Stoffen, unter denen die Kohlenhydrate die Hauptrolle spielen. Das D. geht bei der Zersetzung zunächst unter Bildung von Milch- und Buttersäure in saure Gärung über. Erst nach Abbau der Kohlenhydrate beginnt die faulige Zersetzung unter Bildung von Schwefelwasserstoff. Die Reinigung erfolgt zweckmäßig zusammen mit dem Schnitzelpreßwasser (s. d.). Der Anfall von D. als Abwasser läßt sich ganz vermeiden durch Anwendung des Diffusionswasserrücknahme-Verfahrens (s. d.).

Diffusionswasserrücknahme-Verfahren, ein von einem großen Teil der Zuckerfabriken (s. d.) in den letzten Jahren angewandtes Verfahren zur Zurücknahme des Diffusionswassers (s. d.) und auch des Schnitzelpreßwassers (s. d.). Vorbedingung ist eine denkbar beste Entpülpung durch Pülpefänger (s. d.), Heißhalten des Rücknahmewassers auf 60—80°, um das Auftreten von sauren Gärungen zu vermeiden, und möglichst schnelle Rückführung in die Diffuseure (s. d.). Bei der Anwendung des D.-V.s fällt während der Wochentage kein Diffusions- und Schnitzelpreßwasser an. Sonntags wird es vielfach abgelassen und durch neues Betriebswasser ersetzt. Das abgelassene Abwasser wird zweckmäßig in größeren Teichen aufgespeichert, wo es langsam ausgären und versickern kann.

Spengler, Der neueste Stand der Abwasserrücknahme, Die Deutsche Zuckerindustrie 62 (1937) Nr. 34, S. 735—736, Nr. 35, S. 795.

Diffusor, das spiralförmige Druckgehäuse der Kreiselpumpen, in dem die Umsetzung der Geschwindigkeit in Druck erfolgt.

Dilo-Dichtung, eine Rundabdichtung für ruhende Maschinenteile, z. B. für Wasserleitungsrohre. Die D.-D. besteht aus einem Flansch, der mit einer balligen Nut versehen ist. An diese wird eine ebenfalls ballige Feder eines Gegenflansches angepreßt. Die Abdichtung erfolgt durch metallische Berührung ohne Verwendung eines besonderen Dichtungsmittels.

Dimethylparaphenilendiamin s.Chlor, Nachweis von freiem.

DIN, das für den Deutschen Normenausschuß (DNA.) eingetragene Verbandszeichen zur Kennzeichnung genormter Erzeugnisse. Das Zeichen bedeutete ursprünglich die Abkürzung von Deutsche Industrie-Normen. Heute ist dieses Zeichen zum Symbol für die Vereinheitlichungsarbeiten aller Wirtschaftskreise geworden. Man deutet es nunmehr als: Das Ist Norm. DIN wird auch als Vorsilbe in Zusammensetzungen gebraucht, z. B. bei DINformaten.

DIN-Normen. „Deutsche Industrie-Normen" oder „Das Ist Norm". Vom Deutschen Normenausschuß - Dinorm, Berlin NW 7, Dorotheenstraße 35, festgelegte Grundsätze, Richtlinien, Vorschriften und Ausführungsanweisungen für die einheitliche Gestaltung und Benutzung von Bauten, Bauwerksteilen, Maschinen und Maschinenteilen, Geräten, Werkzeugen, kurz aller im Bereiche der technischen Fertigung, Anwendung und Verwaltung mengenmäßig auftretender Dinge. Zweck der Normung ist, durch Vereinfachung von Arbeit und Stoffeinsatz eine Leistungssteigerung zu erzielen. Das Präsidium des Deutschen Normenausschusses gibt folgende Begriffsbestimmung: „N o r m u n g ist ein umfassender Begriff für die Regelung einer Vielzahl von Erscheinungen, um eine möglichst eindeutige und sinnvoll abgestimmte Ordnung zu erreichen. Sie ist auf allen Gebieten des menschlichen Denkens und Handelns zu finden." Hiernach können die Normen eines oder mehrere der folgenden Elemente umfassen: Begriffe, Benennungen, Bezeichnungen, bildliche Darstellungen, Bildzeichen, Kennzeichen, Einheiten, Arten, Größen, Formen und Abmessungen, Stoffe, Genauigkeiten, Prüfverfahren, Lieferarten, Berechnungs- und Abrechnungsverfahren, Vordrucke und Formblätter, Bau- und Betriebsanweisungen, Sicherheitsbestimmungen.

Im DNA. sind außer den ständigen Mitgliedern auch Vertreter der beteiligten Berufs- und Wirtschaftsverbände vertreten. Sobald ein Erzeugnis genormt ist, erscheint darüber ein Normblatt. Die darin enthaltenen Vorschriften können von Bevollmächtigten der Regierung, z. B. des Bevollmächtigten für die Maschinenproduktion, oder auch von Reichsministern für verbindlich erklärt werden. Über die Normblätter gibt der Normenausschuß ein Normblattverzeichnis heraus. Das letzte ist im Herbst 1940 erschienen.

Z. Z. hat der Deutsche Normenausschuß in engster Gemeinschaftsarbeit mit den Vertretern der Behörden, der Wissenschaft, der Industrie, der Gewerbe und des Handwerks etwa 7000 Normblätter ausgearbeitet, die vom Beuth-Vertrieb, Berlin SW 68, Dresdener Straße 97, bezogen werden können.

Die beim Wasserversorgungs- und Abwasserwesen verwendeten Erzeugnisse sind weitestgehend genormt, und zwar in Zusammenarbeit mit dem Deutschen Verein von Gas- und Wasserfachmännern, mit der Arbeitsgruppe Abwasserwesen, mit den Rohrverbänden, der Fachgruppe Armaturen und

Maschinenteile und vielen anderen Organisationen.

Dissimilation, Stoffwechselvorgang, durch den aus verwickelten organischen Verbindungen einfachere entstehen.

Dissoziation, elektrolytische. Auflösung (Spaltung) der Molekel eines gelösten Elektrolyten in positiv und in negativ elektrisch geladene Molekelteile (Ionen). Löst man beispielsweise $0,1 \, Mol = 9,8 \, g$ des Elektrolyten Schwefelsäure (H_2SO_4) in 1 Liter Wasser, so spaltet sich (dissoziiert) etwa die Hälfte seiner Molekel in positiv geladene Wasserstoff-(2 H')-Ionen und in negativ geladene Säurerest-(SO_4'')-Ionen; löst man $0,1 \, Mol = 4 \, g$ Ätznatron (NaOH) in 1 Liter Wasser, so spalten sich 90 v. H. seiner Molekel in positiv geladene Natrium-(Na·)-Ionen und in negativ geladene Hydroxyl- (OH')-Ionen. Auch im Wasser ist ein allerdings sehr geringer Teil der Molekel in positive Wasserstoff-(H·)-Ionen und in negative Hydroxyl-(OH')-Ionen gespalten, und zwar bei 22° ein Molekel von je 555 Millionen. Dabei sind in einem Liter reinen Wassers rd. 10^{-7} Grammion H· und ebensoviel Grammion OH' enthalten. Im reinen Wasser ist also die Wasserstoffzahl (Wasserstoffionen-Konzentration gleich der Hydroxylzahl (Hydroxylionen - Konzentration) nämlich gleich 10^{-7} Grammion/l oder 10^{-7} n. Wenn in einer Flüssigkeit die Wasserstoffzahl größer ist als die Hydroxylzahl, wirkt sie sauer, wenn sie kleiner ist, wirkt die Flüssigkeit basisch und wenn beide Zahlen gleich sind, wie beim Wasser, so wirkt sie neutral. Setzt man dem neutralen Wasser eine Säure zu, so wird die Wasserstoffzahl vergrößert, weil die Säure, wie z. B. die oben genannte Schwefelsäure, H'-Ionen abspaltet; setzt man eine Base, wie z. B. das oben genannte Ätznatron zu, so wird die Hydroxylzahl vergrößert, weil die Base OH'-Ionen abspal-

tet. Da nach dem Massenwirkungsgesetz in beiden Fällen das Produkt aus der Wasserstoffzahl und der Hydroxylzahl unverändert bleibt, nimmt im ersten Falle die Hydroxylzahl und im zweiten Falle die Wasserstoffzahl ab. Um den Säure- oder den Alkaligehalt einer Flüssigkeit zu messen, genügt es daher, jeweils die Wasserstoffzahl anzugeben. Beispielsweise ist die Wasserstoffzahl für eine zehntausendstel Normallösung Salzsäure 10^{-4} n und für eine eintausendstel Normallösung Ätznatron bei 18° $7,4 \cdot 10^{-12}$, also wesentlich kleiner als für die Salzsäurelösung. Wird dem Wasser ein Elektrolyt zugesetzt, der weder H'-Ionen noch OH'-Ionen abspaltet, beispielsweise Kochsalz (NaCl), das positive Na·-Ionen und negative Cl'-Ionen liefert, so bleiben Wasserstoffzahl und Hydroxylzahl unverändert $= 10^{-7}$ n und die Lösung wirkt neutral (s. Wasserstoffzahl, Hydroxylzahl, Elektrolyt, Mol, Molekel, Grammion, p_H-Wert).

Doppelfilterung wird angewendet, um in besonderen Fällen das durch die Langsamfilterung noch nicht genügend gereinigte Oberflächenwasser nochmals zu reinigen. Eine besondere, durch Patent geschützte Vorrichtung hat dafür E. Götze (†), Bremen, erdacht. Eine andere Sonderart der Doppelfilterung stellt auch diejenige von Aug. F. Meyer 1914 in Chemnitz mit großem Erfolge eingeführte dar, nach der zuerst das Wasser in Schnellfiltern vom Plankton, insbesondere von zeitweilig in Massen auftretenden Algen (Kiesel- und Fadenalgen) befreit wird, um dann in Langsamfiltern weiter gereinigt zu werden.

Doppelgärverfahren, Hildesheimer Verfahren, von Prütz und Nolte eingeführtes Verfahren zur Reinigung des zuckerhaltigen Abwassers von Zuckerfabriken (s. d.). Das gut entpülpte Diffusions- und Schnitzelpreßwasser (s. d.) wird mit einer Temperatur von

40—50° C. dem ersten Gärteich zugeführt, in dem eine Milchsäuregärung eintritt. Am Ablauf dieses Teiches wird durch Zugabe von Kalkmilch die gebildete Säure abgestumpft, so daß in dem zweiten Gärteich, Teich III, wiederum eine starke Methangärung ein-

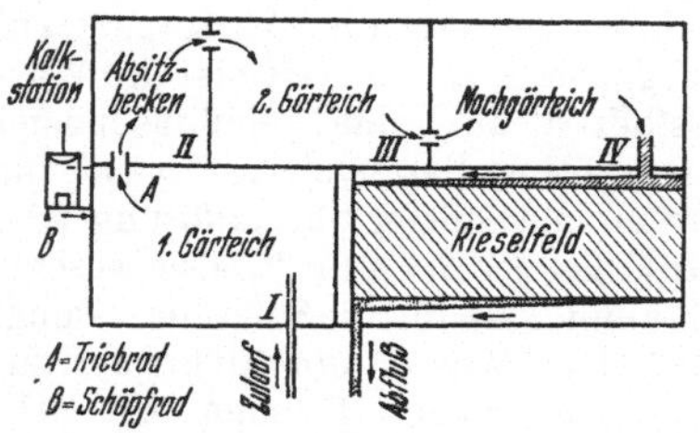

Schema des Doppelgärverfahrens.

setzen kann unter Ausflockung stickstoffhaltiger Stoffe. Der Teich IV dient als Nachgärteich und zum Absetzen der ausgeflockten Stoffe. Die Teiche sollen so groß sein, daß sie den Tagesanfall an Abwasser aufnehmen können. Das ausgefaulte Abwasser wird auf Rieselfeldern weiterbehandelt. Die Wirkung des D.s ist durch das Gärfaulverfahren (s. d.) noch verbessert worden.

Doppelkeilkolorimeter. Gerät zur Feststellung des p_H-Wetes von Flüssigkeiten auf Grund ihrer Farbtönung (s. p_H-Wert, Indikator zur Messung des p_H-Wertes).

Doppelkettenrollzugschieber s. Kettenrollzugschieber.

Doppel-Leitung, beim Trennverfahren zuweilen angewendete Entwässerungsleitung mit zwei übereinander angeordneten Rohrquerschnitten, von denen meist der obere das Niederschlagswasser und der untere, erheblich kleinere, das Schmutzwasser ableitet. Wegen der Schwierigkeit, das Schmutzwasser-Rohr von oben her zugänglich zu machen, wird die D. selten angewendet. Ihre Anwendung stößt auch dort auf Schwierigkeiten, wo das Gefälle des Regenrohres dem des Schmutzwasser-Rohres nicht hinreichend angepaßt werden kann.

Dorrbecken, quadratisches Absetzbecken mit ausgerundeten Ecken, das vom Abwasser waagerecht von einer Seite zur gegenüberliegenden hin durchflossen wird. Der Bodenschlamm wird durch eine maschinell bewegte, um eine Mittelsäule kreisende Kratzervorrichtung auf der schwach geneigten Beckensohle nach einer um die Mittelsäule herum angeordneten Schlammrinne geschoben und dort abgepumpt. Die vier rechtwinklig zueinander stehenden Kratzerarme sind mit einem, die Bedienungsbrücke tragenden Treibarm verbunden, der einerseits auf der Mittelsäule verschiebbar aufliegt und andererseits durch ein elektrisch angetriebenes Rad gestützt wird, das auf einer auf dem Beckenrande liegenden Schiene umläuft. Zum Zwecke der Eckenausräumung sind die Enden der Kratzer mit herausschiebbaren Teilen versehen. Eine an der Bedienungsbrücke hängende Tauchwand schiebt den Schwimmschlamm nach einer in der Beckenwand befindlichen Öffnung (s. Absetzbecken, quadratisches).

Dorr-Rechen. Stabrechen, der mit dem Abwasserstrom einen Winkel von 120° bildet. Bei ihm wird das Rechengut maschinell durch eine mittels Zähnen zwischen die Rechenstäbe greifende eiserne Platte aus dem Abwasser heraus nach oben geschoben und durch eine Abstreifvorrichtung über die Rechenoberkante hinweg in eine Rinne befördert, aus der es von Hand beseitigt werden kann. Je nach Einstellung der Antriebsvorrichtung erfolgt der Reinigungsvorgang selbsttätig mit kürzeren oder längeren Zwischenräumen.

Dorrsandfang, quadratisches Absetzbecken mit ausgerundeten Ecken, das vom Abwasser waagerecht von einer Seite aus zur gegenüberliegenden hin durchflossen wird. Der abgesetzte Sand wird durch eine maschinell bewegte, um eine Mittelsäule kreisende Kratzervorrichtung einem „Klassierer" zugeschoben, der sich an einer zwischen der Zulauf- und der Ablaufseite liegenden Seitenwand des Beckens befindet. Der Antrieb der Kratzervorrichtung erfolgt wie beim Dorrbecken (s. Sandfang, Klassierer, Dorrbecken).

Dortmunder Brunnen, Dortmunder Becken, Dortmundbrunnen, Dortmundbecken, Dortmundtank, meist quadratischer, in aufsteigender Richtung vom Abwasser durchflossener Ab

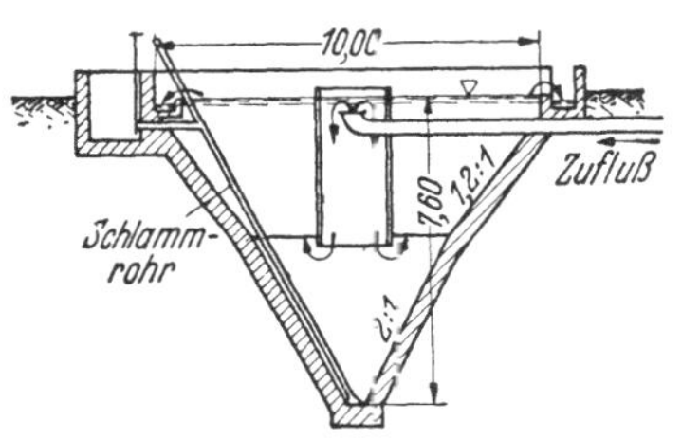

Dortmunder Brunnen zur Nachklärung beim Belebungsverfahren.

setzbrunnen, bei dem das geklärte Wasser durch Überfall über den oberen Brunnenrand austritt und der abgesetzte Schlamm durch ein bis in die Spitze der trichterförmigen Sohle herabreichendes Schlammrohr entweder durch Pumpen oder durch den Wasserüberdruck entfernt wird. Der D. eignet sich besonders zur Ausscheidung von Flockenschlamm (z. B. Belebtschlamm) (s. Absetzbrunnen).

Dosator, der gesetzlich geschützte Name für die Dosierung von Entkeimungslösungen, wie Chlorgas, Hypochloritlauge, Aluminiumsulfat- oder Kupfersulfatlösungen, die in strömendes Wasser oder sonstige Flüssigkeiten eingeführt werden sollen. Hierbei steuert eine in den Strom des Wassers eingebaute Antrieb- oder Meßvorrichtung eine Dosierungspumpe.

Dosierungsvorrichtungen s. Zumeßvorrichtungen.

Dränierung, Entwässerung von Erdbodenflächen oder von Gruben durch Sickerleitungen (Dränleitungen), durch deren ungedichtete Stoßfugen oder mit Sickerschlitzen versehene, durchlässige Wandungen das darüber befindliche Bodenwasser in die Rohrleitung gelangt und darin abgeführt wird (s. Dräns).

Dränleitung s. Sickerleitung.

Dräns, das zur Dränierung gehörige Leitungsnetz. Man unterscheidet Saugedräns, die dem Erdboden das Wasser entziehen und Sammeldräns, die das aus den Saugedräns kommende Wasser aufnehmen und einem Entwässerungsgraben zuleiten. Die ersteren sind wasserdurchlässige Rohrstränge, die bei der Dränierung von Bodenflächen (z. B. von Rieselland) je nach der Bodenbeschaffenheit in 5 bis 10 m Abstand voneinander und je nach den Grundwasserverhältnissen 1,0 bis 1,5 m tief unter der Erdoberfläche liegen. Die Rohrstränge der Saugedräns werden i. a. aus unglasierten, muffenlosen, 0,04 bis 0,10 m weiten und 0,3 bis 0,5 m langen Tonrohren oder Rohren mit gelochten Wandungen hergestellt, deren Stumpfstöße man zum Schutz gegen das Eindringen von Erdreich mit Überschiebmuffen und Torfmull umgibt. Der Durchmesser der tiefer liegenden, i. a. nicht wasserdurchlässigen Sammeldräns ist nach der Wassermenge zu berechnen, die der Rohrstrang abzuführen hat. Zur Dränierung von Baugruben verwendet man meist Dränleitungen in Kiespackung von erheblich größeren Lichtweiten. Die Sammeldräns müssen bei der Dränierung von Rieselland oberhalb des Wasserspiegels in den Entwässerungsgraben münden, damit man die Wirkung der Dräns beobachten kann und damit das Leitungsnetz gut durchlüftet (s. Dränierung).

Drainage s. Dränierung.

Drahtseilrechen, beweglicher, aus gleichlaufenden Drahtseilen gebildeter Abwasser-Rechen, der als endloses Band oben und unten über Rollen läuft, geneigt im Abwasserstrom steht und das an ihm hängen bleibende Rechengut aus dem Wasser hebt. Ein am oberen Ende des D.s angebrachter, zwischen die Drahtseile greifender Kamm oder ein Gummischaber streift das Rechengut ab, wobei es auf ein darunter befindliches Förderband fällt (s. Abwasser-Rechen).

Drahtziehereien. Der in Walzwerken (s. d.) gewonnene 5—7 mm starke Walzdraht wird nach Entfernung des Walzzunders (s. Zunder) durch Beizen (s. d.) in kaltem Zustande durch Zieheisen oder Ziehsteine gezogen und verfeinert.

Drehsprenger, Vorrichtung zur gleichmäßigen Verteilung von Abwasser über die kreisförmige Oberfläche kegelstumpf-förmiger Tropfkörper. Der D. besteht aus zwei bis vier Rohrarmen, versehenen Rohrarme und versetzt diese nebst dem Zuführungsrohr durch den Rückstoß, der beim Austritt aus den Löchern entsteht, in langsame Drehung, so daß das Abwasser gleichmäßig über die Oberfläche des Tropfkörpers verteilt wird. Der Abstand der Rohrarme von der Körperoberfläche soll möglichst klein (nicht über 0,3 m) sein, damit der Wind die Wasserverteilung nicht stört.

Dreieckprofil s. Querschnitte von Entwässerungsleitungen.

Dreieckquerschnitt s. Querschnitte von Entwässerungsleitungen.

Dreikant- oder Schafklaumuschel (Dreissensia polymorpha). Diese Muschel siedelt sich manchmal in großer Menge in Rohrleitungen an. Das durchgeleitete Wasser bekommt, wenn sie abstirbt, einen fauligen Geschmack (nach H. und E. BERGER).

Dretsche. Gerät zur Entnahme von Grundproben (Steine, Schlamm, Schnecken u. dgl.) aus einem Gewässer. Kräf-

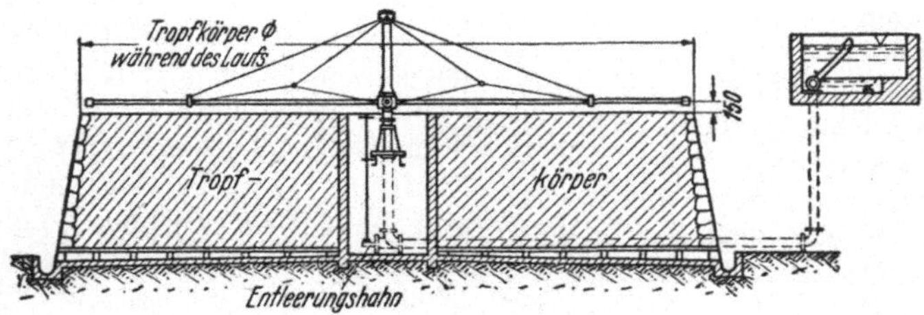

Drehsprenger mit Beschickungsvorrichtung nach GEIGER (Breuer-Werke, Frankfurt-Höchst).

die an einem lotrechten Abwasserzuführungsrohr waagerecht befestigt und durch Zugbänder gehalten sind. Das Abwasserzuführungsrohr ist unter Vermittlung eines Quecksilberverschlusses über der lotrecht durch die Tropfkörpermitte gehenden Zuleitung derart drehbar aufgehängt, daß das unter Druck stehende Abwasser von unten her eintreten kann. Es tritt dann in die auf der einen Seite mit kleinen Löchern tiger, viereckiger, mit Schneiden und zwei Bügeln versehener Eisenrahmen, an dem ein Beutel zur Aufnahme der Probe befestigt ist. Die D. wird an einer starken, an den beiden handgriffartigen Bügeln befestigten Leine so lange langsam am Grunde des Gewässers hingezogen, bis sich der Beutel mit einer zur Beurteilung des Gewässergrundes ausreichenden Probemenge gefüllt hat.

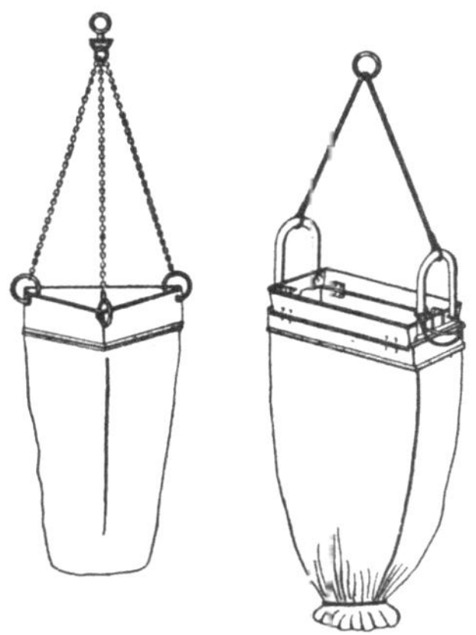

Dretschen.

Drosselklappe, eine Absperreinrichtung für Rohrleitungen. Sie besteht aus einer in einen Rohrkörper eingebauten Klappe, die um eine senk- oder waagerecht angeordnete Welle drehbar ist. Sie kann von Hand, elektrisch, durch Kraftkolben oder durch Fallgewicht betätigt werden. Die zuletzt ge-

Drosselklappe, geöffnet.

nannte Antriebsart findet besonders bei Selbstschlußklappen Verwendung. Zur Verzögerung der Schließbewegung dient dabei eine Ölbremse. Das Fallgewicht wird in Abhängigkeit von der Wassergeschwindigkeit in der Rohrleitung durch eine Staupendelscheibe

oder durch einen Durchflußwächter (s. d.) ausgelöst.

Drossellinie s. Kennlinien.

Druckdifferenzmessung. Die D. wird angewendet zum Ermitteln von Durchflußmengen in Rohrleitungen. Die Durchflußmenge Q ist immer gleich dem Produkt aus dem Rohrquerschnitt F und der zugehörigen Geschwindigkeit v. Da der Rohrquerschnitt stets bekannt ist, handelt es sich nur darum, die Geschwindigkeit v zu bestimmen. Das geschieht dadurch, daß an der Meßstelle eine Druckdifferenz H erzeugt wird. Der Zusammenhang zwischen der Druckdifferenz und der Geschwindigkeit ist annähernd durch die Beziehung $v = \sqrt{2\,g\,H}$ gegeben, so daß sich v leicht berechnen läßt. Die Druckdifferenz kann mit einem Staurand, einer Düse oder mit einem Venturirohr ermittelt werden. Für Wasserleitungen eignet sich das letztere am besten.

Druckfläche, die Fläche, bis zu der Wasser aus gespanntem Druckwasser in Standrohren aufsteigen kann (DONAT und KOEHNE).

Druckgefälle, Formelzeichen J_p, Maßeinheit m/m, mm/m, m/km. Durch Reibung bedingter auf eine bestimmte Leitungslänge entfallender Wasserdruckhöhenverlust. Das Druckgefälle wird meist in der (scheinbar dimensionslosen) Form 1 : ... (m/m, (mm/m, m/km) oder in ⁰/₀₀ angegeben.

Druckgefällinie, Verlauf des Druckgefälles, zeichnerisch aufgetragen über dem Längenprofil einer Leitung.

Druckhöhe, Formelzeichen H_d. Maßeinheit cm, m, senkrechte Höhe einer Wassersäule, deren Gewicht dem Wasserdruck in einer geschlossenen Leitung oder im Erdboden das Gleichgewicht hält $\left(\dfrac{p}{\gamma} \right)$, z. B. bei Pumpwerken der senkrechte Abstand des Oberwasserspiegels, beispielsweise eines Behälters, von der Pumpenmitte.

Darin bedeutet:

p = Druck/Fläche,

γ = Gewicht/Raum,

$\dfrac{p}{\gamma}$ = Länge.

Druckhöhe des Grundwassers, die Höhe der Wassersäule, die den in einem Punkte des Grundwassers herrschenden Druck erzeugen würde, also die Höhe, bis zu der das Grundwasser von diesem Punkt aus in einem Standrohr aufsteigen würde (DONAT und KOEHNE).

Drucklinie, Verbindungslinie der oberen Endpunkte der Druckhöhen (s. d.).

Drucklinie, erforderliche, die Verbindungslinie der erforderlichen Druckhöhen des Wassers an einzelnen Punkten des Rohrnetzes. Sie verläuft parallel mit der Gelände- oder Straßenhöhe und ist abhängig von der für das Versorgungsgebiet maßgebenden Druckhöhe. Diese kann angenommen werden für

ländliche Bebauung mit 15—20 m,
kleinstädt.   „   mit 25—30 m,
Mittelstädte   mit 30—40 m,
Großstädte   mit   40 m.

Da die hydraulische D. (s. d.) die erforderliche nicht unterschreiten darf, sind die höchsten Erhebungen eines Versorgungsgebietes besonders zu berücksichtigen. Sie verlangen unter Umständen ein Hinaufschieben der hydro-

statischen Drucklinie, mit der auch die hydraulische entsprechend ansteigt (s. Abbildung).

Drucklinie, hydraulische (Fließdrucklinie), die Verindungslinie der Wasserspiegel einzelner Punkte des Rohrnetzes, die sich beim Durchfluß des Wassers durch eine Leitung ergibt. Sie fällt in Fließrichtung ab. Die Absenkungshöhe (h) ist abhängig von der Länge der Rohrleitung und von der Größe des Rohrdurchmessers sowie der zu fördernden Durchflußmenge, also vom Druckverlust. Die hydraulische D. liegt immer unterhalb der hydrostatischen (s. d.) und soll über der erforderlichen D. (s. d.) liegen. Sie ist überdies unabhängig von den durch das Gelände gegebenen Sohlenneigungen der Rohrstränge (s. Drucklinie, erforderliche).

Drucklinie, hydrostatische (Ruhwasser-Drucklinie), die waagerechte Verbindungslinie der freien Wasserspiegel eines im Ruhezustand befindlichen Rohrnetzes. Die freien Wasserspiegel stellen sich an allen Stellen nach dem Gesetz der kommunizierenden Röhren gleich hoch ein (s. D., erforderliche).

Druckluft bei Belebungsanlagen. Unter Überdruck in das Belebungsbecken eingeblasene Luft, durch die den im Belebtschlamm sitzenden luftliebenden (aëroben) Kleinlebewesen der zu ihrer Entwicklung und Erhaltung erforderliche Sauerstoff zugeführt und der Beckeninhalt ständig umgewälzt wird, sofern zur Umwälzung nicht besondere Rührwerke vorhanden sind (s. Belüftungsverfahren, Luftbedarf bei dem Belebungsverfahren).

Druckluft bei Ölfängen. Unter Überdruck in das Ölfangbecken eingeblasene Luft, durch die nach dem Aufschwimmen der Schwimmstoffe (z. B. mit Öl und Fett gemischte Holzstück-

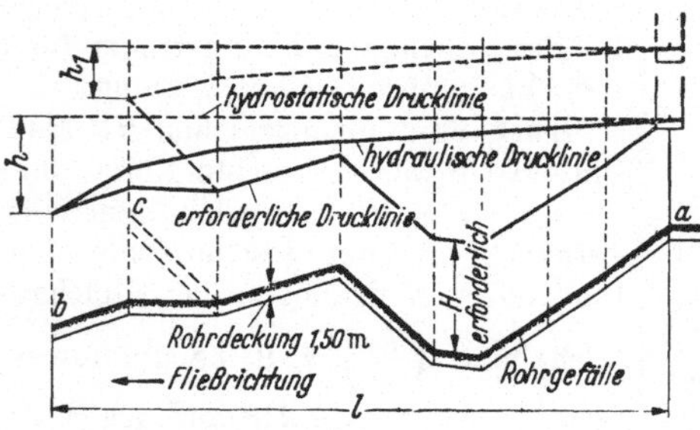

Längsschnitt und Drucklinie einer Rohrleitung.

chen, Lappen, Fäkalien, Korken, Strohteilchen, Obst- und Gemüsereste, Haare) auch noch die feinstverteilten (emulgierten) Öl- und Fettstoffe zum Aufschwimmen und zum Schäumen gebracht werden, so daß man sie als Schaum abschöpfen kann (s. Ölfang, Luftbedarf der Ölfänge).

Druckluft bei Tauchkörpern. Unter Überdruck in den Tauchkörper eingeblasene Luft, durch die dem auf dem Tauchkörper sitzenden luftliebenden (aëroben) Kleinlebewesen der zu ihrer Entwicklung und Erhaltung erforderliche Sauerstoff zugeführt und der verbrauchte Schlamm ständig abgespült wird (s. Tauchkörper, Luftbedarf der Tauchkörper).

Druckluftbecken. Belebungsbecken, bei dem die Belüftung des Abwassers und seine Durchmischung mit den belebten Flocken durch eingeblasene Druckluft erfolgt (s. Belebungsbecken, Furchenbecken, Umwälzbecken, Hurdbecken).

Druckluftpegel, Pegel, bei dem die Wasserstände durch Druckluft auf das Anzeigegerät übertragen werden.

Druckminderungsventile (Reduzierventile) haben den Zweck, einen allzu hohen Druck einer Wasserleitung auf

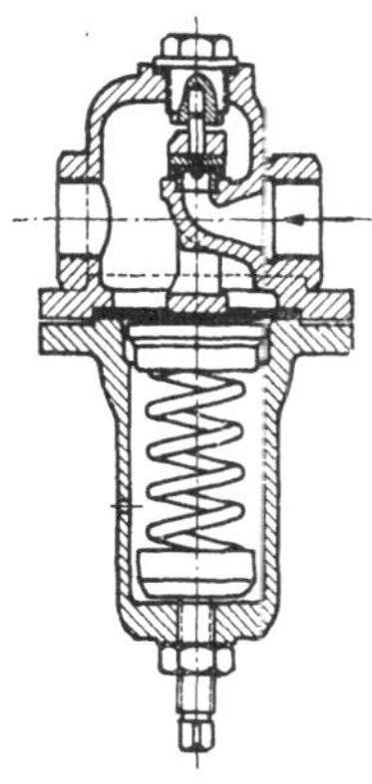

Druckminderungsventil.

vorher einstellbare niedere Spannungen selbsttätig herabzusetzen. Der Ventilteller des D.s steht unter der Spannung einer Feder, die vom Wasser erst überwunden werden muß, ehe es durchströmen kann. Das D. bietet eine gewisse Sicherheit gegen das Eintreten von Rohrbrüchen und gegen Wasserstöße.

Druckprobe s. Prüfung der Dichtigkeit von Rohrleitungen.

Druckspiegel, der Spiegel des gespannten Grundwassers.

Druckstufen bei Rohrleitungen. Man unterscheidet Nenndruck, Betriebsdruck und Probedruck. Die in gesetzmäßiger Folge aufgestellten Nenndrücke (ND) bilden die Grundlage für den Aufbau der Normen für Rohrleitungen und Armaturen. Mit ihnen sind die Berechnungen der Rohrleitungsteile durchgeführt. Jedem Nenndruck sind Betriebsdrücke zugeordnet. Für Wasser sind die Betriebsdrücke I maßgebend. Sie entsprechen dem Nenndruck. Für jede Nenndruckstufe ist ferner ein vom Verwendungszweck unabhängiger Probedruck festgelegt, der ungefähr dem 1,5fachen Nenndruck entspricht. Die festgelegten Probedrücke gelten nur für die Prüfung der Einzelteile der Leitung, nicht für die fertig verlegte Leitung. Außerdem gelten die Probedrücke nicht für die Prüfung der Dichtigkeit des Abschlusses von Armaturen. Hierfür wird im allgemeinen der Betriebsdruck als Prüfdruck gewählt. Fertig verlegte Leitungen werden in der Regel mit einem Prüfdruck in Höhe des Betriebsdruckes abgedrückt. Sämtliche Drücke sind Überdrücke in kg/cm^2 (s. DIN 2401).

Druckverlust (Reibungsverlust), s. Rohrnetz, Berechnung des R.s.

Druckunterschieds-Wassermesser s. Venturi-Wassermesser.

Druckverlust in Wasserleitungen. Der Dr. setzt sich zusammen aus dem

Reibungsverlust im geraden Rohr und aus dem Widerstand von Armaturen und Formstücken. Diese Verluste werden im allgemeinen als Funktion der Geschwindigkeitshöhe $\frac{v^2}{2g}$ angegeben:

$$h = \zeta \frac{v^2}{g2}.$$

Die Grundformel zur Errechnung des Druckverlustes lautet allgemein

$$h_r = \frac{\lambda\, L\, v^2}{d \cdot 2g}$$

worin h_r den Druckverlust in m Flüssigkeitssäule,

λ die Reibungs- oder Widerstandszahl,

L die Leitungslänge in m,

v die mittlere Durchflußgeschwindigkeit der Flüssigkeit in m/s,

g die Freifallsbeschleunigung $= 9{,}81$ m/s²,

d den inneren Rohrdurchmesser in m

bedeutet.

Die Widerstandszahl λ ist keine für alle Verhältnisse konstante Zahl, sie ändert sich vielmehr mit der Durchflußgeschwindigkeit, dem Rohrdurchmesser und der Beschaffenheit der Rohrwandung. Wenn man in der obigen Grundformel v durch $\frac{4\,Q}{\pi\,d^2}$ ersetzt und die Festwerte in einem gemeinsamen Koeffizienten zusammenfaßt, so ergibt sich die einfachere Formel:

$$h_r = \lambda \cdot 0{,}083\,\frac{Q^2\, l}{d^5}$$

Darin ist Q die Wassermenge in m³/s. Die Reibungszahl beträgt nach LANG bei turbulenter Strömung $= \dfrac{a + 0{,}0018}{\sqrt{v \cdot d}}$,

worin

$a = 0{,}012$ bis 0,020 für Stahlrohre,

$\quad = 0{,}013$ für mit Bitumen ausgeschleuderte Rohre,

$\quad = 0{,}016$ bis 0,020 für gestrichene Rohre ist.

Der von LANG ermittelte λ-Wert ist vielfach benutzt. Man ist heute bemüht, ihn noch eindeutiger zu umreißen.

Druckwasser, unterirdisches Fremdwasser, das aus einem dem Gelände gegenüber hochliegenden künstlichen Wasserlauf stammt.

Druckwasserspeicher, Hochbehälter (s. d.) und bei Anlagen ohne Hochbehälter Druckwindkessel.

Drumme, 1. süddeutsche Bezeichnung für eine Entwässerungsleitung. 2. hölzerne Gefälleleitung, im besonderen hölzerner Durchlaß zwischen dem Zuleitungsgraben und dem zu bewässernden Beet eines Rieselfeldes.

Düker (Dücker), die Unterführung eines in einer geschlossenen Leitung gefaßten Wasserlaufes, z. B. einer Trink- oder Abwasserleitung unter einem den gestreckten Verlauf störenden Hindernis, z. B. einer Eisenbahnlinie, einer Talsenkung oder einem Flußlauf. Die Leitung duckt sich unter dem Hindernis. Sie sinkt also an der Oberstromseite unter das normale Gefälle herab und steigt an der Unterstromseite empor, um es mit einem gewissen Druckverlust wieder zu erreichen. Für Druckverhältnisse des D.s ist das Gesetz der kommunizierenden Röhren maßgebend.

Dünenwasser, eingesickertes Wasser, das in Dünen- und Geestgebieten im Bereiche der Nordsee und der Ostsee infolge seines spezifisch leichteren Gewichtes auf dem schwereren Salzwasser schwimmt. Man findet es besonders im Geestgebiet des westlichen Schleswig-Holstein. Auf Föhr ist die Geest bis zu einer Tieflage von -30 m N.N. mit eingesickertem Wasser gefüllt.

Düngemittel aus Abwasserschlamm. Mit Kalk (zur Entsäuerung) und Torf gemischter Abwasserschlamm aus Absetzbecken wird zur Verrottung in

Komposthaufen aufgesetzt und ist nach 3 bis 5 Monaten verwendungsfähig (s. Kompostierung). Verrotteter Schlamm oder auch im Faulraum ausgefaulter Schlamm, dem noch besondere Pflanzennährstoffe, wie Kali-, Phosphor- oder Stickstoffsalze beigemengt sind, kommt als Düngemittel unter den verschiedensten Bezeichnungen wie Biohum, Huminal, Humusit usw. in den Handel.

Dürre, die Austrocknung der Böden infolge Niederschlagmangel, die die Kulturpflanzen schädigt (KOEHNE).

Düse, eine Art Mundstück an oder in einer Rohrleitung. Sie verengt den Durchflußquerschnitt vorübergehend. Dadurch entsteht beim Durchströmen von Flüssigkeiten oder Dampf ein Unterdruck, der ein Ansaugen der gleichen oder anderer Flüssigkeiten bewirken kann (Strahlpumpe). Andere

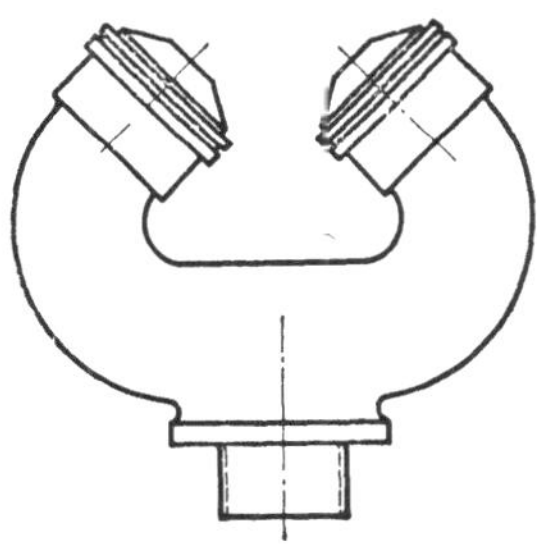

Amsterdamer Düse.

Dn. dienen zum Verregnen oder Verstäuben von Flüssigkeiten (Amsterdamer D.). Ferner finden sie zum Wassermessen Verwendung (Meßd. s. d.). Besondere Dn. werden bei den Schnellfiltern verwendet. Sie werden in die den Filtersand tragenden Filterböden eingebaut und dienen einerseits zur Durchleitung des Filtrats in den Reinwasserbehälter, andererseits zum Durchleiten des Waschwassers und der Waschluft (Druckwasser und Druck-

luft) bei der Rückspülung zwecks Reinigung des Filtersandes.

Düsenverteilung bei der Beschickung von Tropfkörpern s. Streudüsen.

Dunbar, William, Philips, Dr. med., Professor, von 1893 bis 1922 Direktor des staatlichen hygienischen Instituts in Hamburg, geb. 1863 in St. Paul (USA), gest. 1922 in Hamburg, besuchte die Universitäten Freiburg i. B., Halle, Berlin und Gießen. Seine zahlreichen Schriften umfassen das gesamte Gebiet der wissenschaftlichen und praktischen Hygiene, insbesondere die Wasserenteisenung, die biologische Abwasserreinigung, die Abwasserdesinfektion, die Flußverunreinigung und die Kaliabwasserfrage. Verfasser des für die Entwicklung der Deutschen Abwassertechnik grundlegenden Werkes: „Leitfaden der Abwasserreinigungsfrage“. Herausgeber und 19 Jahre hindurch Schriftleiter der Zeitschrift „Gesundheits-Ingenieur“.

Dunbarsche Deckschicht, etwa 0,2 m starke, feinkörnige, auf der Oberfläche eines Tropfkörpers liegende Decke aus Sand, Koksgrus oder Schlacke, durch die das Abwasser gleichmäßig und fein über den Körper verteilt wird. Die Korngröße des Deckschichtgutes beträgt etwa 1 bis 3 mm. Die D. kommt nur für kleine Anlagen in Frage.

Dungwert des Abwassers. Die das Pflanzenwachstum fördernde Kraft des Abwassers hängt in erster Linie mit der Anfeuchtung, dann aber auch mit dem Gehalt des Abwassers an Pflanzennährstoffen wie Stickstoff (N), Phosphorsäure (P_2O_5) und Kali (K_2O) zusammen, durch den der eigentliche D. bedingt ist. Außerdem enthält das Abwasser gewisse Wuchs- und Reizstoffe sowie Bakterien (Humusbildung), deren Wirkung noch nicht endgültig erforscht ist. I. a. kann man den Gehalt an Stickstoff zu rd. 80 g, an Phosphorsäure zu rd. 20 g und an Kali zu rd. 60 g in einem m³ Abwasser annehmen, doch sind diese Zahlen je nach der Abwasserbeschaffenheit höchst veränderlich. Die Berechnung des D.es nach einem dieser Nährsalze führt zu Fehlschlüssen, da sie nicht in dem Verhältnis miteinander gemischt sind, in dem sie die Pflanze aufnehmen kann, und daher nicht in vollem Umfange von den Pflanzen verarbeitet werden.

Dungwert des Abwasserschlammes. Sowohl der frische (Frischschlamm) als auch der ausgefaulte Abwasserschlamm (Faulschlamm) enthalten Pflanzennährsalze, und zwar vor allem Stickstoff, Phosphorsäure und Kali. Der in dieser Hinsicht gehaltreichere Frischschlamm ist aber als Dungstoff weit weniger geeignet als der nährsalzärmere Faulschlamm, weil er infolge seiner klebrigen Beschaffenheit selbst bei weiträumiger Verteilung die Bodenporen allmählich verstopft und dadurch die Durchlüftung des Bodens stört. Demgegenüber gilt der leicht zu entwässernde und zu trocknende Faulschlamm als ein wertvolles Düngemittel, weil er besonders reich an wachstumfördernden Humusstoffen und an Bodenbakterien und im Gegensatz zum Frischschlamm frei von Unkrautsamen ist. Auch zur Verbesserung unfruchtbarer, wasserdurchlässiger Sandböden wird er mit Erfolg verwendet. Man kann ihn dabei unmittelbar aus dem Faulraum in flüssigem Zustande auf das Land bringen und nach Trocknung unterpflügen. Um die im Frischschlamm enthaltenen Nährsalze so weit wie möglich auszunutzen, kann man ihn auch durch Saugfilter entwässern und in Trockentrommeln heiß trocknen, wodurch man einen wasserarmen, streufähigen, nährsalzreichen Dünger erhält, der frei von allen Krankheitskeimen ist. In Frage kommt ferner die Kompostierung des Frischschlammes unter Mischung mit Torf oder mit Müll

oder auch ungemischt zum Zwecke der heißen Vergärung (s. Saugfilter, Trokkentrommel, Kompostierung, Düngemittel aus Abwasserklärschlamm).

Durchflußgeschwindigkeit, Formelzeichen v, Maßeinheit m/s, Grenzwerte werden mit v_{max} und v_{min} bezeichnet (s. a. Klärgeschwindigkeit).

Durchflußvermögen, Formelzeichen Q_0, Maßeinheit l/s, m³/s, die Durchflußmenge, die von einem bestimmten Leitungsquerschnitt unter Zugrundelegung des Druckgefälles J_p (s. d.) weitergeleitet werden kann.

Durchflußmenge, Formelzeichen Q, Maßeinheit l/s, m³/s, Wassermenge, die in der Zeiteinheit einen geschlossenen Querschnitt durchfließt, z. B. die an einem Punkte eines Versorgungs- oder eines Abwassernetzes sekundlich durchfließende Menge.

Durchflußquerschnitt, Formelzeichen F (f), Maßeinheit m², von dem durchfließenden Wasser benetzter Querschnitt eines geschlossenen Gerinnes.

Durchflußthermometer. Das D. ist besonders für die Messungen der Wasserwärme in den Wasserwerken von K. THUMM erdacht worden. Es beruht auf dem Grundsatz, daß das Wasser ein innerhalb eines Glaszylinders angebrachtes Thermometer umströmt.

Durchflußwächter, der D. besteht aus einem mit Quecksilber gefüllten Ring-Waage-Meßwerk, das durch den von der Wassergeschwindigkeit abhängigen Differenzdruck (Wirkdruck) gedreht wird und bei Überschreitung einer einstellbaren Wassergeschwindigkeit die Auslösung einer Rohrabschlußeinrichtung, z. B. einer Drosselklappe, bewirkt. Der Differenzdruck kann durch einen vorgeschalteten Venturieinsatz oder durch Staurohre erzeugt werden.

Durchgangsbehälter, Wasserbehälter, die in Fließrichtung des Wassers nach dem Versorgungsgebiet vor diesem liegen. Sie geben aus ihrem Vorrat nur

Durchflußwächter.

so viel Wasser ab, als jeweilig über die von den Gewinnungsanlagen kommende Menge hinaus gebraucht wird. Wird weniger gebraucht als gefördert wird, so speichern sie den Überschuß auf. Behälter im Versorgungsgebiet können gleichzeitig Durchgangs- und Gegenbehälter (s. d.) sein.

Durchgangsventile werden in Leitungen eingebaut und ermöglichen das Absperren der von ihnen beherrschten Rohrstrecken. Sie werden bis Nenndruck 10 gebaut. Für ihre Ausführung sind die Din-Vorschriften 3272 bis 3275 maßgebend.

Durchlässigkeitsbeiwert des Untergrundes s. Einheitsergiebigkeit.

Durchlässigkeitsgrundwert, Formelzeichen $k_f 10°$, Maßeinheit m/s. Durchlässigkeitsbeiwert auf reines Wasser von 10° C bezogen.

Durchlässigkeitswert für Wasser, Formelzeichen k_f, Maßeinheit m/s. Filtergeschwindigkeit geteilt durch das Grundwassergefälle. Beiwert in der Formel $Q = k_f J.M.B.$ Darin bedeutet Q die einen Grundwasserquerschnitt durchfließende Wassermenge, M die Mächtigkeit der durchflossenen Schicht, B die Breite des Querschnitts.

Durchlaufbehälter, Hochbehälter eines Wasserwerks, der als Ausgleichsbehälter in die Hauptzuleitung zum Versorgungsgebiet eingeschaltet ist.

Durchsaugen von Wasser durch Filterblätter, Maßnahme, um den Verschmutzungsgrad des Wassers auf Filterblättern (nach SIERP) kenntlich zu machen und dauernd festzuhalten (s. Filterblatt, Siebboden in einem Trichter).

Durchsichtigkeit, die von der Menge und der Art der im Wasser enthaltenen Schmutzstoffe (Trübstoffe, halbgelöste Stoffe, Schwebestoffe) abhängige Eigenschaft des Wassers, Lichtstrahlen hindurchzulassen (s. Durchsichtigkeitsgrad).

Durchsichtigkeitsgrad, Maß für die Durchsichtigkeit des Wassers. Der D. wird entweder im Durchsichtigkeitszylinder festgestellt oder mittels einer in das Wasser versenkten, reinweißen Scheibe, wobei die von dem Wasserspiegel aus gemessene Versenkungstiefe, bei der die Scheibe gerade dem Blick entschwindet, den D. angibt. Bei stark trübem Wasser etwa 25—50 cm, bei klarem Wasser mehrere Meter. Gefiltertes, nicht angefaultes städtisches Abwasser ergibt im Durchsichtigkeitszylinder einen D. von etwa 15 cm, gefiltertes, fauliges Abwasser einen solchen von nur etwa 1 bis 2 cm.

Durchsichtigkeitszylinder, Zylinder aus farblosem Glas, mit ebenem Boden, Zentimeterteilung und dicht über dem Boden abzweigendem, verschließbarem Abflußrohr, der zur Feststellung des Durchsichtigkeitsgrades von Wasser dient. Der D. wird mit dem zu untersuchenden W̶asser gefüllt, auf eine Snellensche Schriftprobe gestellt und dann durch Öffnen des Abflußrohres so weit entleert, bis die einzelnen Buchstaben der Schriftprobe gerade deutlich erkennbar sind. Die an der Zentimeterteilung abgelesene Höhe der im D. verbliebenen Wassersäule gibt den Durchsichtigkeitsgrad in cm an (s. Durchsichtigkeitsgrad, Schriftprobe von Snellen).

Durchstoßen von Abwasser - Rohrleitungen. Betriebsmaßnahme zur Beseitigung von Verstopfungen kleinerer Leitungen, insbesondere der Hausanschlußleitungen. Das D. erfolgt von einer Reinigungsöffnung aus (vgl. die Normblätter DIN 595: Reinigungsöffnungen und DIN 1391: Reinigungsrohre mit runder Reinigungsöffnung für Fall-Leitungen sowie DIN 1392: Reinigungsrohre für Grundleitungen mit Keilverschluß, mit Knebelverschluß und mit Schraubverschluß), wobei aneinander geschraubte Rohrstöcke oder eine biegsame Welle in der Gefällerichtung von Hand vorgetrieben werden. Die Verstopfungen der Hausanschlußleitungen werden i. a. durch die Verwaltung der Stadtentwässerung auf Kosten der Grund-

stückseigentümer beseitigt. Die verstopfenden Gegenstände oder Schmutzpfropfen gelangen dabei in die öffentliche Straßenleitung, wo sie abschwimmen und an geeigneter Stelle im Rahmen der planmäßigen Reinigung des Entwässerungsnetzes beseitigt werden (s.Anschlußleitung,Reinigungsöffnung).

Dynamitfabriken s. Sprengstofffabriken.

Dywidabrunnen, zweistöckige Absetzanlage, bei der die Absetzbekken seitlich über dem Faulraum angeordnet sind, so daß der Faulraum eine besonders große Oberfläche erhält, durch die die Behandlung der

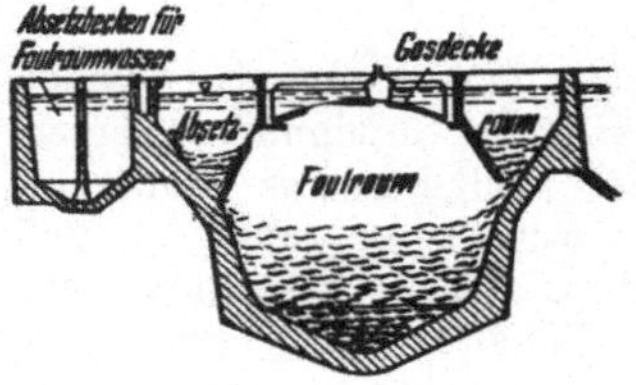

Querschnitt durch einen Dywidagbrunnen.

sich im Faulraum bildenden Schwimmschlammdecke erleichtert werden soll. Außerdem wird der Faulraum von einer geringen Abwassermenge (Sekundärstrom) durchflossen, um die Abbaustoffe abzuschwemmen und dadurch die Faulvorgänge zu begünstigen. Der den Faulraum durchfließende Teil des Abwassers wird in besonderen, neben der Anlage liegenden Absetzbecken nachgeklärt.

Dywidag-Kläranlage. Verbindung einer Anzahl von Dywidagbrunnen zu einer einheitlichen Kläranlage (s. Dywidagbrunnen).

E

Eau de Javelle, Hypochloritlauge.

Ehmann, Dr. h. c. Karl von —, geb. 24. September 1827. Theoretische Ausbildung auf dem Polytechnikum in Stuttgart. Reiche Erfahrungen in Eng-

land und USA als Leiter großer Industriebetriebe und bei Arbeiten auf dem Gebiete der Wasserversorgung. 1857 Rückkehr nach Deutschland, Zivilingenieur in Stuttgart. Sachverständiger für Wasserversorgung. Später Übernahme in den Staatsdienst. Schuf Albwasserversorgung in neun Gruppen mit 101 Ortschaften und 40 000 Einwohnern. Ernennung zum Baudirektor und Erhebung in den Adelsstand. Gest. 30. April 1889 in Stuttgart.

Ehmann, Karl, Neffe des Vorstehenden, geb. 10. Juni 1844 in Möckmühl. 1861 bis 1866 Studium auf dem Polytechnikum in Stuttgart. 1871 Tätigkeit an der Albwasserversorgung. 1877 Wahrnehmung der Geschäfte des öffentlichen Wasserversorgungswesens als zweiter, 1884 als erster Techniker. 1889 Baurat, 1897 Oberbaurat. Gest. 7. Dezember 1906.

Eichhoff, Ernst, Dr. jur. Dr. rer. pol. h. c., Oberbürgermeister. Geb. am 14. Januar 1873 in Essen, gest. am 1. Juni 1941. Von 1918 bis 1933 Vorsitzer des Ruhrtalsperrenvereins, von 1914 bis 1934 Vorsitzer des Vereins für Wasser-, Boden- und Lufthygiene.

Eigenbetriebsverordnung, die Verfassung der gemeindlichen Eigenbetriebe. Sie ist vom Reichsminister des Innern im Einvernehmen mit dem Reichsminister der Finanzen auf Grund des § 105 Abs. 2 und des § 121 der Deutschen Gemeindeordnung unter dem 21. November 1938 erlassen worden (RGBl. 1938 I S. 1650 bis 1657). Sie bringt Einzelanweisungen über die Leitung des Eigenbetriebes, über die Vertretung nach außen, über Vorbehaltsrechte des Bürgermeisters und die Mitwirkung des Stadtkämmerers und über die Beiräte. Ferner wird die Frage des Eigenbetriebsvermögens und seine Erhaltung, Kassen- und Kreditwirtschaft und das Rechnungswesen (Wirtschaftspläne, Erfolgspläne, Finanzpläne, Buchführung und Jahresabschluß) behandelt. Grundsätzlich sollen die Versorgungsbetriebe zu einem einzigen Eigenbetrieb unter dem Namen Gemeinde- oder Stadtwerke zusammengefaßt werden. Die Betriebe

sollen ein wirtschaftliches Eigenleben in der Gemeinde beanspruchen. Demgemäß soll auch der Eigenbetrieb von der Werkleitung selbständig geleitet werden.

Einarbeitung. Die Abwasser und Abwasserschlamm verarbeitenden Anlagen, die die biologischen Vorgänge der Natur benutzen, wie z. B. Tropfkörper- und Belebungsanlagen, sowie Schlammfaulräume bedürfen eine gewisse Zeit der E., bevor sie in vollem Umfange leistungsfähig sind. Bei Tropfkörpern muß sich zunächst der mit den schmutzabbauenden Kleinlebewesen durchsetzte biologische Rasen, in Belebungsbecken der belebte Schlamm und in Faulräumen die Methangärung ausbilden. Während bei richtigem Betrieb Tauchkörper meist schon nach einigen Tagen, Tropfkörper und Belebungsanlagen in etwa 3 bis 4 Wochen eingearbeitet sind, dauert die Ausbildung der Methangärung in Faulräumen u. U. mehrere Monate (s. Einarbeitungszeit von Faulräumen).

Einarbeitungszeit von Faulräumen, die Zeit, die der in den Faulraum gebrachte frische Abwasserschlamm braucht, um in den Zustand der geruchlosen Fäulnis (alkalischen Gärung, Methangärung) überzugehen. Sie beträgt i. a. bei 15° über 5, oft sogar bis 9 Monate, kann aber wesentlich abgekürzt werden, wenn man in Methangärung befindlichen Schlamm aus einem gut eingearbeiteten Faulraum als Impfstoff zusetzt und den Faulraum zunächst nur so schwach mit Frisch-Schlamm belastet, daß die Methangärung nicht erstickt, sondern gefördert wird. Im Winter ist gegebenenfalls eine Heizung des Faulraumes bis auf etwa 30° nötig, weil die Methangärung bei niedriger Temperatur zurückgeht und unter 5° vollkommen aufhört (s. Schlammfaulraum, Faulraumheizung).

Einbauzubehör (Garnitur) für Absperrschieber und Rohranschlüsse, die für den sicheren Einbau der Schieber undRohranschlüsse in derStraße undfür ihre Bedienung notwendigen, nicht fest mit ihnen verbundenen Einzelteile. Sie bestehen aus dem Rundschoner, der den Spindelstangenkopf umschließt und die Einführung der Schlüsselstange ermöglicht, dem Schutzrohr (Hülsrohr), das die Schlüsselstange aufnimmt, dem Schutzrohrdeckel, dem Vierkantschoner mit einem Stift zur Schlüsselstange und der Straßenkappe. Ferner gehört noch ein Bedienungsschlüssel von 1 m Länge hinzu. Das E. wird normaler Weise für eine Rohrdeckung von 1,50 m geliefert. Die Aufnahme des E.s für Absperrschieber in das Normenwerk (DIN 3224, Entwurf) ist in Vorbereitung.

Einbetonieren von Entwässerungsleitungen s. Hinterstampfen von Entwässerungsleitungen.

Eindampfen, Verfahren zur Beseitigung gewerblichen Abwassers (s. d.) durch Eindampfen der Flüssigkeit in Eindampfapparaten. Hierzu werden neuerdings fast durchweg die geschlossenen, meist unter Vakuum (s. d.) ar-

beitenden Mehrkörperapparate mit Brüdenkompression benutzt. Für 1000 l Wasserverdampfung benötigen:

Einstufige Vakuumeindampfer
1100 kg Dampf,
Einstufige Vakuumeindampfer mit Brüdenkompression
450 kg Dampf,
Dreikörper-Vakuumeindampfer mit Brüdenkompression
300 kg Dampf,
Vierkörper-Vakuumeindampfer mit Brüdenkompression
260 kg Dampf.

Welche Bauart mit besonderem Vorteil angewandt werden kann, hängt von verschiedenen Umständen ab.

Eindampfanlagen werden benutzt bei der Abwasserbehandlung von Zellstofffabriken, Molkereien, Schlachthöfen, Fischmehlfabriken, Hefefabriken, Kaliendlaugen u. a.

Eindicker. Einrichtungen zum Abscheiden feiner fester Bestandteile aus Flüssigkeiten. Sie bestehen aus einem meist kreisrunden zylindrischen Behälter, in dem langsam sich drehende Kratzer den am Boden der E. sich ab-

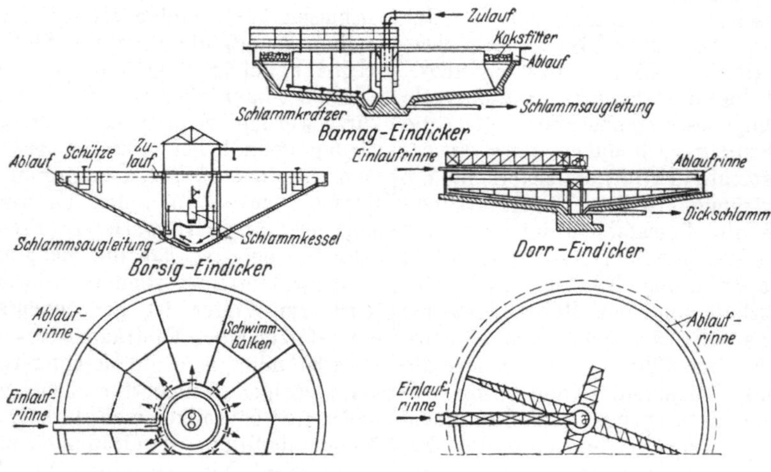

Eindicker verschiedener Bauarten.

setzenden Schlamm zur Austragsöffnung bzw. zum Schlammsammelraum schaffen.

E. werden insbesondere bei der Aufbereitung (s. d.) der Erze angewandt. Sie eignen sich vorzüglich zur Reinigung der Trüben der Naß- und Schwimmaufbereitung, des Waschwassers von Erzwäschen (s. d.), des Rübenwasch- und Schwemmwassers (s. d.) von Zukkerfabriken und als Kohlenkläranlagen (s. d.). Die Größe der Eindicker richtet sich nach der Absetzgeschwindigkeit der sich ausscheidenden Bestandteile, die oftmals durch Anwendung geeigneter Fällmittel gesteigert werden kann. Die Entwässerung des abgeschiedenen Schlammes erfolgt vielfach auf Saugzellenfiltern (s. d.).

Einheitsergiebigkeit, die Filtergeschwindigkeit eines Grundwasserstromes je Gefällseinheit (auch Durchlässigkeitsbeiwert genarrt) (nach KOEHNE) (s. Filtergesetz, erweitertes).

Einheitsverfahren der chemischen u. physikalischen Wasseruntersuchung, von H. STOOFF und L. W. HAASE ausgearbeitet und von der Arbeitsgruppe Wasserchemie des Vereins Deutscher Chemiker in Berlin W 35, Potsdamer Straße 111, herausgegeben.

Einkerbungen, dreieckige, bei Überfällen, Maßnahme zur Erzielung einer möglichst gleichmäßigen Ausnutzung der Überfallkante bei langen Überfällen, z. B. am Auslauf von Absetzbecken und zwar insbesondere von kreisförmigen, bei denen das Wasser am Umfange überfällt. Durch die dreieckigen E., die in Abständen von etwa 0,3 m voneinander angeordnet werden, wird der Ausfluß in einzelne, ziemlich gleich große Strahlen aufgelöst (s. Absetzbecken).

Einlauf bei Absetzbecken. Der E. muß stoßfrei erfolgen, damit der abgesetzte Schlamm nicht aufgewir-

belt wird. Deshalb wird der Wasserzustrom bei breiten Einläufen in eine Anzahl von Zuflußrinnen aufgelöst und durch ein Tauchbrett über die ganze Breite des Einlaufs verteilt. Zur Verteilung des Zuflusses in lotrechter Richtung versieht man das Tauchbrett mit Löchern oder Schlitzen. Durch Schrägstellung des Tauchbrettes kann der Zufluß auch nach oben oder nach rückwärts abgelenkt werden (s. Absetzbecken).

Einleitungsstelle des Abwassers in Gewässer. Die E. muß derart gewählt werden, daß das Abwasser keinen Schaden anrichtet und vor allem die Freibäder, die Wasserentnahmestellen und den Fischbestand nicht gefährdet. Die E. soll deshalb dort liegen, wo sich das Abwasser sofort mit einer möglichst großen Menge von gesundem Vorflutwasser mischt, damit Sauerstoffmangel und Fäulnisvorgänge vermieden werden. Gegebenenfalls ist der Abwasserzufluß auf mehrere Einleitungsstellen zu verteilen und, sofern die Schmutzstoffe auf der Strecke zwischen einer E. und dem Badeplatz oder der Wasserentnahmestelle nicht abgebaut werden können, unterhalb der gefährdeten Anlagen anzuordnen.

Einspritzkondensatoren s. Kondensatoren.

Einsickerung, der langsame Eintritt des Wassers in den Boden (s. a. Versickerung).

Einstauteich. Erdbecken auf Rieselfeldern, das 1 m hoch und gegebenenfalls auch noch höher mit Abwasser gefüllt wird, um es in den Zeiten, in denen die Verrieselung Schwierigkeiten bereitet (z. B. bei starkem Frost), vorübergehend unterzubringen.

Einsteigeschacht, Einsteigebrunnen, aus Mauerwerk oder Beton hergestellter, besteigbarer, meist kreisförmiger, in der Geländeoberfläche abgedeckter

Schacht, der bis zur Sohle einer Entwässerungsleitung herabführt. Er dient dazu, das Entwässerungsnetz für Betriebszwecke zugänglich zu machen, die geradlinig zu führenden Stränge nicht begehbarer Leitungen von Knickpunkten miteinander zu verbinden und mittels der Öffnungen in seiner Abdeckung den Austausch zwischen der Außenluft und der Luft im Entwässerungsnetz zu ermöglichen. Der E. ist im oberen Teil verjüngt, damit die Abdeckung nicht zu groß wird und damit beim Herablassen des Arbeitsgerätes keine schweren Gegenstände an die Wandung schlagen und diese sowie die Steigtritte beschädigen. Die Schlupfweite beträgt i. a. 500—600 mm, der Durchmesser des Arbeitsraumes 900—1000 mm. Sofern der E. aus Beton hergestellt wird, pflegt man ihn aus fabrikmäßig hergestellten Betonringen zusammenzusetzen. Normblatt DIN 1202: Brunnenringe (s. Schachtabdeckung, Steigeisen, Steigstein).

Einstellung der Wasserlieferung, eine Befugnis der Gemeinde gemäß § 18 der Mustersatzung über den Anschluß an die öffentliche Wasserleitung (s. d.). Die Gemeinde ist bei Bestehen der Mustersatzung zur E. ohne Einhaltung einer Kündigungsfrist und ohne vorherige gerichtliche Entscheidung berechtigt, wenn die fälligen Zahlungen nach Maßgabe der Satzung oder verlangte Vorauszahlungen nicht vorschriftsmäßig geleistet werden, ferner auch dann, wenn widerrechtlich Wasser entnommen wird, wenn eigenmächtige Änderungen an Einrichtungen, die der Gemeinde gehören, vorgenommen werden, oder schließlich, wenn den Beauftragten der Gemeinde der Zutritt zu den Wasseranlagen verweigert wird, oder wenn ihnen nicht die erforderlichen Auskünfte nach § 14 Abs. 2 gegeben werden. Abgesperrte Anlagen dürfen nur durch die Gemein-

de wieder geöffnet werden. Die Kosten sind vom Eigentümer im voraus zu bezahlen.

Einstrahlzähler, ein Flügelrad-Wasserzähler (s. d.), bei dem das Wasser in geschlossenem Strahl, ohne die Stromrichtung wesentlich zu verändern, den Meßraum durchströmt und dort das Flügelrad in Drehbewegung versetzt. Die Drehbewegung des Flügelrades wird durch die Flügelradwelle auf das oberhalb der Meßkammer befindliche Übersetzungs-Räderwerk und Zähl-

Einstrahlzähler.	Mehrstrahlzähler.

werk übertragen. Die Lage der Ein- und Austrittstutzen der Zählergehäuse zum Meßraum ermöglicht die Messung auch rückwärts strömender Wassermengen unter Einhaltung der vorgeschriebenen Genauigkeitswerte durch selbsttätigen Abzug von der Gesamtanzeige. Über gebräuchliche Größen s. Hauswasserzähler; für Großflügelradzähler findet heute das Einstrahlprinzip nur noch selten Anwendung.

Einwirkungsbreite bei Grundwasserfassungen s. Entnahmebreite.

Einwohnergleichwert, Bewertung der Verschmutzung von gewerblichem Abwasser (s. d.), besonders wenn es vorwiegend organisch verunreinigt ist, nach einer gleichwertigen Menge städtischen Abwassers, gemessen am fünftägigen Sauerstoffbedarf (s. d.). Bei der Bewertung von anorganisch verunreinigtem gewerblichen Abwasser hat der E. in dieser Form keine oder nur beschränkte Gültigkeit.

Tägliche Erzeugung bzw. Verarbeitung	gleichwertig mit der Verschmutzung von . . . Einwohnern täglich
1 t Sulfitzellstoff . . .	3000—4000
1 t Papier	100— 300
1 t Holzschliff	50— 80
1 t Konserven	150— 200
1000 l Milch	20— 50
1 t Flachsstroh . . .	800—1200
1000 l Bier	600—2000

RHODE, Der Begriff des Einwohnergleichwertes bei der Beurteilung des Verschmutzungsgrades von Abwasser. Ges.-Ing. 57, (1934) 4, S. 45 u. 46.

Einwohnerwert, das Verhältnis der Bau- und Betriebskosten einer Abwasserbehandlungsanlage zu der Anzahl von Menschen, deren Abwässer sie verarbeiten kann. Der E. dient dazu, die Wirtschaftlichkeit verschiedener Verfahren der Abwasserbehandlung miteinander zu vergleichen (s. Wassermengenwert).

Einwohnerzahl. In Verbindung mit dem Wasserverbrauch ist die E. der wichtigste Maßstab für die Beurteilung der in einer Ortschaft anfallenden Schmutzwassermenge. Auch die aus Gewerbebetrieben kommenden Schmutzwassermengen pflegt man unter Benutzung des Einwohnergleichwertes auf die Einwohnerzahl umzurechnen (s. Wasserverbrauch, Bevölkerungsdichte, Bevölkerungszunahme, Einwohnergleichwert).

Einzelfläche, Formelzeichen F_z, Maßeinheit ha, km², Teilfläche eines Versorgungsgebietes, $z = 1, 2, 3 \ldots$

Einzugsgebiet (Niederschlagsgebiet), das Gebiet, aus dem ein unterirdisches Wasser oder ein Oberflächenwasser Zuflüsse erhält. Beim Aw. ist es das durch eine Entwässerungsscheide begrenzte Gebiet eines Entwässerungsnetzes. Formelzeichen F_E, gebräuchliche Maßeinheiten ha und km².

Eisen, Fe, Atomgewicht 56. Viele Wässer, besonders die Grundwässer der Norddeutschen Tiefebene, weisen einen hohen Eisengehalt auf, und zwar bis zu 20 mg/l Fe und mehr. Gesundheitsschädlich ist selbst ein hoher Eisengehalt des Wassers nicht, es gibt diesem aber einen unangenehmen Tintengeschmack. Eisenhaltiges Wasser riecht oft nach Schwefelwasserstoff, außerdem ist es zum Kochen, Waschen und für gewerbliche Zwecke nicht verwendbar. Bei Wasserversorgungsanlagen können unter Umständen schon Mengen über 1 mg/l eine allmähliche Verschlammung der Rohrleitung verursachen. Eine Ausscheidung des Eisens, das meistens gelöst als doppelkohlensaures Eisenoxydul (Ferribikarbonat) auftritt, ist durch die Berührung mit dem Sauerstoff der Luft leicht möglich. Dabei spaltet sich Kohlensäure ab, und es bildet sich Eisenhydroxyd, das im Wasser nicht löslich und leicht ausfällbar ist (s. Eisenbakterien, Enteisenung).

Eisenbakterien, Organismen, die im Wasser und außerdem auch im Wiesenboden vorkommen. Sie sind dadurch gekennzeichnet, daß sie nicht nur die Umsetzung des im Wasser gelösten Eisenoxyduls in die unlösliche Oxydform bewirken, sondern auch die bei dieser Umsetzung frei werdende Energie für ihre Lebensvorgänge verwerten. Die bekanntesten E., die häufig in Brunnen und anderen Wasseranlagen vorkommen, sind Crenothrix polyspora, der Brunnenfaden, und Leptothrix ochracea, die Ockerbakterie, sowie die nahe verwandte Leptothrix crassa, ferner Gallionella ferruginea, die gedrehte Eisenbakterie (s. Abb.). Der Brunnenfaden kann im Wasser dicke, festsitzende und weißliche Rasen bilden, die sich bei Anwesenheit von Eisenoxydhydrat braun färben und das Wasser unappetitlich machen. Die Ockerbakterie führt ihren Namen des-

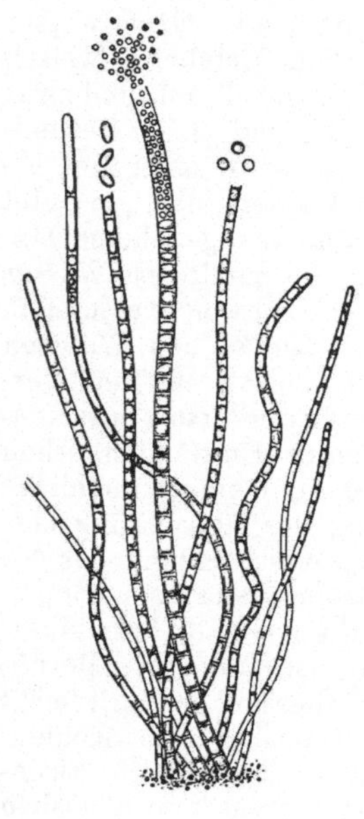

links

Crenothrix polyspora
Brunnenfaden.

Fäden in verschiedenen Entwicklungs-
zuständen (nach ZAPF).

Vergrößerung etwa 250 fach.

rechts

Leptothrix ochracea
Ockerbakterie.

Die Abbildung zeigt in ihrem unteren Teile
die im Kettenverbande liegenden freien Bakterienzellen, im oberen Teile die angelagerte
Eisenoxydhydratscheide, aus der der Bak-
terienfaden auswandert (nach CHOLODNY).

Vergrößerung etwa 420 fach.

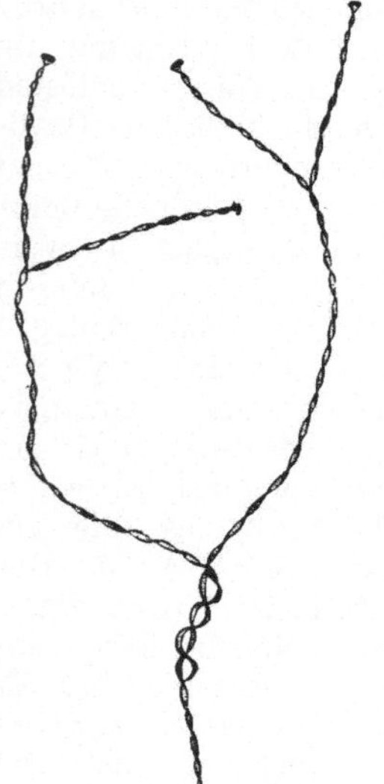

links

Gallionella ferruginea
gedrehte Eisenbakterie.

Die einzelnen Zellen scheiden nach unten
gedrehte Eisenoxydhydratbänder ab
(nach CHOLODNY).

Vergrößerung etwa 470 fach.

rechts

Leptothrix crassa
Verwandte der Ockerbakterie
(nach CHOLODNY).

Vergrößerung etwa 120 fach.

halb, weil sie zur Bildung beträchtlicher ockerfarbener Schlammablagerungen, z. B. an den Behälter- und Rohrwänden, sowie auf den Filtern Veranlassung gibt. Die gedrehte E. kommt vorwiegend in Quellen, aber auch in Brunnen vor. Sie lagert meist Schlamm von heller Ockerfarbe ab. Während bei den zuerst genannten E. zahlreiche Zellen zu einem Faden vereinigt sind, besitzt Gallionella nur eine Zelle.

Nach Beger haben die Eisenbakterien in der freien Natur und z. B. auch in Talsperren im Frühjahr eine Massenentwicklung, nehmen aber mit steigender Wärme an Häufigkeit ab. Im Sommer setzt demnach auch eine eisenspeichernde Tätigkeit aus, und es bleiben die gelösten Eisenoxydule, die die Bakterien sonst in die unlösliche Oxydform umsetzen, im Wasser enthalten.

Zusammenfassend ist zu sagen, daß die Anwesenheit von Crenothrix polyspora, einer der kennzeichnendsten E. der Rohrwasserleitungen, zu Eisen- und Manganstörungen führt, während Crenothrix fusca, eine Verwandte, vorwiegend Manganstörungen bringt. Die E. Gallionella ferruginea ist wohl vielfach für die Bildung von Rohrverkrustungen verantwortlich zu machen. Eine unerwartet starke Entwicklung der E. kann zu Filterverstopfungen, zu trübenden Wasserfärbungen und zum Teil zu schlechten Gerüchen Veranlassung geben, die Bekämpfungsmaßnahmen erforderlich machen.

Beger, Dr. H., Berlin, Die Biologie der Manganfällung durch Eisenbakterien. Gas- u. Wasserfach 81 (1938), S. 82/83.

Ders., Maßnahmen gegen das Auftreten von Eisenbakterien im Wasserwerksbetrieb. Gas- u. Wasserfach 81 (1938), S. 82/83.

Eisenbeizereien. Das beim Beizen (s. d.) von Eisen anfallende Abwasser besteht aus den Beizablaugen und dem Spülwasser. Die Beizablaugen enthalten Eisensalze und freie Säurereste je nach der benutzten Säureart. Schwefel- saure Beizablaugen enthalten etwa 300 bis 600 g/l Eisenvitriol und 10 bis 50 g/l freie Schwefelsäure. Salzsaure Beizablaugen enthalten etwa 200—400 g/l Eisenchlorür und 10 bis 80 g/l freie Salzsäure.

Durch den Gehalt an freier Säure zerstören die Beizablaugen im Fluß das biologische Leben. Die Eisensalze gehen durch Hydrolyse (s. d.) in Eisenhydroxydul über, das zu Eisenhydroxyd oxydiert und dann einen sehr wasserreichen Schlamm bildet. Dieser Schlamm stört die Selbstreinigungskraft und lagert sich in Untiefen und Buhnenfeldern ab.

Für die Reinigung s c h w e f e l - s a u r e r Beizablaugen kommen Fällungsverfahren, Eindampfverfahren und Kristallisierverfahren in Frage. Beim F ä l l u n g s v e r f a h r e n werden auf jede Tonne zum Beizen angewandte Schwefelsäure bis zu 0,7 t Kalk benötigt, wobei der Kalk als Kalkmilch zugesetzt werden muß. Bei der Anwendung dieser Mengen werden auch die Eisensalze ausgefällt. Der hierbei in großer Menge anfallende Schlamm wird in Absetzanlagen zurückgehalten. Bei den E i n d a m p f - und K r i s a l l i s i e r v e r f a h r e n wird Eisenvitriol gewonnen, entweder durch Eindampfen der Beizablaugen oder neuerdings durch Kühlen der Beizablaugen in Kristallisieranlagen (s. d.) mittels Vakuum-, Sole-, Wasser- oder Luftkühlung, wobei die verbleibende Mutterlauge zum Ansetzen neuer Beizbäder in den Betrieb zurückgeht. Je nach dem Zustande der Beizerei und den dadurch bedingten Verlusten werden aus 1 t eingesetzter Schwefelsäure etwa 1,5—2,0 t Eisensulfat gewonnen.

Bei den s a l z s a u r e n Beizablaugen kommt neben der Fällung mit Kalkstein oder Kalkmilch die Abgabe der verbrauchten Beizablaugen (Eisenchlorürlauge) an Farbenfabriken in Frage.

Möhle, H., Das Abwasser der Eisenbeizereien, seine Aufarbeitung und Verwertung. Arch. f. Wasserwirtsch. Nr. 69, Berlin 1942, S. 23/54.
. Vogel, Handbuch der Metallbeizerei. Eisenwerkstoffe, Berlin 1943.

Eisenbetondruckrohre, Eisenbetonmantelrohre und **Eisenbetonrohre** s. Stahlbetondruckrohre, Stahlbetonmantelrohre und Stahlbetonrohre.

Eisenchlorid, Ferrichlorid, $FeCl_3$, Molekulargewicht 162, ein chemisches Fällmittel, das bei der Trinkwasseraufbereitung und bei der Abwasserreinigung benutzt wird. Seine Wirkung besteht darin, daß es mit dem Calciumbikarbonat (der Kalkhärte) des Wassers oder mit anderen beigefügten Alkalien (Kalk, Natronlauge, Soda) reagiert und Eisenhydroxydflocken bildet. Diese Flocken reißen durch Adsorptions- oder elektrische Vorgänge die schwebenden und kolloiden Teilchen an sich, schrumpfen durch Wasserabgabe zusammen und sinken infolge der dadurch erlangten Schwere schnell zu Boden oder bleiben auf den Filtern haften. Die Zusatzmenge schwankt je nach der Wasserzusammensetzung. Die im Wasser verbleibenden Chlorionen bewirken keine Erhöhung der Härte. Gegenüber dem p_H-Wert ist E. wenig empfindlich.

Bei der Abwasserklärung dient es als chemisches Fällmittel und als Zusatz zu frischem Abwasserschlamm (etwa 5 bis 15 v. H. des Schlamm-Trockenrückstandes), um insbesondere bei dessen Entwässerung durch Saugfilter die Wasserabscheidung zu fördern. E. kann im Handel als E.-Lösung mit 39 bis 45 v. H. $FeCl_3$, als kristallisiertes E. mit 60 v. H. $FeCl_3 + 6$ Wasser oder als wasserfreies E. mit 98 v. H. $FeCl_3$ bezogen werden. Man kann jedoch auch zunächst die zur Bindung von Schwefelwasserstoff verwendbare Ferroverbindung $FeCl_2$ durch Über-

leiten von Chlor über Eisenabfälle (2 kg Chlor auf 1 kg Eisen) und daraus durch Nachchlorung die Ferriverbindung $FeCl_3$ selbst herstellen. E. zieht aus der Luft begierig Wasser an und zerfließt, so daß es in festem Zustande schwer zu lagern ist. Da es überdies nicht säurefeste Gefäße stark angreift, muß man es in luftdichten, säurefesten Behältern aufbewahren. Bei der Verwendung ist Vorsicht geboten, weil es ätzend auf die Haut und schädlich auf die Augen wirkt (s. Abwasserklärung, chemische Saugfilter).

Eisenchlorür, Ferrochlorid, $FeCl_2 + 4\ H_2O$, Molekulargewicht 199.

Eisenchlorürlaugen, die Beizablauge aus Eisenbeizereien (s. d.), die mit Salzsäure beizen. Sie lassen sich zur Herstellung von Eisenoxydfarben (s. Eisenfarbenfabriken) verwenden.

Eisenfarbenfabriken. Die Gewinnung der Eisenoxydfarben geschieht aus Eisensulfat, den eisensalzhaltigen Ablaugen der mit Salzsäure arbeitenden Eisenbeizereien (Eisenchlorürlaugen) sowie dem Abwasser der Anilinfabrikation. Das in E. anfallende Abwasser ist meist calciumsulfat- oder calciumchloridhaltig und erhöht die Härte des Vorfluters. Gegebenenfalls ist ein Ausgleich des stoßweise anfallenden Abwassers in Ausgleichbecken und bei saurer Beschaffenheit Neutralisation durch Zugabe von Kalkmilch erforderlich.

Eisenhydroxyd, Eisenoxydhydrat, Ferrihydroxyd, $Fe(OH)_3$, ein rotbrauner flockiger Niederschlag, der durch Oxydation aus dem Eisenhydroxydul (s. d.) entsteht und einen stark wasserhaltigen Schlamm bildet.

Eisenhydroxydul, Ferrohydroxyd $Fe(OH)_2$, bildet sich durch Hydrolyse (s. d.) bei Ableitung von Eisensalzen aus Eisenbeizereien (s. d.) in einem Flußlauf. Durch Inanspruchnahme des Sauerstoffgehalts des Flußwassers oxydiert es zu Eisenhydroxyd (s. d.).

Eisenkohlensäureverfahren, Niersverfahren, Verfahren zur Kreislaufverwendung von Eisen bei der chemischen Reinigung von Abwasser, insbesondere von Gerberei-, Schlachthof- und Färbereiabwasser durch Eisenverbindungen unter Zuhilfenahme von Kohlensäure als Lösungsmittel. Das Abwasser wird etwa 6—10 Minuten lang mit kohlensäurehaltigen Rauchgasen angereichert und dann über Eisenspäne geleitet, die durch Umpumpen mittels Schraubenschaufler in Bewegung gehalten werden. Nach neueren Erfahrungen kann in vielen Fällen auf den Zusatz von Kohlensäure verzichtet werden. Das Verfahren kommt in erster Linie als chemische Vorreinigung zur Entlastung des biologischen Teiles von Kläranlagen in Frage.

Jung, Praktische Erfahrungen mit dem Niersverfahren bei der Reinigung gewerblich verschmutzter, besonders farbstoffhaltiger Abwässer. Vom Wasser XIV (1939/40), S. 216.

Eisenoxyd, Fe_2O_3, Molekulargewicht 160.

Eisenoxydhydrat s. Eisenhydroxyd.

Eisenrotfabriken s. Eisenfarbenfabriken.

Eisensulfat s. Eisenvitriol.

Eisensulfatchloridverfahren. Das E. dient dem doppelten Zweck einer Entkeimung des Wassers und der gleichzeitigen Hinzufügung eines Fällmittels. Es besteht darin, daß sich ein Chlorstrom in abgemessener Menge mit einem Strom von Eisensulfat-(Eisenvitriol-)Lösung vereint und nach erfolgter Vermischung dem zu behandelnden Wasser zugeführt wird. Das Chlor oxydiert hierbei zunächst das sich bildende Eisensulfatchlorid, das ein gutes Fällmittel darstellt. Der Überschuß des Chlors dient gleichzeitig dem Zwecke der Keimabtötung.

Eisenvitriol, Eisensulfat, Ferrosulfat, $FeSO_4 \cdot 7\,H_2O$, Molekulargewicht 278. Gewinnung aus schwefelsauren Beizablaugen von Eisenbeizereien (s. d.).

Verwendung u. a. bei der Herstellung von Mineralfarben, als Hederichbekämpfungsmittel, als Fällmittel bei der Wasser- und Abwasserreinigung, bei der Naßentschwefelung von Gasen und als Katalysator in Hydrierwerken.

Elektrische Entteerung s. Teerabscheider.

Elektrofilter s. Entstauber.

Elektroionometer s. Potentiometer.

Elektrokarren, kleine, mit Akkumulatorenbatterie versehene, elektrisch angetriebene Fahrzeuge zur Beförderung von Personen und Gegenständen mit geringer Geschwindigkeit. E. werden vielfach auch zum Sammeln und Abfahren des Schlammes gebraucht, der in den Schlammeimern der Straßenabläufe anfällt, ferner auch zur Beseitigung der Rückstände aus Benzinabscheidern. Im ersteren Falle sind sie mit einem Kran zum Ausheben der Eimer und mit einem Schlammbehälter zur Aufnahme des Schlammes ausgestattet, im letzteren Falle haben sie außer dem Schlammkasten noch ein kleines Gefäß für das Benzin-Wasser-Gemisch, sowie eine Diaphragmapumpe und eine Kreiselpumpe zum Füllen der Behälter, wobei die Kreiselpumpe auch zum Nachspülen besonders verschmutzter Benzinabscheider mittels Reinwasser gebraucht werden kann (s. auch Absaugefahrzeug).

Elektrolyt. Stoff, der in Lösung elektrolytische Dissoziation erleidet, auch die Lösungsflüssigkeit, die den elektrischen Strom leitet. Chemisch reines Wasser leitet den elektrischen Strom nur sehr wenig, ist also ein außerordentlich schwacher E. Löst man dagegen etwas Salz, z. B. Kochsalz darin auf, so erleidet dieses im Wasser elektrolytische Dissoziation und die Flüssigkeit wird dabei zum vorzüglichen Stromleiter. Salze sind demgemäß E.e. Das Gleiche gilt für Säuren und Basen (s. Dissoziation, elektrolytische).

Elektrolytische Entkupferung s. Kupferbeizereien.

Elektron. Atom der Elektrizität, der 1840ste Teil eines Wasserstoffatoms, Gewicht $= 9 \cdot 10^{-28}$ g.

Elstergenossenschaft, für den preußischen Teil des Niederschlagsgebietes der Schwarzen Elster (3650 km², 300 000 Einwohner) durch ein preußisches Sondergesetz vom 28. April 1928 gebildete Wassergenossenschaft mit der Aufgabe, im Genossenschaftsgebiet die erforderliche Vorflut zu beschaffen, den Hochwasserschutz durchzuführen und für die Abwasserreinigung Sorge zu tragen.

Genossen sind Gemeinden, Bergwerke und sonstige gewerbliche Betriebe sowie Unterhaltungsgenossenschaften. Sitz der E. ist Bad Liebenwerda.

Emaillierwerke. Die Herstellung des aus Glasfluß bestehenden Emailüberzugs auf Eisengeräten, Kochgeschirren, Wannen usw. erfolgt in Emaillieröfen, nachdem die Oberfläche der Gegenstände zuvor durch Beizen (s. d.) sorgfältig gereinigt wurde.

Emscherbrunnen s. Imhoffbrunnen.

Emscherfilter, belüfteter, mit Schlacke gefüllter Tauch- oder Füllkörper für

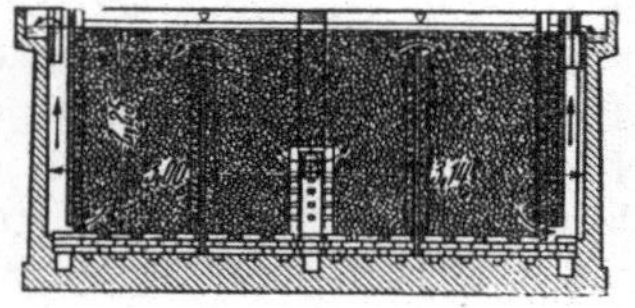

Emscherfilter zur Reinigung von Brennereiabwasser.

die Reinigung von gewerblichem Abwasser (Kokereien, Brennereien).

Emschergenossenschaft, Wassergenossenschaft, gebildet auf Grund des preußischen Gesetzes vom 14. Juli 1904 zur Regelung der Vorflut und zur Abwasserreinigung für das Niederschlagsgebiet der Emscher (784 km², 2 500 000 Einwohner). Beteiligt sind die Bergwerke, gewerblichen Unternehmungen und Gemeinden. Sitz der E. ist Essen. Sie ist die älteste von den mit der Abwasserreinigung betrauten Genossenschaften (s. Abwassergenossenschaften).

HELBING, H., 25 Jahre Emschergenossenschaft, Essen 1925.

Emulseure s. Ozon.

Endlaugen, die in Kalifabriken anfallenden chlormagnesiumhaltigen Ablaugen (s. Kaliendlaugen) und die chlorcalciumhaltigen Ablaugen der Sodafabriken (s. Sodafabrikabwasser).

Energielinie, Verbindungslinie der Endpunkte von Lotrechten, die sich aus der geodätischen Höhe, der Druckhöhe (s. d.) und der Geschwindigkeitshöhe (s. d.) zusammensetzen; ihr Gefälle stellt das Reibungsgefälle dar.

Entaschungsanlagen, Anlagen zur Beseitigung der Rostasche und Flugasche aus den Kesselanlagen von Dampfkraftwerken. Bei der S p ü l e n t a s c h u n g wird die Asche und zerkleinerte Schlacke in abgedeckten Spülrinnen fortgeschwemmt, während bei der D r u c k w a s s e r e n t a s c h u n g Asche und zerkleinerte Schlacke mittels aus Düsen austretenden Druckwassers in Rohrleitungen weggespült werden. Nach Absetzen der Asche und Schlacke in Absetzbecken kann das Spülwasser im Kreislauf wieder benutzt werden, so daß kein Abwasser anzufallen braucht.

Enteisenung des Wassers. Die E. bezweckt die Ausscheidung des im Wasser enthaltenen Eisens aus diesem (s. Eisen). Sie beruht auf der Überführung des gelösten Eisenoxyduls (Ferribikarbonat) in die unlösliche Form des dreiwertigen Hydroxyds.

Hierzu ist meistenteils Belüftung notwendig. Das nach ihr in braunen Flokken als Eisenhydroxyd ausfallende Eisen wird durch Schnellfilter aus dem Wasser entfernt. Die Ausscheidung des Eisens geht, wenn das Wasser Karbonate des Calciums und Magnesiums und nicht zuviel organische Stoffe enthält und alkalisch reagiert (p_H-Wert größer als 7), im allgemeinen leicht vor sich. Die Ausscheidung wird durch Kontaktwirkung gefördert, die eintritt, wenn das Wasser mit bereits ausgeschiedenem Eisenhydroxyd oder Stoffen in Berührung kommt, die eine rauhe, scharfkantige Oberfläche besitzen, oder wenn sich in der Filterschicht eisenspeichernde Algen oder Bakterien gebildet haben. Dagegen fällt das Eisen schwer aus, wenn das Wasser verhältnismäßig viel organische Substanzen (Huminstoffe) oder Bikarbonate der Alkalien (Natrium) enthält oder sauer oder neutral reagiert (p_H-Wert kleiner oder gleich 7). In diesen Fällen ist, da eine ausreichende E. durch bloße Belüftung und Filterung meist nicht möglich ist, Behandlung mit Chemikalien erforderlich. Wenn das Eisen an Huminstoffe gebunden ist, wendet man Aluminium- oder Eisensalze an, bei schwefelsaurer Bindung außerdem Kalk. Stark eisenhaltiges Wasser kann auch bei Anwesenheit von Huminstoffen häufig ohne Chemikalienzusatz enteisent werden, wenn genügend Karbonate vorhanden sind. Über die Art der zu wählenden E. gibt im allgemeinen nur ein Belüftungs- und Filterversuch einwandfrei Aufschluß.

Wird das Wasser bei der E. nicht genügend belüftet, so bleibt häufig zuviel freie Kohlensäure darin zurück, oder es nimmt zu wenig Sauerstoff auf, beides hat meist die als Wiedervereisenung bekannte Eisenauflösung im Rohrnetz zur Folge.

Entfärbung des Wassers. Huminstoffreiche Wässer sind gelblich bis braun gefärbt. Zu ihrer E. werden verschiedene Chemikalien als Fällmittel zur Ausflockung der kolloidalen Farbstoffe verwendet. Dazu gehören in erster Linie Aluminiumsulfat, Eisenverbindungen, Kaliumpermanganat u. a. Sehr wirksam ist ferner eine Filterung durch Aktivkohle.

Entfettung von Abwasser, Maßnahme, um die vom Abwasser mitgeführten Öl- und Fettstoffe einerseits unschädlich zu machen und andererseits zurückzugewinnen. Alle diese Stoffe sollen so weit wie irgend möglich am Orte des Anfalles durch Abscheider (Fettabscheider, Benzinabscheider) zurückgehalten werden, bevor sie in das Entwässerungsnetz gelangen, damit sie dort keinen Schaden z. B. durch Verstopfungen oder Zerknallungen anrichten können und damit das verarbeitungsfähige (zu Seife, Lichtern), vorwiegend organische Fett (z. B. aus Schlachthöfen, Schlächtereien und Gastwirtschaften) nicht zu stark durch Abwasser verunreinigt wird. Die dann noch im Abwasser verbliebenen Öl- und Fettstoffe werden meist als Bestandteile des Schwimmschlammes in den Absetzbecken abgefischt oder auch in vorgeschalteten Öl- oder Fettfängen ausgeschieden. Die Verarbeitung von städtischem Abwasser auf Fett und Öl hat sich bisher als unwirtschaftlich erwiesen. Unter sehr günstigen Verhältnissen kann die Rückgewinnung von Fettstoffen aus frischem städtischen Abwasserschlamm, insbesondere aus Schwimmschlamm, in Frage kommen (s. Öl, Fettabscheider, Benzinabscheider, Ölfang, Ölgehalt von Abwasserschlamm).

Entgasung, 1. Verfahren zur Kesselspeisewasser-Aufbereitung (s. d.) zur Beseitigung der im Wasser enthaltenen Gase, insbesondere des Sauerstoffs und der Kohlensäure, um Korrosionsschäden zu verhüten. Die Entfernung der Gase erfolgt bei der thermischen E. durch Erwärmen des Wassers bis zur Siedegrenze, bei der chemischen E. mit Hilfe von schwefliger Säure oder schwefelsaurem Natrium. Kesselanlagen mit Betriebsdrücken von 40 bis 50 atü verlangen eine E. des Speisewassers auf weniger als 0,1 mg/l Sauerstoff.

2. Die trockene Destillation (s. d.) von Brennstoffen (s. Gaserzeugung).

Entgasungsfilter dienen der Beseitigung des Sauerstoffs in Wässern für Warmwasserversorgungsanlagen durch Bindung des Sauerstoffs an Manganeisen (Rostexfilter).

Entgasung von Entwässerungskanälen, wichtige Betriebsmaßnahme, um zu verhüten, daß die den Kanal begehenden Personen durch Kanalgase gesundheitlich geschädigt oder verletzt werden. I. a. gilt folgende Betriebsvorschrift: Vor dem Besteigen eines in den Kanal führenden Einsteigeschachtes sind sowohl dessen Abdeckungen als auch die der beiden nächstliegenden Schächte mindestens 15 Minuten lang offen zu halten, damit der Kanal ausgiebig gelüftet wird. Durch Herablassen einer Sicherheitslampe ist die Anwesenheit zerknallfähiger Gase festzustellen. Am Boden angesammelte Kohlensäure zeigt sich durch sofortiges Verlöschen der Lampe an. Falls eine einfache Durchlüftung nicht ausreicht, kommt Absaugen der schädlichen Gase durch den Gerlachschen Kanalentgaser in Frage (s. Kanalgase, Sicherheitslampe).

GERLACH: Gesundheits-Ingenieur 1929, S. 118.

Entgelt s. Gebühr.

Entgeruchung. Schwefelwasserstoffgeruch des Abwassers, der besonders beim Hinzutreten von gewerblichem Abwasser aus Gerbereien, Schlachthöfen, Abdeckereien u. a. auftritt, läßt sich durch leichte Chlorung oder Zugabe von Eisenvitriol beseitigen.

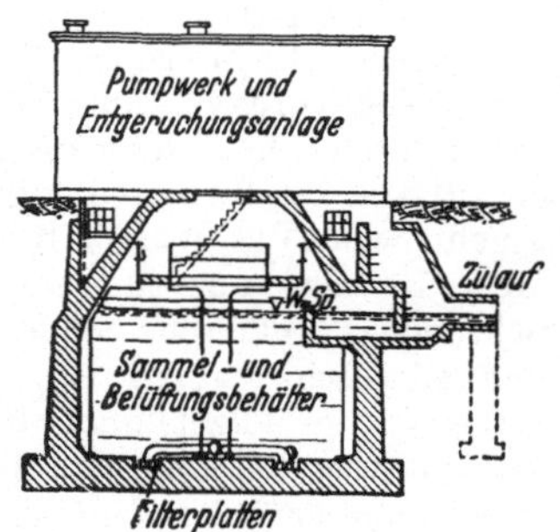

Entgeruchungsanlage in einem Abwasserpumpwerk (Bauart SCHIMRIGK).

Enthaarwasser s. Äscherwasser.

Enthärtung des Wassers. Die E. geschieht heute in der Regel nach dem Basenaustauschverfahren. Die Enthärter bestehen aus schmiedeeisernen Filterkesseln, in die der Basenaustauschstoff eingefüllt wird. Dieser liegt auf einem besonderen Düsenboden auf. Das Wasser durchfließt den Filterkessel von oben nach unten. Der Basenaustauschstoff nimmt hierbei die im Wasser enthaltenen Härtebildner, die Kalk- und Magnesiasalze, auf und speichert sie. Dem Filter entströmt unten das enthärtete weiche Wasser. Das Filter besitzt eine bestimmte Kapazität für die Aufnahme der Härtebildner. Nach Erschöpfung muß es wieder aufgeladen werden. Das geschieht mit einer Kochsalzlösung. Diese wird in einem am Filter befindlichen Salzlösegefäß durch Hindurchströmen des Wassers nach Umschaltung der Anlage gelöst. Sie durchfließt dann das Filter in der gleichen Richtung wie das sonst zu enthärtende Wasser und entzieht dabei dem Austauschstoff die gespeicherten Kalk- und Magnesiasalze. Dann ist das Filter nach Ablassen der Kochsalzlösung und Ausspülen der Salze wieder zur weiteren Enthärtung brauchbar. Als Basenaustauschmittel dient hauptsächlich Permutit oder neuerdings das Kunstharzerzeugnis Wofatit.

Entkeimung des Wassers, Desinfektion des Trinkwassers, d. h. eine Abtötung aller darin etwa enthaltenen, die Gesundheit gefährdenden Keime. In einem gewissen Grade geschieht sie schon bei einer Filterung des Wassers durch Langsamfilter. Durch diese ist aber nicht immer eine Sicherheit für völlige Abtötung gegeben. Bei kleinen Wassermengen kann man die Desinfektion durch Abkochen erreichen. Ferner werden gute Erfolge erzielt, wenn man das Wasser durch Kieselgur- oder Asbestfilter laufen läßt oder mit Katadyn behandelt (s. d.). Das beste und billigste Mittel zur Desinfektion größerer Trinkwassermengen ist die Behandlung mit Chlor. Dieses kann dabei in Form von Chlorkalk, von Hypochlorit oder von Chlorgas verwendet werden. Das Chlorgasverfahren (s. d.) wird heute am meisten verwendet und hat in Deutschland das Ozonverfahren, das teuer war, verdrängt. Die bakterientötende Wirkung wird bei dem Chlor- und bei dem Ozonverfahren durch den bei der Mischung des Chlors bzw. des Ozons mit Wasser entstehenden (naszierenden) Sauerstoff ausgeübt. Der Vorgang verläuft beispielsweise bei Verwendung von Hypochlorit nach folgenden Formeln:

$$Ca\,(OCl)_2 + H_2\,CO_3$$

Calciumhypochlorit.   Kohlensäure.

$$= 2\,HOCl + Ca\,CO_3$$

unterchlorige Säure Calciumkarbonat.

$$HOCl = HCl + O$$

unterchlorige Säure. Salzsäure Sauerstoff

bei dem Chlorgasverfahren nach den Formeln:

$$Cl_2 + H_2O = HCl + HOCl$$

Chlor Wasser Salzsäure unterchlorige Säure

$$HOCl = HCl + O$$

unterchlorige Säure Salzsäure Sauerstoff

und bei der Verwendung von Chlorkalk nach den Formeln:

$$CaCl\,(OCl) + CO_2 = CaCO_3 + Cl_2$$

Chlorkalk Kohlendioxyd Calciumkarbonat Chlor

$$Cl_2 + H_2O = \text{wie beim Chlorgasverfahren.}$$

Entkeimung von Abwasser (Aw) s. Desinfektion; Abwasserchlorung; Abwasserklärung, elektrische.

Entkupferungsanlagen dienen der Reinigung kupferhaltigen Abwassers aus Metallbeizereien. (s. d.), Kunstseidefabriken (s. d.) u. a. Das in saurer Lösung befindliche Kupfersulfat wird im allgemeinen durch Austausch mit Eisen in Form von Schrott, Drehspänen usw. als Zementkupfer (s. d.) ausgefällt.

Bei den Anlagen nach GÖPFERT, WOLFSHOLZ und WÜRZ werden hintereinander von dem kupferhaltigen Abwasser durchflossene Töpfe oder Kammern mit Eisenabfällen gefüllt. Dabei scheidet sich das Kupfer als Zementkupfer auf der Oberfläche der Eisenteile ab und fällt als Schlamm zu Boden.

Unter den S c h n e l l e n t k u p f e r u n g s a n l a g e n benutzen die von RAMÉN Behälter, die um ihre Längsachse kreisen. Die in diesen Behältern befindlichen Eisenabfälle werden hierbei umgewälzt und geben das Zementkupfer schnell ab.

Die Anlagen von SIERP benutzen eiserne Drehspäne, die in einem kleinen Gefäß durch ein schnellaufendes Rührwerk stark gewirbelt werden; in einem nachgeschalteten Absetzbecken wird der gebildete Zementkupferschlamm abgeschieden.

Der Zementkupferschlamm hat einen Gehalt von etwa 50—80% Cu und wird der Verhüttung zugeführt.

Bei Kunstseidefabriken, die nach dem Kupferoxydammoniakverfahren arbeiten, läßt sich eine Entkupferung

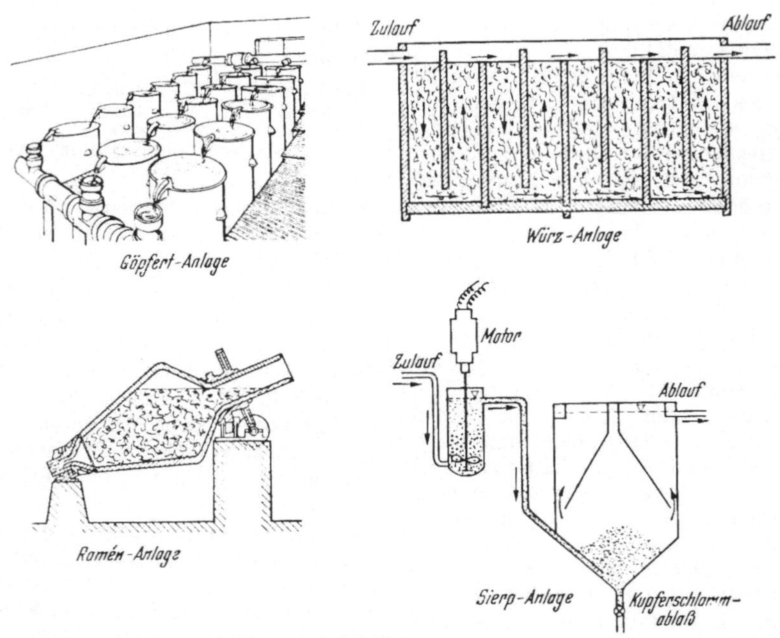

Entkupferungsanlagen verschiedener Bauarten.

des Blauwassers durch Wofatit-Basenaustauschfilter (s. Basenaustauschverfahren) herbeiführen.

Sierp, F., Ein Beitrag zur Reinigung kupferhaltiger Abwässer. Vom Wasser XIV (1939/40), S. 230—254.

Entleeren von Abortgruben. Das E. kann auf dreifache Art geschehen: 1. Ausschöpfen von Hand mittels Eimern, die an langen Stielen befestigt sind. Unreinlich, zeitraubend und infolge des Gestankes sehr stark belästigend. 2. Auspumpen mittels Saug- und Druckpumpe mit Handkurbelbetrieb. Starker Verschleiß der Pumpe und geruchsbelästigend. 3. Absaugen in einen fahrbaren, luftleer gepumpten Eisenbehälter. Bestes Verfahren, aber auch nicht vollkommen geruchfrei.

Entleeren von Benzinabscheidern. Die regelmäßige Entfernung der von den Benzinabscheidern zurückgehaltenen, stark wasserhaltigen und ver-schmutzten Stoffe aus den Behältern ist eine der Hauptbedingungen für das einwandfreie Wirken der Abscheider. Es erfolgt am besten gegen eine Gebühr durch die Stadtverwaltung selbst, kann aber auch unter Aufsicht der Stadt im Auftrage der Grundstückseigentümer durch einen Unternehmer bewirkt werden. Das Abscheidergut wird zweckmäßig in besonders dazu eingerichteten Elektrokarren gesammelt und nach einer Aufbereitungsstelle gefahren, wo daraus durch fraktionierte Destillation wieder verwendbare Stoffe gewonnen werden können (s. Elektrokarren).

Entlüften von Druckrohrleitungen, Betriebsmaßnahme, die notwendig ist, um zu verhindern, daß sich in den Druckrohrleitungen schädliche Polster von zusammengepreßter Luft oder in Abwasserdruckrohren auch von anderen Gasen bilden, die den regelmäßigen Wasserdurchfluß stören und infolge ihrer Elastizität innere Pressungen hervorrufen. Diese können u. U. zur Zertrümmerung der Leitung führen. Die E. erfolgt an Hochpunkten der Druckrohrleitungen entweder täglich durch kurzes Öffnen von Lufthähnen (Ausblasehähnen) von Hand oder selbsttätig durch entsprechend ausgebildete Ventile, die sich bei einem bestimmten Luftdruck öffnen und sich, sobald Wasser auszutreten beginnt, wieder schließen. Für Abwasserdruckrohre sind handbediente Lufthähne vorzuziehen, weil die Ventile' durch die Einwirkung der Schmutzstoffe leicht ungangbar werden.

Entlüftung des Entwässerungsnetzes, Betriebsmaßnahme, die notwendig ist, um die im Entwässerungsnetz auftretenden Gerüche und schädlichen Gase zu entfernen und um zu verhüten, daß plötzlicher Regenwasserzudrang Preßluftpolster erzeugt (z. B. in den Einsteigeschächten und an anderen Hochpunkten des Netzes), durch die Schachtabdeckungen herausgeschleudert und Beschädigungen des Leitungsnetzes hervorgerufen werden können. Die E. erfolgt selbsttätig durch die in den Schachtabdeckungen befindlichen Schlitze, durch die Straßenabläufe, gegebenenfalls durch besonders eingebaute Lüftungsschächte, durch die über Dach geführten Fallrohre und Lüftungsleitungen im Innern der Gebäude und schließlich durch die Regenrohre. Um schwere Gase (z. B. Kohlensäure) zu entfernen, ist oft künstliche Entlüftung durch besondere Saugvorrichtungen zweckmäßig (s. Entgasung von Entwässerungskanälen).

Entnahmetrichter, Grundwasseroberfläche oder Druckfläche von trichterförmiger Gestalt rings um eine Entnahmestelle (s. „Senkungstrichter"). Der E. wird in der Regel durch Grundwasserhöhenlinien, die auf N. N. bezo-

gen sind, oder in Schnitten durch Verbindungslinien der Grundwasserspiegel dargestellt.

Entnahme von Abwasserproben. Die sachgemäße E. ist die Grundlage der Abwasseruntersuchung. Zu beliebiger Zeit an irgend einer Stelle entnommene Einzelproben (Stichproben) sind unzureichend, weil die Abwasserbeschaffenheit sowohl mit der Zeit als auch mit der Tiefe, aus der die Probe entnommen wird, stark wechselt. Zur planmäßigen Untersuchung sind deshalb D u r c h s c h n i t t s p r o b e n erforderlich, die man erhält, wenn man entweder von Hand oder mit selbsttätigen Vorrichtungen zu verschiedenen Tageszeiten und in verschiedenen Tiefen entnommene Einzelproben zusammengießt. Wenn zu befürchten ist, daß sich die Einzelproben im Laufe des Tages zersetzen (gegebenenfalls muß man sie durch Zusatz von Chemikalien oder durch Eiskühlung haltbar machen), muß jede Probe sofort untersucht und dann der Durchschnitt (Mittelwert) errechnet werden. Die zu untersuchende Abwassermenge muß mindestens 3 l betragen. Bei der E. aus Kläranlagen muß man die Durchflußzeit beachten, damit die am Einlauf entnommene Probe der am Auslauf entnommenen entspricht. Falls die Durchflußzeit nicht hinreichend genau ermittelt werden kann, liefert die Bestimmung des Chlorgehaltes von Zulauf und Ablauf gewisse Anhaltspunkte (s. Abwasseruntersuchung).

Entmanganung, die Ausscheidung des häufig im Wasser auftretenden Mangans (s. d.). Sie kann entweder auf chemisch-mechanischem oder biologischem Wege erfolgen. Bei der chemisch-mechanischen E. durch Rieselung und Sandfilterung beruht die Wirkung auf Oxydation und katalytischen Vorgängen. Deshalb läßt sich das häufig als Begleiter des Eisens, aber in geringerer Menge als dieses im Wasser vorhandene Mangan bei der Enteisenung durch Belüftung und Rieselung oder Filterung mitausscheiden, wenn genügend Karbonate vorhanden sind und keine organische Bindung des Mangans vorliegt. Ist dieses der Fall, so wird eine Chemikalienbehandlung erforderlich. Auch kann das Mangan durch Zusatz von Kalk, der so zu bemessen ist, daß die im Wasser enthaltenen Bikarbonate zum Teil zur Ausfällung gebracht werden, ausgeschieden werden. Eine E.s-Anlage arbeitet um so besser, je mehr Mangandioxyd-Hydrat den Filterkörnern anhaftet, da die im Wasser vorhandenen Mangansalze in Gegenwart dieses Hydrats in die unlösliche Form umgewandelt werden. Darum ist eine vorherige Anreicherung des Filtersandes mit Manganverbindungen zu empfehlen.

Entnahmebreite bei Grundwasserfassungen, das Maß der Beeinflussung des Grundwassers durch die Wasserentnahme. Sie ist kleiner als die Einwirkungsbreite, d. h. derjenigen Breite, innerhalb der eine künstliche Einwirkung auf das gewonnene Grundwasser ausgeübt werden kann, z. B. durch Verunreinigung.

Entölung, die Beseitigung des Öles aus dem Abwasser gewerblicher Betriebe (Walzwerke, Dampfkraftanlagen u. a.). Zu unterscheiden ist zwischen dem

1. schwimmenden Öl oder Fett, das sich beim Stehen des Abwassers an dessen Oberfläche absetzt,

2. suspendierten, im Wasser fein verteilten Fett und

3. dem zusammen mit Staub und Ruß zu Boden sinkenden Öl.

In Ölfängern bzw. Ölabscheidern wird das unter 1. und 3. erwähnte Öl abgefangen. Will man auch das suspendierte Öl zurückhalten, wie dieses beispielsweise bei der Kondensatentölung (s. d.) notwendig ist, so kommt eine E. auf adsorptivem, chemischem oder elektrolytischem Wege in Frage.

Entphenolungsanlagen bezwecken die Gewinnung der Phenole (s. Phenol) aus dem Gaswasser (Ammoniakrohwasser) und Schwelwasser der Kokereien, Gasanstalten, Braunkohlenschwelereien und Hydrierwerke. Die dabei zur Anwendung kommenden Verfahren lassen sich in folgende Arbeitsweisen unterteilen:

1. Verdampfungs- und Ausdampfungsverfahren, bei denen die flüchtigen Phenole durch Eindampfen oder unter Druck aus dem Gas- und Schwelwasser ausgetrieben

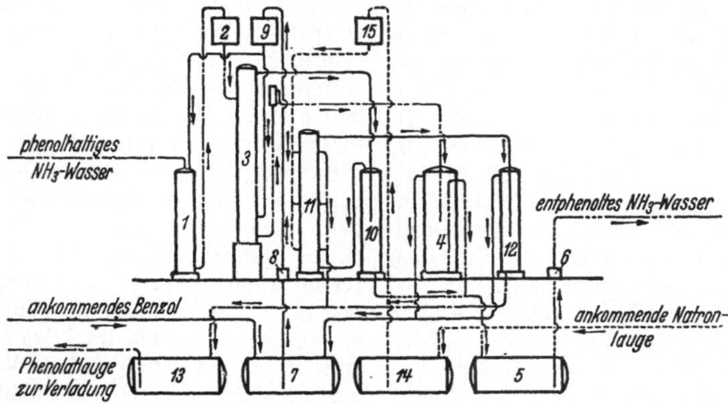

Schema einer Anlage zum Auswaschen der Phenole und Gewinnung der Phenole durch Bindung an Natronlauge.

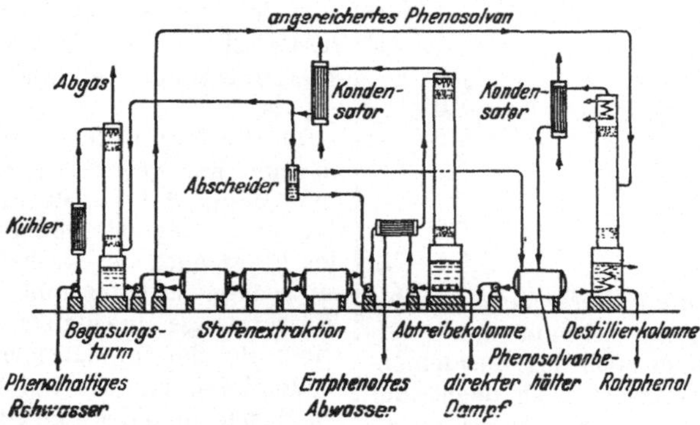

Schema einer Entphenolungsanlage nach dem Phenosolvanverfahren.

werden (Verfahren der Dea und KOPPERS).

2. Sorptionsverfahren, bei denen feste Stoffe zur Adsorption oder Lösungsmittel zur Absorption der im Gas- und Schwelwasser gelösten Stoffe benutzt werden.

Das Verfahren der Lurgi GmbH., Frankfurt, adsorbiert die Phenole an aktive Kohle.

Bei dem Benzolwaschverfahren der Emschergenossenschaft (POTT-HILGENSTOCK-Verfahren), das für Steinkohlenkokereien benutzt wird, werden die Phenole aus dem Ammoniakrohwasser nach dessen Entteerung in Teerabscheidern (s. d.), also vor der Gewinnung des Ammoniaks (s. Ammoniakfabriken) durch Waschen (Extraktion) mit Benzol gewonnen. Dabei beträgt die Phenolausbeute bis zu 90% des im Ammoniakrohwasser enthaltenen Phenols (1—4 g/l). Das mit Rohphenol ausgereicherte Benzol wird in einen zweiten Wäscher geleitet, in dem sich Natronlauge befindet. In diesem werden die Phenole an die Natronlauge gebunden, während das entphenolte Benzol in den ersten Wäscher zurückwandert. Die mit Phenol gesättigte Natronlauge wird als verkaufsfähige Phenolnatronlauge (Phenolatlauge) abgezogen.

Das Trikresylphosphatverfahren der I. G. Farbenindustrie, das Trikresylphosphat als Lösungsmittel benutzt, läßt sich bei Kokereien, die selbst kein Benzol erzeugen sowie bei Braunkohlenschwefelwasser (s. d.) und Hydrierwasser anwenden.

Beim Phenosolvanverfahren der Lurgi wird das Rohschwefelwasser nach Entgasung mit Phenosolvan bis auf 0,1 g/l Restphenolgehalt entphenolt. Aus dem entphenolten Wasser wird das gelöste Phenosolvan abdestilliert und in den Phenosolvankreislauf zurückgegeben. Das mit Phenolen angereicherte Phenosolvan wird einer Destillierkolonne zugeführt, in der das leicht flüchtige Phenosolvan abdestilliert und nach Kühlung in den Kreislauf zurückgeführt wird.

Entsäuerung. Die E. des Wassers ist notwendig, um eine Korrosion (s. d.) der bei den Wasserwerksbauten und -leitungen verwendeten Werkstoffe, wie Metalle, Mörtel, Beton usw. zu verhindern. Ob diese so stark oder so schnell angegriffen werden, daß Mißstände entstehen, hängt im wesentlichen von der Wasserstoffionenkonzentration (Wasserstoffzahl, p_H-Wert) ab. Ein Wasser muß in der Regel entsäuert werden, wenn

bei einer Karbonat-   der p_H-Wert
härte von   kleiner ist als

0—1 D.G.	8,3
1—3 „	8,0
3—4 „	7,9
4—5 „	7,8
5—6 „	7,7
6—7 „	7,6
über 7 „	7,5—7,4

Die genannten Werte sind nur als Anhaltspunkte zu verwenden, sie verschieben sich je nach der Zusammensetzung des Wassers nach oben oder nach unten. Bei der E. werden gegenwärtig in erster Linie die folgenden drei Verfahren angewendet:

1. Mechanische E. (Entfernung der freien Kohlensäure durch Regnung oder Rieselung),
2. Zusatz alkalischer Stoffe zum Wasser, z. B. Calciumhydroxyd oder Soda,
3. Filterung des Wassers durch gekörnten Marmor, Magnesit oder Magnomasse.

Durch die mechanische E. wird erfahrungsgemäß der Gehalt des Wassers an angreifender Kohlensäure meistens nicht vollständig entfernt. Bei hartem Wasser wird dadurch der angreifende Charakter aufgehoben, weicheres Wasser bleibt aber meist angreifend. Ein weiterer Nachteil der mechanischen E. ist, daß für die Rieselung oder Regnung ein größeres Gefälle vorhanden sein muß und dazu in der Regel eine besondere Hebung des Wassers durch Pumpen notwendig ist.

Durch Zusatz basischer Stoffe kann die angreifende Kohlensäure aus jedem Wasser entfernt werden. Frühere gerätetechnische Schwierigkeiten bei der richtigen Bemessung der Zusatzmenge sind neuerdings durch selbsttätig wirkende Geräte, mit deren Hilfe Kalkwasser von gleicher Konzentration zugeführt werden kann, fast völlig beseitigt worden. Es bleibt aber noch der Nachteil, daß der Kalkwasserzusatz sich einer Veränderung der Wasserbeschaffenheit nicht selbsttätig anpaßt.

Das Verfahren der Filterung durch Marmor hat gegenüber den vorigen den Vorzug, daß es selbsttätig arbeitet und bei genügend großer Bemessung der Filter auch bei wechselnder Wasserzusammensetzung und wechselnder Wassermenge eine gleichmäßige E. bewirkt. Bei der im Marmorfilter auftretenden Reaktion zwischen dem gekörnten Marmor und der angreifenden Kohlensäure des Wassers strebt dieses unter Aufnahme von Calciumbikarbonat dem Kalkkohlensäuregleichgewicht als Endzustand zu. Die Geschwindigkeit der Kalkauflösung ist aber um so kleiner, je größer der schon vorhandene Gehalt des Wassers an gelöstem Calciumbikarbonat ist. Die Umsetzung verläuft deshalb nur bei weichem Wasser genügend schnell, bei hartem Wasser dagegen so langsam, daß das Verfahren nicht anwendbar ist. Aber auch bei weichem Wasser bleibt meist ein Rest von angreifender Kohlensäure im Wasser.

An Stelle der Filterung durch Marmor wird heute vielfach eine Filterung durch Magnomasse durchgeführt. Die Magnomasse wird durch Brennen von Dolomit gewonnen. Sie setzt sich zusammen aus Magnesiumoxyd und Calciumkarbonat sowie geringen Mengen von Magnesiumkarbonat. Ihre Wirkung bei der Filterung ist wie beim Marmor eine rein chemische, indem sich Bikarbonate des Calciums und des Magnesiums bilden. Dabei stellt sich das Kalk-Kohlensäure-Gleichgewicht von selbst ein. Das Verfahren hat den Vorteil, daß es, ebenso wie das Kalkwasserzusatz-Verfahren, schutzschichtbildend ist. Eisenhaltiges Wasser kann hierbei gleichzeitig enteisent werden. Die im Filter ausgeschiedenen Eisenverbindungen können im Gegensatz

zum Marmorfilter durch Rückspülung entfernt werden und stören die E. nicht.

Entsäuerung von Abwasser, dem Grundstückseigentümer polizeilich vorgeschriebene Maßnahme, um zu verhüten, daß Eisenteile, Mauerwerk und Beton im Entwässerungsnetz durch die im Abwasser enthaltene Säure angefressen werden. Besonders gefährlich sind z. B. die Abwässer aus Metallbeizereien, die vor der Einleitung in das öffentliche Entwässerungsnetz in besonderen Neutralisationsgruben mit Chemikalien (i. a. Kalk) entsäuert werden müssen.

Entstauber. Einrichtungen zum Zurückhalten des Staubes aus den Abgasen von Großkesselanlagen, des Staubes von Brikettfabriken (s. d.), Schleifereien, der Baustoff-, Textil- und Holzindustrie, zur Reinigung von Gasen usw. Zu unterscheiden ist zwischen der trockenmechanischen, der naßmechanischen und der elektrostatischen Entstaubung. Bei der trockenmechanischen und elektrostatischen Entstaubung (Elektrofilter) fällt kein Abwasser an. Bei der Naßentstaubung wird der Staubgasstrom in sog. Wäschern gegen Prallflächen geleitet, die dauernd von Wasser berieselt werden. Diese Berieselungsentstauber werden insbesondere in Brikettfabriken benutzt. Durch Anwendung des sog. Schlammumwälzverfahrens, bei dem ein Teil des Rieselwassers zusammen mit dem Staubschlamm im Kreislauf gehalten wird, kann der Wasserbedarf erheblich eingeschränkt werden. Bei der Feinreinigung des Gichtgases aus Hochofenbetrieben werden zusätzlich Schleuder-Wäscher (Desintegratoren) (ZSCHOCKE- oder THEISEN-Wäscher) oder Elektrofilter benutzt (s. Gichtgaswaschwasser).

HELLER, Entstauber, Kl. Mitt. 16 (1940), S. 175—212.

Entstaubungsanlagen s. Entstauber.
Entteerungsanlagen s. Teerabscheider.

Entwässerbarkeit von Abwasserschlamm, Fähigkeit des Abwasserschlammes, das in ihm enthaltene Wasser abzugeben. Die E. ist am geringsten bei frischem, nicht angefaultem Schlamm, der etwa 95 v. H. Wasser enthält und durch den hohen Gehalt an wasserbindenden, halbgelösten (kolloiden) schleimigen Stoffen das Wasser sehr stark festhält. Die beste E. besitzt gut ausgefaulter Schlamm von etwa 87 v. H. Wassergehalt, der mit Gasblasen durchsetzt ist, infolgedessen auf seinem Schlammwasser aufschwimmt und daher auf Schlammtrockenplätzen in kurzer Zeit entwässert und bis zur Stichfestigkeit auf 50 bis 60 v. H. Wassergehalt abgetrocknet werden kann (s. Schlammentwässerung).

Entwässerung, eine Maßnahme zur Ableitung des Wassers aus einem Grundwasserleiter, die eine Senkung des Saugsaumes zur Folge hat (DONAT und KOEHNE) (vgl. hingegen Ortsentwässerung).

Entwässerung und Stadterweiterung. Ortsentwässerung und St. hängen eng miteinander zusammen. Deshalb muß bereits bei der Aufstellung von Stadterweiterungsplänen auf die zukünftige Entwässerung des Geländes Rücksicht genommen werden. Die Straßen sind derart den Geländeneigungen anzupassen, daß sowohl das Schmutzwasser als auch das Regenwasser auf möglichst kurzen Wegen der Kläranlage und dem Vorfluter zugeleitet werden können.

Entwässerungsgebiet s. Einzugsgebiet.

Entwässerungskanäle aus Mauerwerk, Beton oder Stahlbeton, begehbare Entwässerungsleitungen, die dort ausgeführt werden, wo die erforderliche Querschnittsgröße die üblichen Maße der fabrikmäßig hergestellten Steinzeug- und Betonrohre überschreitet und die Querschnittsform von der

der Fabrikrohre abweicht. Beim Einstampfen von Betonkanälen an Ort und Stelle werden zweckmäßig verschiebbare eiserne Lehren angewendet.

Entwässerungsnetz, Entwässerungssystem, Gesamtheit der zur Entwässerung eines Gebietes dienenden, meist miteinander verbundenen Leitungsstränge. Das E. wird je nach der Örtlichkeit und je nach den Anforderungen, die es erfüllen muß, sehr verschiedenartig ausgebildet. Die einfachste, billigste, aber in volksgesundheitlicher Hinsicht nicht immer befriedigende Anordnung ist das Q u e r n e t z, (Quersystem), bei dem die einzelnen Hauptsammler an verschiedenen Punkten des Stadtgebietes unmittelbar in den Vorfluter münden, sodaß das Abwasser innerhalb der Stadt auf den Flußlauf verteilt wird. Das Quernetz ist häufig die Vorstufe des A b f a n g - n e t z e s (Abfangsystem), bei dem die einzelnen Hauptsammler durch einen mit dem Vorfluter · gleichlaufenden Leitungsstrang abgefangen werden, der dann unterhalb der Stadt, gegebenenfalls unter Einschaltung einer Kläranlage, in den Fluß mündet. Legt man mehrere derartige Anfangkanäle gleichlaufend zueinander und zum Flusse in verschiedener Höhenlage in die nach dem Fluß hin abfallende Talwand, so erhält man das L ä n g s - n e t z (früher Z o n e n - oder P a r a l - l e l n e t z, auch Zonen- oder Parallelsystem genannt), das die Möglichkeit bietet, die Leitungen der unteren Zonen mit dem Abwasser der oberen zu spülen und die Tiefenlage und das Gefälle der Abfangkanäle günstiger zu gestalten als beim Abfangnetz. Das F ä c h e r - o d e r V e r ä s t e l u n g s - n e t z (Fächer- oder Verästelungssystem), bei dem mehrere Hauptsammler an einer Stelle (Kläranlage oder Pumpwerk) zusammentreffen, ·so daß sich das Netz von dieser Stelle aus gleichsam fächerförmig über das Stadt-

gebiet verästelt, eignet sich vor allem für vorwiegend ebenes Gelände. Wenn bei einer sehr großen Stadtfläche Teilgebiete durch mehrere solcher Fächernetze entwässert werden, wobei die einzelnen Hauptsammler von den in der Nähe des Vorfluters tief liegenden Sammelpunkten aus strahlenförmig (gleichsam wie die Halbmesser eines Kreises vom Mittelpunkte aus) auseinanderstreben, spricht man von einem R a d i a l n e t z (Radialsystem), das insofern Vorteile bietet, als das E. mit fortschreitender Bebauung der Stadtfläche allmählich ausgebaut werden kann, ohne daß die Hauptsammler schon von vornherein für die größte später zu erwartende Wassermenge gebaut werden müssen. Fällt das Entwässerungsgebiet nach der Weichbildgrenze der Stadt hin ab, so daß die Abwässer durch einen am Stadtrande verlaufenden Sammler abgeführt werden müssen, so entsteht das R i n g - o d e r R a n d s a m m l e r n e t z (Ring- oder Randsammlersystem).

Für die zwar übliche, aber unschöne und nicht ganz treffende Bezeichnung „R a d i a l s y s t e m" wird nach DIN 4045 besser „Bezirksnetz" oder in besonderen Fällen auch „Verästelungsnetz" gesagt, weil es sich um die Zerlegung einer großen Stadtfläche in einzelne Bezirke zum Zwecke der Entwässerung handelt.

Entwässerungssystem s. Entwässerungsnetz.

Entwässerungssystem von Liernur s. Liernurverfahren.

Entwässerungssystem von Shone s. Shoneverfahren.

Entwässerungsverband. Körperschaft des öffentlichen Rechts mit der Aufgabe, Grundstücke zu entwässern sowie Abwässer abzuführen, zu verwerten, zu reinigen und unschädlich zu machen. Verbandsmitglieder sind i. a. die Land- und Stadtkreise, die innerhalb ihres Bezirks zur Lösung der genannten Aufgabe verpflichtet sind. Die Kosten werden durch Beiträge der Verbandsmitglieder aufgebracht (s. auch Abwassergenossenschaften).

Entwicklung einer Ortschaft. Schon bei der Aufstellung des Vorentwurfes für die Entwässerung der Ortschaft zu berücksichtigender Gesichtspunkt. Außer der voraussichtlichen Bevölkerungszunahme kommen dabei auch die mutmaßlichen Veränderungen der groß- und kleingewerblichen Betriebe und der sonstigen Abwasserquellen in Frage, die die Menge und die Beschaffenheit des Abwassers beeinflussen (s. Vorentwurf, Bevölkerungszunahme).

Entwicklung, nacheiszeitliche, des deutschen Landes. Den Gesamtablauf der Entwicklung in bezug auf Klima, Pflanzendecke, Boden und Grundwasser zeigt die nachstehende Darstellung (nach von BÜLOW).

keit von Brunnen und beruht auf folgender Grundlage: Bei jedem Brunnen steht die Ergiebigkeit q in einer gewissen Abhängigkeit von der Spiegelsenkung s. Bei gespanntem Wasser hat man das einfache Verhältnis

$$q = k\, s.$$

Die Menge q wächst proportional mit s. Bei Wasser mit freiem Spiegel gilt das parabolische Gesetz

$$q = k\, (2\,H - s)\, s.$$

Darin bezeichnet H die Mächtigkeit der wasserführenden Schicht, gemessen vom Ruhewasserspiegel bis zur undurchlässigen Sohle. k ist in beiden Fällen ein Beiwert, der sich aus Ergiebigkeitsversuchen ableiten läßt. Für die Ermittlung der Durchlässigkeit ε des Untergrundes bedient man sich eines Ergiebigkeitsversuches. Es werden möglichst in der Richtung der

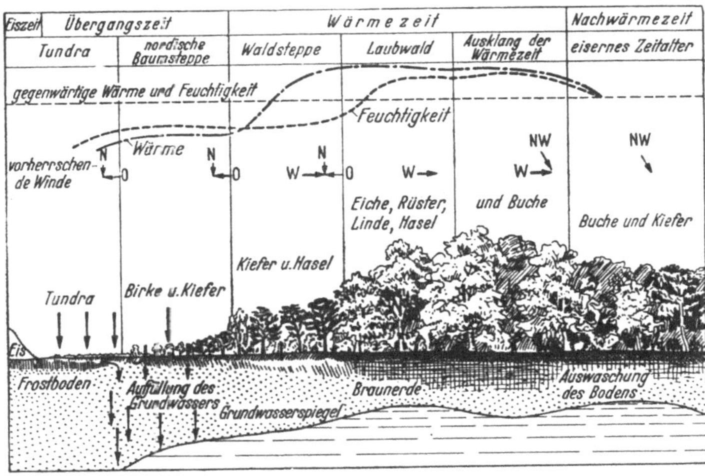

Nacheiszeitliche Entwicklung des deutschen Landes (nach v. BÜLOW).

Epilimnion, oberhalb der Sprungschicht (s. d.) gelegene, turbulente Oberflächenschicht eines Sees ohne bleibende Temperaturschichtung.

Epsilon-(ε) Verfahren. Das Verfahren dient zur Ermittlung der Ergiebig-

Grundwasserströmung drei Bohrungen niedergebracht, dann wird die unterhalb gelegene in einen Brunnen verwandelt und während längerer Zeit auf ihre Ergiebigkeit q beansprucht. Die Durchlässigkeitsgleichung lautet:

$$\varepsilon = \frac{q \ (\log \ \mathrm{nat} \ a_1 - \log \ \mathrm{nat} \ a)}{\pi \ (h_1 + h) \ (h_1 - h)}$$

Darin geben a_1 und a die Abstände der Bohrungen vom Brunnen an und h_1 und h die Wasserstände in den Bohrungen, gemessen von der zum Ruhewasserspiegel parallel verlaufenden, undurchlässigen Sohlschicht.

Kennt man den Porenraum p der durchlässigen Schichten und das Grundwassergefälle i, so erhält man die Geschwindigkeit des Grundwassers v, bezogen auf den gesamten benetzten Durchflußquerschnitt, aus der Gleichung

$$v = \frac{\varepsilon \, i}{p} \qquad \text{(G. Thiem)}.$$

Die Landesanstalt für Gewässerkunde benutzt statt des Zeichens ε das Zeichen k_f (s. Filtergesetz, erweitertes), Formelzeichen in der Grundwasserkunde).

Erdbecken, zwischen Dämmen oder in Geländesenken hergerichtete, verhältnismäßig wohlfeile Becken, die meist behelfsmäßig, gegebenenfalls aber auch dauernd als Absetzbecken (durchflossene Faulräume), Nachfaulräume, Schlammteiche, Abwasserteiche und Auflandungsteiche dienen können.

Erdbehälter, auf der Erdoberfläche oder in den Erdboden hineingebauter Hoch- oder Tiefbehälter eines Wasserwerks. Die Erd-Hochbehälter stellen bei einer Sammelwasserversorgung die glücklichste Lösung der Wasserspeicherung dar, weil sie in ihrer Größenbemessung sehr leicht dem tatsächlichen Bedarf an Speichermenge angepaßt werden können, viel leichter als die Turmbehälter. Außerdem können sie gut gegen Fliegersicht getarnt werden. Die Anordnung der E. ist aber nur in welligem oder gebirgigem Gelände möglich, wo sich der eine oder der andere Punkt genügend hoch über dem Versorgungsgebiet erhebt. Die E. werden aus Mauerwerk, Beton oder Stahlbeton mit rechteckigem oder kreisförmigem Grundriß gebaut. Größere Behälter werden am besten zweikammrig angelegt, um eine Reinigung ohne Betriebsunterbrechung zu ermöglichen. Innerhalb der Kammern werden sie gern noch mit Scheerwänden versehen, die das Wasser zu gleichmäßigem Durchfluß zwingen und sein Stagnieren verhindern. Der Inhalt errechnet sich aus der aufzuspeichernden Wassermenge, wobei für kleine und mittlere Behälter eine Wassertiefe von 2,5 bis 4 m, für große eine solche von 3 bis 5 m zu wählen ist. Bei kleineren Behältern wird die Zuleitung und die Ableitung unmittelbar in die Kammern eingeführt. Die Absperreinrichtungen der Leitungen befinden sich dann im Freien vor dem Behälter. Der Zugang zu den entleerten Kammern bei den Reinigungen wird durch wasserdicht abgeschlossene Einsteigöffnungen vermittelt. Den größeren Behältern ist ein besonderes Schieberhaus vorzuschalten, das die Absperr- und Meßeinrichtungen aufnimmt. Das Schieberhaus ist stets verschlossen zu halten und muß gegen das Eindringen jeder Art von Ungeziefer gesichert sein. Die Türen zwischen dem Schieberhaus und den einzelnen Vorratskammern sind ebenfalls gut abzudichten. Das Zuflußrohr zu jeder Kammer ist bis über den höchsten Wasserspiegel zu führen. Dann kann es bei vollständiger Ausschaltung des Behälters als Standrohr dienen und einen Druckabfall im Rohrnetz verhindern. Außer der Abflußleitung, die das Wasser dem Versorgungsgebiet zuleitet, ist am Tiefpunkt der Sohle noch eine Entleerungsleitung anzuordnen, um bei Reinigungsarbeiten das gesamte Wasser entfernen zu können.

Die E. sollen mit einer etwa 1 m starken Erdschicht überdeckt werden, damit das Wasser im Sommer nicht die Wärme der Außenluft annimmt, sondern gleichmäßig kühl bleibt. Das Innere der Behälter ist zu entlüften. Die Entlüftungsrohre oder -schächte müssen gegen die Möglichkeit der Verschmutzung des Wassers und gegen das Eindringen von Ungeziefer, auch von Mücken und Fliegen gesichert sein.

Der Wasserstand im Behälter oder auch die darin aufgespeicherte Menge ist möglichst außen kenntlich zu machen oder besser noch durch Fernmelder nach dem Arbeitszimmer des Wassermeisters oder nach dem Pumpenhaus zu übertragen.

E. von besonderer Größe sind gebaut worden: In München der Hochzonenbehälter Kreuzpullach mit 100 000 m³ Sammelraum im ersten Ausbau (endgültiger Ausbau 350 000 m³) und in Wien der Lainzer Behälter mit 144 000 m³ Inhalt.

Erdölindustrie. Die Erdölvorkommen sind meistens an Salzstöcke gebunden, daher wird zugleich mit der Förderung von Rohöl auch Sole ausbrechen oder gepumpt werden. Es ist notwendig, das Rohöl gut zurückzuhalten, um Schäden in den Wasserläufen durch Phenol sowie Teer- und Schwefelverbindungen zu vermeiden. Durch die Ableitung von Sole erfolgt Versalzung und Verhärtung des Wassers der Vorfluter (s. salziges Abwasser).

In den Ölraffinerien werden dem Rohöl die unerwünschten Bestandteile durch Waschen meist mit Schwefelsäure oder Natronlauge entzogen. Der anfallende Säureteer und die Säureharze können der Verwertung zugeführt werden. Die als Abwasser verbleibenden Waschflüssigkeiten enthalten meist freie Säure und mitgerissenes Öl. Reinigung durch Abstumpfen der freien Säure und Zurückhalten der Öle.

Abwasser aus der Benzindestillation enthält Benzin (s. d.), das vor Ableitung in ein Entwässerungsnetz oder in Wasserläufe durch Filter mit aktiver Kohle (s. d.) abgefangen werden muß.

Erfurter Paddelräder, in Belebungsbecken (s. d.) eingebaute Paddelräder, durch die das Abwasser-Belebtschlamm-Gemisch in schlangenförmige Bewegung gebracht wird. Die 5 m breiten und 80 m langen Belebungsbecken haben zwei halbkreisförmige Sohlrinnen von je 2,5 m Halbmesser. Über der Mittellinie jeder Sohlrinne liegen gegeneinander versetzt die 2 m im Durchmesser großen, hölzernen Paddelräder derart, daß sie bei einer Wassertiefe von 4,3 m etwa 1,8 m tief in das Wasser tauchen, wobei ihre dicht über dem Wasserspiegel angeordnete Drehachse in die Längsrichtung des Beckens fällt, so daß die Drehbewegung der Paddel senkrecht zur Wasserströmung erfolgt. Das durch das Becken fließende Wasser wird infolgedessen zwischen den Paddelrädern hin und her getrieben. Die Paddelarme sind rinnenförmig ausgebildet, so daß sie das Wasser emporheben und bei der Drehung in Tropfen aufgelöst wieder fallen lassen. Von STRASSBURGER in Erfurt angewendet. Aufenthaltszeit des Abwassers im Becken = 6 Stunden bei 150 l/s Zufluß.

Erfurter Trichter, zweistöckige Absetzanlage, bei der der abgesetzte Schlamm zunächst in einen kleineren Schlammsammelraum gelangt, aus dem er durch den Wasserüberdruck in den Faulraum tritt, wenn ausgefaulter Schlamm abgelassen wird (s. zweistökkige Absetzanlage).

Ergiebigkeit, die künstlich beeinflußte Abflußmenge einer Quelle oder die Fördermenge eines Brunnens in der Sekunde.

Ergiebigkeit der Brunnen, die Wasserführung des Bodens, in dem der Brunnen steht. Sie stellt die dem Brunnen sekundlich zufließende Wassermenge Q dar. Q ist abhängig von der Mächtigkeit der Schicht, dem Bodendurchlässigkeitswert k und der Absenkung s. Je größer diese ist, um so kleiner wird die Filtereintrittsfläche, um so größer aber die Geschwindigkeit v, mit der das Wasser in den Brunnen eintritt (SICHARDT, BIESKE). Es gelten die Gleichungen: bei lotrechten Brunnen im ungespannten Grundwasser

$$Q = \pi\, k\, \frac{(H^2 - h^2)}{ln\, R}$$

und bei Brunnen im gespannten Grundwasser

$$Q = 2\,\pi\, k\, m\, \frac{(H - h)}{ln\, R}$$

wobei m die Mächtigkeit der wasserführenden Schicht ist. (s. Brunnen im ungespannten Grundwasser, Epsilonverfahren).

Ergiebigkeit geplanter Brunnen. Zu der Ermittlung dienen vier Verfahren, die möglichst immer nebeneinander anzuwenden sind: 1. Die Messung der aus dem Untergrund zutage tretenden und zutage geförderten Wassermengen, 2. Die Messung der Niederschläge und Schätzung der Verdunstung, nebst Ermittlung des unterirdischen Einzugsgebietes, 3. Die Ermittlung der Breite, Mächtigkeit und des Gefälles eines Grundwasserstromes, sowie der Filtergeschwindigkeit je Gefällseinheit (auch Einheitsergiebigkeit oder Durchlässigkeitsbeiwert genannt), 4. Die Ermittlung der Durchflußmenge aus der Entnahmebreite beim Pumpversuch (KOEHNE).

Ergiebigkeit, spezifische. Die sp. E. sagt aus, wie groß die Wassermenge ist, die ein Brunnen bei 1 m Absenkung liefert. Die Anwendung des Verfahrens zur Bestimmung der sp. E. besteht darin, daß man bei einer Versuchsbohrung eine bestimmte Wassermenge fördert und bei erreichtem Beharrungszustand die zu dieser Fördermenge Q gehörige Absenkung s ermittelt. Es ist dann die sp. E.

$$E = \frac{Q}{s}$$

(s. a. Potentialgesetz). Der Ausdruck sp. E. ist nur bei gespanntem Grundwasser anwendbar, beim ungespannten nur mit Vorsicht innerhalb bestimmter Grenzen.

Eristalis tenax bis 16 mm lange, gelbe Schlammfliege, deren Larve (Rattenschwanzlarve) an jauchigen Plätzen lebt. Die Fliege findet man in Massen auf nicht ausgefaultem, also noch fäulnisfähigem Abwasserschlamm. Auf Schlammtrockenplätzen, die mit gut ausgefaultem Klärschlamm beschickt werden, kommt sie nicht vor.

Erwärmen der Schlammfaulräume s. Faulraumheizung.

Erzwäschen. Bei der Aufbereitung (s. d.) und beim Waschen von Erzen, Steinen, Schotter, Kies und dergl. entsteht ein an Sand-, Ton- oder Lehmteilen stark verunreinigtes Abwasser (sog. Trübe). Doggererz-Aufbereitungsanlagen liefern ein eisenoxydhaltiges Abwasser.

Die Reinigung erfolgt zweckmäßig in Eindickern (s. d.). Die anfallenden meist großen Schlammengen werden in Erdbecken untergebracht, in denen sie auftrocknen können. Vielfach wird der Schlamm auch künstlich durch Saugzellenfilter (s. d.) entwässert. Das genügend gereinigte Abwasser kann im Kreislauf wieder zum Waschen benutzt werden, so daß ein Abwasseranfall möglichst gänzlich vermieden wird.

Essener Sandfang. Mit Sohlensickerung versehener, aus zwei Kammern bestehender Spülsandfang, dessen Durchfluß durch Schrägwände oder besser durch ein am Auslauf eingebautes Staublech derart geregelt ist, daß die Geschwindigkeit des Abwasserstromes möglichst unverändert 0,3 m/s bleibt. Bei dieser Geschwindigkeit wird der vom Sand mitgeführte Schlamm fortgespült, ohne daß Sandteilchen mitgerissen werden. Die Länge der schmalen, rinnenförmigen Kammern ist so groß, daß in jeder Kammer der an mehreren Tagen anfallende Sand Platz hat (in Essen 14 Tage). Bei Zufluß von Regenwasser wird die Trennwand zwischen den beiden Kammern überflutet, wobei sich der Durchflußquerschnitt auch seitwärts derart verbreitert, daß die Geschwindigkeit von 0,3 m/s erhalten bleibt. Übermäßiger Regenzufluß wird durch einen Umlauf um den Sandfang herumgeführt. Ist eine Kammer gefüllt, so wird der Durchfluß abgestellt, so daß das Wasser durch die nunmehr geöffnete, während der Durchflußzeit verschlossen gehaltene Sohlensickerung abzieht, der Sand abtrocknet und entfernt werden kann (s. Sandfang, Spülsandfang).

Essigsäure, $C_2H_4O_2$. Gewinnung als Nebenerzeugnis der Holzverkohlungsindustrie (s. d.) und neuerdings aus Azetylen (s. d.). Verwendung bei der Herstellung von Farbstoffen und in der Textilindustrie.

Eternit, ein Baustoff aus Asbestzement. Seine Aufbaustcffe sind langfaserige Asbest (1 Teil) und deutscher Normenzement (6—8 Teile), die mit Wasser zu einer betonartigen Masse gemischt, zu dünnen Schichten verarbeitet und unter hohem Wasserdruck gepreßt werden. Dabei übernehmen die Asbestfasern die Armierung des Baukörpers, der eine hohe Zugfestigkeit und geringes Eigengewicht besitzt. Der E. findet bei der Trinkwasserversorgung vielfach Verwendung, beson-

ders zur Herstellung von Rohren (s. Asbestzementrohre).

Euglena pisciformis, fischförmiges, grünes (Chlorophyll führendes), zu den Geißelschwärmern (Flagellaten) gehöriges, einzelliges, mikroskopisch kleines Urtierchen (Protozoë), das mit einer langen, schwingenden Geißel zur Fortbewegung ausgestattet ist. Tritt in organisch verunreinigtem Wasser (Abwasser) bei Lichtzutritt auf und trägt im Verein mit anderen Arten von Geißelschwärmern (z. B. Kugeltierchen, Zilioflagellaten, Cystoflagellaten) und sonstigen Urtierchen (z.B. Wurzelfüßer, Infusorien) sowie mit niederen pflanzlichen Gebilden (z. B. Bakterien, Algen) zur Selbstreinigung des Wassers bei. Die Euglenen sind Grenzgebilde zwischen Tier und Pflanze und werden daher zuweilen auch zur Klasse der Geißelalgen (Peridineae) gerechnet (s. Kleinlebewesen).

Euglena pisciformis (nach DANGEARD)

eutroph sind Gewässer mit guter Nährstoffzufuhr und daher reicher organischer Produktion.

Explosionsfähige Gase s. zerknallfähige Gase.

Explosionsfänger s. Zerknallfänger.

Explosionsgrenzen s. Zerknallgrenzen.

Eytelweinsche Formel s. Kuttersche Formel.

F

Fabrikationsabwasser s. Gewerbliches Abwasser.

Fächernetz, Fächersystem s. Entwässerungsnetz.

Fäkalien, lat. Fäces, die Ausscheidungen aus dem menschlichen und tierischen Darm.

Fällmittel werden zur Beschleunigung und Vervollständigung des Absetzverfahrens (s. d.) bei der Vorklärung von Trink- oder Abwässern zur Entfernung von Schwebestoffen verwendet. Zweckmäßig ist z. B. bei der Trinkwasseraufbereitung die Anwendung von Fällmitteln zur Beseitigung der im gewöhnlichen Absetzbetrieb nicht ausscheidbaren, das Wasser bräunlich färbenden, kolloiden Huminstoffe, sowie der feinsten Schwebestoffe. Das bei der Trinkwasserversorgung zur Zeit am meisten benutzte Fällmittel ist Aluminiumsulfat, das billig und bequem zu verarbeiten ist. Außerdem finden noch Soda, Kalk, Eisenchlorid, Eisensulfat (s. d.) und andere Mittel Verwendung (s. a. Fällungsbecken). .

Fällungsbecken. Absetzbecken oder Absetzbrunnen mit ein bis vier Stunden Durchflußzeit, in dem der durch chemische Fällmittel (meist Eisensulfat $Fe_2(SO_4)_3$ oder Eisenchlorid $FeCl_3$ für städtisches Abwasser und Kalk CaO, Natronlauge $NaOH$ in wässeriger Lösung oder Stärke für Kohlenwaschwässer) ausgeflockte Schlamm ausgeschieden wird. Als F. sind Trichterbrunnen oder von der Mitte aus zum Umfange hin durchflossene kreisförmige Becken mit dauernd umlaufenden Kratzern besonders geeignet.

Fällungsverfahren s. Abwasserklärung, chemische.

Färbereiabwasser. Das von Färbereien (s. d.) und Zeugdruckereien stammende Abwasser zeigt bei der Verschiedenheit der benutzten Farbstoffe mannigfaltige Zusammensetzung und kann sauer, alkalisch oder neutral sein. Zum Abfluß gelangen die verbrauchten Farbbäder und die zur Vorbereitung des Färbegutes benutzten Beizen (s. d.), Seifen, Fette usw. Daneben fallen große Mengen Wasch- und Spülwasser (s. d.) an. In den Wasserläufen macht sich F. durch starke Verfärbung bemerkbar und durch Änderung des p_H-Wertes nach der sauren oder alkalischen Seite. Der Gehalt an fäulnisfähigen Stoffen ist im allgemeinen niedrig. Bei der Anwendung von Schwefelfarbstoffen kann sich im Vorfluter Schwefelwasserstoff (s. d.) bilden.

Bei der Reinigung des F.s ist es meistens schwer, ein bestimmtes Verfahren in einer bestimmten Richtung anzuwenden. Eine Entfärbung läßt sich herbeiführen durch Anwendung von Fällmitteln wie Kalk, Aluminiumsulfat, Eisensulfat u. a. Auch das von JUNG vorgeschlagene Eisen-Kohlensäureverfahren (s. d.) wird mit Erfolg benutzt. Daneben kommt die Reinigung durch Adsorption (s. d.) unter Verwendung von Torfmehl, Koks und aktiver Kohle in Frage. Unter den biologischen Verfahren ist die Anwendung der Preibischfilter (s. d.) und die gemeinsame Behandlung mit häuslichem Abwasser in einer Belebtschlammanlage oder auf Tropfkörpern möglich. Bei der Aufnahme in die städtische Kläranlage entstehen für eine biologische Behandlung keine Schwierigkeiten, wenn die Menge des F.s nicht mehr als 7% des häuslichen Abwassers ausmacht.

Färbereien. Die in F. angewandten Verfahren sind sehr verschieden je nach der Art und Form des Färbegutes und nach den angewandten Farbstoffen. Je nach der Form, in der das Färbegut vorliegt, unterscheidet man Zeug-, Stück-, Strang-, Garnfärberei u. a. Wenn helle Farben erzielt werden sollen, so geht dem Färben ein Bleichprozeß voraus. In der Baumwoll- und Leinenfärberei werden die Stoffe auf Färbereimaschinen durch Hin- und Herziehen in der Farbflotte gefärbt; bleibt das Färbegut in Ruhe, so muß die Flotte (die Farblösung) durch eine Pumpe umgewälzt werden. Bei der Verwendung von direkten, substantiven Farbstoffen kommt die Färbung dadurch zustande, daß der Farbstoff sich mit dem Färbegute verbindet. Hierbei muß bei Benutzung von Säurefarbstoffen das Färbegut basische und bei der Verwendung von basischen Farbstoffen saure Eigenschaften haben.

Adjektive Farben sind solche, die zur Erzeugung der Färbung noch durch Beizen (s. d.) vorbehandelt werden müssen.

F. benötigen ein nitritfreies Brauchwasser. Weiches und mineralstoffarmes Wasser ist im allgemeinen am besten geeignet, namentlich zum Waschen der Stoffe. Nur wenige Farbstoffe lassen sich auch in einem mittelharten Wasser ausfärben.

Fäulnis. Gärungsvorgang; allmähliche Zersetzung pflanzlicher und tierischer Stoffe in Gegenwart von Wasser bei Luftabschluß (Sauerstoffmangel) unter dem Einfluß von F.bakterien (saprogene, anaërobe, sauerstofflos lebende Bakterien). Bei der F. bilden sich Gase und feste Verbindungen, die vorwiegend aus Kohlenstoff, Wasserstoff und Sauerstoff bestehen, wobei die Kohlenstoffmenge im Verhältnis zu der bei der Vertorfung entstehenden Menge gering ist (Faulschlammoder Sapropelgestein, Diatomeenfaulschlamm oder Kieselgur, Seekalk oder Seekreide, Wiesenkalk). Besonders häufig in stagnierendem Wasser, in dem Wassertiere und Pflanzen, — insbesondere Ölalgen mit hohem Fettgehalt, — leben. Man unterscheidet: a) s t i n k e n d e F. (saure Gärung) und b) g e r u c h l o s e F. (alkalische Gärung, Methangärung). Die F. beginnt i. a. mit saurer Gärung, wobei sich Wasserstoff, Kohlensäure und übelriechende Gase, insbesondere Schwefelwasserstoff entwickeln. Die ursprünglich neutral oder alkalisch reagierenden Faulstoffe werden durch Bildung organischer Säure, wie Essigsäure und Buttersäure sauer, ihr p_H-Wert sinkt auf 5 bis 6. Unter Wasser geht die saure Gärung allmählich in alkalische Gärung über mit einem p_H-Wert über 7, wobei sich Kohlensäure, Stickstoff und vorwiegend Methan (Sumpfgas, Grubengas), aber keine übelriechenden Gase bilden.

Durch Impfung frischer Stoffe mit Stoffen, die sich bereits in alkalischer Gärung befinden, kann man erreichen, daß keine stinkende F. eintritt. Die Abwassertechnik benutzt dies bei der Behandlung des frischen Schlammes im Schlammfaulraum. Abwasserfaulung wird durch ausreichende Luftzufuhr verhindert (s. Vertorfung, Methan, Schlammfaulung, Schlammfaulraum, Faulschlamm, Frisch - Schlamm, Schlamm: alkalischer, neutraler, saurer, Frischwasser, Frischhalten des Abwassers).

Fäulnisfähigkeit des Abwassers s. Faulfähigkeit des Abwassers.

Fahrsprenger s. Wandersprenger.

Fallhöhe, Formelzeichen H, Maßeinheit cm, m, Spiegelhöhenunterschied in der Fließrichtung.

Fallrohr, Abfallrohr, Teil einer Grundstücksentwässerungsanlage. An der Gebäudewand lotrecht herabgeführter Rohrstrang, durch den das von den Ablaufstellen kommende Abwasser der Grundleitung zufließt. An der Straßenflucht liegende Regenwasser-Fallrohre werden i. a. nicht an die Grundleitung, sondern unmittelbar an die Straßenleitung angeschlossen. Die Lichtweiten der F.e betragen je nach der Anzahl und der Art der angeschlossenen Ablaufstellen 50, 70 oder 100 mm, bei Trockenaborten mindestens 200 mm. Abgesehen davon, daß im Rahmen der Werkstoffbewirtschaftung Austauschstoffe verwendet werden müssen, kommen als Werkstoffe für F.e i. a. Gußeisen, Flußstahl, Blei, Steinzeug, Zink und Kupfer in Frage (s. DIN 1986, DIN 1986 U Blatt 1 u. 2, DIN 1987), (s. Grundstücksentwässerung, Ablaufstelle, Grundleitung).

Fallwasser, das beim Eindampfen von Lösungen aus den kondensierten Brüden (s. d.) und dem Einspritzwasser (Kühlwasser) entstehende Wasser, das Verunreinigungen aus den eingedampften Lösungen enthält.

Farbe des Abwassers, Kennzeichen für den Zersetzungszustand der im Abwasser befindlichen organischen Schmutzstoffe. Sofern nicht durch gewerbliche Zuflüsse besondere Färbungen herbeigeführt werden, ist die Farbe des frischen, also noch nicht angefaulten städtischen Abwassers hellgrau mit gelblicher Tönung. Je dunkler das Abwasser ist, um so mehr sind Fäulnisvorgänge in ihm zu vermuten. Vollkommen fauliges Abwasser hat schwarzgraue bis schwarze Farbe.

Farbe des Abwasserschlammes. Der aus frischem, nicht angefaultem städtischem Abwasser abgesetzte Schlamm ist von grauer oder gelblichgrauer Farbe, die mit fortschreitender Faulung allmählich immer dunkler wird und schließlich bei vollkommen ausgefaultem Schlamm in tiefschwarze Färbung übergeht. Gesunder in Belebungsanlagen erzeugter belebter Schlamm hat rotbraune bis gelbrote Farbe. Die Farbe des Abwasserschlammes aus Gewerbebetrieben und des durch chemische Flockungsmittel ausgefällten Schlammes ist von der Art des Gewerbebetriebes und des Flockungsmittels abhängig.

Farbe des Wassers, sie wird mittels einer Vergleichslösung bestimmt, die aus Kaliumplatinchlorid und Kobaltchlorid besteht. Man gibt an, wieviel mg Platin diejenige Menge an Vergleichslösung enthält, die zur Erzielung der Wasserfarbe auf 100 cm³ zu verdünnen ist. Man verwendet auch feste Vergleichsfarben und gibt das Ergebnis nach der Ostwaldschen Farbenskala an (HOLLUTA).

Farbflockung, mit Farbflockung wird die auf den Elektrolyteigenschaften der Flockungsmittel beruhende Flockungswirkung bezeichnet. Sie kommt nur dann zur Geltung, wenn das Wasser nach Zusatz des Flockungsmittels eine verhältnismäßig saure Reaktion hat, etwa dem p_H-Bereich von 4,0 bis 5,5

entsprechend. Hierbei findet ein Gerinnen der färbenden Kolloidstoffe unter dem Einfluß der in Lösung befindlichen Aluminium- und Eisenionen statt, die sich in Form von basischen Salzen ebenfalls bis auf geringe Reste abscheiden und durch Adsorption auch eine weitgehende Beseitigung der noch nicht koagulierten Kolloide bewirken (R SCHMIDT). Eine andere Art ist die Adsorptionsflockung (s. d.).

Farbstoffe. Die in den Färbereien (s. d.) der Textilindustrie, in Papierfabriken und Gerbereien verwendeten F. sind zumeist künstliche organische F., die fast ausschließlich aus dem Steinkohlenteer hergestellt werden (s. Anilinfarbenfabriken).

Farbwerkstatt s. Gerbereien.

Faserstoffe. Die aus Zellstoff-, Papier-, Pappen- und Tuchfabriken mit dem Abwasser abgehenden Fasern werden durch Stoffänger (s. d.) weitestgehend zurückgehalten. Die auf diese Weise wiedergewonnenen F. werden in den Arbeitsgang zurückgeführt.

Fassungsvermögen eines Brunnens, die Brunnenleistung. Sie ergibt sich aus der zur Verfügung stehenden Filtereintrittsfläche und der entsprechend dem Bodendurchlässigkeitswert k möglichen Höchstgeschwindigkeit des Wassereintritts (SICHARDT, BIESKE).

Faulfähigkeit. 1. des Abwassers, durch den Gehalt an organischen, insbesondere eiweißhaltigen Stoffen bedingte Eigenschaft des Abwassers, bei nicht genügender Sauerstoffzufuhr zu faulen und infolgedessen durch die aus ihm aufsteigenden Gase, vor allem durch Schwefelwasserstoff, höchst geruchsbelästigend zu werden. F. besteht bei städtischem und solchem gewerblichen Abwasser, das viel organische Stoffe enthält (z. B. beim Nahrungsmittelgewerbe) immer, bei anderem Abwasser kann sie geringer sein (z. B. Abwasser aus chemischen Fabriken) oder auch vollkommen fehlen (z. B. Kohlenwaschwasser). Die F. wird festgestellt, indem man in den Luftraum einer ¾ mit Abwasser gefüllten, verkorkten Flasche Bleipapier einhängt und das Papier bei Zimmertemperatur beobachtet. Die mehr oder weniger starke Braunfärbung des Papiers zeigt den Grad der F. an (s. Bleipapier, Methylenblauprobe).

2. von Abwasserschlamm, durch den Gehalt an organischen, insbesondere eiweißhaltigen Stoffen bedingte Eigenschaft von Abwasserschlamm, sich zunächst unter stinkender Fäulnis (saurer Gärung) zu zersetzen, die dann allmählich in geruchlose Fäulnis (Methangärung) übergeht. Durch Impfen von faulfähigem, frischem Abwasserschlamm mit solchem, der sich bereits in Methangärung befindet, kann die saure Gärung unterdrückt werden. Auf der Erscheinung, daß sich frischer, faulfähiger Abwasserschlamm unmittelbar durch Methangärung zersetzt, wenn er in mäßiger Menge einem in Methangärung befindlichen Faulschlamm (Impfschlamm) zugesetzt wird, beruht der Betrieb der Schlammfaulräume (s. Fäulnis, Frischschlamm, Faulschlamm, Schlammfaulraum, Bestimmung der Faulfähigkeit von Abwasserschlamm).

Faulgas, das bei der geruchlosen Faulung (Methangärung) von Abwasserschlamm entstehende Gas. Es ist ein Gemenge von 65 bis 95 v. H. Methan, 5 bis 35 v. H. Kohlensäure, 0 bis 6 v. H. Stickstoff, 0 bis 8 v. H. Wasserstoff und 0 bis 0,25 v. H. Schwefelwasserstoff. Ein Liter F. wiegt je nach dem Kohlensäuregehalt 0,94 bis 1,14 g (Luft: 1,293 g). Der Heizwert des Faulgases beträgt je nach dem Methangehalt 6000 bis 8500 kcal/m³ (Leuchtgas: 4500 kcal/m³) F. ist mit Luft gemischt zerknallgefährlich, seine Zerknallgrenzen liegen zwischen 6,7 und 20 (s. Faulgasreinigung, Faulgasverwertung, Gas-

anfall im Schlammfaulraum, Fäulnis, Zerknallgrenzen).

Faulgashaube, bei zweistöckigen Absetzanlagen etwa 30 cm tief in den Wasserspiegel des Faulraumes eintauchende, bei getrenntem Schlammfaulraum am höchsten Punkte der Decke angebrachte, unten offene eiserne Haube, in der sich das aufsteigende Faulgas sammelt und von deren Scheitelpunkte aus es durch eine Rohrleitung nach dem Gasbehälter oder nach der Verwendungsstelle abgeführt wird. Die eintauchende Haube wird gegen Eindringen von Schwimmschlamm zweckmäßig durch einen unter ihr angebrachten gasdurchlässigen Deckel aus Holz oder Beton geschützt. In Ausnahmefällen werden bei großen, offenen Faulbecken, bei denen die Herstellung einer Gasdecke zu kostspielig sein würde, auch schwimmende Gashauben angewendet.

Faulgaskrumme. Die Verbindungslinie der Punkte, die man erhält, wenn man die Zeit der Faulung einer Abwasserschlamm - Menge als Abszisse und die während dieser Zeit bei einer bestimmten Temperatur entwickelte Gasmenge (in Liter je kg organische Trockenmasse) als Ordinate aufträgt. Nach BLUNK (Gesundh.-Ingenieur 1926, S. 401) steigt die F. für städtischen Frischschlamm bei 25° in den ersten 30 Tagen auf etwa 40 l je kg, in den nächsten 50 Tagen bis 360 l/kg und in den darauf folgenden 60 Tagen bis 390 l/kg. Die entwickelte Gasmenge beträgt also vom 1. bis zum 30. Tage (Einarbeitungszeit) 10,3 v. H. der Gesamtmenge (1,3 l/Tag), vom 31. bis um 80. Tage 82,0 v. H. (6,4 l/Tag) und vom 81. bis zum 140. Tage 7,7 v. H. (0,5 l/Tag). Bringt man dagegen den Frischschlamm in einen eingearbeiteten Faulraum, so daß er nicht erst in saure, sondern sofort in Methan-Gärung übergeht, so wird die Gasentwicklung erheblich besser. Sie kann dann bei 25° und mehrstufiger Ausfaulung in den ersten 30 Tagen bereits auf 700 l/kg steigen und damit schon nahezu ihren Höchstwert erreichen. Die F.n für Temperaturen von 10°, 15°, 20°, 25° und 30° für diesen zur Beurteilung des Faulraumbetriebes besonders wichtigen Fall sind auf S. 185 der 10. Auflage des Taschenbuches der Stadtentwässerung von IMHOFF nach Angaben von FAIR und MOORE dargestellt. Die F. nach SIERP (Technologie des Wassers, S. 343) gibt in Gegensatz dazu die Abhängigkeit der Gasmenge von der Faulungstemperatur an. Danach werden aus 1 kg organischer Stoffmenge erzeugt: bei 28° 725 l Gas, bei 45° 877 l und bei 55° 860 l.

Faulgaskurve s. Faulgaskrumme.

Faulgasreinigung, Befreiung des Faulgases von Beimengungen, die seine Verwendungsfähigkeit beeinträchtigen.

1. Entfernen des Schwefelwasserstoffs, indem man das Gas durch Raseneisenerz, Lautamasse, Luxmasse oder Lammingsche Masse leitet. Die Reinigungsmassen werden nach ihrer Sättigung durch Lagern an der Luft oder durch Einblasen von Luft wieder aufgefrischt.

2. Auswaschen der Kohlensäure mit Wasser bei etwa 15 atü, wenn das Gas komprimiert (auf 150 bis 350 at) und zum Antrieb von Fahrzeugen verwendet werden soll.

3. Befreien des Gases von Feuchtigkeit vor der Kompression, indem man es durch mit Chlorcalcium gefüllte Gastrockner leitet.

Von Schwefelwasserstoff befreites Faulgas ist geruchlos und muß, um Unglücksfälle (z. B. Zerknallungen oder Erkrankungen durch Einatmen) zu verhüten, wieder riechbar gemacht werden. Dies geschieht am besten durch Überleiten über Mercaptan (s. Faulgas, Faulgasverwertung).

Faulgasverwertung, Ausnutzung des Heizwertes des Faulgases (s. d.) zu technischen Zwecken. I. a. kommen folgende Verwertungsmöglichkeiten in Frage: 1. Heizen der Schlammfaulräume (s. Faulraumheizung), 2. Heizen der Betriebsgebäude des Klärwerks, 3. Heizen der Verbrennungsöfen für das Rechengut, 4. Krafterzeugung für die maschinellen Anlagen des Klärwerks, 5. Abgabe an das städtische Gaswerk, 6. Einpressen mit 150 bis 350 atü in Stahlflaschen zum Antriebe von Kraftfahrzeugen.

Zu 4. Bei der Krafterzeugung in Gasmotoren werden bis zu 0,5 m³ Faulgas für eine Pferdekraftstunde gebraucht.

Zu 5. Die Abgabe an das Gaswerk ist nur wirtschaftlich, wenn die Zuführungsleitung kurz ist. Wegen der verschiedenen Heizwerte des Stadtgases (4500 kcal/m³) und des Faulgases ist innige Mischung beider erforderlich.

Zu 6. Das Faulgas ist vor dem Einpressen von Schwefelwasserstoff und Kohlensäure zu befreien und zu trocknen (s. Faulgasreinigung).

Faulgrenze, technische, die Grenze, bis zu der Abwasserschlamm ausgefault ist, wenn er keinen üblen Geruch mehr hat und auf dem Schlammtrockenplatz an der Luft leicht stichfest wird. Das Schlammwasser des bis zur technischen Faulgrenze ausgefaulten Abwasserschlammes ist klar und trennt sich rasch von den körnigen, schwarzen Schlammteilen. Im ordnungsmäßig betriebenen Faulraum erreicht frischer städtischer Abwasserschlamm die technische Faulgrenze i. a. nach 30 Tagen bei einer Temperatur von 25° und nach 60 Tagen bei einer solchen von 15°. Er wird dann, wenn man ihn in 0,2 m hoher Schicht auf den Trockenplatz bringt, in etwa acht Tagen stichfest (s. Schlammfaulraum, Faulschlamm).

Faulgrube, kleiner Abwasserfaulraum für Hauskläranlagen, der mindestens 3 m³ Fassungsvermögen haben soll. Damit der aus dem durchfließenden Abwasser abgesetzte Schlamm gut ablagern und ausfaulen kann, wird die F. in mehrere Kammern unterteilt, deren erste und größte eine Mindestwassertiefe von 1,2 m hat (s. Abwasserfaulraum, Hauskläranlage).

Faulraum s. Schlammfaulraum.

Faulraumheizung, Betriebsmaßnahme zur Beschleunigung des Faulvorganges im getrennten Schlammfaulraum. Da frischer organischer Abwasserschlamm innerhalb gewisser Grenzen bei geringerer Temperatur wesentlich langsamer ausfault als bei höherer, — die Faulzeit beträgt z. B. bei 8° etwa 120 und bei 27° nur etwa 30 Tage, — da ferner der Faulraum bei gleicher Leistung um so kleiner sein kann, je schneller der Faulvorgang beendet ist, und da schließlich auch das bei der Faulung anfallende Faulgas einen großen Heizwert besitzt,

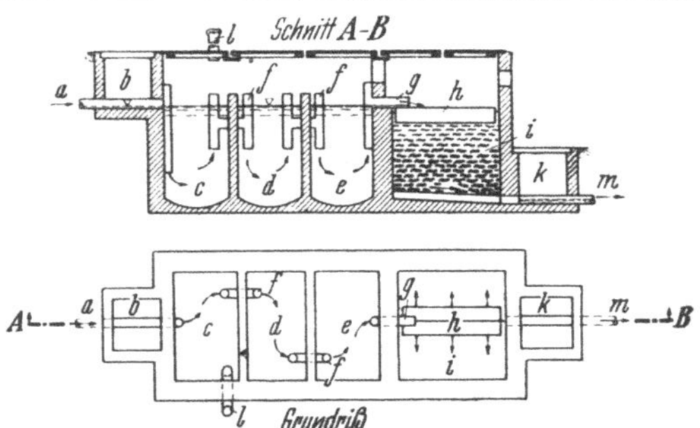

Dreikammerige Faulgrube mit nachgeschalteter biologischer Reinigung durch Tropfkörper, *a* Zulauf, *b* Vorschacht, *c, d, e* Faulkammern, *f* Verbindungsrohre, *g* Ablauf nach der Tropfkörperkammer, *h* Kipprinne, *i* Tropfkörper, *k* Ablaufschacht, *l* Lüftungsrohr.

ist die F. von großer wirtschaftlicher Bedeutung. Man unterscheidet: 1. Spülheizung, 2. Kreislaufheizung, 3. Gegenstromheizung, 4. Einblasen von Dampf.

Zu 1. Reines oder Faulraumwasser wird erhitzt und von der Sohle aus in den Faulraum eingeleitet, so daß es den Schlamm erwärmt und durchspült. Zu 2. Das erhitzte Wasser wird mittels Rohrleitungen, die den Faulraum durchziehen, im Kreislauf durch den Schlamm und den Heizofen geführt. Wenn die Heizrohre im Schlammraum fest liegen, darf das Heizwasser nicht wärmer als 60° sein, weil sich sonst von außen eine Schlammkruste ansetzt, die den Wärmedurchgang stört. Werden die Rohre bewegt, so kann die Temperatur des Heizwassers bis nahezu 100° betragen. Wärmedurchgang auf 1 m² Heizfläche und 1° Temperaturunterschied bei festen Rohren auf der Sohle des Faulraumes 50 kcal/h, bei festen, an den Seitenwänden im Schlamm liegenden Rohren 150 kcal/h und bei im Wasser stehenden sowie bei bewegten Heizrohren 300 kcal/h. Zu 3. Das Heizwasser wird in einem besonderen Kessel im Gegenstrom um die Zuführungsleitung für den Frischschlamm herumgeführt, so daß sich der Schlamm erwärmt, bevor

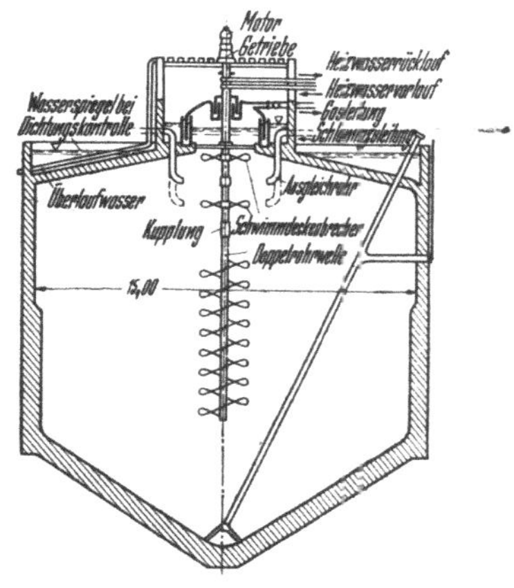

Schlammfaulraum mit Kreislaufheizung mittels beweglicher und herausnehmbarer Heizkörper.

er in den Faulraum gelangt. Zu 4. In den Frischschlamm wird vor dessen Einführung in den Faulraum Dampf eingeblasen.

Die für den Schlammabbau günstigste Faulraumtemperatur liegt i. a. zwischen 25° und 35°. Die Überheizung bis zur Temperatur der wärmeliebenden Bakterien (etwa 55°) ergibt keinen vollkommen geruchlosen Schlamm (s. Winterheizung des Schlammfaulraumes, Zweistufenfaulung, Schlammfaulraum, getrennter).

Faulschlamm, der bei der Faulung organischer Stoffe entstehende Schlamm. Die Abwassertechnik bezeichnet mit F. den bis zur technischen Faulgrenze zersetzten Abwasserschlamm, der im Gegensatz zu dem unzersetzten, zu stinkender Fäulnis neigenden Frischschlamm keine Geruchsbelästigung hervorruft. Dieser F. hat tiefschwarze Farbe, riecht leicht teerig-erdig, enthält etwa 87 v. H. Wasser und gibt das klare Schlammwasser sehr schnell ab. Auf Schlammtrockenplätzen wird er in kurzer Zeit stichfest. Wegen seines großen Gehaltes an Humus ist er zu Dungzwecken besonders geeignet (s. Faulgrenze: technische, Fäulnis, Schlammfaulung, Frischschlamm).

Faulschlammwasser, die bei der Ausfaulung von Abwasserschlamm sich absondernde Flüssigkeit, die in erster Linie das Schlammwasser, dann aber auch die bei der Faulung verflüssigten organischen Stoffe enthält. F. fällt in erheblicher Menge an und muß daher regelmäßig aus dem Schlammfaulraum entfernt werden, wenn man Platz für den ständig hinzukommenden Frischschlamm schaffen will, ohne den Faulraum unnötig groß zu machen oder die Faulzeit übermäßig zu verkürzen. Um welche große Flüssigkeitsmenge es sich dabei handelt, zeigt folgende Betrachtung: Nach IMHOFF, Taschenbuch der Stadtentwässerung, 10. Aufl. S. 182 werden dem Faulraum je Kopf und Tag 1,08 l Frisch-Schlamm von 95 v. H. Wassergehalt zugeführt, wenn dieser beim Herauspumpen aus den Absetzbecken vom überschüssigen Wasser getrennt wird. Aus dem Faulraum können aber nur 0,26 l je Kopf und Tag Faulschlamm von 87 v. H. Wassergehalt abgelassen werden, also etwa der vierte Teil des hinzukommenden Frischschlammes. Um für diesen Platz zu schaffen, muß man also täglich mindestens 1,08 — 0,26 = 0,82 l/K. F. ablassen, d. s. für 50 000 Einwohner täglich 41 m³. Der Vergleich zwischen der Raumschrumpfung des Schlammes bei der Faulung und bei der Entwässerung zeigt, daß das F. nicht nur Schlammwasser, sondern auch geringe Mengen bei der Faulung nicht verflüssigter Feststoffe enthält, denn während sich die vom Schlamm vor und nach der Faulung eingenommenen Räume zueinander wie 4 : 1 verhalten, ist das entsprechende Verhältnis vor und nach der Entwässerung

$$= \frac{100-87}{100-95} = \frac{13}{5} = 2,6 : 1,$$

also kleiner als 4 : 1.

Das F., dessen Schwebestoffgehalt und Sauerstoffbedarf etwa zwei- bis dreimal so groß sind als die des ungeklärten Abwassers, wird zweckmäßig dem Absetzbecken der Kläranlage zugeleitet. Ist es allzusehr verschmutzt (z. B. bei starker Gasbildung im Faulraum), so muß man es vorher, um den Klärbetrieb nicht zu stören, in einem besonderen Becken absetzen lassen und den dabei anfallenden Schlamm in den Faulraum zurückbringen (s. Schlammentwässerung).

Faulzeit, die Zeit, die der frische Abwasserschlamm braucht, um bis zur technischen Faulgrenze auszufaulen. Die F. ist in hohem Maße von der Temperatur abhängig, und zwar ist sie bei höheren Temperaturen kleiner als bei niederen (s. Faulgrenze, technische, Faulraumheizung).

Federreinigungsanstalten. Zum Weichen und Waschen der Federn und Dauen wird ein weiches, eisen- und manganfreies Wasser benötigt. Hartes und mineralstoffreiches Wasser macht die Federn spröde und unelastisch,

Als Abwasser fallen neben Spülwasser noch die eigentlichen Waschlaugen an, die infolge ihres Gehalts an organischen und eiweißhaltigen Stoffen leicht in Fäulnis übergehen. Wenn Ableitung in ein städtisches Entwässerungsnetz nicht vorgenommen werden kann, ermöglicht die Bodenberieselung eine ausreichende Reinigung.

Feinrechen. Abwasser - Rechen mit weniger als 20 mm Durchtrittsweite. Der F. wird häufig hinter einem Grobrechen angeordnet, um kleinere, vom Abwasser mitgeführte Stoffe zurückzuhalten. Wenn das Abwasser einem sehr leistungsfähigen Vorfluter zugeführt wird, kann der F. auch als selbständige Klärvorrichtung dienen. Das Abstreifen des Rechengutes muß i. a. stets maschinell erfolgen (s. Abwasser-Rechen).

Feinsieb s. Abwassersieb.

Feinzinklegierungen, ein heute maßgebender Werkstoff der Armaturenindustrie für Gas- und Wasserleitungen. Über die Güte der F. sind vom Bevollmächtigten für die Maschinenproduktion besondere Bestimmungen erlassen (Anordnung zur Sicherung der Qualität von Kleinarmaturen aus Zinklegierungen, Deutsch. Reichsanz. 1940 Nr. 115 S. 2). Die Zinkberatungsstelle G. m. b. H., Berlin W 50, Tauentzienstr. 12 a, gibt Merkblätter über die Zinklegierungen heraus.

Feldberegnung, künstliche Verregnung von Wasser oder Abwasser auf Äckern und Wiesen zur Anfeuchtung und gegebenenfalls auch zur Düngung des Erdbodens. Durch die F. kann das mit künstlichen oder natürlichen Dungstoffen gemischte oder auch unmittelbar offenen Gewässern entnommene Wasser in äußerst fein verteiltem Zustande über weite Bodenflächen verbreitet werden. Da die F. ein wirksames Mittel ist, die Anpflanzungen in Trockenzeiten vor dem Verdorren zu schützen, sichert ihre Anwendung den Ernteertrag und ermöglicht daher dem Landwirt eine von den Niederschlagsverhältnissen unabhängigere Betriebsführung. Bei Wiesen und zahlreichen Feldfrüchten führt insbesondere die Abwasserverregnung und die Verregnung von Wasser mit Dungstoffzusatz auch zu Ertragsteigerungen. Da die biologischen Kräfte des Erdbodens und der Pflanzen die im Abwasser befindlichen Schmutzstoffe abbauen, dient die F. zugleich der Abwasser-Reinigung. I. a. wird aber die Verregnung des nicht biologisch gereinigten Abwassers über dem Blätterwerk genießbarer Pflanzen aus gesundheitlichen und gefühlsmäßigen Gründen abgelehnt. Die Beregnungsanlage besteht aus Pumpe nebst Antriebsmaschine, Rohrwerk zum Heranbringen des Wassers und Beregnungsgerät. Je nachdem das gesamte Rohrwerk fest im Boden liegt oder die zu ihm gehörigen Regnerleitungen über dem Erdboden verschoben werden, unterscheidet man ortsfeste und ortsbewegliche Anlagen. Bei den ortsfesten Anlagen ist das Beregnungsgerät entweder ebenfalls fest eingebaut oder es kann umgesetzt und nach Bedarf an ortsfeste Zapfstellen angeschlossen werden. Die Beregnungsgeräte sind dabei i. a. E i n z e l r e g n e r , die aus einer sich drehenden Düse (Drehstrahlregner) das Wasser in starkem Strahl auf verhältnismäßig große Entfernung auswerfen (Weitstrahlregner, Großfeldberegner), so daß kreisförmige oder bei manchen Bauarten auch quadratische Feldflächen benetzt werden. Die ortsbeweglichen Feldberegner sind i. a. D ü s e n f l ü g e l , die das Wasser in Form feiner Tröpfchen (Sprühdüsen) oder in einem nicht allzuweit reichenden, in der Luft zerstäubenden Strahl (Strahldüsen) abgeben. Die Düsenflügel, etwa 6 m lange, mit den Düsen versehene Rohrstücke, die durch leicht lösbare Kuppelungen miteinander verbunden werden können, beregnen lange, schmale, rechteckige Feldstücke (s. Großfeldberegner).

Fernpegel (Fernsender), durch F. werden Pegel-, Brunnen- oder Behälterstände auf größere Entfernungen, z. B. nach Pumpenhäusern oder Diensträumen des Wasserwerks übertragen. Die Übertragung geschieht auf elektrischem Wege. Eine solche Anlage gliedert sich i. a. in folgende Teile: 1. das Gebergerät, das das Spiel des Wasserstandes in eine elektrische Größe umwandelt; 2. das Empfangsgerät, das am entfernten Ort den Wasserstand anzeigt; 3. die elektrische Lei-

Schwimmer mit Fernsender.

tung zwischen Geber und Empfänger; 4. die Stromquelle. Dazu treten nach Bedarf noch Fernsprech- und Alarmgeräte. Die Gebergeräte können verschiedener Ausführungsart sein. I. a. treibt ein meist durch Gegengewicht ausgeglichener Schwimmer durch Seil- oder Kettenübertragung ein Vorgelege, dessen zweite Welle in ihrem Drehweg der gesamten Hubhöhe des Schwimmers angepaßt ist. Am Gebergerät ist der Fernsender angebaut, dessen Auf-

gabe es ist, die Drehbewegung der Welle elektrisch auf das Empfangsgerät, ein Ablese- oder Schreibgerät, weiterzugeben. Die Schwimmerbewegung wird auf das Empfangsgerät meistens stufenweise übertragen, indem bei der Hebung oder Senkung des Schwimmers um einen bestimmten Betrag ein Kontakt angeschlagen und

Widerstandswalze des Fernsenders.

dadurch ein Stromstoß in der Leitung erzeugt wird. Im Empfängergerät wird dann auf elektromagnetischem Wege der Zeiger um ein bestimmtes Maß vor- oder rückwärts gestellt, oder es wird bei schreibenden Geräten die Schreibfeder entsprechend gehoben oder gesenkt. Dabei können auch Punkt- oder Linienschreiber (s. d.) benutzt werden. An Stelle der stoßweisen Kontaktauslösung kann beispielsweise die Übertragung auch durch Teilung des Meßstromes in zwei Teilströme erfolgen, deren Verhältnis durch eine Widerstandswalze der jeweiligen Stellung des Gebergerätes angepaßt wird. Dieses Verhältnis wird vom Empfangsgerät erfaßt (s. Pegel).

Fernwasserversorgung, die Versorgung eines Gebietes mit Trink- und Brauchwasser, in dem die dafür nötigen Wassermengen nicht zur Verfügung stehen und deshalb aus wasserreicheren Gebieten herbeigeführt werden müssen. Die längste deutsche F. ist die der Städte Bremen und Hildesheim aus der Sösetalsperre im Harz. Die Leitung ist bis Bremen rund 200 km lang.

Ferrichlorid s. Eisenchlorid.

Ferrihydroxyd s. Eisenhydroxyd.

Ferrisalze, Eisenoxydsalze, die Salze des dreiwertigen Eisens.

Ferrochlorid s. Eisenchlorür.

Ferrohydroxyd s. Eisenhydroxydul.

Ferrosalze, Eisenoxydulsalze, die Salze des zweiwertigen Eisens.

Ferrosulfat s. Eisenvitriol.

Ferrosulfid s. Schwefeleisen.

Ferrozyankalium, gelbes Blutlaugensalz, K_4 Fe $(CN)_6 \cdot 3\,H_2O$ wird aus der Gasreinigungsmasse von Gasanstalten oder aus dem Gichtgaswaschwasser (s. d.) gewonnen. Verwendung in Metallwarenfabriken und Färbereien.

Festliegen von Sand und Schlamm. Im Entwässerungsnetz höchst unerwünschter Vorgang, der im wesentlichen von der Abwassergeschwindigkeit abhängt. Zur Verhütung des F.s soll die Geschwindigkeit im Netz bei einer Mindestwassertiefe von 0,03 bis 0,04 m nicht kleiner als 0,4 m/s sein. Wenn diese Mindestwerte auch nur zeitweise, z. B. bei geringem Abwasseranfall in der Nacht, unterschritten werden, sind Ablagerungen, die durch Spülung und Ausräumung der Leitungen beseitigt werden müssen, unvermeidlich. Für Sandfänge, in denen nur Sand, aber möglichst kein Schlamm liegen bleiben soll, empfiehlt sich eine Durchflußgeschwindigkeit von 0,3 m/s. Die Grenzgeschwindigkeit, bei der in Absetzbecken der abgesetzte Schlamm gerade noch liegen bleibt, beträgt etwa 0,05 m/s.

Fettabscheider, in die Grundstücksentwässerungsleitung möglichst in unmittelbarer Nähe des Ausgusses eingebaute i. a. gußeiserne Vorrichtung, die dazu dient, die Abwasserströmung so weit zu verlangsamen, daß sich das vom Abwasser mitgeführte Fett durch Aufschwimmen abscheidet. Der F. erhält zweckmäßig zwei Kammern, eine kleinere, mit Eimer versehene, in der sich der Abwasserschlamm absetzt, und eine größere, in der sich das Fett sammelt. Jede Kammer ist von oben her durch eine mit abnehmbarem Deckel verschließbare Öffnung zugänglich. Normblätter DIN 4040: Fettabscheider, Baugrundsätze, DIN 4041: desgl., Vorschriften für Einbau, Größe und Betrieb und DIN 4042: desgl., Prüfungsunterlagen und Prüfverfahren. Die F. unterliegen dem Prüfzwang (s. Prüfausschüsse beim Deutschen Gemeindetag).

Fett aus Abwasser s. Entfettung von Abwasser.

Fettfang s. Ölfang.

Fettgehalt von Abwasserschlamm s. Ölgehalt von Abwasserschlamm.

Fetthärtung, Verfahren, um pflanzliche oder tierische Öle in feste Fette zu überführen. Die gehärteten Fette werden in Margarinefabriken (s. d.) und Seifenfabriken (s. d.) verwendet.

Fettsäurefabriken. Die Herstellung künstlicher Fettsäuren, organischer Säuren von der allgemeinen Formel $C_n\,H_{2n}\,O_2$, erfolgt entweder aus einem bei der Benzinsynthese (s. Hydrierwerke) anfallenden Nebenerzeugnis, dem sog. Gatsch, oder aus Mineralöl. Das anfallende Abwasser enthält u. a. Essigsäure, Buttersäure und freie Schwefelsäure, die im Fabrikationsprozeß zur Reinigung benutzt wird.

Fettspaltung, die Spaltung der Fette in Glyzerin und Fettsäuren (s. Margarinefabriken, Seifenfabriken).

Fett-Topf s. Fettabscheider.

Feuchtigkeitsgehalt der Luft ist von der Wärme abhängig. Diejenige Menge Wasserdampf, die 1 m^3 Luft bei einer bestimmten Wärme aufzunehmen vermag, ist, in mm Quecksilberdruck ausgedrückt, die maximale Feuchtigkeit FM. Die in 1 m^3 Luft bei einer bestimmten Wärme tatsächlich enthaltene Menge Wasserdampf in gleichem Maß gemessen, ist die absolute Feuchtigkeit FA. Der Quotient $\dfrac{100\,FA}{FM}$ also die in Prozenten der maximalen Feuchtigkeit ausgedrückte, in 1 m³ Luft vorhandene Dampfmenge wird als relative Feuchtigkeit bezeichnet. Mit zunehmender Höhe der Luftschicht nimmt der Wassergehalt rasch ab (HOLLUTA).

Feuchtigkeit, relative, das Verhältnis der in der Luft vorhandenen Wassermenge zu der Wassermenge, die die Luft bei gleicher Temperatur im Zustand der Sättigung hätte aufnehmen können.

Fichtenholzhydrolyse s. Holzverzuckerungsfabriken.

Filmfabrikabwasser enthält die Emulsionsreste und verbrauchten Bäder mit den verschiedensten Säuren und Laugen. Daneben fallen große Mengen Waschwasser an. Für die Reinigung ist die Mischung der einzelnen Abwasserarten und deren gegenseitige Neutralisation und Ausflockung zu empfehlen. Durch Mischung mit häuslichem Abwasser und natürliche oder künstliche biologische Reinigung läßt sich ein zufriedenstellender Reinigungserfolg erzielen.

Filter sind 1. Einrichtungen zur Durchführung des Filtervorganges, also Körper, die infolge der Feinheit ihrer Hohlräume beim Durchgang von Wasser die in diesem nicht gelösten Fremdkörper zurückhalten (s. Filtern), 2. Einrichtungen, um den Eintritt des Grundwassers in die Rohrbrunnen zu ermöglichen. Je nach der Bauart werden dazu Gewebe- oder Kiesfilter verwendet. Sie üben jedoch keine eigentliche Filterwirkung aus.

Filteraufsatzrohr der Bohr-Brunnen. Das F. hat den Zweck, eine Abdichtung zwischen Filter und Mantelrohr der Brunnen herzustellen, um zu verhindern, daß auf diesem Wege Sand in den Brunnen gelangt. Zugleich dient es als Handhabe zum Herausziehen des Filters. Es besteht aus dem gleichen Baustoff wie das Mantelrohr (nach BIESKE) (s. a. Brunnenrohre).

Filterbetrieb, S t ö r u n g e n i m F. d u r c h K l e i n l e b e w e s e n. Solche Störungen bewirken z. B.

1. von den Schizophyzeen die Blaualge Anabaena flos aquae (Wasserblüte) u. a. m., z. B. Anabaena macrospora,

2. von den Kieselalgen (Diatomeen) die Sternkieselalge Asterionella formosa und die Fadenkieselalge Melosira, z. B. granulata,

3. von den Chlorophyceen die Grünalge Cladophora, Hydrodictyon (Wassernetz),

4. von den Flagellaten Synura uvella (Strahlenkugel) und Uroglena volvox (Strahlenauge), ferner Dinobryon sertularia (Trichterbäumchen) und Gymnodinium palustre (Furchengeißling).

Anabaena usw. können nach dem Absterben das Wasser blau färben. Asterionella verstopft die Filter und ruft besonders beim Absterben einen fischigen Geruch hervor. Die Cladophora usw. können die Filter stark belasten. Bei Synura soll der Geruch gurkenartig sein und bei Uroglena sowie bei Dinobryon tranig. Gymnodinium macht bei Anhäufung das Wasser schleimig. Störungen können auch durch das Auftreten der Eisenbakterien (s. d.) Crenothrix und Leptothrix entstehen (s. a. Wasserwerksbetrieb).

Filterblatt, kreisförmiges Blatt von Filterpapier (Durchmesser i. a. 7 cm), durch das mittels einer Wasserstrahlpumpe eine bestimmte Menge Wasser oder Abwasser (z. B. 1000 cm³ Flußwasser oder 500 cm³ Kläranlagenabfluß) hindurchgesaugt wird, wobei man an der Farbe der zurückbleibenden Schmutzschicht die Art und den Grad der Verunreinigung der Flüssigkeit erkennen kann. Nach SIERP können Filterblätter besonders in Streitfällen die Wirkung einer Kläranlage überzeu-

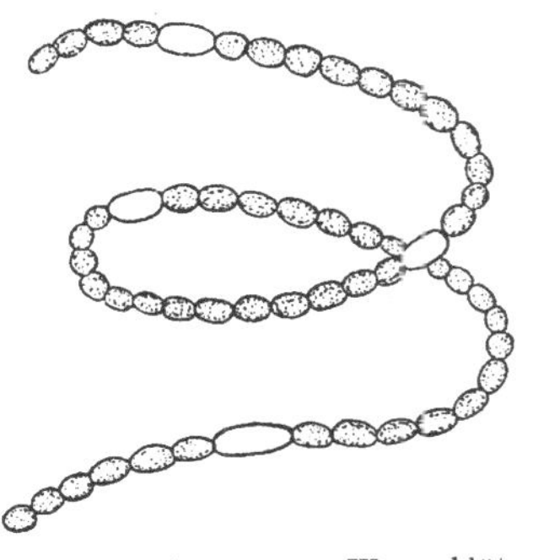

Anabaena flos aquae, Wasserblüte,
(nach BETHGE).
Vergrößerung etwa 500 fach.

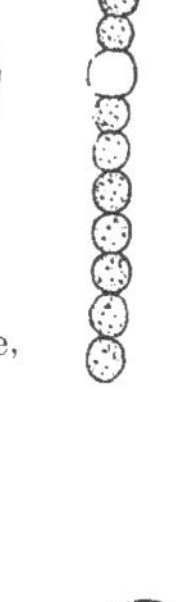

Mitte
Anabaena macrospora (nach BETHGE).
Vergrößerung etwa 500 fach.

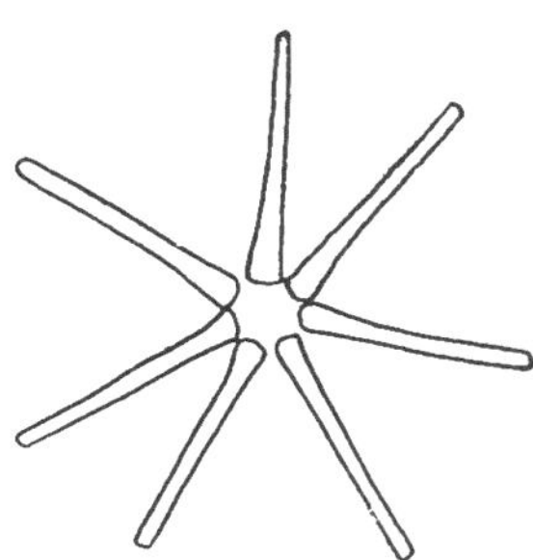

Asterionella formosa, Sternkieselalge
(nach BETHGE).
Vergrößerung etwa 250 fach.

links
Melosira granulata,
Fadenkieselalge
(nach BETHGE).
Vergrößerung etwa
150 fach.
Chromatophoren bei
lebhafter Entwick-
lung lappig

Mitte
Gymnodinium
palustre.
Furchengeißling,
Bauchseite
(nach SCHILLING).
Vergrößerung
etwa 330 fach.

rechts
Synura uvella.
Strahlenkugel.
Die Geißeln
sind fortgelassen
(nach BETHGE).
Vergrößerung
etwa 250 fach.

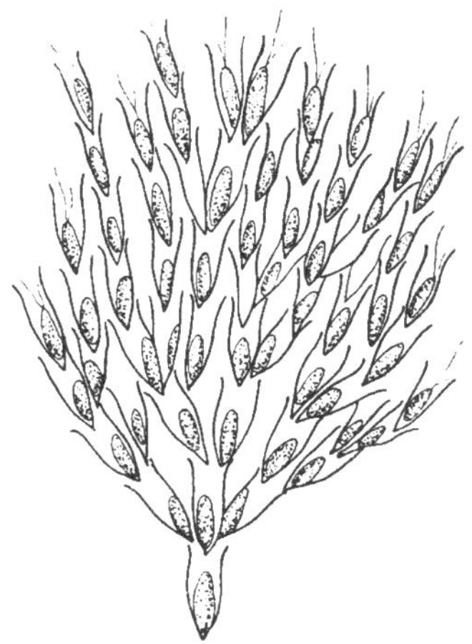

Uroglena volvox, Strahlenauge (nach BETHGE).
Vergrößerung etwa 250 fach.

Dinobryon sertularia, Trichterbäumchen
(nach BETHGE). Vergrößerung etwa 250 fach.

gend veranschaulichen, zumal die Blätter nach Konservierung mit Zaponlack zu den Akten genommen und daher später noch als Beweismaterial dienen können (s. Siebboden in einem Trichter, Saugflasche).

SIERP: Technologie des Wassers, Berlin 1939, S. 311.

Filterböden, die Träger des Filtersandes in Schnellfiltern. Sie werden in offenen Filtern (s. d.) meist aus Eisenbeton oder Asbestzement, in geschlossenen Filtern (s. d.) aus Stahlblech hergestellt. Die Öffnungen zum Durchlassen des Filtrats sind mit Düsen versehen, die ein Mitreißen des Filtersandes verhindern. Gleichzeitig dienen diese Düsen (s. d.) zur gleichmäßigen Verteilung des durchgeleiteten Waschwassers und der Waschluft (Druckluft) bei der Rückspülung zwecks Reinigung des Filtersandes.

Filterdruckhöhe, der Höhenunterschied zwischen dem Rohwasserspiegel eines Filters und dem Ablaufspiegel des Filtrats.

Filterboden mit Porzellandüsen in einem offenen Schnellfilter.

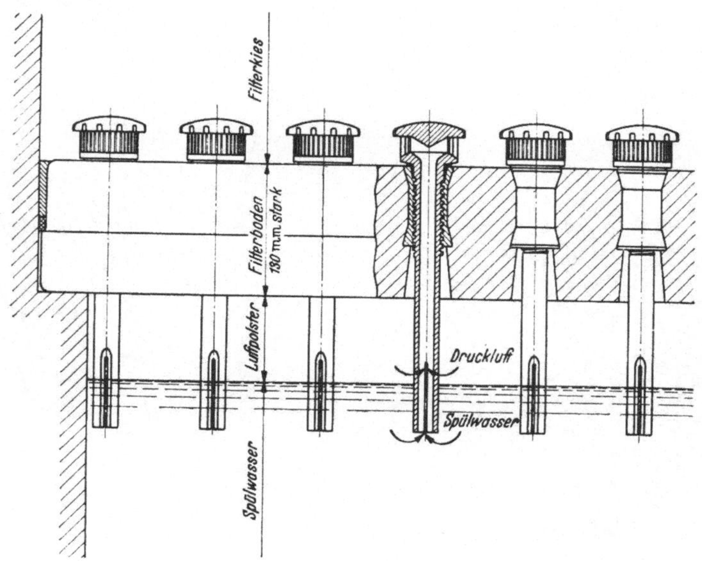

WABAG-Filterboden mit Polsterdüsen.

Filtereintrittsgeschwindigkeit b e i B r u n n e n , die Geschwindigkeit, mit der das in die Brunnen eintretende Wasser die Eintrittswiderstände überwindet. Sie ist abhängig von der Korngröße des Sandes. Besitzen 60 v. H. des Sandes eine Korngröße über 1 mm, so darf die Geschwindigkeit v nicht größer als 0,002 m/s sein. besitzen 40 v. H. des Sandes eine Korngröße unter 0,5 mm, so soll v höchstens 0,001 m/s und' bei Sandteilchen unter 0,25 mm Durchmesser nur 0,0005 m/s sein (nach GROSS, BIESKE).

Filtereintrittswiderstand b e i B r u n n e n. Er hängt von der Bauart (Durchlässigkeit) des Filters ab, ferner von der Absenkung, von der Wassermenge, dem Durchmesser und der Länge des Filters, also von der Eintrittsgeschwindigkeit des Wassers (BIESKE). Er ist gekennzeichnet durch den Höhenunterschied zwischen dem Grundwasserspiegel an der äußeren Brunnenwand und dem Brunnenwasserspiegel.

Filterfläche, die Größe der Oberfläche der der Filterung des Wassers dienenden Sandschicht.

Filter, geschlossene, Schnellfilter aus Stahlkesseln von kreisförmigem Querschnitt, die im Innern ein oder zwei Filterböden (s. d.) tragen, auf denen der Filtersand ruht. Sie sind mit Rückspüleinrichtungen versehen. Die Filterfläche kann nur bis zu einer Größe von etwa 6 m² bemessen werden. Ein Vorteil der g. F. gegenüber den offenen (s. d.) ist, daß das Rohwasser unmittelbar durch das Filter in das Netz gedrückt werden kann, also nur einmal gehoben zu werden braucht.

Filtergeschwindigkeit, Formelzeichen v_f, Durchflußmenge in der Zeiteinheit je Flächeneinheit eines rechtwinklig zu der Fließrichtung gelegenen Bodenquerschnittes bei laminarem Fließzustand.

$$v_f = \frac{Q}{M \cdot B}$$

Hierin bedeutet
Q die einen Grundwasserquerschnitt durchfließende Wassermenge,
M die Mächtigkeit der durchflossenen Schicht,
B die Breite des Querschnitts.
Die Filtergeschwindigkeit entspricht der Geschwindigkeit, mit der sich offenes Wasser auf die Oberfläche eines Filters zu bewegt, sie ist aber weit geringer als die Geschwindigkeit, mit der sich die Wasserteilchen im Boden bewegen.

Filtergesetz, das für den größten Teil des Grundwasservorkommens gültige Grundgesetz für die Bewegung des Grundwassers in den sandigen oder kiesigen Schichten des Untergrundes. Auf ihm bauen sich alle weiteren hydrologischen Erkenntnisse auf. DARCY fand, daß folgende Beziehung besteht:

$$Q = kF\frac{h}{l},$$

d. h. die in der Zeiteinheit das Filter durchströmende Wassermenge Q ist gleich dem Produkt aus dem durchflossenen Querschnitt, der Filterfläche F in m², dem Gefälle $\frac{h}{l}$ und einem Beiwert k, dem DARCYSCHEN Bodendurchlässigkeitswert (Rauhigkeitsbeiwert). Der Ausdruck $\frac{h}{l} = J$ enthält die Druckhöhe h und die Filterlänge l, beide in m. Der k-Wert ist von der Größe, Form und Lagerung der Bodenkörner abhängig. Er liegt bei dem für den Betrieb von Brunnen in Frage kommenden Schichten etwa zwischen 0,0001 m/s für feine Sande und 0,01 m/s für Kiese (nach BIESKE). Das DARCYsche Gesetz hat Gültigkeit in den Gefällsgrenzen 1 : 100 bis 1 : 3000 (LEHR).

Filtergesetz, erweitertes. Ersetzt man in der Gleichung des DARCYschen Filtergesetzes (s. d.) den Wert F durch den Wert ψ F, worin ψ das Verhältnis zwischen durchlassender und benetzter

Fläche angibt, und faßt man das Produkt $k\,\psi$ in dem Ausdruck k_f zusammen, dann lautet die DARCYsche Formel:

$$Q = k_f\,J\,F.$$

Der Ausdruck k_f ist die Filtergeschwindigkeit je Gefällseinheit, J das natürliche Gefälle und F die benetzte Querschnittsfläche. Es ist die hauptsächlichste Aufgabe des Hydrologen, die drei Größen, k_f, J und F einwandfrei festzustellen, um daraus Q abzuleiten. G. THIEM bezeichnet den Ausdruck k_f mit ε (s. Epsilonverfahren). Der griechische Buchstabe ε ist aber in der Physik und Technik schon mehrfach vergeben, so daß die Landesanstalt für Gewässerkunde das Zeichen k_f verwendet, wobei der Index f auf das Wort Filter hindeutet.

Filtergewebe werden zur Anfertigung von Brunnenfiltern verwendet. Die im Gebrauch befindlichen Filtergewebe sind das einfache Gewebe, das Köper- und das Tressengewebe. Das einfache Gewebe besteht aus rechtwinklig sich kreuzenden Drähten, den Kette- und Schußfäden, und dient fast ausschließlich als Unterlagsgewebe zur Stützung des eigentlichen Filtergewebes. Das Köpergewebe besteht ebenfalls aus rechtwinklig sich kreuzenden Drähten. Jedoch laufen hierbei die Drähte der einen Richtung jedesmal über zwei oder drei Drähte der anderen Richtung hinweg, um dann unter zwei oder mehr der nächstfolgenden Drähte unterzutauchen. Es hat im ganzen eine lockerere Bindung als das einfache Gewebe und dient sowohl als Unterlagsgewebe wie in gröberen Sanden als Filtergewebe. Bei dem Tressengewebe laufen die Kettefäden in größeren Abständen parallel nebeneinander und werden von den eng aneinander liegenden Schußdrähten geflechtartig durchkreuzt. Das Tressengewebe wird ausschließlich als Filtergewebe gebraucht und eignet sich in erster Linie für die Verwendung in feinen Sanden. Der Vorzug, den das Tressengewebe bisher im Brunnenbau genossen hat, wird von Fachkreisen vielfach als ungerechtfertigt bezeichnet, weil die Wasserteilchen bei dem Durchdringen des Gewebes einen gewundenen Weg nehmen müssen, wodurch der Eintrittswiderstand unnötig vergrößert wird (BIESKE).

Filterhaut, eine auf oder im Filtersand liegende Schicht, die sich durch Ablagerung aller im Wasser enthaltenen Schwebestoffe pflanzlicher und tierischer Art einschließlich der unbelebten Stoffe, wie Sand, Ton, Detritus usw. gebildet hat. Ihr wird die Fähigkeit, Keime zurückzuhalten, zugesprochen. Das Entstehen einer Filterhaut wird bei den Langsamfiltern mehrfach bestritten und die Tatsache der Vernichtung der Bakterien beim Filtern anderen Vorgängen zugeschoben, besonders der Tätigkeit der Bakterienfresser. Lediglich bei den Schnellfiltern, bei denen mit Fällmitteln im sogenannten Direktverfahren gearbeitet wird, bildet sich eine Filterhaut, die eine Reinigungswirkung ausübt (s. Filterung).

Filterkerzen bestehen aus beiderseits offenen oder unten geschlossenen keramischen Zylindern. Die obere Öffnung erhält ein dicht abschließendes Auslaufstück, eine untere Öffnung kann durch eine Paragummischeibe abgedichtet werden. Das Wasser dringt von außen in das Innere der Kerzen ein. Die keramische Zylindermasse hat die Fähigkeit, die im Wasser befindlichen Keime zurückzuhalten und so das Wasser keimfrei zu machen. Die Kerzen können durch Abbürsten gereinigt werden. Die kleineren Kerzen finden in Haushaltungen und in der Armee Verwendung, die größeren können, in Filtertöpfen oder sonst zu mehreren vereinigt, auch in Gewerbe- und Industrieanlagen verwendet werden.

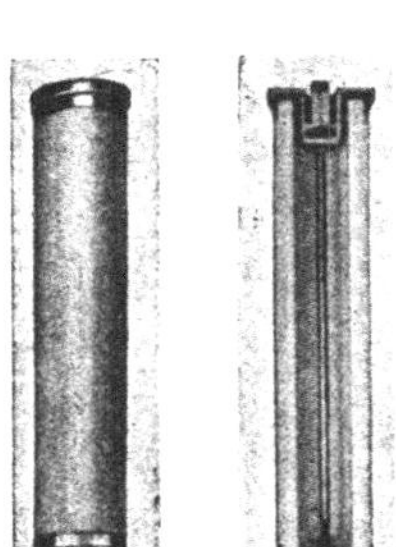

Filterkerzen.

Filterkerzen-Druckfilter.

Filterlänge des Brunnens, sie ist abhängig von der Mächtigkeit der wasserführenden Schicht. Es ist zwecklos und schädlich, über diese Mächtigkeit hinaus Filter einzubauen (BIESKE).

Filterkorb s. Brunnenfilter.

Filtern, ein Ausscheiden fester Stoffe aus flüssigen beim Durchgang der letzteren durch Filterstoffe, z. B. durch Papier (Filterpapier), Gewebe (Filtertücher, Seidengaze), Siebe, keramische Erzeugnisse (Kieselgur, Porzellanerde, Chamotte, Filterkerzen u. a.), Asbesterzeugnisse, Sand (Sandfilter) und Kohle (Aktivkohle). Zu den Einrichtungen zur Durchführung des Filtervorganges gehören ferner noch Nutschen (s. d.), Trommelfilter (s. d.) und Schleudern (s. d.). Zum Teil können auch gelöste Stoffe durch Filterung entfernt werden. Bei der Filterung des für die Trinkwasserversorgung bestimmten Wassers werden ausgeschieden: Sand, Ton, unbelebte, pflanzliche und tierische Schwebestoffe (Plankton), insbesondere Bakterien, im Wasser sonst enthaltene Zerfallstoffe (Detritus) und teilweise auch Eisen und Mangan.

Filter, offene, Schnellfilter meist rechteckigen Querschnitts und in der Regel aus Stahlbeton. Der auf dem Filterboden (s. d.) ruhende Sand liegt offen da. Vorteile der o. F. gegenüber den geschlossenen (s. d.) sind die leichte Beobachtungsmöglichkeit des Filter- und des Spülvorganges, die Möglichkeit größere Filterflächen zu wählen (bis 80 m² und mehr), der geringere Eisenverbrauch und die geringeren Anlagekosten. Ein Nachteil ist das Erfordernis, das gefilterte Wasser nochmals zu heben, um es in das Rohrnetz zu drücken.

Filterplatte. Keramische oder nach einem besonderen Verfahren hergestellte, betonähnliche, poröse Platte, die einen hindurchgeblasenen Luftstrom in feinste Teilchen auflöst und dazu dient, dem zu belüftenden Abwasser die Luft in allerfeinster Verteilung zuzuführen. Sie wird i. a. in die Sohle der Abwasserbecken, z. B. der Belebungsbecken und der Schaumbecken, eingebaut, wobei die von unten her durch die Platte geblasene Luft das Abwasser, indem sie es durchdringt, gleichzeitig in wirbelnde Bewegung versetzt.

Filterpressen. Filter (s. d.), die aus einer Anzahl von Filterkammern bestehen, die zwischen zwei starken Kopfstücken eingeschaltet werden. Zwischen die einzelnen Kammern werden Filtertücher eingehängt, die gleichzeitig das Abdichten der inneren Ränder bewirken. Die einzelnen Filterkammern werden zu einem einzigen dichten zusammengeschlossenen Körper zusammengepreßt, so daß eine Anzahl nebeneinander liegender Hohlräume entsteht, in die die zu filternden oder abzupressenden Flüssigkeiten mittels einer Pumpe hineingepreßt werden. Die klare Flüssigkeit wird durch Hähne abgelassen, während die festen Bestandteile als Filterkuchen in den Kammern zurückbleiben.

Ferner dienen die F. zum Entwässern von Abwasserschlamm durch starkes Zusammenpressen zwischen Filtertüchern. F. werden mit einem Druck bis zu 8 at betrieben (s. Schlammpresse).

Filter, schwebendes. Bezeichnung für den im Belüftungsbecken schwebenden Belebtschlamm, der die Schmutzstoffe des Abwassers festhält, also für das Abwasser gleichsam als schwebendes Filter wirkt. Auch bei der aufsteigenden Bewegung des Wassers in Absetzbrunnen wirkt der niedersinkende Schlamm, und zwar vor allem Flockenschlamm, zu dem auch gesunder Belebtschlamm gehört, als schwebendes Filter.

Filterung des Wassers, sie geschieht in Langsamfiltern oder Schnellfiltern. Diese unterscheiden sich durch die Geschwindigkeit, mit der das Wasser hindurchgeschickt wird. Das charakteristische Merkmal der Langsamfilter ist die Filtergeschwindigkeit von rd. 100 mm/h. Der Filterkörper besteht bei ihnen aus einer Feinsandschicht von 0,5 bis 1,5 mm Korngröße. Bei Schnellfiltern richtet sich die Korngröße nach der Art und Vorbehandlung des zu filternden Wassers. Sie liegt in der Regel zwischen 0,5 und 1 mm.

Die Langsamfilter halten alle im Wasser enthaltenen Schwebestoffe, die größer sind als die Zwischenräume zwischen den Sandkörnern, zurück. Die Keime werden aber erst zurückgehalten, wenn die im Vergleich zu ihnen großen Filterporen des Feinsandes durch die sperrigen und schleimigen Bestandteile des Planktons (s. d.) verengt sind. Dazu kommt in der sehr langsam durchflossenen Sandschicht die Flächenanziehung sowie die Adsorption der Bakterien durch die Schleimschichten und als die wohl wichtigere Wirkung, der biologische Anteil der Filterung, d. h. eine Vernichtung der in die Filterporen hineinkommenden Keime durch Bakterienfresser. Auch die besteingearbeiteten Sandfilter sind nicht vollständig keimdicht. Schnellfilter haben bei Anwesenheit von feinen Trübungs- und Farbstoffen häufig keine ausreichende Wirkung. Dann ist die Anwendung von Fällmitteln notwendig. Bei den Schnellfiltern mit solchen chemischen Zuschlägen, in erster Linie Aluminiumsulfat, wird den Filtern in der Regel ein Reaktions- und Absetzbecken vorgeschaltet. In diesem wird die Hauptmenge des Fällmittels zusammen mit den Verunreinigungen des Wassers ausgeschieden. Anschließend folgt die Feinreinigung im Filter. Beim sogen. Direktverfahren fällt das Absetzbecken fort, das mit Aluminiumsulfat versetzte Wasser gelangt unmittelbar auf das Filter. Hierbei bildet sich im Filterkörper die aus Aluminiumhydroxyd bestehende Filterhaut, die auch ohne weiteren Fällmittelzusatz die Reinigungswirkung ausübt. Bis zur Ausbildung der Filterhaut kann das Filtrat nicht verwendet werden. Nach Erschöpfung der Reinigungswirkung muß das Filter rückgespült und erneut eingearbeitet werden. Eine völlige Entfernung der Krankheitserreger ist mit Sicherheit weder durch Langsamfilter noch durch Schnellfilter mit Fällmitteln zu erreichen, jedoch wird die Infektionsgefahr nach den langjährigen Feststellungen durch beide Verfahren beinahe ganz beseitigt. Ausschließen läßt sich die Infektionsgefahr, wenn der Filterung eine ausreichende Behandlung mit keimtötenden Mitteln folgt. Außer der F. durch Langsam- oder Schnellfilter kann eine solche noch durch besondere Filterstoffe vorgenommen werden (s. Filtern).

Filterung, künstliche, bei ihr werden in Sandfiltern die Vorgänge der natürlichen Filterung des Grundwassers im Erdboden nachgeahmt (s. Filtern).

Filterzylinder s. Filterkerzen.

Filtrat, das durch Filtern gereinigte Wasser.

Filtrolit, ein mineralisches Basenaustauschmittel. Es dient der Enthärtung des Wassers.

Fischereischäden in Wasserläufen sind oftmals auf die Einleitung von Abwasser zurückzuführen. Städtisches und organisch verschmutztes gewerbliches Abwasser, wie das von Zellstofffabriken, Brennereien, Hefefabriken, Stärkefabriken, Schlachthöfen, Zuckerfabriken usw. schädigt hauptsächlich durch den Sauerstoffschwund, den es in den Wasserläufen als Folge der biologischen Zersetzungsvorgänge hervorruft. Saures Abwasser schädigt die Fischerei, wenn der p_H-Wert im Wasserlauf unter 5,5 sinkt, während alkalisches Abwasser schädigend wirkt, wenn der p_H-Wert im Wasserlauf über 9,0 hinausgeht. Durch Giftwirkung schädigt insbesondere das Abwasser von Kokereien, Hochofenanlagen, Galvanisierungsanlagen, Metallwarenfabriken u. a. infolge seines Gehalts an verschiedenen Fischgiften (s. d.).

Fischgifte. Die für die Fischerei schädliche Konzentration der verschiedenen Stoffe aus gewerblichem Abwasser (s. d.) ist in der nachstehenden Zusammenstellung angegeben:

Stoff	Konzentration
Ammoniak	1,25 mg/l
Chlorkalium	5000 „
Chlorkalk	0,5 „
Chlorcalcium	3333 „
Chlormagnesium	1000 „
Chlornatrium	10000 „
Freies Chlor	0,125—0,111 „
Kupfervitriol	0,1 „
Milchsäure	50—100 „
Naphthalin	1,43 „
Phenol	0,1 „
Salpetersäure	100 „
Salzsäure	50 „
Schwefelsäure	50 mg/l
Schwefelwasserstoff	1,3 „
Zyankalium	2 „

HELFER, H., Giftwirkungen auf Fische, ihre Ermittlung durch Versuche und die Bewertung der Ergebnisse. Kl. Mitteilungen d. Ver. f. Wasser-, Boden- u. Lufthyg. 12 (1936), S. 32 bis 62.

Fischmehlfabriken. In F. werden Fischabfälle zu Fischmehl, einem leicht verdaulichen Futtermittel, aufgearbeitet. Hierbei fallen als Abwasser an:

1. Leichenwasser aus den in Bunkern gestapelten Fischen,

2. Kondenswasser von der Aufschließung der Rohstoffe und

3. Preßwasser bei der Enttranung.

Da die anfallenden übelriechenden Abwassermengen nur gering sind und sich allein nur schwer reinigen lassen, empfiehlt sich ihr Eindampfen (s. d.) in einer Eindampfanlage. Das hiernach noch anfallende Kondenswasser wird zweckmäßig durch Fettabscheider entfettet und, wenn möglich, in das städtische Entwässerungsnetz übergeführt.

JORDAN, Die Fischmehlfabriken und ihre Abwässer. Kl. Mitteilungen, 13 (1937) Nr. 9 bis 11, S. 308/325.

Fischsterben, durch Sauerstoffmangel, durch Vergiftung des Wassers (s. Fischgifte) oder durch Krankheit der Tiere verursachtes Massensterben der Fische in einem Gewässer.

Fischteichverfahren s. Abwasserfischteich.

Fischverwertungsanstalten s. Fischmehlfabriken.

Fittings, kleine Verbindungs- und Formstücke mit Zubehörteilen in Verbrauchsleitungen.

Flachbecken. Absetzbecken mit besonders geringer nutzbarer Wassertiefe wie z. B. Sickerbecken für städtischen Schlamm, die nur etwa 0,4 m Tiefe haben, damit der Schlamm gut abtrocknet (s. Absetzbecken, Sickerbecken).

Flächenbelastung, Oberflächenbelastung. Quotient Q_a/O aus der einem Abwasserbehandlungsraum (z. B. Absetzbecken, Belebungsbecken, Tropfkörper, Ölfang usw.) während einer bestimmten Zeit zugeführten Abwassermenge Q_a durch die Oberfläche O des mit dem Abwasser belasteten Raumes. Formelzeichen O_q, gebräuchliche Maßeinheiten

$$\mathrm{m^3/Tag \cdot l/m^2 = m/T,}$$

oder auch m/h oder m/s.

Bei Ölfängern und solchen Absetzbecken, die nach der Oberfläche bemessen werden, ist die F. gleich der kleinsten Steig- oder Sinkgeschwindigkeit (s. Oberfläche von Absetzbecken, Oberfläche von Ölfängen).

Flachspülbecken s. Spülabortbecken.

Flachsrösten bereiten den Flachs für die Spinnerei vor, indem sie durch einen Gärungsprozeß (Röstprozeß) die in der Bastschicht gebundenen Faserbündel freilegen. Neben der einfachen Teich- und Kaltwasserröste kommt für größere Betriebe die Warmwasserröste in Frage. Letztere gestattet, den Röstvorgang unabhängig von der Witterung in 2—3 Tagen durchzuführen, wobei das Wasser auf 35° C erwärmt wird. Auf 100 kg Strohflachs werden 2 m³ Wasser verbraucht.

Das als Abwasser anfallende R ö s t - w a s s e r ist hellgelb bis dunkelbraun gefärbt und enthält gelöste und kolloidverteilte organische Stoffe. Besonders in kleinen Vorflutern wirkt es durch starken Sauerstoffentzug und Pilzbildung schädigend. Für die Reinigung müssen biologische Verfahren angewandt werden, von denen in erster Linie die Verrieselung oder Verregnung auf genügend großen Landflächen in Frage kommen. Auch die Behandlung auf Tropfkörpern besonders nach Verdünnung mit der 2—3fachen Menge reinen Wassers oder nach Zumischung von häuslichem Abwasser, er-

forderlichenfalls nach zuvoriger Neutralisation, ist mit Erfolg durchführbar.

Tänzler, Reinigung und Verwertung der Abwässer von Flachsröstereien. Ges.-Ing. 66 (1943). S. 47 u. 48.

Flächenformel für die Verzögerung des Abflusses, von Bürkli angegebene Formel:

$$\varphi = \cfrac{1}{\sqrt[n]{F}}$$

zur Berechnung des Verzögerungsbeiwertes auf der Fläche F (in ha) des Niederschlagsgebietes (s. Verzögerungsbeiwert).

Fleischkonservenfabriken. Das in F. anfallende Abwasser entspricht im allgemeinen dem von Schlachthäusern und Wurstfabriken. Für die Reinigung gilt das für Schlachthofabwasser (s. d.) Gesagte.

Fliegenplage bei Kläranlagen, massenweises Auftreten der Abwasserfliege P s y c h o d a , deren Larven sich in den Tropfkörpern in großen Mengen entwickeln, ferner der großen gelben Schlammfliege E r i s t a l i s t e n a x auf Schlammplätzen und auf Rieselfeldern, sofern sich dort fäulnisfähiger, also nicht vollständig ausgefaulter Abwasserschlamm befindet (s. Eristalis tenax).

Fließgeschwindigkeit des Grundwassers, Formelzeichen v, Maßeinheit m/Zeit, der in der Fließrichtung je Zeiteinheit zurückgelegte Weg. Die Fließgeschwindigkeit wird u. a. durch Farbstoffe bestimmt.

Fließrichtung des Grundwassers, allgemeine Bewegungsrichtung des Grundwassers ohne Berücksichtigung der kleinen Umwege.

Fließzeit, Quotient l/v der Leitungslänge l durch die Abflußgeschwindigkeit v. Formelzeichen t, gebräuchliche Maßeinheiten min und s (s. Abflußgeschwindigkeit).

Fließzustand s. Strömungsart.

Flockenschlamm, stark wasserhaltiger, leicht absetzbarer Abwasserschlamm, in dem die vom Abwasser mitgeführten Schwebestoffe zu größeren und kleineren Flocken zusammengeballt sind. F. entsteht vorwiegend bei der chemischen und der elektrischen Abwasserklärung. Er kann gegebenenfalls auch in besonderen Flockungsbecken erzeugt werden. Auch gesunder belebter Schlamm ist F. Der F. wird am besten in Absetzbrunnen bei aufsteigender Wasserbewegung ausgeschieden, er setzt sich aber auch in Absetzbecken ziemlich rasch ab. Abwasserschlamm aus städtischem Abwasser ist i. a. eine Zwischenstufe zwischen F. und körnigem Schlamm. Außer belebtem Schlamm sind z. B. ausgesprochener F.: ausgefälltes Eisenhydroxyd, Aluminiumhydroxyd, Papierbrei und ausgeflockte Eiweißstoffe. F. entsteht auch bei der Aufbereitung von Trinkwasser durch Fällmittel (s. Flockungsbecken; Schlamm, körniger).

Flockungsbecken, Becken, in dem das Abwasser zwecks Bildung von Flockenschlamm durch Einblasen von Luft oder durch Paddelräder in langsame Wirbelbewegung versetzt wird. Das F., in dem sich das Abwasser etwa 10 bis 20 Minuten aufhält, kann bei geeigneter Abwasserbeschaffenheit zur Steigerung der Absetzwirkung dem Absetzbecken vorgeschaltet werden (s. Flockenschlamm).

Flohkrebschen s. Organismen des vorwiegend reinen Wassers.

Flotation s. Schwimmaufbereitung.

Flotationsstoffänger s. Schwimmstofffänger.

Flügelradwasserzähler s. Hauswasserzähler. Das durchfließende Wasser treibt ein Flügelrad; seine Drehbewegung wird durch ein Übersetzungsräderwerk auf die Zeiger eines Zifferblattes übertragen. Die Drehgeschwindigkeit des Flügelrades ist ein Maß für die Durchflußmenge. Nach ihrem Arbeitsprinzip, je nachdem das Flügelrad im Meßraum durch einen oder mehrere Wasserstrahlen angetrieben wird, unterscheidet man Einstrahl- und Mehrstrahl-Flügelradzähler (s. d.). Vom Wasser mitgeführte Fremdkörper werden vor dem Meßwerk durch ein Sieb aufgefangen. Die Lagerung des Flügelrades und der Übersetzungsräder muß einen möglichst reibungsfreien Lauf des Meßwerks ermöglichen.

Flügelrad-Hauswasserzähler werden zur Verwendung im Inland nur als sogenannte Naßläufer hergestellt, bei denen Übersetzungs- und Zählwerk zu einem Werk zusammengefaßt, unterhalb der das Gehäuse abschließenden druckfesten Glasscheibe im nassen Raum arbeiten. Flügelrad-Großwasserzähler entsprechen hinsichtlich des Aufbaues und der Arbeitsweise den Flügelrad-Hauswasserzählern, jedoch werden sie meist als Trockenläufer ausgeführt, bei denen sich das Übersetzungswerk im nassen, das Zählwerk im trockenen Raum befindet. Zwischen beiden ist eine druckfeste Abdichtungsplatte angeordnet, die mit einer Stoffbüchse für die Bewegungsübertragung auf das im trockenen Raum befindliche Zählwerk versehen ist. Trokkenläufer werden entweder mit Zeigerzählwerk oder mit Rollenzählwerk, Naßläufer nur mit Zeigerzählwerk ausgestattet.

Flügelrechen, Sternrechen, beweglicher, aus mehreren Rechenplatten zusammengesetzter Abwasserrechen, dessen einzelne (i. a. 5) Platten wie die Flügel einer Windmühle sternförmig an einer oberhalb des Abwasserspiegels drehbar gelagerten Welle befestigt sind. Bei der gegen die Strömungsrichtung erfolgenden Drehung heben die Rechenplatten, von denen immer je zwei in das Wasser tauchen, das Rechengut bis über den Wasserspiegel, wo es durch Bürsten oder Harken abgestreift wird. Der erste 1899 von SCHNEPPENDAHL in Wiesbaden gebaute F. besaß 6 Platten, wurde mittels Zahnradvorgelege und Kurbel von Hand gedreht und ebenfalls von Hand gereinigt. Später baute UHLFELDER in Frankfurt a. M. einen fünfplattigen F., der maschinell gedreht und gereinigt wurde. Dabei war der mit einer Bürste versehene Abstreifer über der Welle des F.s derart aufgehängt, daß er durch die Bewegung der Rechenplatte nach vorn geschoben wurde und dadurch das Rechengut über die Vorderkante der Platte hinweg auf ein Förderband brachte.

Fluor, F. Atomgewicht 19.

Fluorescein s. Uranin.

Flurhochbehälter s. Erdbehälter.

Flußaufsichtsämter s. Flußwasser-Untersuchungsämter, Wasserpolizei.

Flußgrundwasser s. Grundwasser, ufergefiltertes.

Flußkiese, -sande und -schotter, Absätze von Verwitterungserzeugnissen der Gesteine nach längerem Förderweg, die je nach Stärke der Strömung in der Schichtung etwas geneigt, unverfestigt und petrographisch meistens sehr verschieden sind (BEHR).

Flußkläranlage, Absetzkläranlage, die entweder als besonderes Absetzbecken unmittelbar an der Einmündung eines Flusses in seinen Vorfluter angeordnet ist (z. B. die Emscher Kläranlage bei Essen-Karnap an der Einmündung der Emscher in den Rhein) oder durch Anstau eines Flusses in diesem selbst erzeugt wird (z. B. der Hengstey-See in der Ruhr bei Hagen).

Flußsäure, die wässerige Lösung des Fluorwasserstoffs HF, (Molekulargewicht 20) wird u. a. in Glasätzereien (s. d.) zum Ätzen (Mattieren) von Glas benutzt, ferner zum Beizen (s. d.) von Chromnickelstahl und zum Entfernen des Sandes von Eisengußstücken. Beim Arbeiten mit F. ist größte Vorsicht geboten, denn sie ruft auf der Haut schmerzhafte Entzündungen und Ge-

schwüre hervor, die Gase greifen die Atmungsorgane an. Auch Bakterien gegenüber ist F. ein starkes Gift, so daß eine biologische Reinigung von Abwasser durch ihre Anwesenheit gestört oder ganz unmöglich gemacht wird. Handels-Flußsäure enthält 40% HF.

Flußstahlrohre, geschweißte, werden durch Überlapptschweißung aus dem Werkstoff St 34.29, also aus Stahl nach Din 29 mit einer Zugfestigkeit von 34 kg/mm² hergestellt. Bei Elektroschweißung wird Stahl nach Din E 1626 ohne Gütevorschrift verwendet. Die Handelsbezeichnung entspricht dem Herstellungsverfahren: „Überlappt geschweißtes oder elektrisch geschweißtes Stahlrohr." Lieferung nach Din 2453. Der Herstellungsbereich der g. F. geht von 318 mm äußerem Durchmesser bis zu den größten beförderbaren Durchmessern. Bei Beförderung mit der Eisenbahn sind das 3100 mm, bei einer Wanddicke von 5 bis etwa 100 mm. Die Baulängen betragen für Rohre unter 400 mm Durchmesser 6 m, darüber hinaus 8 m. Für Erdverlegung werden sie mit Bitumenisolierung ausgeführt. Sonst werden die Rohre schwarz geliefert. Verwendungsbereich ist der Leitungsbau (s. a. Stahlrohre).

Flußstahlrohre, nahtlose, werden aus den Werkstoffen St 00.29 und St 55.29, also aus Stahl nach DIN 29 ohne Gütevorschrift und aus solchem mit einer Zugfestigkeit von 55 bis 65 kg/mm² durch nahtloses Walzen hergestellt, und zwar in Ausmaßen von 80 bis 1800 mm äußerem Durchmesser und 1,5 bis 200 mm Wanddicke. Sie haben Baulängen von 7 bis 16 m, und tragen die Handelsbezeichnung „Nahtloses Rohr". Ihr Verwendungsbereich erstreckt sich u. a. auf sämtliche Gebiete des Leitungsbaues. Lieferung nach DIN 2449, 2450, 2451 und 2456. Normaler Weise werden sie schwarz geliefert oder auf Wunsch mit dünnem Ölanstrich als Beförderungsschutz oder bituminiert (s. a. Stahlrohre).

Flußverhärtung, die Erhöhung der Härte (s. d.) des Flußwassers durch die Ableitung von Kaliendlaugen (s. d.), Ablaugen von Beizereien (s. d.), Goldschwefelfabriken (s. d.) u. a. Betrieben. Eine größere Härte macht das Flußwasser für Waschzwecke, als Brauchwasser für zahlreiche Gewerbearten sowie zur Verwendung als Kesselspeisewasser ungeeignet. Für Wasserläufe in den deutschen Kaligebieten sind die zulässigen Grenzen für die Erhöhung der Härte festgelegt worden.

Flußwasser-Überwachungsämter s. Flußwasser-Untersuchungsämter.

Flußwasseruntersuchung, Feststellung der Art und des Grades der Verunreinigung von Flußwasser. Die F. erstreckt sich i. a. auf die physikalische (Temperatur, Klarheit und Durchsichtigkeit, Farbe, Wichte, Geruch, Geschmack), die chemische (Schwebestoffe, Glühverlust, organische Stoffe, Chlor, Sulfate, Sulfide, Kohlensäure, Nitrate, Phosphate, Sauerstoff, Erdalkalien, Härte, Alkalimetalle, Ammoniak, Silikate, Tonerde, Eisen, Blei, Kupfer, Arsen), die mikroskopisch-biologische (lebende und tote Kleinwesen) und die bakteriologische (Keime) Untersuchung. Für das Abwasserwesen ist die Ermittlung des Sauerstoffhaushaltes eines Gewässers von besonderer Bedeutung (s. Sauerstoffhaushalt).

• KLUT, U.: Untersuchung des Wassers an Ort und Stelle, 8. Aufl., bearbeitet von OLSZEWSKI, Wo., Berlin 1943.

• OHLMÜLLER-SPITTA: Untersuchung des Wassers und Abwassers, 5. Aufl., bearbeitet von OLSZEWSKI, Wo., u. SPITTA, O., Berlin 1931.

• TILLMANS, L.: Die chemische Untersuchung von Wasser u. Abwasser, 2. Aufl., Halle 1932.

Flußwasseruntersuchungsämter, für bestimmte, besonders durch gewerbliches Abwasser belastete Flußgebiete eingerichtete Dienststellen, die das Flußgebiet hinsichtlich der Reinhaltung der Gewässer überwachen, die gewerblichen und Bergbaubetriebe sowie die Gemeinden beraten und gegebenenfalls die Wasserpolizeibehörden über unzulässige Verunreinigungen der Flüsse in Kenntnis setzen. F. bestehen in Wiesbaden, Hildesheim, Gerstungen, Magdeburg, Breslau, Berlin-Dahlem, Weimar und Braunschweig.

Flußwasserversalzung, die Erhöhung des Salz-, besonders des Chloridgehaltes im Flußwasser durch die Zuleitung von salzigem Abwasser aus Sodafabriken (s. d.), Goldschwefelfabriken (s. d.), Anilinfarbenfabriken (s. d.), Salinen (s. d.), von Kieseritwaschwasser (s. d.) der Hartsalzverarbeitung und salzhaltigem Grubenwasser von Bergwerken und Erdölbetrieben. Erhöhter Gehalt an Chloriden beeinträchtigt die Verwendung von Flußwasser für mancherlei Zwecke. Flußwasser mit einem Salzgehalt von mehr als 1 g/l an Chloriden (Cl′) ist für die Benutzung als Rieselwasser, und solches von mehr als 3 g/l an Chloriden (Cl′) für Viehtränkzwecke zu verwerfen. Wird das Flußwasser für Trinkwasserzwecke benutzt, so soll der Gehalt an Chloriden (Cl′) den Wert von 250 mg/l nicht überschreiten. Schädigungen von Brunnen, die in nächster Nähe von salzführenden Wasserläufen liegen, sind verschiedentlich beobachtet worden.

Für die Vorfluter der Kaliindustrie sind zulässige Grenzwerte für die Erhöhung des Chloridgehaltes (Versalzungsgrenzen) festgelegt worden. Der Chloridgehalt wird in diesen Flußstrecken laufend überwacht.

Flutfläche, die oben und unten von der Regendauer, links von der Anlauf- und rechts von der Ablaufkrumme begrenzte Fläche des Verzögerungsplanes, deren Abstände zwischen der Anlauf- und der Ablaufkrummen die für die Berechnungsquerschnitte maßgebenden Wassermengen darstellen (s. Verzögerungsplan, Summenlinie).

Förderhöhe, bei Pumpwerken die Summe von Saug- und Druckhöhe (s. d.).

Fördermenge der Wasserwerke, die in das Rohrnetz abgegebene R e i n - wassermenge.

Folienindikator, nach Angaben von WOLFF durch die Firma Lautenschläger, München hergestelltes Gerät zur Bestimmung des p_H-Wertes von Wasser, Abwasser und Schlamm (s. Indikator zur Messung des p_H-Wertes).

Folienkolorimeter s. Folienindikator.

Formeln für die Geschwindigkeit des Wassers in offenen Wasserläufen und in geschlossenen Gefälleleitungen (s. KUTTERsche Formel).

Formelzeichen f ü r B e g r i f f e d e r T r i n k w a s s e r v e r s o r g u n g. Durch Formelzeichen sind die nachstehenden Begriffe gekennzeichnet (gemäß Erstem Nachtrag zu DIN 4046).

B e v ö l k e r u n g s d i c h t e B. Maßeinheit E/ha = die auf 1 ha Grundfläche entfallende Einwohnerzahl E.

D r u c k g e f ä l l e J_e. Gefälle der Energielinie. Es ist in der Form 1:... oder in ⁰/₀₀ anzugeben.

S p i e g e l g e f ä l l e J. Das Gefälle ist in der Form 1:... anzugeben (vgl. DIN 4050, Bestandspläne).

S o h l e n g e f ä l l e J_s.

W a s s e r s t o f f i o n e n k o n z e n - t r a t i o n. Kennzeichnung der neutralen, sauren oder alkalischen Reaktion des Wassers = p_H-Wert.

V e r s o r g u n g s g e b i e t F, Maßeinheit ha, km². Das von der (den) Hauptleitung(en) mit Wasser versorgte, durch die Endpunkte der Endstrecken begrenzte Gebiet.

E i n z e l f l ä c h e F_2, Maßeinheit ha, km². Teilfläche des Versorgungsgebietes.

W a s s e r v e r b r a u c h w, Maßeinheit l/ET, die von einem Einwohner je Tag durchschnittlich verbrauchte Wassermenge.

w_0, Maßeinheit l/ET, die von einem Einwohner am Tage des höchsten Ver-

brauchs verbrauchte Wassermenge je Tag.

w_{max}, Maßeinheit l/Eh, die von einem Einwohner am Tage des höchsten Verbrauchs verbrauchte größte Wassermenge je Stunde.

D u r c h f l u ß m e n g e Q, Maßeinheit m³/s, l/s, die an einem Punkte des Versorgungsnetzes sekundlich durchfließende Wassermenge.

G r ö ß t d u r c h f l u ß m e n g e Q_{max}, Maßeinheit m³/s, l/s, Größtwert von Q.

D u r c h f l u ß l e i s t u n g Q_0, Maßeinheit m³/s, l/s, die Durchflußmenge, die von einem bestimmten Leitungsquerschnitt unter Zugrundelegung des Druckgefälles J_e weitergeleitet werden kann.

D u r c h f l u ß g e s c h w i n d i g k e i t v, Maßeinheit m/s, Grenzwerte werden mit v_{max} und v_{min}, der Mittelwert mit v_m bezeichnet.

L e i t u n g s l ä n g e l, Maßeinheit m.

L e i t u n g s d u r c h m e s s e r d, Maßeinheit m, mm.

L e i t u n g s q u e r s c h n i t t f, Maßeinheit m².

B e n e t z t e r U m f a n g U, Maßeinheit m.

H y d r a u l i s c h e r R a d i u s R, Maßeinheit m, $R = \dfrac{f}{U}$.

W a s s e r d r u c k h ö h e H, Maßeinheit m.

G e s c h w i n d i g k e i t s w e r t $k =$ m/s, in der Formel von CHEZY

$$v = k \sqrt{RJ}$$

V e r s o r g u n g s d r u c k H_0, Maßeinheit m, erforderliche Wasserdruckhöhe an den Zapfstellen.

R e i b u n g s h ö h e h, Maßeinheit m, durch Reibung bedingter auf die Leitungslänge l entfallender Wasserdruckhöhenverlust $h = J \cdot l$ (s. auch Begriffsbezeichnungen in der Abwassertechnik DIN 4045).

Formelzeichen in der Grundwasserkunde. Als F. sind die folgenden vorgeschlagen worden (Vorschlag DIN E 1334). Sie sind aber noch nicht endgültig festgelegt worden.

Q Gesamtergiebigkeit (Wassermenge aus allen Brunnen in der Sekunde) (m³/s).

q Einzelergiebigkeit (Wassermenge aus einem Einzelbrunnen in der Sekunde) (m³/s oder l/s).

ε Einheitsergiebigkeit (absolute Zahl).

H Höhe des unabgesenkten Grundwasserspiegels über undurchlässiger oder schwerdurchlässiger Sohle bzw. über Brunnenunterkante (absolute Filterlänge) (m).

h Höhe des abgesenkten Grundwasserspiegels am Brunnenmantel über der undurchlässigen Sohle bzw. über Brunnenunterkante (m). (s. Abb.).

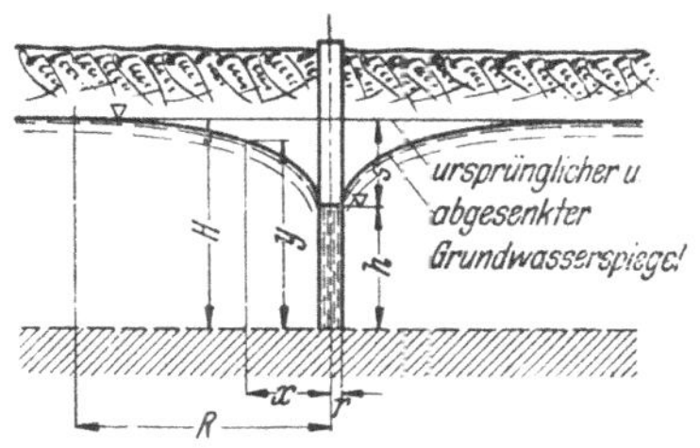

x Abszisse eines Punktes der Absenkungsfläche (m).

y Ordinate eines Punktes der Absenkungsfläche (m).

r Brunnenhalbmesser (m).

R Reichweite der Absenkung (m).

k Bodendurchlässigkeit für Wasser (m/s).

β Porenvolumenverhältnis.

s Absenkung (m).

n Anzahl der Brunnen einer Gruppe.

i Gefälle (m).

v Bruttogeschwindigkeit des Grundwassers (m/s).

F Bruttoquerschnitt der grundwasserführenden Schicht (m²).

m Potenz im Fließgesetz: $v^m = i \cdot k$.

e Brunnenentfernung (m).

f Fassungsvermögen eines Brunnens (Höchstleistung) (m³/s).

φ Fassungswert eines Brunnens (m³/s).

Fortrollen des Sandes in Sandfängen, unerwünschter, durch übermäßige Durchflußgeschwindigkeit des Abwassers verursachter Vorgang. Das F. kann vermieden werden, wenn man den Durchflußquerschnitt derart bemißt, daß die Durchflußgeschwindigkeit auch bei größtem Zufluß 0,3 m/s nicht übersteigt. Bei kleinerem Zufluß bleibt dann allerdings auch Schlamm zurück, so daß der Sand verschmutzt wird. Gegebenenfalls muß man mehrere Sandfänge anordnen, die bei steigendem Wasserspiegel nacheinander in Tätigkeit treten. Auch durch die Regelung der Durchflußgeschwindigkeit mittels eines Staubleches und durch große Länge des Sandfanges kann dem F. begegnet werden (s. Sandfang, Staublech).

Frankebrunnen, zweistöckige Absetzanlage, bei der der abgesetzte Schlamm zunächst in einen, gegen den Faulraum durch einen Schieber abgeschlossenen, unter dem Absetzraum liegenden Schlammstapelraum gelangt, aus dem er zeitweise in den Faulraum abgelassen wird (s. Zweistöckige Absetzanlage).

Frankeverfahren, Belebungsverfahren, bei dem das Abwasser-Belebtschlamm-Gemisch von einem im Boden des Belebungsbrunnens befindlichen Pumpensumpf aus durch eine Mammutpumpe an die Wasseroberfläche befördert und dort auf verschiedene in den Brunnen eingebaute Kammern verteilt wird, die unten durch mit Rückschlagklappen versehene Öffnungen mit dem Pumpensumpf in Verbindung stehen. (DRP. 465 209 der Franke-Werke AG. Bremen.)

Frank-Imhoff-Verfahren, Belebungsverfahren, bei dem der Rücklaufschlamm dem Abwasser-Belebtschlamm-gemisch selbsttätig zuläuft und das Gemisch zum Zwecke der Umwälzung und Belüftung vom tiefsten Punkte eines Trichterbrunnens aus durch eine Mammutpumpe an die Wasseroberfläche befördert und dort verspritzt wird. Nur für kleine Anlagen geeignet (DRP. 418 319).

Freiflußventile, Schrägspindelventile, bei denen im Gegensatz zu den nor-

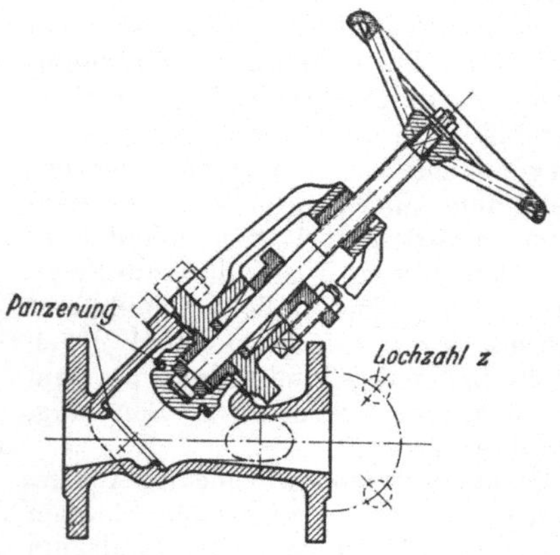

Freiflußventil. Schnitt.

malen Ventilen (s. d.) durch Anheben der Spindel nicht ein Ringspalt, son-

Freiflußventil. Ansicht.

dern ein gerader, elliptischer Gehäusedurchgang freigegeben wird.

Frischabwasser, noch nicht in Faulung begriffenes Abwasser. Das Abwasser eines ordnungsmäßig entwässerten bebauten Gebietes (keine Schlammablagerungen` im Entwässerungsnetz und keine Überläufe aus Dunggruben) kommt am Vorfluter, an dem Klärwerk oder am Pumpwerk als F. an, es hat keinen belästigenden Geruch und helle bräunliche oder graue Farbe (s. Frischhalten des Abwassers).

Frischhalten des Abwassers, eine der wesentlichsten Forderungen, die an einen Entwässerungsbetrieb gestellt werden müssen. Das Leitungsnetz muß gut gelüftet sein und darf keine Vertiefungen und toten Ecken aufweisen, in denen sich durch Schlammablagerung Fäulnisherde bilden können. Das Abwasser muß frisch (nicht angefault) aus den Grundstücken kommen, es dürfen daher keine Überläufe aus Dunggruben in das Entwässerungsnetz münden; auf die Abläufe aus Schlachthäusern und Viehhöfen sowie auf gewerbliche Abflüsse ist besonders zu achten. Bei schlechtem Gefälle ist durch ausgiebige Spülung und durch planmäßige Reinigung — Durchziehen der Leitungsstränge mit Bürsten oder Gummischeiben und Durchfahren der Kanäle mit Spülschilden — nachzuhelfen. Da frisches Abwasser nicht belästigend riecht, können beim F. keine üblen Gerüche auftreten (s. Frischabwasser).

Frisch - Schlamm, der aus den schwimm- und absetzbaren Stoffen im Abwasser gebildete, noch unzersetzte Schlamm, wie er z. B. in Absetzbecken oder in Absetzbrunnen anfällt. Der F. neigt im Gegensatz zu dem bis zur technischen Faulgrenze zersetzten Faulschlamm zu stinkender Fäulnis und ruft daher starke Geruchsbelästigungen hervor. Er ist gelblich oder schwärzlich-grau gefärbt und enthält noch erkennbare Teile von Kot, Papier, Gemüse- und Obstresten. Sein Wassergehalt beträgt, wenn er unter Wasser abgepumpt wird, etwa 97,5 v. H. und wenn er beim Herauspumpen von dem überschüssigen Wasser getrennt wird, etwa 95 v. H. Das Schlammwasser ist trübe, übelriechend und trennt sich nur schwer von den klebrigen Feststoffen (s. Faulschlamm, Bodenschlamm, Schwimmschlamm, Schlammentwässerung).

Frischwasserkläranlage, veraltete Bezeichnung für Hauskläranlagen, bei denen das Abwasser in ähnlicher Weise wie beim Imhoffbrunnen nicht mit dem faulenden Schlamm in unmittelbare Berührung kommt, und daher „frisch" erhalten wird. Da die Kläranlage nicht von „frischem Wasser", sondern von „Abwasser" durchflossen wird, ist die Bezeichnung F. nicht zutreffend. Das im Januar 1942 erschienene Normblatt DIN 4261: Vorläufige Richtlinien für die Anwendung, den Bau und Betrieb von Grundstückskläranlagen enthält daher zu der Baubeschreibung der Absetzanlagen mit besonderem Faulraum die Fußnote: „Die Bezeichnung solcher Anlagen als Frischwasserkläranlagen ist unzutreffend".

Frostsicherheit, Schutz der Entwässerungsanlagen vor Frostschäden. In unseren Breitengraden dringt der Frost etwa 1 bis 1,5 m tief in den Erdboden ein. Da Entwässerungsleitungen mit Rücksicht auf die Höhenlage der tiefsten Ablaufstellen mindestens in dieser Tiefe, meist aber noch erheblich tiefer liegen, sind i. a. besondere Vorkehrungen für die F. nicht erforderlich, zumal die Temperatur des Abwassers im Mittel weit über 0° liegt. Auch biologische Körper arbeiten aus diesem Grunde selbst bei starkem Frost ziemlich ungestört weiter. Getrennte Faulräume müssen dagegen, soweit sie über die Geländeoberfläche hinausragen, durch Überschütten mit Boden oder durch Umhüllen mit Bimsbeton und Torfmull unbedingt vor Frost geschützt werden, weil die alkalische Gärung und damit die Gasentwicklung und natürliche Schlammumwälzung aufhört, wenn die Temperatur im Faulraum längere Zeit hindurch unter $+5°$ sinkt. Ein getrennter Faulraum ohne F. muß deshalb, wenn die Temperatur wieder ansteigt, die monatelange Einarbeitungszeit (Reifezeit) durchmachen oder künstlich beheizt und wenn möglich mit Faulschlamm geimpft werden, bis er wieder betriebsfähig ist.

Fruchtwasser, das beim Auswaschen der freigelegten Stärke in Kartoffelstärkefabriken (s. d.) und Kartoffelbrennereien anfallende Abwasser.

Frühling, August, Ingenieur (1847 bis 1910). Geheimer Baurat und Professor für städtischen Tiefbau an der Dresdener Technischen Hochschule, als bautechnischer Beirat im sächsischen Ministerium des Innern besonders verdient um das Zustandekommen des sächsischen Baupolizeigesetzes. F. war auf den Gebieten der Wasserversorgung und der Stadtentwässerung im In- und Auslande als Gutachter geschätzt und entfaltete auf beiden Gebieten eine sehr rege schriftstellerische Tätigkeit. Er war Mitarbeiter der Zeitschriften „Der Civilingenieur" und „Zeitschrift für Architektur und Ingenieurwesen" sowie des weitbekannten Handbuches der Ingenieurwissenschaften.

Füllgut, Füllmaterial, die zum Aufbau oder zur Füllung der biologischen Körper dienenden Stoffe (Sand, Kies, Schlacke, Ziegel- oder Gesteinsbrokken, Holzstücke usw.), auf denen sich die Kleinlebewesen ansiedeln, die die im Abwasser befindlichen Schmutzstoffe zersetzen (s. Biologischer Körper).

Füllkörper, biologischer Körper, der in regelmäßiger Zeitfolge abwechselnd mit Abwasser gefüllt und wieder entleert wird, wobei der auf dem Füllgut gebildete biologische Rasen während der Füllzeit die im Abwasser befindlichen Schmutzstoffe festhält (adsorbiert) und die im biologischen Rasen angesiedelten, luftliebenden, die Schmutzstoffe abbauenden Kleinlebewesen während der Leerzeit den zu ihrer Entwicklung erforderlichen Luftsauerstoff aufnehmen. Füllzeit etwa 2 und Leerzeit etwa 4 bis 6 Stunden. Korngröße des Füllgutes 5 bis 30 mm; bei zweistufigen Körpern in der ersten Stufe 10 bis 30 mm, in der zweiten 1 bis 10 mm. Da F. leicht verschlammen und dann schwer zu reinigen sind, werden jetzt an ihrer Stelle fast ausschließlich Tropfkörper angewendet (s. Biologischer Körper, Tropfkörper).

Füllner-Filter, ein Trommelfilter (s. d.) mit Filzwäsche der Linke-Hoffmann - Busch - Werke in Bad Warmbrunn (Schlesien), das als Stoffänger (s. d.) in Papierfabriken benutzt wird.

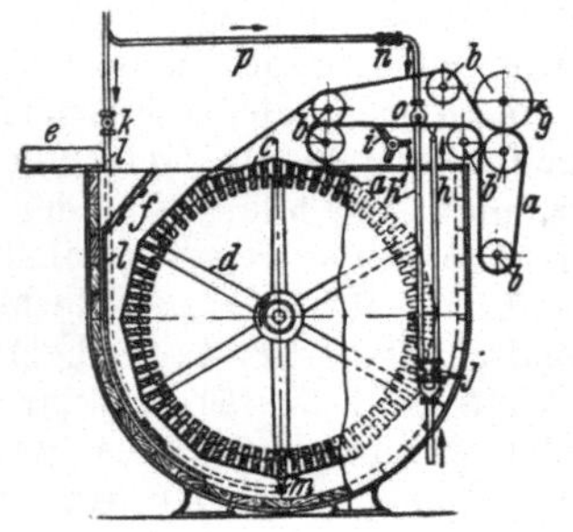

Füllner-Filter mit Filzwäsche der Linke-Hoffmann-Busch-Werke (Bad Warmbrunn).

Füllungskrumme, Füllungskurve, Linienzug, der die Abhängigkeit der Wasserführung Q_1 (od. der Wassergeschwindigkeit v_1) von der Füllhöhe h des Querschnitts einer Gefälleleitung darstellt. Ihre Punkte ergeben sich, wenn man für jeden Punkt das Verhältnis h/H der Füllhöhe h zur Gesamthöhe H des Leitungsquerschnitts als

Ordinate und das dazugehörige Verhältnis Q_1/Q (od. v_1/v) der Wasserführung Q_1 (oder der Wassergeschwindigkeit v_1) bei der Füllhöhe h zur Wasserführung Q (oder Wassergeschwindigkeit v) bei voller Füllung als Abszisse aufträgt. Die F. wird bei der Berechnung von Entwässerungsnetzen gebraucht, wenn man die Leistungsfähigkeit von Leitungen zu beurteilen hat, die nicht mit voller Füllung arbeiten. Sie wird hierzu meist nach der abgekürzten KUTTERschen Formel berechnet. Fn. für verschiedenartige Leitungsquerschnitte enthalten die Tafeln 5 bis 9 des IMHOFFschen Taschenbuches der Stadtentwässerung, 10. Auflage 1943 (s. KUTTERsche Formel).

. GEISSLER: Kanalisation und Abwasserreinigung Berlin 1933, S. 37.
. WILD-SCHÖBERLEIN: Tabellenbuch für die Berechnung von Kanälen und Leitungen. Berlin 1931.

Funkgeologie, die Wissenschaft der F. umfaßt hauptsächlich die Lehre von den elektrischen Eigenschaften der geologischen Leiter: die F u n k m u tung und die F u n k - P h y s i k o c h e m i e. Die Funkmutung befaßt sich mit dem Verfahren, die durch funkphysikalische Messungen die Lage, Ausdehnung und Beschaffenheit von Lagerstätten, tektonischen Störungen, Grundwasser usw. bestimmen. Die Eigenschaften eines geologischen Leiters werden hauptsächlich durch die flüssigen Anteile bestimmt. Besonders bedeutsam sind die hydrologischen Auswertungsmöglichkeiten der Funkmutung.

Furchenbecken, Druckluftbecken, dessen Sohle mit gleichmäßig verteilten, in der Längsrichtung verlaufenden Furchen versehen ist. Von diesen aus wird beim Belebungsverfahren die Luft zur Belüftung des Abwassers und zu seiner Durchmischung mit den belebten Flocken durch Filterplatten hindurch eingeblasen. Besonders für dickes Abwasser mit großem Luftbedarf

geeignet (s. Druckluftbecken, Belebungsbecken).

Furchenberieselung. Verrieselungs-
verfahren, insbesondere für Abwasser,
bei dem die waagerechte Beetfläche
nicht wie bei der Stauberieselung vollkommen unter Wasser gesetzt (überstaut) wird, sondern bei dem man
lediglich tiefe, in Abständen von etwa
1 m über die Beetstücke gezogene
Furchen mit Wasser füllt, das infolgedessen nur die Wurzeln benetzt und
mit den über dem Erdboden befindlichen Teilen der Pflanzen nicht in Berührung kommt (also keine „Kopf-
düngung") (s. Rieselfeld, Beetstück).

G

Gärfaulverfahren (Salzwedeler Verfahren), eine verbesserte Form des
Doppelgärverfahrens (s. d.) zur Behandlung des zuckerhaltigen Abwas-
Feldassistenzarzt beim 3. Garde-Regi-
ment zu Fuß. Staatsprüfung cum laude.
Assistenzarzt bei der Kaiserlichen Ma-
rine. Stabsarzt im Kaiserlichen Ge-

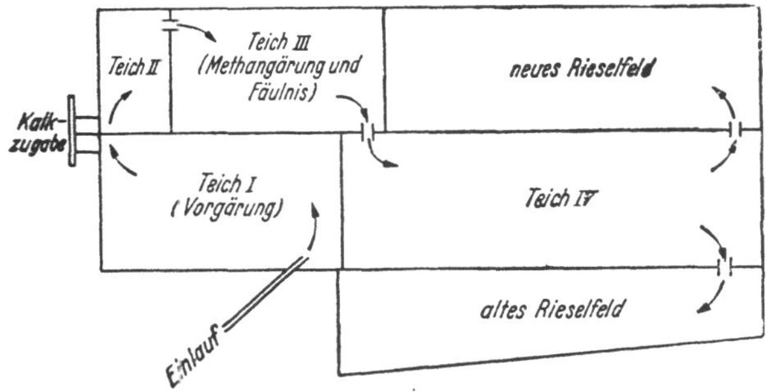

Schema des Gärfaulverfahrens.

sers von Zuckerfabriken. Nach der Vor-
gärung in dem Gärteich I wird dem
Abwasser so viel Kalk zugegeben, bis
ein p_H-Wert von 9 erreicht ist. In dem
Absetzteich II setzen sich der Kalkschlamm und die ausgeflockten Eiweißstoffe ab. In Teich III tritt starke Fäulnis, verbunden mit Methan- und Was-
serstoffgärung ein. Das aus Teich IV
abfließende Abwasser ist neutral und
kann auf Rieselfeldern (s. d.) weiterbehandelt werden.

Gärtner, August, Dr. med., Geheimer
Hofrat. A l t m e i s t e r d e r H y -
g i e n e. Geb. 18. April 1849 zu Och-
trup in Westfalen. Gymnasium Mün-
ster. 1867 Eintritt in das Kgl. Preuß.
Medizinisch - chirurgische Friedrich-
Wilhelm - Institut in Berlin. 1870/71

AUGUST GÄRTNER.

sundheitsamt unter ROBERT KOCH. Professor der Hygiene an der Universität Jena. Mitglied des Reichsgesundheitsamtes. Gest. 21. Dezember 1935 in Jena.

• GÄRTNER. A.: Handbuch der Untersuchung und Beurteilung des Wassers, Braunschweig 1895.
• Ders.: Die Quellen in ihren Beziehungen zum Grundwasser und zum Typhus. Klin. Jahrbuch. Jena 1902.
• Ders., Die Hygiene des Wassers, Braunschweig 1915.
• Ders., Leitfaden der Hygiene, Berlin 1923.

Gärung, der Abbau höherer organischer Verbindungen in niedere unter dem Einfluß von Mikroorganismen. Die **a l k o h o l i s c h e** G., die bei der Bier-, Wein- und Branntweinbereitung benutzt wird, wird durch Hefepilze verursacht, die Zucker in Alkohol und Kohlensäure spalten. Die **B u t t e r - s ä u r e g ä r u n g** wird durch Buttersäurebakterien herbeigeführt. Kohlenhydrate, höhere Alkohole und Salze der Milchsäure werden in Wasserstoff und organische Säuren überführt. Die **M i l c h s ä u r e g ä r u n g** ’wird durch Milchsäurebakterien hervorgerufen. Die **E i w e i ß g ä r u n g** (Fäulnis s. d.) ist die bakterielle Zersetzung stickstoffhaltiger Verbindungen, im wesentlichen also des Eiweißes durch Fäulnisbakterien.

Gärung, alkalische, Methangärung, geruchlose Fäulnis (s. Fäulnis).

Gärung, saure, stinkende Fäulnis (s. Fäulnis).

Gärungsgewerbe s. Bierbrauereien, Brennereien, Malzfabriken, Hefefabriken, Holzverzuckerungsfabriken.

Gärungsverfahren s. Getreidestärkefabriken.

Galvanisieranstalten stellen metallische Überzüge auf Metallen und Gegenständen aller Art mit Hilfe des elektrischen Stroms durch Elektrolyse her. Je nach der Art des Überzuges sind die verschiedensten Bäder in Benutzung.

Die anfallenden Abwassermengen sind im allgemeinen gering, weil die G. bei dem hohen Wert der Lösungen (Bäder) möglichst jeden Verlust vermeiden. Lediglich als Tropf- und Spülwasser gelangen gewisse Mengen der Lösungen in das Abwasser. Durch seinen Gehalt an Zyanverbindungen, Chrom-, Nickel- und Kupfersalzen wirkt das Abwasser der G. in Wasserläufen giftig für die Fischerei und in biologischen Kläranlagen störend. Die Entgiftung des zyanidhaltigen Abwassers erfolgt zweckmäßig durch Zugabe von Eisenvitriol (s. zyanidhaltiges Abwasser).

Ganglinie, zeichnerische Darstellung von Werten, die nach ihrer Eintrittszeit geordnet sind.

Gasanfall im Schlammfaulraum. Im getrennten Schlammfaulraum liefert bei ordnungsmäßigem Betriebe 1 kg organischer Trockenrückstand bei 15° Faulraumtemperatur in 60 Tagen etwa 500 l und bei 30° in 30 Tagen etwa 750 l Faulgas. Da städtischer Abwasserschlamm rd. 40 g/ET organischen Trockenrückstand enthält, fallen hiernach bei 15° in 60 Tagen rd. 20 l/ET Faulgas an. Im Faulraum einer zweistöckigen Anlage ist der G. etwas geringer, weil ein Teil der Kohlensäure ausgewaschen wird, der Methananfall ist jedoch der gleiche. Wenn der Überschußschlamm einer Belebungsanlage im Gemisch mit dem abgesetzten Frisch-Schlamm ausgefault wird, kann der G. unter günstigen Verhältnissen bis auf 30 l/ET steigen. Auch durch gewerbliche Zuflüsse und durch Regenwasser kann der G. vergrößert werden (s. Faulgas).

Gasanstalten s. Gaswerke.

Gaserzeugung, die Herstellung brennbarer Gase aus geeigneten Brennstoffen. Die G. aus festen Brennstoffen erfolgt entweder durch die **E n t** gasung (s. trockene Destillation) oder durch **V e r** gasung. Erstere wird in Gasanstalten (s. d.) und Kokereien (s. d.) durchgeführt, letztere in Gasgeneratoren-anlagen (s. d.).

Gasgeneratorenabwasser, das bei der Entstaubung (s. Entstauber) und Kühlung des Gases aus Gasgeneratoren-anlagen (s. d.) anfallende Abwasser. Auf 1 m³ Gas ist mit einem Abwasseranfall von 12 l zu rechnen. Die Verschmutzung richtet sich in der Hauptsache nach dem verwendeten Brennstoff. Koks und Steinkohlen geben größere Mengen Schwefelwasserstoff, da-

Sauggasmotoren benutzt wird. Das anfallende Gas muß je nach dem Verwendungszweck einer trockenen oder auch nassen Entstaubung (s. Entstauber) unterworfen werden. Bei der nassen Entstaubung erfolgt gleichzeitig eine Kühlung des Gases; das anfallende Abwasser wird als Gasgeneratorenabwasser (s. d.) bezeichnet.

Gaskalk, der aus dem Ammoniakabwasser (s. d.) durch Absetzen gewonnene Kalkschlamm. Er kann nach

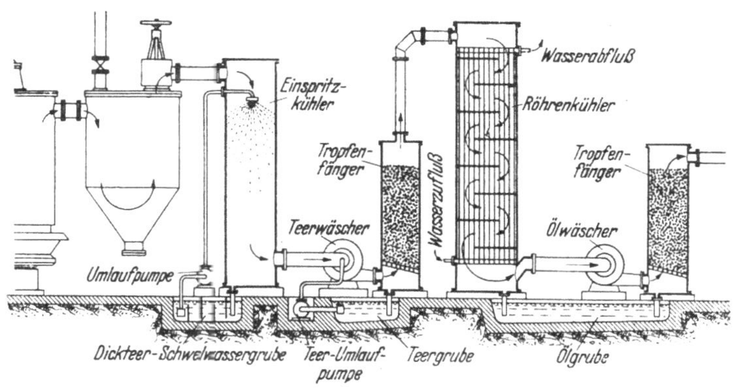

Schema einer Reingasanlage mit mechanischer Reinigung
(Bauart Klöckner-Humboldt-Deutz AG.).

neben Phenol. Bei Braunkohlen tritt ein höherer Gehalt an Phenolen auf, während bei Torf Essigsäure und Methylalkohol im Abwasser enthalten sind. Die Schädlichkeit für die Wasserläufe beruht in erster Linie auf dem Gehalt an Schwefelwasserstoff und Phenol. Das G. kann nach Reinigung in Absetzbecken und Kühlung in Rückkühlanlagen (s. d.) im Kreislauf gehalten werden, so daß sich ein Anfall von Abwasser vermeiden läßt.

Gasgeneratorenanlagen erzeugen durch Überleiten von Wasserdampf und Luft über glühenden Koks, Anthrazit, Braunkohlen oder Torf das billige Generator-, Halbwasser- oder Wassergas, das zum Heizen von gewerblichen Feuerungen und zum Betriebe von

längerem Kompostieren zu Dungzwecken verwendet werden.

Gasreinigung. Vor ihrer Verwendung zu Heizzwecken oder in Kraftmaschinen usw. müssen Gase von dem in ihnen vorhandenen Staub in Entstaubern (s. d.) mehr oder weniger weitgehend gereinigt und gekühlt werden.

Gaswasser s. Ammoniakrohwasser.

Gaswerke. Das nach der Entgasung (s. Gaserzeugung) der Kohle anfallende Gas wird nach Entteerung gekühlt. Danach erfolgt die Entfernung der im Gase enthaltenen Ammoniak- und Naphthalindämpfe durch Waschen des Gases mit Wasser in sogen. Wäschern. Das hierbei anfallende Gaswasser wird als Ammoniakrohwasser

(s. d.) bezeichnet, aus dem Salmiakgeist oder schwefelsaures Ammoniak (s. d.) gewonnen werden kann.

Gautschpresse s. Papiermaschinen.

Gebrannter Kalk s. Kalk.

Gebühr. Auf Grund gesetzlicher Bestimmungen als E n t g e l t für besondere Leistungen der Behörden oder gegebenenfalls auch der Körperschaften des öffentlichen Rechts zu entrichtende Vergütung. Die G. hat nicht, wie die Steuer, die Allgemeinheit zu zahlen, sondern nur derjenige, der die besondere Leistung in Anspruch nimmt, so z. B. die Entwässerungsgebühr der Grundstückseigentümer, der das öffentliche Entwässerungsnetz zur Abführung seiner Abwässer benutzt (Nutzungsgebühr) oder der Kläger, der den besonderen Rechtsschutz durch das Gericht begehrt (Verwaltungsgebühr).

Gebühren für die Benutzung der Wasserleitung. Die Mustersatzung über den Anschluß an die öffentliche Wasserleitung und über die Abgabe von Wasser (s. d.) sieht neben den privatrechtlichen Kosten für den Anschluß eines Grundstücks an die Straßenleitung und für die Einrichtung (Installation) im Grundstück folgende Gebühren vor:

1. eine einmalige G. öffentlich-rechtlicher Art für die Beteiligung jedes Grundstückes an der Wasserleitung (§ 16 Abs. 1). Sie wird mit einem bestimmten Betrage für je 1 m Frontlänge oder nach dem Mietwert, dem Einheitswert oder der Fläche des Grundstücks erhoben. Die einmalige G. darf nur die Kosten enthalten, die infolge des Baues der Versorgungsleitung anteilig auf jeden Eigentümer entfallen.

2. eine ebenfalls öffentlich-rechtliche G. für die Benutzung der Wasserleitung. Sie ist das Entgelt für das Bereithalten des Anschlusses und für die verbrauchte Wassermenge und wird in der Regel für jedes verbrauchte m³ erhoben (§ 16 Abs. 2).

Gebührenpflichtig sind der Eigentümer des an die Wasserleitung angeschlossenen Grundstücks und neben ihm wegen der verbrauchten Wassermenge auch die Benutzungsberechtigten, wie z. B. die Mieter, es sei denn, daß sie ihrer Zahlungspflicht gegenüber dem Eigentümer bereits genügt haben.

Gefälle, Verhältnis des Höhenunterschiedes zweier Punkte zu ihrer in waagerechter Richtung gemessenen Entfernung.

a) Energiegefälle, Formelzeichen J_e = Gefälle der Energielinie,

b) Spiegelgefälle, Formelz. J = Gefälle des freien Wasserspiegels,

c) Sohlengefälle, Formelz. J ,

d) Druckgefälle, Formelz. J_p = Gefälle der Drucklinie.

Das G. wird in Bruchform z. B. $1 : 500$ (auf 1 m Höhenunterschied 500 m Entfernung) angegeben. Die Angabe in v. H. oder v. T.: $1 : 500 = 0,2 : 100 = 2 : 1000 = 0,2$ v. H. $= 2$ v. T. ist zu vermeiden. Auch die vielfach übliche Bezeichnung „absolutes Gefälle" für den Höhenunterschied der beiden Punkte sollte vermieden werden, weil der Höhenunterschied eine Länge und nicht wie das Gefälle eine unbenannte Zahl darstellt. DIN 4045.

Gefälle, natürliches, das Gefälle der Erdoberfläche im Gegensatz zu dem Sohlengefälle einer im Erdreich liegenden Leitung, z. B. einer Entwässerungsleitung. Bei der Aufstellung von Entwässerungsentwürfen soll man sich aus wirtschaftlichen Gründen bemühen, das Sohlengefälle der Leitungsstränge dem natürlichen Gefälle so weit wie möglich anzupassen (s. Gefälle).

Gefälle, schlechtes, Sohlengefälle von Wasserläufen oder Gefälleleitungen, bei dem die Wassergeschwindigkeit so klein ist, daß sich abflußstörende Ablagerungen bilden. Für

Entwässerungsleitungen sollte die mittlere Wassergeschwindigkeit möglichst nicht kleiner als 0,8 m/s sein, doch ist dies mit Rücksicht auf die Geländeverhältnisse und die wechselnden Wassermengen nicht streng durchführbar. Als allgemeine Regel gilt jedoch, daß die Leitungen mit kleineren Querschnitten und geringerer Wasserführung größeres Gefälle haben müssen, während das Gefälle der größeren Leitungen und der begehbaren Kanäle kleiner sein kann. Als mittleres Gefälle im Flachlande kann etwa 1 : 500 gelten, im Hügellande 1 : 100 bis 1 : 150. Bei großen Kanälen im Flachlande sind manchmal sehr geringe Gefälle bis herab zu 1 : 2500 oder sogar 1 : 3000 nicht zu vermeiden.

Gefälleleitung, Leitung, durch die Wasser unter Einwirkung der Schwerkraft von einem höher gelegenen Anfangspunkt zu einem tiefer liegenden Endpunkt fließt.

Gegenbehälter, Hochbehälter eines Wasserwerks, der als Ausgleichsbehälter an dem der Hauptzuleitung entgegengesetzten Rande des Versorgungsgebietes liegt (DIN 4046).

Gehängeschotter (Gehängelehm), ein unmittelbares Verwitterungserzeugnis der Gesteine bei sehr geringem Förderweg (BEHR).

Geigersandfang, flacher, trichterförmiger Spülsandfang mit großer Oberfläche, bei dem die Spülwirkung durch kreisende Bewegung des Abwassers erzielt wird (s. Spülsandfang).

Geißeltiere (Flagellaten) s. Plankton und Nahrungsspender.

Geißler, Wilhelm (geb. 1875 in Leipzig, gest. 1937 in Dresden). Besuchte die Universität Leipzig und die Technische Hochschule Dresden. 1904 bis 1909 Stadtbauinspektor in Charlottenburg, 1909 Stadtbaurat in Nordhausen, ab 1920 Beigeordneter in Duisburg, ab 1. 11. 1925 o. Professor für städtischen Tiefbau an der Technischen Hochschule Dresden.

· GEISSLER, W., Handbibliothek für Bauingenieure (R. OTZEN), III. Teil, Bd. 6, Kanalisation und Abwasserreinigung.

Geländeoberfläche, die Oberfläche der festen Erdrinde.

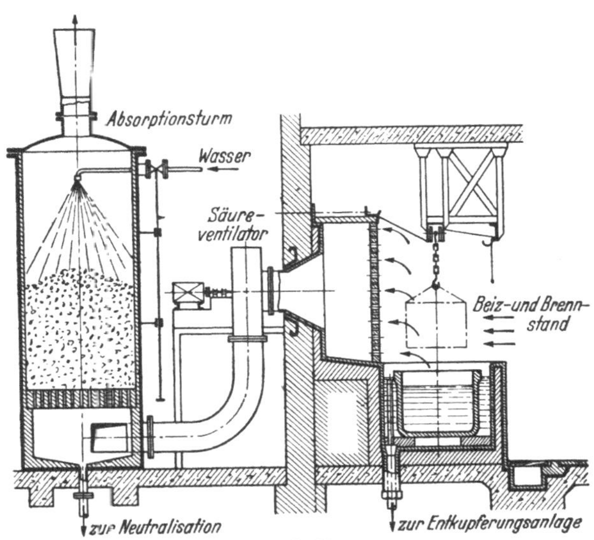

Schema einer Gelbbrenne.

Gelbbrennen. In Metallwarenfabriken (s. d.) erhalten Messinggegenstände wie z. B. Glühlampensockel und Fassungen durch G. eine matt glänzende Oberfläche. Zunächst werden die Gegenstände in einem Bade von vier Teilen Salpeter- und 1 Teil Salzsäure vorgebrannt, in einem zweiten Bade, das aus 2 Teilen Schwefelsäure und 1 Teil Salpetersäure unter Zusatz von etwas Salzsäure besteht, erhalten sie ihre mattglänzende Farbe. Die beim G. gebildeten nitrosen Gase (s. d.) müssen abgesaugt, in einen Rieselturm (Absorptionsturm) geleitet und durch Tropfwasser unschädlich gemacht werden.

Gelöschter Kalk s. Kalk.

Gemeingebrauch an Wasserläufen, derjenige Gebrauch, für dessen Ausübung es keiner behördlichen Zulassung (bisher Genehmigung, Erlaubnis, Verleihung) bedarf. Nach dem Entwurf des Reichswassergesetzes ist als G. für das Gebiet des Trink-, Brauch- und Abwassers zulässig das Baden, Waschen, Viehtränken und -Schwemmen, die Wasser- und Eisentnahme für die eigene Haushaltung und Wirtschaft des Eigentümers des Ufergrundstückes sowie das Einleiten von Abwässern (ausgenommen mittels gemeinschaftlicher Anlagen). Als Wirtschaft gelten dabei der landwirtschaftliche Haus- und Hofbetrieb mit Ausschluß der landwirtschaftlichen Nebenbetriebe und kleingewerbliche Betriebe. Das Recht des Gemeingebrauchs ist ein öffentlichrechtliches.

Gemüse- und Obstkonservenfabriken. Die festen Abfallstoffe aus G. und Obstf., wie Obstschalen, Schoten der Hülsenfrüchte, werden zweckmäßig gesammelt, kompostiert und als Dungstoff verwendet. Das hauptsächlich während der Hauptkampagne im Herbst anfallende Abwasser enthält viel Kohlenhydrate und Eiweißstoffe und ruft dadurch besonders in kleinen Flußläu-

fen starke Sauerstoffzehrung und Pilzbildung hervor. Wenn eine Aufnahme des Abwassers in ein städtisches Entwässerungsnetz nicht möglich ist, können die kolloiden Verunreinigungen durch chemische Fällung mit Eisenvitriol und Kalk zum großen Teil beseitigt werden. Nach entsprechender Behandlung in Absetzbecken kommen für die weitergehende Reinigung die Verrieselung, für große Fabriken auch Tropfkörper oder das Belebungsverfahren in Frage.

Genauigkeit einer Berechnung. Grad der Annäherung des Ergebnisses einer technischen Rechnung (z. B. statischen oder hydraulischen) an die wirklichen Verhältnisse. Die G. muß immer im angemessenen Verhältnis zu den Annahmen stehen, die einer Rechnung zugrunde liegen. Es ist beispielsweise zwecklos, die Spannkräfte im Stabwerk einer Brücke auf mehrere Dezimalstellen genau auszurechnen, wenn die Belastungsannahmen in weiten Grenzen schwanken. Dementsprechend empfiehlt es sich nicht, bei der Berechnung von Entwässerungsnetzen die Genauigkeit zu weit zu treiben, weil die Schätzung der abzuleitenden Wassermengen einen verhältnismäßig großen Spielraum läßt. So rät IMHOFF, das genaue, aber mühsame zeichnerische Summenlinienverfahren (Verzögerungsplan) möglichst zu vermeiden und i. a. einfachere Rechnungsgänge zu wählen.

Generalinspektor für Wasser und Energie, durch Erlaß vom 29. Juli 1941 zur Führung und Neuordnung des Energieausbaues und der Energie- und Wasserwirtschaft bestellt.

Generalplanung, wasserwirtschaftliche s. Wasserwirtschaftliche Generalplanung.

Generatorgasabwasser s. Gasgeneratorenabwasser.

Genzmer, Ewald, Dr.-Ing. E. h., Geheimer Hofrat, Geheimer Baurat, o. Professor a. d. Technischen Hochschule

Dresden, geb. 1856 auf Rittergut Boggusch bei Marienwerder, gest. 1932 in Dresden. Stadtbauinspektor in Köln, Stadtbaurat in Halle a. S., o. Professor a. d. Technischen Hochschule Danzig.

. Genzmer, E.: Kanalisation der Klein- und Mittelstädte.
. Ders.: Der Verbleib der städtischen Abwässer. Die Entwässerung der Städte, Bd. 4, Teil III des Handbuches der Ingenieurwissenschaften, ferner in Foersters Taschenbuch für Bauingenieure II. Teil.

Gerbbrühen, derjenige Teil des Gerbereiabwassers (s. d.), der bei dem eigentlichen Gerben anfällt. Die G. enthalten bei vegetabilischer Gerbung die verbrauchten, dunkelrotbraun gefärbten, lederartig riechenden Gerbstoffe, organische Säuren und Bestandteile der Haut. Bei mineralischer Gerbung enthalten sie Eisen- und Chromsalze, Chromsäure, Arsenverbindungen u. a. Die letzteren rufen erhebliche Schwierigkeiten bei der Einleitung in die Flüsse und bei der Reinigung des Gerbereiabwassers hervor. Eine möglichst weitgehende Wiedergewinnung der Chromsalze aus den G. ist deshalb anzustreben. In den Sämischgerbereien entstehen milchig trübe G. Auf eine gegerbte Großhaut ist mit einem Anfall von etwa 0,15 m³ G. zu rechnen.

Gerbereiabwasser, das aus Gerbereien (s. d.) anfallende Abwasser. Die Menge des anfallenden Abwassers und seine Beschaffenheit richtet sich nach der Art des Betriebes und dem angewandten Gerbverfahren. Das G. setzt sich zusammen aus dem

1. Weichwasser (s. d.),
2. Äscher- oder Enthaarwasser (s. d.),
3. Beizwasser (s. d.), und den
4. Gerbbrühen (s. d.).

G. stellt ein stark verunreinigtes und daher den Wasserläufen besonders schädliches und sehr schwierig zu reinigendes gewerbliches Abwasser dar. In kleinen Vorflutern entstehen durch G. infolge des Einflusses der giftigen Salze und durch die Erhöhung des p_H-

Wertes große Schwierigkeiten, die noch durch die bestehende Milzbrandgefahr (s. d.) sowie durch Sauerstoffschwund und Geruchsbelästigungen gesteigert werden.

Für die Reinigung des G.s sind erforderlichenfalls nach zuvoriger Entschwefelung des schwefelnatriumhaltigen Enthaarwassers die verschiedenen Abwassergruppen zusammenzufassen und in Ausgleichbecken gründlich zu mischen. Danach muß eine gute mechanische Entschlammung in ausreichend bemessenen Absetzbecken erfolgen. Die in den meisten Fällen notwendige biologische Reinigung auf Tropfkörpern oder nach dem Belebungsverfahren läßt sich nur nach Zumischung von häuslichem Abwasser (mindestens 2 Teile häuslichen Abwassers auf 1 Teil G.) mit Erfolg durchführen. Das so gereinigte Abwasser wird mit Vorteil noch über Feinsandfilter oder intermittierende Bodenfilter geleitet, in denen die Milzbrandsporen mechanisch zurückgehalten werden.

Gerbereien überführen Rind- und Roßhäute, ferner Ziegen-, Schaf- und Kalbfelle sowie sonstige Häute in Leder. Am meisten werden Rindhäute verarbeitet. Zahmhäute sind die von europäischen als Haustier gezüchteten, Wildhäute die von außereuropäischen frei lebenden Rindern stammenden Häute. Der Vorgang des Gerbens zerfällt in drei Stadien: 1. vorbereitende Arbeiten, 2. Gerbung und 3. Zurichtung.

Bei den **v o r b e r e i t e n d e n A r b e i t e n ,** die in der sog. Wasserwerkstatt durchgeführt werden, werden die Häute zunächst in Wasser geweicht, alsdann zur Lösung der Haare geäschert. Hierzu wird Kalkmilch benutzt oder zur Beschleunigung Schwefelnatrium (s. d.). Nach der Spülung folgt die Enthaarung und das Entfleischen. Die so von den Haaren und der Unterhaut befreiten Häute (Blößen) werden durch Beizen (s. d.) weiter behandelt.

Bei der **Gerbung**, die in der sog. Gerb- oder Farbwerkstatt erfolgt, sind zu unterscheiden: Die vegetabilische Gerbung, Mineralgerbung und Fettgerbung. Die vegetabilische Gerbung benutzt als Gerbstoffe Lohe aus Eichen- und Fichtenrinde, Gerbextrakte (Quebracho, Sumach) sowie aus Sulfitablauge (s. d.) hergestellte Extrakte. Die Mineralgerbung benutzt verschiedene Metallsalze, wie Chromsalzlösungen oder Kalialaun. Bei der Fettgerbung (Sämischgerbung), vor allem für Handschuhleder angewandt, werden Fette tierischen und pflanzlichen Ursprungs benutzt.

Bei der **Zurichtung** wird das Leder mit künstlichen Farbstoffen gefärbt, gefettet und einer besonderen Behandlung zur Herrichtung der Oberfläche unterzogen.

G. benötigen ein nicht zu hartes und mineralstoffreiches Wasser, das nicht durch organische Stoffe, namentlich durch Fäulniserreger verunreinigt ist. Für Brauchwasser der Lederfärberei gilt das für Färbereien (s. d.) Gesagte. Während bei kleineren Lohgerbereien je Rinderhaut etwa 1—1,2 m³ Wasser benötigt werden, gebrauchen Großbetriebe etwa 2—3 m³ Wasser je Großhaut.

Gerbstoffe s. Gerbereien.

Gerbwerkstatt s. Gerbereien.

Gerinnegrundwasser, ein Grundwasser in Spalten, Klüften und Höhlen, dessen Bewegung der in oberirdischen Gerinnen ähnelt (Donat und Koehne).

Gerölle, durch Wasserförderung gerollte, also gerundete Gesteinsbruchstücke nach längerem Förderweg (Behr).

Geröllfang, in den Straßenablauf eingehängter Eimer, dessen Seitenwandung derart gelocht ist, daß das Regenwasser und die Schlammstoffe hindurchtreten können, während abge-

schwemmtes Gerölle (Schotter und Kies) zurückgehalten wird. Als G. werden auch Vertiefungen im Entwässerungsnetz bezeichnet, die man besonders in bergigen Gegenden zuweilen in die Leitungsstränge einbaut, um die vom Niederschlagswasser mitgerissenen Schutt- und Gesteinstücke zurückzuhalten. Da sich in derartigen Vertiefungen auch viel fäulnisfähiger Schlamm und Unrat anhäuft, ist ein solcher G. i. a. nicht zweckmäßig. Besser ist es vielmehr, durch laufende Reinigung der Leitungen die abgelagerten Stoffe weiterzutreiben und an geeigneten Sammelpunkten sofort herauszunehmen.

Gerstein, Karl, geb. 10. Januar 1864 in Rietberg i. Westf., gest. 19. Juni 1924. Polizeipräsident, Kgl. Landrat a. D. Langjähriger Vorsitzer der Emschergenossenschaft und des Ruhrverbandes sowie stellvertretender Vorsitzender des Ruhrtalsperrenvereins.

Geruch des Abwassers. Frisches häusliches und städtisches Abwasser riecht dumpfig aber nicht belästigend. Sobald jedoch der Fäulnisvorgang einsetzt, verbreitet es hauptsächlich infolge der Schwefelwasserstoffbildung einen höchst widerlichen, ekelerregenden Geruch. Der Geruch von gewerblichem Abwasser richtet sich nach der Art des Gewerbebetriebes. Besonderen Gestank verbreiten die Abwässer aus Gerbereien, Schlachthöfen und Abdekkereien.

Geruch des Abwasserschlammes. Frischer Schlamm aus städtischem Abwasser riecht dumpfig und schwach fäkalisch, jedoch nicht unmittelbar belästigend. Nach verhältnismäßig kurzer Lagerung beginnt er aber zu faulen und infolge Bildung von Schwefelwasserstoff unerträglich zu stinken. Infolgedessen verpestet er, wenn er gestapelt oder zu Dungzwecken über größere Landflächen verteilt wird, die ganze Umgebung. Bis zur technischen

Faulgrenze ausgefaulter Abwasserschlamm riecht demgegenüber nicht belästigend, sondern schwach torfig, ähnlich wie frische Gartenerde. Der Geruch des Schlammes aus gewerblichen Betrieben hängt von der Art des Gewerbebetriebes ab.

Geruchlosigkeit einer Abwasserkläranlage. G. ist erreichbar, wenn man das Abwasser auf seinem Wege nach der Kläranlage frisch erhält (keine toten Ecken oder Vertiefungen im Entwässerungsnetz, keine Schlammablagerungen, gute Lüftung), in frischem Zustande verarbeitet, den frischen Schlamm sofort in geschlossene Faulräume bringt und darin so lange zurückhält, bis er bis zur technischen Faulgrenze ausgefault ist. Eine dementsprechend gebaute und betriebene Ortsentwässerung kann ihre Kläranlage daher unbedenklich inmitten bewohnter Gegend haben.

Geruchs- und Geschmacksbeseitigung, zur Entfernung von störenden Geruchs- oder Geschmacksstoffen aus dem Wasser werden, wenn es nicht gelingt, die störenden Stoffe am Ort ihres Ursprungs abzufangen, chemische oder chemisch-mechanische Verfahren (z. B. Zerstäubung) angewendet. Der durch Algen, Plankton o. dgl. hervorgerufene unangenehme Geruch kann manchmal durch aktive Kohle, Kaliumpermanganat oder Chlor beseitigt werden. Chlorphenolgeruch und -geschmack wird durch gleichzeitigen Zusatz von Ammoniak zum Chlor oder durch Überchlorung, bei der das überschüssige Chlor durch Filterung über aktive Kohle beseitigt werden muß, vermieden. Überschüssiges freies Chlor kann durch Zusatz von Natriumsulfit, Natriumthiosulfat, schweflige Säure und Entchlorungskatarsit usw. entfernt werden.

Geruchverschluß, U-förmig gekrümmtes, lotrecht stehendes, mit Wasser gefülltes Rohrstück, das in Gefälleleitungen, und zwar besonders an Abwassereinlaufstellen vor Fallrohren eingebaut wird, um zu verhüten, daß durch die Einlauföffnung üble Gerüche aus dem Entwässerungsnetz austreten. Gegebenenfalls, z. B. bei Fußbodenabläufen, wird der G. auch glockenförmig ausgebildet (s. DIN 1378: Bodenablauf mit Glockengeruchverschluß) (s. Wasserverschluß).

Gesamtabdampfrückstand. Das Verhältnis G/R der Feststoffgewichtsmenge G, die beim Verdampfen und Trocknen (bei etwa 105°) einer u n f i l t r i e r t e n, aber durch Aussieben und Absetzen von Sand befreiten Abwasser-Raummenge R zurückbleibt, zur Raummenge R. Gebräuchliche Maßeinheit: G (Rückstand an festen Stoffen) in mg u. R in l, also mg/l. Der G. enthält die in der untersuchten Abwasserprobe vorhandenen ungelösten und gelösten Stoffe (s. Abdampfrückstand).

Gesamtabflußbeiwert, Quotient aus der gesamten Abflußfülle eines Regens durch die gesamte Regenfülle. Formelzeichen φ_m (s. Abflußfülle, Regenfülle).

Gesamtglührückstand, das Verhältnis G/R der beim Ausglühen des Gesamtabdampfrückstandes einer Abwasser-Raummenge R zurückbleibenden Feststoff-Gewichtsmenge G (Asche) zur Raummenge R. Gebräuchliche Maßeinheit: G (Rückstand der ausgeglühten Feststoffe) in mg und R in l, also mg/l. Da die organischen Stoffe beim Ausglühen verbrennen, gibt der G. annähernd den Gehalt des Abwassers an ungelösten und gelösten mineralischen Stoffen an, und zwar annähernd deshalb, weil sich beim Ausglühen auch ein geringer Teil der mineralischen Stoffe verflüchtigt und Kohlensäure entweicht. Immerhin ist der G. bei Abwasseruntersuchungen ein meist hinreichend genauer Maßstab für den Gehalt des Abwassers an ungelösten und gelösten mineralischen Stoffen (s. Gesamtabdampfrückstand, Abdampfrückstand, Glührückstand).

Gesamthärte, die Summe von bleibender (s. d.) und vorübergehender (s. d.) Härte (s. Härte).

Gesamtkeimgehalt, die Zahl der Bakterienkolonien, die auf der für Wasseruntersuchungen üblichen Nährgelatine bei Luftzutritt und einer Temperatur von $+ 22°$ C binnen 2×24 Stunden sich so weit entwickeln, daß sie bei Betrachtung mit einer etwa dreifach vergrößernden Lupe oder gar dem bloßen Auge sichtbar werden.

Gesamtschwebestoffe, Gesamtheit der im Abwasser befindlichen a b s e t z - b a r e n u n d n i c h t a b s e t z b a r e n Schwebestoffe. Zu den absetzbaren Schwebestoffen, die in ruhigem Wasser allmählich zu Boden sinken, gehören z. B. Detritus, Sand- und Tonteilchen, Kaffeesatz, Gemüsereste, Fäkalien, Fleischreste, Papier- und Faserstoffe, Strohteilchen u. ä., zu den nicht absetzbaren Schwebestoffen alle sonstigen bei der Filterung einer Abwasserprobe auf dem Filter zurückbleibenden Stoffe. Zur Ermittlung der G. wird eine bestimmte Abwassermenge gefiltert und der Filterrückstand getrocknet und gewogen. Den Gehalt des Abwassers an nicht absetzbaren Schwebestoffen erhält man dann, wenn man den im Absetzglase von einer gleichen Abwassermenge abgesetzten Schlamm trocknet und wiegt und dessen Gewicht von dem Gewicht der G. abzieht. Abwasser deutscher Städte ohne wesentliche Mengen gewerblicher Zuflüsse enthält im Tagesmittel etwa 600 mg/l G., wovon 400 mg/l absetzbare und 200 mg/l nicht absetzbare Schwebestoffe sind (s. Schwebestoffe, Absetzglas nach SPILLNER).

Gesamttrockenrückstand, der beim Verdampfen und Trocknen (bei etwa 105°) einer g e f i l t e r t e n, aber durch Aussieben und Absetzen von Sand befreiten Abwassermenge verbleibende

feste Rückstand. Der G. enthält die gesamten ungelösten und gelösten Stoffe der betreffenden Abwassermenge (s. Gesamtabdampfrückstand, Trockenrückstand, Abdampfrückstand).

Geschiebe, vom Eis geschobene Gesteinsbruchstücke. Bei ihnen sind im Gegensatz zum Gerölle (s. d.) nur die Kanten gerundet (BEHR).

Geschiebelehm, entkalkter Geschiebemergel (s. d.) (BEHR).

Geschiebemergel, ein sandig toniges, ungeschichtetes kalkiges Gemenge mit regellos in der Masse verteilten größeren und kleineren Geschieben eiszeitlicher Entstehung. Entkalkt wird er zum Geschiebelehm (BEHR).

Geschwindigkeit, Formelzeichen v, Maßeinheit m/s, Quotient aus dem Weg eines Körpers durch die Zeit, in der er den Weg zurücklegt.

Geschwindigkeitshöhe, Formelzeichen H_v, Maßeinheit cm, m, Fallhöhe (s. d.), die unter Vernachlässigung der Reibung die betreffende Geschwindigkeit erzeugt $\left(\dfrac{v^2}{2g}\right)$.

Geschwindigkeit, größtzulässige in Gefälleleitungen, die Geschwindigkeit des Abwassers, die mit Rücksicht auf die Schleifwirkung des mitgeführten Sandes nach Möglichkeit nicht überschritten werden soll. Sie sollte im Mittel nicht über 1,2 m/s sein, kann aber bei voller Füllung vorübergehend bis etwa 3 m/s steigen. Sie darf bei glasierten Steinzeugleitungen größer sein als bei Betonleitungen und gemauerten Kanälen, gegebenenfalls sind diese mit Sohlenschalen aus glasiertem Steinzeug auszukleiden.

Geschwindigkeit im Sandfang. Die G. soll möglichst 0,3 m/s betragen, weil bei größerer Geschwindigkeit Sandteilchen mitgerissen werden und bei kleinerer Geschwindigkeit sich außer dem Sand auch Schlamm absetzt. Um die G. zu regeln, empfiehlt es sich, am

Auslauf des Sandfanges ein Staublech anzubringen. Stärkerem Wasserzudrang wird durch die Anordnung mehrerer nacheinander in Wirksamkeit tretender Sandfangkammern begegnet, für Regenwasserstöße wird ein Umlauf eingebaut (s. Sandfang, Staublech, Sicherheitsumlauf).

Geschwindigkeit in Absetzbecken und in Absetzbrunnen. Die Geschwindigkeit des Abwassers soll in Absetzbecken stets weniger als 50 mm/s betragen, weil sonst der Absetzvorgang gestört wird. Bei richtiger Berechnung der Becken ist sie jedoch meist erheblich kleiner. In Absetzbrunnen mit aufsteigender Wasserbewegung darf die Geschwindigkeit des Abwassers 0,5 bis 1 mm/s nicht überschreiten, damit das Absinken der Schlammteilchen durch die Gegenbewegung des Wassers nicht behindert wird.

Geschwindigkeit in Abwasserdruckrohren. Als mittlere Abwassergeschwindigkeit gilt i. a. 1 m/s, die üblichen oberen und unteren Grenzwerte sind 2 m/s und 0,5 m/s. Wegen der abschleifenden Wirkung des vom Abwasser mitgeführten Sandes sind Geschwindigkeiten über 2,5 m/s und zur Verhütung von Schlammablagerungen solche unter 0,4 m/s unerwünscht. Für die Beurteilung der Wirtschaftlichkeit der Druckrohrleitungen gilt der Gesichtspunkt, daß die größere Wassergeschwindigkeit bei gleicher Wassermenge kleinere Rohrquerschnitte und damit geringere Anlagekosten aber höhere Betriebskosten ergibt als die kleinere Wassergeschwindigkeit.

Geschwindigkeit, kleinstzulässige in Gefälleleitungen, bei der geringsten Wasserführung möglichst nicht unter 0,4 m/s, damit Schlammablagerung im Leitungsnetz verhindert wird. Mittelwert etwa 0,8 m/s.

Geschwindigkeitsbeiwert, Verhältnisgröße zur Berechnung der Geschwindigkeit der Bewegung einer Flüssig-keit in einem Rohre aus empirischen Formeln. Formelzeichen k oder c, gebräuchliche Maßeinheit $m^{1/2} \cdot s^{-1}$ = Wurzel aus der Beschleunigung (s. KUTTERsche Formel).

Geschwindigkeitsformel. Formel, die den Zusammenhang zwischen der Geschwindigkeit des Wassers in einer Gefälleleitung, dem Gefälle und dem Leitungsquerschnitt angibt. Im Abwasserwesen ist es üblich, mit der abgekürzten Formel von KUTTER zu rechnen (s. KUTTERsche Formel).

Geschwindigkeits - Wasserzähler s. Hauswasserzähler.

Gesundheitsämter sind nach dem Gesetz über die Vereinheitlichung des Gesundheitswesens vom 3. Juli 1932 (RGBl. I, 1934, Nr. 71, S. 531) in den Stadt- und Landkreisen in Anlehnung an die untere Verwaltungsbehörde einzurichten (§ 1). Leiter des Gesundheitsamtes ist ein staatlicher Amtsarzt. Die Gesundheitsämter sind staatliche Einrichtungen. An Stelle staatlicher Gesundheitsämter können Einrichtungen der Stadt- und Landkreise als Gesundheitsämter im Sinne von § 1 anerkannt werden. Die Gesundheitsämter erheben Gebühren nach einer Gebührenordnung. Den Gesundheitsämtern liegt in erster Linie die Durchführung der ärztlichen Aufgabe der Gesundheitspolizei ob. Die dritte Durchführungsverordnung zum Gesetz über die Vereinheitlichung des Gesundheitswesens (Dienstordnung für die Gesundheitsämter — Besonderer Teil) enthält besondere Vorschriften über die Wasserversorgung (§ 28), über die Beseitigung der flüssigen und festen Abfallstoffe (§ 29) und über die Reinhaltung der Gewässer (§ 30).

Getreidebrennereien, Kornbranntweinbrennereien, benutzen als Rohstoff Roggen, Gerste, Weizen und Mais, die nach Waschen und Schroten eingeweicht und zur Verzuckerung wie bei den Kartoffelbrennereien (s. d.) mit Malz versetzt werden. Die weitere Verarbeitung gleicht der der Kartoffelbrennereien. Während die Behandlung des Waschwassers, des Kühl- und Kondenswassers leicht durchzuführen ist, bereitet die Beseitigung der nach der Destillation des Alkohols aus der vergorenen Maische verbleibenden Schlempe größere Schwierigkeiten. In Wasserläufen verursacht die Schlempe schwere Schädigungen durch Bildung von Abwasserpilzen. Ablagerung fäulnisfähiger Schlammassen und durch Geruchbelästigungen. (Über die Behandlung der Schlempe s. Hefefabrikabwasser.)

Getreidestärkefabriken benutzen Reis, Mais oder Weizen als Rohstoff. Die Herstellung dieser Stärkesorten unterscheidet sich grundsätzlich von dem in Kartoffelstärkefabriken (s. d.) angewandten Arbeitsverfahren. Zunächst ist der Kleber (s. d.) von den Stärkekörnern zu trennen. Bei der Reisstärkefabrikation geschieht dies durch Quellen in verdünnter Natronlauge, bei der Maisstärkefabrikation in schwefliger Säure. Die Weizenstärkefabrikation führt die Trennung beim S ü ß v e r f a h r e n durch Auswaschen der Stärke aus den geschrotenen, eingeweichten und zerquetschten Körnern durch Druckwasser herbei, während die Trennung beim G ä - r u n g s v e r f a h r e n durch fermentativen Abbau des Klebers erfolgt. Der Kleber wird zu Futtermitteln oder als Appreturmittel (s. d.) aufgeareitet.

Das aus G. anfallende Abwasser besitzt einen hohen Gehalt an organischen Stoffen und neigt in starkem Maße zu Gärungs- und Fäulniserscheinungen. In Vorflutern verursacht es starke Pilzbildung, Schlammablagerungen und Sauerstoffzehrung. Das beim Süßverfahren der Weizenstärkefabriken anfallende Abwasser ist weniger verschmutzt.

Bei der Reinigung ist das Abwasser, nachdem aus ihm alle als Futtermittel verwertbaren festen Stoffe zurückgehalten worden sind, durch Zusammenleiten von saurem und alkalischem Wasser zu mischen und durch Zugabe von Fällmitteln vorzubehandeln. Alsdann ist eine biologische Reinigung durch Verrieseln oder auf Tropfkörpern möglichst nach Zumischung von häuslichem Abwasser durchführbar.

Gewebefilter werden ausgeführt bei gußeisernen Rohrbrunnen, bei Verwendung von Ringrippenfilterkörben und bei Siebfiltern (BIESKE) (s. Brunnenfilter).

Gewerbliches Abwasser, industrielles Abwasser, das Abwasser der gewerblichen Betriebe. Zu unterscheiden ist zwischen dem eigentlichen Fabrikationsabwasser, das je nach der Art des Betriebes ganz verschieden zusammengesetzt und mit den jeweiligen Abfallstoffen (s. d.) des Betriebes durchsetzt ist, dem Kondens- und Kühlwasser (s. d.) sowie dem Abort-, Küchen- und Waschkauenabwasser (s. d.).

Das G. A. gewinnt im Vergleich zum häuslichen Abwasser mit der starken Entwicklung der Industrien immer mehr an Bedeutung.

Für die Reinigung des G. A.s kommen in Frage:

1. Die selbständige Behandlung auf den Werken.

2. Die gemeinsame Reinigung mit häuslichem Abwasser in städtischen Kläranlagen.

Für die s e l b s t ä n d i g e B e h a n d - l u n g werden folgende Verfahren angewendet:

1. Rücknahmeverfahren (s. d.),

2. Eindampfen (s. d.),

3. Versenkung (s. d.),

4. Chemische Verfahren,

5. Mechanische und biologische Verfahren.

Grundsätzlich ist Wert darauf zu legen, daß in den Fabriken Anlagen geschaffen werden, in denen aus dem G. A. Stoffe gewonnen werden, die sich irgendwie (und sei es unter Verlust) wieder verwerten lassen (s. Abfallstoffverwertung). Ferner ist im Interesse der Verringerung der Brauchwassermengen und des anfallenden Abwassers eine weitgehende Wiederverwendung von gereinigtem Abwasser im Kreislauf durch Anwendung von Rücknahmeverfahren (s. d.) anzustreben. Unter den chemischen Verfahren sind zu nennen: Extraktions-, Fällungs-, Kristallisier- und Zementierungsverfahren. Die mechanischen und biologischen Verfahren gleichen oder ähneln den bei der Reinigung von städtischem Abwasser angewandten Verfahren.

Die g e m e i n s a m e R e i n i g u n g mit häuslichem Abwasser, gegebenenfalls nach Vorbehandlung des G. A.s auf den Werken, soll immer angestrebt werden, wenn ein städtisches Entwässerungsnetz zu erreichen ist, da die Erfahrung gelehrt hat, daß man von Fabrikkläranlagen im allgemeinen nicht viel Wirkung erwarten kann. Zu beachten ist jedoch, daß G. A. die Zusammensetzung des Gesamtabwassers einer Stadt ganz wesentlich beeinflussen kann, so daß die für städtische Kläranlagen gültigen Berechnungsgrundsätze nur dann angewandt werden können, wenn man das G. A. mit Hilfe des Einwohnergleichwerts (s. d.) in Beziehung setzt zu einer gleichgroßen Menge städtischen Abwassers.

Bei den erheblichen Schwierigkeiten, die die Reinigung des G. A. in vielen Fällen bereitet, ist bei der Neuanlage von gewerblichen Betrieben darauf zu achten, daß sie nur an genügend großen Flußläufen angelegt werden.

SIERP, Gewerbliche und industrielle Abwässer, Handbuch der Lebensmittel-Chemie. Berlin 1939.

Gewicht, spezifisches, Wichte, Artgewicht (s. Wichte).

Gewicht, spezifisches, scheinbares, Rohwichte.

Gewicht, spezifisches, wirkliches, Reinwichte.

Gibaut-Kupplung, Verbindungsvorrichtung von Rohren. Sie findet besonders Verwendung beim Einbau gußeiserner Formstücke in Asbestzementleitungen und im Anschluß an Leitun-

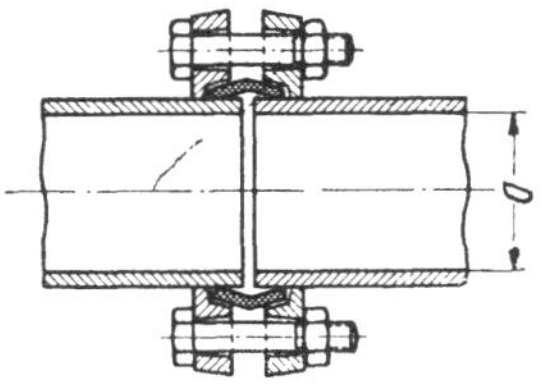

Gibaut-Kupplung.

gen der letzteren an andersartige Rohrausführungen. Die Dichtung wird durch Gummiringe bewirkt, die Kupplung durch gegenseitig verschraubte Flanschen.

Gichtgas, Hochofengas, das in Hochofenwerken (s. d.) bei der Erzeugung von Roheisen gewonnene Gas. Es wird nach Kühlung und Befreiung von dem mitgerissenen Gichtstaub und Gichtschlamm (s. d.) zur Befeuerung von Dampfkesseln, zum Beheizen der Winderhitzer und zum Antrieb von Gasmaschinen benutzt. Auf 1 t Roheisenerzeugung ist mit einem Anfall von etwa 4500 m³ G. von je 900 WE. zu rechnen.

Gichtgaswaschwasser, das bei der Naßreinigung und Kühlung des Gichtgases in besonderen Wäschern oder Einstaubern (s. d.) benötigte Wasser. Bei der Vorreinigung und Kühlung in Hordenwäschern fallen je nach der Temperatur des Kühlwassers und der des zu kühlenden Gases je 1000 m³ Gas 3—4 m³ G. als Abwasser an. Bei der Feinreinigung auf nassem Wege in Schleuderwäschern (Zschocke- oder Theisen-Wäschern) kommen je nach

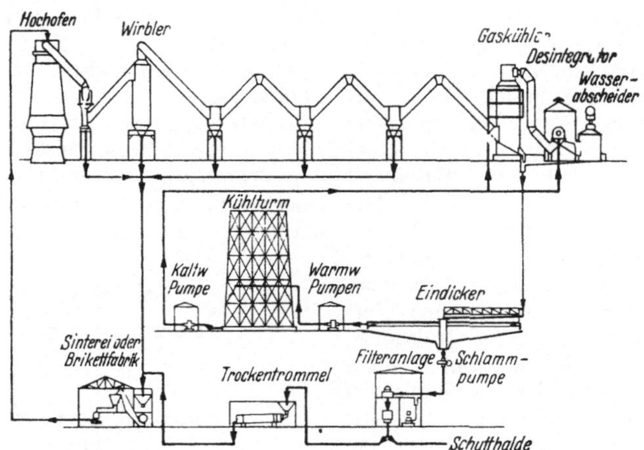

Naßreinigung von Gichtgas (schematisch); Gesamtanlage.

dem zu erreichenden Reinheitsgrad des Gases je 1000 m³ Gas weitere 1—3 m³ G. hinzu.

Das G. enthält neben Asche und Erzteilchen Zyan, Schwefel, Phenole und Naphthalin.

Die absetzbaren Stoffe und ein Teil der gelösten Stoffe lassen sich in Absetzbecken oder Eindickern unter Zugabe von Fällmitteln als Gichtschlamm ausscheiden. Das so gereinigte Abwasser kann weitgehend zur Einschränkung des Wasserbedarfs im Kreislauf nach Abkühlung (s. d.) wiederbenutzt werden.

Zyan kann bei stärkerer Anreicherung unter Zugabe von Eisenvitriol und Natronlauge ausgefällt werden. Der gewonnene Schlamm enthält nach Trocknung 40 bis 45% Ferrozyankalium (s. d.).

Gichtschlamm, der in Hochofenwerken (s. d.) bei der Reinigung des Gichtgaswaschwassers (s. d.) anfallende eisenhaltige Schlamm. Nach Trocknen und Brikettieren oder Sintern kann er zusammen mit dem von der Trockenentstaubung anfallenden Gichtstaub (Koks- und Erzstaubteilchen) wieder in den Hochofen gegeben werden.

Gifte des Trinkwassers. Trink- und Hauswirtschaftswasser darf nicht durch Gifte verunreinigt sein. Chemische Gifte gelangen gelegentlich mit Abwässern in das Rohwasser. Arsen und Blei außerdem auch aus dem Untergrund, sie kommen jedoch im Wasser, das für Trinkzwecke in Betracht zu ziehen ist, selten vor. Wasser für Trink- und Hauswirtschaftszwecke soll von Blei und Arsen frei sein. Für Arsen sind allenfalls noch 0,15 mg/l Arsen oder 0,2 mg/l arsenige Säure als zulässig anzusehen. Dauernder Bleigehalt des Wassers ist, sobald er über etwa 0,1 mg/l hinausgeht, bedenklich.

Giftgrenze der Gase im Entwässerungsnetz, die Grenze des Mischungsverhältnisses zwischen einem im Entwässerungsnetz auftretenden Gas und der Luft, die nicht überschritten werden darf, wenn Personen, die sich im Entwässerungsnetz aufhalten, nicht vergiftet werden sollen. Die wesentlichsten dabei in Frage kommenden Gase oder Dämpfe sind: Schwefelwasserstoff, Kohlenoxyd (im Leuchtgas), Kohlensäure, Benzin und Benzoldampf. Die G. wird in Raumteilen auf 1000 Raumteile Luft oder in mg des Gases auf

1 l Luft angegeben. Beispielsweise beträgt die G. auf 100 Teile Luft bezogen für Schwefelwasserstoff und Kohlenoxyd 0,008 v. H., für Kohlensäure 0,5 v. H., für Benzin- und Benzoldampf 0,16 und 0,14 v. H. Bei den angegebenen Werten der G. zeigen sich nach 6stündigem Einatmen noch keine wesentlichen Beschwerden; lebensgefährliche Erkrankungen nach ½- bis 1-stündigem Einatmen ergeben sich dagegen bei folgenden Werten: Schwefelwasserstoff 0,03, Kohlenoxyd 0,12, Kohlensäure 3,03, Benzindampf 0,93, Benzoldampf 0,70 (s. auch Giftige Gase, Zerknallgrenzen).

Giftige Gase bilden sich vorwiegend aus gewerblichem Abwasser und besonders bei dessen Ableitung in das städtische Entwässerungsnetz. Sie sind gesundheitlich schädlich bzw. tödlich für die mit der Reinigung des Kanalnetzes beauftragten Arbeiter. Die Wirkung ist in nebenstehender Übersicht zusammengestellt:

Glasätzereien s. Kristallglasschleifereien.

Glasschleifereien s. Kristallglasschleifereien.

Glaubersalzfabriken. Bei der Herstellung des Glaubersalzes (Natriumsulfat, $Na_2SO_4 \cdot 10\ H_2O$, Molekulargewicht 322) aus Kochsalz und Magnesiumsulfat fallen Laugen mit etwa 160 g/l NaCl, 100 g/l $MgCl_2$ und 86 g/l $MgSO_4$ bei einer Wichtezahl von 1,24 an. Auf 1000 dz wasserfreies Glaubersalz oder 2280 dz kristallisiertes Glaubersalz entfallen rund 1000 m³ Abwasser.

Eine Verwertung der Laugen ist nicht möglich. Sie werden durch Versenkung (s. d.) beseitigt oder in die Flußläufe abgelassen.

Gleichgewicht, biologisches des Wassers s. Selbstreinigung des Wassers.

Gleichgewichtskohlensäure, jene Menge von freier Kohlensäure, die nötig ist, um in einer Lösung von Calciumbikarbonat das Ausfallen von Kalk zu verhindern.

Gleichgewichtwasser s. Kalkkohlensäure-Gleichgewicht und Entsäuerung.

Glührückstand. Das Verhältnis G/R der beim Ausglühen des Abdampfrückstandes einer Abwasser-Raum-Menge R zurückbleibenden Feststoff-

Art des Gases	Gesundheitsschädliche Wirkungen	
	bei schwächerer	bei stärkerer
	Konzentration	
Azetylen	keine	schwach narkot.
Blausäure	Kopfschmerzen,	tödlich
	Bewußtlosigkeit,	
Benzoldämpfe	Aufregung,	narkotisch
	Benommenheit	
Nitrose Gase	Schädigungen des Organismus	tödlich
Schwefelwasserstoff	Augenentzündung u. Bronchialkatarrh	tödlich
Chlor	Reizung der Atmungsorgane	Lungenblutungen, tödlich
Schwefelkohlenstoff	Lähmungserscheinungen, Sehstörungen	tödlich
Phosphorwasserstoff	Erbrechen u. Nervenstörungen	tödlich

Gewichtsmenge G (Asche) zur Raum-Menge R. Gebräuchliche Maßeinheit: G (Rückstand der ausgeglühten Feststoffe) in mg und R in l, also mg/l. Da die organischen Stoffe beim Ausglühen verbrennen, gibt der G. annähernd den Gehalt des Abwassers an gelösten mineralischen Stoffen an, und zwar annähernd deshalb, weil sich beim Ausglühen auch ein geringer Teil der mineralischen Stoffe verflüchtigt und Kohlensäure entweicht. Immerhin ist der G. bei Abwasseruntersuchungen ein meist hinreichend genauer Maßstab für den Gehalt des Abwassers an gelösten mineralischen Stoffen (s. Abdampfrückstand, Gesamtglührückstand).

Glühverlust, 1. der Unterschied zwischen dem Gewicht des durch Abdampfen gewonnenen Rückstandes des zu untersuchenden Wassers vor und nach dessen Glühen. Der Rückstand wird solange geglüht, bis die gesamte organische Substanz verbrannt ist und der Rückstand weiß oder hellgrau erscheint. Die früher häufig übliche Ermittlung des G.s hat für die Trinkwasseruntersuchung keinen besonderen Wert (s. Abdampfrückstand).

2. das Abwasser-Verhältnis G/R des Gewichtsverlustes G, den der Gesamtabdampfrückstand einer Abwasserraummenge R beim Ausglühen erleidet, zur Raummenge R. Gebräuchliche Maßeinheiten: G in mg und R in l, also mg/l. Der G. gibt den Gehalt des Abwassers an organischen Stoffen näherungsweise an, weil sich diese Stoffe infolge der Verbrennung beim Ausglühen verflüchtigen. Da sich dabei aber i. a. auch ein geringer Teil der mineralischen Stoffe verflüchtigt und Kohlensäure entweicht, ist der G. nur ein ungefährer, aber für Abwasseruntersuchungen meist hinreichend genauer Maßstab für den Gehalt des Abwassers an organischen Stoffen (s. Gesamtabdampfrückstand, Glührückstand, Kaliumpermanganatverbrauch, Sauerstoffbedarf).

Glühzunder s. Zunder.

Glyzerinraffination s. Seifenfabriken.

Göpferttöpfe s. Entkupferungsanlagen.

Goldschwefelfabriken. Bei der Herstellung des Goldschwefels (Antimonsulfide verschiedener Zusammensetzung) fällt salzhaltiges Abwasser an, das zur Flußversalzung bzw. -verhärtung (s. d.) führen kann. Bei der Herstellung von 1 t Goldschwefel entstehen 180 bis 200 m³ Abwasser. Vor der Ableitung ist das Abwasser in Absetzbecken von Restmengen an Goldschwefel und Schwefel zu befreien.

Schnitzler: Die Abwässer der Goldschwefelerzeugung. Ges.-Ing. 57 (1934) 46, S. 624/25.

Grahn, Ernst, Zivilingenieur, geb. 15. März 1836 in Hannover. 1852 Polytechnische Schule in Hannover. 1860 Ingenieur in Eisengießerei Hannover. 1863 in Firma Friedrich Krupp, Essen. Dort besonderes Wirken für den Deutschen Verein von Gas- und Wasserfachmännern, e. V. Nach Fertigstellung der Hauptanlagen für die Gas- und Wasserversorgung der Kruppschen Werke 1884 Zivilingenieur in Koblenz, 1889 Detmold, 1895 Hannover. Gas- und Wasserversorgung für 70 Städte.

· Grahn, E.: Die Wasserwerke Deutschlands, München 1898/1902.

Grammatom, soviel Gramm eines Atoms, wie sein Atomgewicht angibt. Z. B.: Wasserstoff hat das Atomgewicht 1,0078, also ist ein G. Wasserstoff = 1,0078 g Wasserstoff, Sauerstoff hat das Atomgewicht 16,0000, also ist ein G. Sauerstoff = 16,0000 g Sauerstoff (s. Mol, Grammion).

Grammion, soviel Gramm einer Ionenart, wie ihr aus den Atomgewichten berechnetes Ionengewicht angibt. Z. B.: Salpetersäure (HNO_3) spaltet sich (dissoziiert) in einer Lösung von 6 v. H. nahezu vollständig in positive Wasserstoffionen ($H^{\cdot}$) und in negative Säurerestionen ($NO_3{}'$). Die Atomgewichte von H, N und O sind 1,0078, 14,0080 und 16,0000. Ein G. $H^{\cdot}$ ist daher = 1,0078 g $H^{\cdot}$ und ein G. $NO_3{}'$ = 14,0080 + 3. 16,0000 = 62,0080 g $NO_3{}'$. Reines Wasser, in dem weder Salze noch Säuren oder Basen gelöst sind, enthält in einem Liter bei 22° rund 10^{-7} G. $H^{\cdot}$ und rund 10^{-7} G. OH' (Hydroxylionen) (s. Wasserstoffzahl, Dissoziation, elektrolytische).

Gramm-Molekel s. Mol.

Grenzgefälle entsteht bei der größten erreichbaren Tiefe der Spiegellage eines Brunnens durch Abpumpen. Wenn es erreicht ist, nimmt die Fördermenge nicht mehr zu (nach KOEHNE).

Grenzgeschwindigkeit, Geschwindigkeit des Abwassers, die aus technischen Gründen möglichst nicht über- oder unterschritten werden soll. G.en sind z. B. mindestens 0,4 m/s und vorübergehend höchstens 3 m/s für die Bewegung des Abwassers in Gefälleleitungen, damit einerseits die Sinkstoffe fortgeführt werden und andererseits kein dauerndes Abschleifen der Leitungswandungen durch den mitgeführten Sand stattfindet. Für den waagerechten Durchfluß durch Absetzbecken ist die G. höchstens 50 mm/s, weil bei höherer Geschwindigkeit der Schlamm aufgewirbelt wird. Für den Durchfluß durch Sandfänge kann 0,3 m/s gleichsam als obere und untere G. bezeichnet werden, denn bei größerer Geschwindigkeit kann Sand mit abgeschwemmt werden und bei kleinerer Geschwindigkeit können Schlammteilchen liegen bleiben. Die G. des Schlammes in Faulschlammleitungen sollte möglichst nicht unter 1 m/s sein, weil sich sonst leicht Sand ausscheidet.

Grenzwerte für die Verschmutzung von Flußwasser s. Reinheitsgrad.

Grobrechen, Abwasser-Rechen mit 20 mm und mehr Durchtrittsweite. Der G. dient dazu, die gröbsten, vom Abwasser mitgeführten Stoffe, wie Holzstücke, Lappen, Obstreste u. dgl. zurückzuhalten. Er wird meist vor Sand-

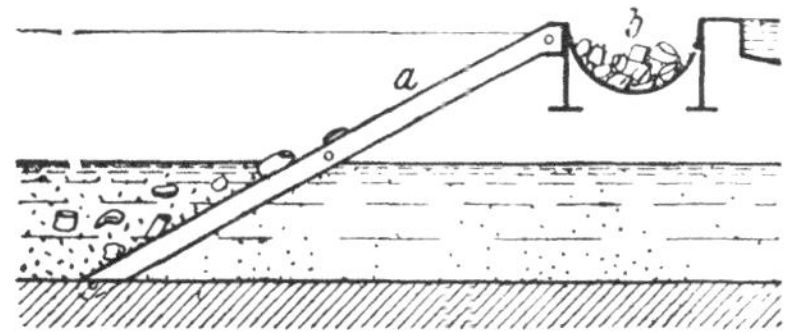

Schnitt durch einen Grobrechen der Kläranlage Essen-Rellinghausen.

fängen und Absetzanlagen mit etwa 40 bis 60 mm Durchtrittsweite und vor Pumpwerken mit etwa 20 bis 25 mm Durchtrittsweite angeordnet, um Betriebsstörungen durch Sperrstoffe zu vermeiden. Die Reinhaltung der G. erfolgt meist von Hand, bei großen Wassermengen pflegt man jedoch G. mit maschinell bewegten Abstreifvorrichtungen anzuwenden (s. Abwasser-Rechen, Dorr-Rechen, Passavant-Rechen, Bamag-Meguin-Rechen).

Grobsieb s. Abwassersieb.

Groeckverfahren s. Sauerstoffbindungsverfahren.

Großfeldberegner, Einrichtung zur künstlichen Verregnung von Wasser und Abwasser über große Feldflächen, wobei jeder Einzelregner das Wasser mit einer Wurfweite von 30 bis 80 m über eine Fläche von 3000 bis 10 000 m² verteilen kann. G. sind meist o r t s - f e s t e Einzelregner, die an ein unterirdisches Druckrohrnetz — (Druck 4 bis 8 atü) angeschlossen sind. Zu den ortsfesten Anlagen rechnet man aber auch fahrbare oder versetzbare Regnergeräte, die unmittelbar oder mittels einer Schlauchleitung an besondere Zapfstellen des unterirdischen Druckrohrnetzes angeschlossen werden (s. Feldberegnung).

Großwasserzähler. Als G. bezeichnet man Flügelradzähler, Ringkolbenzähler oder Woltmannzähler mit einer Anschlußweite von 50 mm und darüber. Der Anschluß dieser Zähler an die Rohrleitung erfolgt durch Flanschen. Ringkolbenzähler finden als G. nur vereinzelt Verwendung. Eine Normung der G. befindet sich in Vorbereitung. Zu der Gruppe der G. gehören auch die Verbundzähler sowie Venturi- und Partialwassermesser (s. d.) G. werden hauptsächlich verwendet zur Messung des Verbrauches von Fabriken, industriellen Anlagen usw., sowie zur Messung des Durchflusses in

Distrikt- und Hauptrohrleitungen städtischer Rohrnetze.

Grubenüberlauf. Überlauf einer durchflossenen Faulgrube (Abortgrube), in die man die Fäkalien zwecks Abfuhr oder Verwendung im Grundstücksgarten sammelt und deren Überlaufflüssigkeit man ableitet und gegebenenfalls einer Untergrund-Verrieselungsanlage zuführt. Die Öffnung, durch die die Flüssigkeit in das Überlaufrohr eintritt, soll möglichst tief und zur Verhütung von Verstopfungen am besten in einer besonderen Kammer liegen. Regenwasser muß von der mit G. versehenen Grube unbedingt ferngehalten werden, weil sonst der Grubeninhalt in den Überlauf gespült werden kann.

Grubenwasser, Schachtwasser, das aus dem Erdinnern stammende, zur Wasserhaltung beim Bergbau zutage geförderte Wasser.

Im S t e i n k o h l e n b e r g b a u des Ruhrreviers betragen die Grubenwassermengen im Durchschnitt 2,4 m³ je t geförderte Kohle, teilweise steigen sie auf 3,5 m³ und darüber. In Oberschlesien wird mit einer Grubenwassermenge von 4,9 : 1 und in Niederschlesien mit 2,8 : 1 gerechnet. Bei sehr ungünstigen Wasserverhältnissen kann das Verhältnis auf 15 bis 20 : 1 steigen. Das G. des Steinkohlenbergbaues enthält vielfach erhebliche Mengen von gelösten Salzen. Charakteristisch ist der Gehalt an Chloriden und Sulfaten.

Aus den Tagebauen der B r a u n -k o h l e n g r u b e n (s. d.) sind meistens sehr große Mengen G. zu fördern. Da das den Pumpen zuströmende G. vielfach Feinsand, Schlamm und Holzstücke mitführt, werden den Pumpen Klärbecken mit Sandfang und Rechen vorgeschaltet. G. von Braunkohlengruben ähnelt dem Moorwasser und enthält neben den genannten Salzen Humine.

S c h w e f e l k i e s g r u b e n (s. d.) liefern ein G., das freie Schwefelsäure und Eisensulfat enthält.

K a l i w e r k e (s. d.) liefern verschiedentlich stark salzhaltiges G.

In vielen Fällen kann das mit G. versetzte Wasser der Bäche und Flüsse für viele Zwecke unverwertbar werden. Namentlich ist stark kochsalzhaltiges Wasser sehr schädlich (s. salziges Abwasser).

Kegel: Bergmännische Wasserwirtschaft, Halle (Saale) 1938.

Grünalgen s. Plankton.

Grünmalz s. Malz.

Grundleitung, Teil einer Grundstücksentwässerungsanlage. Im Gebäudekeller oder im Erdboden liegende, meist aus mehreren Rohrsträngen bestehende Gefälleleitung von 100 bis 150 mm, zuweilen auch größerer Lichtweite, aus Gußeisen, Flußstahl oder Steinzeug, in Sonderfällen auch aus Zementbeton, die das von den Fallrohren, den Holzabläufen und den sonstigen Ablaufstellen kommende Abwasser aufnimmt und ableitet. Gefälle möglichst nicht unter 1 : 50, bei Gefällen unter 1 : 100 ist, sofern die G. nicht verhältnismäßig reines Wasser, wie Regenwasser, Kondens- oder Kühlwasser führt, häufige Spülung unerläßlich. Der am tiefsten liegende Strang der G., dessen Fortsetzung die in die öffentliche Straßenleitung mündende Hausanschlußleitung bildet, heißt H a u p t g r u n d l e i -t u n g, die höher liegenden Stränge, die in die Hauptgrundleitung münden, heißen N e b e n g r u n d l e i t u n g e n (s. Grundstücksentwässerung, Fallrohr, Hausanschlußleitung, Ablaufstelle).

Grundquelle, unter Wasser heraustretende Quelle.

Grundsätze für die Reinigung von Oberflächenwasser durch Sandfilterung (vom 13. Januar 1899). Wenn sie auch amtlich noch nicht aufgehoben sind, so sind sie aber teilweise überholt. Die

„Leitsätze für die Trinkwasserversorgung" des Deutschen Vereins von Gas- und Wasserfachmännern e. V. enthalten neuzeitliche Grundsätze (DIN 2000).

Grundstücksentwässerung, Gesamtheit der Maßnahmen, die zur Sammlung und Ableitung des auf einem Grundstück anfallenden Schmutzwassers und des von dem Grundstück zu entfernenden Regenwassers notwendig sind. Die wesentlichsten Einzelmaßnahmen der G. sind: Die Ausgestaltung der Ablaufstellen für das Schmutzwasser (z. B. Spülabortbecken, Badewannen, Ausgüsse, Waschbecken, Fußbodenentwässerungen) und deren Anschluß an die Fall-Leitungen unter Einschaltung von Geruchverschlüssen, der Einbau der Fall-Leitungen und der Grundleitungen, die Entlüftung der Hauptgrundleitung, die Herstellung der Dachrinnen, Regenrohre und der Hofabläufe sowie deren Anschluß an die Grundleitung oder an die öffentliche Straßenleitung, der Einbau von Rückstauverschlüssen, soweit dies erforderlich ist. DIN 1986: Technische Vorschriften für Bau und Betrieb von Grundstücksentwässerungsanlagen, DIN 1986 U Blatt 1: Technische Vorschriften für den Bau von Grundstücksentwässerungsanlagen, Blatt 2: Werkstoffe für Rohre und Einzelteile der Grundstücksentwässerungsanlagen, DIN 1987: Bau und Betrieb von Grundstücksentwässerungsanlagen, Grundlagen für rechtliche und verwaltungstechnische Vorschriften (s. Grundleitung, Ablaufstelle, Fallrohr, Geruchverschluß, Rückstau, Rückstauverschluß).

Grundwasser ist das Wasser, das die Hohlräume der Erdrinde zusammenhängend ausfüllt und nur der Schwere und dem hydrostatischen Druck unterliegt. Das G. fließt, wenn Gefälle vorhanden ist oder erzeugt wird. Es steht im Vergleich zur Luft unter höherem oder an seiner Oberfläche dem gleichen Druck. Der Begriff G. hängt nicht davon ab, ob die betreffenden Teile der Erdrinde locker oder fest, ob sie verwittert oder unverwittert sind, ob sie Lebewesen und Reste von solchen enthalten oder nicht, ob sie dicht unter der Erdoberfläche oder in größerer Tiefe liegen. Die Hohlräume, die G. enthalten, können sehr verschiedene Größen besitzen. Die Grenze ihrer Größe nach unten ist dadurch gegeben, daß in sehr kleinen Hohlräumen, z. B. des Tones, das Wasser durch die starken Anziehungskräfte der festen Teilchen am Fließen verhindert wird. G. kann also in Poren, Haarrissen, Klüften und auch unterirdischen Gerinnen vorhanden sein. Doch werden Teilstücke sonst oberirdischer Wasserläufe vom Begriff G. ausgenommen und als unterirdische Wasserläufe bezeichnet. Ist es zweifelhaft, ob unterirdisches Wasser in Höhlen den Wasserläufen oder dem G. zuzurechnen ist, so ist die Bezeichnung Höhlengewässer anzuwenden. In besonderen Fällen kann das G. größere oder kleinere Gasblasen einschließen.

Über die Entstehung des G.s bestehen zwei Anschauungen. Sie werden mit Einsickerungs- und Kondensationstheorie bezeichnet. Die erste Anschauung führt die Entstehung des G.s auf die atmosphärischen Niederschläge zurück, die zu einem Teil in den Erdboden einsickern. Das so entstehende Grundwasser tritt als Quelle oder in künstlichen Fassungen wieder zutage und gelangt auf diese Weise oder durch unmittelbaren Eintritt in die oberirdischen Wasserläufe wieder zum Abfluß in das Meer, von dem die atmosphärischen Niederschläge gekommen sind. Es nimmt also am großen Kreislauf des Wassers (s. d.) teil. Nach der Kondensationstheorie entsteht das Grundwasser durch Kondensation (Verflüssigung) von Wasserdampf im Boden. Die Einsickerungstheorie entspricht den hauptsächlich gehegten Anschauungen. Verfechter der Kondensationstheorie sind VOLGER, KÖNIG, HÄDICKE und MEZGER. Außerdem hat SUESS den von BEAUMONT aufgestellten Grundsatz weiter ausgebaut, nach dem aus dem im Magma enthaltenen Wasserdampf Wasser durch Kondensation ausgeschieden und durch Wasserdampf oder Kohlensäure hochgetrieben wird. Es tritt zum Grundwasser hinzu und nimmt damit am großen Kreislauf des Wassers erstmalig teil. Deshalb nennt es Sueß juveniles Wasser, während er das von oben in den Boden eingedrungene Wasser vadoses nennt.

VOLGER, O.: Über eine Quellentheorie auf meteorologischer Grundlage. Met. Ztschr. 1887.

KÖNIG, FR.: Entstehung und Speisung der Grundwässer. Journ. f. Gasb. 1906.

HÄDICKE, H.: Die Entstehung des Grundwassers. Bayr. Ind. u. Gew.-Bl. 1907. Luftfeuchtigkeit und Quellenstärke. Ges.-Ing. 1909.

MEZGER, CHR.: Das Verhalten des Bodens zum Wasser mit besonderer Berücksichtigung der Grundwasserbildung. Ges.-Ing. 1908. Einfluß der unterirdischen Luftströmungen auf die Mengenschwankungen des Grundwassers. Ges.-Ing. 1909.

MEYER, AUG. F.: Neue Forschungen über die Entstehung und Speisung des Grundwassers. Weiße Kohle. 1908.

Grundwasserabsenkung, Formelzeichen s_w, Maßeinheit cm, künstliche Erniedrigung einer Grundwasseroberfläche oder Druckfläche. Der Betrag der Absenkung ist gleich dem Unterschied zwischen dem beobachteten Wasserstand und dem berechneten, der ohne den künstlichen Eingriff eingetreten wäre. Beim Sinken infolge natürlicher Ursachen, z. B. Niederschlagmangels u. Pflanzenverbrauchs, ist der Ausdruck „senken" zu vermeiden (s. Formelzeichen).

Grundwasserader, ein Grundwasserleiter von geringem Querschnitt.

Grundwasseranteil, ein Teil des in Bächen und Flüssen fließenden Wassers entsprechend seiner Herkunft (KOEHNE). Der andere Anteil ist der Oberflächenwasseranteil.

Grundwasser, Auffüllung des G.s, die erste Auffüllung begann im Zeitraum des Überganges von der Eiszeit zur Wärmezeit, d. i. zur Zeit der nordischen Baumsteppe, als Birken und Kiefern den Erdboden bedeckten (s. Entwicklung, nacheiszeitliche).

Grundwasser, aufsteigendes, steigt in natürlichen Stoffen, ähnlich wie das Wasser eines artesischen Brunnens von unten nach oben auf und tritt schließlich in Quellen zutage, die im Gegensatz zu den künstlich erbohrten artesischen natürlich sind.

Grundwasseraufstoß, ein Grundwasseraustritt durch Herantreten eines Grundwasserstromes an die Geländeoberfläche, ohne daß die Sohle zutage ausstreicht (DONAT und KOEHNE).

Grundwasseraustritt, die Stelle, wo Grundwasser austritt, und zwar in verteilter Form oder als Quelle (DONAT und KOEHNE).

Grundwasserbecken, eine Wasseransammlung im Untergrunde mit bekkenförmiger Sohle, aus der soviel Wasser abfließt, wie die Niederschläge liefern. Es ist nicht etwa ein abflußloser See mit waagerechter Oberfläche (nach KOEHNE).

Grundwasserdeckfläche, die Grenzfläche zwischen einer undurchlässigen Schicht und dem Grundwasserleiter (s. d.). Das Grundwasser in diesem Leiter heißt dann gespannt. Einen Sonderfall des gespannten Grundwassers bildet das artesische Wasser, dessen Spiegel über Flur liegt (s. Deckfläche).

Grundwassererhöhung, Ansteigen des natürlichen Grundwasserspiegels unter stark belasteten Rieselfeldern (s. d.) und Landflächen, auf denen Abwasserreinigung durch Bodenfilterung (s. d.) betrieben wird. Die G. kann u. U. Schaden bringen, wenn das gereinigte Abwasser nicht vollkommen durch die Dränleitungen, sondern auf undurchlässigen Bodenschichten nach tiefliegenden Ländereien abfließt und diese verwässert.

Grundwasser, freies, s. G. ungespanntes.

Grundwasserganglinien, Ganglinien der Grundwasserspiegel (Grundwasserstände). Sie geben die Beziehungen zwischen Zeit und Grundwasserspiegelhöhen bildlich wieder. Bei wöchentlichen Messungen der Grundwasserspiegel werden die Monatsmittel im Höhenmaßstab 1 : 20 in Netzdrucke eingetragen. Bei den von der Landesanstalt für Gewässerkunde eingeführten Vordrucken in DIN-Format A 4 umfaßt ein Blatt jeweils 9 Jahre. Bei den Auftragungen werden Mittelwerte grundsätzlich in Treppenform, Einzelbeobachtungen als Punkte, die durch Linien miteinander verbunden sind, eingetragen (nach DENNER und KOEHNE).

Grundwassergefälle (dimensionslos), Unterschied der Standrohrspiegelhöhen für zwei in der Fließrichtung gelegene Punkte, geteilt durch den in der Fließrichtung gemessenen Punktabstand. Praktisch meist ausreichend ist der Höhenunterschied zweier dem gleichen Grundwasserstockwerk zugehörigen Grundwasserhöhenlinien, geteilt durch ihren in der Strömungsrichtung gemessenen Abstand, oder im Flachland dessen Horizontalprojektion.

Grundwassergehalt, Wassergehalt eines Grundwasserleiters abzüglich des Anhaftewassers (DONAT und KOEHNE).

Grundwasser, gespanntes, Grundwasser unter einer Deckfläche, an der der Wasserdruck größer ist als der der freien Luft (DONAT und KOEHNE).

Grundwassergleichen, Linien gleicher Höhe des Grundwasserstandes über N. N. (s. Grundwasserhöhenlinien).

Grundwasserhaupttabelle, in dieser werden die Monats-, Halbjahrs- und Jahresmittel der Grundwasserstände (siehe Grundwasserstandsliste) sowie die Grenzwerte, d. h. der höchste und tiefste Stand eines Jahres eingetragen (DENNER und KOEHNE). Das gleiche gilt für die Quellschüttungshaupttabellen.

Grundwasserhöhenlinien, Linien gleicher Höhen der Grundwasserstände über N. N. Sie werden nach den gemessenen Spiegelhöhen, am besten an einem bestimmten Tage des höchsten oder tiefsten Grundwasserstandes in den einzelnen Monaten gezeichnet. Sie sind gegebenenfalls durch Zahlenwerte zu ergänzen, die in Einzelabschnitten abgelesen worden sind (nach DENNER und KOEHNE) . (s. Grundwassergleichen).

Grundwasserkartierung stellt die Grundwasseroberflächen und Deckflächen fest. Eine weitere Aufgabe der G. besteht in der Herstellung von Grundwasserhöhenlinien (s. d.). Ein wichtiges Ziel der Kartierung ist die Berechnung der Wassermengen, die im Untergrunde sich bewegen.

Grundwasser, künstliches, entsteht dadurch, daß man Oberflächenwasser in durchlässige sandige Untergrundschichten einsickern läßt. Das k. G. nimmt die Eigenschaften des natürlichen an, wenn die Untergrundschichten eine genügende Filterfähigkeit besitzen, die Aufenthaltsdauer im Untergrunde eine gnügend lange und die Einsickerung eine gleichmäßige ist. Zur Durchführung der Einsickerung eignen sich am besten Gräben von 2 bis 3 m Wassertiefe oder Einsickerungsbrunnen. Häufig wird sie auch durch Berieselung oder Beregnung von Wiesen eingeleitet. Bei ungünstigem Rohwasser empfiehlt sich eine Vorklärung durch Absetzteiche oder -gräben, Schnellfilter u. a. Die erste Anlage zur Schaffung künstlichen Grundwassers in Deutschland wurde im Jahre 1875 in Chemnitz in Betrieb genommen. Sie ist heute noch benutzbar (s. a. Seihwasser).

Grundwasserkunde, Formelzeichen in der, s. Formelzeichen.

Grundwasserleiter, Schichten, die in Poren, Klüften usw. Grundwasser enthalten und geeignet sind, es weiter zu leiten (DONAT und KOEHNE). Die Ausdrücke Grundwasserhorizont und Grundwasserträger sind zu vermeiden.

Grundwassermeßstellen, Einrichtungen zur Messung des Grundwasserstandes. Für sie gibt es kein starres Schema, das für jeden Fall vorgeschrieben werden kann. Ausschlaggebend sind vielmehr der Zweck der Beobachtungen sowie die örtlichen Verhältnisse und ihre Umgebung. Es kommen als Meßstellen in Betracht: Wirtschaftsbrunnen, Grundwasserbeobachtungsrohre, Wasserlöcher, Ausschachtungen und Grundwasserblänken (DENNER, KOEHNE).

Grundwasseroberfläche, die obere Grenzfläche des Grundwassers, in der der Wasserdruck gleich dem Druck der freien Luft ist, so daß sich in nur wenig in das Grundwasser eintauchenden Rohrlöchern ein Spiegel in Höhe der Grundwasseroberfläche einstellt (s. a. Deckfläche und Saugraum).

Grundwasserraum, der das Grundwasser enthaltende Raum, unter dem eine mehr oder minder schwerdurchlässige oder undurchlässige Schicht, die Sohlenschicht, liegt (MARQUARDT, HEISER, KOEHNE).

Grundwasserschicht, eine wasserführende Schicht des Erdbodens.

Grundwasserschreibpegel, eine Einrichtung zur Messung der Bewegung des Grundwasserspiegels, bei der ein auf diesem ruhender Schwimmer einen Schreibstift auf einer senkrecht stehenden Trommel bewegt. Diese ist mit Papier bespannt, das einen Zeit- und einen Wasserhöhenmaßstab besitzt (Netzdruck). Die Trommel wird durch ein Uhrwerk angetrieben, das mei-

stens einen einmonatigen Gang hat. Der beste Höhenmaßstab der Aufzeichnung ist 1 : 5 (nach KOEHNE). Es werden auch Pegel mit liegender Trommel verwendet.

Grundwasserschutzbereich (Quellenschutzbereich). Ein G. wird nach dem Entwurf zum Reichswassergesetz von der Wasserbehörde festgesetzt, um das Grundwasser oder die Quelle gegen Maßnahmen zu schützen, die jene gefährden. Im Schutzbereich sind bestimmte Maßnahmen verboten oder dürfen nur mit Genehmigung der Wasserbehörde vorgenommen werden.

Grundwasser, schwebendes, ein G., bei dem unter der Sohlschicht wieder eine lufthaltige Zone folgt (DONAT und KOEHNE).

Grundwasserspeicher, Maßeinheit m³, der Grundwasserraum der wechselnd gefüllt und geleert wird.

Grundwasserspiegel, Gang des G.s, bei langjährigen Beobachtungsreihen kann der jährliche Gang des Grundwasserspiegels in der Weise gut dargestellt werden, daß für jeden Monat der höchste, der mittlere und der niedrigste Wasserstand aufgetragen werden (DENNER und KOEHNE) (s. Grundwasserverhältnisse).

Grundwasserstand, die Höhen- oder Tiefenlage des Grundwasserspiegels in bezug auf einen Vergleichspunkt (Marke in der Nähe des oberen Brunnenrandes, Rohroberkante, Tiefe unter Flur, Höhe über N. N, Höhe über der Sohle des Grundwasserleiters, Ordinate). Der Ausdruck ist auch für die Verbindungsfläche beobachteter Grundwasserstände zulässig.

Grundwasserstandsliste, in diese wird bei wöchentlichen Messungen für jeden Monat das Mittel aus der Summe der einzelnen Maßzahlen geteilt durch die Zahl der Messungen eingetragen. Ferner sind Mittel und Summen für das Winterhalbjahr (November bis April) und das Sommerhalbjahr (Mai bis Oktober) und für das ganze Abflußjahr (November bis Oktober) einzutragen (nach DENNER und KOEHNE). Das gleiche gilt für die Quellenbeobachtungslisten.

Grundwasserstau, die Behinderung einer annähernd waagerechten Grundwasserbewegung.

Grundwasserstockwerke, mehrere übereinanderfolgende, durch schwerdurchlässige Schichten getrennte Grundwasserleiter. Die untere Grenzfläche eines Grundwasserstockwerkes heißt Sohle, die dichtere Schicht unter dem Grundwasserleiter Sohlschicht. Folgt unter einer Sohlschicht eine lufthaltige Zone und erst darunter eine zweite Grundwasseroberfläche, so heißt das Grundwasser über der betreffenden Sohlschicht „schwebendes". Die Grundwasserstockwerke werden von oben nach unten gezählt.

Grundwasserstrom, ein fließendes Grundwasser von größerer Bedeutung. Er kann von festen Ufern begrenzt sein oder auch an ein anderes Wasser angrenzen (KOEHNE). Den Verlauf von Gn. und den Zusammenhang mehrerer solcher Ströme bestimmt man vorwiegend durch Salzen oder Färben des Grundwassers. In Sonderfällen benutzt man nach den Erfahrungen des Hygienischen Instituts der Universität München hierzu nicht nur die alten bekannten Mittel Kochsalz und Uranin (Fluorescein-Natrium), sondern, vornehmlich bei sauren Böden, auch Phenol. Diese drei Stoffe können im Untergrund ungehindert nebeneinander nachgewiesen werden. Phenol läßt sich durch eine leicht ausführbare Reaktion bis zu 0,04 mg/l nachweisen. Außerdem ermöglicht die lichtelektrischkolorimetrische Messung des Phenolgehaltes eine quantitative Bestimmung des Grundwassergehaltes (s. Uranin). Die Feststellungen über den Verlauf der Ströme werden einnivelliert und in Grundwasserhöhenlinien ausgewertet (s. d.).

Rechnerisches Verfahren zur zahlenmäßigen Ermittlung der Wasserführung von Gn. Das rechnerische Verfahren kann bei Sand und sandigem Kies angewendet werden. In der Formel

$$Q = b \cdot m \cdot i \cdot k_f \text{ bedeutet}$$

Q = die unterirdische Abflußmenge (m^3/s),

b = die Breite des betrachteten Teiles eines Grundwasserstromes (m),

m = die Mächtigkeit der wasserführenden Schichten (m),

i = das Spiegelgefälle des Grundwasserstromes = Quotient aus dem Höhenunterschied und dem waagerechten Abstand der Höhenschichtenlinien des Grundwasserspiegels. Es wird mittels Standrohren, Brunnen usw. bestimmt (m),

k_f = die Filterdurchlässigkeit. Diese wird entweder an Bodenproben bestimmt oder mittels eines Pumpversuchs, indem man einen Bohrbrunnen Br und zwei Standrohre R_1 und R_2 in einer Linie niederbringt (m/s).

Es ist dann

$$k_f = \frac{q}{\pi} \cdot \frac{\ln X_1 - \ln X_2}{2\,m\,(Y_1 - Y_2)},$$

darin bedeutet

q = die aus dem Brunnen entnommene Wassermenge m^2/s,

X_1 = den Abstand von Br bis R_1 (Entfernung etwa 5 m),

X_2 = den Abstand von Br bis R_2 (Entfernung etwa 25 m),

Y_1 und Y_2 = Spiegelhöhen in R_1 und R_2, und zwar gemessen über der Sohle der wasserführenden Schicht. Bei freiem Spiegel ist $2\,m$ durch $Y_1 + Y_2$ zu ersetzen.

Die gefundene Zahl gilt zunächst nur für eine engbegrenzte Stelle. Um auf die Durchlässigkeit eines großen Gebietes schließen zu können, muß man seine Tektonik und Stratigraphie genau kennen (KOEHNE) (s. Formelzeichen).

Grundwasserübertritt, der Übertritt von Grundwasser aus einer geologischen Bildung in eine andere, z. B. aus einer Gesteinsschicht in Schutt. Der G. soll nicht als Quelle bezeichnet werden.

Grundwasser, ufergefiltertes, ein künstlich erzeugtes G. Es wird dadurch gewonnen, daß entlang des Ufers eines Flußlaufes in angemessener Entfernung (mindestens 50 m) von diesem eine Reihe von Brunnen abgeteuft wird. Hierdurch wird ein Gefälle zwischen Fluß und Brunnen erzeugt, dem das in die durchlässigen Schichten des Untergrundes eintretende Flußwasser folgt und die Brunnen speist. Die Güte dieses G.s hängt von der Filterfähigkeit der durchflossenen Schichten ab.

Grundwasser, ungespanntes, ein Grundwasser, das oben nicht von einer schwer- bis undurchlässigen Schicht begrenzt ist und an dessen Oberfläche der Wasserdruck gleich dem Luftdruck ist (DONAT und KOEHNE).

Grundwasserverhältnisse, Richtlinien für die Erforschung der, von JULIUS DENNER und WERNER KOEHNE, Berlin, herausgegeben im Reichsministerium für Ernährung und Landwirtschaft und Landesanstalt für Gewässerkunde und Hauptnivellements. Berlin 1938.

Grundwasserwarten, Grundwasserbeobachtungsstellen, von denen Ergebnisse im Jahrbuch für die Gewässerkunde des deutschen Reichs veröffentlicht werden.

Gruner, Heinrich, Zivilingenieur, geb. 18. November 1833 bei Dresden. Zog nach Abschluß seiner Studien nach England und später nach Basel. Beschäftigung im Gas- und Wasserfach.

Seit Ende der 60er Jahre ausschließlich Tätigkeit in letzterem. Planungen für 37 Städte. Mitbegründer des Deutschen Vereins von Gas- und Wasserfachmännern e. V. Gest. 6. April 1906 in Basel.

Gruppenkläranlage. Kläranlage, in der die Abwässer einer Gruppe von Grundstücken, z. B. einer Siedlung oder eines kleinen Ortsteils, zusammengefaßt behandelt werden. Die G. ist den einzelnen Hauskläranlagen stets vorzuziehen, wenn für ordnungsmäßige Wartung gesorgt ist, sie ist aber zugleich nur ein Behelf, wenn es nicht möglich ist, das ganze Ortsgebiet einheitlich zu entwässern.

Gruppenwasserversorgung, die gemeinsame Versorgung mehrerer beieinander gelegener und in einer Gruppe verwaltungsrechtlich zusammengefaßter Gemeinden und Gehöfte mit Trink- und Hauswirtschaftswasser von einem Werke aus mit einem gemeinsamen Rohrnetz.

Grus, ein infolge physikalischer Verwitterung in erbsengroße Stücke zerfallener Gesteinsschutt nach sehr geringem Förderweg des Schuttes (BEHR).

Gütepegel. Der G. eines Wasserlaufes kann durch fortlaufende Sauerstoffbestimmungen an einer Stelle gewonnen werden. Für diese kommt in erster Linie der Standort eines Wasserstandspegels in Frage. Da sich aus den Wasserständen die Wassermengen im Flußprofil ergeben, kann man dem Wasserstandspegel auch den Namen Wassermengenpegel beilegen. Diesem ist der G. gewissermaßen an die Seite zu stellen.

Güteprofil eines Wasserlaufes ist die Darstellung der aus den fortlaufenden Sauerstoffbestimmungen des Wassers an den einzelnen Gütepegeln (s. d.) gewonnenen Ergebnisse des Gesundheitszustandes des Gewässers im Längsprofil des Wasserlaufes. Mit diesem vereinigt enthält das G. alle Gütepegelstellen mit ihren Untersuchungsergebnissen und ergibt somit, ergänzt durch Eintragung der Hauptbelastungspunkte, einen umfassenden Überblick über den ganzen Verlauf des Gewässers. Die Wassertemperaturen sind in die Darstellung einzubeziehen. Diese kann in Monats- oder in Jahreswerten gezeigt werden.

Gully s. Ablauf.

Gummifabriken verlangen ein Wasser mit möglichst niedrigem Chloridgehalt, da hoher Chloridgehalt das Vulkanisieren nachteilig beeinflußt.

Gummischieber, eine mit Gummi beschlagene und mit einem Stiel versehene Holz- oder Eisenblechtafel, die dazu dient, den Schlamm in Wasserbehältern, in Absetzbecken mit Leer-

ausräumung oder auch in Abwasserkanälen von Hand fortzuschieben (s. Absetzbecken, Räumung).

Gußeisen (Ge) für gußeiserne Rohre und Formstücke. Für die stehend in Sandformen gegossenen Rohre wird Gußeisen Ge 14.91 nach DIN 1691 verwendet. Darin bedeutet die Zahl 14 eine Zugfestigkeit von mindestens 14 kg/mm² und 91 die DIN-Kennzahl. Die Biegefestigkeit soll mindestens 28 kg/mm² betragen. Bei Schleudergußrohren (s. d.) aus Metallschleuderformen steigt die Zugfestigkeit auf mindestens 20 kg/mm², bei solchen aus Sandschleuderformen auf 18 bis 22 kg/mm². Die Wanddicke nimmt mit Nennweite und Nenndruck von 8 bis auf 30 mm zu.

H

Habit - Rohre, überlappt - feuergeschweißte nahtlose Stahlrohre, die gemäß den Normen DIN 2440 bzw. 2441 hergestellt werden. Sie sind mit einer verstärkten Innenisolierung aus Bitumen versehen, die jeden chemischen Angriff auf die Stahlrohrwand verhindert. Dadurch ist es möglich, die Rohre zur Fortleitung kalter aggressiver Wässer zu verwenden. Die glatte Innenoberfläche hält die Reibungsverluste niedrig und verhütet Ablagerungen. Die Rohre werden durch Fittings, die ebenfalls eine verstärkte Innenisolierung besitzen, miteinander verschraubt. Die äußere Oberfläche der H.-R. wird je nach dem Verwendungszweck entweder roh oder mit einfacher Bitumenisolierung oder schließlich mit Bitumen- und Wollfilzisolierung geliefert. Für die Durchleitung von warmem Wasser sind die H.-R. mit verstärkt bitumierter Innenisolierung nicht geeignet.

Hadern s. Lumpen.

Hadernkochereien s. Lumpenkochereien.

Häufigkeitslinie, Linienzug, der die Häufigkeitszahlen von Beobachtungen darstellt.

Häufigkeitszahl, Zahl, die angibt, wie oft der gleiche Wert oder die gleiche Wertgruppe in einer Reihe gleichwertiger Beobachtungen vorkommt.

Haffkrankheit, eine besonders in den Jahren 1924 und 1932 aufgetretene Erkrankung der Fischer am Frischen Haff, die auf die Einleitung des Abwassers der Königsberger Zellstofffabriken zurückgeführt wurde.

BÜRGERS, Über die Haffkrankheit. Veröff. Med.-Verw. 41 (1933) 1, 1/35.

Halbstoff, in der Papierherstellung ein aus den Rohstoffen gewonnenes Zwischenerzeugnis.

Haldensickerwasser. Das Sickerwasser von Schutthalden des Steinkohlenbergbaues und der Eisenwerke, von Aschenhalden und auf Halden gelagerten Kiesabbränden (s. d.) enthält oftmals neben freier Säure Eisen- und Aluminiumsulfate, deren Bildung darauf zurückzuführen ist, daß die abgelagerten Stoffe Schwefelkies und Schwefel enthalten, aus denen durch Verwitterung und Regenwasser (Oxydation) Schwefelsäure und Eisensulfat entstehen. Die Schwefelsäure löst aus der Alaunerde des Schuttes die Aluminiumsalze heraus. Enthält der Schutt der Halden Zinkblende, so ist das H. auch durch Zinksulfat verunreinigt. H. von Kalibergwerken ist oftmals salzhaltig.

Haltung im Abwasserwesen, der zwischen zwei benachbarten Einsteigeschächten liegende Strang einer Entwässerungsrohrleitung, der mit Rücksicht auf die Reinigung und die Nichtbegehbarkeit der Rohrstränge stets geradlinig sein muß.

Handbedienung von Rechen, bei kleineren Grobrechen übliche Betriebsmaßnahme, bei der die Zwischenräume zwischen den Rechenstäben durch handbediente Kratzer von den sich vor dem Rechen ansammelnden Sperrstoffen befreit und das Rechengut, soweit es sich nicht durchtreiben läßt, durch geeignet geformte Harken aus dem Abwasser herausgehoben wird. Gegebenenfalls werden die Rechen auch mittels eines von Hand bedienten Schlauches durch einen kräftigen Druckwasserstrahl abgespritzt.

Handschieber, mit Handgriff versehene Platte aus Holz oder Eisen, die am unteren Ende einer Entwässerungsleitung zwischen zwei Führungsfalzen eingeschoben wird, um die Leitung vorübergehend ganz oder teilweise zu verschließen. Beim plötzlichen Herausziehen des H.s ergießt sich dann das oberhalb angesammelte Stauwasser in den unterhalb liegenden Rohrstrang und spült diesen. H. werden auch bei Kläranlagen und vor allem in den Zuflußgräben bei Rieselfeldern angewen-

det, um den Wasserzufluß nach den einzelnen Becken oder Feldstücken hin zu regeln (s. Handzugschieber).

Handzugschieber, zum Spülen der Entwässerungsleitungen dienende Betriebseinrichtung. In einen Einsteigeschacht eingebauter, von oben her mittels eines Zugschlüssels oder eines Seiles bedienbarer eiserner Schieber, der beim Spülbetrieb die Abflußöffnung so lange verschließt, bis sich oberhalb eine größere Wassermenge angesammelt hat, die sich dann bei plötzlichem Öffnen des H.s in das zu spülende, vorher verschlossene Rohr ergießt. H. dienen zum Spülen von Leitungen bis zu 500 mm Lichtweite. Bei größeren Leitungsquerschnitten pflegt man Kettenrollzugschieber oder Spültüren einzubauen. Besonders schnell schließbare, mit Gegengewicht ausgelastete und Vorgelege versehene H. werden als S c h n e l l s c h l u ß s c h i e b e r bezeichnet (s. Einsteigeschacht, Kettenrollzugschieber, Handschieber, Schieber, drehbarer).

Hangberieselung s. Hangstück.

Hangstück, Hangtafel, geneigtes (etwa 1 : 35), eingeebnetes, i. a. mit Dränung versehenes, etwa ¼ ha großes Flächenstück eines Rieselfeldes. Das Abwasser fließt dem H. von einem an seiner oberen Kante entlang führenden Zuleitungsgraben aus zu, so daß es in breitem Strome langsam über die ganze Oberfläche des H.s fließt und dabei allmählich versickert (s. Rieselfeld).

Härte. Die H. eines Wassers ist durch seine Calcium- und Magnesiumverbindungen (Härtebildner) bedingt. Im allgemeinen überwiegen die Kalksalze bei weitem die Magnesiasalze. Man unterscheidet die vorübergehende oder Karbonathärte, die durch das Calcium- und Magnesiumbikarbonat gebildet wird und beim Aufkochen des Wassers verschwindet, und die bleibende oder Mineralsäurehärte, die durch die

Chloride, Nitrate, Sulfate, Phosphate und Silikate des Calciums und Magnesiums gebildet wird und deren Beseitigung schwieriger ist. Der Magnesiumoxydgehalt kann durch Multiplizieren mit 1,4 in Calciumoxydgehalt umgerechnet werden. Ein deutscher Härtegrad = D. G. entspricht 10 mg CaO in 1 l Wasser. 1 engl. Härtegrad = 0,8 deutsche Härtegrade, 1 franz. Härtegrad = 0,56 deutsche Härtegrade.

Wässer mit viel Härtebildnern nennt man hart, und solche mit wenigen weich. Einen Anhaltspunkt für die Bezeichnung der Härtestufen gibt folgende Einteilung:

Härtegrade (deutsche Grade)	Benennung
0— 4	sehr weich
4— 8	weich
8—12	mittelhart
12—18	ziemlich hart
18—30	hart
über 30	sehr hart.

Die Kalkhärte des Wassers der bisher gebauten Talsperren liegt sehr niedrig, weil deren Zuflußgebiete entsprechend ihrer geologischen Beschaffenheit wenig Kalk enthalten.

Härtebildner, die Bikarbonate des Calciums $Ca(HCO_3)_2$ und Magnesiums, $Mg(HCO_3)_2$, sowie die Sulfate (Calciumsulfat oder Gips, $CaSO_4$, Magnesiumsulfat oder Bittersalz, $MgSO_4$), Chloride oder Nitrate. Die Bikarbonate ergeben die Karbonathärte des Wassers, die anderen Bestandteile die Nichtkarbonathärte.

Härte, bleibende, die durch Kochen nicht-ausfällbare Härte.

Härtereien, die Maschinen- u. Apparateteile nach dem Durferritverfahren härten, liefern ein zyanidhaltiges Abwasser (s. d.), das zu starken Schädigungen in Wasserläufen, Ortsentwässerungsnetzen und Kläranlagen führen kann.

Härte, vorübergehende, der Unterschied zwischen Gesamthärte (s. d.)

und bleibender H. (s. d.). Sie verschwindet beim Kochen des Wassers und wird deshalb vorübergehende H. genannt.

Häufigkeitslinien der Grundwasserstände zeigen, wie häufig innerhalb eines bestimmten Zeitraumes oder im Durchschnitt einer Reihe von Jahren das Grundwasser einen bestimmten Stand eingenommen hat.

Hagusta - Filter, eiserne geschlitzte Brunnenfilterrohre, die mit einem Hartgummiüberzug versehen sind.

Hahn, eine in eine Rohrleitung eingebaute Vorrichtung zum Absperren oder zum Regeln der Durchflußmenge des Wassers. In einem metallischen Gehäuse befindet sich ein kegeliger Körper (das Küken) mit einer Bohrung in der Achse der Rohrleitung. Der Körper kann durch einen Hahnschlüssel (Vierkantschlüssel) oder durch

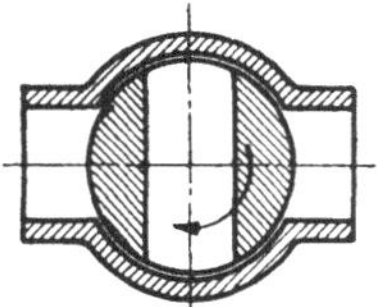

Hahn.

einen Knebel gedreht werden, und zwar so, daß entweder der Durchfluß abgesperrt oder freigegeben wird (Durchgangshahn). Bei Dreiwegehähnen ist die Bohrung derartig angeordnet, daß der Durchfluß entweder in gerader Richtung oder nach einer seitlichen Abzweigung der Rohrleitung ermöglicht wird, soweit er nicht völlig abgeschlossen ist. Man unterscheidet beim Hahnküken im wesentlichen Konus (s. Abb.), Zylinder- und Kugelform. Der gewöhnliche Wasserhahn ist kein H. im obigen Sinne, sondern ein Ventil (s. d.).

Hartleybrunnen, trichterförmiger, als Belebungsbecken dienender, mit Hartleyumwälzer ausgerüsteter Brunnen (s. Hartleyumwälzer).

Hartley-Paddel für Belebungsbecken, Rad mit 4 Schaufeln, das sich um eine schräg stehende Welle dreht, wobei immer eine Schaufel in das mit den belebten Flocken gemischte Abwasser taucht und es in einem langen, rinnenförmigen Belüftungsbecken vorwärts schiebt. Die H. schlagen verhältnismäßig geringe Luftmengen in das Wasser ein, die Belüftung erfolgt viel-

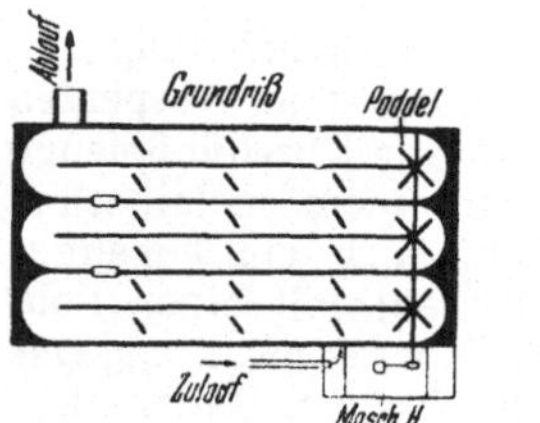

Belüftungsverfahren durch Paddelräder nach HARTLEY.

mehr im wesentlichen auf dem langen, vom Wasser zurückzulegenden Wege an der Wasseroberfläche. Sie wird dadurch unterstützt, daß dem Wasserstrom durch schräg in die Durchflußrinnen eingebaute Platten eine schraubenförmige Bewegung erteilt wird, so daß immer wieder neue Wasserteilchen mit der Luft in Berührung kommen. Unter dem Namen „Spiroflow-Process" in Birmingham angewendet (s. auch Haworth-Rinnen).

Hartley-Umwälzer, maschinell angetriebene Kreiselpumpe mit stehender Welle, die oben, in der Höhe des Wasserspiegels eines Belebungsbrunnens Schaufeln und Rührarme trägt. Diese versetzen das Abwasser-Flocken-Gemisch in kreisende Bewegung. Die Pumpe fördert dabei das Gemisch vom Tiefpunkte der trichterförmigen Brunnensohle aus zur Wasseroberfläche, so daß ein ständiger Austausch zwischen den unteren und den oberen Wasserschichten stattfindet (s. a. Boltonkreisel).

Hartsalz. Rohsalz aus Kalisalzlagern, bestehend aus Chlorkalium Steinsalz (Chlornatrium) Kieserit (Magnesiumsulfat) und Anhydrit.

Hartsalzverarbeitung. Bei der Gewinnung von Chlorkalium aus Hartsalz (s. d.) bleiben Kochsalz, Kieserit und Anhydrit praktisch ungelöst zurück. Die kochsalzhaltige Löselauge wird wieder zum Auflösen neuer Hartsalzmengen verwandt, so daß Abwasser nicht entsteht. Die kieserithaltigen Löserückstände werden zu schwefelsaurem Magnesium verarbeitet, das in Kaliumsulfatfabriken (s. d.) zur Herstellung von Kaliumsulfat benötigt wird. Die Löserückstände werden mit kaltem Wasser ausgewaschen, wobei der sehr schwer lösliche Kieserit zurückbleibt, während Kochsalz und sonstige Salze in Lösung gehen und als Abwasser das Kieseritwaschwasser (s. d.) bilden.

Haßlacher, Jacob Dr. jur., Generaldirektor. Geb. am 2. Dezember 1869 zu Saarbrücken, gest. am 16. Juli 1940. Seit dem Jahre 1910 Vorstandsmitglied, seit Anfang 1930 Vorsitzer der Emschergenossenschaft.

Hauptregenauslaß, der unmittelbar oberhalb eines Klärwerks oder eines Abwasserpumpwerks abzweigende Regenauslaß, der dazu dient, diese Anlagen vor Überlastung zu schützen. Seine Überfallschwelle wird meist so tief gelegt, daß das Klärwerk oder Pumpwerk bei Regenwetter nicht mehr als das Doppelte des größten Trockenwetterabflusses zu leisten hat. (Zweifache Verdünnung = ein Teil Schmutzwasser + ein Teil Regenwasser). In besonderen Fällen wird zur Sicherheit auch ein verschließbarer Grundablaß angeordnet (s. Regenauslaß, Sicherheitsumlauf, Überfallschwelle).

Hauptpumpwerk im Abwasserwesen, am tiefsten Punkte eines Entwässerungsnetzes liegendes Pumpwerk, das das Abwasser unmittelbar nach der Kläranlage, dem Rieselfeld oder dem Vorfluter, also nach der Abwasser-Verarbeitungsstelle fördert. Im Gegensatz dazu heißt ein Pumpwerk, das das Abwasser von einem Punkte eines Entwässerungsnetzes in einen Leitungsstrang eines anderen Entwässerungsnetzes hebt, **Ü b e r p u m p w e r k** od. **Z w i s c h e n p u m p w e r k**.

Hauptreinigungsöffnung, Hauskasten, kastenförmiger, gußeiserner, oben offener, mit einem Deckel wasserdicht verschließbarer Einbau zwischen der Hauptgrundleitung und der Hausanschlußleitung, von dem aus die letztere durch zusammengeschraubte Rohrstöcke oder durch eine biegsame Welle gereinigt werden kann. Die H. liegt im Gebäudekeller unmittelbar hinter der Bauflucht oder, wenn ein Vorgarten vorhanden ist, unmittelbar hinter der Straßenflucht im Vorgarten in einer gemauerten, abgedeckten Grube (s. Grundleitung, Hausanschlußleitung).

Hauptsammler, größter Leitungsstrang eines Entwässerungsnetzes, der die Wassermengen aus den kleineren Leitungen aufnimmt und gesammelt fortführt.

Hauptverteilungsleitung (HW), Leitung mit der größten Durchflußmenge innerhalb des Versorgungsgebietes eines Wasserwerks. Von ihr zweigen in der Regel keine Anschlußleitungen ab (DIN 4046).

Hauptwasserverschluß, Wasserverschluß in der Hausanschlußleitung (s. Hausanschlußleitung).

Hauptzuleitung s. Leitungsnetz.

Hausanschluß, die Verbindung eines Hausgrundstücks mit der Versorgungsleitung (DIN 1998) einer allgemeinen Wasserversorgung. Sie besteht aus der Zuleitung und der Wasserzähleranlage sowie den Absperrvorrichtungen. Die Zuleitungen werden in der Regel mittels einer Rohrschelle an die Versorgungsleitung angeschlossen. In jede Zuleitung ist auf der Straße, in der Regel im Fußweg, eine Absperrvorrichtung mit Gestänge und Straßenkappe einzubauen. Die Stelle, an der die Absperrvorrichtung in der Straße liegt, ist durch ein Hinweisschild (s. d.) gemäß DIN 4067 kenntlich zu machen. Für die Ausführung der Zuleitung gilt DIN 1988 in Verbindung mit den Richtlinien für die Ausführung von Hausanschlußleitungen und Hausanschlußkellern (VDI. - Haustechnik, Merkblatt Nr. 1). An die Zuleitungen sind die Verbrauchsleitungen (DIN 1988) angeschlossen.

Hausanschlußleitung, der meist 150 bis 200 mm weite, in Ausnahmefällen auch weitere Rohrstrang, der das aus der Hauptgrundleitung eines Grundstücks kommende Abwasser aufnimmt und in die öffentliche Straßenleitung abführt. Er besteht innerhalb des Gebäudes und am Durchtritt durch das Grundmauerwerk i. a. aus Gußeisen, in Vorgärten und im Straßenkörper meist aus Steinzeug. Gefälle möglichst nicht unter 1 : 50. Zwischen der Hauptgrundleitung und der H. wird zweckmäßig eine verschließbare Putzöffnung (Hauptreinigungsöffnung) angeordnet, um Abflußstörungen in der H. vom Grundstück aus mittels Reinigungsgeräten beseitigen zu können (s. Grundstücksentwässerung, Grundleitung, Hauptreinigungsöffnung).

Hausfilter dienen der Filterung kleiner Wassermengen für den Hausbedarf. Sie sind i. a. ein Notbehelf und liefern nur bei guter Überwachung ein gutes Filtrat. Sie finden aber jetzt bei der dringend notwendigen Ausdehnung der Wasserversorgung auf die bisher teilweise unversorgt gebliebene ländliche Bevölkerung eine erhöhte Bedeutung, der sich der Deutsche Verein von Gas- und Wasserfachmännern besonders angenommen hat.

Hauskasten ·s. Hauptreinigungsöffnung.

Hauskläranlage, kleine, nur für die Klärung oder Reinigung des in einem oder in wenigen Häusern anfallenden Schmutzwassers bestimmte Klärvorrichtung. Die H.n werden als durchflossene Faulräume (Abwasserfaulräume, Faulgruben) oder in Form von kleinen Imhoff-, OMS-, Kremer- oder Dywidag-Brunnen gebaut. Auch andere mechanische Klärvorrichtungen (Schlammabscheider, Trenneinrichtungen usw.) sowie Tropfkörper, unterirdische Verrieselung und Sickerschächte kommen in Frage; unterirdische Verrieselung und Tropfkörper besonders auch dann, wenn es notwendig ist, das mechanisch vorgeklärte Abwasser noch biologisch zu reinigen, bevor es dem Vorfluter zugeführt wird. Die H. ist erheblich teurer als der Anschluß an ein Entwässerungsnetz und sollte auch wegen der Schwierigkeit und Unzuverlässigkeit des Betriebes stets nur ein Behelf sein, wenn verstreut liegende Grundstücke nicht an ein Entwässerungsnetz oder an eine Sammelkläranlage angeschlossen werden können. Regenwasser darf der H. nicht zugeführt werden, weil sonst der angesammelte Schlamm in den Abfluß gespült wird. Normblatt DIN 4261: Vorläufige Richtlinien für die Anwendung, den Bau und Betrieb von Grundstückskläranlagen (s. Faulgrube; Imhoffbrunnen; OMS-Brunnen; Kremer-Brunnen; Dywidagbrunnen; Tropfkörper; Sickerschacht; Verrieselung, unterirdische).

· Teschner, W.: Abwasser-Hauskläranlagen, Berlin 1938.

Hauswasserzähler, Mengenmeßgeräte mit einer Anschlußweite bis 40 mm einschließlich zur Ermittlung des in beliebiger Zeit verbrauchten Wassers (Liter bzw. m³). Sie werden in die Zuleitungen im Hause oder auch in Schächten nahe der Grundstücksgrenze eingebaut und durch Verschraubungen an die Rohrleitung angeschlossen. Unterhaltung der Zähler erfolgt i. a. durch das Wasserwerk, das auch den angezeigten Wasserverbrauch den Abnehmern berechnet. — Nach ihren Meßgrundsätzen unterscheidet man G e schwindigkeitszähler (Einstrahl- bzw. Mehrstrahl-Flügelradzähler) und V o l u m e n z ä h l e r. Erstere bestimmen die Durchflußmenge nach der Geschwindigkeit, mit der das Wasser den Zähler durchfließt, Volumenzähler stellen dagegen den Verbrauch nach dem Raumgehalt der Durchflußmenge fest. Die gebräuchlichste Ausführungsform der Volumenzähler ist der Ringkolbenzähler. Beide Bauarten werden nach DIN 3260/U nur als Naßläufer in 5 Größen hergestellt: Nenngröße (entsprechend der Nennbelastung in m³/h)

m³:			3	5	7	10	20

Anschlußweite

mm:			20		25		40

Der Nennbelastung entspricht annähernd die Wassermenge in m³/h, die bei einem im Zähler auftretenden Druckverlust von 10 m WS. den Zähler durchfließt. Hierbei soll jedoch die tatsächlich durchfließende Wassermenge nicht kleiner sein als die Nennbelastung. Zur Vermeidung vorzeitigen Verschleißes der Innenteile des Zählers sind für die üblichen Beanspruchungen der H. geringere Werte unter der theoretischen Nennbelastung zulässig. Die H. müssen Vorwärts- und Rückwärtszählung ermöglichen. Bei dem für den Ablauf vorgeschriebenen Durchfluß muß der Zähler sicher anlaufen und in Bewegung bleiben. Bei Vorwärtszählung dürfen folgende Grenzwerte nicht überschritten werden:

Nenngröße des Wasserzählers m³	3	5	7	10	20
Flügelradzähler:					
Anlauf . . . . l/h	17	22	30	43	70
unterer Genauigkeitswert . . l/h	35	50	65	90	150
Ringkolbenzähler:					
Anlauf . . . . l/h	5	7	10	12	20
unterer Genauigkeitswert . . l/h	15	20	30	35	50

Bei einem Durchfluß bis zu 5% der Nennbelastung darf bei Vorwärtszählung die Anzeige höchstens um ± 5%, bei mehr als 5% der Nennbelastung höchstens um ± 2% von der durchgeflossenen Wassermenge abweichen; dagegen darf bei Rückwärtszählung über den ganzen Meßbereich die Anzeige bei Flügelradzählern um ± 5% und bei Ringkolbenzählern um ± 2% von der durchgeflossenen Wassermenge abweichen.

Anschlußverschraubungen für H. sind nach DIN 3261 U genormt. Beide Normen, DIN 3260 U und 3261 U, sind nach der Anordnung 39a der Reichsstelle für Metalle für im Inland verwendete Zähler bindend. H. werden auch für Sonderzwecke in besonderen Ausführungen hergestellt: zum Einbau in Steigleitungen mit senkrecht übereinander liegenden Anschlußstutzen (Steigrohrzähler) oder in Verbindung mit Zapfhahn (Zapfhahnzähler). Für **Warmwasserversorgungen** in Wohnhäusern ist die Verwendung wärmebeständiger Baustoffe für die Innenteile der Zähler erforderlich. Am zweckmäßigsten hat sich hierfür der Flügelradzähler in Einstrahlausführung gezeigt. — Für größere Durchflußmengen werden Großwasserzähler (s. d.) verwendet.

Hauswirtschaftswasser, ein Wasser, das in der häuslichen Wirtschaft, z. B. zur Körperpflege und zu Reinigungszwecken, verwendet wird. An das H. sind die gleichen Anforderungen zu stellen, wie an ein Trinkwasser. Es muß also dauernd frei sein von Krankheitserregern und sonstigen Stoffen, die die Gesundheit schädigen (s. Trinkwasser und Leitsätze für die Trinkwasserversorgung).

Hautleim - Fabriken s. Lederleimfabriken.

Haworth - Rinnen, langgestreckte, hin- und herlaufende Rinnen von 1,0 bis 1,5 m Tiefe, in denen zur Abwasser-Reinigung nach dem Belebungsverfahren das mit den belebten Flocken gemischte Abwasser mit etwa 0,5 m Geschwindigkeit durch Paddelräder, die zugleich etwas Luft einschlagen, vorwärts bewegt wird. Die Hauptbelüf-

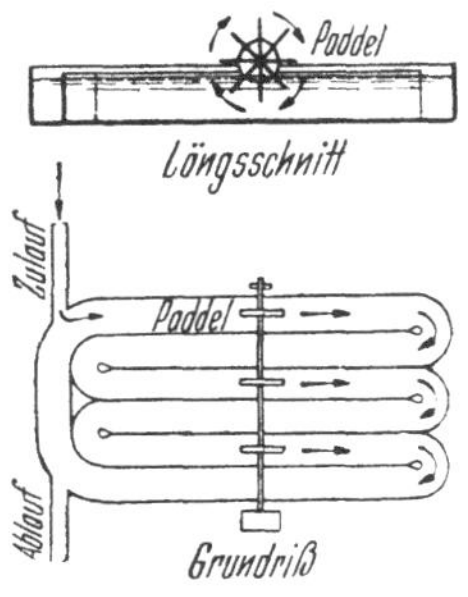

Belüftungsverfahren nach Haworth.

tung erfolgt an der Wasseroberfläche auf dem Wege des Abwassers durch die Rinnen, wobei der Abwasserstrom durch geeignete Form der Rinnen oder durch Einbauten eine schraubenförmige Bewegung erhält, so daß stets neue Wasserteilchen an die Oberfläche gelangen. Erforderliche Durchflußzeit mindestens 15 Stunden, daher sehr großer Platzbedarf. Das Verfahren ist von HAWORTH unter der Bezeichnung „Bio Aëration" in Sheffield angewendet worden (s. auch: HARTLEY-Paddel für Belebungsbecken).

Heberleitung, Leitung, durch die Wasser von einer Stelle — z. B. einem Brunnen — zu einer zweiten Stelle — z. B. einem Sammelschacht — übergeleitet wird. Sie besteht aus zwei in das Wasser eintauchenden Schenkeln und einem dauernd luftleer gehaltenen Mittelteil. Das Wasser fließt so lange durch die Heberleitung, wie der Wasserspiegel auf der Ablaufseite tiefer liegt als auf der Zulaufseite.

Eine H. dient bei Grundwasserfassungen in Brunnenreihen zur Verbindung der einzelnen Brunnen mit dem Sammelbrunnen. Sie muß in der Richtung zu diesem in gerader Linie ansteigen, so daß ihr höchster Punkt im Sammelbrunnen liegt. Bei kurzen H.n kann diese Steigung 1 : 100 betragen. Häufig muß man aber geringere Steigungen wählen, damit an den Flügeln langer Brunnenreihen die Leitungen nicht zu tief in den Boden gelegt werden müssen. Die größte Saugspannung der H. im Sammelbrunnen soll mit Rücksicht auf eine sichere Heberwirkung 7 m nicht überschreiten Im höchsten Punkt der H. muß die in ihr mitgeführte Luft abgesaugt werden. Häufig wird dort auch ein Saugwindkessel aufgestellt. Auf Dichtheit der Verbindungen der einzelnen Rohre der H. ist größter Wert zu legen. Die Dichtheit der ganzen Leitung ist vor ihrer Inbetriebnahme zu prüfen. Die Saugschenkel der H. in den einzelnen Sammelbrunnen müssen mindestens 1 m unter dem tiefsten abgesenkten Wasserspiegel liegen.

Hefefabrikabwasser, das in Hefefabriken (s. d.) anfallende Abwasser. Es besteht aus:

1. der abgebrannten Würze (Schlempe),
2. dem Hefewaschwasser und
3. sonstigem Wasch- und Spülwasser.

Die abgebrannte Würze, mengenmäßig etwa das 30fache der verarbeiteten Melasse, enthält Reste der Melasse, Hefe und aus den Eiweißstoffen stammende Schwefelverbindungen, wodurch sie leicht in Fäulnis übergeht. Das Hefewaschwasser und das sonstige Wasch-und Spülwasser ist weniger verunreinigt. In Wasserläufen ruft H. durch seinen hohen Gehalt an organischen Stoffen das Wachstum von Abwasserpilzen, Sauerstoffschwund und Geruchsbelästigungen hervor.

Entsprechend der Zusammensetzung ist die Reinigung des H. schwierig. Bei genügend großen Flächen mit geeigneten Bodenverhältnissen ist nach Neutralisation durch Kalkmilch und Verdünnen mit häuslichem Abwasser die Verrieselung oder Verregnung durchführbar. Das gleiche gilt für die künstlichen biologischen Verfahren, wie Tropfkörper, Emscherfilter (s. d.) und das Belebtschlammverfahren (s. d.). Auch die anaërobe Zersetzung des H.s in Faulbecken mit anschließender biologischer Behandlung auf Tropfkörpern oder durch Verrieselung läßt sich durchführen. Das Eindampfen (s. d.) der abgebrannten Würze und die Verbrennung der eingedickten Schlempe und deren Verarbeitung auf Pottasche ist durchführbar, verursacht aber wegen der großen Flüssigkeitsmengen hohe Kosten.

Hefefabriken (Spiritusbrennereien). Die als Rohstoff verwandte Melasse (s. d.) wird je nach dem Fabrikationsziel (vorwiegend Spiritus- oder Hefe) mit 3—25fachen Menge Wasser verdünnt und geklärt. Die sterilisierte Maische (s. d.) wird unter Zugabe von Ammonsalzen und Phosphaten vergoren. Die gebildete Hefe wird zum Absetzen gebracht, in Filterpressen oder Schleudern abgetrennt, gewaschen (Hefewaschwasser) und in den Formpressen verpackt (Preßhefe). Die verbleibende vergorene Maische wird zur Gewinnung des Alkohols abdestilliert. Die hiernach verbleibende abgebrannte Würze (Schlempe) fällt als Abwasser an (s. Hefefabrikabwasser).

Hefepilze sind die wichtigsten Gärungserreger und ermöglichen die Herstellung von Bier, Wein und Branntwein. Bei diesen Vorgängen handelt es sich um die Zerlegung von Traubenzucker in Alkohol und Kohlensäure (Kohlensäureanhydrid).

Hefewaschwasser s. Hefefabrikabwasser.

Heilwasserbrunnen (Mineralbrunnen), Brunnen, der Heilwasser (Mineralwasser) erschließt, häufig artesisch.

Heilwasserquelle (Mineralquelle), natürliche Quelle, die Heilwasser (Mineralwasser) liefert.

Heimberger-Verfahren, Beizverfahren für Eisenbeizereien, die mit Schwefelsäure arbeiten, bei dem Anfallen von Spülwasser vermieden wird. An Stelle des Spülbades wird ein zweites Beizbad benutzt, das 0,5% Salpetersäure enthält.

Heizrohre für Schlammfaulräume, zur Kreislaufheizung von getrennten Schlammfaulräumen dienende Rohrstränge, am besten aus verzinkten Eisenrohren von etwa 50 mm Durchmesser, die mit heißem Wasser beschickt werden, das einen Teil seiner Wärme im Schlammfaulraum abgibt. Die Wassertemperatur soll bei ruhenden Heizrohren nicht über 60° betragen, damit sich von außen kein trockener Schlamm an den Rohrwandungen absetzt und den Wärmedurchgang stört. Bei bewegten Heizrohren kann die Temperatur des durchfließenden Wassers nahezu 100° betragen (s. Faulraumheizung, Schlammfaulraum, getrennter).

Heizung des Schlammfaulraumes s. Faulraumheizung.

Heizwert des Faulgases s. Faulgas.

Helbing, Heinrich, geb. am 2. Januar 1873 in Sankt Johann (Saar), gest. am 5. Oktober 1933. Regierungsbaumeister a. D., seit dem 24. 8. 1911 Baudirektor und Vorstandsmitglied der Emschergenossenschaft, leistete die Vorarbeiten zur Bildung des Lippeverbandes und war seit dem Jahre 1927 auch dessen Baudirektor und Vorstandsmitglied.

Hemizellulose, ein der Zellulose verwandter Zellbestandteil.

Henry-Verfahren, Verfahren zur Reinigung von Kohlenwaschwasser (s. d.). Das Kohlenwaschwasser wird durch Zusatz von Natronlauge oder Soda auf einen p_H-Wert von 11,0 gebracht und danach für 100 g/l Feststoffe 6,5—30 g gefrorene Stärke je m³ Kohlenwaschwasser hineingegeben. Die Ausfällung des Kohlenschlammes vollzieht sich fast augenblicklich. Der abgesetzte Schlamm wird auf einem Filter entwässert, während das geklärte Kohlenwaschwasser restlos in den Betrieb zurückgeht. An Frischwasser braucht nur das durch Verdunstung oder sonstwie verlorengehende Wasser ersetzt zu werden. Abwasser fällt nicht mehr an.

Hermanit-Muffenverguß, ein Dichtungsmittel für Muffenrohrverbindungen (K o o t z).

Herrichtung (Aptierung) von Rieselfeldern, Gesamtheit der Arbeiten, die erforderlich sind, um die Beschickung der Bodenfläche mit Abwasser durchzuführen und das Dränwasser ableiten zu können. Die wesentlichsten dieser Arbeiten sind: Herstellung der Beete und der Hangstücke nebst den in sie einzubettenden Dräns, Herstellung etwa erforderlicher Vorklär- und Einstaubecken nebst den dazugehörigen Zuleitungen oder Zuflußgräben, Herstellung der zu den einzelnen Stücken führenden Zuleitungsgräben sowie der

Entwässerungsgräben, die das aus den Sammeldräns kommende gereinigte Abwasser aufnehmen (s. Rieselfeld, Beetstück, Hangstück, Dräns).

Hildesheimer Verfahren s. Doppelgärverfahren.

Hilfen für die Gewässer, technische Maßnahmen in offenen Gewässern, die dazu dienen, im Hinblick auf die Einleitung. von Abwasser ihre Selbstreinigungskraft zu vergrößern. Nach IMHOFF, Taschenbuch der Stadtentwässerung kommen im wesentlichen folgende H. in Frage: 1. Stauseen, die die Laufzeit eines Flusses verlängern und die Schmutzstoffe zurückhalten. 2. Der Ausbau eines Flusses, der die Fließgeschwindigkeit vergrößert und dadurch die Sauerstoffaufnahme und den Abbau der mitgeführten Schlammstoffe beschleunigt. 3. Die Anreicherung der Niedrigwasserführung eines Flusses mit reinem Wasser, die das Gemisch von Abwasser und Flußwasser verdünnt. 4. Die künstliche Lüftung durch Abstürze (Sauerstoffgehaltszunahme bis zu 3 mg/l erreichbar) oder durch Einblasen von Luft. 5. Künstliche Spülung zur Fortschaffung des fäulnisfähigen

Bodenschlammes von der heißen Jahreszeit z. B. durch Öffnen von Wehren. 6. Baggerung. 7. Chlorung des Flußwassers z. B. an Badeplätzen. 8. Bekämpfung der Wasserblüte durch Kupfersulfat.

Hintermauern von Entwässerungsleitungen s. Hinterstampfen von Entwässerungsleitungen.

Hinterstampfen von Entwässerungsleitungen, besonders sorgfältig zu bewirkende Maßnahme bei neu verlegten Entwässerungsleitungen, um zu verhüten daß sie im Erdboden durch die Auflast zerdrückt werden. Bei tonigem oder lehmigem Boden empfiehlt es sich, die Leitungen vor dem Verfüllen mit Sandboden zu hinterstampfen. Leitungen aus Steinzeug oder Beton von mehr als 0,45 m Lichtweite werden zweckmäßig bis zu $^2/_3$ ihrer Höhe (Kanäle bis zum Kämpfer) in Magerbeton eingebettet oder hintermauert (s. DIN 4033: Leitsätze für die Ausführung von Betonrohrleitungen.).

Hinweisschilder geben über die Lage der Einbauten der Wasser- und Abwasserleitungen in dem Straßenkörper Auskunft. Sie sind bezeichnet

bei den Schildern für Feuerwehrleitungen mit

H für Hydranten	. . . .	200 × 250 mm groß
B „ Flachspiegelbrunnen	.	200 × 250 „ „
B „ Tiefspiegelbrunnen	. .	200 × 250 „ „

Die Grundfarbe ist weiß, die Umrandung rot und die Schrift schwarz. Die beiden B-Schilder unterscheiden sich durch die Umrandung (DIN 4066).

bei den Wasserleitungen mit

S für Schieber	200 × 140 mm groß
E S „ Entleerungsschieber	200 × 140 „ „
E H „ Entleerungshahn	200 × 140 „ „
L S „ Lüftungsschieber	200 × 140 „ „
L H „ Lüftungshahn	200 × 140 „ „
A „ Absperrorgan der Hausanschlußleitung	140 × 100 „ „
S „ Absperrschieber der „	140 × 100 „ „
A H „ Absperrhahn „ „	140 × 100 „ „
A V „ Absperrventil „ „	140 × 100 „ „

Die Schilder für Wasserleitungen tragen außerdem die Anschrift **W a s s e r** und die größeren Schilder noch neben den Bezeichnungsbuchstaben die Nennweite der Rohrleitung. Ferner sind die Entfernungen der Einbauten von dem Anbringungspunkte der Schilder (möglichst Hausmauern) angegeben, und zwar nach links und rechts sowie nach vorn. Die Grundfarbe ist blau, die Farbe der Beschriftung weiß (DIN 4067).

Die H. für die Einbauten des Entwässerungsnetzes haben ebenfalls weiße Beschriftung, jedoch grüne Grundfarbe. Ihre Größe ist durchweg 200 × 140 mm. Sie sind bezeichnet mit

S für Schieber,
SA für Straßenabläufe,
ES für Entwässerungsschieber,
LS für Lüftungsschieber,
LH für Lüftungshähne,
H für Hydranten. (DIN 4068).

Hobrecht, James, Friedrich, Ludolf; Ingenieur (1825—1903). Hilfsarbeiter von W i e b e bei der Beratungen über die Entwässerung der Stadt Berlin, 1862—1869 Stadtbaurat von Stettin, wo er das Wasserwerk erbaute und einen Entwurf für die Entwässerung der Innenstadt aufstellte. Seit Mitte 1869 bis 1897 zuerst Chefingenieur für den Bau der Berliner Stadtentwässerung, später Stadtbaurat für das gesamte Tiefbauwesen der Stadt Berlin. Sein Rat in Angelegenheiten der Wasserversorgung und der Abwasserbeseitigung wurde nicht nur von einer großen Anzahl deutscher Städte, sondern auch von Moskau und Tokio eingeholt. 1869 Königlicher Baurat, 1878 Mitglied der Königlich-technischen Baudeputation, 1880 Gutachter und Entwurfsbearbeiter für Moskau, 1881 Ehrenbürger der Stadt Darmstadt, 1883 medizinischer Ehrendoktor der Universität Halle, 1887 Gutachter der Kaiserlich japanischen Regierung für den Bebauungsplan, die Wasserversorgung und die Entwässerung der Stadt Tokio, 1892 Mitglied der Preußischen Akademie des Bauwesens, 1895 Königlicher Geheimer Baurat, 1897 Stadtältester von Berlin. H. war der eigentliche Erbauer der Berliner Stadtentwässerungsanlagen, für deren Ausführung die von ihm vorgeschlagene Einteilung des Stadtgebietes in „Radialsysteme" grundlegend war.

Hochbehälter, Behälter, durch dessen Spiegel der Versorgungsdruck eines Wasserleitungsnetzes bestimmt wird.

Hochchlorungs-(Überchlorungs-)verfahren. Es wird zur Entkeimung von Trinkwasser angewendet. Ihm liegt der Gedanke zugrunde, einem zu entkeimenden Wasser von wechselnder Beschaffenheit einen großen Überschuß an billigem Chlor zuzusetzen, um immer eine sichere Entkeimungswirkung zu erzielen. Der Überschuß an Chlor soll dann nach einer bestimmten Einwirkungszeit durch Entchlorungsmittel, am besten aktive Kohle oder Katarsit (s. d.) entfernt werden. Bei der Hochchlorung entsteht freie Kohlensäure, so daß eine Entsäuerung des Wassers häufig notwendig ist. Da ferner die Aktivkohle sauerstoffzehrend wirkt, muß unter Umständen zur Verhütung von Wiedervereisenungen auch noch eine Belüftung des Wassers nachgeschaltet werden.

Hochdruckhydrierungsverfahren s. Hydrierwerke.

Hochdruckspeicher bei der Warmwasserversorgung stehen im Gegensatz zu offenen Warmwasserspeichern, z. B. Kohlenbadeöfen, unter dem Druck der Wasserleitung.

Hochleistungstropfkörper s. Tropfkörper, geschlossener.

Hochofengas s. Gichtgas.

Hochofengasreinigung s. Gichtgaswaschwasser.

Hochofenkühlwasser, das zum Kühlen von Hochöfen und deren Armaturen benötigte Kühlwasser. Insgesamt werden benötigt je Tonne Roheisenerzeugung etwa 30—40 m³ H. bei einmaliger Benutzung. Im einzelnen gebrauchen:

Ein Hochofenschacht . 150—250 m³/h
„ Gestell und
    Bodenstein . . 200—350 „
„ Heißwindschieber
    (Ringe u. Platte) 10—15 „
eine Blasform . . . . 3—5 „

ein Formkasten . . . 3—5 m³/h
eine Schlackenform . . 3—4 „
ein Schlackenkasten . 3—4 „
eine Schlackenschutz-
    form . . . . . 3—4 „

Mit Rücksicht auf den hohen Wasserbedarf wird das H. in den meisten Fällen nach Kühlung in Rückkühlanlagen (s. d.) im Kreislauf gehalten. Die dann zur Ergänzung der Verdunstungsverluste benötigten Zusatzwassermengen betragen noch etwa 2—4% der oben angegebenen Gesamtwassermenge.

Hochofenschlacke, granulierte, durch Einleiten der flüssigen, glühenden Hochofenschlacke in rasch fließendes Wasser gebildeter Schlackensand, der im Straßenbau oder zur .Betonherstellung verwendet werden kann. Als Füllgut für biologische Körper hat sich Hochofenschlacke i. a. nicht bewährt, weil sie durch den dauernden Angriff des Wassers und die bei biologischen Vorgängen entstehende Kohlensäure zerstört wird (s. Schlackensand).

· Sierp: Technologie des Wassers, Berlin 1939 S. 629.

Hochofenschlackenkörnung s. Schlackenkörnung.

Hochofenwerke. Bei der Verhüttung der Eisenerze in H.n werden gewonnen 1. Roheisen, 2. Hochofenschlacke und 3. Gichtgase (Hochofengase). H. benötigen große Wassermengen für die Hochofenkühlung (s. Hochofenkühlwasser), für die Gichtgasreinigung (s. Gichtgaswaschwasser) und für die Schlackenkörnung (s. d.). Der Wasserbedarf der H. beläuft sich je t erzeugtes Roheisen auf etwa 40—50 m³ bei einmaliger Benutzung des Wassers. Wenn das Hochofenkühlwasser und das Gichtgaswaschwasser nach Kühlung in Rückkühlanlagen (s. d.) zurückgenommen wird (s. Rücknahmeverfahren), so beläuft sich der Bedarf an frischem Zusatzwasser im allge-

meinen auf etwa 2 m³ je t erzeugtes Roheisen.

Abwasser fällt an bei der Schlackenkörnung (s. d.) und bei der Gichtgasreinigung (s. Gichtgaswaschwasser).

Hofablauf s. Ablauf.

Hofsinkkasten, in den Hofablauf eingebauter Schlammfang, der die vom Regenwasser abgespülten Schmutzstoffe vom Entwässerungsnetz fernhält (s. Ablauf).

Hohlraumgehalt (dimensionslos), Summe der Hohlräume je Raumeinheit des Bodens (s. auch Porengehalt und nutzbarer Hohlraumgehalt).

Hohlraumgehalt, nutzbarer, bei der Grundwasserspeicherwirtschaft, Formelzeichen P_n, dimensionslos, H., der beim Fallen der Grundwasseroberfläche unter Eindringen von Luft frei, beim Steigen unter Entweichen der Luft gefüllt wird.

Holländer, in Papier- und Pappenfabriken eine Maschine, in der die Faserstoffe zerkleinert und zu Brei zermahlen werden.

Holzessig, ein Erzeugnis der Holzverkohlungsindustrie (s. d.). Der H. enthält außer Essigsäure noch Methylalkohol, Azeton, Phenole u. a.

Holzfilter der Brunnen werden in der Hauptsache aus Eichenholz hergestellt, so das Wissmannsche einwandige Holzstabfilter und das S c h ö n e b e c k e r Holzfilter, das mit Xylamon getränkt wird. Bei dem Remkefilter wird mit Vorliebe Erlenholz verwendet. Das Wernerfilter ist mit Eintrittsöffnungen in aufsteigender Richtung versehen. Die Holzfilter sind einwandig (nach Bieske) (s. Brunnenfilter).

Holzfilter, geschlitzte, Brunnenfilterrohre aus Holz, bei denen die Schlitze so eng gehalten werden können, daß man in der Regel mit einer Kiesschüttung auskommt. Sie eignen sich für alle Einbautiefen.

Holzgeist, der rohe, mit Azeton usw. vermischte Methylalkohol, Gewinnung aus Holzessig (s. d.).

Holzschleifereien. Entrindetes Holz wird unter Wasserzusatz auf Schleifsteinen feingeschliffen. Der gewonnene H o l z s c h l i f f (s. d.) wird zur Herstellung minderwertiger Papiere oder Pappen benutzt. Der Wasserbedarf je kg lufttrockenen Holzschliffs beträgt etwa 200 bis 300 l. W e i ß s c h l e i f e r e i e n verwenden harzarmes Holz nach Entrindung ohne weitere Vorbereitung. Hierbei entsteht ein faserhaltiges Abwasser, für dessen Behandlung das gleiche gilt wie für Papierfabriken. Eine weitgehende Wiederverwendung des gereinigten Abwassers ist schon mit Rücksicht auf die Verminderung der Stoffverluste anzustreben. Bei dem neuzeitlichen Dünnheißschleifverfahren fällt Abwasser nicht mehr an. In den B r a u n s c h l e i f e r e i e n werden die Holzrollen zuvor gedämpft. Das entstehende Abwasser enthält neben Fasern noch die Auslaugungen, die vom Dämpfen herrühren. Für die Behandlung kommen die für das Abwasser der Zellstoffabriken geltenden Grundsätze in Frage.

Holzschliff, Holzstoff, -die in Holzschleifereien (s. d.) aus Holz durch Schleifen gewonnenen kleinen Fasern. W e i ß s c h l i f f wird beim Schleifen harzarmen Holzes (Fichte, Tanne) gewonnen und vorwiegend bei der Herstellung von Zeitungspapier benutzt. B r a u n s c h l i f f, zu dessen Herstellung auch Kiefernholz verwendet werden kann, entsteht, wenn das Holz vor dem Schleifen gedämpft wird. Braunschliff wird vorwiegend zu Packpapier und Pappe verarbeitet.

Holzstoff s. Holzschliff.

Holzstoffabriken s. Holzschleifereien.

Holzverkohlungsindustrie. Bei der trockenen Destillation (s. d.) des Holzes werden Holzgas, Holzkohle, Holzteer und Holzessig (s. d.) gewonnen.

Zur Gewinnung reiner Essigsäure (s. d.) wird der Holzessig durch Kalk neutralisiert. Beim Abdampfen entweicht dann der Holzgeist (s. d.), während die Essigsäure als Calciumsalz zurückbleibt und daraus durch Destillation mit Schwefelsäure gewonnen werden kann.

Bei der Destillation des Holzgeistes und der Gewinnung der Essigsäure fällt teerhaltiges bzw. schwefelsaures Abwasser an. Die Schwefelsäure kann durch Eindampfen (s. d.) des Abwassers zurückgewonnen werden, während für die Behandlung des teerhaltigen Abwassers eine Auswaschung der Phenole und nach Zumischung größerer Mengen häuslichen Abwassers biologische Reinigungsverfahren angewandt werden können.

Holzverzuckerungsfabriken. Die H. überführen die Zellulose des Holzes in Zucker. Dies geschieht nach dem BERGIUS-RHEINAU-Verfahren durch Hydrolyse (s. d.) von Fichtenholz in Form von Holzabfällen (Sägemehl) mit Salzsäure. Beim SCHOLLER-TORNESCH-Verfahren werden Holzabfälle mit etwa 0,5% Schwefelsäure bei 170° Temperatur unter Druck behandelt. Die gewonnene Flüssigkeit wird entweder zur Zuckergewinnung verwandt oder zur Herstellung von Alkohol vergoren oder weiter zur Heranzucht schnellwüchsiger Hefen und damit zur Eiweißgewinnung (Futterhefe) benutzt.

H. benötigen für die Gewinnung einer Tonne Futterhefe etwa 600 bis 900 m³ Wasser. Dieses muß bakteriologisch einwandfrei, klar und geruchlos sowie frei von Eisen und aggressiver Kohlensäure sein und darf Ammoniak, Nitrate und Nitrite nur in geringen Mengen enthalten.

In H., die ausschließlich Holzzucker herstellen, fällt nur Kondenswasser an; werden dagegen die Holzzuckerlösungen vergoren, so fällt je t erzeugte Futterhefe 70 bis 100 m³ stark konzentriertes Abwasser an mit einem hohen Gehalt an Spaltprodukten der Kohlenhydrate. Ferner enthält das Abwasser die nicht vergärbaren Pentosen, Mineralstoffe des Holzes sowie Harze und Gerbstoffe. Infolge seiner hohen Konzentration von einem biochemischen Sauerstoffbedarf von etwa 6000 mg/l führt das Abwasser schwere Mißstände in Wasserläufen unter starker Pilzbildung herbei. Die Reinigung des Abwassers ist schwierig. Zweckmäßig ist die getrennte Behandlung des Hefeabwassers durch chemische Fällung und anschließende Belüftung jeweils mit nachgeschalteten Nachklärbecken zur Abscheidung des gebildeten Schlammes.

LIEBMANN, H.: Die Abwässer der Holzverzuckerungsindustrie, ihre Wirkung und Klärung. Die Städtereinigung 31 (1939), Heft 22 bis 24, S. 359/62, 367/70 und 375/76.

Horizontalstück s. Beetstück.

Hornblatt s. Plankton.

Hüpferlinge s. Organismen des reinen Wassers.

Hume-Rohre, Schleuder-Betonrohre mit oder ohne Eisenbewehrung. Sie werden in Lichtweiten von 100 bis 2000 mm hergestellt. Bei den Lichtweiten von 100 bis 300 mm beträgt die Normallänge 2 m, bei größeren 2,5 m. Sie besitzen eine Druckfestigkeit von 1200 kg/cm² (s. Schleuderbetonrohre).

Huminal, unter Verwendung von Abwasser-Klärschlamm hergestelltes Düngemittel (s. Düngemittel aus Abwasserschlamm).

Huminsäuren, häufiger Bestandteil eisenhaltigen Wassers. Bei dem Verfahren zur Beseitigung des Eisens ist dann der Zusatz von Kaliumpermanganat, Hypochloriten oder Chlor erforderlich. Unter Umständen kommen auch Zuschläge von Hypochloriten mit anschließender Entfernung des restlichen Eisens oder das Verfahren der doppelten Filterung in Betracht.

Huminverfahren, Abwasserklärverfahren von HOYERMANN und WELLEN-

SIECK, wobei dem Abwasser zunächst aus Braunkohle und Torfbrei extrahierte Humusstoffe und dann Kalk zugesetzt werden. DRP. 226 430. Früher zur Klärung von Abwässern aus Zuckerfabriken angewendet, jetzt fast vollständig durch neuere Verfahren (s. Zuckerfabrikabwasser) verdrängt.

Humus, wichtiger, durch Zersetzung von organischen Stoffen entstandener Bestandteil des Ackerbodens, wird durch Düngung mit Stallmist, Abwasser, Abwasser-Klärschlamm, Gründünger oder sonstigen tierischen und pflanzlichen Dungmitteln erzeugt und erhalten. H. lockert und wärmt den Boden, hält die Pflanzennährstoffe fest und ist der Sitz und Nährboden der Bodenbakterien (etwa 400 kg auf 1 ha Ackerfläche), die mittels der von ihnen entwickelten Kohlensäure unlösliche, vorwiegend stickstoff-, phosphor- und kalihaltige Verbindungen aufschließen und der Pflanze als Nahrung zugänglich machen.

Humusit unter Verwendung von Abwasser-Klärschlamm hergestelltes Düngemittel (s. Düngemittel aus Abwasserschlamm).

Humusschlamm, die verbrauchten, aus dem Tropfkörper abgestoßenen Teile des biologischen Rasens (s. Tropfkörper).

Humusstoffe entstehen aus pflanzlichen und tierischen Stoffen infolge Zersetzung durch chemische und chemisch-biologische Vorgänge (Humifizierung). Sie enthalten kolloide Stoffe in wechselnder Menge. In chemischer Beziehung kann man die Humusstoffe als überwiegend aus Kohlenstoff, Wasserstoff, Sauerstoff und Stickstoff gebildete, dunkelgefärbte kolloidhaltige Körper bezeichnen, die wechselnde Mengen anderer Bestandteile enthalten (nach HOFFMANN-Bremen).

Hurdbecken, M a n c h e s t e r b e k - k e n, etwa 50 m langes Belebungsbekken von quadratischem (3 · 3 m) Querschnitt und abgeschrägten oder ausgerundeten Ecken, in das die Druckluft von der einen Längsseite des Bodens aus eingeblasen wird·(Umwälzbecken), so daß das hindurchfließende, mit belebten Flocken gemischte Abwasser in schraubenförmige Bewegung gerät. In der Stadt Indianapolis zur Reinigung

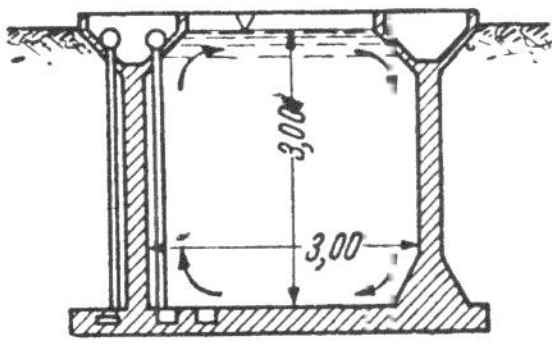

Wasserumwälzung mit Druckluft nach Hurd.

des Abwassers von 300 000 Einwohnern in Betrieb. Das H. ist abweichend von dem Manchesterbecken an der Wasser-Luftgrenze mit schrägstehenden Ablenkplatten versehen, durch die die Wälzbewegung unterstützt werden soll (s. Belebungsbecken, Druckluftbecken, Umwälzbecken).

Hydraffin, ein kohlenstoffhaltiger Körper (Aktivkohle), der von unzählig vielen feinsten Poren und Kapillaren durchzogen wird. H. dient zur allgemeinen Schönung von Trink- und Brauchwasser, d. h. zur Beseitigung organischer Substanzen, ferner zur Beseitigung unangenehmen Geruchs und zur Entfärbung und Klärung huminhaltiger und mooriger Wässer und zur Kondensatentölung (s. d.). Außerdem wird er zur restlosen Entchlorung von gechlortem und überchlortem Wasser verwendet. Die aus dem Wasser zu beseitigenden Stoffe werden von dem H. schwammartig aufgesaugt und adsorptiv festgehalten.

Hydranten, Einrichtungen zur Entnahme von Wasser unmittelbar aus den Versorgungsleitungen des Wasserwerkes. Sie werden in der Hauptsache zu Feuerlöschzwecken benutzt, außer-

dem aber noch zur Straßen- und Parkbesprengung (Sprenghydranten). Für Feuerlöschzwecke sollen sie nach den Forderungen der Feuerlöschpolizei möglichst nahe an Straßenkreuzungen und sonst in Abständen von 80 bis 100 m eingebaut werden. Man unterscheidet Über- und Unterflurhydranten. Die Feuerlöschpolizei zieht die ersteren wegen des leichteren Auffindens vor. Sie lassen sich auch in ihren Einrichtungen besser den neuzeitlichen Bedürfnissen anpassen. Die Unterflur-H. haben dagegen den Vorteil, im Verkehrsraum der Straßen nicht zu stören. Sehr wichtig ist eine einwandfrei wirkende selbsttätige Entwässerung der H., besonders zum Schutze gegen Einfrieren. Der Frost übt überhaupt einen häufig recht störenden Einfluß auf die H. aus. Der deutsche Verein von Gas- und Wasserfachmännern hat Richtlinien ausgearbeitet zur Verhütung des Einfrierens und zum Wiederauftauen eingefrorener H. (DVGW-Auftau-Richtlinien). Die H. sind genormt durch DIN 3221 und 3222. Dazu kommen noch Normungen für verschiedene, für Feuerlöschzwecke notwendige Einrichtungen unter der Normenbezeichnung FEN.

Hydraulik, angewandte Hydromechanik (s. d.) unter weitgehender Benutzung von Erfahrungswerten (Hydrostatik, Hydrodynamik, s. d.).

Hydraulischer Radius, Profilradius, das Verhältnis der Größe der Querschnittfläche, die das durch eine Gefälleleitung fließende Wasser einnimmt, zu dem vom Wasser benetzten Teil des Querschnittsumfanges Formelzeichen $R\left(=\dfrac{f}{u}\right)$, Maßeinheit m. Ist z. B. eine Gefälleleitung von 1 m Durchmesser von dem hindurchfließenden Wasser zur Hälfte gefüllt, so ist die Größe der vom Wasser eingenommenen Querschnittsfläche $f_a = \dfrac{1}{8}\,\pi\ m^2$ und der vom Wasser benetzte Teil des Querschnittumfanges

$$U = \frac{1 \cdot \pi}{2}\, m,$$ daraus folgt für den Hydraulischen Radius $R = \frac{1}{4}$ m (s. KUTTERSCHE Formel).

Hydrierwerke, Anlagen zur Gewinnung von synthetischem Benzin aus Steinkohle, Braunkohle oder Teer. Der Wasserbedarf der H. beträgt je t erzeugtes Benzin etwa 50 bis 100 m³. H., die nach dem Hochdruckhydrierungsverfahren der IG. arbeiten, erzeugen neben großen Mengen weniger stark verunreinigten Abwassers noch eine geringere Menge von sehr stark verunreinigtem Abwasser mit einem hohen Gehalt an schwefelsaurem Ammoniak und Phenol. Für die Behandlung dieses Abwassers kommt die Gewinnung von Phenol in Entphenolungsanlagen (s. d.) und von Schwefel und Ammoniak in Frage. Nach Mischung mit ausreichenden Mengen häuslichen Abwassers ist eine biologische Reinigung auf Tropfkörpern möglich. H., die nach dem Ruhrchemie-FISCHER-TROPSCH-Verfahren arbeiten, liefern ein weniger stark verunreinigtes Abwasser, für dessen Behandlung etwa das gleiche gilt, wie beim IG-Verfahren angegeben.

HUSMANN, W.: Neuartige Abwasserarten aus den Vierjahresplan-Werken, Ges.-Ing. 62, (1939), H. 21, S. 299/304.

Hydrobiologie, Lehre vom Leben im Wasser.

Hydrodynamik, Lehre von der Bewegung des Wassers.

Hydrographie, Gewässerbeschreibung, Gewässerkunde.

Hydrologie, Lehre von den Erscheinungen des Wassers über und unter der Erdoberfläche und ihren natürlichen Zusammenhängen.

Hydrolyse, die durch das Wasser hervorgerufene Spaltung chemischer Verbindungen. Viele Salze spalten sich beim Lösen im Wasser bis zu einem gewissen Betrage in freie Säure und Salze. Ein Beispiel für die H. ist die Bildung von Eisenhydroxydul (s. d.) bei der Ableitung von Eisensalzen (Eisenvitriol, Eisenchlorür) aus dem Abwasser von Eisenbeizereien (s. d.) in einem Wasserlauf.

Hydrometrischer Flügel s. WOLTMANN-Wasserzähler.

Hydromechanik, Lehre v. Gleichgewicht und von der Bewegung des Wassers.

Hydrometrie, Wassermeßwesen.

Hydrostatik, Lehre vom Gleichgewicht des Wassers.

Hydro-Tite, ein amerikanisches Muffendichtungsmittel, das auf Schwefelbasis aufgebaut ist. Es besteht zu etwa 53 v. H. aus Schwefel und zu etwa 47 v. H. aus glimmerhaltigem Sand, Eisenfeilspänen und Graphit oder Ruß (Untersuchungen der Berliner Städtischen Wasserwerke).

Hydroxylionen s. Wasserstoffionenkonzentration, Wasserstoffzahl, Hydroxylzahl.

Hydroxylzahl. Hydroxylionen-Konzentration. Das Verhältnis $oh = J_h/R$ der in der Raummenge R der wässerigen Lösung eines Elektrolyten (Säure, Base, Salz) befindlichen Hydroxyl (OH')-Grammionen-Menge J_h zu der Raummenge R. Gebräuchliche Benennung für oh: J_h in Grammion, R in Liter, also Grammion/l oder n (normal). Da nach dem Massenwirkungsgesetz das Produkt aus der H. und der Wasserstoffzahl unveränderlich ist, pflegt man nur mit der Wasserstoffzahl zu rechnen. Das unveränderliche Produkt heißt Dissoziationskonstante und ist für reines Wasser bei $22°$ =. rd. 10^{-14} n^2, wobei die H. und die Wasserstoffzahl einander gleich sind, also jede $= 10^{-7}$ n (s. Wasserstoffzahl, Dissoziation, elektrolytische; Grammion, Elektrolyt).

Hygroskopizität, die Wasseraufnahme des trockenen Bodens im Dampfraum über 10proz. Schwefelsäure bei

Zimmerwärme (rd. 18° C) in Gewichtshundertsteln des trockenen Bodens.

Hypochloritlaugen, Bleichlaugen, die Salze der unterchlorigen Säure mit einem Gehalte bis zu 15 v. H. wirksamem Chlor. Anwendung bei der Desinfektion kleinerer Abwassermengen von Krankenhäusern, Schlachthöfen, Molkereien, Brauereien sowie auch in der Trinkwasser-Aufbereitung.

Hypolimnion, unterhalb der Sprungschicht (s. d.) gelegene, den Oberflächenwirkungen entzogene Tiefenschicht eines Sees.

I

Iltis, Reinigungsgerät für Entwässerungsleitungen. Das Gerät besteht aus zwei eisernen, durch eine größere Anzahl von Rohren miteinander verbundenen Scheiben, von denen die vordere, mit einem Bürstenkranz besetzte auf der Sohle der Entwässerungsleitung gleitet, während die hintere, am Umfange mit Lederklappen versehene, den Querschnitt bei kleinen Leitungen ganz, bei größeren bis zur Kämpferhöhe sperrt. Das hinter dem Gerät angestaute Wasser treibt den I. vorwärts. Dabei tritt das Wasser unter Druck durch die nach vorn stark verjüngten und nach der Leitungswandung hin gekrümmten Rohre aus, so daß es eine äußerst kräftige Spülwirkung ausübt und zugleich die Leitung ausspritzt.

Imhoffbrunnen, Emscherbrunnen, zweistöckige Absetzanlage mit oben liegendem Absetzbecken, auf dessen geneigten Wänden der sich absetzende Schlamm abrutscht und durch Bodenschlitze (Schlammschlitze) in den darunter befindlichen Faulraum gelangt. Durch geeignete Ausbildung der Bodenschlitze (Überkragung der Öffnungen durch Trennbalken) wird verhütet, daß im Faulraum aufschwimmende Schlammfladen und Faulgas in das Absetzbecken gelangen. Der I. ist im Gegensatz zum Travisbrunnen eine zweistöckige Absetzanlage mit n i c h t durchflossenem Faulraum (s. Zweistöckige Absetzanlage, Travisbrunnen, Schlammfaulraum).

Impfen von Abwasserschlamm, Mischen von Frisch-Schlamm mit in Methangärung befindlichem Faulschlamm (Impfschlamm), wodurch die sauere Gärung des Frisch-Schlammes verhütet und unmittelbar seine Methangärung eingeleitet wird (s. Fäulnis).

Impfschlamm, in Methangärung befindlicher Abwasser-Faulschlamm, der dem Frisch-Schlamm beigemischt wird, um ihn ohne Durchgang durch die stinkende sauere Gärung unmittelbar in die nicht stinkende Methangärung zu versetzen (s. Fäulnis).

Indikator zur Messung des p_H-Wertes, Säure oder Base, deren Farbtönung durch die in einer sauren oder basischen Lösung befindlichen freien Ionen verändert wird. Der I. ist demnach ein Stoff, der im nicht ionisierten Zustande eine andere Farbe oder anders getönte Farbe hat,

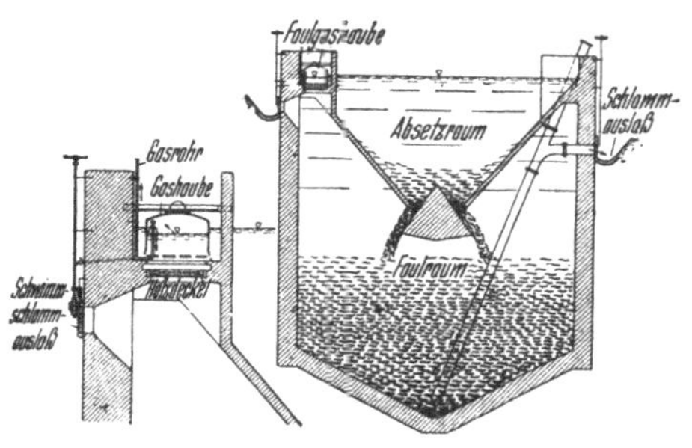

Schnitt durch einen Imhoffbrunnen mit Faulgashaube.

als im ionisierten Zustande. Man unterscheidet einfarbige I.en, wie Phenolphthalein, das von farblos in rot, und zweifarbige wie Lackmus, das von rot in blau und umgekehrt umschlägt.

Mit I. wird auch das Meßgerät bezeichnet, mit dem aus der Farbtönung einer mit dem Indikatorstoff versetzten Flüssigkeit auf deren p_H-Wert geschlossen werden kann. Geräte dieser Art sind z. B. Doppelkeilkolorimeter von BJERRUM-ARRHENIUS, Folienkolorimeter nach (WULFF LAUTENSCHLÄGER, München), B. D. H. (British Drung Houses) Universal-Indikator (Vereinigte Fabriken für Laboratoriumsbedarf, Berlin) mit Meßbereich $p_H = 3$ bis 9, MERCKscher Universalindikator (E. MERCK, Darmstadt) mit Meßbereich $p_H = 4$ bis 9, R. V.-Indikator mit Meßbereich $p_H = 1$ bis 13. Genauere Meßergebnisse liefern die elektrischen Geräte (s. Potentiometer, p_H-Wert).

Industriefluß, Fluß, wie z. B. Emscher, Ruhr, Wupper, Mulde, Elster, der in besonders großem Umfange großgewerbliche (industrielle) Abwässer aufzunehmen hat. Meist sind zur Reinhaltung von Industrieflüssen Genossenschaften auf gesetzlicher Grundlage gebildet, wie beispielsweise die Emschergenossenschaft, der Ruhrverband, der Wupperverband, die Mulden-Wassergenossenschaft, der Weißelsterverband und zahlreiche andere (s. Abwassergenossenschaften).

Industrielles Abwasser s. Gewerbliches Abwasser.

Infusorien, Aufgußtierchen, Ziliaten, im Wasser vorkommende Kleinlebewesen, zur Klasse der einzelligen Urtiere (Protozoën) gehörig. Die I. besitzen zahlreiche feine, schwingende Wimpern, mit denen sie sich die Nahrung zustrudeln. Ihre Fortpflanzung geschieht durch Teilung, Konjugation und Schwärmsprossung. Zu ihnen gehören die Pantoffeltierchen (Paramaetium), die Trompetentierchen (Stentor), die Glockentierchen (Vorticella, Epistylis) und die Sauginfusorien. Die I. spielen, wie alle Protozoën, bei der Selbstreinigung der Gewässer und bei der biologischen Reinigung des Abwassers eine wichtige Rolle, weil sie sich von den sehr fein verteilten, teilweise in molekularer Lösung im Wasser vorhandenen Schmutzstoffen nähren und weil sie deshalb auch die Schmutzstoffe abbauen, die vom biologischen Rasen und vom Belebtschlamm adsorbiert werden (s. Kleinlebewesen).

Innenentstaubung, in Brikettfabriken (s. d.) die Entstaubung der Transportschnecken, Elevatoren, Sammelräume, Kohlenzuführungsapparate, Pressenkanäle usw. Die Entstaubung kann sowohl trocken als auch naß oder trockennaß erfolgen (s. Entstaubungsanlagen).

Intze, Otto, geb. am 17. Mai 1843 in Laage in Mecklenburg. Professor an der Technischen Hochschule Aachen, weitblickender Ingenieur, erfolgreicher Förderer des deutschen Talsperrenbaues, gest. im Dezember 1904.

Invertit, aus Eifeltraß gewonnener Basenaustauscher (s. Basenaustauschverfahren).

Ion, positiv oder negativ elektrisch geladenes Teilchen eines Molekels. Z. B.: Ein Liter reines Wasser enthält 336.10^{23} H_2O-Molekel. Davon sind bei 22° 606.10^{14} in positive H·-Ionen und in negative OH'-Ionen gespalten (s. Dissoziation, elektrolytische.

Ionenkonzentration, Gesamtgewicht der in einer Lösung vorhandenen negativ oder positiv elektrisch geladenen Ionen in Grammion (s. Grammion, Wasserstoffzahl, Hydroxylzahl, p_H-Wert).

Irrströme, elektrische Ströme, die meistens von schlecht isolierten Straßenbahngleisen auf die Wasserleitungs- und Gasrohre hinüberwandern.

Der Deutsche Verein von Gas- und Wasserfachmännern e. V. hat nach Anhören besonderer Sachverständiger (z. B. BESIG, Berlin) Vorschriften zum Schutz der Gas- und Wasserleitungsrohre gegen Erdströme herausgegeben.

Isohyete, fremdsprachlicher (griechischer) Ausdruck für Regengleiche oder Regenhöhenlinie.

J

Javellsche Lauge (Eau de Javelle), eine Natrium-Hypochlorit-Lösung, die zur Entkeimung von Wasser benutzt wird. Sie wird in Frankreich vielfach angewendet. Ihre Haltbarkeit ist gering.

Jod findet man in Trinkwässern nur in ganz geringen Mengen, die praktisch bedeutungslos sind. Die Entstehung des Kropfes kann nach vielfachen neuzeitlichen Anschauungen gegenüber früheren Ansichten nicht auf etwaigen Jodmangel im Trinkwasser zurückgeführt werden, weil die Jodmengen, die der Mensch durch die Nahrung aufnimmt, gewöhnlich erheblich größer sind als die durch das Wasser aufgenommenen.

Jodkalium-Stärke s. Chlor, Nachweis von freiem.

Jodoformgeschmack s. Chlorphenolgeschmack.

Jodzink-Stärke findet Verwendung beim Gerät OLSZEWSKI-SPERLING zur Anzeige eines Chlorüberschusses (s. Benzidin).

K

Kadaververwertungsanstalten s. Tierkörperverwertungsanstalten.

Käsereien, derjenige Betriebsteil in Molkereien (s. d.), in dem Käse hergestellt wird. Die hierbei anfallende Flüssigkeit, die Molke (s. d.), wird heute verwertet.

Kali, Kaliumoxyd, K_2C., neben Stickstoff und Phosphorsäure ein im städtischen Abwasser enthaltener Pflanzen-Nährstoff. Als ungefährer Mittelwert sind auf einen m^3 städtisches Abwasser etwa 60 g K. anzunehmen. Bei einem Wasserverbrauch von 100 l/T.E. sind dies ungefähr 2 kg/Einwohner Jahr.

Kaliendlaugen, das in Chlorkaliumfabriken bei der Karnallitverarbeitung (s. d.) entstehende chlormagnesiumhaltige Abwasser. Auf je 1000 Doppelzentner verarbeiteten Karnallit entstehen etwa 50 m^3 K., die bei einer Wichtezahl von 1,30 bis 1,34 je m^3 etwa 4 Doppelzentner Salze (Chlormagnesium, Chlorkalium und Kochsalz) aufweisen. K. führen eine starke Verhärtung und Versalzung des Flußwassers herbei (s. Flußwasserverhärtung, Flußwasserversalzung).

Kaliendlaugen-Verwertung. Die Verwertung der Endlaugen der Karnallitverarbeitung hat in den letzten Jahren eine stärkere Entwicklung erfahren. Bereits früher wurde aus einem Teil der Endlaugen durch Eindampfen (s. d.) Chlormagnesium (s. d.) gewonnen. Gewisse Mengen werden von der Steinholzindustrie aufgenommen, weitere Mengen werden als Unkrautbekämpfungsmittel, in der Abwassertechnik als Fällmittel (s. d.), zur Staubbindung und zur Brikettierung von Erzen verbraucht. Neuerdings werden größere Mengen von Kaliendlaugen zur Herstellung von Chlormagnesium und Magnesiummetall verwendet. Diese Verwertung ist aber erst möglich geworden, seit durch den größeren Bedarf an Leichtmetallen (s. d.) eine Verwendung für das Magnesium in großem Umfange geschaffen worden ist. Auch heute noch geht ein nicht unbedeutender Teil der Kaliendlaugen als Abwasser in die Vorfluter, weil die Verwendungsmöglichkeiten für Chlormagnesium immer noch beschränkt sind.

Kalifabriken verarbeiten die in den Kaliwerken (s. d.) gewonnenen Rohsalze, Sylvinit, Hartsalz und Karnallit (s.; d.), von denen nur ein Teil unveredelt verwendet werden kann, auf Erzeugnisse mit höherem Kaligehalt, auf Glaubersalz, Brom und andere Salze. Die Herstellung des Chlorkaliums erfolgt in den Chlorkaliumfabriken. Bei der Sylvinitverarbeitung wird der gemahlene Sylvinit mit heißer Kochsalzlösung behandelt, die aus dem Sylvinit das Chlorkalium herauslöst. Abwasser entsteht hierbei nicht. Auch die Hartsalzverarbeitung (s. d.), bei der Chlorkalium ähnlich wie beim Sylvinit gewonnen wird, liefert kein Abwasser. Ganz anders ist dies aber bei der Karnallitverarbeitung (s. d.). Hier entstehen bei der Chlorkaliumgewinnung große Mengen Endlaugen. Weitere Abwassermengen fallen bei der Herstellung von Kaliumsulfat (s. Kaliumsulfatfabriken) und Glaubersalz (s. Glaubersalzfabriken) an.

Kalium, K. Atomgewicht 39. Größere Kaliummengen im Wasser — etwa mehr als 10 mg/l — deuten auf dessen Verunreinigung durch menschliche, tierische oder gewerbliche Abfallstoffe hin, soweit es sich dabei nicht um Auslaugungen von Kunstdünger handelt.

Kaliumchlorid s. Chlorkalium.

Kaliumchromat s. Chromkali.

Kaliumkarbonat s. Pottasche.

Kaliumpermanganatverbrauch, Oxydierbarkeit. Näherungsmaßstab für den Gehalt eines Wassers an organischen Verschmutzungen. Die Feststellung des K.s beruht auf der Eigenschaft des Kaliumpermanganats ($KMnO_4$), bei Anwesenheit von Schwefelsäure Sauerstoff abzugeben, wobei sich die rote Permanganatlösung entfärbt. Da jedoch nicht nur die organischen, sondern auch höher oxydierbare anorganische Stoffe Sauerstoff aufnehmen (z. B. Schwefelwasserstoff, Eisenoxydul, salpetrige Säure), ist der K. nur ein Näherungsmaßstab, der aber im Abwasserwesen beim Vergleich verschiedenartig verschmutzter Abwässer recht gute Dienste leistet (s. Glühverlust, Sauerstoffbedarf).

Bei guten Trinkwässern soll der K. nicht mehr als 12 mg/l betragen. Moorwässer haben einen höheren Verbrauch durch die in ihnen enthaltenen Huminstoffe.

Kaliumsulfatfabriken, derjenige Teil von Kalifabriken (s. d.), der schwefelsaures Kalium herstellt. Hierzu bringt man Lösungen von Chlorkalium und schwefelsaurer Magnesia zusammen, die sich zu Kaliumsulfat und Chlormagnesium umsetzen. Kaliumsulfat scheidet sich in der Kälte aus, während Chlormagnesium in Lösung bleibt. Die als Abwasser anfallenden Laugen enthalten etwa 80 g/l Chlorkalium (KCl), 70 g/l Magnesiumsulfat ($MgSO_4$), 100 g/l Kochsalz (NaCl), 130 g/l Chlormagnesium ($MgCl_2$). Sie werden soweit wie möglich als Löselaugen in Chlorkaliumfabriken (s. d.) benutzt. Der Rest muß in die Flußläufe abgelassen werden.

Kaliumzyanid s. Zyankalium.

Kaliwerke. In den K.n erfolgt die bergmännische Gewinnung der Kalirohsalze (Sylvinit, Hartsalz und Karnallit (s. d.). Manche K. sind genötigt, gewisse Mengen mehr oder weniger salzhaltigen Grubenwassers (s. d.)

(Schachtwasser) zu fördern und abzuleiten. Auch von Halden fällt verschiedentlich salzhaltiges Haldensickerwasser (s. d.) an. Die weitere Verarbeitung der Rohsalze erfolgt in den Kalifabriken (s. d.).

Kalk. Der Kalkstein (kohlensaurer Kalk) $CaCO_3$, Molekulargewicht 100, wird in Ring- oder Schachtöfen gebrannt. Das gewonnene Erzeugnis ist der gebrannte Kalk (Calciumoxyd, CaO, Molekulargewicht 56). Beim Übergießen des gebrannten Kalkes mit Wasser entsteht Ätzkalk (gelöschter Kalk, Calciumhydroxyd, $Ca(OH)_2$, Molekulargewicht 74).

Kalkausscheidungen der Wasserpflanzen. Unter den im Wasser lebenden höheren Pflanzen gibt es eine Reihe von Arten, die in kalkreichem Wasser den als Bikarbonat gelösten Kalk namentlich auf der Oberfläche ihrer Blätter und Stengel in Form von Krusten als kohlensauren Kalk ausscheiden. Zu diesen Pflanzen gehören besonders eine Anzahl von Laichkräutern (Potamogeton), Tausendblatt (Myriophyllum), Hornblatt (Ceratophyllum) und Wasserpest (Helodea). Unter den niederen Pflanzen zeichnen sich neben verschiedenen Wassermoosen besonders die Armleuchtergewächse (s. Plankton) durch Kalkabscheidungen aus. Einige Schlauchalgen (Kolkwitz und Kolbe) und Blaualgen bilden Kalktuffe (nach H. und E. Beger).

Kalkbakterien. Die Kb. des Wassers erzeugen aus Eiweiß oder Nitraten Ammoniak, das sich mit der bei der Atmung entstehenden Kohlensäure verbindet. Das so gebildete kohlensaure Ammonium setzt sich dann mit dem im Wasser vorhandenen Kalk zu kohlensaurem Kalk um (nach H. und E. Beger).

Kalken des Schlammfaulraumes. Einführung von Kalkmilch in den Schlammfaulraum, um die Einarbei-tungszeit (Zeit der sauren Gärung) abzukürzen. Behelfsmaßnahme, wenn Impfschlamm nicht zur Verfügung steht (s. Impfschlamm).

Kalkhydrat, Calciumhydroxyd, $Ca(OH)_2$, gelöschter pulverförmiger weißer Kalk. Er wird zur Kalkmilch verrührt zur Entsäuerung (s. d.) des Wassers, d. h. zur Bindung der Kohlensäure verwendet (Kalkhydratverfahren).

Kalkkohlensäure-Gleichgewicht, derjenige Zustand des Wassers, bei dem es kein Calciumbikarbonat ausscheidet. Nach den Untersuchungen von Tillmans und seinen Mitarbeitern gehört nämlich zu jedem in Lösung befindlichen Calciumbikarbonat eine bestimmte Menge freier Kohlensäure, um das Karbonat in Lösung zu halten. Das ist die „zugehörige" Kohlensäure. Sie besitzt keine metallangreifenden Eigenschaften. Eine solche hat hingegen der die Lösungskohlensäure überschreitende, also das Gleichgewicht störende Anteil der Kohlensäure. Sie heißt daher „angreifende" (aggressive) Kohlensäure oder auch überschüssige Kohlensäure (s. Entsäuerung). Das KKG. erfährt unter dem Einfluß des Mangels vieler natürlicher Wässer an Karbonaten, der Magnesiasalze oder Alkalikarbonate, eine Veränderung.

Kalkmilch, eine aus 1 kg gelöschtem Kalk ($Ca(OH)_2$) und 3—5 l Wasser bestehende übersättigte Kalklösung.

Kalkrost-Schutzschicht, eine sich an den Wandungen eiserner Leitungen bildende Schutzschicht. Sie wird bei der Entsäuerung eines Wassers dadurch gebildet, daß das durch Kalkwasserzusatz (z. B. beim Bücherverfahren) (s. d.) oder durch Magnofilterung (s. d.) erzeugte Gleichgewichtswasser beim Durchfluß durch die Rohrleitungen sein Gleichgewicht zwischen freier Kohlensäure und Karbonathärte wieder verliert, weil der an den Wandungen der Rohre sitzende Rost (Ferrihydroxyd) die freie Kohlensäure absorbiert. Der dabei eintretende Übersättigungszustand hat zur Folge, daß sich ein Teil des Calciumbikarbonats in freie Kohlensäure und Calciumkarbonat spaltet. Das dabei ausfallende Calciummonokarbonat setzt sich zwischen die Rostteile und bildet mit diesen zusammen die K., deren Bildung also an das Vorhandensein von Rost gebunden ist. Bedingung für die Erhaltung der Schutzschicht ist aber, daß weiterhin immer Gleichgewichtswasser durch die Leitung fließt, weil sonst das in der Schicht enthaltene Calciumkarbonat wieder aufgelöst wird und dann dem Wasser erneut Gelegenheit gegeben wäre, an das Eisen heranzutreten und wieder rostbildend zu wirken. Beim Entstehen der dünnen Schutzschicht wird auch der durch Rostknollen verengte Querschnitt der Leitungen wieder vollständig frei, indem die Knollen sich lockern, brüchig und weich werden und bei Spülungen des Rohrnetzes leicht ausgewaschen werden können. Beim Magnoverfahren wirkt außer dem Calcium auch das aufgenommene Magnesium an der Bildung der Schutzschicht mit. Die KR.-Sch. entsteht aber nur, wenn die Karbonathärte des im Gleichgewicht befindlichen Wassers mindestens 2 D. G. beträgt und es genügend gelösten Sauerstoff (6 bis 8 mg/l) enthält. In Bleirohren bilden Gleichgewichtswässer von mittlerer oder höherer Karbonathärte allmählich eine karbonathaltige Schutzschicht.

Kalk-Soda-Verfahren, Verfahren zur Enthärtung des Kesselspeisewassers (s. d.), besonders bei hohem Gehalt des Rohwassers an freier Kohlensäure und überwiegendem Gehalt an Karbonathärte. Die Kohlensäure des Wassers geht hierbei ebenso wie das Calciumbikarbonat in unlösliches Calciumkarbonat über, während die Magnesiasalze als Magnesiumhydroxyd zur Aus-

scheidung gelangen. Die bleibende Härte des Wassers, also z. B. Calciumsulfat und Calciumchlorid, werden durch die Soda ebenfalls in Calciumkarbonat umgewandelt. Bei einer Wassertemperatur von 50 bis 60° C und geringem Sodaüberschuß verbleibt zumeist noch eine Resthärte von 4 bis 3° im Wasser, während man bei etwa 90° C und 50 v. H. Sodaüberschuß auf Resthärten von 1 bis 0,5° herunterkommt.

Kalktonerdesulfat s. Zementbazillus.

Kalkwasser, eine kalt gesättigte Lösung von gelöschtem Kalk $Ca(OH)_2$, die im Liter etwa 1,2 bis 1,3 g $Ca(OH)_2$ enthält.

Kaltwalzwerke s. Walzwerke.

Kaltwasserleitung, jede Wasserleitung, die das Trink- und Brauchwasser, so wie es gefördert oder zugeleitet wird, auch zur Zapfstelle weiter leitet. Der Begriff ist nicht von einer Temperaturgrenze abhängig (Reichsstelle für Metalle). Bei K.en können verwendet werden (gemäß DIN 1988 U Blatt 1):

1. Gußeiserne Rohre nach DIN 2431 oder 2432, rostgeschützt.
2. Flußstahlrohre nach DIN 2440, 2441 und 2449 mit innerem Rostschutz durch Bituminierung oder Feuerverzinkung. Der äußere Rostschutz ist durch geeignete Mittel vorzunehmen, z. B. beim Verlegen der Leitungen im Erdreich durch Bituminierung oder Umwicklung mit Wollfilzpappe oder Jute mit Bituminierung.
3. Asbest-Zementrohre.
4. Hartbleirohre nach DIN 1397 U, soweit nach Anordnung 38 a der Reichsstelle für Metalle vom 5. September 1939 zugelassen.
5. Kupferrohre nach DIN 1786 nur noch, soweit nach der vorstehenden Anordnung zugelassen.

Die Rohre nach 2 und 3 sind vor der Wand zu verlegen, wenn sie nicht im

Erdreich liegen, und müssen stets leicht zugänglich sein.

Kaltwasserleitungen in Hausanlagen, Richtlinien für ihre Berechnung. Für die Berechnung des Querschnitts der Leitungen gilt die Formel

$$\frac{h}{l} = \frac{cZ}{d}$$

Darin bedeutet h den Druckverlust in m Flüssigkeitssäule, l die Leitungslänge in m, Z die Zahl der Belastungswerte, d den Rohrdurchmesser in cm, a den festen Wert von 3,74 für Blei- und Kupfer-, 7,1 für Flußstahl- und 10,0 für Gußeisenleitungen, b den ebenfalls festen Wert von 5,412 für Blei- und Kupfer-, 5,436 für Flußstahl- und Gußeisenleitungen. Dann wird für $Z = 1$

$$\log \frac{h}{l} = 0{,}572872 - 5{,}412 \cdot \log d$$

bei Blei- und Kupferleitungen,

$$= 0{,}851258 - 5{,}436 \cdot \log d \text{ bei}$$
Flußstahlleitungen und

$$= 1{,}000000 - 5{,}436 \cdot \log d \text{ bei}$$
Gußeisenleitungen.

Für alle anderen Werte von Z ergibt sich der Wert von $\frac{h}{l}$ durch einfache Vervielfältigung. Für die Belastungswerte sind besondere Zahlentafeln aufgestellt worden. Diese sind in den vom Deutschen Verein von Gas- und Wasserfachmännern e. V. aufgestellten „Richtlinien für die Berechnung von Kaltwasserleitungen in Hausanlagen" wiedergegeben, ebenso die Druckverluste einschl. der Verluste in Durchgangsventilen, Krümmungen usw. ausschließlich des Verlustes im Wasserzähler, und zwar für den Belastungswert der Entnahmestellen von ½ bis 1000, jeweilig für Blei- und Kupferrohr, für Gußeisen- und Flußstahlrohre. Die Richtlinien enthalten ferner verschiedene Berechnungsbeispiele.

Kaltwasserrösten s. Flachsrösten.

Kalzium s. Calcium.

Kaminkühler s. Kühltürme.

Kammerplankton s. Planktonkammer.

Kanaldiele, schmiedeeiserne Walzblechtafel von 4 bis 5 mm Stärke, 2,25 m Länge und 0,25 m Breite, die an Stelle von Spundwandeisen zur Aussteifung der Baugrube für Entwässerungsleitungen bei Fließsand oder rolligem Sandboden angewendet wird.

Kanalgase durch Zersetzungsvorgänge im Entwässerungsnetz entstehende, die Kanalluft verunreinigende Gase und die Dämpfe verdunsteter Leichtflüssigkeiten, wie Benzin und Benzol, die trotz aller Vorsichtsmaßnahmen und Vorschriften nicht vollkommen vom Entwässerungsnetz ferngehalten werden können. Auch Acetylen, das sich bildet, wenn Calciumkarbid in das Entwässerungsnetz gelangt, gehört zu den K.n. Die aus den Zersetzungsvorgängen stammenden K. sind vorwiegend: Kohlensäure, Methan, Schwefelwasserstoff und Ammoniak, vermischt mit geringen Mengen von Buttersäure, Aminosäuren, Mercaptan, Indol, Skatol und Thyrosin (s. Entgasung von Entwässerungskanälen, Diffusionsgasanzeiger).

Kanalisation, Ortsentwässerung.

Kanalisationsverband für das Laisebachgebiet, durch Gesetz vom 20. März 1907 gebildeter Abwasserverband, 31 km², 80 000 Einwohner, Sitz Waldenburg.

Kanalspüler, Einrichtung im Entwässerungsnetz, um in großen begehbaren Leitungen durch plötzliches Freigeben einer gestauten Wassermenge einen kräftigen Spülstrom zu erzeugen (s. Kettenrollzugschieber, Spültür).

Kapillarität (Haarröhrchenanziehung), die Eigenschaft der Flüssigkeiten, in Berührung mit festen Körpern besonders in engen Röhren eine andere Spiegellage einzunehmen, als ihrem hydrostatischen Gleichgewicht entspricht. Die Erscheinung wird auf Molekularwirkungen zurückgeführt.

Kapillarröhrchen, Haarröhrchen.

Kapillarsaum, jene Zone über der Grundwasseroberfläche, in der der Wassergehalt von der Lage der Grundwasseroberfläche abhängt.

Kapillarwasser (Porensaugwasser). Wasser, das unter dem Einfluß der an Menisken wirksamen Kräfte steht, also dem Einfluß der Oberflächenspannung des Wassers unterliegt.

Karbid, Calciumkarbid, CaC_2, Molekulargewicht 64. Durch Zersetzen mit Wasser wird Azetylen gewonnen (s. Azetylenanlagen).

Karbidschlamm, der in Azetylenanlagen (s. d.) gewonnene Schlamm.

Karbonat (gebundene Kohlensäure), Bestandteil fast aller in der Natur vorkommenden Wasser, und zwar zum größten Teil in Form von Calciumbikarbonat. Dies ist selbst in größerer Menge gesundheitlich ohne Nachteil. Calciumbikarbonat verleiht dem Wasser einen angenehmen Geschmack.

Karbonathärte s. Härtebildner.

Karbolsäure s. Phenol.

Karnallit, Rohsalz aus Kalisalzlagern, bestehend aus Chlorkalium (KCl), Steinsalz (NaCl), Chlormagnesium ($MgCl_2$) und wechselnden Mengen Kieserit (Mg $SO_4 \cdot H_2O$). K. ist ein sehr wichtiger Rohstoff für die Gewinnung der Kalisalze (s. Chlorkaliumfabriken).

Karnallitverarbeitung. Bei der Herstellung des Chlorkaliums aus Karnallit (s. d.) werden die gemahlenen Rohsalze in einer heißen Salzlösung ausgelaugt. Kochsalz und Kieserit bleiben als Rückstand zurück, während das Chlormagnesium vollständig in Lösung geht. Beim Auskristallisieren des Chlorkaliums scheidet sich Chlormagnesium nicht ab, sondern bleibt auch in der Mutterlauge gelöst, aus der durch Eindampfen und Abkühlen Kochsalz und

Reste an Chlorkalium gewonnen werden. Die dann verbleibenden Endlaugen (s. Kaliendlaugen) müssen insoweit noch immer in die Flüsse abgelassen werden, als sie nicht durch Versenkung (s. d.) oder Verwertung (s. Kaliendlaugenverwertung) beseitigt werden können. In den Flüssen führen die Endlaugen neben einer Versalzung noch eine Verhärtung des Flußwassers herbei (s. Salziges Abwasser).

Kartoffelbrennereien sind meist als Nebenbetriebe den landwirtschaftlichen Betrieben angeschlossen. Beim Waschen der Kartoffeln fällt zunächst W a s c h - w a s s e r an, für das das bei Kartoffelstärkefabriken (s. d.) Gesagte gilt. Bei der Dämpfung der Kartoffeln in Hochdruckdämpfern entsteht das sehr konzentrierte F r u c h t - o d e r K o c h w a s s e r, das durch zahlreiche fäulnis- und gärungsfähige sowie pilzbildende Stoffe sehr unangenehm wirkt. Die durch das Dämpfen aufgeschlossene Stärke wird mit Malz versetzt und im Maischprozeß in vergärbaren Zucker überführt. Die verzukkerte Maische wird vergoren und der gebildete Alkohol abdestilliert. Die bei der Destillation zurückbleibende Schlempe findet als wertvolles Futtermittel Verwendung. Bei der Vergärung fällt außer dem S p ü l w a s s e r der Gärbottiche und der Destillierblasen noch eine größere Menge reines K ü h l - w a s s e r an.

Die Reinigung des Abwassers der K. geschieht zweckmäßig in der Weise, daß die in dem Waschwasser enthaltenen erdigen Bestandteile in Absetzbecken abgefangen werden. Das so behandelte Waschwasser kann bei den meist nur ˙geringen Abwassermengen zusammen mit dem Fruchtwasser durch Verrieselung, Untergrundverrieselung, intermittierende Bodenfilter oder auch in genügend großen Fischteichen einer biologischen Reinigung zugeführt werden.

Kartoffelflockenfabriken. Die Kartoffeln werden gewaschen und danach unter Druck gekocht. Der erhaltene Brei wird gewalzt und getrocknet. An Abwasser fallen an:

1. Waschwasser der Kartoffeln, für das das bei Kartoffelstärkefabriken (s. d.) Gesagte gilt,
2. wenig verschmutztes Kondenswasser sowie
3. Spülwasser vom Reinigen der Dampfkocher.

Für die Reinigung kommt nach Absetzen der vorwiegend erdigen Bestandteile des Waschwassers die Verrieselung auf Gelände oder die Aufnahme in das städtische Entwässerungsnetz in Frage.

Kartoffelstärkefabriken. Die Kartoffeln werden in Quirlwäschern gereinigt und alsdann zerkleinert, wodurch die Stärkekörner freigelegt werden. Nach Auswaschen der freigelegten Stärke wird aus der Rohstärkemilch die Rohstärke gewonnen. Diese wird in Waschbottichen gereinigt. Die feuchte Stärke wird auf Dextrin und Stärkezucker verarbeitet, während die in Zentrifugen und Bandtrocknern getrocknete Stärke als Appreturmittel (s. d.), zur Papierfabrikation und als Nahrungsmittel benutzt wird.

K. liefern als Abwasser:

1. Waschwasser, das beim Waschen der Kartoffeln anfällt und neben Kartoffelstückchen und Keimsprossen vorwiegend erdige Bestandteile enthält. Es läßt sich nach Absetzen der Schmutzstoffe eine Zeitlang im Kreislauf verwenden.
2. Fruchtwasser, etwa 50 m³ auf 100 Zentner Kartoffeln, das beim Auswaschen der freigelegten Stärke entsteht und einen hohen Gehalt an fäulnisfähigen organischen Stoffen neben mineralischen Verunreinigungen enthält.
3. Stärkewaschwasser (5 bis 15 m³ auf 100 Zentner Kartoffeln), das als verdünntes Fruchtwasser angesehen werden kann, und
4. Pülpewasser (2 bis 3 m³ auf 100 Zentner Kartoffeln).

Für die Reinigung kommt bei dem hohen Dungwert des Abwassers in erster Linie die Verrieselung oder Verregnung auf geeignetem Gelände mit einer Belastung von 20 bis 50 m³/ha und Tag in Frage. Auch die künstliche biologische Reinigung, möglichst zusammen mit häuslichem Abwasser, erforderlichenfalls nach Zugabe chemischer Fällmittel, ist durchführbar.

HUSMANN. W.: Reinigung der Abwässer aus Stärkefabriken. Vom Wasser VIII 1934. S. 148 u. 162.

Kaskade, Treppenabsturz, Stufenabsturz.

Katalyse, die Geschwindigkeitsänderung oder die Auslösung und Lenkung von thermodynamisch möglichen Prozessen, hervorgerufen durch die Anwesenheit von Stoffen, die dabei chemisch nicht oder nur unwesentlich verändert werden (MITTASCH). Solche festen Stoffe, die Reaktionen zwischen Gasen katalysieren, werden nach MITSCHERLICH auch als Kontakte bezeichnet.

Katarsit, ein Kontaktstoff, der zur Beseitigung des Chlorüberschusses im gechlorten Wasser benutzt wird. Er besteht im wesentlichen aus neutralem Calciumsulfit ($CaSO_3$). Dieses ist im Erzeugungsvorgang zu harten, selbst unter dauernder Wassereinwirkung nicht zerfallenden beständigen Körperchen (Granulen) verfestigt. Die entchlorende Wirkung beruht auf dem Gehalt an gebundener schwefliger Säure (SO_2) als wirksamem Bestandteil.

Katharobien, Lebewesen des sehr reinen Wassers.

Kaustische Soda s. Ätznatron.

Kautschukfabriken s. Gummifabriken.

K-C-S-Phosphatverfahren s. Natriumphosphatverfahren.

Keilmuffe, eine Rohrverbindung für Gußrohre. Die Rohrmuffe selbst hat die gebräuchliche Bauart. Sie besitzt aber am Innenrand zwei oder drei Ansätze. Im übrigen besteht die Verbindung in der Hauptsache aus einem Einlegestück, einer Hilfsmuffe, die mit zwei oder bei größeren Nennweiten mit mehreren keilförmig aufgewundenen Gleitflächen versehen ist und am Ende einen Wulst mit Einkerbungen für einen Schlüssel hat. Ein weiterer Bestandteil ist ein Gleitring, der den Druck des Einlegestückes auf den Dichtungsring überträgt. Die Abdichtung wird durch einen Gummiring oder durch einen Ring aus Pflanzenfasern bewirkt. Die mit der K. versehenen Leitungsstränge lassen sich bei jeder Muffe um einige Grade ausschwenken. Die Muffenverbindung kann mit Hilfe eines in die Einkerbungen einzusetzenden Schlüssels leicht wieder gelöst werden.

Keime, die bei der bakteriologischen Wasseruntersuchung auf einem Nährboden (z. B. Gelatine) zu Kolonien auswachsenden Bakterien. Durch Zählung der aus einer bestimmten Wassermenge auf dem Nährboden gezüchteten Kolonien wird der Keimgehalt des Wassers, die Keimzahl (Anzahl der auf einem bestimmten Nährboden entwicklungsfähigen Bakterien im cm^3 Wasser) ermittelt. Für städtisches Abwasser liegt die Keimzahl zwischen 5 und 10 Millionen, für Trinkwasser soll sie im allgemeinen nicht höher als 10 sein, nur in Ausnahmefällen darf sie bis etwa 100 steigen. Krankheitserregende (pathogene) Keime (s. Krankheitskeime) dürfen im Trinkwasser nicht vorkommen, Badewasser gilt als durch Fäkalien verschmutzt und in gesundheitlicher Hinsicht als bedenklich, wenn seine Keimzahl für Bacterium Coli über 100 liegt (s. Bacterium Coli,

Colititer, Leitsätze für die Trinkwasserversorgung, DIN 2000).

Keimtötung. Zur Abtötung der im Wasser enthaltenen Keime kommt z. Z. vor allem die Chlorung in Betracht; sie hat vor anderen Verfahren den Vorzug geringer Kosten und großer Betriebssicherheit. Als Nachteil steht dem gegenüber, daß bei zu großem Chlorzusatz (Überchlorung) störender Geruch oder Geschmack im gechlorten Reinwasser auftreten kann, der sich aber unter gewissen Verhältnissen durch gleichzeitigen Zusatz von Ammoniak oder Ammoniumverbindungen oder durch nachgeschaltete Aktivkohle beseitigen läßt. Wo die Chlorung dauernd oder auch regelmäßig zu gewissen Zeiten benötigt wird, ist z. Z. die Behandlung mit Chlorgas am meisten zu empfehlen. Wenn eine Behandlung mit keimtötenden Mitteln nur in Notfällen erforderlich wird, kann mit Rücksicht auf niedrige Anschaffungskosten und rasche Betriebsbereitschaft statt Chlorgas ein anderes Chlorerzeugnis den Vorzug verdienen.

Keimzahl s. Wasseruntersuchung, bakteriologische.

Kellerentwässerung, Anschluß im Keller liegender Wasserablaufstellen (z. B. Ausgüsse, Spülabortbecken, Fußbodenentwässerungen, Badewannen, Waschbecken) an die Grundleitung. Aus diesen tiefliegenden Wasserablaufstellen kann, sofern sie nicht gegen Rückstau geschützt sind, Wasser von der Straßenleitung aus in den Keller treten, wenn das Wasser z. B. infolge Regen- oder Spülwasserzudrang in der Straßenleitung höher steigt als die Wasserablaufstellen liegen. Um dies zu verhüten, müssen die Wasserablaufstellen, die unter einer von der Verwaltung der Stadtentwässerung festegesetzten Ebene liegen, sowohl mit selbsttätigen als auch mit von Hand zu bedienenden Absperrvorrichtungen versehen werden. Bei sehr tie fen Kellern ist es u. U. nicht möglich, die Kellerräume durch eine Gefälleleitung an das öffentliche Entwässerungsnetz anzuschließen. Das anfallende Schmutzwasser wird dann einem Behälter zugeleitet, der von Zeit zu Zeit durch selbsttätig anspringende Pumpen in die Straßenleitung entleert wird. (Unterirdische Bedürfnisanstalten, Geschäftshäuser, Luftschutzkeller). Bei dem Entwurf für ein städtisches Entwässerungsnetz kann aus wirtschaftlichen Gründen nicht immer auf einzelne, besonders tiefliegende Grundstücksteile Rücksicht genommen werden. In solchen Fällen hat der Grundstückseigentümer, entgegen einer viel verbreiteten Ansicht, keinen Rechtsanspruch darauf, seine Abwässer mit freiem Gefälle nach der Straßenleitung abzuführen, wenn er auch vor dem Bestehen des Entwässerungsnetzes keine Möglichkeit hatte, die auf dem tiefliegenden Grundstücksteil anfallenden Abwässer ohne künstliche Hebung auf die Straße abzulassen. s. DIN 1986: Technische Vorschriften für den Bau und Betrieb von Grundstücksentwässerungsanlagen. § 10: Entwässerung tief liegender Räume (Schutz gegen Rückstau).

Kellersinkkasten, in einem Kellerablauf eingebaute, meist mit herausnehmbarem Schlammeimer versehene Vertiefung, in der sich die vom Schmutzwasser mitgeführten, vom Entwässerungsnetz ' fernzuhaltenden Sinkstoffe absetzen (s. DIN 590 und 591: Kellerablauf ohne Putzöffnung und Kellersinkkasten mit Putzöffnung).

Kellerüberschwemmung, Wasseransammlung im Keller, die durch fehlerhaftes Wirken selbsttätiger oder durch mangelhafte Bedienung von Hand zu schließender Rückstauvorrichtungen, aber auch durch Eindringen von Wasser durch die Kellerlichtschächte von der Straße aus verursacht sein kann.

Die letztgenannte Ursache z. B. das Eindringen von Regenwasser in die Keller beiStraßenüberschwemmungen oder von Rein- oder Schmutzwasser infolge von Druckrohrbrüchen führt häufig zu langwierigen Prozessen zwischen den betroffenen Grundstückseigentümern und der Stadtentwässerungs- oder Wasserwerksverwaltung.

Kennlinien, Schaulinien, die über bestimmte Beziehungen von Maschinen, Leitungen usw. Auskunft geben, z. B. über die Beziehungen zwischen der Fördermenge einer Leitung einerseits und der Wassergeschwindigkeit, dem Rohrdurchmesser und dem Druckverlust auf eine bestimmte Leitungslänge andererseits. Diese K. werden ermittelt auf Grund von Erfahrungsformeln. Die K. von Pumpen zeigen die Beziehungen zwischen Fördermenge und Förderhöhe bei gleichbleibender Umlaufzahl der Pumpen an (QH-Linie). Da die Gesetzmäßigkeit dieser Beziehungen bei Versuchen durch Drosselung des in der Druckrohrleitung sitzenden Schiebers untersucht wird, wird die QH-Linie auch mit Drossellinie bezeichnet. Die K., die auch noch für andere Beziehungen weitestgehend ausgestaltet werden können, haben eine große Bedeutung bei Planung und Betrieb von Wasserwerken.

Kesselbrunnen, Schachtbrunnen, durch Ausschachten oder Baggern hergestellte Behälter zur Gewinnung und Sammlung von Wasser aus dicht unter der Erdoberfläche liegenden Schichten. Die Kesselbrunnen werden in Tiefen bis 15 m und mit Durchmessern von 1 bis 2 m hergestellt (nach BIESKE). In der Regel werden sie gemauert, oft werden sie auch aus gußeisernen Rohren oder Betonringen zusammengestellt. Den Kesselbrunnen findet man heute im wesentlichen nur noch auf dem Lande.

Kesselinhalt s. Kesselwasser.

Kesselspeisewasser, das zur Verwendung in Dampfkesseln benötigte Wasser. Der Verbrauch je kg Dampf beträgt etwa 1,05 bis 1,1 l, Das K. darf weder zerstörend auf die Kesselbleche und die Armaturen einwirken noch feste Absätze (Kesselstein) bilden. Es muß demnach schlammfrei, salzfrei und weich sein und nach Möglichkeit keine gasförmigen Bestandteile, wie Sauerstoff und Kohlensäure enthalten. Bei hohen Betriebsdrucken muß auch eine bestimmte Alkalitätsarmut des K.s eingehalten werden (s. Alkalitätszahl). Mit der Steigerung des Betriebsdruckes von Kesselanlagen sind auch die an das K. zu stellenden Anforderungen stetig gestiegen. Gelöste Gase (Sauerstoff und Kohlensäure) oder organische Stoffe, die sich bei höheren Kesseldrucken z. T. in flüchtige Säuren umwandeln, greifen alle aus Eisen oder Nichteisenmetallen bestehenden Werkstoffe an. Selbst eine geringe Härte (s. d.) kann namentlich bei höherer Beanspruchungen der Heizflächen infolge von Kesselsteinbildung und damit verbundener geringerer Wärmeleitfähigkeit Ausbeulungen von Flamm- und Siederohren, Trommelblechen und Feuerbuchsen zur Folge haben.

Eine entsprechende Aufbereitung (s. Kesselspeisewasseraufbereitung) des Wassers, auch des an sich einwandfreien Brunnen- oder Leitungswassers, ist daher im allgemeinen notwendig, ehe es als K. benutzt werden kann (s. Kesselspeisewasseraufbereitung). Das im Betriebe durch Abkühlung von Dampf zurückgewonnene Kondensat (s. d.) aus Dampfmaschinen und Dampfturbinen, Heizanlagen und Kochern eignet sich nötigenfalls nach Entölung (s. Kondensatentölung) sehr gut als K.

· SPLITTGERBER, A.: Kesselspeisewasser und seine Pflege. Handbuch der Lebensmittel-Chemie. Berlin 1939.

Kesselspeisewasseraufbereitung, die Reinigung des zur Speisung von Dampfkesseln benutzten Wassers (s. Kesselspeisewasser). Für die K. kommen in Anwendung:

1. mechanische Reinigung,
2. chemische Aufbereitung,
3. thermische Enthärtung (s. d.), und
4. Entgasung.

Die mechanische Reinigung, die fast durchweg nur als Vorstufe der beiden anderen Verfahren durchgeführt wird, besteht in der Entfernung grober mechanischer Verunreinigungen durch Siebe, Klärbecken und Filter, wie sie bei der Reinigung des Trinkwassers üblich sind.

Die Aufgabe der chemischen Reinigung besteht darin, eine Vorreinigung herbeizuführen und die Härtebildner (s. Härte), die sich als Kesselstein (s. d.) an den Dampfkesselwandungen absetzen, durch Reagenzien in Verbindungen zu überführen. Diese fallen entweder in den Reinigungseinrichtungen aus und gelangen nicht in den Kessel oder sie werden unschädlich im Wasser gelöst und bei der Verdampfung im Kessel als lockerer Schlamm abgeschieden. Der Schlamm kann durch Abschlämmen entfernt werden. Für die chemische Aufbereitung werden die nachstehenden Verfahren benutzt:

a) Fällverfahren: Kalk-Soda-Verfahren (s. d.), Ätznatron-Soda-Verfahren (s. d.), Sodaverfahren (s. d.) und Phosphatverfahren (s. d.).

b) Basenaustauschverfahren (s. d.).

Die thermische Enthärtung, Destillation (s. d.), ist das einzige, allerdings auch teuerste Verfahren, durch das das Kesselspeisewasser von allen darin gelösten Stoffen gereinigt wird.

Die Entgasung (s. d.) bezweckt die Beseitigung der im Wasser gelösten Gase, insbesondere Sauerstoff und Kohlensäure, um Korrosionsschäden zu vermeiden.

Je nach der Beschaffenheit des Rohwassers und den Betriebsverhältnissen, insbesondere nach Kesselbetriebsdruck und Dampftemperatur, muß von Fall zu Fall der Aufbereitungsgang ausgewählt werden, der bei befriedigender Enthärtung und Entgasung auch die gewünschte Alkalitätsarmut (s. Alkalitätszahl) des Speisewassers sichert.

. Arbeitsgemeinschaft deutscher Kraft- und Wärmeingenieure: Eignung von Speisewasser-Aufbereitungsanlagen im Dampfkesselbetrieb, Berlin 1940.

Kesselspeisewasserentölung s. Kondensatentölung.

Kesselstein, Bezeichnung für eine steinartige Kruste, die sich beim Verdampfen von Wasser an den Wandungen von Dampfkesseln oder Kochgefäßen absetzt. Kesselsteinbildner sind vor allem die Sulfate und Bikarbonate des Calciums und Magnesiums, ferner Kieselsäureverbindungen und Tonerde. Der K. erschwert als schlechter Wärmeleiter den Wärmedurchgang, bedingt dadurch einen größeren Brennstoffverbrauch und führt zu örtlichen Überhitzungen, wodurch Ausbeulungen und Kesselexplosionen entstehen können. Er ist häufig als Ursache der Dampfspaltung (s. d.) anzusehen. Mittel zur Verhütung des K.s sind ausreichende Kesselspeisewasser-Aufbereitung (s.d.) und auch die Zugabe von Kesselsteingegenmitteln (s. d.) zum Kesselspeisewasser. Die Benutzung des elektrischen Stromes zur Verhinderung des K.s durch seine Einleitung in die Kesselwandungen hat bisher noch nicht zu zufriedenstellenden Ergebnissen geführt.

Kesselsteingegenmittel, aus organischen Substanzen, Gerbsäureverbindungen, Kartoffelstärke, eingedickter Zellstoffablauge u. a. bestehende Mittel, die die Bildung des Kesselsteins (s. d.) verhüten. Sie bewirken, daß die Salze sich nicht in einer festen, sondern in einer schlammigen Form abscheiden und so von Zeit zu Zeit leicht entfernt werden können. Die Anwen-

dung von K.n darf nur mit besonderer Vorsicht geschehen.

Kesselwasser, Kesselinhalt, das in den Dampfkesseln befindliche Wasser. Die geringste Angriffsfähigkeit des K.s auf das Eisen des Kessels liegt bei p_H-Werten im alkalischen Bereich. Deshalb ist die Einhaltung solcher Werte beim K. notwendig. Statt des p_H-Wertes wurde im praktischen Betriebe die Natronzahl (s. d.) oder neuerdings auch die Alkalitätszahl (s. d.) als Kenngröße eingeführt.

Kessenerbecken, Belebungsbecken (s. d.) mit Kessenerbürste und eingebautem Rührwerk, bei sehr dickem Abwasser auch mit Druckluftbelüftung. Das Rührwerk liegt vollkommen unter Wasser und dreht sich entgegengesetzt wie die Bürstenwalze. Gegebenenfalls wird von der Sohle aus noch ein Druckluftstrom eingeblasen, der sich den Rührwerken entgegen bewegt (s. Kessenerbürste, Rührwerkbecken).

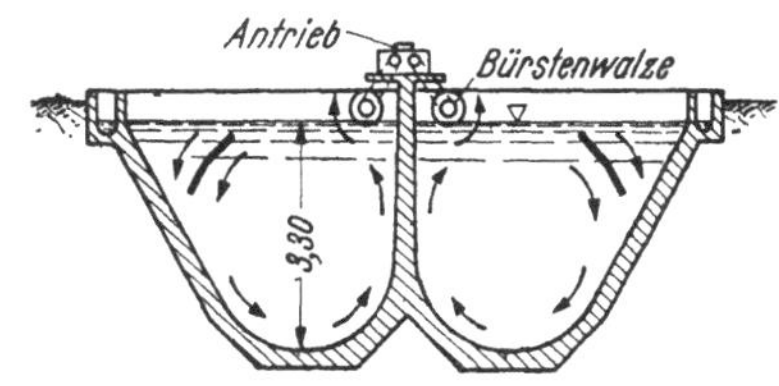

Belüftungsverfahren nach KESSENER.

Kessenerbürste, an der Längsseite eines Belebungsbeckens (s. d.) angebrachte, sehr rasch laufende Bürstenwalze (etwa 70 Umdrehungen in der Minute). Ihre langen dünnen Piassavaborsten tauchen 0,4 m tief in das Abwasser-Belebtschlamm-Gemisch ein und wälzen bei der Drehung das Gemisch um, lösen die obere Wasserschicht in feine Tropfen auf und verspritzen sie über die Wasseroberfläche. Die Beckenlängswand, an der die Bürste sitzt, steht lotrecht, die gegenüberliegende Längswand ist nach außen hin geneigt, der Boden ist zwischen den beiden Wänden kreisbogenförmig ausgerundet, der spitze Winkel zwischen der geneigten Längswand und dem Wasserspiegel ist durch ein schräg gestelltes Abweisblech abgedeckt, so daß ein annähernd quadratischer Raum entsteht, in dem das Wasser im entgegengesetzten Sinne der Bürstenbewegung kreist. Der in dem toten Raum oberhalb des Abweisbleches und der geneigten Längswand sich sammelnde belebte Schlamm rutscht durch einen zwischen Blech und Wand befindlichen Schlitz immer wieder in das kreisende Wasser zurück. Besonders für kleine Anlagen mit dickem Abwasser (z. B. Schlachthofabwasser) bei sehr langer Belüftungsdauer geeignet (s. auch Kessenerbecken).

Kettenrollzugschieber, zum zeitweiligen Abschluß von Vorflutkanälen oder von Regenauslässen gegen höhere Außenwasserstände sowie zum Anstau von Spülwasser im Entwässerungsnetz dienende Betriebseinrichtung. Die durch Gegengewicht ausgelastete, in Führungen bewegliche eiserne Schiebertafel ist an einer über Rollen laufenden endlosen Kette,— bei großen Abmessungen: D o p p e l k e t t e n r o l l z u g s c h i e b e r mit zwei Ketten, — befestigt, die durch Drehung der oberen Rolle, — bei Doppelketten: Rollenwelle, — mittels Schnecken- oder Kegelgetriebe, Spindel und Handrad (oder Aufsteckschlüssel) von der Straße aus bewegt werden kann. Der K. wird bei Leitungsquerschnitten über 500 mm angewendet, bei kleineren Querschnitten werden Handzugschieber eingebaut oder Handschieber verwendet. Der Spülbetrieb ist der gleiche wie beim Handzugschieber (s. Handzugschieber).

Kettenstabrechen, beweglicher, geneigt im Wasser stehender Abwasser-Rechen. Er besteht aus einer größeren Anzahl von gleichen, tafelförmigen Stabrechen, die zu einer oben und unten über sechskantige Drehtrommeln laufenden endlosen Kette aneinandergereiht sind. Das bei der Bewegung des K.s aus dem Wasser gehobene Rechengut wird oben durch einen zwischen die Rechenstäbe greifenden, beweglichen Kamm abgestreift, wobei es auf ein darunter befindliches Förderband fällt. Die Breite der einzelnen Tafeln kann bis etwa 3,5 m betragen, die Lichtweite zwischen den Rechenstäben 10 bis 15 mm (Hamburger Bauart).

Keulenträgerpolyp (Cordylophora caspia), ein Brackwasserbewohner. Er kommt aber manchmal auch im Süßwasser vor und gelangt zuweilen in Seestädten in Wasserwerke. Sein Auftreten kann Störungen in den Rohrleitungen hervorrufen.

k_f, Filtergeschwindigkeit je Gefällseinheit, Durchlässigkeitsbeiwert.

$k_f 10°$, Durchlässigkeitsgrundwert.

Kiesabbrände, die beim Rösten kiesiger Erze (Schwefelkies, Kupferkies) zurückbleibenden oxydischen Metallrückstände. Die K. von Schwefelkies werden neuerdings in Hochofenwerken den Verhüttungsrohstoffen zugemischt.

Kieselalgen s. Plankton und Nahrungsspender.

Kieselsäure, Siliziumdioxyd, SiO_2, Molekulargewicht 60. Man findet es in fast allen natürlichen Wässern. Ein hoher Gehalt an Kieselsäure soll bei Menschen mit empfindlicher Haut Reizungen veranlassen. Beim Kesselbetrieb ist ein hoher Kieselsäuregehalt besonders schädlich.

Kieserit, Mineral aus Kalisalzlagern, wasserhaltiges Magnesiumsulfat ($MgSO_4 \cdot H_2O$). Verwendung zur Herstellung verschiedener Salze, insbesondere Kaliumsulfat.

Kieseritwaschwasser, das beim Auswaschen der Löserückstände der Hartsalzverarbeitung (s. d.) anfallende Waschwasser, das je nach der Temperatur des Waschwassers neben einem Gehalt von 70 bis 180 g/l Kochsalz (NaCl), 10 g/l Chlorkalium, 2 bis 10 g/l Magnesiumsulfat und sonstige Beimengungen enthält. Eine Verwertung des K.s ist bislang nicht möglich, doch ist man bemüht, die Menge des K.s durch entsprechende Führung des Auswaschungsvorganges zu verringern. Durch seinen hohen Kochsalzgehalt führt das K. in Flüssen eine Versalzung des Flußwassers herbei (s. Salziges Abwasser).

Kiesfilter der Brunnen ermöglichen den Eintritt des Grundwassers in die Brunnen. In der einfachsten Form besteht das Kiesfilter aus einem gelochten oder geschlitzten Filterrohr ohne Gewebe, das konzentrisch in den Brunnen eingesetzt und mit einer Schüttung von Filterkies umgeben wird. Die Kiesschüttung des Kiesfilters nimmt also die Stelle des Gewebes beim Gewebefilter ein. Kiesfilter erfordern stets eine Bohrung von großem Durchmesser und sollen eine Endverrohrung von nicht weniger als 400 mm haben. Ferner empfiehlt es sich, Filterrohre mit länglicher Schlitzöffnung zu wählen, da runde Bohrungen sich leicht zusetzen. Man bringt mehrere Schüttungen verschiedenen Korns ein, und zwar mit groben Sorten am Rohr beginnend. Die dann folgenden schwächeren Sorten nehmen nach außen zu ab. Die innere Schüttung soll dabei ein Korn besitzen, das größer ist, als die Öffnungen des Filterrohres. Man unterscheidet Kiesschüttungs- und Kiespackungsfilter (s. d.). Kiesfilter haben eine große Widerstandsfähigkeit gegen Verockern oder Verkrusten und damit eine längere Lebensdauer. Die Kosten der Kiesfilter sind höher als die der Gewebefilter (nach BIESKE).

Kiespackungsfilter der Brunnen unterscheiden sich von den älteren Kiesschüttungsfiltern (s. d.) dadurch, daß der Kies über Tage am Filterkörper in den verschiedenen Filtergrößen angebracht wird. Zu den Kiespackungsfiltern gehören z. B. der BOHLMANNsche Becherfilter, der GÖTZEfilter, verschiedene KRASZEWSKIfilter und die Filter der Bauart HEMPEL-DAEDLOW (s. Kiesfilter).

Kiesschüttungsfilter der Brunnen bestehen aus einem Filterrohr, das von einer oder mehreren Kiesschüttungen in verschiedener Korngröße umgeben ist. Die aus dem gröbsten Korn bestehende Kiesschicht liegt am Filterrohr selbst an. Nach außen nimmt die Korngröße der Kiesschüttung ab. Die Filter werden gebaut in den Ausführungen als Schlitzbrücken-, Wellrohr- und Gardefilter. Ferner gehören dazu die S m r e k e r - und N o ç o n - Filter, die G l o c k e n filter, der THIEMsche g e w e b e l o s e R i n g - f i l t e r b r u n n e n u. a. (nach BIESKE).

Kieswäschen s. Erzwäschen.

Kipprechen, beweglicher Abwasser-Rechen, der an einer waagerechten, oberhalb des Wasserspiegels drehbar gelagerten Welle im Abwasser hängt und das Rechengut bei der Drehung aus dem Wasser hebt. Der K., der als Vorläufer des Flügelrechens anzusehen ist, kann von Hand oder maschinell abgestrichen werden (s. Flügelrechen).

Kipprinne, Vorrichtung zur Messung des Wasser-Zu- oder Abflusses. Sie besteht darin, daß zwei gleiche Rinnen mit gemeinsamer Längswand unterhalb ihres Schwerpunktes derart gelagert sind, daß sie durch das hineinfließende Wasser in eine gleichmäßig hin und her kippende Bewegung versetzt werden. Dabei liegt immer die eine Rinne unter dem Zuflußrohr, während die andere, bisher gefüllte das Wasser ausgießt, so daß die dadurch bewirkte Schwerpunktsverlagerung eine sich dauernd wiederholende Kippbewegung erzeugt. Aus dem Inhalt der Rinnen und der Zahl der Kippungen ergibt sich die durchgeflossene Was-

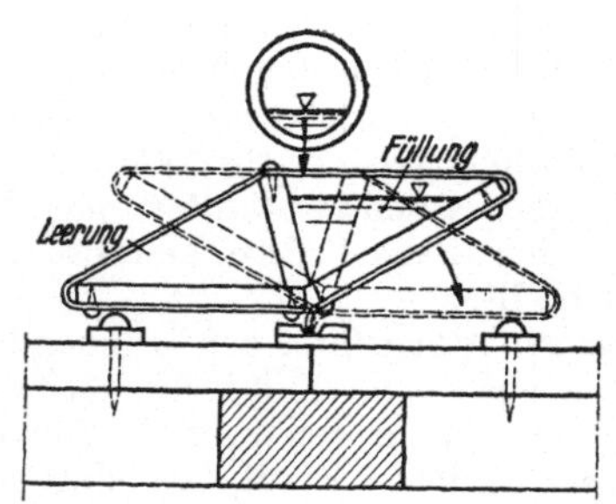

Querschnitt durch eine Kipprinne zur Beschickung von Tropfkörpern.

sermenge. Die K. wird mit Schreibwerk verbunden, zur selbsttätigen Aufzeichnung von Ganglinien der Regenhöhe verwendet und dient auch bei Hauskläranlagen und für Versuchszwecke zur gleichmäßigen Verteilung des Abwassers über Tropfkörper (s. Rinnenverteiler).

Kippspüler s. Spüleinrichtung, selbsttätige.

Klärabwasser, das aus einer Kläranlage abfließende geklärte Abwasser im Gegensatz zu dem zufließenden Rohabwasser.

Klärbrunnen s. Absetzbrunnen.

Klärfähigkeit von Abwasser, die Fähigkeit des Abwassers, in ihm enthaltene Schmutzstoffe in einer bestimmten Zeit abzugeben. Je schneller sich die Stoffe ausscheiden (absetzen), um so größer ist die K. Bei der Untersuchung und Beurteilung der K. empfiehlt es sich, eine „K l ä r f ä h i g - k e i t s k r u m m e" aufzustellen, deren Punkte die Absetzzeit als Abszisse und die Menge der nach Ablauf dieser Zeit noch im Abwasser verbliebenen absetzbaren Schwebestoffe (Absetzstoffe) als Ordinate haben. Ein im Absetzverfahren zu klärendes Abwasser soll nach HUSMANN im Tagesmittel eine K. haben, bei der nach zweistündiger Absetzzeit höchstens noch 0,1 bis 0,2 cm³ absetzbare Schwebestoffe im Liter Abwasser vorhanden sind (s. auch Absetz-

krumme, bei der im Gegensatz zur Klärfähigkeitskrumme nicht die Menge der im Abwasser verbliebenen, sondern der ausgeschiedenen Absetzstoffe als Ordinate aufgetragen wird).

Klärfähigkeitskrumme s. Klärfähigkeit von Abwasser.

Klärgeschwindigkeit, Durchflußgeschwindigkeit, die Geschwindigkeit, mit der sich das Abwasser in einem waagerecht durchflossenen Absetzbecken fortbewegt. Ihr Mittelwert ist etwa 20 mm/s, sie kann je nach der Größe der durchfließenden Wassermenge (m³/s) und des durchflossenen Querschnitts (m²) bis auf etwa 4 mm/s herabgehen, darf aber 50 mm/s nicht überschreiten, weil sonst die Absetzwirkung beeinträchtigt wird.

Klärsee, jeder natürliche oder künstliche See, der Abwasser aufnimmt und durch Absetzen der Sink- und absetzbaren Schwebestoffe, durch Verdünnung und durch seine Selbstreinigungskraft klärt. K.en heißen im besonderen durch Stauwerke geschaffene Flußkläranlagen, wie sie in großem Maßstabe im Laufe des Ruhrflusses (Hengsteysee, Harkortsee) ausgeführt worden sind.

Klärturm, K. von RÖCKNER-ROTHE, Mertenskessel, 7 bis 8 m hoher, unten offener, in das Abwasser eintauchender schmiedeeiserner Kessel von 3,5 bis 4 m Durchmesser, der durch eine Luftpumpe unter innerem Unterdruck gehalten wird, sodaß das Abwasser in ihm mit einer Geschwindigkeit von 2 bis 9 mm/s hochsteigt und oben abfließt, während der Schlamm, ein schwebendes Filter bildend, langsam absinkt und unten von Zeit zu Zeit abgelassen wird. Der K. war früher beim DEGENERschen Kohlebreiverfahren und zur Klärung gewerblicher Abwässer vielfach in Anwendung. Die Klärwirkung wird durch die aus dem faulenden Schlamm aufsteigenden Gasblasen, die den abgesetzten Schlamm wieder hochtreiben, stark beeinträchtigt (s. Kohlebreiverfahren).

Klärungsgrad, der bei der mechanischen Teilklärung oder bei der chemischen oder elektrischen Vollklärung erzielte Reinheitsgrad des Abwassers (s. Reinheitsgrad).

Klappe, eine Absperrvorrichtung in Rohrleitungen. Das Merkmal der K. ist die Bewegung der Absperreinrichtung um eine Achse, ähnlich derjenigen einer

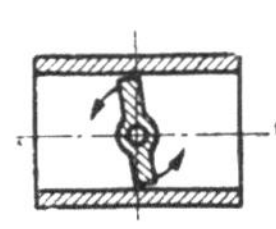

Klappe (Drosselklappe).

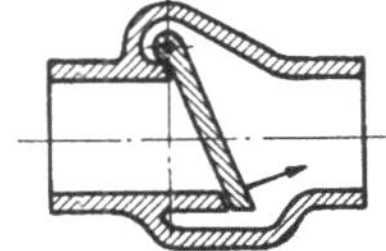

Klappe (Rückschlagklappe)

ner Tür. Die Achse, um die sich die K. (der Klappenteller) bewegt, liegt stets in deren Ebene. Sie kann durch den Mittelpunkt des Teilkreises gehen (Drosselklappe), oder ihn tangieren (Rückschlagklappe) (s. d.).

Klarheit, eine zur physikalischen Wasser-, gegebenenfalls auch Abwasseruntersuchung gehörige, meist mit unbewaffnetem Auge wahrnehmbare Eigenschaft eines ungefärbten und nicht durch Schwebestoffe getrübten Wassers. Die K. wird festgestellt, indem man eine frische Wasserprobe in einem farblosen Glasgefäß gegen das Licht hält oder in einen etwa 5 cm weiten und 30 cm hohen, farblosen Glaszylinder mit ebenem Boden gießt und bei auffallendem Licht betrachtet. Etwa vorhandene Trübstoffe sind bei Vorhalten des Fingers (teilweise Abdunklung) gegebenenfalls unter Zuhilfenahme einer 10 bis 15mal vergrößernden Lupe leicht zu erkennen. Die Feststellung der K. kommt bei der Abwasseruntersuchung in erster Linie für biologisch gereinigtes Abwasser in Frage.

Klassieren s. Naßaufbereitung.

Klassierer, jede Vorrichtung, die dazu dient, Stoffteile von bestimmter Art oder Größe aus einem Gemenge auszusondern. Im besonderen: An einer Seite des quadratischen Dorrsandfanges auf einer schiefen Ebene laufendes baggerartiges Band, das maschinell in ruckweise Aufwärtsbewegung versetzt wird und dadurch den im Sandfang anfallenden Sand auf ein Förderband hebt. Durch die ruckartige Bewegung beim Herausheben wird der das durch fließende Abwasser gezogene Sand ausgewaschen und von den an ihm haftenden Schlammstoffen befreit (s. Dorrsandfang).

Kleber ein Gemisch von Eiweißstoffen, die Hauptmasse der Eiweißkörper von Getreidekörnern. Gewinnung als Nebenerzeugnis der Getreidestärkefabriken (s. d.).

Klein-Imhoffbrunnen, Klein-Emscherbrunnen, Hauskläranlage in der Form eines kleinen Imhoffbrunnens (s. Imhoffbrunnen, Hauskläranlage).

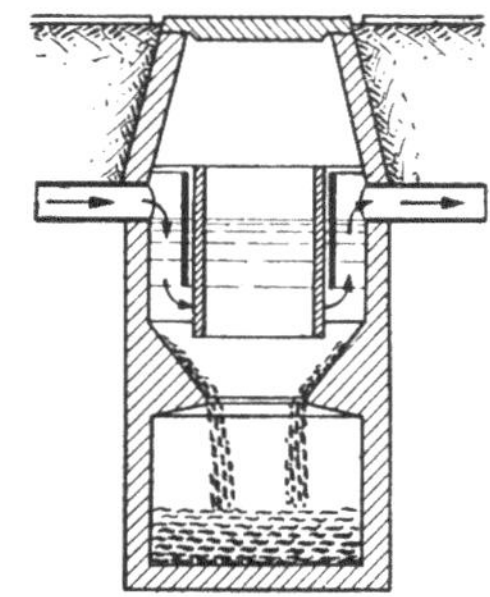

Klein-Imhoffbrunnen.

Klein - Kläranlage, Schmutzwasserkläranlage für das durch den häuslichen Gebrauch in einer selbständigen Anstalt, z. B. Krankenhaus, Erholungsheim, Ausstellung, Kaserne, Gaststätte verunreinigte Wasser. Die K. sollte wegen der Schwierigkeit, sie ordnungsmäßig zu betreiben, i. a. nur dort in Frage kommen, wo die Anstalt nicht an ein öffentliches Entwässerungsnetz angeschlossen werden kann (s. auch Hauskläranlage).

Kleinkruster (Krustazeen) s. Plankton und Nahrungsverzehrer.

Kleinlebewesen, niedere, meist einzellige, mit unbewaffnetem Auge einzeln kaum wahrnehmbare Pflanzen (in erster Linie Bakterien, aber auch Schimmelpilze und Algen) und Tiere (Urtiere, Protozoen, z. B. Amöben, Radiolarien, Flagellaten, Infusorien), die die im Wasser und im Abwasser befindlichen Schmutzstoffe, und zwar vornehmlich die organischen abbauen (zersetzen) und daher sowohl für die Selbstreinigung der Gewässer als auch für die Trinkwasserreinigung (Filter) und die Abwasserreinigung (Füllkörper, Tropfkörper, Bodenfiltration, Belebungsverfahren, Schlammfaulung) von großer Bedeutung sind (s. a. Plankton).

Klosett s. Abort.

Klut, Hartwig, Professor Dr. phil. Geb. 1875. Januar 1902 Eintritt in die Landesanstalt für Wasser-, Boden- und Lufthygiene. 1908 Wissenschaftliches Mitglied. 1. Oktober 1932 Abteilungsdirektor der 2. chemischen Abteilung. Gest. 22. März 1938. Hauptfachgebiet Chemie des Trink- und Brauchwassers.

. KLUT, HARTWIG: Untersuchung des Wassers an Ort und Stelle. 7. Aufl. Springer-Verlag 1938. 8. Aufl. Berlin 1943, bearbeitet von W. OLSZEWSKI. Mehr als 200 andere Arbeiten.

Knochenleimfabriken. Die sortierten Knochen werden von Fett und Schmutz befreit, zerkleinert, mit kaltem Wasser gewaschen und einige Tage in schwefelsäurehaltigem Wasser liegengelassen. Durch Dämpfung in Dämpffässern erfolgt die Umwandlung zu Leim.

Bei einer Verarbeitung von 100 Zentner Knochen ist mit einem Anfall von 40 m³ Abwasser zu rechnen, das reich ist an fäulnisfähigen, organischen Stoffen und teils freie, teils gebundene

schweflige Säure enthält. Für die Reinigung kommt die chemische Fällung mit geeigneten Fällmitteln in Frage und nach Zwischenschaltung von Absetzbecken die intermittierende Bodenfilterung. Die Aufnahme in ein städtisches Entwässerungsnetz nach Vorreinigung ist anzustreben.

Knotenfänger, in Papierfabriken Vorrichtung zum Herausfangen von Faserknoten und Unreinheiten aus dem Papierstoff.

Koagulation, das Ausfällen kolloidal gelöster Stoffe aus ihrer Lösung, die Ausflockung. Sie wird mit Hilfe von Fällmitteln erzielt. Das am meisten gebrauchte Fällmittel ist die schwefelsaure Tonerde (Aluminiumsulfat) (s. Ausflockung).

Koch, Robert, ärztlicher Forscher, geb. Clausthal 11. Dez. 1843, gest. Baden-Baden 27. Mai 1910. 1880 an das Reichsgesundheitsamt Berlin berufen. Schöpfer der Bakteriologie. Entdecker des Milzbrand- und des Tuberkelbazillus, des Cholera- und des Typhuserregers. Ihm ist es zu verdanken, daß wir erkennen können, ob ein Trinkwasser gesundheitlich für den menschlichen Genuß geeignet ist.

Kocherlaugen, die zum Aufschließen von Holz in Zellstoffabriken (s. d.), von Lumpen in Lumpenkochereien (s. d.) und von Rohseide in Seidenkochereien (s. Seidenfabriken) benutzten alkalischen oder sauren Flüssigkeiten.

Kochsalz, Natriumchlorid, Chlornatrium, NaCl, Molekulargewicht 58, kommt in der Natur in fester Form als Steinsalz (s. d.) sowie in Salzquellen und im Meerwasser vor.

Kölner Becken s. Steuernagelbecken.

Kohäsion, Bindigkeit.

Kohlebreiverfahren, Abwasserklärverfahren, bei dem die Adsorptionskraft der Kohle zur Entfernung der Schmutzstoffe benutzt wird. Bei dem K. von DEGENER werden auf einen m³ Abwasser ein bis zwei kg Braunkohlenbrei zugegeben. Dem Gemisch wird dann Aluminium- oder Eisensulfat zugesetzt, wobei Flockenbildung eintritt. Die Ausfällung der Flocken erfolgt entweder im RÖCKNER-ROTHESCHEN Klärturm oder in Absetzbecken. Der

Kohlenkläranlagen, Kläranlagen zum Reinigen des Kohlenwaschwassers (s. d.) von Steinkohlenbergwerken, gegebenenfalls zusammen mit dem Abwasser von der Entstaubung aus der Brikettfabrik (s. d.). Als besonders ge-

Kläranlage für Kohlenwaschwasser (Bauart Bamag-Meguin).

im Klärturm anfallende Schlamm kann durch Filterpressen entwässert werden, der in Absetzbecken anfallende wird am besten unter zeitweiser Entleerung des Beckens (Sickerbecken) in diesem selbst an der Luft getrocknet. Der Schlamm, der allerdings einen verhältnismäßig geringen Heizwert (etwa 1700 kcal/kg) besitzt, wird meist verfeuert, seltener zu Dungzwecken verwertet. Das Klärverfahren ist insbesondere für städtisches Abwasser heute durch die künstlichen biologischen Verfahren verdrängt (s. Klärturm, Filterpresse, Sickerbecken).

eignet erwiesen sich die nachstehenden Ausführungen:

1. Sickerbecken (s. d.) von etwa 1,0 bis 2,0 m Wassertiefe. Sie gestatten eine rasche Entwässerung des abgesetzten Kohlenschlammes. In den

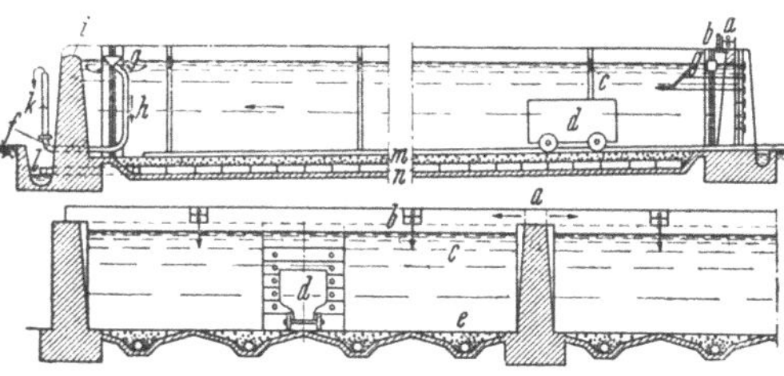

Längen- und Querschnitt durch eine Kohlenkläranlage nach IMHOFF-LAGEMANN.

Sickerbecken liegende Fördergleise erleichtern das Ausfahren des Schlammes.

2. Eindicker (s. d.). Der abgesetzte und durch Kratzer in den Schlammraum geschobene Schlamm wird mit

Kohlendioxyd s. Kohlensäure.

Kohlenhydrate, stickstoffreie organische Verbindungen (Zuckerarten, Stärke, Zellulose u. a.), bestehend aus Kohlenstoff (C), Wasserstoff (H) und Sauerstoff (O).

Vorteil auf einem Saugzellenfilter (s. d.) entwässert.

Die Absetzwirkung der K., für die eine Absetzzeit von 4—6 Stunden benötigt wird, kann durch Zugabe chemischer Fällmittel zum Kohlenwaschwasser erheblich gesteigert werden. Das HENRI-Verfahren (s. d.) benützt hierzu Natronlauge oder Soda in Verbindung mit einer Lösung von gefrorener Stärke.

Das so gereinigte **Kohlenwaschwasser** kann im Kreislauf wieder als Waschwasser verwendet werden.

Der in den K. gewonnene Schlamm wird als Kohlenschlamm (s. d.) bezeichnet.

- PETERSEN: Betriebsversuche zur Klärung von Schlammwasser aus der Steinkohlenwäsche. Glückauf 70 (1934) 6 S. 125/131.
- PETERSEN: Die Klärung von Braunkohlenschlämmen. Braunkohle 31 (1932) 48 S. 851 bis 854.

Kohlensäure, Kohlendioxyd CO_2, Molekulargewicht 44. Der Kohlensäuregehalt eines Wassers ist gesundheitlich ganz belanglos. Um so größer ist

Ein durch **Angriff** der freien Kohlensäure verrostetes und verkrustetes Rohr.

aber seine Bedeutung für die Baustoffe, die bei der Aufspeicherung und Verteilung des Wassers Verwendung finden. Die im Wasser enthaltene Gesamt-K. setzt sich zusammen aus gebundener Kohlensäure (ganz gebundener, z. B. $CaCO_3$, halb gebundener, z. B. $Ca(HCO_3)_2$); freier Kohlensäure

(zugehöriger und aggressiver Kohlensäure). Nach den Untersuchungen von TILLMANS und seinen Mitarbeitern gehört zu jedem in Lösung befindlichen Calciumbikarbonat eine bestimmte Menge freier K., die zugehörige, um das Erdalkalibikarbonat in Lösung zu erhalten. Diese freie K. hat keine metallangreifenden Eigenschaften. Dagegen hat der die Lösungskohlensäure überschreitende Anteil der K. solche Eigenschaften und heißt daher „aggressive" K. Erst wenn Calciumbikarbonat und zugehörige K. sich in einem ganz bestimmten „Kalk-Kohlensäure-Gleichgewicht" befinden, scheidet das Wasser einerseits kein Calciumkarbonat aus und hat andererseits keine angreifenden Eigenschaften.

Kohlensäure-Eisenverfahren s. Eisen-Kohlensäure-Verfahren.

Kohlensaurer Kalk s. Kalk.

Kohlenschlamm, der bei der Reinigung des Kohlenwaschwassers (s. d.) in Kohlenkläranlagen gewonnene Schlamm. Nach Trocknung auf Trockenbeeten oder Saugzellenfiltern (s. d.) wird der K. als Brennstoff für Hausbrandzwecke, für die Feuerung unter Kesselanlagen oder nach weitgehender Befreiung von Lette als Zusatz zur Kokskohle verwandt und der Kokerei (s. d.) zugeführt.

Kohlenstoff, C, Atomgewicht 12.

Kohlenwaschwasser, das beim Waschen der Steinkohlen in der Kohlenwäsche benötigte Wasser. Je Tonne zu waschender Kohle werden etwa 100 bis 500 l K. gebraucht. Nach dem Waschen enthält das schwarztrübe K. neben erdigen und mineralischen Bestandteilen auch feine Kohlenteilchen in der Schwebe. Seine Schädlichkeit beruht auf der Verschlammung von Bach- und Flußläufen, wodurch der Durchflußquerschnitt eingeengt und die Entwicklung einer gesunden Ufervegetation verhindert wird.

Zur Ersparnis von Wasser und zur Verringerung der Abwasserschwierigkeiten soll K. möglichst weitgehend im Kreislauf wiederverwandt werden. Hierzu muß das K. in Kohlenkläranlagen (s. d.) weitgehend entschlammt werden, u. U. durch Zusatz von Fällmitteln.

Kohlenwasserstoffe, Verbindungen von Kohlenstoff (C) mit Wasserstoff(H).

Kohleverflüssigung s. Hydrierwerke.

Kokereien stellen den Koks aus gut backenden Kohlen durch Verkokung (trockene Destillation) in gasbeheizten, luftdicht abgeschlossenen Kammern aus feuerfesten Steinen, den Koksöfen, her. Das Ablöschen des glühenden Kokses geschieht fast durchweg mit Wasser (s. Kokslöschwasser). Das beim Verkoken freiwerdende Gas (Koksofengas) enthält wertvolle Bestandteile, wie Teer, Ammoniak und Benzol, und wird nach Gewinnung dieser Nebenerzeugnisse (s. Kokerei-Nebenproduktenanlagen) zur Beheizung der Koksöfen, der Martinöfen auf Stahlwerken und für die Zwecke der Gasfernversorgung benutzt. Aus 1 t trokkener Kokskohle werden im Mittel etwa 750 kg Koks und 300 m³ Koksofengas gewonnen. Über Braunkohlenkokereien s. Braunkohlenschwelung.

Kokerei-Nebenproduktenanlagen bezwecken die Gewinnung der im Koksofengas der Kokereien (s. d.) und im Leuchtgas der Gaswerke (s. d.) enthaltenen Bestandteile, wie Teer (s. d.), Ammoniak (s. d.) und Benzol (s. d.). Bezogen auf 1 t trockener Kohle, werden im Mittel etwa 28 kg Teer, 12 kg schwefelsaures Ammoniak, 8 kg Benzol und 1 kg Phenol gewonnen. Die Herstellung der Nebenprodukte zerfällt in folgende Hauptphasen:

1. Abkühlen der Gase.

2. Auffangen des Teeres, des Ammoniaks und der Ammoniakverbindungen im Wasser. Der Teer scheidet sich im Wasser ab und wird besonders ge-

sammelt; das Ammoniak und die Ammoniakverbindungen bleiben im Wasser gelöst und bilden das weiter zu verarbeitende Ammoniakrohwasser.

3. Gewinnung von Phenol in Entphenolungsanlagen (s. d.).

4. Abtreiben des Ammoniaks aus dem Ammoniakrohwasser mittels Kalkzusatz und Erhitzung. Einleitung des übertriebenen Ammoniaks in vorgelegte Schwefelsäure; Gewinnung als schwefelsaures Ammoniak (s. d.).

5. Auffangen der von Teer und Ammoniak befreiten benzolhaltigen Gase in sog. Waschöl. Gewinnung von Benzol.

Kokslöschabwasser, das nach dem Ablöschen der Kokskuchen abfließende überschüssige Kokslöschwasser (s. d.). Es beläuft sich mengenmäßig auf etwa 0,5 bis 0,1 m³ je t erzeugten Koks und enthält nur belanglose Verunreinigungen (etwas Koksstaub). Die Reinigung erfolgt zweckmäßig zusammen mit dem Kohlenwaschwasser (s. d.) in Kohlenkläranlagen.

Kokslöschwasser, das zum Ablöschen der aus den Koksöfen herausgedrückten Kokskuchen verwandte Wasser. Als K. wird Grubenwasser (s. d.) oder auch reines Leitungswasser verwendet. Letzteres verleiht dem Koks ein besseres, silberglänzendes Aussehen. Der Bedarf an K. beläuft sich auf etwa 1,0 bis 2,0 m³/t Koks.

Kolbenpumpen s. Pumpen.

Kolibakterien s. Bacterium Coli.

Kolloide, Lösungen, die nicht kristallisieren und nicht dialysieren.

In anderen Worten: scheinbar gelöste Stoffe, die sich zum Unterschiede von den echt gelösten Stoffen nicht in molekularer Aufteilung (Dispersität), sondern in gröberem, aber dennoch äußerst feinverteiltem Zustande in einer Flüssigkeit befinden. Im Gegensatz zu den echten kristalloiden Lösungen zeigen Scheinlösungen (kolloide Lösungen) den Tyndalleffekt

(Trübung bei seitlicher Belichtung). Die Größenordnung der chemischen Moleküle, wie sie sich in den echten Lösungen befinden, liegt zwischen 10^{-8} und 10^{-7} cm, die der K. zwischen 10^{-6} und 10^{-4} cm Durchmesser. Da die Porenweite der gewöhnlichen Filter i. a. größer als 10^{-5} cm ist, müssen zur Abfilterung der K. Ultrafilter (mit Kollodium behandelte Filter) oder gehärtete Filter (mit Amyloid behandelte Filter) verwendet werden.

Die in einem Lösungsmittel befindlichen einzelnen kolloiden Teilchen heißen, wenn sie im Mikroskop sichtbar sind, Mikronen, und wenn sie erst im Ultramikroskop sichtbar werden, Submikronen. Die gelösten K. sind elektrisch geladen, wandern beim Stromdurchgang zu den Elektroden und scheiden sich beim Zusatz von Elektrolyten als Gele, das sind gallertartige wasserarme Massen, aus (Koagulation, Ausflockung). K., die die Ausflockung anderer verhindern, heißen Schutzkolloide. Zu den K. gehören u. a. organische Substanzen, Humusstoffe und Eisenoxydhydrat, also Stoffe, die dem Wasser eine mehr oder weniger starke Färbung oder Trübung verleihen. Die Beseitigung der Färbung wird durch Ausflockung der K. mit Hilfe von Fällmitteln erzielt. Das am meisten gebräuchliche Fällmittel ist die schwefelsaure Tonerde (Aluminiumsulfat).

Kolorimeter. Meßgerät zur Bestimmung des p_H-Wertes und der chemischen Bestandteile eines Wassers durch die Farbtönung eines Indikators (s. Indikator).

Kommunalkredite für Versorgungsbetriebe. Auf Grund einer Verordnung des Ministers für die Reichsverteidigung vom 24. April 1941 (RGBl. I S. 223) besteht die Möglichkeit, daß Versorgungsbetrieben Kommunalkredite seitens gemeindlicher Sparkassen eröffnet werden können. Nach dieser Verordnung können Sparkassen an Gemeinden, Ge-

meindeverbände und andere öffentlich-rechtliche Körperschaften oder unter ihrem beherrschenden Einfluß stehende Betriebe für lebenswichtige, im allgemeinen öffentlichen Interesse liegende Zwecke langfristige Darlehen nach Maßgabe von Richtlinien gewähren, die der Reichswirtschaftsminister im Einvernehmen mit dem Reichsminister des Innern und dem Reichsfinanzminister erläßt. Der Reichswirtschaftsminister hat durch einen Runderlaß vom 14. Mai 1941 (RWMBl. 1941 S. 166) diese Richtlinien veröffentlicht. Danach dürfen die Kredite u. a. zur Finanzierung folgender Vorhaben, soweit sie als kriegswichtig anerkannt sind, zur Verfügung gestellt werden: Errichtung, Erweiterung und Instandsetzung von

a) Versorgungsbetrieben (Gas- und Elektrizitätswerken) und Verkehrsbetrieben,

b) Wasserwerken (Wasserleitungen) und Kanalisationsanlagen in nicht überwiegend landwirtschaftlichen Gemeinden.

Voraussetzung für die Kreditgewährung ist in jedem Falle, daß 1. die Durchführung der Vorhaben arbeits- und rohstoffmäßig gesichert erscheinen muß, 2. die Darlehnsaufnahme die ausdrückliche Zustimmung des Reichsministers des Innern gefunden haben muß. Die Auszahlung von Darlehen darf nicht erfolgen, bevor diese Zustimmung erteilt worden ist, 3. die Darlehen zu dem bei der einzelnen Sparkasse für langfristige Ausleihungen allgemein in Ansatz gebrachten Zinssatz zu verzinsen sind. Der Zinssatz kann jedoch auf 4 v. H. ermäßigt werden, wenn es die Rentabilität einer Sparkasse gestattet. Die jährliche Tilgung muß mindestens 1 bis 2 v. H. sein.

Kompostierung, Aufsetzen von Mist, Müll, Schlamm oder dgl. zum Zwecke der Vergärung und Verrottung, um einen aufgeschlossenen, humushaltigen

Dünger zu erhalten. Im Abwasserwesen wird die K. angewendet, um Frisch-Schlamm zu vergären (erst trocknen, dann in Gärhaufen zusammensetzen, wobei er sich bis 70° erhitzt, so daß sein Wassergehalt bis auf 15 v. H. sinkt und nach Zermahlen ein streufähiger Dünger ohne Unkrautsamen und Krankheitskeime entsteht: Heißgärung). In der K. zersetzt sich auch städtischer Müll, der allein nur schwer in Fäulnis übergeht, sehr schnell bei Mischung mit frischem Abwasserschlamm, der zweckmäßig mit Faulschlamm geimpft wird. Desgleichen ergibt kompostierter Torf oder Feinmüll bei Überrieselung mit städtischem Abwasser ein sehr gutes Düngemittel. Störend ist bei der K. die unvermeidliche Geruchsbelästigung.

Kondensat s. Kondenswasser.

Kondensatentölung, die Entölung des Kondenswassers (s. d.), um es für die Kesselspeisung nutzbar zu machen. Hierbei findet zunächst in Ölabscheidern eine Vorentölung statt. Die verbleibenden Ölreste werden durch chemische, elektrolytische oder Adsorp-

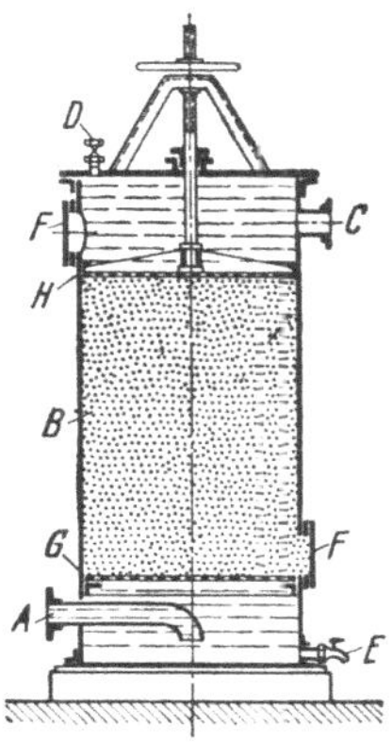

Geschlossenes Hydraffin-Filter zur Kondensatentölung.
A = Kondensateintritt. B = Hydraffin.
C = Kondensataustritt.

tionsentölung (s. d.) beseitigt. In neuerer Zeit findet aktive Kohle (Hydraffin) immer stärker Anwendung zur Ölabscheidung. Beim Durchgang durch das Aktivkohlefilter reichert sich die aktive Kohle bis zu 15 bis 20 v. H. ihres Eigengewichts mit Öl an. Für 1000 m³ Kondensat täglich wird ein Filter von etwa 600 kg aktiver Kohle benötigt. Die Reinigungskosten belaufen sich auf etwa 1 bis 2 Pfg/m³.

FREITAG, Dr.: Entölung von Kondenswasser mittels Aktivkohlen. Wärme 57 (1934), 20, S. 329/330.

Kondensation (Verflüssigung), die Verdichtung von Gasen und Dämpfen zu Flüssigkeiten durch Abkühlung oder durch Druck. Die gewonnenen Flüssigkeiten werden als Kondensat bezeichnet.

Kondensatoren bei Dampfkraftanlagen, die mit Kondensation (s. d.) arbeiten: Behälter zum Niederschlagen des aus der Dampfmaschine oder -turbine austretenden Dampfes und zur Erzeugung des erforderlichen Vakuums. Nach der Wirkungsweise ist zwischen Einspritz- und Oberflächenkondensatoren zu unterscheiden. Bei den Einspritzkondensatoren wird der Dampf durch Einspritzen von Kühlwasser (s. d.) niedergeschlagen. Das Kühlwasser nimmt hierbei das vom Dampf mitgerissene Öl und Fett auf. Bei den Oberflächenkondensatoren wird der niederzuschlagende Dampf in einen Behälter geleitet, der mit zahlreichen, von Kühlwasser durchflossenen Röhren versehen ist. Dampf und Kühlwasser bleiben getrennt, so daß das Kühlwasser kein Öl oder Fett aufnehmen kann. Das gewonnene Kondensat (s. Kondensation) wird nach Entölung (s. Kondensatentölung) wieder zum Speisen der Dampfkessel benutzt.

Kondensatorstein, Wasserstein, die in Kondensatoren (s. d.) sich bildenden Ansätze, die durch Ausscheidung eines

Teiles der gelösten Karbonathärte des Kühlwassers entstehen. Zur Vermeidung des K.s muß das Kühlwasser u. U. eine Behandlung erfahren, die der Kesselspeisewasseraufbereitung (s d.) ähnlich ist. Bei Anlagen, die Kühlwasser durch Rückkühlung im Kreislauf über Kühltürme verwenden, ist es notwendig, einen bestimmten Prozentsatz an Kühlwasser durch frisches Kühlturmzusatzwasser zu ersetzen, um das Kühlwasser nicht zu sehr an Salzen anzureichern.

Kondenswasser, das bei Dampfkraftanlagen in den Kondensatoren (s. d.) nach Niederschlagen des aus der Dampfmaschine oder der Dampfturbine austretenden Dampfes anfallende Wasser. Bei der Verwendung von Einspritzkondensatoren enthält das K. mehr oder weniger große Mengen an Maschinenöl oder Fett. Die teilweise Entfernung der öligen Stoffe geschieht durch Öl- und Fettabscheider. Bei der Verwendung von Oberflächenkondensatoren bleiben Kondensat und Kühlwasser (s. d.) getrennt. Die Verunreinigung des Kühlwassers durch Öl fällt fort, so daß eine weitere Verwendung oftmals möglich ist. Das Kondensat wird nach Entölung (s. Kondensatentölung) wieder als Kesselspeisewasser (s. d.) benutzt.

Konglomerate, verkittete, mehr oder weniger abgerollte Gesteinsbruchstücke nach längerem Förderweg (Schotter und Kiese) (BEHR).

Konservenfabriken benötigen ein in hygienischer Beziehung einwandfreies Brauchwasser, das weich, klar, geruch- und geschmacklos, aber möglichst auch eisen- und manganfrei sein soll. In abwassertechnischer Hinsicht ist zu unterscheiden zwischen Fleischkonservenfabriken (s. d.) und Gemüse- und Obstkonservenfabriken (s. d.).

Konus- oder Kükenhähne dienen zum Abschluß von Leitungen. Der Konus greift in den Leitungsquerschnitt ein. Er besitzt einen Ausschnitt, der bei entsprechender Stellung den Durchfluß freigibt oder ihn abschließt. Die K. dürfen in Hausleitungen, die an eine öffentliche zentrale Wasserversorgungsanlage angeschlossen sind, nicht verwendet werden, weil durch die plötzliche Unterbrechung des Wasserstroms schädigende Stöße auftreten. Der Konushahn wird als Durchgangsventil bezeichnet (DIN 3302 bis 3306 und 3511 U 6.38).

Kornbranntweinbrennereien s. Getreidebrennereien.

Korngrößen des Sandes und ihre Bezeichnung. Die Sande werden nach ihren Korngrößen bezeichnet. Man unterscheidet hiernach

bis 0,06 mm Korngröße Staubsand,

von 0,06 bis 0,08 mm Korngröße Mehlsand,

von 0,08 bis 0,2 mm Korngröße Feinsand,

von 0,2 bis 0,6 mm Korngröße Mittelsand,

von 0,6 bis 2,0 mm Korngröße Grobsand,

von 2 bis 5 mm Korngröße Feinkies,

von 5 bis 15 mm Korngröße Mittelkies,

von 15 bis 30 mm Korngröße Grobkies,

von 30 bis 70 mm Korngröße und darüber Schotter (DIN 1179).

Korrosion, die unbeabsichtigte, durch chemische oder elektrochemische Angriffe von der Oberfläche ausgehende Veränderung eines Körpers. Ihr können nicht nur Metalle, sondern auch Naturgesteine, Mauerwerk, Beton, Mörtel und Holz unterliegen. Zur Einleitung der K. ist nach der Säuretheorie die Anwesenheit einer, wenn auch noch so schwachen Säure erforderlich. Als solche kommt hauptsächlich die im natürlichen Wasser ganz allgemein enthaltene Kohlensäure in Betracht. Sie greift das Metall an unter Bildung eines Karbonats, wobei die aus der Säure frei werdenden Wasserstoffionen das Wirksame sind. Nach der elektrolytischen Theorie genügen die Wasserstoffionen, die im Wasser an sich vorhanden sind, auch wenn es, wie destilliertes Wasser, keine Säure enthält, zur Einleitung der K. Nach beiden Theorien sind also die Wasserstoffionen das Entscheidende für den Beginn der K., nur mit dem Unterschied, daß die Säuretheorie das Vorhandensein einer Säure fordert, während die elektrische Theorie, die heute im allgemeinen als die maßgebliche betrachtet wird, sie für nicht unbedingt erforderlich hält. Ferner wirkt auch noch der Sauerstoff mit, der den Ablauf der für die K. und den K.sschutz maßgebenden elektrochemischen Vorgänge regelt. Trink- und Brauchwasser soll tunlichst keine K. hervorrufen.

Kostenvergleich zwischen Misch- und Trennverfahren. Ein genauer K. ist für einen bestimmten Fall nur möglich, wenn Vergleichsentwürfe aufgestellt werden. Dabei müssen auch die Mehrkosten berücksichtigt werden, die dem Hauseigentümer beim Trennverfahren durch die gesonderte Ableitung des Schmutzwassers und des Regenwassers auf dem Grundstück entstehen. In der Regel wird das Trennverfahren nur dann billiger als das Mischverfahren, wenn man das Regenwasser auf längere Strecken oberirdisch ableiten, an geeigneten Punkten zusammenfassen und dann unmittelbar dem Vorfluter zuführen kann. Auch wenn man aus gesundheitlichen Gründen vorerst nur das Schmutzwasser unterirdisch ableiten muß und die unterirdische Ableitung des Regenwassers noch längere Zeit hinausschieben kann, ist das Trennverfahren aus wirtschaftlichen Gründen vorzuziehen. Hinsichtlich der Kosten von Kläranlagen und Pumpwerken besteht zwischen beiden Verfahren kein allzugroßer Unterschied, denn beim Mischverfahren wird i. a. der

Überschuß über die doppelte Schmutzwassermenge durch Regenausläufe beseitigt, und beim Trennverfahren müssen Kläranlagen und Pumpwerke mindestens auf die doppelte Schmutzwassermenge eingerichtet werden, weil der Schmutzwasserleitung bei Regenwetter durch die durchbrochenen Deckel tiefliegender Einsteigeschächte und durch heimliche Anschlüsse stets erhebliche Wassermengen zufließen. (s. Mischverfahren, Trennverfahren, Vergleich zwischen Misch- und Trennverfahren).

Kraftwagenstand, Garage, Parkplatz, auch Tankstelle für Kraftwagen. Diese Anlagen dürfen wegen der Gefahr, daß zerknallfähige Dämpfe bildende Leichtflüssigkeiten (z. B. Benzin, Benzol) in das Entwässerungsnetz gelangen, nicht ohne weiteres an eine öffentliche Straßenleitung angeschlossen werden. I. a. ist, vor allem bei jedem größeren K., die Einschaltung eines Benzinabscheiders in die Abflußleitung polizeilich vorgeschrieben (s. Benzinabscheider).

Krankheitskeime, pathogene Keime. Keime, die wie z. B. Cholera- und Typhusbazillen) ansteckende und sich daher schnell verbreitende (epidemische) Krankheiten hervorrufen (s. Desinfektion).

Kratzer, maschinell bewegte Einrichtungen zum Zusammenkratzen des auf dem Boden von Sandfängen oder Absetzbecken liegenden Sandes oder Schlammes. Je nach der Beckenform, ob rechteckig, kreisförmig oder quadratisch, ob mit flacher oder mit trichterförmiger Sohle werden die K. verschiedenartig ausgebildet und betrieben. In rechteckigen Becken können es über Wellen geführte, ununterbrochen laufende, mit Gummischabern besetzte endlose Bänder oder mit Unterbrechungen betriebene, an Kratzerwagen hängende eiserne Tafeln (Schilde) mit Gummirand sein, die bei dem Hingang auf dem Boden gleiten und beim

Rückgang so weit gehoben werden, daß sie den Schwimmschlamm zusammenschieben und herausbefördern. In kreisförmigen und quadratischen Becken bestehen die K. meist aus vier rechtwinklig zueinander gestellten eisernen Armen, die mit Schabern besetzt und an einer in der Mitte des Beckens stehenden Säule drehbar aufgehängt sind. Die auf dem Beckenboden gleitenden Schaber sind aus jalousieförmig gestellten Platten zusammengesetzt, so daß der Schmutz je nach der Stellung der Platten beim Kreisen der Kratzerarme entweder nach der Mitte des Beckens oder auch nach dem Rande geschoben wird.

Kratzerkette s. Band, endloses, für Kratzer.

Kraut- und Strohfänger, Apparate zum Abfangen der Rübenblätter und Strohteile aus dem Rübenschwemm- und Waschwasser der Zuckerfabriken.

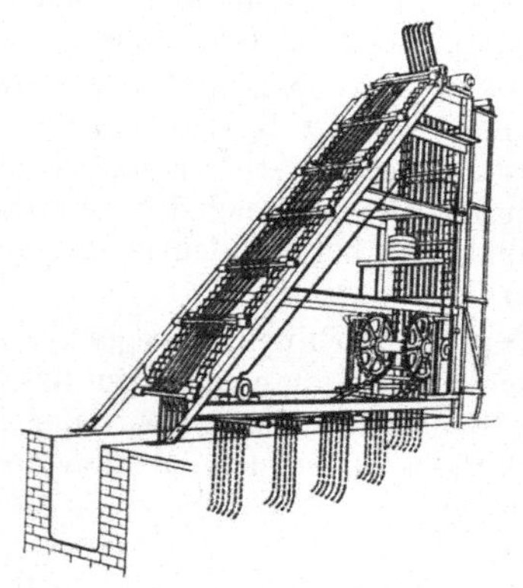

Kraut- und Strohfänger (Bauart Köllmann und Gruhn, Wuppertal-Ba.)

Kreiselpumpe s. Pumpe.

Kreislauf der biologischen Vorgänge, in sich selbst zurücklaufende Umbildung organischer Stoffe durch Naturvorgänge. Beispielsweise kann man den Kreislauf der organischen Nahrung etwa folgendermaßen darstellen:

Mensch
Fische / Schmutz-
Wasservögel wasser
(im Wasser)
niedere Pflanzen Bakterien
und Tiere
Protozoën (Infusorien)
Mensch
Vieh
Feldfrüchte Abwasserschlamm
Futterpflanzen Mist
(zu Lande)
Bodenbakterien

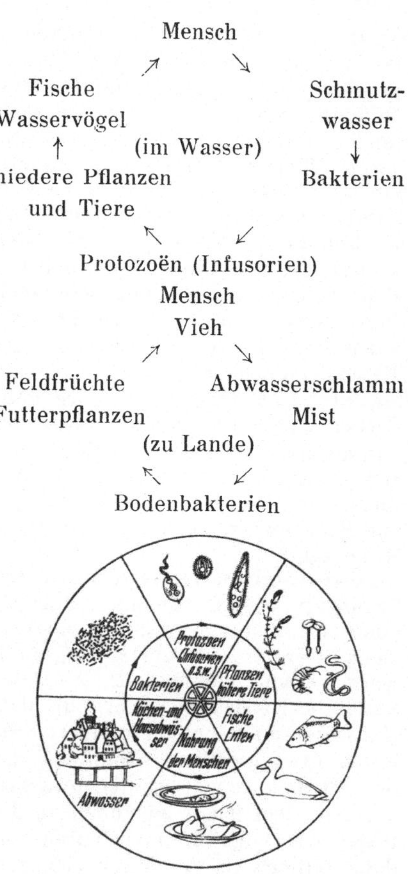

Kreislauf des Organischen.

Kreislauf des Wassers. Das Wasser des Ozeans verdunstet durch die Kraft der Sonne, steigt als Wasserdampf in die Höhe und gelangt in Form von Wolken mit den Winden zum Festlande (Meereszufuhr). Durch Abkühlung beim Aufsteigen in höhere, kältere Luftschichten verdichtet sich der Wasserdampf der Wolken und fällt als Regen oder Schnee zur Erde. Von dieser läuft er oberirdisch zum Meere wieder ab (Kleiner Kreislauf). Von dem übrigen Niederschlag versickert ein Teil, ein anderer verdunstet. Die auf dem Lande verdunsteten Massen (Landverdunstung, s. d.) fallen bei Abkühlung in höheren Schichten in mehrfachem Wechsel abermals als Regen oder Schnee nieder, versickern im Erdboden und treten als Quellen wieder zutage oder fließen zusammen mit dem Quellwasser in offenen Gewässern wieder dem Meere zu (Großer Kreislauf).

Die ozeanische Wasserdampfmenge bildet das Betriebskapital, das auf dem Lande mehrfach umgesetzt wird (E. BRÜCKNER). Es verdunsten jährlich aus den Meeren 384 000 km³ Wasser, entsprechend 82 v. H., von den Festländern 81 300 km³, entsprechend 18 v. H. der insgesamt bewegten Wassermengen, die also als Niederschlag wieder auf die Erde zurückgelangen (FRITZSCHE).

Kreislaufverfahren s. Rücknahmeverfahren.

Kremerapparat s. Kremerklärzelle.

Kremerbrunnen, zweistöckige Absetzanlage mit kreisförmigem oder quadratischem Querschnitt, die von dem in der Mitte zufließenden Abwasser radial durchflossen wird. Außerdem wird das Abwasser durch Tauchwände mehrfach auf- und niedergeführt, um eine weitgehende Abscheidung der Fettstoffe zum Zwecke ihrer Verwertung zu erzielen. Ein in den oberen Teil des Faulraumes herabbreichendes Schlammeinspülrohr ermöglicht zur schnelleren Einarbeitung und besseren Ausfaulung das Einspülen von Faulraumschwimmschlamm in den unteren Teil des Faulraumes.

Kremerfaulraum, rechteckiger Faulraum mit geneigtem Boden, der durch eine Zwischenwand in eine Vorfaulkammer und eine Ausfaulkammer geteilt ist. Der vorgefaulte Schlamm wird durch eine unmittelbar über dem Boden in der Zwischenwand befindliche, mittels eines Schiebers verschließbare Öffnung (Schlammschleuse) in die Ausfaulkammer abgelassen und nach Erreichen der technischen Faulgrenze unter der Wirkung des Wasserüberdruckes durch ein bis zum tiefsten Punkte der Ausfaulkammer reichendes Schlammrohr abgezogen und dem Schlammtrockenplatz zugeleitet. Die Decken der beiden Faulkammern tragen Gashauben zum Auffangen des Faulgases.

Kremerklärzelle, Kremerapparat, quadratischer Absetzbrunnen mit trichterförmigem Boden, der in einen tiefen zylindrischen Schlammsammelraum ausläuft. Aus diesem wird der Schlamm durch ein nahezu bis zum Zylinderboden reichendes Schlammrohr infolge des Wasserüberdrucks in eine Sammelrinne oder in einen Vorfaulraum befördert. Da der Schlamm in dem tiefen Schlammzylinder unter ziemlich hohem Druck steht, ist sein Wassergehalt und daher auch sein Rauminhalt beim Über-

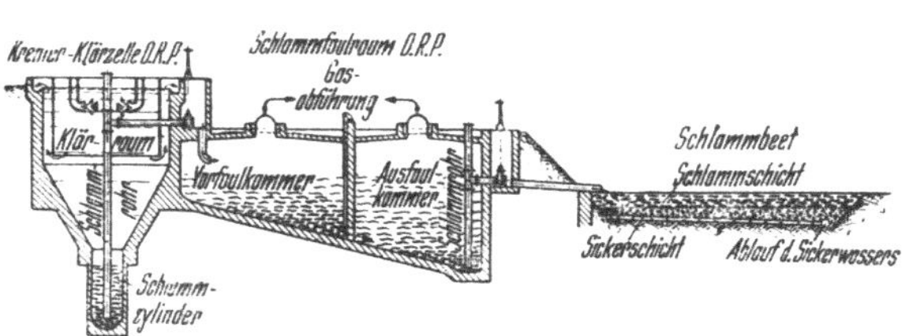

Kremer-Klärzelle mit getrenntem Faulraum.

tritt in den Vorfaulraum verhältnismäßig geringer als bei dem aus flachen Absetzbecken kommenden Frischschlamm. Das Abwasser fließt in der Mitte zu und wird zur Abscheidung der Fettstoffe durch Tauchwände mehrmals auf- und niedergeführt und dann am Rande der Zelle abgeleitet. Zur

Klärung größerer Abwassermengen werden mehrere Zellen aneinandergereiht, wobei die oberen, über dem Trichterboden befindlichen lotrechten Zwischenwände fortbleiben, so daß ein größeres Becken entsteht, dessen Sohle in einzelne Trichter aufgelöst ist (Trichterbecken). ·

Kremer-Luftumwälzer, Vorrichtung zur Schlammbelebung. Bis zur Sohle des Belebungsbeckens (Wassertiefe 3,5 bis 4,0 m, gegebenenfalls auch Trichterbecken) herabreichende Mammutpumpe, der die Druckluft nur etwa 1,0 m tief unter dem Wasserspiegel zugeführt wird, so daß ein geringer Überdruck zum Einblasen der Luft ausreicht (geringer Überdruck, große Luftmenge, keine beweglichen Teile). Das durch den K. geförderte Abwasser-Belebtschlamm-Luftgemisch tritt dicht unter dem Wasserspiegel aus dem Förderrohr und verbreitet sich infolge der tellerförmigen Gestaltung der Austrittsöffnung über eine verhältnismäßig große Fläche. Die Vorrichtung kann mit einfachen Gebläsen ohne Wasserkühlung und ohne Staubfilter betrieben werden.

Kresole, die nächsten Homologen des Phenols (s. d.). Sie finden sich im Steinkohlen-, Braunkohlen- und Holzteer.

Kreuzungsbauwerk, Vereinigungs- und Abzweigungsbauwerk, Bauwerk, das die Kreuzung, Vereinigung oder Abzweigung von zwei oder auch einer größeren Anzahl von Entwässerungsleitungen vermittelt. Die Kreuzung, Vereinigung und Abzweigung von kleineren Rohrleitungen bis etwa 0,5 m Durchmesser erfolgt meist durch die Vermittlung von Einsteigeschächten. Für größere Leitungen, und zwar insbesondere für begehbare Kanäle sind von der Straße her zugängliche, oft recht umfangreiche Bauwerke aus Mauerwerk oder Beton erforderlich. Dies trifft vor allem auch für die Abzweigung von Regenauslässen (Über-

fallbauwerke) und die Zusammenführung von großen, in verschiedener Höhe liegenden Kanälen zu (s. auch: Zusammenführung von Abwasser-Rohrleitungen und Kanälen).

Kreuzung von Entwässerungsleitungen mit anderen Leitungen und mit Bauwerken. Die K.en sind oft Gefahrenstellen für die Entwässerungsleitungen, weil das Erdreich, in dem sie liegen, nachgiebig und der Bauteil, über den sie hinwegführen, starr ist. Steinzeugrohre und Betonrohre müssen daher stets mit einem hinreichenden Spielraum über anderen Leitungen oder Bauwerke (z. B. Tunnel der Untergrundbahn, große Kanäle) hinweggeführt werden, weil sie sonst zerbrechen. Gasrohre, und zwar vor allem deren Stoßverbindungen dürfen an Kreuzungsstellen wegen Zerknallgefahr nicht in Einsteigeschächten, Kanälen oder anderen Bauwerken des Entwässerungsnetzes liegen.

Kröhnke, Professor Dr. Otto, geb. am 29. April 1871 in Copiapo in Chile. 1876 Übersiedelung nach Hamburg. Studium der Physik und Chemie in Freiburg und München. Assistent in Kiel. Leiter des Laboratoriums für praktische Hygiene in Hamburg. Hauptarbeitsgebiet Wasser- und Abwasserreinigung, später besonders Korrosionsfragen. Gest. 19. Oktober 1940.

· Kröhnke, Otto: Die Korrosion (mit E. Maass und W. Beck). Die Entstehung und Verhütung der Korrosion an Heizungs- und Warmwasserbereitungsanlagen (mit L. Stiegler). Die Korrosion metallischer Werkstoffe (mit O. Bauer (†) und G. Masing).

Kristallglasschleifereien. In den K. werden die Gläser mit stählernen Schleifscheiben unter Zugabe von Wasser und Schleifsand geschliffen und poliert. Der allmählich tot geschliffene Sand geht mit dem Abwasser ab und muß in Absetzbecken (s. d.), wozu sich besonders trichterförmige Absetzbecken eignen, abgefangen werden.

Zur Herstellung von Hochglanz werden die geschliffenen Gläser in ein

Spitzklärbecken für das Abwasser einer Spiegelglasschleiferei (Bauart Bamag-Meguin AG.).

Säuregemisch von 2 Teilen Schwefelsäure und 1 Teil Flußsäure eingetaucht und danach in Spülbottichen abgespült. Zum Mattätzen wird nur Flußsäure gebraucht, wenn nicht das Mattieren mittels Sandstrahlgebläse erfolgt. Das als Abwasser anfallende Spülwasser ist säurehaltig und muß wegen der für Pflanzen, Tiere und Menschen besonderen Schädlichkeit der Flußsäure durch Kalk neutralisiert werden. Der sich hierbei bildende Schlamm, bestehend aus schwefelsaurem Kalk, Fluorcalcium und Kieselfluorcalcium, muß in Absetzbecken zurückgehalten werden.

Kristallisieranlagen, in der technischen Chemie benutzte Einrichtungen zur Herstel-

lung reiner Kristalle aus gesättigten Lösungen. Zu unterscheiden ist zwischen der Kristallisation in Ruhe und der Kristallisation in Bewegung. Die Trennung der Kristalle von der Mutterlauge (s. d.) erfolgt in Filtern (s. d.). Für die Gewinnung von Eisenvitriol, Kupfervitriol und Zinkvitriol aus den Beizablaugen der Eisen- und Metallbeizereien kommen in erster Linie in Frage:

1. Kristallisierkästen,
2. Einhängekristallisatoren mit Wasserkühlung,
3. Kaltrührer mit Vakuum-, Sole- oder Wasserkühlung,
4. Rohrkristallisatoren mit Luftkühlung.

Die unter 1. und 2. erwähnten K. kommen in erster Linie für kleinere Beizereien, die unter 3. und 4. erwähnten für mittlere und größere Beizereien in Frage.

Kryolithwerke verarbeiten Flußspat zu Kryolith (Natrium-Aluminiumfluorid, Na_3AlF_6), der zur Herstellung von Soda, Ätznatron und Aluminium benutzt wird. Das Abwasser der K. ist reich an Schwefelsäure, Flußsäure, deren Salzen sowie an Arsen und Blei. Für die Reinigung kommen chemische Fällmittel, wie Ton und Kalk, in Frage.

Kühlteiche. Teiche, die wie Kühltürme (s. d.) der Wasserrückkühlung dienen. Bei Dampfkraftwerken für je

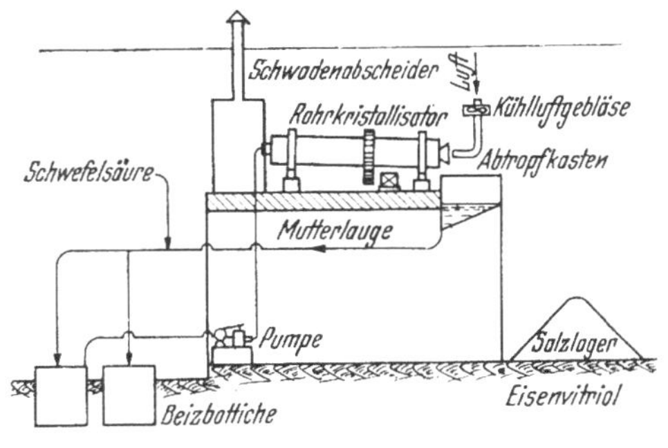

Kristallisieranlage für schwefelsaure Eisenbeizereiablaugen.

Kühlteichanlage mit Düsenzerstäubung
(Bauart Körting, Hannover) für eine Zuckerfabrik.

Zerstäubungsdüse.

100 kg stündlich niederzuschlagende Dampfmenge ist eine Teichfläche von etwa 30—40 m² notwendig bei ölfreiem Wasser. Die Kühlwirkung der K. läßt sich dadurch erheblich steigern, daß das zu kühlende Wasser durch Düsen über der Oberfläche der K. zerstäubt wird. Für größere Kühlleistungen werden Kühltürme benutzt.

Kühltürme, Kaminkühler, meist aus einer Eisenkonstruktion mit Holzverschalung oder aus Stahlbeton beste-

hende Gerüste, die zur Rückkühlung des aus Kondensatoren (s. d.) bei Dampfkraftanlagen austretenden und sonstigen Kühlwassers (s. d.) dienen. Das Wasser rieselt dabei fein verteilt über besondere aus Holz, Eisen oder Stahlbeton bestehende Einbauten herab, wobei es gleichzeitig mit der von unten mit großer Geschwindigkeit aufsteigenden Luft in Berührung kommt und dadurch abgekühlt wird.

Kühlwasser. Wasser, das zum Kühlen der Zylinder von Verbrennungsmaschinen, zum Niederschlagen des Dampfes in Kondensatoren (s. d.), zum Kühlen von Walzenstraßen (s. Walzenkühlwasser) und zu sonstigen Kühlzwecken, (Kühlung von Hochöfen, Kühlung der Schieber und Türen an Siemens-Martinöfen, Kühlung der Ausgußessen von Bessemerbirnen, Kühlung bei Wärmeöfen, zur Kokillenkühlung usw.) benutzt wird. K. muß frei sein von aggressiver Kohlensäure (s. d.) und anderen freien Säuren und Salzen, ebenso von belagbildenden Lebewesen, wie Pilzen und Algen. Auch auf Armut an Eisen- und Manganverbindungen und Ölfreiheit ist Wert zu legen. Dampfmaschinen und Turbinen haben je kg Dampf einen Kühlwasserbedarf von 60 bis 70 l bei Oberflächenkondensatoren. Siemens-Martinöfen haben einen Kühlwasserbedarf von 100 bis 150 m³/h. Dieselmotoren benötigen je PSh 20 bis 30 l, Gasmaschinen 40 bis 60 l K. Die angegebenen Wassermengen können bis auf 2,5 bis 5 v. H. an Zusatzwasser eingeschränkt werden, wenn das K. nach Abkühlung (s. d.) in Kühltürmen oder Kühlteichen im Kreislauf verwandt wird.

Kugelschotterfilter, Brunnenfilter, bei dem Tonkugeln von bestimmtem Durch-

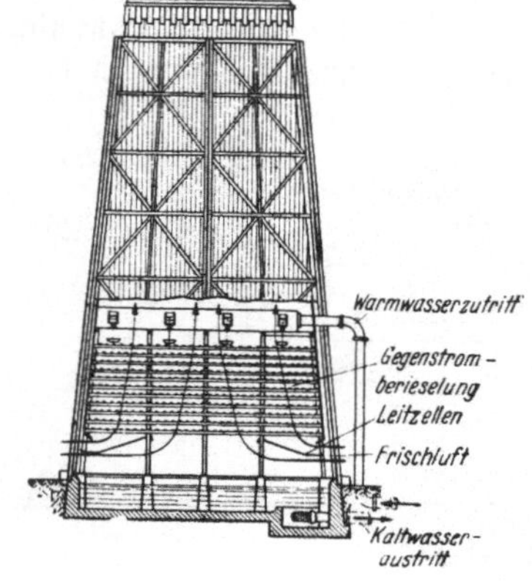

Gegenstromkühler (Bauart Balcke, Bochum).

messer so aneinander gebrannt werden, daß drei Kugelmäntel hintereinander entstehen. Das Wasser tritt zwischen den Kugeln ein. K. erfordern meist nur eine Kiesschüttung.

Kulturen. Hilfsmittel bei der bakteriologischen Wasseruntersuchung. Sie werden durch Impfung von Gelatineplatten mit bestimmten Mengen des zu untersuchenden Wassers gewonnen. Bei Untersuchung von gefiltertem Wasser genügt u. U. die Anlegung einer Gelatineplatte mit 1 cm³ der Wasserprobe, für die Untersuchung von Rohwasser dagegen ist die Herstellung mehrerer Platten in zweckentsprechenden Abstufungen der Wassermengen notwendig. Zur Feststellung des Colititers (s. d.) bedarf es der Impfung von zwei gleichlaufenden Reihen von Platten, die in der Regel mit 100, 20, 10, 5 cm³ und Bruchteilen von 1 cm³ vorgenommen werden. Das Verfahren zum Herstellen der Gelatineplatten aus Fleischextraktpepton-Nährgelatine ist vom Reichsgesundheitsamt ausgearbeitet worden. Daneben bestehen noch Nährlösungen von EIJKMANN (Traubenzucker und Pepton) und BULIR (Fleischextrakt, Pepton usw.) u. a. Die Gelatinekulturen werden auf Petrischalen (s. d.) oder in Kulturflaschen angelegt, die eine Zählung der sich im Brutschrank bei einer Temperatur von 20 bis 22° C. entwickelnden Keimkolonien ermöglichen. Zur Feststellung, ob Colikeime in den Wasserproben vorhanden sind, werden noch Sonderuntersuchungen nach EIJKMANN in einem Gärungskolben vorgenommen, nachdem vorher eine Bebrütung der einen Untersuchungsreihe (s. o.) im Brutschrank während einer Dauer von mindestens 48 Stunden bei 37° C., der zweiten zur Zurückhaltung störender Begleitbakterien ebenso lange bei 46° C. stattgefunden hat.

Kunstharzaustauscher s. Basenaustauschverfahren.

Kunstharzfilter der Brunnen werden aus Mipolam gebaut. Dieses Erzeugnis besitzt eine Zerreißfestigkeit von 600 kg/cm². Es wird weder durch Säuren noch durch Alkalien angegriffen. Das Haka-Mantelfilterrohr ist ein Stabfilter, um das die aus Mipolam bestehende Filterfläche mantelartig herumgelegt ist. Das Haka-Finorma-Filter besteht aus reinem Mipolam (nach BIESKE).

Kunstseide, eine auf maschinellem Wege durch Auspressen einer kolloidalen Lösung von Zellulose aus feinen Düsen und durch Erhärten des gebildeten Fadens erzeugte Textilfaser.

Kunstseidefabrikabwasser. Das in Kunstseidefabriken (s. d.) anfallende Abwasser enthält mehr oder weniger große Mengen an Chemikalienresten je nach der Art des angewandten Arbeitsverfahrens, daneben Zellulose, Faserstoffe u. a. und reagiert bald sauer, bald alkalisch. Beim V i s k o s e v e r f a h r e n können Ausdünstungen von Schwefelwasserstoff und Schwefelkohlenstoff entstehen und Vergasungen (s. d.) in städtischen Entwässerungsnetzen auftreten. Aus den kupfersalzhaltigen Fällbädern des K u p f e r o x y d a m m o n i a k v e r f a h r e n s muß das Kupfer durch Entkupferungsanlagen (s. d.) wiedergewonnen werden, um Schwierigkeiten in Wasserläufen oder städtischen Kläranlagen zu vermeiden. Die im K. enthaltenen Faserstoffe lassen sich durch Feinsiebe zurückhalten oder in genügend großen Absetzbecken zusammen mit sonstigen Verunreinigungen, gegebenenfalls unter Zuhilfenahme chemischer Fällmittel als Schlamm abscheiden, wobei die Behandlung zweckmäßig zusammen mit dem aus der Kunstseidefärberei anfallenden Färbereiabwasser (s. d.) erfolgt. Die gemeinsame Behandlung des vorgereinigten Abwassers zusammen mit häuslichem Abwasser zwecks biologischer Nachreinigung ist anzustreben.

TÄNZLER, E., Entstehung, Reinigung und Verwertung von Abwässern aus Kunstseidefabriken. Ges. Ing. 65 (1942) H. 25/26, S. 204/208.

Kunstseidefabriken. Bei dem zur Herstellung der Kunstseide (s. d.) am meisten verbreiteten V i s k o s e v e r - f a h r e n (Viskoseseide) wird Sulfitzellstoff durch Behandeln mit Natronlauge und Schwefelkohlenstoff in die eigentliche Viskose überführt. Die flüssige Viskose wird im Naßspinnverfahren durch feine Düsenöffnungen in ein Fällbad von verdünnter Schwefelsäure gespritzt, in dem sich das Festwerden des Fadens vollzieht. 1,4 kg Zellstoff ergeben etwa 1,0 kg Kunst

Brauchwasser ist je 100 kg Kunstseideerzeugung etwa 50 bis 200 m³.

Über das anfallende Abwasser s. Kunstseidefabrikabwasser.

Kupfer Cu, Atomgewicht 64. In natürlichen Wässern ist K. nur unter ganz besonderen Umständen, z. B. in Erzbergbaugebieten festzustellen. Sonst findet man es nur in Wässern, die längere Zeit in Kupferleitungen gestanden haben. Die dabei aufgenommenen Kupfermengen sind aber meist sehr gering und gesundheitlich unschädlich.

Kupferbeizereien. Bei den mit der Weiterverarbeitung des Kupfers be

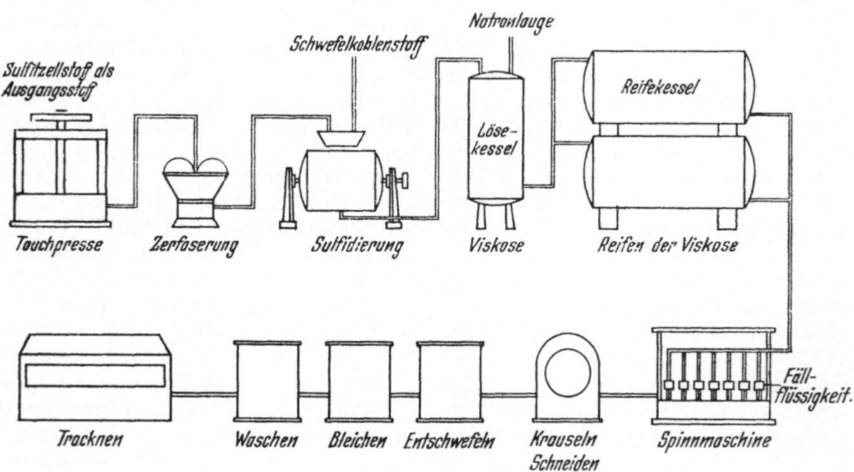

Herstellung der Kunstseide nach dem Viskose-Verfahren.

seide. Beim K u p f e r o x y d a m m o - n i a k v e r f a h r e n (Kupferseide) wird Sulfitzellstoff oder auch Baumwolle nach Vorbehandlung in einer Kupferoxydammoniaklösung aufgelöst und nach Filterung in Filterpressen in ähnlicher Weise weiterbehandelt, wie bei der Herstellung der Viskoseseide. Die A z e t a t s e i d e benutzt als Ausgangsstoff in Essigsäureanhydrid aufgelöste Zellulose.

K. benötigen ein nahezu eisen- und manganfreies Wasser. Der Bedarf an

schäftigten Betrieben, wie Kupferwalzwerke, -drahtziehereien, -röhrenwerke, -gießereien und Betriebe der Kupferwarenherstellung wird der Walz- bzw. Glühzunder des Kupfers (Kupferoxyd) durch Beizen (s. d.) in verdünnter Schwefelsäure beseitigt. Das so behandelte Kupfer wird alsdann mit Wasser gründlich abgespült.

Das anfallende Abwasser wirkt durch seinen Gehalt an freier Säure und giftigen Kupfervitriolsalzen stark schädigend auf die Wasserläufe. Bei der Ableitung in das städtische Entwässerungsnetz wirken die Kupfersalze stark hemmend auf die biologische Reinigung und auf die Schlammfaulung.

Aus den eigentlichen Beizablaugen läßt sich Kupfervitriol nach ähnlichen Gesetzen gewinnen wie Eisenvitriol aus den Ablaugen der Eisenbeizereien (s. d.), oder man benutzt die elektrolytische Entkupferung der Siemens und Halske A.-G., bei der ein reines Elektrolyt-Kupfer gewonnen wird. Für die Behandlung des Spülwassers kommt das Zementierungsverfahren (s. d.) in Frage.

Kupferoxydammoniakverfahren s. Kunstseidefabriken.

Kupfersulfat s. Kupfervitriol.

Kupfervitriol, Kupfersulfat, schwefelsaures Kupfer, $CuSO_4 \cdot 5\,H_2O$, Molekulargewicht 250. Verwendung in der Mineralfarbenindustrie, in der Galvanotechnik, bei der Holzkonservierung, zur Unkrautvertilgung und Schädlingsbekämpfung, sowie bei der Wasserversorgung zur Beseitigung von Algenwachstum in Teichen, Wasserbehältern usw. Gewinnung aus den Beizablaugen von Kupferbeizereien (s. d.).

Kuttersche Formel, Formel für den Zusammenhang zwischen der Wassergeschwindigkeit v (in m/s) in offenen Wasserläufen und in geschlossenen Gefälleleitungen und dem Wasserspiegelgefälle J (unbenannte Zahl) sowie dem Wasserquerschnitt f_a (in m²), wobei f_a durch den „hydraulischen Radius" $R = \dfrac{f_a}{U}$ (U = benetzter Umfang in m) ausgedrückt wird. Die K. ist in gleicher Weise wie die Formeln von EYTELWEIN, COURTOIS-TADINI und BAZIN ein Sonderfall der allgemeinen Gleichung $v = k\,\sqrt{R \cdot J}$. von DE CHEZY. Alle diese Formeln unterscheiden sich nur durch den Wert von k (in m½ · s⁻¹ = Quadratwurzel aus der Beschleuni-

gung). Während EYTELWEIN und COURTOIS-TADINI k unveränderlich = 50,9 und 50,0 setzten, nahmen die Schweizer Ingenieure GANGUILLET und KUTTER und der französische Ingenieur BAZIN an, daß sich k mit der Rauhigkeit der Wandungen des Wasserlaufes ändert. GANGUILLET und KUTTER setzten daher auf Grund zahlreicher fremder und eigener Messungen:

$$k = \frac{23 + 1/n + \dfrac{0,00155}{J}}{1 + \left(23 + \dfrac{0,00155}{J}\right) n/\sqrt{R}}$$

worin n je nach der Rauhigkeit der Wandungen zwischen 0,01 (sehr glatt) und 0,03 (sehr rauh) liegt. Setzt man in dieser „großen" K.n-Formel den Zähler $= a$ und den Faktor von $1/\sqrt{R}$ im Nenner $= b$, so wird:

$$k = \frac{a}{1 + b/\sqrt{R}} = \frac{a\sqrt{R}}{b + \sqrt{R}}$$

und

$$v = \frac{a\sqrt{R}}{b + \sqrt{R}} \cdot \sqrt{R \cdot J}.$$

Für $a = 100$ ergibt dies die „abgekürzte" oder „kleine" K., in der b den R a u - h i g k e i t s w e r t bedeutet, der für glatte und rauhe Wandungen zwischen 0,25 und 1,5 liegt. Für geschlossene Entwässerungsleitungen aus Steinzeug, Beton und verfugtem Ziegelmauerwerk wird heute allgemein $b = 0,35$ gesetzt. Für ein Rohr von 1 m Durchmesser wird beispielsweise bei voller Füllung und dem Gefälle $J = 1/400$:

$$R = \frac{\pi\,l^2}{4} : 1 \cdot \pi = 0,25 \text{ m und}$$

$$v = \frac{100 \cdot \sqrt{0,25}}{0,35 + \sqrt{0,25}} \cdot \sqrt{0,25 \cdot 1/400}$$

$$= 1,47 \text{ m/s}.$$

Der durch die kleine K. gegebene Zusammenhang zwischen v, R und J sowie die Beziehung $Q = f \cdot v$, worin Q die durch den Querschnitt f_a fließende

Wassermenge in m^3/s ist, dient zur Ermittlung der Abmessungen von Entwässerungsleitungen, wenn die abzuführende Wassermenge und das Gefälle gegeben sind. Von den zahlreichen Werken, in denen diese Zusammenhänge zur Benutzung bei Entwurfsarbeiten in Zahlentafeln oder zeichnerisch dargestellt sind, seien genannt: WILD-SCHÖBERLEIN: Tabellen für die Berechnung von Kanälen und Leitungen, Berlin 1931; GENZMER: Die Entwässerung der Städte, Leipzig 1924; GEISSLER: Kanalisation und Abwasserreinigung, Berlin 1933; IMHOFF, K.: Taschenbuch der Stadtentwässerung, 10. Aufl., München und Berlin 1943.

Das letztgenannte Werk enthält auch zeichnerische Darstellungen für die Anwendung der kleinen K., wenn, wie bei offenen Wasserläufen, andere Rauhigkeitswerte als 0,35 eingesetzt werden müssen.

Die Formel von BAZIN hat die gleiche Form wie die kleine K., nur steht im Zähler an Stelle 100 die Zahl 87 und die Werte von b sind dementsprechend andere als bei KUTTER.

KV-Magno - Syn - Keimvernichtungsmasse ist zur Entkeimung vorgefilterten Wassers bestimmt. Diese Masse ist in der Hauptsache für Kleinanlagen gedacht (nach SCHILLING) (s. Magno-Syn-Masse).

L

Laborant, ein Berufsbild für das Gas- und Wasserfach sowie für die Brennstofftechnik. Es unterliegt noch der Genehmigung der Reichsgruppe Energiewirtschaft.

Lackmus, Farbstoff, der aus Flechten der Mittelmeerküsten und der Kanarischen Inseln durch Pottasche und Ammoniak unter Luftzutritt ausgelaugt eine rote Säure ergibt, die mit Alkalien blaue Salze bildet. Da sich diese Salze bei Säurezusatz wieder rot färben und dann umgekehrt bei Zusatz von Alkalien wieder Blaufärbung eintritt, dient L. als Indikator für den Gehalt einer Flüssigkeit an Säure oder Alkali (s. Lackmuspapier).

Lackmuspapier, mit Lackmus gefärbtes ungeleimtes Papier, das die Farbe von blau in rot wechselt, wenn man es in eine saure und von rot in blau, wenn man es in eine basische (alkalische) Flüssigkeit taucht (s. Lackmus).

Laichkraut s. Plankton.

Lampenschacht, kleiner schachtförmiger Aufbau über einer Entwässerungsleitung, durch den eine Lampe herabgelassen werden kann, um das Innere der Leitung zu beleuchten und zu besichtigen. Die Besichtigung kann dabei entweder unmittelbar vom nächstliegenden Einsteigeschacht aus oder mittels Spiegelvorrichtung von der Straße her erfolgen (s. Abspiegeln von Entwässerungsleitungen).

Landbehandlung von Abwasser s. Bodenberieselung; Rieselfeld; Landbewässerung, weiträumige; Feldberegnung.

Landbewässerung, weiträumige, die Verteilung von Wasser oder Abwasser durch Verrieselung oder durch Verregnung über große landwirtschaftliche Nutzflächen, um durch Anfeuchtung und Düngung den Pflanzenwuchs zu fördern und alle, das Wachstum fördernden Stoffe nutzbringend zu verwerten. Im Gegensatz zu den Rieselfeldern dient danach die L. in erster Linie der Verwertung des Wassers oder Abwassers und nicht der Reinigung des letzteren. Dementsprechend ist auch die Bewässerung viel geringer als bei den Rieselfeldern. Ihre Stärke (Verhältnis der Bewässerungshöhe zur Bewässerungszeit) beträgt im Mittel etwa 150 mm/Jahr entsprechend einer Spende von 4,1 m³ je Tag und ha, während diese Werte bei den Rieselfeldern 10 bis 40 mal so groß sein können. Nimmt man an, daß ein Einwohner 140 l Abwasser täglich liefert, so kommt bei einer Bewässerungsstärke von 150 mm/Jahr das Abwasser von rund 30 Einwohnern auf einen Hektar bewässerter Fläche. Der Flächenbedarf ist also vom Standpunkte der Abwasserunterbringung aus gesehen sehr groß. Die L. wird i. a. durch landwirtschaftliche Bodenverbände durchgeführt, die den Städten das Abwasser abnehmen (s. Rieselfeld. Belastung eines Rieselfeldes).

Landesanstalt für Wasser-, Boden- und Lufthygiene, Berlin-Dahlem (Corrensplatz), früher eine Einrichtung des Staates Preußen, wird heute als „Reichsanstalt für Wasser- und Luftgüte" vom Präsidenten des Reichsgesundheitsamtes geleitet. Die Geschäfte führt ein Direktor als Vizepräsident. Die Anstalt ist am 1. April 1901 als Versuchs- und Prüfungsanstalt für Wasserversorgung und Abwässerbeseitigung gegründet worden. Sie ist in eine technische, drei chemische, zwei bakteriologische, eine biologische und eine zoologische Abteilung gegliedert und prüft wissenschaftlich alle Fragen der Wasserversorgung, der Trink- und Brauchwasserreinigung, der Abwasserreinigung, sowie Fragen der Beseitigung der festen Abfallstoffe, der Reinhaltung des Bodens und der Luft. Die L. berät Behörden, Gemeinden und Private gegen Gebühren und erstattet Gutachten auf den genannten Gebieten.

Landregen entsteht, wenn der Wasserdampf der Luft infolge von Geländeerhebungen aufsteigt und sich in den oberen kühleren Luftschichten abkühlt (nach GROSS).

Landschaftsanwälte, durch die „Vorläufigen Richtlinien für die Land-

schaftsgestaltung innerhalb der Reichswasserstraßenverwaltung" bestellt. Diese Richtlinien sind vom Reichsverkehrsminister durch Erlaß vom 29. April 1940 (W 9 G 2655/40 im RVkBl. A 1940 S. 151) verkündet worden. Nach ihnen besteht die Tätigkeit der Landschaftsanwälte i. a. in der landschaftlichen Beratung des Ingenieurs und i. b. in der Anfertigung von Pflanzplänen, ferner in der Beratung der Bauämter bei der Pflanzenbeschaffung und Durchführung der Pflanzarbeiten. Es kann angenommen werden, daß ihre Tätigkeit auch für andere Wasserbauten vorgeschrieben werden wird.

Landschaftsmittelwerte von Regenspenden. Aus einer einheitlichen Auswertung der Aufzeichnungen von zahlreichen Schreibregenmessern sind Landschaftsmittelwerte von Regenspenden errechnet worden. Sie ergeben für

Nordwestdeutschland . . . 85 l/s · ha
Nordost- bis Mitteldeutsch-
land . . . . 94,5 l/s · ha
Westdeutschland . . . . . . 96 l/s · ha
Sachsen-Schlesien . . . . 106 l/s · ha
Südwestdeutschland . . . 119 l/s · ha

           (REINHOLD).

Landverdunstung. Während die erste Quelle des Niederschlags die Meereszufuhr darstellt, ist die L. die zweite. Sie wird gebildet durch den im jeweiligen Gebiet entstandenen und bei örtlichen aufsteigenden Luftbewegungen wieder kondensierten Wasserdampf und hat die gleiche Größe wie der Unterschied zwischen Niederschlag und Abfluß (nach H. KELLER). Diese in sich selbst zurücklaufende natürliche Wanderung des Wasservorrates der Erde kann man etwa folgendermaßen darstellen (s. umst.).

Langsamfilter dienen der Befreiung des Wassers von Schwebestoffen und sonstigen Unreinigkeiten. Der Filterkörper besteht bei ihnen gewöhnlich

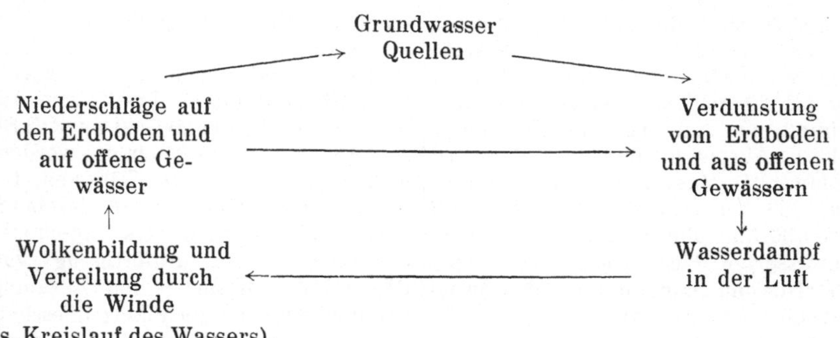

(s. Kreislauf des Wassers).

aus einer etwa 1,0 m starken Sandschicht von 0,5 bis 1,5 mm Korngröße, die von einer Kiesschicht getragen wird, deren Steingröße von 2 bis 3 mm bis etwa Faustgröße von oben nach unten zunimmt. Das charakteristische Merkmal der L. ist die Filtergeschwindigkeit von rd. 100 mm/h. Eine völlige Entkeimung des Wassers ist durch die L. nicht gewährleistet.

Lattenkörper. L. nach FRANK, ein aus hölzernen Latten aufgebauter Tropfkörper für Klein-Kläranlagen. Als L. werden vielfach auch die Lattenroste bezeichnet, die unter anderem als Füllgut für Tauchkörper Verwendung finden (s. Tropfkörper, Tauchkörper).

Lattenpegel, in einem Gewässer fest eingebauter Meßstab zum Messen des Wasserstandes.

Laub, verrottetes, als Impfstoff. Zusatz von verrottetem Laub wird von REICHLE und SANDER empfohlen, um in schlecht arbeitenden Schlammfaulräumen die saure Gärung zu alkalisieren und damit den Eintritt der Methangärung zu beschleunigen. Auch die Zersetzung von Sulfitablaugen und Molkereiabwässern kann durch Zusatz von verrottetem Laub gefördert werden.

Lavinit-Heißvergußmasse, ein Dichtungsmittel für Muffenrohrverbindungen. Sie besteht aus Schwefel sowie aus Abfallstoffen aus Gießereien (KOOTZ).

Leadit, ein Dichtungsmittel für Muffenrohrverbindungen. Es ist vermutlich zusammengesetzt aus Schwefel und feinem Quarzsand (HERZNER, KOOTZ).

Lebensgemeinschaften des Planktons. Die verschiedenen Planktonarten (s. d.) stellen sich nur dort im Wasser ein, wo sie günstige Lebensbedingungen vorfinden. Sie bilden dann bestimmte Lebensgemeinschaften, aus deren jeweiligem Vorhandensein sich ein Schluß auf den Grad der Verunreinigung eines Gewässers ziehen läßt. KOLKWITZ und MARSSON haben diese Erscheinungen als Leitformen zusammengefaßt, ausgewertet und danach eine Einteilung der Organismen in dem Saprobiensystem (s. d.) vorgenommen.

Lebensgewohnheiten der Bevölkerung. Die L. beeinflussen die Menge und die Beschaffenheit des städtischen Abwassers in hohem Maße. Abgesehen davon, daß der Wasserverbrauch in Stadtgegenden mit weniger anspruchsvoller Bevölkerung i. a. geringer und daher der Verschmutzungsgrad des Abwassers höher ist als im Durchschnitt, nimmt der städtische Wasserverbrauch mit der Einrichtung von Bädern, Spülaborten und Warmwasserversorgung auch für kleine und kleinste Wohnungen ständig zu, so daß dadurch mehr und dünneres Abwasser abfließt. Die in einzelnen Stadtgegenden anfallende Menge des Abwassers und seine Beschaffenheit sind ferner davon abhängig, ob die Bewohner ihre berufliche Tätigkeit innerhalb oder außerhalb ihres Wohnviertels ausüben.

Leber- und Lungen-Distomen. Eingeweidewürmer, deren Eier und Larven durch das Wasser auf Menschen und Tiere übertragen werden können.

Le blanc-Sodaverfahren s. Sodafabriken.

Lederfabriken s. Gerbereien.

Lederleimfabriken, Hautleimfabriken. Hautabfälle und Sehnen werden in Bottichen oder drehbaren Eisentrommeln mit 50proz. Kalkmilch behandelt, um die Fleischteile vom Leimgut zu trennen. Der Kalk leitet die Leimbildung ein, bindet Fett und zersetzt die Nichtleimstoffe. Nach dem Waschen wird das Leimgut zerkleinert, in Kesseln gekocht, nach Absetzen der ungelösten Teile eingedickt und in flache Blechpfannen ausgegossen.

Das anfallende Abwasser enthält größere Mengen Kalk und die Zersetzungserzeugnisse der Hautabfälle. Durch seinen hohen Gehalt an organischen Stoffen ist es stark fäulnisfähig und verursacht erhebliche Schwierigkeiten besonders in kleinen Bachläufen. Die Reinigung hat sich zunächst auf die absieb- und absetzbaren Schmutzstoffe (Haut- und Haarteile, Kalk) zu erstrecken. Für die weitergehende Reinigung kommt die chemische Fällung, z. B. mit Eisenvitriol (s. d.) in Frage. Der gewonnene Schlamm kann nach Kompostierung als Düngemittel verwendet werden. Zusammen mit ausreichenden Mengen häuslichen Abwassers ist die biologische Reinigung durchführbar.

Leersaugen des Wasserverschlusses. Das L. kann eintreten, wenn in dem Fallrohr, an das der Wasserverschluß angeschlossen ist, aus einem höheren Stockwerk eine größere Wassermenge plötzlich abstürzt, die das im Wasserverschluß stehende Sperrwasser durch die Saugwirkung mitreißt. Das L. kann verhütet werden, wenn man den Scheitel des Wasserverschlusses nach oben hin durch ein Luftrohr mit einem über das Dach hinausreichenden Entlüftungsrohr (verlängertes Fallrohr oder besonderes Entlüftungsrohr) verbindet, so daß beim Abstürzen der saugenden Wassermenge Luft mitgerissen wird. Auch topf- oder flaschenförmige Wasserverschlüsse · (Doppelwasserverschlüsse) verhüten das L. (s. Wasserverschluß, Geruchverschluß).

Leichenwasser s. Fischmehlfabriken.

Leichtflüssigkeitsabscheider s. Benzinabscheider.

Leichtmetallbeizereien. Das Beizen (s. d.) von A l u m i n i u m und Aluminiumlegierungen erfolgt in verdünnter Natronlauge (s. d.). Zur Erzielung einer reinweißen, glänzenden oder matten Oberfläche ist ein Nachbeizen in verdünnter Säure (zumeist Salpetersäure) notwendig. M a g n e s i u m und seine Legierungen werden meistens in Lösungen von Salpetersäure und Kaliumbichromat gebeizt. Für die Reinigung der anfallenden Beizablaugen und des Spülwassers kommen Neutralisation und chemische Fällung mit Kalkmilch in Frage.

Leichtmetalle, Reinaluminium und Aluminiumlegierungen mit mehr als 50 v. H. Aluminium sowie Magnesium und Magnesiumlegierungen mit mehr als 50 v. H. Magnesium. Die handelsüblichen Legierungen enthalten meist über 80 v. H. der Grundmetalle (ELSSNER).

Leimfabriken. Leim wird entweder aus den Hautabfällen und Sehnen, die in Gerbereien, Schlachthäusern und Abdeckereien anfallen, hergestellt (s. Lederleimfabriken), oder aus Knochen gewonnen (s. Knochenleimfabriken).

15*

L. benötigen ein weiches und mineralstoffarmes Brauchwasser.

Leinegemeinschaft, Arbeitsgemeinschaft für Reinhaltung des Leineflusses. Sitz Hannover.

Leipziger Becken s. Miederbecken.

Leistung einer Rohrleitung, die auf die Zeiteinheit bezogene Durchflußmenge.

Leistungsfähigkeit eines Gewässers, die Fähigkeit eines Gewässers, die ihm zugeleitete Abwassermenge auf natürlichem Wege unschädlich zu machen. Die L. hängt vor allem mit dem Wasserreichtum und dem Sauerstoffhaushalt des Gewässers zusammen, denn je wasserreicher das Gewässer ist, um so mehr wird das eingeleitete Abwasser verdünnt, und je ausgeglichener sich der Sauerstoffhaushalt gestaltet, um so besser und schneller werden die dem Gewässer zugeführten organischen Schmutzstoffe abgebaut (s. Sauerstoffhaushalt, Selbstreinigung der Gewässer).

Leitfähigkeit des Abwassers für den elektrischen Strom. Die L. des Abwassers und damit die Größe seines p_H-Wertes ist im wesentlichen durch gewerbliche Zuflüsse bedingt. Gewöhnliches städtisches Abwasser mit etwa 10 bis 20 v. H. von verschiedenartigem gewerblichem Abwasser gemischt, ist i. a. alkalisch ((p_H-Wert über 7). Durch stärkere Zuflüsse aus Wäschereien (Seifenlaugen, Waschwässer) oder aus Metallbeizereien (Säuren) sowie aus anderen, mit Chemikalien arbeitenden Betrieben kann jedoch der p_H-Wert und damit die L. stark verändert werden. Da völlig reines Wasser den elektrischen Strom fast gar nicht leitet, während schon eine geringe Menge von Salzen und selbst von einer schwachen Säure (z. B. Kohlensäure) die Leitfähigkeit wesentlich erhöht, so ist die Leitfähigkeit für jede Art von Wasser ein wichtiges Hilfsmittel, um seinen Reinheitsgrad zu prüfen (s. p_H-Wert).

Leitfähigkeit, elektrolytische — der natürlichen Wässer. Die natürlichen Wässer sind sehr verdünnte Salzlösungen. Sie besitzen als solche das Vermögen, den elektrischen Strom zu leiten. Dies ist abhängig von der Art und von der Menge der gelösten Salze. Das Leitvermögen gibt darum einen guten Maßstab für die Menge der gelösten Salze, deren Wert bei reinen Wässern dem des Abdampfrückstandes sehr nahe kommt. Zur Feststellung der L. wird das PLEISSNERsche selbstregistrierende Gerät verwendet.

Leitsätze für die Trinkwasserversorgung, DIN 2000. Die L. sollen die Durchführung einer geordneten, gesundheitlich und technisch einwandfreien Trinkwasserversorgung ermöglichen. Sie sind unter Berücksichtigung hygienischer Unterlagen der Reichsanstalt für Wasser- und Luftgüte vom Deutschen Verein von Gas- und Wasserfachmännern e. V. nach langwierigen Beratungen besonders im Kreise der Hauptfachgebietsleiter des Fachverbandes aufgestellt worden und sollen die veralteten früheren Bestimmungen über eine einwandfreie Trinkwasserversorgung ersetzen, insbesondere auch die „Anleitung für die Einrichtung, den Betrieb und die Überwachung öffentlicher Wasserversorgungsanlagen, welche nicht ausschließlich technischen Zwecken dienen" vom 16. Juni 1906, sowie die „Grundsätze für die Reinigung von Oberflächenwasser durch Sandfiltration". In den Leitsätzen sind außer den Maßnahmen für eine Sammelwasserversorgung auch solche für Einzelwasserversorgungen generell erfaßt. Für die letzteren besteht aber darüber hinaus eine „Brunnenordnung". Diese wird ebenfalls vom Deutschen Verein von Gas- und Wasserfachmännern e. V. nach Gehör der zuständigen Wirtschaftskörperschaften auf Grund eines neuen Entwurfs der Reichsanstalt für Wasser- und Luftgüte neu aufgestellt werden (s. Brunnenordnung).

Leitungsnetz, die Gesamtheit der zur Entwässerung oder zur Versorgung (z. B. mit Wasser, Gas, Elektrizität) eines Gebietes dienenden, miteinander verbundenen Leitungsstränge. Man unterscheidet beim L. der Trinkwasserversorgung die

1. Z u f ü h r u n g s l e i t u n g (ZW.), d. i. die Leitung zwischen Wassergewinnungsstelle und der Grenze des Versorgungsgebiets,
2. H a u p t v e r s o r g u n g s l e i t u n g (HW.), d. i. die Leitung mit der größten Durchflußmenge innerhalb des Versorgungsgebiets,
3. V e r s o r g u n g s l e i t u n g (VW.), d. i. die Leitung, an die die Zuleitungen angeschlossen werden,
4. Z u l e i t u n g, d. i. die Leitung von der Versorgungsleitung zu dem zu versorgenden Grundstück bis zum Wasserzähler (s. Hausanschluß) (DIN 4046).

Die Hauptversorgungs- und Versorgungsleitungen werden als V e r ä s t e l u n g s - oder als U m l a u f n e t z (Ringnetz) gebaut. Das letztere entsteht aus dem ersteren durch Verbindung der Leitungsendpunkte untereinander. Dadurch wird ein Umlauf des Wassers im Versorgungsgebiet erreicht.

Leitungslänge, Formelzeichen l, Maßeinheit m.

Leitungsdurchmesser, Formelzeichen d, Maßeinheit m, mm.

Leitungsquerschnitt. Gesamtdurchflußquerschnitt einer Leitung (benetzter Querschnitt). Formelzeichen f, gebräuchliche Maßeinheit m² (DIN 4045).

Die große Anzahl der bisher verwendeten verschiedenartigen Querschnittsformen wird neuerdings durch Normung stark eingeschränkt. (Typenentrümpelung). Nach dem in Kürze erscheinenden Normblatt DIN 4263: „Leitungsquerschnitte für Wasser und Abwasser", das eine Übersicht über alle genormten L.e enthält, gelten als Ausgangsformen für alle Querschnitte von geschlossenen Leitungen des Wasserbaues, insbesondere von Leitungen für Reinwasser, Brauchwasser, Triebwasser, Abwasser usw. nur noch der Kreis-, der Ei- und der Maulquerschnitt. Dementsprechend ist auch die Anzahl der Armaturentypen (Absperrschieber, Klappen usw.) stark verringert (s. Armaturen).

Letten, kolloidarme Tone, farbig, geschichtet und sehr feinsandig. Sie nehmen viel Wasser auf und fühlen sich dann schmierig an (BEHR).

Liernurverfahren, Entwässerungsverfahren, bei dem der Inhalt der Abortgruben innerhalb einzelner kleinerer Stadtgebiete (Entwässerungsbezirke) durch den Überdruck der Außenluft nach einem unter der Straßenoberfläche liegenden, gußeisernen, unter Unterdruck gehaltenen Kessel (Bezirksbehälter) befördert und dann aus den Bezirksbehältern ebenfalls durch Saugwirkung einer Hauptsammelstelle zugeführt wird. Früher in Holland und in Frankreich angewendet.

Lignin, die Bestandteile des reinen Holzes außer der Zellulose.

Ligninsulfosäure, eine beim Kochen von Holz mit Calciumbisulfitlauge entstehende Säure (s. Sulfitablauge).

Limnologie, Binnengewässerkunde.

Lindley, William, englischer Ingenieur (geb. 1808, gest. 1900). Wurde 1842 als beratender Ingenieur von Hamburg beauftragt, einen Plan für den Wiederaufbau der durch Brand zerstörten Stadtteile vorzulegen. Entwurf und Bau einer öffentlichen Wasserversorgungsanlage und der ersten Stadtentwässerung nach dem Mischverfahren auf dem europäischen Festland. Mitwirkung bei Eisenbahnfragen, Hafenanlagen und dem Neubau des

Gaswerks. 1860 Ende der Tätigkeit in Hamburg. 1863 Mitglied des Sachverständigenbeirats für die Entwässerung der Stadt Frankfurt a. M., deren Ausführung er von 1867 bis 1878 leitete. 1867 bis 1873 Ausführung der Wasserversorgung von Pest, 1869 bis 1874 Gutachter für die Wasserversorgung und Entwässerung von Düsseldorf, die Wasserversorgung von Chemnitz, die Entwässerung von Basel und Krefeld, Erbauer der Wasserversorgung von Jassy, Galatz und Braila. 1876 bis 1878 Entwurf der Entwässerung von Elberfeld, Entwurf und teilweise Ausführung der Entwässerung von St. Petersburg und der Wasserversorgung und Entwässerung von Warschau. Seine Arbeiten in Frankfurt a. M. wurden von 1879 bis 1896 durch seinen Sohn W. H. Lindley zu Ende geführt.

Linienschreiber zeichnen in Verbindung mit Meßgebern durch elektrische Fernübertragung den Verlauf von Meßwertschwankungen aller physikalischen Meßgrößen in fortlaufender Linie auf. Die L. werden benutzt, wenn die Meßwerte, z. B. Durchfluß- oder Fördermengen sowie Behälterstände häufigeren und schnelleren Schwankungen unterliegen. Neben Einfach-Ln. werden auch Mehrfach-L. gebaut, bei denen mehrere Meßwerke (bis zu vier) in einem gemeinsamen Gehäuse mit einem gemeinsamen Schreibstreifen angeordnet werden (s. a. Punktschreiber).

Linksniederrheinische Entwässerungsgenossenschaft, auf Grund des preußischen Gesetzes vom 29. April 1913 gebildeter Wasserverband für das 965 km² große Bergbaugebiet am linken Niederrhein nördlich Krefeld mit der Aufgabe der Vorflutregelung und Abwasserbeseitigung. Genossen sind die Bergwerke, industriellen Anlagen und die Gemeinden. Sitz der L. ist Moers.

Lippeverband, auf Grund des preußischen Gesetzes vom 19. Januar 1926 gebildeter Wasserverband für das Niederschlagsgebiet der Lippe unterhalb Lippborg bis zur Mündung (2800 km², 550 000 Einwohner) mit der Aufgabe der Verwaltung des Wasserschatzes, der Unterhaltung des Wasserlaufs und der Ufer, der Regelung der Vorflut und der Reinhaltung der Wasserläufe. Genossen sind das Reich, Preußen, die im Genossenschaftsgebiet liegenden Stadt- und Landgemeinden, Bergwerke, gewerbliche Unternehmungen usw. Die Verwaltung des L.s erfolgt in Personalunion mit der Emschergenossenschaft (s. d.).

Listenrechnung, Rechnungsverfahren bei der Aufstellung technischer Entwürfe, bei dem die einzelnen Zahlen in einer mit entsprechendem Kopf (Listenkopf) versehenen Liste übersichtlich zusammengestellt und ausgewertet werden. Die L. ist vielfach einfacher als ein zeichnerisches Rechnungsverfahren, z. B. bei der Berechnung und der Bemessung von Regenwasserleitungen unter Berücksichtigung der Regendauer und der Durchflußzeit (s. Summenlinienverfahren).

Litoral, die Uferregion der Gewässer.

LNA-Rohre, leichte normale Abflußrohre aus Gußeisen von 53 bis 152 mm lichtem Durchmesser für Grundstücksentwässerungsanlagen. DIN 1172, 1174 (Krümmer und Bogen), 1175 (schräge T-Stücke), 1176 schräge Kreuzstücke), 1177 (S-Stücke), 1178 (Übergänge, Übergangsbogen, schräge Übergangs-T-Stücke), 1394 (halbschräge T-Stücke) und 1396 (halbschräge Kreuzstücke).

Löffelbohrer (Schappen) werden bei Bohrungen im trockenen Boden verwendet. Sie werden mittels festen Gestänges in den Boden eingedreht. Es können Bodenproben aus ihnen entnommen werden (nach Brix).

Lösen von Feststoffen. Ein Lösen von F. ist zu unterteilen in die Vorgänge des eigentlichen Lösens, bei denen der weitaus größte Anteil des festen Gutes von einer Flüssigkeit aufgenommen wird und nur ein verhältnismäßig geringer Rückstand hinterbleibt, in die Vorgänge des Auslaugens, bei denen überwiegend unlösliche, feste, pflanzliche, tierische oder mineralische Stoffe vielfach unter Rühren mit Wasser behandelt werden, in die Vorgänge des Extrahierens, bei denen das Wasser insbesondere durch flüchtige Mittel ersetzt ist, und in die Vorgänge der Diffusion, bei denen es sich im wesentlichen ebenfalls um ·eine Auslaugung, jedoch um eine solche ohne mechanisches Rühren handelt (MATHIAS).

Löslichkeit von Sauerstoff im Wasser. Die L. hängt in erster Linie von der Temperatur, dann aber auch vom Luftdruck und vom Salzgehalt des Wassers ab. Bei gewöhnlichem Luftdruck (760 mm Quecksilbersäule) kann ·ein Liter salzfreies Wasser bis zu seiner Sättigung bei $0°$ 14,6, bei $15°$ 10,1 und bei $30°$ 7,5 mg Sauerstoff aufnehmen. Für Meerwasser ist die L. um etwa $\frac{1}{5}$ kleiner. Durch die Lebenstätigkeit der im Wasser wachsenden Pflanzen, die im Sonnenlicht Sauerstoff erzeugen und zur Atmung Sauerstoff verbrauchen, wird der Sauerstoffgehalt des Wassers stark beeinflußt (s. Sauerstoff und Sättigungswert des Wassers in bezug auf Sauerstoff).

Lösung s. Lösen.

Löß, schwachtoniger Feinsand, der von zahllosen feinen Röhrchen durchzogen ist, die ihrerseits mit kohlensaurem Kalk ausgekleidet sind. Der Feinsand ist vom Wind abgelagerter feinster Quarzsand mit wenig Glimmer und Feldspat. Etwa 50 v. H. seiner Hauptbestandteile sind Körner von 0,05 bis 0,01 mm Größe. Kleiner als 0,01 mm sind etwa 30 v. H. Der L. hat hellgelbe Farbe, zerfällt im Wasser leicht und ist mehlig zerreiblich. Entkalkt wird er zu Lößlehm (BEHR).

Lößlehm, entkalkter Löß (s. d.). Er hat bräunliche Farbe und ist schwerer zu zerreiben als der Löß.

Lohgerbereien s. Gerbereien.

Lokomotivbetriebswasser soll hinsichtlich seiner Beschaffenheit dem neuesten Stand der Wasserreinigungstechnik entsprechen. Die Härte soll $2°$ d. H. nicht überschreiten. Je nach der chemischen Zusammensetzung des Rohwassers muß eine Aufbereitung nach einem der verschiedenen Verfahren vorgenommen werden, wie sie bei der Kesselspeisewasseraufbereitung (s. d.) üblich sind. Güterzuglokomotiven benötigen für 10 km Fahrt im Mittel 1,5 m³ L., Personen- und Schnellzuglokomotiven etwa 1,0 m³ L.

Lüftung des Entwässerungsnetzes s. Entlüftung des Entwässerungsnetzes.

Luftbedarf bei dem Belebungsverfahren, wird aus dem biochemischen Sauerstoffbedarf des Zuflusses zum Belebungsbecken berechnet. Für Druckluftbecken braucht man etwa 34 m³ freie Luft auf 1 kg BSB_5 (biochemischer Sauerstoffbedarf in 5 Tagen). Dies entspricht bei mittlerem städtischen Abwasser rd. 1,2 m³ Luft/E.·Tag. Dabei sind für 1 kg BSB_5 etwa 30 Einwohner gerechnet. Für gewerbliche Abwässer sind die Einwohnergleichwerte zu berücksichtigen. Auf die Abwassermenge bezogen, liegt der Luftbedarf je nach der Beschaffenheit des Abwassers und der Art der Belüftung zwischen 4 und 12 m³ Luft für den m³ des zu reinigenden Abwassers. I. a. muß die zugeführte Luftmenge so groß sein, daß in allen Teilen des Belebungsbeckens ein Sauerstoffgehalt von wenigstens 1 bis 1,5 mg/l vorhanden ist. (s. Druckluftbecken, Sauerstoffbedarf, Einwohnergleichwert).

· IMHOFF: Taschenbuch der Stadtentwässerung. 10. Aufl. 1943, S. 165.

Luftbedarf der Bodenfilter. Der L. kann aus der Beschaffenheit des zu reinigenden Abwassers berechnet werden, wenn man dessen biochemischen Sauerstoffbedarf (BSB) bestimmt hat. Ist z. B. der fünftägige biochemische Sauerstoffbedarf (BSB_5) für das vom Bodenfilter zu reinigende, vorher im Absetzverfahren entschlammte Abwasser $= 250$ mg/l, so ist der zum vollen Abbau der organischen Stoffe erforderliche Sauerstoffbedarf $BSB_{20} =$ rd. $250 + 250/2 = 375$ mg/l. Bringt man auf 1 ha Filterfläche täglich 750 m^3 Abwasser auf, so beträgt der tägliche Sauerstoffbedarf

$$\frac{375 \cdot 750 \cdot 1000}{1000 \cdot 1000} = 281 \text{ kg}.$$

Da 1 m^3 Luft etwa 0,28 kg Sauerstoff enthält, entsprechen dem Sauerstoffbedarf von 281 kg $\frac{218}{0,28} = 1000$ m^3 Luft. Ob diese Luftmenge im Bodenfilter zur Verfügung steht, hängt von dem Porenraum des Filterbodens und seiner Fähigkeit zur Luftaufnahme sowie von der Tiefenlage der Dräns ab. Kann der nasse Boden z. B. $\frac{1}{5}$ seines Inhaltes an Luft aufnehmen, so enthält 1 ha Bodenfilter auf 0,5 m Tiefe $\frac{1}{5} \cdot 10\,000 \cdot 0,5 = 1000$ m^3 Luft. Da die Dräns aber i. a. etwa 1 m tief liegen, so würde doppelt soviel Luft im Bodenfilter zur Verfügung stehen, als zur Reinigung des Abwassers erforderlich ist (s. Bodenfilter, Sauerstoffbedarf, Dräns).

Luftbedarf der Ölfänge, je nach der Beschaffenheit des Abwassers 0,1 bis 0,2 m^3 Luft auf 1 m^3 Abwasser bei einer Durchflußzeit von 2 bis 5 Minuten. Bei stark fetthaltigen Abwässern und der Notwendigkeit, sie weitgehend zu entfetten (Fettabnahme bis über 60 v. H. möglich), wird die Belüftungszeit u. U. bis auf 30 Minuten verlängert, so daß der L. entsprechend größer ist (s. Ölfang, Druckluft bei Ölfängen).

Luftbedarf der Tauchkörper, für mittleres städtisches Abwasser bei einstündiger Belüftung etwa 4 m^3 Luft auf 1 m^3 durchfließendes Abwasser, wobei die Reinigungswirkung ungefähr halb so groß ist wie die einer vollen biologischen Reinigung in 6 Stunden (s. Tauchkörper, Druckluft bei Tauchkörpern).

Luftfeuchtigkeit. Man unterscheidet spezifische, relative und absolute Luftfeuchtigkeit. Die spezifische Luftfeuchtigkeit ist die Masse Wasserdampf in g, die in einem kg feuchter Luft enthalten ist. Relative Luftfeuchtigkeit gibt den Dampfgehalt in v. H. der Sättigungsmenge an. Absolute Luftfeuchtigkeit ist die in 1 m^3 Luft enthaltene Menge Wasserdampf.

Luftsauerstoff, O_2, der in der Luft enthaltene Sauerstoff. Grundwasser ist meistens frei von L. Jedes Wasser aber, das mit der Luft in Berührung kommt, nimmt Sauerstoff auf. Dadurch entsteht kein Nachteil in gesundheitlicher Beziehung. Der im Wasser enthaltene Sauerstoff kann aber, vor allem bei gleichzeitiger Anwesenheit von angreifender Kohlensäure, Metalle angreifen. Das gleiche kann geschehen bei einem Mangel an Sauerstoff, jedoch in Gegenwart von Kohlensäure. Diese Erscheinung tritt besonders dann auf, wenn bei unsachgemäßer Einrichtung geschlossener Filter dem Wasser der ganze Sauerstoff entzogen wird. Der Mangel an Sauerstoff führt dann zu einer Wiedervereisenung des im Filter enteisenten Wassers im Rohrnetz und zu schweren Betriebsstörungen.

1 l Wasser nimmt an Sauerstoff auf:

Temperatur	Raumteile	Gewichtsteile
0° C	10,19 cm³	14,56 mg
4° C	9,14 cm³	13,06 mg
8° C	8,26 cm³	11,81 mg
10° C	7,87 cm³	11,25 mg
12° C	7,52 cm³	10,75 mg
15° C	7,04 cm³	10,06 mg

Lumpen, Hadern, gebrauchte Gewebe- und Textilabfälle, die als Rohstoff für Papierfabriken (s. d.) benutzt werden.

Lumpenkochereien, Hadernkochereien, derjenige Teil in Papierfabriken (s. d.), in dem die Aufbereitung der Lumpen (s. d.) erfolgt. Die Lumpen werden nach Zerkleinerung und Reinigung in Kugelkochern mit Alkalien (Kalkmilch, Soda oder Ätznatron) gekocht, gewaschen und anschließend in Holländern (s. d.) fein gemahlen, gebleicht und der Papiererzeugung zugeführt.

Das aus den L. anfallende Abwasser enthält außer seifigen Bestandteilen die aus den Lumpen herausgelösten Schmutzstoffe. Für die Reinigung kommt das Eindampfen (s. d.) der konzentrierten Ablaugen, die Ausfaulung in großen Faulteilchen, die Behandlung mit chemischen Fällmitteln und die gemeinsame Behandlung zusammen mit häuslichem Abwasser in Frage.

M

Mälzen, die Herstellung von Malz (s. d.).

Magdeburger P-Verfahren, von Nolte entwickeltes Belebungsverfahren, bei dem dem zu reinigenden Abwasser Ammonsalze und Phosphorverbindungen zugegeben werden, um Ermüdungserscheinungen für den belebten Schlamm zu verhüten. Bei Zugabe dieser Nährsalze können viele gewerbliche Abwasserarten ohne Beimischung von häuslichem Abwasser nach dem Belebungsverfahren gereinigt werden.

Magdeburger Rücknahmeverfahren s. Rübenwaschwasser.

Magnesium, Mg, Atomgewicht 24.

Magnesiumchlorid s. Chlormagnesium.

Magnesiumsulfat, $MgSO_4$, Vorkommen als Kieserit $(MgSO_4 \cdot H_2O)$ (s. d.).

Magno-Dol-Masse wird durch Rösten eines natürlichen Dolomitgesteins erzeugt, und zwar derart, daß die Kohlensäure des Magnesitanteils des Gesteins möglichst zu 100 v. H. entfernt ist und das Calciummonocarbonat intakt bleibt (s. Magno-Verfahren).

Magno-Eisensol, ein staubförmiges Eisenhydroxyd-Sol in Verbindung mit bestimmten Elektrolyten. Es wird zur Entfernung von färbenden Stoffen im Wasser benutzt und ist bei weichen und bei harten Wässern verwendbar, sowie bei solchen mit hohem und niedrigem p_H-Wert. Es ist auch eine sichere und schnelle Ausflockung der Huminsäure in weichen Wässern möglich. Das M.-E. gelangt in einer Lösung von 10 v. H. zur Verwendung.

Magno-Syn-Masse, eine Filtermasse. Sie wird aus hochwirksamen, weitgehend aufgeschlossenen Rohstoffen künstlich in Kugel- oder Perlform hergestellt, und zwar in Verhältnissen, wie sie für den jeweiligen Verwendungszweck notwendig erscheinen. Spezial-Magno-Syn dient der Entsäuerung besonders weicher Wässer. Es besitzt auch eine gute Entmanganungswirkung (s. Magno-Verfahren).

Magno-Verfahren. Das M.-V., auch M.-Verbund - Filterverfahren genannt, beruht auf einem Zusammenwirken zweier einfacher Möglichkeiten des Korrosionsschutzes der Rohrleitungen usw., auf einer Entsäuerung und gleichzeitig auf einer Befreiung des Wassers von anderen Fremdstoffen, die auf die Korrosion einwirken können. Unter dem Begriff der Entsäuerung, d. h. hauptsächlich der Befreiung des Wassers von angreifender Kohlensäure (s. d.), bzw. ihrer Abbindung, ist dabei auch die Bildung einer Schutzschicht zu verstehen, die weitere Korrosionen der Rohrleitungen, Kessel usw. verhindert. Die gleichzeitige Wasserreinigung ist von Wert, nachdem erkannt worden ist, daß Fremdstoffe, die in jedem natürlichen Wasser enthalten sind, und die sich auf dem Metall der Rohrwand ablegen, mit diesem Korrosionselement zu bilden vermögen, die zu Anfressungen und zum Lochfraß führen können. Von den korrodierenden Eigenschaften wird das Wasser auf dem Wege einer Filterung durch die Magnomasse befreit (Magno-Dol oder Magno-Syn-Masse, s. d.). Die

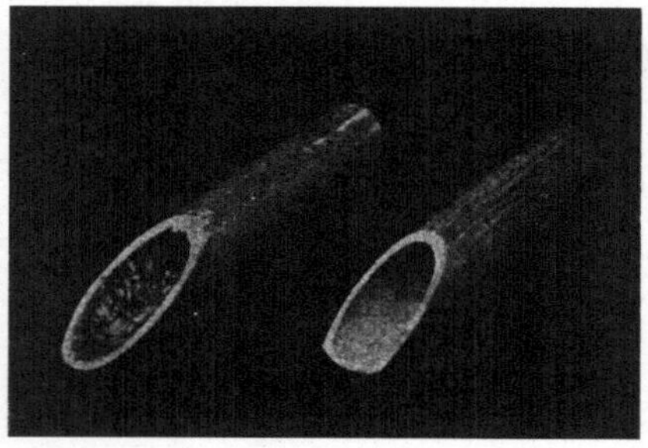

a　　　　　　b
a Ein durch Angriff der freien Kohlensäure des Wassers verrostetes und verkrustetes Rohr.
b Das gleiche Rohr nach Entfernung der Rostschicht und Bildung einer Schutzschicht durch Filterung des Wassers durch Magnomasse.

erstere besteht aus gebranntem Dolomit, bei dem der Brennvorgang den Bedürfnissen des Zweckes der Filterung genau angepaßt ist. Das Magno-Syn ist künstlich hergestellt. Die rein chemische Wirkung der Magnofilterung erklärt sich aus folgenden Gleichungen

1. $MgO + H_2O + 2\,CO_2$
$$= Mg\,(HCO_3)_2$$
2. $CaCO_3 + H_2O + CO_2$
$$= Ca(HCO_3)_2$$

Es ist besonders zu bemerken, daß das M.-V. zunächst nur für kaltes Wasser, besonders für das Wasser der städtischen Wasserleitungen zum Schutze des Stadtrohrnetzes angewendet worden ist. Später ist es darüber hinaus auch für gewerbliche und indu-

strielle Zwecke mit Erfolg benutzt worden. Die Frage der Verwendung des Verfahrens für warmes Wasser, besonders bei Warmwasserversorgungsanlagen, ist noch nicht völlig geklärt.

Mairichbrunnen, runder oder quadratischer, in aufsteigender Richtung vom Abwasser durchflossener Absetzbrunnen. Bei ihm wird das geklärte Wasser durch unter dem Wasserspiegel liegende Rinnen abgeleitet und der Schlamm durch ein in die Spitze des Sohlentrichters eingebautes Entleerungsrohr abgelassen. Die im Schlammtrichter liegende Öffnung des Entleerungsrohres ist durch eine mit einer Ziehkette versehene Kugel verschließbar. Soll Schlamm abgelassen werden, so wird die Kugel mittels der Kette von oben her gegen den Wasserdruck angehoben, so daß die Schlammeintrittsöffnung des Entleerungsrohres frei wird (s. Absetzbrunnen).

Maische, 1. in der Brauerei das mit Wasser angesetzte zerkleinerte Darrmalz (s. Malz),

2. in der Spiritusbrennerei die Mischung aus gedämpftem, stärkehaltigem Rohstoff mit gequetschtem Grünmalz (s. Malz) und Wasser,

3. in der Zuckerfabrikation das schleuderfertige Gemisch aus Füllmasse und Syrup.

Maischen, das Herstellen der Maische (s. d.).

Maischhefe, in der Spiritusfabrikation die Hefe, die der ungeläuterten Maische zum Hervorrufen der Gärung unmittelbar zugesetzt wird.

Maisstärkefabriken s. Getreidestärkefabriken.

Malz, Grünmalz, gekeimtes Getreide (Gerste, Roggen, Weizen), wie es zur Herstellung von Bier oder Spiritus verwendet wird. Brauereien (s. d.) unterwerfen die gekeimte Gerste noch einer Darrung, wodurch D a r r m a l z entsteht, das die für das Bier wichtigen Aromastoffe enthält.

Malzfabriken. Beim Einweichen des Getreides (Gerste oder auch Weizen) zur Herstellung von Malz (s. d.) entstehen als Abwasser das Wasch-, Weich- und Quellwasser, das neben Gummi und Zucker stickstoffhaltige Substanzen sowie Kali-, Kalk- und Magnesiasalze enthält. Je 100 kg verarbeiteter Gerste fallen etwa 600 l Abwasser (Mälzereiabwässer) an. Nach Beseitigung der absieb- und absetzbaren Stoffe ist die biologische Reinigung auf Tropfkörpern möglich. Die Aufnahme in ein städtisches Entwässerungsnetz verursacht keine besonderen Schwierigkeiten.

Mammut-Eindicker s. Eindicker.

Mammutpumpe, Druckluftpumpe, bei der die Preßluft am ganzen Umfange der Mündung des Steigrohres zugeführt wird. Der Auftrieb, den die an der Steigrohrmündung eingepreßte Luft bewirkt, reißt das Wasser mit nach oben, wobei sich die Luft entsprechend der mit dem Aufsteigen des Wassers verbundenen Druckabnahme ausdehnt und die Aufwärtsbewegung des Wassers unterstützt. Für Förderung aus großen Tiefen, auch von Sand und Schlamm geeignet. Wirkungsgrad verhältnismäßig gering. Beim Kremer-Luftumwälzer wird die M. zur Belüftung und Umwälzung des Abwassers im Belebungsbecken angewendet (s. Kremer-Luftumwälzer).

Manchesterbecken s. Hurdbecken.

Mangan, Mn, Atomgewicht 55, ein sehr häufiger Begleiter des Eisens. Man findet es daher in eisenhaltigen Wässern, in der Regel aber nur in recht geringer Menge. Etwa 0,5 mg/l machen sich indessen meist schon geschmacklich bemerkbar. M. stört in weit höherem Maße als Eisen, vor allem durch Färbung der Wäsche. Das Wasser soll darum möglichst weniger als 0.05 mg/l M. enthalten.

Mangan-Bakterien s. Eisenbakterien.

Mantelrohre, Bohrrohre (s. d.), die nach erfolgter Bohrung als Schutz im Erdboden verbleiben (DIN 4149 Entwurf). Vielfach ist das M. zugleich das Bohrrohr, mit dem der Brunnen gebaut wird. Für das Mantelrohr als Bohrrohr kommen nur nahtlose Flußstahlrohre (Siederohre) in Frage. Ihre Größen werden nach dem äußeren Durchmesser in mm oder in englischen Zoll angegeben (DIN 2448). Zur Herstellung von Abessinierbrunnen und für Grundwasserbeobachtungsrohre, d. h. Gasrohre, gilt DIN 2440. Gebräuchliche Durchmesser sind 32, 40 und 50 mm Nennweite (s. a. Stahlrohre). Für Rohrbrunnen größerer Durchmesser, etwa über 600 mm, benutzt man genietete Blechrohre, die an der Bohrstelle in einzelnen Stößen beim Herunterbohren aneinander genietet werden. Sie sind billiger als Siederohre. Es finden auch autogen geschweißte Blechrohre Verwendung. Ihre Verbindung wird ebenfalls nach dem Autogenschweißverfahren hergestellt. Für große Durchmesser und geringe Tiefen sind auch gußeiserne Bohrrohre und Brunnenringe üblich. Sie werden in Durchmessern von 1000 bis 4000 mm angefertigt. Die Ringe werden durch Schraublaschen oder Flanschen miteinander verbunden. Wenn das M. lediglich als Brunnenrohr dient, werden unter Berücksichtigung der Wasserbeschaffenheit Kupferrohre, gußeiserne asphaltierte Rohre, sowie verzinkte asphaltierte und gummierte Stahlrohre verwendet. Bei den letzteren müssen die Rohrverbindungsstellen in gleicher Weise wie die Rohre selbst durch einen Überzug geschützt werden. Außerdem sind seit einigen Jahren Rohre aus V 2 A-Stahl (hoher Preis, aber rost- und säurebeständig) benutzt worden. Dazu treten Steinzeugrohre in Verbindung mit Steinzeugfiltern, Porzellanrohre in Verbin-

dung mit Porzellanfiltern und Holz-
rohre, die mit Xylamon imprägniert
sind (nach BIESKE) (s. a. Brunnenrohre).

Margarinefabriken. Margarine wird
aus Milch, Fetten, Ölen und Tranen
hergestellt. Das anfallende Abwasser
besteht aus dem

1. Abwasser der Fettspaltung (s. d.),
2. Abwasser der Fetthärtung,
3. Spülwasser.

Bei der mit Schwefelsäure durchge-
führten Spaltung der Fette fällt schwefelsäurehaltiges Abwasser an, das in
städtischen Entwässerungsnetzen Betonzerstörungen (s. d.) herbeiführen
kann, so daß ausreichende Neutralisation durch Kalkmilch (s. d.) erforderlich ist. Bei der Härtung der flüssigen Pflanzenfette fällt sehr heißes
Waschwasser an, dessen Abkühlung
zur Vermeidung von Schäden in städtischen Entwässerungsnetzen notwendig ist. Außerdem fällt noch weniger
stark verunreinigtes Spülwasser an.
Insgesamt entstehen je 100 Zentner
Margarineerzeugung etwa 2—3000 m³
fettsäure- und schwefelsäurehaltiges
Abwasser. Bei seiner Behandlung ist
das Abwasser zunächst zu neutralisieren und zu entfetten. Durch Zusatz
chemischer Fällmittel wie Eisenvitriol
oder Aluminiumsulfat und Kalkmilch
läßt sich das Abwasser soweit vorbe-
handeln, daß eine biologische Nachreinigung durch Verrieselung, auf
Tropfkörpern oder nach dem Belebungsverfahren möglichst unter Zumischung von häuslichem Abwasser
durchführbar ist.

Marggraff, CARL ARNOLD; Apotheker
(1834—1915). Stadtverordneter und
Stadtrat in Berlin. Im Verein mit
VIRCHOW und HOBRECHT Begründer
der Berliner Stadtentwässerungs- und
Rieselfeldanlagen, deren Verwaltung
er als Vorsitzender der damaligen
„Kanalisationsdeputation" von 1877 bis
1913 leitete. Seit 1911 Ehrenbürger der
Stadt Berlin.

Marmorlösungsversuch nach HEYER.
Mit ihm wird diejenige Menge Calciumkarbonat (Marmor) ermittelt, die ein
natürliches Wasser noch zu lösen vermag. In einer verschlossenen Flasche
wird eine gewogene Menge feingepul-
verten Marmors mit einer bestimmten
Menge Wasser längere Zeit, mindestens mehrere Tage, unter häufigem
Schütteln behandelt und dann an der
aufgelösten Marmormenge der Gehalt
an aggressiver Kohlensäure bestimmt.
Will man auch die zugehörige Kohlensäure feststellen, so wird die Wasserprobe so lange verrieselt, bis keine
aggressive Kohlensäure durch den
Marmorlöseversuch mehr festgestellt
wird. Die Restkohlensäure wird dann
durch Titration ermittelt.

Maschenweite von Abwassersieben.
Die M. liegt je nach den Anforderungen, die an das ausgesiebte Abwasser
gestellt werden, zwischen 5 und 0,8 mm.
Zur Vorreinigung vor Absetzbecken
sind Siebe i. a. zu feinmaschig, weil
sie auch Kotstoffe und Papier zurückhalten, die besser dem Absetzbecken
zugeleitet werden. Meist werden daher
vor Absetzbecken Rechen von 40 bis
60 mm Stabweite, und wenn die Absetzbecken maschinell geräumt werden, solche mit 20 mm weiten Durch-
gangsöffnungen verwendet. Hierher
gehört auch die Siebscheibe von
RIENSCH-WURL mit 20 bis 30 mm weiten Schlitzen. Die kleinen M.n der
eigentlichen Abwassersiebe, die
Schmutzstoffe bis zur mittleren Größe
von 3 mm herab zurückhalten sollen,
kommen mehr für selbständige Klärvorrichtungen, jedoch nur dann in
Frage, wenn an die Klärwirkung, die
nur etwa ⅓ von der einer Absetzanlage beträgt, keine allzu hohen Anforderungen gestellt werden. Die
kleinsten M.n von nur 2 bis 0,8 mm

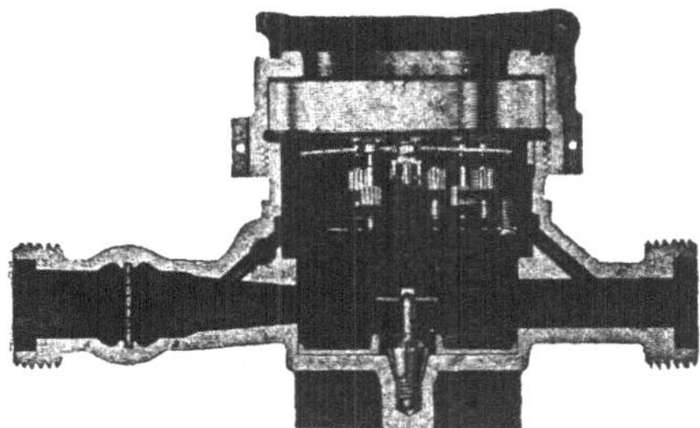

a Mehrstrahl-Flügelradzähler

besitzen die Spülsiebe (s. Abwassersieb, Siebscheibe, Spülsieb).

**Maßstab für die organische Ver-
schmutzung von Wasser u. Abwasser.**
Einer der besten Maßstäbe ist der
biochemische Sauerstoffbedarf in
einer bestimmten Anzahl (meist 5) von
Tagen. Weitere Maßstäbe sind: Der Kaliumpermanganatverbrauch (Oxydierbarkeit) und der Glühverlust. Über-
schläglich kann man dabei für häusliches Abwasser annehmen, daß 1 mg/l
biochemischer Sauerstoffbedarf in 20
Tagen $(BSB_{20}) = 0,7$ mg/l $BSB_5 =$
1 mg/l Glühverlust $= 0,25$ mg/l Kaliumpermanganatverbrauch ist. Für
offene Gewässer ist das Saprobiensystem oft ein wichtiger M. (s. Sauerstoffbedarf, Glühverlust, Kaliumpermanganatverbrauch, Saprobiensystem).

Meereszufuhr. Jedes zu untersuchende Flußgebiet muß ebensoviel Wasser
wie es als Niederschlag (Einnahme)
fremden Ursprungs empfangen hat, im
Mittel einer genügend langen Jahres-
reihe als Abfluß (Ausgabe) wieder
hergeben. Der als Überschuß im Gebiet zurückgebliebene und hier kon-
densierte Wasserdampf, mag er vom
Meere unmittelbar oder nach vorheriger Verdunstung in einem anderen Gebiet von außen hinzugebracht worden
sein, wird als Meereszufuhr bezeichnet.

Mehrstrahlzähler, ein Flügelrad-
Zähler (s. d.), bei dem das durchflie-

ßende Wasser in eine Anzahl
kleinerer, auf den Umfang
der Meßkammer gleichmäßig
verteilter Strahlen zerlegt
wird, die das Flügelrad an-
treiben. (Abb. *a*). (s. a.

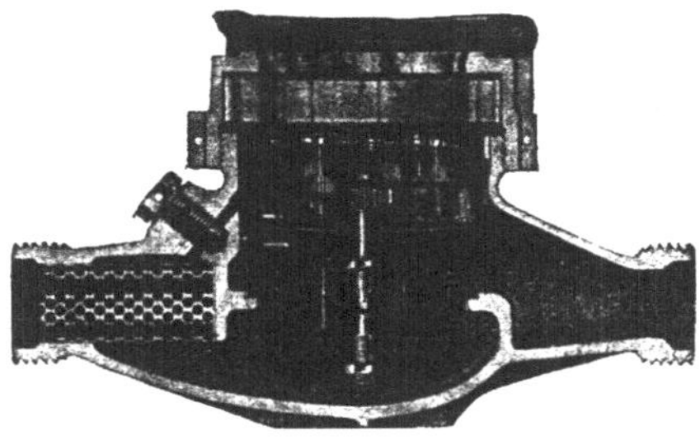

b Mehrstrahl-Flügelrad-Großwasserzähler

Einstrahlzähler). Der Austritt des
Wassers aus dem Meßraum (in dem
schematischen Bild nicht gezeigt) erfolgt in ähnlicher Weise durch eine
Anzahl oberhalb der Einströmungs-
kanäle in der Meßkammerwandung in
entgegengesetzter Richtung schräg angeordneter Öffnungen. Über ein Übersetzungs-Räderwerk wirkt die Drehbewegung des Flügelrades auf das
Zählwerk und damit auf die Anzeige der Durchflußmengen. Zur Zählung rückwärts fließenden Wassers
erhält durch die Anordnung der Ein-
und Ausströmungskanäle zueinander
auch das Flügelrad eine umgekehrte
Drehbewegung, so daß damit die rückwärts strömende Wassermenge von der
Gesamtanzeige unter Einhaltung der
vorgeschriebenen Genauigkeitswerte
selbsttätig in Abzug gebracht wird.
Über gebräuchliche Größen s. Hauswasserzähler.

Mehrstrahl - Flügelrad-
Großwasserzähler (Abb. *b*)
gleichen im Aufbau, wie in der Arbeitsweise den Hauswasserzählern.
Großflügelradzähler werden in folgenden Größen gebaut:

		50	65	80	100	125	150
Nenngröße (entsprechend der Anschlußweite)	mm	50	65	80	100	125	150
Durchlaß bei Druckverlust von 10 m WS	m³/h	30	40	50	70	130	150
Zulässige Höchstbeanspruchung bei 10 Betriebsstunden . . . . ⸱ . .	m³/Tag	90	120	150	210	390	450
bei 24 Betriebsstunden	m³/Tag	120	160	200	260	520	600
kurzzeitige Spitzenbelastung . .	m³/h	30	40	50	70	130	150

Melasse, die bei der Zuckerherstellung (s. Zuckerfabriken) zurückbleibende zähflüssige braun gefärbte Mutterlauge, die neben etwa 50% Zucker noch organische und anorganische Stoffe enthält und aus der nach den üblichen Verfahren kein Zucker mehr auskristallisiert werden kann. Verwendung als Viehfutter sowie als Rohstoff in Spiritusbrennereien und Hefefabriken (s. d.).

Melassebrennereien s. Hefefabriken.

Melasseschlempe, die in Spiritusbrennereien und Hefefabriken (s. d.) als Resterzeugnis verbleibende Schlempe (s. d.), die ein wichtiges Düngemittel bildet. Durch Eindampfen und Verkohlen wird Schlempekohle gewonnen, die als Rohstoff für die Gewinnung von Pottasche (s. d.) benutzt wird.

Mercaptan, Thioalkohol (C_2H_5SH), ein Alkohol (C_2H_5OH), in dem der Sauerstoff (O) durch Schwefel (S) ersetzt ist. Farblose, knoblauchartig riechende Flüssigkeit, die aus äthylschwefelsaurem Kali und Kaliumhydrosulfid

$$KC_2H_5 \cdot SO_4 + KHS$$
$$= C_2H_5SH + K_2SO_4$$

hergestellt werden kann. M. wird benutzt, um das geruchlose Faulgas zwecks Feststellung von Undichtigkeiten in der Gasleitung und damit zur Verhütung von Unglücksfällen riechbar zu machen.

Mergel, kalkiger Ton (Tonmergel) bis toniger Kalk (Kalkmergel) (BEHR).

Mergelsand (Schluffsand), kalkig toniger Feinsand, der sich in Becken niedergeschlagen hat (BEHR).

Mesophile Bakterien, Bakterien, die im Gegensatz zu den thermophilen (wärmeliebenden) Bakterien den Abwasserschlamm bei mittleren Faulraumtemperaturen, die etwa zwischen 15° und 35° liegen, unter Methangärung abbauen (s. Bakterien).

Mesosaprobien s. Saprobiensystem.

Messingbeizereien. Bei der Weiterverarbeitung des Messings wird der Walz- bzw. Glühzunder des Messings durch Beizen (s. d.) in verdünnter Schwefelsäure beseitigt. Für das Abwasser gilt das unter Kupferbeizereien (s. d.) Gesagte. Aus den verbrauchten Beizbädern läßt sich mit Erfolg Zementkupfer in einer mit Zinkabfällen gefüllten Entkupferungsanlage (s. d.) und daran anschließend durch Auskristallisieren in Kristallisieranlagen (s. d.) Zinkvitriol gewinnen.

Metalimnion s. Sprungschicht.

Metallbeizereien. Die in den Beizablaugen und dem Spülwasser enthaltenen Metallsalze (Kupfer, Zink usw.) sind für sämtliche Lebewesen ein starkes Gift. Hinsichtlich der Abwasserreinigung ist zu unterscheiden zwischen Kupferbeizereien (s. d.), Messingbeizereien (s. d.) und Leichtmetallbeizereien (s. d.).

⸱ VOGEL: Handbuch der Metallbeizerei. Nichteisenmetalle, Berlin 1938.

Metallwarenfabriken, Fabriken, die Gegenstände aller Art (Abzeichen, Knöpfe, Schnallen, Glühlampenfassungen, Möbelbeschläge, Schrauben, Haken u. a. m.) als Massenware aus Eisen und Metallen herstellen.

Abwasser entsteht dabei in den Beizereien (s. d.), Galvanisierungsanstalten (s. d.), Gelbbrennen (s. d.) und Rollereien (s. d.).

MÖHLE, H. und BIESTERFELD, W.: Das Abwasser der Metallwarenfabriken und dessen Reinigung. Techn. Gemeindebl. 34 (1931) 13 S. 165/170.

Metazoen, vielzellige Tiere, siehe Plankton.

Methan. S u m p f g a s , G r u b e n - g a s , CH_4, Molekulargewicht 16, geruchlos, entsteht bei der Zersetzung organischer Stoffe durch Faulung und Vertorfung. M. ist brennbar (Heizwert 8500 kcal/m³) und mit Luft gemischt zerknallgefährlich (untere Zerknallgrenze = 6,0, schlagende Wetter). Hauptbestandteil des bei der Methangärung im Schlammfaulraum entstehenden Faulgases (s. Fäulnis, Vertorfung, Faulgas).

Methylalkohol, CH_3OH, Molekulargewicht 32.

Methylenblauprobe. Die M. nach SPITTA - WELDERT dient zur Feststellung der Faulfähigkeit von Abwasser. Sie beruht auf der Eigenschaft des Teerfarbstoffes Methylviolett, sich in wässeriger Lösung bei Anwesenheit von Schwefelwasserstoff zu entfärben (s. Faulfähigkeit des Abwassers).

Middeldorf, WILHELM. Geb. 19. 3. 1858 in Eickel i. Westf., gest. 24. 8. 1911. Kgl. Baurat, leistete die technischen Vorarbeiten zur Bildung der Emschergenossenschaft, vom 1. 7. 1905 bis 24. 8. 1911 deren Baudirektor.

Miederbecken, Leipziger Becken. Eine Gruppe nebeneinander liegender rechteckiger Absetzbecken, die durch ein und dieselbe, von MIEDER in Leipzig zuerst gebaute, maschinell bewegte Kratzervorrichtung sowohl vom Boden- als auch vom Schwimmschlamm befreit werden können. Die Kratzervorrichtung ist an einer quer über das Becken gespannten, beiderseits auf Rädern lau-

fenden Brücke derart um eine waagerechte Welle drehbar aufgehängt, daß ihre mit Gummi besetzte Schildplatte je nach Bedarf entweder den Boden oder die Wasseroberfläche bestreichen oder auch ganz aus dem Wasser herausgehoben werden kann. Bei der Bekkenreinigung wird der Kratzer zunächst in die Bodenlage gebracht und durch Verschieben der elektrisch angetriebenen Brücke langsam durch das Becken gezogen, so daß seine Schildplatte den Bodenschlamm in die an der Einlaufseite des Beckens befindlichen Schlammtrichter schiebt. Beim Rücklauf der Brücke befindet sich der Kratzer in der Wasserspiegel-Lage und schiebt den Schwimmschlamm vor sich her einem an der Auslaufseite des Beckens angeordneten Tauchbrett zu, vor dem er dann meist von Hand beseitigt wird. Nach der Reinigung eines Beckens wird der Kratzer über die Bekkenoberkante gedreht, so daß die Brücke nebst Kratzer, die am Beckenende auf einer Schiebebühne ruht, nach dem Nachbarbecken geschoben werden kann.

Milchhöfe s. Molkereien.

Milzbrandgefahr. Bei Gerbereien, die eingeführte ausländische, getrocknete Rinderhäute (Wildhäute) verarbeiten, besteht die Gefahr, daß sie die äußerst widerstandsfähigen Sporen des Milzbrandbazillus verbreiten. Milzbrand ist für Mensch und Tier sehr gefährlich und oft tödlich. Die Sporen überstehen den Gerbprozeß, gelangen in das Abwasser und können schwere Schäden durch Infektion von Weidevieh hervorrufen auf unterhalb von Gerbereien gelegenen Weiden, die von dem abwasserführenden Wasserlauf berührt werden. Auch bei der Unterbringung des mit Milzbrandsporen verseuchten Schlammes auf den Feldern als Dünger kann das Vieh sich infizieren. Zur Verringerung der M. sucht man milzbrandverdächtige Häute (s. Askoliprobe) von der Verarbeitung in Gerbereien auszuschließen oder zu entseuchen.

Mineralfarbenfabriken s. *Eisenfarbenfabriken bzw. Bleiweißfabriken.

Mineralgerbereien s. Gerbereien.

Mineralölfabriken arbeiten den in Braunkohlenschwelanlagen (s. d.) gewonnenen Schwelteer und Schwelgeneratorteer zu Leichtöl (Benzin), Treib-, Schmier-, Heizöl u. a. auf. Bei der Reinigung der Destillate mit Schwefelsäure und Natronlauge fällt teils saures, teils alkalisches Waschwasser an, das organische Verbindungen (u. a. auch Phenol) enthält und nach Neutralisation mit Kalkmilch mechanisch gereinigt werden kann. Bei der Reinigung der Destillate mittels Alkohol (Spritwäschen der RIEBECKschen Montanwerke) läßt sich der Anfall von Abwasser größtenteils vermeiden.

Mineralsäurehärte (Nichtkarbonathärte), der Unterschied zwischen Gesamthärte und Karbonathärte.

Mipolam, ein Kunstharz. Der Grundstoff für die zur Zeit herstellbaren Kunstharze ist das Azetylen, zu dessen Erzeugung Steinkohlenkoks und Kalkstein dienen. Ausgangsstoff für das Mipolam ist das Vinyl. Das Erzeugnis ist eine thermoplastische Masse, die als Preßstoff benutzt werden und für Filterrohre verwendet werden kann (nach BIESKE).

Mischen verschiedener Abwasserarten. Das M. erfolgt im städtischen Entwässerungsnetz ohne weiteres, weil die Quellen, aus denen das Abwasser kommt, höchst verschiedenartig sind. Aus gewerblichen Anlagen, die an das Entwässerungsnetz angeschlossen sind, brauchen dabei i. a. nur solche Stoffe entfernt zu werden, die sich wieder verwerten lassen oder die dem Vorfluter oder der Kläranlage schaden. Bei gewerblichem Abwasser ist das M. manchmal vorteilhaft, wenn die verschiedenen Abwasserarten derart aufeinander einwirken, daß die Klärung

erleichtert wird. Reines Wasser, wie Kondens- oder Kühlwasser und Springbrunnenwasser, wird meist nicht mit dem Schmutzwasser im Entwässerungsnetz gemischt, sondern dem nächsten öffentlichen Gewässer gesondert zugeleitet.

Mischen von Abwasserschlamm. Das M. ist ein Vorgang, der sich in Faulräumen, in denen hinreichender Raum dafür vorhanden ist, auf natürlichem Wege abspielt oder, wenn dies nicht der Fall ist, künstlich herbeigeführt werden muß, um den ankommenden Frisch-Schlamm zur Vermeidung der sauren Gärung mit dem in Methangärung befindlichen Faulschlamm zu impfen. Der natürliche Vorgang spielt sich derart ab, daß die Faulgasblasen, die sich am Boden bilden, bei ihrem Aufsteigen zum Wasserspiegel Frisch-Schlamm und Faulschlammteilchen mitnehmen, die dann nach dem Entweichen des Gases gemeinsam wieder zu Boden sinken. Auf diese ‚Weise werden die beiden Schlammarten ständig miteinander gemischt und umgewälzt. Zur künstlichen Mischung sind maschinelle Rührwerke nötig, die besonders während der Zeit der Einarbeitung des Faulraumes von Wert sind. Sonst muß man so lange warten, bis sich der Faulraum durch allmähliche Zuleitung sehr geringer Mengen von Frischschlamm zu dem vorher eingebrachten, in Methangärung befindlichen Faulschlamm soweit eingearbeitet hat, daß der natürliche Mischvorgang die Arbeit übernehmen und ermöglichen kann, den Faulraum regelmäßig mit der ganzen für ihn bestimmten Frischschlammmenge zu beschikken (s. Schlammfaulraum; Schlammfaulraum getrennter; Schlammfaulung).

Mischverfahren, die gemeinsame Ableitung des Schmutzwassers und des Niederschlagwassers in e i n e m Entwässerungsnetz im Gegensatz zum Trennverfahren. Da die in der Zeiteinheit abzuführende Menge des Niederschlagwassers bei heftigen Regen je nach der Bebauung des Entwässerungsgebietes 30- bis 60mal größer ist als die gleichzeitig abzuleitende Schmutzwassermenge, würden sich übermäßig große Leitungsquerschnitte ergeben, wenn man das gesamte Regenwasser mit dem Schmutzwasser zusammen bis an den untersten Punkt (Vorfluter, Pumpwerk, Kläranlage) des Entwässerungsgebietes führen würde. Man legt deshalb an geeigneten Knotenpunkten des Netzes Regenausläufe an, durch die die überschüssige Wassermenge mittels Regenauslässen dem Vorfluter unmittelbar zufließt (s. Trennverfahren, Regenauslauf, Regenauslaß, Vergleich zwischen Misch- und Trennverfahren, Kostenvergleich zwischen Misch- und Trennverfahren).

Mitscherlich-Verfahren s. Sulfitzellstoffabriken.

sind. Ein M. Salpetersäure sind daher 63,0158 g Salpetersäure. Ein M. Wasser (H_2O) sind demnach $2 \cdot 1,0078 + 16,0000 = 18,0156$ g Wasser (s. Grammatom, Grammion).

Molekel. Kleinstes Teilchen eines gasförmigen Stoffes, das sich als Ganzes im Raum bewegen kann; auch kleinstes Teilchen einer chemischen Verbindung oder auch physikalisch kleinster Teil eines Körpers. Z. B. Wassermolekel: H_2O, Wasserstoffmolekel: H_2, Sauerstoffmolekel: O_2, aber Quecksilbermolekel (einatomiges Molekel): Hg, Phosphormolekel (vieratomig): P_4 und Schwefelmolekel (achtatomig): S_8 (s. Atom, Ion, Mol, Elektron).

Molke, Flüssigkeit, die mit etwa 1 v. H. Eiweißstoffen und 4 bis 6 v. H. Milchzucker als Nebenerzeugnis der Käsereien anfällt. Während die M. früher besonders von kleineren Käse-

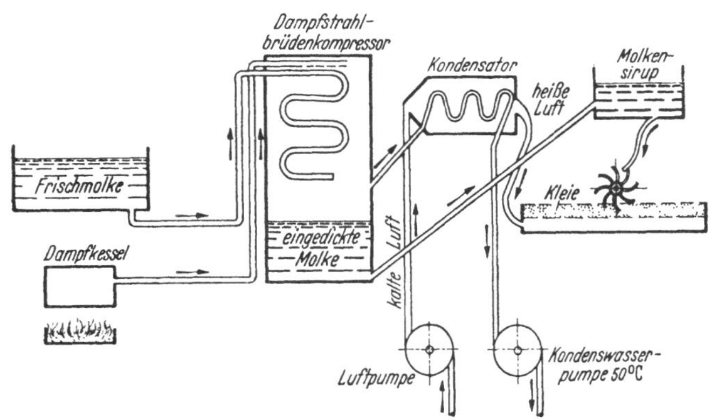

Schema einer Molkenverwertungsanlage zur Herstellung von eingedickter Molke und Molkenkleie.

Mol, G r a m m - M o l e k e l, soviel Gramm eines Molekels, wie sein aus den Atomgewichten berechnetes Molekulargewicht angibt. Z. B.: Salpetersäure (HNO_3) hat das Molekulargewicht $1,0078 + 14,0080 + 3 \cdot 16,0000 = 63,1058$, weil die Atomgewichte von H, N und O 1,0078, 14,0080 und 16,0000

reien als Abwasser abgelassen wurde und starke Schäden in den Wasserläufen verursachte, wird sie heute nach Eindampfen (s. d.) zu Futtermitteln, Trockenmolke, Molkenkleie (Mischung von eingedickter M. und Kleie) oder zur Gewinnung von Molkeneiweiß oder Milchzucker verarbeitet.

Molkereiabwasser. Das in Molkereien (s. d.) entstehende Abwasser setzt sich zusammen aus:

1. dem Spül- und Waschwasser der Betriebsräume, der Milchkannen, Flaschen und der verschiedenen Geräte, das neben erdigen Schmutzteilen Milchreste, Fett, Salze, Eiweiß und Milchzucker enthält.
2. dem manchmal kochsalzhaltigen Butterwaschwasser aus Buttermolkereien und
3. dem unverschmutzten Kühlwasser von den Milchkühlern und der Kälteanlage sowie dem Kondenswasser aus der Kondensmilchherstellung, Milchzuckergewinnung usw. Die Menge beträgt das 2 bis 4fache der Milchanlieferung.

In den meisten Fällen ist das erste, vielfach auch noch das zweite Butterwaschwasser als Futtermittel zu gebrauchen. Die in den Käsereien anfallende Molke (s. d.), die früher größtenteils in das Abwasser gelangte, wird heute restlos verwertet.

Infolge seines Gehalts an Milchzucker und Eiweiß geht M. sehr schnell in saure Gärung über und verursacht in Wasserläufen Geruchsbelästigungen, Pilzbildungen, Schlammablagerungen und Sauerstoffschwund. Die Menge des anfallenden M.s ohne das Kühl- und Kondenswasser beträgt etwa die 1- bis $1\frac{1}{2}$fache Menge der angelieferten Milch. Der Anfall erfolgt in den Vormittagsstunden.

Die Reinigung geschieht am einfachsten zusammen mit ausreichenden Mengen häuslichen Abwassers (1 Tl. M.: wenigstens 5 Tl. häusl. Abw.) Bei der Reinigung des M.s für sich allein müssen zunächst die absetzbaren Stoffe im Absetzbecken abgeschieden und das Fett durch Tauchbretter zurückgehalten werden. Für die biologische Reinigung ist vorherige chemische Fällung mittels Kalk, Eisen- und Aluminiumsalzen zweckmäßig. Für kleinere, auf dem Lande liegende Molkereien kommen die Verrieselung, Verregnung, oder die Behandlung in Fischteichen in Frage. Auch die künstlichen biologischen Verfahren (geschlossene Tropfkörper, Schlammbelebung) sind mit Erfolg durchführbar.

Landesanstalt für Wasser-, Boden- und Lufthygiene (jetzt Reichsanstalt für Wasser- und Luftgüte). Richtlinien für die landwirtschaftliche Verwertung, insbesondere Verregnung von Molkereiabwässern.

Molkereien. In den M. wird die Milch auf Butter, Rahm (Sahne) und Käse oder nur auf Butter verarbeitet. Die bei der Entrahmung erhaltene Magermilch und die bei der Butterbereitung anfallende Buttermilch gehen zumeist zum Milchlieferanten zurück, der sie zur Aufzucht von Vieh benutzt. In den Frischmilchmolkereien, in Großstädten als Milchhöfe bezeichnet, wird die Milch zur sofortigen Verteilung vorbereitet. (Reinigung, Erhitzung, Kühlung, Abfüllung). Die Herstellung von Käse erfolgt in den Käsereien (s. d.).

An die Beschaffenheit des eigentlichen Brauchwassers der M., d. h. desjenigen Wassers, das mit der Milch und den Molkereierzeugnissen in unmittelbare Berührung kommt, müssen noch höhere Anforderungen gestellt werden als an Trinkwasser. Dieses gilt ganz besonders für den Keimgehalt, den Gehalt an Kalk- und Magnesiumsalzen, Sauerstoff und aggressiver Kohlensäure. Ferner werden größere Mengen Kühlwasser (s. d.) benötigt. Der Gesamtwasserbedarf der M. beträgt etwa das 3- bis 6fache der Milchanlieferung.

MAYER: Zur Technologie des Molkereigebrauchswassers. Ges.-Ing. 55 (1932) 37. 445 bis 449.

Monel-Metall, ein Kupfer-Nickel-Metall, auch mit Aluminium-Zusatz. M.-M. wird auch zur Gußeisenschweißung verwendet.

Muffendruckrohre, gußeiserne, werden aus Gußeisen nach DIN 1691 hergestellt. Die stehend gegossenen Rohre werden in Nennweiten von 40 bis 1500 mm ausgeführt. Für sie gilt DIN 2432 und für die Muffen DIN 2437. Die Wanddicke steigt mit Nennweite und Nenndruck von 8 bis auf 30 mm. Die Muffe ist eine wulstartige Erweiterung

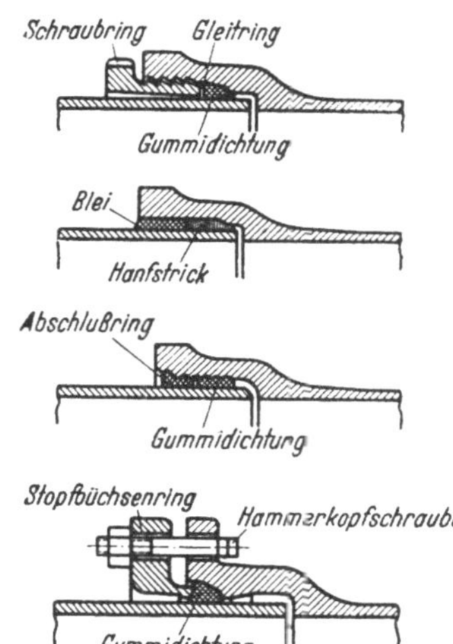

Abb. a

des Rohres an seinem einen Ende. Ihre Wandstärke ist größer als die des Rohres selbst. Bei der Verlegung der Rohre wird das glatte Ende des Rohres, das Schwanzende, in die Muffe eingeführt. Der Zwischenraum zwischen dem eingeführten Rohr und der inneren Muffenwandung wird durch Dichtungsmittel ausgefüllt. Diese Dichtungsmittel heißen Verstemmittel. Früher waren als solche üblich Gußblei, Bleiwolle und Riffelblei, heute werden an deren Stelle in erster Linie Aluminiumerzeugnisse verwendet.

Muffenverbindungen,

1. von Gußrohren. Für die M. gilt DIN 2431 (Schleudergußrohre) und DIN 2437. Die heute gebräuchlichen M. sind die Schraubmuffe und die Buderusmuffe. Für Rohre großer Nennweiten wird die Stopfbüchsen-Muffe verwendet Abb. a.

2. von Stahlrohren. Für die M. gilt bei Wasserleitungen bis NW 300 und ND 20 die DIN-Vornorm 2460. Als übliche Formen sind anzusehen: die

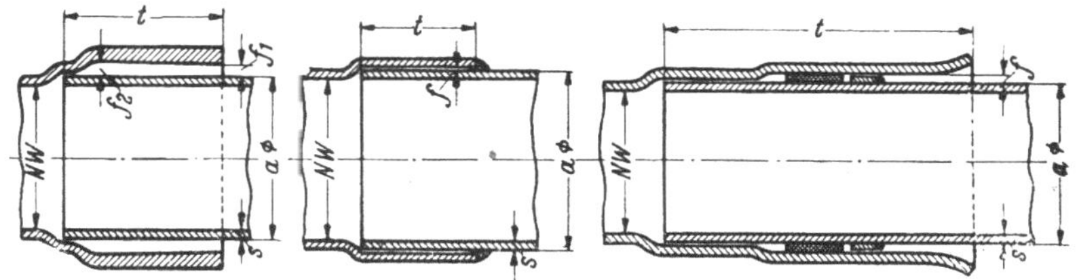

Sternmuffe.   Einsteck-Schweißmuffe.   Sigurmuffe DRP. mit Gummivolldichtung
Abb. b. Verbindungen von nahtlosen Stahlmuffenrohren nach DIN-Vornorm 2460.

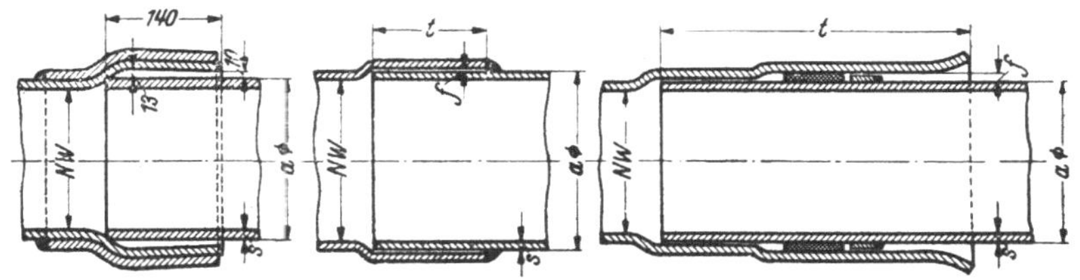

Sternmuffe.   Einsteck-Schweißmuffe.   Sigurmuffe DRP. mit Gummivolldichtung
Abb. c. Verbindungen von überlappt geschweißten Stahlmuffenrohren nach DIN-Vornorm 2461.

16*

Stemmverbindung, die Schweißverbindung (Einsteckschweißmuffe) und die Gummiroll-Verbindung (Rundgummidichtung, Sigurmuffe) Abb. *b* u. *c*. Bei überlapptgeschweißten Stahlmuffenrohren für Wasserleitungen von NW 300 bis 800 und ND 16 treten nach DIN-Vornorm 2461 zu der gewöhnlichen Stemmverbindung noch die Leicht- und die Schwerring-verstärkte Stemmmuffe, die Doppelfalzmuffe und die

schieber mit eingerollten Ringen. Eine besondere Art der Dichtung ist die Schiebermuffe mit eingequetschten Ringen.

Mulden-Wassergenossenschaft, eine durch Staatsgesetz vom 23. Dezember 1933 mit dem Sitze in Chemnitz gegründete Körperschaft öffentlichen Rechts. Ihr obliegt die Reinhaltung der fließenden Gewässer im sächsischen Niederschlagsgebiet der Zwickauer-,

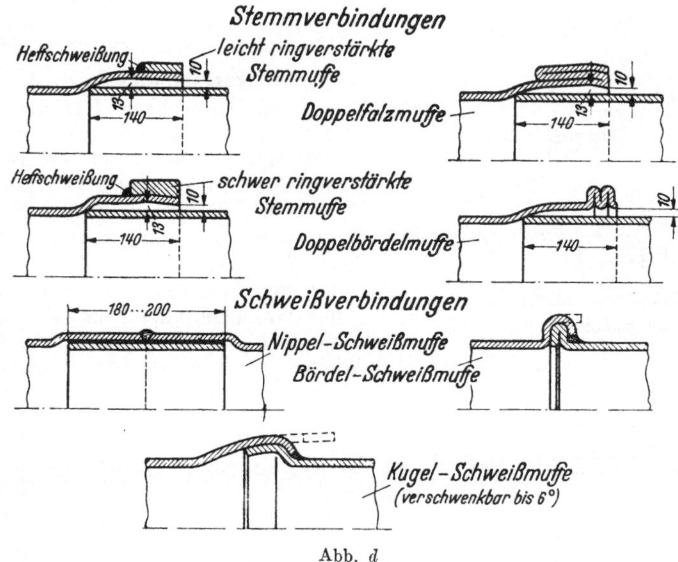

Abb. *d*

Doppelbördelmuffe, sowie zu der normalen Einsteckschweißmuffe noch die Nippel-, die Bördel- und die Kugel-Schweißmuffe Abb. *d*. Die Vornormen enthalten die Sinnbilder der Muffen.

3. M. von Stahlbetonrohren werden als Einsteckmuffen ausgebildet, die durch Verstemmen mit Faserkitt und Weißstrick unter Betonvorsatz oder durch eingerollte Ringe gedichtet werden. An die Stelle der Muffen treten auch Überschieber aus Stahlbeton mit einem Hohlraum, der mit Bitumen vergossen wird oder gußeiserne Über-

der Freiberger- und der Vereinigten Mulde. Seit dem 1. Januar 1938 ist die M.-G. ein Wasserverband im Sinne des Gesetzes über Wasser- und Bodenverbände vom 10. Februar 1937. Aufsichtsbehörde ist der Regierungspräsident Chemnitz.

Mundit, ein Dichtungsmittel für Stemmuffen. Es besteht in der Hauptsache aus Hochofenschlackenwolle und Bitumen. M. rostet nicht.

Mustersatzung über den Anschluß an die öffentliche Wasserleitung und über die Abgabe von Wasser. Die M. ist gemäß Auftrag des Reichsinnenministers vom Deutschen Gemeindetag entworfen worden. Sie fußt auf § 18 der Deutschen Gemeindeordnung, nach dem den Gemeinden die Einführung eines Anschluß- und Benutzungszwanges der öffentlichen Wasserleitung eingeräumt worden ist. Der Zwang kann aber nur auf Grund einer nach Gehör der Gemeinderäte (Ratsherren) durch den Bürgermeister (Oberbürgermeister) aufgestellten und vom Landrat (Regierungspräsidenten) genehmigten Satzung ausgeübt werden. Die M. soll den Gemeinden einen bestimmten Anhalt für die Aufstellung der Satzung geben. An den Beratungen darüber haben die maßgebenden Organisationen des Wasserfaches teilgenommen. Sie ist veröffentlicht in einem Runderlaß des Reichsministers des Innern vom 1. 12. 1938 — Va 5048 VI/38 — 1005 A (RMBliV. 1938 Nr. 50). Der Reichsminister gibt im Runderlaß noch einige Weisungen für die Anwendung der Satzung.

KNIEPMEYER und RICHTER: Die Wasserversorgung der Gemeinden. Berlin 1939.

MEYER, AUG. F.: Die Mustersatzung über den Anschluß an die öffentliche Wasserleitung und über die Abgabe von Wasser. Gas- und Wasserfach 82 (1939) S. 87.

Mutterlauge, die nach der Kristallisation (s. Kristallisieranlagen) chemischer Verbindungen aus ihren Lösungen verbleibende restliche Flüssigkeit.

N

Nachfaulraum, getrennter Faulraum, in dem noch nicht vollständig ausgefaulter Abwasserschlamm so lange weiter behandelt wird, bis er die technische Faulgrenze erreicht hat (s. Zweistufenfaulung).

Nachklärbecken, Absetzbecken oder Absetzbrunnen, in dem beim Belebungsverfahren der belebte Schlamm und bei anderen künstlichen biologischen Abwasser-Reinigungsverfahren (z. B. durch Tropfkörper oder durch Tauchkörper) der aus den biologischen Körpern ausgespülte Schlamm vom gereinigten Abwasser getrennt wird (s. Belebungsanlage, Tropfkörperanlage, Tauchkörper).

Nachschau einer Wasserleitungsanlage, eine Befugnis der Gemeinde gemäß § 11 Abs. 5 bis 7 der Mustersatzung über den Anschluß an die öffentliche Wasserleitung (s. d.).

Nahrungsspender, die im Wasser lebenden Pflanzen, die ihre Arbeit an der Beseitigung der gelösten Stoffe aufnehmen, wenn die Bakterien (s. d.) diese Lösung als ihre Hauptaufgabe bewirkt haben. An dieser Beseitigung der gelösten Stoffe beteiligen sich alle einen grünen Farbstoff (Chlorophyll) führenden Organismen, das sind sämtliche Algen und viele Geißelinge. Bei den Kieselalgen tritt das braune Diatomin auf, durch das der grüne Farbstoff überdeckt wird (s. Assimilation und Nahrungsverzehrer).

Nahrungsverzehrer. Die N. stehen den Nahrungspendern gegenüber und tragen ihrerseits zur Erhaltung des biologischen Gleichgewichts im Wasser bei. N. sind insbesondere alle im Wasser vorkommenden Tiere, unter denen manche Bakterienfresser sind. Wenn sich in einem Wasser viel Bakterienfresser (s. d.) befinden, so ist anzunehmen, daß außer Kolloiden auch große Mengen von Bakterien vorhanden sind, also Verunreinigungen des Wassers eingetreten sein müssen. Die gesamte Kleintierwelt im Wasser, besonders die Kleinkruster (s. Plankton und Organismen des reinen Wassers) sind als Fischnahrung von Wichtigkeit, und zwar von der Fischbrut an bis mittelbar zum großen Raubfisch, dem die Jungfische zum Opfer fallen. Damit ist dann das Endglied des Stoffkreislaufes im Wasser erreicht.

Über die in den Talsperren am meisten vorkommenden Nahrungspender, die auch gleichzeitig als Belüfter anzusehen sind, und über die Nahrungverzehrer gibt die nachfolgende Übersicht Auskunft. In dieser ist auch gleichzeitig ihre Stellung im Saprobiensystem (s. d.) gekennzeichnet. Es bedeutet

o = oligosaprob, p = polysaprob

αm = mesosaprob, nach polysaprob hinneigend,

βm = mesosaprob, nach oligosaprob hinneigend.

an Stelle von LNA-Rohren zu verwenden.) DIN 364, 540 (Krümmer, Bogen), 541 (Übergänge, Übergangsbogen), 542 (S-Stücke), 543 (schräge T-Stücke), 1393 (halbschräge T-Stücke) und 544 (schräge Kreuzstücke) (s. LNA-Rohre).

Naßaufbereitung, eine Art der Aufbereitung (s. d.), bei der das Trennen der Gemengteile unter Zuhilfenahme von Wasser erfolgt. Die Trennung nach Korngrößen heißt Klassieren, die Absonderung des Wertvollen vom Wertlosen wird als Sortieren bezeichnet. Körner bis zu 1 cm Durchmesser werden auf Sieben, feinere Körner auf Stromapparaturen klassiert. Beim

Nahrungspender

	Stellung im Saprobiensystem
von den Schizophyceen	
Oscillatoria	$\beta m{-}o$
von den Diatomeen	
Asterionella formosa	$o{-}\beta m$
Synedra ulna und acus	$\beta m{-}o$
Surirella splendida	$\beta m{-}o$
Nitzschia-Arten	$o{-}\beta m$
Melosira varians	βm
Tabellaria fenestrata und flocculosa	o
von den Chlorophyceen	
Volvox	$\beta m{-}o$
Chamydomonas	$o{-}\alpha m$
Ulothrix subtilis	βm
Spirogyra-Arten	$\beta m{-}o$

Nahrungverzehrer

	Stellung im Saprobiensystem
von den Flagellaten	
Bodonen	meist βm
Antophysa vegetans	αm
von den Ciliaten	
Colpidium colpoda	$p{-}\alpha m$
Vorticella campanula	βm
von den Rotatorien	
Polyarthra platyptera	$\beta m{-}o$
Anuraea cochlearis	$\beta m{-}o$
von den Crustaceen	
Diaptomus gracilis	$\beta m{-}o$
Cyclops	$\beta m{-}o$
Daphnia pulex	βm
Daphnia longispina	βm
Bosmina	$\beta m{-}o$
Cyclops	$\alpha m{-}o$

Naphthaflavon α läßt sich an Stelle von Stärke als Anzeiger zur Bestimmung des Chlors verwenden. Jedoch sind bestimmte Grenzen hinsichtlich der Anwendbarkeit und Genauigkeit gezogen.

Naphthalin, $C_{10}H_8$, ein im Steinkohlenteer vorkommender Kohlenwasserstoff.

NA-Rohre, normale Abflußrohre aus Gußeisen von 53 bis 152 mm lichtem Durchmesser für Grundstücksentwässerungsanlagen. (In besonderen Fällen

Durchgang durch den Stromapparat setzen sich die kleineren Körner schneller ab als die größeren. Das Sortieren in Erz und Gang erfolgt auf Setzmaschinen in einem auf- und abschwingenden Wasserstrom. Das zu sortierende Korn liegt auf einem Sieb. Die spezifisch leichteren Bergekörner werden länger in der Schwebe gehalten als die spezifisch schwereren Erzkörner, hierbei werden die Bergekörner abgeschwemmt. Die Erzkörner sinken durch das Sieb ab.

Naßläufer, Wasserzähler (s. d.), bei denen die Übersetzungs- und Zähleinrichtungen in einem Werk, dem Naßläuferwerk, zusammergefaßt sind. Dieses arbeitet im nassen Raum unterhalb der das Wasserzählergehäuse abschließenden Glasscheibe. Der Naßläufer hat dem Trockenläufer (s. d.) gegenüber eine etwas bessere Anlaufempfindlichkeit durch Fortfall der Stopfbüchse, durch die beim Trockenläufer die Tätigkeit des Übersetzungswerkes auf das Zählwerk übertragen wird.

Natrium, Na, Atomgewicht 23.

Natriumchlorid s. Kochsalz.

Natriumhydroxyd s. Ätznatron.

Natriumhypochloritlauge dient zur Entkeimung des Wassers, besonders des Badewassers. Sie wird gewonnen durch Einleiten von Chlor in kalte Natronlauge.

Natriumphenolatlauge,Phenolatlauge (s. Entphenolungsanlagen).

Natriumphosphatverfahren. Das N. wird angewendet, um Warmwasserbehälter und Rohre vor Schäden zu schützen, die aus der Angriffslust des warmen Wassers entstehen können. Das mit Natriumphosphat behandelte Wasser ist in der Lage, eine Schutzschicht zu bilden. Das geschieht durch Umsetzung zugesetzter löslicher Phosphate mit den im Wasser gelösten Erdalkali- und Eisensalzen, z. T. auch unter Mitwirkung der Rohroberfläche. Die Vorgänge lassen sich unter Annahme eines Zusatzes von Dinatriumphosphat zu einem Wasser, das Calciumkarbonat und Calciumsulfat enthält, etwa durch folgende Gleichungen veranschaulichen:

1.

$$2\,Na_2HPO_4 + 3\,CaCO_3 = Ca_3(PO_4)_2$$

Dinatrium- Calcium- Tricalcium-
phosphat karbonat phosphat

$$+ 2\,Na_2CO_3 + CO_2 + H_2O$$

Natrium-
karbonat (Soda)

2.

$$2\,Na_2HPO_4 + 2\,CaSO_4 + CaCO_3$$

Dinatrium- Calcium- Calcium-
phosphat sulfat karbonat

$$= Ca_3(PO_4)_2 + Na_2SO_4 + CO_2$$

Tricalcium- Natrium-
phosphat sulfat

$$+ H_2O$$

3.

$$2\,Fe + 2\,Na_2HPO_4 + 2\,CO_2 + 3\,O$$

Eisen Dinatrium-
aus phosphat
Wasser
od. Rohr-
wand

$$= 2\,FePO_4 + 2\,Na_2CO_3 + H_2O$$

Eisen- Natrium-
phosphat karbonat

Das bekannteste Verfahren ist das K-C-S-Phosphatverfahren, bei dem das Wasser mit gepreßten Salzblöcken behandelt wird. Diese bestehen in der Hauptsache aus einer neutralen Mischung von Natrium-Mono- und Natrium-Diphosphat. Das Verfahren ist sowohl bei weichen als auch bei härteren angreifenden Wässern anwendbar. (KRÖHNKE †)

Natriumsulfid s. Schwefelnatrium.

Natronbleichlauge (Natriumhypochloridlösung), ein Mittel zur Desinfektion des Wassers. N. wird dort verwendet, wo die Vorbedingungen für den Zusatz von gasförmigem Chlor nicht gegeben sind. N. ist auch zur gelegentlichen Desinfektion von Wasserbehältern oder Leitungssträngen geeignet.

Natronlauge s. Ätznatron.

Natronzahl. Wertzahl zur Bestimmung der notwendigen Alkalität des Kesselwassers (s. d.). Sie wird auch dem in mg/l vorhandenen Ätznatron, Soda, Natriumsulfit und Trinatriumphosphat errechnet zu:

Nz. = NaOH + 0,22 (Na_2CO_3 + Na_2SO_3) + 0,87 Na_3PO_4 krist. mg/l.

Die Nz. des Kesselwassers in Hochleistungskesseln soll betragen:
in Gegenwart von Phosphaten:
Kesseldruck < 50 at

   Nz. = 100—400 mg/l

Kesseldruck > 50 at

Nz. = 50—100 mg/l

in Abwesenheit von Phosphaten

Nz. = 200—1000 mg/l

Die Nz. wird neuerdings verschiedentlich durch die Alkalitätszahl (s. d.) ersetzt.

Natronzellstoffabriken, Zellstoffabriken (s. d.), die zum Aufschließen des Holzes eine Lösung von Ätznatronlauge und Natriumsulfid (Sulfatzellstoff) benutzen. Nach dem Kochen, das unter einem Druck von 5 bis 10 atü etwa 5 bis 7 Stunden dauert, wird die Kocherlauge (Schwarzlauge) abgelassen und der Zellstoff in Wäschern oder Diffuseuren (s. d.) entlaugt und gewaschen. Der Gesamtwasserverbrauch in N. beträgt für 1 kg lufttrockenen Zellstoffs:·

a) für ungebleichten Zellstoff und Rückwasserverwendung 180 bis 200 l,

.b) für gebleichten Zellstoff ohne Rückwasserverwendung 500 bis 550 l.

Die Kocherlaugen (s. d.), die die inkrustierenden Substanzen des Holzes enthalten, und die erstenWaschlaugen werden eingedampft und zur Zerstörung der aufgenommenen organischen Substanzen geglüht. Der Glührückstand (Schmelze) wird zur Wiedergewinnung der wertvollen Chemikalien gelöst und wieder zum Kochen verwendet.

Die noch verbleibenden weiteren Waschlaugen fallen als Abwasser an, sie sind dunkelbraun gefärbt, stark alkalisch und enthalten neben Faserstoffen einen hohen

Gehalt an gelösten organischen Stoffen. Bei der Einleitung in Wasserläufe führen sie starke Mißstände herbei durch Pilzbildung und Sauerstoffzehrung. Es ist deshalb darauf zu achten, daß das Eindampfen in möglichst weitem Umfange auch die Waschlaugen umfaßt. Die weitere Behandlung des Abwassers bereitet erhebliche Schwierigkeiten. Am leichtesten durchführbar ist nach zuvoriger Neutralisation und chemischer Fällung die Reinigung auf Rieselfeldern möglichst zusammen mit häuslichem Abwasser.

Nebel (Nebelniederschlag) besteht aus feinsten Wassertröpfchen von etwa 0,02 mm Durchmesser und scheidet sich bei Temperaturen über dem Gefrierpunkt aus dem Wasserdampf der Luft aus. Sobald die Wassertröpfchen auf Widerstände stoßen, sammeln sie sich zu größeren Tropfen und gleiten dann herab. Aus ihrer horizontalen

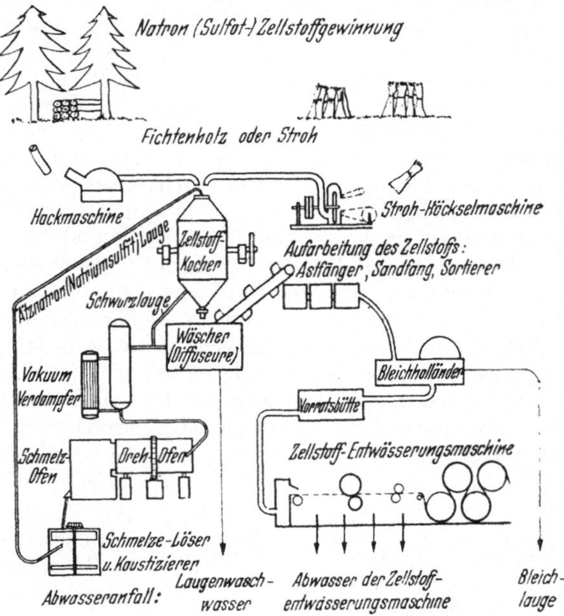

Gewinnung von Natron-(Sulfat)zellstoff.

Bewegung wird erst dann eine vertikale (RUBNER).

Nebelmesser, ein Meßgerät zur Messung des Nebelniederschlages, hergestellt 1928 nach Angaben von Direktor Professor Dr. ALT (†) durch einen Techniker der sächsischen Landeswetterwarte. Die Messung geschieht mit Hilfe von Glasstäben, an denen sich der Nebel niederschlägt und dann in einen darunter stehenden gewöhnlichen Regenmesser herabfällt (nach RUBNER).

Nebenproduktengewinnung siehe Kokerei-Nebenproduktenanlagen.

Neckarit, ein Filterstoff. Er ist ein deutsches mineralisches Naturerzeugnis und dient zur Enthärtung des Wassers. Dabei werden alle Härtebildner bzw. steinbildende Bestandteile des Wassers, also doppelkohlensaurer Kalk, doppelkohlensaure Magnesia, schwefelsaurer Kalk usw. in unschädliche Natriumverbindungen umgewandelt. Ist die Grenze der Aufnahmefähigkeit erreicht, so wird die Neckarit-Filterschicht mit einer Kochsalzlösung vollkommen aufgefrischt.

Nekton (nektos = schwimmend). Unter N. werden diejenigen wasserbewohnenden Organismen zusammengefaßt, die zum Schweben im Wasser geeignet sind und sich gegen die Strömung bewegen können.

Nennbelastung eines Wasserzählers (s. d.), diejenige Wassermenge, die bei einem im Zähler auftretenden Druckverlust von 10 m Wassersäule in einer Stunde durch ihn hindurchfließen kann.

Nenndruck s. Druckstufen.

Nennweiten. Der Begriff Nennweite kennzeichnet die zueinander passendenEinzelteile einerRohrleitung(Rohre, Flansche, Armaturen, Formstücke und Rohrverschraubungen) Im allgemeinen entsprechen die Zahlenwerte der N. den lichten Durchmessern der

Rohrleitungsteile. Da die Außenabmessungen der Rohre, Formstücke und Armaturen mit Rücksicht auf die Herstellung festliegen, können die lichten Durchmesser je nach den zur Ausführung gelangenden Wanddicken gewisse Unterschiede gegenüber den N. aufweisen, die bei Armaturen und Formstücken erforderlichenfalls durch Übergänge ausgeglichen werden können. Abgekürzte Bezeichnung: Nennweite 250 = NW 250 (s. DIN 2402).

Neßlers Reagenz, ein in konzentrierter Alkalilauge gelöstes Doppelsalz von Kaliumjodid und Quecksilberjodid $2\,KJ + HgJ_2$. N. R. wird zum Nachweis von Ammoniak in Wasser benutzt.

Netzplankton, das in einem Planktonnetz gefangene Plankton.

Neustadter Becken s. Steuerbecken.

Neutralisation, der Endpunkt der Reaktion (s. d.).

Neutralit, ein Filterstoff für Wasserreinigungszwecke. Er wird keiner Brennbehandlung und chemischen Beeinflussung unterzogen, sondern besitzt einen natürlichen Gehalt an fein verteilten Karbonaten des Kalkes und der Magnesia, der eine Neutralisationswirkung auf alle Säuren ausübt. Die weiter im N. enthaltenen Eisen- und Manganverbindungen ermöglichen nötigenfalls unter Zuführung von Oxydationsluft eine schnelle Enteisenung und Entmanganung des Rohwassers.

Nickel, N, Atomgewicht 59.

Niederdruckspeicher bei der Warmwasserversorgung, Anlagen, die im Gegensatz zu Hochdruckspeichern (s. d.) nicht unter dem Druck der Wasserleitung stehen, z. B. Kohlenbadeöfen.

Niederschlag, atmosphärischer, aus der Lufthülle in fester oder flüssiger Form ausgeschiedenes Wasser. N. entsteht durch Kondensation des Wasserdampfes der Luft infolge Abkühlung bei dessen Aufsteigen in die höheren Luftschichten, z. B. beim Luv der Regenwinde vor Bodenerhebungen. Die Grundlage des N.s bildet die Meereszufuhr der Luftfeuchtigkeit. Sie wird durch die Landverdunstung verschiedene Male umgesetzt. Die Häufigkeit des Wechsels zwischen der Dampfform und der flüssigen oder festen Form des Wassers wird als „Umsatz" bezeichnet (nach H. KELLER).

N. kann auftreten als Regen, Schnee und Hagel (vertikaler N.) sowie als Tau, Nebel, Reif und Duftanhang (horizontaler N.) (SÜRING).

Niederschlagsgebiet, Formelzeichen F_N, Maßeinheit km², Teil der Erdoberfläche mit Gefälle zu einem bestimmten Geländepunkt; in der Horizontalprojektion gemessen.

Niederschlagsgleichen (Isohyeten), Linien gleicher Niederschlagshöhen in einer bestimmten Zeiteinheit (Tag, Monat, Sommer, Winter, Abflußjahr oder Mehrzahl von Abflußjahren). Der deutsche Ausschuß für Kulturbauwesen übersetzt das Fremdwort Isohyeten mit Regenhöhenlinien.

Niederschlagshöhe, Formelzeichen N, Maßeinheit mm, Niederschlag an einer Meßstelle unter Annahme gleichmäßiger Verteilung auf eine Geländefläche als Wasserhöhe ausgedrückt. 100 mm N. auf 1 m² Fläche bringen 1 1 Niederschlagsfülle (s. Regenhöhe, Regenfülle).

Niederschlagskarte des Deutschen Reiches, ein vom Reichsamt für Wetterdienst herausgegebenes Kartenwerk, das im Maßstab 1 : 1 000 000 die Niederschlagsverteilung im Deutschen Reich unter Zugrundelegung der langjährigen Beobachtungsreihe 1891 bis 1930 zeigt. Für den Entwurf der Karten sind über 4000 Stationen benutzt worden. Das Werk besteht aus 12 einzelnen Monatskarten und einer Jahreskarte.

Niederschlagsmenge. Das Verhältnis der Niederschlagsfülle zu der Zeitdauer des Niederschlags, wobei unter Niederschlagsfülle (Niederschlagsmasse) der in Wasser ausgedrückte Rauminhalt des Niederschlags (Regen, Schnee, Hagel, Rauhreif, Glatteis, Nebel, Tau) zu verstehen ist. Für die Bemessung von Entwässerungsleitungen kommt i. a. nur die in Form von Regen niedergehende N. in Frage, weil die anderen Formen der Niederschläge entweder zu klein sind oder den Leitungen nicht während der Zeit des Niedergehens, sondern nur ganz allmählich zufließen, wenn sie durch Erwärmung flüssig geworden sind (s. Regenmenge).

Niederschlag, thermischer, entsteht, wenn der Wasserdampf der Luft durch Erwärmung der unteren Luftschichten zum Aufsteigen in die oberen Schichten veranlaßt wird und sich dort abkühlt.

Niederschlag, zyklonaler, entsteht, wenn der Wasserdampf der Luft durch Luftdruckunterschiede zum Aufsteigen gelangt und sich dann in den oberen kühleren Luftschichten abkühlt. Er bringt Platzregen und Wolkenbrüche (nach GROSS).

Niederschlagsammler s. Regenmesser.

Niederschraubventile, Auslaufventile in Hauswasserleitungen. Sie werden mit Gummiplattenverschluß (Gummischeibe) (Niederschraubhähne) oder mit Teller-, Kegel- oder Kugelventilabschluß (Ventilhähne) gebaut. Die N. beider Arten müssen bei Reinwasserleitungen mit einem Durchmesser bis zu 38 mm verwendet werden. Die Auslaufventile sind genormt. Es kommen dafür hauptsächlich DIN 3516 bis 3518 U 6.38 in Frage.

Niersverband, eine auf Grund des preußischen Sondergesetzes v. 22. Juli

1927 gebildete Wassergenossenschaft für das Niederschlagsgebiet der Niers (1365 km², 500 000 Einwohner), eines Nebenflusses der Maas, mit der Aufgabe, die Vorflut und den Hochwasserabfluß zu regeln und das anfallende Abwasser zu reinigen. Genossen des N. sind die Städte, Gemeinden, Industrien und einige kleinere Wassergenossenschaften. Sitz des N. ist Viersen.

Niersverfahren s. Eisenkohlensäureverfahren.

Nitrate, Salze der Salpetersäure. Man findet sie in reinen Trinkwässern fast stets in einer Menge bis zu 10 mg/l N_2O_5, zuweilen auch bis zu 30 mg/l und vereinzelt noch etwas mehr. Ein wesentlich höherer Nitratgehalt spricht für eine Wasserverunreinigung. Jedoch ist zu beachten, daß nach RÖHRER auch plötzliche Nitratvermehrungen durch die nitrifizierende Tätigkeit der Bodenbakterien entstehen können. In Hochmoorböden und stark sauren Humusböden fehlt den Nitratbildnern die Lebensbedingung, da die Nitratbildung ein ausgesprochener aërober Vorgang, also ein an gut durchlüftete Böden gebundener Vorgang ist. Auch in moosreichen Nadelwäldern findet in der Regel keine Nitrifikation statt. In den lockeren Waldböden in tieferer Lage ist sie aber größer. Das wird schon durch eine gut entwickelte Bodenflora nitrophiler Pflanzen, z. B. durch das Weidenröschen (Epilobium angustifolium) und die Himbeere (Rubus idaeus) angezeigt, während das Heidekraut (Calluna vulgaris) und die Heidelbeere (Vaccinium myrtillus) auf fehlende Nitrifikation im Boden hinweisen. Das ist bei der Beurteilung einer Wassergewinnung zu beachten. Wässer mit hohem Nitratgehalt haben metallangreifende Eigenschaften, besonders für Blei, sind namentlich für Dampfkessel schädlich. An sich sind sonst Nitrate im Wasser als unbedenk-

lich zu bezeichnen. Das ist schon dadurch gegeben, daß die Salpetersäure das Endergebnis der Oxydation aller stickstoffhaltigen organischen Stoffe im Boden ist (Mineralisation). Im Wasser der Talsperren ist der Nitratgehalt meist ein sehr geringer. Er liegt nach den vorliegenden Untersuchungen zwischen 2 und 10 mg/l. Der Gehalt eines gereinigten Abwassers an N.n ist ein Zeichen dafür, daß die stickstoffhaltigen organischen Stoffe weitgehend zersetzt (abgebaut, oxydiert) sind. Die Höhe des Gehaltes sowohl an N.n als auch an Nitriten scheint ferner mit den Wärmeverhältnissen zusammenzuhängen.

Röhrer, F.: Über den Nitratgehalt der Tiefenwässer. Salomon Calvi-Festschrift, Sonderabdruck.

Nitrite. Salze der salpetrigen Säure (HNO_2), z. B. Natriumnitrit ($NaNO_2$). N. können durch natürliche Abbauvorgänge stickstoffhaltiger organischer Stoffe in ähnlicher Weise wie Nitrate entstehen. Sie können aber auch auf Oxydation von Ammoniak (NH_3) zurückzuführen sein. Im gereinigten Abwasser weisen sie daher auf die Zersetzung der organischen Stoffe hin, in Wasser, das aus dem Erdboden stammt, dagegen auf ammoniakhaltige, moorige oder durch menschliche oder tierische Ausscheidungen verunreinigte Zuflüsse. Bei Wässern, die in geschlossenen Schnellfilteranlagen enteisent werden, entstehen mitunter durch unzureichende Oxydation der im Wasser enthaltenen Ammoniakverbindungen geringe Nitritmengen. Sie haben eine geringe gesundheitliche Bedeutung, stören aber im Haushalt und in der Industrie, z. B. in der Textilindustrie. Sonst kommen N. in hygienisch einwandfreien Wässern nur in Ausnahmefällen vor (s. Nitrat).

Nitrose Gase, die beim Arbeiten mit Salpetersäure sich bildenden, hauptsächlich aus Stickstoffdioxyd, NO_2 bestehenden braungefärbten Gase (s. Giftgase). N. G. entstehen in Sprengstoffabriken, Fabriken der organischen Farbstoffe, in Beizereien, die mit Salpetersäure arbeiten, besonders in Gelbbrennen (s. d.). Beseitigung durch Absaugen und Vernichtung in Absorptionstürmen durch Berieselung mit Wasser, das durch Soda oder Natronlauge alkalisch gemacht wird.

Nomogramm. Die Darstellung des durch eine Gleichung gegebenen Zusammenhanges mehrerer Größen durch logarithmische Maßstäbe (s. Nomographie).

Nomographie, ein Verfahren, das es erlaubt, mittels zeichnerischer Wiedergabe des Inhalts beliebig vieler zusammengehöriger Gleichungen eine zeitraubende Zahlenrechnung durch Ablesungen an geraden oder gekrümmten Linien (Nomogrammen) oder anderen Hilfsmitteln (Lineal, Kreis u. a.) zu ersetzen.

Dabei werden durch logarithmische Maßstäbe, wie beim Rechenschieber, meistens Multiplikationen in Additionen verwandelt, Potenzen ergeben Multiplikationen und Wurzeln Divisionen. Die monographische Darstellung kann z. B. an Stelle von Tabellen zur Ermittlung der Geschwindigkeit des Wassers in Gefälleleitungen aus dem hydraulischen Radius und dem Gefälle oder, wie dies bei der Berechnung von Entwässerungsnetzen hauptsächlich erforderlich ist, zur Ermittlung des Leitungsquerschnittes aus dem Gefälle und der abzuführenden Wassermenge nebst der dabei herrschenden Wassergeschwindigkeit mit Vorteil verwendet werden. Die N. ist sehr alt (s. Kuttersche Formel, hydraulischer Radius).

Nordellzahl s. Odeometer.

Norm, die gleiche Lösung einer sich wiederholenden Aufgabe. „Typ" ist ein Ding, das nach Art und Größe festgelegt wird. Durch „Typung" (Typisierung) entstehen genormte Typen. Der Begriff „Normung" umfaßt auch die Typung (s. DIN).

Normallösung, ein Titriermittel in der Maßanalyse. Die N. enthält in 1 l destilliertem Wasser ein Grammäquivalent des gelösten Stoffes, also z. B.

Stoff	1 mol	1 Grammäquivalent
HCl	36,5 g	36,5 g
HNO_3	63,0 g	63,0 g
NaOH	40,0 g	40,0 g
H_2SO_4	98,0 g	49,0 g
$Ca(OH)_2$	74,0 g	37,0 g
NaCl	58,0 g	58,0 g

Gebräuchliche Bezeichnung: n/1-Lösung. Ist nur ½ oder $^1/_{10}$ des Äquivalentgewichtes gelöst, so hat man $n/_2$- oder $n/_{10}$-Lösung (s. Äquivalentgewicht).

Normblätter, vom Deutschen Normenausschuß e. V. herausgegebene Blätter im Format DIN-A 4, die den jeweilig neuesten Stand der Normung enthalten und vom Beuth - Vertrieb GmbH., Berlin SW 68, Dresdner Straße 97, bezogen werden können. Nachdruck, auch auszugsweise, nur mit Genehmigung des Deutschen Normenausschusses gestattet (s. DIN-Normen).

Normung s. DIN.

Notauslaß, Bezeichnung für Auslässe, die nur in Notfällen, d. h. in Fällen höherer Gewalt dem Vorfluter Schmutzwasser oder mit Schmutzwasser vermischtes Regenwasser zuführen (DIN 4045).

Nutschen, meist trichterförmig gebaute Filter (s. d.) mit flachem Boden. Zur Erhöhung der Filtergeschwindigkeit wird unter dem Filterstoff ein luftverdünnter Raum hergestellt. Verwendung besonders in Laboratorien.

O

Oberflächenbelastung s. Flächenbelastung.

Oberflächenkondensatoren s. Kondensatoren.

Oberflächenwasser, das an die Erdoberfläche getretene und das in oberirdischen Gerinnen, Bächen, Flüssen, Strömen und Kanälen abfließende sowie das in Teichen, Talsperren und Binnenseen sich sammelnde oder aufgespeicherte Wasser. Quellen gehören bei ihrem Austritt aus dem Erdinnern noch nicht zum O. Da das O. hygienisch selten einwandfrei ist, darf es als Trinkwasser nur nach Aufbereitung (s. d.) verwendet werden.

Oberflächenwasseranteil, ein Teil des in Bächen und Flüssen fließenden Wassers entsprechend seiner Herkunft (KOEHNE). Der andere Anteil ist der Grundwasseranteil.

Oberfläche von Absetzbecken, für die Bemessung von Absetzbecken, in denen körnigen Schlamm absetzendes Abwasser geklärt wird, maßgebende Größe, die sich aus der Gleichung: $F = D/S$ ergibt. Darin ist F die gesuchte Oberfläche in m², D die Durchflußmenge in m³/h und S die kleinste Sinkgeschwindigkeit der abgesetzten Stoffe in m/h. $S = H/Z$ ist das durch Versuch im Standglas festgestellte Verhältnis der Höhe H einer Abwassersäule in m zu der Zeit Z in Stunden (h), die vergeht, bis die Abwassersäule die gewünschte Klärwirkung aufweist. Der Ausdruck $O = D/F$, der nach der oben genannten Gleichung $F = D/S$ auch gleich S ist, heißt Oberflächenbelastung des Beckens (s. Flächenbelastung).

Oberfläche von Ölfängen, für die Bemessung von Ölfängen maßgebende Größe, die sich aus der Gleichung: $F = D/S$ ergibt, worin F die gesuchte Oberfläche in m², D die Durchfluß-menge in m³/h und S die kleinste Steiggeschwindigkeit der kleinsten Öl- und Fetteilchen in m/h ist. $S = H/Z$ ist das durch Versuch im Standglas festgestellte Verhältnis der Höhe H einer Abwassersäule in m zu der Zeit Z in Stunden (h), die vergeht, bis die Abwassersäule im Standglas den gewünschten Entfettungsgrad aufweist. Der Ausdruck $O = D/F$, der nach der oben genannten Gleichung $F = D/S$ auch gleich S ist, heißt Oberflächenbelastung des Ölfanges (s. Flächenbelastung).

Obstkonservenfabriken s. Gemüsekonservenfabriken.

Odeometer, Meßgerät, an dem man die Nordellzahl, d. h. den Sauerstoffbedarf innerhalb einer Stunde, durch die Laufgeschwindigkeit einer Luftblase in einer waagerechten Röhre ablesen kann. Das O. wird vorwiegend zur Bestimmung des Sauerstoffbedarfs eines Abwasser-Schlamm-Gemisches in Belebungsbecken angewendet (s. Sauerstoffbedarf).

Öffnungen in Schachtabdeckungen. Zur Lüftung des Entwässerungsnetzes und um beim plötzlichen Eindringen großer Wassermassen (z. B. bei heftigen Regengüssen) der in den Leitungen befindlichen Luft eine Abzugsmöglichkeit zu verschaffen, müssen die in der Straßenoberfläche liegenden Abdeckungen der Einsteigeschächte eine größere Anzahl von Öffnungen erhalten. Die Öffnungen müssen derart ausgebildet sein, daß der Verkehr nicht behindert wird und insbesondere die Hufeisen der Pferde nicht hängen bleiben können. Ein unter der Schachtabdeckung hängender Eimer oder ein unter ihr liegendes, durchlochtes Blech dient als Schmutzfänger (s. DIN 1214, 1218 bis 1221, 1224 und 1226 bis 1227).

Ökologie, das Verhältnis der Lebewesen zu ihrer Umwelt.

Öl. Man unterscheidet: 1. Mineralöl, 2. fettes Öl und Fett und 3. ätherisches Öl, die zwar physikalisch gewisse Ähnlichkeit aufweisen, aber in chemischer Hinsicht höchst verschiedenartig sind. Während in den Mineralölen (z. B. Erdöl) die Kohlenwasserstoffe vorherrschen, bestehen die fetten Öle und Fette der lebenden Tiere und Pflanzen aus Glyceriden und anderen Estern und die ätherischen Öle aus verwickelten Verbindungen und Gemengen der verschiedenartigsten chemischen Stoffe. Sowohl Mineralöle als auch fette Öle und Fette verursachen Störungen in den Entwässerungsnetzen (Verklebungen, Verstopfungen, Bildung zerknallgefährlicher Gase), in den Kläranlagen (Behinderung des Luftzutritts bei biologischen Reinigungsverfahren, Verkleben der biologischen Häute bei Tropfkörpern und der Bodenporen bei der Landbehandlung des Abwassers) und im Vorfluter (die Aufnahme von Luftsauerstoff hindernden, Staub und Ruß festhaltenden, häßlichen Schwimmschichten). Mineralöle stören überdies den Zersetzungsvorgang im Faulraum. Zur Entfernung des Öls und des Fettes aus dem Abwasser dienen Öl- und Fettfänge, Fett- und Benzinabscheider, durch die die Öle und Fette bereits auf den entwässernden Grundstücken erfaßt werden. Da Öle und Fette, wenn sie noch nicht zu stark vom Abwasser verunreinigt sind, sehr gut wieder verwertet werden können, ist es von hoher wirtschaftlicher Bedeutung, sie in möglichst großem Umfange schon am Anfallorte abzufangen, bevor sie in das öffentliche Entwässerungsnetz gelangen und sich mit größeren Abwassermengen mischen (s. Entfettung von Abwasser).

Ölabscheider s. Fettabscheider und Entfettung von Abwasser.

Ölfang, Fettfang, Bauwerk, in dem der Abwasserdurchfluß soweit verlangsamt wird, daß sich die vom Abwasser mitgeführten öligen und fettigen Stoffe (Mineralöle, fette Öle und Fette) durch Aufschwimmen ausscheiden und abgeschöpft werden können. I. a. wirkt hiernach jedes Absetzbecken als Ö. Zur Entlastung des Absetzbeckens wird aber bei der Behandlung besonders öl- und fettreicher Abwässer vor

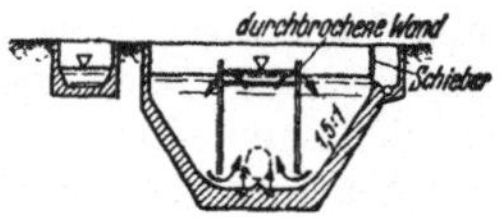

Querschnitt durch einen belüfteten Ölfang.

dem Becken, zuweilen auch vor dem Sandfang ein besonderer Ö. angeordnet. Das Ausscheiden der Öl- und Fettstoffe wird durch Einblasen von Luft in den Ö. stark gefördert. Für den belüfteten Ö. rechnet man dann bei einer Durchflußzeit von 3 Minuten mit einem Luftbedarf von 0,2 m³ Luft auf 1 m³ durchfließendes Abwasser (s. Schaumverfahren, Schaumbecken).

Ölgehalt von Abwasserschlamm. Der Trockenrückstand des frischen städtischen Abwasserschlammes, und zwar vor allem des Schwimmschlammes kann bis zu 15 v. H. Öl- und Fettstoffe enthalten, wovon bei der Ausfaulung i. a. über 10 v. H. verloren gehen, weil dabei nur die Mineralöle zurückbleiben, während sich die von lebenden Tieren und Pflanzen herrührenden, wertvolleren fetten Öle und Fette zersetzen. Die Rückgewinnung der Öl- und Fettstoffe aus dem städtischen Abwasserschlamm hat sich bisher selbst bei der Verarbeitung von Frisch-Schlamm meist als unwirtschaftlich erwiesen, dagegen wird die Rückgewinnung aus gewerblichem Abwasserschlamm, der u. U. erheblich öl- und fettreicher ist als der städtische, vielfach erfolgreich betrieben.

Ölhaltiges Abwasser stört ebenso wie fetthaltiges die mechanische, besonders aber die biologische Weiterbehandlung des Abwassers. Mineralische Öle und Fette sind sehr schwer zersetzlich und schädigen dadurch Tropfkörper und Schlammbelebungsanlagen. Auf Rieselfeldern setzt sich Öl und Fett auf der Bodenoberfläche fest und beeinträchtigt die Filterfähigkeit des Bodens. Bei der Einleitung in Wasserläufe verbreiten sich durch Ö. A. schillernde Häute, die den natürlichen Luftzutritt zum Flußwasser hindern. Öl und Fett müssen daher aus gewerblichem Abwasser vor der Ableitung in ein städtisches Entwässerungsnetz oder in einen Wasserlauf in Öl- oder Fettfängen (s. d.) zurückgehalten werden. Die Entölung von Kondenswasser erfolgt in Kondensatentölern (s. Kondensatentölung).

Ölraffinerien s. Erdölindustrie bzw. Speisefettfabriken.

Oligoaërob sind Organismen, die nur unter geringen Sauerstoffspannungen gedeihen.

Oligosaprobien s. Saprobiensystem.

Oligotroph, nährstoffarm.

OMS-Brunnen, zweistöckige Absetzanlage mit einem untergetauchten, mit einer Decke versehenen Absetzraum. Durch Schlitze zwischen der Decke und den Wänden des Absetzraumes

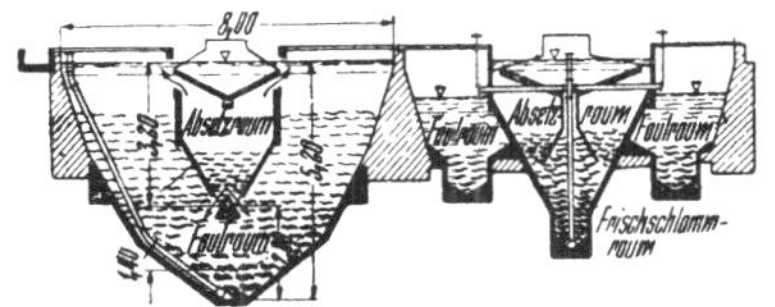

Querschnitt durch einen gewöhnlichen OMS-Brunnen und einen solchen mit getrenntem Schlammfaulraum.

können die Schwimmstoffe aus diesem in den oben offenen Faulraum übertreten. Da sich beim OMS-B. die absetzbaren Stoffe durch untere und die Schwimmstoffe durch obere, an der Decke des vollkommen unter Wasser liegenden Absetzraumes befindliche Schlitze nach dem Faulraum hin ausscheiden, enthält er gewissermaßen zwei Faulraumstockwerke und ein Absetzraumstockwerk, so daß man ihn auch als dreistöckige Absetzanlage bezeichnen kann. In kleiner Ausführung wird der OMS-B. auch als Hauskläranlage vielfach verwendet.

Opferstrecke, früher gebräuchliche Bezeichnung der Strecke eines Wasserlaufes, auf der er durch Abwasser derart verschmutzt war, daß sein Wasser keinerlei Verwendung mehr finden konnte. Nach der heutigen Auffassung der Reinhaltung der Gewässer sind O.n aus Gründen der Volksgesundheit, der Landschaftsgestaltung und der Wasserbewirtschaftung durchaus unzulässig.

Organische Stoffe (Huminstoffe) findet man in geringer Menge in fast allen natürlichen Wässern. Bei hohem Gehalt färben sie das Wasser gelblich bis gelbbraun (Moorwässer). In der Regel bestimmt man den Gehalt eines Wassers an organischen Stoffen durch den Kaliumpermanganatverbrauch. Die meisten reineren Wässer haben einen $KMnO_4$-Verbrauch unter 12 mg/l oder = 3 mg/l Sauerstoff. Wesentliche Überschreitungen dieser alten „Grenzzahl" deuten häufig auf den Zutritt von Verunreinigungen durch menschliche, tierische oder gewerbliche Abfallstoffe hin. Dies gilt aber nicht ohne weiteres für Moorwässer und auch nicht für solche Wässer, die in Holzrohren gestanden haben, oder aus einem Kesselbrunnen mit Holzwandungen stammen. In den Talsperren finden sich nur wenig organische Stoffe. Sperren, bei denen die Beckensohle nicht ausgeräumt worden ist, können eine Ausnahme bilden.

Organismen des reinen Wassers. Auf dem Lande und in einfachen Wasseranlagen findet man vielfach Organismen, die keinen saproben Charakter tragen und deshalb harmloser Natur sind. Dazu gehört der Kleinkruster, das Flohkrebschen (Gammarus pulex), das in reicher Menge in Uferpartien von Seen und Talsperren, Flüssen und Quellen, in Brunnen und Wasserbehältern auftritt. Ähnlich sind die Brunnenflohkrebse (Niphargus putaneus), die dem Leben in dunklen Wasserräumen angepaßt und meist blind sind. Sie werden· manchmal beim Reinigen der Wasserbehälter festgestellt. Auch Hüpferlinge gehören nicht selten zu dem Bestand reiner Gewässer. Der Hüpferling, Cyclops sensitivus, ist bisher nur in Brunnen beobachtet worden. Weitere Arten treten auch in anderen reinen Gewässern auf. In Kesselbrunnen, Talsperren und vereinzelt in Wasserleitungen zeigt sich der gemeine Wasserfloh (Daphnia pulex). In lichtarmen oder ganz abgeschlossenen Brunnen wird nicht selten die Wasserassel (Asellus cavernicolus) gefunden. In manchen Gegenden Mitteldeutschlands fällt bisweilen in Quellen, Brunnen und selbst in Wasserleitungsrohren der rosarote Brunnendrahtwurm durch seine Farbe und Länge (bis 30 cm) unangenehm auf. Er ist aber harmloser Natur. Dazu kommen noch manche Tierchen mikroskopischer Größe. Zu nennen sind von den Wurzelfüßlern (Rhizopoden), die sonst vielfach auch in unreinerem Wasser leben, Amoeba proteus, die charakteristisch für reineres Wasser ist, und als Bewohner des Schlammes von Kesselbrunnen Difflugia, Trinema, Cyphodoria und Euglypha, sowie seltener das Sonnentierchen (Actinophrys sol). Reichlich im reineren Wasser vertreten sind die Kieselalgen oder Diatomeen Navicula, Cymbella, Fragilaria, Gomphonema, Nitzschia und Synedra. Unter den Grünalgen überwiegen die Fadenalgen. Sie kommen erratisch im Plankton und im Schlamm, an Brunnenwandungen oder als Eimerbesatz sowie auf den Filtern vor. Ein sauerstoffreiches Was-ser bevorzugt die Kraushaaralge (Ulothrix zonata). Gelegentlich findet man in Wasserbehältern auch einzelne Arten von Zieralgen (Desmidiaceae), z. B. Closterium (nach H. und E. Beger).

Organismen, wasserbewohnende, regeln beständig das Gleichgewicht zwischen progressiver und regressiver Umsetzung der eignen und der dem Wasser von außen zugeführten (belebten und unbelebten) organischen Substanzen, also den Stoffhaushalt des Wassers (nach Marson). Unter den wasserbewohnenden Organismen unterscheidet man nach praktischen Gesichtspunkten

1. Uferbesatz, d. h. tierische und pflanzliche Organismen, die entweder am Ufer festsitzen oder sich, soweit sie Tiere sind, am· Ufer kriechend bewegen,
2. Grundbesatz (Begriff wie bei dem Uferbesatz),
3. Nekton, Plankton und Seston (s. d.).

Orthotolidinverfahren (o-Tolidin) = $(NH_2C_6H_3(CH_3)(CH_3)C_6H_3NH)_2$. Das o-Tolidinverfahren nach Ellms und Hauser wird als Chlorreagens zur Bestimmung des Chlorüberschusses gechlorten Wassers benutzt. Es beruht auf der Bildung eines gelben Farbstoffes in stark salzsaurer Lösung. In schwächer saurer Lösung entstehen mehr grünliche Färbungen. Die Genauigkeit des Verfahrens hat gewisse Grenzen.

Orzelit s. Basenaustauschverfahren.

Osmose, die Diffusion (s. d.) von Flüssigkeiten durch eine poröse Scheidewand.

Oxydationsbleiche s. Bleichereien.

Oxydierbarkeit des Wassers s. Kaliumpermanganatverbrauch.

Ozon ist dreiatomiger Sauerstoff. Das Molekül O_3 gibt leicht ein Sauerstoffatom ab. Dabei entsteht das gewöhnliche Sauerstoffmolekel O_2. Das abgegebene Sauerstoffatom O ist im Zeitpunkt seiner Entstehung, in statu nascendi, ein besonders wirksames Oxydationsmittel und zerstört die organische Substanz der Kleinstlebewesen im Wasser. Darauf beruht die desinfizierende Wirkung des O.s (s. Entkeimung des Wassers). Zur Herstellung des O.s werden Geräte verwendet, in denen durch sogen. stille elektrische Entladung das O. aus dem Luftsauerstoff gewonnen wird. Zur Entkeimung von 1 m³ sonst klaren Wassers bedarf man bei einer Berührungszeit von etwa 15 Minuten 4 bis 5 g O. Die diese Menge führende Luft wird dem Wasser in sog. Emulseuren, die nach dem Grundsatz der Wasserstrahlpumpen arbeiten, zugemischt. Alsdann wird das Wasser über Reaktionstürme geführt, in denen das O. hinreichende Zeit mit ihm in Berührung bleibt. Das O.verfahren ist im Altreich zugunsten des billigeren Chlorverfahrens aufgegeben worden. In Frankreich und Italien findet es noch vielfach Anwendung.

P

Paddelräder, maschinell bewegte Räder mit schaufelförmigen Ansätzen, die beim Belebungsverfahren das Abwasser-Flocken-Gemisch in den Belebungsbecken vorwärts treiben, emporheben, zerstäuben und dadurch zur Belüftung beitragen (s. Belebungsverfahren, Belebungsbecken, Hartley-Paddel, Erfurter Paddelräder, Haworthrinnen).

Papierbrei, zur Verstärkung der Flockenbildung im Abwasser dienender Zusatzstoff, der die künstliche Trocknung und die Verbrennung des ausgeflockten Schlammes erleichtert, aber in gleicher Weise wie alle derartigen Zusatz- und Fällungsmittel (Braunkohlenbrei, Calcium-, Eisen- oder Aluminiumsalze) die abgesetzte Schlamm-Menge wesentlich vergrößert. Da der Schlamm viel wasserhaltiger ist als der ohne Fällungsmittel abgesetzte, da außerdem mehr Schwebestoffe ausgeschieden werden und die chemische Wirkung der Zusatzstoffe manche vorher gelösten Stoffe ausfällt, kann die Schlamm-Menge u. U. dreimal so groß werden, wie die, die sich ohne den Zusatz derartiger Fällungsmittel absetzen würde. Der Zusatz von P. vergrößert in gleicher Weise wie der von Kohle auch den Trockenrückstand erheblich (s. Abwasserklärung, chemische, und Kohlebreiverfahren).

Papierfabrikabwasser. Das Abwasser der Papierfabriken setzt sich zusammen aus dem Abwasser der meistens der eigentlichen Papiererzeugung angeschlossenen Halbstoffgewinnung Holzschleifereien (s. d.), Sulfitzellstoffabriken (s. d.), Natronzellstoffabriken (s. d.) und Lumpenkochereien (s. d.)) und dem der eigentlichen Papiererzeugung.

Das Abwasser der Papiererzeugung fällt in größeren Mengen an, je nach der Art der erzeugten Papiersorte (s. Papierfabriken). Es enthält neben Faserstoffen auch Füllstoffe (Kaolin, Leim) und bei der Herstellung farbiger Papiere auch Farbreste.

Bei der Reinigung des Ps. müssen zunächst die Faserstoffe durch Stofffänger (s. d.) zurückgehalten werden, um sie wieder der Verarbeitung zuzuführen. Alsdann läßt sich die Menge des noch abzuleitenden Ps. durch weitgehende Wiederverwendung des Abwassers (s. Rücknahmeverfahren) erheblich einschränken.

Je nach der Art der benutzten Stofffänger ist das P. noch durch einen mehr oder weniger hohen Gehalt an organischen Stoffen verschmutzt, die im Vorfluter Schlammbildung und Sauerstoffschwund hervorrufen. Aus diesem Grunde ist oftmals eine biologische Behandlung des Ps. erwünscht, die ohne Schwierigkeiten zusammen mit häuslichem Abwasser durchgeführt werden kann, wenn nicht die Zuleitung schwierig zu behandelnden Abwassers aus der Halbstoffgewinnung stört.

Papierfabriken benutzen als Hauptrohstoff das Holz (vorwiegend Fichte, Tanne, Kiefer, Pappel), außerdem Getreidestroh, Lumpen und Altpapier. Bei der Gewinnung des Halbstoffes wird das Holz entweder zu Holzschliff (s. Holzschleifereien) oder zu Zellstoff (s. Zellstoffabriken) aufbereitet. Stroh wird zu Strohstoff (s. Strohpappenfabriken) oder zu Strohzellstoff (s. Strohzellstoffabriken) aufbereitet. Schrenzpapierfabriken (s. d.) benutzen Altpapier als Rohstoff. Die Aufarbeitung der Lumpen erfolgt in Lumpenkochereien (s. d.).

Vor der Papierblattherstellung erfolgt das Leimen (um das Papier tintenfest zu machen), das Füllen (z. B. mit Kaolin, Talkum, Schwerspat), um dem Papier eine gleichmäßigere Oberfläche zu geben, und das Färben. Bei der eigentlichen Papierherstellung ist zu unterscheiden zwischen der Herstellung von Hand in Bütten (Büttenpapier) und der maschinellen Herstellung (Maschinenpapier) auf Papiermaschinen (s. d.). Zu den sog. Vollendungsarbeiten gehören das Satinieren (Erzeugung von Glanz), das Kreppen usw.

P. benötigen für ihren Betrieb ein klares, weiches, salzarmes sowie praktisch eisen- und manganfreies Wasser. Der Brauchwasserbedarf der P. ist sehr groß. Je nach den herzustellenden Papiersorten und je nach dem Maß der Wiederverwendung des Abwassers und sonstigen Umständen beträgt der Brauchwasserbedarf von P. 40—1000 l je kg Erzeugnis. Für die Herstellung von 1 kg Feinpapier werden i. M. 400 l, für Zeitungspapier 200 l und für Packpapier 125 l Wasser benötigt.

. MÜLLER, M., Die Papierfabrikation und ihre Maschinen. Biberach a. d. Riß 1940.

Papiermaschinen. Bei den **Langsiebmaschinen** fließt der dünne Faserstoff (1 Tl. Fasern auf 100 bis 200 Teile Wasser) auf ein endloses liegendes Metallsiebband, das sich über eine Anzahl kleiner Tragrollen bewegt. Auf diesem Langsieb (Siebpartie) bildet sich die Papierbahn. Unter dem letzten Teil des Langsiebes befinden sich Saugkästen, die an eine Pumpe angeschlossen sind und das Wasser absaugen. Am Ende der Siebpartie ist die Gautschpresse angeordnet, zwischen deren Walzen die Papierbahn leicht ausgepreßt und vom Sieb abgehoben wird. Von hier aus gelangt die Papierbahn zu den Naßpressen (Pressenpartie), wo eine weitere Entwässerung bewirkt wird, und dann zu einer großen Anzahl mit Dampf geheizter Trommeln (Trockenpartie), wo das restliche Wasser durch Wärme ausgetrieben wird. Beim Durchgang durch die Trockenpartie wird die Papierbahn durch mitlaufende Filze fest an die Oberfläche der Trockentrommeln gepreßt.

Bei den **Rundsiebmaschinen**, die sich besonders zur Herstellung von Kartons und Pappen eignen, erfolgt die Bildung der Papierbahn durch mehrere umlaufende Metallsiebzylinder,

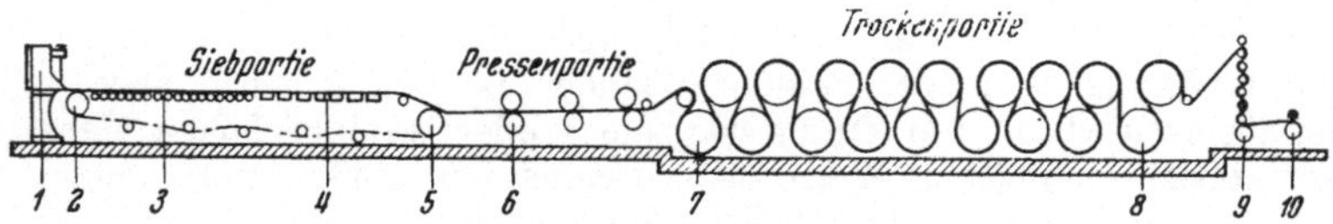

Schema einer Papiermaschine (Langsiebmaschine).
1 Stoffauflauf, 2 Brustwalze, 3 Registerteil, 4 Saugerteil, 5 Saugwalze, 6 Naßpresse, 7 Trockenzylinder für Papier, 8 Kühlzylinder, 9 Trockenglättwerk, 10 Rollapparat.

die in die mit Papierbrei gefüllten Bütten eintauchen. Bei der Drehung der Zylinder setzt sich der Papierstoff außen auf der Mantelfläche ab, während das Wasser durch die Siebwandung dringt. Das Papierblatt wird von einem über den Zylindern streichenden Filz abgenommen und der Gautschpresse zugeführt, worauf sich die weitere Behandlung in gleicher Weise vollzieht wie bei den Langsiebmaschinen.

Pappfabriken stellen Pappen nach den bei Papierfabriken (s. d.) üblichen Arbeitsverfahren her. Je nach dem benutzten Halbstoff werden Strohpappenfabriken (s. d.) und Schrenzpappenfabriken (s. Schrenzpapierfabriken) unterschieden.

Parallelnetz, Parallelsystem s. Entwässerungsnetz.

Paramaecium caudatum, Pantoffeltierchen, zu den Infusorien gehöriges, einzelliges, mikroskopisch kleines Urtierchen (Protozoë) mit zahlreichen feinen, schwimmenden Wimpern. Lebt in organisch stark verschmutztem Abwasser, zu dessen Selbstreinigung es im Verein mit anderen Infusorien (z. B. Trompetentierchen, Glockentierchen) und sonstigen Urtierchen (z. B. Wurzelfüßler, Geißeltierchen) sowie mit niederen pflanzlichen Gebilden (z. B. Bakterien, Algen) beiträgt (s. Infusorien, Kleinlebewesen).

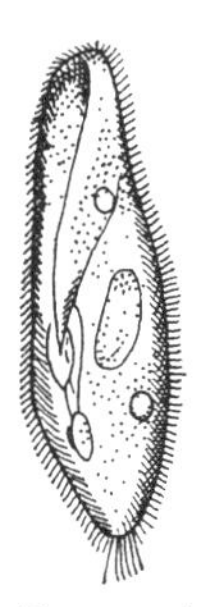
Paramaecium caudatum (nach DAHL)

Paratyphus-Schottmüller, eine zur Typhusgruppe gehörige Infektionskrankheit des Magens und Darms, die durch verunreinigtes Wasser verursacht und übertragen werden kann. Sie tritt aber besonders als Fleisch- oder Fischvergiftung auf.

Parkplatz, öffentlicher Platz oder Straßenteil zur Aufstellung von Kraft-

wagen, oft mit Tankstelle verbunden. Um zu verhüten, daß das Regenwasser abgetropftes Schmier- und Treiböl in das öffentliche Entwässerungsnetz spült, soll in die Anschlußleitung eines P.es i. a. ein Leichtflüssigkeitsabscheider eingebaut werden (s. Benzinabscheider).

Partial-Wassermesser s. Venturi-Wassermesser.

Passavantrechen, maschinell gereinigter, mit dem Abwasserstrom einen stumpfen Winkel (etwa 120°) bildender fester Stabrechen, bei dem das Rechengut mittels einer an einer Kette ohne Ende elastisch aufgehängten Harke aus dem Wasser gehoben und auf ein Förderband geworfen wird.

Pech, der Destillationsrückstand der Teere (MALLISON).

Pedologie, Bodenkunde.

Pegel, eine Meßeinrichtung, mit der der jeweilige Wasserstand eines Flusses, eines Grabens, eines Sees oder eines Behälters bestimmt werden kann. Man unterscheidet:

1. L a t t e n p e g e l. Hölzerne, gußoder schmiedeeiserne, meist lotrecht befestigte Latte mit Zentimeterteilung, an der der Wasserstand unmittelbar abgelesen wird.

2. S c h w i m m e r p e g e l, bei dem ein vom Wasser getragener Schwimmer aus Holz oder Metall den Wasserstand mittels einer Gestänge- oder Seilzugvorrichtung auf einen Zeiger überträgt, der sich von einer geteilten Meßlatte oder vor einem Zifferblatt bewegt. a) R o l l b a n d p e g e l, bei dem die Schwimmerbewegung auf zwei große Trommeln, über die ein beziffertes Rollband läuft, übertragen wird. (Übersetzung bis 5 : 1). Bis auf 1 km Entfernung ablesbar. b) D i f f e r e n zp e g e l für die Messung des Unterschiedes zweier Wasserstände, z. B. Ober- und Unterwasser. c) S c h r e i bp e g e l, selbstschreibender P. mit einer durch ein Uhrwerk getriebenen

Schreibtrommel, auf der die Wasserstandsschwankungen fortlaufend aufgezeichnet werden.

3. **Fernpegel**, der aus einem den Wasserstand messenden Geber und einem ihn anzeigenden oder aufzeichnenden Empfänger besteht. a) **mechanischer P.**, bei dem die Schwimmerbewegung des Gebers durch einen Seil- oder Drahtzug auf den Empfänger übertragen wird. Reichweite etwa 30 m. b) **hydraulischer oder hydrostatischer P.**, bei dem der zu messende Wasserstand durch ein enges Rohr (Druckrohr oder Heberrohr) auf den Wasserstand in einem Schacht übertragen wird, über dem sich der Empfänger befindet. Dieser wird durch einen Schwimmer oder durch den auf eine Quecksilbersäule wirkenden Wasserüberdruck betätigt. c) **Druckluftpegel**, bei dem als Geber i. a. eine Taucherglocke verwendet und der in ihr mit dem Wasserstande wechselnde Luftdruck durch ein dickwandiges Bleirohr von 3 bis 4 cm Lichtweite auf ein als Empfänger dienendes Quecksilbermanometer übertragen wird. Reichweite bis 300 m. d) **elektrischer P.**, bei dem der Wasserstand i. a. durch Schwimmerbewegung oder auch durch elektrische Widerstände aufgenommen und auf sehr große Entfernungen dem Empfänger mittels des elektrischen Stromes zugeleitet wird.

Im Abwasserwesen wird vorwiegend der Fernpegel angewendet, und zwar zur Übertragung von Wasserständen im Entwässerungsnetz, in den Bauwerken der Kläranlage und im Vorfluter nach einer im Betriebsgebäude befindlichen Beobachtungsstelle.

In der Gewässerkunde werden die P., die dauernden Zwecken dienen, in solche I., II. und III. Ordnung eingeteilt. Man unterscheidet hier Schreibpegel und Lattenpegel. Ein Schreibpegel darf nicht allein verwendet wer-

den, sondern immer nur in Verbindung mit einem Lattenpegel. Für jeden P. I. Ordnung ist, sofern möglich, die Höhenbeziehung zum Normalnull (N. N.) festzulegen (nach Pegelvorschrift).

• SCHAFFERNACK, Hydrographie, Wien 1935.

Pegelbeobachtungsbuch. In ihm sind nach bestimmtem Muster alle Beobachtungen sofort mit hartem Bleistift einzutragen, ferner Bemerkungen über Eis, Verkrautung, starken Wellenschlag usw. sowie über Störungen und Reinigungen der Schreibevorrichtung zu machen (nach Pegelvorschrift).

Pegelfestpunkte. Die Höhenlage des Pegels eines Flusses oder Sees ist außer zum Normalnull noch gegen drei örtliche Festpunkte festzulegen (nach Pegelvorschrift).

Pegelmaßstäbe, als Maßstäbe für die Aufzeichnung der Wasserstände (Höhenmaßstäbe) sind 1 : 5, 1 : 10 oder 1 : 20 zu wählen (nach Pegelvorschrift).

Pegelnull, Formelzeichen P. N., Bezugshorizont für die Pegelstelle.

Pegelnullpunkt, Nullstrich der Teilung eines Lattenpegels.

Pegelstammbuch, eine genaue Beschreibung aller gewässerkundlich für die Pegelstelle wichtigen Angaben, sowie eine ausführliche Beschreibung des Pegels selbst mit Zeichnungen und Lageplänen und ferner Prüfungsergebnisse (nach Pegelvorschrift).

Peilrohre, Rohre, die innerhalb oder außerhalb eines Brunnens angeordnet sind und zur Messung des Grundwasserstandes auch während der Wasserentnahme dienen (DIN 4149 Entwurf 1).

Pelagial, die Region des freien Wassers im Meere und im Binnensee.

Pendelklappe, als Rückstauverschluß dienende, innerhalb einer Entwässerungsleitung oder anderen Ausmündung um eine waagerechte Achse drehbar aufgehängte Klappe, die die Leitung bei steigendem Außenwasserstande infolge des Wasserüberdruckes selbsttätig abschließt und dadurch verhindert, daß von unten her Wasser in die Entwässerungsleitung dringt. Große, durch Gegengewichte ausgewogene P.n dienen an der Mündung von Entwässerungskanälen in den Vorfluter dazu, das Entwässerungsnetz vor eindringendem Hochwasser zu schützen und dadurch Überschwemmungen von tiefliegenden Straßen und Grundstücken zu verhüten. Kleine P.n wurden früher beim Mischverfahren oft zwischen Hauptgrundleitung und Hausanschlußleitung eingebaut, um bei heftigen Regenfällen einen Rückstau in die Grundstücksentwässerungsanlage zu verhindern, heute werden sie aber i. a. fortgelassen, weil sie die Lüftung behindern und infolge von Verschmutzung nicht zuverlässig arbeiten. Man sichert vielmehr jetzt nur solche Abläufe gegen Rückstau, die tiefer als eine vom Entwässerungsamt festgesetzte Ebene (meist Straßenoberfläche) liegen. Das Normblatt DIN 1986 sieht für diese Sicherung neben einer von Hand zu bedienenden Absperrvorrichtung auch einen selbsttätig wirkenden Rückstauschutz (i. a. Pendelklappe) vor (s. Rückstau, Rückstauverschluß).

Pendelrohr, unter einem Tauchkörper pendelndes Belüftungsrohr, dessen dem Wasser sich mitteilende Bewegung zur Spülung des Tauchkörpers beiträgt und durch dessen Anwendung für die gleiche Leistung des Tauchkörpers weniger Luft verbraucht wird als bei fest eingebauten Luftzuführungsrohren (s. Tauchkörper).

Peridineae s. Plankton.

Permanganatverbrauch s. Kaliumpermanganatverbrauch.

Permutite (Zeolithe), eine Gruppe gut kristallisierter, farbloser Mineralien (Alkali-Aluminiumsilikate), die manche Bestandteile im Wasser leicht gegen andere Stoffe austauschen können. Es findet ein Basenaustausch statt, bei dem an die Stelle des Alkalis im Permutit (Zeolith) das Calcium oder

Magnesium der im Wasser gelösten Härtebildner tritt.

Petri-Schalen (Kulturschalen), Doppelschalen mit Boden und Deckel aus vollständig ebenem Glas. Sie werden rund und viereckig hergestellt und dienen zum Anlegen der Kulturen für das auf Gehalt an Gesundheit gefährdende Bakterien zu untersuchende Wasser.

Pettenkofer, Maximilian Josef von —, geb. 3. Dezember 1818 in Lichtenheim/Bay. P., der Begründer der praktischen Hygiene, insbesondere der Seuchenbekämpfung, lernte den Beruf eines Apothekers in der Schloßapotheke in München, ging dann vorübergehend zum Theater. Später Schüler von Justus Liebig in Gießen, Assistent beim Hauptmünzamt in München. 1847 Professor der Medizin, 1850 Hofapotheker und 1865 Professor der Hygiene in München. Erfinder der Erzeugung des Holzgases. P. erkannte frühzeitig die Notwendigkeit einer Gesundheitsführung auf wissenschaftlicher Grundlage: „Die Hygiene ist die Wirtschaftslehre von der Gesundheit" und stellte die Forderung der Vermehrung der Zahl von Lehrstühlen der Hygiene an den Universitäten und Polytechniken. Verfechter der Reinhaltung des Bodens. Vorträge über Entwässerung der Städte oder Abfuhr der Fäkalien. Weniger bekannt als Dichter (Heidelieder und Chemische Sonette). † 9. Februar 1901.

Pfeilkraut s. Plankton.

Pflanzen, bedecktsamige, s. Plankton.

Pflanzen, blütenlose, s. Plankton.

Phenol, Karbolsäure, $C_6H_5 \cdot OH$, ist in dem Abwasser der Kokereien, Gasanstalten, Braunkohlenschwelereien, Teerdestillations- und Holzverkohlungsanlagen enthalten. Es ist eine alkoholische, säureartige, organische Verbindung von aufdringlichem Geruch mit stark desinfizierenden Eigenschaften. Phenolhaltige Abwässer können das

Vorflutwasser vollkommen unbrauchbar machen und alles Leben im Vorfluter abtöten. Durch Kondensation von Ph. mit Formaldehyd erhält man Kunstharz (Phenoplast, Bakelit). Auch zur Herstellung von Sprengstoff (Pikrinsäure), von Arzneimitteln (Salicylsäure, Aspirin, Salipyrin) und zur Desinfektion findet Ph. Verwertung. Die Rückgewinnung aus den Abwässern der Kohlenindustrie und damit zugleich die Entgiftung der Abwässer wird besonders im rheinisch-westfälischen Industriebezirk (Emschergenossenschaft, Ruhrverband) betrieben.

Phenolatlauge s. Entphenolungsanlagen.

Phenolgeschmack s. Chlorphenolgeschmack.

Phenolgewinnung s. Entphenolungsanlagen.

Phenolhaltiges Abwasser entsteht bei Kokereien, Gasgeneratorenanlagen, Gaswerken, Braunkohlenschwelereien, Mineralölfabriken, Holzverkohlungsanlagen und Kohle- und Teerhydrierungsanlagen. Infolge seines Gehaltes an Giftstoffen ruft es mannigfaltige Beeinträchtigungen in Wasserläufen hervor durch Schädigungen der niederen Wassertierwelt und der Fischerei (s. Fischgifte) sowie durch Beeinträchtigung der Wasserversorgung, indem es den Chlorphenolgeschmack (s. d.) herbeiführt. Durch den hohen biochemischen Sauerstoffbedarf, der den Phenolen eigen ist, wird auch die Selbstreinigungskraft der Vorfluter nach Einleitung von P. A. in hohem Maße beansprucht. Bei Temperaturen über 10° C. findet ein verhältnismäßig schneller Abbau des P. A. im Flußwasser statt, während bei niedrigen Temperaturen der biologische Abbau des Phenols bedeutend zurückgeht.

Die Beseitigung des Phenols aus dem P. A. läßt sich durch Gewinnung des Phenols in Entphenolungsanlagen (s.

d.) oder durch Phenolzerstörung (s. d.) herbeiführen.

Phenolnatronlauge s. Entphenolungsanlagen.

Phenolphtalein, ein Steinkohlenerzeugnis. Es wird zum Nachweis der OH-Ionen, also zum Nachweis der Säure einer Flüssigkeit benutzt.

Phenolzerstörung, die Beseitigung des Phenols aus dem phenolhaltigen Abwasser der Ammoniakfabriken, Gasanstalten, Braunkohlenschwelereien, Holzverkohlungsanlagen, wenn eine Gewinnung des Phenols in Entphenolungsanlagen (s. d.) nicht lohnt. Durch Verwendung des phenolhaltigen Abwassers zum Kokslöschen (s. Kokslöschwasser) ist eine Beseitigung der Phenole möglich, jedoch ist diese Art der Beseitigung wegen der starken Geruchsbelästigungen nur mit großen Schwierigkeiten durchführbar. Durch Verrieseln auf Schlackenhalden oder besser zusammen mit häuslichem Abwasser auf Rieselfeldern ist eine fast restlose Beseitigung durchführbar. Von den künstlichen biologischen Verfahren kommt die Zerstörung des Phenols auf Tropfkörpern, Tauchkörpern (Emscherfilter) und durch das Belebungsverfahren in Frage, wobei eine Vermischung von 1 Teil phenolhaltigem Abwasser mit etwa 10 Teilen häuslichem Abwasser oder wenig verunreinigtem anderem Wasser notwendig ist, wenn nicht unter Anwendung des Magdeburger P-Verfahrens (s. d.) auf diese Beimischung verzichtet werden kann. 1 m³ Tropfkörperinhalt kann täglich etwa 1 kg Phenol praktisch restlos abbauen. Auch eine P. durch Anwendung von Druckluft für Wasser mit weniger als 2,5 g/l Phenol ist vorgeschlagen worden.

Phenosolvan-Verfahren s. Entphenolungsanlagen.

Phosphate, phosphorsaure Salze. Sie kommen in reinen Wässern nicht oder höchstens in Spuren, z. B. bei Moorwässern vor. Ein hoher Phosphatgehalt ist meistens ein Kennzeichen eines hygienisch verdächtigen Wassers.

Phosphatenthärtung s. Phosphatverfahren.

Phosphatverfahren, neuerdings stärker in Anwendung gekommenes Verfahren zur Enthärtung von Wasser, insbesondere Kesselspeisewasser (s. Kesselspeisewasseraufbereitung) durch Zusatz von Phosphaten. Von diesen kommt in erster Linie Trinatriumphosphat $Na_3PO_4 \cdot 10\ H_2O$ in Frage. Da der Preis des Phosphates, verglichen mit dem anderer Enthärtungsmittel, noch immer als sehr hoch zu bezeichnen ist, so wird das P. in erster Linie nur zur Nachenthärtung angewendet. Bei einem Phosphatüberschuß im Kesselwasser von 20 mg/l P_2O_5 scheidet sich die Resthärte des Speisewassers im Kessel schlammartig aus. Mit Hilfe des Ps. ist es möglich, die Enthärtung bis auf 0,25 DG. durchzuführen unter Einhaltung der zulässigen Alkalitätszahl (s. d.).

AMMER, G., Die Phosphatbehandlung des Kesselspeisewassers. Wärme 61 (1938) Nr. 10 S. 188—195.

Phosphor, P. Atomgewicht 31,02, Wichtezahl 1,83 bis 2,20, Schmelzpunkt 44,1, Siedepunkt 287,3. Ph. ist in der Natur (Apatit, Phosphorit) in seinen Calciumverbindungen weit verbreitet. Die Knochen und Zähne der Tierwelt bestehen größtenteils aus Calciumphosphaten, zahlreiche Eiweißstoffe enthalten Phosphorsäure. Da die höheren Pflanzen zum Aufbau ihres Eiweißes Phosphorsäure (P_2O_5) brauchen und das städtische Abwasser durch die mitgeführten menschlichen und tierischen Ausscheidungen (Harn) Ph. enthält, ist der Dungwert des Abwassers außer auf seinen Gehalt an Stickstoff und Kali auch auf seinen Gehalt an Ph. zurückzuführen (s. Dungwert des Abwassers).

Photosynthese, Stoffaufbau aus Lichtenergie (s. Assimilation).

Phreatisches Niveau, ein fremdsprachlicher Ausdruck für Grundwasserspiegel.

pₕ-Wert, pondus hydrogenii, Wasserstoffexponent. Durch den pₕ-Wert wird die neutrale, saure oder alkalische Reaktion des Wassers gekennzeichnet. Er stellt den negativen Logarithmus der Wasserstoffionenkonzentration (Wasserstoffzahl) dar. Das Wasserstoffion, d. i. der dissoziierte Wasserstoff, ist der Träger der sauren Reaktion. Für reines neutrales Wasser ist $p_H = 7$. Eine saure Reaktion wird durch $p_H < 7{,}0$ und eine alkalische durch $p_H > 7{,}0$ angegeben. Die Änderung des Wasserstoffexponenten um eine Einheit entspricht dabei einer Änderung der Wasserstoffionenkonzentration um eine Zehnerpotenz.

$$p_H = 1{,}0 = {}^1\!/_{10}\ \text{und}\ p_H = 2{,}0 = {}^1\!/_{100}$$
normale Säure,
$$p_H = 13{,}0 = {}^1\!/_{10}\ \text{und}\ p_H = 12{,}0 = {}^1\!/_{100}$$
normale Lauge.

Die Dissoziation bedeutet die Aufspaltung eines kleinen Anteils der vorhandenen Wassermoleküle in elektrisch geladene Molekülbestandteile (Ionen), also von H_2O in H und OH.

Die Feststellung des pₕ-Wertes ist im Abwasserwesen von großer Bedeutung, weil die Lebenstätigkeit der das Abwasser reinigenden und den Schlamm zersetzenden Kleinlebewesen i. a. aufhört, wenn der pₕ-Wert unter 5,5 sinkt und über 8,5 steigt. Faulender Schlamm mit einem pₕ-Wert unter 7 stinkt und zeigt fehlerhaftes Arbeiten im Faulraum an. Der für die Tätigkeit der Kleinlebewesen günstigste pₕ-Wert liegt zwischen 7 und 7,6 (s. Wasserstoffzahl).

Bei der Beurteilung des Trinkwassers gilt der pₕ-Wert als Gradmesser für die Bestimmung der Aggressivität.

pₕ-Wert, Bestimmung des Wertes. Für diese Bestimmung gibt es eine große Reihe von Meßverfahren und Gerätschaften, in Deutschland allein über hundert. Man unterscheidet kolorimetrische und elektrische Verfahren. Die einfachste Art der kolorimetrischen Bestimmung ist die mit dem Kolorimeter nach Professor Dr. CZENSNY. Es besteht aus einem Holzklotz mit weißem Hintergrund, in dem haltbare Farbröhrchen eingekittet sind. Unterhalb jedes Farbröhrchens trägt der Holzklotz eine Zahl, die den der Farbe entsprechenden p_H-Wert angibt. Dem zu untersuchenden Wasser werden in einem Reagenzgläschen 4 Tropfen einer Indikatorlösung auf 5 cm³ Wasser beigegeben und die dann eintretende Färbung mit den Farbröhrchen verglichen. Das neue p_H-Meßgerät „Ruhrverband" beruht ebenfalls auf kolorimetrischer Grundlage. Es besitzt einen sehr großen Meßbereich von 0,1 bis 14 p_H und ist dabei sehr handlich. Die elektrischen Verfahren erfordern teure Geräte, sie liefern aber auch die genauesten Werte. Der Meßgrundsatz besteht darin, daß an einer Meßelektrode sich ein Potential einstellt, das vom p_H-Wert abhängt. Man verbindet die die Wasserstoffionen anzeigende Elektrode (Chinhydronelektrode oder Wasserstoffelektrode) mit einer Elektrode aus bekanntem Potential, z. B. einer Kalomelelektrode, und mißt dann die Potentialdifferenz.

Phytoplankton, das pflanzliche Plankton. Ihm gegenüber steht das Zooplankton, d. h. das tierische Plankton (s. Plankton).

Piassavabesen. Mit langem Stiel versehener Besen, dessen Borsten aus Piassavafaser (Faser der Piassavapalme, Attalea funifera) bestehen. Der P. wird neben dem Gummischieber zum Zusammenfegen des Schlammes bei der Handreinigung großer begehbarer Entwässerungsleitungen sowie von Trinkwasserbehältern gebraucht.

Piassavabürste s. Rohrbürste.

Pikrinsäure s. Trinitrophenol.

Pilzbärte bilden sich manchmal an der Öffnung der Zapfhähne durch Festsetzen von Staub, der Keime von Organismen enthält oder auch durch Berührung mit den Händen. Sie bestehen aus einem Pilzmycel, das eine Länge bis zu 2 cm erreichen kann (nach H. und E. BEGER). Sie sind in der Regel ein Zeichen für den Zutritt von Unreinigkeiten zur Hahnmündung.

Pilztreiben, massenhaftes Abschwimmen vom Uferbewuchs losgerissener und vom Grunde aufgetriebener pflanzlicher Gebilde, vor allem der fälschlich als Abwasserpilz bezeichneten Fadenbakterie Sphärotilus natans in Wasserläufen.

Plankton, planktos = schwebend (HENSEN). Als Pl. werden die im Wasser lebenden, meist kleineren tierischen und pflanzlichen Organismen bezeichnet, die ihrer Form oder ihrem Inhalt nach zum Schweben im Wasser geeignet, von der Strömung getrieben werden. Sie sind zum Teil ohne Eigenbewegung, zum Teil aber auch bewegungsfähig. Der Größe nach unterscheidet man ein Makro-, Meso- und Mikroplankton und in Sonderfällen ein Megalo- und Nannoplankton (Riesen- und Zwergplankton). Außerdem trennt man das P. in ein pflanzliches (Phyto-) und in ein tierisches (Zoo-P.). Man spricht ferner je nach dem jahreszeitlichen Auftreten des P.s von einem Frühjahrs-, Sommer-, Herbst- und Winter- sowie von einem Dauer-P. Aber nicht nur die Art, sondern auch die Menge des P.s ist jahreszeitlich sehr verschieden. In Talsperren ist vielfach eine Spitze im Herbst beobachtet worden, der dann im Winter ein starker Rückgang folgt. Im Frühjahr steigt der Gehalt wieder an. Im Mai zeigt sich in der Regel die höchste Spitze des Jahres überhaupt. Im Sommer gehen die Mengen abermals zurück, aber bei weitem nicht so stark wie im Winter.

Zum P. gehören:

1. Gruppe: Pflanzen.

A. Cryptogamae = blütenlose Pflanzen.

Abt. 1. Schizophyta = Spaltpflanzen.
 1. Klasse Schizomycetes = Spaltpilze, Bakterien.
 2. Klasse Schizophyceae = Spaltalgen = Cyanophyceae = Blaualgen.

Abt. 3. Flagellatae: Trichterbäumchen, Augentierchen.

Abt. 4. Dinoflagellatae = Peridineen: Ceratium, Gymnodinium, Peridinium.

Abt. 5. Bacillariophyta = Diatomeen = Kieselalgen.

Abt. 6. Conjugatae.

Abt. 7. Chlorophyceae = Grünalgen.

Abt. 8. Charophyta: Armleuchtergewächse.

B. Phanerogamae (Blütenpflanzen)

I. Nacktsamige Pflanzen (Landpflanzen = Nadelhölzer).

II. Bedecktsamige Pflanzen.
 1. Klasse. Einkeimblättrige Pflanzen:
   Potamogeton = Laichkraut.
   Sagittaria = Pfeilkraut.
   Elodea (Helodea) = Wasserpest u. a.
 2. Klasse. Zweikeimblättrige Pflanzen.
   Polygonum = Wasserknöterich.
   Nymphaea = Seerose.
   Nuphar = Teichrose.
   Ceratophyllum = Hornblatt (Hornkraut).
   Trapa = Wassernuß.
   Myriophyllum = Tausendblatt u. a.

2. Gruppe: Tiere.

Abt. 1. Protozoen = Urtiere, einzellige Tiere.

a) Rhizopoda = Wurzelfüßler: Kammertierchen, Strahltierchen, Sonnentierchen, Amoeben.

b) Flagellata = Geißeltierchen: Traubenbäumchen, Bodonen, Monaden (s. a. Gruppe I).

c) Sporozoa = Sporentiere.

d) Ciliata = Wimperinfusorien: Glockentierchen.

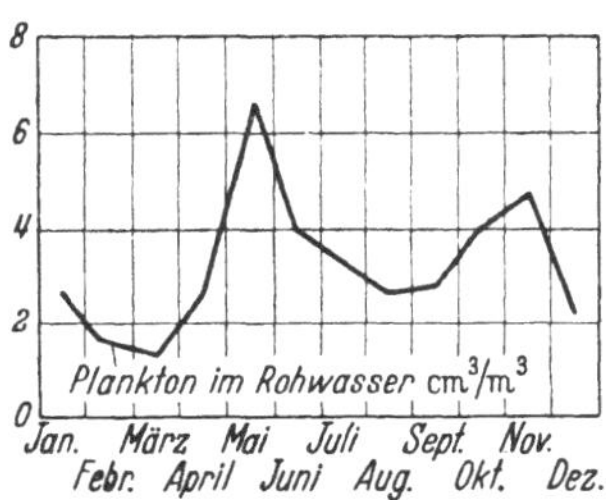

Absolute Menge des Planktons im Rohwasser der Talsperre bei Einsiedel in den einzelnen Monaten im Durchschnitt der Jahre 1915 bis 1931.

Abt. 2. Metazoen = vielzellige Tiere, darunter:

a) Crustacea = Kleinkruster: Krebstiere, zu den Gliederfüßlern gehörig.

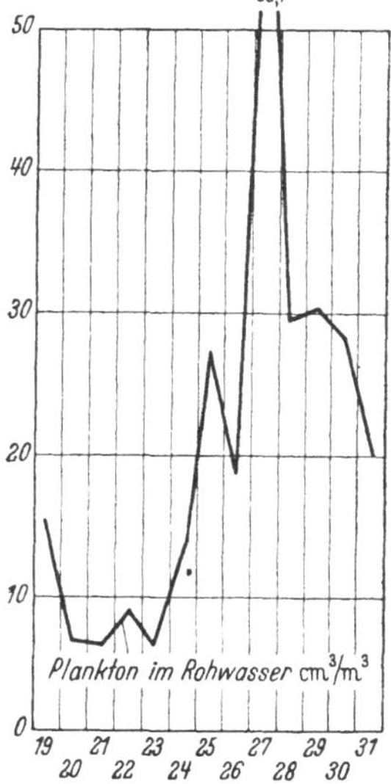

Jahresmengen von Plankton in der Talsperre bei Einsiedel, gebildet aus der Summe der Monatsmittel der täglichen Beobachtungen 1919 bis 1931.

b) Rotatoria = Rädertiere: Teleskop-Rädertiere, Anuraeen.

c) Nematodes: Rundwürmer und Annelida (Ringelwürmer).

3. Gruppe: Detritus, unbelebte Schwebestoffe.

Das P. eines Flusses setzt sich hauptsächlich aus Bakterien, Algen, Protozoen, Larven u. dergl. zusammen. Es trägt wesentlich zur Selbstreinigung der Gewässer bei (s. Selbstreinigung, Selbstreinigung der Gewässer).

A n m. In obiger Liste sind unter B II der Vollständigkeit halber einige Phanerogamen angegeben, die zwar im Wasser leben, aber nicht als Plankton anzusehen sind.

. BEGER, H. und BEGER, E., Biologie der Trink- und Brauchwasseranlagen. Jena 1928.
. KOLKWITZ, R., Pflanzenphysiologie. Jena 1914.
. NAUMANN, Einar, Limnologische Technologie in ABDERHALDENS Handbuch der biologischen Arbeitsmethoden. Berlin u. Wien 1931.
. PASCHER, A., Die Süßwasserflora Deutschlands, Österreichs und der Schweiz. Jena 1914 u. spät. Jahre.
. WILHELMI, J., Kompendium der biologischen Beurteilung des Wassers. Jena 1915.

Planktonkammer, eine quadratische kleine Glasplatte mit einem eingelassenen kreisförmigen Hohlraum. Dieser faßt genau 1 cm³. In das Innere des Hohlraums, der Kammer, füllt man frische Plankton - Schöpfproben oder

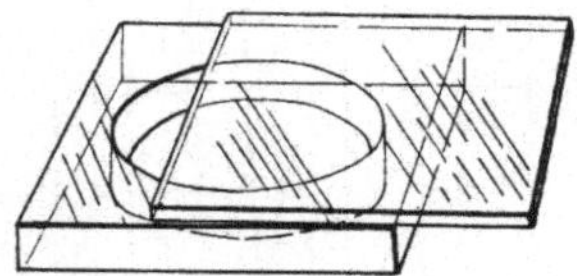

Planktonkammer.

solche aus Netz- oder Siebfängen. Die P. wird mit einer gläsernen Deckplatte verschlossen, die durch Adhäsion festhält. Die Kammer kann zur Beobachtung in ein Planktoskop eingesetzt werden.

Planktonnetz, ein Gazesack (Müllergaze Nr. 20 oder 25), der an einem 15 cm weiten Messingring befestigt ist und nach unten trichterförmig zusammenläuft. Das untere Ende trägt einen kleinen Becher mit Gummischlauch, der durch einen Quetschhahn geschlossen werden kann. Durch dieses Netz filtert man die mit einem Literbecher geschöpfte, zu untersuchende Wassermenge von 10, 25, 50 oder 100 l Wasser oder man zieht das oben offene Netz selbst durch das Wasser eines offenen Gewässers. Durch Öffnen des Quetschhahnes läßt man den gewonnenen Rückstand in eine konisch zugespitzte, nach Zehntelkubikzentimetern eingeteilte Planktontube laufen. Nach Zusatz

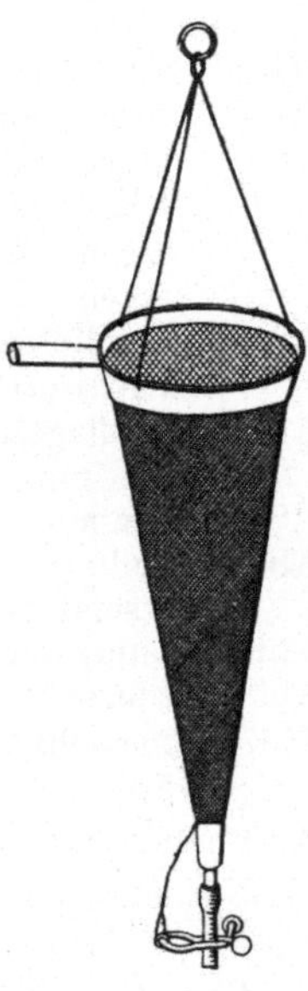

Planktonnetz.

von Formalin beginnt das Absetzen. Nach etwa eintägigem Stehen der Probe kann die Menge der abgesetzten Schwebestoffe abgelesen werden. Die qualitative Untersuchung der absiebbaren Schwebestoffe erfolgt auf

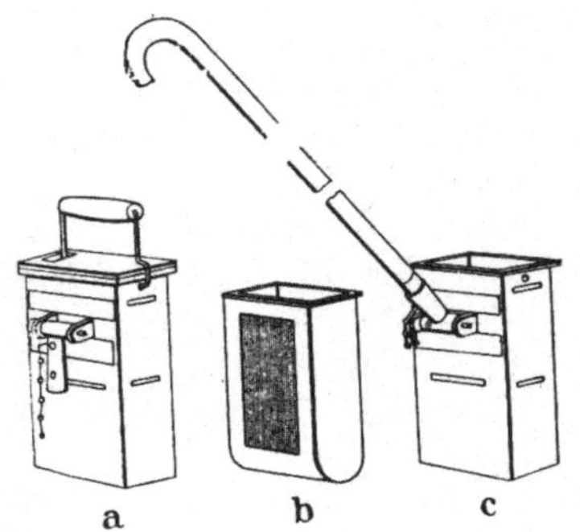

Planktonsieb.

mikroskopischem Wege, und zwar am besten ohne vorher Formalin zugefügt zu haben, weil sonst kleine tierische Organismen in konserviertem Zustande schwer oder gar nicht zu bestimmen sind.

Planktonsieb, ein 15 cm hoher, oben offener Metallkasten, der auf einer oder auch auf zwei Breitseiten mit einem 50 cm² großen Metallsieb aus Phosphorbronze versehen ist. Es dient zum Absieben des Planktons (s. a. Planktonnetz).

Planktoskop, ein Gerät zur Untersuchung des Planktons. Es besteht aus einem Gestell mit 14fach vergrößernder Applanatlupe, einer Planktonkammer (s. d.) und einem Schattenwerfer zur Betrachtung des in der Planktonkammer untergebrachten Fanges im durchfallenden Licht, im Halbschatten und bei Dunkelfeldbeleuchtung.

Polymerisation, die Verkettung mehrerer Molekeln zu einer größeren Molekel. Polymer heißt vielgliedrig oder vielteilig.

Polysaprobien s. Saprobiensystem.

Porengehalt, Formelzeichen p, dimensionslos, Hohlraumgehalt bei feinen Hohlräumen, z. B. von Sand, je Raumeinheit des Bodens. (Früher als Porenquotient bezeichnet.) S. auch nutzbarer Porengehalt.

Porengehalt, nutzbarer, Formelzeichen p_n, nutzbarer Hohlraumgehalt bei feinen Hohlräumen, z. B. in Sand.

Porensaugwasser = Kapillarwasser (s. d.).

Porenziffer, Formelzeichen E, Verhältnis zwischen dem Rauminhalt der Poren und demjenigen der Körner eines Bodens oder Gesteins.

Porzellanfilter der Brunnen werden aus Hartporzellan von günstigen mechanischen Eigenschaften, die bei der Herstellung großer Porzellanisolatoren entwickelt wurden, angefertigt. Es sind Rohre mit schlitzförmigen Öffnungen verschiedener Bauart (Jaeckel-Porzellanfilter, Schönebecker Porzellanfilter, Bohlmann - Filter). Sie werden mit Muffenverbindungen eingebaut. Die Porzellanfilter haben den Vorzug einer guten Bildsamkeit, die eine hohe Maßgenauigkeit ermöglicht. Sie können daher mit kleineren Schlitzöffnungen als andere Filter hinreichend genau ausgebildet werden, so daß mit einer geringeren Kiesschüttung und einem kleineren Bohrdurchmesser gearbeitet werden kann.

Porzellanscheibe, Sichtscheibe, Planscheibe aus rein weißem Porzellan, die, an einer Kette waagerecht hängend, in Oberflächengewässer herabgelassen wird, um die Durchsichtigkeit des Wassers festzustellen. Die Tiefe, bei der die Scheibe unsichtbar wird, ist ein Maßstab für die Durchsichtigkeit. Bei starker Wassertrübung beträgt diese Tiefe nur etwa 25 bis 50 cm, bei klaren Gewässern oft mehrere Meter (s. Durchsichtigkeit, Durchsichtigkeitsgrad).

Postlerit, eine Rohrmuffenpackung. Der Dichtungsstoff besteht aus einem bitumenartigen Kern, der mit Aluminiumwolle umwickelt ist.

Potentialgesetz von Smrecker. Für die spezifische Durchflußmenge eines Grundwasserstroms stellt Smrecker die Formel auf

$$\frac{Q}{F} = \frac{K}{2\,\pi\,H\,x}$$

Darin ist K die Menge der Entnahme aus einem Versuchsbrunnen, H die mittlere Mächtigkeit des Grundwasserstromes und x der sogen. Wirkungsradius. Q/F bedeutet die Durchflußmenge Q geteilt durch den Durchflußquerschnitt F (s. a. Spezifische Ergiebigkeit).

Potentiometer, Elektroionometer, Gerät, mit dem durch Messung der Potentialdifferenz zwischen einer sauer oder alkalisch ionisierten Flüssigkeit und einer in sie eintauchenden Elektrode (Chinhydronelektrode, Wasserstoffelektrode, Sauerstoffelektrode, Luftelektrode, Kalomelelektrode, Antimonelektrode, Glaselektrode) der p_H-Wert der Flüssigkeit bestimmt wird. P. werden von zahlreichen Firmen (z. B. Siemens & Halske, Berlin, Bergmann & Altmann, Berlin, Lautenschläger, München, Hartmann & Braun, Frankfurt a. M., u. a.) auch als Selbstschreiber bis zu einer Genauigkeit von 0,1 Millivolt hergestellt. Meist reicht eine Genauigkeit von 0,5 Millivolt vollkommen aus. Für die Bestimmung der p_H-Werte genügen im Abwasserwesen i. a. die weniger genauen, aber einfacher zu bedienenden Indikatorgeräte (s. p_H-Wert, Indikator).

Pottasche, Kaliumkarbonat, K_2CO_3, Molekulargewicht 138. Herstellung aus Chlorkalium durch Elektrolyse, ferner aus der Asche der Melasseschlempe (Schlempekohle), aus dem Wollwaschwasser (s. d.) durch Eindampfen, Glühen und Auslaugen. Verwendung bei der Feinglasherstellung, in Farbenfabriken u. a.

Pott - Hilgenstock - Verfahren s. Entphenolungsanlagen.

Preibischfilter, dreistufige Füllkörper, die mit 2 mm großer Braunkohlenschlacke gefüllt sind und zur biologischen Reinigung und Entfärbung von Färbereiabwasser (s. d.) benutzt werden.

Preßhefefabriken s. Hefefabriken.

Prinz, Emil, Zivilingenieur, geb. 26. März 1863 in Mürzzuschlag/ Steiermark. Hochschulen Prag, München, Aachen. Praktische Tätigkeit bei A. THIEM, Leipzig, dem Altmeister der Hydrologie. Fortsetzung der hydrologischen Forschungen in selbständiger Tätigkeit und Ausbildung vieler namhafter Ingenieure. Entwurf zahlreicher Wasserwerke und Entwässerungen im In- und Ausland. Große weitere Erfolge auf den hydrologischen Gebieten des Bergbaues und der Heilquellen. Gradliniges technisch - wissenschaftliches Denken und große praktische Erfahrung schufen Grundlagen zu wissenschaftlichen Arbeiten. Niederlegung in zahlreichen Aufsätzen. Gest. 7. Februar 1937 in Berlin.

Probedruck s. Druckstufen.

Profilradius s. Hydraulischer Radius.

Protozoën. Einzellige tierische Organismen, häufig Erreger von Krankheiten, z. B. Schlafkrankheit, Amöbendysenterie, Syphilis. Meist außerordentlich klein, ohne echte Gewebe und Organe; die Lebensvorgänge werden durch das Protoplasma vermittelt, Nahrungsaufnahme und Fortbewegung durch Fortsätze des Protoplasmas oder durch Anhänge (Wimpern, Geißeln), Vermehrung durch Knospung oder Teilung, auch mit Konjugation und Kopulation; meist Wassertierchen. 1. W u r z e l f ü ß e r (Rhizopoden), z. B. kernhaltige Amöben von unbestimmter Körpergestalt, Sonnentierchen (Heliozoën), Strahlentierchen (Radiolarien, Polyzisten), 2. G e i ß e l s c h w ä r -

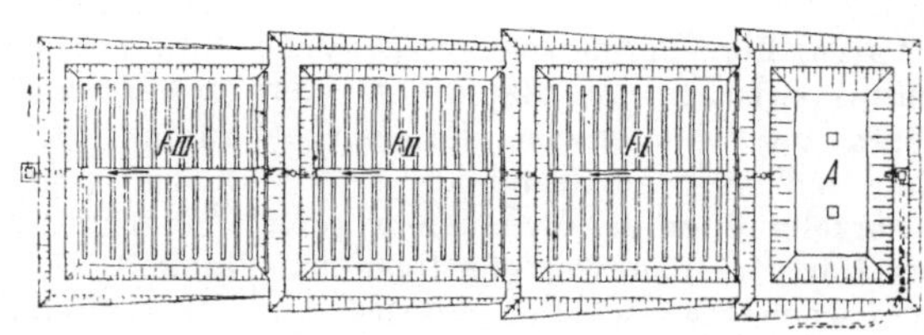

Braunkohlenschlackefilter für Färbereiabwasser der Fa. C. A. Preibisch, Reichenau.
A = Absetzbecken. F = Filter.

mer, Geißeltierchen (Flagellaten) mit schwingenden Geißeln zur Fortbewegung oder zum Herbeistrudeln von Nahrung, 3. Sporentierchen. 4. Infusorien (Ciliaten) mit zahlreichen schwingenden Wimpern, einer Oberhaut und besonderen Öffnungen zur Aufnahme und Entleerung von Stoffen, Glockentierchen.

Die P. spielen in gleicher Weise wie andere Kleinlebewesen, insbesondere Bakterien, eine wichtige Rolle bei der Selbstreinigung des Wassers und bei der biologischen Abwasserreinigung. Da sie zum größten Teil Bakterienfresser (Bakteriophagen) sind, verhindern sie bei den Selbstreinigungsvorgängen das Überwuchern der Bakterien (s. Abbau, Bakterien, Selbstreinigung, Kleinlebewesen, Abwasser-Reinigung, Plankton).

Prüfausschüsse beim Deutsch. Gemeindetag: 1. Grundstücksentwässerungsanlagen, 2. Benzinabscheider, 3. Fettabscheider, 4. häusliche und kleingewerbliche Feuerungsanlagen und deren Zubehör sowie 5. Holzschutzmittel unterliegen gemäß Bestimmung des Reichsarbeitsministers dem Prüfzwang. Dementsprechend ist für jede dieser fünf Gruppen ein Prüfausschuß eingesetzt, wobei die Prüfausschüsse für die erstgenannten drei Gruppen vom Deutschen Gemeindetag betreut werden. Die Prüfausschüsse erteilen für Gegenstände, die sie aus baustofflichen und herstellungsmäßigen Gründen sowie im Hinblick auf die zu stellenden Anforderungen als einwandfrei tauglich befunden haben, Prüfzeugnisse, auf Grund deren diese Gegenstände mit einem Prüfzeichen zu versehen sind. Gegenstände ohne Prüfzeichen dürfen nicht eingebaut werden. Bei Anlagen, die an Ort und Stelle hergestellt werden und die daher nicht mit einem Prüfzeichen versehen werden können, ist baupolizeiliche Genehmigung vorgeschrieben.

Z. Zt. sind die folgenden Bestimmungen des Reichsarbeitsministers maßgebend: Erlaß vom 15. Juni 1940, Verordnung vom 27. Jan. 1942 (RGBl. 1942 I 10 S. 53). Erste Bekanntmachung vom 2. Februar 1942 (Dtsch. Reichs- und Preuß. Staatsanzeiger Nr. 31 vom 6. Febr. 1942), Fettabscheiderverordg. vom 10. April 1940 (RGBl. 1940 I 66 S. 643) und die dazugehörigen Ausführungsbestimmungen vom 18. April 1940.

Prüfgeräte für Wasserzähler s. Anzeige- und Schreibgeräte für Wasserzähler.

Prüfrohr, ein Gerät, das dem Studium des biologischen und chemischen Belages in Wasserleitungsrohren dient. Mit seiner Hilfe kann festgestellt werden, wie der Belag zusammengesetzt ist, ob es sich bei seiner Entstehung um biologische oder chemische Vorgänge handelt, und mit welcher Geschwindigkeit diese vor sich gehen. Das P. wird in Hausleitungen eingebaut. Es enthält im Innern auf „Prüfplattenträgern" Prüfplatten aus Glas oder Holz, auf denen sich der zu untersuchende Belag absetzt. Es kann durch solche Untersuchungen auf Störungen im Wasserwerksbetrieb hingewiesen werden, die sonst nicht leicht erkannt werden.

Prüfung der Dichtigkeit von Rohrleitungen, Druckprobe, Prüfung der Wasserdichtigkeit der Rohrleitungsstöße durch Eindrücken von Preßwasser in neu verlegte Leitungsstränge. Die Ansichten über die Zweckmäßigkeit dieser Probe bei Abwasser-Gefälleleitungen sind geteilt, weil die neuen Muffendichtungen, wenn nicht mit großer Vorsicht vorgegangen wird, dabei leicht beschädigt werden können. Beim Verlegen von Trinkwasserleitungen hingegen wird die Druckprüfung allgemein vorgenommen.

Prüfung von Abwasser-Rohren aus Steinzeug, Beton oder Stahlbeton. Die P. erstreckt sich auf die Abmessungen, die Beschaffenheit und die Festigkeit der Rohre. Bei der Prüfung der Abmessungen werden nicht nur die Abweichungen von den vorgeschriebenen Maßen, sondern auch die Gradheit und die Rundheit der Rohre festgestellt. Die Prüfung der Beschaffenheit erstreckt sich auf die Feststellung von Beschädigungen und von Unebenheiten, außerdem bei Betonrohren auf die Wasserdichtigkeit (an ganzen Rohren oder an Bruchstücken) und bei Steinzeugrohren auf die Wasseraufnahme. Bei der Festigkeitsprüfung wird die „Scheiteldruckfestigkeit" nach DIN DVM 2150 und für Druckrohre (z. B. Stahlbetondruckrohre) auch der Widerstand gegen Innendruck nach DIN Vornorm DVM-Prüfverfahren A 104 und 105 festgestellt. Vgl. DIN 1230, 4032, 4035 und 4036.

Psychoda. Abwasserfliege, Psychoda alternata, Tropfkörperfliege. Kleine Fliege, deren Larven sich oft in Tropfkörpern massenweise entwickeln und die die Umgebung der Tropfkörper u. U. in höchstem Grade belästigt.

Pülpe, in Zucker- und Stärkefabriken die feinen, in den Säften schwebenden Schnitzelteilchen.

Pülpefänger, Einrichtungen zum Zurückhalten der Pülpe (s. d.) aus dem Pülpewasser (s. d.) der Zucker- bzw. Kartoffelstärkefabriken, zumeist als Trommelfilter (s. d.) (Siebtrommeln), daneben auch als Walzenpressen gebaut.

Pülpewasser, das in Zuckerfabriken und Stärkefabriken nach dem Aus-

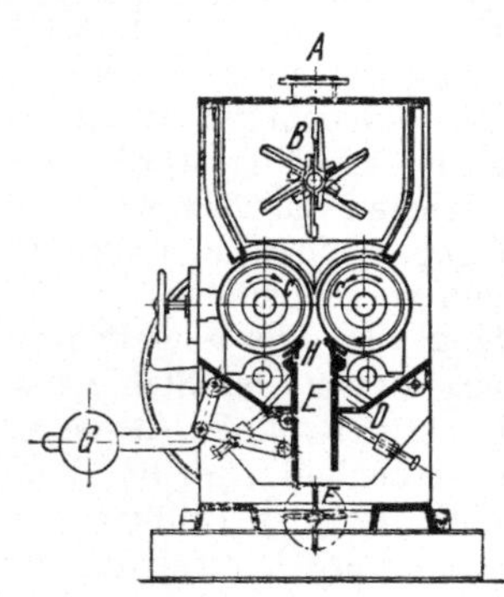

BÜTTNER-Walzenpülpepresse
für die Zucker- und Stärkeindustrie.

pressen der Schnitzel bzw. der Pülpe (s. d.) anfallende Abwasser, bei Zukkerfabriken als Schnitzelpreßwasser bezeichnet. In Kartoffelstärkefabriken ist je 100 kg Kartoffeln mit 40—60 l P., in Rübenzuckerfabriken je 100 kg Rüben mit 50 l P. von 0,3 v. H. Zukkergehalt zu rechnen.

Puffer, Gemische schwacher Säuren mit ihren Salzen, die (in Lösung) Reaktionsänderung weitgehend auszugleichen vermögen.

Pulsometer, eine Dampfdruckpumpe zum Anheben von Wasser. Sie arbeitet nicht mit einem Kolben, sondern mit Hilfe von Dampf, der wechselweise in zwei Kammern eintritt und sich hier kondensiert. Dadurch wird ein luftleerer Raum erzeugt. Die P. haben eine Saughöhe bis zu 8 m und eine Druckhöhe bis zu 50 m. Bei größeren Druckhöhen werden einige P. übereinander angeordnet. Das zu hebende Wasser erwärmt sich bei der Förderung mit dem P. Bei einfach wirkendem P. leistet 1 kg Dampf 3000 bis 5000 mkg, bei doppelt wirkendem bis 7000 mkg. Vorteile der P. sind geringe Anschaffungskosten, geringer Platzbedarf und einfacher Betrieb. Nachteile sind der geringe Wirkungsgrad und die Erwärmung des Wassers, die etwa 1,5° C je 10 m Förderhöhe beträgt.

Pulverfabriken. Bei der Herstellung des rauchlosen Schießpulvers wird gereinigte Baumwolle oder gereinigter Zellstoff in einem Gemisch von Salpetersäure und Schwefelsäure nitriert. Die mit Säure getränkte Nitrozellulose wird mit kaltem Wasser gewaschen, feingemahlen und nochmals gewaschen. Von der beim Nitrieren entstehenden Abfallsäure gehen auf 1 t Nitrozellulose etwa $^2/_3$ t Säure in das Waschwasser über, das auch etwas Nitrozellulose und gelöste organische Stoffe enthält. In Wasserläufen können die freien Säuren schwere Schäden durch Vernichtung aller Lebewesen verursachen. Zum Zwecke der Reinigung wird am besten so vorgegangen, daß die Säuren nach Anreicherung durch mehrmaligen Gebrauch unter entsprechender Aufarbeitung wieder gewonnen werden. Stark verdünntes Waschwasser muß durch Neutralisieren mit Kalkmilch unschädlich gemacht werden, wobei die ungelösten Stoffe wie bei Sprengstoffabriken (s. d.) in Absetzbecken, Absetzteichen oder Absetztrichtern abgeschieden werden.

Pumpe, Gerät zum Heben und Fördern von Flüssigkeiten durch Saugen und Drücken (Saug- und Druckpumpen). Alle Pn. nützen zur Hebung und Förderung von Flüssigkeiten den Druck der Atmosphäre aus. Wenn beim Saugen einer P. in dem P.n-Körper ein Unterdruck entsteht, d. h. ein Druck, der kleiner als der äußere Luftdruck ist, drückt die Atmosphäre durch die Saugleitung der P. das Wasser in den P.n-Körper hinein. Der Bewegung des Wassers wirken aber hierbei Widerstände entgegen. Diese treten auf durch Reibung an den inneren Rohrwandungen, durch Richtungsänderung des Wasserweges, wenn Krümmer eingebaut sind, durch Querschnittsänderungen und außerdem durch die Temperatur des Wassers. Der äußere Luftdruck muß demnach während des Saugens außer dem Heben des Wassergewichtes diese Widerstände mit überwinden. Daraus folgt, daß die Saughöhe, die von einer arbeitenden P. überwunden werden kann, kleiner sein muß als 10 m. Das ist die Höhe einer ruhenden Wassersäule, die von 1 at in einem luftleeren Raum im Gleichgewicht gehalten wird. Die größte Saughöhe bei P.n beträgt daher praktisch nur etwa 6—8 m.

Pumpenarten.

Kolbenp.: Stehende, wenn sich der Kolben in senkrechter, liegende, wenn sich der Kolben in waagerechter Richtung bewegt.

Einfach wirkende Kolbenp.: Für nur kleine Wassermengen und geringe Förderhöhe. Der Kolben saugt beim Hingang durch Erzeugung eines luftleeren Raumes das Wasser an und drückt es beim Rückgang weiter. Ungleiche Kraftwirkung wird durch ein Schwungrad ausgeglichen.

Doppelt wirkende Kolbenp.: Für kleine bis mittlere Förderhöhen. Der Kolben saugt beim Hingang in einem Zylindergehäuse an und drückt gleichzeitig in dem anderen. Beim Rückgang des Kolbens wiederholt sich dasselbe Spiel in umgekehrter Reihenfolge.

Differentialp.: Der Kolben hat an einem Ende einen kleinen und am anderen Ende einen großen Durchmesser. Bei einer Umdrehung der Kurbelwelle einfache Saug- und doppelte Druckwirkung; ein Saug- und trotz der doppelten Druckwirkung auch nur ein Druckventil.

Dreikolbenp.: Bezüglich des Massenausgleiches besonders günstig. Geringe Kolben- und Durchflußgeschwindigkeit, um damit den günstigsten, volumetrischen Wirkungsgrad zu erreichen. Wasserlauf so gut wie stoßfrei, leichte Bedienung, geringer Raumbedarf.

Tiefbrunnen-Kolbenp. sind erforderlich, wenn der Abstand vom Wasserspiegel bis zur Erdoberfläche größer als 7 m ist. Für jede beliebige Brunnentiefe und jede Förderhöhe über Tage anzuwenden. Über Tage: Antrieb und Druckwindkessel. Unter Tage: Saugrohr, Saugventil, Zylinder, Kolben, P.gestänge und Steigrohr. Der P.zylinder ist so tief im Brunnen aufzuhängen, daß er immer unter dem abgesenkten, tiefsten Wasserspiegel steht. Das P.gestänge vermittelt den Angriff des Kolbens im Zylinder.

Allgemein: Die wichtigsten und empfindlichsten Teile einer Kolbenp. sind die Ventile. Diese dienen zur Regelung der Wasserbewegung. Saughub: Saugventil offen, Druckventil geschlossen; Druckhub: Saugventil geschlossen, Druckventil geöffnet.

Kolben: 2 Arten. Scheibenkolben, dadurch geringe Baulänge der Pumpe. Tauchkolben, Hohlzylinder. Kolbengewicht annähernd gleich dem Gewicht der verdrängten Wassermenge, damit der Kolben im Wasser schwimmt und die Stopfbüchsen nicht belastet. Größere Baulänge der P.

Druck- und Saugwindkessel, z. T. mit Wasser und zum Teil mit Luft gefüllte Behälter zwischen P. und Rohrleitung. Diese haben die Aufgabe, die durch die wechselnde Saug- und Druckwirkung in der P. hervorgerufenen Stöße abzudämpfen. Die vorhandene Luft wirkt als Polster.

Vorteile der Kolbenp.: Große Saughöhe, hoher Wirkungsgrad.

Nachteile der Kolbenp.: Hohe Anlagekosten, großer Platzbedarf, viele bewegliche Teile.

Grundregel für die Bedienung: Anfahren nur bei geöffnetem Druckschieber.

Kreiselp. (Zentrifugal- oder Schleuderp.): Während bei der Kolbenp. durch den Kolben eine Saug- und Druckwirkung erzielt wird, erfolgt dies bei der Kreiselp. durch ein Laufrad mit Leitapparat. Durch die schnelle Umdrehung des Laufrades wird das Wasser infolge der Zentrifugalkraft durch den Leitapparat nach der Förderleitung gedrückt. Der entstehende luftleere Raum bewirkt das Ansaugen des nachfolgenden Wassers.

Bei größeren Förderhöhen werden mehrere Lauf- und Leiträder hintereinander geschaltet. Man spricht dann von mehrstufigen Kreiselpumpen. Umfangsgeschwindigkeit, Fördermenge und Druckhöhe sind voneinander abhängig. Kreiselp. können nur bei gefüllter Saugleitung ansaugen. Anfüllen durch Füllstutzen oder durch eine Umlaufleitung von der gefüllten Druckleitung her. Das Anlassen erfolgt bei geschlossenem Schieber der Druckleitung, der dann langsam geöffnet werden muß. Auch beim Stillsetzen ist erst der Druckschieber zu schließen.

Die Kreiselp. werden eingeteilt in: Nieder-, Mittel- und Hochdruckpumpen, waagerechte und senkrechte, ein- und mehrstufige P.

Tiefbrunnen-Kreiselp.:

Der Motor befindet sich über dem Brunnen. Die P. ist unter dem Brunnenwasserspiegel eingetaucht, Motor und P. sind durch eine Welle miteinander verbunden. Während die Länge der Welle begrenzt ist, kann die Tauchp. in beliebige Tiefe gehängt werden.

Tauchpumpen (Unterwasserp.) (s. Bild) sind elektrisch betriebene Kreiselp. mit vollständig wasserdicht eingekapseltem Unterwassermotor. Sie werden in beliebige Tiefe versenkt, haben also keine besondere Saughöhe zu überwinden, sondern das Wasser nur hochzudrücken. Die T. werden von der Erdoberfläche aus eingeschaltet und geregelt. Es ist vorteilhaft, stets eine Ersatzpumpe vorrätig zu halten, um bei Schäden an der im Betrieb befindlichen keine längeren Betriebsstörungen zu erleiden. Eine T. besteht beispielsweise aus folgenden Einrichtungen: Zunächst aus dem Motor „a", der über eine elastische Kupplung die Kreiselpumpe „b" antreibt. Sie saugt das Wasser über den Saugstutzen „d" an und drückt es im Mantelraum „e" hoch. Das Wasser verläßt die P. durch den Druckstutzen „f". Durch den Überdruck am Mantelraum ist ein Entweichen von Luft aus der Tauchglocke „c" ausgeschlossen. Eingedrungenes Wasser wird mit Hilfe eines Luftverdich-

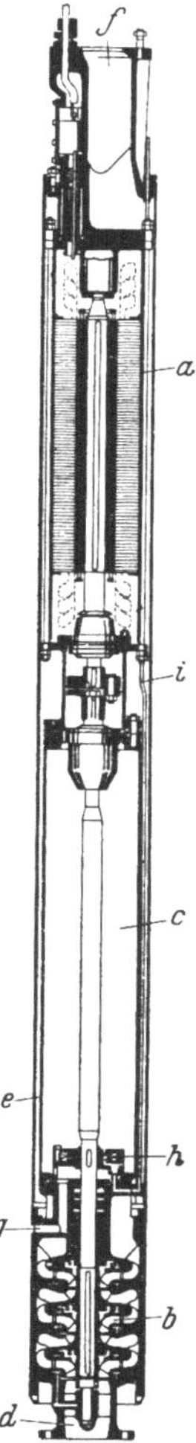

Tauchpumpe.

ters „h", der Luft von Übertage durch die Rohrleitung „i" angesaugt, durch die Öffnung „g" nach außen gedrückt. Bei großen Förderhöhen kann am oberen Rande des Brunnens ein zweiter P.körper angeordnet werden. Der untere P.körper arbeitet dann als Zubringer für den oberen und dieser als Hochdruckpumpe.

Vorteile der Kreiselp.:

Geringer Preis, kleiner Raumbedarf, kleine Fundamente, keine Saug- und Druckventile nötig, sondern nur Rückschlagventil, Absperrschieber in der Druckleitung und Fußventil am unteren Ende der Saugleitung. Wegen des gleichförmigen Wasserdurchflusses sind Windkessel nicht erforderlich.

Nachteile gegenüber der Kolbenp.: Kleinerer Wirkungsgrad und somit größerer Kraftbedarf.

Strahlp.:
a) Dampfstrahlp. (Injektoren) und
b) Wasserstrahlp.

Das fördernde Mittel ist bei a): Dampf und bei b): Druckwasser.

Dieses durchströmt eine Düse mit einer Querschnittsverringerung und gelangt in eine Vorkammer. Im engsten Teil der Düse entsteht ein Unterdruck, der ein Ansaugen des Wassers bewirkt. Dampf oder Druckwasser mischt sich mit dem angesaugten Förderwasser. Das Gemisch strömt dann durch eine Fangdüse und wird durch die Querschnittserweiterung der Ausflußdüse unter Druck gesetzt. Wertvoll ist die Einfachheit und das Fehlen beweglicher Teile. Fördermenge und Förderhöhe sind abhängig von der Menge und dem Druck des fördernden Mittels. Der Wirkungsgrad ist sehr gering.

Für Säuren oder saures Abwasser sind Ausführungen von Pn. in Blei, Steinzeug oder Kunststoff in Gebrauch.

Pumpwerke, selbsttätige. Bei einem s. P. werden die Pumpen selbsttätig in Betrieb gesetzt, wenn der Druck im Rohrnetz unter eine vorher festgelegte Druckhöhe hinabsinkt, und wieder ausgeschaltet, sobald eine bestimmte Druckhöhe erreicht ist. Man unterscheidet voll- und halbselbsttätige P. und bei den ersteren wieder solche mit Druckwindkesseln und solche mit Behältern. Bei den Druckwindkesselanlagen (DIN 4810) sind diese Kessel in die Druckleitung eingeschaltet. Sie sind zu einem Teil mit Wasser, zum anderen Teile mit Luft, die auf den Einschaltdruck vorgepreßt ist, gefüllt. Bei abnehmendem Verbrauch im Rohrnetz sammelt sich überschüssiges Wasser im Kessel und vermehrt den Druck, bis schließlich die Ausschaltdruckhöhe erreicht ist. Durch einen hydraulisch-elektrischen Druckschalter werden dann die Pumpen ausgeschaltet. Bei wieder einsetzendem größeren Wasserverbrauch vermindert sich der Druck im Kessel allmählich. Wenn dann die Druckhöhe bis auf die vorgesehene Einschaltdruckhöhe gesunken ist, werden die Pumpen wieder eingeschaltet. Man kann mehrere Pumpen nebeneinander so aufstellen, daß die eine nach der anderen bei zunehmendem Verbrauch anspringt und sich entsprechend wieder ausschaltet. Dann soll aber jede Pumpe ihre eigene Saugleitung erhalten. Bei den s. P. mit Behälter steuert der Wasserstand in diesem das Ein- und Ausschalten der Pumpen durch einen Schwimmschalter, der mit dem Pumpwerk durch eine Steuerleitung oder Wasserstandsfernmeldeanlage verbunden ist und die Leitung zum Antrieb der Pumpen stromlos machen kann. Die halbselbsttätigen P. werden für Handeinschaltung oder -ausschaltung eingerichtet. Sie erfordern also regelmäßige Bedienung, während die vollselbsttätigen Werke nur in bestimmten Zeitabschnitten auf ihre Betriebssicherheit überprüft zu werden brauchen. Die s. P., bei denen übrigens nur Kreiselpumpen verwendet werden können, eignen sich in der Hauptsache für kleine Landgemeinden. Sie sind aber auch in Städten vielfach als Überpumpwerke nach höher gelegenen, noch schwach besiedelten Stadtteilen in Benutzung.

SEGELKEN, Dr.-Ing., Techn.-wirtsch. Untersuchungen über die Verwendung automatischer Pumpwerke ohne Hochbehälter. Gas- und Wasserfach 1929 H. 32 ff., S. 801 ff.
SCHIMRICK, Dr.-Ing. F., Selbsttätig wirkende Pumpwerke in Versorgungsnetzen mit und ohne Hochbehälter. Gas- und Wasserfach 1932, H. 4. S. 66—69.

KISSINGER, Dipl.Ing. H., Selbsttätige Gemeindepumpwerke. Deutsch. Wasserwirtsch. 1930, H. 8—10.
Ders., Grundsätzliche Erwägungen für die Errichtung von Wasserversorgungsanlagen Z. VDI. 1941, H. 5, S. 119—126.

Punktschreiber. Die P. dienen in Verbindung mit Meßgebern durch elektrische Fernübertragung zur Aufzeichnung aller physikalischen Meßgrößen, soweit sie nicht allzu schnellen Schwankungen unterliegen, z. B. zur Aufzeichnung von Wassermengen, die gefördert werden oder zufließen, von Behälterständen u. a. m. Die einzelnen Augenblickswerte der Meßgrößen werden in gleichmäßiger, kurzer Zeitfolge auf einem Schreibstreifen durch Punkte festgehalten, die sich zu einer Linie aneinander reihen. Durch Mehrfarben-Punktschreiber können die Ergebnisse mehrerer Meßstellen in verschiedenfarbigen Linien auf einem gemeinsamen Schreibstreifen aufgetragen werden. Es ist auch eine Summenaufschreibung möglich (s. a. Linienschreiber).

Putzereien s. Waschanstalten.

Putzöffnung s. Reinigungsöffnung.

Pyrit s. Schwefelkies.

Q

Quelle, eine örtlich begrenzte Austrittsstelle des Grundwassers an das Tageslicht oder die Tagesluft, mit Ausnahme solcher in Brunnen.

Quellenband, Quellenlinie, Band (oder Linie), auf dem Quellen austreten. Das mehrdeutige Wort Quellenhorizont ist zu vermeiden.

Quelle, pulsende, Quelle, deren Schüttung in kurzen Zeitabständen regelmäßig zu- und abnimmt.

Quellenbeobachtungslisten s. Grundwasserbeobachtungslisten.

Quellenschutzbereich s. Grundwasserschutzbereich.

Quellergiebigkeit, die künstlich beeinflußte Schüttung einer Quelle (DONAT und KOEHNE).

Quellfassung, die Sammlung des Quellwassers an seiner Austrittsstelle in einer Quellstube (fälschlich auch Brunnenstube genannt). Der oberste Grundsatz bei der Fassung ist, die hygienische Reinheit der Quelle weitestgehend zu erhalten und dabei auch ihre Schüttung möglichst in voller Größe zu bewahren. Deshalb darf an dem bestehenden natürlichen Zustande nur wenig geändert werden, vor allem soll weder eine Spiegelsenkung noch ein Aufstau vorgenommen werden. Die Fassung muß leicht zugänglich und gut gelüftet sein. Verunreinigungen von außen sind unter allen Umständen zu verhüten, ebenso sollen auch Einwirkungen der äußeren Luftwärme durch gute Überdeckung der Quell-stube vermieden werden. Vom Quell-wasser mitgeführter Sand muß durch Sandfänge zurückgehalten werden. Für die Qu. gilt in technischer und gesundheitlicher Beziehung die vom Deutschen Verein von Gas- und Wasserfachmännern e. V. gemeinsam mit den Organisationen der Brunnenbauer, dem Reichsinnungsverband des Baugewerkes, Berlin-Charlottenburg 9 und der Wirtschaftsgruppe Bauindustrie, Fachunterabteilung Bohrungen, Brunnen- und Wasserwerksbau, Berlin W 35, nach einem Entwurf der Reichsanstalt für Wasser- und Luftgüte aufgestellte Brunnenordnung (in Bearbeitung).

Quellhorizont s. Quellenband.

Quellschüttung, Formelzeichen q, Maßeinheit l/s, die Abflußmenge einer Quelle in der Zeiteinheit.

Quellschüttungshaupttabellen siehe Grundwasserhaupttabellen.

Quellstuben, Einrichtungen zur Fassung der Quellen (s. Quellfassung).

Quellwasser, die chemische Beschaffenheit des Q.s. Sie hängt i. a. von dem geologischen Aufbau der Bodenschichten ab, durch die das Wasser seinen unterirdischen Weg nimmt. Ein Quellwasser ist daher um so reicher an gelösten Salzen, je reicher das Gestein an löslichen Bestandteilen ist, je höher die Temperatur ist, die das Wasser im Boden erreicht, und je länger das Wasser mit dem Gestein in Berührung bleibt. Hinsichtlich ihrer Löslichkeit kann man die Gesteine in folgender Reihenfolge gruppieren, wobei stets das folgende Gestein leichter vom Wasser gelöst wird als das vorhergehende:

1. Quarzite, quarzitische Sandsteine, Sandsteine mit kieseligem Bindemittel und reine Quarzsande und Quarzkiese,

2. Granite und andere saure Eruptivgesteine, Gneise und andere kristallinische, metamorphe Gesteine,
3. Tone, Tonschiefer und Sandsteine mit tonigem Bindemittel,
4. Basalte, Phonolithe und andere jüngere basische Eruptivgesteine,
5. Diluviale Sande und Kiese, Sandsteine mit mergeligem, kalkigem und dolomitischem Bindemittel, Tonmergel und Geschiebemergel,
6. Dolomit,
7. Kalkstein,
8. Gips,
9. Steinsalz (Keilhack).

Quernetz (Quersystem) s. Entwässerungsnetz.

Querschnitte von Entwässerungsleitungen. Außer dem Kreisquerschnitt sind folgende Querschnittsformen (Profile) gebräuchlich: 1. der Eiquerschnitt, Abb. a, der das abfließende Wasser bei geringer Füllhöhe gut zusammenhält, so daß auch bei kleiner Wasserführung die zur Abschwemmung der Schmutzstoffe erforderliche Schwimmtiefe soweit wie möglich vorhanden ist; 2. der Maulquerschnitt,

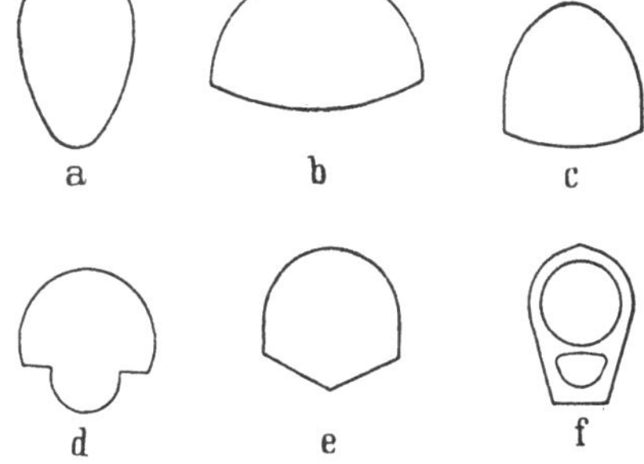

Abb. b, der besonders für Regenauslässe und Regenwasserleitungen geeignet ist, weil er bei geringer Höhe verhältnismäßig große Wassermengen abführen kann. 3. Der Haubenquerschnitt, Abb. c, für große Regenwasserleitungen. 4. Der Tunnelquerschnitt, Abb. d, für sehr große Mischwasserleitungen

mit Seitenstegen und einer Sohlrinne für das Schmutzwasser. In einzelnen Fällen werden auch überhöhte, gedrückte oder umgekehrte Eiquerschnitte, Ellipsenquerschnitte, Querschnitte mit dreieckförmiger Sohlrinne (Dreieckquerschnitte), Abb. *e*, oder Sonderquerschnitte angewendet, deren Form von den Ansprüchen abhängt, die jeweils an die Entwässerungsleitung gestellt werden. Doppelquerschnitte, Abb., für das Trennverfahren, bei denen unten das Schmutzwasser und oben das Regenwasser abfließt, sind in verschiedenen Städten ausgeführt, haben jedoch nicht überall den Erwartungen entsprochen, weil die Schmutzwasserleitung sehr schwer zugänglich ist und die in den Einsteigeschächten befindlichen Deckel über der Schmutzwasserleitung häufig nicht dicht schließen. Besonders große Qu. besitzt das Entwässerungsnetz der Stadt Paris, in dem auch die Leitungen für die Versorgung der Stadt mit Wasser, Strom und Druckluft untergebracht sind.

Um die große Anzahl der bisher verwendeten verschiedenartigen Querschnittsformen einzuschränken (Typenentrümpelung), hat der Deutsche Normenausschuß neuerdings auf dem Gebiete des Wasserbaues die Querschnittstypen durch DIN 4362 vereinheitlicht (s. Leitungsquerschnitt, Armaturen).

• GEISSLER, Kanalisation und Abwasser-Reinigung, Berlin 1933, S. 37—39, 64—73.
• BRIX, IMHOFF u. WELDERT, Die Stadtentwässerung in Deutschland. Jena 1934, Bd. 1 S. 91, 206 bis 208, 238, 256 bis 257, 633 bis 637 u. B. 2 S. 60 bis 63.
• WILD-SCHÖBERLEIN, Tabellenbuch für die Berechnung von Kanälen und Leitungen. Berlin 1931.
• IMHOFF, Taschenbuch der Stadtentwässerung. 10. Aufl. München u. Berlin 1943. Tafel 5 bis 11.

Querschnittswechsel, Übergang des Querschnitts einer Leitung von der einen Form in eine andere. Der Qu. wird bei Druckrohren i. a. durch konische (kegelstumpf - förmige) Formstücke (Taper) vermittelt. Bei Gefälleleitungen eines Entwässerungsnetzes läßt man bei Regenwasser- und Mischwasserleitungen die Scheitellinie durchlaufen, so daß Sohlenabsätze entstehen, die bei Rohrleitungen durch Einsteigeschächte und bei begehbaren Kanälen durch schwach geneigte Flächen vermittelt werden. Bei Schmutzwasserleitungen läßt man meist die Mittelwasserlinien durchlaufen. Sehr starker Qu., wie er z. B. an den Abzweigungsstellen von Regenauslässen oder bei der Vereinigung großer Sammelkanäle vorkommt, erfordert oft recht umfangreiche Sonderbauwerke.

R

Radialnetz (Radialsystem) s. Entwässerungsnetz.

Rädertierchen, Rotatorien, zum Stamm der Würmer (Vermes) gehörige, mikroskopische Wassertierchen, die bei der Selbstreinigung der Gewässer mitwirken (s. Plankton).

Rammbrunnen s. Abessinierbrunnen.

Randsammlernetz, Randsammlersystem, s. Entwässerungsnetz.

Rapidverfahren s. Brühverfahren.

Raschig-Ringe, kleine, rohrförmige Ringe von 5 bis 20 mm Durchmesser und ungefähr gleicher Länge, die dazu benutzt werden, um im engen Raum große Oberflächen zu erhalten. Verwendung u. a. bei der Reinigung von Gasen in Entstaubungsanlagen (s. d.) zur Befeuchtung der Luft und bei der Beseitigung nitroser Gase (s. d.).

Rasen, biologischer s. Tropfkörper.

Rauheit, R a u h i g k e i t, Eigenschaft der Wandung einer Gefälleleitung, die deren Wasserleitungsvermögen mehr oder weniger stark beeinflußt. In den Formeln zur Berechnung der Geschwindigkeit des Wassers in offenen Wasserläufen und in geschlossenen Leitungen wird die R. des Bettes und der Wandungen durch die Rauhigkeitszahl berücksichtigt, deren Größe von der Beschaffenheit des Gerinnes oder der Leitung abhängt (s. KUTTERsche Formel).

Rauhigkeitszahl, Beiwert zur Kennzeichnung des Grades der Wandrauhigkeit von offenen oder geschlossenen Gerinnen.

Raumbelastung, Quotient Q_a/J aus der einem Abwasserbehandlungsraum (z. B. Absetzbecken, Belebungsbecken, Tropfkörper usw.) während einer bestimmten Zeit zugeführten Abwassermenge Q_a und dem Inhalt J des mit dem Abwasser belasteten Raumes. Formelzeichen R_c, gebräuchliche Maßeinheiten m³/T. l/m³ = l/T, oder auch l/h oder l/s.

Werden z. B. einem Tropfkörper von 250 m³ Füllstoffinhalt täglich 500 m³ Abwasser zugeführt, so ist seine R. R_q = 500/250 = 2 l/T. Die R. eines Absetzbeckens von 250 m³ nutzbarem Inhalt, dem täglich 3000 m³ Abwasser zugeleitet werden, ist R_q = 3000/250 = 12 l/T.

Rawaverband, eine auf Grund eines preußischen Sondergesetzes gebildete Wassergenossenschaft für das Niederschlagsgebiet der Rawa (89 km², 300 000 Einwohner) mit der Aufgabe, die Vorflut zu regeln und das anfallende Abwasser zu reinigen. Sitz des R.es ist Kattowitz.

Reaktion. R. im chemischen Sinne = Einwirkung zweier Stoffe aufeinander.

Reaktion des Wassers, der Tatbestand, ob ein Wasser neutral, alkalisch oder sauer ist. Die Bestimmung erfolgt durch ein Versetzen mit verschiedenen Indikatoren. Die Indikatoren zeigen bei der R. folgende Farben:

Indikator	bei neutraler Reaktion	bei alkalischer Reaktion	bei saurer Reaktion
Lackmus	violett	blau	rot

Indikator	bei neutraler Reaktion	bei alkalischer Reaktion	bei saurer Reaktion
Rosolsäure	schwach gelb	deutlich rot	gelb
Kongorot	violett	scharlach-rot	blau[1]
Methylorange	orange-rot	gelb	rosarot[1]
Phenolphthalein	farblos	rot	farblos

[1] Bei Mineralsäuren.

Rechen s. Abwasserrechen.

Rechengut. Die von einem Abwasser-Rechen zurückgehaltenen Stoffe. Die Menge des R.s schwankt bei städtischem Abwasser je nach der Stabweite des Rechens zwischen 2 und 10 l je Kopf und Jahr. Man beseitigt es durch Vergraben, Verbrennen (am besten mit Faulgas) oder indem man es maschinell zerkleinert und dem Abwasser wieder zusetzt (s. Abwasserrechen, Stabweite, Zerkleinerung von R.).

Reduktionsbleiche s. Bleichereien.

Regen. Für die Berechnung von Entwässerungsnetzen unterscheidet man zwischen Schwachregen, Starkregen, Platzregen und Wolkenbrüchen, deren Stärke i der Formel

$$i = \frac{C}{(T + 18)\,0{,}765}$$

entspricht, worin T die Regendauer in Minuten und C für Schwachregen < 9,0 mm/min, für Starkregen ≥ 9,0 mm/min, für Platzregen ≥ 13,5 mm/min und für Wolkenbrüche ≥ 18,0 mm/min ist. DIN 4045 (s. Regenstärke, Regendauer, Berechnungsregen).

REINHOLD, Gesundheits-Ingenieur Jahrg. 58 (1935), S. 369.

Regenabflußdiagramm s. Regendiagramm.

Regen, Anzahl im Jahr. Die Anzahl der Regen im Jahr schwankt in unseren Breitengraden zwischen 150 und 200. Für die Bemessung eines Entwässerungsnetzes kommen davon nur der Berechnungsregen und die ihn an Wirkung auf das Netz übertreffenden R. (Gefahrenregen) in Betracht. Dabei hängt die Wirkung von der Dauer und der Stärke des R.s oder eines seiner an Stärke voneinander verschiedener Abschnitte ab. Die Anzahl der Gefahrenregen gibt an, wie oft das Entwässerungsnetz jährlich voraussichtlich überlastet wird, so daß Überschwemmungen eintreten können (s. Regenstärke, Regendauer).

Regenauslaß, Bezeichnung für Auslässe beim Misch- und beim Trennverfahren, die entsprechend der Berechnung des Leitungsnetzes zur Abführung von mit Schmutzwasser vermischtem Regenwasser oder von Regenwasser allein dienen (vgl. Notauslaß) (DIN 4045).

Regenauslaßkläranlage, Anlage zur Klärung des von einem Regenauslaß abgeführten Gemisches aus Regenwasser und Schmutzwasser, bevor es dem Vorfluter zufließt. Die R. kann entweder eine Absetzanlage, wie beispielsweise ein Rückhaltebecken oder eine Siebanlage wie z. B. ein Zentrisieb sein (s. Rückhaltebecken, Zentrisieb, Regenwetterbecken).

Regenauslauf. Die Stelle, an der beim Mischverfahren das Regenwasser aus dem Entwässerungsnetz in den Regenauslaß übertritt. Der R. ist i. a. ein Überfallwehr, dessen Schwelle so hoch liegt, daß nur der Überschuß über ein Vielfaches (meist 4- bis 5-faches) des Trockenwetterabflusses in den Regenauslaß gelangt. Meist sind dabei Vorkehrungen zur Veränderung der Höhe des Überfalles getroffen (z. B. durch Einlegen von Dammbalken, die bei höheren Wasserständen im Vorfluter verhüten, daß das Außenwasser durch den Regenauslaß in das Entwässerungsnetz zurückstaut). In selteneren Fällen wird der R. auch als Grundauslauf (Grundablaß) ausgebildet, wobei die zu entlastende Entwässerungsleitung im regelmäßigen Betrieb bis zu einer bestimmten Überfallhöhe durch ein Schütz verschlossen ist, das nur in Notfällen (z. B. bei Überschwemmungsgefahr) gezogen wird

und damit die zu entlastende Leitung bis zur Sohle freigibt. Regenausläufe werden zweckmäßig an solchen Knotenpunkten des Entwässerungsnetzes angelegt, an denen zwei oder mehrere größere Kanäle in einen Kanal münden oder von denen aus der Vorfluter auf besonders kurzem Wege zu erreichen ist, außerdem aber auch unmittelbar vor Pumpwerken und Kläranlagen, um diese vor Überflutung zu schützen (s. Regenauslaß, Notauslaß).

Regenbeobachtungen, planmäßige, laufende Messung und Aufzeichnung der Höhe, der Dauer und der Häufigkeit der an einem bestimmten Orte niedergehenden Regen (s. Regenhöhe, Regendauer, Regenhäufigkeit).

Regendauer, die Zeitdauer, die zwischen dem Beginn und dem Aufhören eines Regens oder eines Regenabschnittes liegt. Formelzeichen T, gebräuchliche Maßeinheit: Minute (min) oder Sekunde (s) (DIN 4045). Für die Bemessung von Abwasserleitungen muß man, weil innerhalb eines Regens die Regenstärken meist stark wechseln und bei der Berechnung nur die größten Regenstärken in Frage kommen, i. a. einzelne Regenabschnitte von kurzer Dauer und großer Stärke in Betracht ziehen, die man der vom Schreibregenmesser aufgezeichneten Ganglinie entnimmt (s. Regenstärke, Schreibregenmesser).

Regendiagramm, auf einen Regen von bestimmter Stärke und Dauer bezogene zeichnerische Darstellung einer Regenreihe, die bei der Berechnung eines Entwässerungsnetzes nach dem Summenlinienverfahren dazu dient, die für jeden Punkt des Leitungsnetzes maßgebende Regenspende zu ermitteln. Dabei sind im R. und in der Summenlinie die einander entsprechenden Größen: Wassermengen in l/s und Regenstärken in mm/min in verhältnisgleichen sowie Regendauer und Fließzeit in Minuten in gleichen Maßstäben

(z. B. eine Minute = 0,5 cm) auf gleichgerichteten Achsen eines rechtwinkligen Achsenkreuzes aufzutragen. Der verhältnisgleiche Maßstab wird beispielsweise für die nachstehende Regenreihe folgendermaßen gefunden:

Regen 1: 0,69 mm/min Stärke und 10 min Dauer,

Regen 2: 0,52 mm/min Stärke und 15 min Dauer,

Regen 3: 0,42 mm/min Stärke und 20 min Dauer,

Regen 4: 0,31 mm/min Stärke und 30 min Dauer.

In der Summenlinie sa. der Mengenmaßstab: 100 l/s = 1 cm, dann wird zur Auftragung des R.s als Maßstab für die Stärke des kürzesten Regens 1:0,69 mm/min. = 1 cm gewählt (entsprechend 100 l/s). Dann entsprechen 100 l/s der Summenlinie für den Regen 2 : 0,69/0,52 = 1,32 cm im R., für den Regen 3: 0,69/0,42 = 1,64 cm im R. und für den Regen 4 : 0,69/0,31 = 2,21 cm im R. (s. Regenstärke, Regendauer, Regenspende, Regenmenge, Summenlinie, Regenreihe).

Regendichtigkeitsbeiwert, die Zahl, mit der der Abflußbeiwert multipliziert werden muß, wenn bei der Ermittlung der Abflußmenge die ungleichmäßige Verteilung eines Regens über das Abflußgebiet, d. h. die ungleichmäßige Regendichte berücksichtigt werden soll. Für die Bemessung von Entwässerungsnetzen ist der R. von untergeordneter Bedeutung, er wird zweckmäßig mit dem Zeitbeiwert zusammengefaßt (s. Abflußbeiwert, Zeitbeiwert).

Regenfülle, Regenwassermenge. Der Rauminhalt des Regenwassers, das sich bei einer bestimmten Regenhöhe auf einem waagerechten Gebiet ansammeln würde, wenn nichts davon (z. B. durch Versickern, Verdunsten oder Abfließen) verloren ginge. (DIN 4045.) Früher auch als „Regenmasse" bezeichnet. Formelzeichen R', gebräuchliche Maßeinheit m³. Ist z. B. die Re-

genhöhe $N = 5$ mm und das beregnete Gebiet $F = 20$ ha, so ist die R. $R' = 5 \cdot 20$ mm · ha

$$= 100 \cdot \frac{1}{1000} \cdot 10\,000 = 1000 \text{ m}^3$$

(s. Regenhöhe).

Regengleichen, Linien gleicher Höhe des Niederschlags.

Regenhäufigkeit, Anzahl der Regenfälle von bestimmter Dauer innerhalb eines Jahres, die eine bestimmte Regenstärke erreichen oder übertreffen, bzw. der Regenfälle, die innerhalb mehrerer Jahre nur einmal vorkommen. Formelzeichen: n, gebräuchliche Maßeinheit: 1/Jahr. So bezeichnet man mit

$n = 0,1$ die Häufigkeit eines Regens, der in 10 Jahren einmal,

$n = 0,2$ die Häufigkeit eines Regens, der in 5 Jahren einmal,

$n = 0,5$ die Häufigkeit eines Regens, der in 2 Jahren einmal,

$n = 1$ die Häufigkeit eines Regens, der in 1 Jahr einmal,

$n = 2$ die Häufigkeit eines Regens, der in 1 Jahr zweimal

überschritten wurde (DIN 4045) (s. Regenstärke).

Regenhaltefähigkeit, Unterschied zwischen dem größten Wasserhaltevermögen und dem jeweiligen Wassergehalt des Wurzelbereiches der Pflanzen, gemessen in mm Wasserhöhe (DONAT und KOEHNE).

Regenhaltevermögen, größtes, nutzbares, größtes Wasserhaltevermögen des Wurzelbereichs abzüglich des nicht von den Pflanzen aufnehmbaren Wassers, gemessen in mm Wasserhöhe (DONAT und KOEHNE).

Regenhöhe, die Höhe, die das auf eine waagerechte Fläche niederfallende Regenwasser auf dieser Fläche erreichen würde, wenn davon nichts (z. B. durch Versickern, Verdunsten oder Abfließen) verloren ginge. Formelzeichen N, gebräuchliche Maßeinheit mm (DIN 4045).

Regenhöhenganglinie s.Schreibregenmesser.

Regenmenge, Quotient aus der Regenfülle und der Zeitdauer, während der sie niedergegangen ist. Formelzeichen R, gebräuchliche Maßeinheit m^3/s oder l/s. Fällt z. B. auf ein Gebiet von 20 ha Größe ein Regen von der Stärke 0,5 mm/min, so ist die Regenfülle in einer Minute $20 \cdot 0,5$ ha · mm, also die R.:

$$20 \cdot 0,5 \text{ ha} \cdot \text{mm/min}$$
$$= 10 \cdot \frac{10\,000}{1000} \cdot \frac{1}{60}\ m^3/s$$
$$= 1,67\ m^3/s = 1670\ l/s.$$

(s. Regenfülle).

Regenmesser, Gerät zur Messung der Regenhöhe. Der R. besitzt i. a. ein trichterförmiges Auffanggefäß, dessen kreisrunde, scharfkantige Auffangfläche 200 cm² groß ist. Der auf diese Fläche fallende Niederschlag läuft durch den Auffangtrichter in einen darunter stehenden Becher und wird alltäglich zu bestimmten Zeiten in einem Meßglas ausgemessen, das durch eine besondere Eichung die unmittelbare Ablesung in „mm Regenhöhe" (s. d.) gestattet. Der R. muß auf einem freien Platz, vor zu heftigen Winden geschützt und in bestimmter Höhe über dem Erdboden aufgestellt werden. Für die meisten gewässerkundlichen Aufgaben werden Geräte nach HELLMANN-FUESS für eine Tagesaufnahme des Niederschlags verwendet. Geräte mit einer Aufnahmefähigkeit des in einer Woche oder in einem Monat gefallenen Niederschlags (Niederschlagssammler) werden an solchen Orten benutzt, wo eine tägliche Bedienung nicht möglich ist. Da für die Bemessung von Entwässerungsnetzen nicht die durchschnittliche Regenhöhe während eines längeren Zeitraumes, sondern die größte Regenhöhe innerhalb kurzer Zeit (3 bis 15 oder 20 Minuten) ausschlaggebend ist, kommen für das Aw. meist nur R. in Betracht,

die den Zusammenhang zwischen der Regenhöhe und der Regendauer, d. h. die Regenhöhenganglinie selbsttätig aufzeichnen (s. Schreibregenmesser).

· Reichsamt für Wetterdienst. Anleitung für die Beobachter an den Niederschlagsmeßstellen des deutschen Reichswetterdienstes. Berlin 1936.

· Arbeitsgruppe Abwasserwesen (früher Abwasserfachgruppe der deutschen Gesellschaft für Bauwesen e. V.), Anweisung für die Durchführung von Niederschlagsmessungen (ADN. 1936). München u. Berlin 1936.

Regenmesser, selbstschreibender s. Schreibregenmesser.

Regenreihe, Zusammenstellung von zusammengehörigen Werten von Regendauern und Regenstärken oder Regenspenden gleicher Regenhäufigkeit. Ort und Zeitraum, aus deren Beobachtungen die R. gewonnen ist, sind anzugeben, z. B. „Regenreihe Stuttgart 1920 bis 1935" (DIN 4045). Die R. wird i. a. der Berechnung größerer Entwässerungsnetze zugrunde gelegt. Beispielsweise werden beim Summenlinienverfahren R.n zu Regendiagrammen vereinigt in die Rechnung eingeführt (s. Summenlinienverfahren, Regendiagramm).

Regenrohr. Fallrohr, das das in der Dachrinne zusammenfließende Regenwasser in die öffentliche Straßenleitung ableitet. Sofern das R. hinreichend weit von der Straße entfernt liegt, darf es im Bedarfsfalle auch nach einer Regentonne entwässern. Das R. wird fast immer an der Außenseite der Gebäudewand herabgeführt, nur in Sonderfällen kann es im Hinblick auf die künstlerische Gestaltung eines Gebäudes nach innen gelegt werden (s. Fallrohr).

Regenrohrschmutzfänger. Zwischen dem Regenrohr (Fallrohr) und der Anschlußleitung in Straßenhöhe eingeschalteter gußeiserner Rohrkasten (Lichtweite i. a. 200 mm) mit abschraubbarem Deckel und eingehängtem eisernen Körbchen, in dem die vom Dache abgeschwemmten gröberen

Stoffe (z. B. Bruchstückchen der Dachdeckung, Laub) zurückgehalten werden.

Regenschreiber s. Schreibregenmesser.

Regenspende. Quotient R/F aus der Regenmenge R und der beregneten Fläche F. Formelzeichen r, gebräuchliche Maßeinheiten l/s.ha, l/s.km² und m³/s.km². Die R. wird aus der vom Schreibregenmesser in mm/min. aufgezeichneten Regenstärke i durch Erweiterung mit der Fläche F erhalten, also:

$$r = i \cdot \frac{F}{F} = i \cdot \frac{mm}{min.} \cdot \frac{ha}{ha}$$

$$= i \cdot \frac{1}{100} \cdot dm \cdot \frac{1}{60s} \cdot 10^6 \frac{dm^2}{ha}$$

$$= i \cdot \frac{10^6}{100.60} \cdot \frac{1}{s \cdot ha}$$

$$= i \cdot 167 \, l/s \cdot ha.$$

Für $i = 1$ mm/min. wird r

$$= 167 \, l/s \cdot ha = 16\,700 \, l/s.km^2$$

$$= 16{,}7 \, m^3/s. \cdot km^2 \quad \text{(s. Regenmenge,}$$

Regenstärke, Landschaftsmittelwerte von Regenspenden).

Regenspendelinie s. Regenstärkelinie.

Regenstärke, Quotient N/T der Regenhöhe N durch die Regendauer T. Formelzeichen i, gebräuchliche Maßeinheit mm/min. Die Erweiterung von i mit der Fläche (ha) ergibt die Regenspende (s. Regenspende, Regenhöhe, Regendauer).

Regenstärkelinie, zeichnerische Darstellung des Zusammenhanges zwischen der Regenstärke und der Regendauer für einen bestimmten Ort und Beobachtungszeitraum. DIN 4045. Langjährige Beobachtungen haben ergeben, daß die Regenstärke mit der Regendauer nahezu gesetzmäßig abnimmt, so daß die R. mit zunehmender Zeit zuerst stärker, später jedoch weniger stark abfällt. Für den Zusammenhang zwischen der Regenstärke i und der Regendauer T sind daher mehrfach

Formeln aufgestellt worden; eine dieser Formeln lautet

$$i = \frac{C}{(T + B)^a}$$

worin C, B und α Festwerte sind, die für einen bestimmten Ort auf Grund langjähriger Beobachtungen ermittelt werden müssen. Der Wert von α weicht i. a. nicht sehr von 1 ab. Da die Regenspende aus der Regenstärke durch Erweiterung mit der Fläche erhalten wird, gelten diese Formeln auch für die Regenspende r (Regenspendelinie) (s. Regenstärke, Regendauer, Regenspende).

REINHOLD, Regenspenden in Deutschland. Archiv für Wasserwirtschaft, Berlin 1940. Nr. 56.

Regenumlauf s. Sicherheitsumlauf.

Regenwassermenge s. Regenfülle.

Regenwetterbecken, Absetzbecken zur Klärung des aus einem Entwässerungsnetz abfließenden Regenwassers oder des aus den Regenauslässen kommenden Mischwassers (s. Regenauslaßkläranlage).

Regenwetterkammer beim Sandfang, zusätzliche Kammer eines Sandfanges, die bei Regenwetter dann in Anspruch genommen wird, wenn die Durchflußgeschwindigkeit in den regelmäßig betriebenen Kammern 0,3 m/s überschreitet.

Regen, wirtschaftlich gleichwertige, Regen von verschiedener Dauer und Stärke, die bei der Berechnung eines Entwässerungsnetzes die gleichen Querschnittsmessungen ergeben (s. Regendauer, Regenstärke).

Reibungsgefälle, Formelzeichen J, Gefälle der Energielinie.

Reibungshöhe, Formelzeichen h, Maßeinheit m, durch Reibung bedingter auf die Leitungslänge l entfallender Wasserdruckhöhenverlust $h = J \cdot l$.

Reibungsverlust (Druckverlust) s. Rohrnetz, Berechnung des R.es.

Reibungszahl s. Rohrnetz, Berechnung des Rohrnetzes.

Reichlekörper, aus Tontellern oder Tonplatten aufgebaute Tropfkörper, die vom Abwasser in dünner Schicht durchflossen werden (s. Tellerkörper).

Reichsanstalt für Wasser- und Luftgüte, früher Landesanstalt für Wasser-, Boden- und Lufthygiene (s. d.).

Reichsverband der deutschen Wasserwirtschaft. Im R. sind alle solche Organisationen, Gesellschaften und Firmen sowie Verbände usw. als körperschaftliche Mitglieder vereinigt, die irgendwie an der Nutzung des Wassers interessiert sind. Es sind also in ihm alle aufbauwilligen Kräfte der Wasserwirtschaft gesammelt, die von ihm einheitlich ausgerichtet werden. Der R. hat außerdem die Aufgabe, den in der Fachgruppe Bauwesen e. V. gebildeten A r b e i t s k r e i s Wasserwirtschaft zu führen, zu dessen Aufgaben es gehört, die technisch-wissenschaftliche Arbeit auf dem Gesamtgebiet des Wasserbaues und der Wasserwirtschaft wahrzunehmen und die hierin tätigen Techniker zu betreuen. Die Organe des Res. sind: der Vorstand mit dem ehrenamtlichen geschäftsführenden Vorstandsmitglied, der Vorstandsrat und der Gesamtausschuß.

Reichweite, der Halbmesser des Kreises, in dem bei der Wasserentnahme aus einem Brunnen praktisch die Absenkungskurve die Linie des ungesenkten Wasserspiegels berührt (s. Brunnen im ungespannten Grundwasser).

Reifen des biologischen Körpers, Naturvorgang, Bildung des klebrigen, mit Kleinlebewesen durchsetzten, die Abwasserreinigung bewirkenden Überzuges (biologischen Rasens) auf der Oberfläche der Stoffe (Sand, Kies, Schlacke, Ziegel- oder Gesteinsbrocken, Holzstückchen), aus denen ein biologischer Körper aufgebaut ist (s. Einarbeitung).

Reif und **Rauhreif** (Duftanhang), Ausscheidungen aus dem Wasserdampf der Luft bei Temperaturen unter dem Gefrierpunkt an erkalteten Gegenständen, z. B. an Bäumen (nach Rubner).

Reifungszeit, die Zeit, die vom Beginn der Beschickung eines biologischen Körpers an vergeht, bis der Körper das Abwasser ordnungsmäßig reinigt. Beim Tauchkörper etwa 2, beim Tropfkörper nahezu 30 Tage (s. Biologischer Körper, Einarbeitung).

Reinabwasser, das aus einer Abwasserreinigungsanlage abfließende Wasser im Gegensatz zu dem zufließenden Rohabwasser.

Reinhaltung der Gewässer. Die R. wird als eine der wichtigsten Forderungen zum Schutze der Volksgesundheit vom Reiche überwacht. Abgesehen von den dafür zuständigen Zentralbehörden sind im wesentlichen das Reichsgesundheitsamt sowie die Wasser- und die Gewerbepolizei dabei beteiligt. Beratend wirken dabei die Reichsanstalt für Wasser- und Luftgüte, die Flußwasser - Untersuchungsämter und die Wasserwirtschaftsämter mit (s. d.).

Reinheitsgrad. Ein brauchbarer Maßstab für den R. von Gewässern und von Abwasser ist i. a. der biochemische Sauerstoffbedarf. Für besondere Zwecke muß der R. dagegen durch eine eingehende physikalische, chemische, mikroskopische, biologische und bakteriologische Untersuchung ermittelt werden. Für Flußwasser gibt Imhoff in Anlehnung an amerikanische Vorschläge 4 Stufen des R.es an, je nachdem es für grobe technische Zwecke und zur landwirtschaftlichen Bewässerung, als Fischgewässer, für öffentliche Badeplätze oder zur Wasserversorgung gebraucht wird. Bei Niedrigwasserführung des Flusses genügt es für die erste Stufe, wenn das Wasser keinen schlechten Geruch hat, in der zweiten

Stufe soll der Sauerstoffgehalt nicht unter 3 bis 4 mg/l und der 5tägige Sauerstoffbedarf nicht über 5 mg/l sein, die dritte Stufe soll bei einem Grenz-Colititer von 0,1 keine sichtbaren Abwasserstoffe enthalten, und für die vierte Stufe soll beispielsweise unter der Voraussetzung, daß die Wasserwerke gute Sandfilter oder Bodenfilter, verbunden mit Chlorung, haben, der Colititer zwischen 0,1 und 0,01 und der Kochsalzgehalt unter 250 mg/l liegen.

Weitere Grenzwerte für den R. sind:

1. für den Abfluß aus Absetzbecken 0,5 cm³/l Schlamm nach zweistündiger Absetzzeit im Absetzglas gemessen und Abnahme des fünftägigen biochemischen Sauerstoffbedarfs (BSB$_5$) um etwa 35 v. H.

2. für den Abfluß aus biologischen Reinigungsanlagen: Abnahme des BSB$_5$ um etwa 90 v. H., BSB$_5$ unter 15 mg/l und Gehalt an Schwebestoffen unter 20 mg/l.

3. für offene Fischgewässer: Sauerstoffgehalt mindestens 3 mg/l.

4. für Trinkwasser: Keimgehalt möglichst unter 10 je m³, mindestens aber unter 100 je cm³ (s. Sauerstoffbedarf, Abwasseruntersuchung, Flußwasseruntersuchung, Colititer).

. IMHOFF, K., Taschenbuch der Stadtentwässerung. München u. Berlin. 10. Aufl. 1943.

Reinigung des Entwässerungsnetzes, Betriebsmaßnahme zur Verhütung von Verschlammungen und Verstopfungen zwecks Erhaltung des planmäßigen Wasserabführungsvermögens der Entwässerungsleitungen. Einzelmaßnahmen bei der R. sind: 1. S p ü l s t r o m r e i n i g u n g, bei der der Schlamm durch einen künstlich erzeugten, kräftigen Spülstrom abgeschwemmt wird (s. Spüleinlaß; Spüleinrichtung, selbsttätige; Spülkammer; Spülklappe, Stuttgarter; Handzugschieber; Kettenrollzugschieber; Spültür; Spülschacht). 2. D u r c h t r e i b r e i n i g u n g, wo-

bei der Schlamm durch Geräte weitergeschoben wird, die sich, meist durch Wasserüberdruck getrieben, in der Leitung vorwärts bewegen (s. Rohrbürste; Spülschild; Spülwagen, Frankfurter; Spülschiff; Iltis; Spülkugel). 3. V e r s t o p f u n g s b e s e i t i g u n g (siehe Wurzelschneider, Durchstoßen von Entwässerungsrohrleitungen).

Reinigungsöffnung, Putzöffnung, mit abnehmbarem Deckel versehene Öffnung in einer Gefälleleitung, von der aus Abflußhindernisse mittels Spülung und Durchstoßen von Rohrstöcken oder biegsamen Wellen beseitigt werden können. Von besonderer Bedeutung für die Grundstücksentwässerung ist die Hauptreinigungsöffnung zwischen der Grundleitung und der Hausanschlußleitung. DIN 595: Reinigungsöffnungen mit Keilverschluß, mit Knebelverschluß, mit Schraubverschluß. DIN 1391 und 1392: Reinigungsrohre (s. Durchstoßen von Entwässerungsleitungen, Hauptreinigungsöffnung).

Reinwasser, das Wasser, das durch Aufbereitung für Trink- und Brauchzwecke verwendbar gemacht worden ist.

Reinwasserzone, das Gebiet eines offenen Gewässers, in dem ein reines, sauerstoffreiches Wasser beanspruchendes Pflanzen- und Tierleben herrscht (s. Saprobiensystem).

Reisstärkefabriken s. Getreidestärkefabriken.

Remanitfilter, geschlitzte Brunnenfilterrohre aus korrosionsbeständigem Chrom-Mangan-Stahl.

Resthärte, die nach der Enthärtung (s. d.) im Wasser noch enthaltene Härte.

Retirade s. Abort.

Revisionsschacht s. Einsteigeschacht.

Rhenaniaphosphat, Calcium- und Natriumphosphat mit 10 bis 15 v. H. freiem CaO. Es hat die Eigenschaft, die freie Kohlensäure zu binden, das Wasser zu enteisenen und Natriumphosphat in Lösung zu schicken. Dadurch wird die Korrosion verhindert. Das R. wird auch mit Glühphos bezeichnet und zur Füllung der Rhenaphos-Filter verwendet (s. Sauerstoffbindungsverfahren).

Richtlinien für Bestandspläne für öffentliche Entwässerungsanlagen s. Bestandspläne für öffentliche Entwässerungsanlagen.

Richtlinien des Deutschen Vereins von Gas- und Wasserfachmännern e. V. Der DVGW hat eine Reihe von R. herausgegeben, die für das Rohrnetz und für die Hauseinrichtungen von Wichtigkeit sind. Ein Teil davon ist in die DIN-Vorschriften eingearbeitet worden. Dazu gehören DIN 1988, „Vorschriften über den Bau und Betrieb von Wasserleitungsanlagen in Grundstücken" mit den dazu gehörigen „R. für die. Berechnung der Kaltwasserleitungen in Hausanlagen" und DIN 1998 „R. für die Einordnung und Behandlung der Gas-, Wasser-, Kabel- und sonstigen Leitungen und Einbauten bei der Planung öffentlicher anbaufähiger Straßen". Zu den letzteren ist noch ein nicht in die DIN-Vorschriften aufgenommener Zusatz erschienen „R. für das Zusammenwirken aller Beteiligten bei Arbeiten in öffentlichen Straßen". Wichtig sind ferner für die Versorgungsleitungen und Hauseinrichtungen die „R. für den Frostschutz und das Auftauen eingefrorener Wasserleitungen (DVGW-Auftau-R)". Für die Hauseinrichtungen kommen noch in Frage die „R. für die Zulassung von Einrichtern zur Herstellung, Veränderung und Instandsetzung von Gas- und Wassereinrichtungen" mit den „Vereinbarungen über das Zulassungsverfahren". Beide sind vom Reichswirtschaftsminister mit Erlaß vom 22. Februar 1939 für verbindlich erklärt worden. Dazu treten ferner die „R. für die Zusammenarbeit von Wasserwerken und Einrich-

tern", die nur für den inneren Dienst bestimmt sind. Zu erwähnen sind weiter noch die 1. „R. für Rohrnetzpläne der Gas- und Wasserversorgung" (Bestandspläne s. DIN 2425). 2. „R. für Pläne der Wasserversorgung im Brand- und Luftschutz" s. DIN 2425, Beiblatt. Die R. sind von der Zentrale für Gas- und Wasserverwendung e. V., Berlin W 30, zu beziehen.

Richtlinien für die Bewertung von Wassernutzungen und Wassernutzungsanlagen sind vom Oberfinanzpräsidenten München als Hauptort für die Bewertung von Wassernutzungen bei der Vermögenssteuerveranlagung 1940 in einem Rundschreiben vom 12. 9. 1941 herausgegeben worden. Sie beziehen sich auf Wasserversorgungsanlagen. (Buchdruckerei Max Schick, München 2, Theresienstr. 51.)

Richtlinien für Hauskläranlagen. 1. Runderlaß des Preuß. Ministers für Volkswohlfahrt und des Preuß. Ministers für Domänen und Forsten vom 31. 12. 1929, aufgestellt auf grund von R. der Landesanstalt für Wasser-, Boden- und Lufthygiene, 2. R. der Landesstelle für Gewässerkunde, der biologischen Versuchsanstalt und des hygienischen Instituts der Universität München vom Februar 1937 für die Beurteilung, Zulassung, Bemessung und Bedienung von Hauskläranlagen. 3. Teschner:Abwasser-Hauskläranlagen, Berlin 1938. 4. Vorläufige R. für die Anwendung, den Bau und Betrieb von Grundstückskläranlagen. DIN 4261 vom Januar 1942 (s. Grundstückskläranlagen).

Rieselfeld, zur planmäßigen Verrieselung von Abwasser hergerichtete Feldfläche. Das R. dient im Gegensatz zur weiträumigen Landbewässerung in erster Linie der Reinigung des aufgebrachten Wassers durch die biologischen Abbaukräfte des Erdbodens und der Pflanzen. Nächstdem spielt aber auch die landwirtschaftliche Nutzung des Bodens eine nicht zu unterschätzende Rolle. Eine Anzahl von Grassorten (Rieselwiesen) und verschiedene Rübenarten (Futter- und Zuckerrüben) sind zum Anbau besonders geeignet. Das R. soll leichten, wasserdurchlässigen Boden haben und mit seiner Oberfläche hinreichend hoch über dem Grundwasserspiegel liegen. Da man das R. meist verhältnismäßig stark mit Abwasser belastet, ist es zweckmäßig, das aufzubringende Wasser zunächst im Absetzverfahren zu entschlammen. Die Beschickung des R.es erfolgt vom höchsten Punkte aus entweder durch offene, bis zu den einzelnen Feldstücken (Beet- oder Hangstücken) führende Zuleitungsgräben oder durch ein unterirdisches Rohrnetz, das an geeigneten Stellen verschließbare Auslässe besitzt. Die Feldstücke sind mit Dräns versehen, die das durch Boden und Pflanzenwuchs gereinigte Wasser sammeln und dem Vorfluter zuleiten (s. Landbewässerung, weiträumige; Bodenberieselung, Beetstück, Hangstück, Beetberieselung, Furchenberieselung, Dränung, Dräns, Herrichtung von Rieselfeldern, Standrohr, Belastung eines Rieselfeldes, Rieselwiese).

Rieselwiese, zur planmäßigen Verrieselung von Wasser oder Abwasser dienende Wiese, meist ohne Dränung, mit offenen Zu- und Ableitungsgräben. Belastung je nach der Wasserbeschaffenheit und nach dem erforderlichen Reinheitsgrade des Abflusses 75 bis 225 m³ je Tag und ha, was bei einem mittleren Trockenwetterabfluß der Abwassermenge entspricht, die 500 bis 1500 Einwohner liefern. Die Belastung ist erheblich größer als die der Rieselfelder und kann, wenn es sich um die Nachreinigung von Tropfkörperabflüssen handelt, noch wesentlich gesteigert werden (s. Belastung eines Rieselfeldes).

Riffelaluminium, ein Verstemmittel zur Dichtung der Rohrmuffen. Es ist an die Stelle der früher üblichen Verstemmittel auf Bleigrundlage getreten, die nach der Anordnung 38 der Überwachungsstelle für unedle Metalle jetzt verboten sind. Ausgangsstoff ist Hüttenaluminium laut DIN 1712, Blatt 1. Zur Herstellung des Riffelaluminiums werden Folienbänder von bestimmter Breite und Dicke verwendet, die nach einem geschützten Verfahren auf einer geriffelten Walze zunächst gewellt und dann durch einen Trichter gezogen werden. Die so gebildeten Stränge haben im allgemeinen einen Durchmesser von 9 mm. Es sind auch Stränge von 12 und 15 mm erhältlich. Das Riffelaluminium muß im fertigen Zustand nochmals bei mindestens 450° C weichgeglüht werden. Es eignet sich für die Dichtung von Rohren von 200 mm Durchmesser ab, gibt aber verhältnismäßig starre Verbindungen (CLODIUS).

Riffelblei, ein Verstemmittel zur Dichtung der Rohrmuffen. Es ist hergestellt aus gewelltem und zusammengedrehtem Bleiblech. Die Verwendung von Riffelblei ist nach der Anordnung 38 der Überwachungsstelle für unedle Metalle jetzt verboten.

Ringkolbenschieber, eine Absperreinrichtung für Rohrleitungen. Der R. besteht aus einem kreisförmigen Außenkörper, in dessen Innerem ein eiförmiger Innenkörper angeordnet ist, der durch eine entsprechende Anzahl Rippen vom Außenkörper gehalten wird. Der Innenkörper nimmt den in axialer Richtung verschiebbaren Abschlußkolben auf. Dieser ist ein zylindrischer Körper, dessen äußere Stirnseite kreiskegelförmig ausgebildet ist. Der kreisringförmige Zwischenraum zwischen Außen- und Innenkörper wird von der Flüssigkeit durchflossen. In geöffnetem Zustande befindet sich der Abschlußkolben ganz in dem Innenkörper und nur seine kreiskegelförmige Stirnseite ragt daraus hervor. Innenkörper und Abschlußkörper bilden dabei einen tropfenförmigen, von der Flüssigkeit allseitig umflossenen Körper. Bei geschlossenem Schieber ist der Abschlußkolben so weit aus dem Innenkörper herausgeschoben, daß sein Dichtungsring sich gegen einen im Außenkörper angebrachten Dichtungsring legt und so den Durchtritt der Flüssigkeit absperrt. Entlastungslöcher in dem kegelförmigen Teil des Abschlußkolbens stellen Druckausgleich in den Räumen in und vor dem Kol-

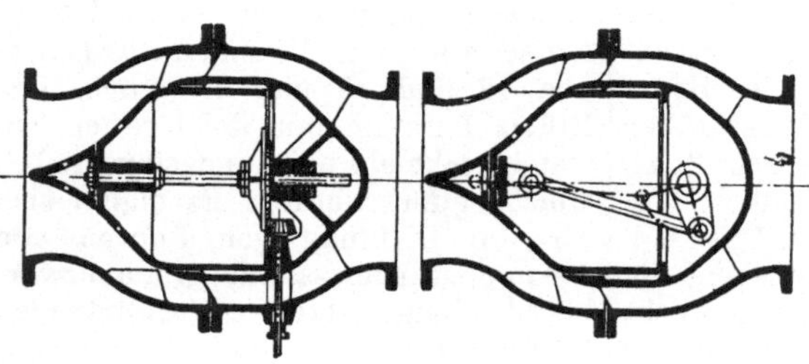
Ringkolbenschieber.

ben her. Der Kolben selbst ist durch eine Ledermanschette, die im Innern des Innenkörpers angeordnet ist, nach der Abflußseite hin abgedichtet. Je nach der Größe des R.s und des Betriebsdruckes wird das Schiebergehäuse entweder aus Gußeisen, oder teilweise bzw. ganz aus Stahlguß hergestellt und aus mehreren Teilen zusammengeflanscht. Der Abschlußkolben wird entweder mechanisch oder hydraulisch bewegt. Die Bewegung ist selbst unter vollem einseitigen Druck eine leichte, da der Abschlußkörper nahezu entlastet ist. Der Schieber arbeitet auch in Drosselstellung erschütterungsfrei. Er eignet sich vorzüglich als Schnellschlußorgan und dient daher als Rohrbruchsicherung. Durch Vorschaltung eines Venturieinsatzes kann der R. auch zum Messen der Durchflußmengen eingerichtet werden.

Ringkolbenzähler gehören nach ihrem Meßprinzip zu der Gruppe der Volumen-Wasserzähler (s. Hauswasserzähler). Die Arbeitsweise ergibt sich aus der Abbildung, die die Meßkammer in senkrechtem und waagerechtem Schnitt zeigt. Der im Gehäuse befindliche Zählereinsatz besteht aus der Meßkammer, in der sich der aufgeschlitzte, zylindrische Kolben K mit doppel-T-förmigem Querschnitt bewegt, und dem Werkbecher mit dem Räderwerk. Die Meßkammer wird gebildet aus dem Kammerunterteil U und dem Meßkammerdeckel D. Der Meßraum wird durch die in den Kolbenschlitz greifende Trennwand T in zwei Hälften geteilt. Das Wasser tritt durch die Bodenöffnung E ein und durch die Deckelöffnung A aus. Beim Meßvorgang führt der Kolbenzapfen z um den Zapfen g eine zwangläufige Drehbewegung aus; hierbei gleitet der Kolbenschlitz an der Trennwand hin und her, während sich der Kolben selbst mit seiner Außenfläche a an der inneren Meßkammerwand i abwälzt, so daß die hierdurch entstehenden beiden Räume der Kammer einerseits dauernd gefüllt und andererseits geleert werden. Bei jeder Kolbenumdrehung durchfließen stets gleich große Teilmengen entsprechend dem Gesamtnutzinhalt der Kammer den Meßraum. Die fortlaufende Drehbewegung des Kolbens wird auf einen Mitnehmer M und durch dessen Welle auf das Räderwerk und damit auch auf das Zählwerk übertragen. Der Meßvorgang spielt sich beim Vorwärtsströmen und beim Rückwärtsströmen in gleicher Weise ab, so daß der Ringkolbenzähler vor- und rückwärts mit der gleichen Genauigkeit ($\pm$ 2 v. H.) arbeitet.

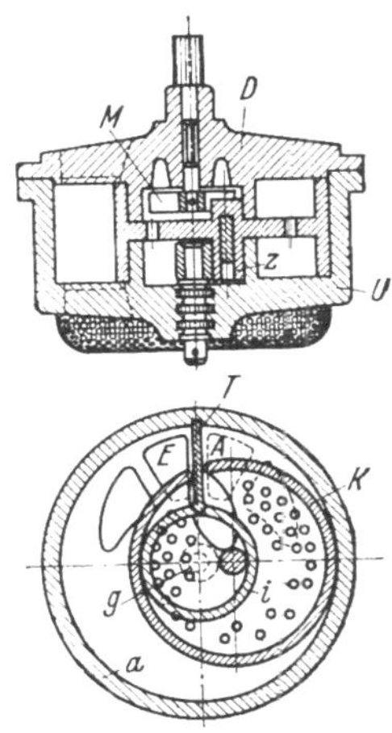

Ringkolbenzähler, schematisch (senkrechter und waagerechter Schnitt).

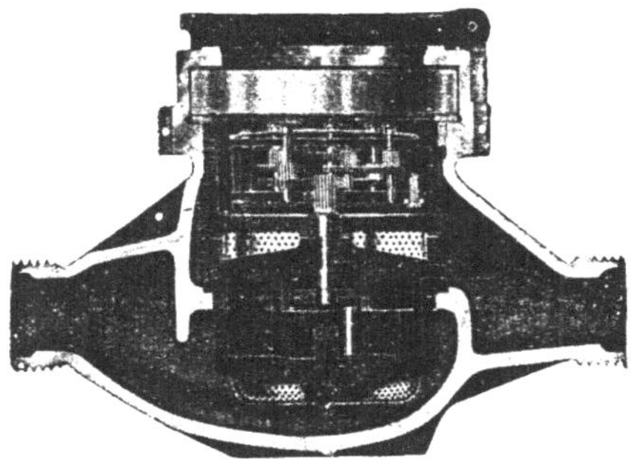

Ringkolbenzähler im Schnitt.

Das oberhalb der Meßkammer befindliche Austrittssieb soll die Meßkammer bei etwaiger Rückwärtsströmung des Wassers vor Fremdkörpern schützen. Der übrige Aufbau entspricht dem der Flügelradzähler (s. d.).

Ringkolbenzähler werden als Hauswasserzähler (s. d.) bis 20 m³/h Nennbelastung mit 40 mm Anschlußweite hergestellt. R. für größere Beanspruchungen verwendet man vorwiegend für industrielle Zwecke. — Die Eigenschaft, das durchgeflossene Volumen genau zu erfassen, gibt dem Ringkolbenzähler gegenüber den Flügelradzählern den Vorzug der größeren Meßempfindlichkeit und -genauigkeit für kleine und kleinste Durchflußmengen.

Ringnetz eines Wasserwerks entsteht aus dem Umlaufnetz (s. d.), wenn die Hauptverteilungsleitung oder mehrere Hauptverteilungsleitungen ringförmig verlaufen (s. Entwässerungsnetz).

Ringwaagemesser, Mengen- und Druckmesser. Bei Mengenmessungen finden R. Anwendung, wenn es sich um Durchflußmessungen in großen Rohren oder um hohe Betriebsdrücke handelt. Die Mengenmessung als solche ist eine mittelbare Geschwindigkeitsmessung. Sie besteht darin, daß der Querschnitt einer Rohrleitung durch Einbau eines Drosselgerätes verengt und dadurch eine Erhöhung der Strömungsgeschwindigkeit erzwungen wird. Es wird also ein Teil der Druckenergie des strömenden Stoffes in Geschwindigkeitsenergie umgesetzt. Der auf diese Weise zwischen dem Ein- und Auslauf des Drosselgerätes erzeugte Druckunterschied (Wirkdruck, s. d.) ist ein Maß für den Durchfluß, der unmittelbar angezeigt wird. Der Wirkdruck wird auf eine Ringwaage übertragen. Diese besteht aus einem Hohlring, der drehbar gelagert und zur Hälfte mit Flüssigkeit gefüllt ist. Der Raum über der

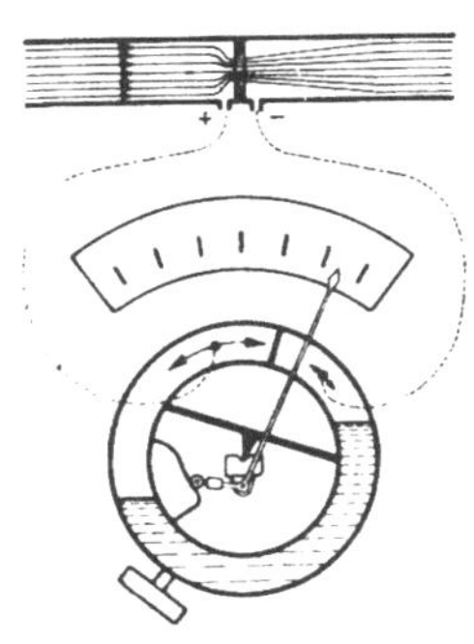

Flüssigkeit ist durch eine Trennwand in zwei Kammern geteilt, die durch die Wirkdruckleitungen mit den Druckentnahmestellen des Drosselgerätes verbunden sind. Durch die Wirkung des Druckunterschiedes auf die Trennwand wird der Hohlring gedreht. Als Gegendrehmoment wirkt ein Gewicht. Da zwischen Wirkdruck und Durchfluß eine quadratische Beziehung besteht, erfolgt zur Erzielung einer abstandsgleichen Skalen- und Papierteilung die Übertragung der Drehung auf das Zeiger- oder Schreibwerk durch eine Radiziereinrichtung. Die Wirkung der Ringwaage als Druckmesser ist ähnlich der des Mengenmessers. Der Meßdruck wird aber nur einer der beiden Ringkammern zugeführt, während die andere mit der Atmosphäre in Verbindung steht.

Rinnenverteiler, Vorrichtung zum Verteilen des Abwassers über die Oberfläche von Tropfkörpern. Das Abwasser gelangt zunächst in eine Hauptrinne, aus der es in zahlreiche, von ihr abzweigende, in 0,5 bis 0,6 m Abstand voneinander angeordnete Nebenrinnen überfließt. Letztere sind entweder mit seitlichen Einkerbungen oder am Bo-

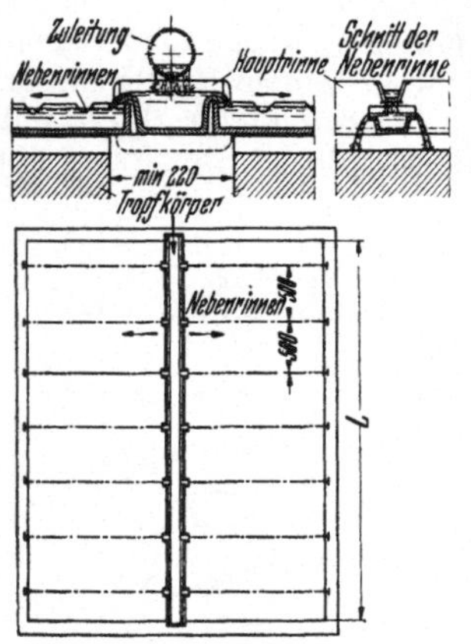

Lageplan und Schnitte durch einen Rinnenverteiler zur Beschickung von Tropfkörpern nach GEIGER.

den mit Löchern versehen, so daß sich das Abwasser in feinen Strahlen über die ganze Körperoberfläche verteilt. Die Rinnen werden zweckmäßig aus Steinzeug hergestellt, weil dies vom Abwasser nicht angegriffen wird, doch findet man auch Ausführungen in Beton, Holz oder verzinktem Eisenblech. An Stelle der Rinnen werden auch gelochte Rohre verwendet (Rohrverteiler). Die Beschickung der Tropfkörper durch R. erfolgt i. a. stoßweise. Die R. sind nur für kleine Anlagen brauchbar.

Ritter - Kellner - Verfahren s. Sulfitzellstoffabriken.

Röstwasser s. Flachsrösten.

Rohabwasser, das einer Abwasserbehandlungsanlage zufließende Wasser im Vergleich zu dem daraus abfließenden geklärten oder gereinigten Wasser (Klärabwasser oder Reinabwasser).

Rohphenolöl, der beim Waschen des Ammoniakrohwassers (s. d.) mit Benzol oder einer anderen geeigneten Waschflüssigkeit oder bei der Zerlegung der Phenolatlauge mittels Kohlensäure gewonnene Rückstand.

Rohrarten für Wasserleitungen. Man unterscheidet je nach der Verbindung der einzelnen Rohre

1. Muffenrohre mit Stemmverbindung, mit Schweißverbindung und mit Gummidichtung,
2. Flanschenrohre,
3. Gewinderohre.

Die Muffenrohre mit Schweißverbindungen sind nur bei Wasserleitungen mit großer Nennweite verwendbar, weil es sonst nicht möglich ist, die beim Schweißen beschädigte innere Schutzschicht ordnungsmäßig wieder herzustellen. Rohre mit besonderen Schutzschichten, z. B. mit Bitumen ausgeschleuderte Rohre, lassen eine Schweißverbindung ebenfalls nicht zu.

Rohrbelüfter, Einrichtungen, die bestimmt sind, bei eintretendem Unterdruck den Wasserstrom in der Rohrleitung durch Einführung von Luft zu unterbrechen (DIN 3266). Hierher gehören auch die früher Rohrunterbrecher genannten Einrichtungen. Der Zweck ist, ein Rücksaugen unreinen Wassers bei Auftreten von Unterdruck zu verhindern.

Rohrbruchsicherungen, Einrichtungen, die im Falle eines Rohrbruchs die Bruchstelle der Leitung von dem wassererfüllten Rohrnetz abriegeln, oder bei Auftreten ungewöhnlicher Betriebserscheinungen im Rohrnetz Warnsignale geben. Man unterscheidet selbsttätige und halbselbsttätige R. Die ersteren arbeiten vollständig unabhängig von jedem menschlichen Eingriff, während die halbselbsttätigen die Mitwirkung der Betriebswärter zur Betätigung eines Schalters erfordern. Einrichtungen zu R. sind Rückschlagklappen, Drosselklappen, Ringkolbenschieber und Durchflußwächter (s. d.).

Rohrbruchventil. Das R. dient dem Abschluß des Wasserdurchflusses durch eine Rohrleitung, sobald die Wassergeschwindigkeit in dieser infolge Rohrbruchs oder ähnlicher Ursachen die Grenze erreicht, für die eine Vorsteuerung des Ventils eingestellt ist. Das R. besteht aus einem zweiteiligen Gehäuse mit Aufsatz, in dem eine in den Durchflußquerschnitt hineinragende Stauscheibe aufgehängt und durch Gegengewicht ausgeglichen ist. Beim Überschreiten der zulässigen Geschwindigkeit wird diese Stauscheibe um ihre Lagerachse gedreht. Dadurch gelangt ein Fallgewicht zur Auslösung, dessen Hebel mittelbar die Gewichtsbelastung eines Ventilkegels frei gibt, so daß das Ventil selbst geschlossen wird. Die Schließbewegung wird durch einen Kolben abgebremst (s. auch Rohrbruchsicherungen).

Rohrbrunnen, eine Wassergewinnungsanlage, die das durch eine lotrechte Bohrung im Untergrund erschlossene Wasser dem Gebrauch zugänglich macht. Er hat seinen Namen von den seine Wandung bildenden Rohren und wird häufig seiner Entstehung nach auch Bohrbrunnen genannt. Da er das Wasser eines Grundwasserraumes nutzbar zu machen sucht, hat er meist eine größere Tiefe als der Kesselbrunnen. Diese richtet sich nach der Tiefenlage der wasserführenden Schicht unter der Erdoberfläche, die unter Umständen erst über 100 oder 200 m tief angetroffen wird. Die Rohrbrunnen werden mit lichten Weiten von 0,1 bis 0,8 m und darüber, je nach der Tiefe des Bohrloches hergestellt. Bei der Verwendung von Kiesfiltern mit größeren Kiesschüttungen kann der Rohrdurchmesser 2,0 m und mehr erreichen (nach Bieske).

Rohrbürste, walzenförmige Bürste, die mittels eines Hanftaues zum Zwecke der Reinigung durch die Entwässerungsrohrleitung gezogen wird. Die meist mit Piassavaborsten (Faser der Piassavapalme, Attalea funifera) ausgestattete Bürste wird hauptsächlich zur Reinigung von Rohrleitungen mit kreisförmigem Querschnitt verwendet, doch leistet das Gerät, wenn es entsprechend geformt wird, auch bei kleineren Leitungen mit Eiquerschnitten gute Dienste. Das Durchziehen erfolgt mittels Handwinden oder elektrisch angetriebenen Winden, die über zwei benachbarten, d. h. an den beiden Endpunkten der zu reinigenden Rohrhaltung liegenden Einsteigeschächten aufgestellt sind und durch die die beiderseits an der R. befestigten, über Spannrollen laufenden Hanftaue derart bewegt werden können, daß sie die R. je nach Bedarf entweder vorwärts oder rückwärts ziehen. Die Rückwärtsbewegung wird notwendig, wenn sich vor der R. so viel Schlamm zusammengeschoben hat, daß er durch nachfließendes Wasser aufgelockert werden muß. Durch Doppelseilzug (Drahtseil) mit

Doppelwinde (Anordnung nach Siemens-Schuckert) ist die Vor- und Rückwärtsbewegung der B. auch von einem Einsteigeschacht aus möglich. An Stelle der R. werden zweckmäßig auch kleine eiserne, auf Gummikugeln laufende Gestelle verwendet, an denen dem Rohrquerschnitt angepaßte, am Umfange mit Gummilappen versehene, hölzerne Scheiben befestigt sind.

Rohrdeckung, mit R. wird bei allen in den Straßen oder im freien Gelände verlegten Leitungen der Abstand von dem Scheitel der Rohrleitung bis zur Erdoberfläche, bei Straßen also bis zur Oberkante der Straßenbefestigung bezeichnet. Die R. beträgt bei Wasserleitungen i. a. 1,50 m, bei Entwässerungsleitungen meist erheblich mehr (Kellerentwässerung, Geländehochpunkte). Für diese Decke werden auch nach DIN 3221 und 3222 die Einbaugarnituren für die normalen Hydranten hergestellt. Vielfach findet man dagegen bei Wasserleitungen Unterschreitungen der angegebenen Decke. Andererseits wird sie aber auch, besonders bei den Hydranten, wegen einer häufig tiefer gehenden Frostwirkung als nicht ausreichend angesehen.

Rohrdurchmesser, wirtschaftlichster. Der w. R. für Förderleitungen ist der, bei dem die Summe der Jahreskosten für die Verzinsung, Tilgung und Unterhaltung der Rohrleitung zuzüglich der Pumpkosten für die Überwindung der Druckverluste den Mindestwert annimmt.

Rohrinstallateur, ein von der Reichsgruppe Energiewirtschaft anerkanntes Berufsbild eines Facharbeiters für die Hauseinrichtungen der Gas- und Wasserwerke.

Schieferdecker, Das Gas- und Wasserfach 81 (1938), S. 241.

Rohrnetzarten. Man unterscheidet beim Rohrnetz der Wasserleitungen zwei Arten, das Verästelungsnetz und das Umlauf-(Ring-)Netz. Bei dem ersteren zweigen von den Hauptrohren Seitenstränge ab, deren Enden nicht miteinander verbunden sind. Das Wasser kann diesen also immer nur von einer Seite zufließen. Bei der Umlaufanordnung werden die Endpunkte sämtlicher Rohrstränge miteinander verbunden, so daß jedem Punkte im Rohrnetz das Wasser von zwei oder mehr Seiten zufließen kann. Dadurch werden auch die Druckverluste im Rohrnetz bei Wasserentnahme geringer. Ferner ist eine ausreichende Löschwasserzuführung im Brandfalle besser gewährleistet als bei Einzelsträngen. Die Umlaufanordnung bietet außerdem noch Vorteile durch das Unterbleiben von Schlammablagerungen in den Rohren. Zudem ist auch die Gefahr des Einfrierens eine geringere.

Rohrreinigungsgerät, Einrichtung zur Reinigung von Versorgungsleitungen. Sie setzt sich i. a. aus folgenden Hauptteilen zusammen: einer Turbine, die mit einer Manschette für den Wasserabschluß versehen ist, einem Kugellager, einer Führung und einem Bohrkopf. Auf dem letzteren, der mit dem Laufrad der Turbine fest gekuppelt ist, befinden sich auf beweglich angeordneten Haltern drehbare Schneidrädchen. Die abdichtende Manschette besitzt Öffnungen, durch die der Turbine das als Spül- und Triebwasser benutzte Leitungswasser zugeführt wird. Das Triebwasser schiebt das am Seil gehaltene Gerät allmählich weiter, wobei die Schneidrädchen die Ansätze im Rohr entfernen. Beim Austritt aus dem Laufrad spült das Wasser die abgelösten Ablagerungen fort. Es werden Rohrreinigungsgeräte mit und ohne Seilführung gebaut. (R. für Entwässerungsrohrleitungen s. Rohrbürste).

Rohrschuh s. Verrohrung der Brunnen.

Rohrschutzanlage s. Bücherverfahren.

Rohrverteiler s. Rinnenverteiler.

Rohseide, die noch nicht vom Seidenleim befreiten Kokonfäden (s. Seidenfabriken).

Rohwasser, jedes in der Natur auf der Erdoberfläche und im Erdinnern vorkommende Wasser, das meistens nicht ohne weiteres als Trink- und Brauchwasser verwendbar ist, sondern dafür erst aufbereitet werden muß.

Rohwolle s. Wollwäschereien.

Rollbandpegel s. Pegel.

Rollereien, derjenige Betriebsteil in Metallwarenfabriken (s. d.), in dem vor allem Schrauben, Schnallen, Knöpfe usw. durch Rollen von anhaftendem Fett, Schmutz und Gratsplittern befreit und poliert werden. Das Rollen erfolgt in einem liegenden, um seine Längsachse drehbaren Holzfaß, das mit Sägemehl oder Lederabfällen (Trockenrollen) oder mit Lösungen von Seife, Rollsalz oder verdünnter Schwefelsäure (Naßrollen) gefüllt ist. Beim Naßrollen fällt alkalisches oder saures Abwasser an, das gewisse Mengen von Eisen- oder Metallsalzen enthält. Die Reinigung erfolgt zweckmäßig zusammen mit dem sonstigen Abwasser der Metallwarenfabriken.

Rotor - Abwasser - Kreislaufanlagen, Anlagen der VJB-Apparatebaugesellschaft m. b. H., Frankfurt a. M., für Holzstoff-, Zellstoff- und Papierfabriken, die die Wiederverwendung des Abwassers bei Entwässerungsmaschinen und Papiermaschinen erleichtern. Das Ansetzen von Stoffteilchen in den Spritzdüsen und Zuleitungen wird durch besondere VJB-Rotor-Krümmer verhindert.

Rübenkrautfabriken stellen aus Zuckerrüben während der Kampagne durch Dämpfen oder Kochen und Eindampfen des gewonnenen Saftes sog.

Rübenkraut, Sirup, her, das als Brotaufstrich verwendet wird. Die Rüben werden wie bei den Zuckerfabriken (s. d.) gewaschen, wobei das mit Erde, Rübenblättern und Rübenstückchen durchsetzte Rübenwaschwasser (s. d.) entsteht. Daneben fällt Kondenswasser an. Die Reinigung des Abwassers erfolgt nach mechanischer Reinigung des Rübenwaschwassers am besten durch Verrieselung und Versickerung auf Gelände.

Rübenschwänzefänger, Apparate zum Abfangen der Rübenschwänze aus dem Rübenschwemm- und Waschwasser (s. d.) der Zuckerfabriken.

Rübenschwemmwasser, das in Zuckerfabriken und Rübenkrautfabriken bei der Beförderung der Zuckerrüben von den Lagersilos zur Rübenwäsche in den Schwemmrinnen benutzte Wasser. (Mengenmäßig das 7- bis 8fache des Rübengewichts.) Während der Beförderung geben die Rüben den größten Teil des anhaftenden· Schmutzes, Ton, Lehm, Sand, Rübenblätter und Strohteile ab. Das so verunreinigte R. wird nach Herausfangen der Blätter und der Strohteile (etwa 0,5 v. H. des Rübengewichts) durch Kraut- und Strohfänger (s. d.) zusammen mit dem Rübenwaschwasser (s. d.) behandelt und zur Einschränkung des Wasserbedarfs im Kreislauf wieder zum Schwemmen benutzt.

Rübenwaschwasser, das beim Waschen der Zuckerrüben in Zuckerfabriken (s. d.) und Rübenkrautfabriken (s. d.) anfallende Abwasser. Die Menge beträgt etwa das 1,5- bis 2fache des Rübengewichtes. R. enthält wie das Rübenschwemmwasser (s. d.) große Mengen ungelöster Bestandteile wie Ton, Lehm und Sand neben Rübenblättern, Rübenschwänzen und Unkraut, dazu je nach der Dauer der Wäsche und der Temperatur des Waschwassers 30—500 mg/l Zucker.

Vor der Ableitung des R.s, die zusammen mit dem Rübenschwemmwasser erfolgt, werden die Rübenschwänze (1 bis 3 v. H. des Rübengewichtes) durch Rübenschwänzefänger (s. d.) abgefangen. Die erdigen Bestandteile werden in großen Schlammteichen oder besser in Eindickern (s. d.) zum Absetzen gebracht. Um den Brauchwasserbedarf einzuschränken und die Abwasserschwierigkeiten zu vermindern, wird das gereinigte Abwasser in vielen Fällen durch Rücknahme im Kreislauf wiederverwandt. Um eine Zersetzung des im Kreislauf befindlichen Wassers zu vermindern, wird ihm Kalk, Chlor, Chlorsoda oder Kalk und Chlor zugesetzt. (Magdeburger Rücknahmeverfahren.) Das so gereinigte Abwasser kann wieder zum Schwemmen und Waschen benutzt werden.

Rübenzuckerfabriken s. Zuckerfabriken.

Rückflußverhinderer sind dazu bestimmt, eine der normalen Bewegungsrichtung entgegengesetzte Wasserbewegung in den Wasserleitungen selbsttätig zu verhindern. Sie sind zu dem Zweck mit einer Absperreinrichtung (Klappe, Ventil, Kolben, Schwimmer) oder einer Verbindung mehrerer Absperreinrichtungen, gegebenenfalls auch mit unmittelbarer Rohrbelüftung ausgestattet und werden als Hochdruck- oder Niederdruck-Rückflußverhinderer ausgeführt.

Für Druckleitungen bestimmte R. erhalten das Kennzeichen H, Niederdruck-R. für drucklose Leitungen das Kennzeichen N und beide, soweit sie auch in Warmwasserleitungen verwendet werden können, zusätzlich den Buchstaben W (DIN 3267 E).

Rückführungsverhältnis,

Quotient $\dfrac{Q_r + Q_b}{Q_r}$

aus der Summe der einem Abwasser-

behandlungsraum zugeführten Rohwassermenge Q_r und der Menge des zurückgeführten, behandelten Abwassers Q_b und der Rohwassermenge Q_r. Formelzeichen m. Das R. spielt bei den hochbelasteten Tropfkörpern (Spültropfkörper) eine wichtige Rolle (s. Spültropfkörper).

Rückhaltebecken, Aufhaltebecken, ober- oder unterirdische in das Entwässerungsnetz eingeschaltete, natürliche oder künstliche Becken, gegebenenfalls auch geräumige Kanäle, die während eines Regens größere Wassermengen zurückhalten und unabhängig von der Regendauer und der Regenstärke allmählich an das Netz abgeben. Die für die Bemessung der Abflußleitungen maßgebende Regenwetter - Abflußmenge wird dadurch kleiner und das Entwässerungsnetz billiger. Da dieser Ersparnis die Kosten des R.s gegenüberstehen, werden zweckmäßig natürliche offene Wasserbecken als R. benutzt. Gegebenenfalls können R. auch als Absetzbecken betrieben werden, die die ersten und gröbsten Verunreinigungen zurückhalten.

• MÜLLER. G., „Regenwasseraufhaltebecken", München u. Berlin 1939.

Rückkühlanlagen, Anlagen zur Abkühlung von Kondenswasser (s. d.) oder sonstigem erwärmten Kühlwasser, um dieses Wasser im Kreislauf zu halten und zur mehrfachen Benutzung wieder zu verwerten. Dadurch wird der Bedarf an Kühlwasser erheblich eingeschränkt. Zur Abkühlung benutzt man offene Gradierwerke, Kühltürme (s. d.), Kühlteiche (s. d.) oder Ausgleichbecken (s. d.), in denen das Kondens- oder Kühlwasser mit kälterem Wasser vermischt wird.

Rücklage, im Wasserhaushalt: Vergrößerung der ober- und unterirdischen Wasservorräte aus dem Niederschlag (s. d.). (Formelzeichen R, Maßeinheit mm/Zeit.)

Rücklaufschlamm, der aus dem Nachklärbecken einer Belebungsanlage in das Belebungsbecken zurückgepumpte, die Reinigung des Abwassers beschleunigende belebte Schlamm (s. Belebungsverfahren, Belebungsanlage).

Rücknahme - Verfahren, Verfahren, die die Wiederverwendung von Kühl- und gewerblichem Abwasser nach entsprechender Behandlung zum Ziele haben. Durch Anwendung von R.-V. läßt sich der Wasserbedarf der Gewerbebetriebe und die von ihnen ausgehende Verunreinigung erheblich einschränken. Die größte Bedeutung haben R.-V. für Kühlwasser aller Art (s. Rückkühlanlagen), für Zuckerfabriken zur Wiederverwendung von Rübenschwemmwasser und Waschwasser (s. d.), sowie von Diffusions- und Schnitzelpreßwasser (s. Diffusionswasserrücknahme-Verfahren), für Papierfabriken, für Erz- und Steinwäschen und Kohlenwäschen, für Holzschleifereien, für Gichtgaswaschwasser, Entstaubungsanlagen u. a.

Rückschlagklappe, eine in eine Rohrleitung eingebaute Klappe (s. d.), die derart aufgehängt ist, daß sie dem von der einen Seite zuströmenden Durchflußstoff den Weg freigibt, nach Aufhören dieses Zuflusses aber infolge ihres Übergewichtes wieder zufällt und den Durchfluß von der Gegenseite verhindert. Die Achse, an der die Klappe aufgehängt ist, tangiert den Klappenteller (s. Klappe).

Rückstand im Sandfang, meist durch Schlamm und Kaffeesatz verunreinigter Sand. Ziemlich reinen Sand gewinnt man im Spülsandfang. Will man den R. verwerten, z. B. als Decke für Schlammtrockenplätze, so muß man ihn meist vorher reinigen. Dies kann geschehen: 1. durch Einblasen von Druckluft vor dem Ausräumen des Sandfanges. 2. durch Waschen des ausgeräumten Sandes in einer Sand-

wäsche. 3. durch maschinelles Ausspülen im durchfließenden Abwasser, z. B. durch einen Klassierer. 4. durch Nachschalten eines Spülsandfanges hinter den Hauptsandfang, wobei der zu reinigende Sand, mit einem bestimmten, unveränderlichen Teil des Abwassers gemischt, dem Spülsandfang aus dem mittels eines maschinell bewegten Kratzers ständig geräumten Hauptsandfang zufließt (s. Sandfang, Spülsandfang, Klassierer).

IMHOFF, Taschenbuch der Stadtentwässerung, 10. Auflage, 1943, S. 104.

Rückstau, Erhöhung des Wasserspiegels in einer Gefälleleitung durch Behinderung des Abflusses oder durch Wasserzudrang von unten her. Im Entwässerungsnetz kann z. B. R. entstehen, wenn der Wasserspiegel im Vorfluter so hoch ansteigt, daß das Außenwasser durch die in den Vorfluter mündenden Rohrstränge in das Leitungsnetz dringt. Wenn tiefliegende Stadtteile dadurch der Überschwemmungsgefahr ausgesetzt sind, müssen Rückstauverschlüsse eingebaut werden. Vorübergehend kann auch bei starken Regenfällen, wenn das Entwässerungsnetz zeitweise überlastet ist, R. eintreten, desgleichen, wenn das Wasser zur Erzeugung eines Spülstromes zu hoch angestaut wird. Ablaufstellen, die tiefer liegen als die Straßenoberkante, z. B. für Kellerentwässerungen, müssen mit Rückstauverschluß versehen werden, weil sonst das zurücktretende Wasser den Hauskeller überschwemmen kann (s. Grundstücksentwässerung).

Rückstauverschluß, selbsttätiger oder von Hand bedienbarer Verschluß einer Gefälleleitung (i. a. Dammbalken, Schieber oder Klappe), der verhütet, daß das Wasser bei einer Vorflutstörung zurückstaut und dadurch im Entwässerungsnetz, auf der Straße oder in den Grundstücken Schaden anrichtet. Über den Einbau von Rückstauverschlüssen zum Schutze tiefliegender Räume s § 10 des Normblattes DIN 1986. Technische Vorschriften für den Bau und Betrieb von Grundstücksentwässerungsanlagen, und DIN 1997: Baugrundsätze für Absperrvorrichtungen in Grundstücksentwässerungsanlagen (s. Rückstau, Grundstücksentwässerung, Pendelklappe, Absperrschieber, Dammbalken).

Rührwerk, Rührvorrichtung, maschinell bewegtes Flügelrad, das i. a. dazu dient, eine Flüssigkeit durch Erzeugung starker Wirbelbewegung durcheinander zu rühren. Das R. wird in der Abwassertechnik bei der chemischen Abwasserklärung zur Mischung des Abwassers mit Chemikalien, beim Belebungsverfahren zur Umwälzung des Gemisches aus Abwasser und belebtem Schlamm und im getrennten Faulraum zur Zerstörung derSchwimmschlammdecke angewendet.

Rührwerkbecken, Belebungsbecken von etwa 50 m Länge, 3 m Breite und 3 m Wassertiefe, das in der Längsrichtung mit Rührwerken zum Umwälzen des mit den belebten Flocken gemischten Abwassers versehen ist. Die Belüftung erfolgt von der einen Längsseite der Sohle aus derart, daß sich der eingeblasene Luftstrom den Rührwerks-Schaufeln entgegen bewegt, damit die Luftblasen möglichst lange unter Wasser bleiben. Da die mechanische Arbeit des Umwälzens nicht wie in den Druckluftbecken vom Luftstrom, sondern vom Rührwerk geleitet wird, und die Luft nur zur Belebung dient, ist der Luftbedarf erheblich geringer als bei den Druckluftbecken. Besonders für dünnes Abwasser geeignet, das zur Reinigung weniger Luft braucht als dickes. Bei Stillegung des Rührwerkes kann das Becken unter Verstärkung der Luftzufuhr als Druckluftbecken betrieben werden. Das R.

ist zuerst von IMHOFF, SIERP und FRIES in Essen-Rellinghausen für die Reinigung von täglich 40 000 m³ Abwasser angewendet worden (s. Kessenerbecken).

Rüttelbetonrohr, ein aus Beton, mit oder ohne Eiseneinlage in einer auf dem Rütteltisch stehenden Form hergestelltes Rohr. Bei Herstellung sackt der oben eingeschüttete Beton durch stoßweise Erschütterungen der Tischplatte zusammen und verdichtet sich entsprechend.

Ruhrchemie - Fischer - Tropsch-Verfahren s. Hydrierwerke.

Ruhrtalsperrenverein, im Jahre 1898 als freiwilliger Verein gegründet, dann durch preußisches Sondergesetz vom 5. Juni 1913 auf öffentlich-rechtliche Grundlage gestellte Genossenschaft mit der Aufgabe, das der Ruhr durch Wasserwerke schädlich entzogene Wasser wieder zu ersetzen. Genossen sind die zahlreichen Wasserentnehmer an der Ruhr. Sitz des Rs. ist Essen. Die Verwaltung erfolgt in Personalunion mit dem Ruhrverband (s. d).

Ruhrverband, durch preußisches Sondergesetz vom 5. Juni 1913 gegründeter Wasserverband mit der Aufgabe, die Ruhr und ihre Nebenflüsse (4500 km², 1 400 000 Einwohner) im Interesse der Wasserversorgung des Rheinisch - Westfälischen Industriegebietes reinzuhalten. Genossen des Res. sind die Städte und Gemeinden, gewerbliche Unternehmungen und der Ruhrtalsperrenverein (s. d.) für die Wasserwerke. Sitz des Res. ist Essen. Er ist der bedeutendste unter den Abwassergenossenschaften. Die Verwaltung erfolgt in Personalunion mit dem Ruhrtalsperrenverein.

Rundsiebfilter s. Trommelfilter.

Rundwürmer, Ringwürmer (Nematodes) s. Plankton.

S

Sacken von Boden, unerwünschte aber nicht vollkommen vermeidbare Erscheinung bei neu aufgefüllten Baugruben. Dem S. wird durch Verfüllung mit gutem, einschlämmbarem (nicht tonigem oder lehmigem) Boden und sorgfältiges, lagenweises Einstampfen des Füllbodens begegnet. Trotz sorgfältigster Ausführung treten jedoch besonders in den tiefen Rohrgräben der Entwässerungsleitungen selbst längere Zeit nach der Verfüllung meistens noch Sackungen auf, die u. U. sogar zur Zerstörung des Straßenpflasters führen. Man pflegt deshalb solche Rohrgräben zunächst mit vorläufigem Pflaster (Steinpflaster ohne Fugenverguß) zu versehen und erst nach Ablauf von ein bis zwei Jahren endgültig abzupflastern. Besonders starkes S. über einer Entwässerungsleitung zeigt meist Hohlräume im Boden an, die sich bilden können, wenn die Leitung undicht ist (Rohrbruch oder Muffenundichtigkeit), so daß Erdreich in sie eindringt und vom Abwasser mit fortgeführt wird. Derartige Rohrbrüche und Muffenundichtigkeiten der Gefälleleitungen sind besonders zu befürchten, wenn die Leitungen ohne Sicherung (Betonplatte, Schwellrost, Pfahlrost) in moorigem oder aufgeschüttetem Boden liegen.

Sackungskrumme, Sackungskurve. Verbindungslinie der Punkte, die die Absetzzeiten als Abszissen und die ihnen entsprechenden im Absetzglas festgestellten Verkleinerungen der Raummenge des abgesetzten Schlammes infolge von Sackung als Ordinaten haben. Die S. wird nach VAN DER ZEE: Gesundheitsingenieur 1929, S. 243, zur Berichtigung der Absetzkrumme gebraucht (s. Absetzkrumme).

Sämischgerbereien s. Gerbereien.

Sättiger, ein Gerät, in dem Kalkhydrat gelöst wird, wenn dieses zur Entsäuerung von Wasser verwendet werden soll (Bücherverfahren).

Sättigungswert des Wassers in bezug auf Sauerstoff, Sauerstoffsättigung, das Verhältnis der Sauerstoffgewichtsmenge G zu der Wasser-Raum-Menge R, die bei der Temperatur T die Gewichtsmenge G löst. Gebräuchliche Maßeinheit: G in g oder mg, R in m^3 oder l, also: g/m^3 oder mg/l. Der S. ist außer von der Temperatur auch vom Luftdruck und vom Salzgehalt des Wassers abhängig. Durch die Lebenstätigkeit von Wasserpflanzen kann das Wasser in offenen Gewässern bei starker Sonnenbestrahlung u. U. mehr Sauerstoff aufnehmen, als seinem Sättigungswert entspricht (s. Löslichkeit von Sauerstoff im Wasser).

Säurebindungsvermögen, Alkalinität, die Fähigkeit des Flußwassers infolge seines Gehalts an Karbonaten (s. d.) bestimmte Mengen freier Säure zu binden. WEIGELT bezeichnet mit S. die Zahl, die angibt, wieviel mg Schwefelsäure (SO_3) 1 l Wasser zu binden vermag, bevor durch Methylorange Säurereaktion angezeigt wird. S. verschiedener Flüsse:

Weser (o. Hameln) 144
Elbe (o. Magdeburg) . . . 98
Neckar (b. Heidelberg) . . . 163
Rhein (b. Leverkusen) . . . 96
Main (bei Offenbach) . . . 134

Säureimpfung, der Zusatz von Salzsäure, Schwefelsäure, Phosphorsäure oder Mischungen dieser Säuren zum Kesselspeisewasser vor dessen Destillation (s. d.) oder zum Kühlwasser, um die Bildung von Stein auf den Verdampferrohren oder in den Kondensatoren (Kondensatorstein) zu verhindern.

Säurepermutit, auf der Grundlage von Braunkohle bzw. Steinkohle hergestellter Basenaustauscher (s. Basenaustauschverfahren).

Salinenabwasser. Das von Salinen stammende Abwasser enthält neben Kochsalz meist auch noch Sulfate. Stoßweise anfallendes S., wozu auch die zu Badezwecken benutzte Sole zu rechnen ist, muß in Ausgleichbecken zurückgehalten und gleichmäßig zum Ablaufen gebracht werden, um die Versalzung der Vorfluter einzuschränken.

Salpetersäure, HNO_3, Molekulargewicht 63. Herstellung aus Salpeter und Schwefelsäure oder aus Luftstickstoff. Verwendung zum Beizen (s. d.) von Metallen, in größerem Maßstabe zur Gewinnung von Spreng- und Farbstoffen. Handelsübliche S. enthält bei einer Wichtezahl von 1,42 etwa 68 v. H. HNO_3.

Salzgehalt, übermäßiger, eines Flusses, Schaden bringende Verunreinigung des Flußwassers, die i. a. durch die Einleitung von salzhaltigem Abwasser, vor allem aus Kaliwerken, Bergwerken oder chemischen Fabriken verursacht wird. Der S. ist durch die Leitfähigkeit des Wassers für den elektrischen Strom feststellbar, weil die im Wasser gelösten Salze im Gegensatz zu den organischen Stoffen in Ionen (elektrisch geladene Atome und Atomgruppen) gespalten (dissoziiert) werden. Wenn Flußwasser zur Trinkwasserversorgung verwendet werden soll, darf sein Gehalt an Kochsalz 400 mg/l nicht übersteigen.

Salziges Abwasser aus Kalifabriken (s. d.), Salinen (s. d.), Sodafabriken s. d.), Anilinfarbenfabriken (s. d.), Goldschwefelfabriken (s. d.), aus salzhaltigem Grubenwasser usw., verursacht Schwierigkeiten in den Wasserläufen, wenn bestimmte Salzgehalte überschritten werden. Calcium- oder Magnesiumsalze führen zu einer Verhärtung des Flußwassers (s. Flußwasserverhärtung) und machen dieses für zahlreiche Verwendungszwecke ungeeignet. Sonstige Salze führen zur Versalzung des Flußwassers (s. Fluß-wasserversalzung), die sich in ähnlicher Weise schädlich auswirkt, wie die Verhärtung. Eine Verminderung des Salzgehaltes im Flußwasser vollzieht sich lediglich bei Verdünnung mit weniger salzhaltigem Wasser. Zur Beschränkung der Einleitung von sm. A. sind für verschiedene Flüsse des Elbe- und Wesergebietes Versalzungshöchstgrenzen in der Weise festgelegt, daß ein bestimmter Gehalt an gebundenem Chlor und ein bestimmter Härtegrad des Wassers als Höchstgrenze bezeichnet ist. Chloridgehalt und Härte werden in diesen Flußstrecken laufend überwacht.

Salzorganismen. S. kommen häufig im salzhaltigen Wasser vor. Dazu gehören insbesondere viele Kieselalgen (Diatomeen). Sie sind in ein sogen. Halobien-(Salzliebhaber-)System gebracht worden (R. W. KOLBE). Findet man Formen der salzbevorzugenden Arten in größerer Menge in Oberflächenwässern, die in irgend einer Beziehung zur Wasserversorgung stehen (Flußwasserwerke, Talsperren, Seen), so muß man dem Salzgehalt des betreffenden Wassers erhöhte Aufmerksamkeit zuwenden (nach H. und E. BEGER).

Salzsäure, Chlorwasserstoffsäure, HCl, Molekulargewicht 37. Gewinnung bei der Herstellung von Natriumsulfat aus Schwefelsäure und Kochsalz. Verwendung in der Farbenindustrie sowie in der Eisen- und Metallindustrie zum Beizen (s. d.). Handelsübliche S. enthält bei einer Wichtezahl von 1,16 etwa 32 v. H. HCl.

Salzwedeler Verfahren s. Gärfaulverfahren.

Sammelbrunnen. Der S. nimmt bei Grundwasserfassungen das Wasser auf, das in den einzelnen Rohrbrunnen gewonnen und ihm durch Saug- oder Heberleitungen zugeführt wird. Aus ihm schöpfen die Druckpumpen das Wasser, oder es fließt dem Versorgungsgebiet mit natürlichem Gefälle zu. Außerdem soll der Sammelbrunnen einen Ausgleich schaffen zwischen Förderung und Entnahme und dabei zur Unterbringung der notwendigen Rohre dienen. Sammelbrunnen werden als Kesselbrunnen mit dichten Wandungen und dichter Sohle gebaut. Der Durchmesser richtet sich nach der Anzahl der in ihm unterzubringenden Leitungen. Der Brunnen soll so tief sein, daß das Ende der Heberleitung bis 1 m unter den tiefsten abgesenkten Wasserspiegel reicht. Die Saugleitung der Pumpen endet etwas höher, damit bei Betriebsstörungen die Wassersäule der Heberleitung nicht abreißt (nach BRIX). Schließlich können im S. die zur Aufbereitung des Wassers nötigen Stoffe zugesetzt werden.

Sammelkläranlage s. Gruppenkläranlage.

Sammelstollen, Einrichtungen zur Sammlung von Wasser in wasserführenden Gebirgsschichten. Sie können durch Verschlüsse abgesperrt und dann als Sammelbehälter nutzbar gemacht werden. S. sind in erster Linie im Taunus zur Anwendung gekommen (Wiesbaden, Bad Homburg usw.).

Sammelwasserversorgung, die allgemeine Wasserversorgung eines Ortes, eines Ortsteiles, oder mehrerer Orte. Der Gegensatz ist die Einzelversorgung.

Sammler, Entwässerungsleitung, die das aus kleineren Leitungen kommende Abwasser aufnimmt und fortleitet (s. auch Abwassersammler, offener).

Sandablagerung s. Festliegen von Sand und Schlamm.

Sandfang, meist rinnenförmiges, doch zuweilen auch quadratisches oder brunnenförmiges Bauwerk, das das Abwasser mit einer Geschwindigkeit durchfließt, bei der sich mineralische Stoffe wie Sand, Asche, Straßenabschliff u. ä., aber keine schlammigen Stoffe absetzen. Als beste Geschwindigkeit hat sich eine solche von 0,3 m/s erwiesen, doch läßt sich diese wegen der Schwankungen der Durchflußmenge nicht streng einhalten. Wird die Geschwindigkeit zu groß, so werden Sandteilchen mitgerissen, wird sie zu klein, so bleibt Schlamm liegen. Bei großen Schwankungen der Durchflußmenge, insbesondere zur Aufnahme von Regenwasserstößen, empfiehlt es sich, mehrere Sandfangkammern anzuordnen, die sich durch Überlauf einschalten. Verschlammtes Sandfanggut muß vor der Verwertung (z. B. für Schlammtrockenplätze) gewaschen werden. Gegebenenfalls kann man von unten her Druckluft durch das abgesetzte Sandfang-Gut blasen, wobei das darüber fließende Abwasser die Schlammstoffe fortspült. Um möglichst reinen Sand zu erhalten, hat man auch besondere „S p ü l s a n d f ä n g e" gebaut (s. Spülsandfang, Essener Sandfang, Blunksandfang, Dorrsandfang).

Sandfilter, eine künstliche Einrichtung zum Filtern von nicht ausreichend reinem Wasser. Je nach Art und Schnelligkeit des Filterns unterscheidet man Langsamfilter und Schnellfilter (s. d.). Bei dem Durchgang des Wassers durch die Filter werden zunächst die Schwebestoffe zu einem großen Teil mechanisch zurückgehalten. Ferner bildet sich um die obersten Schichten des Filtersandes durch Ablagerung von feinsten organischen und anorganischen Stoffen eine klebrige Haut, in der sich zahlreiche Kleinlebewesen, darunter auch Bakterien und Bakterienfresser (s. d.) entwickeln. Auf der Haut werden abermals durch Adsorption weitere Schwebestoffe zurückgehalten. Ferner finden hier biologische Vorgänge statt, beispielsweise eine Vertilgung der Bakterien durch die Bakterienfresser. Gleichzeitig werden durch die Kleinlebewesen die adsorbierten und die im Wasser gelöst enthaltenen organischen Stoffe abgebaut. Die Ansicht, daß die Filterwirkung, insbesondere die Zurückhaltung der Bakterien, in der Hauptsache durch eine a u f dem Filtersand abgelagerte Schicht, der Filterhaut, beruhe, wird vielfach bestritten. Die Schicht soll sich angeblich durch Ablagerung der im Wasser enthaltenen Schwebestoffe (s. Filtern) bilden und keimdicht sein. GÖTZE, KISSKALT, DORNEDDEN u. a. haben festgestellt, daß sich eine Schicht auf dem Sande erst absetzt, wenn der Zufluß des Wassers auf die Filter unterbrochen wird oder aufhört, daß hingegen in dem zunächst über dem Filtersand stehenden Wasser, das mit Schwebestoffen angereichert ist, schon ein Reinigungsvorgang einsetzt. Dieser wird sich dann in der oben geschilderten Weise innerhalb der obersten Schichten des Filtersandes fortsetzen. Diese Ansicht hat etwas für sich, da man ja bei der natürlichen Filterung des Grundwassers im Boden auch nicht gut von einer Filterhaut reden kann.

Sandfilterung. Die S. hat den Zweck, die feinen Sinkstoffe, die eine Trübung des Wassers hervorrufenden Tonteilchen sowie die kleinen pflanzlichen und tierischen Organismen, das Plankton, zu beseitigen, und die Zahl der im Wasser enthaltenen Keime möglichst zu verringern. Nach der verschiedenen Geschwindigkeit, mit der das Wasser durch das Sandfilter geschickt wird, unterscheidet man Langsamfilter und Schnellfilter (s. d.).

Sandwäsche, maschinelle Einrichtung zur Reinigung von Sand, z. B. Filtersand oder aus einem Sandfang kommenden Sand. Die S. arbeitet entweder mit Druckwasser (KÖRTINGsche Sandstrahlwäsche) oder mit Waschtrommeln, in denen der Sand mit dem Waschwasser durch Rührwerke vermischt wird (Excelsior - Filterwaschmachine). Auch schräg stehende, zylinderförmige Waschtrommeln, in die das Waschwasser von oben einfließt und den mittels einer Förderschnecke in der Trommel aufwärts geschobenen Sand im Gegenstrom durchspült, werden verwendet (s. Sandfang).

Saprobien, Lebewesen des mehr oder weniger verunreinigten Wassers oder Bodens (sapros = faulig, bios = Leben), denen Katharobien (katharos = rein) gegenüberstehen (KOLKWITZ).

Saprobiensystem. In dem S. werden die Abwasserorganismen in ihrem Verhalten gegenüber der organischen Substanz des Wassers in Poly-, Meso- und Oligosaprobien eingeteilt (KOLKWITZ und MARSSON). Die Polysaprobien (p) umfassen solche Organismen, die reichlich organischer Substanz bedürfen, um ihre Lebensfähigkeit aufrecht zu erhalten. Wo sie vorkommen, ist also das Wasser stark verunreinigt. Die Anwesenheit von Oligosaprobien (o) deutet auf wenig oder fast gar nicht verunreinigtes Wasser hin. Die Mesosaprobien (α m und β m) nehmen eine Mittelstellung ein. Die α m-Mesosaprobien befinden sich in der Phase der Überwindung der Reduktion, die β m-Mesosaprobien in der Phase des lebhaften Einsetzens der Oxydation. Im Falle eines vereinzelten Auftretens von Polysaprobien können diese als Hinweis dazu dienen, dem betreffenden Wasser mehr Aufmerksamkeit zu widmen. Der wichtigste Leitorganismus für Verschmutzung bei den Abwässern ist der Pilz Sphaerotilus natans (s. d.). Weitere Polysaprobien sind einige schlammbewohnende Zoogloeen (s. Plankton). Zu den Polysaprobien gehören ferner auch die beiden Schwefelbakterien (s. d.) Beggiatoa alba und Thiothrix nivea. Wenn sie aber in Quellen auftreten, so ist anzunehmen, daß der ihnen zum Leben notwendige Schwefelwasserstoff durch Zersetzung anorganischer Substanz entstanden ist. In flachen lichtreichen Brunnen zeigt sich auch mitunter das grüne Augentierchen (Euglena viridis). Es überzieht ferner vielfach die Wasserfläche verschmutzter Dorfteiche ganz grün. Von den Blaualgen (Cyanophyceen) ist u. a. Phormidium autumnale als Anzeichen für Verschmutzung zu nennen. Diese Alge bildet schwarzgrüne Lager. Charakteristisch für mittelverunreinigte, mesosaprobe Wässer sind von den Kieselalgen Nitzschia palea und Hantzschia amphioxys. Für gewöhnlich kann man besonders dann auf einen höheren Gehalt an organischen Verunreinigungen schließen, wenn beide Arten gemeinsam u. häufig auftreten, wie überhaupt vielfach die Vergesellschaftung für die Beurteilung des Lebensraumes eine große Rolle spielt. Das Saprobiensystem beruht auf ökologischer Grundlage. Unter den Wurzelfüßlern (Rhizopoden) ist im Schlamm der Brunnen oft Arcella vulgaris sowie Amoeba radiosa bemerkt worden. Auch verschiedene Wimperinfusorien (Ciliaten) gehören zu den saproben Organismen. Auf ziemlich verschmutzte Gewässer weist von den Rädertieren (Rotatorien) Rotifer actinurus hin (nach E. und E. Beger) (s. Plankton).

Kolkwitz (s. o.) sowie Liebmann bereiten z. Z. eine Ergänzung des S.s vor, um es neueren Forschungen, insbesondere in bezug auf das Abwasserwesen, anzupassen.

Saprophyten (sapros = faulend, Phyton = Pflanze). Fäulnisbewohner, die sich von pflanzlichen oder tierischen toten, verwesenden oder faulenden Stoffen nähren. Sie sind in der Mehrzahl ohne Blattgrün (Chlorophyll) und ohne die Fähigkeit zur Assimilation (s. d.) der Kohlensäure aus der Luft. S. sind vor allem Schleimpilze, Bakterien, Hefen, Schimmel- und Speisepilze.

Sauerkrautfabriken stoßen während der Kampagne ein Abwasser ab, das neben freier Milchsäure und Kochsalz fäulnisfähige Stoffe wie Kohlehydrate und Eiweißverbindungen enthält. Durch ihren Schwefelgehalt geben diese Stoffe Veranlassung zur Bildung von Schwefelwasserstoff. Für die Reinigung ist eine Ausfaulung des mit Kalkmilch neutralisierten Abwassers in Faulbecken mit einer Aufenthaltszeit von 10 bis 15 Tagen zu empfehlen mit anschließender Verrieselung auf geeignetem Gelände oder die Behandlung in der städtischen Kläranlage zusammen mit mindestens der 10 fachen Menge städtischen Abwassers.

Sauerstoff, O, Atomgewicht 16.

Sauerstoffaufnahme, die Sauerstoffgewichtsmenge, die ein stehendes Gewässer oder ein Wasserlaufteil während einer bestimmten Zeit bei einer bestimmten Temperatur aufnimmt. Sie bildet neben dem Sauerstoffgehalt den wichtigsten Einnahmeposten im Sauerstoffhaushalt eines Gewässers. Als Sauerstoffquellen kommen dabei in Frage: 1. Zufluß von sauerstoffhaltigem Wasser, 2. Die Luft, und 3. Grüne Wasserpflanzen, die unter der Einwirkung des Sonnenlichtes Sauerstoff ausscheiden. Die Größe der dritten Quelle läßt sich rechnerisch nicht erfassen und kann daher bei der Feststellung des Sauerstoffhaushaltes eines Gewässers nur schätzungsweise als Sicherheitsbeiwert berücksichtigt werden. Die zahlenmäßige Ermittlung der aus den beiden anderen Quellen stammenden S. zeigen die nachstehenden Beispiele: Ein See von 20 ha Spiegelfläche und 3 m mittlerer Tiefe, dessen Wasser vorübergehend den fünftägigen biochemischen Sauerstoffbedarf BSB_5 = 4 g/m^3 hat, werde von einem Wasserlauf durchflossen, der 10 m^3/s führt und dessen Wasser den BSB_5 = 2 g/m^3 aufweist. Wenn der See kein Zuschußwasser bekäme, so würde er zum Abbau der dem BSB_5 = 4 g/m^3 entsprechenden Verunreinigungen in 5 Tagen

$$\frac{20 \cdot 10\,000 \cdot 3 \cdot 4}{1000} = 2400 \text{ kg Sauerstoff}$$

verbrauchen. Der Fluß verbraucht in der gleichen Zeit für

$$10 \cdot 5 \cdot 86\,400 = 4\,320\,000 \text{ m}^3$$

$$\text{Wasser} \quad \frac{4\,320\,000 \cdot 2}{1000} = 8640 \text{ kg}$$

Sauerstoff und die Gesamtwassermenge von

$$600\,000 + 4\,320\,000 = 4\,920\,000 \text{ m}^3$$
$$: 2400 + 8640 = 11\,040 \text{ kg.}$$

Der BSB$_5$ des Sees ist also in 5 Tagen von 4 g/m^3 auf

$$\frac{11\,040\,000}{4\,920\,000} = 2{,}24 \text{ g/m}^3$$

zurückgegangen, wobei die S. des Sees aus dem Wasserlauf

$$\frac{(4 - 2{,}24) \cdot 600\,000}{1000} = 1060 \text{ kg}$$

betragen hat. Die S. aus der Luft ist umso größer, je weiter der Sauerstoffgehalt des Wassers unter dessen Sauerstoffsättigung liegt, d. h. je größer der Sauerstoff - Fehlbetrag des Wassers ist. Sie ist auch von den Strömungsverhältnissen, von der Wasserbewegung durch Wind und von der Gewässerart abhängig. Bei 20° beträgt die Sauerstoffsättigung von Süßwasser 9,2 g/m^3. Ist nun der Sauerstoffgehalt in dem vorstehend betrachteten See entsprechend einer 60 v. H.-Sättigung 5,52 g/m^3, so beträgt die S. des Sees nach der im Imhoffschen Taschenbuch der Stadtentwässerung 10. Aufl. S. 283 angegebenen Zahlentafel bei dem Fehlbetrag von 9,2—5,52 = 3,68 g/m^3 an einem Tage rd. ¼ des Fehlbetrages, also 3,68/4 = 0,92 g/m^3 oder

$$\frac{600\,000 \cdot 0{,}92}{1000} = 552 \text{ kg Sauerstoff.}$$

Dabei ist vorausgesetzt, daß der Fehlbetrag von 3,68 g/m^3 in dem Maße abnimmt, wie Sauerstoff aufgenommen wird. Legt man der Berechnung die Zahlentafel auf S. 284 des genannten Taschenbuches zugrunde, die bei 60

v. H. Sättigung eine tägliche S. von 1,9 g/m^2 angibt, so erhält man

$$\frac{19 \cdot 20 \cdot 10\,000}{1000} = 380 \text{ kg,}$$

also erheblich weniger. Man sieht hieraus, daß es sich in beiden Fällen nur um ungefähre Schätzungen handelt, was auch aus der Überlegung bestätigt wird, daß ein See von großer Tiefe und kleiner Spiegelfläche nach der Zahlentafel auf S. 283 den gleichen Wert ergibt, wie ein See von kleiner Tiefe und großer Spiegelfläche, wenn beide gleiche Wassermengen enthalten, daß aber in diesem Falle die aus der Zahlentafel auf S. 284 ermittelten Werte voneinander abweichen (s.Sauerstoffbedarf, Sauerstoffhaushalt, Sauerstoffsättigung, Sauerstoff - Fehlbetrag, Selbstreinigung).

Sauerstoffbedarf, Verhältnis G/R der Sauerstoff - Gewichtsmenge G zu der Wasser-Raum-Menge R, in der während der Zeit Z bei der Temperatur T die Sauerstoff-Gewichtsmenge G aufgezehrt wird. Gebräuchliche Maßeinheiten: G in mg (oder g) und R in l (oder m^3), also Benennung: mg/l (oder g/m^3). Z pflegt man = 5 Tage und T = 20° zu wählen. Die Temperaturangabe wird i. a. fortgelassen, die Zeitangabe ist stets erforderlich.

Man unterscheidet den c h e m i - s c h e n oder u n m i t t e l b a r e n S. von dem b i o c h e m i s c h e n S., je nachdem der Sauerstoff durch rein chemische Vorgänge ohne Mitwirkung von Lebewesen, also auch im entkeimten Wasser (z. B. zur Oxydation von Schwefelwasserstoff) aufgezehrt wird, oder durch den Abbau organischer Stoffe unter Mitwirkung von Kleinlebewesen (Biologische Selbstreinigung). Die chemische Oxydation braucht nur kurze Zeit und kommt bei Wasseruntersuchungen nicht immer in Frage, dagegen ist der durch den biochemischen S. angezeigte Abbau der organischen Stoffe, und zwar besonders dessen erste, etwa 20 Tage dauernde Stufe (vorwiegend Abbau der Kohlenstoffverbindungen) für die Untersuchung des rohen, des geklärten und des biologisch gereinigten Abwassers sowie des Wassers der offenen Gewässer von erheblicher Bedeutung. Dabei ist der biochemische S. (Zeichen: BSB mit der Zeitangabe als Index, z. B. für 5 Tage: BSB_5) ein vorzüglicher Maßstab für den Gehalt des Wassers an organischen Verunreinigungen.

Für den Trockenwetterabfluß deutscher Städte kann man, wenn er nicht durch gewerbliche Zuflüsse belastet ist und keine Straßenabschwemmungen enthält, bei einem durchschnittlichen Wasserverbrauch der Bevölkerung von 150 l/E. T. nach IMHOFF entsprechend einer mittleren Verschmutzung durch organische Stoffe von 730 mg/l einen mittleren $BSB_5 = 360$ mg/l annehmen. Durch Beimischung des mit Abschwemmungen verunreinigten Regenwassers (Mischverfahren) steigt der mittlere BSB_5 u. U. bis über 500 mg/l. Absetzklärung verringert den BSB_5 auf etwa 250 mg/l, biologische Reinigung auf etwa 40 mg je l. Für Flußwasser schwankt der BSB_5 je nach dem Grade der Verunreinigung ungefähr zwischen 10 bis unter 1 mg/l.

Da sich die Verschmutzung des Abwassers mit dem Wasserverbrauch der Bevölkerung stark ändert, empfiehlt es sich häufig, bei der Berechnung städtischer Anlagen nach dem Vorgehen von IMHOFF nicht die Wassermenge, sondern die Einwohnerzahl als Einheit zu wählen. Dann ist in der Gleichung $BSB_5 = a$ mg/l für 1 l 1/n E. T. (Einwohner · Tag) zu setzen, wenn n der Wasserverbrauch je Einwohner und Tag ist. Man erhält dann $BSB_5 = n · a$ mg/E · T oder

$$\frac{a · u}{1000} \text{g/E · T.}$$

Für $n = 150$ l/E · T und

$a = 360$ mg/l wird

$$BSB_5 = \frac{150 · 360}{1000} = 54 \text{ g/E · T.}$$

Der BSB ist am Anfang der Abbauzeit erheblich größer als am Ende, er beträgt z. B. bei $20°$ in den ersten 5 Tagen über $^2/_3$ des Bedarfes in 20 Tagen, er ist ferner innerhalb gewisser Grenzen bei höherer Temperatur größer als bei niederer. Eine zeichnerische Darstellung der Wertfolge für die ersten 20 Tage und eine tabellarische Zusammenstellung für 25 Tage bei Temperaturen von $5°$, $10°$, $15°$, $20°$, $25°$ und $30°$ gibt K. IMHOFF in seinem Taschenbuch der Stadtentwässerung, 10. Aufl., S. 85 und 87 (s. Glühverlust, Kaliumpermanganatverbrauch).

Sauerstoffbedarf, biochemischer s. Sauerstoffbedarf.

Sauerstoffbedarf, chemischer oder unmittelbarer s. Sauerstoffbedarf.

Sauerstoffbindungsverfahren, Natriumsulfit-Verfahren, Desoxygenverfahren, ein Mittel zur Aufbereitung eines angriffsfähigen Wassers. Das S. geht von der Forderung aus, daß der gelöste Sauerstoff im Warmwasser, der sich in korrosionschemischer Hinsicht besonders gefährlich auswirkt und durch entstehende Lokalelemente (Fe—FeO) den sog. Lochfraß hervorruft, restlos unschädlich gemacht werden muß. Das geschieht durch Zusatz von Natriumsulfit zum Wasser. In bestimmten Fällen kann auch Natriumbisulfit verwendet werden. Die Umsetzung des Natriumsulfits mit dem wassergelösten Sauerstoff erfolgt nach der Gleichung

$$Na_2SO_3 + O = Na_2SO_4.$$

Natrium-   Sauer-   Natriumsulfat
sulfit.   stoff.   (Glaubersalz).

Der Erfolg ist abhängig von der genau berechneten Zusatzmenge an Sulfit, von der Zuverlässigkeit der Zumeßvorrichtung (Dosierung), von der Zeitdauer der Einwirkung des Sulfits (mindestens 1 Std.), einer guten Mischung des Sulfits mit dem Wasser (mindestens 60°) und einer sorgfältigen Überwachung des Betriebes. Das Verfahren ist bei Erfüllung dieser Bedingungen sowohl bei weichen als auch bei harten Wässern mit Erfolg anwendbar (KRÖHNKE) (s. DIN 4809 U).

Sauerstoffbleiche s. Bleichereien.

Sauerstoff - Fehlbetrag, Sauerstoffdefizit, Sauerstoffmangel, das Verhältnis G/R der Sauerstoffgewichtsmenge G zu der Wasserraummenge R, der bei der Temperatur T die Sauerstoffgewichtsmenge G zur Sättigung mit Sauerstoff fehlt. Gebräuchliche Maßeinheit: G in mg, R in l, also mg/l. Bei der Untersuchung von verschmutztem Wasser pflegt man $T = 20°$ zu wählen (s. Sättigungswert des Wassers in bezug auf Sauerstoff).

Sauerstoffgehalt des Wassers, der Quotient G/R der Sauerstoffgewichtsmenge G durch die Wasserraummenge R, in der die Gewichtsmenge G enthalten ist. Gebräuchliche Maßeinheiten: G in g oder mg, R in m³ oder l, also g/m³ oder mg/l.

Sauerstoffgehalt der Luft. 1 m³ Luft enthält bei mittleren Witterungsverhältnissen 0,28 kg Sauerstoff.

Sauerstoffgleichgewicht, Ausgleich des im Wasser verbrauchten Sauerstoffes (z. B. durch die Zuführung von Schmutzwasser und die damit verbundenen Lebensvorgänge von Kleinlebewesen) mit dem vom Wasser während der Verbrauchszeit aufgenommenen Sauerstoff (z. B. aus der Luft oder durch Mischung mit sauerstoffreichem Wasser) (s. Sauerstoffhaushalt).

Sauerstoffhaushalt, die Berechnung und Bewirtschaftung des Sauerstoffes in einem offenen Gewässer. Um die in einem offenen Gewässer sich abspielenden natürlichen Lebensvorgänge zu erhalten und zu fördern, muß das Wasser einen bestimmten Sauerstoffgehalt haben, dessen Größe von der Sauer-

stoffaufnahme und dem Sauerstoffverbrauch abhängt. Nur wenn beide in einem solchen Verhältnis zueinander stehen, daß dauernd an allen Stellen des Gewässers ein hinreichender Sauerstoffgehalt vorhanden ist (z.B. zur Erhaltung des Fischlebens je nach der Empfindlichkeit der Fischarten mindestens 1,5 bis 5,5 mg Sauerstoff je Liter Wasser), kann das Gewässer als gesund bezeichnet werden. Die Bewirtschaftung des Sauerstoffes in einem Gewässer muß deshalb derart erfolgen, daß der S. stets einen der Bedeutung des Gewässers entsprechenden Überschuß aufweist (s. Sauerstoffaufnahme, Sauerstoffverbrauch, Sauerstoffgehalt).

Sauerstofflinie, die Linie, die die Punkte miteinander verbindet, deren Abszissen der Zeitdauer des Sauerstoffabbaues und deren Ordinaten dem Sauerstoffgehalt innerhalb einer bestimmten Flußstrecke entsprechen.

• IMHOFF, Taschenbuch der Stadtentwässerung, 10. Aufl. München u. Berlin 1941, S. 283 bis 300.

Sauerstofflöslichkeit. Die Löslichkeit des Luft-Sauerstoffs im Wasser ist abhängig von der Wassertemperatur nach folgender Tabelle:

C°	mg/l O_2	C°	mg/l O_2
0	14,56	50	5,50
5	12,73	60	4,69
10	11,25	70	3,81
15	10,06	80	2,81
20	9,09	90	1,59
30	7,49	95	0,86
40	6,41	100	0

Sauerstoffmangel s. Sauerstoff-Fehlbetrag.

Sauerstoffsättigung s. Sättigungswert des Wassers in bezug auf Sauerstoff.

Sauerstoffverbrauch, die Sauerstoffgewichtsmenge, die ein stehendes Gewässer oder ein Wasserlaufteil während einer bestimmten Zeit bei einer bestimmten Temperatur zur Selbstreinigung verbraucht. Der S. (Sv.) bildet den Ausgabeposten im Sauerstoffhaushalt eines Gewässers und kann aus dem biochemischen Sauerstoffbedarf (BSB) berechnet werden. Z. B.: Der fünftägige biochemische Sauerstoffbedarf (BSB_5) des Wassers eines 20 ha großen i. M. 3 m tiefen Sees sei bei 20° gleich 2 g/m³, dann ist nach der am Schluß des Stichwortes „Sauerstoffbedarf" erwähnten tabellarischen Zusammenstellung $BSB_1 = 0,3 \cdot 2 = 0,6$ g/m³. Da der See 600 000 m³ Wasser enthält, wird sein täglicher S. bei

$$20° \text{ (Sv.)} = \frac{600\,000 \cdot 0,6}{1000} = 360 \text{ kg.}$$

Zu diesem Eigenverbrauch des Sees kommt noch ein weiterer S., wenn ihm Abwasser zufließt, das organisch verunreinigt ist. Fließen ihm beispielsweise täglich 3000 m³ im Absetzverfahren geklärtes Abwasser zu, dessen $BSB_5 = 250$ g/m³ ist, so erhöht sich sein S. um

$$\frac{3000 \cdot 0,3 \cdot 250}{1000} = 225 \text{ kg.}$$

Zu diesem ständigen S. von täglich $360 + 225 = 585$ kg kann vorübergehend ein außergewöhnlich großer S. kommen, wenn Bodenschlamm auftreibt oder in den See mündende Regenauslässe in Tätigkeit treten. Der Einfluß von ruhendem und von auftreibendem Bodenschlamm auf den S. ist rechnerisch schwer zu erfassen, weil die Rechnung auf sehr unsicheren Schätzungen über die Menge und die Beschaffenheit des Schlammes beruht. Ein ausführlich durchgerechnetes Beispiel für einen Stausee von 140 ha Oberfläche und 2 m Tiefe gibt IMHOFF in der 10. Aufl. seines Taschenbuches der Stadtentwässerung, S. 286/288.

Wenn Regenauslässe dem oben erwähnten 20 ha großen See 8 Stunden lang insgesamt 2 m³/s, also $8 \cdot 3600 \cdot 2 = 57\,600$ m³ mit einem $BSB_5 = 100$ g/m³

zuführen, erhöht sich an diesem Tage der S. um weitere

$$\frac{57\,600 \cdot 0,3 \cdot 100}{1000} = 1728 \text{ kg.}$$

Für einen Wasserlauf-Teil berechnet man den S. aus der Wassermenge, die während einer bestimmten Zeit, z. B. während eines Tages einen Wasserlaufquerschnitt durchfließt. Führt ein Wasserlauf 10 m³/s, so kommen an Stelle der 600 000 m³ des Sees $10 \cdot 86\,400 = 864\,000$ m³ in Ansatz, die bei einem $BSB_5 = 2$ g/m³ einen täglichen S. von

$$\frac{864\,000 \cdot 0,3 \cdot 2}{1000} = 518,4 \text{ kg}$$

ergeben (s. Sauerstoffbedarf, Sauerstoffhaushalt, Sauerstoffgehalt, Sauerstoffaufnahme, Selbstreinigung).

Sauerstoffzehrung, der Vomhundertsatz des ursprünglichen Sauerstoffgehaltes einer Abwasser- (oder Wasser-) Probe, der innerhalb 24 oder 48 Stunden aufgezehrt wird. Der von SPITTA zuerst eingeführte Begriff der S. wird heute allgemein nicht als Vomhundertsatz des ursprünglichen Sauerstoffgehaltes, sondern als „Sauerstoffbedarf" in mg/l bei den Wasser- und Abwasseruntersuchungen verwendet (s. Sauerstoffbedarf).

Saugerohre, Rohre, die in die Aufsatzrohre (s. d.) eines Rohrbrunnens ständig eingefügt sind und vom Brunnenkopf bis ungefähr 1 m unter die tiefste erreichbare Absenkung des Wasserspiegels reichen (DIN 4149 Entwurf 1).

Saugfilter. Unter innerem Unterdruck stehende, sich langsam um eine waagerechte Welle drehende Trommel, deren Mantel aus Filtertuch besteht und deren unteres Drittel in flüssigen Abwasserschlamm taucht. Infolge des Unterdruckes wird dabei das Schlammwasser durch das Filtertuch in das Innere der Trommel gesaugt, wo es abfließt, während der entwässerte Schlamm außerhalb des Trommelman-

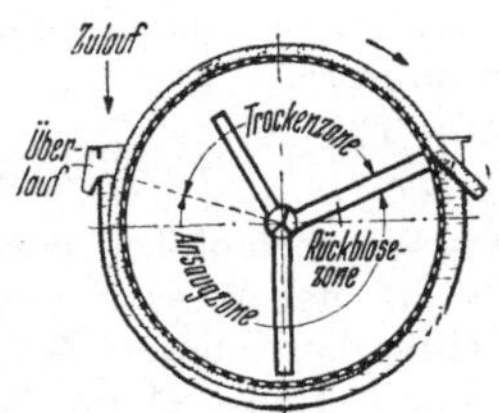

Saugfilter mit Beschickung von unten
(Bauart Gerlach, Maschinenfabrik Sangerhausen A.G. in Sangerhausen).

tels in festem Zustande hängen bleibt und abgeschält werden kann. Er hat nach IMHOFF bei belebtem Schlamm noch 82 v. H., bei frischem städtischen Schlamm noch 65 v. H. und bei ausgefaultem Schlamm 62. v. H. Wassergehalt. I. a. ist ein geringer Zusatz von Eisenchlorid und gegebenenfalls auch von Kalk erforderlich.

Saugflasche, kleiner Glaskolben, der am Hals mit einem Rohransatz versehen ist, durch den man Luft aus der Flasche saugen kann. Die S. wird z. B. bei der Herstellung von SIERPschen Filterblättern verwendet, wobei man die Filterblätter auf den Siebboden eines im Flaschenhals steckenden Trichters legt und mittels einer Wasserstrahlpumpe Luft aus der Flasche saugt, so daß das in den Trichter gebrachte Wasser durch das Filterblatt hindurchgesaugt wird (s. Filterblatt).

Saughöhe, bei Pumpwerken der senkrechte Abstand der Pumpenmitte vom Unterwasserspiegel.

Saugleitung, Leitung, durch die Wasser mit Hilfe einer Pumpe oder einer ähnlichen Vorrichtung von einer tieferen Stelle angesaugt wird.

Saugsaum, jene Zone über der Grundwasseroberfläche, in der der Wassergehalt von der Lage der Grundwasseroberfläche abhängt (s. a. Kapillarsaum).

Saugzellenfilter, Saugfilter, Vakuumfilter, Filter (s. d.), die zur Erhöhung der Filtergeschwindigkeit unter Va-

kuum gesetzt werden. S. werden als Trommel- (s. d.), Plan- und Scheibenfilter ausgebildet. Sie finden vielfach als Schlammfilter besonders zur Entwässerung von gewerblichem Abwasserschlamm Verwendung.

Saures Abwasser führt bei der Ableitung in das städtische Entwässerungsnetz Zerstörungen des Betons der Entwässerungsleitungen und bei einer größeren Menge freier Säure auch der Kläranlagen herbei (s. Betonzerstörungen). In den Wasserläufen zerstören die freien Säuren bis zu ihrer Bindung (s. Säurebindungsvermögen) das biologische Leben.

Scenedesmus acuminatus, mikroskopisch kleine Grünalge (Klasse Chlorophyceae), die bei Lichtzutritt im Ver-

Scenedesmus acuminatus (nach BEGER).

ein mit anderen Kleinlebewesen zur Selbstreinigung von verschmutztem Wasser (Abwasser) beiträgt (s. Kleinlebewesen).

Schachtabdeckung, Schachtdeckel, Abschluß der Einsteigeschächte eines Entwässerungsnetzes in der Höhe der Straßenoberfläche. Die Sch. besteht aus dem auf dem Einsteigeschacht liegenden Rahmen und einem i. a. kreisförmigen, herausnehmbaren Deckel, der zur Be- und Entlüftung des Entwässerungsnetzes durchlocht ist. Die Schlupfweite beträgt meist 500 bis 600 mm, seltener bis 700 mm. DIN 1214: Schachtabdeckungen für Fahrbahn, Übersicht, 1215: desgl., Runder Rahmen mit Flanschfuß, 1216: desgl., Quadratischer Rahmen mit glattem Fuß,

1217: desgl., Quadratischer Rahmen mit Flanschfuß, 1218: desgl., Deckel mit Riffelung, 1219: desgl., Deckel mit Holzfüllung, 1220: desgl., Deckel für Asphaltfüllung, 1221: desgl., Schmutzfänger, 1222: desgl., Runder Rahmen mit glattem Fuß, 1223: desgl., Quadratischer Rahmen mit glattem Fuß, 1224: desgl., Deckel mit Holzfüllung, Kennmaß 510, 1225: desgl., Schachtabdeckung für Gehbahn, Rahmen, 1226: desgl. Deckel, 1227: desgl. Schmutzfänger, 1228: desgl. aus Beton mit Gußeisen und Stahl, 1229: Baugrundsätze von Schachtabdeckungen für Entwässerungsanlagen in Fahrbahnen. Nach einer Sonderanordnung der Reichsstelle Eisen und Metalle dürfen z. Zt. nur Schachtabdeckungen mit rundem Rahmen und einer Schlupfweite von 600 mm hergestellt werden, wobei das Gewicht an Eisen und Stahl 140 kg nicht überschreiten darf. Der deutsche Normenausschuß hat eine Beschränkung der vielen Typen in die Wege geleitet. (Vgl. DIN 1231 bis 1234.)

Schachtbrunnen s. Kesselbrunnen.

Schachtentfernung, Abstand benachbarter Einsteigeschächte des Entwässerungsnetzes voneinander. Die Sch. soll bei nicht begehbaren Entwässerungsleitungen i. a. nicht größer als 50 m sein, weil sonst die Reinigungsarbeit erschwert wird. Bei begehbaren Leitungen (Kanälen) kann die Sch. bis zu 100 m und in Sonderfällen, sofern für hinreichende Lüftung gesorgt ist, auch noch mehr betragen (s. Einsteigeschacht).

Schachtwasser s. Grubenwasser.

Schadensucher s. Anzeige- u. Schreibgeräte für Wasserzähler.

Schäumen des Faulraumes, unerwünschte Erscheinung, die in einem nicht durchflossenen Faulraum hauptsächlich während der Einarbeitung auftreten kann, wenn sich im Faulraumwasser übermäßig viel seifige Stoffe ansammeln. Bekämpfung ist durch Einführung von Spül- oder Abwasser zwecks Verdünnung des Faulrauminhaltes oder durch Ablassen von Schlamm zwecks Senkung des Schlammspiegels möglich.

Schätzung der Abwassermenge s. Abwassermenge.

Schappe, ein Erdbohrer. Sie wird beim Abbohren eines Rohrbrunnens bei kiesig-lehmigem Boden benutzt und besteht aus einem seitlich aufgeschlitzten und unten angeschärften Hohlzylinder, der an einer Bohrstange befestigt ist. Man läßt den Bohrer am Bohrgerät mit einem Seile auf den Boden nieder und bohrt ihn durch Drehen der Bohrstange mit Hilfe von Knebelstangen in den Boden ein. Wenn sich die Sch. mit Erdreich gefüllt hat, zieht man sie mit der Bohrwinde wieder heraus, um nach ihrer Reinigung die Bohrung wieder fortzusetzen. Sobald das Bohrloch eine Tiefe von etwa 1 bis 2 m erreicht hat, wird es mit einem schmiedeeisernen Futterrohr ausgefuttert. Das Bohren wird durch dieses Rohr weiter fortgesetzt. 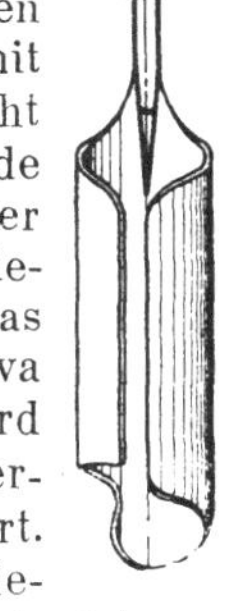

Schappe.

Je tiefer man dabei kommt, desto tiefer wird das Futterrohr durch Eindrehen nachgeschoben und durch Aufschrauben weiterer Stücke verlängert. Ebenso muß die Bohrstange entsprechend verlängert werden.

Schaumbecken, Becken, in dem das zu klärende Abwasser durch Einblasen von Luft, gegebenenfalls auch durch Zusetzen besonderer Stoffe zum Schäumen gebracht wird, um mit dem abschöpfbaren Schlamm einen Teil der Schwebestoffe, insbesondere die Öl- und Fettstoffe zu entfernen. Sch. sind besonders zur Aufbereitung zahlreicher Arten von gewerblichen Abwässern

(z. B. Wollwaschwasser, Papierabwasser) von Bedeutung, finden aber auch bei städtischen Kläranlagen zur Vorbelüftung und zur Entfettung des Abwassers, bevor es in das Absetzbecken gelangt, Anwendung. Die Längsseiten der i. a. rechteckigen Sch. sind in ihrem unteren Teil etwa auf $^2/_3$ der Höhe derart gegeneinander geneigt, daß sie einen Trog mit schmaler Sohle bilden, von der aus durch Filterplatten Luft eingeblasen wird. In der Längsrichtung ist das Sch. durch zwei Tauchwände in drei gleiche Abschnitte geteilt, so daß sich die durch die Belüftung hervorgerufene Durchwirbelung des Abwassers nur auf den mittleren Abschnitt erstreckt, während die beiden seitlichen Abschnitte als Beruhigungsräume wirken. Die Tauchwände sind oben mit schmalen Schlitzen versehen, durch die der im Durchwirbelungsabschnitt gebildete Schaum in die Beruhigungsabschnitte tritt, wo er abgeschöpft wird. Etwa im Schaum befindlicher Schlamm scheidet sich in den Beruhigungsabschnitten aus und rutscht auf den geneigten Längswänden bis zur Sohle hin ab. Durch je eine Tauchwand am Einlauf und am Auslauf wird erreicht, daß das Wasser von unten her eintritt und ebenfalls unten wieder austritt, so daß es sich innig mit der eingeblasenen Luft mischt. Die Durchflußzeit beträgt etwa 3 bis 5 Minuten (s. Schaumverfahren).

Schaumverfahren, Abwasser - Reinigungsverfahren, bei dem durch Einblasen von Luft und gegebenenfalls auch durch besondere Zusatzstoffe (z. B. Alaun, Öl, Leim, Harz) ein auf dem Abwasser schwimmender, abschöpfbarer Schaum erzeugt wird, der auch solche Schwebestoffe enthält, deren Wichte größer ist als die des Wassers. Das Sch. eignet sich besonders für gewerbliches Abwasser, in dem sich zum Schäumen neigende Stoffe, wie Fette (Wollwaschwasser), Leim usw. befin-

den; bei sauren und metallsalzhaltigen Abwässern, die nicht zum Schäumen gebracht werden können, ist es nicht anwendbar (s. Schaumbecken).

Scheitelabflußbeiwert, Quotient aus dem Größtwert der Abflußmenge eines Regens und der größten Regenmenge. Formelzeichen ψ_s (s. Abflußbeiwert, Abflußmenge, Regenmenge).

Schichtquellen, Quellen, die an der Sohle eines Grundwasserleiters, also auf der Grenzlinie zwischen durchlässigen und undurchlässigen Bodenschichten zutage treten.

Schichtwasser, unterirdisches Fremdwasser, das bandförmig austritt.

Schieber, eine Absperrvorrichtung in Rohrleitungen. Das Kennzeichnende ist die Schiebebewegung der Absperreinrichtung. Sie kann sehr verschiedene Formen haben (Sch.-keil, -platte, -kolben, -stopfen). Die Absperreinrichtung muß sich bei ihrer Betätigung parallel zur Dichtungsebene des Sch.-Gehäuses, also meist senkrecht zur Durchflußrichtung des Wassers bewegen.

Schieber, drehbarer, in den Einsteigebrunnen eines Entwässerungsnetzes zu Spülzwecken eingebaute Betriebsvorrichtung. Um eine außerhalb des Rohrquerschnittes liegende waagerechte Achse dreht sich eine Schieberplatte, die mittels einer Zugstange oder Kette von der Straße aus bewegt werden kann und die je nach ihrer Stellung den Rohrquerschnitt verschließt oder freigibt. Spülbetrieb wie beim Handzugschieber (s. Schieber, Handzugschieber).

Schieberventile, Einrichtungen, die dem Abschluß oder der Drosselung von größeren Leitungen dienen. Sie werden beispielsweise in den Hausanschlußleitungen vor dem Wasserzähler eingebaut (s. a. Absperrschieber). Der Ausdruck „Schieberventil" widerspricht den von der Fachgruppe

Armaturen und Maschinenteile aufgestellten Begriffsbezeichnungen.

Schienenentwässerung, Einrichtung, um das Niederschlagswasser, das in den Rillen der Straßenbahnschienen abfließt, an Geländetiefpunkten in das Entwässerungsnetz abzuleiten.

Schizomyceten, Spaltpilze, s. Bakterien.

Schlachthofabwasser. Das in Schlachthöfen anfallende Abwasser ist an den einzelnen Wochentagen hinsichtlich seiner Zusammensetzung großen Schwankungen unterworfen. Es enthält viel Fett und Fleischteilchen, ist rotbraun gefärbt und besteht vorwiegend aus dem Inhalt der Eingeweide und dem Blut, das mit Ausnahme des Schweineblutes nur in beschränktem Umfange als Nahrungsmittel benutzt wird. Durch seinen hohen Gehalt an gelösten und ungelösten organischen Stoffen ist es sehr leicht fäulnisfähig. Besonders in kleinen Wasserläufen ruft es arge Mißstände, wie Geruchsbelästigungen, Sauerstoffschwund sowie Pilz- und Schlammbildung hervor.

Je Schlachtung ist mit einem Abwasseranfall von 300 bis 2000 l zu rechnen.

Bei der Reinigung ist zunächst die Gewinnung des im Sch. enthaltenen Fettes durch Einbau geeigneter Fettabscheider durchzuführen. Das anfallende Blut ist in möglichst weitgehendem Umfange zu Blutmehl (Trockenblut s. d.) einzutrocknen zur Verwendung als Futtermittel zusammen mit Kleie oder Melasse. Die festen Rückstände, wie Magen- und Darminhalt, sind weitestgehend zu sammeln und nach Versetzen mit Kalk, gegebenenfalls zusammen mit Straßenkehricht u. dergl., zu kompostieren. Wenn irgend möglich, soll das Sch. in das städtische Entwässerungsnetz eingeleitet werden, wobei die Reinigung zusammen mit dem städtischen Abwasser durchweg keinerlei Schwierigkeiten bereitet.

Muß das Sch. für sich allein gereinigt werden, so genügt die mechanische Reinigung in Absetzbecken i. a. nicht den zu stellenden Forderungen. Die chemische Fällung unter Zusatz von Aluminiumsulfat und Kalk, Eisenvitriol und Kalk oder Kali-Endlauge und Kalkmilch hat eine weit bessere Reinigungswirkung. Bei noch weitergehenden Anforderungen wird das gut mechanisch oder besser mechanisch und chemisch vorbehandelte

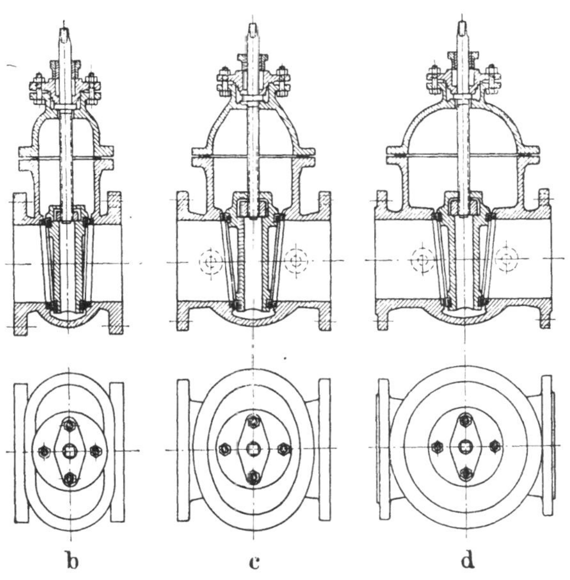

a Schieber mit Absperrkeil. b Flachschieber.
c Ovalschieber. d Rundschieber.

Sch. biologisch auf Tropfkörpern (möglichst geschlossene Tr.) oder im Schlammbelebungsverfahren gereinigt. Wegen der starken Konzentration empfiehlt es sich, das mechanisch gereinigte Sch. durch anderes Wasser oder im Kreislauf durch den Ablauf der biologischen Reinigung so weit zu verdünnen, daß es in seiner Konzentration etwa dem häuslichen Abwasser entspricht.

Schlackengranulation s. Schlackenkörnung.

Schlackenkörnung, die Herstellung von Sand aus Hochofenschlacke, indem flüssige Schlacke in rasch fließendes Wasser geleitet wird. Unter starker Wasserdampfentwicklung erstarrt die Schlacke zu kleineren, unregelmäßig geformten und blasigen Körnern, dem Schlackensand (s. d.). Der Wasserbedarf beläuft sich je t Schlackensand auf etwa 10 m³.

Das ablaufende Wasser enthält neben der Hauptmasse der Sandkörner, die durch ihr spezifisches Gewicht rasch zu Boden sinken, auch solchen Sand, der durch den Auftrieb von eingeschlossenen oder anhaftenden Luftbläschen aufschwimmt. Zum Abfangen des Schlackensandes werden mit Elevatoren ausgerüstete Fanggruben mit nachgeschalteten Klärbecken benutzt. Aus den Klärbecken muß sowohl der Sinksand als auch der Schwimmsand laufend herausgenommen werden. Zum sicheren Abfangen des Schwimmsandes werden mit Sieben bespannte Trommelfilter (s. d.) mit Vorteil benutzt. Neuerdings wird die Körnung auch ohne Wasser in einer Drehtrommel mit Hilfe eines Windstrahles durchgeführt. (Verfahren der Demag.)

Schlackensand, der bei der Schlackenkörnung (s. d.) gewonnene Sand, der für bauliche Zwecke Verwendung findet und in frischem Zustand den Grundstoff für Hochofenzement bildet (s. Hochofenschlacke, granulierte).

. Handbuch der Lebensmittelchemie. Berlin 1939, S. 630.

Schlängelgräben. Sch. nach REICHLE können bei untergeordneten Verhältnissen, kleinen Wassermengen und bei schwerem Boden als Behelfsanlage für die biologische Abwasserreinigung in Frage kommen. „Eine Wassermenge von z. B. 2 l/s wird in Gräben von 20 cm Breite bei 2 cm Wassertiefe auf einer Weglänge von 400 m in 1 h biologisch gereinigt. Die Windungen liegen in 3 m Abstand, so daß der Landstreifen dazwischen mit Gemüse bepflanzt werden kann. Auf dem Landstreifen wird auch der entstehende Schlamm verwertet. An notwendiger Fläche kommt dabei 1 ha auf 6000 Einwohner. Das Verfahren ersetzt Bodenfilter, wenn der Boden nicht durchlässig ist."

. IMHOFF, Taschenbuch der Stadtentwässerung. 10. Aufl. München u. Berlin 1943, S. 246.

Schlag bei Rieselfeldern, eine von Zufuhrwegen umschlossene Gruppe von 10 bis 20 Feldtafeln (Rieselfeldstücken) von je etwa ¼ ha = 1 Morgen Größe (s. Beetstück, Hangstück).

Schlamm. Die Gesamtheit der Stoffe, die sich in ruhendem oder in träge fließendem Wasser (z. B. in Teichen, Seen, Buchten von Wasserläufen, Absetzbecken) durch Absetzen (Bodenschlamm)od.Aufschwimmen(Schwimmschlamm) ausscheiden.

Schlammablagerung in Flüssen, Anhäufung von absetzbaren Stoffen, vorwiegend organischer Natur auf der Flußsohle (Bodenschlamm) und an ruhigen Stellen, z. B. hinter Buhnen und in Ausbuchtungen, infolge geringer Fließgeschwindigkeit. Führt durch die Faulvorgänge, insbesondere wenn der Schlamm auftreibt, zu Sauerstoffmangel und u. U. zur Vergiftung des Flußwassers.

Schlammabscheider, Vorrichtung in einer Hauskläranlage zur Trennung der leichten, noch nicht zertrümmerten Kotstoffe von der Abwasserflüssigkeit. Die Trennung kann dadurch bewirkt werden, daß man das Abwasser um eine schräg stehende Tauchwand schickt, wobei die abzuscheidenden festen Schwimmstoffe die Tauchwand nicht mit umfließen, sondern eine andere, durch entsprechende Einbauten erzwungene Fließrichtung erhalten u. sich als Schwimmschlamm abtrennen (Bauart Braun, Chemnitz).

Schlamm, alkalischer. Abwasserschlamm, dessen p_H-Wert über 7 liegt, zeigt im Schlammfaulraum den ordnungsmäßigen Verlauf der Schlammzersetzung an, (Methangärung, alkalische Gärung, geruchlose Fäulnis), (s. Fäulnis, p_H-Wert).

Schlammarten. Je nach der Art der Entstehung, Behandlung und Verwendung sowie je nach der Beschaffenheit des Abwasserschlammes kann man die nachstehenden Sch. unterscheiden: Abwasserschlamm und Flußschlamm, Frischschlamm und Faulschlamm, Impfschlamm, Winterschlamm, Klärschlamm, Absetzschlamm, Bodenschlamm und Schwimmschlamm, chem. Schlamm, Flockenschlamm, körniger Schlamm, städt. und gewerbl. Schlamm, Kohlenschlamm, organischer und mineralischer Schlamm, belebter Schlamm, Rücklaufschlamm, Überschußschlamm, Blähschlamm, Trockenschlamm, Trockenplatzschlamm, Saugfilterschlamm, Schleuderschlamm, Vergärschlamm, Tropfkörperschlamm, Tauchkörperschlamm.

Schlamm, auftreibender, in Zersetzung befindlicher, mit Gasblasen durchsetzter Abwasserschlamm, der in ruhendem Wasser von den Gasblasen in die Höhe getragen wird und nach dem Entweichen des Gases wieder absinkt (Umwälzvorgang in Faulräumen). Im Absetzbecken stört auftreibender Schlamm den Absetzvorgang und zeigt an, daß das Becken nicht ordnungs-

mäßig geräumt wird (s. Mischen von Abwasserschlamm).

Schlammausräumer, maschinelle Vorrichtung zum Ausräumen des Schlammes aus Absetzbecken (s. Kratzer).

Schlammbagger, Baggermaschine mit Kratzbandvorrichtung oder mit Eimerketten zum Abräumen des lufttrockenen Schlammes von großen Schlammtrockenplätzen.

Schlammbeerdigung, Vergraben von Abwasserschlamm im Erdreich, um ihn zu vererden und als Dungstoff zu verwerten. Der frische Schlamm wird entweder in sehr dünner Schicht aufgebracht und nach Trocknung untergepflügt oder er wird in Gräben abgelassen, die man mit Erde zuschüttet, wenn der Schlamm so weit getrocknet ist, daß er nicht mehr aufquillt. Das Verfahren erfordert gut wasserdurchlässigen, körnigen Sand- oder Kiesboden. Da sich der Frischschlamm unter stinkender Fäulnis zersetzt, sind erhebliche Geruchsbelästigungen unvermeidlich. Trocknung und Vererdung gehen sehr langsam von statten, die Trocknung erfordert meist mehrere Monate, die Vererdung in Gräben etwa 1 bis 2 Jahre. Zur Sch. braucht man deshalb ziemlich große Bodenflächen.

Schlamm, belebter, aktivierter, Belebtschlamm, der beim Belebungsverfahren entstehende, mit Kleinlebewesen durchsetzte Abwasserschlamm (s. Belebungsverfahren).

Schlammeimer, Eimer mit gelochten Seitenwänden, der in einen Ablauf eingehängt oder eingesetzt wird, um den Abwasserschlamm aufzunehmen und vom Entwässerungsnetz fernzuhalten. Beim Herausheben des Sch.s läuft das in ihm befindliche Wasser durch die gelochten Seitenwände ab, während der zurückgebliebene Schmutz entweder durch Aufklappen des Eimerbodens oder durch Auskippen des Eimers in ein meist auf einem Elektrokarren befindliches Sammelgefäß gelangt und nach dessen Füllung mit dem Inhalte einer größeren Anzahl von Sch.n nach einem Schlammplatz abgefahren wird (s. Elektrokarren).

Schlammentwässerung, mehr oder weniger weitgehende Entfernung des im Abwasserschlamm enthaltenen Wassers. Da sich der Raum, den der Schlamm einnimmt, mit sinkendem Wassergehalt außerordentlich stark verkleinert, ist die Sch. für die Abwassertechnik von wesentlicher Bedeutung, denn mit der Verringerung der Schlammenge wird nicht nur das Fortschaffen des Schlammes erleichtert, sondern es können auch die zur Schlammbehandlung erforderlichen Bauwerke kleiner gehalten werden. Ist T die Gesamtmenge des Trockenrückstandes in einer den Raum R_v einnehmenden Schlamm-Menge, so ist a

$$a = \frac{T}{R_v} \cdot 100$$

die auf 100 Teile des Raumes R_c entfallende Gesamtmenge des Trockenrückstandes. Da sich T bei der Sch. nicht ändert, ist die auf 100 Raumteile R_n des entwässerten Schlammes entfallende Gesamtmenge des Trockenrückstandes.

$$b = \frac{T}{R_n} \cdot 100.$$

Daraus folgt: $a/b = R_n/R_v$, oder $R_n = R_v \cdot a/b$, d. h. der vom Schlamm eingenommene Raum verkleinert sich durch die Sch. im Verhältnis der Vomhundertsätze der vor und nach der Entwässerung im Schlamm enthaltenen Trockenrückstandsmenge. Trocknet man z. B. Frischschlamm von 98 v. H. Wassergehalt (auf 100 Teile Schlamm 2 Teile Trockenrückstand und 98 Teile Wasser), um ihn als Streudünger zu verwerten, bis auf 10 v. H. Wassergehalt, so ist $a = 2$ v. H. und $b = 90$ v. H., also $R_n = R_v \cdot 2/90 = R_n \cdot 1/45$. Der Schlamm schrumpft also durch die Entwässerung auf 1/45. seiner ur-

sprünglichen Raummenge zusammen (s. Schlammschleuder, Schlammpresse, Saugfilter, Trockentrommel, Schlammtrockenplatz, Schlammfaulung).

Schlammfang bei Bohrrohren (s. d.), das am untersten Ende eines Filters sitzende Rohr.

Schlammfang, in der Sohle eines Wasserlaufes oder einer Gefälleleitung angeordnete Vertiefung, in der sich der vom Wasser mitgeführte Schlamm absetzt (fängt) (s. auch: Sinkkasten).

Schlamm, faulfähiger, faulbarer, nicht faulfähiger. Die Faulfähigkeit des Schlammes ist von seinem Gehalt an organischen, insbesondere Eiweiß-Stoffen abhängig. Städtisches Abwasser, das reich an organischen Stoffen ist, liefert beispielsweise gut faulenden Schlamm, dagegen ist Kohlenschlamm, der keine organischen Stoffe enthält, nicht faulfähig (s. Faulfähigkeit von Abwasserschlamm, Bestimmung der Faulfähigkeit von Abwasserschlamm).

Schlammfaulraum, ein mit frischem oder noch nicht vollkommen ausgefaultem Abwasserschlamm beschickter Raum, in dem die Schlammfaulung vor sich geht. Der Sch. wird entweder als offenes, meist mit Beton ausgekleidetes Erdbecken oder als allseitig umschlossenes Beton- oder Stahlbetonbauwerk ausgebildet. Die Erdbecken dienen oft zugleich als Absetzbecken, werden also als d u r c h f l o s s e n e r S c h. betrieben, anderenfalls werden sie im allgemeinen als S c h l a m m t e i c h e bezeichnet. Geruchsbelästigungen können zwar durch eine zusammenhängende Schwimmschlammschicht gemildert werden, sind aber nie vollkommen zu vermeiden. Der allseitig umschlossene Sch. liegt entweder wie bei der Z w e i s t ö c k i g e n A b s e t z a n l a g e u n t e r dem Absetzbecken oder als g e t r e n n t e r Sch. n e b e n ihm. Im ersteren Falle bildet der Boden des Absetzbeckens die Decke des Sch.es, wobei der abgesetzte Frischschlamm

auf dem stark geneigten Boden ab-
rutschend, durch Bodenschlitze selbsttätig in den Sch. gelangt; im zweiten
Falle muß der Frischschlamm hinein-
gepumpt werden. In beiden Fällen treten bei richtigem Betriebe keine Geruchsbelästigungen auf (s. Schlammfaulung, Abwasserfaulraum, Zweistökkige Absetzanlage, Sch.: durchflossener).

Schlammfaulraum, durchflossener,
Raum, in dem sich der Schlamm aus
dem hindurchgeleiteten Abwasser absetzt und zugleich ausfault. Dabei wird
entweder das gesamte zu klärende Abwasser durch den Sch. geleitet (Abwasserfaulraum) oder wie z. B. beim
Travisbrunnen und beim Dywidagbrunnen nur ein Teil davon (s.
Schlammfaulraum, Abwasserfaulraum,
Travisbrunnen, Dywidagbrunnen).

Schlammfaulraum, getrennter, vom
Absetzraum losgelöster selbständiger
Schlammfaulbehälter, dem der frische
Abwasserschlamm nicht wie bei der
zweistöckigen Absetzanlage ununterbrochen selbsttätig zufließt, sondern
der mittels besonderer Betriebseinrich-
tungen (z. B. Pumpen) zeitweise, etwa
alle 24 Stunden einmal, mit Frischschlamm beschickt wird. Wird auch

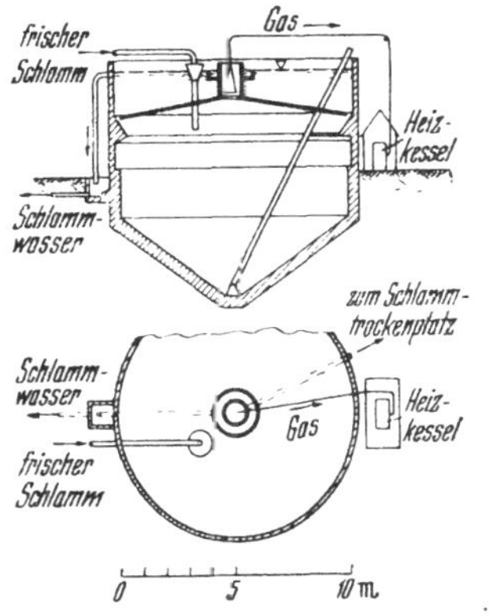

Getrennter Faulraum mit Gasfangglocke, bestehend aus einer untergetauchten Glocke und
Heizung durch heißes Wasser.

bei zweistöckigen Absetzanlagen häufig als Ergänzung der Faulräume verwendet, wenn diese im Laufe der Zeit
allein nicht mehr ausreichen (s. auch
Zweistufenfaulung und Faulraumheizung).

Schlammfaulung, Gärungsvorgang;
allmähliche Zersetzung des frischen,
organischen Abwasserschlammes in
Gegenwart von Wasser bei Luftabschluß (Sauerstoffmangel) unter dem
Einfluß von Fäulnisbakterien. Für die
Abwassertechnik ist die g e r u c h -
l o s e S c h. (Methangärung, alkalische
Gärung, geruchlose Fäulnis) von besonderer Bedeutung. Sie bildet sich in
geeigneten Faulräumen aus der s t i n -
d e n S c h. (saure Gärung, stinkende
Fäulnis) in längerer Zeit von selbst
aus, wird aber besser durch Mischen
(Impfen) des belästigenden, schwer zu
verarbeitenden Frischschlammes mit
Abwasserschlamm, der sich bereits in
Methangärung befindet, künstlich herbeigeführt, um ihn verhältnismäßig
rasch in nicht belästigenden, leicht zu
verarbeitenden Faulschlamm überzu-
führen. Durch die Sch. wird die aus
den Absetzbecken kommende Frischschlammenge außerordentlich stark
verringert, denn die Faulung vermindert den Wassergehalt des Schlammes
erheblich und verflüssigt überdies
auch einen Teil der im Frischschlamm
enthaltenen organischen Feststoffe (s.
Fäulnis, Frischschlamm, Faulschlamm,
Faulschlammwasser, Schlammfaulraum, Schlammentwässerung).

Schlammfilter s. Saugzellenfilter.

Schlamm, flockiger s. Flockenschlamm.

Schlamm, flüssiger. Flüssiger
Schlamm, wie er beispielsweise nach
guter Ausfaulung aus dem Schlammfaulraum kommt (Wassergehalt etwa
87 v. H.) läßt sich leicht pumpen und
in Rohrleitungen über weite Strecken
hin verteilen. Auch der belebte Schlamm
mit etwa 99 v. H. Wassergehalt ist gut

flüssig. Der in Absetzbecken anfallende Frischschlamm aus städtischem Abwasser, dessen Wassergehalt zwischen 95 und 98 v. H. liegt, ist dagegen infolge seiner klebrigen Beschaffenheit erheblich sperriger·und zähflüssiger als die beiden erstgenannten Schlammarten.

Schlamm, körniger. Abwasserschlamm ohne größere Beimengungen von organischen Stoffen, wie er z. B. aus Abwässern von Kohlenbergwerken, Hüttenbetrieben und chemischen Fabriken anfällt. Ausgesprochen körniger Schlamm sind Sand, Kohlenschlamm, Erzschlamm und aufgeschwemmte Zuckerrübenerde. Der städtische Abwasserschlamm ist i. a. eine Zwischenstufe zwischen körnigem Schlamm und Flockenschlamm, neigt aber mehr zum Flockenschlamm hin (s. Flockenschlamm).

Schlammkratzer s. Kratzer.

Schlamm - Menge, Gesamtmenge der mineralischen u. organischen Schmutzstoffe, die bei einem Klär- oder Reinigungsverfahren aus dem Abwasser ausgeschieden werden. Für städtisches Abwasser wird die Sch. am besten auf grund der Einwohnerzahl geschätzt, wobei der Einwohnergleichwert für die Zuführung von gewerblichem Abwasser zu beachten ist. Der Trockenrückstand des im Absetzbecken anfallenden städtischen Schlammes beträgt im Mittel täglich 54 g je Kopf, der Wassergehalt des Schlammes, wenn beim Herausbringen aus dem Becken das überschüssige Wasser abgesondert wird, etwa 95 v. H., anderenfalls etwa 97,5 v. H. Da hiernach 1 Liter = 1000 g Schlamm 50 bis 25 g Trockenrückstand enthält, liefert jeder Einwohner täglich 54/50 bis 54/25 = 1,08 bis 2,16 l wässerigen Frischschlamm. Diese Sch. vergrößert sich um 20 bis 50 v. H., wenn auch schlammhaltiges Regenwasser in die Absetzbecken gelangt. Noch größer (etwa doppelt so groß) wird die Sch.,

wenn man nicht nur die absetzbaren Stoffe, sondern auch auf biologischem Wege (z. B. durch das Belebungsverfahren) die gelösten organischen Stoffe aus dem Abwasser entfernt. Wie das obige Beispiel zeigt, kann die Sch. durch Entwässerung des Schlammes außerordentlich stark verringert werden. Dies geschieht z. B. bei der Ausfaulung und anschließenden Lufttrocknung des Schlammes. Da derart behandelter Schlamm nur 55 v. H. Wasser enthält, kommen auf 1 Liter Schlamm 450 g Trockenrückstand, so daß jeder Einwohner täglich 54/450 = 0,12 l luftgetrockneten Faulschlamm liefert, d. h. nur 1/18 der Frischschlammenge von 97,5 v. H. Wassergehalt. Eine Liste, aus der die täglich auf jeden Einwohner entfallenden Sch.n für verschiedene Schlammarten ersichtlich sind, bringt IMHOFF in seinem Taschenbuch der Stadtentwässerung, 10. Auflage, S. 182 (s. Schlammentwässerung).

Schlamm, mineralischer s. Schlamm, körniger.

Schlamm, neutraler, Abwasserschlamm, der weder sauer noch basisch reagiert, mit dem p_H-Wert $= 7$. Frische, noch nicht in Gärung begriffene Kotstoffe liefern i. a. neutralen Schlamm, der aber unter Wasser sehr rasch gärt und sauer wird. (p_H-Wert unter 7) (s. Fäulnis, p_H-Wert).

Schlammpresse, Filterpresse, Druckfilter, bei dem der Schlamm zwischen auf Eisenrahmen gespannte Filtertücher gebracht und ein bis zwei Stunden lang einem Druck von etwa 8 at ausgesetzt wird. Der Wassergehalt des Schlammes nimmt dabei von 95 v. H. auf etwa 65 v. H. ab, das abfließende Schlammwasser ist sehr schmutzig. Die Sch. ist in manchen Fällen zur Entwässerung von gewerblichem Schlamm geeignet, für städtischen Schlamm nur, wenn er mit chemischen Zusätzen (Eisenchlorid, Kohle, Kalk) gemischt ist, also gegebenenfalls beim Kohlebreiverfahren und bei der chemischen Abwasserklärung. Sie findet daher heute bei städtischen Anlagen kaum noch Verwendung.

Schlamm, saurer, Abwasserschlamm, dessen p_H-Wert unter 7 liegt, zeigt im Schlammfaulraum an, daß die Schlammzersetzung nicht ordnungsmäßig verläuft (saure Gärung, stinkende Fäulnis) (s. Fäulnis, p_H-Wert).

Schlammschleuder, Trommel von 2 m Durchmesser und 1,3 m³ Inhalt, die mit Abwasser gefüllt, geschlossen und dann mit einer Winkelgeschwindigkeit von 60 m/s um ihre Mittelachse gedreht wird. Dabei sondern sich infolge der Fliehkraft die schwereren Stoffe am Trommelumfang ab, während das Schlammwasser in der Mitte verbleibt. Nach 8 bis 10 Minuten unterbricht man die Drehung, läßt den am Umfang angesammelten Schlamm und das Schlammwasser getrennt voneinander ab, füllt die Trommel wieder und wiederholt den Vorgang. Bauart: ter Meer. Die Sch. hat sich für städtisches Abwasser nicht eingeführt, weil das Schlammwasser nicht hinreichend geklärt abfließt und daher noch einer besonderen, meist recht schwierigen Behandlung bedarf. Für gewerbliches Abwasser kann die Sch. unter Umständen gute Dienste leisten.

Schlamm, schwarzer, gut ausgefaulter Schlamm aus städtischem oder anderem an organischen Stoffen reichem Abwasser. Von gewerblichem Abwasser in erster Linie Kohlenschlamm (s. Farbe des Abwasserschlammes).

Schlamm, sperriger, zählflüssiger, klebriger Abwasserschlamm, wie er z. B. als Frisch-Schlamm aus städtischem Abwasser in Absetzbecken anfällt.

Schlamm, stichfester, Abwasserschlamm, der so weit entwässert und getrocknet ist, daß er, wie beispielsweise auf Schlammtrockenplätzen, mit dem Spaten abgestochen und bewegt werden kann. Sein Wassergehalt liegt zwischen 50 und 55 v. H. (s. Schlammentwässerung, Schlammtrockenplatz).

Schlammteich, offenes, i. a. dräniertes Erdbecken, das mit Abwasserschlamm beschickt wird, der darin ausfault und abtrocknet. Die Dräns sind verschließbar und werden nur während der Trocknungszeit geöffnet. Der Sch. wird nicht geräumt, sondern nach vollständiger Auffüllung aufgegeben. Geruchsbelästigungen können auf ein geringstes Maß beschränkt bleiben, wenn der Schlamm stets mit Wasser bedeckt ist und eine den Gasaustritt verhindernde Schwimmdecke vorhanden ist.

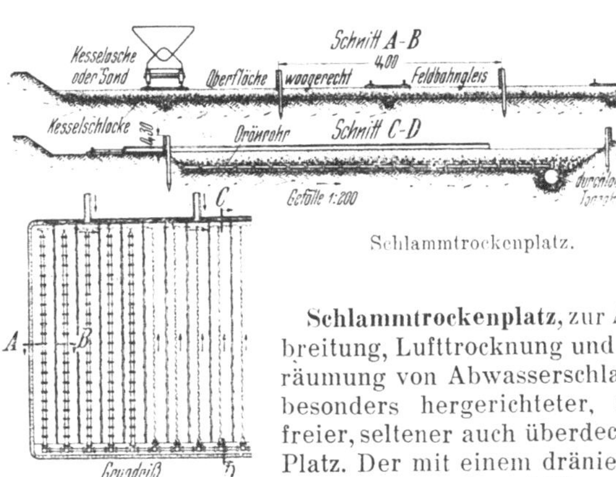

Schlammtrockenplatz.

Schlammtrockenplatz, zur Ausbreitung, Lufttrocknung und Abräumung von Abwasserschlamm besonders hergerichteter, i. a. freier, seltener auch überdeckter Platz. Der mit einem dränierten Unterbau aus einer 0,25 m starken Schlacken- oder Steinschlagschicht und mit einer 0,10 m starken Deckschicht aus Sand oder Koksgrus versehene Sch. wird mit flüssigem ausgefaultem Abwasserschlamm etwa 0,2 m hoch überdeckt und, nachdem der

Schlamm stichfest geworden ist, von Hand oder mittels fahrbarer Schlammbagger abgeräumt. Um die Abfuhr des getrockneten Schlammes zu erleichtern, ist es zweckmäßig, den Sch. in etwa 4 m breite Streifen zu teilen, in deren Mitte je ein Feldbahngleis für die Förderwagen liegt, gegebenenfalls kann man auch erheblich breitere Streifen anordnen, wenn man das Feldbahngleis verschiebbar macht, auch die Anordnung eines Verladegleises vor Kopf des Platzes ist möglich, wenn die Räumung durch eine, den ganzen Platz bestreichende Baggermaschine erfolgt. Nach IMHOFF: Taschenbuch der Stadtentwässerung, 10. Aufl., ist für städtischen Schlamm auf je 20 Einwohner 1 m² Sch. zu rechnen, wobei angenommen ist, daß man den Platz neunmal jährlich füllen kann. Überdeckte Schlammtrockenplätze, wie sie in Amerika vielfach ausgeführt worden sind, können öfter gefüllt werden und daher kleiner sein. Die Beschickung des Sch.es mit Frischschlamm kommt nicht in Frage, weil er an der Luft sehr schwer trocknet und stinkt. Demgegenüber schwimmt der ausgefaulte Schlamm, weil er mit Gasblasen durchsetzt ist, sehr rasch auf seinem eigenen Schlammwasser auf, so daß es durch die durchlässige Sohle und durch die Sickerleitungen des Sch.es leicht abgezogen wird. Der Schlamm ist dann je nach der Witterung und nach dem Klima in etwa 14 bis 20 Tagen bis auf etwa 55 v. H. Wassergehalt entwässert und dadurch stichfest und gut förderfähig. Der ausgefaulte Schlamm hat überdies keine geruchsbelästigenden Eigenschaften (s. Faulschlamm, Frischschlamm).

Schlammverbrennung, Maßnahme zur gesundheitlich einwandfreien, raschen Beseitigung von frischem Abwasserschlamm auf verhältnismäßig kleinem Raum. Die besonders in mehreren amerikanischen Städten angewandte

Sch. verzichtet auf die Verwertung des Schlammes. Sie erfordert i. a. einen Zusatz von Chemikalien (z. B. Eisenchlorid), um die Schlammstoffe möglichst weitgehend auszufällen, die Trocknung des Schlammes auf 50 bis 60 v. H. (besser bis auf 10 v. H.) Wassergehalt und die Beimengung von Kohlenstaub als Zusatzbrennstoff zu dem getrockneten Schlamm. Auch bei dem früher in Deutschland angewendeten Kohlebrei-Klärverfahren wurde der anfallende, mit Braunkohle versetzte Schlamm meist verfeuert. Versuche, den vorgetrockneten Schlamm mit Müll zusammen in einer Müllverbrennungsanlage zu vernichten, haben bisher keine günstigen Ergebnisse gehabt.

Schlammvergasung, trockene Destillation des frischen Abwasserschlammes zur Gewinnung eines verwertbaren Gases und Kokses. Die mit der Vergasung von städtischem Schlamm bisher angestellten Versuche haben kein befriedigendes Ergebnis gehabt. Es ist jedoch nicht ausgeschlossen, daß sich Schlamm aus gewerblichen Abwässern, z. B. Kohlenschlamm, besser zur Sch. eignet.

Schlammverschiffung, Beseitigung des Abwasserschlammes, und zwar in erster Linie des beim Absetzverfahren anfallenden Frischschlammes, indem man ihn mittels Tankschiffen aufs Meer fährt und dort versenkt. Falls man den Schlamm zu nahe am Ufer versenkt, besteht die Gefahr, daß ihn die Flutströmung an den Strand zurückspült. Die Sch. wird in England und Amerika vielfach angewendet, beispielsweise werden aus London täglich 6000 m³ Frischschlamm 100 km weit verschifft und ins Meer versenkt.

Schlammverwertung, die Ausnutzung der im Abwasserschlamm enthaltenen Stoffe zu wirtschaftlichen Zwecken. Für stark organischen, insbesondere auch städtischen Schlamm hat es sich

i. a. am zweckmäßigsten erwiesen, den frischen Schlamm in Schlammfaul-räumen bis zur technischen Faulgrenze ausfaulen zu lassen, das dabei anfal-lende, hochwertige Methangas aufzu-fangen und zur Kraft-, Wärme- oder Lichterzeugung zu verwerten und den ausgefaulten, humusartigen, Pflanzen-Nährsalze enthaltenden Faulschlamm zu Dungzwecken aufs Land zu bringen. Andere Arten der Sch. sind die Kompostierung von Frischschlamm entweder mit Müll gemischt oder allein (Vergärung), ferner die Entwässerung von Frischschlamm bis zur Streufähig-keit oder die Mischung des Faul-schlammes mit Torf, Kalk und anderen Stoffen zur Herstellung von Dünger-arten und schließlich die Ausnutzung der bei der Schlammverbrennung oder bei der Schlammvergasung entstehen-den Heizgase (s. Faulschlamm, Faul-gas, Faulgasverwertung, Dungwert von Abwasserschlamm, Düngemittel aus Abwasserschlamm, Schlammverbren-nung, Schlammvergasung).

Schlempe, abgebrannte Würze, der nach dem Abdestillieren des Alkohols einer vergorenen Flüssigkeit verblei-bende Rückstand. Wegen seines hohen Gehalts an Nährstoffen als Futtermittel verwendet. Melasseschlempe (s. d.) kann wegen ihres hohen Salzgehaltes nicht als Futtermittel verwendet wer-den, bildet aber ein wichtiges Dünge-mittel. Durch Eindickung und Verkoh-lung wird Schlempekohle gewonnen, die als Rohstoff für die Gewinnung von Pottasche (s. d.) benutzt wird.

Schlempekohle s. Schlempe.

Schleuderbetonrohr, durch rasche Drehung einer eisernen, mit erdfeuch-tem Beton beschickten Hohlform um ihre waagerecht liegende Längsachse erzeugtes Rohr. Der Beton wird durch die Fliehkraft gegen die Innenwan-dung der Hohlform geschleudert, wo-bei sich unter Ausscheiden eines Teiles des Anmachwassers eine dichte, rohr-förmige Betonschicht innerhalb der Hohlform ansetzt. Je nach der Art des Antriebes der Hohlform, der Einbrin-gung des Betons und der Entfernung des überschüssigen Betonwassers un-terscheidet man Hume-Rohre, Vianini-Rohre und Dywidag - Rohre. Hume-Rohre und die größeren Dywidag-Rohre sind muffenlos und müssen da-her durch Überschiebmuffen mitein-ander verbunden werden. Die Vianini-Rohre und die kleineren Dywidag-Rohre sind mit Muffen versehen. Die Baulänge der Sche. ist mit 2,0; 2,5; 3,5 und 5,0 m erheblich größer als die der Rüttel- und Stampfbetonrohre. Sie kön-nen unbewehrt, einfach und doppelt spiralbewehrt oder auch mit besonders geformten Stahleinlagen hergestellt werden. Die Außen- und die Innen-flächen oder auch beide Flächen kön-nen mit einem gegebenenfalls ange-schleuderten, gegen Säure und gegen Sandabschleifung schützenden Asphalt-mantel versehen werden.

Schleudergußrohre, Wasserleitungs-rohre, die nach dem Schleuderguß-(Zentrifugalguß-) Verfahren (s. d.) her-gestellt werden. Durch die Wirkung der Zentrifugalkraft erfolgt auch ein reinigender Einfluß auf das flüssige Eisen. Dabei werden in letzterem mit-geführte Fremdkörper, besonders Gase, ausgeschieden. Das Eisen erhält hier-durch eine größere Dichte und feinere Kornausbildung und mit dieser Ver-besserung des Gefüges auch eine be-deutende Steigerung der Festigkeits-eigenschaften. Abmessungen und Ge-wichte lassen sich leicht einhalten. Die inneren und äußeren Flächen sind frei von Fehlern. Die Rohre erhalten durch eine nach dem Guß erfolgende Wärme-behandlung eine Gußhaut, die sie sehr korrosionsbeständig macht. Für die Sch. gilt DIN 2431, für die Lieferbedin-gungen DIN 2420, Seite VIII bis XII.

Schleudern, Zentrifugen, Maschinen zur Trennung von Stoffen durch die

Zentrifugalkraft, oft als Siebschleudern ausgebildet, bei denen die Flüssigkeit durch ein in die Schleudertrommel eingebautes Filter (s. d.) hindurchgeschleudert wird.

Schleuderwäscher s. Entstauber.

Schlotentstaubung, in Brikettfabriken (s. d.) das Niederschlagen der aus den Dampftrockenapparaten für die Rohbraunkohle entweichenden feinen Kohlenteilchen. Die Entstaubung kann sowohl trocken als auch naß oder trokken-naß erfolgen (s. Entstauber).

Schlucklöcher, Löcher am Ufer oder an der Sohle von oberirdischen Gewässern (meist Bächen), durch die Wasser versinkt (DONAT und KOEHNE).

Schmelzschweißung, die Verbindung zweier metallischer Werkstoffe durch Schweißung (autogen oder elektrisch) mit oder ohne Zusatzwerkstoff, wobei an der Schweißstelle die Werkstoffe soweit erwärmt werden, daß ihr Schmelzpunkt erreicht wird und ein Überfließen von einem Werkstoff zum anderen eintritt (DIN 1626 E).

Schmutzstoff, Fremdstoff. Ein Sch. kann jeder Stoff sein, wenn er mit einem anderen Stoff, einem Gegenstand oder einer Örtlichkeit mengenmäßig derart verbunden ist, daß er deren Aussehen oder deren Gebrauch beeinträchtigt. Kein Stoff ist demnach an sich (absolut) ein Sch., sondern es wird es erst durch sein Verhältnis (relativ) zu anderen Dingen. Beispielsweise sind Fett, Kohle und Erde an sich keine Sch.e, sie werden es aber, wenn sie sich an Eßgeräten, an Kleidern oder im Trinkwasser befinden. Dabei spielt auch die Menge der verschmutzenden Stoffe eine wesentliche Rolle. Geringer Kalk-, Eisen- oder Salzgehalt beeinträchtigt z. B. die Gebrauchsfähigkeit von Nutz- oder Trinkwasser nicht, größerer Gehalt wirkt jedoch gebrauchshindernd oder sogar schädlich. Beson-

ders reich an den verschiedensten Sch.en ist das Abwasser.

Schmutzstoffgehalt, Schmutzgehalt, das Verhältnis G/R der Schmutzstoffgewichtsmenge G zu der Wasser-Raum-Menge R, in der sich die Schmutzstoffgewichtsmenge G befindet. Gebräuchliche Maßeinheit: G in g oder in mg, R in m³ oder in l, also g/m³ oder mg/l.

Schmutzwasserabflußmenge, Quotient Q'_s/T' aus der Schmutzwasserfülle Q_s' (Schmutzwassermenge) und der Zeitdauer T' des Schmutzwasseranfalles. Formelzeichen Q_s, gebräuchliche Maßeinheiten l/s und m³/s.

Meist wird Q_s als Durchschnittsabflußmenge aus größeren Zeiträumen (z. B. aus den 10 Tagesstunden des stärksten Schmutzwasseranfalles) berechnet, Bezeichnung z. B. Q_{s10}. (DIN 4045) (s. Schmutzwasserfülle).

Schmutzwasserabflußspende, Quotient Q_s/F aus der Schmutzwasserabflußmenge Q_s und der Fläche F, von der sie abfließt. Formelzeichen q_s, gebräuchliche Maßeinheit l/s.ha.

Meist wird q_s als durchschnittliche Abflußspende aus größeren Zeiträumen (z. B. aus den 10 Tagesstunden des stärksten Schmutzwasseranfalles) berechnet; Bezeichnung $q_{s:0}$. Allgemeiner Durchschnittswert:

$$q_s = \frac{\text{Bevölkerungsdichte} \cdot \text{Schmutzwasseranfall}}{24 \cdot 60 \cdot 60}$$

$$= \frac{B \cdot w}{24 \cdot 60 \cdot 60} \quad \text{(DIN 4045)}$$

(s. Schmutzwasserabflußmenge, Bevölkerungsdichte, Schmutzwasseranfall).

Schmutzwasseranfall, Quotient Q_s/E aus der Schmutzwasserabflußmenge Q_s und der Einwohnerzahl E. Formelzeichen w, gebräuchliche Maßeinheit l/E. T. = Liter durch Einwohner und Tag (s. Schmutzwasserabflußmenge, Schmutzwasserabflußspende).

Schmutzwasserfülle, Schmutzwassermenge, der Rauminhalt des Schmutzwassers, das sich auf einem waagerechten Gebiet ansammeln würde, wenn nichts davon (z. B. durch Versickern, Verdunsten oder Abfließen) verlorenginge. Formelzeichen Q'_s, gebräuchliche Maßeinheit m³.

Schmutzwassermenge s. Schmutzwasserfülle.

Schnee-Einwurf, die Beseitigung größerer Schneemengen durch Einwerfen in das Entwässerungsnetz. Der Einwurf erfolgt von Hand mittels Schaufeln entweder durch die in der Straßenoberfläche liegenden Öffnungen besonderer Schnee-Einwurfschächte oder durch die Einsteigeschächte. Dabei darf der Schnee nur allmählich, schaufelweise eingebracht werden, damit sich die Schächte nicht verstopfen und die jeweils eingeworfene Menge vom Abwasser möglichst rasch geschmolzen und fortgeführt wird. Auch darf der Sch. nur an solchen Stellen des Entwässerungsnetzes stattfinden, wo hinreichend große Leitungsquerschnitte und Abwassermengen vorhanden sind. Dies ist i. a. nur bei einem nach dem Mischverfahren gebauten Entwässerungsnetz der Fall. Die Einwurfstellen müssen mindestens 400 m oberhalb von Klär- und Pumpwerken sowie von Dükern liegen, weil sonst die Gefahr besteht, daß Schnee- oder Eisklumpen den Betrieb der genannten Anlagen stören (s. Schnee-Einwurfschacht).

Schnee - Einwurfschacht, über einem größeren Entwässerungskanal angeordneter Schacht von etwa 1,5 bis 1,7 m Durchmesser (auch ovaler Querschnitt 1,7 : 0,8) mit ein oder zwei in der Straßenoberfläche abgedeckten Öffnungen, durch die größere Mengen Schnee in das Entwässerungsnetz gebracht werden können. Der Sch. hat meist über dem Wasserspiegel der Entwässerungsleitung eine Plattform, von der aus der eingeworfene Schnee mittels Schaufeln gleichmäßig verteilt werden kann (s. Schnee-Einwurf).

Schnellentkupferungsanlagen s. Entkupferungsanlagen.

Schnellfilter dienen wie die Langsamfilter der Befreiung des Wassers von Schwebestoffen und sonstigen Unreinigkeiten. Bei ihnen richtet sich die Größe des Filterkornes nach der Art und der Vorbehandlung des zu filternden Wassers. Sie bewegt sich im allgemeinen zwischen 0,1 und 0,6 mm. Die Filtergeschwindigkeit, mit der das Wasser den Sand durchdringt, beträgt etwa 4 bis 20 m/h. Der Sand ruht auf Filterböden (s. d.) aus Beton oder Asbestzement, in die Düsen eingesetzt sind. Durch diese wird das gefilterte Wasser abgeführt. Sie dienen aber außerdem auch bei der Rückspülung des Filters der Zuführung des Spülwassers oder der Spülluft.

Schnellschlußorgan für Wasserleitungen s. Drosselklappe, Durchflußwächter.

Schnellschlußschieber s. Handzugschieber.

Schnitte des Untergrundes, die den Einblick in die Grundwasserverhältnisse vertiefen sollen, enthalten eine genaue Einzeichnung der geologischen Schichten und werden stark überhöht gezeichnet, damit das meist geringe Gefälle des Grundwassers zum Ausdruck kommt. Schnitte und Höhenlinienpläne ergänzen sich gegenseitig (DENNER und KOEHNE).

Schnitzelpreßwasser, das in Zuckerfabriken (s. d.) beim Auspressen der Rübenschnitzel ablaufende Abwasser. Auf 100 kg verarbeitete Rüben fallen etwa 50 l Sch. mit etwa 0,3 v. H. Zukker an. Die Behandlung erfolgt zusammen mit dem Diffusionswasser (s. d.).

Schnüffelventile, Einrichtungen zur Einführung von Luft in geschlossene Enteisenungs- und Entmanganungsfilter. Sie sind nötig, um die Menge an Sauerstoff zur Verfügung zu stellen, die für die Überführung der im Wasser mitgeführten gelösten Eisenoxydule in die unlösliche Form des dreiwertigen Hydroxyds gebraucht wird.

Scholler-Tornesch-Verfahren s. Holzverzuckerungsfabriken.

Schraubmuffenrohre, gußeiserne, nach dem Schleuderverfahren (s. Schleudergußrohre) hergestellte Rohre, deren Muffen ein inneres Gewinde tragen. Die Dichtung wird auf die Weise vorgenommen, daß mit einem gußeisernen Schraubring ein Gummiring fest in die Muffe hineingepreßt wird. Diese bleiersparende Verbindung hat noch den Vorteil einer gewissen Beweglichkeit, die es ermöglicht, die Rohre um jeweils etwa 3° auszuschwenken, so daß vielfach auch Krümmer erspart werden können (s. Muffenformen).

Schreibgeräte für Wasserzähler s. Anzeige- und Schreibgeräte für Wasserzähler.

Schreibpegel, ein Pegel, der mit einer Schreibeinrichtung zur fortlaufenden selbsttätigen Aufzeichnung des Wasserstandes ausgestattet ist. Ein Schwimmer bewegt einen Schreibstift auf einer senkrecht stehenden Trommel. Sie wird durch ein Uhrwerk angetrieben. Der Trommelumfang, über Papier gemessen, soll 384, 576 oder 720 mm betragen. Die Trommelumlaufzeit ist abhängig von der Häufigkeit des Bogenwechsels (Tage, Wochen oder Monate) (nach Pegelvorschrift) (s. Pegel).

Schreibregenmesser, Regenschreiber, Regenmesser, der die **Regenhöhenganglinie** aufzeichnet, d. h. die Linie, die die jeweilige Regenhöhe in ihrem Zusammenhang mit der Zeitdauer ihres Niederganges darstellt. Bei dem z. Zt. am meisten angewendeten Sch. von H e l l m a n n fließt das aufgefangene Regenwasser einem kleinen, zylinderförmigen, oben offenen Gefäß zu, in dem sich ein Schwimmer bewegt. Dieser treibt mittels Hebelübersetzung einen Schreibstift an, der die Regenhöhe auf einer Trommel aufzeichnet, die sich in 24 Stunden einmal umdreht. Ist in dem Schwimmergefäß ein Wasserstand erreicht, bei dem auf der Trommel 10 mm Regenhöhe aufgezeichnet sind, so hebert sich aus dem Schwimmergefäß selbsttätig so viel Wasser ab, daß der Schreibstift wieder auf die Nullinie sinkt. Bei kurzem, heftigem Regen setzt sich daher die vom Sch. aufgezeichnete Regenhöhenganglinie aus einer Reihe von Linienstücken zusammen, die zwischen der Nullinie und der 10 mm-Linie verlaufen. Früher wurden vielfach auch Sch. verwendet, die nach Art der Kipprinnen ausgebildet waren und bei denen die der jeweils niedergehenden Regenhöhe entsprechende Anzahl der Kippungen selbsttätig aufgezeichnet wurde (s. Regenhöhe, Regendauer, Kipprinne).

Schrenz - Papier - Fabriken stellen Schrenzpapier her, d. h. geringstes Papier, das aus gemischten Papierabfällen (Altpapier) gewonnen wird. Das gleiche gilt für Schrenzpappe. Die Zerfaserung des vorgeweichten Altpapierstoffes geschieht in Kollergängen. Der Kollerstoff wird nachsortiert und in den Ganzzeugholländer geleitet, von wo aus er auf die Papiermaschine gelangt.

Schrenzpappe, die aus Altpapier gefertigte Pappe.

Schriftprobe von Snellen, Druckschrift von bestimmter Form und Größe, die zur Feststellung des Durchsichtigkeitsgrades einer Wasserprobe unter den Durchsichtigkeitszylinder gelegt wird. Als Beispiel ist nachstehend die Snellensche Schriftprobe Nr. 1 angegeben:

1,0

Der Jüngling, wenn Natur und Kunst ihn anziehen, glaubt mit einem lebhaften Streben bald in das innerste Heiligtum zu bringen.

5 4 1 7 8 3 0 9

(s. Durchsichtigkeitsgrad, Durchsichtigkeitszylinder).

Schüttquellen, Schichtquellen (s. d.), deren Wasser nach dem Austritt aus dem geschichteten Gestein noch vorgelagerte Schutthalden oder Bergstürze durchfließt und erst an deren Fuße an das Tageslicht gelangt

Schüttung, die Abflußmenge einer Quelle in der Zeiteinheit (KOEHNE).

Schutthaldensickerwasser s. Haldensickerwasser.

Schutz der Entwässerungsleitungen gegen heiße Zuflüsse. Die i. a. aus bituminöser Masse bestehende Abdichtung der Rohrleitungsmuffen kann durch heißes Wasser erweicht und u. U. vollkommen zerstört werden. Die Ableitung von Flüssigkeiten mit höherer Temperatur als $35°$ in das Entwässerungsnetz wird daher meist durch Polizeiverordnung untersagt.

Schutz der Entwässerungsanlagen gegen Säure. Säurehaltiges Abwasser, z. B. aus Metallbeizereien, muß i. a. durch basische Zusätze (z. B. Kalk) neutralisiert oder bis zur Unschädlichkeit verdünnt werden, bevor es in das Entwässerungsnetz gelangt. Glasierte Steinzeugrohre sind säurefest, Betonrohre können durch einen Anstrich mit Bitumen geschützt werden. Dies ist vor allem dort erforderlich, wo durch Faulung von Abwasser oder Abwasserschlamm Schwefelwasserstoff entsteht, der bei Luftzutritt schweflige Säure und Schwefelsäure bildet.

Schutzgebiete, Einrichtungen zum Schutz von Trinkwasserversorgungsanlagen. Sie sind zu bilden, um von den Wasser-Bezugsorten und -Anlagen Einflüsse, die die Ergiebigkeit oder die Beschaffenheit des Wassers beeinträchtigen können, fernzuhalten. Durch die Einrichtung der Sch. sollen in erster Linie alle Vorgänge verhindert werden, die das Wasser hygienisch gefährden können. Nötigenfalls ist auf den Erlaß von Bauverboten hinzuwirken.

Der Entwurf des Reichswassergesetzes sieht die Errichtung von Schn. für Quell- und Grundwassergewinnungsanlagen vor. Er läßt aber ihre Ausdehnung auf Gewinnungsanlagen von Oberflächenwasser, beispielsweise auf Talsperrenanlagen noch vermissen. Der für die Bildung von Schn. erforderliche Grund und Boden ist von den Wasserwerken möglichst als Eigentum zu erwerben.

Schutzkleidung. Durch die in Wasserwerken anzulegende Sch. soll in erster Linie das Wasser gegen eine Verseuchung durch die Arbeiter geschützt werden, sie soll aber auch die Arbeiter gegen das Wasser schützen, und das nicht nur beim Trink-, sondern insbesondere auch beim Abwasser. Zur Sch. gehören in erster Linie Mäntel, Hosen und Stiefel. Sie sind anzulegen, wenn bei einer Betätigung in den Anlagen des Werkes die unmittelbare Berührung mit dem Wasser oder Abwasser nicht zu vermeiden ist.

Schutzkolloide, Kolloide, die die Ausflockung erschweren.

Schwarzlauge s. Natronzellstofffabriken.

Schwebestoffe, im Wasser äußerst fein verteilte Stoffe, die teils infolge ihrer Kleinheit, vorwiegend aber durch die Bewegung des Wassers (z. B. in einem Flusse oder in einer Abwasserleitung) in der Schwebe bleiben und sich in ruhigem Wasser zum größeren Teil absetzen (s. Gesamtschwebestoffe, Plankton).

Schwebestoffe, absetzbare s. Gesamtschwebestoffe, Schwebestoffe.

Schwebestoffe, absiebbare, Schwebestoffe, die aus dem Wasser oder Abwasser durch ein feinmaschiges Sieb entfernt werden können (s. Schwebestoffe).

Schwebestoffe, nicht absetzbare, s. Gesamtschwebestoffe, Schwebestoffe.

Schwefel, S, Atomgewicht 32,06, Wichtezahl rd. 2, Schmelzpunkt $113°$

bis 119°, Siedepunkt 445°. S. ist in der Natur besonders in Verbindung mit Metallen in den Kiesen (z. B. Eisenkies FeS_2), in den Glanzen (z. B. Bleiglanz PbS) und in den Blenden (z. B. Zinkblende ZnS) sehr verbreitet. In Verbindung mit Sauerstoff sind die Sulfate (z. B. Gips, Schwerspat usw.) besonders häufig. Außerdem ist Sch. ein wesentlicher Bestandteil im pflanzlichen und tierischen Eiweiß. Die für die Abwassertechnik wichtigste Schwefelverbindung ist der übelriechende, giftige Schwefelwasserstoff (H_2S), der sich bei der Faulung organischer Stoffe entwickelt. Verdünnte Schwefelsäure (H_2SO_4), wie sie zuweilen aus Metallbeizereien in das Abwasser gelangt, wirkt im Entwässerungsnetz auf Beton und Eisen zerstörend (s. Schwefelwasserstoff, Abwasserchlorung, Eisenchlorid).

Schwefelbakterien, echte (H_2S — Verbraucher), Bakterien, die zu ihrer Lebensführung in erster Linie des

selbst auf und benutzen bei der Assimilation im weiteren Sinne des Wortes, d. h. bei der Umwandlung des Nahrungsstoffes in Körperstoff, als Kohlenstoffquelle die freie Kohlensäure der Luft oder des Wassers sowie gegebenenfalls auch die im Wasser gelösten Karbonate. Außer der Oxydation des Schwefelwasserstoffes zu Schwefel, die ihnen als Energiequelle dient, sind diese Bakterien noch fähig, den erzeugten Schwefel weiter zu oxydieren. Die dabei entstehende Schwefelsäure wird durch die im Wasser enthaltenen Karbonate neutralisiert, so daß Sulfate entstehen. Es findet also im Körper der Bakterien ein Kreislauf des Schwefels statt, der sich in zwei schematischen Ringen darstellen läßt, erstens ausgehend von der organischen Substanz, die von den Fäulnisbakterien zerstört wird, und zweitens von den Sulfaten, die von den sulfatreduzierenden Bakterien zu H_2S abgebaut werden. Da die Schwb. zu ihrer Le-

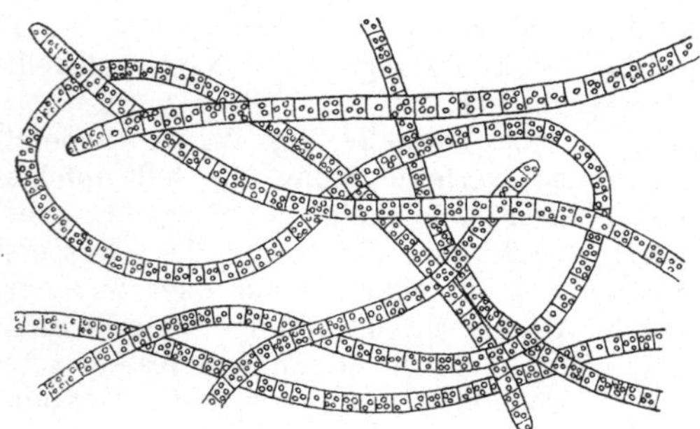

Weiße Schwefelbakterie (Beggiatoa alba). Fäden beweglich und gewöhnlich mit Schwefeltröpfchen angefüllt nach KOLKWITZ). (Vergrößerung etwa 260fach.)

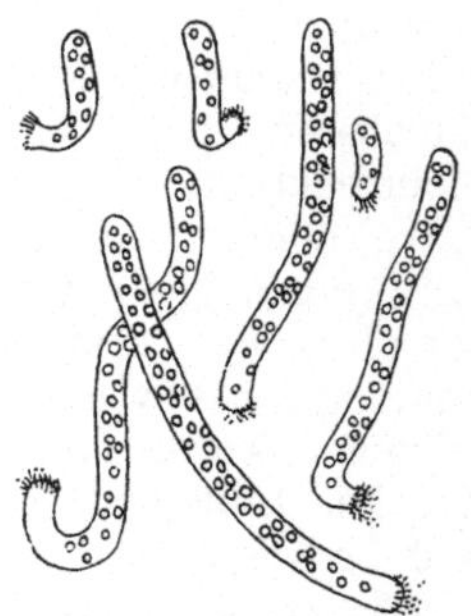

Weißer Schwefelfaden (Thiothrix nivea). Fäden unbeweglich, enthalten meist Schwefeltröpfchen (nach WINOGRADSKY). (Vergrößerung etwa 700fach.)

Schwefelwasserstoffes bedürfen. Sie oxydieren diesen zu Schwefel und lagern ihn in ihrem Innern in Form von Tröpfchen ab. Organische Stoffe sind zu ihrem Leben nach den bisherigen Erfahrungen nicht notwendig. Sie bauen die erforderlichen Eiweißstoffe

bensführung des Schwefelwasserstoffs bedürfen, sind sie ausgezeichnete und feine Indikatoren für dieses Gas. Man unterscheidet zwei große Gruppen der Schwb., die farblosen und die roten. Zu den ersteren gehören die Weiße

Schwefelbakterie, Beggiatoa alba, der Weiße Schwefelfaden, Thiothrix nivea und Thionema vaginatum. Die roten Schwefelbakterien haben ihre Hauptverbreitung in Schwefelquellen usw. Die Weiße Schwefelbakterie besteht aus frei beweglichen Fäden und bevorzugt in der Hauptsache langsam fließende oder stehende Gewässer, die sie an Einbauten, Pfählen oder untergetauchten Wasserpflanzen bei Massenentwicklung mit einer feinen weißen Haut bedecken kann. Der Weiße Schwefelfaden liebt mehr fließendes Wasser und tritt in Brunnen und Wasserleitungen seltener auf (nach H. und E. BEGER).

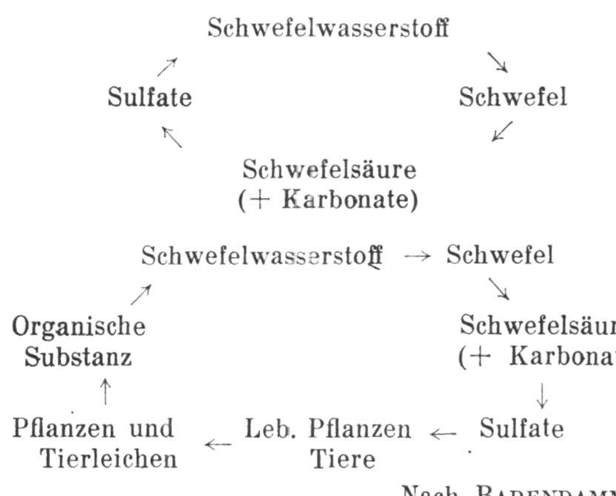

Schwefeleisen, Ferrosulfid, FeS.

Schwefelkies, Pyrit, FeS_2, Mineral. Man benutzt es zur Herstellung von Schwefelsäure.

Schwefelkiesgruben liefern ein Grubenwasser (s. d.), das freie Schwefelsäure und Eisensulfat enthält. Wenn in dem Schwefelkieslager gleichzeitig Zinkblende vorkommt, enthält das Abwasser auch Zinksulfat. Ein Abwasser ähnlicher Zusammensetzung entsteht bei der Aufbereitung (s. d.) des Schwefelkieses. Nach Aufnahme von Sauer-

stoff scheidet sich rotbrauner Eisenschlamm ab. Die Wirkung des Grubenwassers in Wasserläufen ist die gleiche wie die der Beizablaugen der mit Schwefelsäure beizenden Eisenbeizereien (s. d.). Für die Reinigung kommt die Neutralisation und Fällung mit Kalkmilch und das Abscheiden des Eisenschlammes in Absetzbecken oder Absetztrichtern in Frage.

Schwefelnatrium, Natriumsulfid, Na_2S, in Farbenfabriken zur Herstellung von Schwefelfarben, in Gerbereien (s. d.) als Enthaarungsmittel und in Natron- bzw. Strohzellstoffabriken (s. d.) zusammen mit Natronlauge als Aufschlußmittel benutzt.

Schwefelsäure, H_2SO_4, Molekulargewicht 98. Herstellung durch Abrösten von Schwefelkies (s. d.) nach dem Bleikammerverfahren mit 60° Bé = etwa 80 v. H. H_2SO_4 oder nach dem Kontaktverfahren mit 66° Bé = etwa 98 v. H. H_2SO_4. Verwendung in der Dünger-Farbstoff- und Sprengstoffindustrie, bei der Herstellung von Salz-, Salpeter- und Flußsäure, in Beizereien, Ölraffinerien u. a.

Schwefelsaures Ammoniak, Ammoniumsulfat, $(NH_4)_2SO_4$, ein Salz, das u. a. in Ammoniakfabriken (s. d.) aus dem Ammoniakwasser der Kokereien und Gasanstalten gewonnen und als stickstoffhaltiger Dünger benutzt wird.

Schwefelsaures Barium s. Schwerspat.

Schwefelwasserstoff, H_2S, ein widerlich nach faulen Eiern riechendes, außerordentlich giftiges Gas, das sich überall bildet, wo schwefelhaltige organische Stoffe in Fäulnis übergehen, oder wo Säuren mit schwefelhaltigen Stoffen zusammentreffen. Ein Raumteil

Wasser löst bei gewöhnlicher Temperatur etwa 3 Raumteile Sch. Feststellung durch Braunfärbung eines in Bleiessiglösung getränkten Papiers. Da sich Sch. bei dem Faulen pflanzlicher und vor allem tierischer Stoffe aus dem in den Eiweißstoffen enthaltenen Schwefel bildet und das Abwasser mit organischen Stoffen aller Art durchsetzt ist, spielt er bei der Abwasserbehandlung vor allem wegen seiner giftigen, geruchsbelästigenden und baustoffzerstörenden Wirkung eine wichtige Rolle. Sch. entsteht nicht nur bei der Zersetzung häuslichen, sondern auch bei der des gewerblichen Abwassers aus Gerbereien und Zellstoffwerken sowie gelegentlich auch bei Kunstseidefabriken, Braunkohlendestillationen und Zuckerfabriken. Die Geruchsbelästigungen durch Abwasser werden fast immer durch Sch. hervorgerufen, der noch in einer 100 000fachen Verdünnung mit Luft wahrnehmbar ist. Sie können durch Chlorung (Zusatz von Chlor oder Chlorverbindungen, z. B. Chlorkalk $CaOCl_2$, Eisenchlorid $FeCl_2$) beseitigt werden. Es ist lebensgefährlich, mit Sch. gemischte Luft im Verdünnungsverhältnis 1 : 2000 einzuatmen, und, wenn letzteres 1 : 1250 übersteigt, sogar tödlich. Die luftliebenden Bakterien des belebten Schlamms werden abgetötet, wenn das Abwasser mehr als 0,3 bis 0,5 mg/l Sch. enthält. Forellen können im Wasser bis zu 1 mg/l, Karpfen und Schleie bis zu 12 mg/l Sch. vertragen. Mit dem Luftsauerstoff vereinigt sich der Sch. zu schwefliger Säure (H_2SO_3) und zu Schwefelsäure (H_2SO_4), die die meisten Baustoffe, insbesondere Eisen, Mörtel, Ziegelmauerwerk und Beton durch Bildung von Schwefeleisen, treibendem Gips und Calciumaluminiumsulfat (Zementbazillus) zerstören. Das Faulgas kann unter ungünstigen Verhältnissen bis zu 0,25 v. H. Sch. enthalten, darf aber höchstens 0,07 bis 0,1 v. H. haben,

wenn die eisernen Leitungen und die Gasmotoren nicht angegriffen werden sollen. Es ist daher eine der wichtigsten Aufgaben im Abwasserwesen, die Entstehung von Sch. so weit wie irgend möglich zu verhindern (keine Fäulnisherde im Entwässerungsnetz, keine saure Gärung in Faulräumen) und ihn dort, wo er dennoch auftritt, mit allen Mitteln zu bekämpfen. ·

In eisen- und manganhaltigen Grundwässern findet man Sch. häufig, zuweilen auch in Moorwässern bis zu 1 mg/l H_2S, selten mehr. Er ist meist entstanden durch Reduktion der im Wasser vorhandenen löslichen Sulfate und tritt vielfach überraschend auf, wenn sich der Grundwasserspiegel nach vorhergegangener längerer Trokkenheit hebt. Sofern dann das Wasser in Berührung kommt mit etwaigen in den Grundwasserschichten im Laufe der Jahrhunderte abgelagerten Eisen- und Manganerzen, deren Sulfide sich mit der in den Untergrund gelangten Luft zu löslichen Sulfaten und freier Schwefelsäure oxydiert haben, so laugt es die Sulfatnester aus und die Schwefelsäure gelangt zu den Brunnen. Der im Grundwasser enthaltene Sch. ist an sich hygienisch ohne Bedeutung und wird durch Belüften des Wassers leicht zerstört. Mitunter kann Sch. in einem Wasser aber auch von einer Verunreinigung durch menschliche oder tierische Abfallstoffe herrühren. In diesem Falle ist das Grundwasser selbstverständlich zu beanstanden. Der Geruch nach Sch. tritt auch in einigen Talsperren nach dem Leerlaufen mooriger Flächen auf, zumeist wieder in Verbindung mit einem hohen Eisen- und Mangangehalt. Die starken Geruchsbelästigungen durch Sch. an der Saale - (Bleiloch - Talsperre) sind auf deren Zuflüsse, die Abwasser aus Zellstoffabriken mitbringen, zurückzuführen (s. Abwasserchlorung, Ansammlung von Sand und Schlamm, Faulgasreinigung, giftige Gase, Schlammfaulung, Schwefel).

KLUT, H., Bewertung der im Trink- und Brauchwasser vorkommender Stoffe. Arch. f. Pharmazie 1932, S. 554 bis 570.

. MEYER, Aug. F., Trinkwasser aus Talsperren. München u. Berlin 1929.

SCHEURING, L., u. LIEBMANN, H., Die Bleiloch - Sperre, Deutschlands größte Talsperre, ihre ·wasserwirtschaftlichen, chemischen und biologischen Besonderheiten. Natur und Volk 68 (1938), S. 484 bis 495.

LIEBMANN, H., Die, Ursachen des jährlichen großen Fischsterbens in ler Bleilochsperre (Saale). Allg. Fischerei-Ztg. 1938 Nr. 6.

Schwefelwasserstoffbeseitigung s. Entgeruchung.

Schweißwasser, unterirdisches Fremdwasser, das flächenförmig austritt.

Schwelereiabwasser s. Braunkohlenschwelwasser.

Schwelkoks s. Schwelung.

Schwelteer s. Schwelung.

Schwelung, die trockene Destillation (s. d.) von Brennstoffen bei tieferen Temperaturen, besonders für Braunkohlen angewendet, um neben Koks (Schwelkoks) größere Mengen gasförmiger Bestandteile (Schwelgas) zu gewinnen, die in flüssiger Form als Teer (Schwelteer) oder Öl ausgeschieden werden.

Schwelwasser s. Braunkohlenschwelwasser.

Schwemmkanalisation, unterirdische Entwässerungsanlage, die die aus den Spülaborten abgeschwemmten Fäkalien mit dem dazu gehörigen Spülwasser ableitet.

Schwerspat, schwefelsaures Barium, Bariumsulfat, $BaSO_4$, Molekulargewicht 233.

Schwimmaufbereitung. Der Sch. oder Flotation liegt die Tatsache zugrunde, daß viele Öle die Eigenschaft haben, bei Gegenwart von Wasser bestimmte Mineralien zu benetzen, nicht aber die wertloseren Beimengungen. Erzeugt man in einer Trübe (s. d.) Luftblasen, so setzen sich die Luftblasen an den geölten Erzteilchen ab und steigen mit ihnen zur Oberfläche. Hier wird der sich bildende Schaum, der die feinen Erzteilchen enthält, abgefangen. Auf diese Weise gelingt es, wertvolle Stoffe bis zu den allerfeinsten zu gewinnen und von den wertlosen Teilen zu trennen. Nach dem Verfahren der Sch. wird neuerdings in Kohlenwäschen (s. d.) auch die Trennung der Feinkohle von den Letten durchgeführt. Auch zur Rückgewinnung von Faserstoffen in Papierfabriken wird die Sch. mit Erfolg benutzt (s. Schwimmstofffänger).

Schwimmdecke s. Zerstören der Schwimmdecke in Schlammfaulräumen.

Schwimmerpegel s. Pegel.

Schwimmerschreibpegel, Schreibpegel (s. d.), der durch einen Schwimmkörper im Wasserspiegel betätigt wird (s. Schreibpegel).

Schwimmer-Wassermesser s. Venturi-Wassermesser.

Schwimmschlamm, der in ruhigem Wasser, z. B. in Absetzbecken, Faulräumen, Klärteichen, auch in offenen Gewässern an der Oberfläche schwimmende Schlamm. Abwasser-Schwimmschlamm setzt sich vorwiegend aus Fett, Öl, Haaren, Obst- und Gemüseresten, Samenkörnern, kleinen Holzstückchen und ähnlichen Stoffen, deren Wichte geringer als die des Wassers ist (Schwimmstoffe), zusammen. Er enthält aber auch mit Gasblasen durchsetzten Bodenschlamm, der durch das aufsteigende Faulgas in einzelnen Fladen nach oben getragen wird.

Schwimmstoffablenker, bewegliche, an Ketten hängende, durch Gegengewichte ausgewogene, durchbrochene Tauchplatte vor der Überfallschwelle eines Regenauslasses. Sie taucht so weit in das Abwasser ein, daß die vom Wasser mitgeführten Schwimmstoffe an ihr entlang gleiten und daher nicht in den Regenauslaß gelangen, sondern in der entlasteten Entwässerungsleitung verbleiben (Bauart Michelbacher Hütte).

Schwimmstoffänger, Stoffänger (s. d.) für Papierfabriken zur Rückgewinnung von Faserstoffen nach dem Verfahren der Schwimmaufbereitung (s. d.). Das dern, daß die im Abwasser enthaltenen Faserstoffe in größerem Maße Luftblasen festhalten können und aufschwimmen. Der so an die Oberfläche

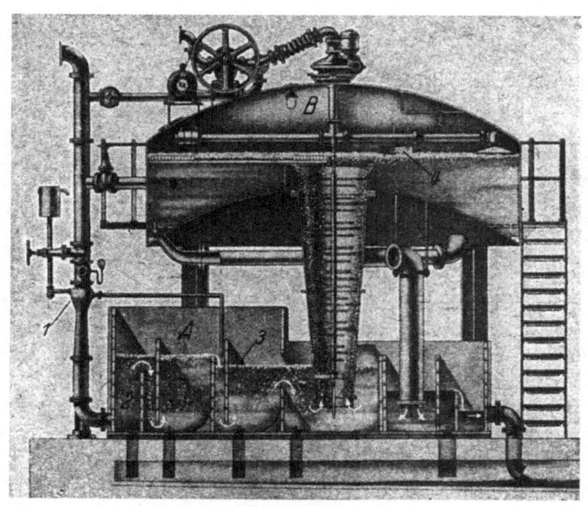

Adka-Stoffänger.

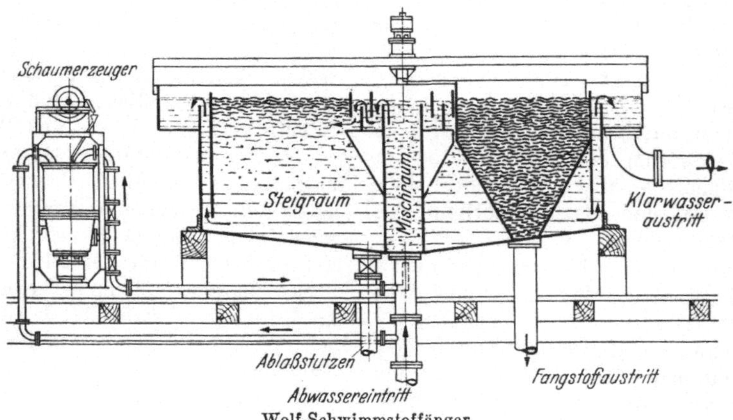

Wolf-Schwimmstoffänger.

Abwasser der Papiermaschinen wird mit bestimmten Ölen oder Sween-Leim, einem hochkolloidalen Knochenleim, versetzt, die die Oberflächenspannung des Wassers so weit verän- der S. gebrachte Faserstoff wird durch einen Schieber in die Stoffauffangrinne gebracht. Das abfließende Abwasser enthält nur noch etwa 15 bis 30 mg/l Faserstoffe. Bekannt sind der Adka-

Stoffänger der Fa. Leje & Thurne in Hamburg und der Wolf-Schwimmstofffänger der Maschinenfabrik Buckau R. Wolf A.-G. in Magdeburg.

Schwimmstoffe, Stoffe, die in einer Flüssigkeit aufschwimmen, weil ihre Wichte geringer ist als die der Flüssigkeit.

Schwimmtiefe, die Wassertiefe, die in einer Abwasserleitung mindestens vorhanden sein muß, wenn die Schwimmstoffe nicht zurückgehalten, sondern mitgeführt werden sollen. Die Sch. soll etwa 2 bis 3 cm betragen.

Schwimmverfahren, Abscheiden und Abstreifen der schwimmfähigen oder durch künstliche Maßnahmen, z. B. durch besondere Zusätze oder durch Einblasen von Luft zum Aufschwimmen gebrachten Abwasserschmutzstoffe (s. Ölfang, Schaumverfahren, Schaumbecken).

Schwitzwasser, Wasser, das auf schwer durchlässigem Gestein nur sehr langsam heraustritt (STINY).

Der deutsche Ausschuß für Kulturbauwesen braucht dafür den Ausdruck Schweißwasser und erklärt es als unterirdisches Fremdwasser, das flächenförmig austritt. Es steht im Gegensatz zum Schichtwasser, das ebenfalls als unterirdisches Fremdwasser, aber bandförmig austritt.

Sedimentation, der Absetzvorgang in einer Flüssigkeit, insbesondere im Wasser.

Sedimente, Ablagerungen, abgelagerte oder abgesetzte Stoffe.

Seen (und Teiche), Gewässer, die im Sinne des Entwurfs des Reichswassergesetzes nicht zu den Wasserläufen gehören. Die für die letzteren aufgestellten Vorschriften finden bei ihnen nur beschränkte Anwendung.

Seerosen s. Plankton.

Seidenfabriken. Die Rohseide wird durch Kochen mit Seifenlösungen von dem Seidenleim, der die Rohfaser um-

gibt, befreit. Nach dem Waschen in schwacher Sodalösung erfolgt ein Nachwaschen in kaltem Wasser. Hierzu wird ein nahezu eisen- und manganfreies Betriebswasser benötigt.

In der Seidenkocherei fällt ein stark organisch verunreinigtes eiweißhaltiges, braunes und seifiges Abwasser an, das sehr schnell in Fäulnis übergeht. Für je 100 kg Reinseide sind es etwa 1, 5 bis 2 m³ S e i d e n k o c h e - r e i a b w a s s e r. Daneben fallen größere Mengen Waschwasser an. Auch bei der weiteren Verarbeitung der Seide fallen größere, wenn auch nicht so stark verunreinigte Abwassermengen an, die die bei der Zurichtung der Seidengarne und -stücke verwendeten Stoffe, wie Öle, Seifen, Chemikalien aller Art, Farbstoffe und auch Seidenfasern enthalten. Abwasser aus S. schädigt die Wasserläufe durch Schlammbildung, Fäulniserscheinungen und Sauerstoffzehrung.

Bei der Reinigung des Abwassers der S. muß notfalls eine besondere Behandlung der Seidenkochereiablaugen durch eine chemische Fällung mit Aluminiumsulfat oder Eisensulfat durchgeführt werden. Darüber hinaus ist die Behandlung des gesamten Abwassers aus S. zusammen mit häuslichem Abwasser anzustreben. Die gemeinsame biologische Reinigung bereitet dann keine Schwierigkeiten, wenn die Menge der Kocherlaugen (s. d.) nicht mehr als 6 v. H. des gesamten übrigen Abwassers ausmacht.

Seidenkochereien s. Seidenfabriken.

Seifenfabriken. Die Herstellung der Seife erfolgt durch Neutralisation der aus Fetten aller Art durch vorausgegangene Spaltung (s. Fettspaltung) erzeugten Fettsäuren oder aus den Fetten selbst oder aus künstlicher Fettsäure durch Sieden mit Natronlauge oder Kalilauge. An Abwasser fallen an:

1. Abwasser von der Reinigung der Rohstoffe,

2. glyzerinhaltiges Abwasser der Fettspaltung bzw. das Kondenswasser der Glyzerinraffination,
3. Unterlaugen vom Verseifungsvorgang,
4. Waschwasser, Spül- und Kondenswasser.

Bei der Reinigung und Entfärbung der Rohfette fällt im allgemeinen schwach alkalisches Abwasser an. Das glyzerinhaltige Abwasser der Fettspaltung bzw. das Kondenswasser der Glyzerinraffination ist stark sauer, stark verunreinigt und riecht schlecht. Noch stärker verschmutzt sind die beim eigentlichen Verseifungsvorgang anfallenden Unterlagen, die beim Aussalzen des durch Verseifen der Fettsäuren mit Alkali anfallenden Seifenleims entstehen und eine stark braun gefärbte, nach Seife riechende Flüssigkeit darstellen. Sie sind stark alkalisch und haben einen hohen Kochsalzgehalt sowie einen hohen Gehalt an organischen Stoffen. Durch Abkühlen lassen sich größere Mengen seifiger und leimiger Bestandteile ausscheiden. Das in größerer Menge anfallende Spül-, Kondens- und Kühlwasser ist weniger stark verunreinigt.

Bei der Ableitung des Abwassers aus S. in das städtische Entwässerungsnetz ist auf ausreichende Abkühlung und Neutralisation durch Mischung des sauren mit dem alkalischen Teil des Abwassers zu achten, um Zerstörungen der Entwässerungsleitungen zu vermeiden. Zusammen mit entsprechenden Mengen häuslichen Abwassers bereitet die Reinigung des Abwassers der S. keine Schwierigkeiten.

Seihwasser, das Wasser, das durch feine haarröhrchenförmige Hohlräume aus offenen Gewässern in den filternden Untergrund eingedrungen ist. Das kann auf natürlichem oder auch auf künstlichem Wege (Grundwasseranreicherung) geschehen (nach KOEHNE).

Seitenablauf, Straßenablauf, dem das Niederschlagswasser nicht von oben durch einen in der Straßenoberfläche liegenden Deckelrost, sondern von der Seite her durch eine in der Bordschwelle befindliche Öffnung zufließt (s. Ablauf).

Seiteneinlaß, Seiteneinlauf, die zu einem Seitenablauf gehörige Öffnung in der Bordschwelle, durch die das Niederschlagswasser dem Ablaufbauwerk zufließt (s. Ablauf, Seitenablauf).

Seitensteg, Bankett, allgemein eine schmale, waagerechte, als Weg benutzbare Fläche, also ein Absatz (Berme), in einer Böschung, im besonderen ein beiderseits oder einerseits der Niedrigwasser-Rinne eines begehbaren Abwasserkanales angeordneter Fußweg.

Seitz-Filter, Scheibenfilter. Sie dienen der Entkeimung und Klärung des Wassers und anderer Flüssigkeiten. Die Scheiben bestehen aus Asbestschichten, von denen je nach der Beschaffenheit des Wassers 1 bis 50 Stück hintereinander geschaltet werden. Die Schichten für Haushaltungen haben einen Durchmesser von 14 bis 41 cm. Die Filter für höhere Leistungen werden in Ausmaßen von 42 mal 36 bis 170 mal 92 gebaut.

Selbach, Walther, Dr. jur. h. c., geb. am 16. November 1871 in Lüneburg, gest. am 10. Juni 1941 in Essen. Von 1908 bis 1934 Direktor des Ruhrtalsperrenvereins, wirkte an der Vorbereitung des Preußischen Wassergesetzes und der wasserwirtschaftlichen Sondergesetze mit.

Selbstreinigung des Wassers, eine beständige Gleichgewichtsregelung zwischen fortschreitender und rückschreitender Umwandlung der eigenen bzw. der von außen zugeführten, belebten und unbelebten organischen Substanzen. Die natürlichen Verunreinigungen des Wassers geben dabei erst die wesentlichen und notwendigen Bedingungen des Stoffaufbaues.

Es lassen sich dabei folgende Einzelvorgänge unterscheiden: 1. Ansammlung der Schwimmstoffe auf der Wasseroberfläche, in ruhigem Wasser Bildung einer Schwimmdecke. 2. Ansammlung der Sinkstoffe im unteren Teil der Wasserschicht, in ruhigem Wasser auch der absetzbaren Schwebestoffe. Bildung von Bodenschlamm. 3. Abbau des Bodenschlammes und eines Teiles der Schwimmstoffe durch Fäulnis. Bei Aufwühlen des Bodenschlammes und ungenügendem Sauerstoffgehalt u. U. Selbstverunreinigung. 4. Abbau der nicht absetzbaren und der gelösten organischen Stoffe unter dem Einfluß von Bakterien, wobei je nach dem Sauerstoffgehalt des Wassers die aëroben oder die anaëroben Vorgänge vorherrschen. 5. Bei genügender Sauerstoffzufuhr Protozoënbildung und allmähliche Entwicklung höher organisierter pflanzlicher und tierischer Wesen (s. Selbstreinigung der Gewässer, Abbau, Fäulnis, Bakterien, Protozoën).

Selbstreinigung der Gewässer. Naturvorgang, durch den bei hinreichendem Sauerstoffgehalt des Wassers organische Verschmutzungen unter dem Einfluß von tierischen und pflanzlichen Lebewesen abgebaut (zersetzt) werden, so daß sich das Wasser ohne künstliche Eingriffe von selbst reinigt. Bei der S. wird der in stehendem oder träge fließendem Wasser sich bildende Bodenschlamm allmählich durch Fäulnis (sauerstofflos lebende Bakterien, Fäulnisbakterien) zersetzt, die im Wasser gelösten und schwebenden Stoffe werden dagegen durch die Lebensvorgänge der im Wasser befindlichen luftbedürftigen Organismen (Bakterien, Urtierchen, Algen, Pilze, Würmer, Larven, Krebse, Fische) abgebaut. Da diese Organismen bei unzureichendem Sauerstoffgehalt des Wassers absterben, ist dieser für die S. von ausschlaggebender Bedeutung (s. Sauerstoffhaushalt). Durch Auftreiben von faulendem Bodenschlamm infolge Erhöhung der Wassergeschwindigkeit (i. a. über 0,3 m/s) oder infolge Verstärkung der Sumpfgasbildung an heißen Tagen, kann der Bedarf an Sauerstoff zum Abbau der Schmutzstoffe u. U. so groß werden, daß das Gewässer nicht mehr imstande ist, ihn zu befriedigen (Selbstverunreinigung, Fischsterben). Bei der Ermittlung des Sauerstoffbedarfes eines mit Abwasser zu belastenden Gewässers muß diese Erscheinung wenigstens schätzungsweise mit berücksichtigt werden (s. Abbau, Abbaustrecke, Selbstreinigung, Selbstreinigungsstrecke, Sauerstoffverbrauch, Sauerstoffgehalt).

Selbstreinigungskraft, die Fähigkeit eines Gewässers, die ihm zugeführten Schmutzstoffe auf natürlichem Wege abzubauen. Die S. ist abhängig von dem Sauerstoffhaushalt des Gewässers (s. Selbstreinigung, Selbstreinigung der Gewässer, Sauerstoffhaushalt).

Selbstreinigungsstrecke, die für die Selbstreinigung in Betracht kommende Strecke eines Wasserlaufes (s. Selbstreinigung der Gewässer, Sauerstoffbedarf).

Selbstverunreinigung s. Selbstreinigung und Selbstreinigung der Gewässer.

Senkbrunnen, Kesselbrunnen, die durch Aufmauern des Mauerwerks auf einen Brunnenring unter gleichzeitiger Ausschachtung oder Ausbaggerung des Bodens abgesenkt werden.

Senkungskurve, Wasserspiegellinie eines Wasserlaufs oder Gerinnes bei beschleunigtem Strömungszustand.

Senkungstrichter. a) Fläche, welche die durch Brunnen hervorgerufene Grundwasserabsenkung unter die Ruhelage darstellt, b) Raum zwischen dieser Fläche und der Ruhelage. Die Begriffe Senkungstrichter und Entnahmetrichter müssen streng auseinander gehalten werden.

Seston, das absiebbare. Mit S. werden nach KOLKWITZ alle aus dem Wasser besonders mit Planktonnetz oder Planktonsieb (s. d.) absiebbaren belebten und unbelebten Schwebestoffe bezeichnet.

Shoneverfahren, Entwässerungsverfahren, bei dem das Schmutzwasser mehrerer kleiner Stadtgebiete je einem unterirdischen, gußeisernen Kessel zufließt und aus diesem durch Druckluft entweder in eine höher liegende Gefälleleitung gehoben oder mittels eines Druckrohres weiterbefördert und auf diese Weise einer Hauptsammelstelle zugeführt wird. Früher vielfach in England und vereinzelt auch in Deutschland angewendet.

Sicherheitslampe. Die von DAVY erfundene S. ist eine Grubenlampe, die das Vorhandensein zerknallfähiger Gase anzeigt. Der niedrige Lampenzylinder aus dickem Glas, der die Flamme (i. a. Benzinflamme) umgibt, ist oben durch einen hohen Drahtnetzaufbau abgeschlossen. Die durch das Drahtnetz bis zur Flamme gelangenden Gase verbrennen innerhalb des Drahtnetzes, wobei sie soviel Sauerstoff verbrauchen, daß die Flamme sehr bald verlöscht. Die S. wird im Betrieb von Entwässerungsnetzen verwendet, um festzustellen, ob in begehbaren Kanälen oder in sonstigen Bauwerken zerknallgefährliche Gase vorhanden sind.

Sicherheitspumpensumpf, Vorrichtung, um zu verhüten, daß beim Auspumpen des Wassers aus einer dränierten Baugrube Bodenteilchen mitgerissen werden. Der S. der Emschergenossenschaft besteht aus zwei ineinander geschobenen etwa 3 m langen Filterrohren, die derart miteinander verbunden sind, daß zwischen ihnen ein ringförmiger Spielraum von 5 cm verbleibt, der mit Kies gefüllt wird. Der Durchmesser des äußeren Rohres beträgt 35 bis 50 cm. Das untere Ende der Rohrverbindung ist mit einem Hartholzkopf verschlossen, der eine, durch eine federnde Klappe von außen verschließbare Öffnung zur Durchführung eines Spülrohres besitzt. Die Vorrichtung wird am Tiefpunkte der Dränleitung in die Baugrubensohle eingespült und nach dem Herausziehen des Spülrohres mit dem oberen Ende an die Pumpensaugleitung angeschlossen.

RAMSHORN: Bautechnik 1930, S. 302.

Sicherheitsumlauf, eine Entlastungsleitung, die unmittelbar oberhalb einer vor Überlastung, insbesondere durch Regenwasserzufluß, zu schützenden Anlage (z. B. Klärwerk oder Pumpwerk) eingebaut wird. Sie zweigt aus der Zuflußleitung ab und mündet dann hinter der betreffenden Anlage in die Abflußleitung, so daß der gefährliche Wasserzufluß (die Zuflußspitze) um die Anlage herumläuft. Der S. kann entweder durch ein festes Wehr (Überfall), dessen Überfallschwelle bei einem bestimmten Wasserstand überströmt wird, bedient werden oder durch ein von Hand einzustellendes Schütz. I. a. läßt man ihn in Tätigkeit treten, wenn der doppelte, höchstens aber der dreifache Trockenwetterzufluß zu der zu schützenden Anlage erreicht ist.

Sichtscheibe. Die S. wird benutzt, um die Durchsichtigkeit von Oberflächenwässern, beispielsweise von Talsperrenwässern zu bestimmen. Sie besteht aus einer reinen weißen (Porzellan-)Scheibe, die an einem Seile in das Wasser gelassen wird. Diejenige Tiefe, bei der sie, gemessen von der Wasseroberfläche aus, eben für das Auge verschwindet, ist die Sichttiefe, die als Maßstab für die Durchsichtigkeit des Wassers benutzt wird.

Sickerbecken. Absetzbecken mit wasserdurchlässiger, dränierter Sohle, deren Dränleitung während des Absetzbetriebes geschlossen bleibt und erst nach dem Abstellen des Durchflusses zur Entwässerung und Trocknung des Schlammes geöffnet wird. S. dürfen für städtischen Schlamm höchstens 4 m tief sein, weil sonst der Schlamm nicht trocknet für körnigen

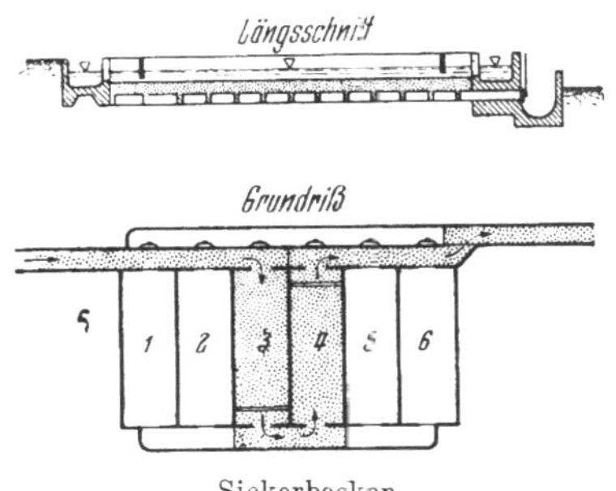

Sickerbecken.

Schlamm, z. B. Kohlenschlamm, kann ihre Tiefe 2 bis 4 m betragen. Um Unterbrechungen des Absetzbetriebes während der Schlammtrocknung und der Beckenräumung zu vermeiden, sind stets eine entsprechend große Anzahl von Becken abwechselnd als Absetzbecken und als Trocknungsbecken zu betreiben (s. Absetzbecken, Schlammtrockenplatz).

Sickergalerien (Sickerstränge), Einrichtungen zur Gewinnung von flachliegendem Grundwasser. Sie werden hergestellt aus gelochten oder geschlitzten Ton-, Zement- und Eisenrohren, die auf die undurchlässige Sohle der wasserführenden Bodenschicht gelegt und mit Kies oder Steinschlag umhüllt werden. Ihre Tiefenlage soll mindestens 1 m betragen. Gegen die Erdoberfläche sind sie wasserdicht abzudecken. Die einzelnen S. erhalten Gefälle nach einem gemeinschaftlichen Sammelschacht. Bei größerer Länge der S. sind etwa alle 50 bis 100 m Schächte anzuordnen.

Sickerleitung, Dränleitung, mit ungedichteten Stoßfugen verlegter oder aus wasserdurchlässigen Rohren (z. B. Rohre, deren Wandungen von Sicker-

schlitzen durchbrochen sind, oder unglasierte Tonrohre) bestehender, meist in Kies eingebetteter Rohrstrang, in dem das aus dem umgebenden Erdreich kommende, eingesickerte Wasser abfließt. Die S. dient zur Entwässerung von Baugruben, Schlammtrockenplätzen, Sickerbecken, Rieselfeldern usw. (s. Dränierung, Schlammtrockenplatz, Sickerbecken).

Sickerrohre, Steinzeugrohre, die auf dem oberen halben Umfang geschlitzt oder durchlöchert sind. Es finden auch Betonrohre Verwendung. Sie sind aber bei angriffsfähigem Wasser oder Boden nicht empfehlenswert. Die S. dienen zur Fassung von flachliegendem Grundwasser, das nur in schwächeren Fäden auf einer nur wenig geneigten undurchlässigen Schicht auftritt. Es werden dann längere Gräben mit geringem Gefälle ausgehoben, auf deren Sohle die S. verlegt werden. Die Muffen werden mit Zementmörtel oder Asphalt abgedichtet. Die Rohre werden mit groben Steinen und darüber mit immer feiner werdenden sandigen Stoffen umpackt. Gegen die Erdoberfläche ist der Rohrgraben zum Schutz gegen Verunreinigungen mit einer Lehm- oder Tonschicht abzudecken. An Brechpunken der Leitung sind Schächte einzubauen, die auch als Sammelschächte der Zusammenführung mehrerer Leitungen dienen können. Diese müssen einzeln absperrbar sein.

Sickerschacht, aus Mauerwerk oder Beton hergestellter Schacht, dessen Sohle und unterer Teil der Wandung wasserdurchlässig ist, damit das in ihn eingeleitete Niederschlags- oder vorgereinigte Schmutzwasser im Untergrunde versickert. Die Schachtsohle wird zweckmäßig als Kiesfilter ausgebildet. Der S., der u. a. auch zur Beseitigung des aus Hauskläranlagen abfließenden Abwassers Anwendung findet, ist in allen Fällen ein Notbehelf, der nur in Betracht kommen kann, wenn keine andere Möglichkeit besteht, das Abwasser zu beseitigen. Er verstopft sich leicht und kann nur dort in Frage kommen, wo der Untergrund hinreichend aufnahmefähig ist und der Grundwasserspiegel sehr tief liegt (s. Hauskläranlage).

Sickerung. Anlage zur Aufnahme und Ableitung von Sickerwasser, z. B. Kiesschüttung, Steinpackung, Dränleitung.

Sickerwasser, in merklicher Abwärtsbewegung befindliches unterirdisches Wasser, soweit es nicht als Grundwasser zu bezeichnen ist.

Siebanlage s. Absiebanlage, Abwassersieb.

Siebband, Abwassersieb aus rechteckigen Siebplatten, die zu einem endlosen, oben und unten über Scheibenräder laufenden Bande gelenkig miteinander verbunden sind. Durch eine dachartige Bespannung der Platten mit einem Siebdrahtgewebe wird die Reinigungswirkung erhöht. Das Abwasser strömt von innen nach außen durch das S., so daß das bei der Bewegung des Bandes an dessen Innenseite hängende Siebgut von außen her durch Druckwasser abgespritzt und in eine Sammelrinne befördert werden kann, die in dem von dem umlaufenden Bande umschlossenen Raum untergebracht ist (Bauart Geiger - Breuer-Werke) (s. Abwassersieb).

Siebbandrechen, Hamburger, beweglicher Abwasser-Rechen (s. Kettenstabrechen.

Siebboden, aus verzinkten Blechplatten hergestellter Zwischenboden älterer Schnellfilter zur Aufnahme des Filtersandes (s. Schnellfilter).

Siebboden in einem Trichter, zur Unterstützung eines Filterblattes in einen Trichter eingelegtes Drahtsieb. Wird z. B. bei der Feststellung des Verschmutzungsgrades von Wasser und Abwasser verwendet, wobei man die Flüssigkeit durch ein, auf einem S. lie-

gendes Filterblatt in eine Saugflasche hineinsaugt, so daß die nicht filterfähigen Schmutzstoffe auf dem Filterblatt zurückbleiben (s. Filterblatt, Saugflasche).

Siebgut, Siebstoffe, Siebrückstand, die Stoffe, die auf einem Siebe zurückbleiben, wenn Abwasser durch seine Maschen fließt. Da den Sieben stets Grobrechen von 20 bis 60 mm, meist auch Feinrechen von 5 bis 10 mm Stabweite vorgeschaltet werden, bleiben auf den mit 1 bis 5 mm Schlitzweite versehenen Sieben nur die kleinsten schlammartigen Stoffe als „S i e b s c h l a m m“ zurück. Sie machen etwa 15 bis 35 v. H. der ungelösten Stoffe aus und betragen bei städtischem Abwasser ungefähr 10 bis 30 Liter je Kopf und Jahr.

Siebkesselpumpe, Kreiselpumpe mit vorgeschaltetem Siebkessel zur Förderung von verunreinigtem Wasser (Abwasser). Im Siebkessel sinken die groben Schmutzstoffe zu Boden, während sperrige Schwimmstoffe vom Sieb zurückgehalten werden. Das auf diese Weise vorgereinigte, die Kreiselpumpe nicht verstopfende Wasser fließt in einen Sammelkessel. Sobald dieser gefüllt ist, schaltet ein Schwimmerkontakt die Kreiselpumpe ein. Die Pumpe fördert nunmehr das vorgereinigte Wasser durch den Siebkessel hindurch in die Druckrohrleitung, so daß die im Siebkessel zurückgehaltenen Stoffe dem Wasser beigemischt und mit dem Wasser entfernt werden. Bei ständigem Zufluß müssen zwei oder mehrere Pumpen abwechselnd in Betrieb sein (Bauart Kremer-Kusch).

Siebschaufelrad, Abwassersieb aus 5 gekrümmten Siebschaufeln, die am Umfange einer waagerecht gelagerten Welle wie Windmühlenflügel sternförmig befestigt sind und bei der Drehung gegen den Abwasserstrom das Siebgut herausschaufeln. Jede Siebschaufel ist mit einem Abstreifer versehen, der das

Siebgut vom Umfange aus auf ein Förderband schiebt, das sich durch die hohle Welle längs ihrer Achse hindurchbewegt (Bauart Geiger) (s. Abwassersieb).

Siebscheibe, Abwassersieb aus einer kreisförmigen, mit einem kegelstumpfförmigen Aufsatzsieb versehenen, siebartig durchbrochene Scheibe, die unter einem Winkel von 15 bis 25° gegen die Waagerechte derart in dem Abwasserstrom steht, daß bei ihrer Drehung das auf ihrem unteren, vom Abwasser durchflossenen Teile zurückgehaltene Siebgut aus dem Wasser kommt und durch einen kreisenden Bürstenabstrei-

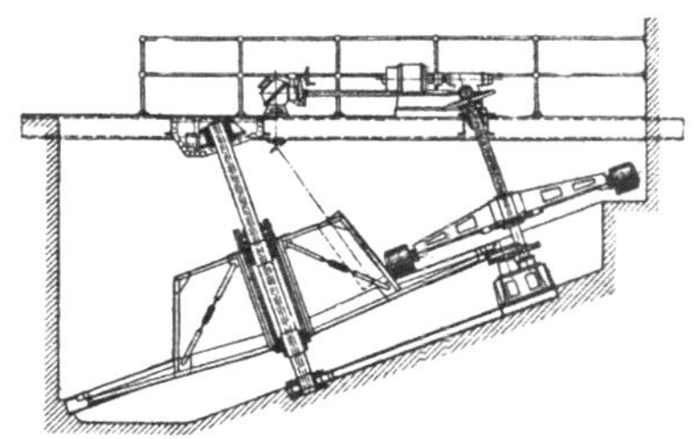

Riensch-Wurlsche Scheibe.

fer nach einer Förderrinne abgeschoben werden kann. Während bei gewöhnlichem Wasserstande nur das untere Viertel der Siebscheibe etwa bis zum Fuße des in ihrer Mitte befindlichen kegelstumpfförmigen Aufsatzsiebes eintaucht, tritt bei höheren Wasserständen auch das letztere in Wirksamkeit. Daher kann die S. auch bei größeren Wasserspiegelschwankungen (etwa bis zu 3 m) angewendet werden. Üblicher Scheibendurchmesser 6 bis 8 m. (Bauart Riensch-Wurl) (s. Abwassersieb.

Siebschlamm s. Siebgut.

Siebstoffe s. Siebgut.

Siebtrommelfilter s. Trommelfilter.

Sielhaut, schleimige Schmutzschicht an dem vom Abwasser benetzten Teil der Innenwandung einer Entwässerungsleitung.

Sihipumpe, eine selbstansaugende Kreiselpumpe (s. d.). Sie saugt bei leerem Saugrohr Wasser aus Tiefen bis zu 9 m sicher an und wird als Hauswasserpumpe, als Kondensatpumpe und als Hilfspumpe bei größeren Wasserwerken verwendet. In größeren Abmessungen wird sie als Kühlwasserpumpe und als Feuerlöschpumpe benutzt.

Siliziumdioxyd s. Kieselsäure.

Simplexkreisel s. Boltonkreisel.

Simplexmuffe, eine Muffe nach Art der Überschieber. Sie wird hauptsäch-

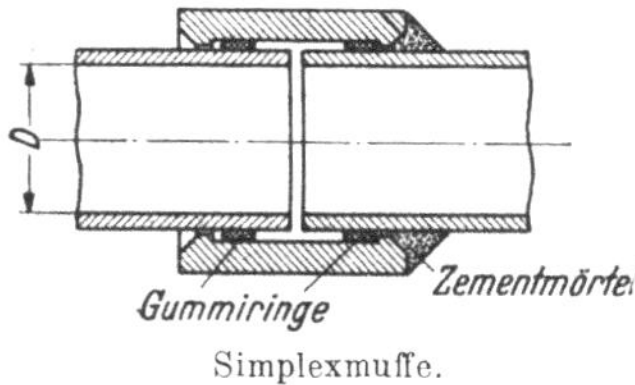

Simplexmuffe.

lich bei Asbestzementrohren verwendet und mit Gummiringen und Zementverstrich gedichtet.

Sinkgeschwindigkeit, die Geschwinkeit, mit der ein Schwebestoffteilchen im Absetzglas absinkt. Je kleiner und leichter ein solches Teilchen ist, um so geringer ist seine S. Für eine bestimmte Absetzzeit Z versteht man daher unter k l e i n s t e r S. das Verhältnis des im Absetzglas gemessenen Weges W, den die zuletzt abgesetzten Teilchen in der Zeit Z zurückgelegt haben, zu der Zeit Z. Gebräuchliche Maßeinheit m/h. Die kleinste S. wird zur Berechnung der Oberfläche von Absetzbecken für körnigen Schlamm führendes Abwasser gebraucht (s. Absetzbecken,Berechnung;Steiggeschwindigkeit).

Sinkkasten, unterhalb der Sohle der Abflußöffnung in einem Ablauf (Straßenablauf, Hofablauf usw.) angeordnete Vertiefung, in der sich die von der Erdoberfläche abgespülten Sinkstoffe absetzen, bevor das Abwasser in die Straßenleitung gelangt. In dem S. ist meist ein Schlammeimer untergebracht, der eine verhältnismäßig einfache Räumung des S.s ermöglicht. Anderenfalls muß der S. von Hand oder mittels eines Absaugefahrzeuges geräumt werden (s. Schlammeimer, Absaugefahrzeug, Sinkkastenreinigung).

Sinkkastenreinigung, Entfernung der schlammigen Sinkstoffe aus dem Sinkkasten meist mit anschließender Spülung des Kastens. Die S. erfolgt, sofern der Sinkkasten nicht mit einem Schlammeimer ausgestattet ist, entweder von Hand mittels einer flachen, mit langem Stiel versehenen Baggerschaufel oder durch maschinelles Absaugen des Schlammes. Zum Ausheben und Entleeren der Schlammeimer dienen i. a. mit einem kleinen Kran versehene Elektrofahrzeuge. Die Spülung kann mittels Druckwasser aus der öffentlichen Wasserleitung geschehen, das vom nächsten Hydranten aus durch eine Schlauchleitung zugeführt wird (s. Sinkkasten, Schlammeimer, Elektrokarren, Absaugefahrzeug).

Sinkstoffe, gröbere Stoffe im Abwasser oder im Gewässer, die im Gegensatz zu den Schwebestoffen zu Boden sinken und dann entweder liegen bleiben oder fortrollen (Steine, Kies, Sandkörner, Eisenstückchen, Scherben) (s. Schwebestoffe).

Sinkwasser, Sickerwasser (s. d.), das in weiten Hohlräumen unter dem Einfluß der Schwerkraft schnell abwärts sinkt (Donat und Koehne).

Sinnbilder, 1. für Rohrleitungen s. DIN 2429, Blatt 1 bis 4, 2. für Formstücke von Rohrleitungen s. DIN 2430, Blatt 1 bis 4.

Sinterit (Eisenschwamm) ein Verstemmittel zur Dichtung der Rohrmuffen. Es ist mit anderen Stoffen,

z. B. Aluminiumwolle, Aluminiumfolie und Riffelaluminium (s. d.) an die Stelle der früher üblichen Verstemmittel auf Bleigrundlage getreten, die nach Anordnung 38 der Überwachungsstelle für unedle Metalle jetzt verboten sind. S. ist ein Sinterungserzeugnis, und zwar ein aus Eisenoxyden reduziertes, feinporiges und plastisches Eisen. Ein solches kann erzielt werden, wenn man Formkörper aus kohlenstoffarmem Eisenpulver oder auch aus Eisen - Sauerstoff - Verbindungen bei Temperaturen von rd. 1200 bis 1350° C eine gewisse Zeit lang einer reduzierenden Atmosphäre aussetzt. Bei derartigen Temperaturen schmilzt das Eisen noch nicht, die Eisenpartikelchen verbinden sich jedoch zu einem in sich fest zusammenhaltenden bienenwaben- oder schwammähnlichen Metallgerüst. Die Hohlräume dieses porösen Eisens werden nach einem geschützten Verfahren mit einem Bitumenfilm überzogen. Aus diesen Eisenkörnern werden kleine Briketts verschiedener Abmessung gepreßt, die mit durchlaufenden Drähten zu Bändern gereiht werden. Diese Brikettbänder werden dem Muffenumfang entsprechend abgepaßt und in die Muffen eingelegt, worauf jede Lage für sich verstemmt wird. Die Verdichtung durch Stemmen wird durch die schwammähnliche Beschaffenheit des Stoffes ermöglicht. S. kann verwendet werden, wenn die Leitungen keine größeren Längskräfte aufzunehmen haben. S. I wird für Trinkwasserleitungen, S. II für Abwasserleitungen benutzt.

Smreker, Oskar, Maria, Dr.-Ing., Zivilingenieur, Hydrologe, geb. 1854 auf Gut Görshof i. Steiermark. Matur in Graz. 1870/74 Studium an der Eidgen. Techn. Hochschule Zürich. Dipl.-Ing., ab 1875 tätig in Regensburg und Bologna. Von 1882 selbständig als Zivilingenieur für Wasserversorgung und Entwässerung in Mannheim bis 1919 tätig. Er baute weit über 100 größere Wasserwerke und veröffentlichte 15 wissenschaftlich - mathematische und hydrologische Abhandlungen. Österreichisch-ungarischer Konsul und Generalkonsul in Mannheim. Gest. 19. Februar 1935 in Paris.

Die Wasserversorgung der Städte. 5. Aufl., Leipzig, 1934.

Soda, kohlensaures Natrium, Na_2CO_3 · $10 H_2O$, ein Salz, das in großen Mengen im Haushalt sowie zur Herstellung von Glas und Seife und zur Enthärtung von Kesselspeisewasser benutzt wird (s. Soda-Verfahren). Kaustische S. s. Ätznatron.

Sodafabrikabwasser. Bei der Rückgewinnung des Ammoniaks in den nach dem Solvay-Verfahren arbeitenden Sodafabriken (s. d.) fällt eine Endlauge an, die neben Kalk große Mengen Kochsalz und vorwiegend Chlorcalcium ($CaCl_2$) enthält. Durch den hohen Chlorcalciumgehalt unterscheidet sich das S. von den Endlaugen der Chlorkaliumfabriken. Bei der Herstellung von 1000 Doppelzentnern calcinierter Soda entstehen etwa 1500 m^3 Abwasser mit etwa 130 kg Salz je m^3. Die chlorcalciumhaltigen Endlaugen lassen sich z. T. für die Staubbekämpfung, in Verbindung mit Wasserglas zur Baugrundverfestigung und in geringen Mengen zur Herstellung von festem Chlorcalcium verwenden. Bei der Reinigung der Ablaugen ist auf gute Zurückhaltung des Kalkschlammes in großen Teichen oder in Absetzbecken zu achten. Durch die Ableitung des so behandelten Abwassers tritt in Wasserläufen immer noch eine starke Versalzung ein. Damit bringen die Sodafabriken heute mehr Salz in die Wasserläufe als die Kalifabriken (s. d.).

Bei den nach dem Leblanc-Verfahren arbeitenden Sodafabriken fallen trockene Rückstände an, die, wenn sie auf Halden geschüttet werden, durch ihren Gehalt an Kalk und Schwefelverbindungen beim Auslaugen durch Regenwasser in Vorflutern Schwierigkeiten verursachen. Werden diese Rückstände aufgearbeitet, so fällt chlorcalciumhaltiges Abwasser an.

Sodafabriken. Bei der Herstellung der Soda (s. d.) nach dem heute fast ausschließlich zur Anwendung gelangenden Solvay - od. Ammoniaksoda - Verfahren wird eine ammoniakalische Kochsalzlösung mit Kohlendioxyd behandelt, wobei sich Natriumbikarbonat bildet. Dieses wird durch Glühen in wasserfreie Soda übergeführt. Das hierbei entstehende Kohlendioxyd wird in den Prozeß zurückgeleitet. Das in der Mutterlauge enthaltene Ammoniak wird durch Erhitzen mit Kalk zurückgewonnen und gleichfalls wieder in den Betrieb zurückgeleitet.

Bei dem Leblancschen Sodaverfahren wird Soda aus Natriumsulfat hergestellt, das durch Reduktion mit Kohle in Natriumsulfid verwandelt wird. Das Natriumsulfid wird mit Calciumkarbonat in Calciumsulfid und Soda übergeführt.

Sodaspaltung, die hydrolytische Spaltung der Soda im Kesselwasser (s. d.) bei hohem Betriebsdruck. Aus der Soda entsteht Ätznatron, während die Kohlensäure entweicht. Bei 15 atü Druck werden 65 v. H. der Soda, bei 50 atü wird die ganze Soda in Natronlauge umgewandelt.

Sodaverfahren, Verfahren zur Enthärtung des Kesselspeisewassers (s. d.) durch alleinige Anwendung von Soda, hauptsächlich geeignet für Wasser mit geringem Magnesiumgehalt und Vorwiegen der Kalksalze hauptsächlich in Form von bleibender Härte. Im allgemeinen mit Schlammrückführung (kontinuierlicher Rückführung eines Teiles des schlammhaltigen alkalischen Kesselwassers (s. d.) in die Enthärtungsanlage). Auf diese Weise wird die im Kesselwasser vorhandene Alkalität noch zur Ausfällung der Härtebildner ausgenutzt, die Wärmeverluste werden eingeschränkt.

Sohle, untere Begrenzungsfläche von Gewässern und Grundwasserleitern und auch von Brunnen.

Sohlenabsätze, in der Sohle der Leitungsstränge eines Entwässerungsnetzes bei Querschnittswechsel und an Gabelungen entstehende Stufen. Die S. werden bei begehbaren Kanälen, deren Scheitel i. a. mit der rechnerischen, glatt durchgehenden Wasserspiegellinie zusammenfallen, durch Schrägflächen ausgeglichen, damit die Stufen bei der Reinigungsarbeit nicht stören. In nicht begehbaren Rohrleitungen, bei denen man meist die Mittelwasserlinie durchlaufen oder bei starkem Gefälle auch springen läßt, werden die S. durch Einsteigeschächte vermittelt.

Sohlrinne, rinnenartige Vertiefung in der Sohle von großen begehbaren Mischwasserleitungen, die mindestens den größten Trockenwetterabfluß aufnehmen kann und einerseits oder beiderseitig von Seitenstegen begrenzt ist, die · bei Regenwasserzufluß überschwemmt werden.

Sohlschicht, schwer- bis undurchlässige Schicht unter einem Grundwasserleiter. (Nicht als „wassertragende“ Schicht zu bezeichnen.)

Sohlstein, Formstein zur Herstellung der Sohle von eiförmigen Entwässerungsleitungen. Der S. wird i. a. für gemauerte Kanäle gebraucht, um die sonst entstehenden stark keilförmigen Fugen oder die Verwendung besonderer Keilsteine zu vermeiden, die mit der Herstellung der scharf gekrümmten Sohle verbunden sind. Die obere Fläche des S.es entspricht der Kanalsohle, die beiden Seitenflächen bilden die Widerlager für das aufsteigende Gewölbe, und die untere waagerechte Fläche überträgt die Auflast auf den Baugrund. Als Baustoff dient entweder

Steinzeug oder Beton, dessen in die Kanalsohle fallende Oberfläche meist durch eine Schale von glasiertem Steinzeug geschützt ist. Wenn die S.e auch zur Ableitung von Grundwasser dienen sollen, werden sie in der Längsrichtung durchlocht. Es wird dann nur der in der Kanalsohle liegende Teil der Stoßfugen abgedichtet, so daß das Grundwasser seitlich und von unten her in die Sickerleitung eintreten kann, die durch die aneinandergereihten, durchlochten S.e gebildet wird.

Sohlstück, rechteckiger, auf der Baugrubensohle lagernder Betonblock, der die Auflast eines gemauerten Entwässerungskanales auf den Baugrund überträgt. Bei eiförmigen Kanälen pflegt man zwischen zwei S.e einen Sohlstein zu setzen, der dem aufsteigenden Kanalgewölbe beiderseits als Widerlager dient (s. Sohlstein).

Solusausgußmasse, ein Muffendichtungsmittel, das auf Schwefelbasis aufgebaut ist. Es besteht aus einem Gemisch von Schwefel und Kaolin und sieht schmutzig gelb aus. Der Dichtungsstoff läßt sich nach Schmelzung in dünnflüssigem Zustand leicht gießen.

Solvayverfahren s. Sodafabriken.

Sondergebrauch. Zu einer Benutzung eines Wasserlaufs, die über den Gemeingebrauch (s. d.) hinausgeht, bedarf es nach dem Entwurf des Reichswassergesetzes einer wasserbehördlichen Zulassung (bisher Erlaubnis, Genehmigung, Verleihung) durch die Wasserbehörde. Diese läßt den Sondergebrauch nach ihrem Ermessen, und zwar nur für einen bestimmten Zweck nach einem bestimmten Plan (Unternehmen) zu. Die Zulassung kann widerruflich oder unwiderruflich erfolgen, und zwar durch Planfeststellung in einem förmlichen oder in einem abgekürzten Verfahren, für das das Reichswassergesetz die Vorschriften festsetzt. Ein beim Inkrafttreten des letzteren rechtmäßiger Sondergebrauch bleibt unter gewissen Einschränkungen zulässig.

Sortieren s. Naßaufbereitung.

Spaltpflanzen s. Plankton.

Spaltpilze (Bakterien) s. Plankton.

Spannbetonrohre, Stahlbetonrohre (s. d.), bei denen die Bewehrung schon während der Herstellung einer Vorspannung von etwa 6000 kg/cm² unterzogen wird. Diese Bewehrung besteht aus hochwertigem Stahl mit einer Festigkeit von 9 bis 10 000 kg/cm² und einer Streckgrenze von etwa 6000 kg/cm². Die Vorspannung verbleibt auch noch nach dem Schwinden und Kriechen des Betons bestehen. Der Beton der Rohrwandung erfährt dementsprechend seine größte Beanspruchung bei der Herstellung, während sie im Betriebszustande bis auf nahezu Null herabsinkt, keinesfalls aber in Zugbeanspruchung übergeht. Die Spannbetonrohre werden in stehend angeordneten Formen in Längen von 6 m hergestellt.

Speicherwirkungslinie. Die Sp. gibt für eine Talsperrenbewirtschaftung an, welcher Hundertsatz des Mittelwassers des aufzuspeichernden Baches oder Flusses durch eine bestimmte Speichergröße als dauernde gleichmäßige Abgabe sichergestellt ist.

Speicherwirtschaft. Sie wird gekennzeichnet durch die Maßnahme, das in Zeiten geringeren Bedarfs überschüssig abfließende oder geförderte Wasser aufzuspeichern, um es für Zeiten stärkeren Bedarfs zur Verfügung zu haben. Für die täglichen Bedarfsschwankungen im Wasserwerksbetriebe dienen dazu die Sammelbehälter (Wasserbehälter, Erdbehälter, Turmbehälter usw., s. d.). Größere Abflüsse von Bächen und Flüssen werden in Teichen und Talsperren (s. d.) gespeichert.

Speisefettfabriken liefern ein an organischen Stoffen und Stickstoff reiches Abwasser, das noch von der Reinigung des Rohfettes gewisse Mengen freier Schwefelsäure enthält. Die Auswirkungen dieses Abwassers in Wasserläufen sind die gleichen wie beim Abwasser von Molkereien und Margarinefabriken. Für die Reinigung kommt nach restloser Neutralisation und guter Entfettung eine weitere Behandlung in Frage, wie sie für Molkereiabwasser (s. d.) oder Margarinefabriken (s. d.) angegeben ist. Das gleiche gilt für Raffinerien für Speiseöl.

Speisewasser s. Kesselspeisewasser.

Spencemetall, ein Dichtungsmittel für Muffenrohrverbindungen. Es besteht aus einer Mischung von Schwefel mit dem Pulver verschiedener Mineralien (KOOTZ).

Sperrstoffe, gröbere, vom Abwasser mitgeführte Stoffe, wie Holzstücke, Konservenbüchsen, Tierleichen, Obstreste usw., die den Durchtritt des Abwassers durch Rechen sperren, wenn sie sich in größerer Menge vor den Rechenstäben ansammeln.

Spezifische Ergiebigkeit. Die sp. E. sagt aus, wie groß die Wassermenge ist, die ein Brunnen bei 1 m Absenkung liefert. Die Anwendung des Verfahrens zur Bestimmung der spezifischen Ergiebigkeit besteht darin, daß man bei einer Versuchsbohrung eine bestimmte Wassermenge fördert und bei erreichtem Beharrungszustand die zu dieser Fördermenge Q gehörige Absenkung s ermittelt. Es ist dann die spezifische Ergiebigkeit $E = Q/s$ (s. a. Potentialgesetz).

Spezifisches Gewicht s. Wichte.

Sphärotilus, S. natans, Fadenbakterie, oft irrtümlich als „Abwasserpilz" bezeichnet, kann bei starker Verschmutzung in strömendem, verhältnismäßig sauerstoffreichem Wasser zu großen Büscheln aufwachsen. Losgerissene und in ruhiges Wasser abgetriebene S.-Büschel sterben bald ab, faulen und verpesten dann das Wasser durch

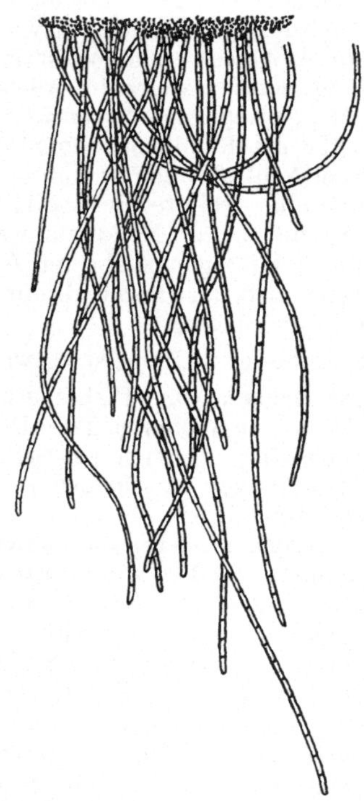

Sphaerotilus natans (nach KOLKWITZ).
Vergrößerung etwa 200 fach.

schwarzen stinkenden Schlamm (Selbstverunreinigung). S. entwickelt sich
auch in oberen Schichten von Tropfkörpern (s. Pilztreiben).

Spiegelgefälle s. Wasserspiegelgefälle.

Spiegelglasschleifereien s. Kristallglasschleifereien.

Spindelschieber s. Schieber.

Spinnereien s. Textilfabriken.

Spiritusbrennereien s. Hefefabriken.

Spiroflow-Prozeß s. Hartley-Paddel
für Belebungsbecken.

Sporentiere s. Plankton.

Spree - Havelverband, Wasser- und
Bodenverband im Sinne der Ersten
Verordnung über Wasser- und Boden-
verbände vom 3. September 1937 (Was-

serverbandverordnung, RGBl. I S. 933).
Verbandgebiet ist das etwa 24 000 km²
große Niederschlagsgebiet der Spree
und der Havel. Der Verband hat die
Aufgabe, im Verbandgebiete im Rahmen des staatlichen wasserwirtschaftlichen Generalplanes Wasservorrats-
wirtschaft und Hochwasserschutz zu
treiben, die staatlichen Überwachungs-
behörden zu unterstützen und solche
Aufgaben, wie beispielsweise den Bau
von Kläranlagen und Abwasserverwer-
tungseinrichtungen durchzuführen, die
ihm die Aufsichtsbehörde mit Zustimmung der beteiligten Fachminister zu-
weist. Zur Durchführung dieser Aufgaben stellt der Verband im Rahmen
des staatlichen wasserwirtschaftlichen
Generalplanes Pläne für seine Unternehmen auf, die er nach Zustimmung
der Aufsichtsbehörde durchführt. Der
Verband hat einen Vorsteher, einen
Vorstand und einen Ausschuß. Vorsteher des Verbandes und Vorsitzer
des Vorstandes ist entweder der erste
Beigeordnete (Bürgermeister) der
Reichshauptstadt Berlin oder der Lan-
deshauptmann der Provinz Mark Brandenburg. Sie wechseln sich alle zwei
Jahre am 1. Januar ab. Mitglieder des
Verbandes sind außer der Reichshauptstadt Berlin, dem Lande Sachsen
und den Provinzen Mark Brandenburg
und Niederschlesien die im Mitglieder-
verzeichnis aufgeführten im Verbands-
gebiete liegenden Stadt- und Landkreise, Körperschaften und Eigentümer
von gewerblichen und anderen Anlagen.

Sprengröhren s. Streudüsen.

Sprengstoffabriken. Bei der Herstellung von Sprengstoff, Nitroglycerin,
Trinitrotoluol und Pikrinsäure (Trinitrophenol) entsteht ein Abwasser, das
aus dem Waschwasser von der Herstellung des Spengstoffs und aus dem
Spül- und Reinigungswasser besteht.
Es enthält ähnlich wie bei Pulverfabriken Reste der Schwefel- und Salpeter-

säure sowie Anteile der gewaschenen Stoffe. Hierdurch ist es sehr giftig, so daß die Versenkung in den Untergrund oder die Einleitung in einen Wasserlauf zu großen Schwierigkeiten führt. Für die Behandlung kommt die Neutralisation mit Kalk, Soda oder dgl. und die Abscheidung der ungelösten Stoffe in Absetzbecken, Absetzteichen und Absetztrichtern in Frage.

Sprungschicht (Metalimnion), die zwischen Epi- und Hypolimnion (s. d.) gelegene Wasserschicht eines Sees, in der die Temperatur lotrecht die größten Unterschiede aufweist.

Spucken des Faulraumes s. Schäumen des Faulraumes.

Spülabort, Abort, aus dem die menschlichen Ausscheidungen durch Spülwasser entfernt und in die Entwässerungsleitung abgeschwemmt werden (s. Spülabortbecken, Spülkasten). DIN 1986 § 4: Spülaborte und Pißanlagen: Technische Vorschriften für den Bau und Betrieb von Grundstücksentwässerungsanlagen.

Spülabortbecken, Abortbecken mit Wasserspülung: a) **F l a c h s p ü l - b e c k e n** nach DIN 1381, bei dem die Fäkalien in eine kleine flache Schale fallen, deren Boden mit Wasser bedeckt ist, um das Anhaften der Schmutzstoffe zu verhüten. Der Geruchverschluß liegt unterhalb der Schale. Meist in Wohnungen angewendet. b) **T i e f - s p ü l b e c k e n** nach DIN 1382, bei dem die Fäkalien unmittelbar in den tiefliegenden Wasserverschluß gelangen. Das Tiefspülbecken erfordert einen sehr kräftigen Spülstrom. Hauptsächlich in Schulen, Krankenhäusern und gewerblichen Betrieben angewendet.

Das Spülwasser wird bei a) und b) entweder von einem hoch liegenden Spülkasten aus oder unmittelbar von der Reinwasserleitung aus zugeführt. Es wird in den oberen, ringförmigen Rand des S.s geleitet und wäscht vermöge seines Spritzdruckes und seiner

Geschwindigkeit die Schale des Flachspülbeckens von hinten her und die des Tiefspülbeckens in rasch kreisender Bewegung von oben her aus. c) **A b s a u g s p ü l b e c k e n** nach DIN 1383, bei denen der Spülstrom die Fäkalien absaugt, werden seltener angewendet (s. DIN 1384: Erläuterungen zu DIN 1381 und 1383) (s. Spülabort, Spülkasten).

Spülbehälter s. Spülkammer.

Spüleinlaß, in die obersten Einsteigeschächte eines Entwässerungsnetzes mündende, mit Düsenmundstück versehene Druckwasserleitung, bei deren Öffnen die oberen Haltungen durch den einspritzenden Wasserstrahl gespült werden. Ohne Düse wird der S. auch dazu gebraucht, den oberen, wenig Wasser führenden Haltungen des Entwässerungsnetzes zum Zwecke der Spülung zusätzliches Wasser zuzuführen. Die Spülung erfolgt dann derart, daß die zu spülende Leitung zunächst durch einen Holzpfropfen verschlossen und dadurch oberhalb unter Zugabe von Leitungswasser ein Stau erzeugt wird. Bei plötzlichem Herausziehen des Pfropfens ergießt sich dann die aufgestaute Wassermasse in die zu spülende Leitung (s. Spülklappe; Spültür; Spüleinrichtung, selbsttätige; Handzugschieber).

Spüleinrichtung, handbediente s. Spüleinlaß, Spülklappe, Handzugschieber, Kettenrollzugschieber, Spültür, Spülkugel.

Spüleinrichtung, selbsttätige, Einrichtung im Entwässerungsnetz, die in einer Spülkammer (Spülbehälter) eine größere Wassermenge aufspeichert und in bestimmten Zeitabständen plötzlich freigibt, so daß sie sich als Spülstrom in die unterhalb liegende Leitung ergießt. Zur Füllung der Spülkammer kann Leitungswasser, Springbrunnenwasser, Kondens- oder Kühlwasser und, wenn es die örtlichen Verhältnisse ermöglichen, auch Oberflächenwasser, das gegebenenfalls aufgepumpt werden muß, dienen. Der Zufluß zur Kammer wird derart geregelt, daß sie, je nachdem ob in größeren oder in kleineren Zeitabständen gespült werden soll, sich langsamer oder schneller füllt. Sobald die Kammer gefüllt ist, wird durch eine Heber- oder Schwimmervorrichtung die ganze angesammelte Wassermenge selbsttätig freigegeben. Man kann diese Freigabe auch dadurch bewirken, daß man die Spülkammer als Kippgefäß ausbildet, das um eine waagerechte Achse drehbar gelagert ist. Durch die Füllung verschiebt sich der Schwerpunkt des Gefäßes derart, daß es umkippt und seinen Inhalt in die zu spülende Leitung ergießt. Nach der Entleerung richtet es sich dann selbsttätig wieder auf (Kippspüler).

Spülen des Entwässerungsnetzes s. Reinigung des Entwässerungsnetzes.

Spülkammer, Spülbehälter, größere aus Mauerwerk oder Beton, beim Kippspüler aus Eisen, hergestellte, unterirdische Kammer, in der sich das zum Spülen einer Entwässerungsleitung dienende Wasser ansammelt (s. Spüleinrichtung, selbsttätige).

Spülkasten, ein mindestens 6 Liter Wasser fassender und mindestens 1,8 m hoch über der Oberkante eines Spülabortbeckens angebrachter eiserner Kasten, dessen Inhalt an Spülwasser sich beim Öffnen eines abgefederten Verschlusses (Zugvorrichtung) durch eine Rohrleitung in das Abortbecken ergießt. Der entleerte Sp. wird selbsttätig aus der Wasserversorgungsleitung gefüllt, wobei ein Schwimmerverschluß den Zufluß nach Füllung des Kastens abstellt (s. Spülabort, Spülabortbecken).

Spülklappe, Stuttgarter, Gerät zum Absperren einer Entwässerungsleitung zwecks Ansammlung von Spülwasser. Die Sp. besteht aus zwei, am Umfange konisch abgedrehten Holzscheiben, deren Durchmesser dem der abzusperrenden Leitung entspricht. Zwischen den beiden Umfangsflächen liegt ein Gummiring, der durch Gegeneinanderschrauben der beiden Holzscheiben mittels Handrad in die Öffnung der zu verschließenden Leitung gepreßt wird. Nach Ansammlung der erforderlichen Spülwassermenge wird die mit einem Hebel versehene Sp. von der Straße her mittels eines Seiles herausgezogen, so daß sich das Stauwasser in die unterhalb liegende Leitung ergießt.

Spülkugel, hölzerne Kugel, die der Wasserüberdruck durch Dükerrohre des Entwässerungsnetzes treibt, so daß der im Düker befindliche Schlamm aufgewirbelt, mitgerissen und herausbefördert wird. Der Durchmesser der Sp. muß um einige cm kleiner sein als der des zu reinigenden Dükerrohres, damit sich zwischen der Kugel und der Rohrwandung ein Spülstrom bildet, der den Schlamm aufwirbelt. Gegebenenfalls können auch Kugeln aus Eis verwendet werden, die beim Durchlaufen durch den Düker allmählich abschmelzen.

Spülsandfang, Sandfang; in dem der aus dem Abwasser abgesetzte Sand durch Spülung von schlammigen Stoffen befreit wird. Die Spülung erfolgt entweder durch das Abwasser selbst, durch zusätzliches Druckwasser oder durch Einblasen von Luft. Der S. kann als langes, rinnenförmiges Bauwerk, als Brunnenschacht oder auch als flaches i. a. quadratisches Absetzbecken mit maschineller Ausräumvorrichtung ausgebildet werden (s. Sandfang, Essener Sandfang, Tiefsandfang, Blunksandfang, Geigersandfang, Dorrsandfang).

Spülschacht, mit Spüleinlaß, Handzugschieber, Kettenrollzugschieber od. Spültür ausgestatteter Einsteigeschacht. Der S. erhält i. a. einen Überlauf nach der unterhalb liegenden Haltung des

Entwässerungsnetzes, um die Stauhöhe zu begrenzen.

Spülschieber s. Handzugschieber, Kettenrollzugschieber.

Spülschiff, auf dem Abwasser fahrender Kahn mit vorderem, dem Kanalquerschnitt angepaßtem Schild zum Reinigen sehr großer Entwässerungskanäle. Das Schild sperrt den unteren Teil des Kanalquerschnitts bis auf einen kleinen Spalt an der Sohle ab, so daß sich das Wasser hinter dem Schild aufstaut, an der Kanalsohle unter Druck als Spülstrom austritt und den vom Schild zusammengeschobenen Schlamm auflockert.

Spülschild, ein Gerät zum Reinigen begehbarer Entwässerungsleitungen, das den Leitungsquerschnitt bis zum Kämpfer absperrt und durch den Druck des dahinter aufgestauten Wassers vorwärts getrieben wird. Das S. besteht aus einem eisernen Gestell, das unten und oben an der Kanalwandung durch abgefederte Rollen geführt wird und an einer Mittelsäule zwei umklappbare, am Umfange mit Gummistreifen versehene Flügeltüren trägt, deren jede den halben Leitungsquerschnitt bis zur Kämpferhöhe sperren kann. Zur Reinigung des Kanales läßt man die einzelnen Teile des S.es durch einen Einsteigeschacht herab, setzt sie unten zusammen und verspreizt die aufgeklappten Flügel gegen das Gestell, so daß sich hinter ihnen das Abwasser staut und das S. vorwärts schiebt. Dabei tritt ein Spülstrom durch einen kleinen Spalt zwischen den Flügeln und der Kanalsohle und lockert den vor dem S. zusammengeschobenen Schlamm auf. Soll das Gerät stehen bleiben, so schlägt man die Spreizen, die die Flügel halten, herab, so daß die Flügel nach vorn klappen und das Stauwasser abfließt.

Spülsieb, walzenförmiges, um seine waagerechte Achse drehbares Abwassersieb, dessen i. a. von außen nach innen vom Abwasser durchflossener Siebmantel (Abwasseraustritt seitlich) ungefähr bis zur Drehachse eintaucht und infolge seiner großen Umfangsgeschwindigkeit (etwa 1,5 m/s) das Wasser in der Drehrichtung derart hochreißt, daß das Siebgut ohne Anwendung einer besonderen Abstreichvorrichtung ständig abgespült wird. Dabei werden etwa 5 bis 25 v. H. des Abwassers nicht durch das Sieb, sondern als Spülwasser um den Siebmantel herumgeführt. Das mit dem Siebgut

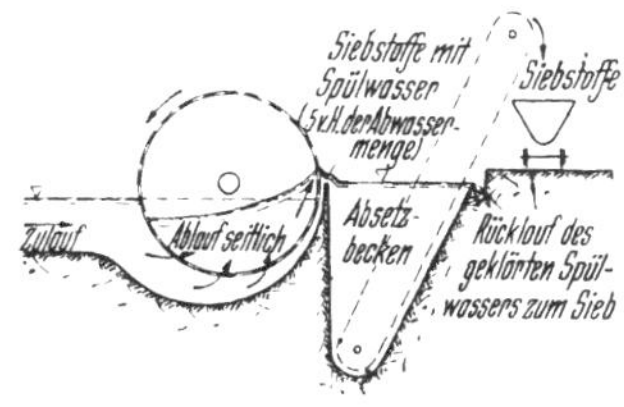

Schnitt durch ein Spülsieb der Bauart Dorr.

angereicherte Spülwasser wird dann in Absetzbecken besonders behandelt. Die Bauarten von H u r d und von D o r r unterscheiden sich im wesentlichen nur durch die Art und die Anordnung der Absetzbecken voneinander. Abweichend davon tritt bei der Bauart G e i g e r das gesamte Abwasser von der Seite in den Zylinder ein und durchfließt den Siebmantel von innen nach außen. Das auf der inneren, mit Längsrippen versehenen Mantelfläche haftende Siebgut wird dann von außen her durch Druckwasser abgespritzt und gelangt in eine, im oberen Teile des Siebes untergebrachte Förder-Rinne. Die Umfangsgeschwindigkeit ist im Verhältnis zu der der vorerwähnten Bauarten sehr klein (s. Abwassersieb).

Spültropfkörper, hochbelasteter Tropfkörper. Tropfkörper, dem in der Zeiteinheit zwecks Ausspülung des Schlammes wesentlich mehr (vier- bis etwa zehnmal soviel) Abwasser zugeleitet wird als dem einfach oder schwach belasteten. Dabei wird meist ein Teil des durch den Tropfkörper gegangenen Abwassers zur weiteren Reinigung zurückgepumpt. Da das Abwasser bei dem hochbelasteten Tropfkörper die Bakterienhäute stark ausspült, setzt das abfließende Abwasser in dem Nachklärbecken mehr Schlamm ab als das aus einem schwach belasteten Tropfkörper kommende. Auch ist der Schlamm faulfähiger als bei dem schwach belasteten Tropfkörper, weil er nicht so weit abgebaut ist (s. Tropfkörper, Belastung des Tropfkörpers Rückführungsverhältnis).

PÖPEL, Die Leistung und Berechnung von Spültropfkörpern. Beihefte zum Gesundheitsingenieur, Reihe II, Heft 21, (1943).

Spültür, zum Spülen von Entwässerungskanälen dienende Betriebseinrichtung. Um eine lotrechte Achse mittels Schnecken- oder Kegelgetriebe, durch Spindel und Handrad oder durch einen Aufsteckschlüssel von der Straße aus bedienbare eiserne Klappe, die den Kanalquerschnitt ganz oder teilweise verschließt und bei einem bestimmten Druck des angestauten Wassers selbsttätig aufspringt, so daß sich ein Spülstrom in den Kanal ergießt.

Spülversatzabwasser s. Bergeversatz.

Spülwagen, Frankfurter, zum Reinigen größerer Entwässerungsleitungen dienendes Gerät, das aus einem konischen, nach vorn stark verjüngten, mit drei Bürstenkränzen besetzten Blechkasten ohne Vorder- und ohne Hinterwand besteht, der durch den Wasserdruck vorwärts getrieben wird. Die beiden hinteren Bürstenkränze sind bis Kämpferhöhe dem Kanalquerschnitt angepaßt, der vordere Bürstenkranz ist erheblich kleiner und bestreicht lediglich die Kanalsohle. Infolge der starken Verjüngung des vom Abwasser durchflossenen Kastens wird das Wasser hinter ihm aufgestaut und

ein kräftiger Trieb- und Spülstrom erzeugt.

Spülwasser, 1. in gewerblichen Betrieben das bei der Reinigung von Geräten und Maschinen oder bei der Behandlung der gewonnenen oder bearbeiteten Stoffe in konzentrierten Lösungen zur Unterbrechung des Reaktionsvorganges benötigte Wasser. Die meist zur Anwendung kommenden großen Spülwassermengen nehmen gewisse Verunreinigungen aus den konzentrierten Lösungen auf. Wegen der starken Verdünnung ist eine Gewinnung von Abfallstoffen (s. d.) aus dem S. nicht möglich.

Die Reinigung erfolgt daher zweckmäßig zusammen mit häuslichem Abwasser. Durch geeignete Maßnahmen in den gewerblichen Betrieben läßt sich die Menge des anfallenden Ss. und damit auch die dadurch verursachte Verunreinigung erheblich einschränken.

2. Mit Sp. wird weiter das zum Spülen von Entwässerungsleitungen dienende Wasser bezeichnet. Als Sp. kommt in erster Linie das Abwasser selbst in Betracht, wenn man es durch geeignete Vorrichtungen anstaut und unter Druck austreten läßt; gegebenenfalls kann auch ein tiefer liegender Abschnitt des Entwässerungsnetzes mit dem Abwasser aus einem höher liegenden Gebiet gespült werden, wie dies z. B. beim Zonen- und Parallelnetz üblich ist. Als Zusatzwasser dient Oberflächen-, Kühl-, Kondens-, Springbrunnen- und das allerdings ziemlich kostspielige Leitungswasser. Beim Mischverfahren findet überdies zeitweise eine natürliche Spülung der Entwässerungsleitungen durch Regenwasser statt (s. Reinigung des Entwässerungsnetzes; Entwässerungsnetz).

3. S. wird ferner bei der Wasseraufbereitung zur Reinigung der Schnellfilter (s. d.) verwendet.

Stabweite der Abwasser-Rechen, der lichte Spielraum zwischen den Rechenstäben, der für den Durchtritt des Abwassers verfügbar ist. Er schwankt bei groben Stabrechen (Grobrechen) zwischen 100 und 20 mm und geht bei feinen Stabrechen (Feinrechen) bis auf 5 mm herunter (s. Abwasser-Rechen).

Stärkefabriken. Je nach dem benutzten Rohstoff ist zwischen Kartoffel- und Getreidestärkefabriken (s. d.) zu unterscheiden.

Das Brunnenwasser der St. muß den allgemeinen Anforderungen an ein gesundheitlich einwandfreies Wasser entsprechen. Es darf keine Zersetzungsprodukte pflanzlicher Bestandteile enthalten, da diese die Stärke braun färben. Es muß frei von Gärungserregern sein, die in der Stärke organische Säuren bilden und der Stärke einen dumpfen Geruch geben, und darf kein Ammoniak, salpetrige Säure oder Eisenverbindungen enthalten. Hartes Wasser erhöht den Aschengehalt der Stärke.

Stärkesirupfabriken s. Stärkezuckerfabriken.

Stärkezuckerfabriken verarbeiten die in den Stärkefabriken (s. d.) gewonnene Kartoffel- oder Maisstärke durch Hydrolyse auf Stärkezucker bzw. Stärkesirup (Traubenzucker). Hierbei wird das Stärkemehl in Wasser, das 1 bis 2 v. H. Schwefelsäure enthält, gekocht.

Das leicht saure, mit geringem Gehalt an Stärkezucker anfallende Abwasser wird durch Kalkmilch oder Soda neutralisiert. Danach ist eine biologische Reinigung, wie bei den Getreide- bzw. Kartoffelstärkefabriken (s. d.) angegeben, durchführbar.

Stahl, nach DIN 1600 alles schon ohne besondere Nachbehandlung schmiedbare Eisen. Zur Herstellung von Stahlrohren für Wasserleitungszwecke werden verwendet:

     Unlegierter Flußstahl
       (Kohlenstoffstahl) und
     Legierter Flußstahl.

Dabei ist Flußstahl der im flüssigen Zustand gewonnene Stahl, während der im teigigen Zustand gewonnene mit Schweißstahl bezeichnet wird. Den überwiegenden Anteil an der Gesamterzeugung von Rohren hat der Kohlenstoffstahl, der außer Eisen noch Kohlenstoff, Silizium, Mangan, Phosphor und Schwefel enthält. Ausschlaggebend für seine Eigenschaften ist der Kohlenstoff. Für die Wasserleitungsrohre und normalen Brunnenbaurohre werden auch nur Kohlenstoffstähle verwendet.

Stahlbetondruckrohre, Rohre, die nach den für den Stahlbeton allgemein geltenden Regeln unter Berücksichtigung des Herstellverfahrens auf Grund statischer Erfordernisse außer gegen andere Kräfte auch gegen inneren Überdruck oder Unterdruck bewehrt sind (DIN 4036 und 4037) (s. a Stahlbetonrohre).

Stahlbeton - Mantelrohre, Rohre, die durch innere und äußere Umkleidung eines dünnen Stahlblechrohres mit Beton gebildet werden. Sie werden bei außergewöhnlich hohen Innendrücken verwendet.

Stahlbetonrohre, Rohre, die nach den für den Stahlbeton allgemein geltenden Regeln unter Berücksichtigung des Herstellverfahrens auf Grund statischer Erfordernisse bewehrt sind. Betonrohre, in die Beförderungseisen, lediglich zur Sicherung gegen unvorhergesehene Beanspruchung bei der Beförderung (DIN 4032) eingelegt sind, gelten nicht als Stahlbetonrohre (DIN 4035) (s. a. Stahlbetondruckrohre).

St. werden sowohl für Druckrohrleitungen als auch für Gefälleleitungen verwendet, für die letzteren besonders dort, wo die Leitung große Auflasten zu tragen hat.

Stahlmuffenrohre, nach DIN E 2460 nahtlos und nach DIN E 2461 überlappt geschweißt hergestellte Rohre. Die Handelsbezeichnung ist „Stahlmuffenrohr". Der Verwendungsbereich erstreckt sich auf erdverlegte Gas- und Wasserleitungen. Sie werden nahtlos von Nennweite (NW) 40 bis 600 und in Wanddicken von 3 bis 13 mm, ferner geschweißt von NW 300 bis NW 2600 in Wanddicken von 5 bis 20 mm geliefert. Die Baulängen gehen bis 16 m. Der Werkstoff ist bei nahtlosen Stahlmuffenrohren St. 00.29 für Drücke bis ND 25, bei höheren Beanspruchungen, z. B. bei Fernwasserleitungen mit hohem Betriebsdruck St. 35.29 bis St. 55.29 nach den in DIN 1629 gewährleisteten Festigkeitseigenschaften. Bei den geschweißten Stahlmuffenrohren wird ein Werkstoff St. 34.28 nach DIN 1628 verwendet. Dabei bedeutet beispielsweise in der Zusammenstellung St. 00.29 oder St. 34.28 die erste Zahl die Gütevorschrift. St. 00 gilt für Rohre ohne Gütevorschrift, St. 34 usw. bezeichnet mit der ersten Ziffer die Zugfestigkeit, ausgedrückt in kg/mm². Die zweite Zahl, beispielsweise 28 oder 29, weist auf DIN hin und bedeutet DIN 1628 usw.

Stahlmuffenrohre für Wasserleitungen werden bituminiert und außen mit Wollfilzpappe umwickelt. Innen werden sie einfach bituminiert, verstärkt bituminiert (1 bis 2 mm) oder mit Bitumen ausgeschleudert (4 mm).

Als Verbindungen kommen in Frage: Schweißverbindungen, Stemmverbindungen, Gummirollverbindungen (Sigurmuffe), sowie Flanschen als Anschluß an Armaturen, Formstücke und für sehr hohe Drücke (s. a. Muffenrohre).

Stahlrohre, geschlossene Hohlzylinder aus Stahl (s. d.) mit meist kreisförmigem Querschnitt und einer Wanddicke, die im Verhältnis zum Durchmesser gering ist. St. dienen außer anderem zur Fortleitung von Flüssigkeiten, z. B. Wasser. Der früher vielfach gebrauchte Ausdruck „schmiedeeiserne Rohre" ist nicht mehr am

Platze, weil die Rohre aus einem Eisen hergestellt werden, das ohne besondere Nachbehandlung schmiedbar ist und ein solches Eisen nach DIN 1600 mit Stahl bezeichnet wird. St. werden in nahtloser und geschweißter Ausführung hergestellt. Die Rohre der nahtlosen Ausführungsform werden aus vollem Material gewalzt oder gepreßt, und bei einem Durchmesser von 600 mm ab aufgeweitet oder radial gepreßt. Bei der geschweißten Ausführungsform werden die Rohre aus Blechstreifen oder Blechen zum Rohr gebogen und in der Längsnaht geschweißt. Rohre über 300 mm werden überlappt oder elektrisch geschweißt.

St. werden nach Außendurchmesser, Wanddicke und Länge bestellt, nicht nach der Nennweite. Die Nennweiten (DIN 2402) entsprechen im allgemeinen den lichten Durchmessern (s. a. Nahtlose Flußstahlrohre, Geschweißte Flußstahlrohre, Stahlmuffenrohre und Bohrrohre).

Stampfbetonrohr, an Ort und Stelle oder auf dem Werkplatz aus erdfeuchtem Beton zwischen einer äußeren und einer inneren Schalung eingestampftes Rohr.

Standrohr. 1. am Endpunkte einer Druckrohrleitung stehendes, oben offenes Rohr mit Überlauf, das als Sicherheitsventil für die Pumpen und die Druckrohrleitung dient. Bei Rieselfeldern, die durch ein unterirdisches Rohrnetz bewässert werden, steht das St., von dem die Bewässerungsleitungen abzweigen, auf dem höchsten Punkte des Feldes, so daß der im Bewässerungsnetz herrschende Druck durch die Höhe der Wassersäule im St. bestimmt wird. Ein im St. befindlicher, tags eine Fahne und nachts eine Laterne tragender Schwimmer zeigt dem Rieselwärter die jeweilige Höhe der Wassersäule und damit den Druck im Bewässerungsnetz an (s. Rieselfeld). Bei den Rohrnetzen von Trinkwasserleitungen werden Standrohre selten verwendet.

2. Kurze Aufsatzrohre mit Schlauchverschraubung, die auf die Unterflurhydranten (s. d.) zum Anschrauben der Feuerwehr- (DIN 3221) und Sprengschläuche aufgesetzt werden. Die Standrohre für Sprengschläuche und für sonstige Entnahme, z. B. für Bauzwecke, werden meist mit einem Wasserzähler ausgestattet.

3. Auf artesische Brunnen, deren Wasserspiegel über die Erdoberfläche aufsteigt, werden abschließbare St. aufgesetzt, um ein Leerlaufen des Grundwasserstroms zu vermeiden.

Standrohrspiegel, Grundwasserspiegel, der die Druckhöhe in einem bestimmten **P u n k t** des Grundwassers anzeigt. (Die Grundwasserspiegel in Brunnen und Rohren mit längerem Filter geben dagegen einen Mittelwert der Druckhöhen über die ins Grundwasser eintauchende Filterlänge).

Standrohr - Wasserzähler s. Woltmann-Wasserzähler.

Stau, beim unterirdischen Wasser eine steil anstehende Fläche, die sich dessen Abfluß entgegenstellt (KOEHNE).

Staublech, am Auslaufe eines Sandfanges angebrachtes Blech, das durch einen entsprechend geformten, nach oben verjüngten Ausschnitt die Durchflußmenge derart regelt, daß bei Änderungen der Wasserspiegelhöhe die günstigste Durchflußgeschwindigkeit von 0,3 m/s möglichst erhalten bleibt.

Staukurve, Wasserspiegellinie eines Wasserlaufs oder Gerinnes bei verzögertem Strömungszustand.

Stauquelle. Eine St. entsteht dadurch, daß sich der seitlichen Grundwasserbewegung ein Stau (s. d.) entgegenstellt (DONAT und KOEHNE).

Stausee, Stauteich, durch Anstauen eines Wasserlaufes entstandener See oder Teich, der bei geregeltem Sauerstoffhaushalt als natürliche biologische Abwasser - Reinigungsanlage gegebenenfalls aber auch als Absetzbecken dienen kann. Im letzteren Falle ist es notwendig, den St. in regelmäßigen Zeitabständen durch Baggerung zu entschlammen. Besser ist es, Absetzbecken vorzuschalten und dem St. nur den biologischen Abbau der Schmutzstoffe zuzumuten (s. Sauerstoffhaushalt).

Größere Stauteiche werden als Talsperren (s. d.) bezeichnet. Sie finden bei der Trinkwasserversorgung Verwendung.

Steffensches Brühverfahren s. Brühverfahren.

Steigbrunnen, ein Brunnen zur Entnahme artesischen Wassers.

Steigeisen, in die Wandung von Einsteigeschächten eingesetzte, beim Besteigen als Auftritt und als Handgriff dienende, 145 bis 150 mm breite, 210 bis 330 mm lange und im Mittel 20 mm dicke Gußeisenkörper, deren hinterer, U-förmiger Teil eingemauert oder einbetoniert ist, während der vordere, ringförmige Teil herausragt. St. werden zweckmäßig unterhalb einer Überkragung der inneren Schachtwand angebracht, damit sie beim Herablassen von Betriebsgeräten (z. B. Eimern) nicht abgeschlagen werden, DIN 1211 und 1212 (s. Steigstein).

Steiggeschwindigkeit, die Geschwindigkeit, mit der ein Schwimmstoffteilchen im Absetzglase aufsteigt. Je kleiner ein solches Teilchen ist, um so geringer ist seine St. Für eine bestimmte Aufstiegzeit Z versteht man daher unter **k l e i n s t e r S t.** das Verhältnis des im Absetzglas gemessenen Weges W, den die zuletzt oben angekommenen Teilchen in der Zeit Z zurückgelegt haben, zu der Zeit Z. Gebräuchliche Maßeinheit m/h. Die kleinste St. wird zur Berechnung der Oberfläche von Fettfängen gebraucht (s. Sinkgeschwindigkeit).

Steighöhe, Maßeinheit m, bei einem in gespanntem Grundwasser stehenden Brunnen oder Rohr der senkrechte Abstand von der Deckfläche zum Druckspiegel.

Steigleitungen führen in den an die Wasserleitung angeschlossenen Gebäuden des Wassers zu den einzelnen Stockwerken, in denen die Zweigleitungen es zu den Entnahmestellen leiten.

Steigstein, Steinzeug, oder Stahlbetonkörper, der in gleicher Weise wie das Steigeisen an der Innenwandung eines Einsteigeschachtes angebracht wird, um bei der Besteigung des Schachtes als Auftritt und als Handgriff zu dienen (s. Steigeisen).

Steigtritte, Sammelbezeichnung für Steigeisen und Steigsteine.

Steinkohlenbergbau. Die Steinkohle wird fast durchweg durch Abbau unter Tage gewonnen, wobei zur Trockenhaltung der Grubenbaue zumeist größere Mengen Grubenwasser (s. d.) zutage gefördert werden müssen. Die zutage gebrachte Kohle (Förderkohle) wird durch Aufbereitung (s. d.) sortiert und in Kohlenwäschen (s. d.) gewaschen. Die Steinkohle kann daraufhin unmittelbar oder nach vorheriger Formung zu Briketts in Brikettfabriken als Brennstoff verwendet werden (s. d.). Ein großer Teil der Steinkohle wird in Kokereien (s. d.) verkokt, wobei als fester Bestandteil Koks gewonnen wird, während ein brennbares Gas (Koksofengas) und Steinkohlenteer abdestilliert werden. Bei der Reinigung des Koksofengases und aus dem Teer werden eine große Zahl wichtiger Nebenprodukte (u. a. Benzol, Ammoniak, Phenol, Salpetersäure) gewonnen.

Der St. benötigt große Mengen Brauchwasser. Der Gesamtbedarf beträgt je t Kohlenförderung etwa 1 bis 5 m³, der nach entsprechender Reinigung meist nur teilweise aus dem Grubenwasser gedeckt werden kann.

Als Abwasser fällt an:

1. Grubenwasser (s. d.), soweit es nicht als Brauchwasser für sonstige Zwecke benutzt wird,
2. Abwasser vom Bergeversatz (s. d.),
3. Kohlenwaschwasser (s. d.),
4. Abwasser der Kokereien, bestehend aus dem Abwasser der Entstaubung des Koksofengases, dem Kokslöschwasser (s. d.) und dem Ammoniakabwasser (s. d.),
5. Waschkauenabwasser (s. d.),
6. Haldensickerwasser (s. d.) der Steinkohlenschutthalden.

Prüss, M.. Die Abwässer der Kohlenindustrie. Ges.-Ing. 5/7 (1934), Heft 50, S. 672/676, u. H. 51, S. 687/690.

Steinkohlenschutthalden s. Haldensickerwasser.

Steinsalz s. Kochsalz.

Steinwäschen s. Erzwäschen.

Steinzeug. Aus feuerfestem, hellbrennendem, geschlämmtem Ton (40 bis 50 v. H.) unter Zusatz von Kaolin, Feldspat, Porphyr, Korund (60 bis 50 v. H.) bei hoher Temperatur (Segerkegel 5 bis 10) gebrannte Klinkerware, mit verglastem, nicht durchscheinendem, meist grau, gelb oder braun gefärbtem Scherben, der von Stahl nicht geritzt wird und sehr widerstandsfähig gegen den Angriff von Säuren und sonstigen Chemikalien ist. St. ist praktisch nicht porös, es nimmt bei der Kochprobe nur bis 4 v. H. und in kaltem Zustand kein Wasser auf. Die Steinzeugmasse, die selbst ohne Glasur für Flüssigkeiten nahezu undurchdringlich ist, nimmt im Gegensatz zu reiner Tonmasse durch Kochsalzdämpfe erzeugte Salzglasur an. Die Verwendung von St. ist sehr vielseitig: im chemischen Großgewerbe für säurefeste Gefäße und Gegenstände, ferner für Entwässerungsrohre, Sohlschalen, Spülbecken, Abort- und Pißbecken, Badewannen, Jaucheabflußrinnen in Viehställen und Schlachthöfen, Straßen-, Hof- und Kellerabläufe, Fettabscheider, Futtertröge, auch für Schornsteine, Isolatoren, Kabelrohre, Ziehdosen, Fußbodenbeläge usw. DIN 1230: Kanalisations-Steinzeugwaren, Abmessungen und Technische Lieferungsbedingungen.

Steinzeugfilter, Brunnenfilter (s. d.) aus Steinzeug. Die Eintrittsöffnungen der St. sind ziemlich groß, so daß sie mehrfache Kiesschüttungen um das Filter und damit große Bohrlochdurchmesser verlangen. Wegen ihrer geringen Bruchfestigkeit werden St. nur bis zu einer Einbautiefe von etwa 60 m verwendet. Die Rohre werden durch Muffen miteinander verbunden. Diese werden durch Teerstrick und bitumenhaltige Stoffe gedichtet. Die St. werden in verschiedener Bauweise hergestellt, so als Glocken-, Zickzack-, Kiestaschen-, Kugelschotter- und Rippenfilter.

Steinzeugrohr, aus Steinzeug hergestelltes, mit Salzglasur überzogenes Rohr. St.e mit Kreisquerschnitt werden i. a. von 50 bis 1000 mm Lichtweite und 0,5 bis 1,0 m Baulänge hergestellt, eiförmige und elliptische Rohre von 300 bis 750 mm Höhe und 0,75 m Baulänge (s. Steinzeug).

Steinzeugrohr, Vergleich mit Betonrohr s. Betonrohr, Vergleich mit Steinzeugrohr.

Sterilisation des Wassers s. Entkeimung.

Sternrechen s. Flügelrechen.

Steuerbecken, Neustadter Becken, langgestrecktes Absetzbecken, dessen Sohle in längslaufende, am Beckeneinlauf in abschließbare Schlammablaßrohre mündende Schlammrinnen aufgelöst ist. Wenn die Rinnen mit Schlamm gefüllt sind, so werden sie von oben her durch Balken abgeschlossen, die über ihnen an Seil- oder Kettenzügen hängen. Nach dem Öffnen der während des Absetzvorganges verschlossen gehaltenen Ablaßrohre bewegt sich dann

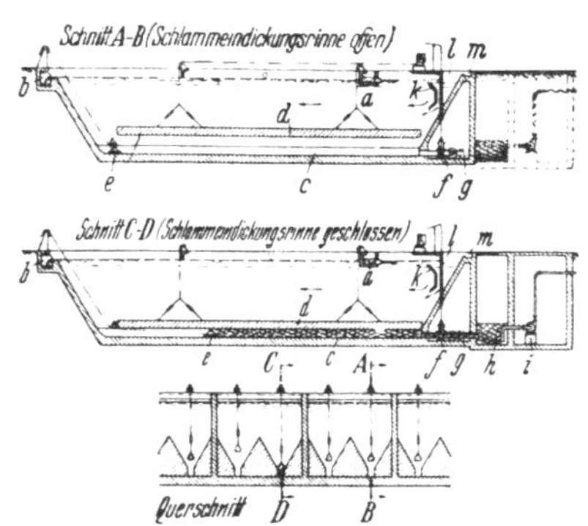

Steuerbecken. *a* Zulauf, *b* Ablauf, *c* Schlammeindickungsrinne, *d* (Eisenbeton-)Verschlußbalken, *e* Schlammausräumer, *f* Schnellschlußschieber, *g* Rohrgang, *h* Schlammsumpf, *i* Schlammpumpe, *k* Leitfläche, *l* Schwimmstoffe, *m* Schwimmstoffrinne.

der Schlamm infolge des Wasserüberdruckes in der ringsum abgeschlossenen Rinne wie in einer Rohrleitung fort und fließt durch die Ablaßrohre in einen Sammelbehälter (meist Schlammdruckkessel) ab. Ein fahrbarer Schlammausräumer sorgt für die gründliche Säuberung der Schlammrinnen.

Steuernagelbecken, Kölner Becken, das bei den grundlegenden Versuchen von Steuernagel in Köln in den Jahren 1901/02 zur Beobachtung des Absetzvorganges im Abwasser benutzte 45 m lange und 8 m breite Versuchsbecken. Das St. hat eine vom Einlauf zum Auslauf um 2 v. H. ansteigende und beiderseits von jeder Längswand zur Mittellinie hin um 5 v. H. rinnenförmig geneigte Sohle Am Einlauf befinden sich zwei Schlammtrichter von 1,75 m Tiefe. Das St. wurde mit Durch-

Steuernagelbecken.

flußgeschwindigkeiten von 4, 20 und 40 mm/s bei 2 m mittlerer Wassertiefe betrieben, wobei sich ergab, daß bei 4 mm/s 72,3, bei 20 mm/s 69,08 und bei 40 mm/s 59,95 v. H. der absetzbaren Stoffe ausgeschieden wurden. Ferner wurde festgestellt, daß sich der größte Teil der Stoffe (über 60 v. H.) im ersten Drittel des Beckens absetzte (s. Absetzkrumme).

Stiagbrunnen, zweistöckige Absetzanlage, die sich vom Imhoffbrunnen dadurch unterscheidet, daß die Rutschfläche für den Schlamm in mehrere Teile aufgelöst ist, so daß mehrere Schlammschlitze entstehen.

Stickstoff, N, Atomgewicht 14,008, ist nur wenig leichter als Luft (ein Liter reines Stickstoffgas wiegt bei $0°$ und 760 mm Druck 1,2505 g, ein Liter Luft entsprechend 1,293 g). Geruch-, geschmack- und farbloses Gas, das zu fast 78 v. H. Raumteilen in der Luft enthalten ist. Siedepunkt rund $-196°$, Schmelzpunkt $-210°$, kritische Temperatur $-147°$. Der St. ist neben Kali (K_2O) und Phosphorsäure (P_2O_5) ein im organisch verunreinigten, insbesondere auch im städtischen Abwasser enthaltener Pflanzennährstoff. Auch Schlammfaulgas enthält oft kleine Mengen (bis 6 v. H.) St. Die Menge und die Art der im Abwasser befindlichen St.-verbindungen (Ammoniak, Ammoniumsalze, organischer St., Nitrite, Nitrate) ermöglichen eine Beurteilung seines Reinheitsgrades. Frisches häusliches oder normales städtisches Abwasser hat verhältnismäßig viel organischen St., wenig Ammoniakstickstoff und ist frei von Nitrat- und Nitritstickstoff. In fauligen Abwässern hat der Gehalt an organischem St. durch den Abbau abgenommen. Der Ammoniakstickstoff hat etwas zugenommen, Nitrate und Nitrite fehlen. Durch die biologische Reinigung wird das Abwasser fäulnisunfähig; es enthält Nitrat- und Nitritstickstoff und ist arm an organischem

und Ammoniakstickstoff (s. Faulgas, Dungwert des Abwassers).

. Sierp. Technologie des Wassers. Berlin 1939, S. 260.

Stinkgase, aus dem faulenden Abwasser oder dem in saurer Gärung befindlichen Schlamm entweichende, übelriechende Gase, in erster Linie Schwefelwasserstoff, den man in der Luft schon in einer Verdünnung von 0,001 v. H. durch seinen Geruch nach faulen Eiern erkennt. Ferner wirken geruchsbelästigend Merkaptan, Indol, Skatol, Thyrosin, Fettsäuren und Ammoniak.

Störungen im Filterbetrieb s. Filterbetrieb, Störungen im —.

Stoffänger, Einrichtungen in Zellstoff-, Papier-, Pappen-, Strohstoff- und Tuchfabriken (s. d.) zur Rückgewinnung der im Abwasser enthaltenen Faserstoffe. Da diese Maßnahme von ausschlaggebender wirtschaftlicher Bedeutung ist, sind St. der verschiedensten Art entwickelt worden. Trommelfilter (s. d.) erreichen durch Absieben eine Rückgewinnung von 50 bis 70 v. H. der festen Stoffe. Trichterstoffänger (s. d.) bewirken das Zurückhalten des Stoffes durch Absetzen und erreichen einen Wirkungsgrad von etwa 95 v. H. Neuerdings kommen Schwimmstoffänger (s. d.) stark zur Anwendung, die etwa 98 v. H. und mehr Wirkungsgrad erzielen. In Papierfabriken ist es zweckmäßig, für jede Papiermaschine einen besonderen St. einzubauen.

Stoffe, absetzbare, Schwebestoffe, die sich aus dem Abwasser, wenn es in Ruhe oder in sehr geringer Bewegung ist, innerhalb einer bestimmten Zeit absetzen. Bei der Untersuchung von Abwasserproben im Standglas pflegt man als Absetzdauer zwei Stunden anzunehmen (s. Schwebestoffe, Gesamtschwebestoffe).

Stoffe, absiebbare, die beim Durchgang des Wassers oder Abwassers durch ein Sieb von bestimmter Maschenweite auf dem Siebe zurückbleibenden Schwebestoffe. Für die Bestimmung der absiebbaren Stoffe ist die Leistungsfähigkeit der Abwassersiebe von Bedeutung und ebenso auch für die Untersuchung von Flußwasser. Im letzteren Falle verwendet man für die Siebe nach Kolkwitz Kupfertressen oder Seidengewebe von $^1/_{15}$ mm Maschenweite.

Stoffe, anorganische, die der unbelebten Natur entstammenden Stoffe.

Stoffe, gelöste, die in einer Flüssigkeit in molarer Verteilung befindlichen Stoffe, die, sofern sie nicht auskristallisieren, sich nicht durch mechanische, sondern nur durch chemische, biochemische oder biologische Einwirkung aus ihr entfernen lassen.

Stoffe, mineralische, die in der Natur vorkommenden nicht organischen (anorganischen) Stoffe der Erdrinde, z. B. Erze, einschließlich der anorganisch gewordenen Zersetzungsstoffe wie Torf und Kohle. Erdöl, obgleich es vermutlich organischen Ursprungs ist, wird auch zu den Mineralölen gerechnet.

Stoffe, nicht absetzbare, Schwebestoffe, die sich aus dem Wasser, wenn es in Ruhe oder in sehr geringer Bewegung ist, innerhalb einer bestimmten Zeit nicht absetzen. Bei der Untersuchung von Abwasserproben im Standglase pflegt man als Absetzdauer zwei Stunden anzunehmen. Das Gewicht der nicht absetzbaren Stoffe kann man bestimmen, wenn man das Wasser, das nach einer zweistündigen Absetzzeit im Standglase über dem Bodensatz steht, filtriert und den Filterrückstand trocknet und wiegt. Man kann es aber auch als Unterschied zwischen dem Gewicht der Gesamtschwebestoffe und dem Gewicht des getrockneten Bodensatzes (absetzbare Stoffe) darstellen. Um den Bodensatz von dem darüber stehenden Wasser zu trennen, verwendet man als Standglas zweckmäßig ein

mit Bodenablaßhahn versehenes Absetzglas nach SPILLNER (s. Gesamtschwebestoffe, Absetzglas nach SPILLNER).

Stoffe, organische, die der belebten Natur entstammenden Stoffe, insbesondere also tierische und pflanzliche Stoffe aller Art. Der kennzeichnende Bestandteil einer organischen Verbindung ist vom Standpunkte der Chemie aus gesehen der Kohlenstoff (C), der mit Wasserstoff (H), Sauerstoff (O), Stickstoff (N), Schwefel (S), Phosphor (P) oder außerdem auch noch mit einigen anderen Elementen, wie Chlor, Kupfer, Eisen, Magnesium usw. verbunden, das nahezu unübersehbar große Gebiet der organischen Stoffe beherrscht. Die wichtigsten dieser Verbindungen sind: 1. Verbindungen von C mit H (Kohlenwasserstoffe): z. B. Erdöl (Rohpetroleum), Brennöl, Schmieröl, Treiböl, Benzin, Benzol, Toluol, Teer, Pech, Asphalt, Bitumen, Kautschuk Paraffin, Vaseline, Acetylen. 2. Verbindungen von C mit H und O, z. B. die Kohlehydrate Zucker, Stärke, Dextrin, Zellstoff, Hefe, dann aber auch: Alkohol, Essig, tierische und pflanzliche Fette, wie Butter, Talg, Schmalz, Margarine, ferner zahlreiche Heilmittel. 3. Verbindungen von C mit H, O und N, z. B. Indigofarben, verschiedene Teerfarbstoffe, zahlreiche Sprengstoffe wie Nitroglycerin und Schießbaumwolle. 4. Verbindungen von C mit H, O, N und S, zuweilen auch mit P, z. B. tierische und pflanzliche Eiweißstoffe, wie Eiereiweiß, Bluteiweiß, Milch- und Muskeleiweiß, Gelatine, Leim, Haut, Haare, Nägel, Hufe, Hörner, Federn, Schuppen, Protoplasma (Zellenflüssigkeit), Kleber, verschiedene Farbstoffe. Da die organischen Stoffe sowohl als Nahrungs- und Genußmittel als auch zu gewerblichen Zwecken eine vielseitige Verwendung finden, da sie in so zahlreichen Arten auftreten und dabei in das Abwasser gelangen und da sie schließlich unter Bildung übler Gerüche besonders leicht der Zersetzung anheimfallen, sind die belästigenden Eigenschaften des Abwassers im wesentlichen auf seinen Gehalt an organischen Stoffen zurückzuführen.

Stoffe, suspendierte, derart fein in einer Flüssigkeit verteilte Stoffe, daß sie entgegen der Wirkung der Schwerkraft in ihr schweben, ohne sich abzusetzen. Der Durchmesser der suspendierten Teilchen beträgt etwa 10^{-4} cm.

Stoffe, ungelöste, Stoffe, die in einer Flüssigkeit nicht in molarer Verteilung vorhanden sind und sich daher i. a. durch mechanische Mittel, wie Abfiltern, Absieben, Absetzen, Ausschleudern daraus entfernen lassen.

Stoffhaushalt · der. Binnengewässer. Der St. beruht auf einer natürlichen Verunreinigung und nachfolgenden Selbstreinigung des Wassers. Die natürlichen Verunreinigungen des Wassers geben die wesentlichen und notwendigen Bedingungen des Stoffaufbaues der wasserbewohnenden Organismen (s. d.).

Stoßbohrverfahren, ein Verfahren zum Bohren von Brunnen. Bei diesem werden in der Regel, je nach der Beschaffenheit der zu durchteufenden Schichten, Bohrer verschiedener Bauart am Seil oder am Gestänge stoßend oder drehend betätigt. Der Boden wird entweder durch den Bohrer selbst oder durch einen Ventilbohrer zutage gefördert. Zum Hinablassen von Geräten, Filtern oder Rohren dienen ebenfalls Seil und Gestänge (BIESKE).

Strahlpumpe s. Pumpe.

Straßenablauf s. Ablauf.

Straßenabschwemmung, der durch das Niederschlagwasser von der Straßenoberfläche abgeschwemmte Schmutz. Er besteht vorwiegend aus den durch den Verkehr abgeriebenen und abgesprengten Teilchen des Straßenpflasters, den Auswurfstoffen der die Straße benutzenden Tiere, aus Papier- und Obstresten, niedergeschlagenem Staub und Ruß, verschüttetem Müll und aus Tropfölen der Kraftwagen. Besonders große Verunreinigungen z. B. von Marktplätzen (Papier-, Gemüse-, Obst-, Blumen-, Fleisch- und Fischabfälle) müssen zusammengefegt (Straßenreinigung) und von dem Entwässerungsnetz ferngehalten werden.

Straßeneinlaß, Straßeneinlauf, die Öffnung, durch die das von der Straße abfließende Niederschlagwasser dem Ablaufbauwerk zufließt. Der St. kann entweder durch einen in der Straßenoberfläche liegenden Gitterrost oder durch eine Öffnung in der Bordschwelle (Seiteneinlaß) gebildet werden. DIN 593: Aufsatz für Straßenabläufe mit Breitrost, DIN 1207: Aufsatz für Straßenabläufe mit Schmalrost, DIN 4052: Straßenabläufe aus Beton, Aufsatz mit Seiteneinlaß, DIN 4053: Straßenabläufe aus Steinzeug, Aufsatz mit Seiteneinlaß (s. Ablauf, Seitenablauf).

Straßengefälle, Neigung der Straßenoberfläche, durch die das Niederschlagwasser nach den Bordkanten hin oder bei untergeordneten Straßen nach rinnenförmigen Vertiefungen hin zum Abfluß gebracht wird. Das St. muß sich nach der Rauheit der Straßenoberfläche richten, es muß z. B. bei Steinpflasterdecken groß und kann bei Asphaltbahnen klein sein. In der Querrichtung sind Gefälle von 1 : 50 bis 1 : 100 üblich, doch geht man besonders bei Gehwegen auch herauf bis 1 : 25 und bei glatten Asphalt-Fahrbahnen herab bis 1 : 200. Das Längsgefälle an den Bordsteinen soll i. a. 1:100, mindestens aber 1:200 betragen, in seltenen Fällen ist man im Flachlande bis 1:800 herabgegangen. In Straßen, die in starkem Gefälle liegen, müssen an den Straßenabläufen muldenförmige Vertiefungen hergestellt werden, damit das Niederschlagwasser nicht über die Straßeneinlässe hinwegschießt, gegebenenfalls kann auch jeder Straßenablauf zur besseren Aufnahme des längs der Bordkante strömenden Wassers zwei Einlässe erhalten. Der Auftritt an der Bordschwelle soll möglichst zwischen 10 und 18 cm liegen, als äußerste Grenzen können 5 und 22 cm gelten.

Straßenkappe, rohrförmiges, gußeisernes, in der Straßenoberfläche mit Deckelverschluß versehenes Aufsatzstück auf einem kleinen Schacht, das die Bedienung der darunter liegenden Einrichtungen (Hydranten, Absperrschieber, Ventile, Hähne, Wassertöpfe, Riechrohre, Lampenlöcher usw.) von der Straße aus ermöglicht. DIN 4055 bis 4059.

Straßenleitung, die im Straßenkörper liegende öffentliche Entwässerungsleitung. Man legt je nach der Breite und Bedeutung der Straße entweder einen Leitungsstrang in die Straßenmitte oder zwei Leitungsstränge, und zwar möglichst unter die beiderseitigen Gehwege. Die letztere Anordnung ist wesentlich teurer, ergibt aber kürzere Hausanschlußleitungen und erspart das den Verkehr störende und die Straßenbefestigung beeinträchtigende Aufgraben des Fahrdammes bei der Herstellung von Hausanschlüssen und bei Ausbesserungsarbeiten. Müssen die Leitungsstränge wegen der geringen Breite der Gehwege ausnahmsweise längs der Bordkanten im Fahrdamm verlegt werden, so sieht man in der Straßenleitung für später etwa hinzukommende Hausanschlüsse Anschlußstutzen vor, die zur Vermeidung von Aufgrabungen des Fahrdammes bis unter den Gehweg verlängert und bis zum Gebrauch mit gut abgedichteten Steinzeugtellern verschlossen werden. DIN 1998, Richtlinien für die Einordnung und Behandlung von Gas-, Wasser-, Kabel und sonstigen Leitungen und Einbauten bei der Planung öffentlicher anbaufähiger Straßen.

Streudüsen, Sprengröhren (Aw), Vorrichtungen zur Verteilung von Abwasser über die Oberfläche von Tropfkörpern. Das unter hohem Druck aus der Düse spritzende Wasser wird gegen einen vor ihr befestigten, verstellbaren Prellkegel geschleudert und dadurch in sehr fein verteiltem Zustande über

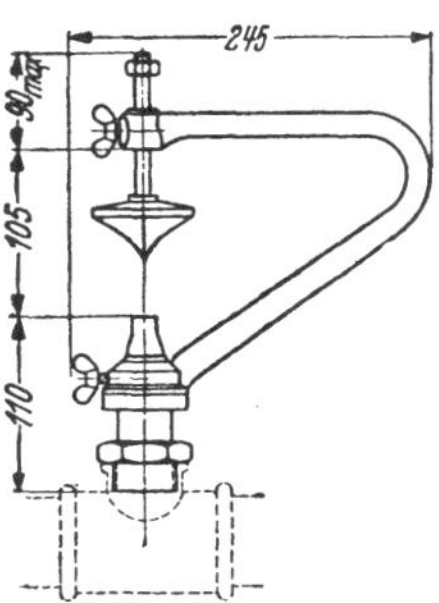

Streudüse für quadratische Bestreuung, Bauart G e i g e r der Breuer-Werke in Frankfurt-Höchst.

die Körperoberfläche gesprüht. Um die volle Ausnutzung rechteckiger Tropfkörper zu ermöglichen, hat man St. ausgebildet, die das Wasser über quadratische Flächen verteilen (z. B. Bauart Geiger-Breuerwerke). Die St. werden i. a. in Abständen von 3 bis 5 m von einander derart über der Körperoberfläche eingebaut, daß jede einzelne leicht zugänglich ist, weil sie wegen ihrer kleinen Austrittsöffnungen häufig gereinigt werden müssen.

Strömungsart (Fließzustand) einer durch eine Rohrleitung strömenden Flüssigkeit. Man unterscheidet zwei St.-en: die schlichte oder laminare und die wirbelige oder turbulente Strömung. Bei der ersteren bewegen sich die einzelnen Flüssigkeitsfäden parallel zueinander, also bündelförmig, durch das Rohr. Sie kommt nur bei verhältnismäßig kleinen Geschwindigkeiten und in engen glatten Rohren oder bei sehr zähen Flüssigkeiten vor. Bei der wirbeligen Str. verschieben sich während des Fließens die Flüssigkeitsfäden gegeneinander. Der Übergang von dem einen Fließzustand in den anderen findet bei der kritischen Geschwindigkeit

$$w_k = \frac{2200\,v}{d}$$

statt. Darin bedeutet w die Geschwindigkeit in m/s, 2200 eine Erfahrungszahl, die sog. Reynoldsche Zahl (Re), v die kinematische Zähigkeit (Viskosität) in m^2/s und d den Rohrdurchmesser in m. Unterhalb der kritischen Geschwindigkeit ist der Reibungsverlust h direkt proportional der Geschwindigkeit, oberhalb proportional dem Quadrat der Geschwindigkeit.

Strohpappenfabriken. Roggen- und Weizenstroh wird auf Häckselmaschinen geschnitten und in Kochern unter Zugabe von Kalkmilch (Kalkverbrauch etwa 10 v. H. des Strohgewichts) etwa 3 bis 4 Stunden gekocht. Der so gewonnene S t r o h s t o f f wird in Holländern feingemahlen und auf Papiermaschinen zur Herstellung von gelber Strohpappe (Strohkarton) oder Strohpapier benutzt. Das Gewicht der fertigen Strohpappe beträgt etwa 65 bis 75 v. H. des verwendeten Rohstrohgewichts. Die restliche Menge Stroh geht in der Form feiner Strohpartikelchen zusammen mit freiem Kalk von den Papiermaschinen aus in das Abwasser.

Je t fertigen Pappkarton fallen etwa 30 m^3 strohgelbfarbigen Abwassers an, das durch seinen hohen Gehalt an organischen Stoffen in kleinen Wasserläufen schnell in stinkende Fäulnis übergeht. Durch mechanische Reinigung des Abwassers in Absetzbecken läßt sich die Hauptmenge der absetzbaren Stoffe beseitigen. Da diese aber nur etwa 25 v. H. der Gesamtverschmutzung ausmachen, ist zur weitergehenden Reinigung die Fällung mit geeigneten Fällmitteln (Kaliendlauge, Superphosphat, Eisenvitriol) notwendig, wenn man nicht die Ausfaulung des Abwassers in großen Faulräumen

(Erdbecken) mit etwa 10 bis 15 Tagen Durchflußzeit durchführen will, wobei etwa 80 v. H. der organischen Stoffe abgebaut werden.

· Rapport der Commissie voor de Reiniging van het Alvalwater van Stroocarton en Aardappelmeelfabrieken. 's Gravenhage 1912.

Strohstoff s. Strohpappenfabriken.

Strohzellstoffabriken benutzen zur Herstellung des Strohzellstoffs (auch als Strohstoff bezeichnet) zumeist Winterroggen- oder Weizenstroh. Der Aufschluß erfolgt in Kochern, wobei die Kochlauge aus Ätznatron oder aus Ätznatron und Schwefelnatrium besteht. Zur Erzeugung von 1 kg lufttrockenem, gebleichtem Strohstoff werden 500 bis 550 l Wasser gebraucht. Die Rückgewinnung der in der Kocherablauge enthaltenen Alkalien geht in der gleichen Weise vor sich, wie bei den Natronzellstoffabriken (s. d.). Damit gilt für die Abwasserbeseitigung ebenfalls das dort Gesagte.

Stromlinien, Linien, längs denen sich das Grundwasser ohne Berücksichtigung der kleinen Umwege bewegt (DONAT und KOEHNE).

Stufenreinigung von Abwasser, Nacheinanderschaltung mehrerer Verfahren der biologischen, gegebenenfalls auch der chemischen oder elektrischen Abwasserbehandlung oder mehrerer Reinigungsstufen ein und desselben Verfahrens zur Steigerung der Gesamtwirkung und zur Kostenersparnis. Die St. wird meist als zweistufige Abwasserreinigung durchgeführt, z. B.: Tropfkörper + Fischteich, Rieselfeld + Fischteich, Tauchkörper + Belebungsverfahren, Tauchkörper + Tropfkörper, Chemische Klärung + Belebungsverfahren und umgekehrt, Belebungsverfahren + Tropfkörper und umgekehrt usw. Innerhalb ein und desselben Reinigungsverfahrens ist die St. u. U. bei Tropfkörpern und sehr häufig beim Belebungsverfahren vorteilhaft. Da niedrige Tropfkörper von den Höhen h und h_1 ungefähr dasselbe leisten wie ein solcher von der Höhe $H = h + h_1$, kann die Nacheinanderschaltung von zwei niedrigen Tropfkörpern insofern von Vorteil sein, als diese schneller und gründlicher durchlüftet werden als der hohe Tropfkörper. Beim Belebungsverfahren empfiehlt sich die St. vor allem für dickes Abwasser. Dabei wird der Überschußschlamm aus dem Nachklärbecken der Stufe 2 zusammen mit dem aus dem Nachklärbecken der Stufe 1 kommenden Rücklaufschlamm in das Belebungsbecken der Stufe 1 gepumpt, so daß nur der Überschußschlamm aus dem Nachklärbecken der Stufe 1 zur Weiterbehandlung zur Ausfaulung abgeleitet wird. Die vorteilhafte Wirkung ergibt sich daraus, daß die Hauptreinigung unter entsprechend größerer Luftzufuhr bereits nach kurzer Zeit (1 bis 1½ Stunden) in der ersten Stufe stattfindet und dabei der sehr leistungsfähige Überschußschlamm aus der nur wenig belasteten zweiten Stufe den Reinigungsvorgang in der ersten Stufe wesentlich unterstützt.

Süßverfahren s. Getreidestärkefabriken.

Sulfate, die Salze der Schwefelsäure. Die meisten natürlichen Wässer weisen einen Sulfatgehalt bis zu 60 mg/l SO_3 auf. Ein höherer Sulfatgehalt eines Wassers ist in der Regel darauf zurückzuführen, daß das Grundwasser beim Durchgang durch gewisse Bodenschichten (Salzlager verschiedenster Art) sich mit Sulfaten anreichert. Solche Sulfatwässer sind, solange sie sich geschmacklich noch nicht bemerkbar machen, hygienisch an sich unbedenklich. In der Mehrzahl der Fälle sind die Sulfate im Wasser in Form von Gips vorhanden. Im allgemeinen schmeckt schon ein Wasser salzig bei einem Gehalt von mehr als 250 mg $MgSO_4$, 400 mg Na_2SO_4 und 500 mg $CaSO_4$ im Liter. Wässer mit hoher Sulfathärte sind für

Kesselspeisezwecke nicht geeignet. Für Betonbauten können schon Sulfatmengen von mehr als 300 mg/l SO_3 zerstörend wirken. Bildung des sog. „Zementbazillus" (s. d.).

Sulfatzellstoffabriken s. Natronzellstoffabriken.

Sulfide, die Verbindungen der Elemente mit Schwefel. Die S. der Metalle finden sich in der Natur als Mineralien und werden als Glanze, Blenden und Kiese bezeichnet.

Sulfitablauge, die in Sulfitzellstoffabriken (s. d.) nach der Beendigung des Kochens anfallende Ablauge, etwa 5 bis 6 m³ je 1000 kg Zellstoff. Die S. von Fichtenholz enthält 10 bis 12 v. H. (120 g/l) Trockensubstanz. Hiervon sind etwa 2 v. H. gärungsfähiger Zucker, wie Pentosen, Hexosen und Furfurol, während die restlichen 10 v. H. als ligninsulfosaurer Kalk bezeichnet werden. Die Trockensubstanz besteht zu 90 v. H. aus organischen und zu 10 v. H. aus mineralischen Stoffen. S. von Buchenholz enthält etwa 15 v. H. Trockensubstanz. Weitere 2 m³ S. gehen beim Waschen des Zellstoffes in das Waschwasser über und erfahren dort etwa die 30- bis 40fache Verdünnung.

S. verursacht durch ihren hohen Gehalt an organischen Stoffen bei der Einleitung in Wasserläufe starkes Schäumen sowie schwere Schäden durch Sauerstoffzehrung und Pilzbildung (Sphaerotilus, Leptomitus). Die Pilzmassen reißen sich von Zeit zu Zeit los und verursachen dann in Flußläufen starkes Pilztreiben. An ruhigen Stellen lagern sich die Pilze ab und rufen Schlammablagerungen mit ihren unangenehmen Begleiterscheinungen hervor. Besonders unangenehm wirkt sich die Ableitung in stehende Gewässer (Seen, Talsperren usw.) aus. Völliger Sauerstoffschwund und Schwefelwasserstoffbildung können hier die Folge sein. Für die Reinigung der S. gibt es kein befriedigendes Reinigungs-

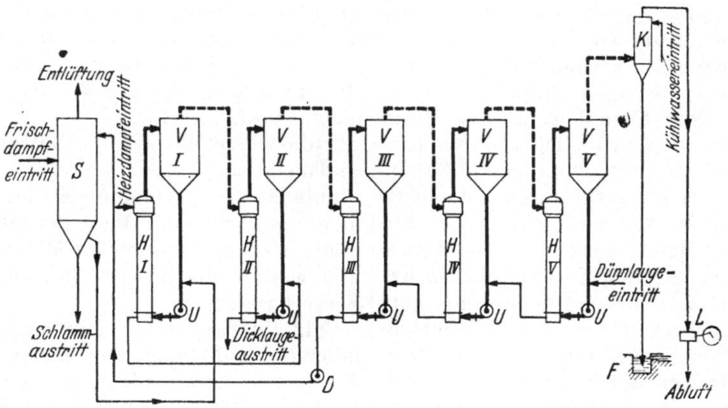

Schema für eine Fünffach-Verdampferanlage für Sulfitablaugen (Bauart L u r g i , Frankfurt).

V = Verdampfkörper,	H = Heizkörper,
U = Umwälzpumpen,	D = Hochdruckpumpe.
S = Schlammabscheider,	K = barom. Kondensator,
F = Fallwassergrube,	L = Luftpumpe.

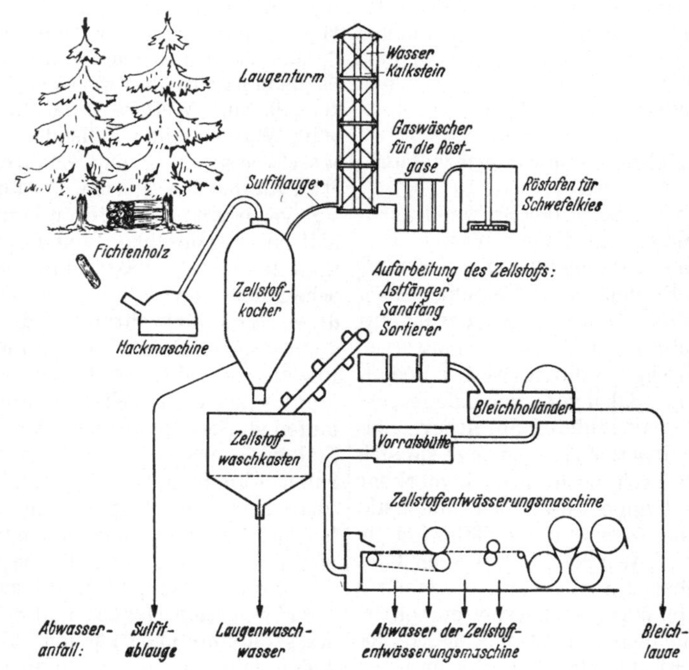

Gewinnung von Sulfitzellstoff.

verfahren. Der biologischen Reinigung sind nur etwa ⅓ der in der S. enthaltenen organischen Stoffe zugänglich. Die Sn. können deshalb nur durch Eindampfen und durch anschließende Verwertung (s. Sulfitablaugenverwertung) wirksam beseitigt werden.

Sulfitablaugenverwertung. Die nutzbare Verwertung der Sulfitablauge (s. d.) erstreckt sich z. Z. in der Hauptsache auf folgende Gebiete:

a) Die Herstellung von Sulfitsprit,

b) die Herstellung von Dicklauge durch Eindampfen und deren Verbrennung bzw. sonstige Verwendung.

Bei der Sulfitspritherstellung wird die mit Kalkmilch neutralisierte Sulfitablauge vergoren und der Alkohol durch Destillation in Kolonnenapparaten abgetrieben. Auf 1000 kg lufttrockenen Zellstoff bezogen, werden etwa 60—80 l Sulfitsprit gewonnen. Da die zurückbleibende Schlempe noch etwa 8 v. H. organische Stoffe enthält, stellt die Sulfitspritgewinnung nur eine schwache Entlastung für die Wasserläufe dar. Erst durch die Herstellung von Dicklauge durch Eindampfen — meist in Vierfachverdampfern — läßt sich die restlose Beseitigung der Sulfitablaugen und des konzentrierten Teiles des Waschwassers erzielen. Die Eindickung der Sulfitablaugen gestaltet sich wegen der Neigung der Lauge, an den Verdampferflächen Verkrustungen zu bilden, schwierig.

Die auf 50 v. H. Wassergehalt eingedampfte Dicklauge hat einen unteren Heizwert von 1700 W. E. Die Verbrennung der Lauge unter der Kesselanlage der Zellstoffabrik ist nur mit Verlust durchzuführen, weshalb eine Verwertung zu sonstigen Zwecken, wie als Gerbstoffextrakt, Klebemittel, Bindemittel in Gießereien, Brikettfabriken usw., zur Gewinnung von Vanillin (s. d.), als Zusatz in der Seifenindustrie u. a. anzustreben ist. Leider

kann auf diese Weise nur ein ganz geringer Bruchteil der gesamten anfallenden Sulfitablaugen untergebracht werden. Im Interesse der Reinhaltung der Wasserläufe ist es deshalb dringend notwendig, weitere Möglichkeiten für die Verwertung der gesamten Sulfitablaugenmengen zu schaffen.

SCHWABE, Über die Verwertung von Sulfitablauge. Papier-Fabrikant 41 (1943), H. 5/6, S. 39—43 und 49—52.
· VOGEL, V.. Die Sulfitzellstoff-Ablauge und ihre Verwertung. Stuttgart 1939.

Sulfite, die Salze der schwefligen Säure.

Sulfitlauge, die zum Aufschließen des Holzes in Sulfitzellstoffabriken (s. d.) benutzte Calciumbisulfitlauge. Die S. wird auf den Sulfitzellstoffabriken in Laugentürmen hergestellt, die mit Kalkstein gefüllt sind. Durch Verbrennen von Schwefelkies (s. d.) werden Schwefeldioxyddämpfe erzeugt, die von unten in die Laugentürme eingeleitet werden, während ihnen von oben her über die Kalksteine Wasser entgegenrieselt. Die sich hierbei bildende Calciumbisulfitlauge wird gesammelt und den Kochern zugeführt. Zum Aufschließen von 1000 kg Holz werden 4000 l S. benötigt.

Sulfitzellstoffabriken, · Zellstoffabriken (s. d.), die zum Aufschließen des Holzes eine Lösung von Calciumbisulfit (Sulfitlauge, s. d.) benutzen. Das Holz wird bei indirekter Heizung der Kocher durch eingebaute Hartbleirohre etwa 30 Stunden lang gekocht (Mitscherlich-Verfahren). Bei direkter Dampfeinleitung in die Kocher (Ritter-Kellner-Verfahren) wird etwa die halbe Kochzeit benötigt. Nach beendetem Kochen werden die verbrauchten Laugen (Sulfitablaugen) abgelassen, wobei etwa 70 bis 80 v. H. der benutzten Sulfitlaugenmenge anfallen. Der Rest (20 bis 30 v. H.) verbleibt im Zellstoff und muß durch gründliches Waschen beseitigt werden. Hierbei wird an Waschwasser etwa das 30- bis 40fache der eigentlichen Sulfitablaugen benötigt.

Der gewaschene Zellstoff wird nach starker Verdünnung mit Wasser auf Entwässerungsmaschinen z. T. nach vorherigem Bleichen abgefangen und in Papierfabriken, Kunstseidefabriken und Pulverfabriken weiterverarbeitet. Der Gesamtwasserverbrauch in S. beträgt je kg lufttrockenen Zellstoff:

a) für gebleichte Stoffe und ohne Rückwasserverwendung 500 bis 550 l,

b) für ungebleichten Stoff und mit Rückwasserverwendung 250 bis 350 l.

Das Abwasser der S. besteht demnach aus:

1. den Sulfitablaugen,
2. dem Laugenwaschwasser,
3. den Bleichlaugen und
4. dem Abwasser aus der Zellstoffentwässerungsmaschine.

Die Sulfitablaugen verursachen bei ihrem hohen Gehalt an organischen Stoffen bei der Einleitung in Wasserläufe schwere Schäden, weshalb ihre Beseitigung dringend gefordert werden muß (s. Sulfitablaugen).

Summenlinie, 1. eine Linie, die sich nach den Summenwerten auftragen läßt, die durch ein stufenweises Planimetrieren der von einer Dauerlinie (s. d.) begrenzten Fläche gewonnen sind, z. B. der Summen von Wasserständen oder Wassermengen.

• LINDEMANN, H., Die Verwertung der Häufigkeitszahlen der Wasserstände. Jahrb. f. d. Gewässerkunde Norddeutschlands. Bes. Mitteilungen, Bd. 1, Nr. 1. Berlin 1905.

2. Im Abwasserwesen der Linienzug, der sich ergibt, wenn man für die Punkte eines Entwässerungsnetzes die durchfließenden Regenwassermengen (in l/s) als Ordinaten ($\downarrow$) und die dazu gehörige Fließzeit als Abscissen ($\leftarrow$) aufträgt. Früher „Verzögerungsplan" genannt (s. Summenlinienverfahren).

Summenlinienverfahren, zeichnerisches Verfahren zur Ermittelung der Regenwasserhöchstmenge, die bei einer größeren Anzahl von Berechnungsregen (Regenreihe) durch einen bestimmten Punkt eines Entwässerungsgebietes fließt. Das S. ist ziemlich verwickelt und sollte daher nur in besonders wichtigen Fällen angewendet werden, zumal es erheblich einfachere und bei der Unsicherheit der Berechnungsannahmen vollkommen ausreichende Verfahren gibt, um den Regenabfluß unter Berücksichtigung der Regen- und Abflußdauer (Verzögerung) zu ermitteln (s. Abflußvorgang, Verzögerung des Regenwasserabflusses, Berechnungsregen, Regenreihe, Verzögerungsbeiwert, Zeitbeiwert).

• KEHR, Die Berechnung von Regenwasserabflüssen. München und Berlin 1933 und Gesundh.-Ing. 1942, S. 338.

Sumpfgas s. Methan.

Suspendierte Stoffe s. Stoffe, suspendierte.

Sween-Leim s. Schwimmstoffänger.

Sylvinit, Rohsalz aus Kalisalzlagern, chemisch ein Gemisch von Chlorkalium (KCl) (s. d.) und Kochsalz (NaCl) (s. d.).

T

Tagwasser, das unmittelbar von Niederschlägen stammende, auf dem Boden stehende oder abfließende Wasser.

Talsperre, ein Bauwerk zur Anstauung eines fließenden Gewässers in einem Tal. Die T. dient der Aufspeicherung von Wasser zur Krafterzeugung, zum Gebrauch als Trink- und Nutz-wasser und zur Speisung von Kanälen und Wasserstraßen. Sie sammelt das in abflußreichen Jahreszeiten abfließende Wasser an, um es in wasserarmen Zeiten abzugeben. Sie wirkt damit als „Wassersparbüchse". Ferner dient die T. dem Hochwasserschutz, indem sie den schadenbringenden Teil eines Hochwassers zurückhält. T.n im Sinne des Preußischen Wassergesetzes sind Stauanlagen, bei denen die Höhe des Stauwerks von der Sohle des Wasserlaufs bis zur Krone mehr als 5 m beträgt und das Sammelbecken, bis zur Krone des Stauwerks gefüllt, mehr als 100 000 m³ umfaßt (§ 106 Pr. W.-G.). Baustoff und Bauweise sind für den Begriff der T. belanglos. Man unterscheidet Staumauern und Staudämme. Die ersteren sind senkrechte Mauern aus Bruchsteinen, Beton oder Stahlbeton. Sie können ausgebildet sein als Schwergewichtsmauern, die dem Druck des Wassers ihre Schwere entgegensetzen, als Bogenmauern, die den Druck auf die beiden Widerlager an den Talhängen übertragen, und als Pfeilermauern, bei denen zwischen den Pfeilern Platten oder Gewölbe angeordnet werden, die auf die Pfeiler abgestützt sind. Staudämme sind aus Erde aufgeschüttet und besitzen bei größerer Dammhöhe meist einen senkrechten Betonkern. Die Wasserseite des Dammes wird durch Ton abgedichtet. Für den Entwurf, Bau und Betrieb von Talsperren gilt eine besondere Anleitung, die vom Reichsverband der Deutschen Wasserwirtschaft in Berlin bezogen werden kann. Der Stauraum der in Deutschland vorhandenen T.n wird heute rund 2 Milliarden m³ betragen.

Talsperren - Forschungsstelle des Reichsverbandes der Deutschen Wasserwirtschaft. Eine T. ist in der Technischen Hochschule Berlin beim Lehrstuhl von Professor A. L u d i n eingerichtet.

Talsperren, statische Berechnung der —. Die Erörterungen darüber sollen beschränkt werden auf die Mauerwerks- oder Beton-Talsperren, die als Schwergewichtsmauern berechnet werden. Für die Berechnung andersartig ausgebildeter T. (Mauern in Sonderausführung und Dämme) ist auf das

Fachschrifttum hinzuweisen. Bei der Berechnung handelt es sich um die Ausbildung des Mauerquerschnitts. Zur Durchführung dieser Ermittlungen wird die Mauer in senkrechte Abschnitte von 1 m Breite unterteilt. Jeder Abschnitt muß für sich den Anforderungen der Standfestigkeit genügen. Die Berechnung wird durchgeführt für denjenigen Querschnitt der Mauer, der für ihre größte Höhe maßgebend ist. Dabei wird im allgemeinen mit einer Einspannung der Mauer von 2,0 m in den festen Felsen gerechnet, die Einspannung selbst aber nur bei der Sicherung gegen Gleiten in den Rechnungsgang einbezogen. Für die Querschnittsbildung sind folgende Grundbedingungen allgemein maßgebend:

1. Der Mauerquerschnitt soll ein Dreiecksquerschnitt mit aufgesetzter und ausgerundeter Mauerkrone sein.
2. Der Mauerquerschnitt soll frei von Zugspannungen sein und dabei einen Unterdruck aufnehmen können, der den durch die Beschaffenheit des Untergrundes bedingten Druckverhältnissen des eindringenden Grundwassers entspricht unter besonderer Berücksichtigung der Möglichkeit des Eindringens des im Staubecken aufgestauten Wassers.
3. Der Mauerquerschnitt muß sicher gegen Kippen, Gleiten und Abscheren sein.
4. Die unter Eigenlast, Wasserdruck und Untergrund auftretenden Spannungen dürfen bei gefülltem und leerem Becken die zulässigen Grenzen der Beanspruchung von Mauerwerk und Felsgrund nicht überschreiten.

Die vorstehenden Berechnugen sind für ein bordvoll gefülltes und für ein leeres Becken durchzuführen, und zwar auf rechnerischem und graphostatischem Wege. Genaue Vorschriften über die Berechnung von T. enthält die Anleitung für den Entwurf, Bau und Betrieb von T. Sie ist durch den Reichsverband der deutschen Wasserwirtschaft, Berlin W 35, Bissingzeile 19, zu beziehen.

Eine weitere Berechnung, die hydraulischer Art ist, muß noch daneben durchgeführt werden zur Ermittlung der Entlastungseinrichtungen der T. im Falle eines Hochwassers, d. h. zur Bemessung der Maße des Hochwasserüberfalls und der Grundablässe. Das gilt für alle T. gleich welcher Bauart. Im allgemeinen wird angenommen, daß jede dieser beiden Entlastungseinrichtungen für sich imstande sein soll, das höchste Hochwasser abzuführen. Die Möglichkeiten der Größe eines solchen Hochwassers hängen von so viel Umständen ab, daß hierüber keine allgemeinen Angaben gemacht werden können. Es ist hier hinzuweisen auf die für die betreffende Gegend maßgebenden gewässerkundlichen Unterlagen, die durch die Landesanstalt für Gewässerkunde in Berlin eingeholt werden können.

Talsperren, Trinkwasser - T. Eine Reihe von T. (s. d.) ist in Deutschland lediglich für die Zwecke der Trinkwasserversorgung gebaut worden. Die Anregung dazu gaben L i n d l e y in Frankfurt a. M. für eine erzgebirgische Stadt, B ö k e r in Remscheid und I n t z e in Aachen für eine Stadt in Westdeutschland. Insgesamt erhalten etwa 500 Gemeinden Wasser aus T. Einige andere im Bau befindliche Sperren werden noch vielen anderen Gemeinden das notwendige Wasser liefern. Das Speichervermögen der reinen Trinkwasser-T. betrug bisher rund 165 Millionen m³. Nach Fertigstellung der im Bau befindlichen wird es nicht unbedeutend steigen. Eine Reihe anderer T. kommen mittelbar der Trinkwasserversorgung zugute, indem sie

in Trockenzeiten den Flußläufen Wasser zuführen, aus deren Untergrunde die anliegenden Werke ihr Wasser schöpfen.

MEYER, AUG. F., Trinkwasser aus Talsperren. München 1937.

Talweg, Verbindungslinie der tiefsten Punkte der aufeinander folgenden Flußquerschnitte.

Tau bildet sich durch Abkühlung des Wasserdampfes der Luft an erkalteten Gegenständen, z. B. Pflanzenteilchen, bei Temperaturen über dem Gefrierpunkt (RUBNER).

Tauchbrett s. Tauchwand.

Tauchkörper, künstlich belüftete, unter Wasser arbeitende biologische Körper aus Steinstücken, Koks, Holzlatten, Kork- oder Holzstücken, gewellten Aluminiumplatten oder Beton-

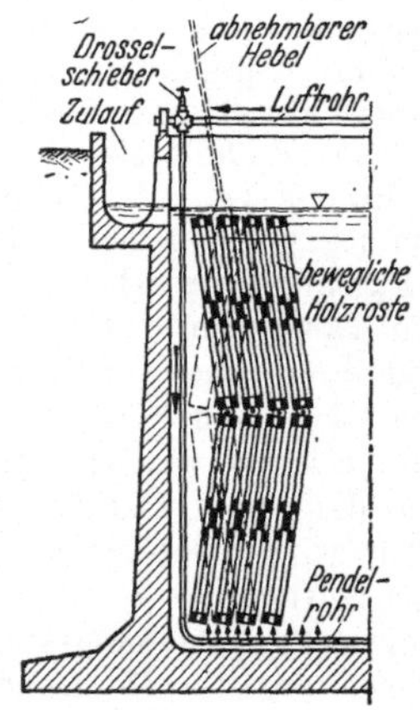

Tauchkörper mit beweglichen Holzrosten und Pendelrohrbelüftung.

stäben. Die in oben und unten offenen Holzkästen untergebrachten Körper werden in das in Becken fließende Abwasser gehängt und von unten her mittels Druckluft, die durch feststehende oder pendelnde Rohre eingeblasen wird, belüftet. Die Abbaustoffe der auf dem Füllgut angesiedelten Kleinlebewesen müssen durch die

Wasserbewegung und die Druckluft, gegebenenfalls auch durch zeitweises Bewegen oder Spülen der T. regelmäßig entfernt werden, damit die Körper nicht verschlammen. Die Abbaustoffe werden in Absetzbecken ausgeschieden (Nachklärung) und in den Zulauf der Vorklärung gebracht. T. sind besonders zur biologischen Teilreinigung geeignet. Für städtisches Abwasser kommen sie heute nicht mehr in Frage, sie eignen sich dagegen zur Entfettung von Wollwaschwässern und zur Behandlung von phenolhaltigem Abwasser und Brennereiabwasser (s. Biologische Körper).

Tauchpumpe s. Pumpe.

Tauchwand, dünne Wand aus Holz (Tauchbrett), Beton oder Eisenblech, die in das Abwasser taucht, um Schwimmstoffe zurückzuhalten, den Abwasserstrom abzulenken oder, wie z. B. am Einlauf von Absetzbecken, Wasserstöße abzufangen.

Taupunkt, derjenige Zustand der Gase, insbesondere der Luft, bei der sie bei der jeweiligen Temperatur mit Wasserdampf gesättigt ist.

Beim Sinken der Temperatur unter den T. wird der Dampf kondensiert. Geht die Abkühlung der Luft weiter zurück, so wird ein Teil der Feuchtigkeit als Niederschlag ausgeschieden. Eine solche Abkühlung unter den T. kann erfolgen:

a) durch dynamische Abkühlung, die infolge der Ausdehnung durch schnelle Druckabnahme auftritt. Sie stellt sich besonders dann ein, wenn aufsteigende warme Luftmassen in höheren Lagen in Gebiete geringeren Druckes gelangen.

b) durch Wärmeausstrahlung. Sie erklärt vielfach Nebel- und Taubildung.

c) durch Mischung von Luftmassen verschiedener Wärme (HOLLUTA).

Tausendblatt s. Plankton.

Teer, ein flüssiges bis halbflüssiges Erzeugnis, das bei der trockenen Zer-

setzung (Verkokung) organischer Naturstoffe wie Torf, Holz, Braunkohle und Steinkohle als Nebenerzeugnis anfällt (MALLISON).

Teerabscheider, Einrichtungen zum Abscheiden von Teer aus dem Gas bzw. Gaswasser (s. d.) von Kokereien, Gasanstalten, Braunkohlenschwelanlagen, dem Kühl- und Waschwasser von Gasgeneratorenanlagen u. a. Die Abscheidung des Teers erfolgt i. a. zunächst in T e e r w ä s c h e r n, Umlaufwäschern (Desintegratoren), die teilweise mit Teer gefüllt sind. Der flüssige Teer löst den in Tröpfchenform

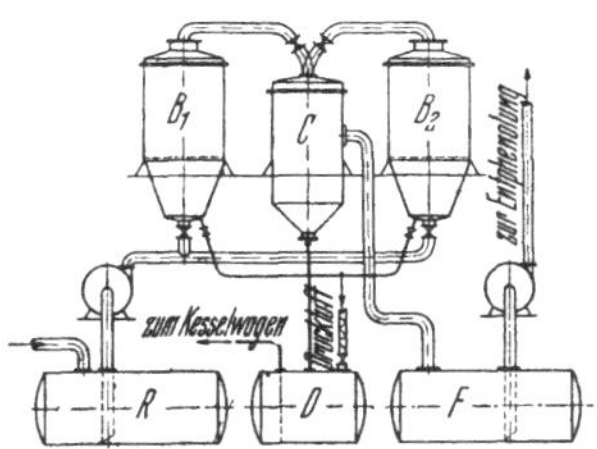

Entteerungsanlage für Ammoniakrohwasser nach KÖNIG.

im Gaswasser oder Abwasser vorhandenen Teer heraus. Die Nachreinigung erfolgt meist in Filtern, die mit Eisendrehspänen oder Koks gefüllt sind. Der auf der Oberfläche der Füllstoffe sich ansetzende Teer nimmt allmählich Tropfenform an und sammelt sich zusammen mit dem übrigen Teer. In den letzten Jahren hat sich die e l e k t r i s c h e E n t t e e r u n g in großem Umfang einführen können. Sie hat, abgesehen von der zuverlässigen Teerbeseitigung aus dem Gas, den Vorteil, daß der gewonnene Teer und das Öl hochwertig und leicht verkäuflich sind.

Teerhaltiges Abwasser fällt u. a. in Kokereien, Gasanstalten, Gasgeneratorenanlagen und in der Holzverkohlungsindustrie an. Bei der Ableitung in ein Entwässerungsnetz setzt sich der Teer leicht an den Rohrwandungen

fest, verengt dadurch den Durchflußquerschnitt und führt so zu schlecht
zu beseitigenden Verstopfungen. Die
mechanische und biologische Reinigung
in Kläranlagen wird durch T. A. sehr
erschwert. Der nicht zersetzliche Teer
verstopft Schlammleitungen, stört oder
unterbindet die Schlammfaulung und
die biologische Reinigung. Das Zurückhalten des Teers schon an den Anfallstellen erfolgt durch Teerabscheider
(s. d.).

Teiche s. Seen.

Teichrösten s. Flachsrösten.

Teichrosen s. Plankton.

Teilgebietsnetz s. Entwässerungsnetz.

Teilklärung des Abwassers s. Abwasserklärung.

Teilstrom-Wassermesser s. Venturi-
Wassermesser.

Tellerkörper, aus tellerförmigen
Tonschalen aufgebauter Tropfkörper,
dessen einzelne Schichten von dem biologisch zu reinigenden Abwasser langsam durchflossen werden. Die Teller
haben 20 cm Durchmesser und liegen
in 21 Schichten übereinander. Ähnlich
dem T. ist der Reichlesche Plattenkörper, bei dem 61 mit Rinnen versehene Platten kreuzweise übereinander geschichtet sind. Beide Tropfkörper eignen sich besonders dazu, die
biologischen Vorgänge beim Tropfkörperverfahren zu verfolgen. Sie sind
in erster Linie zu diesem Zwecke von
BEGER und REICHLE in der Landesanstalt für Wasser-, Boden- und Lufthygiene, Berlin, hergestellt und zu umfangreichen Untersuchungen verwendet worden (s. Tropfkörper).

Temperaturgefälle, Wärmewert,
Unterschied $W = T_a - T_i$ zwischen
der Abwassertemperatur und der Lufttemperatur.

Textilfabriken, die Gesamtheit der
Betriebe, die Faserstoffe verarbeiten,
mit Ausnahme der Papierfabriken.
Sie benötigen i. a. ein klares, mög

lichst farbloses, weiches, mineralstoffarmes, praktisch eisen-, mangan- und
nitritfreies Brauchwasser. An organischen Stoffen reiches Wasser ist wegen
Mißfärbung der Stoffe nicht geeignet.

Die wichtigsten Abwassererzeuger in
der Textilindustrie sind bei der Reinigung und Vorbereitung der Rohstoffe
zu Halbfabrikaten die Flachsrösten
(s. d.), Wollwäschereien (s. d.), Seidenkochereien (s. d.) und Baumwollbleichereien (s. d.). Bei den Anlagen
für die eigentliche Verarbeitung ist zu
unterscheiden zwischen dem Abwasser
von Tuchfabriken (s. d.), Kunstseidefabriken (s. d.), Zellwollefabriken (s.
d.), Färbereien (s. d.), Zeugdruckereien (s. d.), Bleichereien (s. d.) und
Appreturanstalten (s. d.).

Thermalbrunnen, ein Brunnen, der
Thermalwasser erschließt.

Thermalquelle, eine natürliche Quelle,
die Thermalwasser liefert.

Thermische Entgasung s. Entgasung.

Thermische Enthärtung, Destillation,
Verfahren zur Beseitigung der Kesselsteinbildner aus dem Kesselspeisewasser (s. d.). Die Enthärtung des Rohwassers wird in Plattenkochern, Verdampfern oder Dampfumformern
durchgeführt.

Thiem, A., Altmeister der Hydrologie und führender Ingenieur auf dem
Gebiete der Trinkwasserversorgung.
Geboren 21. Februar 1836 in Liegnitz.
Besuchte die dortige Realschule und
wandte sich dann dem Gas- und Wasserfach zu. 1870 erste hydrologische
Abhandlung: „Die Ergiebigkeit artesischer Bohrlöcher, Schachtbrunnen
und Filtergalerien" im Journal für
Gasbeleuchtung und Wasserversorgung. Ausgesprochener Anhänger und
Verfechter der Grundwasserversorgung. Planungen für eine überaus
große Zahl von Wasserwerken im In-
und Auslande. 1886 dauernde Niederlassung in Leipzig. Aus seiner Schule
gingen viele spätere deutsche Wasser-

fachmänner hervor. Ferner Beteiligung an anderen schwierigen technischen kommunalen Aufgaben. 1892 sächsischer Baurat. Gest. 2. Mai 1908 in Leipzig.

Thiotrix nivea s. Schwefelbakterie.

Thurament, ein Erzeugnis aus der Hochofenschlacke, das als hydraulischer Zuschlagstoff zu Mörtel und Beton Verwendung findet, aber keine Eigenfestigkeit besitzt. Der Th. kann daher nur in Verbindung mit Portlandzement, Hüttenzementen oder Kalk, jedenfalls kalkhydratabspaltenden Bindemitteln verarbeitet werden. Th. hat folgende chemische Zusammensetzung in Gewichtsteilen:

$$SiO_2 = 30,0\%\quad MgO = 8,5\%$$
$$R_2O_3\text{*)} = 18,5\%\quad SO_3 = 2,0\%$$
$$CaO = 40,0\%\quad S = 1,0\%$$

Das Raumgewicht, eingefüllt, beträgt im Mittel etwa 1,2, die Wichtezahl 2,75 bis 2,85. Die Lagerbeständigkeit ist eine sehr hohe. Th., als Zuschlagstoff verwendet, setzt die Abbindewärme und das Schwinden des Betons herab und verleiht dem Mörtel und Beton eine größere Widerstandsfähigkeit gegen Auslaugung und gegen angreifende Wässer. Die Anwendungsgebiete des Th.s sind hauptsächlich Großbauten (Kanäle, Schleusen, Brücken, Talsperren).

Tiefbehälter, Vorratsbehälter, meist Ausgleichsbehälter, ohne Einfluß auf den Versorgungsdruck der Wasserleitung.

Tiefbrunnen-Kolbenpumpe s. Pumpe.

Tiefsandfang, brunnenförmiger Spülsandfang mit senkrechtem Wasserdurchfluß, bei dem der abgesetzte Sand von einem Tiefpunkte aus mit

tels Druckluft oder Druckwasser gespült und dadurch von dem mitabgesetzten Schlamm befreit werden kann (s. Sandfang, Spülsandfang, Blunksandfang).

Tiefspülbecken s. Spülabortbecken.

Tierhaarzubereitungsanlagen. Das beim Waschen, Kochen und Färben der Tierhaare in T. und Bürstenfabriken anfallende Abwasser wird nach Entfernung der feinen Haarreste zweckmäßig zur weiteren Behandlung dem städtischen Entwässerungsnetz zugeführt.

Tierkörperverwertungsanstalten. Die Kadaver der an Krankheiten eingegangenen Tiere bzw. Tierabfälle werden durch Behandlung mit Dampf unter Druck aufgelöst und in Tierkörpermehl, Fett und Leimbrühe zerlegt. Das anfallende Fett wird in Seifenfabriken verwendet. Der Rest wird zu Tierkörpermehl eingetrocknet, das als Futtermittel benutzt wird.

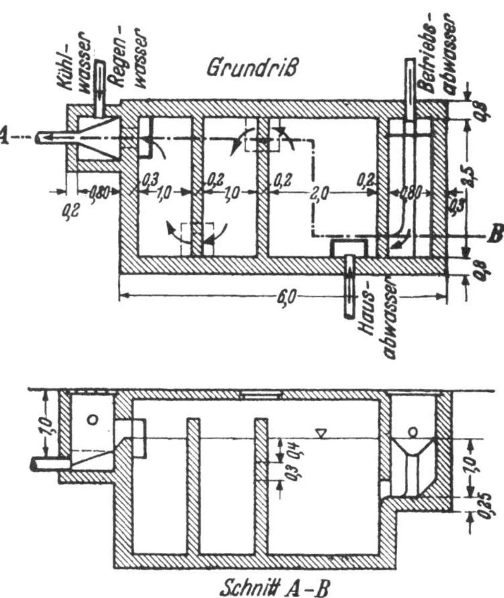

Faulgrube für das Abwasser einer Tierkörperverwertungsanstalt.

---

*) Radikal Eisen und Tonerde.

Die anfallende geringe Menge Abwasser besteht aus dem

1. Schlachtraumspülwasser,

2. Spül- und Waschwasser aus dem Apparateraum und dem

3. Kondenswasser von der Tierkörpermehltrocknung.

Je nachdem, ob hierbei mit Oberflächenkondensatoren oder Einspritzkondensatoren gearbeitet wird, ist das Abwasser mehr oder weniger konzentriert und dabei stark faulnisfähig. Wegen der Gefahr der Verbreitung von Seuchen darf das Abwasser von T. nicht unmittelbar in Wasserläufe eingeleitet werden, vielmehr ist eine gründliche Ausfaulung in einer mindestens für 20tägigen Aufenthalt bemessenen Faulgrube durchzuführen mit anschließender Aufnahme in ein städtisches Entwässerungsnetz, oder, wenn dieses nicht zu erreichen ist, mit anschließender Verrieselung oder Untergrundverrieselung auf geeignetem Gelände.

Langbein. F., Richtlinien für die Abwasserbeseitigung bei Tierkörperbeseitigungsanstalten. Zentralbl. d. Bauwesen. 1944. Heft 1—4, S. 15.

Tillmans, Joseph, Dr., Professor, Direktor des städtischen Nahrungsmitteluntersuchungsamtes und des Universitäts-Institutes für Nahrungsmittelchemie Frankfurt a. M. Hervorragende Arbeiten in der Wasserchemie (Entmanganung, Korrosion und Entsäuerung, Kalkkohlensäure-Gleichgewicht). Gest. 5. Februar 1935 in Frankfurt a. M.

· Tillmans, J., Die chemische Untersuchung von Wasser und Abwasser. 2. Aufl. Halle/S. 1932.

Titrieren, eine volumetrische Bestimmung. Die in einer Lösung enthaltene Menge eines Stoffes wird dadurch ermittelt, daß man ihr die Lösung eines anderen Stoffes allmählich hinzufügt, deren Gehalt genau bekannt ist (Titrierflüssigkeit), und zwar wird soviel von dieser Flüssigkeit hinzugefügt, wie nötig ist, um den zu untersuchenden Stoff völlig umzusetzen. Die Beendigung dieses Vorganges wird an der Änderung der Farbe eines beigegebenen, im übrigen unbeteiligten Stoffes (Indikation) erkannt (Brockhaus).

Tolidin s. Orthotolidinverfahren.

Ton, nach längerem Förderweg durch Wasser, Eis und Wind festgewordener Schlamm, der verschiedenfarbig ist und bis 70 v. H. seines Volumens Wasser aufnehmen kann. Die Bezeichnung für reine Tonerde ist Kaolin (Behr).

Tonerde, schwefelsaure, Aluminiumsulfat, $Al_2(SO_4)_3$. Sie dient als Fällmittel zur Ausflockung kolloidaler, das Wasser trübender und färbender Stoffe. Die T. bildet mit dem fast in jedem Wasser vorhandenen kohlensauren Kalk Gips und Aluminiumhydroxyd. Das letztere fällt in Flocken aus, die die Schwebestoffe, Tonteilchen, Algen, Farbstoffe und Bakterien umhüllen und zu Boden reißen oder auf dem Filter festhalten. Die Umsetzung erfolgt dabei nach der Formel

$$Al_2(SO_4)_3 + 3\ Ca(HCO_3)_2$$

schwefelsaure kohlensaurer
Tonerde   Kalk

$$= Al_2(OH)_6 + 3\ CaSO_4 + 6\ CO_2$$

Aluminium- Gips Kohlen-
hydroxyd   säure

Die als Fällmittel zur Verwendung kommende T. soll möglichst frei von Arsen, Eisen und Mangan sein und mindestens 15 v. H. Aluminiumoxyd (Al_2O_3) enthalten. Sie wird nach Gross in einer Lösung von 2 bis 5 Hundertteilen dem Wasser zugesetzt und gewöhnlich in Dosen von 10 bis 50 g/m³ des zu klärenden Rohwassers. Die zweckmäßigste Zusatzmenge ist durch Versuche festzustellen.

Travisbrunnen, Travisbecken, zweistöckige Absetzanlage, bei der der Schlammzersetzungsraum (Faulraum) nicht wie beim Imhoffbrunnen vollkommen vom Absetzraum getrennt ist, sondern bei der etwa ein Fünftel der Abwassermenge durch den durchschnittlich alle 14 Tage auszuräumenden Faulraum fließt: Absetzanlage mit durchflossenem Faulraum (s. Zweistöckige Absetzanlage, Imhoffbrunnen).

Treber, Trester, feste Rückstände der Bierbereitung, die als Viehfutter Verwendung finden.

Trennverfahren, die getrennte Ableitung des Schmutzwassers und des Niederschlagwassers in zwei verschiedene Entwässerungsleitungen, wobei auch die Möglichkeit besteht, nur das Schmutzwasser unterirdisch, das Regenwasser dagegen oberirdisch abzuführen. Das T. steht im Gegensatz zum Mischverfahren, bei dem beide Abwasserarten in einer gemeinsamen Leitung fortgeführt werden (s. Mischverfahren, Vergleich zwischen Misch- und Trennverfahren, Kostenvergleich zwischen Misch- und Trennverfahren).

Trester s. Treber.

Trichterbecken, Absetzbecken, dessen Sohle aus aneinanderstoßenden, meist gleichen, quadratischen Schlammsammeltrichtern besteht.

Trichterstoffänger, Stoffänger (s. d.), dessen Arbeitsweise auf dem Absetzen der Schwebestoffe beruht. Das Abwasser bewegt sich nach seinem Eintritt in den T. zunächst nach unten, wobei die Fasern infolge stärkerer Sinkgeschwindigkeit in die Spitze des Trichters absinken. Das geklärte Abwasser

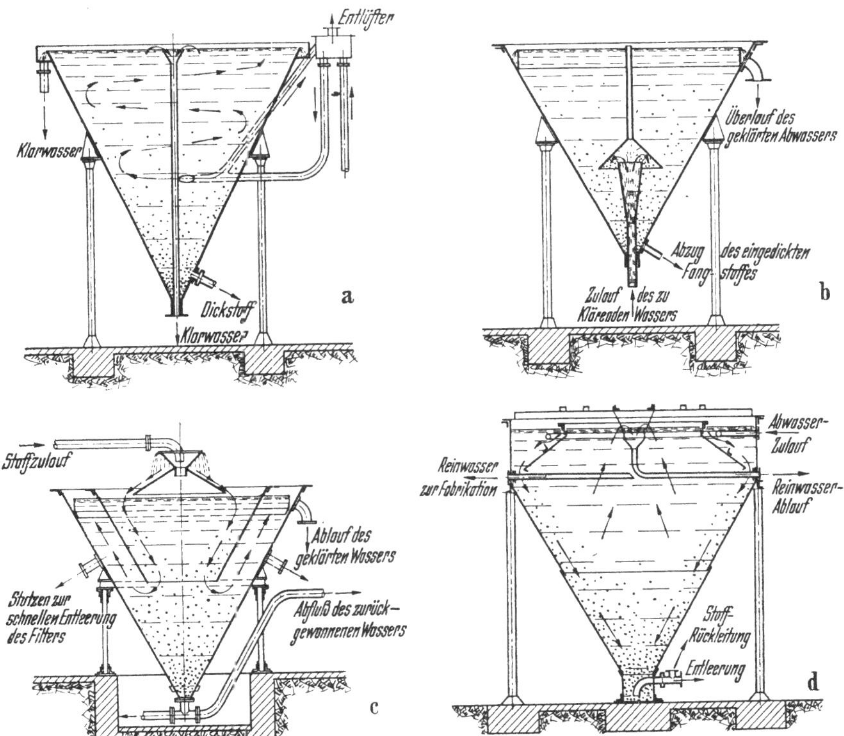

Trichterstoffänger verschiedener Bauarten.
a) A r l e d t e r, b) F ü l l n e r, c) C l a r o s, d) L e h n e r und S c h m a l z.

kehrt nach kurzer Zeit seine Bewegungsrichtung um und fließt am oberen Ende des T.s getrennt durch Zwischenwände wieder ab. Die Wirkung der T. kann durch Zusatz von Fällmitteln (s. d.) gesteigert werden. Bekannt sind die T. der Firmen Lehner und Schmalz, Dresden N. 15; Linke-Hofmann-Busch-Werke, Abt. Füllnerwerke, Bad Warmbrunn (Schles.); Claros G.m.b.H., Dresden; der Arledter Trichter u. a.

Trikresylphosphatverfahren s. Entphenolungsanlagen.

Trinatriumphosphat s. Phosphatverfahren.

Trinitrophenol, Pikrinsäure, wichtiger Sprengstoff (s. Sprengstofffabriken).

Trinitrotoluol, wichtigster militärischer Sprengstoff (siehe Sprengstofffabriken).

Trinkwasser, das dem menschlichen Genuß dienende Wasser, sei es, daß es unmittelbar genossen wird, sei es, daß es in Getränken, in Nahrungsmitteln und in Speisen, in ungekochtem oder gekochtem Zustande, dem Menschen zugeführt wird. Das T. muß deshalb dauernd frei sein von Krankheitserregern und sonstigen Stoffen, die die Gesundheit schädigen können. Die Anforderungen, die in gesundheitlicher und technischer Beziehung an ein Trinkwasser und ebenso auch an ein Hauswirtschaftswasser zu stellen sind, sind in den vom Deutschen Verein von Gas- und Wasserfachmännern e. V. herausgegebenen Leitsätzen für die Trinkwasserversorgung zusammengestellt (DIN 2000).

Triverfahren, Abkürzung für Trikresylphosphatverfahren (s. Entphenolungsanlagen).

Trockenabort, Abort ohne Wasserspülung. Nur für ländliche Verhältnisse geeignet, wenn die menschlichen Ausscheidungen unmittelbar auf den Dunghaufen gelangen. Als Behelfsmaß-

nahme kann er dort in Frage kommen, wo einzelne Grundstücke oder Grundstücksgruppen nicht an eine öffentliche Entwässerungsanlage angeschlossen werden können. Er wird dann am besten als Torfstreuabort ausgebildet, wobei die mit Torfmull gemischten Ausscheidungen im Garten zu Dungzwecken verwendet werden können.

Trockenblut, Blutmehl, durch Eindampfung in Vakuumtrocknern gewonnenes Nebenerzeugnis von Schlachthöfen, das vor allem nach Eintrocknung zusammen mit Kleie oder Melasse als Futtermittel benutzt wird (s. Schlachthofabwasser).

Trockene Destillation s. Destillation.

Trockenläufer, Wasserzähler (s. d.), bei denen sich nur das Übersetzungswerk im nassen, das Zählerwerk hingegen im trockenen Raum des Zählergehäuses befindet. Beim Naßläufer (s. d.) bewegen sich beide Werke im nassen Raum.

Trockenmolke s. Molke.

Trockenrückstand, der beim Verdampfen und Trocknen (bei etwa 105°) einer gefilterten Trink- oder Abwassermenge verbleibende feste Rückstand. Da die ungelösten Stoffe auf dem Filter zurückbleiben, enthält der T. die gelösten Stoffe (s. Abdampfrückstand, Gesamt-Trockenrückstand).

Trockenschnitzel, die getrockneten Abfälle der Schnitzelpresse in Zuckerfabriken. Sie werden als haltbares Futter für Rindvieh und Pferde verwertet (s. Zuckerfabriken).

Trockenschrank, kleiner, wärmeundurchlässiger, elektrisch geheizter Schrank, in dem abzutrocknende und chemisch oder biologisch zu untersuchende Stoffe unter gleichmäßiger Wärme gehalten werden können.

Trockentrommel, langsam sich drehende, eiserne Trommel, die von zu trocknendem Abwasserschlamm im Gegenstrom zu heißer Luft (Eintrittstemperatur 600°) durchwandert wird.

Nach IMHOFF soll der in die T. gebrachte stichfeste Schlamm höchstens 50 v. H. Wassergehalt haben, er muß deshalb gegebenenfalls mit Trockengut gemischt werden. Der aus der T. kommende Schlamm soll weniger als 10 v. H. Wasser enthalten, er kann dann gemahlen und als Streudünger verwendet werden.

IMHOFF, K. Amerikanische Abwassertechnik. Rundschau Deutscher Technik 1940, Nr. 29.

Trommelfilter, Filter (s. d.) zur Entwässerung von Schlämmen aus Flüssigkeiten und zur Gewinnung von Stoffresten aus faserstoffhaltigem Abwasser (s. Stoffänger). Auch die in Zucker- und Kartoffelstärkefabriken benutzten Pülpefänger (s. d.) werden meistens als Trommelfilter gebaut.

Eine um eine horizontale Achse drehbare, mit einer Siebfläche bespannte Trommel taucht in einen Trog ein, der die zu filternde Flüssigkeit enthält. Die in der Flüssigkeit enthaltenen festen Stoffe werden beim

Trommelfilter mit Schaberabnahme.
(Bauart Schüchtermann u. Kremer-Baum, Dortmund.)

Durchströmen des Trommelmantels auf der Oberfläche des T.s festgehalten, während die Flüssigkeit durch das Innere der Trommel abläuft. Zum Abnehmen der festen Stoffe von der Filterfläche dienen Schaber, um die Trommel umlaufende Filtertücher und andere Einrichtungen. Zur Erhöhung der Filterwirkung wird bei den Saug-

zellenfiltern (s. d.) das Innere der Trommel unter Vakuum gesetzt.

Trommelrechen, beweglicher Abwasser-Rechen aus einer um eine lotrechte Welle drehbaren, im Abwasser liegenden Trommel, deren Mantel aus ringförmigen, eisernen Rechenstäben gebildet ist. Das beim Durchfluß des Abwassers durch die Trommel auf dem Mantel zurückbleibende Rechengut wird bei der Drehung der Trommel durch einen feststehenden, zwischen die Ringstäbe des Mantels greifenden Kamm an einer Seite zusammengeschoben und mittels eines Baggers entfernt.

Trommelsieb, trommelförmiges Abwassersieb von einem im Verhältnis zur Länge sehr großen Durchmesser, das sich langsam um die waagerecht liegende Trommelachse dreht und mit dem unteren Teil der Mantelfläche in das Wasser taucht. Dieses durchfließt das Sieb von der einen Stirnseite zur anderen. Das an der Innenseite des zylindrischen oder kegelstumpfförmigen Trommelmantels hängende Siebgut wird durch die Drehung aus dem Wasser gehoben und dann von außen her durch Druckluft in ein innerhalb der Trommel stehendes, verfahrbares Fördergefäß abgeblasen (s. Abwassersieb).

Tropfkörper, ein kegelstumpf- oder rechteckförmiger B r o c k e n k ö r p e r, der aus 20 bis 100 mm großen Stücken von wetterfestem Gestein, Schlacke oder Hüttenkoks etwa 1,5 bis 3,0 m hoch aufgeschichtet wird und durch den das von oben her in feiner Verteilung aufgebrachte Abwasser zum Zwecke der biologischen Reinigung langsam hindurchtropft. Der auf den Brocken sich während der Einarbeitung bildende schleimige Belag (biologischer Rasen) ist mit Sauerstoff brauchenden (aëroben) Kleinlebewesen (vorwiegend Bakterien und Protozoën, aber auch Algen, Würmern und

Gliederfüßlern) durchsetzt, die die von dem Belag festgehaltenen (adsorbierten) organischen Schmutzstoffe des Abwassers abbauen (zersetzen, mineralisieren). Die Oberfläche und der Boden des T.s müssen für den Luftzutritt offen sein, die Seitenwände werden zweckmäßig durch dichte Wände, etwa aus Beton oder Mauerwerk gebildet, um den lotrechten, kaminartigen Luftdurchzug zu fördern, den T. vor kaltem Wind zu schützen und das Austreten der belästigenden Psychodafliege zu verhindern. Um den Luftzutritt von unten und den Wasserabfluß zu erleichtern, wird am besten ein doppelter Körperboden angeordnet. Der obere, mit Löchern oder Schlitzen versehene trägt die Brocken, auf dem unteren mit Rinnen ausgestatteten fließt das Wasser ab. Der Raum zwischen den beiden Böden steht durch Unterbrechungen der Seitenwände mit der Außenluft in Verbindung. Die Größe dieser Unterbrechungen folgt aus der Gleichung:

$$F = F_1 \cdot \frac{v_1}{v},$$

worin F die Gesamtfläche der Unterbrechungen in m², F_1 die Größe des mittleren, waagerechten Querschnitts durch den T. in m², v die Geschwindigkeit der Außenluft beim Durchtritt durch die Unterbrechungen in mm/s und v_1 die lotrechte Luftgeschwindigkeit im T. in mm/s ist. Beispielsweise wird für $F_1 = 200$ m² (kegelstumpfförmiger T. von 16 m mittl. Durchm.), $v = 500$ mm/s und $v_1 = 5$ mm/s:

$$F = 200 \cdot \frac{5}{500} = 2 \text{ m}^2 \text{ (s. Belastung des}$$

T.s, Tropfkörperanlage, Beschickung des T.s, Umwälztropfkörper).

Tropfkörperanlage, nach dem Tropfkörperverfahren arbeitende Abwasser-Reinigungsanlage. Sie besteht i. a. aus folgenden Einzelanlagen: 1. Vorkläranlage aus Rechen, Sandfang (gegebenenfalls auch Ölfang) und Absetzbecken. 2. Tropfkörper. 3. Nachkläranlage i. a. Absetzbecken. 4. Schlammfaulräume für den abgesetzten Schlamm. 5. Faulgasbehälter. 6. Schlammtrockenplätze für den Faulschlamm. 7. Maschinenanlage zur Hebung des Abwassers auf die Tropfkörper, zur Schlammbeförderung und gegebenenfalls auch zur Belüftung der Körper, ferner zum Betriebe etwa vorhandener maschineller Einrichtungen (Kratzer, Streudüsen, elektrisch betriebener Wandersprenger) und zur Beleuchtung. 8. Rohrleitungen. Die T. ist i. a. nicht so empfindlich gegen Überlastung und Veränderung der Abwasserbeschaffenheit wie die Belebungsanlage, braucht aber mehr Platz und verursacht häufig Geruchsbelästigung und Fliegenplage. Beispiele für die Berechnung von T.n bei Imhoff (s. Tropfkörper; Tropfkörper, geschlossener; Spültropfkörper; Wandersprenger; Streudüsen).

· Imhoff, Taschenbuch der Stadtentwässerung, 10. Aufl. 1943, S. 140—158 u. 255—258.

Tropfkörperfliege s. Psychoda.

Tropfkörper, geschlossener, von Blunk und Prüss eingeführter rings umschlossener Tropfkörper von etwa 4 m Höhe und 18 bis 20 m Durchmesser, der von oben her durch Drehsprenger ununterbrochen mit Abwasser beschickt und durch einen in die Decke des Umfassungsbauwerks eingebauten Schraubenlüfter künstlich durchlüftet wird. Die· Korngröße des Füllgutes beträgt in der 3 m hohen Hauptschicht 20 bis 40 mm, in der darüber liegenden 0,5 m hohen Verteilungsschicht 40 bis 50 mm und in der unteren 0,5 m hohen Stützschicht mehr als 50 mm. Die T. erzeugen keine Geruchsbelästigung und keine Fliegenplage. Sie können verhältnismäßig hoch belastet werden (täglich etwa 5 m³ mittleres städtisches Abwasser auf 1 m³ Füllgut bei einem Luftverbrauch von 30 m³ auf 1 m³ Abwasser) und

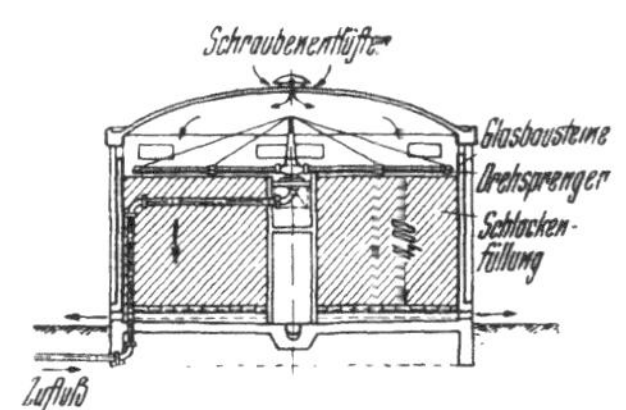

Schnitt durch einen geschlossenen und
belüfteten Hochleistungstropfkörper.

werden daher auch als H o c h l e i -
s t u n g s t r o p f k ö r p e r bezeichnet
(Bauart Bamag-Meguin.)

BLUNK, H., Technisches Gemeindeblatt, 40
(1937), S. 73.
PRÜSS, M., Bauingenieur 19 (1938), S. 365.

Tropfkörper, hochbelasteter s. Spültropfkörper.

Trübe, in der Aufbereitung (s. d.)
ein Wasserstrom, in dem feste Stoffe
bis zur feinsten Korngröße enthalten
sind. Auch als Bezeichnung für das
Abwasser von Aufbereitungsanlagen,
Erzwäschen und dergl. gebräuchlich.

Trübung des Wassers. Sie kann entweder durch Feststellung derjenigen
Schichthöhe des Wassers bestimmt
werden, die in einem Durchsichtigkeitszylinder eine gut beleuchtete
Schrift eben zum Verschwinden bringt
(Snellensche Schriftprobe), oder man
stellt Vergleichstrübungen her und arbeitet mit optischen Geräten. Bei Oberflächenwässern wird eine weiße Porzellanscheibe in das Wasser gelegt und
die Eintauchtiefe gemessen. Eine besondere praktische Bedeutung hat die
Trübungsmessung bei der Prüfung von
Trinkwässern heute nicht mehr.

Trübungsgrad, Kehrwert (reziproker
Wert) des Durchsichtigkeitsgrades. Ist
zum Beispiel der im Durchsichtigkeitszylinder bestimmte Durchsichtigkeitsgrad einer Abwasserprobe 15 cm, so
ist ihr T. 1/15 cm (s. Durchsichtigkeitsgrad, Durchsichtigkeitszylinder, Trübung des Wassers).

Tuchfabriken stoßen je nach der Art
des Arbeitsvorganges ganz verschiedene Abwasserarten ab. Das Abwasser
enthält neben Faserresten Fette, Sei-
fen- und Sodalaugen, Säuren, Beiz-
und Farbstoffe. Die Faserstoffe werden
beim Waschen, Färben und Spülen
von den Strickwaren oder von den
Rohstoffen abgerieben und abgespült.
Bei der Ableitung des Abwassers aus
T. in ein Entwässerungsnetz oder in
Wasserläufe setzen sich die Fasern an
den Rohrwandungen oder an den
Ufern in dicken Filzschichten ab. Zum
Abfangen der Faserstoffe werden mit
Erfolg Trommelfilter (s. d.) benutzt.
Die weitergehende Reinigung des Ab-
wassers erfolgt zweckmäßig zusam-
men mit häuslichem Abwasser.

Tundra, Gesamtheit der baumlosen
Vegetation z. T. auf vertorftem Boden
jenseits der polaren Waldgrenze.

Im besonderen wird als T. eine
Moos- und Sumpfsteppe im Zeitraum
des Überganges von der Eiszeit zur
Wärmezeit bezeichnet. Der Boden war
größtenteils noch gefroren und nahm
anfänglich auch kein Grundwasser auf
(s. Entwicklung, nacheiszeitliche).

Turgor, die innere Spannung der
Zelle einer Pflanze, hervorgerufen
durch die osmotische Wirkung des
Zellsaftes. Die Turgeszenz verleiht bei
einer Pflanze den mit Wasser noch
nicht genügend gesättigten Zellen eine
saugende Wirkung (Turgorgefälle), die
bei den Bäumen das Wasser allmählich
bis zum Wipfel führt. Ein Überschuß
an Wasser wird durch die Transpiration der Pflanzen, d. h. durch Verdunstung (s. d.) beseitigt.

Turmbehälter, Wassertürme werden dort angeordnet, wo eine ebene
Geländegestaltung die Anlage von
Erdbehältern (s. d.) zur Aufspeicherung von Trinkwasser auf höher
gelegenen Punkten nicht gestattet. Sie
erfordern wegen der notwendigen
kräftigen Unterbauten erhebliche
Kosten. Die Ausmaße der Behälter
sind daher einer starken Beschrän-

kung unterworfen. Allerdings darf man darin auch nicht zu weit gehen. Eine gewisse Rücksicht ist auf die Aufspeicherung eines Vorrates für Brandfälle zu nehmen. Günstige Ausmaße der T. ergeben sich, wenn der Behälterdurchmesser annähernd der doppelten Höhe entspricht. Die gebräuchlichsten T. sind die Hängeboden-Behälter, die Klönne- und Barkhausen-Behälter, so- wie die Intze-Behälter mit Stützboden und Hängeboden. Für jeden der genannten Behälter bestehen Formeln zur Berechnung der Blechstärken (nach BRIX).

. FOERSTER, Taschenbuch für Bauingenieure, IV. Auflage.

. BRIX, HEYD und GERLACH, Die Wasserversorgung. 3. Aufl. München 1943.

Typ s. Norm.

U

Überchlorung s. ADM-Verfahren und Hochchlorungsverfahren.

Überfallbauwerk, Sonderbauwerk in einem nach dem Mischverfahren arbeitenden Entwässerungsnetz. In ihm liegt die Überfallschwelle, über die das aus Schmutz- und Regenwasser bestehende Mischwasser zur Entlastung des Entwässerungsnetzes in den Regenauslaß übertritt (s. Kreuzungsbauwerk, Zusammenführung von Abwasserleitungen).

Überfallmesser finden Anwendung zur Messung gereinigter, ungereinigter, kalter und warmer Flüssigkeiten in drucklosen Leitungen, offenen Gerinnen, Kanälen usw. zur Frischwassermessung, Abwassermessung, Ergiebigkeitsmessung von Brunnen, Quellen, Flußläufen usw., ferner zur Messung industrieller Wässer und chemischer Flüssigkeiten, sofern ihre Viskosität von der des Wassers nicht wesentlich abweicht. — Das Wasser wird über eine genau kalibrierte Überfallschneide geleitet. Der Höhenunterschied zwischen Ober- und Unterwasser kann mit etwa 200 mm bis 300 mm angenommen werden. Der Meßbereich beträgt etwa 1 zu 100 bis 1 zu 150 bei rechteckigen Überfallschneiden; bei dreieckigen Schneiden, die nur für kleinere Leistungen in Frage kommen, lassen sich größere Meßbereiche erzielen. Die Höhe des Wasserspiegels vor der Überfallschneide ist der Maßstab für die jeweilige Augenblicksleistung und wird durch einen Schwimmer auf ein Registriergerät übertragen (s. a. Überfallwehre).

Überfallquelle, eine Quelle, die an der zutage ausstreichenden gegen den Berg einfallenden Sohle eines Grundwasserleiters austritt (DONAT und KOEHNE).

Überfallwehre (Überfälle) dienen zur Messung größerer Wassermengen. Man unterscheidet vollkommene Überfälle oder Überfallwehre, bei denen der Unterwasserspiegel tiefer liegt als die Wehrkrone, und unvollkommene Überfälle oder Grundwehre, bei denen der Unterwasserspiegel höher liegt als die Wehrkrone. Die vollkommenen Überfälle sind besser zur Messung geeignet als die Grundwehre und in ihrer Wirkungsweise auch besser geklärt. Bei den vollkommenen Überfällen unterscheidet man solche mit seitlicher Einschnürung des Wassers und solche ohne diese Zusammenziehung. Bei den letzteren ist also die Überfallbreite gleich der des Zuflußgerinnes, bei den ersteren schmäler. Für die vollkommenen Überfälle ohne seitliche Einschnürung gibt die Gleichung

$$Q = 1,9 \cdot b \cdot h \cdot \sqrt{h}$$

ein angenähert richtiges Ergebnis der zu messenden Wassermenge. Für vollkommene Überfälle mit Seiteneinschnürung und mit scharfen Kanten gilt hingegen angenähert die Gleichung

$$Q = 1{,}8 \cdot b \cdot h \cdot \sqrt{h}$$

In den Gleichungen bedeutet Q die zu messende Wassermenge in m³/s, b die Überfallbreite und h die Überfallhöhe des Wassers in m, die letztere etwa 1 m hinter dem Wehre gemessen. Eine besondere Art der Überfallwehre stellt der Dreiecksüberfall dar. Dieser besteht aus einem rechtwinkligen Dreieck mit nach unten gerichteter Spitze. Er ist für kleinere Wassermengen besonders gut geeignet. Diese berechnen sich nach der Gleichung

$$Q = 0{,}014\, h^2 \cdot \sqrt{h}.$$

Es ist vorteilhaft, die Genauigkeit der angegebenen Formeln noch durch besondere Eichung mittels Flügelmessung im Gerinne regelmäßig nachzuprüfen.

Überlauf. Mit Ü. wird das Wasser bezeichnet, das die Aufnahmefähigkeit irgend einer zur Ansammlung oder Ableitung des Wassers bestimmten Einrichtung überschreitet und meist selbsttätig wieder abläuft, z. B. die Wassermenge einer Quelle, die von deren Ableitung nicht mehr aufgenommen werden kann, ferner der Teil der Zuflußmenge, die bei einem gefüllten Wasserbehälter den jeweiligen Bedarf überschreitet. Beim alten Röhrwesen, bei dem das Wasser durch Holzröhren einzelnen Grundstücken zugeleitet und durch einen Teiler vertragsmäßig verteilt wurde, war oder ist auch heute noch vielfach das Überlaufwasser Gegenstand einer besonderen Vertragsvereinbarung, nach der es unter gewissen Bedingungen an einen Nachbarn abgegeben wurde. Das Recht auf dies Wasser setzte aus in der Zeit, in der kein Überlauf stattfand, soweit die Vertragsbedingungen sonst eingehalten wurden. Heute geben manche Gemeinden, die mit Wasser versorgt sind, ebenfalls Wasser, das sie nicht brauchen, als Überlaufwasser ihrer Quellen oder Behälter an andere Gemeinden ab. Diese haben dafür ein Entgelt zu entrichten, mit dem sie sich an den Gewinnungs- und Zuleitungskosten beteiligen.

Mit Ü. wird auch die Einrichtung bezeichnet, die den unschädlichen Abfluß irgendeines überschüssigen Wassers vermittelt.

Überpumpwerk s. Hauptpumpwerk.

Überschreitungsdauer, Zeitdauer, während der ein bestimmter Wert einer Beobachtungsreihe überschritten wird, wenn jeder Wert für eine gleich lange Zeit gilt (Abszisse der Dauerlinie).

Überschreitungszahl, Anzahl der Werte einer Beobachtungsreihe, die größer sind als ein gewählter Wert dieser Reihe. Wenn die Werte jeweils für einen Tag gelten, gibt die Ü. die Überschreitungsdauer (s. d.) in Tagen an. Die Ü. wird durch einen über die Zahl gesetzten waagerechten Strich gekennzeichnet.

Überschußkohlensäure, der das Kalk-Kohlensäure-Gleichgewicht (s. d.) übersteigende Gehalt des Wassers an freier Kohlensäure.

Uferfilterung, eine Maßnahme zur Grundwassergewinnung in der Nähe von Flüssen, bei der durch Abteufen von Brunnen ein Gefälle zwischen Fluß und Untergrund erzeugt wird. Bei ausreichender Durchlässigkeit des Flußbettes dringt Wasser aus diesem in den Untergrund. Auf dem Wege zu den Brunnen, die einen Abstand von mindestens 50 m vom Ufer haben sollen, wird das Wasser in den Sandschichten des Untergrundes gefiltert. Die Beschaffenheit des Flußwassers einerseits und die Filterwirkung der Sandschichten andererseits sind von wesentlicher Bedeutung für die Güte des gewonnenen Wassers, das vielfach noch durch Chlorung entkeimt werden muß.

Umformer s. Dampfumformer.

Umlauf s. Sicherheitsumlauf.

Umlaufnetz, es entsteht aus dem Verästelungsnetz (s. d.) durch Verbindung der Leitungsendpunkte untereinander, wodurch jede Stelle des Rohrnetzes Wasser von beiden Seiten erhalten kann.

Umwälzbecken, Druckluftbecken, in das beim Belebungsverfahren die zur Belüftung des Abwassers und zu seiner Durchmischung mit den belebten Flocken dienende Luft durch Filterplatten hindurch von einer Längsseite der Sohle aus eingeblasen wird, so daß die Luftbewegung das Abwasser-Flokken-Gemisch umwälzt. Besonders für dünnes Abwasser geeignet (s. Druckluftbecken, Belebungsbecken, Hurdbecken).

Umwälztropfkörper, ringsum * geschlossener Tropfkörper aus sehr kleinem Füllgut (poröser Lavakies von 5 bis 10 mm Korngröße) und infolgedessen großer Oberflächenwirkung, der durch Drehsprenger beschickt und während des Betriebes von oben und unten her durch kräftige Gebläse belüftet wird. Beim Nachlassen der Reinigungswirkung wird das Füllgut durch „Umwälzspülung" gewaschen, indem man ein Gemisch von gereinigtem Abwasser und Luft mittels einer Mammutpumpe durch das Füllgut treibt, wobei das Füllgut unten abgezogen und oben wieder eingebracht, d. h. „umgewälzt" wird. Nach den Versuchen, die der Erfinder des U.s, Schreiber, mit kleineren Vergleichsanlagen angestellt hat, verspricht er sich bei der Anwendung im Großen eine wesentliche Verbilligung und Verbesserung der Abwasser-Reinigung.

Unterchlorig-Säure-Verfahren. Das U.S.Verfahren dient zur Unterstützung der Chlorung des Wassers, vor allem des Badewassers, bei dessen Entkeimung. Es wird besonders bei einem starken Badebetrieb, der beträchtliche Zusätze an Chlor bedingt, verwendet.

Bei der Auflösung von Chlor im Wasser vollzieht sich die Reaktion nach der Gleichung

$$Cl_2 + H_2O \ =$$
Chlor   Wasser

$$= \ HClO \ + \ HCl$$
Unterchlorige   Salzsäure
Säure

Läßt man nun die Reaktion in Gegenwart von Calciumcarbonat (Marmor, Kreide, Magnesit oder Magnomasse) stattfinden, so wird die aus Chlor gebildete Salzsäure vom Calciumcarbonat vollständig abgebunden nach der Gleichung

$$CaCO_3 + 2\,HCl \ =$$
Marmor   Salzsäure

$$= CaCl_2 + H_2O + CO_2$$
Calcium-   Wasser   Kohlensäure
chlorid

und es wird das Chlor vollständig in die fast geruchlose unterchlorige Säure $HClO$ umgewandelt.

Unterdruck des unterirdischen Wassers, Maßeinheit cm, negativer Druck im unterirdischen Wasser, bezogen auf den Druck der freien Luft als Null, gemessen in cm Wasserhöhe. Die Ausdrücke: „Saugspannung, Saugdruckhöhe" sind zu vermeiden.

Untergrund, der unter der Bodenkrume liegende Boden.

Untergrund, Bewertung des U.s. Die wasserwirtschaftliche Bewertung des Untergrundes ist in Karten darzustellen, in die möglichst alle vorhandenen Brunnen und Quellen aufgenommen werden. Zwischen zeitweilig und nie versiegenden Brunnen und Quellen ist zu unterscheiden. Es sind drei Gruppen zu bilden für die Ergiebigkeiten: geringer als 1 l/s, 1 bis 10 l/s, größer als 10 l/s (nach DENNER und KOEHNE). Über die bei der Kartierung zu wählende Darstellungsweise geben die Richtlinien für die Erforschung der Grundwasserverhältnisse der Landesanstalt für Gewässerkunde Auskunft (s. d.).

Untergrundberieselung s. Verrieselung, unterirdische.

Untergruppe Abwasser s. Arbeitsgruppe Abwasserwesen.

Unterirdischer Wasserlauf, der strekkenweise unterirdische Abfluß eines oberirdischen Wasserlaufes.

Unterirdisches Fremdwasser, Grund- und Quellwasser, das von Niederschlägen außerhalb des betrachteten Geländes stammt.

Unterirdisches Wasser, alles Wasser unterhalb der Erdoberfläche.

Unterschiedshöhe, Formelzeichen U, Maßeinheit mm/Zeit, im Wasserhaushalt: Betrag, um den die Niederschlagshöhe (s. d.) die Abflußhöhe (s. d.) übersteigt, im langjährigen Durchschnitt gleich Verdunstungshöhe (s. a. Verlusthöhe).

Unterschreitungsdauer, Zeitdauer, während der ein bestimmter Wert für eine gleich lange Zeit gilt (Abszisse der Dauerlinie).

Unterschreitungszahl, Anzahl der Werte einer Beobachtungsreihe, die kleiner sind als ein gewählter Wert dieser Reihe. Wenn die Werte jeweils für einen Tag gelten, gibt die U. die Unterschreitungsdauer (s. d.) in Tagen an. Die U. wird durch einen unter die Zahl gesetzten waagerechten Strich gekennzeichnet.

Untersuchung von Abwasser s. Abwasseruntersuchung.

Uranin (Fluorescëin) dient wie Kochsalz zur Bestimmung der Richtung und der Geschwindigkeit des Grundwassers und zur Bestimmung der Grundwasserzusammenhänge. Auch Phenol kann zu denselben Zwecken benutzt werden, besonders in sauren Böden. Alle drei Stoffe lassen sich nebeneinander verwenden und nachweisen. Eine lichtelektrisch-kolorimetrische Messung des Phenolgehaltes ermöglicht auch eine quantitative Bestimmung des Grundwassergehaltes (KISSKALT, HETTCHE, BR. WEBER).

Urtiere s. Protozoen.

V

Vacuolen, Nahrungs- und Verdauungsbläschen im Körper der Kleinlebewesen.

Vakuum, ein Raum, der durch Auspumpen mit einer Luftpumpe möglichst luftleer gemacht ist.

Vakuumeindampfanlagen s. Eindampfen.

Vakuumfilter s. Saugzellenfilter.

Vakuumkühlanlagen, Kühlanlagen, die mit Dampfstrahlsaugern arbeiten. Die zu kühlende Flüssigkeit wird in einem unter Vakuum (s. d.) gesetzten Entspannungsbehälter durch unmittelbare Verdampfung gekühlt.

Vanillin, in Pflanzen vorkommender Riechstoff, der in der Schokoladenfabrikation und im Haushalt verwendet wird.

Vegetabilische Gerbung s. Gerbereien.

Ventil, eine Absperreinrichtung in Rohrleitungen. Ein V. ist gekennzeichnet durch einen oder mehrere Ventilsitze (Sitz-

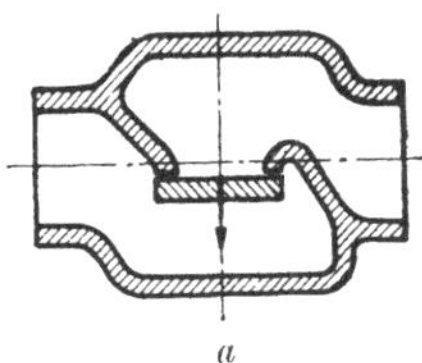

Ventil, Grundsitzform.

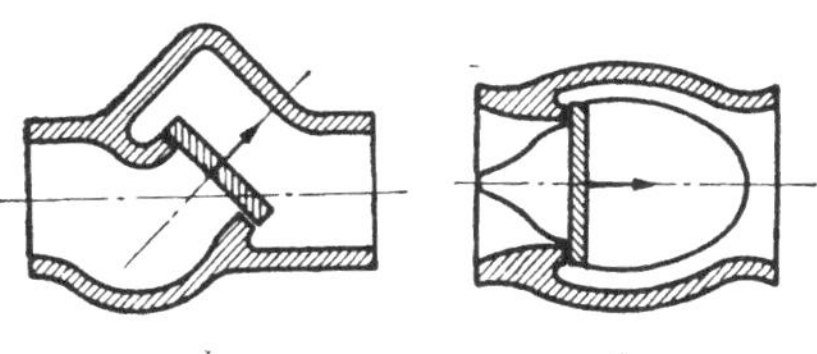

Ventil, Schrägsitzform   Ventil, Ringkolbenform.

ringe). Zur Betätigung der Absperreinrichtung muß sich der V.-kegel oder -teller senkrecht zur Sitzebene bewegen. Es werden drei Arten der V.formen unterschieden, die Grundsitzform (Bild *a*), die Schrägsitzform (Bild *b*) und die Ringkolbenform (Bild *c*). Beim Grundsitzv. bewegt sich der V.kegel senkrecht, beim Schrägsitzventil (s. Freiflußv.) schräg und beim Ringkolbenv., bei dem der Kegel als Ringkolben ausgebildet ist, parallel zur Durchflußrichtung (s. Ringkolbenschieber).

Ventilbohrer (Stauchbohrer) werden bei Bohrungen im nassen Boden verwendet. Sie werden am Seil aufgehängt, fallen gelassen und dringen durch ihr Gewicht ein. Es können Bodenproben aus ihnen entnommen werden (nach BRIX).

Ventilbohrer.

Ventilbrunnen.
Schnitt durch das Ventil des Ventilbrunnens.

Ventilbrunnen, eine Einrichtung zur Entnahme von Wasser aus den Versorgungsleitungen des Wasserwerks. Der V. dient als Straßenbrunnen zum Tränken der Pferde und ferner auch als Brunnen für Kasernenhöfe und Truppenübungsplätze. Er wird durch einen Handhebel betätigt, der ein auf der Versorgungsleitung sitzendes Ventil öffnet. Das Wasser strömt dann durch einen Ejektor, der dafür sorgt, daß alles aus dem Ventil in das Brunneninnere eingetretene Wasser herausgehoben wird, so daß nach dem Wiederabschluß des Ventils bei Loslassen des Handhebels kein Wasser im Brunnen verbleibt. Die Brunnen sind gegen unbefugte Eingriffe, die eine Verseuchung des Leitungswassers herbeiführen können, weitestgehend geschützt.

Venturirohr, ein Wassermesser, dessen Tätigkeit auf dem Grundsatz des Wirkdruckes (s. d.) beruht. Es wird also mit ihm nicht die Durchflußmenge unmittelbar gemessen, sondern der

Venturirohr mit parabolischer Meßdüse.

Druckunterschied zwischen freiem Rohr und einer in diesem eingebauten Einschnürungseinrichtung. Da die Durchflußmenge dem Druckunterschied proportional ist, läßt sie sich aus dem letzteren berechnen. Die V.e werden mit Einrichtungen versehen, die die Ablesung der jeweiligen und der Gesamt-Durchflußmenge ermöglichen (Durchflußanzeiger mit Schreiber und Fernübertragung) (s. Druckdifferenz-Messung).

Venturiwassermesser gehören zu der Gruppe der Druckunterschieds-Wassermesser, bei denen ein im Meßorgan erzeugter Druckunterschied zur Bestimmung der Wassermenge verwendet wird; sie zeigen fortlaufend geförderte bzw. verbrauchte Wassermengen (Leistungen, m^3/h) an. V. sind besonders geeignet zum Messen großer und größter Wassermengen bei nicht zu großen Meßbereichen. Verwendet werden diese Messer in Wasserwerken, Wasserkraftanlagen und industriellen Betrieben zur Überwachung von Hauptwasserleitungen, Bewässerungs- und Entwässerungsanlagen, von Pumpen- und Turbinenanlagen jeder Art und Größe, von Talsperren, zum Messen des Kesselspeisewassers u. dergl. mehr. — Die Messung erfolgt unter Anwendung des Venturiprinzips, indem zwischen zwei Stellen einer Rohrleitung durch Verengen des Querschnitts der Leitung ein Druckunterschied erzeugt wird; hierdurch entsteht auch eine unterschiedliche Durchflußgeschwindigkeit und damit eine Abnahme des statischen Druckes an der Einschnürungsstelle. Der Druckunterschied (Wirkdruck, s. d.) gibt ein Maß für die Strömungsgeschwindigkeit und damit für die Durchflußleistung. Ein angeschlossenes Differentialmanometer dient als Meßgerät, das mit einer mechanischen Anzeige- oder Schreibvorrichtung bzw. einer elektrischen Einrichtung zur Fernübertragung verbunden werden kann. Eine Sonderausführung des Vs. ist der Teilstromwassermesser, auch Partialwassermesser genannt. Er besteht aus einem Venturirohr und einem parallel geschalteten an Einlauf und Einschnürung angeschlossenen Flügelrad-Wasserzähler normaler Bauart, der so einen bestimmten, dem Druckunter-

schied proportionalen Teil der Durchflußmenge mißt. Bei entsprechender Eichung zählt der Nebenzähler den Gesamtverbrauch. Als Ergänzungseinrichtung können an das Venturirohr auch Anzeige- und Schreibgeräte angeschlossen werden.

Der Partialwassermesser besitzt die gleichen Vorzüge des Venturimessers, nämlich den des geringen Druckverlustes, den der fehlenden Innenteile, und den der geradlinigen Durchflußrichtung. Infolge der Einschaltung eines normalen Flügelradzählers wird der Teilstromwassermesser zum Messen reinen Wassers, also vorwiegend in Trinkwasserleitungen für große Mengen verwendet.

Schwimmermesser, auch zur Gruppe der Druckunterschiedsmesser gehörig, werden meist nur für Sonderzwecke verwendet. Bei dieser Bauart wird der Flüssigkeitsstrom durch ein ventilartiges Gehäuse geführt, dessen engster Querschnitt zu einer Düse ausgebildet ist. Der das Gehäuse von unten nach oben durchfließende Wasserstrom hebt je nach der Durchflußmenge den in der Düse befindlichen Schwimmer in senkrechter Richtung. Die Größe des jeweiligen Schwimmerhubes ist also ein Maß für die Durchflußmenge und kann mit Hilfe einer an der Spindel des Schwimmers befestigten Schreibfeder außerhalb des Gehäuses auf einer umlaufenden Schreibtrommel aufgezeichnet werden. Schwimmermesser werden für Anschlußweiten von 50 bis 200 mm Nenngröße hergestellt.

Verästelungsnetz, ein Rohrnetz der Wasserversorgung, in dem jede Stelle des Rohrnetzes das Wasser nur von einer Seite erhalten kann.

Verbrauchsleitung, Leitung auf dem Grundstück oder in dem Gebäude, das durch die Anschlußleitung (s. d.) versorgt wird. Sie beginnt hinter dem Wasserzähler oder der Hauptabsperreinrichtung und besteht aus der Hauptleitung mit Zweigleitungen, aus den Steigleitungen und den Stockwerksleitungen.

Verbrennung des Rechengutes. Zum Schutze der empfindlichen Ausräumungsmaschinen in den Absetzbecken werden häufig feine Stabrechen von 20 und weniger mm Durchtrittsweite vorgeschaltet. „Der Nachteil dieser feinen Stabrechen ist, daß das Rechengut auf 5 bis 10 l auf den Kopf im Jahr vermehrt wird und daß es mehr Kotstoffe und andere stinkende Massen enthält. Dieses Rechengut wird am besten mit Schlammgas verbrannt. Man rechnet 100 m³ Gas auf 1 t Rechengut. Die Verbrennungstemperaturen sollen über 800° liegen, damit kein Gestank entsteht"[1]. Über Mischen des Rechengutes mit dem im Ölfang anfallenden Schlamm oder auch mit Müll, über Trocknen desselben durch die Heizgase des Verbrennungsofens, über Verbrennen unter Kokszusatz sowie die Abbildung eines Verbrennungsofens[2].

[1] . Imhoff, K.. Taschenbuch der Stadtentwässerung. 9. Aufl. 1941, S. 85.

[2] . Sierp, F., Technologie des Wassers, Berlin 1914. S. 274/275.

Verbundwasserzähler, auch Wasserzähler-Kombination genannt, finden Anwendung in Rohrleitungen mit stark schwankenden Durchflußmengen, wo der Meßbereich eines einfachen Zählers nicht ausreicht, um alle auftretenden Durchflußmengen zu erfassen. V. bestehen aus einem Großwasserzähler (s. d.) als Hauptzähler, einem kleineren Zähler als Nebenzähler und einer selbsttätigen Umschaltvorrichtung (Ventil). Als Hauptzähler werden meist Woltmannzähler (s. d.) verwendet. Nach der Art der Schaltung des Haupt- und Nebenzählers zueinander unterscheidet man V. in H i n t e r - e i n a n d e r s c h a l t u n g mit gemeinsamem Zählwerk und solche in P a r a l l e l s c h a l t u n g mit getrennten Zählwerken.

Bei der Bauart mit hintereinandergeschalteten Zählern ist das Umschaltventil (Klappenventil mit selbsttätiger Entlastung durch Rollgewicht) hinter dem Woltmann-Hauptzähler angeordnet. In einer Umführungsleitung über den Ventilabschluß befindet sich der

Verbundwasserzähler mit gemeinsamem Zählwerk.

Verbundwasserzähler mit getrenntem Zählwerk. Optima Großflügelradzähler.

Nebenzähler, bei Vn. bis zur Nennweite 150 mm in der Regel ein Flügelradzähler, bei größeren Vn. ein kleinerer Woltmannzähler. Die Bewegungen der Meßorgane des Haupt- und Nebenzählers werden auf das gemeinsame Zählwerk übertragen. Diesem ist ein besonderes Freilaufgetriebe vorgeschaltet, das bewirkt, daß jeweils nur der schneller laufende und daher richtig messende Zähler das gemeinsame Zählwerk antreibt, während der andere leer mitläuft. Hierdurch wird eine vollständige Überbrückung der sogen. Umschaltzone erreicht. Die Meßbereiche des Haupt- und Nebenzählers laufen ineinander, ohne daß größere Meßfehler auftreten. Bei geringen Durchflüssen ist das Umschaltventil geschlossen. Das Wasser durchströmt die hintereinandergeschalteten Haupt- und Nebenzähler. Innerhalb seines Meßbereiches ist nur der Nebenzähler beansprucht und läuft daher, das gemeinsame Zählwerk antreibend, schneller, während der Hauptzähler langsam leer mitläuft, da seine Beanspruchung noch unterhalb seines Meßbereiches liegt. Vergrößert sich der Durchfluß so weit, daß auch der Hauptzähler mit Sicherheit unterhalb seines Meßbereiches beansprucht wird, so öffnet sich das Umschaltventil; hiermit läuft der Hauptzähler schneller und übernimmt den Antrieb des gemeinsamen Zählwerkes. Nur ein geringer Teil der vom Hauptzähler gemessenen Wassermenge durchfließt den Nebenzähler, der nur langsam leer mitläuft.

Bei der Bauart in Parallelschaltung mit getrennten Zählwerken ist die Wirkungsweise des Umschaltventils die gleiche. Haupt- und Nebenzähler zeigen jedoch die von ihnen erfaßten Wassermengen getrennt an, so daß die Gesamtdurchflußmenge bei dieser Schaltung durch Addition der Einzelanzeigen festgestellt wird. Die Entscheidung über die zu treffende Wahl der Schaltung richtet sich nach den Betriebsverhältnissen. Für die obere Grenze des Meßbereiches der V. ist die obere Grenze des Meßbereiches des Hauptzählers maßgebend; die untere Grenze wird vom Nebenzähler bestimmt, wobei zu beachten ist, daß nicht beliebige Zählergrößen für den Nebenzähler gewählt werden können. Seine Größe muß vielmehr auf den Hauptzähler abgestimmt sein, um ein meßtechnisch günstiges Verhalten auch in der Umschaltzone zu erreichen. Bei normalen Bauarten liegt ein Meßbereich, je nach Größe und Ausführung, zwischen 1 : 300 und 1 : 3000.

Verchromungsanstalten s. Galvanisierungsanstalten.

Verdampferanlagen, Anlagen zur Erzeugung von Destillat (s. d.) als Zusatzwasser zur Verwendung als Kesselspeisewasser (s. d.). Die Destillaterzeugung erfolgt durch Verdampfung. Die Verdampfer, in denen das Rohwasser mittels Dampf (meist Anzapfdampf oder Gegendruckdampf von Hilfsmaschinen) beheizt wird, kommen als Vakuumverdampfer, Niederdruck- od. Hochdruckverdampfer in Anwendung. Die bei der Verdampfung entstehenden Brüden (s. d.) werden in mit Kondensat gekühlten Einspritzkondensatoren niedergeschlagen. V. liefern ein salzarmes Destillat mit einer höchsten Härte von 0,1 D. G. und einem höchsten Abdampfrückstand von 10 mg/l. V. sind im allgemeinen wirtschaftlich zur Herstellung von bis zu 15 v. H. Zusatzwasser für die Kesselspeisung und werden in Werken mit geringem Zusatzwasserbedarf, insbesondere reinen Elektrizitätswerken benutzt, wo also die Hauptmenge des erforderlichen Kesselspeisewassers aus dem Kondensat wieder anfällt, und wo hochwertige Kessel zu schützen sind.

Verdünnung, Mischung von Schmutzwasser mit Regen- oder Flußwasser. Wenn z. B. ein Teil Schmutzwasser mit drei Teilen Regen- oder Flußwasser (zusammen 4 Teile) gemischt wird, so spricht man von 4 facher V. und bezeichnet diesen Zustand mit: „Verdünnung 1 + 3“.

Verdünnungsverhältnis, das Verhältnis der Schmutzwassermenge zur Regenwassermenge bei dem in einer

Mischwasserleitung fließenden Abwasser. Entfallen z. B. auf 1 Teil Schmutzwasser 4 Teile Regenwasser, so ist das V. 1 : 4. Man spricht dann von einer fünffachen Verdünnung. Die Überfallschwelle der Regenauslässe pflegt man so hoch zu legen, daß bei Beginn des Wasserübertritts ein V. von höchstens 1 : 4 (besser etwa 1 : 5 bis 1 : 6) vorhanden ist. Bei zunehmender Regenstärke wird es dann kleiner, bei abnehmender kann es in dem nach dem Vorfluter gelangenden Mischwasser den Höchstwert von 1 : 4 nicht übersteigen: Nur vor Kläranlagen und Pumpwerken begnügt man sich bei Sicherheitsumläufen oder Sicherheitsanlässen i. a. mit einem V. von 1 : 1 (zweifache Verdünnung).

Verdunstung, der allmähliche Übergang von Wasser in seiner Oberfläche (auch im Erdboden und in den Pflanzen) in den gasförmigen Zustand. Die V. ist ein wichtiger Witterungsbestandteil, da sie praktisch die Quelle für den gesamten Wassergehalt der Atmosphäre (s. Kreislauf des Wassers) ist. Sie findet bei jeder Temperatur über dem Taupunkt der betreffenden Luftmasse statt, also auch bei Temperaturen unter dem Gefrierpunkt. Zum Messen der V. bedient man sich bestimmter mit Wasser gefüllter Gefäße, von denen die Verdunstungswaagen nach WILD, FUESS und KASSNER - FUESS die gebräuchlichsten sind. Hierzu sind neuerdings Geräte von MITSCHERLICH, GAILENKAMP und MROSE getreten, die mit Tonzylindern oder mit Fließpapier arbeiten. Bei größeren Wasserflächen wird die V. mit Hilfe der B i n d e - m a n n schen Floßkessel ermittelt. Die Meßeinrichtungen geben aber nur ein relatives Maß für die V.skraft der Luft in einer bestimmten Höhe, niemals aber ein Maß für die im Gelände wirklich verdunstete Menge. Sie geben dabei den Höchstwert der V.smöglichkeit des nackten Bodens am Ausstellungsorte

unter den dort herrschenden meteorologischen Verhältnissen (Wind, Besonnung usw.) an, und zwar nur für den Fall, daß das für das Verdunstungsmaß erforderliche Wasser während der Meßzeit auch dauernd zur Verfügung steht. Das Messen der V. in sogen. Lysimetern, wie sie in Eberswalde, in München-Bogenhausen, Berlin-Dahlem u. Lübbenau eingerichtet worden sind, kommt den natürlichen Vorgängen etwas näher. Diese Messungen bringen aber, da sie meistens nur während der Vegetationszeiten durchgeführt werden, keine für die Wasserwirtschaft geeigneten Unterlagen. Aus den Feststellungen an 31 Beobachtungsstellen in Deutschland geht hervor, daß die

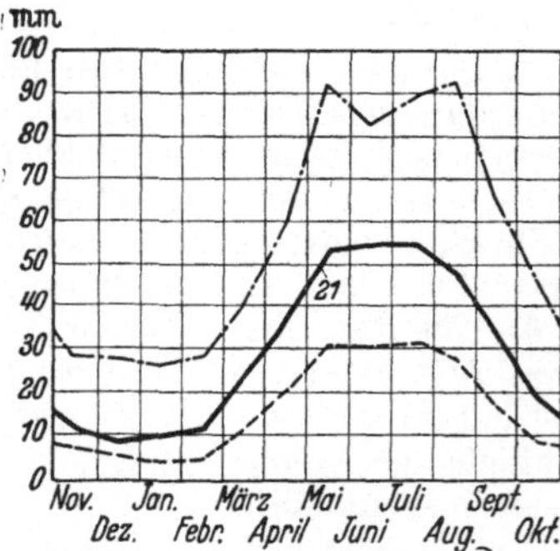

Grenzlinien der monatlichen Verdunstungshöhe.

Jahreswerte der Verdunstungskraft auf dem Lande im Zahlenraum zwischen 218 und 660 mm liegen. Die Sommerwerte bewegen sich zwischen den Zahlen 158 und 461 mm. Die monatliche Verteilung der V. geht aus der Abbildung hervor, die die Linien der bisher beobachteten höchsten und niedrigsten Grenzwerte und außerdem die Mittelwerte der Beobachtungsstelle Potsdam in den Jahren 1894 bis 1933 wiedergibt (21 der Zahlentafel). Hierbei ist allerdings zu beachten, daß die Beobachtungen der einzelnen Meßstellen nicht alle den gleichen Wert haben,

Zahlentafel. Mittlere Monats- und Jahressummen der Verdunstungshöhen (mm)

| Nummer | Ort | Höhe überNN | Beobachtungszeit | Meßgerät | Monate | | | | | | | | | | | | Winter | Sommer | Jahr | Vegetationszeit April bis August | Verhältnis Sommer zu Jahr vH. | Veg.-Zeit zu Jahr vH. |
| | | | | | Nov. | Dez. | Jan. | Febr. | März | April | Mai | Juni | Juli | Aug. | Sept. | Okt. | | | | | | |
1	2	3	4	5	6	7	8	9	10	11	12	13	14	15	16	17	18	19	20	21	22	23
1	Dresden	118	1880—1894	W	15,4	13,2	10,7	14,4	28,1	48,6	55,5	47,9	44,1	47,9	33,6	21,2	130,4	250,2	380,6	244,0	66	64
1b	Magdeburg*)		1881—1892	W	24	9	10	11	24	48	71	82	83	70	56	24	116	386	502	354	77	70
2	Chemnitz I	310	1833—1894	W	16,5	15,3	13,0	15,7	25,0	38,6	50,6	43,1	44,1	43,7	35,0	26,3	124,1	242,8	366,9	220,1	66	60
3	Jahnsgrün I	565	1883—1894	W	23,8	21,6	23,6	27,8	41,9	60,7	91,4	81,3	88,0	91,7	63,0	44,0	199,4	461,1	660,5	414,4	70	63
4	Jahnsgrün II	565	1883—1894	W	22,3	18,5	20,0	21,1	32,1	42,9	62,7	51,6	63,1	71,6	50,2	38,9	156,9	338,1	495,0	291,9	70	59
5	Schoo	6	1882—1896	F	20	15	15	15	27	39	59	55	55	57	43	30	131	299	430	265	70	62
6	Hadersleben	33	,, ,,	F	9	6	6	8	13	24	38	44	41	33	22	14	67	193	260	180	74	70
7	Fritzen	36	,, ,,	F	8	6	8	9	12	26	42	43	41	36	28	18	69	208	277	189	75	68
8	Eberswalde I	42	,, ,,	F	11	8	8	12	21	38	58	60	60	50	40	22	98	290	388	266	75	68
9	Lintzel	97	,, ,,	F	12	7	6	11	19	41	64	60	58	52	39	23	97	295	392	285	75	73
10	Kurwien	131	,, ,,	F	6	4	6	10	13	28	43	49	47	38	25	13	68	215	283	205	76	72
11	Marienthal	138	,, ,,	F	13	8	9	12	23	42	58	51	49	45	37	21	107	261	368	245	71	67
12	Hagenau	150	,, ,,	F	10	6	14	26	43	47	52	52	47	31	17	10	108	247	355	241	70	68
13	Neumath	350	,, ,,	F	(13)	(12)	(9)	(23)	(36)	59	58	56	60	57	41	24	(152)	298	450	290	66	64
14	Friedrichroda	441	,, ,,	F	11	9	9	12	24	43	58	54	51	48	37	22	108	270	380	254	71	67
15	Lahnhof	607	,, ,,	F	7	3	5	8	18	36	47	42	41	35	26	13	78	214	292	201	73	69
16	Hollerath	615	,, ,,	F	7	5	4	6	12	25	31	31	33	31	21	11	60	158	218	151	72	69
17	Schmiedefeld	711	,, ,,	F	3	(2)	(2)	5	12	28	45	45	41	34	24	9	(53)	198	251	193	79	77
18	Carlsberg	740	,, ,,	F	7	5	5	7	15	30	38	38	38	38	32	18	69	201	270	181	74	67
19	Sonnenberg	776	,, ,,	F	9	(8)	(6)	11	18	24	35	34	32	28	21	10	(75)	160	235	153	68	65
20	Melkerei	909	,, ,,	F	15	(9)	(12)	(15)	(18)	40	45	44	45	49	33	17	(109)	232	341	222	68	65
21	Potsdam	80	1894—1933	W	11,2	8,4	9,2	11,3	23,2	37,0	53,0	54,8	55,3	47,9	33,0	19,0	100,3	263,2	363,5	248,0	72	68
22	Großhart-mannsdorf	491	1902—1934	W	26,9	21,1	20,5	21,0	34,7	47,1	65,2	64,5	71,2	69,1	51,5	40,0	171,3	361,5	532,8	317,1	68	59
23	Dörnthal	580	1902—1934	W	20,6	16,4	17,6	18,3	31,4	45,0	66,0	66,5	73,8	67,7	50,0	33,2	149,3	357,2	506,5	319,0	70	63
24	Solingen	93	1907—1911	W	18,0	17,6	13,9	18,1	32,2	59,8	82,4	63,7	64,9	60,8	41,8	27,2	159,6	340,8	500,4	331,6	68	66
25	Chemnitz II	530	1924—1929	W	(17,3)	—	—	—	—	28,7	43,5	50,9	49,1	40,7	30,1	21,4	—	235,7	—	212,9	—	—
26	Grimmitzsee	65	1909—1913	W	18,2	13,6	12,6	18,0	35,7	63,7	86,7	77,6	83,1	66,3	45,2	29,9	161,8	388,8	550,6	377,4	70	67
27	Sehnde	60	1925—1928	W	14,8	9,0	15,6	15,2	27,6	34,8	36,8	38,6	37,9	43,4	33,0	26,5	117,0	215,8	332,8	191,8	65	58
28	München-Bo-genhausen	530	1918—1927	K	7	2	8	12	25	45	115	88	103	101	50	18	99	475	574	452	83	79
29	Eberswalde II	42	1930—1935	K	6	2	4	5	17	39	57	55	62	56	39	27	73	296	369	269	80	70
30	Eberswalde III	4	1933—1935	K	10	5	6	11	23	44	58	65	71	61	52	31	99	338	437	299	77	68

Bei den eingeklammerten Zahlen sind die Beobachtungen der betr. Monate in mehr als drei Jahren ausgefallen.

*) Aus „Der Elbstrom" Bd. I S. 92.

weil die Beobachtungszeiten verschieden liegen und auch verschieden lang sind. Die Zahlenwerte sind mit Hilfe der vorstehenden Zahlentafel unter Ausschluß der erst später bekannt gewordenen Angaben von Magdeburg (1 b) gebildet worden. Die Ansichten über die Einwirkung der verschiedenen Witterungsvorgänge, wie Wind, Windrichtung und Windstärke, Sonnenschein und Luftwärme, Höhenlage u. a. auf die V. sind noch sehr verschieden. Die V. der Pflanzen wird Transpiration genannt. Mit V.sfragen besonders beschäftigt haben sich u. a. BARTELS-Eberswalde, H. BINDEMANN-Berlin, H. BURGER-Zürich, ENGLER-Zürich, K. FISCHER-Berlin, W. FRIEDRICH - Berlin, C. KASZNER - Berlin, AUG. F. MEYER-Berlin, SCHUBERT-Eberswalde, SPRUNG-Potsdam, SÜRING-Potsdam, W. WUNDT-Freiburg.

Verdunstungshöhe, Formelzeichen V, Maßeinheit mm/Zeit, Verdunstungsmenge eines Gebietes in einem bestimmten, meist längeren Zeitraum unter Annahme gleichmäßiger Verteilung, als Wasserhöhe ausgedrückt.

Verein, Deutscher, von Gas- und Wasserfachmännern e. V. (DVGW.).
Der DVGW. ist ein technisch-wissenschaftlicher Fachverband und bezweckt, zum Wohle der deutschen Volksgemeinschaft alle dem gemeinen Nutzen dienenden Bestrebungen auf dem Gebiete der Gas- und Wasserversorgung zu fördern. Der Fachverband betrachtet als die wesentlichsten Mittel zur Erreichung dieses Zweckes auf seinem Gebiet die Förderung der Wissenschaft und Technik, die Aufstellung von Richtlinien, Vorschriften und Normen, die Berufsausbildung, die Aufklärung der Bevölkerung über die sachgemäße Verwendung der technischen Einrichtungen und die Behandlung wichtiger Fachfragen. Der Fachverband bedient sich zur Erreichung dieses Zweckes der Geschäftsstelle, der ihm angegliederten Institute, seiner Fachgebiete und der darin bestehenden Ausschüsse, der Versammlungen des Fachverbandes und seiner Gliederungen und der Fachverbandsveröffentlichungen. Erwerbs- und sonstige eigenwirtschaftliche Zwecke sowie jede Betätigung im Rahmen eines wirtschaftlichen Geschäftsbetriebes sind ausgeschlossen. Der DVGW. wird von einem Vorstand geleitet, dem ein Hauptausschuß zur Seite steht. Zu diesem gehören auch die Leiter der 15 Hauptgebiete. Die Durchführung seiner Aufgaben hat der Fachverband auf verschiedene Fachgebiete aufgeteilt. Es sind dies: Wissenschaft und Unterricht, Betriebswirtschaft, Gewinnung und Aufbereitung, Verteilung, Messung und Verwendung des Wassers. Für die Sonderfragen der einzelnen Fachgebiete sind wieder Ausschüsse gebildet worden. Eine besondere Einrichtung stellen noch die Wasserwalter dar (s. d.).

Vereine und Verbände, die sich mit den Fragen der Trinkwasserversorgung beschäftigen ausschließlich der Wasser- und Bodenverbände:

1. Deutscher Verein von Gas- und. Wasserfachmännern e. V. in Berlin W 30 (DVGW.) (s. d.).
2. Verein Deutscher Ingenieure in Berlin NW 7 (VdI.).
   (Wabolu) (s. d.).
   Lufthygiene e. V., Berlin-Dahlem (Wabolu).
4. Arbeitsgruppe Wasserchemie des Vereins Deutscher Chemiker.
5. Wirtschaftsgruppe Gas- und Wasserversorgung der Reichsgruppe Energiewirtschaft der Deutschen Wirtschaft in Berlin W 30 (WGW.).
6. Berufsgenossenschaft der Gas- und Wasserwerke, Berlin-Friedenau.
7. Zentrale für Gas- und Wasserverwendung e. V., Berlin W 30 (ZfGW.).

8. Vereinigung der Fabrikanten im Gas- und Wasserfach e. V. (Fagawa), Berlin W 50 (s. d.).

Verein für Wasser-, Boden- und Lufthygiene (Wabolu-Verein, Berlin-Dahlem, Corrensplatz 1). Der V. verfolgt den Zweck, bei der Aufgaben der Reichsanstalt für Wasser- und Luftgüte (s. d.) mitzuwirken und deren Durchführung mit Geldmitteln zu fördern. Mitglied des Vereins kann jede Gemeinde, jeder industrielle oder landwirtschaftliche Verband, jedes Unternehmen und jeder Fachmann auf Grund der Entscheidung des Vorstandes werden.

Vereinigung der Fabrikanten im Gas- und Wasserfach e. V. (Fagawa). Die V. bezweckt die Hebung und Förderung des Gas- und Wasserfaches sowie die Wahrnehmung der gemeinsamen Interessen der Mitglieder. Sie arbeitet bei der Verfolgung ihrer Ziele mit den bestehenden Fachorganisationen zusammen. Geschäftsstelle Berlin W 50, Nürnberger Straße 17.

Vereinigungsbauwerk s. Kreuzungsbauwerk.

Vergasung s. Gaserzeugung.

Vergasungen von Abwasserleitungen sind heute zumeist auf die Zuleitung von gewerblichem Abwasser zurückzuführen. Von diesen sind vorwiegend zerknallfähig und brennbar Benzin-, Benzol-, Spiritus- und Ätherdämpfe, Azetylen und Schwefelkohlenstoff, die von Kraftwagenräumen, Tankstellen, Wäschereien, Azetylenanlagen, Gummiwarenfabriken und Kunstseidenfabriken, die nach dem Viscoseverfahren arbeiten, herrühren (s. zerknallfähige Gase). Vorwiegend gesundheitsschädlich und tödlich sind Schwefelwasserstoff von Einleitungen aus Gerbereien, Abdeckereien, Leimfabriken, Zuckerfabriken, Kunstseidefabriken, Betrieben zur Herstellung von Schwefelfarben, der Stein- und Braunkohlenindustrie usw., Nitrose Gase aus Sprengstoff- und Metallwarenfabriken, sowie Schwefelkohlenstoff und Blausäure (s. Giftige Gase).

Ripperger, K., Die Gefährdung der Kanalisationsanlagen durch Gase. München u. Berlin 1933.

Vergleich zwischen Misch- u. Trennverfahren. In gesundheitlicher Hinsicht kann nach den zahlreichen, bisher angestellten Ermittlungen die Gleichwertigkeit beider Verfahren angenommen werden. Für Städte mit stark welligem Gelände ist das Trennverfahren meist vorzuziehen, weil dabei die Gefahr der Straßenüberschwemmungen und des Rückstaues in die Hauskeller geringer ist, besonders wenn das Regenwasser von Geländetiefpunkten aus unmittelbar nach dem Vorfluter geleitet wird. Für größere Städte, zumal im Flachlande, wird das Mischverfahren i. a. vorgezogen, und zwar sowohl aus wirtschaftlichen Gründen als auch mit Rücksicht darauf, daß man den durch Versorgungsleitungen aller Art ohnehin stark in Anspruch genommenen Straßenkörper nicht noch mit einem doppelten Entwässerungsnetz belasten will (s. Mischverfahren, Trennverfahren, Kostenvergleich zwischen Misch- und Trennverfahren).

Verkohlung, fortgeschrittene Vertorfung (s. Vertorfung).

Verlusthöhe. Aus den bekannten Niederschlagsmengen eines Flußgebietes kann man mit ziemlicher Sicherheit auf die zu erwartenden Jahresabflußmassen schließen, wenn man dessen Fläche mit der Abflußhöhe multipliziert und hiervon einen bestimmten Betrag — die Verlusthöhe — abzieht. Dieser scheint in Gebirgsgegenden und in dem Hügellande Rheinlands und Westfalens, Schlesiens und Böhmens innerhalb sehr enger Grenzen zu schwanken, nämlich zwischen 300 und 350 mm (nach O. Intze). Die V. wird im allgemeinen der Verdunstungshöhe gleich sein. Deshalb kann nicht von einem „Verlust" die Rede sein. Man spricht richtiger von Unterschiedshöhe.

Vermoderung, unvollständige Verwesung bei ungenügendem Luftzutritt (s. Verwesung).

Verrieselung, unterirdische, Untergrundberieselung. Eine Art der Abwasserbeseitigung, bei der vorgeklärtes Abwasser durch etwa 0,5 bis 1,0 m unter der Erdoberfläche liegende, wasserdurchlässige Rohrleitungen (Sickerrohre) von meist 0,1 m Durchmesser in den Untergrund gebracht wird, um

soweit man mit diesen in die Tiefe kommt, setzt dann nach Bedarf kleinere Rohre ein und bohrt damit weiter, bis die erforderliche Tiefe mit der Endverrohrung erreicht ist. Die Arbeitsrohrfahrten, die. lediglich zum Vorbohren dienten, werden nach Fertigstellung des Rohrbrunnens herausgezogen (nach BIESKE).

Versalzungsgrenzen s. Flußwasserversalzung.

Versenkung, Verfahren zur Beseitigung von gewerblichem Abwasser durch Versenken in den Untergrund.

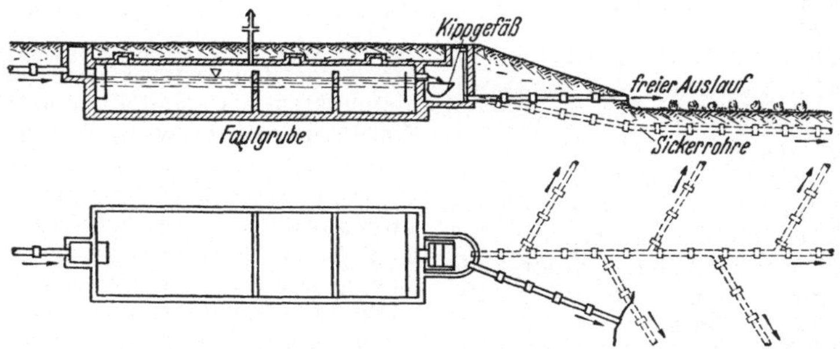

Untergrundberieselung mit ausgefaultem Abwasser. mit Einrichtung zum vorübergehenden Verrieseln des Abwassers auf der Oberfläche.

dort zu versickern. Das Verfahren verlangt durchlässigen Boden, tiefen Grundwasserstand und je nach der Abwasserbeschaffenheit und der Größe der Anlage meist selbsttätige Spülung der Sickerleitungen. Für kleine Abwassermengen, also vor allem bei Hauskläranlagen, ist es der Beseitigung des Wassers durch Sickerschächte bei weitem vorzuziehen (s. Hauskläranlage, Sickerschacht).

Verrohrung der Brunnen. Sie wird durch Rohrfahrten gebildet, die fernrohrartig ineinander geschoben werden. Jede Rohrfahrt enthält am unteren Ende zum Schutz gegen Steine und äußere Beschädigungen einen kräftigen Schneidering (Rohrschuh), der die Aufgabe hat, vorzuschneiden. Man bohrt zunächst mit größeren Rohren,

Besonders in der Kaliindustrie im Werragebiet angewandt zur Beseitigung der spezifisch schweren Endlaugen der Karnallitverarbeitung (s. d.) und der Laugen von Glaubersalzfabriken (s. d.) in den Hohlräumen des Zechsteins. Bei geringer Schluckfähigkeit der aufnehmenden Gesteinsschichten müssen die Laugen durch tiefe Bohrlöcher mit hohem Druck in die Hohlräume eingepreßt werden. Grundsätzlich ist bei der Anwendung der V. große Vorsicht geboten, um auf jeden Fall Schädigungen des Grundwassers und von Ländereien zu vermeiden, falls das versenkte Wasser anderwärts zutage tritt.

Versickerung, Eindringen von oberirdischem Wasser oder von Wasser aus Leitungen in den Erdboden.

Versinkung, schnelles Eindringen von Wasser aus einem Gewässer in Bodenklüfte.

Versorgungsdruck, Formelzeichen H_0, Maßeinheit m, erforderliche Wasserdruckhöhe an den Zapfstellen der Wasserleitung.

Versorgungsgebiet, Formelzeichen F, Maßeinheit ha, km², das von der Hauptzuleitung mit Wasser versorgte, durch die Endpunkte der Endstrecken begrenzte Gebiet.

Versorgungsleitung (VW.), Leitung, die innerhalb des Versorgungsgebietes eines Wasserwerks das Wasser aus der Hauptverteilungsleitung erhält (DIN 4046) und an die Anschlußleitungen angeschlossen wird.

Verstemm-Mittel der Muffenverbindungen der Rohrleitungen. Bis zu der für das Wasserfach einschneidenden Anordnung 26 vom 24. 4. 1935 betr. Verwendung von Kupfer, Nickel, Blei, Zinn und anderen Metallen und bis zu dem später, besonders in der Anordnung 38 ergangenen Verbote über die Verwendung von Blei und Bleilegierungen für Dichtungen und Dichtungsorgane von Rohrverbindungen aller Art, wie z. B. bei Guß- und Stahlrohren in Be- und Entwässerungsanlagen sowie bei Gasleitungen, war Blei ein sehr beliebtes Mittel zum Verstemmen der Muffenverbindungen der Rohrleitungen. Üblich waren Gußblei, Bleiwolle und Riffelblei. Bleiwolle besteht aus dünnen Fäden von Blei, die zu einzelnen Zöpfen zusammengedreht sind. Riffelblei ist gewelltes und zusammengedrehtes Bleiblech. Nach Inkrafttreten der Bleiverwendungsverbote sind neue Verstemmittel auf metallischer Grundlage ausgeprobt worden. Dazu gehören Aluminiumwolle, Aluminiumfolie (einschl. Riffelaluminium) und Sinterit I. Aluminiumwolle wurde nach dem Vorbild der Bleiwolle hergestellt. Aluminiumfolie ist fein ausgewalztes Aluminiumblech. Sinterit

I ist ein Sinterungserzeugnis. Es besteht aus plastischem Eisen. Die Hohlräume des porösen Eisens werden mit einem Bitumenfilm überzogen. Aus diesen Eisenkörpern werden kleine Briketts hergestellt. Eine genaue Erprobung dieser neuen Stemmittel führte zu dem Ergebnis, daß ein Austauschstoff für Blei, der dessen bewährte Eigenschaften zu 100 v. H. erreicht, nicht aufgefunden werden konnte. Es sind auch noch Versuche mit einigen anderen Mitteln angestellt worden, z. B. mit Postlerit, Hydro-Tite und Solus-Ausgußmasse. Ferner werden angeboten: Spence-Metall, Leadit, Lavinit-Heißvergußmasse und Hermanit-Muffenverguß (s. d.).

. CLODIUS, Dr. Siegfried. Untersuchungen an neuen Dichtungsstoffen für Stemmuffen, insbesondere im Wasserleitungsbau. Berlin.

Verteilbehälter, Behälter eines Wasserwerks, von dem aus das Trinkwasser verteilt wird, in der Regel als Hochbehälter angeordnet.

Verteilerscheibe, Vorrichtung zur Verteilung des Abwassers über die Oberfläche kleinerer Tropfkörper. Das Abwasser wird dabei auf eine sich mit großer Geschwindigkeit drehende (etwa 3000 Umdrehungen in der Minute) waagerechte Scheibe geleitet, so daß es sich schleierartig, in Glockenform über den Tropfkörper ausbreitet. Zur guten Verteilung des Abwassers bringt man häufig auf der gleichen, lotrechten Welle mehrere Scheiben von verschiedenen Durchmessern übereinander an.

Verteilungsnetz s. Bewässerung von Rieselgelände.

Vertorfung, natürlicher Gärungsvorgang, Zwischenglied zwischen Fäulnis (Luftabschluß) und Vermoderung (unvollständige Verwesung infolge mangelhaftem Luftzutritt). Allmähliche Zersetzung organischer, vorwiegend pflanzlicher Stoffe in Gegenwart von Wasser unter dem Einfluß von Bakterien. Bei der V. bilden sich Kohlensäure, Wasser und Sumpfgas (Methan) sowie feste Verbindungen, die vorwiegend aus einer verhältnismäßig großen Menge Kohlenstoff, aus Wasserstoff und Sauerstoff bestehen (Humusgesteine). Aus der Zellulose des Holzes entsteht Torf (Moorbildung). Fortgeschrittene V. heißt **Verkohlung**. Dabei bildet sich zunächst Braunkohle, dann Steinkohle, weiterhin Anthrazit mit 94 bis 96 v. H. und schließlich Graphit mit 100 v. H. Kohlenstoff (s. Fäulnis, Verwesung).

Verwerfungs-(Spalt-)Quellen sind Austritte eines Wassers, das durch eine Verwerfungsspalte seinen Weg an die Erdoberfläche gefunden hat oder durch eine Verwerfung zum Austritt gezwungen wird.

Verwesung, Gärungsvorgang; allmähliche Zersetzung pflanzlicher und tierischer Stoffe in Gegenwart von Wasser, bei reichlichem Luftzutritt (Sauerstoffüberschuß) unter dem Einfluß von Verwesungsbakterien (Sauerstoff brauchende, aërobe Bakterien). V. ist chemisch geschehen eine Oxydation, die zu einer vollständigen Umwandlung der verwesenden Stoffe in gasförmige Verbindungen führt und bei der Selbstreinigung der Gewässer eine wichtige Rolle spielt. Die Abwasser-Reinigung durch das Belebungsverfahren beruht auf ähnlichen Vorgängen. Unvollständige V. bei ungenügendem Luftzutritt heißt **Vermoderung**.

Verwurzelung von Entwässerungsrohrleitungen, Einwachsen und Ausbreiten von Baumwurzeln durch mangelhaft abgedichtete Muffenverbindungen. Die V. kann in Straßen mit Baumpflanzungen zu umfangreichen Betriebsstörungen und bei nicht rechtzeitiger Beseitigung der Wurzeln zu Verstopfungen führen, die dann meist nur durch Aufgraben und Umlegen der Leitung beseitigt werden können. Um die V. zu verhüten, ist sehr sorgfältiges Abdichten der Muffenstöße mit einer geeigneten Dichtungsmasse (Asphaltkitt) erforderlich. Wenn die V. noch nicht zu weit vorgeschritten ist, kann man die Wurzeln mit dem Wurzelschneider beseitigen (s. Wurzelschneider).

Verzinkereien überziehen eiserne Gegenstände mit Zink als Schutz gegen atmosphärische Einflüsse. Vor der Verzinkung, die als Feuerverzinkung, elektrolytische Verzinkung oder Trockenverzinkung ausgeführt wird, werden die Gegenstände durch Beizen (s. d.) zumeist in verdünnter Salzsäure gereinigt.

Verzögerung des Regenwasserabflusses, durch den Unterschied zwischen der Abflußdauer und der Regendauer bedingte zeitliche, Verteilung des Abflusses aus einem Entwässerungsgebiet. Bei Regenbeginn liefern zunächst die dem tiefsten Punkte des Gebietes nächstliegenden Punkte Wasser an den Tiefpunkt. Allmählich werden jedoch immer mehr Punkte beitragspflichtig, bis schließlich das ganze Gebiet Wasser an den Tiefpunkt liefert, sofern nicht der Regen bereits aufgehört hat, bevor das Wasser von den entferntesten Punkten am Tiefpunkt angelangt ist. Die am Tiefpunkte ankommende Wassermenge nimmt also mit der Zeit von Null bis zu der von dem ganzen Gebiet abfließenden Regenmenge zu, wenn der Regen länger dauert als der Abfluß, sie erreicht jedoch diesen Höchstwert nicht, wenn der Regen aufhört, bevor das Wasser von allen Punkten des Gebietes am tiefsten Punkt angelangt ist. Diese Verringerung der den Tiefpunkt durchfließenden Wassermenge gegenüber der dem ganzen Gebiet entsprechenden Gesamtabflußmenge wird als V. bezeichnet. Ihr Einfluß auf die Bemessung der Regenwasserleitungen kann bei großen, insbesondere lang gestreckten Entwässerungsgebieten sehr erheblich sein (s. Abflußvorgang, Verzögerungsbeiwert, Zeitbeiwert, Summenlinienverfahren).

Verzögerungsbeiwert, die Zahl, mit der der Abflußbeiwert multipliziert werden muß, wenn die Verringerung der abfließenden Regenwassermenge infolge der Verzögerung bei der Berechnung der Abflußmenge berücksichtigt werden soll. BÜRKLI gibt für den V. die Formel

$$\varphi_1 = \frac{1}{\sqrt[n]{F}}$$

an, worin F die Fläche des Entwässerungsgebietes in ha und $n = 4$ ist. IMHOFF schlägt vor, bei starkem Gefälle und fächerförmigem Gebiet $n = 8$, bei mittleren Verhältnissen $n = 5$ oder 6 und bei sehr schwachem Gefälle und langgestrecktem Gebiet $n = 4$ zu setzen, wobei dann auch die ungleiche Regendichte und die Verringerung der Regenstärke und Zunahme des Abflusses mit der Regendauer berücksichtigt sind. (Erweiterter V. oder Zeitbeiwert). Für verschieden geformte Flächen eignet sich nach IMHOFF besser der von der Leitungslänge abhängige erweiterte V. (Zeitbeiwert)

$$\varphi = \frac{1}{\sqrt[n]{l}}$$

worin l die Leitungslänge in 100 m und n bei starkem Gefälle = 3,5, bei mittlerem Gefälle = 3,0 und bei schwachem Gefälle = 2,5 ist. Zeichnerische Darstellungen des erweiterten V.es nach den vorstehend genannten Formeln gibt IMHOFF.

• IMHOFF, K., Taschenbuch der Stadtentwässerung. 10. Aufl., S. 37. München und Berlin 1943.

Verzögerungsplan, zeichnerische Darstellung des Regenabflußvorganges für einen bestimmten Punkt eines Entwässerungsnetzes unter Berücksichtigung der Regendauer und der Durch-

flußzeit (s. Verzögerungsbeiwert, Summenlinienverfahren).

V. I. B.-Rotoranlagen s. Rotor-Abwasser-Kreislaufanlagen.

Vinidur ist ein harter Werkstoff, der sich in der Wärme beliebig verformen läßt. Er hat günstige Korrosionseigenschaften und findet deshalb auch im Rohrleitungsbau Anwendung. Mit der Strangpresse lassen sich Rohre bis 150 mm Durchmesser herstellen. Die Druckbeanspruchung soll allerdings nicht über 6 atü hinausgehen. Der Werkstoff läßt sich schweißen (s. Mipolam).

Virchow, Rudolf, Ludwig, Karl; Arzt (1821—1902). Begründer der Zellularpathologie, Professor an den Universitäten Würzburg und Berlin, Leiter des pathologischen Institutes der Berliner Charité, auch als Politiker (Reichstags- und Landtagsabgeordneter) bekannt. V. übte während seiner 40jährigen ununterbrochenen Tätigkeit als Berliner Stadtverordneter einen maßgebenden Einfluß auf die Einführung der Berliner Wasserversorgung und die Durchführung der Stadtentwässerung aus, wobei er vor allem für die Reinigung der Abwässer auf Rieselfeldern eintrat. Mit Rücksicht auf seine hervorragenden Verdienste um das städtische Gesundheitswesen verlieh ihm die Stadt Berlin an seinem 70. Geburtstage das Ehrenbürgerrecht.

Virus, eine ungleichartige Gruppe kleinster Krankheitserreger. Es ist noch nicht allgemein entschieden, ob es sich bei den Viren um besonders einfach gebaute Mikroben oder um zelleigene Bestandteile des Wirtsorganismus handelt. Zu den Viren gehören die Bakteriophagen, die ihrerseits wieder Bakterienzellen befallen und zur Auflösung bringen.

RUSKA, Dr. med. H., Fragen der Virusforschung. Chem.-Ztg. 65 (1941), S. 495/97.

Viscoseverfahren s. Kunstseidefabriken.

Viskosität, Zähigkeit.

Vollklärung des Abwassers s. Abwasserklärung.

Volumen-Wasserzähler s. Hauswasserzähler.

Vorbecken, Becken, die einzeln oder mehrfach hintereinander an dem Einlauf zu einer Talsperre angeordnet werden. Sie dienen neben anderen Zwecken der Vorklärung des aufzuspeichernden Wassers und üben einen wesentlichen Einfluß auf dessen Selbstreinigung durch die sich in ihnen in stärkstem Maße entwickelnden biologischen Vorgänge aus. Für Trinkwassertalsperren sind sie von großer hygienischer Bedeutung, werden aber mit Vorteil auch an anderen Sperren angeordnet. Ihre Errichtung wird heute von der Wasserbaubehörde empfohlen.

MEYER, AUG. F., Trinkwasser und Talsperren. München und Berlin 1937.

Vorbelüftung des Abwassers, Betriebsmaßnahme zur Entlastung von Belebungsanlagen sowie zur Verhütung von Fäulnis und der damit verbundenen üblen Gerüche. Die Belüftungsdauer, die von der Beschaffenheit des Abwassers abhängt, ist dabei verhältnismäßig kurz (etwa 10 bis 15 Minuten).

Vorentwurf. Darstellung der Grundzüge eines Bauvorhabens, die dazu dient, es zu erläutern, zu genehmigen, zu finanzieren und zur Ausführung vorzubereiten. Für Entwässerungsanlagen muß der V. i. a. folgendes enthalten: Allgemeine Darstellung des Entwurfs durch einen Übersichtsplan (1:10 000 bis 1:25 000), aus dem die Entwässerungsgebiete, die Hauptsammler, die Vorflut, die Lage und die Größe von Pumpwerken, Druckrohren, Kläranlagen und sonstigen Sonderbauwerken sowie die Höhenverhältnisse ersichtlich sein müssen. Längenschnitte durch die Hauptsammler (Höhen 1:100), Baugrund- und Grundwas-

serverhältnisse in großen Zügen und an den wichtigsten Punkten. Berechnung der wesentlichsten Leitungen, Erläuterungsbericht, Kostenvoranschlag. Voraussichtnahme für die nächste Zukunft, jedoch nicht über 40 bis höchstens 50 Jahre.

Vorflut, Abflußmöglichkeit des Wassers.

Vorfluter, der Vorflut dienendes Gewässer.

Vorklärbecken, Becken, die bei der Klärung des Abwassers als Absetzbecken vorgeschaltet werden, um den eigentlichen Klärvorgang zu erleichtern, auch Vorbecken genannt.

Vorklärung des Abwassers s. Abwasserklärung.

Vorklärung des Abwassers vor Pumpwerken, Betriebsmaßnahme, um zu verhüten, daß die vom Abwasser mitgeführten sperrigen Stoffe, z. B. Holzstücke, Konservenbüchsen, Tierleichen, Lappen, den Pumpenbetrieb stören. Die V. erfolgt i. a. durch Grobrechen.

Vorticella campanulata. Glockentierchen. Zu den Infusorien gehöriges, einzelliges, mikroskopisch kleines Ur-

Vorticella campanulata (nach Roux).

tierchen (Protozoe), dessen Form einer Glockenblume (Campanula) ähnelt. Der Glockenrand ist mit einem Kranz aus feinen, schwingenden Wimpern besetzt. Lebt in organisch verschmutztem

Wasser (Abwasser), zu dessen Selbstreinigung es im Verein mit anderen Infusorien (z. B. Pantoffeltierchen, Trompetentierchen) und sonstigen Ur-

tierchen (z. B. Wurzelfüßler, Flagellaten) sowie mit niederen pflanzlichen Gebilden (z. B. Bakterien, Algen) beiträgt (s. Infusorien, Kleinlebewesen).

W

Wärmeschutz bei Faulräumen s. Frostsicherheit.

Wärmewert s. Temperaturgefälle.

Wäscher s. Entstauber.

Wäschereiabwasser, das in Waschanstalten (s. d.) anfallende Abwasser. Es enthält neben den aus der Wäsche entfernten Schmutz- und Fettbestandteilen auch noch Reste von unverbrauchten Wasch- und Bleichmitteln. Durch seinen Gehalt an organischen Stoffen neigt es stark zur Fäulnis. Daneben fallen größere Mengen schwach verunreinigten Spülwassers an. Die Reinigung erfolgt nach Aufnahme in das städtische Entwässerungsnetz zweckmäßig zusammen mit häuslichem Abwasser, andernfalls ist eine Reinigung durch chemische Fällung möglich.

v. POHL, Die chemische Reinigung von Abwässern der Wäscherei- und Badeanstalten. Ges.-Ing. 60 (1937) 26. S. 422.

Wäschereien s. Waschanstalten.

Wagenwäschen. Die zur Beförderung von Vieh benutzten Wagen (Bahnwagen) werden auf besonderen W. der Reichsbahn oder auf Schlachthöfen nach Beseitigung des Strohes und Düngers gründlich mit heißem Wasser ausgespritzt. Danach erfolgt ein Auswaschen mit Sodawasser und anschließend die Desinfektion mit stark verdünntem Kresol und Schwefelsäure.

Das anfallende Abwasser ist sehr stark fäulnisfähig. Für jeden gereinigten Wagen ist mit einem Abwasseranfall von 1 m³ zu rechnen. Wenn eine Einleitung in ein städtisches Entwässerungsnetz nicht möglich ist, kommt für die Reinigung die Ausfaulung in einer Faulgrube mit anschließender

Verrieselung auf geeignetem Gelände in Frage.

Walkwasser, das in Tuchfabriken (s. d.) anfallende Abwasser, das neben Wollfasern Seife, Soda und Öle enthält.

Walzenkühlwasser, das bei der Kühlung der Walzen in Walzwerken benutzte Wasser, je t Erzeugung etwa 10—50 m³. Es enthält neben Walzensinter (s. d.) und Staub je nach der Schmierung der Walzenlager Öl oder Fett. Bei den neuerdings stark verbreiteten Kunststofflagern fällt die Lagerschmierung und die Verunreinigung des W.s durch Öl und Fett fort. Dafür werden größere Mengen an W. benötigt. Das Abfangen des spezifisch schweren Sinters in Absetzbecken bereitet keine Schwierigkeiten. Die Beseitigung des Sinters aus dem Becken erfolgt durch Greifer- oder Baggeranlagen, die Entölung durch Beruhigung in flachen Becken. Wegen des großen Wasserbedarfes und der verhältnismäßig geringen Verunreinigung des W.s ist dessen Wiederverwendung nach entsprechender Abkühlung in Rückkühlanlagen (s. d.) zweckmäßig.

Walzenpülpepressen s. Pülpefänger.

Walzensinter, oxydische Verbindung von Metallen (Eisen, Kupfer usw.), die sich beim Warmwalzen in Walzwerken als eine Art Zunder des betreffenden Metalls bildet. Der W. wird zu seiner Verwertung der Verhüttung zugeführt.

Walzwerke, Anlagen zur Ausführung von Formänderungsarbeiten an Eisen, Metallen und Metallegierungen. W. haben mindestens zwei, gewöhnlich waagerecht liegende starke Zylinder (Walzen), die aus Gußeisen oder Stahl bestehen. Die Walzen werden derart angetrieben, daß sie sich in entgegengesetzter Richtung drehen. Beim Durchgang durch die Walzen wird der zu walzende Körper auf das Maß des Walzenabstandes zusammengedrückt und in die Länge gestreckt. Zu unterscheiden ist zwischen **W a r m w a l z w e r - k e n**, die Bleche, profilierte Stäbe (Träger, Schienen, Winkeleisen), Walzdraht, Rohre usw. herstellen, und **K a l t w a l z w e r k e n**, in denen eine Verfeinerung von Bandeisen in kaltem Zustand durchgeführt wird.

Warmwalzwerke benötigen besonders große Mengen an Walzenkühlwasser (s. d.) und Kühlwasser für die Glüh- und Wärmeöfen. Je t Erzeugung beträgt der Wasserbedarf etwa 10 bis 70 m³.

Zu ihrer Verfeinerung werden in Blechwalzwerken die Bleche und in Kaltwalzwerken das Bandeisen durch Beizen in verdünnter Schwefelsäure von dem anhaftenden Walzzunder befreit. Das anfallende Abwasser entspricht dem der übrigen Eisenbeizereien (s. d.).

Walzzunder s. Zunder.

Wandersprenger, Fahrsprenger, bewegliche Vorrichtung zur Verteilung des Abwassers über die Oberfläche rechteckiger, langgestreckter Tropfkörper. Die W. sind i. a. als walzenförmige, die ganze Breite des Tropfkörpers bestreichende oberschlächtige Wasser-Räder ausgebildet, die auf den Längswänden der Körper auf Schienen laufen und vom Abwasser angetrieben, über dem Körper hin und her wandern. Dabei verteilt sich das von der Wasserradwalze ausgegossene Abwasser über die ganze Körperoberfläche. Das Abwasser wird der Walze mittels eines Heberrohres zugeführt, das mit dem W. fest verbunden ist und dessen kürzerer Schenkel in die auf der Längswand des Tropfkörpers liegende Abwasserzuführungsrinne taucht. W. mit Verteiler-Rinnen, die keine Wasserradwalze haben, werden elektrisch angetrieben, wobei der Stromabnehmer auf einer Gleitschiene läuft.

Warmwasserleitung, jede Wasserleitung, bei der das geförderte Wasser mit Hilfe von Boilern oder sonstigen Warmwasserbereitern absichtlich erwärmt und so der Zapfstelle zugeleitet wird. In sich geschlossene Wasserkreise mit erwärmtem Wasser, wie z. B. eine Sammelwarmwasserleitung, fallen unter diesen Begriff. Als Warmwasserleitung gilt aber immer nur der Teil, der sich zwischen dem Warmwasserbereiter und der Zapfstelle oder innerhalb der geschlossenen Ringleitung befindet, in der das warme Wasser umläuft. Zuleitungen zu den Warmwasserbereitern und Entleerungsleitungen gelten nicht als W.en. Der Begriff W. ist nicht von einer Temperaturgrenze abhängig (Reichsstelle für Metalle).

Bei W.en können gemäß DIN 1988 U Blatt 1 verwendet werden:

1. Flußstahlrohre nach DIN 2440, 2441 und 2449 feuerverzinkt.

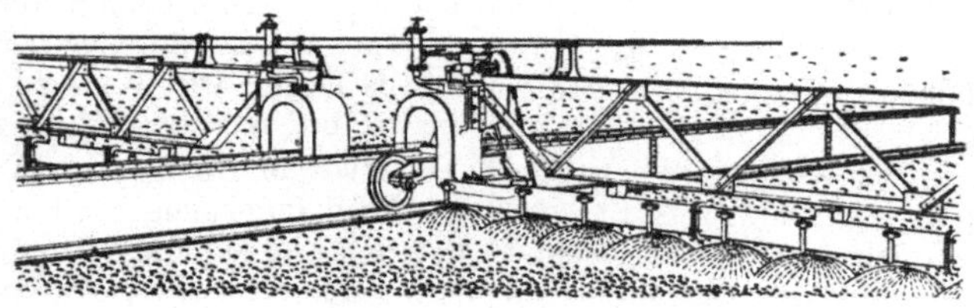

Wandersprenger mit elektrischem Antrieb (nach HARTLEY).

2. Kupferrohre nach DIN 1786, soweit nach Anordnung 38a der Reichsstelle für Metalle vom 5. September 1939 zugelassen.

Die Rohre nach 1 sind vor der Wand zu verlegen, wenn sie nicht im Erdreich liegen, und müssen stets leicht zugänglich sein.

Warmwasserrösten s. Flachsrösten.

Waschanstalten behandeln die Wäsche i. a. wie im Haushalt. An Stelle des zum Ersatz der Rasenbleiche benutzten Chlorgases oder der Hypochloritlauge werden heute Waschmittel mit sauerstoffspaltenden Peroxyden, Perboraten usw. benutzt. Chemische Waschanstalten (Putzereien) benutzen für die Reinigung Benzin, Benzol oder ähnliche Fettlösungsmittel. Diese Lösungsmittel werden nach Abdestillieren wiedergewonnen.

W. benötigen ein möglichst farbloses, sehr weiches und mineralstoffarmes Wasser mit weniger als 0,1 mg/l Eisen und 0,05 mg/l Mangan. Organische Stoffe im Wasser färben die Wäsche gelblich. Hartes Wasser führt zu großem Seifenverbrauch. 1000 l Wasser von 10 D. G. machen 1,5 kg Kernseife unwirksam und zerstören teilweise auch die Waschalkalien. Der Wasserbedarf beträgt je kg Trockenwäsche etwa 40—80 l.

Brettschneider, P.. Das Wasser und seine Bedeutung für das Wäschereihandwerk.. Das Bad 29 (1934) 10, S. 124/127.

Waschkauenabwasser, das aus den Waschkauen, d. h. Umkleide-, Wasch- und Baderäumen der Gefolgschaft gewerblicher Betriebe anfallende Abwasser. Es unterscheidet sich vom Abwasser gewöhnlicher Badeanstalten durch stärkere Verschmutzung und enthält Seifen-, Öl- und Schmutzbestandteile, bei Kohlenbergwerken auch feine Kohleteilchen. Das W. fällt stoßweise in der Zeit der Schichtwechsel an, die Menge, auf den Kopf der Gefolgschaft berechnet, schwankt zwischen 30—100 l.

Der äußeren Beschaffenheit nach ist das Wasser milchig-trübe, von Flocken durchsetzt und von seifigem Geruch. Die Reaktion ist schwach alkalisch. Ein derartiges Abwasser überzieht die Böschungsränder der Bachläufe mit einer weißlichen, schleimigen Haut, die der Vegetation nicht zuträglich ist und dem Bachbette ein unästhetisches Aussehen verleiht. Das Wasser ist in hohem Maße Träger von Infektionsgefahren. Die Reinigung erfolgt zweckmäßig gemeinsam mit häuslichem Abwasser.

Wasser, eine chemische Verbindung von zwei Atomen Wasserstoff und einem Atom Sauerstoff (H_2O). Es tritt in der Natur in drei verschiedenen Aggregatformen auf, und zwar: fest als Eis, flüssig als Wasser im gewöhnlichen Sinne und gasförmig als Wasserdampf. In flüssiger Form hat das Wasser seine größte Dichte bei einer Temperatur von ungefähr + 4° und einem Barometerstand von 760 mm, unter diesen Umständen wiegt 1 m³ Wasser genau 1000 kg. Wird Wasser unter 0° abgekühlt, so gefriert es zu Eis; 1 m³ Eis wiegt 922 kg. Der Rauminhalt des Eises ist danach um ungefähr ¹/₁₁ größer als der des flüssigen Wassers.

Das eigentliche V e r d a m p f e n des Wassers erfolgt unter einem Barometerstand von 760 mm bei 100°. Es beginnt dann zu sieden und verwandelt sich in Wasserdampf. Dieser Vorgang kann auch bei niedrigeren Temperaturen stattfinden, sobald der Luftdruck entsprechend erniedrigt wird. Da nun auf hohen Bergen der Luftdruck bedeutend geringer ist als an der Meeresoberfläche, so liegt dort der Siedepunkt des Wassers tiefer.

Aber auch bei gewöhnlichem Luftdruck und niedriger Temperatur werden stets gewisse Mengen des flüssigen Wassers und festen Eises gasförmig. Man nennt diesen Vorgang nicht Verdampfung, sondern richtiger V e r - d u n s t u n g. Die Fähigkeit der Luft,

Wasserdampf in sich aufzunehmen, hängt von der Lufttemperatur ab und nimmt bei steigender Temperatur bedeutend zu. Wenn die Luft soviel Wasser aufgenommen hat, wie sie bei einer gewissen Temperatur aufnehmen kann, nennt man die Luft gesättigt. Das Verhältnis der in der Luft vorhandenen Wassermenge zu der Wassermenge, die die Luft bei gleicher Temperatur im Zustande der Sättigung hätte aufnehmen können, nennt man r e l a t i v e F e u c h t i g k e i t. Ist keine Bewegung in der Luft, so sättigt sich die über einer größeren freien Wasserfläche oder über durchfeuchtetem Boden liegende Luftschicht allmählich mit Wasserdampf und die Verdunstung hört auf. Werden aber durch Wind immer neue Luftschichten auf die Verdunstungsfläche hingeführt, so findet eine lebhaftere und dauernde Verdunstung statt.

Durch Abkühlung der feuchten Luft verdichtet sich das Wasser wieder und fällt als atmosphärischer N i e d e r s c h l a g (Tau, Regen, Hagel oder Schnee) auf die Erde nieder. Ein Teil der Niederschläge kehrt durch V e r d u n s t u n g unmittelbar in die Atmosphäre zurück, ein Teil versickert in den Boden und bildet das G r u n d w a s s e r und die Q u e l l e n , ein weiterer Teil fließt auf der Oberfläche ab und wird in Form von Bächen und Flüssen dem Meere zugeführt. Auf seinem Weg zum Meere, und vornehmlich im Meere selbst, tritt wieder eine lebhafte V e r d u n s t u n g ein und der beschriebene Kreislauf des Wassers wiederholt sich in unendlicher Folge.

W a s s e r ist ferner die Sammelbezeichnung für alle Arten von W. im Sinne der Wasserversorgung. Es kommen in Frage: Grundwasser, Quellwasser, Oberflächenwasser usw. Zur näheren Erläuterung des Verwendungszweckes sind Bezeichnungen anzuwenden wie: Trinkwasser, Hauswirtschafts-

wasser, Brauchwasser, Kesselspeisewasser, Feuerlöschwasser usw. (Die Begriffsbezeichnung „Brauchwasser" wird nach DIN 4045 im Abwasserwesen nicht mehr gebraucht).

Wasserandrang, das Eindringen des Wassers in Baugruben und Bergwerke, wo das Wasser den Menschen bedrängt (KOEHNE).

Wasser, artesisches, Grundwasser, das mit artesischen Brunnen (s. d.) gewonnen werden kann. A. W. ist eine Sonderform des gespannten Grundwassers (DONAT und KOEHNE).

Wasserasseln, Organismen des reinen Wassers. Verschiedene Arten sind auch Vertreter des unreinen Wassers.

Wasseraufbereitung, die künstliche Veränderung der Wasserbeschaffenheit, um das Wasser den Erfordernissen seines Verwendungszweckes anzupassen (I. Nachtrag zu DIN 4046).

Wasserbauten, vordringliche. Der Generalinspektor für Wasser und Energie kann Wasserbauten zur Gewinnung von elektrischer Energie aus überwiegenden Gründen des gemeinen Wohles zu vordringlichen Wasserbauten erklären. Die Erklärung hat weitgehende Rechtswirkungen. Ferner kann auch die Ausgestaltung anderer Wassernutzungen an oberirdischen und unterirdischen Gewässern sowie der Ausbau und die Änderung von Wasserläufen von ihm zu vordringlichen Wasserbauten erklärt werden. Die Rechtswirkungen gehen hier aber nicht so weit, wie bei den Wasserbauten zur Gewinnung von elektrischer Energie.

VO. über vordringliche Aufgaben der Wasser- und Energiewirtschaft vom 30. März 1944. RGBl. I 1944, S. 75.

Wasserbedarf. Der W., d. h. der Bedarf an Trink- und Brauchwasser, ist örtlich verschieden. Er richtet sich nach den Bedürfnissen und Gewohnheiten der Bevölkerung, nach Viehzahl, Gewerbe und Industrie, nach dem Vorhandensein einer Ortsentwässerung usw. Diese Verhältnisse drücken sich in dem Verbrauch je Einwohner und Tag aus, der in einem Dorf in der Regel kleiner ist als in einer mittleren Stadt und in dieser im allgemeinen kleiner als in einer Großstadt. Auf dem Lande ist auf den Viehbestand besondere Rücksicht zu nehmen. Zu dem danach festgestellten Bedarf tritt noch derjenige der Reichsbahn und der Industrie, soweit diese sich nicht aus eigenen Anlagen Wasser beschaffen (§ 18. DGO.).

Bei der Feststellung des W.s sind nicht nur die gegenwärtigen Verhältnisse, sondern neben dem Anwachsen der kulturellen Ansprüche der Verbraucher und der sozialen Gemeinschaftseinrichtungen besonders das Anwachsen der Bevölkerung, die Einführung der Ortsentwässerung, die Entwicklung der Siedlungen und Dauergärten, des Gewerbes und der Industrie zu berücksichtigen. Auch den Bedürfnissen des Feuer- und Luftschutzes ist Rechnung zu tragen

Den W. für alle Zukunft zu ermitteln, ist kaum möglich. Im allgemeinen läßt er sich aber für längere Zeit im voraus bestimmen, er soll eher zu hoch als zu niedrig angenommen werden. In jedem Fall soll der Planer auf die Möglichkeit einer späteren Erweiterung der Wasserbeschaffungsmöglichkeiten bedacht sein.

Wasserbehälter (Speicherbehälter) sollen die Schwankungen zwischen dem Zufluß von den Gewinnungsanlagen und der jeweiligen Förderung an den einzelnen Förderstellen ausgleichen. Kleinere Behälter (Sammelbrunnen) dienen schon dem Ausgleich zwischen den Fördermengen der Saugpumpen und denjenigen der Druckpumpen. Andere wirken regelnd auf den Zufluß zu den Filtern und Aufbereitungsanlagen ein und sammeln das aufbereitete Wasser vor seiner wechselnden Abgabe an die Verbraucher.

Die größeren Behälter dienen dem allgemeinen Ausgleich der Verbrauchsschwankungen, insbesondere auch der Ansammlung eines Vorrates für die Stunden großen Bedarfs und für Feuerlöschzwecke. Ferner sollen sie den notwendigen Betriebsdruck gewährleisten und Druckschwankungen verhindern.

Die Behälter können, in der Fließrichtung des Wassers nach dem Versorgungsgebiet gesehen, vor (Durchgangsbehälter), hinter oder in diesem liegen. Im letzteren Falle wirken sie meist als Gegenbehälter. Maßgebend für ihre Lage sind die Höhenverhältnisse des Gebietes, in besonderen Fällen auch die örtlichen Verbrauchsverhältnisse. Sie sollen im allgemeinen eine Druckhöhe von 20 bis 40 m über der Straßenoberfläche vermitteln, damit das Wasser noch aus den höchstgelegenen Zapfstellen entnommen werden kann, und außerdem ein genügender Druck für Feuerlöschzwecke zur Verfügung steht. Ein Druck von mehr als 40 m ist nicht erwünscht, weil sonst das Rohrnetz und die Verteilungseinrichtungen in den Häusern zu sehr in Anspruch genommen werden.

Man unterscheidet Flur-Hochbehälter oder Erdbehälter (s. d.) und Turmbehälter (s. d.) Bei kleineren Wasserwerken oder bei der Versorgung kleiner hochgelegener Gebiete kann auch an die Stelle der Behälter ein selbsttätiges Pumpwerk (s. d.) treten.

Wasserbewegung, Grenzwerte der — in Böden. Die Werte der W. und ebenso auch der Wasserhaltung in Böden hängen von der Größe der Bodenkörner ab. Die obere Grenze einer kapilaren W., also derjenigen in Haarröhrchen, und einer nennenswerten Wasserhaltung liegt bei einem Durchmesser der Bodenteilchen von etwa 2 mm. Bei einem Durchmesser von 0,2 bis 2 mm lassen die Bodenkörner das Wasser leicht durch, während sich bei einem solchen von 0,02 bis 0,2 mm eine gute Haarröhrchenanziehungskraft und eine größere Wasserhaltung ergibt. Bodenkörner von geringerem Durchmesser sind mikroskopisch nicht mehr zu unterscheiden, besitzen aber eine große Hubhöhe durch die Haarröhrchenanziehung, indessen ermöglichen sie eine nur sehr geringe Wassergeschwindigkeit.

Wasserblüte. Mit W. wird z. B. die zu den Schizophyceen gehörige Blaualge Anabaena flos aquae bezeichnet. Durch ihr Auftreten und besonders durch ihr Absterben erhält das Wasser in Talsperren und Filtern einen üblen Geschmack und Geruch. Sie scheint besonders nach starker, langanhaltender Durchlüftung und Erwärmung aufzutreten. Bei Wärmesturz und Eintreten von Niederschlägen ist sie in der Talsperre von Nordhausen, in der sie sich 1913 recht unangenehm bemerkbar machte, ganz plötzlich wieder verschwunden (s. Filterbetrieb, Störungen).

Wasserbücher. Die von der Wasserbehörde geführten W. legen die Rechts- und Gebrauchsverhältnisse an den Gewässern klar. In ihnen werden nach dem Entwurf zum Reichswassergesetz u. a. Befugnisse zu einem Sondergebrauch, Anordnungen der Wasserbehörde über Einwirkungen auf unterirdische Wasser, sowie Quellenschutzbereiche eingetragen. Die Richtigkeit der Eintragungen im Wasserbuch wird vermutet. Der Nachweis der Unrichtigkeit ist zulässig.

Wasserfach-Gemeinschaft, eine nach den Bestimmungen des § 4 der ersten Verordnung zur Durchführung des Gesetzes zur Vorbereitung des organischen Aufbaues der deutschen Wirtschaft vom 27. November 1934 gebildete Arbeitsgemeinschaft. Ihr gehören folgende Gruppen der gewerblichen Wirtschaft an:

Fachgruppe Apparatebau der Wirtschaftsgruppe Maschinenbau,

Fachgruppe Armaturen und Maschinenteile der Wirtschaftsgruppe Maschinenbau,

Wirtschaftsgruppe Bauindustrie,

Fachgruppe Druckluft- und Pumpenindustrie der Wirtschaftsgruppe Maschinenbau,

Wirtschaftsgruppe Feinmechanik und Optik (Arbeitskreis Wasserzähler),

Fachgruppe Sanitärer Installationsbedarf der Wirtschaftsgruppe Groß-, Ein- und Ausfuhrhandel,

Reichsinnungsverband des Baugewerbes (Abt. Brunnenbau),

Reichsinnungsverband des Installateur- und Klempner-Handwerks.

Der Sitz der W.-G. ist Berlin-Charlottenburg 9, Lindenallee 15.

Wasserfloh s. Organismen des reinen Wassers. Manche Vertreter finden sich auch in Dorfteichen vor.

Wasserführung von Grundwasserströmen s. Grundwasserströme, rechnerisches Verfahren zur zahlenmäßigen Ermittlung der Wasserführung v. G.

Wassergehalt des Bodens, die in ihm enthaltene Wassermenge in Raum- oder Gewichtsteilen des getrockneten Bodens (DONAT und KOEHNE).

Wassergehalt von Abwasserschlamm, Raumanteil des in dem Schlamm enthaltenen Wassers, ausgedrückt in Hundertteilen der Raummenge Schlamm. Der W. ist für die Beförderung des Schlammes und seine Behandlung in Bauwerken von großer Bedeutung, weil seine Raummenge in dem gleichen Verhältnis abnimmt wie die Vomhundertsätze der in ihm enthaltenen Trockenrückstandsmenge zunehmen. Schlamm von 98 v. H. Wassergehalt und 2 v. H. Trockenrückstand beansprucht daher doppelt soviel Platz wie solcher von 96 v. H. Wassergehalt und 4 v. H. Trockenrückstand (s. Schlammentwässerung).

Wassergeschwindigkeit im Rohrnetz, s. Rohrnetz, Berechnung des R.es.

Wassergesetz. Gesetz zur Regelung des Wasserrechts, enthält Vorschriften über die Unterhaltung, den Ausbau und die Benutzung der Gewässer, über das Eigentum und die sonstigen Rechte an den Gewässern und am Wasser, über Wasserbehörden, Wasserbücher und ähnliches. Die Wassergesetzgebung ist z. Z. noch den einzelnen Ländern vorbehalten und daher im Deutschen Reiche höchst verschiedenartig geregelt. Für Preußen gilt heute das Wassergesetz vom 7. April 1913 (GS. S. 53), das aber seit seinem Inkrafttreten vielfach geändert worden ist. Ein einheitliches Wassergesetz für das Reich ist in Vorbereitung.

Wassergucker, kegelstumpf-förmiges Rohr, mit zwei Handgriffen, an denen es mit der weiteren Öffnung nach unten in das Wasser eines Oberflächengewässers gehalten wird, um bei starker Wellenbewegung von oben her sehen zu können, wie groß die Durchsichtigkeit des Wassers ist (s. Durchsichtigkeit, Porzellanscheibe).

Wassergütekarten. Die W. sind von den Wasserwirtschaftsstellen nach einem Runderlaß des Reichs- und Preußischen Ministers für Ernährung und Landwirtschaft vom 21. 5. 1938, VI/I 852 unter Beachtung bestimmter Richtlinien aufzustellen. Danach ist vor allem auf folgende Fragen einzugehen: Feststellung der wichtigsten Ursachen der Verschmutzung in den Gewässern, Art und Umfang der Verschmutzung organischen Ursprungs oder anorganischer Herkunft, Schlammbildung und Schlammablagerung in den Gewässern, Auswirkungen in einem bestehenden oder geplanten Stau oder Staubecken. Ferner sollen in die Karten die Ergebnisse solcher Untersuchungen aufgenommen werden, durch die festgestellt werden soll, für welche wirtschaftlichen Zwecke das Wasser dauernd od.

zeitweise nicht oder schlecht verwendbar ist und aus welchen Gründen, ferner wie es gereinigt oder aufbereitet werden kann. Als Verwendungszwecke des Wassers sind angeführt: Wasserversorgung für häusliche Zwecke, für Industrie und Gewerbe, für Fischereizwecke und zur Bewässerung landwirtschaftlich genutzter Grundstücke. Die Herstellung der W. ist für die Landesplanung von großer Bedeutung. Die Wasserwirtschaftsstellen sollen sie unter Mitwirkung der Flußwasseruntersuchungsämter und Landesanstalten herstellen.

Wasserhaltevermögen (Wasserkapazität), die Wassermenge, die der Boden bei Ausschaltung von Verdunstungsverlusten längere Zeit hindurch gegen die Wirkung der Schwere festzuhalten vermag.

Wasserhaushalt, mengenmäßige Beziehung zwischen Niederschlag, Abfluß und Verdunstung, Rücklage und Aufbrauch (s. d.), und zwar der Ausgleich der Einnahme des Bodens an Niederschlag (N) gegenüber der Ausgabe durch Abfluß (A), Verdunstung (V) und einer Rücklage (R), die später auch abfließt oder verdunstet, soweit sie nicht durch Aufbruch (B) mehr oder weniger verschwindet. Es gilt im allgemeinen die Gleichung (K. FISCHER)

$$N = A + V + (R - B).$$

Der Wasserhaushaltsplan bezieht sich immer auf ein bestimmtes Stück Land mit einem bestimmten Einzugsgebiet, sowie auf einen bestimmten Zeitabschnitt, auf ein Abflußjahr oder auf eine Reihe von solchen.

Wasserhaushalt des Waldes. Vom Niederschlag gelangt ein Teil sofort zum Abfluß A, ein anderer Teil dringt in den Boden ein und bildet dort das Grundwasser, den Rückhalt R. Weiter bleibt eine gewisse Menge auf den Blättern und Nadeln, am Stamm und an den Ästen der Bäume hängen und gelangt dort zur Verdunstung V_1. Der Wald saugt aber dann seinerseits wieder Wasser aus dem Untergrund auf. Der sogen. Turgordruck treibt es von den Wurzeln zur Krone, d. h. von dem durch die Wasserzufuhr prallen (turgeszenten) unteren Ende des Baumes zu dem durch die eintretende Verdunstung (Transpiration) minder prallen oberen Ende. Das Wasser dient dabei lediglich der Beförderung der Nährstoffe. Die Pflanze entledigt sich

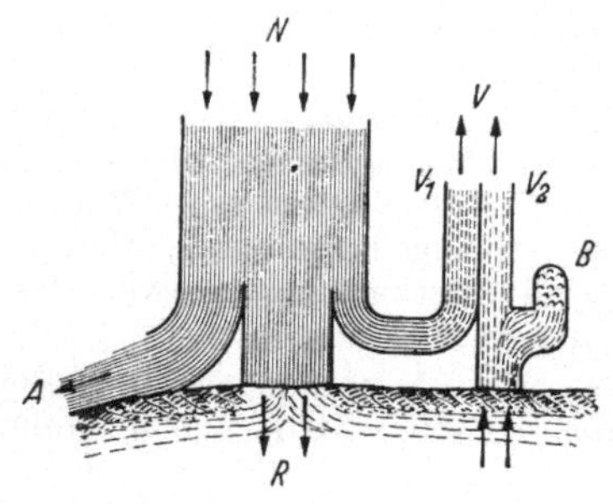

Wasserhaushalt des Waldes.

des überflüssig gewordenen Wassers durch die Transpiration, eine von der Natur geregelte Verdunstung V_2. Ein kleiner, sich aber auch immer wieder erneuernder Teil des Wassers bleibt im Baum zurück. Es ist der dauernde Wassergehalt der Bäume B. Aber auch er tritt schließlich, wenn der Baum gefällt ist, ebenfalls in den Kreislauf des Niederschlags ein, und zwar wiederum durch Verdunstung.

Wasser, juveniles, ein aus dem Magma stammendes Wasser, das noch nicht am Kreislauf des Wassers (s. d.) teilgenommen hat. Der Gegensatz ist vadoses Wasser (s. d.).

Wasserklemme, ein Mangel an technisch für Schiffahrt, Wasserversorgung usw. ausgenutztem Wasser in Flüssen, Seen, Brunnen usw. (Koehne).

Wasserklosett s. Spülabort.

Wasserknöterich s. Plankton.

Wasserkrankheit, ein epidemischer Brechdurchfall, für den vermutlich bisher noch unbekannte bakterielle Mikroorganismen verantwortlich gemacht werden müssen. Die Krankheit befällt häufig Gäste in Sommerfrischen, denen das dortige Wasser nicht bekommt, während die Einwohner es gut vertragen.

Wasserkreislauf, umfaßt die durch Niederschlag, Abfluß und Verdunstung (s. d.) bedingten Naturvorgänge, die in Zustands- und Ortsänderungen bestehen und sich in der Lufthülle, auf und unter der Erdoberfläche abspielen.

Wasserläufe, nach dem Entwurf des Reichswassergesetzes die Gewässer, die oberirdisch in natürlichen oder künstlichen Betten ständig oder zeitweilig abfließen, mit den Quellen, aus denen sie in einem Bett abfließen, und den unterirdisch verlaufenden Strecken.

Keine Wasserläufe sind Gewässer in Rohrleitungen, die nicht bloß Teile oder Fortsetzungen von Wasserlaufbetten sind, und in Gebrauchs-, Verbrauchs- und Abwasserleitungen fließen.

Wasserlauf, unterirdischer, unterirdische Teilstrecke eines sonst oberirdischen Wasserlaufs.

Wasserlinsen (z. B. Lemna minor), Wasserpflanzen, die in Teichen und Talsperrenbuchten auftreten. Sie sind zu beachten wegen ihrer schattenbringenden Decken, unter denen sich in flachen Becken oftmals Schwefelwasserstoff anhäuft (Kolkwitz), so daß es zur Bildung von Schwefelbakterien, besonders von roten, kommt.

Wassermeister, der Leiter eines kleinen oder einer Betriebsabteilung eines größeren Wasserwerks. Für W. ist kein Berufsbild eingerichtet, jedoch besteht eine vom Deutschen Verein von Gas- und Wasserfachmännern herausgegebene Dienstanweisung für W.

. MEYER, AUG. F., Der Wassermeister. München u. Berlin 1939 (Neuauflage in Vorbereitung).

Wassermenge, Formelzeichen M, Maßeinheit l, m³, raummäßig festgelegtes Wasser.

Wassermenge, fluktuierende (pulsende), die Summe der positiven oder negativen Abweichungen vom Verbrauchsmittelwert an Wasser für einen bestimmten Zeitraum (Tag, Monat oder Jahr). Nach der fl.n W. eines Tages bestimmt sich die Größe eines Ausgleichbehälters. Man kann sie beispielsweise nach folgender Zahlentafel berechnen:

Tages-zeit	Förder-mengen F	Ver-brauchs-mengen V	$F - V$ positiv	negativ
Uhr	v. H.	v. H.	v. H.	v. H.
0 — 1		4,2		4,2
1 — 2	—	0,8	—	0,8
2 — 3	—	1,0	—	1,0
3 — 4	—	1,1	—	1,1
4 — 5	—	1,0	—	1,0
5 — 6	—	1,4	—	1,4
6 — 7	—	4,0	—	4,0
7 — 8	12,5	4,8	7,7	—
8 — 9	12,5	4,7	7,8	—
9 — 10	12,5	6,8	5,7	—
10 — 11	12,5	5,8	6,7	—
11 — 12	12,5	5,4	7,1	—
12 — 13	12,5	4,8	7,7	—
13 — 14	12,5	5,9	6,6	—
14 — 15	12,5	8,0	4,5	—
15 — 16	—	5,0	—	5,0
16 — 17	—	5,2	—	5,2
17 — 18	—	8,4	—	8,4
18 — 19	—	5,1	—	5,1
19 — 20	—	5,3	—	5,3
20 — 21	—	5,1	—	5,1
21 — 22	—	2,1	—	2,1
22 — 23	—	2,1	—	2,1
23 — 34	—	2,0	—	2,0
	100	100	53,8	53,8

Darin ist angenommen, daß die Tagesverbrauchsmenge durch die Förderpumpe in genau 8 Stunden gehoben wird, die stündliche Fördermenge innerhalb dieser Zeit also 12,5 v. H. des Tagesverbrauchs beträgt. Die Rechnung selbst besteht dann darin, daß man für jede Stunde des Tages den Unterschied zwischen Fördermenge F und Verbrauchsmenge V bildet. Da die tägliche Fördermenge gleich der täglichen Verbrauchsmenge ist, so setzt man die stündlichen Mengen am besten in Hundertsteln der Tagesverbrauchsmenge in die Zahlentafel ein. Die Summe der positiven Unterschiede, die gleich der Summe der negativen sein muß, ist dann die fluktuierende Tagesmenge, im vorliegenden Falle also 53,8 v. H. (nach GROSZ).

Wassermengendauerlinie s. Abflußmengendauerlinie.

Wassermengenwert, das Verhältnis der Bau- und Betriebskosten einer Abwasserbehandlungsanlage zu der Abwassermenge, die sie verarbeiten kann. l. a. gibt man die Kosten an, die auf eine tägliche Leistung von 1000 m³ Abwasser entfallen. Der W. gibt im wesentlichen nur Vergleichszahlen zur Beurteilung der Wirtschaftlichkeit verschiedener Verfahren der Abwasserbehandlung. Für Kostenschätzungen ist er nicht genau genug, weil dabei die örtlichen Verhältnisse und die Eigenarten des Entwurfes berücksichtigt werden müssen. Eine Übersicht über die Wassermengen- und Einwohnerwerte der wichtigsten Abwasserklär- und -reinigungsanlagen bringt IMHOFF.

. IMHOFF, K., Taschenbuch der Stadtentwässerung. 10. Aufl., S. 69. München und Berlin 1943.

Wassermesser, ein Meßgerät, das den Durchfluß, d. h. die in der Zeiteinheit durchfließende Wassermenge, z. B. m³/h oder l/s, mißt, während ein Wasserzähler (s. d.) die in beliebiger

Zeit durch das Meßgerät· geflossenen Mengeneinheiten, z. B. m³ oder l, zählt.

Wassernuß s. Plankton.

Wasserpest s. Plankton.

Wasser, pflanzennutzbares, der Wassergehalt des Bodens, der für bestimmte Pflanzen nutzbar ist. Er wird in mm Wasserhöhe ausgedrückt (Donat und Koehne).

Wasserpolizei. Zweig der allgemeinen Polizeiverwaltung, der im Rahmen der ˙gesetzlichen Bestimmungen die Bedingungen festsetzt, unter denen der Einzelne mit Rücksicht auf die Belange der Gesamtheit Eigentums- und Gebrauchsrechte am Wasser ausüben darf.

Wasserscheide, Grenze zwischen zwei Niederschlags- oder Einzugsgebieten· (s. d.); die Grenze kann ober- oder unterirdisch sein.

Wasserschläge, Druckstöße, treten in Rohrleitungen als Folge einer zu schnellen Bedienung von Absperrorganen (Schiebern und Hydranten) auf. Durch die heutigen Schnellschluß-organe, die zum Abschluß des Wasserzuflusses bei Rohrbrüchen verwendet werden, werden W. weitestgehend vermieden. Wasserbehälter, Standrohre und Windkessel sind vor allem bei Werken mit Pumpbetrieb geeignet, W. zu vermeiden. W. sehr unangenehmer Art können auch bei schlecht belüfteten Rohrleitungen, insbesondere bei einer längeren fast waagerechten Führung der Strecke, auftreten. Die Luft sammelt sich in der Nähe der Hochpunkte, wobei sie als Kissen wirkt, das bei Drucksteigerungen und -minderungen hin und her pendelt und dabei Stöße ausübt. Druckstoßfragen werden in einem kürzlich gegründeten Druckstoßausschuß behandelt.

Wasserspiegel, freie obere Begrenzung von stehendem oder fließendem Wasser.

Wasserspiegelgefälle, das Verhältnis des Höhenunterschiedes zweier Punkte der Oberfläche eines Wasserkörpers zu der in waagerechter Richtung gemessenen Entfernung der beiden Punkte. Der Höhenunterschied der beiden Punkte wird zuweilen auch als „absolutes W." bezeichnet (s. Gefälle).

Wassersprung (hydraulischerSprung), eine künstlich veranlaßte Bewegungserscheinung des Wassers. Sie wird herbeigeführt, indem eine Wassermenge durch Überleitung aus einer Vorkammer in ein Gerinne mit stark geneigtem Boden in eine reißende Strömung versetzt wird. Bei einem plötzlichen Übergang der Gerinneneigung in die Waagerechte entsteht dann an der Übergangsstelle der Neigung ebenfalls ein Übergang von der reißenden Strömung des Wassers in eine ruhig strömende, die sich durch einen Sprung äußert. Dieser wird bei Verwendung von Fällmitteln zur Wasseraufbereitung benutzt, um eine innige Mischung der Fällmittel mit dem Wasser herbeizuführen.

Wasserstand, Formelzeichen W, Maßeinheit cm, Höhe des Wasserspiegels über oder unter einem festen ·Bezugspunkt, z. B. dem Pegelnull-(punkt) (s. d.).

Wasserstandsdauerlinie, die Verbindungslinie der Punkte im Felde eines rechtwinkligen Achsenkreuzes, die die Anzahl der Tage, an denen der Wasserstand eines Gewässers eine bestimmte Höhe H unterschreitet, als Abszisse und die Höhe H als Ordinate haben. Aus der ˙W. ist beispielsweise ersichtlich, wie viele Tage im Jahr ein Auslaßkanal (z. B. Regenauslaß oder Abfluß einer Kläranlage), der in ein offenes Gewässer mündet, unter Rückstau steht und welche Wasserstände dabei in Frage kommen (s. auch Abflußmengendauerlinie).·

Wasserstandsliste. In diese sind nach bestimmtem Muster die täglichen Aufzeichnungen aus dem Pegelbeobachtungsbuch zu übertragen. Dazu sind

Bemerkungen über Eis, Verkrautung, starken Wellenschlag usw. zu machen (s. Pegelbeobachtungsbuch) (nach Pegelvorschrift).

Wasserstatistik, chemische, der deutschen Wasserwerke. Die chem. W., die auf Veranlassung des Deutschen Vereins von Gas- und Wasserfachmännern e. V. in Gemeinschaft mit der Landesanstalt für Wasser-, Boden- und Lufthygiene (jetzt Reichsanstalt für Wasser- und Luftgüte) und der Wirtschaftsgruppe Gas- und Wasserversorgung bearbeitet worden ist (Bearbeiter Dr. R. SCHMIDT), gibt über die chemische Beschaffenheit des Leitungswassers und — soweit keine Aufbereitung stattfindet — auch über die wichtigsten Bestandteile des benutzten Rohwassers von 1380 Wasserwerken Auskunft.

. Die chemische Wasserstatistik der deutschen Wasserwerke. München und Berlin 1941.

Wasserstatistik der Betriebsergebnisse von Wasserwerken s. Betriebsergebnisse.

Wasserstatistik, geologische. Die geol. W. wird auf Veranlassung und mit Unterstützung des Deutschen Vereins von Gas- und Wasserfachmännern e. V. sowie derjenigen der Wirtschaftsgruppe Gas- und Wasserversorgung bei der Reichsstelle für Bodenforschung bearbeitet. Sie soll in erster Linie einen Einblick in die geologisch-hydrologischen Zusammenhänge der zentralen Wasserversorgung vermitteln. Ferner erfaßt sie Zahl, Lage und Art der einzelnen Gewinnungsanlagen. Sie ist der Allgemeinheit nicht zugänglich.

Wasserstein s. Kondensatorstein.

Wasserstoff, H, Atomgewicht 1,0078.

Wasserstoffionenkonzentration. Im Wasser sind Wasserstoffionen (H-Ionen) und Hydroxylionen (OH-Ionen), d. h. kleinste, mit Elektrizität geladene Teilchen enthalten. Ihr Verhältnis zu dem Wasser, in dem sie gelöst sind, ist die Ionenkonzentration. Nach Gesetzen, die hier nicht erörtert werden können, ist das Produkt beider Konzentrationen stets 10^{-14}, und in reinem Wasser ist die Konzentration der H-Ionen ebenso wie diejenige der OH-Ionen 10^{-7}. Solches Wasser reagiert neutral. Kommen aber Säuren oder saure Salze, d. h. Körper, die H-Ionen liefern, hinein, so wird die H-Ionenkonzentration vergrößert und das Wasser reagiert sauer. Wenn dagegen Basen oder basische Salze, d. h. Körper, die OH-Ionen liefern, in das neutrale Wasser gelangen, so vergrößert sich die Konzentration der OH-Ionen und das Wasser reagiert alkalisch. Um soviel, wie sich die OH-Ionenkonzentration vergrößert, muß sich aber nach dem oben über das stets gleichbleibende Produkt der beiden Konzentrationen Gesagten die H-Ionenkonzentration verringern. Wenn sie also in sauer reagierendem Wasser größer als 10^{-7} ist, muß sie im alkalisch reagierenden, in dem die OH-Ionenkonzentration überwiegt, kleiner als 10^{-7} sein. Es ergibt sich somit folgendes:

·Wasserstoffionenkonzentration

$= 10^{-7}$ ist neutrale Reaktion,

$> 10^{-7}$ ist saure Reaktion,

$< 10^{-7}$ ist alkalische Reaktion.

Durch Bestimmung der W. läßt sich also die Reaktion des Wassers ermitteln, und zwar zahlenmäßig mit feinsten Unterschieden. Die zahlenmäßige Angabe erfolgt der Einfachheit halber logarithmisch, wobei die W. mit „h" bezeichnet wird. Für ein neutrales Wasser hieße es also $h = 10^{-7}$. Statt dessen läßt sich aber auch schreiben $\log h = -7$ oder $-\log h = 7$. An Stelle des $-\log h$ ist das Zeichen p_H eingeführt worden, das allerdings aus drucktechnischen Gründen fast allgemein p_H geschrieben wird (s. p_H-Wert). Die zugehörige Zahl heißt der Wasserstoffexponent oder die Wasserstoffzahl;

ein neutrales Wasser hat also die Wasserstoffzahl 7, d. h. h, $p_H = 7$.

Bei dieser logarithmischen Ausdrucksweise gibt der kleinere Exponent die größere Konzentration an, das Wasser ist also um so saurer, je weiter der Exponent unterhalb der Zahl 7 bleibt, um so alkalischer, je mehr er sie übersteigt. Mit anderen Worten:

$p_H = 0$ bis 7 ist saure Reaktion,

$p_H = 7$ ist neutrale Reaktion,

$p_H = 7$ bis 14 ist alkalische Reaktion (THIESING).

Die W. kann entweder kolorimetrisch durch Farbvergleich des je nach dem ungefähren p_H-Wert mit verschiedenen Indikatoren versetzten Wassers mit Vergleichslösungen oder auf elektrischem Wege ermittelt werden (s. Wasserstoffzahl).

Wasserstoffzahl, das Verhältnis $h = J_w/R$ der in der Raummenge R der wässerigen Lösung eines Elektrolyten (Säure, Base, Salz) befindlichen Wasserstoff-Grammionen-Menge J_w zu der Raummenge R. Gebräuchliche Benennung für $h : J_w$ in Grammion, R in Liter, also: Grammion/l oder n (normal). Beispielsweise ist die W. für eine zehntausendstel Normallösung der Salzsäure (1 g HCl auf 274,24 l Wasser) $h_s = $ rd. $10^{-4}\, n$, d. h. in einem 1 Lösung sind 10^{-4} Grammionen Wasserstoff vorhanden. Für eine basische Lösung, z. B. Natriumhydroxyd (NaOH), und zwar für eine eintausendstel Normallösung (1 g NaOH auf 25,05 l Wasser) ist die W. bei $18° h_n = 7,4 \cdot 10^{-12}\, n$. Die W. der sauren Lösung ist demnach wesentlich größer als die der basischen. Das weder sauer noch basisch (alkalisch) wirkende (reagierende), also neutrale Wasser ist ein Elektrolyt, der bei 22° die W. $h_w = 10^{-7}\, n$ besitzt, die zwischen $h_s = 10^{-4}\, n$ und $h_n = 7,4 \cdot 10^{-12}\, n$ liegt. Da die W. einer wässerigen Lösung innerhalb ge-

wisser Grenzen und bei gleichbleibender Temperatur von dem neutralen Werte $h_w = 10^{-7}\, n$ aus mit steigendem Säuregehalt zu- und mit steigendem Alkaligehalt abnimmt, so gilt die durch Farbtönung von Indikatoren und durch den elektrischen Strom leicht meßbare W. als der beste Maßstab zur Beurteilung des Säure- und des Alkaligehaltes einer wässerigen Lösung. Aus praktischen Gründen gibt man dabei jedoch nicht den Zahlenwert h der W. an, sondern den negativen BRIGGschen Logarithmus davon, den man als p_H-Wert bezeichnet. Für die obigen Beispiele wird dann: bei $h_s = 10^{-4}$: $p_{Hs} = + 4$, bei $h_n = 7,4 \cdot 10^{-12}$: $p_{Hn} = 12 - \log \cdot 7,4 = 11,13$ und bei $h_w = 10^{-7}$: $p_{Hw} = + 7$. Beispielsweise ist danach ein Abwasser oder ein Abwasserschlamm sauer, wenn sein p_H-Wert kleiner als 7, neutral, wenn sein p_H-Wert $= 7$ und alkalisch, wenn sein p_H-Wert größer als 7 ist (s. p_H-Wert, Elektrolyt; Dissoziation, elektrolytische; Wasserstoffionenkonzentration, Grammion, Normallösung, Indikator zur Messung des p_H-Wertes, Potentiometer).

Wasserstrahlpumpe, Gerät, in dem das Arbeitsvermögen eines Druckwasserstrahles zur Hebung von Flüssigkeiten benutzt wird. Das in die Pumpe spritzende Druckwasser übt eine saugende Wirkung aus und reißt infolgedessen die zu hebende Flüssigkeit mit fort. Der Wirkungsgrad und die Förderhöhe der W. sind zwar gering, sie ist aber für Abwasserförderung z. B. zur Entleerung von kleineren Dükern häufig durchaus am Platze, weil sie keine beweglichen Teile enthält, wenig Raum und Unterhaltung beansprucht und ortsfest eingebaut werden kann, ohne daß ihre Betriebsfähigkeit durch die im Entwässerungsnetz herrschende feuchte Luft leidet.

Wassertiefe, nutzbare, der vom Absetzvorgang ausgenutzte Teil der Tiefe eines Absetzbeckens oder Absetzbrunnens, also der Teil, der nicht vom Bodenschlamm oder von Einbauten (wie Schlammtrichter, Tauchwände, Kratzer und andere Räumvorrichtungen) in Anspruch genommen wird.

Wassertürme s. Turmbehälter.

Wasser- und Bodenverbände, auf Reichs- oder Landesrecht oder Herkommen beruhende Körperschaften, die folgende Aufgaben haben:

1. Gewässer und ihre Ufer herzustellen, zu ändern, in ordnungsmäßigem Zustande zu halten, den Wasserabfluß zu regeln und Gewässer zu beseitigen,

2. Schiffahrt- und Flößereianlagen, Stauanlagen, Schleusen, Siele u. dergl., Wasserkraftanlagen und Wassersammelbecken herzustellen, zu ändern, in ordnungsmäßigem Zustande zu halten, zu betreiben, auszunutzen und zu beseitigen,

3. Grundstücke zu entwässern, zu bewässern und vor Hochwasser und Sturmflut zu schützen,

4. Abwasser abzuführen, zu verwerten, zu reinigen und unschädlich zu machen,

5. Trink- und Brauchwasser zu beschaffen,

6. den Boden im landwirtschaftlichen Kulturzustande zu verbessern und zu erhalten und die Kulturflächen zu bewirtschaften und zu nutzen,

7. das Grundwasser zu bewirtschaften,

8. Land aus Wasserflächen zu gewinnen,

9. Beiträge zu wasserwirtschaftlichen, wasserbaulichen und bodenkulturlichen und zu Abwassermaßnahmen aufzubringen,

10. die vorstehenden Aufgaben zu fördern und zu überwachen.

11. andere Aufgaben, wenn der Reichsminister für Ernährung und Landwirtschaft sie im Einvernehmen mit den beteiligten Reichsministern zuläßt.

Gesetz über Wasser- und Bodenverbände (Wasserverbandsgesetz) vom 10. Februar 1937, RGBl. I 1937, S. 188 und S. 933 bis 960.

Wasser, unterirdisches, gehört im Sinne des Entwurfs zum Reichswassergesetz nicht zu den Wasserläufen. Das Gleiche gilt für die Quellen. Für beide finden daher die Vorschriften über die Benutzung der Wasserläufe keine Anwendung. Es sind vielmehr den Eigentümern und Nutzungsberechtigten an Grundstücken besondere Eigentümerbefugnisse am unterirdischen Wasser und an den Quellen zugestanden. Danach sind sie beispielsweise berechtigt, durch Zutagefördern für die eigene Haushaltung und Wirtschaft (s. Gemeingebrauch) und durch Einleiten der in der eigenen Haushaltung und Wirtschaft entstandenen Abwässer auf unterirdisches Wasser einzuwirken.

Wasseruntersuchungen. W. werden vorgenommen, um festzustellen, ob ein Wasser zu Trink- oder anderen Zwecken geeignet ist. Man unterscheidet bakteriologische, biologische (makro- und mikroskopische), chemische und physikalische Untersuchungen (s. d.). Durch die bakteriologische Untersuchung soll in erster Linie festgestellt werden, ob das zu Trinkzwecken zu verwendende Wasser Keime enthält, die darauf schließen lassen, daß ihm Verunreinigungen durch menschliche oder tierische Abgänge zugeführt worden sind. Zu diesem Zwecke werden Keimzählungen vorgenommen, die zunächst auf Verunreinigungen hindeuten. Darüber hinaus wird geprüft, ob das Wasser Keime der sogen. Coligruppe enthält (Colititer, s. d.). Colikeime befinden sich im Darminhalt aller Menschen und tierischen Warmblüter, vielfach auch in solchen von Kaltblütern. Sie sind an sich harmlos, geben aber einen Hinweis auf eine Verschmutzung des Wassers der genannten Art. Bei besonderen Anlässen werden die Untersuchungen ausgedehnt auf das Auftreten gesundheitsgefährdender Keime (Typhus-, Paratyphus - Schottmüller-, Cholera-, Milzbrand-, Gelbsucht und Bazillenruhrkeime). Die biologischen Untersuchungen geben die Mittel zur Beurteilung der Wasserbeschaffenheit auf Grund der im Wasser zu ermittelnden tierischen und pflanzlichen Organismen (Hydrofauna und Hydroflora). Sie bringen vor allen Dingen an den Tag, ob in vergangener Zeit nachteilige Einwirkungen auf das zu untersuchende Wasser stattgefunden haben und welcher Art diese sind. Die Feststellungen sind für die Trinkwasserfragen ebenso wichtig wie für Abwasserfragen. Besondere Bedeutung haben sie bei der Trinkwasserversorgung aus Oberflächenwässern, z. B. aus Talsperren. Den weitesten Raum nehmen die chemischen W. ein. Sie sind ebenfalls sowohl für Trink- als auch für Brauch- und Abwasser von großer Wichtigkeit. Sie erstrecken sich beim Trinkwasser in der Hauptsache neben einem Nachweis der vorhandenen organischen Stoffe (Kaliumpermanganatverbrauch) auf die Prüfung auf salpetrige Säure, Salpetersäure, Ammoniak und auf die Reaktion, dazu auch auf die Ermittlung der Wasserstoffionenkonzentration (p_H-Wert, s. d.), auf Eisen und auf Kohlensäure und ihre Bestimmung durch Ermittlung des Kalkbedarfs und auf die Bestimmung des gelösten Luftsauerstoffs. Dazu tritt noch diejenige der Chloride und der Härte und in besonderen Fällen eine Prüfung auf Blei, Mangan und Arsen. Darüber hinaus ist noch eine weitere Prüfung auf Geruch und Geschmack durchzuführen. An physikalischen Untersuchungen sind Temperaturbestim-

mungen vorzunehmen, ferner sind vielfach die Klarheit und Durchsichtigkeit (s. Sichtscheibe) und die Farbe festzustellen.

. BEGER, H., Die Arbeitsmethoden der Trinkwasserbiologie. In ABDERHALDENS Handbuch der biolog. Arbeitsmethoden. Abt. 4. Teil 15. Berlin u. Wien 1931.
. BEGER, H. u. E., Biologie der Trink- und Brauchwasseranlagen. Jena 1928.
. KLUT. H. (gest.), Untersuchung des Wassers an Ort und Stelle. 8. Aufl. bearb. durch OLSZEWSKI, W. Berlin 1943.
. KOLKWITZ, R., Pflanzenphysiologie. 3. Aufl. Jena 1935.
. Ders., Entnahme und Beobachtungsinstrumente für biolog. Wasseruntersuchungen. Mitt. d. Versuchsanstalt f. Wasserversorgung. Berlin 1907.
. KRUSE, W., Die hygienische Untersuchung und Beurteilung des Trinkwassers. In WEYLs Handbuch der Hygiene, 2. Aufl. Leipzig 1919.
. OHLMÜLLER, SPITTA, OLSZEWSKI, Untersuchung und Beurteilung des Wassers und Abwassers. 5. Aufl., Berlin 1931.
. WILHELMI, J. (gest.), Kompendium der biolog. Beurteilung des Wassers. Jena 1915.

Wasseruntersuchungen, bakteriologische. Die b. Untersuchung des Wassers hat den Zweck, seine durch den Keimgehalt bedingte, gesundheitliche Beschaffenheit zu bestimmen. Man stellt zunächst den Gesamtkeimgehalt fest. Das ist die Zahl der Bakterienkolonien, die sich auf der für Wasseruntersuchungen üblichen Nährgelatine bei Luftzutritt und einer Temperatur von 22° binnen zweimal 24 Stunden soweit entwickeln, daß sie bei Betrachtung mit einer etwa dreifach vergrößernden Lupe oder gar mit bloßem Auge sichtbar werden. Für die Zählung der Kolonien gilt eine bestimmte Regel. Den Hauptmaßstab für die Verunreinigung eines Wassers bietet sein alsdann festzustellender Gehalt an Colikeimen. Diese kommen im Darminhalt von Menschen und Tieren sehr zahlreich vor. Ihre zahlenmäßige Bestimmung gestattet deshalb ein Urteil über den Grad der Verunreinigung eines Wassers mit Darmstoffen. Der Nachweis der Colikeime kann auf verschiedene Weise geführt werden. Am gebräuchlichsten ist die Bestimmung des sogen. Colititers, bei dem die Anwesenheit des Bakterium coli in fallenden Mengen von Wasser mittels Züchtung auf flüssigem Nährboden festgestellt wird. Es werden je zwei Wasserproben von 100, 20 und 10 sowie bei verdächtigem Wasser auch von 1, 0,1 und 0,01 cm³ in Gärröhrchen mit Traubenzuckerpeptonlösung nach EIJKMANN gebracht. Die eine Reihe wird bei 37°, die andere bei 46° bebrütet. Trübung und Gasbildung spricht in beiden Fällen für die Anwesenheit von Colikeimen. Die kleineren Proben von 1 cm³ abwärts werden nicht nach EIJKMANN untersucht, sondern nach BULIR in Gärröhrchen mit Neutralrot-Mannitlösung. Hier schließt man auf die Anwesenheit der Colikeime, abgesehen von der Gasbildung, wenn sich die Nährflüssigkeit unter Fluoreszens gelb färbt und diese Gelbfärbung bei Zusatz einer bestimmten Lackmuslösung nach rot umschlägt. Nötigenfalls werden noch genauere Untersuchungen vorgenommen. Der Colititer wird nach Maßgabe der untersuchten Wassermengen angegeben. Es bedeutet Colititer $= 0,1$ cm³, in 0,1 cm³ des untersuchten Wassers sind mindestens 1 Colikeim, aber weniger als 10 Colikeime, in 1 cm³ also mindestens 10, aber weniger als 100 Colikeime, und Colititer $= 0,001$ cm³, in 1 cm³ sind mindestens 1000, aber weniger als 10 000 Colikeime enthalten (s. a. Wasseruntersuchungen).

Wasseruntersuchungen, biologische, geben in ihren Befunden wichtige Anhaltspunkte für einen Zustand des Wassers, wie er schon längere Zeit vor dem Augenblick der Probeentnahme geherrscht hat. Den Schlüssel dazu liefert die Anwesenheit bzw. das Fehlen bestimmter meist mikroskopisch kleiner pflanzlicher und tierischer Organismen und unbelebter Stoffe. Eine Einteilung der Lebewesen in solche, die organische Verunreinigungen anzeigen, die indifferent oder als Reinwasserorganismen anzusprechen sind,

haben KOLKWITZ und MARSSON in ihrem Saprobiensystem (s. d.) gegeben. BEGER hat gezeigt, daß sich die Ausdeutung noch darüber hinaus auf die Feststellung von Indikatoren für Grund- und Oberflächenwasser erweitern läßt, und daß man auch unhygienisch wirkende Indikatoren feststellen kann.

Die biologische Untersuchung eines Wassers kann qualitativ oder quantitativ oder nach beiden Möglichkeiten erfolgen. Zur Vornahme der Untersuchungen werden die im Wasser vorhandenen Schwebestoffe, das Plankton (s. d.), mit einem Planktonnetz abgesiebt und zur Feststellung ihrer Menge in ein Planktonglas gefüllt. Alsdann werden die Arten der Schwebestoffe, nachdem diese vorher durch Zusatz einiger Tropfen Formalin konserviert worden sind, unter dem Mikroskop bestimmt.

Wasseruntersuchungen, chemische, sollen bei Trinkwasser i. a. mindestens folgende Einzelbestimmungen umfassen:

1. Wasserstoffionen - Konzentration (p_H-Wert)
2. Ammoniumverbindungen (NH_4) . . . . in mg/l
3. Salpetrige Säure (Nitrite, NO'_2) . . . . . „ „
4. Salpetersäure (Nitrate, NO'_3) . . . . „ „
5. Chloride (Cl') . . . . „ „
6. Kaliumpermanganatverbrauch (Oxydierbarkeit, $KMnO_4$) . . . . „ „
7. Eisen (Fe) . . . . . „ „
8. Mangan (Mn) . . . . „ „
9. Freie Kohlensäure (CO_2) „ „
10. Gebundene Kohlensäure (Hälfte der Biokarbonatkohlensäure als CO_2 oder HCO'_3) . . . . „ „
11. Überschußkohlensäure (CO_2) . . . . „ „
12. Gesamthärte . . . . . D. G.

13. Karbonathärte . . . . D. G.
14. Alkalität in cm³ 1/10 = Normal-Salzsäure je 1 Wasser (nach Dr. R. Schmidt).

Wasseruntersuchungen, physikalische, s. Wasseruntersuchungen.

Wasser - Untersuchungsämter. Das Reichsministerium des Innern plant die Einrichtung von 21 W.n, die eine genaue Kenntnis der Wassergüte der deutschen Gewässer vermitteln sollen. Ihre Arbeitsbereiche sind durch die als einheitliche Organismen zu betrachtenden Strom- und Flußgebiete gegeben. Die Ämter werden wissenschaftlich von der Reichsanstalt für Wasser- und Luftgüte (s. d.) aus geleitet und mit Wissenschaftlern besetzt werden, die in der Anstalt vorher einheitlich geschult sind.

Wasser- und Bodenverband der Spree und der Havel s. Spree-Havelverband.

Wasser, vadoses, alles in den Erdboden eingesickerte Oberflächenwasser, das am großen Kreislauf des Wassers (s. d.) teilnimmt. Der Gegensatz ist juveniles Wasser (s. d.).

Wasserverband für das oberschlesische Industriegebiet (Wasserverband Kattowitz), in Bildung begriffener Verband mit der Aufgabe, Trink- und Industriewasser für das oberschlesische Industriegebiet zu beschaffen, das Abwasser zu behandeln und die Gewässer zu unterhalten. Mitglieder des Verbandes sind neben der Provinz Oberschlesien noch die Stadt- und Landkreise sowie weiter große Unternehmen des Bergbaues, der Eisenindustrie, der chemischen Werke sowie der Wasserwerke.

Wasserverbandsgesetz s. Wasser- und Bodenverbände.

Wasserverbrauch, Formelzeichen w, Maßeinheit l/TE, die von einem Einwohner je Tag durchschnittlich verbrauchte Wassermenge.

Formelzeichen w_{Tmax}, Maßeinheit l/TE, die von einem Einwohner am Tage des höchsten Verbrauchs verbrauchte Wassermenge je Tag.

Formelzeichen w_{hmax}, Maßeinheit l/hE, die von einem Einwohner am Tage des höchsten Verbrauchs verbrauchte größte Wassermenge je Stunde.

Der mittlere auf den Einwohner und Tag bezogene W. wird der Bemessung von Ortsentwässerungsanlagen als Schmutzwasserabfluß zugrunde gelegt. Der W. setzt sich im wesentlichen aus dem von der öffentlichen Wasserversorgung gelieferten Wasser und dem durch nicht öffentliche Einrichtungen für den häuslichen sowie für den klein- und großgewerblichen Gebrauch dem Untergrunde oder offenen Gewässern entnommenen Wasser zusammen. Für die Berechnung von Entwässerungsanlagen genügt es, den W. hiernach abzuschätzen, ohne die Vermehrung der Abflußmenge durch die flüssigen Ausscheidungen der Bevölkerung und ihre Verminderung durch Verdunstung, Verdampfung und durch Verwendung für Trink- und Kochzwecke zu berücksichtigen. Als für die Rechnung brauchbare Mittelwerte gelten für Deutschland:

In Ortschaften bis 50 000 Einwohner 50 bis 100 l/TE,

in Ortschaften über 50 000 bis 100 000 Einwohner 100 bis 200 l/TE,

in Ortschaften über 100 000 Einwohner 150 bis 250 l/TE.

Dabei sind jedoch stets die örtlichen Verhältnisse zu berücksichtigen. Großgewerbe steigert z. B. den W. außerordentlich, so daß in Sonderfällen oft mit weit höheren Mengen gerechnet werden muß.

Wasserverlust, nach der vorherrschenden Anschauung der Unterschied zwischen der Fördermenge eines Wasserwerks und der an die Verbraucher abgegebenen Menge. Beide sind nach

Möglichkeit zu messen. Von der wirklichen Fördermenge sind abzuziehen der Eigenverbrauch der Werke und der Überlauf der Hochbehälter, so daß als vergleichbare Fördermenge nur das in das Rohrnetz gelangende Wasser anzusehen ist. Als Wassermengen, die an die Verbraucher abgegeben sind, gelten alle verkauften und unentgeltlich abgegebenen Mengen einschließlich der nicht gemessenen, sondern nur geschätzten. Um eine klare Übersicht über den Verbleib des geförderten Wassers zu haben, ist es von Vorteil, auch die bei Rohrspülungen und Rohrbrüchen weggeflossenen Mengen zu schätzen und von der tatsächlichen Fördermenge abzuziehen. Es bleibt dann als Wasserverlust nur die Wassermenge, die, unbemerkt und unbekannt in welchem Maße, durch Undichtigkeiten im Rohrnetz und durch Ungenauigkeiten der eingebauten Wasserzähler nicht nachgewiesen werden konnte. Die genaue Bestimmung des Begriffs „Wasserverlust" wird von maßgebender Stelle noch festgelegt werden.

Wasserverschluß, U-förmig gekrümmtes, lotrecht stehendes, mit Wasser gefülltes Rohrstück, das in Gefälleleitungen eingebaut wird, um den Durchtritt von Luft und von schädlichen, gegebenenfalls zerknallgefährlichen Gasen zu verhindern (s. Geruchverschluß, Zerknallfänger).

Wasserversorgung, die Befriedigung des Bedarfs der Bevölkerung mit Trink- und Brauchwasser.

• Brix, Dr.-Ing. e. h. J. Heyd, Dipl.-Ing. H., und Gerlach, Dr.-Ing. Ernst, Die Wasserversorgung. München u. Berlin 1943.
• Gross, Prof. E., Handbuch der Wasserversorgung, 2. Aufl. München u. Berlin 1930.
• Lehr, Dr.-Ing. G. J., Das Trink- und Gebrauchswasser. Leipzig 1936.
• Leick, J., Das Wasser in der Industrie und im Haushalt. 2. Aufl. Berlin 1941.
• Meyer, Aug. F., Trinkwasser aus Talsperren. München u. Berlin 1937.
• Schlotthauer, Ing. Ferd., Über Wasserversorgungsanlagen. München u. Berlin 1923.
• Sierp, Dr. F., Trink- und Brauchwasser. Leipzig 1936.

Wasserverteiler für Tropfkörper s. Abwasserverteiler für Tropfkörper.

Wasserwalter, jetzt Hauptgebietsleiter-Wasser, Beauftragte der Wirtschaftsgruppe Gas- und Wasserversorgung und des Deutschen Vereins von Gas- und Wasserfachmännern e. V. (s. d.). Für jedes Hauptgebiet ist oder wird ein W. bestellt. Die W. haben die Aufgabe, als Verbindungsmänner zwischen den Hauptgebieten und dem Fachgebiet Wasser zu wirken und in diesen für ein reges Leben auf dem gesamten Gebiete der Wasserversorgungswirtschaft zu sorgen.

Wasserwerksbetrieb, Störungen im — durch massenhaftes Auftreten mancher Kleinlebewesen, besonders in Talsperren und Filtern.

Die Blaualge Anabaena flos aquae (Wasserblüte), die 1911 und 1913 in der Nordhäuser Talsperre auftrat, verlieh dem Wasser einen üblen Geruch und Geschmack. Die Alge verschwand nach einem Wärmesturz von selbst wieder.

Die Sternkieselalge Asterionella formosa trat jahrelang in der Einsiedler Talsperre und dauernd in der Herbringhauser Talsperre auf und verursachte erhebliche Störungen des Filterbetriebs durch Verschleimung. Die Alge ruft einen fischig-aromatischen Geruch hervor.

Die Strahlenkugel Synura uvella hat in den Königsberger Stauteichen störend gewirkt. Das Wasser erhält durch sie einen fischigen Geschmack und dazu einen gurkenartigen Geruch.

Das Strahlenauge Uroglena volvox entwickelt sich ebenfalls gern in Talsperren und kleineren Seen und gibt einen tranigen Geruch von sich, ebenso das Trichterbäumchen Dinobryon sertularia. Auch der Furchengeißling Gymnodinum palustre kommt bisweilen in größeren Mengen in Talsperren vor.

Er macht bei Anhäufungen das Wasser schleimig (s. a. Wasserwerksbetrieb).

. MEYER, Aug. F., Trinkwasser aus Talsperren. München u. Berlin 1937.

Wasserwerkstatt s. Gerbereien.

Wasserwirtschaft, die Gesamtheit aller auf den bestmöglichen Ausgleich zwischen dem natürlichen Wasservorkommen und dem Wasserbedarf der Menschen, der Tier- und Pflanzenwelt sowie auf die weitestgehende Schadenverhütung gerichteten Erkenntnisse und planmäßigen Maßnahmen. Sie umfaßt politische, organisatorische, rechtliche, wirtschaftliche, naturwissenschaftliche, technische und hygienische Fragen, die dauernd ineinandergreifen. W. ist also viel umfassender als Wasserbau.

Wasserwirtschaftsämter sind die örtlichen Dienststellen der Wasserwirtschaftsverwaltung. Sie haben die gesamte Wasserwirtschaft ihres Dienstbezirkes von Staatswegen zu überwachen mit Ausnahme der Reichswasserstraßen, die den Wasserstraßenämtern unterstehen. Zu ihrem Aufgabenkreis gehören hauptsächlich folgende Gebiete: Wasserversorgungen, Kanalisationen, Ent- und Bewässerungen, Talsperren, Flußregulierungen, Deichbauten, Schöpfwerke und Landgewinnung an der Nordseeküste. Der Leiter der W. ist ein höherer Baubeamter. Der Umfang des Personals ist sehr wechselnd und schwankt etwa zwischen 10 und 70 Personen. Bei den Landräten sind zum Teil Außenstellen der W. eingerichtet, die von einem gehobenen mittleren Beamten geleitet werden.

Wasserwirtschaftliche Generalpläne. Der Generalinspektor für Wasser und Energie kann im Benehmen mit den beteiligten Obersten Reichsbehörden wasserwirtschaftliche Generalpläne für ganze Flußgebiete oder für Teile von ihnen zur Führung und Neuordnung der Wasser- und Energiewirtschaft festsetzen, sie der Entwicklung fortlaufend anpassen und die dazu erforderlichen Ausführungsanweisungen erlassen.

VO. über vordringliche Aufgaben der Wasser- und Energiewirtschaft vom 30. März 1944. RGBl. I 1944, S. 75.

Wasserwirtschaftsräte, Vertreter von Behörden, denen die Wahrnehmung der öffentlichen Interessen obliegt gegenüber einem Wasserbau, der auf Grund einer wasserwirtschaftlichen Generalplanung in Aussicht genommen ist. Sie werden bei den Behörden des Wasserwesens errichtet, denen bestimmungsgemäß die Anträge auf die Ausführung von wasserwirtschaftlichen Generalplänen vorzulegen sind; d. s. im allgemeinen die Behörden und Dienststellen der Mittelstufe. Die Tätigkeit der W. beschränkt sich auf eine Begutachtung der Anträge.

Bei dem Generalinspektor für Wasser und Energie wird ein Reichswasserwirtschaftsrat gebildet.

VO. zur Durchführung der VO. über vordringliche Aufgaben der Wasser- und Energiewirtschaft vom 30. März 1944. RGBl. I 1944, S. 77 und RdErl. d. GJWuE. vom 12. April 1944 — W III V 2 G 588/44.

Wasserwirtschaftsstellen sind für größere Flußgebiete eingerichtet und haben die Aufgabe, die Vorarbeiten für eine einheitliche großräumige Wasserwirtschaft zu leisten, deren wichtigster Grundsatz darin besteht, das zur Verfügung stehende Wasser bei der künftigen Entwicklung der Wirtschaft so zu verteilen, wie es für die Gesamtwirtschaft des Volkes am günstigsten ist. Zu dem Zwecke werden nach Durchführung der erforderlichen Vorarbeiten wasserwirtschaftliche Generalpläne (s. d.) für ganze Flußgebiete aufgestellt, in denen die großen Gesichtspunkte der künftigen Wasserwirtschaft des Gebietes niedergelegt sind.

Wasserzähler s. Hauswasserzähler.

Wasserzähler für Warmwasserversorgung s. Hauswasserzähler.

Wasserzähler-Kombinationen s. Verbund-Wasserzähler.

Wasserzubringer, eine durchlässige Zone des Bodens, die geeignet ist, Wasser an Brunnen oder Quellen heranzubringen (Westwerdt, Koehne).

Webstoffgewerbe s. Textilfabriken.

Weichwasser, 1. in Gerbereien derjenige Teil des Gerbereiabwassers (s. d.), der beim Einweichen der gesalzenen oder getrockneten Rohhäute anfällt. Das W. ist reich an organisch zersetzbaren Stoffen, Kochsalz und Phosphaten. Je Großhaut fallen etwa 0,6 m³ W. an.

2. In Malzfabriken (s. d.), das zum Einweichen der Gerste oder des Weizens gebrauchte Wasser.

Weilsche Krankheit, eine ansteckende fieberhafte Gelbsucht, die durch das Wasser verbreitet werden kann.

Weißblechwerke. Zur Herstellung von Weißblech (verzinntem Eisenblech) werden Feinbleche benutzt, die vor der Verzinnung durch Beizen (s. d.) von dem anhaftenden Zunder (s. d.) befreit werden. Das anfallende Abwasser entspricht dem der übrigen Eisenbeizereien (s. d.).

Weißelsterverband. Der W. ist auf Grund einer vom Reichsminister des Innern am 23. Juli 1934 erlassenen Weißelsterverordnung geschaffen worden. Das Verbandsgebiet umfaßt das sächsische, thüringische und preußische Zuflußgebiet der Weißen Elster und ist 5100 km² groß. Die Einwohnerzahl dieses Gebietes beträgt rund zwei Millionen. Dem Verbande liegt ob, im Zuflußgebiet der Weißen Elster und der Luppe die Abwassereinleiter zu überwachen und soweit nötig, die Abwasserreinigung und Einleitung selbst zu übernehmen oder das infolge der Einleitung von Abwasser verunreinigte Wasser der Wasserläufe zu reinigen. Der Verband kann in dem Gebiet weitere Aufgaben übernehmen, darunter z. B. den Ausbau und die Unterhaltung der Wasserläufe und Hochwasserregelungen sowie die Herstellung, den Betrieb und die Unterhaltung von Sammelbecken (Talsperren) zur Verbesserung der Wasserführung einzelner Wasserläufe, ferner noch die wirtschaftliche Ausnutzung der Verbandsanlagen. Den Vorsitz führt ständig das vom Lande Sachsen entsandte Mitglied des Vorstandes, der aus drei Personen besteht.

Weißschleifereien s. Holzschleifereien.

Weißschliff s. Holzschliff.

Weizenstärkefabriken s. Getreidestärkefabriken.

Wichte. Spezifisches Gewicht, Verhältnis des Gewichtes eines Körpers zu seinem Rauminhalt. Gebräuchliche Maßeinheit: Gewicht in g, kg oder t, Rauminhalt in cm³, dm³ = l oder m³, kg/l oder t/m³ (s. Wichtezahl).

Wichtezahl. Verhältnis der Wichte eines Körpers zur Wichte eines Vergleichskörpers. Als Vergleichskörper wird i. a. Wasser von 4° C bei einem Außendruck von 760 mm Quecksilbersäule gewählt (s. Wichte).

Widder, hydraulischer, eine stoßweise wirkende Wasserstrahlpumpe (Stoßheber). Er benutzt zur Hebung des Wassers den Stoßdruck eines Teiles des ihm zufließenden Wassers. Die W.anlage besteht aus einem kleinen Wasserbehälter, von dem eine Druckrohrleitung zum W. führt, einem Stoßventil am Ende dieser Leitung, einem vor dem Stoßventil auf die Druckrohrleitung aufgesetzten Windkessel mit vorgeschaltetem Steigventil und einer vom Windkessel abgezweigten Steigleitung zum Hochbehälter. Wird das Stoßventil durch Niederdrücken geöffnet, so kommt die Wassersäule in Bewegung, schließt aber das Ventil sofort wieder durch den Wasserdruck. Der dabei entstehende Rückstoß öffnet das Steigventil, so daß das Wasser in den Windkessel und von diesem durch die zusammengepreßte Luft in die Steigleitung gedrückt wird. Sobald die Wassersäule zur Ruhe gekommen ist, schließt sich das Steigventil wieder, während sich das Stoßventil durch sein Eigengewicht abermals öffnet. So wiederholt sich das Spiel selbsttätig, bis der Hochbehälter durch den im Windkessel sich dauernd steigernden Druck allmählich gefüllt ist.

Widerstandzahl (Druckverlust). Die W. λ tritt in den Berechnungsformeln für den Druckabfall in Rohrleitungen auf. Die Formel lautet:

$$h_r = \lambda \, \frac{L \cdot v^2}{2\,g\,d} = 0{,}051 \, \frac{\lambda \, L \, v^2}{d}$$

Darin bedeutet

(1) $h_r =$ Druckabfall durch Rohrreibungsverlust in m W. S.

(2) $\lambda =$ Widerstandszahl,

(3) L = Leitungslänge in m,

(4) $v =$ mittlere Durchflußgeschwindigkeit in m/s.

(5) g = Fallbeschleunigung = 9,81 m/s².

(6) d = Rohrdurchmesser in mm.

Aus den von verschiedenen Forschern aufgestellten erweiterten Druckverlustformeln ergibt sich ein λ

in neuen Eisenrohren

nach DUPUIT $= 0{,}03$

„ WEISSBACH $= \dfrac{0{,}024}{v^{0\,2}}$

„ DARCY $= \dfrac{0{,}0196}{d^{0\,13}}$

„ BIEGELEISEN $= \dfrac{0{,}0236}{v^{0,1} \cdot d^{1,01}}$

„ FORCHHEIMER $= \dfrac{0{,}0161}{d^{0,4}}$

„ FLAMANT $= \dfrac{0{,}0145}{v^{0,25} \cdot d^{0,25}}$

„ LANG $= \dfrac{0{,}0152}{v^{0,12} \cdot d^{5,36}}$

„ Wiener Stadtbauamt $= \dfrac{0{,}00188}{v \cdot d^{1/5}}$

in Asbestzementrohren

nach LUDIN $= \dfrac{0{,}012}{v^{0,148} \cdot d^{0,204}}$

„ MEYER-PETER $= \dfrac{0{,}015}{v^{0,1} \cdot d^{0,292}}$

Es besteht beim deutschen Verein von Gas- und Wasserfachmännern die Absicht, in den Druckverlustformeln eine feste Richtlinie zu schaffen.

Wiebe, Friedrich, Eduard, Salomon; Ingenieur (1804—1892). Ursprünglich als preußischer Staatsbaubeamter im Eisenbahnwesen tätig. 1846 Regierungs- und Baurat, 1849 Mitglied und später Leiter der Eisenbahndirektion Bromberg, 1860 vortragender Rat in der Bauabteilung des preuß. Handelsministeriums. Später unternahm W. in Gemeinschaft mit HOBRECHT und VEIT-MEYER Studienreisen nach England und Frankreich, um sich über die dortigen Entwässerungsanlagen zu unterrichten. Sein diesbezüglicher Reisebericht wurde grundlegend für die Hebung und Förderung der Gesundheitstechnik in Deutschland, insbesondere auch für die Schaffung der Berliner Stadtentwässerung. Zahlreiche deutsche Städte holten in der Frage der Städtereinigung seinen Rat ein. Die Stadt Danzig, deren Entwässerung er geschaffen hat, verlieh ihm 1884 das Ehrenbürgerrecht.

Wiedervereisenung, eine Erscheinung im Rohrnetz, die dann eintritt, wenn ein Wasser bei einer Enteisenung nicht genügend belüftet wird, also zu wenig Sauerstoff aufnimmt. Das Wasser wird dann angriffslustig und löst das Eisen der Rohrwandungen auf. Der entstehende Eisenschlamm führt zu Trübungen und Färbungen des Wassers. Die gleiche Erscheinung tritt ein, wenn infolge ungenügender Belüftung bei der Enteisenung zuviel freie Kohlensäure im Wasser verblieben ist. Sie zeigt sich ferner auch manchmal in Filtern, und zwar durch Reduktionsvorgänge, die bei einer zu geringen Filtergeschwindigkeit entstehen können.

Wieschauer Verfahren s. Rübenwaschwasser.

Wilhelmi, Professor Dr. Julius. Geboren 18. Juni 1880 in Marburg a. d. Lahn. Studium Marburg und München, Medizin und Naturwissenschaften. 1. April 1910 wiss. Mitgl. d. Landesanstalt für Wasser-, Boden- und Lufthygiene. 1913 Professor. 1927 Honorarprofessor an der Fakultät für Bauwesen an der Technischen Hochschule Berlin. Gest. 3. Februar 1937.

. Kompendium der biologischen Beurteilung des Wassers. Jena 1913.

Wimperinfusorien (Ciliatae) siehe Plankton.

Windturbinen. Einrichtungen zum Heben von Wasser durch Windkraft. Auf einem Eisen- oder Holzturm ist ein Windrad, das mit Einstellfahnen ausgerüstet ist, eingebaut. Die von ihm durch die Windkraft erzeugte Drehbewegung wird auf eine senkrechte Vorgelegewelle im Turm übertragen, die die Förderpumpen antreibt. Die Windräder werden bis zu einem Durchmesser von 15 und auch 20 m gebaut. Sie können eine Wassermenge von 0,5 bis 40 m ^{3}/Std. fördern. Die größte Förderhöhe wird mit 100 m angegeben. Die Achse des Windrades ist 2 bis 3 m zuzüglich des halben Raddurchmessers über dem höchsten benachbarten Windhindernis anzuordnen. Die letzteren sind innerhalb eines Umkreises von 300 bis 400 m zu berücksichtigen. Von den 8760 Stunden eines Jahres sollen durchschnittlich 8439 Stunden für den Betrieb mit W. ausgenutzt werden können.

Winkhaus, Fritz, Bergrat, Dr. Ing. e. h., Generaldirektor, geb. am 18. Januar 1865 zu Oeckinghausen i. W. Gest. am 9. Oktober 1932 in Essen. Seit dem Jahre 1904 Vorstandsmitglied,

seit 1925 Vorsitzer der Emschergenossenschaft.

Winterheizung des Schlammfaulraumes, Betriebsmaßnahme zur Verhütung einer Verzögerung oder Unterbrechung des Faulvorganges bei sinkender Außentemperatur. Offene Faulräume, z. B. Erdfaulbecken, die i. a. ohne Heizung betrieben werden, erhalten zweckmäßig bei besonders tiefer Außentemperatur eine Spülheizung, weil der Faulvorgang anderenfalls so stark zurückgehen kann, daß zur Unterbringung des anfallenden Frisch-Schlammes ein zusätzlicher Faulraum oder ein Speicherraum verfügbar sein muß (s. Faulraumheizung).

Wirkdruck, der Druckunterschied, der von einem in einer Rohrleitung eingebauten Drosselgerät erzeugt wird. Der W. wird zur Messung der durch die Rohrleitung fließenden Durchflußmenge benutzt.

Wirkdruckgeber, eine Einrichtung zum Messen einer Durchflußmenge durch eine Rohrleitung. Die Messung beruht auf dem Grundsatz, daß bei

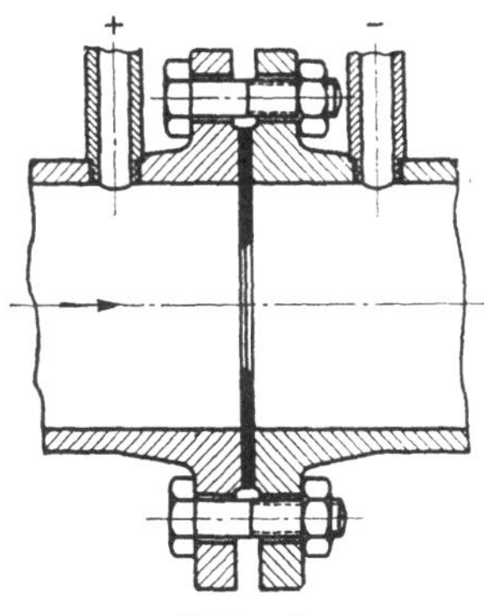

Meßrand.

einer Verengung des Rohrquerschnittes eine Erhöhung der Durchflußgeschwindigkeit und eine Druckverminderung eintritt, die in einem bestimmten, nämlich quadratischen Verhältnis

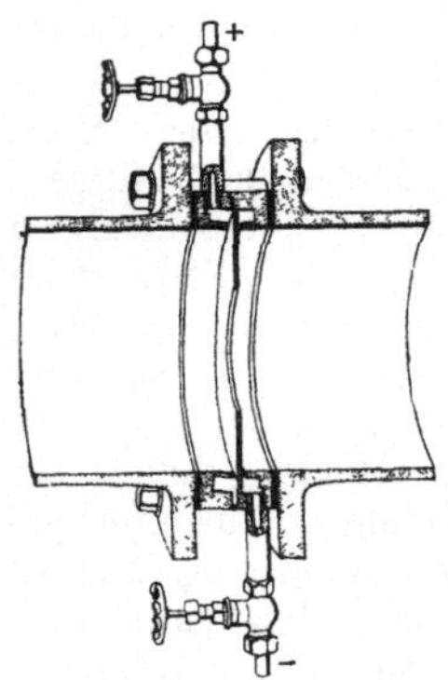
Normblende.

zum Durchfluß steht. Mißt man also den Druck vor und hinter der Verengung, so kann daraus der Durchfluß ermittelt werden. Den Druckunterschied zwischen diesen beiden Stellen nennt man den Wirkdruck. Zur Erzeu-

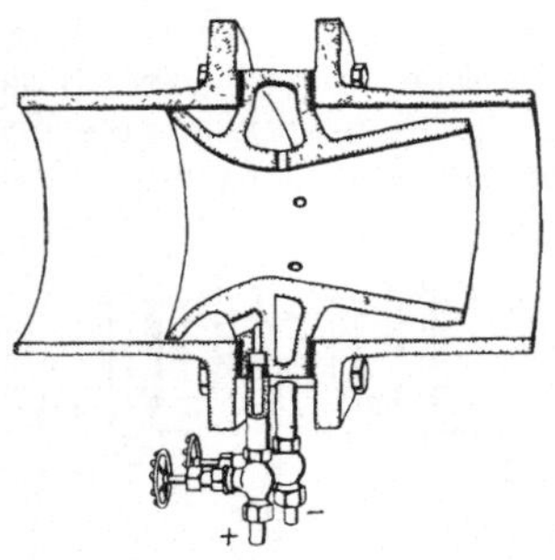
Venturi-Einsatz.

gung des Wirkdrucks dienen Drosselgeräte verschiedener Art wie der Meßrand, die Deutsche Normblende und der Venturi-Einsatz.

Wirtschaftsgruppe Gas- und Wasserversorgung der Reichsgruppe Energiewirtschaft der deutschen Wirtschaft. Die W. bildet zusammen mit der W. Elektrizitätsversorgung die Reichsgruppe Energiewirtschaft der deutschen Wirtschaft. Bei ihrer Bildung wurde von dem bestehenden Reichsverband des Deutschen Gas- und Wasserfaches e. V. ausgegangen. Die Anerkennung erfolgte durch eine Anordnung des Reichswirtschaftsministers vom 20. Oktober 1934. Nach dieser gilt die W. als alleinige Vertretung ihres Wirtschaftszweiges. Ihr sind alle Unternehmer und Unternehmungen (natürliche und juristische Personen) angeschlossen, die andere mittelbar oder unmittelbar mit Gas oder Wasser versorgen, oder deren Zweck auf Erwerb, Verwaltung und Betrieb solcher Unternehmungen gerichtet ist. Sitz: Berlin W. 30, Geisbergstraße 5/6.

Witte-Verfahren, Verfahren zur Herstellung von Molkenkleie aus Molke (s. d.) durch deren Eindampfen und Mischen mit Kleie.

Wofatit, ein Kunstharzerzeugnis, das als Basenaustauschmittel zur Enthärtung (s. d.) des Wassers verwendet wird.

Wolf-Schwimmstoffänger s.Schwimmstoffänger.

Wollfett, das aus dem Wollwaschwasser (s. d.) gewonnene Fett. Als Neutralfett durch Ausschleudern gewonnen, findet es in der kosmetischen Industrie zur Herstellung von Hautcreme, Salben usw. Verwendung.

Wollfettgewinnungsanlagen. Anlagen zur Gewinnung von Wollfett (s. d.) aus dem in Wollwäschereien (s. d.) anfallenden Wollwaschwasser (s. d.). Die W. arbeiten größtenteils nach dem

1. Schwefelsäureverfahren,
2. Kalkmilchverfahren oder
3. Schleuderverfahren.

Beim S c h w e f e l s ä u r e v e r f a h r e n wird das Wollwaschwasser in Bottichen durch Schwefelsäure zersetzt. Hierbei scheidet sich das Wollfett als Fettschlammschicht auf dem Abwasser ab. Der Fettschlamm wird durch Schälschleudern oder in Filterpressen vom Wasser befreit und mit Benzin extrahiert. Der Rückstand kann als Düngemittel verwertet werden. Das gewonnene Rohwollfett wird auf reines Wollfett weiterverarbeitet. Das verbleibende saure Abwasser muß mit Kalkmilch neutralisiert werden. Der hierbei sich bildende Gips wird in nachgeschalteten Absetzbecken wieder abgeschieden.

Beim **Kalkmilch**-**verfahren**, das technisch als veraltet anzusehen ist, erfolgt die Abscheidung des Wollfetts durch Zusatz von Kalkmilch. Aus dem dabei entstehenden Schlamm wird das Wollfett durch Extrahieren gewonnen.

Das in den letzten Jahren stärker verbreitete **Schleuderverfahren** wendet zur Gewinnung des Wollfetts aus dem auf 70 bis 80° erwärmten Abwasser hochtourige Schleudern (Zentrifugen) an, nachdem zuvor der größte Teil des Schmutzes durch Absetztrichter oder Schälschleudern beseitigt wurde. Hierbei wird eine Wollfettemulsion gewonnen, die noch zu Neutralwollfett aufgearbeitet werden muß. Da mit dem Schleudern nur ein Teil des in dem Wollwaschwasser (Waschflotte) enthaltenen Fettes ausgeschieden werden kann, ist es notwendig, die Wollwäsche im Kreislauf zu betreiben, wobei das aus der Schleuder kommende Waschwasser der Wäsche wieder zugeführt wird.

Wollkämmereien s. Wollwäschereien.

Wollschweiß, die in der Schafwolle enthaltenen Abscheidungen der Schweißdrüsen.

Wollwäschereien. Die rohe Wolle (Rohwolle) enthält starke Verunreini-

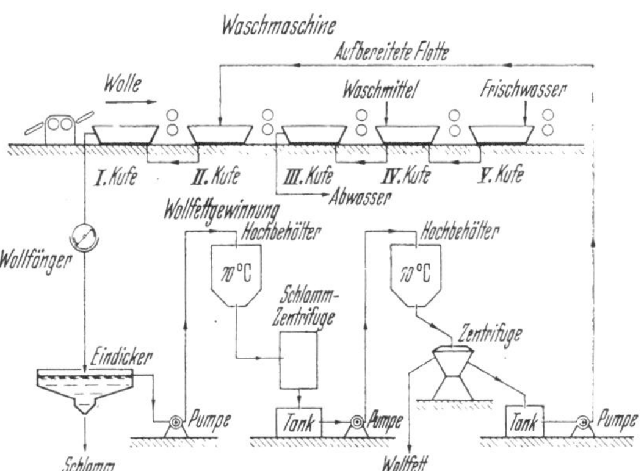

Gewinnung von Wollfett nach dem Schleuderverfahren (Verfahren der Leipziger Wollkämmerei).

gungen (Staub, Kletten, Dornen, Salze, Wollfett und Wollschweiß), die vor der Verarbeitung entfernt werden müssen. Diese fremden Bestandteile machen oft 50 bis 70 v. H. des Gewichts der rohen Wolle aus. Der Gehalt an Wollfett (s. d.) beträgt etwa 7 bis 14 v. H. des Rohwollegewichts. Die Reinigung der Wolle von den löslichen Verunreinigungen erfolgt in den W. in Waschmaschinen. Diese bestehen aus mehreren hintereinandergeschalteten Bottichen (Kufen). In der ersten Kufe wird die Wolle eingeweicht und in den folgenden gewaschen. Hierbei wird die Wolle durch Gabeln ständig in das Waschwasser niedergedrückt und vorwärts geschoben. Als Waschmittel dient warmes Wasser mit Seife, Soda, Leonil u. a. vermischt. Zwischen je zwei Kufen befindet sich ein Quetschwerk, das das Waschwasser auspreßt, ehe die Wolle von einem Bottich in den anderen gelangt. In der letzten Kufe wird gespült (s. Wollwaschwasser). Nach dem Waschen wird die Wolle getrocknet und dann durch Krempeln, Strecken und Kämmen von den mechanischen Verunreinigungen befreit, entwirrt und in lange und kurze Fasern aufgeteilt.

Wollwaschwasser, das in Wollwäschereien (s. d.) anfallende stark alkalische Abwasser. Das grau-gelblich gefärbte, stark trübe W. besteht aus dem eigentlichen Waschwasser und dem Spülwasser und enthält je nach dem Grade der Verschmutzung der Rohwolle größere Mengen organischen und mineralischen Schmutzes, ferner Wollfett (s. d.) und Wollschweiß (s. d.) sowie die Reste der angewandten Waschmittel. In kleineren Wasserläufen ruft es starke Fäulnis und Sauerstoffschwund hervor und verursacht starkes Schäumen.

Zu seiner Reinigung muß das W. zunächst von den absetzbaren Schmutzstoffen und durch Feinsiebe von mitgerissenen Wollfasern befreit werden. Diese mechanische Reinigung allein ist aber nicht ausreichend. Es ist deshalb die weitere Behandlung des W.s zur Gewinnung von Wollfett in einer nachgeschalteten Wollfettgewinnungsanlage (s. d.) oder das Eindampfen zur Gewinnung von Pottasche (s. d.) notwendig, ehe das W. in ein städtisches Entwässerungsnetz oder in einen Wasserlauf abgelassen werden kann. Um die Menge des anfallenden W.s zu verringern und die Reinigung zu erleichtern, wird das in Wollfettgewinnungsanlagen im Schleuderverfahren vom Schmutz und Wollfett befreite W. im Kreislauf zum heißen Einweichen wieder benutzt.

Woltmann-Wasserzähler verwenden zum Meßprinzip den WOLTMANNschen h y d r o m e t r i s c h e n   F l ü g e l (s. d.), benannt nach dem Hamburgischen Wasserbaudirektor Reinhardt WOLTMANN (geb. 1757 in Axstedt bei Stade, gest. 20. April 1837 zu Hamburg), der auf Grund selbst entwickelter Theorie und eigener durch praktische Versuche gewonnenen Erfahrung etwa um 1790 einen hydrometrischen Flügel zur Messung der Wassergeschwindigkeit in offenen Wasserläufen herstellte. Diese Theorie findet auch Anwendung bei der Mengenmessung des durch geschlossene Rohrleitungen fließenden Wassers bei den Woltmannzählern. Sie gehören daher ebenso wie Flügelradzähler zu den Geschwindigkeitswasserzählern (s. Hauswasserzähler). — Woltmannzähler dienen zum Messen größerer Durchflußmengen und zeichnen sich aus durch große Durchlaßfähigkeit bei geringem Druckverlust, hohe Beanspruchungsmöglichkeit und Meßgenauigkeit bei großem Meßbereich. Sie sind unempfindlich gegen Ablagerungen und Verschmutzung.

In dem zylinderförmigen Meßraum befindet sich der drehbar gelagerte Woltmannflügel. Dieser besteht aus einer zylinderförmigen, zur Entlastung der Lagerung als Schwimmkörper ausgebildeten Hohlnabe, die die schraubenförmig gebogenen Flügelpaletten trägt, die, von dem Durchfluß beaufschlagt, das Flügelrad in Umdrehungen versetzen. Die Drehung des Flügels wird durch ein Getriebe (Schnecke) auf das Zählwerk übertragen. Der auf der Einströmungsseite befindliche Strahlregler dient zur Beseitigung etwaiger Strömungsstörungen.

Man unterscheidet W. mit Meßflügel p a r a l l e l zur Rohrachse und solche mit s e n k r e c h t zur Rohrachse gelagertem Flügel. Erstere haben sich als Großwasserzähler zur Überwachung der Wasserförderung und Wasserabgabe sowie für Haupt- und größere Bezirkswasserleitungen, für die die Leistungsfähigkeit der Großflügelradzähler (s. d.) nicht genügt, bewährt.

W. mit Meßflügel p a r a l l e l zur Rohrachse werden in geschlossener Bauart (Bild 1) oder mit herausnehmbarem Meßwerk (Bild 2) nur als Trokkenläufer (s. Mehrstrahl-Wasserzähler) hergestellt. Bei der zuletzt genannten Bauart, die für größere Zähler bevorzugt wird, braucht das Gehäuse bei Reinigungs- und Überholungsarbeiten nicht mit ausgebaut zu werden. Der Betrieb kann auch mit leerem, durch Blinddeckel verschlossenem Gehäuse wieder aufgenommen werden. Hergestellt werden diese Zähler für Rohr-

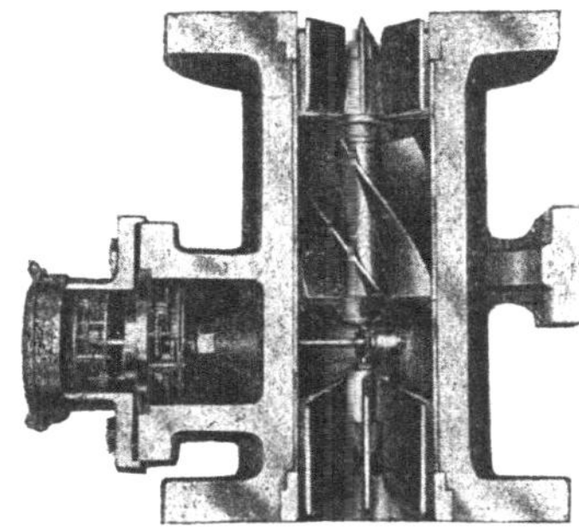

Bild 1.

anschlüsse von 50 bis 1000 mm Nenngröße. Diesen Größen entsprechen zulässige Tagesbeanspruchungen von etwa 150 m³ bis 120 000 m³ (bezogen auf 10stündigen Tagesbetrieb) und vor-

Bild 2.

übergehende Belastungsspitzen von 30 bis 24 000 m³/h. Der Einbau kann sowohl in waagerechten oder senkrechten als auch in schrägen Rohrleitungen erfolgen, jedoch muß der Meßraum des Zählers mit Rücksicht auf genaue

Anzeige stets voll vom Wasser ausgefüllt sein.

In Sonderbauarten werden W. als B r u n n e n - Wasserzähler und als S t a n d r o h r - Wasserzähler hergestellt. Bei diesen Ausführungen sind die Woltmannflügel stehend und die Ein- und Auslaufstutzen senkrecht zueinander angeordnet.

Brunnenwasserzähler dienen zur ständigen Überwachung und Messung der Ergiebigkeit bzw. der Leistungen von Rohrbrunnen der Grundwasserwerke; sie besitzen normale Rohrkrümmerabmessungen und können daher bequem, ohne Änderung des Rohrsystems, an Stelle der normalen Flanschenkrümmer im Brunnenkopf, wo die waagerechte Rohrleitung vom Brunnen abzweigt, eingebaut werden. Der Zähler kann sowohl in Druck- als auch in Saug- bzw. Heberleitungen verwendet werden. Das Meßwerk des Zählers ist herausnehmbar und kann ohne Beeinträchtigung seiner Meßeigenschaften zum Einsetzen in verschiedene gleichartige Brunnen-Zählergehäuse für gelegentliche Kontrollmessungen verwendet werden. Hergestellt werden Brunnenzähler in Nenngrößen 100 bis 200 mm.

Eine weitere Sonderbauart des Woltmannzählers ist der Standrohrzähler; sein Aufbau ähnelt dem des Brunnenzählers. Er wird zum Messen des aus Unterflur - Hydranten entnommenen Wassers, z. B. beim Wegebau, bei der Straßenreinigung, beim Sprengen von Grünanlagen, im Feuerlöschwesen usw. verwendet.

Woltmannwasserzähler mit Meßflügel s e n k r e c h t zur Rohrachse ermöglichen zur Vereinfachung der Bewegungsübertragung auf das Zählwerk und durch günstige Gestaltung der Meßflügel-Lagerung die Meßempfindlichkeit des Zählers wesentlich zu steigern. Da die zulässigen Beanspruchun-

gen gegenüber den bei W.n mit Meßflügel parallel zur Rohrachse praktisch gleich sind, ergibt sich eine Vergrößerung des Meßbereiches um das
Drei- bis Vierfache. Bei diesen Zählern können die Meßeinsätze kleinerer
Nennweiten in Gehäuse größerer Anschlußweite mit Hilfe eines Zwischen-
ringes eingesetzt werden, so daß das
Gehäuse entsprechend der l. W. der
Rohrleitung und der Meßeinsatz entsprechend den Durchflüssen gewählt
werden kann. Besondere Übergangs-
stutzen zwischen Zähler und Rohrleitung sind entbehrlich. Es können also
beim Einbau des Zählers auch gleichzeitig etwaige künftige Änderungen
der Betriebsverhältnisse berücksichtigt
werden. Hergestellt werden diese Zähler in Nenngröße 50, 80 und 100 mm
bei einer Höchstbeanspruchung von
200 bis 900 m³/Tag bei 10stündigem
Betrieb und 40 bis 150 m³/h als kurz-
zeitige Belastungsspitze.

Wünschelrute, ein gabelförmiges
Gerät, ein frisch abgeschnittener Gabelzweig eines Haselstrauches oder ein
elastischer Gabelzweig eines sonstigen
Baumes, oder auch eine metallische
große Gabel, die in der Hand geeigneter Personen, der Wünschelrutengänger, ein unterirdisches Vorkommen
von Wasser, Erzen usw. anzeigen soll.
Die Rute wird bei dem Begehen des
zu untersuchenden Geländes mit Unter-
griff mit beiden Händen gespannt gehalten. Sie hebt oder senkt sich an der
Stelle, wo der Rutengänger Wasser
oder Erze im Untergrund vermutet.
Die Tatsache eines solchen Rutenausschlages in den Händen gewisser Menschen kann man als bestehend annehmen und ebenso die Wahrscheinlich-
keit, daß er mit den Verhältnissen im
Untergrund in Verbindung zu bringen
ist. Die wissenschaftliche Erklärung
des Rutenausschlages ist aber noch
immer offen. Die unendlich vielen Miß-
erfolge der Wünschelrutengänger bei

der Wassermutung lassen es aber rat-
sam erscheinen, von ihrer Heran-
ziehung zur Festlegung neuer Wasser-
bezugsorte Abstand zu nehmen und
sich lediglich der Mitwirkung der Geo-
logen und Hydrologen zu bedienen.

Zur Wünschelrutenfrage Merkblatt 1 u. 2.
Pr. Geol. Landesanstalt (jetzt Reichsstelle für
Bodenforschung) 1922 und 1929.

· Handbuch der Wünschelrute von Karl Graf
v. KLINKOWSTRÖM und R. Fhr. v. MALTZAHN.
München 1931.

Würze, Vorzustand des Bieres. Abgebrannte Würze s. Schlempe.

Wupperverband. Auf Grund des
preußischen Gesetzes vom 8. Januar
1930 für das Niederschlagsgebiet der
Wupper (ausgenommen das Gebiet der
Dhünn) gebildeter Wasserverband
(620 km², 700 000 Einwohner) mit der
Aufgabe, u. a. den gesamten Wasser-
schatz des Gebietes zu verwalten, die
Vorflut zu regeln und die Wupper und
ihre Nebenflüsse reinzuhalten. Mitglieder sind die Stadt- und Landgemeinden
sowie die gewerblichen Unternehmungen und Wassergenossenschaften. Sitz
des W.es ist Wuppertal.

Wurfkreisel s. Boltonkreisel.

Wurmverband, für das Niederschlagsgebiet der Wurm (nördlich Aachen)
geplanter Wasserverband mit der Aufgabe, die Vorflut zu regeln und die
Reinigung des Abwassers durchzuführen.

Wurzelfüßler (Rhizopodae) s. Plankton.

Wurzelschneider, mit scharfen Messern versehenes, dem Rohrquerschnitt
angepaßtes Gerät, das mittels Hanf-
tauen oder Drahtseilen und mittels
Handwinden durch die Entwässerungsrohrleitungen gezogen wird, um die
infolge unzureichender Dichtung der
Stoßfugen eingewachsenen Baumwurzeln zu entfernen (s. Verwurzelung von
Entwässerungsrohrleitungen).

X

Xylamon, die Sammelbezeichnung für eine Gruppe von chemischen Erzeugnissen, die nach neuen Gesichtspunkten der Holzerhaltung dienen. Die Xylamonerzeugnisse wirken als starkes Gift gegen alle holzzerstörenden Schädlinge. Während beim Anstrich des Holzes mit X. die äußere Holzschicht durch die hohe Konzentration des Konservierungsmittels gegen jeden Angriff von außen geschützt ist, wirkt der vergasende Teil des Produktes bis in das Innere des Holzes als desinfizierendes Atmungsgift auf Pilzsporen und Käferlarven abtötend ein. Die X.-erzeugnisse sind für Menschen und Haustiere bei sachgemäßer Anwendung völlig unschädlich. Es treten keine nachteiligen Einflüsse auf Holzfaser, auf Metalle, Mauerwerk oder Beton ein. X. ist von absoluter Wasserfestigkeit. Es können Wasserrohre aus Holz imprägniert werden, ohne daß X. in das Wasser übergeht (nach BIESKE).

Z

Zeitbeiwert, die Zahl, mit der der Abflußbeiwert multipliziert werden muß, wenn die Abnahme des Regenabflusses infolge seiner Verzögerung, infolge der Verringerung der Regenstärke mit der Regendauer und infolge der ungleichen Regendichte (Verteilung des Regens über das Abflußgebiet) sowie die Zunahme des Abflusses mit der Regendauer durch verringerte Versickerung und durch Ausfüllung von Geländevertiefungen bei der Ermittelung der Abflußmenge berücksichtigt werden sollen. Da die den Abfluß vermindernden Einflüsse stets überwiegen, ist der Z. für einen bestimmten Regen kleiner als 1. Formelzeichen φ.

Bei der Berechnung des Regenabflusses aus kleineren Entwässerungsgebieten genügt es meist, den Z. als e r w e i t e r t e n   V e r z ö g e r u n g s - b e i w e r t nach dem unter dem Stichwort „Verzögerungsbeiwert" genannten Formeln zu ermitteln. Für größere Gebiete empfiehlt es sich jedoch, den Z. aus der Regenstärkelinie zu ermitteln, wobei man annimmt, daß d e r Regen den stärksten Abfluß bringt, der ebensolange dauert, wie das Regenwasser braucht, um vom obersten Gebietsrande bis nach dem Punkte zu fließen, für den man den Größtabfluß feststellen will. Man geht dabei von der Überlegung aus, daß ein Regen, der länger dauert als die Fließzeit, geringere Stärke besitzt als der Berechnungsregen, während der kürzere aber stärkere Regen schon aufgehört hat, bevor das Wasser aus dem obersten Gebietsrande unten angekommen ist. In diesem Falle erreicht der Z. für alle Leitungen, die in kürzerer oder gleicher Zeit durchflossen werden, als der in der Regenstärkelinie vorkommende g r ö ß t e Regen dauert, den Grenzwert 1. Die Ermittelung des Z.es setzt voraus, daß man die Abflußzeit in den zu berechnenden Leitungssträngen abschätzt und die Regenstärkelinie für die Regen kennt, deren Regenhäufigkeit in dem zu entwässernden Gebiet die gleiche ist. Eine zeichnerische Darstellung des Z.es in Abhängigkeit von der Regendauer und der Regenhäufigkeit nach deutschen Mittelwerten gibt IMHOFF auf S. 33 der 10. Aufl. seines Taschenbuches der Stadtentwässerung (s. Abflußbeiwert,

Verzögerungsbeiwert, Regenstärke-linie, Regenhäufigkeit).

Zellpech, die stark eingedickte Sul-fitablauge.

Zellstoffbleichereien s. Zellstoff-fabriken.

Zellstoffabriken benutzen als Roh-stoff zur Herstellung des Zellstoffs zu-meist Holz (Fichte, Tanne, Pappel), daneben Stroh. Das entrindete Holz wird auf einer Hackmaschine zu Hack-spänen zerhackt und nach Sortierung Kochern zugeführt, in denen es vor-wiegend nach dem Sulfitverfahren (s. Sulfitzellstoffabriken), daneben auch nach dem Natronverfahren (s. Natron-zellstoffabriken) zu Zellstoff aufge-schlossen wird. Aus 100 kg trockenem Holz werden etwa 40 bis 45 kg Zell-stoff gewonnen. Die übrigen Bestand-teile des Holzes (Hemizellulose, Li-gnin (s. d.) und sonstige Stoffe (Harze) werden durch die Kocherlaugen (s. d.) gelöst und gehen mit ihnen in das Ab-wasser. Der gewonnene Zellstoff wird gewaschen, sortiert und entwässert, z. T. auch in Bleichholländern gebleicht (s. Bleichereien).

Zellulose, der Hauptstoff der pflanz-lichen Zellwände, bestehend aus Koh-lenstoff, Wasserstoff und Sauerstoff. Holz enthält etwa 40 bis 45 v. H. Z.

Zellwolle, eine Textilfaser, die nach den in Kunstseidefabriken (s. d.) üb-lichen Verfahren hergestellt wird. Sie unterscheidet sich von der Kunstseide nur durch begrenzte Faserlänge, die durch Schneiden erzeugt wird.

Zellwollefabriken. Die Herstellung der Zellwolle (s. d.) erfolgt nach den gleichen Verfahren wie die Herstel-lung der Kunstseide (s. Kunstseide-fabriken). Für das Brauchwasser und das Abwasser gilt ebenfalls das dort Gesagte.

Zementbazillus, Kalktonerdesulfat, Bezeichnung für die Bildung von Cal-ciumaluminiumsulfat bei der Einwir-kung von sulfathaltigem Wasser oder Abwasser auf Beton. Der Z. ist eine alaunähnliche Verbindung, die mit einem großen Überschuß an Wasser kristallisiert und das Gefüge des Be-tons zersprengt.

Zementierungsverfahren, Verfahren zur Abscheidung von Metallen aus Lö-sungen durch ein in die Lösung ein-gebrachtes anderes Metall mit größerer Verwandtschaft zum Sauerstoff, das an Stelle des ausgefällten edleren Metal-les in Lösung geht. In der Abwasser-technik wird das Z. zum Ausfällen von Kupfer aus dem Abwasser von Metall-beizereien angewandt (s. Entkupfe-rungsanlagen).

Zementkupfer, aus kupferhaltigen Lösungen im Zementierungsverfahren (s. d.) ausgefälltes Kupfer.

Zentrale für Gas- und Wasserver-wendung e. V. Der Verein bezweckt die Förderung der Gaswirtschaft und der zentralen Wasserversorgung durch umfassende Aufklärung und technische Beratung über die Verwendung von Gas und Wasser. Sitz: Berlin W 30, Geisbergstraße 5/6, z. Z. Frankfurt/M.

Zentralwert, Formelzeichen Z, Wert einer Beobachtungsreihe, für den die Unterschreitungszahl gleich der Über-schreitungszahl (s. d.) ist (z. B. ge-wöhnlicher Wasserstand, s. d.).

Zentrifugalgußverfahren. Gießt man eine Flüssigkeit in eine sich schnell drehende zylindrische Hohlform, so nimmt sie die Gestalt eines Hohlzylin-ders an. Dieser Vorgang wird beim Zentrifugalguß (Schleuderguß) prak-tisch ausgenutzt. Verwendet man als Flüssigkeit geschmolzenes Gußeisen, so erstarrt dieses während des Gieß-vorganges, und es entsteht ein Rohr. Die Drehform besteht aus Metall.

Zentrifugalpumpen s. Pumpen.

Zentrifugen s. Schleudern.

Zentrifugenröhre. Gerät, um die Raummenge der im Abwasser befind-lichen Schwebestoffe durch Ausschleu-dern zu bestimmen.

Zentrisieb, zylindrisches, um seine lotrechte Achse drehbares Abwassersieb zur Klärung des Regenauslaßwassers, bevor es in den Vorfluter gelangt. Die siebartige, mit Schlitzen von

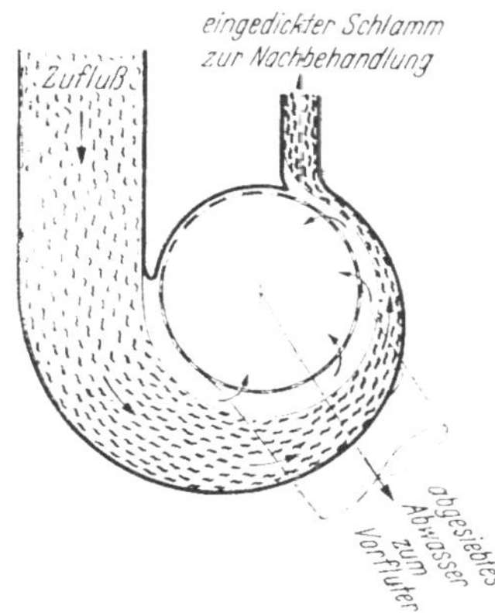

Zentrisieb nach SEEGERT.

5×70 mm versehene Mantelfläche des Zylinders wird von außen nach innen durchflossen. Bei einer bestimmten Größe des Zuflusses schaltet sich selbsttätig ein Elektromotor ein, der das Z. mit einer Umfangsgeschwindigkeit dreht, die größer ist als die Geschwindigkeit des Abwasserstromes. Das Siebgut wird infolgedessen durch die Fliehkraft von dem Zylindermantel abgeschleudert und von der in wirbelnder Bewegung befindlichen Teilmenge des Wassers mitgerissen, die sich zwischen dem Siebmantel und dem Siebgehäuse befindet. So gelangt es in eingedicktem Zustande in ein Schlammsammelrohr, während die Hauptmenge des Wassers aus dem Innern des Z.s in entsprechend geklärtem Zustande dem Vorfluter zufließt (Bauart SEEGERT-PASSAVANT) (s. Abwassersieb, Regenauslaß.)

Zeolithe s. Permutite.

Zerkleinern von Rechengut, maschinelles Zerschneiden oder Zerquetschen der von einem Rechen zurückgehaltenen groben Stoffe, um sie in zerkleinertem Zustande den Absetzbecken, den Schlammfaulräumen oder den Pumpwerken zuführen zu können (s. Zerkleinerungsmaschinen für Rechengut).

Zerkleinerungsmaschinen für Rechengut, mit Schneiden versehene Walzen, die das aus dem Wasser beförderte Rechengut gegen gekrümmte Rechenstäbe pressen und dadurch zerschneiden, oder gegeneinander laufende Walzen mit Umfangsrillen, die es

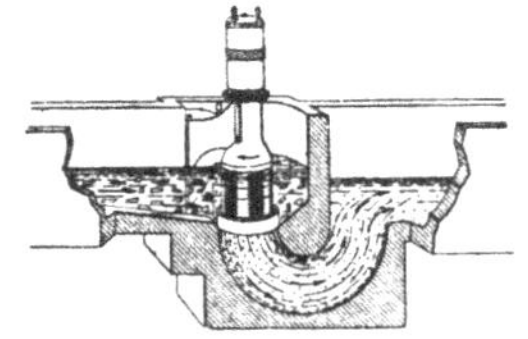

Schlitztrommel zur Zerkleinerung des Rechengutes.

zwischen sich zerquetschen. Ferner unter Wasser arbeitende Kreisel, deren Schaufeln mit Messern versehen sind oder im Abwasser stehende Schlitztrommeln, die das am Trommelmantel zurückgehaltene Rechengut gegen ein feststehendes Messer pressen und unter Wasser zerquetschen.

IMHOFF. K., Die Zerkleinerung der groben Stoffe im Abwasser. Ges.-Ing. 60 (1937). S. 599.

Zerknallfähige Gase bilden sich vorwiegend aus gewerblichem Abwasser und besonders bei dessen Ableitung in das städtische Entwässerungsnetz. In-

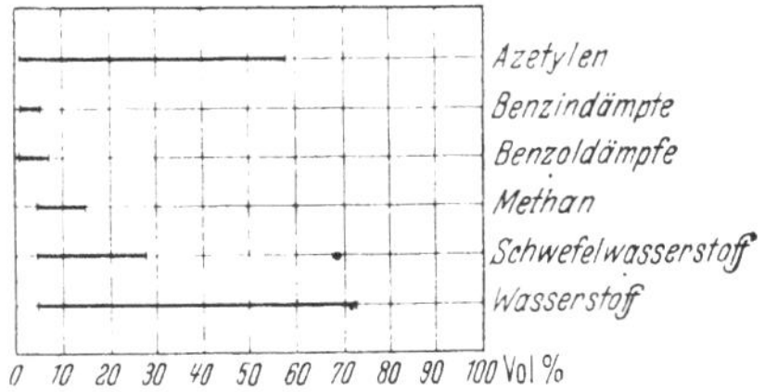

Zerknallgrenzen verschiedener Gasluftgemische.

nerhalb der in der nachstehenden Übersicht angegebenen Grenzen findet Zerknallen statt, während es oberhalb und unterhalb der angegebenen Grenzwerte nur zu Entflammungen und damit zu Bränden kommt.

Art des Gases	zerknallfähiges Gasluftgemisch bei einem Gasgehalt in Vol,-%
Azetylen	3—58
Benzoldämpfe	2—7
Benzindämpfe	1,5—4
Methan	6—16
Schwefelwasserstoff . .	7—28

Zerknallfänger,. Explosionsfänger, Einrichtung im Leitungsnetz, um die Ausbreitung gefährlicher Zerknallungen (Explosionen) zu verhüten. Der Z. ist i. a. ein Wasserverschluß in Dükerform, dessen Querschnitt größer ist, als der Querschnitt der zu schützenden Leitung (s. Wasserverschluß).

Zerknallgemenge, Zerknallgemisch, Explosionsgemenge, zerknallfähiges Gemenge von Gasen, kann im Entwässerungsnetz Personen- und Sachschäden größten Ausmaßes herbeiführen (s. Zerknallfänger, Zerknallgenzen, Entgasung von Entwässerungskanälen, Kanalgase).

Zerknallgrenzen, E x p l o s i o n s - g r e n z e n, die kleinste und die größte Raum-Menge eines Gases, die mit 100 Raumteilen Luft gemischt, ein zerknallfähiges Gemenge ergibt. Für Leuchtgas sind z. B. die Z. 8 und 19, weil ein Gemenge von Luft und Leuchtgas nur zerknallfähig ist, wenn es auf 100 Raumteile Luft mindestens 8 und höchstens 19 Raumteile Leuchtgas enthält. Bei Wassergas liegen die Z. zwischen 12 und 67, bei Kohlenoxyd zwischen 16 und 75, bei Wasserstoff zwischen 9,2 und 66,3, bei Ammoniak zwischen 16 und 27 und bei Faulgas zwischen 6,7 und 20. Die unteren Z. sind für Benzin und Benzol 1,0 bis 2,0, für

Azetylen 3,0, für Methan 6,0 und für Schwefelwasserstoff 7,0.

Zerstören der Schwimmdecke in Schlammfaulräumen, Betriebsmaßnahme, die vorwiegend im getrennten Schlammfaulraum notwendig ist, um die aus den aufschwimmenden und den mit Gas durchsetzten und dadurch an die Oberfläche kommenden Stoffen gebildete, allmählich an Stärke zunehmende Decke zu beseitigen. Diese verkleinert den nutzbaren Inhalt des Faulraumes und erschwert den Durchtritt des Faulgases. Das Z. kann durch maschinell betriebene Rührwerke, durch Umpumpen oder Verspritzen des Schlammes über der Schwimmdecke, durch Abspritzen der Schwimmdecke mit Leitungs- oder Faulraumwasser und schließlich auch durch vorübergehende Erhöhung der Temperatur im Faulraum erfolgen.

Zerstörung der Entwässerungsanlagen durch Schwefelwasserstoff s. Schwefelwasserstoff.

Zeugdruckereien stellen farbige Muster auf Textilwaren durch Aufbringen von Druckfarben her. Beim Ätzdruck werden die Musterungen durch Aufdrucken einer Ätzfarbe erzeugt, die an den bedruckten Stellen die Färbung zerstört. Beim Reservedruck wird eine Schutzfarbe auf das Gewebe vor dem Färben aufgedruckt, die das Anfärben der bedruckten Stellen verhindert. Das in Z. anfallende Abwasser gleicht dem Färbereiabwasser (s. d.).

Ziliaten s. Infusorien.

Zimmertemperatur. Mit Z. pflegt man bei Abwasseruntersuchungen, z. B. bei der Untersuchung auf Fäulnisfähigkeit und bei der Feststellung des biochemischen Sauerstoffbedarfes eine Temperatur von 20° zu bezeichnen.

Zink, Zn, Atomgewicht 65. Zn. findet man gewöhnlich in Wässern, die in verzinkten Eisen- oder Reinzinkrohren längere Zeit gestanden haben. Z. ist ein unedles Metall, es wird also verhältnismäßig leicht vom Wasser angegriffen. Die hierbei aufgenommenen Zinkmengen hängen von der chemischen Beschaffenheit des Wassers ab. Meist beträgt der Zinkgehalt unter 10 mg/l Zn, aber auch Mengen bis zu 30 mg/l und gelegentlich auch noch mehr sind beobachtet worden. Wässer mit hohem Zinkgehalt färben beim Kochen das Gemüse.

Zinkberatungsstelle s. Feinzinklegierungen.

Zinkblende,Zinksulfid, ZnS.,Mineral.

Zinklegierungen für Kleinarmaturen s. Feinzinklegierungen.

Zinksulfat s. Zinkvitriol.

Zinksulfid s. Zinkblende.

Zinkvitriol, Zinksulfat, Schwefelsaures Zink, $ZnSO_4 + 7\ H_2O$. Z. wird als Beizmittel in der Textilindustrie benutzt und als Holzkonservierungsmittel. Gewinnung u. a. aus den Beizablaugen von Messingbeizereien (s. d.).

Zinn, Sn, Atomgewicht 119. Man findet es im Wasser sehr selten.

Zisternen, Sammelbehälter für Regenwasser. Für ihre Anlage sind die Regenwassermenge, die Auffangfläche und ihr Rauminhalt maßgebend. Für die Dauer, die ein Z.inhalt bei einem angenommenen Bedarf von 20 bis 40 l/Tag je Benutzer in einer regenlosen Zeit vorhalten muß, wird folgende Erfahrungsformel angegeben:

$$T = \frac{5000}{\sqrt{h}}$$

Darin bedeutet T die Zahl der Tage und h die mittlere Jahresniederschlagshöhe in mm. Für die zu erfassende Niederschlagsfläche sind wichtig

die Verbraucherzahl $= E$,

der Wasserverbrauch

je Kopf/Tag in l $= w$,

die Niederschlagsfläche in m² $= F$,

der Jahresniederschlag in mm $= h$,

der Verdunstungsbeiwert $= v_d$,

der Versickerungsbeiwert $= v_s$,

Die notwendige Niederschlagsfläche

berechnet sich nach der Formel

$$F = \frac{365\ E\ w}{h \cdot (1 - v_d - v_s)}$$

Der Verdunstungsbeiwert ist im mittleren Klima mit etwa 0,2 bis 0,3, im heißen und windreichen Klima mit 0,5 bis 0,6 anzusetzen. Die Versickerung soll bei Dachflächen zunächst bis auf 5 v. H. gehen, bei längerem Regen aber beträchtlich abnehmen und bei Hofflächen zwischen 5 und 30 v. H. liegen (nach BRIX).

Zonennetz, Zonensystem s. Entwässerungsnetz.

Zonen über der Grundwasseroberfläche. D i e b e l e b t e Z o n e. In ihr wird der Wasserhaushalt durch Lebewesen, Bakterien, Pflanzenwurzeln und Tiere, die größere Hohlräume schaffen, beeinflußt.

Der **S a u g s a u m**, eine feuchte bis wassergesättigte Zone, die mit der Grundwasseroberfläche in Verbindung steht. Ihr Wasser steht unter Einwirkung kapillarer Kräfte (s. a. Kapillarsaum) (KOEHNE).

Zooplankton, das tierische Plankton. Ihm gegenüber steht das Phytoplankton, d. h. das pflanzliche Plankton (s. Plankton).

Zuckerfabrikabwasser. Das in Zuckerfabriken anfallende Abwasser besteht aus dem

1. Rübenschwemmwasser (s. d.),
2. Rübenwaschwasser (s. d.),
3. Diffusionswasser (s. d.),
4. Schnitzelpreßwasser (s. d.), und
5. dem Fall- und Kondenswasser.

Während das Schwemm- und Waschwasser vorwiegend Lehm und Sand und daneben gewisse Mengen Zucker enthält, beträgt der Zuckergehalt im Diffusons- und Schnitzelpreßwasser etwa 1,5 bis 3 kg/m³. Außerdem enthält das Z. sonstige organische Stoffe, vor allem Eiweiß und geht daher leicht in Fäulnis über.

Für die Behandlung des Z.s sind in letzter Zeit von einem großen Teil der Zuckerfabriken Rücknahmeverfahren für das Schwemm- und Waschwasser (s. Rübenwaschwasser) und ebenso für das Diffusions- und Schnitzelpreßwasser (s. Diffusionswasserrücknahme-Verfahren) eingeführt worden. Ein anderer, aber nicht so erfolgreicher Weg zur Behandlung des Z.s ist der Abbau möglichst der gesamten organischen Stoffe durch das Doppelgärverfahren (s. d.) oder das Gärfaulverfahren (s. d.), beide möglichst mit anschließender Verrieselung auf geeignetem Gelände. Die im einzelnen zu behandelnden Abwassermengen entsprechen dem Wasserbedarf der verschiedenen Arbeitsvorgänge (s. Zuckerfabriken).

SPENGLER, O., Die Abwässer der Zuckerfabriken. Ges.-Ing. 57 (1934) 36, S. 448, 46, S. 623/625.
PRITZKOW und ZAHN, Die Behandlung der Zuckerfabrikabwässer. Kl. Mitt. des Vereins für Wasser-, Boden- u. Lufthygiene 12 (1936), S. 295/313.

Zuckerfabriken. Die angelieferten Zuckerrüben werden von den Lagersilos aus mit Hilfe von Wasser durch Schwemmrinnen zur Wäsche befördert. Nach weiterer Reinigung von Lehm und Sand in der Rübenwäsche gelangen die Rüben zu den Schneidemaschinen. Die geschnittenen Rüben (Schnitzel) kommen alsdann in die Diffuseure (s. d.) zur Gewinnung des Zuckersaftes aus den Schnitzeln.

Nach der Entzuckerung werden die Schnitzel ausgepreßt und zumeist getrocknet (Trockenschnitzel s. d.). Der aus den Diffuseuren gewonnene Zukkerrohsaft wird mit Kalk und Kohlensäure versetzt, um die in ihm enthaltenenNichtzuckerstoffe auszufällen. Der so erhaltene Dünnsaft wird in einer Verdampferanlage eingedickt, bis der Zukker kristallförmig anfällt.

Bei der Diffusion muß ein gesundheitlich einwandfreies, besonders ge-

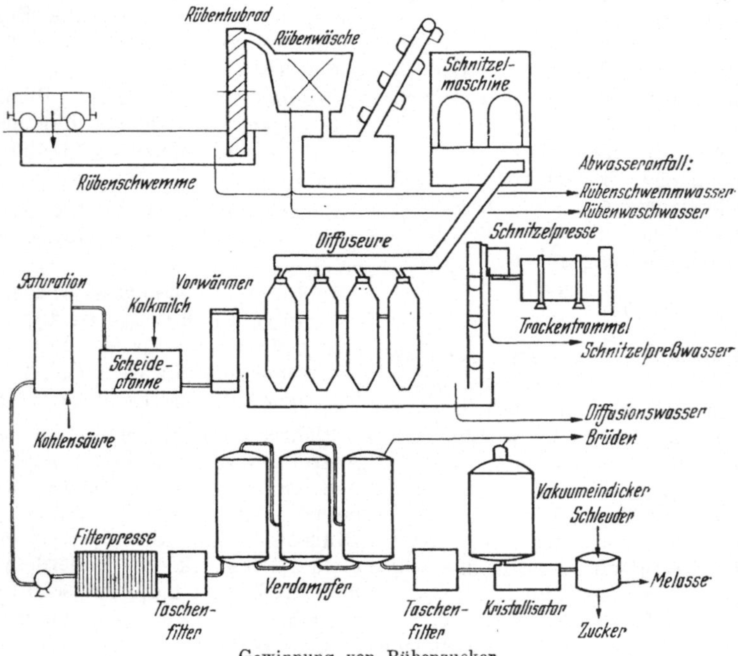

Gewinnung von Rübenzucker.

ruch- und geschmackloses sowie möglichst weiches und salzarmes Betriebswasser verwendet werden. Ein hoher Gehalt an Chlor und Magnesium verringert die Ausbeute an Zucker.

Der Wasserbedarf der Z. beträgt bei einmaliger Benutzung das 15 bis 20-fache des Rübengewichts. Im einzelnen werden benötigt für:
Rübenschwemme das 7—8fache,
Rübenwäsche das 1,5—2fache ,
Diffusion das 1,5—2fache,
Kondensation das 4—5fache,
sonstige Zwecke das 1—2fache
des Rübengewichts.

Sowohl im Interesse der Einschränkung des Brauchwasserbedarfes als auch des Abwasseranfalls ist der überwiegende Teil der Z. dazu übergegangen, durch Anwendung des Rücknahmeverfahrens (s. d.) den Frischwasserbedarf einzuschränken.

Zuckmücken- (Chironomide-)Larven kommen gelegentlich in Wasserleitungen vor. Dies ist dann möglich, wenn Z. in ungenügend gegen die Luft abgeschlossenen Brunnen oder Wasserbehältern oder in Enteisenungsanlagen Eier ablegen. Die aus diesen ausschlüpfenden Larven können bei Nahrungsmangel lange Zeit zur Entwicklung brauchen. Mit Rücksicht auf diese Möglichkeit des Einschlüpfens der Mücken in die Brunnen usw. kann man die Z.-L. nicht allgemein zu den Bewohnern der verunreinigten Wässer zählen, zu denen sie sonst gerechnet werden. Es gibt aber viele für das verunreinigte Wasser spezifische Arten (s. Chironomidenlarven).

Zuflußmenge, Formelzeichen Q, Maßeinheit m³/s, Wassermenge, die in der Sekunde einem Querschnitt zufließt.

Zuflußstärkelinie s. Abflußstärkelinie.

Zuleitung (ZW.), Leitung zwischen Wassergewinnungsstelle und Versorgungsgebiet (DIN 4046).

Zumeßvorrichtungen bezwecken die selbsttätige Zugabe der bei der Reinigung von Wasser und Abwasser zuzusetzenden Chemikalien (Fällmittel). Am einfachsten ist die Zugabe der Fällmittel in Form von Lösungen. Bei großem Chemikalienbedarf erfolgt die Zugabe in Pulverform.

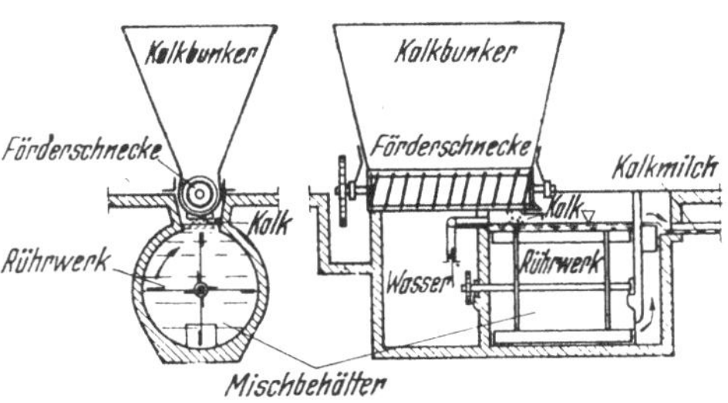

Zumeßvorrichtung für Kalkmilch.

Zunder, beim Warmbearbeiten (Walzen, Glühen, Pressen usw.) von Eisen und Metallen oberflächlich sich bildende Oxydationsschichten, die die Weiterverarbeitung der Rohware hindern und durch Beizen (s. d.) oder sonstwie beseitigt werden.

Zusammenführung von Abwasser-Rohrleitungen und Kanälen. Die Z. erfolgt i. a. durch Sonderbauwerke, und zwar in der Regel a) in den Knotenpunkten des Entwässerungsnetzes, um das von einem Entwässerungsstrang oder von mehreren kommende Abwasser einem oder mehreren anderen Entwässerungssträngen zuzuführen, wobei fast immer Ablenkungen der Abwasserströmung und Gefälleunterschiede ausgeglichen werden müssen und b) an den Überfallschwellen von Regenauslässen. Kleinere Rohrleitungen, etwa bis zu 0,5 m Durchmesser werden i. a. in gewöhnlichen Einsteigeschächten zusammengeführt und ohne Vermittlung eines Sonderbauwerkes an begehbare Entwässerungsstränge angeschlossen. Größere Leitungen und Kanäle lassen sich jedoch nur in geräumigen, gut zugänglichen Bauwerken zusammenführen, wobei man auf glatte Weiterleitung des Abwasserstromes (Krümmungen mindestens 5 m Halbmesser) besonders bedacht sein muß. Dasselbe gilt für die Überfallbauwerke von Regenauslässen, die derart anzulegen sind, daß das überfallende Wasser nicht rechtwinklig, sondern unter möglichst spitzem Winkel vom Abwasserstrome abzweigt (s. auch: Kreuzungsbauwerk).

Zusammensetzung des Abwassers. Die Z. ist, je nachdem das Haus-, Gewerbe- oder Niederschlag-Abwasser vorherrscht, außerordentlich verschieden. Das im städtischen Abwasser vorherrschende Hauswasser enthält außer den menschlichen Ausscheidungen, dem Wasch- und Badewasser und dem Küchenspül- und Abwaschwasser auch kleinere feste Gegenstände, wie Flaschenkorken, zusammengeballtes Papier, Holzstücke, Lappen, Obstreste, Konservenbüchsen, Tierleichen usw., das Niederschlagwasser enthält dagegen in erster Linie den von Straßen, Höfen und Gärten abgeschwemmten Sand und Kies sowie erdige Bestandteile, dann aber auch Abschleifungen der Straßendecke und Abspülungen von tierischen Ausscheidungen, Staub, ferner Ruß, Teer, Bitumen sowie Leichtöle der Kraftwagen. Die Z. der gewerblichen Abwässer ist von der Art des Betriebes abhängig und muß von Fall zu Fall beurteilt werden (s. Abwasser, Abwasserbeschaffenheit).

Zusatzwasserversorgung, Bezeichnung für eine zusätzliche Wasserlieferung aus Gewinnungsanlagen, die bei der regelmäßigen Versorgung nicht benutzt und nur für die Zeiten großen Bedarfs herangezogen wird. Dies können auch fremde Anlagen sein, die Überfluß an Wasser haben. Mehrfach werden Talsperrenwässer als Zusatz bei nicht ausreichender Grundwassergewinnung herangezogen. Ferner be-

zeichnet man mit Z. eine Versorgung von Grundstücken oder industriellen Anlagen, die eine eigene Versorgungsanlage besitzen und nur in besonderen Fällen zusätzliches Wasser aus der öffentlichen Sammelwasserversorgung entnehmen (s. Bereitstellungsgebühr).

Zweckverband. Gesetzlicher Zusammenschluß einer Anzahl juristischer Personen zur Erfüllung gemeinsamer Aufgaben. Beispielsweise können durch das Preußische Zweckverbandsgesetz vom 19. Juli 1911 Städte, Landgemeinden, Gutsbezirke, Bürgermeistereien, Ämter und Landkreise behufs Erfüllung einzelner kommunaler Aufgaben miteinander zu Zweckverbänden verbunden werden. Für die Abwasserbeseitigung ist z. B. die Bildung eines Zweckverbandes von Bedeutung, wenn mehrere Gemeinden nach ein und demselben Vorfluter entwässern und zu diesem Zweck gemeinsam einen Sammelkanal und ein Klärwerk bauen wollen. Auch für die Trinkwasserversorgung kleinerer Gemeinden werden vielfach Z.e begründet.

Zweigert, Erich, Oberbürgermeister, geb. am 25. 2. 1849, gest. am 27. 5. 1906, Begründer und Vorsitzer der Emschergenossenschaft, Mitbegründer und Vorsitzer des Ruhrtalsperrenvereins.

Zweistöckige Absetzanlage, Abwasserkläranlage, bei der der Absetzraum derart gestaltet 'ist, daß der sich absetzende Frisch-Schlamm ständig auf schrägen Rutschflächen durch Bodenschlitze in den darunter liegenden Schlammzersetzungsraum (Schlammfaulraum) abrutscht (s. Travisbrunnen, Imhoffbrunnen, Kremerbrunnen, Dywidagbrunnen, Frankebrunnen, Erfurter Trichter, OMS-Brunnen).

Zweistufenfaulung, Ausfaulen des frischen Abwasserschlammes in zwei Stufen, wobei man den Schlamm zunächst in einem Vorfaulraum teilweise und anschließend in einem Nachfaulraum vollkommen ausfaulen läßt. Z. empfiehlt sich: 1. zur Ergänzung des Faulraumes einer zweistöckigen Absetzanlage durch einen getrennten Nachfaulraum und 2. zur Betriebserleichterung bei starker Faulraumheizung. Zu 1. Der zweistöckige Faulraum liefert gut entwässerten Schlamm, weil das Schlammwasser durch die Bodenschlitze _n das Absetzbecken tritt, wenn Frischschlamm in den Faulraum rutscht. Er kann aber nicht geheizt werden, weil das über dem Faulraum durch das Absetzbecken fließende Abwasser d e zugeführte Wärme wieder fortnimmt. Die Z. bietet also die Vorteile, daß man auf einfachem Wege im Vorfaulraum der zweistöckigen Anlage gut entwässerten Schlamm erhält, daß man den Vorfaulraum klein halten und den getrennt liegenden Nachfaulraum zur Beschleunigung des Faulvorganges heizen kann.

Zu 2. Bei hoher Faulraumtemperatur (etwa 27°) ist die Schlammbewegung durch den Gasauftrieb meist so stark, daß man kein klares Schlammwasser ablassen kann. Man fault daher bei höherer Temperatur (etwa 30° bis 35°) vor, erhält dabei bereits in 14 Tagen über 90 v. H. der erzielbaren Gasmenge u. leicht abtrennbares Schlammwasser. Letzteres wird dann in der zweiten Stufe, in der die Gasentwicklung nur noch schwach ist, abgelassen. Auch hat man versucht, in der ersten Stufe bis zur Temperatur der wärmeliebenden (thermophilen) Bakterien zu heizen, die zwischen 50° und 60° am besten gedeihen, und den dabei sich ergebenden nicht vollkommen geruchlosen Schlamm in der zweiten

Stufe geruchlos zu machen (s. Faulraumheizung, Faulschlammwasser).

Zweistufige Abwasser-Reinigung s. Stufenreinigung von Abwasser.

Zwischenpumpwerk s. Hauptpumpwerk.

Zwischenstreifen des Bodens, die Zone zwischen Saugsaum (s. d.) und Wurzelbereich.

Zyan, CN, eine aus Kohlenstoff und Stickstoff bestehende Verbindung, die u. a. im Abwasser von Hochofenwerken, Gasanstalten und Galvanischen Anstalten vorkommt.

Zyanidhaltiges Abwasser fällt an im Ammoniakrohwasser (s. d.) der Kokereien und Gasanstalten, im Gichtgaswaschwasser (s. d.) der Hochofenwerke, in Galvanisierungsanstalten (s. d.) und in Härtereien (s. d.). Z. A. kann zu starken Vergiftungserscheinungen im Ortsentwässerungsnetz, in Kläranlagen und in Wasserläufen führen. Für die Entgiftung dieses Abwassers sind drei Verfahren bekannt: 1. das Chlorierungsverfahren, 2. das Ausblaseverfahren und 3. das Eisensulfat (Berliner Blau)-verfahren. Das Chlorierungsverfahren findet häufig Anwendung in Kokereien und Schwelereien. In kleinen Betrieben kann die Entgiftung von Hand durchgeführt werden, während für Großbetriebe Entgiftungsanlagen mit maschinellen Einrichtungen am Platze sind.

Strell, Entgiftung zyanhaltiger Abwässer Gers.-Ing. 63 (1940), H. 25, S. 319—320.

Zyankalium. Kaliumzyanid, KCN, Molekulargewicht 65, wird in Galvanisierungsanstalten und Härtereien benutzt und ist ein starkes Gift.

Zyanwasserstoff s. Blausäure.

Die wichtigsten fremdsprachlichen Fachausdrücke

für

Trinkwasser und Abwasser

in den Sprachen

Deutsch, Englisch, Französisch und Italienisch

A

Abessinierbrunnen	abyssinian
Abfallauge	spent lye
Ablauf (Sinkkasten)	catch basin, gully, sink trap
Ablauge	spent lye
Abort	privy, closet

Absetzanlage	settling plant, sedimentation plant
Absetzglas	settling glas, Imhoff cone, settling cone

Absiebanlage	screening plant, screening works
Absperrschieber	sluice valve, gate valve
Abtritt	privy, closet

Abwasser	sewage, wastes, waste liquor, waste water
—, gewerbliches, —, industrielles	industrial wastes, trade wastes, manufactoral wastes, trade waste water, industrial waste water
—, städtisches	town sewage

-faulraum	septic tank, privy vault, hydrolysing tank
-reinigung	sewage purification

-schlamm	sewage sludge
Algen	algae, sea weeds
-wachstum	algae growth
Aufbereitung (Wasser)	conditioning, preparing, treatment, dressing
Ausflockungs-becken	flocculation tank, flocculation basin, flock basin
-mittel	coagulant, flocculant, flocking means

B

Badeanstalt	baths, swimming pool, bathing establishment

Bakterium coli	bacterium coli, B.coli
Balgpumpe	diaphragm pump, membrane pump
Basenaustauschverfahren	base exchange process, base exchanging method
Baukosten	cost of construction, cost of building, building expenses
Bazillenträger	carrier of germs, germ carrier
Beizereiabwasser	pickling wastes
Belebtschlammverfahren, Belebungsverfahren	activated sludge process, bio-aeration process
Betonrohr	concrete pipe, cement pipe

Betriebsausgaben. Betriebskosten	operating cost, working cost, working expenses
Betriebsführer, Betriebsleiter	works manager, general manager, works superintendent, operator
Betriebsstörung	breakdown, stoppage

puits abyssinien	pozzo a percussione
lessive épuisée	sottoliscivia
siphon de décantation	pozzetto di deposito
lessive épuisée	sottoliscivia
cabinet d'aisance, appartement, fosse d'aisances, lieux, latrines	cesso, latrina, ritirata, gabinetto
installation de décantation	impianto di sedimentazione
éprouvette conique graduée, éprouvette de décantation	bicchiere, bicchiere di sedimentazione, cono Imhoff, bicchiere di prova
installation de tamisage, appareil tamiseur	impianto di stacciatura
robinet-vanne	saracinesca a chiusura
cabinet d'aisance, appartement, fosse d'aisances, lieux, latrines	cesso, latrina, ritirata, gabinetto
eaux d'égout, eaux polluées, eaux usées, eaux vannes, eaux résiduaires	acqua di fogna, acqua di fognatura, acque residuarie, acqua di scarico, acqua cloacale, acqua di rifiuto, liquame
eaux d'égout industrielles, eaux résiduaires industrielles, eaux usées industrielles	acqua di rifiuto industriale, scarichi industriali, liquame industriale
eaux d'égout municipales, eaux résiduaires urbaines	acqua di scarico cittadina, liquame delle fogne cittadine, liquame cittadino
fosse septique	fossa settica, vasca flusso di liquame
épuration des eaux d'égout, purification des eaux d'égout	epurazione dell' acqua di fogna
boue des eaux d'égout	fango di acque di fogna
algues	alge, alige, alghe
pullulation des algues	cresciuta delle alghe
amélioration, préparation, traitement	trattamento, potabilizzazione
bassin de floculation	bacino di flocculazione
coagulant, floculant	mezzo di flocculazione
bains, baignoir	bagno, stabilimento balneario, stabilimento di bagni
colibacille, bacille coli	colibacillo, bacillus coli
pompe à diaphragme, pompe à membrane	pompa a diaframma
procédé d'échange des bases, procédé de permutation des bases	procedimento scambio-basi
frais de construction	spese di costruzione, costo della costruzione
porteur de germes	portatore di microbi, portatore di germi
eaux résiduaires de décaperie	acqua di rifiuto di decapaggio
procédé des boues activées	processo a fango attivato
tube de béton, tuyau en ciment, tuyau en béton	tubo in beton, tubo in cemento, tubo in calcestruzzo
frais de l'exercise, dépenses courantes, dépenses d'exploitation	spese dell'esercizio, spese d'esercizio
chef de service, directeur d'usine, directeur d'exploitation	direttore del servizio, capo d'esercizio, capotecnico
panne, dérangement dans le service, perturbation dans le service	interruzione dell'esercizio, perturbazione nel lavoro, disturbo dell' esercizio

biochemischer Sauerstoffbedarf	biochemical oxygen demand, B. O. D.
biologischer Körper	bacteria bed, bacteria filter, biological filter
bleibende Härte	permanent hardness
Bohr-brunnen	drilled well, bore well
-ergebnis	drilling result
Bohren, Bohrung	drilling, bore, boring, driving
Brauereiabwasser	brewery wastes
Brennereiabwasser	distillery wastes
Brunnen	well, spring
-wasser	well water, pump water
B. S. B.	biochemical oxygen demand, B.O.D.

C

Carbonathärte	bicarbonate hardness, carbonate hardness
Colibazillus	bacterium coli, B.coli

D

Dampfkesselspeisewasser	boiler feeding water, feed water for boilers
Diaphragmapumpe	diaphragm pump, membrane pump
Drehsprenger	sprinkler, rotary distributor, revolving distributor, rotary sprinkler. rotating distributor, revolving sprinkler

E

eiförmiger Querschnitt	oval cross section
Einarbeitungszeit	breaking-in period, time of initiation
Einspritzkondensator	jet condenser
Einzugsgebiet	drainage area, catchment area, drainage district, drain district
Ei-profil, -querschnitt	oval cross section
Emscherbrunnen	Imhoff tank
Endlauge	spent lye
Enteisenung	iron removal, elimination of iron. deferrization
Enthärtung	softening
Entkeimung	sterilisation
Entmanganung	manganese removal, demanganezation. demanganisation
Entphenolungsanlage	defenolization plant
Entsäuerung	desacidification

DBO, demande biochemique d'oxygène	ossigeno biochimico richiesto, bisogno biochimico di ossigeno, richiesta di ossigeno biochimico
filtre biologique, filtre bactérien, lit bactérien	letto biologico
dureté non-carbonatée, dureté permanente, dureté après ébullition, dureté des acides minéraux	durezza permanente
puits de forage	pozzo trivellato
résultat de sondage	risultato di trivellazione
forage, perçage, sondage	trivellazione, trapanazione, trapanatura, foratura al trapano
eaux résiduaires de brasserie	acque di rifiuto di birreria
eaux résiduaires de distillerie	acque di rifiuto di distilleria
puits	pozzo, pozzetto
eau de puits, eau de fontaine, eau de forage	acqua di pozzo, acqua di fontane
BDO, demande biochimique d'oxygène	ossigeno biochimico richiesto, bisogno biochimico di ossigeno, richiesta di ossigeno biochimico
dureté carbonatée, dureté carbonique	durezza temporanea
colibacille, bacille coli	colibacillo, bacillus coli
eau pour alimentation de chaudières, eau d'alimentation pour une chaudière à vapeur	acqua per alimentazione delle caldaie a vapore
pompe á diaphragme, pompe á membrane	pompa a diaframma
arroseuse rotative, distributeur rotatif, pulvérisateur tournant, sprinkler tournant, tourniquet hydraulique pulvérisateur	distributore rotativo
section ovale, section ovoïde	sezione ovale, sezione oviforme, taglio ovale
période de mise en train	periodo (tempo) di avviamento
condenseur á jet, condenseur par injection	condensatore d'iniezione
bassin alimentaire, bassin hydrologique, aire de drainage, bassin versant	bacino imbrifero, bacino di alimentazione, bacino da cui le acque provengono
section ovale, section ovoïde	sezione ovale, sezione oviforme, taglio ovale
puits Emscher, puits Imhoff, fosse Imhoff	pozzo Emscher, pozzo Imhoff, vasca Imhoff, fossa Imhoff
lessive épuisée	sottoliscivia
élimination du fer, déferrisation	deferrizzazione
adoucissement	addolcimento, riduzione della durezza, alleggerimento
stérilisation, destruction des germes, destruction des bactéries	sterilizzazione
démanganésation, démanganisation, élimination du manganese	demanganizzazione
installation de déphénolage	impianto per la defenolizzazione
désacidification	deacidificazione

Deutsch	Englisch
Entwässerungsgebiet	drainage area, catchment area, drainage district, drain district
Erdbehälter	earth tank, earth reservoir

F

Fabrikabwasser	industrial wastes, trade wastes, manufactoral wastes, trade waste water, industrial waste water
Fäkalien, Fäkalstoffe	feces, fecal matter, fecal substances, fecals, faeces
Fäll-becken, Fällungsbecken	precipitation basin, precipitation tank
-mittel, Fällungsmittel	precipitant
Färbereiabwasser	dye works effluent, dye wastes
Fahrsprenger	travelling distributor
Faulgrube	septic tank, privy vault, hydrolysing tank
Faulraum	digestion chamber, digesting room, digesting compartment
—, durchflossener	septic tank, privy vault, hydrolysing tank
Fischteich	fish pond, fish pool
Flansch	pipe flange, flange
Flockungs-becken	flocculation tank, flocculation basin, flock basin
-mittel	coagulant, flocculant, flocking means
Flurhochbehälter	earth tank, earth reservoir
Flußwasser	river water
Füllkörper	contact bed, contact filter, fill and draw contact bed

G

gewerbliches Abwasser	industrial wastes, trade wastes, manufactoral wastes, trade waste water, industrial waste water
Glüh-rückstand	ignition residue, fixed residue, fixed solids, residue on ignition
-verlust	loss on ignition, volatile matter
Grundstückskläranlage	home sewage treatment plant
Grundwasser	ground water, subsoil-water, subterranean water, underground water
-absenkung	ground water lowering, sinking of the underground water
Gully	catch basin, gully, sink trap
Gußrohr	cast iron pipe, cast iron tube

H

Härte, bleibende, —, permanente	permanent hardness
—, temporäre, —, vorübergehende	temporary hardness
Hauptleitung	main conduct, main pipe line, main conduit, principal conduit

bassin alimentaire, bassin hydrologique, aire de drainage, bassin versant	bacino imbrifero, bacino di alimentazione, bacino da cui le acque provengono
réservoir enterré	serbatoio interrato
eaux d'égout industrielles, eaux résiduaires industrielles, eaux usées industrielles	acqua di rifiuto industriale, scarichi industriali, liquame industriale
vidanges, matières fécales	feca, sostanze fecali, materie fecali, sostanze escrementizie
bassin de précipitation	bacino di precipitazione
précipitant	coagulante, precipitante
eaux résiduaires de teinturerie	acqua di scarico di tintoria
chariot baladeur, chariot à va-et-vient, distributeur à va-et-vient, pulvérisateur à va-et-vient	distributore a va e vieni
fosse septique	fossa settica, vasca a flusso di liquame
chambre de putréfaction, chambre de putréfaction des boues	camera di digestione, vasca di digestione, digestore
fosse septique	fossa settica, vasca a flusso di liquame
étang à poissons, vivier	stagno da pesce, peschiera, piscina
bride, collet, rondelle	flangia, briglia
bassin de floculation	bacino di flocculazione
coagulant, floculant	mezzo di flocculazione
réservoir enterré	serbatoio interrato
eau fluviale, eau de fleuve, eau de rivière	acqua di fiume, acqua fluente
lit de contact	letto di contatto
eaux d'égout industrielles, eaux résiduaires industrielles, eaux usées industrielles	acqua di rifiuto industriale, scarichi industriali, liquame industriale
résidu calciné, résidu de calcination	residuo calcinato, residuo di combustione
perte par cuisson, perte au rouge, perte au feu	perdita a fuoco
installation d'épuration immeuble, installation d'épuration domestique	impianto domestico di chiarificazione
eau souterraine, nappe souterraine	acqua sotterranea, acqua freatica, falda freatica, acqua di falda sotterranea, acqua del sottosuolo
abaissement de l'eau souterraine, dépression de la nappe	abbassamento dell'acqua sotterranea
siphon de décantation	pozzetto di deposito
tuyau en fonte, tuyau de fonte	tubo di fuso, tubo in ghisa
dureté permanente, dureté après ébullition	durezza permanente
dureté temporaire, degré hydrotimétrique temporaire	durezza temporanea
conduite maîtresse	condotta principale, condotta maestra

Hauskläranlage	home sewage treatment plant
Heberleitung	siphon piping, siphon conduit
Hochbehälter	elevated reservoir, elevated tank, elevated basin
Hochwasser	highwater, flood water
-ablaß, -überlauf	highwater overflow, highwater outlet sluice, highwater floodgate
hydraulischer Radius	hydraulic radius, hydraulic mean depth

I

Imhoffbrunnen	Imhoff tank
Industrieabwasser, industrielles Abwasser	industrial wastes, trade wastes, manufactoral wastes, trade waste water, industrial waste water

J

je Kopf und Tag	per capita per day, by head and day

K

Kaliumpermanganatverbrauch	oxygen consumed in p.p.m. $KMnO_4$, potassium permanganate consumption
Kanal	canal, channel
Karbonathärte	bicarbonate hardness, carbonate hardness
Keimträger	carrier of germs, germ carrier
Keimzahl	bacterial count, number of germs, number of bacteria
Kesselspeisewasser	boiler feeding water, feed water for boilers
Kesselstein	scale, fur in boilers, boiler scale
-verhütungsmittel	scale preventive, antiincrustator
Kläranlage	clarification plant, sewage treatment works, sewage plant, sewage works, sewage treatment plant, sewage disposal works
Klärschlamm	sewage sludge
Kleinlebewesen	microorganism, small living being, small animate being, small creature, animalcule, microscopic organism
Klosett	privy, closet
Knie-rohr, -stück	bend, knee, elbow
Koagulationsbecken	coagulating basin, coagulation tank, coagulation basin
Körper, biologischer	bacteria bed, bacteria filter, biological filter
Kolbenpumpe	piston pump
Kostenanschlag	estimate (of the cost)
Kotstoffe	feces, fecal matter, fecal substances, fecals, faeces

installation d'épuration immeuble, installation d'épuration domestique	impianto domestico di chiarificazione
conduite en siphon	condotta-sifone
réservoir en élévation, réservoir surélevé	serbatoio sopraelevato
hautes eaux, crue, grande crue	piena
déversoir d'orage, bouche de pluie, bonde de pluie	sfioratore di piena
rayon moyen	raggio di profilo
puits Emscher, puits Imhoff, fosse Imhoff	pozzo Emscher, pozzo Imhoff, vasca Imhoff, fossa Imhoff
eaux d'égout industrielles, eaux résiduaires industrielles, eaux usées industrielles	acqua di rifiuto industriale, scarichi industriali, liquame industriale
par habitant et par jour, par tête et par jour	per testa e per giorno, al giorno per abitante
demande en permanganate de potassium	consumo di permanganato di potassa
canal	canale
dureté carbonatée, dureté carbonique	durezza temporanea
porteur de germes	portatore di microbi, portatore di germi
nombre des germes	numero dei germi
eau pour alimentation de chaudières, eau d'alimentation pour une chaudière à vapeur	acqua per alimentazione delle caldaie a vapore
incrustations des chaudières, calcaires des chaudières, dépôts des chaudières, tartre des chaudières	incrostazione, incrostazione di caldaia
antitarte, désincrustant curatif, tartrifuge	antiincrostante
installation de clarification	impianto di chiarificazione
boue des eaux d'égout	fango di acqua di fogna
microorganisme, microbe	microorganismo, microbo
cabinet d'aisance; appartement, fosse d'aisances, lieux, latrines	cesso, latrina, ritirata, gabinetto
coude, coude rond, coude d'équerre	curva, tubo a gomito, gomito
bassin de coagulation	vasca di coagulazione
filtre biologique, filtre bactérien, lit bactérien	letto biologico
pompe à piston	pompa a pistone, pompa a stantuffo
estimation, devis estimatif bordereau des prix d'un projet	preventivo delle spese, calcolo preventivo, calcolo approssimativo
vidanges, matières fécales	feca, sostanze fecali, materie fecali, sostanze escrementizie

Kreisquerschnitt, kreisförmiger Querschnitt	circular cross section
Kreiselpumpe	centrifugal pump
Krümmer	bend, knee, elbow
Kühlwasser	cooling water

L

Lackmuspapier	litmus paper

M

Membranpumpe	diaphragm pump, membrane pump
Mikrobe	microorganism, small living being, small animate being, small creature, animalcule, microscopic organism
Mineral-härte, -säurehärte	non-carbonate hardness
Misch-entwässerung	combined sewers
-kondensator	direct-contact condenser, mixing condenser
Molkereiabwasser	dairy wastes, creamery wastes
Muffe (Rohrmuffe)	socket, muff, bell, femal end of a pipe

N

Nachklärbecken	secondary sedimentation basin, final settling tank, secondary settling tank, secondary sedimentation tank, final clarification tank, secondary settling basin
Nachklärbecken (für biologische Körper)	humus tank
Nichtkarbonathärte	non-carbonate hardness
Niederschlaggebiet	drainage area, catchment area, drainage district, drain district
Niedrigwasser	low water
Notauslaß	rain outlet

O

Oberflächen-kondensator	surface condenser
-wasser	surface water
Ortsentwässerung	sewerage, town drainage
ovaler Querschnitt	oval cross section

P

Papierfabrikabwasser	paper mill wastes
Pegel	depth gauge, water gauge, water mark, water level gauge, water post, flood measuring post
Permanganatverbrauch	permanganate consumption, oxygen consumed from permanganate
permanente Härte	permanent hardness

section circulaire	sezione circolare
pompe (à force) centrifuge, pompe rotative	pompa (a forza) centrifuga
coude, coude rond, coude d'êqeurre	curva, tubo a gomito, gomito
eau de réfrigération, eau de refroidissement	acqua di refrigerazione, acqua refrigerante
papier de tournesol	carta di tornasole
pompe à diaphragme, pompe à membrane	pompa a diaframma
microorganisme, microbe	microorganismo, microbo
dureté non-carbonatée, dureté des acides minéraux	durezza permanente
réseau unitaire	fognatura mista
condenseur par mélange	condensatore a miscela, condensatore a miscuglio
eaux résiduaires de laiterie	acque di rifiuto di latteria
emboîtement, manchon de raccord	manicotto, bicchiere
bassin de décantation finale, bassin de clarification finale, décanteur secondaire	vasca di chiarificazione posteriore, bacino di chiarificazione posteriore
fosse à humus	fossa a humus
dureté non-carbonatée, dureté des acides minéraux	durezza permanente
bassin alimentaire, bassin hydrologique, aire de drainage, bassin versant	bacino imbrifero, bacino di alimentazione, bacino da cui le acque provengono
basses eaux	magra, altezza bassa dell'acqua
bouche de pluie, bonde de pluie	scaricatore di pioggia
condenseur à surface	condensatore a superficie
eau de surface, eau courante à la surface du sol, ruissellement superficiel	acqua superficiale
assainissement urbain, canalisation municipale	fognatura urbana, canalizzazione cittadina
section ovale, section ovoide	sezione ovale, sezione oviforme, taglio ovale
eaux résiduaires de papeterie	acque di rifiuto di cartiera
échelle fluviale, échelle graduée, échelle d'eau	idrometro, marca (della profondità dell'acqua)
demande en permanganate	consumo di permanganato
dureté permanente, dureté après ébullition	durezza permanente

pH-Wert	pH-value
Pluviograph	self-registering apparatus of rainfall, pluviograph, recording pluviometer, registering pluviometer, rainfall indicator
Profilradius	hydraulic radius, hydraulic mean depth
pro Kopf und Tag	per capita per day, by head and day

Q

Quell-fassung	tapping the spring
-wasser	spring water
Querschnitt, eiförmiger	oval cross section
—, ovaler	
—, kreisförmiger	circular cross section

R

Radius, hydraulischer	hydraulic radius, hydraulic mean depth
Rammbrunnen	hollow ram pump, driven well
Rechen	rake, rack
Rechengut, Rechenrückstand	rakings
Regenauslaß	rain outlet
Regenmesser	rain gauge, pluviometer
—, registrierender, —, selbstschreibender Regenschreiber	self-registering apparatus of rainfall, pluviograph, recording pluviometer, registering pluviometer, rainfall indicator
Regen-überfall, -überlauf	storm water overflow
Regenwasserbecken	storm water tank, storm water basin
registrierender Regenmesser	self-registering apparatus of rainfall, pluviograph, recording pluviometer, registering pluviometer, rainfall indicator
Reifungszeit	period of ripening
Reinigungsanlage	purification plant, cleaning plant
Rieselfeld	irrigation field, sewage farm, irrigated ground, irrigated land
Rohr, Röhre	pipe, tube
Rohr, gußeisernes	cast iron pipe, cast iron tube
Rohrbrunnen	tube well

S

Sammelkanal	collecting canal
Sammler	collector
Sandfang	grit chamber, grit tank, detritus tank, sand trap, detritus chamber, detritor, grit basin
Sandfilter	sand filter
Sauerstoffbedarf, biochemischer	biochemical oxygen demand, B.O.D.

valeur du pH, symbole pH	valore pH, grado di pH, grado ionimetrico
pluviomètre enrégistreur, enrégistreur de pluie	pluviometro registratore, misuratore di pioggia per scrivere
rayon moyen par habitant et par jour, par tête et par jour	raggio di profilo per testa e per giorno, al giorno per abitante
captage de source eau vive, eau de source	captazione della sorgente acqua viva, acqua di sorgenti, acqua sorgiva
section ovale, section ovoide	sezione ovale, sezione oviforme, taglio ovale
section circulaire	sezione circolare
rayon moyen	raggio di profilo
puits instantané	pezzo a percussione
grille	griglia
matières retenues par des grilles	sostanze grigliate
bouche de pluie, bonde de pluie	scaricatore di pioggia
pluviomètre	pluviometro
pluviomètre enrégistreur, enrégistreur de pluie	pluviometro registratore, misuratore di pioggia per scrivere
bouche de pluie, bonde de pluie, déversoir d'orage	scaricatore di pioggia, sfioratore di piena
bassin d'eau d'orage, bassin pour eau de pluie	bacino per acque di pioggia, vasca per le acque di pioggia, vasca per le pluviali
pluviomètre enrégistreur, enrégistreur de pluie	pluviometro registratore, misuratore di pioggia per scrivere
période de maturation, temps pour devenir mûr	tempo (periodo) di maturazione
station d'épuration, installation de nettoyage	impianto di epurazione, impianto di depurazione, impianto di pulitura
camp d'irrigation, camp d'épandage	campo di irrigazione
tube, tuyau	tubo, doccia
tuyau en fonte, tuyau de fonte	tubo di fuso, tubo in ghisa
puits tubulaire	pozzo a tubo, pozzo tubulare
émissaire	canale collettore. collettore di fognatura
collecteur	collettore, raccoglitore
bassin de dessablement, dessableur, désableur, chambre à sable	dissabbiatore, dissabbiatrice, camera a sabbia
filtre à sable	filtro a sabbia
DBO, demande biochimique d'oxygène	ossigeno biochimico richiesto, bisogno biochimico di ossigeno, richiesta di ossigeno biochimico

Saugfilter, Saugzellenfilter	suction filter
Schacht	pit, trench, shaft
-deckel	manhole cover, cover of a shaft, surface box for shafts
Schlammfaulraum	digestion chamber, digesting room, digesting compartment
Schleppkraft	tractive force, drawling power
Schreibregenmesser	self-registering apparatus of rainfall, pluviograph, recording pluviometer, registering pluviometer, rainfall indicator
Schwemmentwässerung	combined sewers
Selbstreinigung	self-purification
selbstschreibender Regenmesser	self-registering apparatus of rainfall, pluviograph, recording pluviometer, registering pluviometer, rainfall indicator
Sieb-anlage	screening plant, screening works
-gut, -rückstände, -stoffe	screenings
Sinkkasten	catch basin, gully, sink trap
Spitzglas	settling glas, Imhoff cone, settling cone
Spül-abort, -klosett	water closet, W.C.
Stabrechen	bar screen
Stadtentwässerung	sewerage, town drainage
städtisches Abwasser	town sewage
Stahlrohr	steel tube
Standglas	settling glas, Imhoff cone, settling cone
Steinzeugrohr	vitrified clay pipe, earthenware pipe, vitrified terra cotta pipe
Sterilisation, Sterilisierung	sterilisation
Streudüse	spray nozzle, spraying nozzle, sprinkler nozzle
Sulfitablauge	sulphite waste liquor, sulphite pulp wastes, sulphite wastes

T

Talsperre	reservoir, barrage
Tauch-bohle, -brett, -wand	scum board
-körper	submerged contact aerator
temporäre Härte	temporary hardness
Trennentwässerung	separate sewers
Trinkwasser	drinking water
Trinkwasserversorgung	drinking water supply
Trockenabort	pail closet, earth closet, dry closet

filtre à air aspiré	filtro ad aspirazione, filtro aspirante
regard, puits, tabernacle	pozzo, scavo, pozzetto
tampon de regard, trappe de regard, plaque de couverture de puits	coperchio del pozzo, canna metallica munita di chiusino
chambre de putréfaction, chambre de putréfaction des boues	camera di digestione, vasca di digestione, digestore
force d'entraînement, force traînante	forza di trascinamento, forza di trascinazione
pluviomètre enrégistreur, enrégistreur de pluie	pluviometro registratore, misuratore di pioggia per scrivere
réseau unitaire	fognatura mista
autocurage, auto-épuration, auto-purification	autoepurazione, autodepurazione
pluviomètre enrégistreur, enrégistreur de pluie	pluviometro registratore, misuratore di pioggia per scrivere
installation de tamisage, appareil tamiseur	impianto di stacciatura
matières retenues par des tamis	sostanze stacciate, residui dagli stacci
siphon de décantation	pozzetto di deposito
éprouvette conique graduée, éprouvette de décantation	bicchiere, bicchiere di sedimentazione, cono Imhoff, bicchiere di prova
water-closet, W.C.	latrina a cacciata d'acqua, W.C. a cassetta con galleggiante, W.C.
grille à barreaux	griglia a sbarre ◆
assainissement urbain, canalisation municipale	fognatura urbana, canalizzazione cittadina
eaux d'égout municipales, eaux résiduaires urbaines	acqua di scarico cittadina, liquame delle fogne cittadine, liquame cittadino
tuyau en acier, tube en acier	tubo in acciaio, tubo di acciaio
éprouvette conique graduée, éprouvette de décantation	bicchiere, bicchiere di sedimentazione, cono Imhoff, bicchiere di prova
tuyau en grès vitrifié, tuyau en grès vernissé	tubo in terra cotta, tubo in gres ceramico
stérilisation, destruction des germes, destruction des bactéries	sterilizzazione
bec pulvérisateur, tuyère de pulvérisation, tuyère pour jet d'eau en pluie	becco polverizzatore
lessive résiduaire sulfitique	liscivio di rifiuto solfitico
barrage	diga, serbatoio
cloison plongeante, cloison siphoïde	parete sommersa, paraschiuma
corps plongeur, lit immergé	letto sommerso
dureté temporaire, degré hydrotimétrique temporaire	durezza temporanea
réseau séparatif	fognatura separata
eau potable, eau à boisson	acqua potabile, acqua potabilizzata
alimentation en eau potable, distribution d'eau potable	provvista d'acqua potabile, approvvigionamento di acqua potabile, alimentazione di acqua potabile, provvedimento dell'acqua per uso potabile, rifornimento idrico potabile
cabinet sec	latrina secca

Trockenrückstand	dry residue
Tropfkörper	trickling filter, sprinkling filter, percolation filter, percolating filter

U

Untergrund-berieselung, -verrieselung	subsurface irrigation
Unterhaltungskosten	maintenance cost
Unterlauge	spent lye

V

Vakuumfilter	vacuum filter
Verdünnung	dilution
Versorgungsnetz	supply system
Voranschlag	estimate (of the cost)
Vorklärbecken	preliminary clarification tank, primary settling tank, preliminary settling tank
vorübergehende Härte	temporary hardness

W

Wandersprenger	travelling distributor
Wasser-behälter	water tank, water reservoir
-filterung	water filtration, water filtering
-gewinnung	water obtaining, water catchment
-klosett	water closet, W.C.
Wassermesser	water meter
-verbrauch	water consumption
-versorgung	water supply
-werk	water works
-zähler	water meter
W.C.	water-closet, W.C.
Wehr	weir
Wollwäschereiabwasser	wool scouring wastes

Z

Zementrohr	concrete pipe, cement pipe
Zentrifugalpumpe	centrifugal pump
Zuckerfabrikabwasser	sugar factory wastes

résidu fixe, résidu sec	residuo secco, deposito secco, residuo fisso
corps d'égouttage, lit percolateur, lit bactérien à percolation	letto percolatore, percolatore
irrigation souterraine, épandage dans le sous-sol	irrigazione sotterranea, sub-irrigazione
frais d'entretien, dépense d'entretien	spese di mantenimento, spese della manutenzione
lessive épuisée	sottoliscivia
filtre à vide	filtro a vuoto
dilution	diluizione
réseau d'alimentation, réseau d'adduction d'eau	rete della provvista, rete di alimentazione
estimation, devis estimatif, bordereau des prix d'un projet	preventivo delle spese, calcolo preventivo, calcolo approssimativo
décanteur primaire, bassin de clarification préliminaire, bassin de décantation préliminaire	vasca di chiarificazione preliminare, chiarificatore preliminare, bacino di sedimentazione preliminare, bacino di chiarificazione prima
dureté temporaire, degré hydrotimétrique temporaire	durezza temporanea
chariot baladeur, chariot à va-et-vient, distributeur à va-et-vient, pulvérisateur à va-et-vient	distributore a va e vieni
réservoir d'eau	serbatoio d'acqua
filtration d'eau	filtrazione dell' acqua
captage des eaux	presa d'acqua, estrazione di acqua
water-closet, W.C.	latrina a cacciata d'acqua, W.C. a cassetta con galleggiante, W.C.
compteur d'eau, hydromètre	contatore d'acqua, misuratore dell'acqua
consommation d'eau	consumo di acqua
alimentation en eau, approvisionnement en eau	alimentazione idrica, pròvvisione d'acqua, approvvigionamento idrico
usine de distribution d'eau, installation de distribution d'eau, usine des eaux	impianto di distribuzione d'acqua, impianto di potabilizzazione, servizio di distribuzione d'acqua potabile
compteur d'eau, hydromètre	contatore d'acqua, misuratore dell'acqua
water-closet, W.C.	latrina a cacciata d'acqua, W.C. a cassetta con galleggiante, W.C.
déversoir, barrage	diga, argine, cateratta
eaux résiduaires de lavage de laine	acque di scarico del lavaggio di lana
tube de béton, tuyau en ciment, tuyau en béton	tubo in beton, tubo in cemento, tubo in calcestruzzo
pompe (à force) centrifuge, pompe rotative	pompa (a forza) centrifuga
eaux résiduaires de sucrerie	acque di rifiuto di fabbrica di zucchero

A

abyssinian	Abessinierbrunnen
activated sludge process	Belebtschlammverfahren, Belebungs- verfahren
algae	Algen
algae growth	Algenwachstum
animalcule	Kleinlebewesen, Mikrobe
antiincrustator	Kesselsteinverhütungsmittel

B

bacteria bed, -filter	biologischer Körper
bacterial count	Keimzahl
bacterium coli	Colibazillus, Bakterium coli
bar screen	Stabrechen
barrage	Talsperre
base exchange process, — exchanging method	Basenaustauschverfahren
bathing establishment, baths	Badeanstalt
B. coli	Colibazillus, Bakterium coli
bell	Muffe
bend	Krümmer, Kniestück, Knïerohr
bicarbonate hardness	Karbonathärte, Carbonathärte
bio-aeration process	Belebtschlammverfahren, Belebungs- verfahren
biochemical oxygen demand	biochemischer Sauerstoffbedarf, B. S. B.
biological filter	biologischer Körper
B. O. D.	biochemischer Sauerstoffbedarf, B. S. B.
boiler feeding water	Kesselspeisewasser, Dampfkessel- speisewasser
— scale	Kesselstein
bore, boring	Bohrung, Bohren
— well	Bohrbrunnen
breakdown	Betriebsstörung
breaking-in period	Einarbeitungszeit
brewery wastes	Brauereiabwasser
building expenses	Baukosten
by head and day	je Kopf und Tag, pro Kopf und Tag

puits abyssinien
procédé des boues activées

algues
pullulation des algues
microorganisme, microbe
antitarte, désincrustant caratif,
  tartrifuge

filtre biologique, filtre bactérien,
  lit bactérien
nombre des germes
colibacille, coli bacille, bacille coli
grille à barreaux
barrage
procédé d'échange des bases, procédé de
  permutation des bases
bains, baignoir

colibacille, bacille coli
emboîtement, manchon de raccord
coude, coude rond, coude d'équerre
dureté carbonatée, dureté carbonique
procédé des boues activées

DBO, demande biochimique d'oxygène

filtre biologique, filtre bactérien,
  lit bactérien
DBO, demande biochimique d'oxygène

eau pour alimentation de chaudières, eau
  d'alimentation pour une chaudière
  à vapeur
incrustations des chaudières, calcaires des
  chaudières, dépôts des chaudières, tartre
  des chaudières
forage, perçage, sondage

puits des forage
panne, dérangement dans le service, pertur-
  bation dans le service
période de mise en train
eaux résiduaires des brasserie
frais de construction

par habitant et par jour, par tête et par
  jour

pozzo a percussione
processo a fango attivato

alge, alige, alghe
cresciuta delle alghe
microorganismo, microbo
antiincrostante

letto biologico

numero dei germi
colibacillo. bacillus coli
griglia a sbarre
diga, serbatoio
procedimento scambio-basi

bagno, stabilimento balneario, stabilimento
  di bagni
colibacillo, bacillus coli
manicotto, bicchiere
curva, tubo a gomito, gomito
durezza temporanea
processo a fango attivato

ossigeno biochimico richiesto, bisogno biochimico di ossigeno, richiesta di ossigeno
  biochimico

letto biologico

ossigeno biochimico richiesto, bisogno biochimico di ossigeno, richiesta di ossigeno
  biochimico
acqua per alimentazione delle caldaie
  a vapore

incrostazione, incrostazione di caldaia

trivellazione, trapanazione, trapanatura,
  foratura al trapano
pozzo trivellato
interruzione dell'esercizio, perturbazione
  nel lavoro, disturbo dell' esercizio
periodo (tempo) di avviamento
acque di rifiuto di birreria
spese di costruzione, costo della
  costruzione

per testa e per giorno, al giorno per abi-
  tante

C

canal	Kanal
carbonate hardness	Karbonathärte, Carbonathärte
carrier of germs	Keimträger, Bazillenträger
cast iron pipe, — iron tube	Gußrohr, gußeisernes Rohr
catch basin	Sinkkasten, Ablauf, Gully
catchment area	Einzugsgebiet, Niederschlagsgebiet, Entwässerungsgebiet
cement pipe	Betonrohr, Zementrohr,
centrifugal pump	Kreiselpumpe, Zentrifugalpumpe
channel	Kanal
circular cross section	Kreisquerschnitt, kreisförmiger Querschnitt
clarification plant	Kläranlage
cleaning plant	Reinigungsanlage
closet	Abort, Abtritt, Klosett
coagulant	Flockungsmittel, Ausflockungsmittel
coagulating basin, coagulation basin, - tank	Koagulationsbecken
collecting canal	Sammelkanal
collector	Sammler
combined sewers	Mischentwässerung, Schwemmentwässerung
concrete pipe	Betonrohr, Zementrohr
conditioning	Aufbereitung (Wasser)
contact bed, — filter	Füllkörper
cooling water	Kühlwasser
cost of building, — of construction	Baukosten
cover of a shaft	Schachtdeckel
creamery wastes	Molkereiabwasser

D

dairy wastes	Molkereiabwasser
defenolization plant	Entphenolungsanlage
deferrization	Enteisenung
demanganezation, demanganisation	Entmanganung
depth gauge	Pegel
desacidification	Entsäuerung
detritor, detritus chamber, — tank	Sandfang
diaphragm pump	Diaphragmapumpe, Balgpumpe, Membranpumpe

canal
dureté carbonatée, dureté carbonique
porteur de germes
tuyau en fonte, tuyau de fonte
siphon de décantation
bassin alimentaire, bassin hydrologique,
  aire de drainage, bassin versant
tube en béton, tuyau en ciment, tuyau
  en béton
pompe (à force) centrifuge, pompe rotative
canal
section circulaire

installation de clarification
station d'épuration, installation
  de nettoyage
cabinet d'aisance, appartement, fosse
  d'aisances, lieux, latrines
coagulant floculant
bassin de coagulation
émissaire
collecteur
réseau unitaire

tube de béton, tuyau en ciment,
  tuyau en béton
amélioration, préparation, traitement
lit de contact
eau de réfrigération, eau de
  refroidissement
frais de construction

tampon de regard, trappe de regard,
  plaque de couverture de puits
eaux résiduaires de laiterie

canale
durezza temporanea
portatore di microbi, portatore di germi
tubo di fuso, tubo in ghisa
pozzetto di deposito
bacino imbrifero, bacino di alimentazione,
  bacino da cui le acque provengono
tubo in beton, tubo in cemento, tubo in
  calcestruzzo
pompa (a forza) centrifuga
canale
sezione circolare

impianto di chiarificazione
impianto di epurazione, impianto di depu-
  razione, impianto di pulitura
cesso, latrina, ritirata, gabinetto

mezzo di flocculazione
vasca di coagulazione
canale collettore, collettore di fognatura
collettore, raccoglitore
fognatura mista

tubo in beton, tubo in cemento, tubo in
  calcestruzzo
trattamento, potabilizzazione
letto di contatto
acqua di refrigerazione, acqua refri-
  gerante
spese di costruzione, costo della
  costruzione

coperchio del pozzo, canna metallica
  munita di chiusino
acqua di rifiuto di latteria

eaux résiduaires de laiterie
installation de déphénolage
élimination du fer, déferrisation
démanganésation, démanganisation,
  élimination du manganese
échelle fluviale, échelle graduée,
  échelle d'eau
désacidification
bassin de dessablement, dessableur,
  désableur, chambre à sable
pompe à diaphragme, pompe à membrane

acque di rifiuto di latteria
impianto per la defenolizzazione
deferrizzazione
demanganizzazione

idrometro, marca (della profondità
  dell'acqua)
deacidificazione
dissabbiatore, dissabbiatrice,
  camera a sabbia
pompa a diaframma

digesting compartment, — room	Faulraum, Schlammfaulraum
digestion chamber	Faulraum, Schlammfaulraum
dilution	Verdünnung
direct-contact condenser	Mischkondensator
distillery wastes	Brennereiabwasser
drain, district, drainage area, — district	Einzugsgebiet, Niederschlagsgebiet, Entwässerungsgebiet
drawling power	Schleppkraft
dressing (water)	Aufbereitung (Wasser)
drilled well	Bohrbrunnen
drilling	Bohrung, Bohren
— result	Bohrergebnis
drinking water	Trinkwasser
— water supply	Trinkwasserversorgung
driven well	Rammbrunnen
driving	Bohrung, Bohren
dry closet	Trockenabort
— residue	Trockenrückstand
dye wastes, — works effluent	Färbereiabwasser

E

earth closet	Trockenabort
— reservoir, — tank	Erdbehälter, Flurhochbehälter
earthenware pipe	Steinzeugrohr
elbow	Krümmer, Kniestück, Knierohr
elevated basin, — reservoir, — tank	Hochbehälter
elimination of iron	Enteisenung
estimate (of the cost)	Kostenanschlag, Voranschlag

F

faeces, fecal matter, — substances, fecals, feces	Fäkalien, Fäkalstoffe, Kotstoffe
feed water for boilers	Kesselspeisewasser, Dampfkesselspeisewasser
femal end of a pipe	Muffe
fill and draw contact bed	Füllkörper
final clarification tank, — settling tank	Nachklärbecken
fish pond, — pool	Fischteich
fixed residue, — solids	Glührückstand

chambre de putréfaction, chambre de putréfaction des boues	camera di digestione, vasca di digestione, digestore
chambre de putréfaction, chambre de putréfaction des boues	camera di digestione, vasca di digestione, digestore
dilution	diluizione
condenseur par mélange	condensatore a miscela, condensatore a miscuglio
eaux résiduaires de distillerie	acque di rifiuto di distilleria
bassin alimentaire, bassin hydrologique, aire de drainage, bassin versant	bacino imbrifero, bacino di alimentazione, bacino da cui le acque provengono
force d'entraînemant, force traînante	forza di trascinamento, forza di trascinazione
amélioration, préparation, traitement	trattamento, potabilizzazione
puits de forage	pozzo trivellato
forage, perçage, sondage	trivellazione, trapanazione, trapanatura, foratura al trapano
résultat de sondage	risultato di trivellazione
eau potable, eau à boisson	acqua potabile, acqua potabilizzata
alimentation en eau potable, distribution d'eau potable	provvista d'acqua potabile, approvvigionamento di acqua potabile, alimentazione di acqua potabile, provvedimento dell' acqua per uso potabile, rifornimento idrico potabile
puits instantané	pozzo a percussione
forage, perçage, sondage	trivellazione, trapanazione, trapanatura, foraturo al trapano
cabinet sec	latrina seeca
résidu fixe, résidu sec	residuo secco, deposito secco, residuo fisso
eaux résiduaires de teinturerie	acqua di scarico di tintoria
cabinet sec	latrina secca
réservoir enterré	serbatoio d'acqua
tuyau en grès vitrifié, tuyau en grès vernissé	tubo in terra cotta, tubo in gres ceramico
coude, coude rond, coude d'équerre	curva, tubo a gomito, gomito
réservoir en élévation, réservoir surélevé	serbatoio sopraelevato
élimination du fer, déferrisation	deferrizzazione
estimation, devis estimatif, bordereau des prix d'un projet	preventivo delle spese, calcolo preventivo, calcolo approssimativo
vidanges, matières fécales	feca, sostanze fecali, materie fecali, sostanze escrementizie
eau pour alimentation de chaudières, eau d'alimentation pour une chaudière à vapeur	acqua per alimentazione delle caldaie a vapore
emboîtement, manchon de raccord	manicotto, bicchiere
lit de contact	letto di contatto
bassin de décantation finale, bassin de clarification finale, décanteur secondaire	vasca di chiarificazione posteriore, bacino di chiarificazione posteriore
étang à poissons, vivier	stagno da presce, peschiera, piscina
résidu calciné, résidu de calcination	residuo calcinato, residuo di combustione

flange — Flansch
flocculant, flocking means — Flockungsmittel, Ausflockungsmittel
flocculation basin. — tank, flock basin — Flockungsbecken, Ausflockungsbecken
flood measuring post — Pegel

— water — Hochwasser
fur in boilers — Kesselstein

G

gate valve — Absperrschieber
general manager — Betriebsleiter, Betriebsführer

germ carrier — Keimträger, Bazillenträger
grit basin, — chamber, — tank — Sandfang

ground water — Grundwasser

ground water lowering — Grundwasserabsenkung

gully — Sinkkasten, Ablauf, Gully

H

highwater — Hochwasser
— flood-gate, — outlet sluice, — overflow — Hochwasserüberlauf, Hochwasserablaß

hollow ram pump — Rammbrunnen
home sewage treatment plant — Grundstückskläranlage, Hauskläranlage

humus tank — Nachklärbecken (für biologische Körper)
hydraulic mean depth, — radius — Profilradius, hydraulischer Radius
hydrolysing tank — Faulgrube, durchflossener Faulraum, Abwasserfaulraum

I

ignition residue — Glührückstand
Imhoff cone — Absetzglas, Standglas, Spitzglas

Imhoff tank — Emscherbrunnen, Imhoffbrunnen

industrial waste water, — wastes — gewerbliches Abwasser, industrielles Abwasser, Industrieabwasser, Fabrikabwasser

iron removal — Enteisenung
irrigated ground, — land, irrigation field — Rieselfeld

J

jet condenser — Einspritzkondensator

bride, collet, rondelle	flangia, briglia
coagulant, floculant	mezzo di flocculazione
bassin de floculation	bacino di flocculazione
échelle fluviale, échelle graduée, échelle d'eau	idrometro, marca (della profondità dell'acqua)
hautes eaux, crue, grande crue	piena
incrustations des chaudières, calcaires des chaudières, dépôts des chaudières, tartre des chaudières	incrostazione, incrostazione di caldaia
robinet-vanne	saracinesca a chiusura
chef de service, directeur d'usine, directeur d'exploitation	direttore del servizio, capo d'esercizio, capotecnico
porteur de germes	portatore di microbi, portatore di germi
bassin de dessablement, dessableur, désableur, chambre à sable	dissabbiatore, dissabbiatrice, camera a sabbia
eau souterraine, nappe souterraine	acqua sotterranea, acqua freatica, falda freatica, acqua di falda sotterranea, acqua del sottosuolo
abaissement de l'eau souterraine, dépression de la nappe	abbassamento dell'acqua sotterranea
siphon de décantation	pozzetto di deposito
hautes eaux, crue, grande crue	piena
bouche de pluie, bonde de pluie, déversoir d'orage	sfioratore di piena
puits instantané	pozzo a percussione
installation d'épuration immeuble, installation d'épuration domestique	impianto domestico di chiarificazione
fosse à humus	fossa a humus
rayon moyen	raggio di profilo
fosse septique	fossa settica, vasca a flusso di liquame
résidu calciné, résidu de calcination	residuo calcinato, residuo di combustione
éprouvette conique graduée, éprouvette de décantation	bicchiere, bicchiere di sedimentazione, cono Imhoff, bicchiere di prova
puits Emscher, puits Imhoff, fosse Imhoff	pozzo Emscher, pozzo Imhoff, vasca Imhoff, fossa Imhoff
eaux d'égout industrielles, eaux résiduaires industrielles, eaux usées industrielles	acqua di rifiuto industriale, scarichi industriali, liquame industriale
élimination du fer, déferrisation	deferrizzazione
camp d'irrigation, camp d'épandage	campo di irrigazione
condenseur à jet, condenseur par injection	condensatore d'iniezione

K

knee	Krümmer, Kniestück, Knierohr

L

litmus paper	Lackmuspapier
loss on ignition	Glühverlust
low water	Niedrigwasser

M

main conduct, — conduit, — pipe line	Hauptleitung
maintenance cost	Unterhaltungskosten
manganese removal	Entmanganung
manhole cover	Schachtdeckel
manufactoral wastes	gewerbliches Abwasser, industrielles Abwasser, Industrieabwasser, Fabrikabwasser
membrane pump	Diaphragmapumpe, Balgpumpe, Membranpumpe
microorganism, microscopic organism	Kleinlebewesen, Mikrobe
mixing condenser	Mischkondensator
muff	Muffe

N

non-carbonate hardness	Mineralhärte, Nichtkarbonathärte, Mineralsäurehärte
number of germs	Keimzahl

O

operating cost	Betriebskosten, Betriebsausgaben
operator	Betriebsleiter, Betriebsführer
oval cross section	Eiquerschnitt, Eiprofil, eiförmiger Querschnitt, ovaler Querschnitt
oxygen consumed from permanganate	Permanganatverbrauch
— consumed in p. p. m. $KMnO_4$	Kaliumpermanganatverbrauch

P

pail closet	Trockenabort
paper mill wastes	Papierfabrikabwasser
per capita per day	je Kopf und Tag, pro Kopf und Tag
percolating filter, percolation filter	Tropfkörper
period of ripening	Reifungszeit

coude, coude rond, coude d'êquerre	curva, tubo a gomito, gomito
papier de tournesol	carta di tornasole
perte par cuisson, perte au rouge, perte au feu	perdita a fuoco
basses eaux	magra, altezza bassa dell'acqua
conduite maîtresse	condotta principale, condotta maestra
frais d'entretien, dépense d'entretien	spese di mantenimento, spese della manutenzione
démanganésation, démanganisation, élimination du manganese	demanganizzazione
tampon de regard, trappe de regard, plaque de couverture de puits	coperchio del pozzo, canna metallica munita di chiusino
eaux d'égout industrielles, eaux résiduaires industrielles, eaux usées industrielles	acqua di rifiuto industriale, scarichi industriali, liquame industriale
pompe à diaphragme, pompe à membrane	pompa a diaframma
microorganisme, microbe	microorganismo, microbo
condenseur par mélange	condensatore a miscela, condensatore a miscuglio
emboitement, manchon de raccord	manicotto, bicchiere
dureté non-carbonatée, dureté des acides minéraux	durezza permanente
nombre des germes	numero dei germi
frais de l'exercise, dépenses courantes, dépenses d'exploitation	spese dell'esercizio, spese d'esercizio
chef de service, directeur d'usine, directeur d'exploitation	direttore del servizio, capo d'esercizio, capotecnico
section ovale, section ovo.de	sezione ovale, sezione oviforme, taglio ovale
demande en permanganate	consumo di permanganato
demande en permanganate de potassium	consumo di permanganato di potassa
cabinet sec	latrina secca
eaux résiduaires de papeterie	acque di rifiuto di cartiera
par habitant et par jour, par tête et par jour	per testa e per giorno, al giorno per abitante
corps d'égouttage, lit percolateur, lit bactérien à percolation	letto percolatore, percolatore
période de maturation, temps pour devenir mûr	tempo (periodo) di maturazione

permanent hardness | bleibende Härte, permanente Härte

permanganate consumption | Permanganatverbrauch
pH-value | pH-Wert
pickling wastes | Beizereiabwasser
pipe | Rohr, Röhre
— flange | Flansch
piston pump | Kolbenpumpe
pit (manhole) | Schacht
pluviograph | Regenschreiber, Pluviograph, Schreibregenmesser, selbstschreibender Regenmesser, registrierender Regenmesser

pluviometer | Regenmesser
potassium permanganate consumption | Kaliumpermanganatverbrauch
precipitant | Fällmittel, Fällungsmittel
precipitation basin, — tank | Fällbecken, Fällungsbecken
preliminary clarification tank, — settling tank | Vorklärbecken

preparing | Aufbereitung (Wasser)
primary settling tank | Vorklärbecken

principal conduit | Hauptleitung
privy | Abort, Abtritt, Klosett

— vault | Faulgrube, durchflossener Faulraum, Abwasserfaulraum
pump water | Brunnenwasser

purification plant | Reinigungsanlage

R

rack | Rechen
rainfall indicator | Regenschreiber, Pluviograph, Schreibregenmesser, selbstschreibender Regenmesser, registrierender Regenmesser

rain gauge | Regenmesser
- outlet | Notauslaß, Regenauslaß
rake (screen) | Rechen
rakings | Rechengut, Rechenrückstand
recording pluviometer, registering pluviometer | Regenschreiber, Pluviograph, Schreibregenmesser, selbstschreibender Regenmesser, registrierender Regenmesser

reservoir | Talsperre
residue on ignition | Glührückstand
revolving distributor, — sprinkler | Drehsprenger

river water | Flußwasser

dureté permanente, dureté après
  ébullition
demande en permanganate
valeur du pH, symbole pH
eaux résiduaires de décaperie
tube, tuyau
bride, collet, rondelle
pompe à piston
regard, puits, tabernacle
pluviomètre enrégistreur, enrégistreur
  de pluie

pluviomètre
demande en permanganate de potassium
précipitant
bassin de précipitation
décanteur primaire, bassin de clarification
  préliminaire, bassin de décantation préliminaire

amélioration, préparation, traitement
décanteur primaire, bassin de clarification
  préliminaire, bassin de décantation préliminaire

conduite maîtresse
cabinet d'aisance, appartement, fosse
  d'aisances, lieux, latrines
fosse septique

eau de puits, eau de fontaine,
  eau de forage
station d'épuration, installation
  de nettoyage

grille
pluviométre enrégistreur, enrégistreur
  de pluie

pluviomètre
bouche de pluie, bonde de pluie
grille
matières retenues par des grilles
pluviomètre enrégistreur, enrégistreur
  de pluie

barrage
résidu calciné, résidu de calcination
arroseuse rotative, distributeur rotatif,
  pulvérisateur tournant. sprinkler tournant, tourniquet hydraulique pulvérisateur
eau fluviale, eau de fleuve, eau de rivière

---

durezza permanente

consumo di permanganato
valore pH, grado di pH, grado ionimetrico
acqua di rifiuto di decapaggio
tubo, doccia
flangia, briglia
pompa a pistone, pompa a stantuffo
pozzo, scavo, pozzetto
pluviometro registratore, misuratore di
  pioggia per scrivere

pluviometro
consumo di permanganato di potassa
coagulante, precipitante
bacino di precipitazione
vasca di chiarificazione preliminare, chiarificatore preliminare, bacino di sedimentazione preliminare, bacino di chiarificazione prima
trattamento, potabillizzazione
vasca di chiarificazione preliminare, chiarificatore preliminare, bacino di sedimentazione preliminare, bacino di chiarificazione prima
condotta principale, condotta maestra
cesso, latrina, ritirata, gabinetto

fossa settica, vasca a flusso di liquame

acqua di pozzo, acqua di fontane

impianto di epurazione, impianto di depu-
  razione, impianto di pulitura

griglia
pluviometro registratore, misuratore di
  pioggia per scrivere

pluviometro
scaricatore di pioggia
griglia
sostanze grigliate
pluviometro registratore, misuratore di
  pioggia per scrivere

diga, serbatoio
residuo calcinato, residuo di combustione
distributore rotativo

acqua di fiume, acqua fluente

rotary distributor, — sprinkler, rotating distributor	Drehsprenger

S

sand filter	Sandfilter
— trap	Sandfang
scale (boiler scale)	Kesselstein
scale preventive	Kesselsteinverhütungsmittel
screening plant, — works	Siebanlage, Absiebanlage
screenings	Siebgut, Siebrückstände, Siebstoffe
scum board	Tauchbrett, Tauchbohle, Tauchwand
sea weeds	Algen
secondary sedimentation basin, — sedimentation tank, — settling basin, — settling tank	Nachklärbecken
sedimentation plant	Absetzanlage
self-purification	Selbstreinigung
self-registering apparatus of rainfall	Regenschreiber, Pluviograph, Schreibregenmesser, selbstschreibender Regenmesser, registrierender Regenmesser
separate sewers	Trennentwässerung
septic tank	Faulgrube, durchflossener Faulraum, Abwasserfaulraum
settling cone, — glas	Absetzglas, Standglas, Spitzglas
— plant	Absetzanlage
sewage	Abwasser
— disposal works, — plant, — treatment plant, — treatment works, — works	Kläranlage
sewage farm	Rieselfeld
— purification	Abwasserreinigung
— sludge	Abwasserschlamm, Klärschlamm
sewerage	Stadtentwässerung, Ortsentwässerung
shaft	Schacht
sink trap	Sinkkasten, Ablauf, Gully
sinking of the underground water	Grundwasserabsenkung
siphon conduit, — piping	Heberleitung
sluice valve	Absperrschieber
small animate being, — creature, — living being	Kleinlebewesen, Mikrobe
socket (of a pipe)	Muffe
softening	Enthärtung

Französisch	Italienisch
arroseuse rotative, distributeur rotatif, pulvérisateur tournant, sprinkler tournant, tourniquet hydraulique pulvérisateur	distributore rotativo
filtre à sable	filtro a sabbia
bassin de dessablement, dessableur, désableur, chambre à sable	dissabbiatore, dissabbiatrice, camera a sabbia
incrustations des chaudières, calcaires des chaudières, dépôts des chaudières, tartre des chaudières	incrostazione, incrostazione di caldaia
antitarte, désincrustant curatif, tartrifuge	anti-incrostante
installation de tamisage, appareil tamiseur	impianto di stacciatura
matières retenues par des tamis	sostanze stacciate, residui dagli stacci
cloison plongeante, cloison siphoïde	parete sommersa, paraschiuma
algues	alge, alige, alghe
bassin de décantation finale, bassin de clarification finale, décanteur secondaire	vasca di chiarificazione posteriore, bacino di chiarificazione posteriore
installation de décantation	impianto di sedimentazione
autocurage, auto-épuration, autopurification	autoepurazione, autodepurazione
pluviomètre enrégistreur, enrégistreur de pluie	pluviometro registratore, misuratore di pioggia per scrivere
réseau séparatif	fognatura separata
fosse septique	fossa settica, vasca a flusso di liquame
éprouvette conique graduée, éprouvette de décantation	bicchiere, bicchiere di sedimentazione, cono Imhoff, bicchiere di prova
installation de décantation	impianto di sedimentazione
eaux d'égout, eaux polluées, eaux usées, eaux vannes, eaux résiduaires	acqua di fogna, acqua di fognatura, acque residuarie, acqua di scarico, acqua cloacale, acqua di rifiuto, liquame
installation de clarification	impianto di chiarificazione
camp d'irrigation, camp d'épandage	campo di irrigazione
épuration des eaux d'égout, purification des eaux d'égout	epurazione della acqua di fogna
boue des eaux d'égout	fango di acque di fogna
assainissement urbain, canalisation municipale	fognatura urbana, canalizzazione cittadina
regard, puits, tabernacle	pozzo, scavo, pozzetto
siphon de décantation	pozzetto di deposito
abaissement de l'eau souterraine, dépression de la nappe	abbassamento dell'acqua sotterranea
conduite en siphon	condotta-sifone
robinet-vanne	saracinesca a chiusura
microorganisme, microbe	microorganismo, microbo
emboîtement, manchon de raccord	bicchiere, manicotto
adoucissement	addolcimento, riduzione della durezza, alleggerimento

spent lye	Ablauge, Unterlauge, Abfallauge, Endlauge
spray nozzle, spraying nozzle	Streudüse
spring (well)	Brunnen
— water	Quellwasser
sprinkler	Drehsprenger
— nozzle	Streudüse
sprinkling filter	Tropfkörper
steel tube	Stahlrohr
sterilisation	Entkeimung, Sterilisation, Sterilisierung
stoppage	Betriebsstörung
storm water basin, — water tank	Regenwasserbecken
storm water overflow	Regenüberfall, Regenüberlauf
submerged contact aerator	Tauchkörper
subsoil-water	Grundwasser
subsurface irrigation	Untergrundverrieselung, Untergrundberieselung
subterranean water	Grundwasser
suction filter	Saugfilter, Saugzellenfilter
sugar factory wastes	Zuckerfabrikabwasser
sulphite pulp wastes, — waste liquor, — wastes	Sulfitablauge
supply system	Versorgungsnetz
surface box for shafts	Schachtdeckel
— condenser	Oberflächenkondensator
— water	Oberflächenwasser
swimming pool	Badeanstalt

T

tapping the spring	Quellfassung
temporary hardness	bleibende Härte, permanente Härte
town drainage	Stadtentwässerung, Ortsentwässerung
town sewage	städtisches Abwasser

Französisch	Italienisch
lessive épuisée	sottoliscivia
bec pulvérisateur, tuyère de pulvérisation, tuyère pour jet d'eau en pluie	becco polverizzatore
puits	pozzo, pozzetto
eau vive, eau de source	acqua viva, acqua di sorgenti, acqua sorgiva
arroseuse rotative, distributeur rotatif, pulvérisateur tournant, sprinkler tournant, tourniquet hydraulique pulvérisateur	distributore rotativo
bec pulvérisateur, tuyère de pulvérisation, tuyère pour jet d'eau en pluie	becco polverizzatore
corps d'égouttage, lit percolateur, lit bactérien à percolation	letto percolatore, percolatore
tuyau en acier, tube en acier	tubo in acciaio, tubo di acciaio
stérilisation, destruction des germes, destruction des bactéries	sterilizzazione
panne, dérangement dans le service, perturbation dans le service	interruzione dell'esercizio, perturbazione nel lavoro, disturbo dell' esercizio
bassin d'eau d'orage, bassin pour eau de pluie	bacino per acque di pioggia, vasca per le acque di pioggia, vasca per le pluviali
bouche de pluie, bonde de pluie, déversoir d'orage	scaricatore di pioggia, sfioratore di piena
corps plongeur, lit immergé	letto sommerso
eau souterraine, nappe souterraine	acqua sotterranea, acqua freatica, falda freatica, acqua di falda sotterranea, acqua del sottosuolo
irrigation souterraine, épandage dans le sous-sol	irrigazione sotterranea, sub-irrigazione
eau souterraine, nappe souterraine	acqua sotterranea, acqua freatica, falda freatica, acqua di falda sotterranea, acqua del sottosuolo
filtre à air aspiré	filtro ad aspirazione, filtro aspirante
eaux résiduaires de sucrerie	acque di rifiuto di fabbrica di zucchero
lessive résiduaire sulfitique	liscivio di rifiuto solfitico
réseau d'alimentation, réseau d'adduction d'eau	rete della provvista, rete di alimentazione
tampon de regard, trappe de regard, plaque de couverture de puits	coperchio del pozzo, canna metallica munita di chiusino
condenseur à surface	condensatore a superficie
eau de surface, eau courante à la surface du sol, ruissellement superficiel	acqua superficiale
bains, baignoir	bagno, stabilimento balneario, stabilimento di bagni
captage de source	captazione della sorgente
dureté temporaire, degré hydrotimétrique temporaire	durezza temporanea
assainissement urbain, canalisation municipale	fognatura urbana, canalizzazione cittadina
eaux d'égout municipales, eaux résiduaires urbaines	acqua di scarico cittadina, liquame delle fogne cittadine, liquame cittadino

tractive force | Schleppkraft

trade waste water, — wastes | gewerbliches Abwasser, industrielles Abwasser, Industrieabwasser, Fabrikabwasser
travelling distributor | Wandersprenger, Fahrsprenger

treatment (water) | Aufbereitung (Wasser)
trench (pit) | Schacht
trickling filter | Tropfkörper

tube | Rohr, Röhre
— well | Rohrbrunnen

U
underground water | Grundwasser

V
vacuum filter | Vakuumfilter
vitrified clay pipe, — terra cotta pipe | Steinzeugrohr

volatile matter | Glühverlust

W
waste liquor, — water, wastes | Abwasser

water catchment, — obtaining | Wassergewinnung
— closet | Spülabort, Spülklosett, Wasserklosett, W.C.

— consumption | Wasserverbrauch
— filtering, — filtration | Wasserfilterung
— gauge, — level gauge, — mark, — post | Pegel

— meter | Wasserzähler, Wassermesser
— reservoir, — tank | Wasserbehälter
— supply | Wasserversorgung

— works | Wasserwerk

W.C. | Spülabort, Spülklosett, Wasserklosett, W.C.

weir | Wehr
well | Brunnen
— water | Brunnenwasser

wool scouring wastes | Wollwäschereiabwasser
working cost, — expenses | Betriebskosten, Betriebsausgaben

works manager, — superintendent | Betriebsleiter, Betriebsführer

force d'entraînement, force traînante	forza di trascinamento, forza di trascinazione
eaux d'égout industrielles, eaux résiduaires industrielles, eaux usées industrielles	acqua di rifiuto industriale, scarichi industriali, liquame industriale
chariot baladeur, chariot à va-et-vient, distributeur à va-et-vient, pulvérisateur à va-et-vient	distributore a va e vieni
amélioration, préparation, traitement	trattamento, potabillizzazione
regard, puits, tabernacle	pozzo, scavo, pozzetto
corps d'égouttage, lit percolateur, lit bactérien à percolation	letto percolatore, percolatore
tube, tuyau	tubo, doccia
puits tubulaire	pozzo a tubo, pozzo tubulare
eau souterraine, nappe souterraine	acqua sotterranea, acqua freatica, falda freatica, acqua di falda sotteranea, acqua del sottosuolo
filtre à vide	filtro a vuoto
tuyau en grès vitrifié, tuyau en grès vernissé	tubo in terra cotta, tubo in gres ceramico
perte par cuisson, perte au rouge, perte au feu	perdita a fuoco
eaux d'égout, eaux polluées, eaux usées, eaux vannes, eaux résiduaires	acqua di fogna, acqua di fognatura, acque residuarie, acqua di scarico, acqua cloacale, acqua di rifiuto, liquame
captage des eaux	presa d'acqua, estrazione di acqua
water-closet, W.C.	latrina a cacciata d'acqua, W.C. a cassetta con galleggiante, W.C.
consommation d'eau	consumo di acqua
filtration d'eau	filtrazione dell' acqua
échelle fluviale, échelle graduée, échelle d'eau	idrometro, marca (della profondità dell'acqua)
compteur d'eau, hydromètre	contatore d'acqua, misuratore dell'acqua
réservoir d'eau	serbatoio d'acqua
alimentation en eau, approvisionnement en eau	alimentazione idrica, provvisione d'acqua, approvvigionamento idrico
usine de distribution d'eau, installation de distribution d'eau, usine des eaux	impianto di distribuzione d'acqua, impianto di potabilizzazione, servizio di distribuzione d'acqua potabile
water-closet, W.C.	latrina a cacciata d'acqua, W.C. a cassetta con gallegiante, W.C.
déversoir, barrage	diga, argine, catteratta
puits	pozzo, pozzetto
eau de puits, eau de fontaine, eau de forage	acqua di pozzo, acqua di fontane
eaux résiduaires de lavage de laine	acque di scario del lavaggio di lana
frais de l'exercise, dépenses courantes, dépenses d'exploitation	spese dell'esercizio, spese d'esercizio
chef de service, directeur d'usine, directeur d'exploitation	direttore del servizio, capo d'esercizio, capotecnico

A

abaissement de l'eau souterraine	Grundwasserabsenkung
adoucissement	Enthärtung
aire de drainage	Einzugsgebiet, Niederschlagsgebiet, Entwässerungsgebiet
algues	Algen
alimentation en eau	Wasserversorgung
— en eau potable	Trinkwasserversorgung
amélioration	Aufbereitung (Wasser)
antitarte	Kesselsteinverhütungsmittel
appareil tamiseur	Siebanlage, Absiebanlage
appartement	Abort, Abtritt, Klosett
approvisionnement en eau	Wasserversorgung
arroseuse rotative	Drehsprenger
assainissement urbain	Stadtentwässerung, Ortsentwässerung
autocurage, auto-épuration, auto-purification	Selbstreinigung

B

bacille coli	Colibazillus, Bakterium coli
baignoir, bains	Badeanstalt
barrage	Talsperre
—	Wehr
basses eaux	Niedrigwasser
bassin alimentaire, — hydrologique, — versant	Einzugsgebiet, Niederschlagsgebiet, Entwässerungsgebiet
bassin de clarification finale, — de décantation finale	Nachklärbecken
— de clarification préliminaire — de décantation préliminaire	Vorklärbecken
— de coagulation	Koagulationsbecken
— de dessablement	Sandfang

ground water lowering, sinking of the underground water	abassamento dell'acqua sotterranea
softening	addolcimento, riduzione della durezza, alleggerimento
drainage area, catchment area, drainage district, drain district	bacino imbrifero, bacino di alimentazione, bacino da cui le acque provengono
algae, sea weeds	alge, alige, alghe
water supply	alimentazione idrica, provvisione d'acqua, approvvigionamento idrico
drinking water supply	provvista d'acqua potabile, approvvigionamento di acqua potabile, alimentazione di acqua potabile, provvedimento dell' acqua per uso potabile, rifornimento idrico potabile
conditioning, preparing, treatment, dressing	trattamento, potabilizzazione
scale preventive, antiincrustator	antiincrostante
screening plant, screening works	impianto di stacciatura
privy, closet	cesso, latrina, ritirata, gabinetto
water supply	alimentazione idrica, provvisione d'acqua, approvvigionamento idrico
sprinkler, rotary distributor, revolving distributor, rotary sprinkler, rotating distributor, revolving sprinkler	distributore rotativo
sewerage, town drainage	fognatura urbana, canalizzazione cittadina
self-purification	autoepurazione, autodepurazione
bacterium coli, B. coli	colibacillo, bacillus coli
baths, swimming pool, bathing establishment	bagno, stabilimento balneario, stabilimento di bagni
reservoir, barrage	diga, serbatoio
weir	diga, argine, cateratta
low water	magra, altezza bassa dell'acqua
drainage area, catchment area, drainage district, drain district	bacino imbrifero, bacino di alimentazione, bacino da cui le acque provengono
secondary sedimentation basin, final settling tank, secondary settling tank, secondary sedimentation tank, final clarification tank, secondary settling basin	vasca di chiarificazione posteriore, bacino di chiarificazione posteriore
preliminary clarification tank, primary settling tank, preliminary settling tank	vasca di chiarificazione preliminare, chiarificatore preliminare, bacino di sedimentazione preliminare, bacino di chiarificazione prima
coagulating basin, coagulation tank, coagulation basin	vasca di coagulazione
grit chamber, grit tank, detritus tank, sand trap, detritus chamber, detritor, grit basin	dissabbiatore, dissabbiatrice, camera a sabbia

bassin d'eau d'orage	Regenwasserbecken
— pour eau de pluie	
— de floculation	Flockungsbecken, Ausflockungsbecken
— de précipitation	Fällbecken, Fällungsbecken
bec pulvérisateur	Streudüse
bonde de pluie, bouche de pluie	Notauslaß, Regenauslaß
bordereau des prix d'un projet	Kostenanschlag, Voranschlag
boue des eaux d'égout	Abwasserschlamm, Klärschlamm
bride	Flansch

C

cabinet d'aisance	Abort, Abtritt, Klosett
— sec	Trockenabort
calcaires des chaudières	Kesselstein
camp d'épandage, — d'irrigation	Rieselfeld
canal	Kanal
canalisation municipale	Stadtentwässerung, Ortsentwässerung
captage des eaux	Wassergewinnung
— de source	Quellfassung
chambre à sable	Sandfang
— de putréfaction, — de putréfaction des boues	Faulraum, Schlammfaulraum
chariot à va-et-vient, — baladeur	Wandersprenger, Fahrsprenger
chef de service	Betriebsleiter, Betriebsführer
cloison plongeante, — siphoïde	Tauchbrett, Tauchbohle, Tauchwand
coagulant	Flockungsmittel, Ausflockungsmittel
coli bacille, colibacille	Colibazillus, Bakterium coli
collecteur	Sammler
collet	Flansch
compteur d'eau	Wasserzähler, Wassermesser
condenseur à jet, — par injection	Einspritzkondensator
— à surface	Oberflächenkondensator
— par mélange	Mischkondensator
conduite en siphon	Heberleitung
— maîtresse	Hauptleitung
consommation d'eau	Wasserverbrauch
corps d'égouttage	Tropfkörper
— plongeur	Tauchkörper
coude, — d'équerre, — rond	Krümmer, Kniestück, Knierohr
crue	Hochwasser

Englisch	Italienisch
storm water tank, storm water basin	bacino per acque di pioggia, vasca per le acque di pioggia, vasca per le pluviali
flocculation tank, flocculation basin, flock basin	bacino di flocculazione
precipitation basin, precipitation tank	bacino di flocculazione
spray nozzle, spraying nozzle, sprinkler nozzle	becco polverizzatore
rain outlet	scaricatore di pioggia
estimate (of the cost)	preventivo delle spese, calcolo preventivo, calcolo approssimativo
sewage sludge	fango di acque di fogna
pipe flange, flange	flangia, briglia
privy, closet	cesso, latrina, ritirata, gabinetto
pail closet, earth closet, dry closet	latrina secca
scale, fur in boilers, boiler scale	incrostazione, incrostazione di caldaia
irrigation field, sewage farm, irrigated ground, irrigated land	campo di irrigazione
canal, channel	canale
sewerage, town drainage	fognatura urbana, canalizzazione cittadina
water obtaining, water catchment	presa d'acqua, estrazione di acqua
tapping the spring	captazione della sorgente
grit chamber, grit tank, detritus tank, sand trap, detritus chamber, detritor, grit basin	dissabbiatore, dissabbiatrice, camera a sabbia
digestion chamber, digesting room, digesting compartment	camera di digestione, vasca di digestione, digestore
travelling distributor	distributore a va e vieni
works manager, general manager, works superintendent, operator	direttore del servizio, capo d'esercizio, capotecnico
scum board	parete sommersa, paraschiuma
coagulant, flocculant, flocking means	mezzo di flocculazione
bacterium coli, B. coli	colibacillo, bacillus coli
collector	collettore, raccoglitore
pipe flange, flange	flangia, briglia
water meter	contatore d'acqua, misuratore dell'acqua
jet condenser	condensatore d'iniezione
surface condenser	condensatore a superficie
direct-contact condenser, mixing condenser	condensatore a miscela, condensatore a miscuglio
siphon piping, siphon conduit	condotta-sifone
main conduct, main pipe line, main conduit, principal conduit	condotta principale, condotta maestra
water consumption	consumo di acqua
trickling filter, sprinkling filter, percolation filter, percolating filter	letto percolatore, percolatore
submerged contact aerator	letto sommerso
bend, knee, elbow	curva, tubo a gomito, gomito
highwater, flood water	piena

D

DBO	biochemischer Sauerstoffbedarf, B. S. B.
décanteur primaire	Vorklärbecken
— secondaire	Nachklärbecken
déferrisation	Enteisenung
degré de dureté	Härtegrad
— hydrotimétrique	
— hydrotimétrique temporaire	vorübergehende Härte, temporäre Härte
demande biochimique d'oxygène	biochemischer Sauerstoffbedarf, B. S. B.
— en permanganate	Permanganatverbrauch
— en permanganate de potassium	Kaliumpermanganatverbrauch
démanganésation, démanganisation	Entmanganung
dépense d'entretien	Unterhaltungskosten
dépenses courantes, — d'exploitation	Betriebskosten, Betriebsausgaben
dépôts des chaudières	Kesselstein
dépression de la nappe	Grundwasserabsenkung
dérangement dans le service	Betriebsstörung
désableur, dessableur	Sandfang
désacidification	Entsäuerung
désincrustant curatif	Kesselsteinverhütungsmittel
destruction des bactéries, — des germes	Entkeimung, Sterilisation, Sterilisierung
déversoir	Wehr
— d'orage	Regenüberfall, Regenüberlauf
devis estimatif	Kostenanschlag, Voranschlag
dilution	Verdünnung
directeur d'exploitation, — d'usine	Betriebsleiter, Betriebsführer
distributeur à va et vient	Wandersprenger, Fahrsprenger
— rotatif	Drehsprenger

biochemical oxygen demand, B. O. D.

ossigeno biochimico richiesto, bisogno biochimico di ossigeno, richiesta di ossigeno biochimico

preliminary clarification tank, primary settling tank, preliminary settling tank

vasca di chiarificazione preliminare, chiarificatore preliminare, bacino di sedimentazione preliminare, bacino di chiarificazione prima

secondary sedimentation basin, final settling tank, secondary settling tank, secondary sedimentation tank, final clarification tank, secondary settling basin

vasca di chiarificazione posteriore, bacino di chiarificazione posteriore

iron removal, elimination of iron, deferrization

deferrizzazione

degree of hardness

grado idrotimetrico, grado di durezza (dell'acqua)

temporary hardness

durezza temporanea

biochemical oxygen demand, B. O. D.

ossigeno biochimico richiesto, bisogno biochimico di ossigeno, richiesta di ossigeno biochimico

permanganate consumption, oxygen consumed from permanganate

consumo di permanganato

oxygen consumed in p. p. m. $KMnO_4$, potassium permanganate consumption

consumo di permanganato di potassa

manganese removal, demanganezation, demanganisation

demanganizzazione

maintenance cost, working cost, working expenses

spese di mantenimento, spese della manutenzione

operating cost, working cost, working expenses

spese dell'esercizio, spese d'esercizio

scale, fur in boilers, boiler scale

incrostazione, incrostazione di caldaia

ground water lowering, sinking of the underground water

abbassamento dell'acqua sotterranea

breakdown, stoppage

interruzione dell'esercizio, perturbazione nel lavoro, disturbo dell' esercizio

grit chamber, grit tank, detritus tank, sand trap, detritus chamber, detritor, grit basin

dissabbiatore, dissabbiatrice, camera a sabbia

desacidification

deacidificazione

scale preventive, antiincrustator

antiincrostante

sterilisation

sterilizzazione

weir

diga, argine, cateratta

storm water overflow

scaricatore di pioggia, sfioratore di piena

estimate (of the cost)

preventivo delle spese, calcolo preventivo, calcolo approssimativo

dilution

diluizione

works manager, general manager, works superintendent, operator

direttore del servizio, capo d'esercizio, capotecnico

travelling distributor

distributore a va e vieni

sprinkler, rotary distributor, revolving distributor, rotary sprinkler, rotating distributor, revolving sprinkler

distributore rotativo

distribution d'eau potable | Trinkwasserversorgung

dureté après ébullition, — permanente | bleibende Härte, permanente Härte
— carbonatée, — carbonique | Karbonathärte, Carbonathärte
— des acides minéraux, — non-carbonatée | Mineralhärte, Nichtkarbonathärte.
| Mineralsäurehärte
dureté temporaire | vorübergehende Härte, temporäre Härte

E

eau à boisson, — potable | Trinkwasser
— courante à la surface du sol, | Oberflächenwasser
— de surface |
— d'alimentation pour une chaudière à | Kesselspeisewasser, Dampfkessel-
vapeur | speisewasser
— pour alimentation de chaudières |
— de fleuve, — de rivière, — fluviale | Flußwasser
— de fontaine, — de forage, — de puits | Brunnenwasser
— de réfrigération, — de refroidissement | Kühlwasser
— de source, — vive | Quellwasser

— souterraine | Grundwasser

eaux d'égout, — polluées, — résiduaires, | Abwasser
— usées, — vannes |

— d'égout industrielles, — résiduaires in- | gewerbliches Abwasser, industrielles Ab-
dustrielles, — usées industrielles | wasser, Industrieabwasser, Fabrik-
| abwasser

— d'égout municipales, — résiduaires | städtisches Abwasser
urbaines |
— résiduaires des brasserie | Brauereiabwasser
— résiduaires de décaperie | Beizereiabwasser
— résiduaires de distillerie | Brennereiabwasser
— résiduaires de laiterie | Molkereiabwasser
— résiduaires de lavage de laine | Wollwäschereiabwasser
— résiduaires de papeterie | Papierfabrikabwasser
— résiduaires de sucrerie | Zuckerfabrikabwasser
— résiduaires de teinturerie | Färbereiabwasser
échelle d'eau, — fluviale, — graduée | Pegel

élimination du fer | Enteisenung

élimination du manganèse | Entmanganung

emboîtement | Muffe
émissaire | Sammelkanal

drinking water supply	provvista d'acqua potabile, approvvigionamento di acqua potabile, alimentazione di acqua potabile, provvedimento dell'acqua per uso potabile, rifornimento idrico potabile
permanent hardness	durezza permanente
bicarbonate hardness, carbonate hardness	durezza temporanea
non-carbonate hardness	durezza permanente
temporary hardness	durezza temporanea
drinking water	acqua potabile, acqua potabilizzata
surface water	acqua superficiale
boiler feeding water, feed water for boilers	acqua per alimentazione delle caldaie a vapore
river water	acqua di fiume, acqua fluente
well water, pump water	acqua di pozzo, acqua di fontane
cooling water	acqua di refrigerazione, acqua refrigerante
spring water	acqua viva, acqua di sorgenti, acqua sorgiva
ground water, subsoil-water, subterranean water, underground water	acqua sotterranea, acqua freatica, falda freatica, acqua di falda sotterranea, acqua del sottosuolo
sewage wastes, waste liquor, waste water	acqua di fogna, acqua di fognatura, acque residuarie, acqua di scarico, acqua cloacale, acqua di rifiuto, liquame
industrial wastes, trade wastes, manufactoral wastes, trade waste water, industrial waste water	acqua di rifiuto industriale, scarichi industriali, liquame industriale
town sewage	acqua di scarico cittadina, liquame delle fogne cittadine, liquame cittadino
brewery wastes	acque di rifiuto di birreria
pickling wastes	acque di rifiuto di decapaggio
distillery wastes	acque di rifiuto di distilleria
dairy wastes, creamery wastes	acque di rifiuto di latteria
wool scouring wastes	acque di scarico del lavaggio di lana
paper mill wastes	acque di rifiuto di cartiera
sugar factory wastes	acque di rifiuto di fabbrica di zucchero
dye works effluent, dye wastes	acque di scarico di tintoria
depth gauge, water gauge, water mark, water level gauge, water post, flood measuring post	idrometro, marca (della profondità dell'acqua)
iron removal, elimination of iron, deferrization	deferrizzazione
manganese removal, demanganezation, demanganisation	demanganizzazione
socket, muff, bell, femal end of a pipe	manicotto, bicchiere
collecting canal	canale collettore, collettore di fognatura

enrégistreur de pluie	Regenschreiber, Pluviograph, Schreib-regenmesser, selbstschreibender Regenmesser, registrierender Regenmesser
épandage dans le sous-sol	Untergrundverrieselung, Untergrund-berieselung
éprouvette de décantation conique graduée	Absetzglas, Standglas, Spitzglas
épuration des eaux d'égout	Abwasserreinigung
éstimation	Kostenanschlag, Voranschlag
étang à poissons	Fischteich

F

filtration d'eau	Wasserfilterung
filtre à air aspiré	Saugfilter, Saugzellenfilter
— à sable	Sandfilter
— à vide	Vakuumfilter
— bactérien, — biologique	biologischer Körper
floculant	Flockungsmittel, Ausflockungsmittel
forage	Bohrung, Bohren
force d'entrainement, — trainante	Schleppkraft
fosse à humus	Nachklärbecken (für biologische Körper)
— d'aisances	Abort, Abtritt, Klosett
— Imhoff	Emscherbrunnen, Imhoffbrunnen
— septique	Faulgrube, durchflossener Faulraum, Abwasserfaulraum
frais de construction	Baukosten
frais d'entretien	Unterhaltungskosten
— de l'exercise	Betriebskosten, Betriebsausgaben

G

grande crue	Hochwasser
grille	Rechen
— à barreaux	Stabrechen

H

hautes eaux	Hochwasser
hydromètre	Wasserzähler, Wassermesser

self-registering apparatus of rainfall, pluviograph, recording pluviometer, registering pluviometer, rainfall indicator

pluviometro registratore, misuratore di pioggia per scrivere

subsurface irrigation

irrigazione sotterranea, sub-irrigazione

settling glas, Imhoff cone, settling cone

bicchiere, bicchiere di sedimentazione, cono Imhoff, bicchiere di prova

sewage purification

epurazione dell' acqua di fogna

estimate (of the cost)

preventivo delle spese, calcolo preventivo, calcolo approssimativo

fish pond, fish pool

stagno da pesce, peschiera, piscina

water filtration, water filtering

filtrazione dell' acqua

suction filter

filtro ad aspirazione, filtro aspirante

sand filter

filtro a sabbia

vacuum filter

filtro a vuoto

bacteria bed, bacteria filter, biological filter

letto biologico

coagulant, flocculant, flocking means

mezzo di flocculazione

drilling, bore, boring, driving

trivellazione, trapanazione, trapanatura, foratura al trapano

tractive force, drawling power

forza di trascinamento, forza di trascinazione

humus tank

fossa a humus

privy, closet

cesso, latrina, ritirata, gabinetto

Imhoff tank

pozzo Emscher, pozzo Imhoff, vasca Imhoff, fossa Imhoff

septic tank, privy vault, hydrolysing tank

fossa settica, vasca a flusso di liquame

cost of construction, cost of building, building expenses

spese di costruzione, costo della costruzione

maintenance cost, working cost, working expenses

spese di mantenimento, spese della manutenzione

operating cost, working cost, working expenses

spese dell'esercizio, spese d'esercizio

highwater, flood water

piena

rake, rack

griglia

bar screen

griglia a sbarre

highwater, flood water

piena

water meter

contatore d'acqua, misuratore dell'acqua

I

incrustations des chaudières	Kesselstein
installation de clarification	Kläranlage
— de décantation	Absetzanlage
— de déphénolage	Entphenolungsanlage
— de distribution d'eau	Wasserwerk
— d'épuration domestique, — d'épuration immeuble	Grundstückskläranlage, Hauskläranlage
— de nettoyage	Reinigungsanlage
— de tamisage	Siebanlage, Absiebanlage
irrigation souterraine	Untergrundverrieselung, Untergrundberieselung

L

latrines, lieux	Abort, Abtritt, Klosett
lessive épuisée	Ablauge, Unterlauge, Abfallauge, Endlauge
— résiduaire sulfitique	Sulfitablauge
lit bactérien	biologischer Körper
— bactérien à percolation, — percolateur	Tropfkörper
— de contact	Füllkörper
— immergé	Tauchkörper

M

manchon de raccord	Muffe
matières fécales	Fäkalien, Fäkalstoffe, Kotstoffe
— retenues par des grilles	Rechengut, Rechenrückstand
— retenues par des tamis	Siebgut, Siebrückstände, Siebstoffe
microbe, microorganisme	Kleinlebewesen, Mikrobe

N

nappe souterraine	Grundwasser
nombre des germes	Keimzahl

scale, fur in boilers, boiler scale	incrostazione, incrostazione di caldaia
clarification plant, sewage treatment works, sewage plant, sewage works, sewage treatment plant, sewage disposal works	impianto di chiarificazione
settling plant, sedimentation plant	impianto di sedimentazione
defenolization plant	impianto per la defenolizzazione
water works	impianto di distribuzione d'acqua, impianto di potabilizzazione, servizio di distribuzione d'acqua potabile
home sewage treatment plant	impianto domestico di chiarificazione
purification plant, cleaning plant	impianto di epurazione, impianto di depurazione, impianto di pulitura
screening plant, screening works	impianto di stacciatura
subsurface irrigation	irrigazione sotterranea, sub-irrigazione
privy, closet	cesso, latrina, ritirata, gabinetto
spent lye	sottoliscivia
sulphite waste liquor, sulphite pulp wastes, sulphite wastes	liscivio di rifiuto solfitico
bacteria bed, bacteria filter, biological filter	letto biologico
trickling filter, sprinkling filter, percolation filter, percolating filter	letto percolatore, percolatore
contact bed, contact filter, fill and draw contact bed	letto di contatto
submerged contact aerator	letto sommerso
socket, muff, bell, femal end of a pipe	manicotto, bicchiere
feces, fecal matter, fecal substances, fecals, faeces	feca, sostanze fecali, materie fecali, sostanze escrementizie
rakings	sostanze grigliate
screenings	sostanze stacciate, residui dagli stacci
microorganism, small living being, small animate being, small creature, animalcule, microscopic organism	microorganismo, microbo
ground water, subsoil-water, subterranean water, underground water	acqua sotterranea, acqua freatica, falda freatica, acqua di falda sotterranea, acqua del sottosuolo
bacterial count, number of germs, number of bacteria	numero dei germi

P

panne, perturbation dans le service	Betriebsstörung
papier de tournesol	Lackmuspapier
par habitant et par jour, par tête et par jour	je Kopf und Tag, pro Kopf und Tag
perçage	Bohrung, Bohren
période de maturation	Reifungszeit
— de mise en train	Einarbeitungszeit
perte au feu, — au rouge, — par cuisson	Glühverlust
plaque de couverture de puits	Schachtdeckel
pluviomètre	Regenmesser
— enrégistreur	Regenschreiber, Pluviograph, Schreibregenmesser, selbstschreibender Regenmesser, registrierender Regenmesser
pompe à diaphragme, — à membrane	Diaphragmapumpe, Balgpumpe
— (à force) centrifuge, — rotative	Kreiselpumpe, Zentrifugalpumpe
— à piston	Kolbenpumpe
porteur de germes	Keimträger, Bazillenträger
précipitant	Fällmittel, Fällungsmittel
préparation	Aufbereitung (Wasser)
procédé des boues activées	Belebtschlammverfahren, Belebungsverfahren
— d'échange de bases, — de permutation des bases	Basenaustauschverfahren
puits	Schacht, Brunnen
— abyssinien	Abessinierbrunnen
— de forage	Bohrbrunnen
— Emscher, — Imhoff	Emscherbrunnen, Imhoffbrunnen
— instantané	Rammbrunnen
— tubulaire	Rohrbrunnen
pullulation des algues	Algenwachstum
pulvérisateur à va-et-vient	Wandersprenger, Fahrsprenger
— tournant	Drehsprenger
purification des eaux d'égout	Abwasserreinigung

R

rayon moyen	Profilradius, hydraulischer Radius
regard	Schacht
réseau d'alimentation, — d'adduction d'eau	Versorgungsnetz
— séparatif	Trennentwässerung
— unitaire	Mischentwässerung, Schwemmentwässerung

breakdown, stoppage	interruzione dell'esercizio, perturbazione nel lavoro, disturbo dell' esercizio
litmus paper	carta di tornasole
per capita per day, by head and day	per testa e per giorno, al giorno per abitante
drilling, bore, boring, driving	trivellazione, trapanazione, trapanatura, foratura al trapano
period of ripening	tempo (periodo) di maturazione
breaking-in period, time of initiation	periodo (tempo) di avviamento
loss on ignition, volatile matter	perdita a fuoco
manhole cover, cover of a shaft, surface box for shafts	coperchio del pozzo, canna metallica munita di chiusino
rain gauge, pluviometer	pluviometro
self-registering apparatus of rainfall, pluviograph, recording pluviometer, registering pluviometer, rainfall indicator	pluviometro registratore, misuratore di pioggia per scrivere
diaphragm pump, membrane pump	pompa a diaframma
centrifugal pump	pompa (a forza) centrifuga
piston pump	pompa a pistone, pompa a stantuffo
carrier of germs, germ carrier	portatore di macrobi, portatore di germi
precipitant	coagulante, precipitante
conditioning, treatment, preparing, dressing	trattamento, potabilizzazione
activated sludge process, bio-aeration process	processo a fango attivato
base exchange process, base exchanging method	procedimento scambio-basi
pit, trench, shaft, well, spring	pozzo, scavo, pozzetto
abyssinian	pozzo a percussione
drilled well, bore well	pozzo trivellato
Imhoff tank	pozzo Emscher, pozzo Imhoff, vasca Imhoff, fossa Imhoff
hollow ram pump, driven well	pozzo a percussione
tube well	pozzo a tubo, pozzo tubulare
algae growth	cresciuta delle alghe
travelling distributor	distributore a va e vieni
sprinkler, rotary distributor, revolving distributor, rotary sprinkler, rotating distributor, revolving sprinkler	distributore rotativo
sewage purification	epurazione della acqua di fogna
hydraulic radius, hydraulic mean depth	raggio di profilo
pit, trench shaft	pozzo, scavo, pozzetto
supply system	rete della provvista, rete di alimentazione
separate sewers	fognatura separata
combined sewers	fognatura mista

réservoir d'eau	Wasserbehälter
— en élévation, — surélevé	Hochbehälter
— enterré	Erdbehälter, Flurhochbehälter
résidu calciné, — de calcination	Glührückstand
— fixe, — sec	Trockenrückstand
résultat de sondage	Bohrergebnis
robinet-vanne	Absperrschieber
rondelle	Flansch
ruissellement superficiel	Oberflächenwasser

S

section circulaire	Kreisquerschnitt, kreisförmiger Querschnitt
— ovale, — ovoide	Eiquerschnitt, Eiprofil, eiförmiger Querschnitt, ovaler Querschnitt
siphon de décantation	Sinkkasten, Ablauf, Gully
sondage	Bohrung, Bohren
sprinkler tournant	Drehsprenger
station d'épuration	Reinigungsanlage
stérilisation	Entkeimung, Sterilisation, Sterilisierung
symbole p_H	p_H-Wert

T

tabernacle	Schacht
tampon de regard	Schachtdeckel
tartre des chaudières	Kesselstein
tartrifuge	Kesselsteinverhütungsmittel
temps pour devenir mûr	Reifungszeit
tourniquet hydraulique pulvérisateur	Drehsprenger
traitement	Aufbereitung (Wasser)
trappe de regard	Schachtdeckel
tube	Rohr, Röhre
— de béton	Betonrohr, Zementrohr
— en acier	Stahlrohr
tuyau	Rohr, Röhre
— de fonte, — en fonte	Gußrohr, gußeisernes Rohr
— en acier	Stahlrohr
— en béton, — en ciment	Betonrohr, Zementrohr

water tank, water reservoir	serbatoio d'acqua
elevated reservoir, elevated tank, elevated basin	serbatoio sopraelevato
earth tank, earth reservoir	serbatoio interrato
ignition residue, fixed residue, fixed solids, residue on ignition	residuo calcinato, residuo di combustione
dry residue	residuo secco, deposito secco, residuo fisso
drilling result	risultato di trivellazione
sluice valve, gate valve	saracinesca a chiusura
pipe flange, flange	flangia, briglia
surface water	acqua superficiale
circular cross section	sezione circolare
oval cross section	sezione ovale, sezione oviforme, taglio ovale
catch basin, gully, sink trap	pozzetto di deposito
drilling, bore, boring, driving	trivellazione, trapanazione, trapanatura, foratura al trapano
sprinkler, rotary distributor, revolving distributor, rotary sprinkler, rotating distributor, revolving sprinkler	distributore rotativo
purification plant, cleaning plant	impianto di epurazione, impianto di depurazione, impianto di pulitura
sterilisation	sterilizzazione
p_H -value	valore p_H, grado di p_H, grado ionimetrico
pit, trench, shaft	pozzo, scavo, pozzetto
manhole cover, cover of a shaft, surface box for shafts	coperchio del pozzo, canna metallica munita di chiusino
scale, fur in boilers, boiler scale	incrostazione, incrostazione di caldaia
scale preventive, antiincrustator	antiincrostante
period of ripening	tempo (periodo) di maturazione
sprinkler, rotary distributor, revolving distributor, rotary sprinkler, rotating distributor, revolving sprinkler	distributore rotativo
conditioning, preparing, treatment, dressing	trattamento, potabilizzazione
manhole cover, cover of a shaft, surface box for shafts	coperchio del pozzo, canna metallica munita di chiusino
pipe, tube	tubo, doccia
concrete pipe, cement pipe	tubo in beton, tubo in cemento, tubo in calcestruzzo
steel tube	tubo in acciaio, tubo di acciaio
pipe, tube	tubo, doccia
cast iron pipe, cast iron tube	tubo di fuso, tubo in ghisa .
steel tube	tubo in acciaio, tubo di acciaio
concrete pipe, cement pipe	tubo in beton, tubo in cemento, tubo in calcestruzzo

— en grès vernissé, — en grès vitrifié | Steinzeugrohr

tuyère de pulvérisation, — pour jet d'eau en pluie | Streudüse

U

usine de distribution d'eau, — des eaux | Wasserwerk

V

valeur du p_H | p_H-Wert

vidanges | Fäkalien, Fäkalstoffe, Kotstoffe

vivier | Fischteich

W

W. C., water-closet | Spülabort, Spülklosett, Wasserklosett, W. C.

vitrified clay pipe, earthenware pipe, vitrified terra cotta pipe	tubo in terra cotta, tubo in gres ceramico
spray nozzle, spraying nozzle, sprinkler nozzle	becco polverizzatore
water works	impianto di distribuzione d'acqua, impianto di potabilizzazione, servizio d distribuzione d'acqua potabile
d_H-value	valore p_H, grado di p_H, grado ionimetrico
feces, fecal matter, fecal substances, fecals., faeces	feca, sostanze fecali, materie fecali, sostanze escrementizie
fish pond, fish pool	stagno da pesce, peschiera, piscina
water closet, W. C.	latrina a cacciata d'acqua, W. C. a cassetta con galleggiante, W. C.

A

abbassamento dell'acqua sotterranea	Grundwasserabsenkung
acqua cloacale, — residuarie, — di fogna, — di rifiuto, — di fognatura, — di scarico	Abwasser
— del sottosuolo, — di falda sotterranea, — freatica, — sotterranea	Grundwasser
— di fiume, — fluente	Flußwasser
— di fontana, — di pozzo	Brunnenwasser
— di refrigerazione, — refrigerante	Kühlwasser
— di rifiuto di decapaggio	Beizereiabwasser
— di rifiuto industriale	gewerbliches Abwasser, industrielles Abwasser, Industrieabwasser, Fabrikabwasser
— di scarico cittadina	städtisches Abwasser
— di scarico di tintoria	Färbereiabwasser
— di sorgenti, — sorgiva, — viva	Quellwasser
— per alimentazione delle caldaie a vapore	Kesselspeisewasser, Dampfkesselspeisewasser
— potabile, — potabilizzata	Trinkwasser
— superficiale	Oberflächenwasser
acque di rifiuto di birreria	Brauereiabwasser
— di rifiuto di cartiera	Papierfabrikabwasser
— di rifiuto di distilleria	Brennereiabwasser
— di rifiuto di fabbrica di zucchero	Zuckerfabrikabwasser
— di rifiuto di latteria	Molkereiabwasser
— di scarico del lavaggio di lana	Wollwäschereiabwasser
addolcimento	Enthärtung
alge, alghe, alige	Algen
al giorno per abitante	je Kopf und Tag, pro Kopf und Tag
alimentazione di acqua potabile	Trinkwasserversorgung
alimentazione idrica	Wasserversorgung
alleggerimento	Enthärtung
altezza bassa dell'acqua	Niedrigwasser
antiincrostante	Kesselsteinverhütungsmittel
approvvigionamento di acqua potabile	Trinkwasserversorgung
— idrico	Wasserversorgung
argine	Wehr
autodepurazione, autoepurazione	Selbstreinigung

ground water lowering, sinking of the underground water	abaissement de l'eau souterraine, dépression de la nappe
sewage, wastes, waste liquor, waste water	eaux d'égout, eaux polluées, eaux usées, eaux vannes, eaux résiduaires
ground water, subsoil-water, subterranean water, underground water	eau souterraine, nappe souterraine
river water	eau fluviale, eau de fleuve, eau de rivière
well water, pump water	eau de puits, eau de fontaine, eau de forage
cooling water	eau de réfrigération, eau de refroidissement
pickling wastes	eaux résiduaires de décaperie
industrial wastes, trade wastes, manufactoral wastes, trade waste water, industrial waste water	eaux d'égout industrielles, eaux résiduaires industrielles, eaux usées industrielles
town sewage	eaux d'égout municipales, eaux résiduaires urbaines
dye works effluent, dye wastes	eaux résiduaires de teinturerie
spring water	eau vive, eau de source
boiler feeding water, feed water for boilers	eau pour alimentation de chaudières, eau d'alimentation pour une chaudière à vapeur
drinking water	eau potable, eau à boisson
surface water	eau de surface, eau courante à la surface du sol, ruisellement superficiel
brewery wastes	eaux résiduaires de brasserie
paper mill wastes	eaux résiduaires de papeterie
distillery wastes	eaux résiduaires de distillerie
sugar factory wastes	eaux résiduaires de sucrerie
dairy wastes, creamery wastes	eaux résiduaires de laiterie
wool scouring wastes	eaux résiduaires de lavage de laine
softening	adoucissement
algae, sea weeds	algues
per capita per day, by head and day	par habitant et par jour, par tête et par jour
drinking water supply	alimentation en eau potable, distribution d'eau potable
water supply	alimentation en eau, approvisionnement en eau
softening	adoucissement
low water	basses eaux
scale preventive, antiincrustator	antitarte, désincrustant curatif, tartrifuge
drinking water supply	alimentation en eau potable, distribution d'eau potable
water supply	alimentation en eau, approvisionnement en eau
weir	déversoir, barrage
self-purification	autocurage, auto-épuration, auto-purification

B

bacillus coli
bacino da cui le acque provengono, — di
  alimentazione, — imbrifero
 - di chiarificazione posteriore

Colibazillus, Bakterium coli
Einzugsgebiet, Niederschlagsgebiet, Ent-
  wässerungsgebiet
Nachklärbecken

— di chiarificazione prima, — di sedimentazione preliminare

Vorklärbecken

— di flocculazione,
— di precipitazione
— per acque di pioggia

Flockungsbecken, Ausflockungsbecken .
Fällbecken, Fällungsbecken
Regenwasserbecken

bagno

Badeanstalt

becco polverizzatore

Streudüse

bicchiere (manicotto)
bicchiere di prova, — di sedimentazione

Muffe
Absetzglas, Standglas, Spitzglas

bisogno biochimico di ossigeno

biochemischer Sauerstoffbedarf, B. S. B.

briglia

Flansch

C

calcolo approssimativo, — preventivo

Kostenanschlag, Voranschlag

camera a sabbia

Sandfang

— di digestione

Faulraum, Schlammfaulraum

campo di irrigazione

Rieselfeld

canale,
— collettore
canalizzazione cittadina

Kanal
Sammelkanal
Stadtentwässerung, Ortsentwässerung

canna metallica munita di chiusino

Schachtdeckel

capo d'esercizio, capotecnico

Betriebsleiter, Betriebsführer

captazione della sorgente
carta di tornasole
cateratta
cesso

Quellfassung
Lackmuspapier
Wehr
Abort, Abtritt, Klosett

bacterium coli, B. coli	colibacille, bacille coli
drainage area, catchment area, drainage district. drain district	bassin alimentaire, bassin hydrologique, aire de drainage, bassin versant
secondary sedimentation basin, final settling tank, secondary settling tank, secondary sedimentation tank, final clarification tank, secondary settling basin	bassin de décantation finale, bassin de clarification finale, décanteur secondaire
preliminary clarification tank, primary settling tank, preliminary settling tank	décanteur primaire, bassin de clarification préliminaire, bassin de décantation préliminaire
flocculation basin, flock basin	bassin de floculation
precipitation basin, precipitation tank	bacino di precipitazione
storm water tank, storm water basin	bassin d'eau d'orage, bassin pour eau de pluie
baths. swimming pool, bathing establishment	bains, baignoir
spray nozzle, spraying nozzle, sprinkler nozzle	bec pulvérisateur, tuyère de pulvérisation, tuyère pour jet d'eau. en pluie
socket. muff, bell, femal end of a pipe	emboîtement, manchon de raccord
settling glas, Imhoff cone. settling cone	éprouvette conique graduée, éprouvette de décantation
biochemical oxygen demand, B. O. D.	ossigeno biochimico richiesto, bisogno biochimico di ossigeno, richiesta di ossigeno biochimico
pipe flange, flange	bride, collet, rondelle
estimate (of the cost)	estimation, devis estimatif. bordereau des prix d'un projet
grit chamber, grit tank, detritus tank, sand trap, detritus chamber, detritor, grit basin	bassin de dessablement, dessableur, désableur, chambre à sable
digestion chamber, digesting room, digesting compartment	chambre de putréfaction, chambre de putréfaction des boues
irrigation field, sewage farm, irrigated ground. irrigated land	camp d'irrigation. camp d'épandage
canal, channel	canal
collecting canal	émissaire
sewerage. town drainage	assainissement urbain, canalisation municipale
manhole cover, cover of a shaft, surface box for shafts	tampon de regard, trappe de regard, plaque de couverture de puits
works manager, general manager, works superintendent, operator	chef de service, directeur d'usine, directeur d'exploitation
tapping the spring	captage de source
litmus paper	papier de tournesol
weir	déversoir, barrage
privy, closet	cabinet d'aisance, appartement, fosse d'aisances, lieux, latrines

chiarificatore preliminare	Vorklärbecken
coagulante	Fällmittel, Fällungsmittel
colibacillo	Colibazillus, Bakterium coli
collettore	Sammler
— di fognatura	Sammelkanal
condensatore a miscela, — a miscuglio	Mischkondensator
— a superficie	Oberflächenkondensator
— d'iniezione	Einspritzkondensator
condotta maestra, — principale	Hauptleitung
condotta sifone	Heberleitung
cono Imhoff	Absetzglas, Standglas, Spitzglas
consumo di acqua	Wasserverbrauch
consumo di permanganato	Permanganatverbrauch
— di permanganato di potassa	Kaliumpermanganatverbrauch
contatore d'acqua	Wasserzähler, Wassermesser
coperchio del pozzo	Schachtdeckel
costo della costruzione	Baukosten
cresciuta delle alghe	Algenwachstum
curva	Krümmer, Kniestück, Knierohr

D

deacidificazione	Entsäuerung
deferrizzazione	Enteisenung
demanganizzazione	Entmanganung
deposito secco	Trockenrückstand
diga	Wehr
—	Talsperre
digestore	Faulraum, Schlammfaulraum
diluizione	Verdünnung
direttore del servizio	Betriebsleiter, Betriebsführer
dissabbiatore, dissabbiatrice	Sandfang
distributore a va e vieni	Wandersprenger, Fahrsprenger
— rotativo	Drehsprenger

preliminary clarification tank, primary settling tank, preliminary settling tank	décanteur primaire, bassin de clarification préliminaire, bassin de décantation préliminaire
precipitant	précipitant
bacterium coli, B. coli	colibacille, bacille coli
collector	collecteur
collecting canal	émissaire
direct-contact condenser, mixing condenser	condenseur par mélange
surface condenser	condenseur à surface
jet condenser	condenseur à jet, condenseur par injection
main conduct, main pipe line, main conduit, principal conduit	conduite maîtresse
siphon piping, siphon conduit	conduite en siphon
settling glass, Imhoff cone, settling cone	éprouvette conique graduée, éprouvette de décantation
water consumption	consommation d'eau
permanganate consumption, oxygen consumed from permanganate	demande en permanganate
oxygen consumed in p. p. m. $KMnO_4$, potassium permanganate consumption	demande en permanganate de potassium
water meter	compteur d'eau, hydromètre
manhole cover, cover of a shaft, surface box for shafts	tampon de regard, trappe de regard, plaque de couverture de puits
cost of construction, cost of building, building expenses	frais de construction
algae growth	pullulation des algues
bend, knee, elbow	coude, coude rond, coude d'équerre

desacidification	désacidification
iron removal, elimination of iron, deferrization	élimination du fer, déferrisation
manganese removal, demanganezation, demanganisation	démanganésation, démanganisation, élimination du manganèse
dry residue	résidu fixe, résidu sec
weir	déversoir, barrage
reservoir, barrage	barrage
digestion chamber, digesting room, digesting compartment	chambre de putréfaction, chambre de putréfaction des boues
dilution	dilution
works manager, general manager, works superintendent, operator	chef de service, directeur d'usine, directeur d'exploitation
grit chamber, grit tank, detritus tank, sand trap, detritus chamber, detritor, grit basin	bassin de dessablement, dessableur, désableur, chambre à sable
travelling distributor	chariot baladeur, chariot à va-et-vient, distributeur à va-et-vient, pulvérisateur à va-et-vient
sprinkler, rotary distributor, revolving distributor, rotary sprinkler, rotating distributor, revolving sprinkler	arroseuse rotative, distributeur rotatif, pulvérisateur tournant, sprinkler tournant, tourniquet hydraulique pulvérisateur

disturbo del esercizio	Betriebsstörung
doccia	Rohr, Röhre
durezza permanente	bleibende Härte, permanente Härte, Mineralhärte, Nichtkarbonathärte, Mineralsäurehärte
— temporanea	vorübergehende Härte, temporäre Härte, Karbonathärte, Carbonathärte

E

epurazione dell'acqua di fogna	Abwasserreinigung
estrazione di acqua	Wassergewinnung

F

falda freatica	Grundwasser
fango di acque di fogna	Abwasserschlamm, Klärschlamm
feca	Fäkalien, Fäkalstoffe, Kotstoffe
filtrazione delle acque	Wasserfilterung
filtro a sabbia	Sandfilter
— a vuoto	Vakuumfilter
— ad· aspirazione, · aspirante	Saugfilter, Saugzellenfilter
flangia	Flansch
fognatura mista	Mischentwässerung, Schwemmentwässerung
— separata	Trennentwässerung
— urbana	Stadtentwässerung, Ortsentwässerung
foratura al trapano	Bohrung, Bohren
forza di trascinamento, — di trascinazione	Schleppkraft
fossa Imhoff	Emscherbrunnen, Imhoffbrunnen
— settica	Faulgrube, durchflossener Faulraum, Abwasserfaulraum
— a humus	Nachklärbecken (für biologische Körper)

G

gabinetto	Abort, Abtritt, Klosett
gomito	Krümmer, Kniestück, Knierohr
grado di durezza (dell'acqua), — idrotimetrico	Härtegrad
— di p_H, — ionimetrico	p_H-Wert
griglia	Rechen
— a sbarre	Stabrechen

I

idrometro	Pegel
impianto di chiarificazione	Kläranlage

breakdown, stoppage	panne, dérangement dans le service, perturbation dans le service
pipe, tube	tube, tuyau
permanent hardness, non-carbonate hardness	dureté non-carbonatée, dureté permanente, dureté après ébullition, dureté des acides minéraux
temporary hardness, bicarbonate hardness, carbonate hardness	dureté carbonatée, dureté carbonique, dureté temporaire, degré hydrotimétrique temporaire
sewage purification	épuration des eaux d'égout, purification des eaux d'égout
water obtaining, water catchment	captage des eaux
ground water, subsoil-water, subterranean water, underground water	eau souterraine, nappe souterraine
sewage sludge	boue des eaux d'égout
feces, fecal matter, fecal substances, fecals, faeces	vidanges, matières fécales
water filtration, water filtering	filtration d'eau
sand filter	filtre à sable
vacuum filter	filtre à vide
suction filter	filtre à air aspiré
pipe flange, flange	bride, collet, rondelle
combined sewers	réseau unitaire
separate sewers	réseau séparatif
sewerage, town drainage	assainissement urbain, canalisation municipale
drilling, bore, boring, driving	forage, perçage, sondage
tractive force, drawling power	force d'entraînement, force traînante
Imhoff tank	puits Emscher, puits Imhoff, fosse Imhoff
septic tank, privy vault, hydrolysing tank	fosse septique
humus tank	fosse à humus
privy, closet	cabinet d'aisance, appartement, fosse d'aisances, lieux, latrines
bend, knee, elbow	coude, coude rond, coude d'équerre
degree of hardness	degré hydrotimétrique, degré de dureté
p_H-value	valeur du p_H, symbole p_H
rake, rack	grille
bar screen	grille à barreaux
depth gauge, water gauge, water mark, water level gauge, water post, flood measuring post	échelle fluviale, échelle graduée, échelle d'eau
clarification plant, sewage treatment works, sewage plant, sewage works, sewage treatment plant, sewage disposal works	installation de clarification

impianto di depurazione. — di epurazione, — di pulitura	Reinigungsanlage
— di distribuzione d'acqua, — di potabilizzazione	Wasserwerk
di sedimentazione	Absetzanlage
— di stacciatura	Siebanlage, Absiebanlage
— domestico di chiarificazione	Grundstückskläranlage, Hauskläranlage
— per la defenolizzazione	Entphenolungsanlage
incrostazione, — di caldaia	Kesselstein
interruzione dell'esercizio	Betriebsstörung
irrigazione sotterranea	Untergrundverrieselung. Untergrundberieselung

L

latrina	Abort, Abtritt, Klosett
— a cacciata d'acqua	Spülabort, Spülklosett, Wasserklosett, W. C.
— secca	Trockenabort
letto biologico	biologischer Körper
— di contatto	Füllkörper
— percolatore	Tropfkörper
— sommerso	Tauchkörper
liquame	Abwasser
— cittadino, — delle fogne cittadine,	städtisches Abwasser
— industriale	gewerbliches Abwasser, industrielles Abwasser, Industrieabwasser, Fabrikabwasser
liscivio di rifiuto solfitico	Sulfitablauge

M

magra	Niedrigwasser
manicotto	Muffe
marca (della profondità dell'acqua)	Pegel
materie fecali	Fäkalien, Fäkalstoffe, Kotstoffe
mezzo di flocculazione	Flockungsmittel, Ausflockungsmittel
microbo, microorganismo	Kleinlebewesen, Mikrobe

purification plant, cleaning plant	station d'épuration, installation de nettoyage
water works	usine de distribution d'eau, installation de distribution d'eau, usine des eaux
settling plant, sedimentation plant	installation de décantation
screening plant, screening works	installation de tamisage, appareil tamiseur
home sewage treatment plant	installation d'épuration immeuble, installation d'épuration domestique
defenolization plant	installation de déphénolage
scale, fur in boilers, boiler scale	incrustations des chaudières, calcaires des chaudières, dépôts des chaudières, tartre des chaudières
breakdown, stoppage	panne, dérangement dans le service, perturbation dans le service
subsurface irrigation	irrigation souterraine, épandage dans le sous-sol
privy, closet	cabinet d'aisance, appartement, fosse d'aisances, lieux, latrines
water closet, W. C.	water-closet, W. C.
pail closet, earth closet, dry closet	cabinet sec
bacteria bed, bacteria filter, biological filter	filtre biologique, filtre bactérien, lit bactérien
contact bed, contact filter, fill and draw contact bed	lit de contact
trickling filter, sprinkling filter, percolation filter, percolating filter	corps d'égouttage, lit percolateur, lit bactérien à percolation
submerged contact aerator	corps plongeur, lit immergé
sewage, wastes, waste liquor, waste water	eaux d'égout, eaux polluées, eaux usées, eaux vannes, eaux résiduaires
town sewage	eaux d'égout municipales, eaux résiduaires urbaines
industrial wastes, trade wastes, manufactoral wastes, trade waste water, industrial waste water	eaux d'égout industrielles, eaux résiduaires industrielles, eaux usées industrielles
sulphite waste liquor, sulphite pulp wastes, sulphite wastes	lessive résiduaire sulfitique
low water	basses eaux
socket, muff, bell, femal end of a pipe	emboîtement, manchon de raccord
depth gauge, water gauge, water mark, water level gauge, water post, flood measuring post	échelle fluviale, échelle graduée, échelle d'eau
feces, fecal matter, fecal substances, fecals, faeces	vidanges, matières fécales
coagulant, flocculant, flocking means	coagulant, floculant
microorganism, small living being, small animate being, small creature, animalcule, microscopic organism	microorganisme, microbe

misuratore dell'acqua	Wasserzähler, Wassermesser
— di pioggia per scrivere	Regenschreiber, Pluviograph, Schreibregenmesser, selbstschreibender Regenmesser, registrierender Regenmesser

N

numero dei germi	Keimzahl

O

ossigeno biochimico richiesto	biochemischer Sauerstoffbedarf, B. S. B.

P

paraschiuma, parete sommersa	Tauchbrett, Tauchbohle, Tauchwand
percolatore	Tropfkörper
perdita a fuoco	Glühverlust
periodo (tempo) di avviamento	Einarbeitungszeit
per testa e per giorno	je Kopf und Tag, pro Kopf und Tag
perturbazione nel lavoro	Betriebsstörung
peschiera	Fischteich
piena	Hochwasser
piscina	Fischteich
pluviometro	Regenmesser
— registratore	Regenschreiber, Pluviograph, Schreibregenmesser, selbstschreibender Regenmesser, registrierender Regenmesser
pompa a diaframma	Diaphragmapumpe, Balgpumpe, Membranpumpe
— centrifuga	Kreiselpumpe, Zentrifugalpumpe
— a pistone, — a stantuffo	Kolbenpumpe
portatore di germi, — di microbi	Keimträger, Bazillenträger
potabilizzazione	Aufbereitung (Wasser)
pozzetto, pozzo	Brunnen, Schacht
pozzo di deposito	Sinkkasten, Ablauf, Gully
pozzo a percussione	Abessinierbrunnen, Rammbrunnen
— a tubo, — tubulare	Rohrbrunnen
— Emscher, — Imhoff	Emscherbrunnen, Imhoffbrunnen
— trivellato	Bohrbrunnen
precipitante	Fällmittel, Fällungsmittel
presa d'acqua	Wassergewinnung
preventivo delle spese	Kostenanschlag, Voranschlag
procedimento scambio-basi	Basenaustauschverfahren
processo a fango attivato	Belebtschlammverfahren, Belebungsverfahren

water meter	compteur d'eau, hydromètre
self - registering apparatus of rainfall, pluviograph, recording pluviometer, registering pluviometer, rainfall indicator	pluviomètre enrégistreur, enrégistreur de pluie
bacterial count, number of germs, number of bacteria	nombre des germes
biochemical oxygen demand, B. O. D.	DBO, demande biochimique d'oxygène
scum board	cloison plongeante, cloison siphoïde
trickling filter, sprinkling filter, percolation filter, percolating filter	corps d'égouttage, lit percolateur, lit bactérien à percolation
loss on ignition, volatile matter	perte par cuisson, perte au rouge, perte au feu
breaking-in period, time of initiation	période de mis en train
per capita per day, by head and day	par habitant et par jour, par tête et par jour
breakdown, stoppage	panne, dérangement dans le service, perturbation dans le service
fish pond, fish pool	étang à poissons, vivier
highwater, flood water	hautes eaux, crue, grande crue
fish pond, fish pool	étang à poissons, vivier
rain gauge, pluviometer	pluviomètre
self-registering apparatus of rainfall, pluviograph, recording pluviometer, registering pluviometer, rainfall indicator	pluviomètre enrégistreur, enrégistreur de pluie
diaphragm pump, membrane pump	pompe à diaphragme, pompe à membrane
centrifugal pump	pompe (à force) centrifuge, pompe rotative
piston pump	pompe à piston
carrier of germs, germ carrier	porteur de germes
Aufbereitung (Wasser)	amélioration, préparation, traitement
well, spring, pit, trench, shaft	puits, regard, tabernacle
catch basin, gully, sink trap	siphon de décantation
hollow ram pump, abyssinian, driven well	puits abyssinien, puits instantané
tube well	puits tubulaire
Imhoff tank	puits Emscher, puits Imhoff, fosse Imhoff
drilled well, bore well	puits de forage
precipitant	précipitant
water obtaining, water catchment	captage des eaux
estimate (of the cost)	estimation, devis estimatif, bordereau des prix d'un projet
base exchange process, base exchanging method	procédé d'échange des bases, procédé de permutation des bases
activated sludge process, bio-aeration process	procédé des boues activées

provvedimento dell'acqua per uso pota-
 bile, provvista d'acqua potabile Trinkwasserversorgung
provvisione d'acqua Wasserversorgung

R

raccoglitore Sammler
raggio di profilo Profilradius, hydraulischer Radius
residui dagli stacci Siebgut, Siebrückstände, Siebstoffe
residuo calcinato, — di combustione Glührückstand

residuo fisso, — secco Trockenrückstand
rete della provvista, — di alimentazione Versorgungsnetz

richiesta di ossigeno biochimico biochemischer Sauerstoffbedarf, B. S. B.
riduzione della durezza Enthärtung
rifornimento idrico potabile Trinkwasserversorgung

risultato di trivellazione Bohrergebnis
ritirata Abort, Abtritt, Klosett

S

saracinesca a chiusura Absperrschieber
scaricatore di pioggia Notauslaß, Regenauslaß
scarichi industriali gewerbliches Abwasser, industrielles Abwasser, Industrieabwasser, Fabrikab-
  wasser

scavo Schacht
serbatoio Talsperre
— d'acqua Wasserbehälter
— interrato Erdbehälter, Flurhochbehälter
— sopraelevato Hochbehälter

servizio di distribuzione d'acqua potabile Wasserwerk

sezione circolare Kreisquerschnitt, kreisförmiger Querschnitt
— ovale, — oviforme Eiquerschnitt, Eiprofil, eiförmiger Querschnitt, ovaler Querschnitt
sfioratore di piena Hochwasserüberlauf, Hochwasserablaß

sostanze escrementizia, — fecali Fäkalien, Fäkalstoffe, Kotstoffe

— grigliate Rechengut, Rechenrückstand
— stacciate Siebgut, Siebrückstände, Siebstoffe
sottoliscivia Ablauge, Unterlauge, Abfallauge, Endlauge
spese dell'esercizio, — d'esercizio Betriebskosten, Betriebsausgaben

spese della manutenzione, — di mantenimento Unterhaltungskosten
— di costruzione Baukosten

stabilimento balneario, — di bagni Badeanstalt

drinking water supply	alimentation en eau potable, distribution d'eau potable
water supply	alimentation en eau, approvisonnement en eau
collector	collecteur
hydraulic radius, hydraulic mean depth	rayon moyen
screenings	matières retenues par des tamis
ignition residue, fixed residue, fixed solids, residue on ignition	résidu calciné, résidu du calcination
dry residue	résidu fixe, résidu sec
supply system	réseau d'alimentation, réseau d'adduction d'eau
biochemical oxygen demand, B. O. D.	DBO, demande biochimique d'oxygène
softening	adoucissement
drinking water supply	alimentation en eau potable, distribution d'eau potable
drilling result	résultat de sondage
privy, closet	cabinet d'aisance, appartement, fosse d'aisances, lieux, latrines
sluice valve, gate valve	robinet-vanne
rain outlet	bouche de pluie, bonde de pluie
industrial wastes, trade wastes, manufactoral wastes, trade waste water, industrial waste water	eaux d'égout industrielles, eaux résiduaires industrielles, eaux usées industrielles
pit, trench, shaft	regard, puits, tabernacle
reservoir, barrage	barrage
water tank, water reservoir	réservoir d'eau
earth tank, earth reservoir	réservoir enterré
elevated reservoir, elevated tank, elevated basin	réservoir en élévation, réservoir surélevé
water works	usine de distribution d'eau, installation de distribution d'eau, usine des eaux
circular cross section	section circulaire
oval cross section	section ovale, section ovoide
highwater overflow, highwater flood-gate, highwater outlet sluice	bouche de pluie, bonde de pluie, déversoir d'orage
feces, fecal matter, fecal substances, fecals, faeces	vidanges, matières fécales
rakings	matières retenues par des grilles
screenings	matières retenues par des tamis
spent lye	lessive épuisée
operating cost, working cost, working expenses	frais de l'exercise, dépenses d'exploitation
maintenance cost	frais d'entretien, dépense d'entretien
cost of construction, cost of building, building expenses	frais de construction
baths, swimming pool, bathing establishment	bains, baignoir

stagno da pesce	Fischteich
sterilizzazione	Entkeimung, Sterilisation, Sterilisierung
sub-irrigazione	Untergrundverrieselung, Untergrundberieselung

T

taglio ovale	Eiquerschnitt, Eiprofil, eiförmiger Querschnitt, ovaler Querschnitt
tempo (periodo) di maturazione	Reifungszeit
trapanatura, trapanazione, trivellazione	Bohrung, Bohren
trattamento (acqua)	Aufbereitung (Wasser)
tubo	Rohr, Röhre
— a gomito	Krümmer, Kniestück, Knierohr
— d'acciaio, — in acciaio	Stahlrohr
tubo in fuso, — in ghisa	Gußrohr, gußeisernes Rohr
— in beton, — in calcestruzzo, — in cemento	Betonrohr, Zementrohr
— in gres ceramico, — in terra cotta	Steinzeugrohr

V

valore p_H	p_H-Wert
vasca a flusso di liquame	Faulgrube, durchflossener Faulraum, Abwasserfaulraum
— di chiarificazione posteriore	Nachklärbecken
— di chiarificazione preliminare	Vorklärbecken
— di coagulazione	Koagulationsbecken
— di digestione	Faulraum, Schlammfaulraum
— Imhoff	Emscherbrunnen, Imhoffbrunnen
— per le acque di pioggia, — per le pluviali	Regenwasserbecken

W

WC, — a cassetta con galleggiante	Spülabort, Spülklosett, Wasserklosett, — W. C.

fish pond, fish pool	étang à poissons, vivier
sterilisation	stérilisation, destruction des germes, destruction des bactéries
subsurface irrigation	irrigation souterraine, épandage dans le sous-sol
oval cross section	section ovale, section ovoide
period of ripening	période de maturation, temps pour devenir mûr
drilling, bore, boring, driving	forage, perçage, sondage
conditioning, preparing, treatment, dressing	amélioration, préparation, traitement
pipe, tube	tube, tuyau
bend, knee, elbow	coude, coude rond, coude d'équerre
steel tube	tuyau en acier, tube en acier
cast iron pipe, cast iron tube	tuyau en fonte, tuyau de fonte
concrete pipe, cement pipe	tube en béton, tuyau en ciment, tuyau en béton
vitrified clay pipe, earthenware pipe, vitrified terra cotta pipe	tuyau en grès vitrifié, tuyau en grès vernissé
p_H-value	valeur du p_H, symbole p_H
septic tank, privy vault, hydrolysing tank	fosse septique
secondary sedimentation basin, final settling tank, secondary settling tank, secondary sedimentation tank. final clarification tank, secondary settling basin	bassin de décantation finale, bassin de clarification finale, décanteur secondaire
preliminary clarification tank, primary settling tank, preliminary settling tank	décanteur primaire, bassin de clarification préliminaire, bassin de décantation préliminaire
coagulating basin, coagulation tank, coagulation basin	bassin de coagulation
digestion chamber, digesting room, digesting compartment	chambre de putréfaction, chambre de putréfaction des boues
Imhoff tank	puits Emscher, puits Imhoff, fosse Imhoff
storm water tank, storm water basin	bassin d'eau d'orage, bassin pour eau de pluie
water closet, W. C.	water-closet, W. C.